2022

영양사

초단기완성 1교시

이민경 · 영양사국가시험연구소 공저

예믈에듀
EDU

머리말

현대사회는 급속한 사회 환경 변화와 경제적 성장 등으로 서구화, 핵가족화, 고령화 시대로 접어들면서 식생활 양식도 빠르게 변화하고 있습니다. 특히 식습관과 관련된 만성질환의 유병률이 증가함에 따라 건강에 대한 관심도가 높아지면서 보건 정책 또한 식습관 관리를 통한 질병 예방 위주로 변화해 가고 있습니다.

영양사는 산업체, 학교, 병원, 보건소, 사회복지시설 등에서 식단을 계획하고 조리 및 공급을 감독하는 등 급식관리 업무를 담당하며, 이 외에도 영양교육 및 상담, 영양지원 등 영양서비스를 관리하는 업무를 수행하여 국민의 건강 및 복지 증진에 이바지하는 전문인입니다. 따라서 식생활과 건강의 중요성이 대두되고 있는 현시점에서 영양사의 역할은 더욱 중요하다 할 수 있습니다.

영양사 국가고시에 응시하고자 하는 사람은 대학에서 식품학 또는 영양학을 전공한 졸업(예정)자로서, 소정의 관련 학점을 이수하여 영양사 국가시험에 응시하여 합격하여야 합니다. 영양사 국가시험의 과목은 영양학 및 생화학, 영양교육, 식사요법 및 생리학, 식품학 및 조리원리, 급식, 위생 및 관계법규로 각 과목들의 다양한 내용을 포함하고 있습니다.

영양사 국가시험의 출제 경향은 꾸준히 변화하고 있으며, 최근에는 각 과목별 지식 수준뿐 아니라 문제해결 능력까지 평가하는 유형으로 바뀌고 있습니다. 이 책은 다년간의 식품영양 관련 강의 경험을 바탕으로 전공 저자들이 시험과목별로 핵심적인 내용들과 최신 출제 경향들을 정리하였습니다. 그리고 수험생들이 빠른 시간 내에 더욱 효과적인 수험 준비를 할 수 있도록 각 단원별로 Tip, OX 퀴즈, 빈칸 채우기 등을 추가하여 핵심 내용의 이해를 높이도록 하였습니다.

이 책이 영양사 국가고시를 준비하는 수험생 여러분에게 시험 준비와 함께 전공지식 함양에 도움이 되길 바라며, 더불어 모든 수험생이 합격의 기쁨을 누리길 기원합니다. 마지막으로 이 책이 출판되기까지 집필에 최선을 다해주신 교수님들과 예문에듀 관계자 여러분께도 감사의 말씀을 드립니다.

2022년 6월
저자 일동

시험 안내

🥕 영양사

- 개요

  영양사는 개인 및 단체에 균형 잡힌 급식 서비스를 제공하기 위해 식단을 계획하고 조리 및 공급을 감독하는 등 급식을 담당하며, 산업체에서 급식관리 업무 외에 영양교육 및 상담, 영양지원 등 영양서비스를 관리하는 업무를 수행하는 자를 말한다.

- 수행직무
  - 건강증진 및 환자를 위한 영양·식생활 교육 및 상담
  - 식품영양정보의 제공
  - 식단작성, 검식 및 배식관리
  - 구매식품의 검수 및 관리
  - 급식시설의 위생적 관리
  - 집단급식소의 운영일지 작성
  - 종업원에 대한 영양지도 및 위생교육

🥕 시험 안내

- 시험일정

구분	원서 접수	시험일	합격자 발표
2021년	21.9.8~21.9.15	21.12.18	22.1.6

- 시험과목

시험 과목 수	문제 수	배점	총점	문제 형식
4과목	220문제	1점/1문제	220점	객관식 5지선다형

구분	시험 과목(문제 수)	시험 시간
1교시	1. 영양학 및 생화학(60문제) 2. 영양교육, 식사요법 및 생리학(60문제)	09:00~10:40(100분)
2교시	1. 식품학 및 조리원리(40문제) 2. 급식, 위생 및 관계법규(60문제)	11:10~12:35분(85분)

※ 식품·영양 관계법규 : 「식품위생법」, 「학교급식법」, 「국민건강증진법」, 「국민영양 관리법」, 「농수산물의 원산지 표시에 관한 법률」, 「식품 등의 표시·광고에 관한 법률」과 그 시행령 및 시행규칙

🥕 합격기준

- 합격자 결정은 전 과목 총점의 60퍼센트 이상, 매 과목 만점의 40퍼센트 이상 득점한 자를 합격자로 함
- 응시자격이 없는 것으로 확인된 경우에는 합격자 발표 이후에도 합격을 취소함

🥕 응시자격

① 2016년 3월 1일 이후 입학자

　㉠ 다음의 학과 또는 학부(전공) 중 1가지

　　• 학과 : 영양학과, 식품영양학과, 영양식품학과

　　• 학부(전공) : 식품학, 영양학, 식품영양학, 영양식품학

　　※ 학칙에 의거한 '학과명' 또는 '학부의 전공명'이어야 하며, 위와 명칭이 상이한 경우 반드시 담당자 확인 요망

　㉡ 교과목(학점) 이수 : '영양관련 교과목 이수증명서'로 교과목(학점) 확인 가능

　　• 영양관련 교과목 이수증명서에 따른 18과목 52학점을 전공(필수 또는 선택)과목으로 이수해야 함

　　• 2016년 3월 1일 이후 영양사 현장실습 교과목 이수 시 80시간 이상(2주 이상), 영양사가 배치된 집단급식소, 의료기관, 보건소 등에서 현장 실습하여야 함

　　• 법정과목과 그에 해당하는 유사인정과목은 동일한 과목이므로, 여러 개 이수해도 1개 과목 이수로만 인정(단, 학점은 합산 가능)

② 2010년 5월 23일 이후~2016년 2월 29일 입학자

　㉠ 식품학 또는 영양학 전공 : 식품학, 영양학, 식품영양학, 영양식품학 중 1가지

　　※ 학칙에 의거한 '전공명'이어야 하며, 위와 명칭이 상이한 경우 반드시 담당자 확인 요망

　㉡ 교과목(학점) 이수 : '영양관련 교과목 이수증명서'로 교과목(학점) 확인 가능

　　• 영양관련 교과목 이수증명서에 따른 18과목 52학점을 전공(필수 또는 선택)과목으로 이수해야 함

　　• 2016년 3월 1일 이후 영양사 현장실습 교과목 이수 시 80시간 이상(2주 이상), 영양사가 배치된 집단급식소, 의료기관, 보건소 등에서 현장 실습하여야 함

　　• 법정과목과 그에 해당하는 유사인정과목은 동일한 과목이므로, 여러 개 이수해도 1개 과목 이수로만 인정(단, 학점은 합산 가능)

③ 2010년 5월 23일 이전 입학자

　※ 2010년 5월 23일 이전 「고등교육법」에 따른 학교에 입학한 자로서 종전의 규정에 따라 응시자격을 갖춘 자는 「국민영양 관리법」 제15조 제1항 및 동법 시행규칙 제7조 제1항의 개정규정에도 불구하고 시험에 응시할 수 있습니다.

　㉠ 식품학 또는 영양학 전공 : 식품학, 영양학, 식품영양학, 영양식품학 중 1가지

　　※ 학칙에 의거한 '전공명'이어야 하며, 위와 명칭이 상이한 경우 반드시 담당자 확인 요망

④ 국내대학 졸업자가 아닌 경우

　㉠ 외국에서 영양사면허를 받은 사람

　㉡ 외국의 영양사 양성학교 중 보건복지부장관이 인정하는 학교를 졸업한 사람

⑤ 다음 각 호의 어느 하나에 해당하는 자는 응시할 수 없음

　㉠ 「정신건강증진 및 정신질환자 복지서비스 지원에 관한 법률」 제3조 제1호에 따른 정신질환자. 다만, 전문의가 영양사로서 적합하다고 인정하는 사람은 그러하지 아니하다.

　㉡ 「감염병의 예방 및 관리에 관한 법률」 제2조 제13호에 따른 감염병환자 중 보건복지부령으로 정하는 사람("감염병환자 중 보건복지부령으로 정하는 사람"은 B형간염 환자를 제외한 감염병환자를 말한다)

　㉢ 마약 · 대마 또는 향정신성의약품 중독자

　㉣ 영양사 면허의 취소처분을 받고 그 취소된 날부터 1년이 지나지 아니한 자

※ 시험 일정 및 응시자격 등은 변경될 수 있으니, 시험 전 홈페이지를 확인해주세요.

온라인 모의고사 이용 가이드

STEP 1 예문에듀 홈페이지 로그인 후 메인 화면 상단의 [CBT 모의고사]를 누른 다음 수강할 강좌를 선택합니다.

STEP 2 시리얼 번호 등록 안내 팝업창이 뜨면 [확인]을 누른 뒤 [시리얼 번호]를 입력합니다.

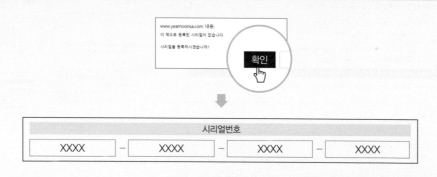

시리얼번호			
XXXX	XXXX	XXXX	XXXX

STEP 3 [마이페이지]를 클릭하면 등록된 CBT 모의고사를 [모의고사]에서 확인할 수 있습니다.

시리얼 번호

S003 - 0B2F - 52HP - 6222

구성과 특징

과목별 핵심이론

과목 마무리 문제

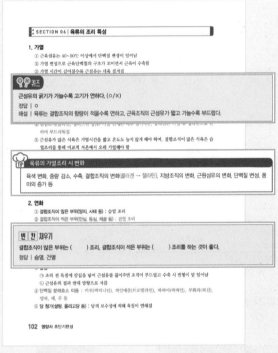

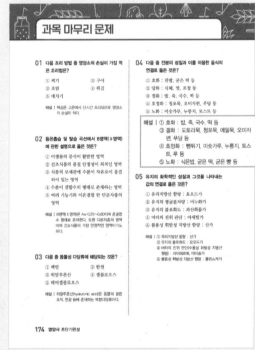

- 수험생들의 효율적인 학습을 위해 1교시, 2교시를 분권하여 구성하였습니다.
- 다양한 학습 요소들을 통해 방대한 이론을 압축·요약하여 더 빠르고 확실하게 합격할 수 있습니다.
  - 핵심 키워드에는 '별색' 표시
  - 이해를 완벽하게 도와줄 'Tip 박스'
  - 중요 개념을 익힐 수 있는 'OX 퀴즈'와 '빈칸 채우기'

- 핵심이론 학습 후 출제 가능성이 높은 마무리 문제를 수록하여 중요 개념을 확실히 이해할 수 있도록 하였습니다.
- 문제 아래 해설을 수록함으로써 빠르게 학습할 수 있도록 구성하였고, 오답 해설도 함께 수록하여 명확한 개념 정리가 이루어지도록 하였습니다.

실전모의고사 1교시, 2교시

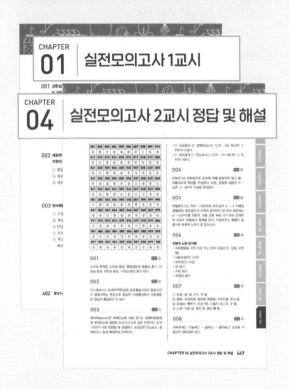

- 최신 출제 경향을 완벽히 분석하여 실전모의고사를 수록하였습니다.
- 시험 직전 미리 풀어봄으로써 문제의 유형과 난이도를 확인할 수 있고, 놓치거나 헷갈렸던 개념을 한 번 더 확인할 수 있습니다.

합격을 결정하는 핵심 5과목

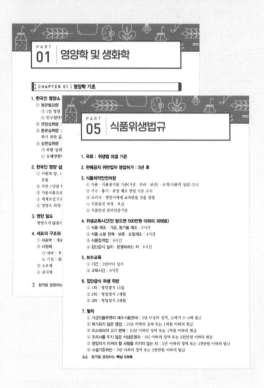

- 수험생들이 가장 어려워하는 생화학, 법규를 포함한 핵심 5과목 요약 소책자를 특별부록으로 제공합니다.
- 언제 어디서나 학습할 수 있도록 핸드북 크기로 제작하여 휴대성과 편리성을 높였습니다.

목차

PART 01

영양학 및 생화학

SECTION 01 | 영양소

1. 영양소의 분류

① 구성 영양소 : 수분 65%, 단백질 16%, 지질 14%, 무기질 4%, 탄수화물 1%

② 에너지 영양소 : 탄수화물, 단백질, 지질

③ 조절 영양소

    ㉠ 수분 : 영양소를 용해시켜 필요할 때 이용함

    ㉡ 무기질과 단백질 : 체액관의 산, 알칼리 평형을 조절함

    ㉢ 비타민 : 영양소의 흡수와 체내 대사를 조절하는 중요한 영양소

2. 한국인 영양소 섭취 기준

① 개요 : 한국인의 건강을 최적의 상태로 유지하는데 필요한 에너지 및 영양소 섭취 수준을 제공하는 것

기관	비활성 전구체
평균필요량(EAR)	• 건강한 사람들의 1일 영양필요량의 중앙값 • 인구집단 절반의 1일 영양필요량을 충족시키는 값
권장섭취량(RNI)	• 평균필요량에 표준편차의 2배를 더하여 정한 값(개인차 감안) • 인구집단의 97.5%의 영양필요량을 충족시키는 값
충분섭취량(AI)	• 평균필요량을 산정할 자료가 부족하여 권장섭취량을 정하기 어려운 경우에 제시하기 위한 값 • 건강한 인구집단의 영양섭취량을 추정 또는 관찰하여 정한 값
상한섭취량(UL)	• 과량 섭취 시 독성을 나타낼 위험이 있는 영양소를 대상으로 선정 • 인체 건강에 유해한 영향을 나타내지 않을 최대 영양소 섭취 수준

② 나트륨은 소금 5g 이하로 제한

③ 당류는 설탕, 물엿 등의 첨가당은 되도록 적게 섭취

3. 식사구성안

① 영양섭취기준을 만족하는 식사를 구성하는 식품의 종류와 양을 선택하는 방법

② 영양 목표, 식품구성자전거, 각 식품군(6가지)에 속하는 식품의 1인 1회 분량, 생애주기 및 성별에 따른 권장 식사 패턴을 제시함

③ **식품구성자전거** : 자전거 바퀴에 5개의 식품군(곡류, 고기 · 생선 · 달걀 · 콩류, 채소류, 과일류, 우유 · 유제품류)을 권장식사패턴의 섭취 횟수와 분량에 비례하여 면적을 배분하였으며 앞바퀴에 수분 섭취를 강조하였음

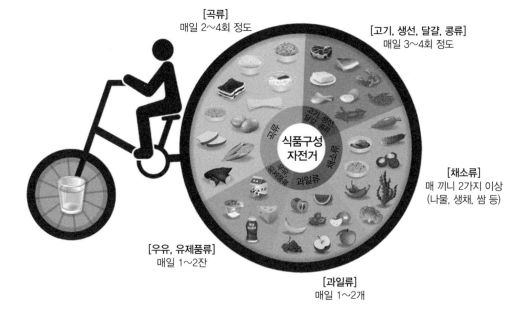

4. 한국인 영양섭취실태

① 지방과 당, 나트륨 등 일부 영양소의 과잉 섭취에 따른 고혈압, 당뇨병, 고지혈증, 비만 유병률이 빠르게 증가하고 있음

② 영양섭취기준에 미달하는 영양소는 칼슘, 비타민 C, 비타민 A, 리보플라빈 등의 순임

5. 영양표시

식품의 1회 제공량당 들어 있는 영양소 함량, % 영양소 기준치와 9가지 의무표시 영양소(열량, 탄수화물, 당류, 단백질, 지방, 포화지방, 트랜스지방, 콜레스테롤, 나트륨)가 있음

6. 영양 밀도

① 단백질, 비타민, 무기질 같은 필수영양소 비율에 관한 중요한 개념으로 사용

② 동일 칼로리지만 영양소 없이 칼로리만 제공(empty 칼로리)하는 것은 영양 밀도가 낮은 것

PART 01

PART 02

PART 03

PART 04

PART 05

PART 06

PART 07

PART 08

PART 09

1. 정의

생물을 구성하는 구조적, 기능적 단위

2. 세포의 구조

① 세포막
- ㉠ 지질 이중층 구조이며 인지질, 단백질 등으로 구성
- ㉡ 콜레스테롤이 막 유동성을 조절함
- ㉢ 세포외액과 세포내액의 구분을 해주며 세포 내외 물질 운반, 신호전달 등의 역할

② 핵
- ㉠ 유전 물질(DNA)을 가지고 있어 생명 활동 조절의 역할
- ㉡ 염색체(DNA 유전정보), 핵소체(rRNA 합성 및 저장), 핵막(이중막)으로 구성

③ 미토콘드리아
- ㉠ 세포에 필요한 에너지를 합성하는 에너지 발전소, 이중막 구조
- ㉡ TCA 회로 등 대사와 관련된 효소들이 있으며, DNA 분자와 단백질 합성에 필요한 리보솜 존재

④ 소포체
- ㉠ 활면소포체 : 지방산 합성 및 불포화, 콜레스테롤 합성, 해독 작용, 칼슘 이온을 저장할 수 있어서 근육의 수축·이완 과정에 중요
- ㉡ 조면소포체 : 리보솜 부착으로 단백질 합성

⑤ 리보솜 : 단백질과 RNA로 이루어진 과립, 물질의 저장과 분비에 관여

⑥ 골지체 : 단일막, 거대물질분자(당단백)의 합성 및 분비과립 제조

⑦ 리소좀 : 가수분해 효소 존재, 세포 내 소화

3. 세포막을 통한 물질의 이동

① 수동수송

단순확산	용질의 농도가 높은 곳에서 낮은 곳으로 용질 이동
촉진확산	• 고농도에서 저농도로 영양소가 이동 • 운반체가 필요한 흡수 기전
삼투	저농도에서 고농도로 용매가 이동(부피 변화 있음)
여과	• 혈압에 의해 세포막을 통한 물질의 이동 • 분자 크기가 작은 것만 이동

② 능동수송 : 영양소 농도차에 역행하여 상피세포 내로 영양소가 이동하므로 운반체와 에너지가 필요한 흡수 기전(Na^+/K^+ 펌프)

4. 세포의 성장

① **증식기** : 세포분열, 세포수가 증가하는 시기

② **증식비대기** : 세포분열, 세포수가 증가, 세포 크기가 증대하는 시기

③ **비대기** : 세포분열이 끝나고 세포 크기만 증대하는 시기

④ **성숙기** : 세포 성장이 정지되고 효소 구조가 정교해지며, 세포의 기능이 통합되는 시기

CHAPTER 02 | 탄수화물

SECTION 01 | 탄수화물의 체내 기능

1. 에너지 공급

뇌, 적혈구, 신경세포는 포도당만을 에너지원으로 이용

2. 단백질 절약 작용

① 혈당 저하 : 체조직 단백질 분해로 아미노산으로부터 포도당 신생합성 이루어짐
② 혈당을 유지하여 에너지 공급이 원활하면 체단백질 분해는 억제됨

3. 케톤증 예방

① 1일에 100g 이상의 탄수화물을 섭취하도록 권장
② 체지방이 에너지원으로 이용되면 TCA 회로는 원활히 진행되지 않고, 아세틸 CoA는 축합하여 케톤체(아세톤, 아세토아세트산, β-하이드록시부티르산)가 다량 생성되어 케톤증 발생

4. 식품에 단맛 제공

과당 1.7 > 전화당 1.3 > 설탕 1.0 > 포도당 0.7 > 맥아당 0.4 > 유당 0.2

SECTION 02 | 탄수화물 소화·흡수

1. 소화

소화기관	소화효소	작용	분해 산물
구강	타액 아밀라제	전분 α-1, 4 결합 분해	덱스트린(대부분) 맥아당(소량)
위	아밀라제 없음	산에 의해 타액아밀라제 작용 중지	유미즙
십이지장	세크레틴	알칼리성의 췌장액 분비 촉진	유미즙 중화
췌장	췌장아밀라제	전분 α-1, 4 결합 분해	맥아당, 이소맥아당

소장점막	수크라아제	서당	포도당, 과당
	락타아제	유당	포도당, 갈락토오스
	말타아제	맥아당 α-1, 4 결합	포도당, 포도당
	이소말타아제	이소맥아당 α-1, 6 결합	포도당, 포도당
대장	식이섬유는 대장에서 일부 박테리아에 의해 분해		

2. 흡수 및 운반

(1) 흡수

① 흡수부위

㉠ 십이지장과 공장 상부

㉡ 소장 점막의 주름(흡수율 3배 이상) → 융모(흡수율 30배 이상) → 융모 위의 미세융모(흡수 면적 20배 이상, 흡수율 600배 이상)

② 흡수기전

㉠ 촉진 확산 : 과당(소화흡수율 98%)

㉡ 능동수송 : 포도당, 갈락토오스

③ 흡수속도 : 갈락토오스 110, 포도당 100, 과당 43, 만노오스 19, 자일로오스 15, 아라비노오스 9

(2) 운반

단당류 형태로 운반되며 '모세혈관 → 간문맥 → 간'으로 흡수

SECTION 03 | 탄수화물 섭취와 건강

1. 탄수화물 섭취와 관련된 질환

① **당뇨병** : 인슐린의 양이 부족하거나 비만, 스트레스 등으로 인해 인슐린이 효과적으로 작용하지 못할 때 고혈당(170mg/dL 이상)이 유지되면서 나타남

② **유당불내증** : 유당분해효소(락타아제)가 부족하거나 활성 저하되어 유당이 분해되지 못하고 대장으로 이동, 유기산과 다량의 가스를 생성하여 복부 팽만, 장경련, 복통, 설사를 유발함

③ **게실증** : 식이섬유 섭취가 부족하면 변량 감소 및 대장 지름이 감소하고 이에 압력이 증가하여 벽을 부풀려 게실을 형성하며 염증을 일으킴

④ **충치** : 구강 박테리아에 의해 치아에 부착된 당으로부터 산이 생성되며, pH 5.5 이하에서 치아의 에나멜층이 용해되어 충치가 발생함

PART 01
PART 02
PART 03
PART 04
PART 05
PART 06
PART 07
PART 08
PART 09

2. 식이섬유의 생리적 기능

고지혈증, 동맥경화증, 변비게실증, 대장암, 당뇨병, 비만 예방

분류	종류	생리기능	급원식품
불용성 식이섬유	셀룰로오스, 헤미셀룰로오스, 리그닌	• 배변량 증가 • 배변 촉진 • 분변시간 단축	• 모든 식물의 세포벽, 채소의 잎, 줄기 뿌리 • 곡류의 겨층
	키틴, 키토산	• 혈중 콜레스테롤 저하 • 혈압 상승 억제 • 면역력 증가	• 새우나 게 등 갑각류 • 곰팡이와 버섯 등의 세포벽
수용성 식이섬유	펙틴, 검, 알긴산, 한천	• 위, 장 통과 지연(포만감) • 포도당 흡수 억제 • 콜레스테롤 흡수 억제	• 과일(과육), 특히 사과, 감귤, 딸기, 바나나 등 • 해조류(미역, 김, 다시마 등)
	뮤실리지, 헤미셀룰로오스		보리, 귀리, 두류 등

SECTION 04 | 혈당 조절

1. 혈당

공복 시 혈당은 70~100mg/㎗로 일정하게 조절, 식후 140mg/㎗까지 오름

TIP 혈당 조절에 관여하는 호르몬의 종류와 기능

호르몬	분비기관	기능	혈당
인슐린	췌장(β-세포)	• 간·근육(글리코겐), 지방(지방 합성) 조직으로 혈당의 유입 촉진 • 포도당 신생 합성 억제	↓
글루카곤	췌장(α-세포)	• 간 글리코겐 분해 촉진 • 포도당 신생 합성 촉진	↑
에피네프린	부신수질		
갑상선호르몬 (티록신)	갑상선		
글루코코르티코이드	부신피질	• 근육의 포도당 이용 억제 • 포도당 신생 합성 촉진	↑
성장호르몬	뇌하수체 전엽	• 간의 혈당 방출 증가 • 근육으로 혈당 유입 억제 • 체지방 이용 촉진	↑

2. 당지수(Glycemic Index ; GI)

① 섭취한 식품의 혈당 상승정도와 인슐린 반응을 유도하는 정도

② 포도당, 흰 식빵을 100이라고 했을 때와 비교하여 수치로 표시한 지수

높은 식품군(70 이상)	백미, 떡, 빵, 감자 등
중간 식품군	현미, 바나나, 아이스크림 등
낮은 식품군(55 이하)	콩, 호밀빵, 우유 등

❓✖ 퀴즈

현미는 당지수가 높은 식품군에 속한다. (○/×)

정답 | ×

해설 | 현미는 당지수 55 초과 70 미만으로 중간 식품군에 속한다.

3. 당부하지수(Glycemic Load ; GL)

식품의 절대 탄수화물 양이 아닌 1회 분량에 함유된 탄수화물의 양을 기초로 혈당 반응 측정

SECTION 05 | 탄수화물 대사

1. 포도당 대사−해당 과정

① 단당류의 대사 과정

② 혐기적 에너지 생성 과정, 기질 수준의 인산화 과정

③ 젖산에 의한 산혈증(lactic acidosis) 유발

④ $glucose + 2\,NAD^+ + 2\,P \rightarrow 2\,pyruvate + 2\,NADH + 2\,H^+ + 2\,ATP + 2\,H_2O$

반응 과정		촉매 효소	내용
glucose →	glucose-6-phosphate (G-6-P)	헥소키나아제 (hexokinase)	ATP에서 포도당으로 인산기가 이동
G-6-P →	fructose-6-phosphate (F-6-P)	isomerase	과당 형성 (이성질체로 재구성)
F-6-P →	fructose-1,6-biphosphate (F-1,6-BP)	포스포프락토키나아제 (Phosphofructokinase)	ATP로부터 두 번째 인산기 이동
F-1,6-BP →	glyceraldehyde-3-phosphate (G3P)	알돌라아제 (Aldolase)	육탄당이 삼탄당으로 나뉨
	Dihydroxy aceton phosphate (DHAP)		DHAP는 G3P로 전환된 후 다음 단계로 넘어감
G-3-P →	1,3-bisphosphoglycerate (1,3-BPG)	glyceraldehyde-3-phosphate dehydrogenase	2 NADH 산화와 인산화 과정
1,3-BPG →	3-phosphoglycerate(3-PG)	phosphoglycerokinase	Pi를 ADP에게 주어 2 ATP 형성
3-PG →	2-phosphoglycerate(2-PG)	mutase	3번째 탄소의 인산기가 2번째 탄소로 전이
2-PG →	phosphoenolpyruvate(PEP)	enolase	물분자를 빼내어 기질에 이중결합을 유도
PEP →	pyruvate	pyruvate kinase	2 ATP 형성

⑤ 해당 과정을 마치면 pyruvate, 2 NADH, 2 ATP가 생성

⑥ 산소 유무에 따른 산물 경로

  ㉠ 호기적 경로 : pyruvate, 2 NADH는 미토콘드리아로 이동하며 2 ATP는 사용

  ㉡ 혐기적 경로 : 2 ATP는 사용되지만 Pyruvate와 2 NADH가 남아 2 NADH의 수소를 pyruvate로 주고, 2 NAD$^+$는 밖으로 나와 pyruvate는 알코올 혹은 젖산을 생성함

2. TCA 회로(시트르산회로, 구연산회로)

① 해당과정의 결과로 생성된 세포질 내의 피루브산은 미토콘드리아로 이동되어 아세틸 CoA를 형성

② 아세틸 CoA는 옥살로아세트산과 결합하여 시트르산을 생성

③ TCA 회로 전 단계 : 1 pyruvate → 아세틸 CoA로 전환 → 1 NADH

④ TCA 회로 : 1 아세틸 CoA → 3 NADH, 1 FADH$_2$와 1 GTP를 생성

반응 과정		촉매 효소	내용
피루브산	아세틸-CoA	피부루산 탈수소효소 복합체(5가지-TPP, FAD, NAD, CoA, lipoic acid, 주로 비타민 B로 구성)	• NADH 생성하여 에너지 방출 • CO$_2$ 생성

옥살로아세트산	시트르산	시트르산 생성 효소	ATP ×
아세틸-CoA			
시트르산	아이소시트르산	아코니테이즈	Fe^{2+} 필요
아이소시트르산	α-케토글루타르산	아이소시트르산 탈수소효소	• NADH 생성 • CO_2 생성
α-케토글루타르산	숙시닐-CoA	α-케토글루타르산 복합체(TPP)	NADH 생성
숙시닐-CoA	숙신산	숙시닐-CoA 합성 효소	• CoA-SH 생성 • GTP 생성 • 기질수준인산화반응
숙신산	푸마르산	석신산 탈수소 효소	$FADH_2$ 생성
푸마르산	말산	푸말라아제	
말산	옥살로아세트산	말산 탈수소 효소	NADH 생성

PART 01

PART 02

PART 03

PART 04

PART 05

PART 06

PART 07

PART 08

PART 09

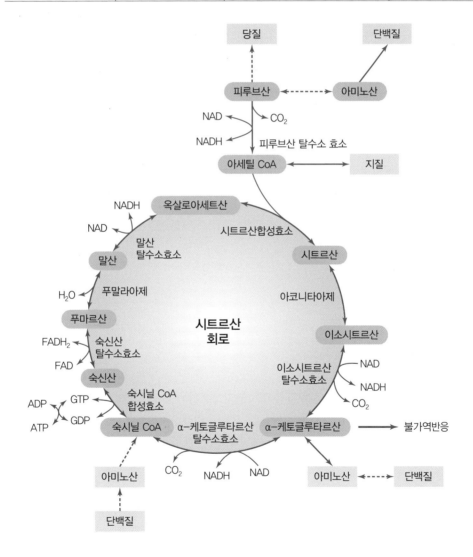

3. 전자전달계

① 미토콘드리아의 내막에 있는 막단백질들에 의해 형성
② 1 pyruvate은 전자전달계를 거치면서 12.5 ATP 생성
③ 1 glucose는 세포질 내의 해당과정과 미토콘드리아의 TCA 회로 및 전자전달계를 거치면서 총 30 또는 32 ATP 생성

4. 오탄당인산회로

① 포도당은 해당 과정 이외에 세포질 효소에 의해 촉매화되는 오탄당인산회로 pentose phosphate pathway를 통해 대사되기도 함
② NADPH*를 생성하고 리보오스를 공급(ATP는 생성하지 않음)
*NADPH : 지방산 합성과 스테로이드 호르몬 합성에 사용되며 골수, 피부, 소장 점막에서 중요한 역할

5. 포도당 신생합성 [중요]

① 혈당이 저하되면 간이나 신장에서 당 이외의 물질, 즉 아미노산이나 글리세롤, 피루브산, 젖산 등을 이용하여 포도당을 합성(ATP 6개 소비)
② 코리회로(cori cycle) : 근육에서 생성된 젖산을 간으로 운반함으로써 피루브산이 되어 포도당을 생성토록 하는 회로망
③ 포도당-알라닌회로(glucose-alanine cycle)
    ㉠ 근육에서 아미노산 분해로 생성된 암모니아를 알라닌 형태로 간으로 운반. 암모니아를 분해하고 피루브산으로 거쳐 다시 포도당을 생성하는 회로
    ㉡ 간에서 암모니아는 요소로 합성되어 요소가 소변으로 배설될 수 있게 함

빈 칸 채우기

(   )은/는 근육에서 생성된 젖산을 간으로 운반하여 포도당을 생성하도록 하는 회로망이다.
정답 | 코리회로

---

6. 글리코겐 합성 및 분해

① 글리코겐 합성
    ㉠ 여분의 포도당은 주로 간 또는 근육에서 글리코겐의 형태로 전환되어 저장
    ㉡ 포도당 → 포도당-1인산 → 포도당-6-인산 → UDP-포도당 → 글리코겐
    ㉢ 인슐린으로 활성화, 에피네프린, 노르에피네프린, 글루카곤 등의 호르몬의 영향으로 저해

② 글리코겐 분해

　　㉠ 혈당이 저하되면 글리코겐이 포도당으로 분해

　　㉡ 글루카곤, 에피네프린 글리코겐의 합성 억제

　　㉢ 간 : 글리코겐 → 포도당−1−인산 → 포도당−6인산 → 포도당

　　㉣ 근육 : 포도당−6인산 분해효소가 없어서 포도당 생성 불가

퀴즈

근육에는 포도당−6인산 분해효소가 없어 포도당을 생성하지 못한다. (○/×)

정답 | ○

CHAPTER 03 | 지질

SECTION 01 | 지질의 기능

1. 신체의 구성성분

지방조직, 세포막, 뇌 등 각종 조직의 구조적 성분

2. 세포막 구성

① 세포막 및 세포 내 구조물들의 막을 구성하는 성분

② 인지질의 이중층으로 되어 있으며, 콜레스테롤과 단백질 분자들이 인지질 사이에 자리 잡음

3. 에너지 공급과 저장

① 1g은 9kcal의 열량을 공급

② 체지방은 분해되어 에너지를 제공, 지방조직 1kg당 약 7,500kcal의 에너지를 함유

③ 지방세포의 약 90%는 지방구로 구성

빈 칸 채우기

지방조직 100g은 약 (　　　)kcal의 에너지를 함유하고 있다.

정답 | 750

---

4. 신체기능 조절

① 호르몬의 구성 성분

② 아이코사노이드(eicosanoids)라 불리는 국소 호르몬과 스테로이드 호르몬 합성의 전구체로 사용

5. 체온 유지

피하 지방으로 지방종은 체온 유지를 위해서 보호벽 구실

6. 주요 장기의 보호

① 신장이나 심장 주변에 지방조직이 발달

② 내장지방(심부 지방)은 장기가 제 위치에 자리하고 있도록 지지하는 역할

7. 필수영양소 작용과 지용성 비타민 흡수 도움

① 필수지방산은 지질의 운반과 대사, 면역작용, 세포막의 작용에 중요한 역할
② 지용성 비타민은 지방에 같이 함유된 경우가 많음

SECTION 02 | 지질의 소화 · 흡수

1. 소화

소화기관	소화효소		분해 산물
구강, 위	구강, 위 리파아제	중성지방	디글리세리드, 모노글리세리드, 짧은사슬지방산, 중간사슬지방산
소장	췌장 리파아제	중성지방	디글리세리드, 모노글리세리드, 지방산
	췌장 포스포 리파아제	인지질	글리세리드, 지방산, 염기+인산
	췌장 콜레스테롤 에스테라아제	• 콜레스테롤 • 에스테르	콜레스테롤, 지방산

2. 흡수 및 운반

① 개요 : 소장의 중간 부위와 하부에서 담즙산염의 작용으로 흡수
② 모노글리세리드와 지방산
   ㉠ 모노글리세리드, 디글리세리드, 지방산, 글리세롤, 콜레스테롤 등이 담즙산염과 음전하를 띤 미셀(micelle)을 형성하여 수용성 용액에 분산될 수 있게 하여 흡수됨
   ㉡ 담즙산은 흡수된 후 간으로 가서 담즙 재형성 후 소장으로 배출
   ㉢ 흡수된 지방은 킬로미크론(지단백질)형태로 림프관 → 흉관 → 간동맥 → 간으로 운반
③ 짧은사슬지방산과 중간사슬지방산
   ㉠ 소장 혈관으로 직접 흡수
   ㉡ 섭취한 지질의 약 95%가 흡수 : 문제 발생 시 지방변 발생
   ㉢ 혈액 알부민과 결합하여 문맥 순환으로 운반

PART 01
PART 02
PART 03
PART 04
PART 05
PART 06
PART 07
PART 08
PART 09

1. 영양소 섭취 기준

구분	에너지적정비율(%)		
	1~2세	3~18세	19세 이상
지방	20~35	15~30	15~30
ω-6계 지방산	4~10	4~10	4~10
ω-3계 지방산	1 내외	1 내외	1 내외
포화지방산	–	8 미만	2 미만
트랜스지방산	–	1 미만	1 미만
콜레스테롤	300mg 미만 목표섭취량		

출처 : 보건복지부, 2022 한국인 영양소 섭취 기준

2. 급원 식품

① 식물성 지방(마가린이나 식용유 등)과 동물성 지방(육류의 살코기 지방이나 유지방 등)

② 돼지기름, 소기름(팔미트산, 올레산), 옥수수유, 콩기름(리놀레산), 생선유(EPA, DHA), 올리브유(올레산), 들기름(리놀렌산), 마가린, 쇼트닝(트랜스올레지방산) 등

3. 섭취 현황

트랜스지방산 섭취량은 평균 1% 미만으로 나타났으며, 포화지방산 섭취량의 경우 2007년 이후 꾸준히 증가함

4. 관련 질병

① 고콜레스테롤혈증과 동맥경화증

　㉠ 혈관 벽에 콜레스테롤이나 지질물질이 침착되어 혈관의 정상적인 기능을 방해하는 질병

　㉡ 혈관이 좁아지고 혈관의 유연성이 떨어지고 경화됨

　㉢ LDL 농도가 높고 HDL은 낮음 : 고콜레스테롤혈증 240mg/dL, 고중성지방혈증 200mg/dL

> **TIP 지방산별 영향**
>
> | 지방산 | 영향 |
> |---|---|
> | 포화지방산 | LDL-콜레스테롤 농도 증가 |
> | 단일불포화지방산 | LDL-콜레스테롤 농도 감소 |
> | 다가불포화지방산 | 콜레스테롤 농도 감소, 중성지방 농도 감소, 혈전 생성 억제 |

② 암
  ㉠ 세포가 어떤 요인에 의해 유전적인 돌연변이를 일으키면 세포는 신체의 여러 신호로 조절되지 않는 비정상적인 성장과 분열을 일으키는 것
  ㉡ 유방암 · 대장암은 지질 식이와의 상관관계가 높음
  ㉢ 발암물질에 노출 시 지질의 불포화도(특히 오메가 – 6계 지방산)가 촉진 요인으로 지적됨
③ 알코올과 지방간
  ㉠ 잉여 지방이 쌓이게 되면 지방간이 생성됨. 비만은 지방간의 원인이 됨
  ㉡ 알코올 : 지방산의 증가, 간에서의 지방산 합성 증가, 지방산 산화 감소 혹은 간 손상에 의한 아포지단백 합성 감소 및 지단백 분비 장애 등이 간세포 내 중성지방의 축적을 유발
  ㉢ 간경화로 진행, 완치가 어려움

빈 칸 채우기

(　　　　　)은/는 지방산의 증가, 간에서의 지방산 합성 증가 등을 유발하여 간세포 내 중성지방의 축적을 유발한다.

정답 | 알코올

SECTION 04 | 지질의 대사

1. 지단백질

구분	작용	급원	운반
킬로미크론	• 장 점막에서 식이 지질을 간, 지방조직으로 운반 • 지단백리파아제가 지질을 가수분해하여 혈액의 킬로미크론을 깨끗하게 함	장점막 (식이 지질)	지방조직 간세포
VLDL	• 간과 장 점막에서 합성한 지질을 각 세포로 운반 • 조직세포에서 지단백 리파아제에 의해 깨끗하게 됨	간, 장점막 (체내합성지질)	대부분의 세포
LDL	VLDL에서 많은 양의 지질이 제거되고 콜레스테롤과 단백질이 첨가되어 말단조직으로 운반	대부분 세포	간 제외
HDL	• 말단조직의 콜레스테롤을 간으로 운반 • HDL 콜레스테롤을 담즙산으로 하여 배설을 촉진함	말초조직세포	간세포

2. 대사

① **지방산** : 식후에는 주로 킬로미크론이 공급하고, 공복 시 호르몬(글루카곤, 에피네프린)이 지방세포의 호르몬민감성 지방분해효소를 자극하고 중성지방을 분해하여 지방산과 글리세롤을 공급하며, 알부민에 의해 운반됨

β-산화

- 세포질의 지방산 아실 CoA로 활성화, 카르니틴과 결합하여 미토콘드리아로 이동
  → 탄소 10개 이하의 지방산은 카르니틴 도움 없이 미토콘드리아로 이동
- 아실 CoA 탈수소반응 → 2 아세틸 CoA, $FADH_2$+NADH+5 ATP → 아세틸 CoA 산화 반응 → 옥살로아세트산(포도당 분해 산물)과 결합 → 산화 종결
- 지방산의 이중결합은 에노일 CoA를 형성한 후 β-산화 진행

② 콜레스테롤
　㉠ 세포막, 스테로이드 호르몬, 비타민 D의 합성, 담즙산의 전구물질 및 유리 형태로 담즙에 분비
　㉡ 합성
　　• 주로 간에서 아세틸 CoA로부터 합성
　　• 아세틸 CoA → HMG-CoA → 메발론산 → 스쿠알렌 → 라노스테롤 → 콜레스테롤 → 담즙산

인슐린, 갑상선호르몬	콜레스테롤 합성↑
글루카곤, 글루코코르티코이드	콜레스테롤 합성↓

　㉢ 분해
　　• 콜레스테롤 분해 : 담즙산의 성분
　　• 일부는 비타민 D, 성호르몬, 부신피질호르몬 등으로 전환
　　• 장간순환으로 소장에서 재흡수되어 장에서 방출, 변으로 배출

③ 케톤체 **중요**
　㉠ 아세토아세테이트, 아세톤, β-히드록시부티르산 등의 대사산물
　㉡ 포도당이 부족하면 아세틸 CoA가 옥사로아세트산의 결핍이나 부족으로 산화 과정이 불안정해지면서 중간 분해 산물인 케톤체를 합성
　㉢ 케톤증
　　• 장기간의 공복, 기아 상태에서는 축적지방이 산화되어 에너지를 공급하며, 케톤체가 정상적인 대사 속도 이상으로 생성면서 발생
　　• 기아 상태나 당뇨, 마취, 산독증일 시 케톤체의 체액(소변) 배출, 식욕 감퇴와 구토, 혼수상태, 사망 등의 증상이 나타남

빈 칸 채우기

(　　　　)이/가 부족할 경우 아세틸 CoA가 중간 분해 산물인 케톤체를 합성한다.

정답 | 포도당

PART 01

PART 02

PART 03

PART 04

PART 05

PART 06

PART 07

PART 08

PART 09

CHAPTER 04 | 단백질

SECTION 01 | 단백질의 분류

1. 화학적 분류

① 단순단백질 : 가수분해에 의하여 단순 아미노산과 그 유도체를 생성

알부민	달걀 알부민, 혈청 알부민, 밀의 류코신, 완두콩의 레구멜린
글로불린	근육과 혈청의 글로불린 콩의 글리신, 완두콩의 레구민, 감자의 튜버린, 땅콩의 아라킨
글루텔린	밀의 글루테닌, 쌀의 오리제닌 프롤라민밀의 글리아딘, 옥수수의 제인, 보리의 호르데인
알부미노이드	뼈의 콜라겐, 모발의 케라틴
히스톤	혈액의 글로빈, 흉선의 히스톤
프로타민	연어 정액 중의 실민, 정어리 정액 중의 클루페인
프롤라민	밀의 글리아딘, 옥수수의 제인, 보리의 호르데인

② 복합단백질 중요

  ㉠ 단순단백질과 단백질 이외의 물질(인, 핵산, 다당류, 지질, 색소, 금속)이 결합된 것

  ㉡ 가수분해에 의해서 아미노산과 그 외의 물질을 생성

핵단백질	• 핵산, 단백질이 결합된 것으로 세포핵의 주성분 • 흉선 뉴클레오히스톤, 어류 정액 뉴클레오프로타민, RNA, DNA
당단백질	• 당질 또는 그 유도체와 단백질이 결합된 점액의 뮤신 • 달걀 흰자의 오보뮤코이드
인단백질	• 핵산 및 레시틴 이외의 인을 함유하는 물질과 단백질이 결합된 것 • 우유의 카세인, 달걀 노른자의 오보비텔린
지단백질	• 킬로미크론, LDL, VLDL, HDL • 달걀 노른자의 리포비텔린, 리포비텔리닌
색소단백질	• 색소, 단백질이 결합된 것 • 체내의 산화-환원에 중요한 역할 • 헤모글로빈, 미오글로빈
미오글로빈	• 체조직 내 카탈라아제나 퍼옥시다아제 등의 산화 효소 • 플라보프로테인, FAD, NAD
금속단백질	• 철 · 구리 · 아연 등과 단백질이 결합된 것 • 철단백질 페리틴, 구리단백질 헤모시아닌, 연체동물 혈액 내 아연단백질 • 인슐린(췌장 호르몬), 마그네슘 함유 클로로필프로테인

③ 유도단백질 : 단순단백질 또는 복합단백질이 산, 알칼리, 효소의 작용이나 가열에 의하여 변성된 것
   ⊙ 제1차 유도단백질 : 파라카세인, 젤라틴, 응고단백질
   ⓛ 제2차 유도단백질 : 제1차 유도단백질이 가수분해되어 생성된 것으로 프로테오스, 펩톤, 펩티드

④ 영양적 분류
   ⊙ 완전단백질
     • 성장, 체중 증가, 생리적 기능, 모든 필수아미노산 함유
     • 우유 카세인 · 락트알부민, 달걀 오브알부민, 콩 글리시닌, 보리 에데스틴, 밀 글루테닌 · 글루텔린
   ⓛ 부분적 불완전단백질
     • 체중 유지
     • 밀 글리아딘, 보리 호르데인, 귀리 프롤라민
   ⓒ 불완전단백질
     • 불완전단백질만 섭취하면 성장이 지연되고 체중이 감소하며 이 상태가 장기간 지속되면 사망
     • 젤라틴, 옥수수 제인

⑤ 형태적 분류
   ⊙ 구상단백질
     • 수용성, 효소, 단백호르몬과 혈장 단백질 등
     • 카세인, 달걀알부민, 혈청알부민, 글로불린, 헤모글로빈, 생리활성물질 등
   ⓛ 섬유상단백질
     • 물에 용해되지 않으며 세포조직의 유지나 구조를 이루는 물질
     • 콜라겐, 미오신, 엘라스틴, 명주실의 피브로인

⑥ 기능적 분류
   ⊙ 효소 : 소화 효소, 대사 효소
   ⓛ 운반단백질 : 지단백질, 헤모글로빈, 세포막 운반단백질
   ⓒ 운동단백질 : 액틴, 미오신
   ⓔ 구조단백질 : 콜라겐(결합조직), 엘라스틴(인대), 케라틴(모발, 손톱, 깃털), 피브린(실크, 거미줄)
   ⓜ 항체단백질 : 면역글로불린, 항체, 피브리노겐, 트롬빈
   ⓗ 조절단백질 : 호르몬

 퀴즈

단백질을 형태적으로 분류했을 때, 혈청알부민, 글로불린, 엘라스틴 등은 섬유상단백질에 해당한다. (O/×)

정답 | ×

해설 | 엘라스틴은 섬유상단백질에 해당하나, 혈청알부민과 글로불린은 구상단백질에 해당한다.

1. 체내 단백질 구성

① 뼈의 신장, 장기 · 근육 · 피부 · 머리카락 구성 등. 신체조직의 약 16%

② 혈장단백질인 알부민, 글로불린, 피브리노겐이 간에서 합성

③ hemoglobin의 합성, 아미노산 pool의 형성

2. 효소와 호르몬 합성

① 펩티드계 호르몬이나 아민 호르몬(갑상선호르몬, 아드레날린, 인슐린, 글루카곤 등)을 생성하여 대사 속도나 생리기능을 조절

② 효소는 순수단백질로 작용하거나, 조효소나 보결분자단이 결합하여 작용

3. 에너지 발생

① 당질이나 지질 섭취량이 부족하면 체단백질이 분해되어 에너지를 공급

② 총 식이단백질 중 평균 58%가 에너지원으로 쓰임

빈 칸 채우기

당질 혹은 지질의 섭취량이 부족할 경우 (   )이/가 분해되어 에너지를 공급하게 된다.

정답 | 체단백질

---

4. 체내 수분과 산 · 염기 평형 유지

① 삼투압과 알부민에서 오는 압력에 따라 수분 평형을 조절

② 단백질 섭취가 부족하면 혈장 단백질(알부민) 농도가 저하되어 모세혈관 내 체액이 조직액 속으로 이동하게 되고 영양성 부종이 발생

5. 생리활성물질의 합성

관련 전구체 아미노산	생리활성물질
• 트립토판	• 세로토닌
• 티로신	• 멜라닌, 카테콜라민, 갑상선호르몬(티록신)
• 리신	• 카르니틴
• 글리신	• 헴기
• 글리신, 타우린	• 담즙산
• 글리신, 시스틴, 글루탐산	• 글루타티온
• 글리신, 아스파르트산, 글루탐산	• 핵산
• 시스틴	• 타우린

1. 생물학적 평가

① 단백질효율(protein efficiency ratio ; PER) : 식물성 단백질은 낮고, 동물성 단백질은 높은 값

$$단백질효율(PER) = \frac{체중증가량(g)}{섭취한 \ 단백질의 \ 양(g)}$$

② 생물가(biological value ; BV)

   ㄱ 생물가가 높을수록 양질의 단백질로 평가

   ㄴ 달걀 97, 우유 85, 밀가루 52

$$생물가(BV) = \frac{체내에 \ 보유된 \ 질소량}{식품에서 \ 흡수된 \ 질소량} \times 100$$

③ 단백질 실이용률(protein utilization ; NPU) : 섭취된 단백질이 체내에서 소화, 흡수되어 이용된 비율

$$생물가(BV) = \frac{체내에 \ 보유된 \ 질소량}{식품에서 \ 흡수된 \ 질소량} \times 100$$

④ 소변 중 질소 성분에 의한 평가 : 단백질 섭취량에 따라 소변 중 질소량은 변화가 심하나 크레아티닌 양은 변화하지 않고 일정하게 유지됨

$$단백질 \ 실이용률(NPU) = 생물가 \times 소화흡수율$$

2. 화학적 평가

① 개요 : 식품 단백질의 아미노산 성분을 분석하고 그 수치를 단백질 영양평가기준과 비교 · 계산하여 구하는 방법

② 단백가(protein score ; PS)-FAO(유엔식량농업기구)

   ㄱ FAO의 표준 단백질의 필수아미노산 패턴(가장 이상적인 아미노산 구성을 정한 것)을 기준으로 하여 그 수치에 얼마나 달하고 있는지 평가

   ㄴ 달걀 단백질 알부민이 100으로 가장 완전한 단백질

$$단백가(PS) = \frac{식품 \ 중의 \ 가장 \ 부족한 \ 아미노산 \ 양}{표준 \ 구성의 \ 아미노산 \ 양} \times 100$$

3. 상호보조효과

부족한 아미노산과 다른 단백질을 같이 섭취함으로써 필수아미노산의 상호보완이 일어나는 것

TIP 식물성 식품에 부족한 아미노산과 단백질의 상호보조효과

식품	부족한 아미노산	상호보조효과 증진법
콩류	메티오닌	두부와 쌀밥
곡류	리신, 트레오닌	콩밥, 팥밥
견과류 및 종자류	리신	• 콩과 참깻가루를 섞어 만든 미소된장 • 땅콩과 완두 등의 콩을 섞은 샐러드
채소류	리신	나물과 쌀밥, 채소와 견과류를 섞은 샐러드
옥수수	트립토판, 리신	옥수수와 달걀을 섞은 볶음밥

SECTION 04 | 단백질의 소화 · 흡수

1. 소화

① 위

 ㉠ 펩신은 유문 점막에서 펩시노겐으로 분비되며 염산에 의해 활성

 ㉡ 단백질 내부의 방향족 아미노산을 함유한 펩티드 결합의 분해

 ㉢ 자가 촉매로 다른 펩시노겐의 활성을 도움

빈 칸 채우기

펩신은 유문 점막에서 (   )(으)로 분비되며, 염산에 의해 활성된다.

정답 | 펩시노겐

---

② 소장 : 아미노산으로 완전히 가수분해

기관	비활성 전구체			활성 촉진물질 소화작용
	비활성 전구체	활성 촉진물질	활성 효소	
위	펩시노겐	위산	펩신 레닌(유아)	• 단백질 → 펩톤 • 카세인 → 응유
췌장	트립시노겐	엔테로키나아제	트립신	펩톤 내부의 알라닌 Lys → 폴리펩티드, 디펩티드
	키모 트립시노겐	활성 트립신	키모트립신	펩톤 내부의 Tyr, Phe, Trp → 폴리펩티드, 디펩티드
	프로카르복시펩티다아제	활성 트립신	카르복시펩티다아제	카르복시 말단 → 디펩티드, 아미노산
소장	―		아미노펩티다아제	아미노 말단 → 펩티드, 디펩티드, 아미노산
			디펩티다아제	디펩티드 → 아미노산

2. 흡수 및 운반

① 아미노산은 소장 점막세포에서 촉진확산이나 2차 능동수송으로 상부에서 흡수

② 장 점막세포로 흡수된 아미노산은 대부분 간문맥을 거쳐 간으로 운반되어 대사되고, 일부는 다시 혈액으로 나와 각 조직에 운반되어 대사됨

③ 특이체질의 경우 특정 단백질 아미노산으로 분해되지 않은 체 장벽을 통과하면 체내에서는 항체를 생성. 특정 단백질 흡수 시 방어기능으로 알레르기(allergy) 현상

SECTION 05 | 단백질 섭취와 건강

1. 단백질에 영향을 주는 요소 중요

① 생리 상태 : 체격, 연령, 성장기, 소모성질환자, 고열 환자의 경우 필요량 증가

② 식이의 열량 섭취량 : 적절한 에너지 섭취는 단백질의 절약작용

③ 필수아미노산 양과 총질소 섭취량 : 필수아미노산 조성이 높을수록 단백질 필요량은 감소함

 퀴즈

소모성질환자나 고열 환자의 경우 단백질의 필요량이 증가한다. (○/×)

정답 | ○

2. 섭취

① 1일 평균 단백질 필요량 : 질소평형을 위한 0.66g/kg에 소화흡수율을 보정한 0.73g/kg
② 권장섭취량 : 30~64세 남 60g, 여 50g, 65세 이상의 남 55g, 여 45g

3. 급원식품

① 우리나라는 동물성 급원식품보다는 주로 식물성 급원식품에 의존
② 100g당 단백질 함량은 육류와 어류, 콩류 약 20g 내외, 곡류 2g

4. 관련 질병

① 콰시오커
　㉠ 아프리카, 남아메리카, 아시아, 서인도 제도 등 이유기 또는 그 직후의 아이들에게 흔히 나타나는 극심한 단백질 결핍증
　㉡ 성장 지연, 간 장애, 머리카락 변색(오렌지색), 피부염, 소화기 장애, 신경계 장애, 부종 등
② 마라스무스
　㉠ 아프리카 지역은 식량 부족으로 이유기와 유아기에 열량과 단백질이 극도로 결핍된 상태
　㉡ 모발의 색이 변하지 않고 부종이 일어나지 않으며 극도로 체중이 감소, 전신 쇠약
③ 선천성 아미노산 대사이상증
　㉠ 효소 유전자에 이상이 생기면 여기서 합성된 아미노산 이상 대사물질의 축적, 대사물질의 결핍 등이 발생하여 질병을 초래
　㉡ 영유아에게 발생 빈도가 높은 것은 페닐케톤뇨증, 호모시스틴뇨증

TIP 단백질과 관련된 질병에 따른 증상

질병명	증상
고암모니아혈증	구토, 의식장애, 지능장애
페닐케톤뇨증	지능장애, 한피부 경련
티로신 선천성백피증	• 간비종, 소경변, 구루병 • 흰피부, 백발
호모시스틴뇨증, 시스틴뇨증, 히스티딘증	• 수정체 편위, 경련, 지능장애 • 지능장애, 언어발달지체, 지능장애

PART 01
PART 02
PART 03
PART 04
PART 05
PART 06
PART 07
PART 08
PART 09

1. 동적 평형

① 단백질 전환의 과정으로 단백질의 합성과 분해가 지속적으로 일어나는 현상

② 성인은 하루에 섭취하는 단백질량과 체외로 배설되는 양이 같은 상태

2. 아미노산 풀(amino acid pool)

① 식이섭취와 단백질 분해 등으로 세포 내에 유입되는 아미노산의 양

② 크기 : 식이섭취량, 체내 함량, 재활용 등에 의해 결정

③ 분해대사 : 단백질 섭취의 부족으로 부족한 아미노산을 단백질 분해과정으로 생성함

④ 합성대사 : 과잉의 아미노산들이 에너지, 포도당, 지방생성에 사용

3. 아미노산 대사

① 단백질 합성 : DNA의 유전정보를 m-RNA에 전사하여 리보솜에서 아미노산 풀에 따라 아미노산의 펩티드 결함을 형성

② 탈아미노 반응

    ㉠ 아미노산을 a-케토산, 암모니아로 분해하는 과정

    ㉡ 글루탐산 탈수소효소, 보조효소로 $NAD^+(NADP^+)$ 필요

③ 암모니아는 간에서 이산화탄소와 결합하여 요소회로로 배출되며 a-케토산은 TCA 회로에서 산화

④ 아미노기 전이반응

    ㉠ α-아미노산에서 아미노기를 전이하여 α-케토산으로 새로운 아미노산을 형성하는 과정

    ㉡ 아미노기 전이 효소, 보조효소 피리독살인산(PLP) 필요

    ㉢ 불필수 아미노산을 합성하거나 아미노기가 제거된 탄소골격(에너지 생성, 포도당 합성, 지방산 합성. 케톤체 합성)을 이용하기 위해 일어나는 반응

⑤ 포도당 생성 : 당생성아미노산으로 간에서 포도당 신생과정을 거쳐 포도당을 생성하거나 TCA 회로에서 ATP 생성

⑥ 지방산 및 케톤체 : 케톤생성아미노산은 아세틸 CoA를 통해 지방산, 케톤체를 합성하거나 TCA 회로로에서 ATP 생성

TIP 요소별 생성 아미노산

분류	생성 아미노산
지방산 및 케톤체	류신, 라이신
포도당, 케톤	이소류신, 페닐알라닌, 티로신, 트립토판, 트레오닌
포도당	알라닌, 세린, 글리신, 시스테인, 아스파르트산, 아스파라긴, 글루탐산, 글루타민, 아르기닌, 히스티딘, 발린, 메티오닌, 프롤린

⑦ 탈탄산반응
　㉠ 아미노산이 비타민 B를 조효소로 하는 탈탄산효소에 의해 탄산가스를 분리하여 아민이 생성되는 과정
　㉡ 도파민, 세로토닌, 카다베린, γ-아미노부티르산 등 생체 아민류 생성
⑧ 요소회로와 질소 배설물
　㉠ 요소회로과정 : 탈아미노반응 결과 떨어져 나온 질소는 암모니아를 형성. 독성을 가진 암모니아는 알라닌 형태로 되어 문맥순환 이후 이산화탄소와 결합하여 요소로 전환. 1회전당 4 ATP 소모
　㉡ 요소를 직접 생산하는 전구체인 아르기닌은 가수분해효소에 작용에 의해 요소와 오르니틴으로 분해
　㉢ 요소의 질소, 탄소원자인 아스파르트산과 NH_4^+와 CO_2 운반체 역할을 오르니틴이 함
　㉣ 시트룰린, 아사파르트산 → 아르기노숙신산 → 아르기닌, 푸마르산 → TCA회로와 연결 - 생성된 요소는 배출

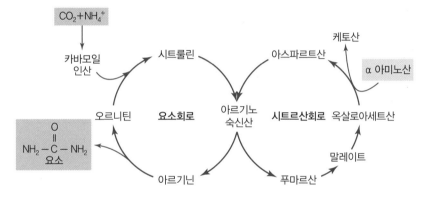

⑨ 크레아틴
　㉠ 신장에서 아르기닌, 글리신, 메티오닌 등에 의해 합성
　㉡ 크레아틴인산의 형태로 근육에 저장되어 있다가 ADP를 인산화시켜 ATP로 만들어 근육 수축에 이용

4. 질소평형
① 질소의 섭취량과 배설량이 같은 상태를 유지하려는 것으로, 단백질 함량이 일정함을 뜻함
② 양의 질소평형 : 질소의 섭취량이 배설량보다 많은 상태로, 단백질 함량이 증가되었음을 의미
　例 기아, 성장, 임신, 수술 후, 질병 회복, 신체 훈련
③ 음의 질소평형 : 질소의 배설량이 섭취량보다 많은 상태로, 단백질 영양불량을 의미
　例 영양불량, 질병, 감염, 수술 후 회복, 화상, 발열

PART 01
PART 02
PART 03
PART 04
PART 05
PART 06
PART 07
PART 08
PART 09

CHAPTER 05 | 에너지

SECTION 01 | 에너지와 열량가

1. 칼로리(calorie ; cal)

① 1kcal : 1기압에서 물 1kg을 섭씨 1℃(14.5℃에서 15.5℃)로 올리는 데 소모되는 열량

② 1kcal = 1,000cal

2. 식품 열량가

직접법(봄열량계)과 간접법(산소열량계)으로 구분

> **TIP** 영양소의 생리적 열량가(Atwater 계수)

구분	탄수화물	지방	단백질	알코올
칼로미터로 측정된 열량(kcal/g)	4.15	9.45	5.65	7.10
질소의 불연소로 인한 손실(kcal/g)	0	0	1.25	–
체내에서의 소화율(%)	98	95	92	100
생리적 열량(kcal/g)	4	9	4	7

3. 에너지 대사량의 측정

① 대사열량계 측정 : 사람이 활동하면서 발생하는 열량에 의한 온도 변화를 직접 측정

② 호흡가스 측정기 이용 : 호흡할 때 소모되는 산소와 생산되는 CO_2 양을 측정

③ 이중표시수분방법 : 평상시 활동을 그대로 유지하도록 하면서 안정동위원소를 이용하여 하루 에
너지 소비량을 측정하는 방법

빈 칸 채우기

에너지 대사량을 측정하는 방법 중 호흡 시 소모되는 산소와 생산되는 CO_2의 양을 측정하는 방법은 ( )을/를 이
용하는 방법이다.

정답 | 호흡가스 측정기

---

1. 기초대사량(Basic Metabolic Rate; BMR)

① 개요
- ㉠ 완전한 공복상태에서 생명을 유지하는 데 필요한 최소한의 에너지
- ㉡ 식후 12~14시간 경과하고 잠에서 깬 직후에 심장박동, 호흡, 체온조절 등에 필요한 에너지를 침대에 누운 안정상태에서 측정

② 기초대사량에 영향을 주는 요소
- ㉠ 체격과 신체 조성 : 근육량, 체지방, 체표면적의 차이에 따라 다름
- ㉡ 성별 : 남자는 여자에 비해 골격근이 많고 지방조직이 적음(남자가 10~12% 높음)
- ㉢ 호르몬
  - 부신호르몬, 갑상선호르몬 대사 속도를 촉진하여 영향을 줌
  - 티록신 : 갑상선 기능이 저하되면 티록신의 분비 감소로 인해 기초대사량이 30%까지도 저하, 갑상선 기능이 항진되면 기초대사량이 50~75%까지 증가
- ㉣ 연령 : 출생 후 2년까지는 기초대사량이 증가하다가 이후 점차 감소
- ㉤ 임신 : 임신 6개월에서 9개월 사이에는 기초대사량이 약 20% 증가
- ㉥ 체온
  - 체온의 상승은 기초대사를 항진시킴
  - 체온이 1℃ 오를 때마다 기초대사량이 평균 13% 상승
- ㉦ 환경온도 : 환경온도가 26℃일 때 대사율이 가장 낮으며, 이보다 높거나 낮은 온도에서는 대사율이 항진
- ㉧ 영양불량과 과잉영양 : 에너지 섭취량이 오랜 기간 에너지 소비량보다 적으면 기초대사량은 예측치보다 20~30% 감소
- ㉨ 수면 : 근육이나 정서상태가 기초대사량을 측정하는 조건보다 더 이완되어 있어 에너지 필요량이 감소
- ㉩ 흡연 : 니코틴은 기초대사량을 10%가량 증가시키며, 식욕을 억제시킴

TIP 기초대사량에 영향을 미치는 인자

증가 요인	저하 요인
• 골격근 증가 • 성-남자 • 갑상선기능 항진 • 임신 • 사춘기 • 극단적인 환경온도 • 흡연	• 지방조직 증가 • 성-여자 • 갑상선기능 저하 • 수면 • 노령 • 영양불량

③ 식사 열발생
　㉠ 식이성 발열효과 : 식품 섭취에 따른 영양소의 소화와 흡수, 이동, 대사, 저장 등의 과정에 소요되는 에너지
　㉡ 일상적인 식사를 할 때 식이성 발열효과는 섭취하는 총에너지의 10%
　㉢ 탄수화물 5~10%, 단백질 20~30%, 지질 0~5%
④ 1일 에너지 소비량 산출
　㉠ 24시간 동안의 기초대사량＋활동대사량＋식사열발생
　㉡ 에너지 필요추정량 산출 방법 이용

TIP 에너지 필요량 추정공식

성인남자	• 662－9.53 연령(세)＋PA(15.91×체중(kg)＋539.6×신장(m)) • PA＝1.0(비활동적), 1.11(저활동적), 1.25(활동적), 1.48(매우 활동적)
성인여자	• 354－6.91 연령(세)＋PA(9.36×체중(kg)＋726×신장(m)) • PA＝1.0(비활동적), 1.12(저활동적), 1.27(활동적), 1.45(매우 활동적)

• PAL : 신체활동수준. 사람의 1일 총에너지 소비량을 기초대사량(휴식대사량)으로 나눈 값
• PA* : 신체활동단계별 계수. 신체활동수준을 활동단계의 4단계로 분류하고 수치화한 값
* 평균적인 우리나라 성인 남녀의 에너지필요추정량은 남녀 각각 저활동적 수준

SECTION 03 | 알코올 대사

1. 알코올 대사
① 주로 위장과 소장으로부터 흡수되어 간으로 옮겨져 대사
② 대부분의 알코올은 세포질에서 산화
③ 고농도의 알코올이 존재할 때 퍼옥시솜의 카탈라아제(catalase)도 알코올을 산화

	알코올 탈수소효소		알데히드 탈수소효소			
알코올	⟶	아세트알데히드	⟶	아세트산	⟶	아세틸 CoA

2. 건강문제 중요
① 증가한 아세틸 CoA를 이용한 지방 및 콜레스테롤 합성 증가(지방간, 고지혈증)
② 대사과정 각 단계에서 NAD^+로부터 NADH 생성 → 알코올 대사에 이용됨 → 포도당신생과정 저해(저혈당), TCA 회로 차단으로 케톤체 증가(케토시스), 생성된 젖산의 배설은 요산배설을 저해(고요산혈증, 통풍)
③ 위산의 분비를 촉진 → 식도염, 위염, 위궤양, 십이지장궤양

3. 알코올과 영양

① 티아민, 리보플라빈, 비타민 B, 비타민 C(수용성 비타민) 결핍증 초래

② 아연, 마그네슘, 철분 등의 결핍 초래

③ 비타민 D를 저해하여 칼슘의 흡수를 방해, 비타민 E 혈장 수준을 저하

④ 비타민 A의 대사를 증가시켜 간의 저장량을 감소시킴

PART 01
PART 02
PART 03
PART 04
PART 05
PART 06
PART 07
PART 08
PART 09

CHAPTER 06 | 비타민

SECTION 01 | 개요

1. 비타민

신체 성장, 발달, 유지에 필수적인 역할을 하며 미량 필요하지만 체내 합성이 불가능하며 섭취 부족 시 독특한 결핍 증상을 초래하는 필수영양소

지용성 비타민		수용성 비타민	
종류	화학명	종류	화학명
비타민 A 비타민 D 비타민 E 비타민 K	레티놀(retinol) 콜레칼시페롤(cholecalciferol) 토코페롤(tocopherol) 필로퀴논(phylloquinone)	비타민 C	아스코르브산(ascorbic acid)
		비타민 B_1	티아민(thiamin)
		비타민 B_2	리보플라빈(riboflavin)
		비타민 B_6	피리독신(pyridoxine)
		비타민 B_{12}	코발라민(cobalamin)
		니아신(niacin)	니코틴산(nicotinic acid)
		엽산(folic acid)	폴라신(folacin)
		판토텐산	판토텐산(pantothenic acid)
		콜린(choline)	콜린(choline)
흡수	림프로 먼저 들어간 후 혈류로 흡수	혈류로 직접 흡수	
운반	운반단백질 필요	혈액 내에서 자유로이 수송	
저장	지방세포에 축적	체액에서 자유로이 순환	
결핍증	서서히 발생	쉽게 발생	
배설	쉽게 배설되지 않음	과잉 섭취 시 소변으로 배설	
독성	비타민 보충제로 과잉 섭취 시 독성 수준에 도달할 가능성이 큼	과잉 섭취해도 독성 수준에 도달하기 어려움	
필요량	주기적인 섭취 필요함	소량씩 자주 섭취 필요함	

1. 비타민 A

① 종류

    ㉠ 레티노이드(retinoid) : 레티놀(retinol), 레티날(retinal), 레티노산(retinoic acid)은 주로 동물성 식품에 존재하며 신체에서 대부분 지방산과 결합한 레티닐에스테르로 저장

    ㉡ 카로티노이드(carotenoid) : 프로비타민 A(전구체)라고 불리기도 하며 β-카로틴, α-카로틴, γ-카로틴, 크립토잔틴(cryptoxanthin)은 주로 식물성 식품에 존재

② 체내 작용

    ㉠ 시각 : 망막의 시각세포에서 레티놀은 레티날로 전환되어 옵신단백질과 결합하여 로돕신을 생성, 로돕신은 어두운 곳에서 옵신과 레티날로 재분리되어 시각 형성

    ㉡ 세포 성장과 분화 : 상피세포의 분화를 도와 세포의 생성·유지에 중요, 골격 이상이나 성장 지연 방지

    ㉢ 항산화작용 및 카로티노이드의 항암작용

③ 흡수와 대사

    ㉠ 소장에서 레틸에스테르는 담즙과 췌액효소에 의해 레티놀과 지방산으로 가수분해

    ㉡ 장점막세포 내로 흡수되어 다시 에스테르화되어 킬로미크론을 구성하여 림프계로 들어가 간으로 운반, 대사, 저장됨

    ㉢ 대부분 간에서 저장되지만, 일부는 레티놀로 재전환되어 혈액을 통해 눈이나 다른 조직으로 운반되어 이용

④ 결핍증과 과잉증

    ㉠ 결핍증 : 야맹증, 안구건조증, 각막연화증, 모낭각화증, 피부 건조

    ㉡ 과잉증

      • 고비타민A혈증(레티노이드 권장량 1~4배 장기 복용 시), 식욕 상실, 구토, 피부 건조, 두통 등

      • 임신기 과잉 섭취 주의(사산, 기형, 출산아의 영구적 학습 장애)

⑤ 급원식품 : 간, 생선 간유, 우유, 유제품, 버터, 난황, 적황색채소, 당근, 복숭아, 감, 살구 등

퀴즈

비타민 A 결핍 시 구토, 두통 등이 나타날 수 있다. (○/×)

정답 | ×

해설 | 제시된 증상은 비타민 A 과잉증에 해당한다. 비타민 A의 결핍 증상은 야맹증, 안구건조증, 각막연화증, 모낭각화증 등이 있다.

2. 비타민 D

① 개요

  ㉠ 칼시페롤(calciferol)이라고도 불리며, 7 - 디히드로콜레스테롤이 비타민 D로 전환되고, 대사 작용기전이 스테로이드 호르몬과 유사함

  ㉡ 급원

  • 식물성 급원 : 비타민 D_2(에르고칼시페롤)

  • 동물성 급원 : 비타민 D_3(콜레칼시페롤)

② 체내 작용

  ㉠ 혈청 칼슘 농도 조절 : 부갑상선호르몬과 함께 혈청 칼슘 항상성을 유지하는 작용

  • 소장 점막세포에서 칼슘과 인의 흡수를 촉진

  • 파골세포(osteoclasts)에서 뼈에 있는 칼슘이 혈액으로 용출되는 것을 촉진

  • 신장에서 칼슘의 배설을 감소

  ㉡ 세포의 증식과 분화의 조절 : 비타민 D 수용체를 가진 여러 조직에 작용하여 핵 속에서 세포 성장과 세포주기에 관계된 조절인자를 만드는 유전자의 발현을 조절

③ 흡수 및 대사 중요

  ㉠ 담즙액에 의해 소화, 흡수된 비타민 D는 킬로미크론으로 합성되어 림프계를 통해 간에 저장

  ㉡ 햇빛, 자외선 노출 시 7 - 데하이드로콜레스테롤이 비타민 D_3 합성 후 간에서 수산화반응으로 25 - 히드록시 비타민 D_3로 전환되어 신장으로 이동하며, 1 - 알파 - 히드록시라아제에 의해 1, 25 - 디히드록시 비타민 D_3 활성형으로 흡수됨

④ 결핍증과 과잉증

  ㉠ 결핍증 : 구루병, 골연화증, 골다공증

  ㉡ 과잉증 : 고비타민D혈증, 고칼슘혈증

⑤ 급원식품 : 생선 간유, 달걀, 간, 버섯, 유제품, 비타민 D 강화 제품(유제품 및 마가린 등)

빈 칸 채우기

비타민 D는 부갑상선호르몬과 함께 혈청 (   )의 농도를 조절하는 역할을 한다.

정답 | 칼슘

---

3. 비타민 E

① 개요

  ㉠ 8가지 천연화합물 : α, β, γ, δ - 토코페롤과 α, β, γ, δ - 토코트리엔

  ㉡ α - 토코페롤이 생물학적 활성 가장 높음

② 체내 작용

  ㉠ 항산화기능 : 세포막의 구성분인 레시틴의 불포화지방산이 강력한 항산화 역할

  ㉡ 지용성 영양소 보호, 적혈구막 보호, 만성질환 예방

③ 흡수 및 대사 : 담즙산에 의해 소화되고 킬로미크론을 형성하여 림프계를 통해 간에서 합성된 지단백에 의해 체내 각 조직으로 이동

④ 결핍증과 과잉증

　㉠ 결핍증 : 용혈성 빈혈(적혈구 파괴로 인함)

　㉡ 과잉증 : 출혈, 혈소판응집 감소(비타민 K 흡수 방해)

⑤ 급원식품 : 대두, 곡류 배아, 해바라기씨, 아몬드, 밀 배아, 아보카도, 종자류

👀퀴즈

비타민 E의 급원식품은 생선 간유, 달걀, 간, 버섯 등이다. (○/×)

정답 | ×

해설 | 제시된 식품은 비타민 D의 급원식품이다. 비타민 E의 급원식품은 대두, 곡류 배아, 해바라기씨, 아몬드 등이다.

---

4. 비타민 K

① 개요

　㉠ 식물성 급원 : 비타민 K_1(필로퀴논, phylloquinone)

　㉡ 동물성 급원 : 비타민 K_2(메나퀴논, menaquinone)

　㉢ 인공합성 : 비타민 K_3(메나디온, menadione)

② 체내 작용

　㉠ 혈액응고 : 프로트롬빈을 비롯하여 7종의 혈액응고인자의 합성에 관여

　㉡ 뼈 발달을 위한 비타민 K 의존성 단백질에 관여

　　• 뼈세포에서 칼슘과 결합할 수 있는 글루탐산을 3개 포함한 Gla(γ-카르복시글루탐산) 단백질

　　• 오스테오칼신(osteocalcin)*과 뼈의 기질에서 합성되는 뼈기질 Gla 단백질

　　*뼈를 형성할 때 저해 조절자로서 조골세포와 치아세포에서 생성되어 칼슘과 결합할 수 있는 글루탐산을 포함

③ 흡수 및 대사 : 담즙산에 의해 소화되고 킬로미크론을 형성하여 림프계를 통해 간에서 합성된 지단백에 의해 체내 각 조직으로 이동(주로 간에 저장)

④ 결핍증과 과잉증

　㉠ 결핍증 : 비타민 K 반응성 저프로트롬빈혈증

　㉡ 과잉증 : 빠른 배설로 독성을 나타내지 않음

⑤ 급원식품 : 간, 브로콜리, 양배추, 케일 등

1. 비타민 C

① 개요
  ㉠ 환원형 : L-아스코르브산, 산화형 : L-디히드로아스코르브산
  ㉡ 인간 및 일부 동물은 비타민 C 합성 불가, 식물과 동물은 포도당으로부터 합성

② 체내 작용
  ㉠ 콜라겐 합성 : 수산화효소를 활성화시켜 히드록시프롤린과 히드록시리신 형성에 필요
  ㉡ 항산화제 기능 : 세포 내 산화환원반응에 촉매적 작용
  ㉢ 철의 흡수 촉진
  ㉣ 카르니틴 합성
  ㉤ 엽산의 활성화, 항암 작용, 담즙산 생성, 갑상선호르몬 및 스테로이드 호르몬 합성, 멜라닌 색소 퇴색, 면역력 강화 등

③ 흡수 및 대사
  ㉠ 소장 하부에서 나트륨 의존성 능동수송에 의해 흡수
  ㉡ 뇌하수체, 부신피질, 백혈구, 수정체, 뇌에 고용량으로 저장

④ 결핍증
  ㉠ 괴혈병
  ㉡ 원인 : 알코올의존증, 흡연, 노령, 남자, 영양결핍식사, 과채류 섭취 부족, 과도한 스트레스 등
  ㉢ 1일 권장섭취량 : 남녀 100mg

빈 칸 채우기

비타민 C의 1일 권장섭취량은 남녀 구분 없이 (　　　)mg이다.

정답 | 100

---

2. 비타민 B₁(티아민)

① 개요 : 황을 포함하는 5원자고리 구조

② 체내 작용
  ㉠ 인산과 결합하여 조효소 형태인 티아민피로인산(thiamin pyrophosphate ; TPP)를 형성
  ㉡ 탄수화물, 아미노산(이소, 류신, 발린) 대사의 탈탄산반응에서도 조효소 TPP의 도움이 필요
  ㉢ 오탄당인 리보오스(ribose)로 전환시키는 케톨기 전이효소의 조효소로 관여

③ 흡수 및 대사
  ㉠ 소장 상부의 공장에서 능동운반에 의해 흡수
  ㉡ 혈액을 통해 간으로 이동하여 인산화되고 조효소 형태인 TPP(thiamin pyrophosphate)를 형성. 체내 총 티아민의 80%는 TPP 형태로 존재함

④ 결핍증 : 각기병, 습성각기 등
⑤ 급원식품 : 흰빵, 크래커, 시리얼, 돼지고기 가공육 등

3. 비타민 B$_2$(리보플라빈)

① 개요 : 조효소형태인 FMN(flavin mononucleotide), FAD(flavin adenine dirnucleotide)의 구성성분
② 체내 작용
    ㉠ FAD와 FMN은 TCA 회로, β-산화과정 등 에너지 대사과정에서 수소수용체로서 여러 가지 산화환원반응에 조효소로 작용
    ㉡ 비타민 B와 엽산의 활성화 과정, 부신피질호르몬의 합성 등에 관여
③ 흡수 및 대사
    ㉠ 소장 상부에서 능동수송에 의해 흡수
    ㉡ 장점막세포에서 인산화되어 FMN으로 전환
    ㉢ 간에서 FAD로 전환되어 이용
④ 결핍증 : 설염, 구순구각염, 지루성 피부염 등
⑤ 급원식품 : 간, 이스트, 우유, 달걀, 육류, 곡류, 녹황색채소, 김 등

4. 니아신(niacin)

① 개요
    ㉠ 니코틴산(nicotinic acid), 니코틴아마이드(nicotinamide)
    ㉡ 조효소 NAD(nicotinamideadenine dinucleotide), NADP(nicotinamide adeninedinucleotide phosphate)는 최소한 200개 이상의 대사과정에서 필요로 함
    ㉢ 열에 매우 안정적임
② 체내 작용
    ㉠ 니아신 조효소는 산화환원반응에 관여하는 탈수소효소의 조효소로 작용, 특히 ATP 생산 반응
    ㉡ NAD : 이화작용(해당작용, TCA 회로), 알코올 탈수소 효소
    ㉢ NADP : NADP의 환원형인 NADPH는 지방산 합성 및 스테로이드 합성과정의 환원반응, 펜토스 인산회로, 피브르산/말산 회로
③ 흡수 및 대사
    ㉠ 니코틴산과 니코틴아미드는 위에서 빠르게 흡수
    ㉡ 저농도 나트륨 의존성 촉진확산, 고농도 수동확산으로 흡수
    ㉢ 간에서 NAD, NADP로 변환되어 각 조직으로 이동
④ 결핍증 : 펠라그라, 4Ds(치매, 설사, 피부염, 사망)
⑤ 급원식품 : 육류, 가금류, 내장류, 버섯, 밀가루빵, 참치, 닭고기, 아스파라거스, 땅콩

5. 비타민 B₆(피리독신)

① 개요
- ㉠ 피리독신(PN), 피리독살(pyridoxal, PL), 피리독사민(pyridoxamine , PM) 등 6종의 유도체
- ㉡ 동물조직에는 인산화형태(PLP, PMP)

② 체내 작용 중요
- ㉠ 아미노산 대사
  - 아미노산에서 아미노기를 제거하여 케토산을 만들거나, 제거한 아미노기를 다른 케토산에 붙여주어 비필수아미노산을 만드는 등 탈아미노효소, 아미노기전이효소, 탈탄산효소, 라세미화효소와 같은 조효소로 작용
  - 비타민 B₆의 조효소 작용이 없다면 모든 아미노산은 필수아미노산이 되어 식사를 통해 공급받아야 함
- ㉡ 혈구세포 합성 : 림프구 생성에 필수 성분
- ㉢ 탄수화물 대사 : 포도당신생합성 작용에서 탄소골격체 제공
- ㉣ 지질 대사 : 리놀레산 → 아라키돈산 합성, 신경계 절연체(미엘린) 역할
- ㉤ 신경전달물질의 합성 : 트립토판 → 세로토닌, 티로신 → 도파민, 노르에피네프린, 히스티딘 → 히스타민, 글루탐산 → γ-아미노부티르산(GABA)
- ㉥ 비타민 생성 : 트립토판(아미노산) → 니아신

③ 흡수 및 대사
- ㉠ 소장 상부 공장에서 단순확산으로 쉽게 흡수
- ㉡ 간으로 운반된 후 PLP로 전환되어 주로 근육에서 글리코겐 분해 대사에 관여하는 효소로 작용함

④ 결핍증
- ㉠ 잠재적 결핍은 흔하게 나타남
- ㉡ 지루성피부염, 빈혈, 경련, 우울증, 정신착란 등
- ㉢ 소구성 · 저색소성 빈혈

⑤ 급원식품
- ㉠ 동물성단백질(육류, 생선, 가금류), 시금치, 감자, 효모, 배아, 돼지고기, 간, 전곡류, 콩류, 감자, 바나나, 오트밀 등
- ㉡ 동물조직에는 인산화 형태(PLP, PMP)

6. 엽산(folic acid)

① 개요
- ㉠ 조효소는 테트라하이드로 엽산(tetrahydro folic acid ; THF)
- ㉡ 열에 불안정하며 공기 중 빛, 열에 쉽게 산화

② 체내 작용
- ㉠ 퓨린과 피리미딘의 합성 : DNA와 RNA의 합성
- ㉡ 헴의 형성 : 헤모글로빈 합성
- ㉢ 세린과 글리신의 상호 전환
- ㉣ 페닐알라닌에서 티로신, 히스티딘에서 글루탐산을 생성
- ㉤ 에탄올아민에서 콜린 합성
- ㉥ 호모시스테인에서 메티오닌을 생성

③ 흡수 및 대사
- ㉠ 식품 중 글루탐산이 2~9개 결합된 폴리글루타메이트(polyglutamate) 형태로 존재
- ㉡ 소장에서 모노글루타메이트(monoglutamate) 형태의 가수분해 수소 4개가 결합하여 THF로 전환된 후 장점막세포로 흡수
- ㉢ 메틸기($-CH_3$)와 결합하여 메틸-THF 형태의 간과 다른 조직으로 운반되어 이용
- ㉣ 폴리글루타메이트 형태로 간에 저장
- ㉤ 담즙으로 분비되거나 대변으로 배설됨

④ 결핍증
- ㉠ 새로운 세포를 만들기 위한 필수 영양소 : 유아기, 성장기, 임신기, 수유기 필요량 중요함
- ㉡ 거대적아구성빈혈 : 엽산 부족 시 적혈구 등의 세포들이 DNA 합성이 불가능하여 성숙한 적혈구로 분열되지 못하여 크기가 비정상적인 상태
- ㉢ 성인남녀 400㎍ DFE

⑤ 급원식품 : 간, 강화시리얼, 곡류, 콩류, 녹색채소(시금치, 양상추, 아스파라거스, 브로콜리 등), 달걀, 콩, 김, 다시마, 오렌지 등

빈 칸 채우기

엽산이 부족할 경우 적혈구가 성숙한 적혈구로 분열하지 못해 비정상적인 크기가 되는 (   )이/가 발생할 수 있다.

정답 | 거대적아구성빈혈

---

7. 비타민 B₁₂

① 개요
- ㉠ 코발트를 함유한 비타민, 코발라민
- ㉡ 조효소는 메틸코발아민(methylcobalamin)
- ㉢ 비교적 안정하며, 열에는 강하지만 강한 빛에 파괴

② 체내 작용
  ㉠ 적혈구의 생성 및 악성빈혈증 조절 : 골수에서 혈액 생성
  ㉡ 신경조직의 유지 : 신경조직의 수초 합성
  ㉢ 지질 대사 : 메틸말론산을 숙신산으로 전환
  ㉣ 단백질 대사 : 메티오닌이나 단백질 합성에 관여
  ㉤ DNA 합성
③ 흡수 및 대사
  ㉠ 식품 중에 단백질과 결합한 형태로 존재
  ㉡ 위에서 펩신과 위산에 의해 단백질로부터 비타민 B_{12} 유리
  ㉢ 침샘에서 분비된 R-단백질과 결합하여 후 위에서 비타민 비타민 B_{12}-IF 복합체 형태로 칼슘의 존재하에 점막에 부착
  ㉣ 혈액 중 트랜스코발아민과 결합하여 간으로 운반
④ 결핍증 : 악성빈혈(거대적아구성빈혈, 신경세포 퇴화현상)
⑤ 급원식품 : 간, 내장기관, 동물성단백질, 생선, 달걀, 조개류, 우유

8. 판토텐산

① 개요
  ㉠ 코엔자임 A(Coenzyme A ; CoA)의 성분
  ㉡ 열, 알칼리, 산에 쉽게 파괴
② 체내 작용
  ㉠ CoA의 구성성분으로 아실기를 활성화시키고 지방산, 콜레스테롤 및 스테로이드 호르몬의 합성에 관여
  ㉡ CoA의 형태로 아세틸기를 운반하는 운반체로서 신경전달물질인 아세틸콜린 합성에 관여
③ 흡수 및 대사
  ㉠ 식품 중에 CoA의 성분으로 존재
  ㉡ 소장에서 판토텐산으로 유리되며 능동수송이나 단순확산에 의해 흡수
④ 급원식품 : 양송이버섯, 소간, 땅콩, 달걀, 이스트, 닭고기, 브로콜리

9. 비오틴(biotin)

① 개요
  ㉠ 비오틴과 비오시틴(비오틴이 단백질의 라이신과 결합한 형태) 2가지 형태
  ㉡ 열, 알칼리, 산에 쉽게 파괴
② 체내 작용 : 카르복실화반응으로서 카르복실라아제carboxylase에 필수적인 조효소로 탄수화물·아미노산·지방산의 대사에 관여
  ㉠ 지방산 생합성 : 아세틸 CoA에서 말로닐 CoAmalonyl CoA로 전환
  ㉡ 포도당 신생과정 : 피루브산에서 옥살로아세트산으로의 전환
  ㉢ 필수아미노산 분해 : 탄소골격이 TCA 회로로 들어가는 반응

③ 흡수 및 대사

　　㉠ 비오시틴 형태로 흡수되어 소장에서 단백질로부터 비오틴 유리

　　㉡ 단순확산이나 촉진확산에 의해 흡수

④ **급원식품** : 간, 닭고기, 달걀, 노른자, 우유, 이스트, 대두, 견과류 등

10. 콜린(choline)

① 최근에 비타민 B군에 추가된 영양소

② 간에서 세린으로부터 합성(비타민 B군과 엽산 등을 필요로 함)

③ 아세틸콜린의 전구체로서 주의력, 학습능력, 기억력, 근육조절작용 등에 관여

④ 인지질의 전구체

PART 01
PART 02
PART 03
PART 04
PART 05
PART 06
PART 07
PART 08
PART 09

SECTION 01 | 역할

① 체조직 구성(체중의 4%)
② 산·염기 평형 및 수분 평형
③ 효소작용 조절
④ 신경흥분 전달 및 기타
⑤ 인지질의 전구체

다량무기질(성인체중비율, %)	미량무기질(성인체중비율, %)
• 칼슘(Ca, 1.5~2.2%) • 인(P, 0.8~1.2%) • 칼륨(K, 0.35%) • 황(S, 0.25%) • 나트륨(Na, 0.15%) • 염소(Cl, 0.15%) • 마그네슘(Mg, 0.05%) *1일 필요량 100mg 이상	• 철(Fe, 0.004%) • 아연(Zn, 0.002%) • 구리(Cu, 0.00015%) • 망간(Mn, 0.00003%) • 요오드(I, 0.00004%) • 셀레늄(Se, 0.00003%) • 크롬(Cr) • 몰리브덴(Mo) • 불소(F) • 보론(B) • 코발트(Co)

SECTION 02 | 다량무기질

1. 칼슘

① 개요
  ㉠ 인체에서 가장 함량이 높은 무기질(체중의 1.5~2.2%)
  ㉡ 칼슘의 99% 골격과 치아, 나머지는 혈액과 연조직
② 체내 작용
  ㉠ 골격구성 : 칼슘과 인의 수산화물인 복합체인 하이드록시아파타이트로 존재
  ㉡ 근육의 수축 이완 : 소포체에 저장된 칼슘이 방출되면서 근육단백질인 액토미오신을 형성하며 근육 수축, 방출된 칼슘이 세포 내로 돌아가면 액토미오신이 분리되며 근육 이완

ⓒ 신경흥분 전달 : 세포외액으로부터 신경세포 내로 칼슘 이온이 유입되어 농도가 상승되면 신경전달물질 방출을 촉진

ⓔ 혈액 응고 : 칼슘이 프로트롬빈을 트롬빈으로 전환하여 수용성의 피브리노겐을 불용성의 피브린으로 전환하는 데 필수적

ⓜ 세포 내 대사 조절 : 칼모듈린(calmodulin)과 결합하여 칼모듈린 – 칼슘복합체를 형성

ⓗ 세포막의 투과성 조절

ⓐ 지방산이나 담즙산 결합하여 대장암을 예방, 혈압과 LDL – 콜레스테롤 농도를 낮춤

③ 흡수 및 대사

ⓐ 십이지장과 소장상부에서의 능동수송으로 흡수되고 고농도에서는 소장 전체를 통한 수동수송으로 흡수됨

TIP 칼슘 흡수에 영향을 미치는 요인

요인	식이 요인	생리적 상태
흡수 증가	• 비타민 D • 당질(유당, 포도당), 당알코올 • 단백질 • 비타민 C • 칼슘과 인의 동량 섭취	• 소장 상부의 산성 환경 • 칼슘 요구량 증가(성장, 임신) 칼슘 섭취 부족 • 부갑상선호르몬
흡수 저해	• 식이섬유 • 피틴산 • 옥살산 • 칼슘에 비해 과량의 인, 아연, 마그네슘, 철 • 흡수되지 않은 지방산 • 탄닌	• 소장 하부의 알칼리성 환경 • 폐경 • 노령 • 운동 부족 • 스트레스

ⓛ 칼슘 농도의 항상성(homeostasis) **중요**

• 혈중 칼슘 농도는 9~11mg/dL 수준으로 항상 유지됨

• 부갑상선호르몬, 비타민 D, 칼시토닌에 의해 조절

TIP 칼슘 평형에서 부갑상선호르몬, 비타민 D, 칼시토닌의 역할

구분	부갑상선호르몬	비타민 D	칼시토닌
혈중 칼슘	↑		↓
뼈의 칼슘	↓	부갑상선호르몬과 함께 작용	자극
신장 칼슘 재흡수	↑	↑	↓
소장 칼슘 재흡수	↑	↑	×

④ 결핍증과 과잉증
  ㉠ 결핍증
    • 구루병 : 성장기 칼슘 부족으로 석회화가 충분히 일어나지 못했을 때 발생
    • 골연화증 : 기질의 석회화가 충부하지 않은 상태, 비타민 D와 함께 부족할 때 발생
    • 골다공증 : 조골세포의 활성에 비해 파골세포의 활성이 비정상적으로 증가함에 따라 골질량 감소

┌───┐
│ TIP 골밀도 건강에 영향을 미치는 식사 및 생활습관 │
└───┘

골밀도 증가 요인	골밀도 저해 요인
• 충분한 칼슘 및 비타민 D 섭취 • 규칙적 월경 • 적정 체중 • 규칙적 체중부하운동	• 과량의 단백질, 인, 나트륨, 알코올 섭취 • 폐경, 무월경 • 흡연, 스트레스 • 저활동 • 일부 약물(예 코르티코스테로이드)

    • 고혈압, 결장암 및 비만
    • 근육강직
  ㉡ 과잉증
    • 변비 및 신장결석의 위험도 증가
    • 고칼슘혈증, 연조직의 칼슘 침착
    • 철분과 마그네슘, 아연 등 다른 미량무기질의 흡수 저해
⑤ 급원식품
  ㉠ 1일 권장섭취량 : 성인 남자(19~49세) 800mg, 성인 여자(19~49세) 700mg
  ㉡ 우유 및 유제품, 뼈째 먹는 생선, 굴, 조개, 두부, 칼슘 강화식(시리얼, 과일쥬스, 우유 등)

2. 인(P)

① 개요
  ㉠ 칼슘 다음으로 인체에 풍부한 에너지(체중 0.8~1.2%)
  ㉡ 칼슘과 함께 뼈와 치아에 약 85%, 모든 세포를 구성
② 체내 작용 **중요**
  ㉠ 골격구성
  ㉡ 산·염기 평형 조절
  ㉢ 체내 필수 화합물 구성 : DNA, RNA 등 핵산의 구성성분, 인지질(포스파티딜콜린)의 구성성분
  ㉣ 에너지 저장과 방출 : ATP, CTP 및 크레아틴인산을 합성하여 에너지를 저장
  ㉤ 산소 방출 : 헤모글로빈으로부터 산소를 유리하는 데 영향 미침
  ㉥ 효소의 활성화 : 티아민, 니아신, 비타민 B_6 등 조효소 형태로 활성화

③ 흡수와 대사
  ㉠ 식품의 유기인산염은 소장에서 가수분해되어 무기인으로 유리
  ㉡ 주로 십이지장과 공장에서 확산 또는 능동수송에 의해 흡수
  ㉢ 인의 체내 균형 : 비타민 D는 신장에서 인의 재흡수를 높이고 부갑상선호르몬, 에스트로겐, 포스파토닌 등은 인의 재흡수를 낮춤
  ㉣ 흡수율은 성인 기준 50~70%(성장기, 임신기, 수유기 때는 더 증가)
  ㉤ 칼슘과 인의 섭취비율을 1:1로 권장
④ 결핍증과 과잉증
  ㉠ 저인산혈증 : 식욕부진, 백혈구 기능 저하, 감염, 심박출량 감소, 뼈의 통증, 허약 등
  ㉡ 신부전이나 부갑상선기능저하증에서 고인산혈증 발생
⑤ 급원 : 거의 모든 식품, 어육류, 난류, 우유 및 유제품 등 단백질 함량이 높은 식품

3. 마그네슘

① 개요
  ㉠ 체내에서 네 번째로 풍부한 양이온
  ㉡ 세포 내에는 칼륨 다음으로 두 번째로 많이 함유(체중 0.05%)되었으며, 그중 60%는 뼈와 치아
② 체내 작용 **중요**
  ㉠ 골격과 신체 구성 : 칼슘(수산화마그네슘)이나 인(인산마그네슘)과 복합체를 이룸
  ㉡ 효소의 활성화 : 해당과정에 관여하는 주요 효소(헥소키나아제, 포스포프락토키나아제) 활성
  ㉢ ATP 구조의 안정화 : 인산화반응에서 ATP-Mg 복합체를 형성. ATP 구조적으로 안정화
  ㉣ 단백질 합성 및 cAMP 생성 : 아미노산 활성화, DNA 복사, RNA 전사, 핵산합성, 단백질 합성에 관여
  ㉤ 신경흥분 전달 : 신경과 근육세포의 막전압을 유지하는 데 관여
③ 흡수 및 대사
  ㉠ 섭취량이 낮은 경우 능동수송에 의하여 회장에서 흡수
  ㉡ 섭취가 증가하면 소장에서 단순 확산에 의해 흡수

TIP 마그네슘 흡수 관련 요인

흡수 증가 요인	흡수 저해 요인
• 비타민 D • 탄수화물 : 유당, 과당 • 단백질	• 피틴산 • 식이섬유 • 흡수되지 않은 과다 지방산 • 칼슘, 인

④ 결핍증 : 신경자극 전달과 근육의 수축이완작용이 제대로 조절되지 않아 경련(마그네슘테타니) 증상이 일어남

⑤ 급원
　　㉠ 1일 권장섭취량 : 성인 남자 360mg, 성인 여자 280mg
　　㉡ 녹색채소, 견과류, 두류, 커피, 차, 코코아

4. 황

① 체내 모든 세포에 존재(체중 약 0.25%)
② 체조직 및 주요 물질 구성 : 함황아미노산, 황산콘드로이틴, 인슐린, 헤파린, 글루타티온, 티아민, 판토텐산, 비오틴, 리포산 등의 구성 성분
③ 산·염기 평형 조절
④ 해독작용

5. 나트륨

① 개요
　　㉠ 세포외액의 주된 양이온(50%는 세포외액에, 10%는 세포내액에 존재)
　　㉡ 40%는 골격 표면에 존재(저장고 역할)
② 체내 작용 중요
　　㉠ 수분평형조절 : 나트륨과 칼륨의 농도차에 의해 삼투압으로 조절
　　㉡ 산·염기평형 조절 : 나트륨은 양이온으로서 세포외액의 정상적인 pH 유지 도움
　　㉢ 신경자극전달 : 나트륨과 칼륨의 농도 차에 의해 세포막 전위가 신경에 자극을 주고 근육에 전달하여 근육 수축됨
　　㉣ 영양소의 흡수: 포도당과 아미노산 등 영양소의 세포막 능동수송(나트륨칼륨 펌프)에 관여
③ 흡수 및 대사
　　㉠ 95% 소장에서 능동수송
　　㉡ 알도스테론의 작용에 의해 체내 나트륨 농도 조절

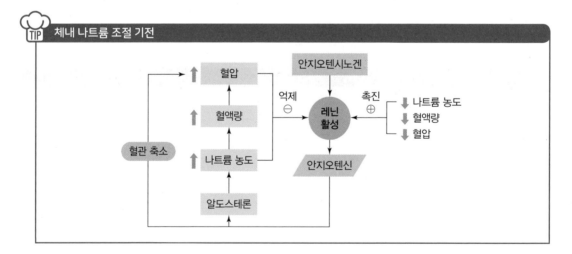

TIP 체내 나트륨 조절 기전

④ 결핍증과 과잉증

  ㉠ 저나트륨 혈증 : 무기력, 식욕부진, 설사, 두통 등

  ㉡ 고나트륨 혈증 : 고혈압, 부종

⑤ 급원

  ㉠ 1일 최소 필요량은 500mg, 1일 충분섭취량은 1,500mg

  ㉡ 소금, 장류, 화학조미료 등

6. 염소

① 개요 : 주로 소금의 형태로 나트륨과 함께 섭취되는 물질

② 체내 작용

  ㉠ 체액과 전해질의 균형

  ㉡ 위액의 산성 유지

  ㉢ 면역반응 : 백혈구 세포 활성

③ 흡수 및 대사 : 나트륨, 칼륨과 함께 소장에서 완전히 흡수

④ 급원

  ㉠ 충분섭취량 : 19~29세 성인 남녀 2,300mg

  ㉡ 나트륨과 함께 공급

7. 칼륨

① 개요

  ㉠ 칼슘, 인 다음으로 체내에 많이 존재

  ㉡ 나트륨의 2배 정도

② 체내 작용

  ㉠ 삼투압 유지와 수분 평형 조절

  ㉡ 산 · 염기 평형 조절

  ㉢ 신경자극 전달 및 근육 수축

  ㉣ 글리코겐과 단백질 합성

③ 흡수 및 대사 : 칼륨도 흡수율이 높아 섭취한 양의 90%가 소장에서 단순확산 또는 능동수송으로 흡수

④ 결핍증 : 식욕 부진, 근육 약화, 근육 경련, 마비, 부정맥 등

⑤ 급원

  ㉠ 충분섭취량 : 19~29세 성인 남녀 3,500mg

  ㉡ 식품에 널리 분포, 감자, 고구마, 시금치, 바나나, 과일, 우유, 두류, 육류, 전곡 등

PART 01
PART 02
PART 03
PART 04
PART 05
PART 06
PART 07
PART 08
PART 09

1. 철

① 개요

  ㉠ 헴철과 비헴철로 존재

  ㉡ 칼슘의 99% 골격과 치아, 나머지는 혈액과 조직, 저장철(페리틴), 이동철(트랜스페린), 시토크롬

② 체내 작용

  ㉠ 효소의 보조 인자 : 카탈라제, 페록시다제, NADH 탈수소효소, 숙신산탈수소효소, 사이토크롬 산화환원효소로 작용

  ㉡ 헤모글로빈과 미오글로빈의 구성성분으로 산소의 이동과 저장에 관여

  ㉢ 콜라겐 합성을 위한 효소의 보조 인자

③ 흡수 및 대사

  ㉠ 비헴철은 Fe^{2+}의 형태로, 헴철은 유리된 헴형태로 십이지장과 공장에서 주로 흡수(흡수율 10~15% 헴철 20~25%, 비헴철 5%)

  ㉡ 흡수된 철분은 혈액에서 철분 운반단백질인 트랜스페린에 결합하여 필요한 곳으로 이동

> **TIP 철의 흡수 관련 요인**
>
> | 흡수 증가 요인 | 흡수 저해 요인 |
> | --- | --- |
> | • 저장철의 고갈
• 헴철
• 생리적 철 요구량 증가(성장, 임신)
• 육류, 어류, 가금류
• 비타민 C
• 위산 | • 저장철의 증가
• 위산분비 저하
• 피틴산
• 옥살산
• 탄닌산
• 다른 무기질의 다량 섭취 |

  ㉢ 체내 이용 후 비장과 간에 페리틴의 형태로 저장, 소량 골수에 저장

  ㉣ 간에서 합성된 헤모시데린도 여분의 철을 저장하는 단백질

  ㉤ 골수에서는 에리트로포이에틴이라는 호르몬의 자극으로 적혈구를 형성

  ㉥ 수명을 다한 적혈구에서 빠져나온 철분은 트랜스페린과 결합하여 혈액을 돌다가 페리틴으로 저장되거나 골수에서 적혈구 생성에 재이용됨

④ 결핍증

  ㉠ 철 결핍에 민감한 대상 : 영유아, 청소년, 가임여성, 임신 후기의 임산부

  ㉡ 피로감, 무기력, 창백한 피부, 수행능력의 저하, 체온조절 장애, 학습행동 장애, 질병 저항력 감퇴 등

지표	정의	정상범위(성인)
헤모글로빈 농도	혈액의 산소운반능력에 대한 지표로 혈액 중 헤모글로빈이 차지하는 농도	• 남자 : 14~18g/dL • 여자 : 12~16g/dL
헤마토크리트	총혈액에서 적혈구가 차지하는 비율	• 남자 : 40~54% • 여자 : 37~47%
혈청 페리틴 농도	• 조직 내 철분 저장 정도(페리틴)를 알아보기 위한 민감한 지표 • 철 결핍 진행 1단계	100±60ug/dL
혈칭 철 함량	• 혈청 중 총 함량 • 트랜스페린과 결합된 혈	115±50ug/dL
총철결합능력	혈청 트랜스페린과 결합할 수 있는 철분의 양을 측정	300~360μg/dL
트랜스페린 포화도	• 철분과 포화된 트랜스페린의 비율 • 철 결핍 진행 2단계	• 남자 : 26~30% • 여자 : 21~24%
적혈구 프로토포르피린 함량	• 헴의 전구체로, 철분 결핍으로 인해 헴의 생성이 제한될 때 적혈구에 프로토포르피린이 축적 • 철 결핍 진행 3단계 : 헤모글로빈 농도와 평균 적혈구 용적 감소	0.62±0.27Mmol/L

⑤ 급원

　㉠ 권장섭취량 : 성인 남자 10mg, 가임기 성인 여자 14mg

　㉡ 간, 굴, 돼지고기, 쇠고기, 조개, 달걀, 배아, 참깨, 콩, 시금치, 파래, 들깻잎, 코코아 등

2. 아연

① 개요

　㉠ 체내 1.5~2.5g

　㉡ 90%는 근육과 골격에 있으며, 거의 모든 세포 내에 존재

　㉢ 여러 효소의 구성성분으로 작용, 핵산 합성, 면역기능에 필수적인 원소

② 체내 작용 중요

　㉠ 금속효소 구성 : 알칼라인포스파타아제(단백질과 뉴킬리오드 인산기 제거), 탄산탈수효소, 카르복실기분해효소, 알코올탈수소효소, 수퍼옥시드디스뮤타아제(SOD)

　㉡ 핵산 합성 : 징크핑거 모티프, 유전자 전사과정에 영향, RNA 중합효소의 구성물질

　㉢ 면역기능 : 모든 면역계의 물질에 현저한 영향, T세포의 발달과 림프세포의 분화, T세포의존성, B세포의 기능과 인터루킨-2 관계

　㉣ 세포분열과 분화 : 태아 및 소아의 경우 뇌발달의 저하와 함께 성장, 발육 지연

　㉤ 항산화작용 : 망막세포 손상 방지, 황반변성 및 시력 상실의 진행을 지연

　㉥ 미각기능 유지

③ 흡수 및 대사
   ㉠ 소장에서 흡수, 섭취량이 낮으면 소장의 흡수율 높아짐
   ㉡ 아미노산과 유기아연복합체가 형성되면 증가
   ㉢ 피틴산, 대두단백질, 옥산살, 식이섬유 및 구리, 철, 칼슘 등 흡수 저해하는 인자들
   ㉣ 메탈로티오네인 : 아연의 항상성 조절
④ 결핍증
   ㉠ 아연결핍에 민감한 대상 : 임산부, 어린이, 노인
   ㉡ 성장지연, 면역기능 저하, 식욕상실, 피부염, 번식력 감소, 골격 기형, 설사, 탈모 등
⑤ 과잉증
   ㉠ 구리대사를 방해하는 구리결핍성 빈혈
   ㉡ 구토, 설사, 식욕저하, 소화기장애, 면역기능 및 혈중 HDL 수준 저하
⑥ 급원
   ㉠ 권장섭취량 : 성인 남자 10mg, 성인 여자 8mg
   ㉡ 굴, 새우, 게, 붉은 고기, 해조류, 곡류의 배아 등

3. 구리

① 개요
   ㉠ 체내 100~150mg
   ㉡ 간, 뇌, 심장, 신장 등의 조직
   ㉢ 빈혈을 예방하기 위해 철과 함께 구리가 필요함
② 체내 작용 중요
   ㉠ 철의 흡수 및 이동 증진 : 철을 트랜스페린에 결합시켜 흡수된 철의 이동을 도우며 구리가 부족하면 철의 이용률이 감소하고 적혈구 합성이 저하되어 빈혈이 발생
   ㉡ 결합조직 정상 유지 : 콜라겐과 엘라스틴 합성에 관여
   ㉢ 에너지 생성 : 전자전달계 마지막 단계의 시토크롬 산화효소 조효소로 ATP 생성에 관여
   ㉣ 항산화작용(구리아연 – SOD), 신경전달물질 결합
③ 흡수 및 대사
   ㉠ 십이지장에서 40~70% 흡수
   ㉡ 메탈로티오네인의 생합성은 아연, 구리, 카드뮴에 의해 촉진(구리와 아연은 흡수될 때 서로 경쟁)
   ㉢ 알부민, 트랜스쿠푸레인과 함께 간으로 이동하여 셀룰로플라스민(총혈청 구리 90% 이동) 합성
④ 결핍증
   ㉠ 아연 섭취량이 많을 경우나 설사, 소화불량 시 발생
   ㉡ 빈혈, 백혈구 감소, 성장부진, 면역기능 저하
⑤ 과잉증
   ㉠ 윌슨병 : 유전적 결함에 의한 구리 과잉증, 담즙을 통해 배설되지 못하고 간, 뇌, 신장 등에 축적되어 간경변증, 뇌손상 등의 증상을 일으킴

   ⓛ 구토, 오심, 복통, 설사, 혼수, 간세포 손상, 사망

  ⑥ 급원

   ㉠ 성인의 권장섭취량은 800㎍, 상한섭취량은 10mg

   ⓛ 간, 굴, 가재, 패류, 견과류, 달걀, 콩류, 초콜릿, 코코아, 당밀, 곡류의 배아 등

4. 요오드

  ① 개요

   ㉠ 성인 체내 15~20mg

   ⓛ 70~80%는 갑상선에, 나머지는 혈액과 근육 등의 조직에 존재

  ② 체내 작용

   ㉠ 갑상선 호르몬의 중요한 성분

   ⓛ 갑상선 호르몬 : 체온 조절, 기초대사량 상승, 세포 분화, 성장 및 혈구 생성

   ⓒ 신경과 근육의 작용에 관여

  ③ 흡수 및 대사

   ㉠ 소장에서 흡수. 흡수율 100%가 되려면 30분~1시간 소요

   ⓛ 혈액 내 요오드화물로 존재

   ⓒ 갑상선세포는 혈중 요오드의 약 1/3가량을 선택적으로 흡수하여 갑상선호르몬 합성에 사용

  ④ 결핍증

   ㉠ 크레틴병 : 요오드가 결핍된 상태에서 임신하면 태아에게도 요오드가 부족하게 되어 발생, 정신 지체 등의 증상(크레아틴을 투여해도 증상 개선이 되지 않음)

   ⓛ 단순 갑상선종 : 뇌하수체가 갑상선자극호르몬을 과하게 분비하여 나타나는 증상

  ⑤ **과잉증** : 갑상선기능항진증, 바제도병 – 기초대사율 항진, 자율신경계 장애

  ⑥ 급원

   ㉠ 권장섭취량 150㎍, 상한섭취량 2.4mg

   ⓛ 근본적인 급원은 바닷물, 해산물, 다시마, 미역, 김 같은 해조류

5. 불소

  ① 개요

   ㉠ 치아 건강에 관련

   ⓛ 체내 95%의 뼈와 치아에 존재

  ② 체내 작용 중요

   ㉠ 골격의 인산칼슘 결정 형태인 히드록시아파타이트와 불소가 결합하면 불화수산화인회석이 형성되어 안정된 구조 형성

   ⓛ 치아 플라크 : 박테리아의 당 유입과 관련된 효소의 작용을 억제

   ⓒ 에나멜층 산성에 따른 충치를 예방

   ⓔ 골격의 불소의 농도는 섭취량에 비례, 불소 공급이 많은 지역에서는 골다공증 발생률이 낮다는 보고

③ 흡수 및 대사

    ㉠ 소장에서 산의 형태인 불화수소로 40% 이상 확산에 의해 흡수

    ㉡ 불화나트륨, 구강용품에 첨가된 형태의 단일불화인산 등의 흡수율 100%

    ㉢ 칼슘, 알루미늄, 마그네슘은 불소의 흡수를 감소시킴

    ㉣ 인산과 황은 불소의 흡수를 증가시킴

④ 결핍증

    ㉠ 충치 발생

    ㉡ 노인이나 폐경기 여성의 경우 골다공증

⑤ 과잉증 : 불소증(치아에 반점), 골격불소증

⑥ 급원

    ㉠ 식수에 불소가 충치 예방의 최적 농도인 1.0mg/L 정도 함유

    ㉡ 충분섭취량은 2.5~3.5mg

    ㉢ 해산물, 차, 뼈를 고아 만든 식품

6. 셀레늄

① 개요

    ㉠ 글루타티온과산화효소 구성요소

    ㉡ 체내 약 13~30mg

② 체내 작용 : 셀레노프로테인(항산화면역 능산화환원 조절, 갑상선기능 및 생식기능) 합성에 관여

    🔴 티오레독신환원효소, 글루타티온과산화효소

③ 흡수 및 대사

    ㉠ 셀레노메티오닌(selenomethionine)과 셀레노시스테인(selenocystein) 형태로 존재

    ㉡ 유기 메티오닌이 흡수되는 아미노산 경로 중 주로 십이지장에서 80% 정도 흡수

    ㉢ 피트산 셀레늄 흡수를 저해

④ 결핍증

    ㉠ 케산병 : 심근 질환

    ㉡ 괴사성 간 변성, 갑상선기능저하, 심혈관질환, 빈혈, 일부 암 발생의 위험 증가, 면역기능 저하, 감염 및 염증 증가 및 남성생식기능 저하

⑤ 과잉증

    ㉠ 탈모, 손톱 소실, 피부 손상, 치아 부식, 신경계장애 등

    ㉡ 성인 평균필요량 50㎍, 권장섭취량 60㎍, 상한섭취량 400㎍

⑥ 급원 : 육류, 어류, 조개류, 내장육

7. 망간

① 개요

    ㉠ 간, 골격, 췌장, 신장, 뇌하수체

    ㉡ 체내 10~20mg

② 체내 작용
  ㉠ 금속효소의 구성요소 : 아르기닌분해효소, 피루브산카르복실화효소, 망간-SOD 등
  ㉡ 지질과산화작용을 저해하는 SOD는 항산화효소
  ㉢ 영양소 합성, 신경전달물질 합성과 대사에 관련된 효소 보조인자
③ 흡수 및 대사
  ㉠ 소장에서 운반체에 의한 능동흡수 기전
  ㉡ 망간 흡수율은 2~15%로 매우 낮음(여성＞남성)
  ㉢ 식이섬유, 피트산, 옥살산은 망간을 침전시켜 흡수를 방해
  ㉣ 철, 칼슘, 구리와 상호 경쟁적으로 흡수
  ㉤ 간에서 알부민, 트랜스망가민, 트랜스페린 등에 결합하여 다른 조직으로 이동
  ㉥ 망간과 철이 혈액과 세포 내로 수송하는 운반단백질을 공유
④ 결핍증 : 혈액 응고 지연, 중추신경 장애, 뼈의 기형 등
⑤ 과잉증 : 탄광의 광부들 장기 노출 시 정신적 장애, 환상, 근육조절 장애, 과다행동증 등 중추신경계의 손상
⑥ 급원
  ㉠ 충분섭취량은 남녀 각각 4.0mg, 3.5mg, 상한섭취량은 11mg
  ㉡ 곡류, 마른 과일, 콩류, 잎채소

8. 크롬

① 개요
  ㉠ 인체에 소량이 존재
  ㉡ 당질 대사와 관련
  ㉢ 공장에서 능동수송 및 촉진확산 기전에 의해 흡수
  ㉣ 아미노산은 크롬과 리간드를 형성하여 흡수를 증가시킴
② 체내 작용 중요
  ㉠ 인슐린과 인슐린 수용체 사이에 복합체를 형성(당내성 인자)
  ㉡ 혈청 콜레스테롤을 낮추고 HDL 콜레스테롤을 증가시키는 등 지질 대사에 영향
  ㉢ 체중조절 : 제지방량의 유지와 체지방의 소실을 촉진
  ㉣ 핵산 대사 및 RNA 합성에도 관여
③ 급원
  ㉠ 충분섭취량 : 남녀 각각 $35\mu g$, $25\mu g$
  ㉡ 육류와 전곡

PART 01
PART 02
PART 03
PART 04
PART 05
PART 06
PART 07
PART 08
PART 09

CHAPTER 08 | 수분, 효소, 핵산

SECTION 01 | 수분

1. 체내분포

① 인체의 구성 성분 중 가장 많이 함유(체중의 50~70%)

② 연령이 증가할수록 서서히 감소하여 성인은 체중의 약 60~65%를 구성

③ 혈장은 약 90%의 수분을 함유하고 간·근육·신장·신경조직은 70% 이상, 뼈와 지방조직은 약 20%의 수분을 함유함

④ 체내의 물은 여러 물질을 함유하여 체액을 이루고 있음

   ㉠ 세포내액(Intracellular fluid ; ICF)

     • 체내 총 수분량의 약 60%, 체내에서 일어나는 대사반응이 이루어짐

     • 칼륨(K^+), 마그네슘(Mg^{2+}), 인산염(HPO_4^{2-})

   ㉡ 세포외액(Extracellular fluid ; ECF)

     • 체내 총 수분량의 약 40%, 혈장, 세포 간질액, 특수체액으로 나뉘며 산소 및 영양소와 노폐물을 운반함

     • 나트륨(Na^+), 칼슘(Ca^{2+}), 염소(Cl^-)

2. 체내 작용

① 영양소와 노폐물 운반

② 대사과정 관여

③ 소화액 및 분비물의 성분

④ 체온조절

⑤ 윤활 및 신체보호

⑥ 전해질 평형 및 산·염기 평형 유지

3. 수분 평형

① 수분 섭취

   ㉠ 물과 식품을 통해 체내에 공급되는 양은 1일 2,200mL 정도

     • 음료를 통한 공급량 : 1,000~1,600mL

     • 고형식품을 통한 공급량 : 800~1,400mL

- 대사수를 통한 공급량 : 200~400mL

※ 대사수 : 체내에서 열량영양소가 대사될 때 에너지 발생과 함께 생성되는 수분이며, 총수분공급량의 10% 미만으로 비교적 소량

② 수분 배설

　㉠ 소변을 통한 배설량 : 일반적으로 1일 1,200~1,700mL

　㉡ 피부를 통한 증발량 : 450~900mL

　㉢ 대변을 통한 배설량 : 100~200mL

　㉣ 폐에서 호흡을 통한 증발량 : 250~500mL

　㉤ 수분의 생성량과 배출량은 1일 1,450~2,800mL의 범위 안에서 평형을 이룸

③ 수분 평형 조절

　㉠ 수분 섭취 조절 : 시상하부의 삼투수용체에서는 혈액의 삼투압이 높아진 것을 감지하여 갈증을 느껴 물을 마시게 함

　㉡ 수분 배설 조절

　㉠ 항이뇨호르몬(ADH) : 신장에서 수분의 보유를 촉진(뇌하수체 후엽에서 분비)

　㉡ 알도스테론 : 신장에서 나트륨의 재흡수에 관여(부신피질에서 분비)

　㉢ 수분 부족으로 인한 혈액량 감소, 나트륨 섭취량이 증가 → 혈액의 삼투압 상승 → 시상하부가 뇌하수체 자극 → 뇌하수체 후엽으로부터 '항이뇨 호르몬' 분비

　㉣ 설사, 출혈, 나트륨 섭취 감소 → 혈장 나트륨 농도 저하 → 혈액량 감소 → 신장을 통과하는 혈류량 감소 → 신장에서 '레닌' 효소 분비 → 간에서 분비된 안지오텐시노겐을 활성형으로 전환시킴 → 부신피질 자극 → 알도스테론의 분비를 촉진

4. 결핍증과 과잉증

① 탈수

　㉠ 원인 : 운동으로 인한 과다한 발한, 지속적인 설사 및 구토, 고열, 출혈, 화상 등

　㉡ 체내 수분의 2% 손실 : 갈증

　㉢ 체내 수분의 4% 손실 : 근육의 강도와 지구력 저하

　㉣ 체내 수분의 10~12% 손실 : 근육경련이나 정신착란 증상

　㉤ 체내 수분의 20% 이상의 손실 : 의식 손실 및 사망

② 수분중독

　㉠ 필요 이상의 과량의 수분 섭취 시 전해질의 섭취가 동반되지 않으면 수분중독이 발생함

　㉡ 세포외액의 전해질 농도가 낮아져 삼투현상에 의해 세포외액의 물이 세포내액으로 이동하고, 칼륨이 세포외액으로 나오게 됨

　㉢ 근육경련, 발작, 혈압 저하, 심하면 혼수 및 사망

③ 부종
  ㉠ 세포간질액에 수분이 비정상적으로 축적되어 있는 상태
  ㉡ 원인
    • 단백질 결핍 및 나트륨 보유 등
    • 오랫동안 단백질 섭취가 부족하거나 신장기능 이상으로 단백뇨가 나타나 혈장의 단백질 농도가 저하되면, 혈장의 삼투압이 저하되어 혈액 중의 수분이 세포간질액으로 빠져나가 부종이 나타남
  ㉢ 증상 : 말초모세혈관이 있는 조직(손, 발 등)에 부종 발생

SECTION 02 | 효소

1. 효소의 정의 및 성분

① 극미량으로 생체의 여러 화학 반응을 촉진 또는 지연시키는 일종의 생체 촉매
② 효소의 본체는 고분자 물질로서 단순단백질로 되어 있는 효소와 복합단백질로 되어 있는 효소가 있음
③ 복합단백질로 되어 있는 경우 아포효소와 보조효소로 구분
  ㉠ 아포효소(apoenzyme) : 효소의 단순단백질 부분으로 활성화하려면 보조인자가 필요함
  ㉡ 보조효소(coenzyme) : 효소의 비단백질 부분. 아포효소에 결합되어야 활성을 갖는 유기화합물 또는 금속 유기화합물
  ㉢ 완전 효소(holoenzyme) : 아포효소와 보조효소가 결합된 형태(apoenzyme + coenzyme = holoenzyme)
  ㉣ 보조인자(cofactor) : 효소의 활성을 위해 필요한 무기화합물(Fe^{2+}, mg^{2+}, Mn^{2+}, Zn^{2+})

2. 효소의 명명법

관용적 명칭	• 펩신(pepsin) : 위에 존재하는 단백질 분해효소, 응유작용 • 트립신(trypsin) : 이자액에 존재하는 단백질 분해효소 • 디아스타아제(diastase) : 전분 분해효소
기질+ase	• 말타아제(maltase) : 맥아당을 가수분해하여 포도당 생성 • 셀룰라아제(cellulase) : 섬유소를 가수분해하여 셀로비오스 생성 • 프로테아제(protease) : 단백질을 가수분해하여 아미노산이나 펩티드 생성 • 리파아제(lipase) : 위에서 분비, 지질을 가수분해하여 지방산과 글리세롤을 생성시키거나 반대로 지방산과 글리세롤로부터 중성 지방질을 합성
반응명+ase	• 가수분해효소(hydrolase) : 가수분해반응을 촉진하는 효소 • 탈수소효소(dehydrogenase) : 탈수소반응을 촉진하는 효소 • 산화효소(oxidase) : 산화반응을 촉진하는 효소

3. 효소의 분류 – 국제생화학연합회 효소위원회의 분류(6개 그룹) 중요

계통번호	계통효소명	반응
1	oxidoreductase(산화환원효소)	• 산화 및 환원 반응 • lactate dehydrogenase, oxidase, peroxidase, hydroxylase, oxygenase 등
2	transferase(전이효소)	• 원자단의 전달 반응 • hexokinase(헥소스에 ATP로부터 인산기를 전이하여 대응하는 포도당–6–인산의 생성반응을 촉매하는 효소)
3	hydrolase(가수분해효소)	• 기질 결합의 가수분해 반응 • ptyalin, aminopeptidase, arginase 등
4	lyase(탈리효소, 제거효소)	• 비가수분해적인 기질의 원자단의 이탈 반응 • aldolase, fumarase, pectin lyase 등
5	isomerase(이성화효소)	• 입체 이성화 및 분자내 전이 반응 • glucose ketal isomerase, epimerase, mutase, racemase 등
6	ligase(합성효소)	• 결합 및 합성 반응 • DNA polymerase 등

TIP 응유효소

• 레닌(rennin) : 위에서 분비되며 카제인(casein)을 불용성의 파라카제인(paracasein)으로 만든다.
• 펩신(pepsin) : 위에서 분비되는 소화효소이며 펩시노겐(pepsinogen)의 형태로 분비된다.

4. 효소의 성질

① 기질과 효소분자

㉠ 기질(substrate ; S) : 효소의 작용을 받는 물질

㉡ 효소분자(E) : 기질과 결합하여 효소–기질 결합체(ES)를 형성한 후, 재조합을 일으켜 새로운 물질(P, 생성물)을 만드는 물질

$$E+S \leftrightarrows ES \rightarrow E+P$$

② 효소반응의 특이성

㉠ 효소는 특정한 물질(기질)에만 작용하는 특이성을 가짐

㉡ 절대적 특이성 : 한 종류의 기질에만 특이적으로 작용

㉢ 상대적 특이성 : 우선적으로 작용하는 기질이 있고 다른 기질에도 약간은 작용

5. 효소에 반응을 주는 인자 중요

① 온도

㉠ 대부분의 효소는 30~40℃에서 최대의 활성을 나타냄

㉡ 효소는 단백질이므로 일정 온도 이상이면 활성을 잃음(보통 80℃ 이상에서 불활성화)

㉢ 일반적으로 10℃ 온도 상승 시에 효소 반응속도는 약 2배로 증가

② pH

　　㉠ 대부분의 효소는 최적 pH가 4.5~8.0 범위이나, 기질의 종류에 따라 최적 pH가 달라짐

　　㉡ 일반적으로 강산이나 강알칼리에서는 활성을 잃지만 펩신과 아르기니아제는 각각 pH 1~2, pH 10에서도 최대 활성을 나타냄

③ 효소농도와 기질농도

　　㉠ 기질이 충분할 때 효소의 농도가 높아지면 반응속도가 비례하여 증가하고 생성물도 직선적으로 증가함

　　㉡ 효소의 농도가 일정할 때 기질의 농도가 높아지면 반응속도가 직선적으로 증가함

　　㉢ 기질의 농도가 높아지면 효소 반응속도(V)가 증가하여 최대 반응속도(V_{max})에 도달함

　　㉣ 최대 효소 반응속도의 1/2이 되는 지점($1/2\ V_{max}$)에서 기질농도(K_m)는 효소와 기질의 결합강도를 나타내며, 일반적으로 K_m 값이 작을수록 기질 친화성이 높음

 TIP K_m

효소 반응속도(V)가 $1/2\ V_{max}$가 되기 위해 필요한 기질의 농도

④ 촉진제

　　㉠ 여러 금속이온(Na^+, K^+, Ca^{2+}, Fe^{2+}, mg^{2+}, Zn^{2+}, Cu^{2+}, Mn^{2+} 등)은 효소의 작용을 촉진시킴

　　㉡ 금속이온은 효소 활성 부위의 한 부분을 형성, 단백질 표면의 하전 변화, 효소와 기질 간의 연결 등과 같이 다양한 방법에 의해 효소 활성을 촉진시킴

⑤ 저해제

　　㉠ 효소는 강산이나 강알칼리, 요소, 유기용매 등에 의해 변성되어 활성을 잃음

　　㉡ Ag^+, Hg^{2+}, Pb^{3+}와 같은 중금속이온, 황화물, 아비산, 모노요오드 초산 등에 의해 활성을 잃음

6. 저해작용

① 경쟁적 저해(competitive inhibition) 중요

　　㉠ 효소의 경쟁적 억제물질은 효소의 활성자리에 결합하기 위해 기질과 경쟁

　　㉡ 효소의 K_m은 증가, V_{max}는 변동 없이 일정

② 비경쟁적 저해(non-competitive inhibition)

　　㉠ 기질이 결합하는 효소의 활성자리와는 다른 곳에서 억제물질이 결합함

　　㉡ 효소의 V_{max}는 감소, K_m은 일정

③ 되먹임 저해(feedback inhibition) 중요

　　㉠ 대사경로의 최종 생성물이 최초 반응에 관여하는 효소를 특이적으로 저해하는 것

　　㉡ 효소의 활성자리 대신 별도의 조절자리에 비공유결합성으로 결합하고 가역적으로 해리됨

　　　　예 L-트레오닌으로부터 L-이소루신 합성과정에서 최종 생성물인 L-이소루신이 충분히 생성되었을 때, L-이소루신이 반응경로의 첫 단계인 트레오닌탈수효소의 작용을 방해함

SECTION 03 | 핵산

1. 핵산의 정의 및 구성 성분

① 정의 : 유전정보의 저장, 전달 및 발현에 중요한 역할을 담당하는 생체분자로, DNA(deoxyribonucleic acid)와 RNA(ribonucleic acid) 두 가지 유형이 있으며, 기본단위는 뉴클레오티드(nucleotide)

② 유형별 구성 성분 중요

  ㉠ DNA
  - 오탄당(deoxyribose), 인산, 염기로 구성
  - 생물학적 유전정보를 저장하고 전달
  - 이중나선구조로, DNA는 RNA보다 반응성이 작아 안정되어 있음

  ㉡ RNA
  - 오탄당(ribose), 인산, 염기로 구성
  - 단백질 합성에 관여함
  - 단일나선구조

  ※ 뉴클레오시드(염기+오탄당), 뉴클레오티드(염기+오탄당+인산기), 핵산(뉴클레오티드가 포스포디에스테르 결합으로 연속적으로 연결됨)

 핵단백질의 가수분해 순서

핵단백질 → 핵산 → 뉴클레오티드 → 뉴클레오시드 → 염기

③ 당
  ㉠ DNA를 구성하는 오탄당 : D-2-디옥시리보오스
  ㉡ RNA를 구성하는 오탄당 : 리보오스
  ㉢ 오탄당은 모두 β-D-푸라노오스의 구조

④ 염기 중요
  ㉠ DNA와 RNA에 공통적으로 함유되어 있는 염기
  - 퓨린염기 : 아데닌(adenine ; A), 구아닌(guanine ; G)
  - 피리미딘 염기 : 시토신(cytosine ; C)

ⓛ DNA를 구성하는 염기 : 피리미딘 염기인 티민(thymine ; T)

ⓒ RNA를 구성하는 염기 : 피리미딘 염기인 우라실(uracil ; U)

 퀴즈

티민(thymine)은 퓨린(purine) 유도체에 속한다. (ㅇ/×)

정답 | ×

해설 | 티민은 피리미딘 유도체에 속하며, 퓨린 유도체에는 아데닌(adenine), 구아닌(guanine), 크잔틴(xanthine) 등이 있다.

⑤ 뉴클레오티드

ⓘ DNA를 구성하는 뉴클레오티드 : 데옥시아데닐산, 데옥시구아닐산, 데옥시티미딜산, 데옥시시티딜산

ⓛ RNA를 구성하는 뉴클레오티드 : 아데닐산, 구아닐산, 우리딜산, 시티딜산

2. 핵산의 명칭

염기	nucleoside	mononucleotide(~MP)
아데닌(adenine)	아데노신(adenosine)	AMP
구아닌(guanine)	구아노신(guanosine)	GMP
시토신(cytosine)	시티딘(cytidine)	CMP
우라실(uracil)	우리딘(uridine)	UMP
티민(thymine)	티미딘(thymidine)	TMP

3. DNA와 RNA의 특징

구분	DNA(Deoxyribonucleic acid)	RNA(Ribonucleic acid)
분포	세포핵	세포질(cytosol)
당의 특성	2번 탄소에 수소가 부착되어 있는 deoxyribose로 구성	2번 탄소에 히드록실기가 부착되어 있는 ribose로 구성
구조	이중가닥의 사슬이 4가지 염기(A=T, G≡C)의 수소결합으로 이중나선구조 형성	단일가닥을 형성하며, RNA 종류에 따라 부분적인 이중나선 구조를 취함
종류와 기능	염색체의 성분으로 단백질을 합성할 때 아미노산 배열순서 정보 간직(유전자)	• mRNA(messenger RNA, 전령 RNA) : DNA를 주형으로 전사하여 유전 정보를 간직하며, 단백질 합성에 관여 • tRNA(transfer RNA, 전달 RNA) : 특정한 아미노산을 리보솜으로 운반 • rRNA(ribosomal RNA, 리보솜 RNA) : 단백질의 합성장소인 리보솜을 구성하는 RNA

PART 01

PART 02

PART 03

PART 04

PART 05

PART 06

PART 07

PART 08

PART 09

 DNA와 RNA의 염기 짝짓기(base pairing)

DNA 이중나선 구조에서 cytosine은 guanine과/pyrimidine은 thymine과 수소결합에 의해 연결되는 염기 짝짓기를 이룬다.

4. DNA의 복제(replication)

① DNA의 복제

 ㉠ 세포분열 시 새로운 세포의 유전자를 만들기 위해 원본과 똑같은 DNA를 합성하는 과정

 ㉡ 복제에는 DNA 복제효소계 또는 리플리솜(replisome)이라 불리는 20여 가지 효소가 관여함

 ㉢ mononucleotide 1개 결합에 2 ATP가 소비됨(ATP → AMP＋PP)

② DNA의 복제과정 **중요**

 ㉠ DNA는 4가지 염기(A, T, G, C)가 연결된 이중나선구조로 꼬여있음

 ㉡ 나선효소(helicase)가 DNA의 이중나선구조의 수소결합을 파괴시켜 풀어줌

 ㉢ DNA 결합단백질(DNA binding protein ; SSB)은 풀린 가닥이 다시 꼬이지 않도록 수소결합을 방해하여 안정화시킴

 ㉣ Leading strand(선도가닥)

  • 풀어진 두 줄 중 한 가닥에 시발효소(primase)가 붙어 뉴클레오티드 순서에 맞도록 시발물질(primer)이라는 DNA 합성 시작점을 생성함

  • DNA 중합효소(DNA polymerase Ⅲ)의 작용으로 5' → 3' 방향으로 하나의 뉴클레오티드(A＝T, G≡C)를 결합시켜 합성함

 ㉤ Lagging strand(지연가닥) : 두 줄 중 나머지 한 가닥에 시발효소(primase)가 붙어 시발물질(primer)을 만들고 여기에 DNA 중합효소(DNA polymerase Ⅲ)가 작용하여 5' → 3 방향으로 수많은 오카자키 조각(Okazaki fragment)을 형성함

 ㉥ 지연가닥이 모두 합성되면 DNA polymerase I의 가수분해 작용에 의해 시발물질(primer)이 제거되며, 시발물질이 있던 자리는 DNA polymerase I가 다시 채워져 완벽한 DNA 이중줄기를 만듦

 ㉦ DNA 연결효소(DNA ligase)에 의해 여러 개의 오카자키 조각을 연결하여 완전한 지연가닥의 DNA를 만듦

 DNA 복제과정에 관여하는 효소

helicase → primase → DNA polymerase Ⅲ → DNA polymerase I → DNA ligase

5. 단백질 생합성

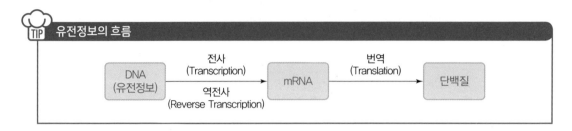

① DNA에 함유된 유전정보는 DNA → mRNA → 단백질의 일방통행으로 진행
② DNA 유전정보를 RNA polymerase의 존재하에 mRNA형태로 전사하고 염기배열에 따라 펩타이드 전이효소의 작용으로 아미노산을 차례로 결합시켜 단백질을 합성함
　㉠ 전사(transcription) : 단일 가닥의 DNA를 주형으로 mRNA 분자를 합성하는 과정이며, 전사과정을 통해 DNA의 정보 부분을 RNA 가닥에 복제함
　㉡ 번역(translation) : mRNA 분자를 주형으로 tRNA 분자 또는 rRNA 분자를 이용하여 단백질을 합성하는 과정으로 뉴클레오티드의 염기서열을 아미노산의 서열로 번역하는 것을 의미함

과목 마무리 문제

01 세포 내 소기관인 미토콘드리아의 설명으로 옳은 것은?

① DNA와 리보솜이 있다.
② 유전정보를 가지고 있다.
③ 원핵세포에 존재한다.
④ 단백질을 합성해낸다.
⑤ 소화작용을 한다.

해설 ┃ 세포대사에 의해 음식물을 산화시켜 에너지를 생산하는 과정과 세포에 필요한 거의 모든 에너지를 공급한다. 미토콘드리아는 진핵세포에만 존재한다.

02 탄수화물의 총에너지 섭취량의 몇 %인가?

① 45~55% ② 50~60%
③ 55~65% ④ 60~70%
⑤ 65~75%

해설 ┃ 탄수화물의 에너지 적정비율은 섭취량의 55~65%로 권장하고 있다.

03 식후 섭취한 당을 지방으로 전환시키는 데 관여하는 호르몬은?

① 인슐린 ② 갑상선호르몬
③ 성장호르몬 ④ 에스트로겐
⑤ 글루카곤

해설 ┃ 식후에 혈당치가 오르면 췌장에서 인슐린이 분비되어 혈당을 간과 근육세포, 지방세포로 이동시켜 간과 근육에서 글리코겐 합성을 촉진하거나 지방으로 전환하여 혈당치를 낮춘다.

04 포도당의 흡수가 과당보다 빠른 원인은?

① 단순확산되기 때문에
② 능동수송되기 때문에
③ 촉진확산되기 때문에
④ 운반체가 필요한 단순확산되기 때문에
⑤ 촉진확산과 단순확산이 함께 일어나므로

해설 ┃ 능동수송에 의한 흡수는 단순확산이나 촉진확산에 의한 흡수보다 속도가 빠르다. 포도당은 능동수송에 의해서 흡수되나, 과당은 촉진확산에 의해 모세혈관으로 흡수된다.

05 포도당의 대사과정 중 산화적 인산화를 통해 ATP를 생성하는 과정과 관련 있는 것은?

① 해당과정
② TCA 회로
③ 글리코겐 분해
④ 포도당 신생작용
⑤ 오탄당인산화 회로

해설 ┃ TCA 회로는 미토콘드리아에서 일어나며, 여기서 생성되는 NADH, FADH는 전자전달계를 통해 ATP를 생성한다.

정답 01 ① 02 ③ 03 ① 04 ② 05 ②

06 체내 글리코겐 합성과 분해에 대한 설명으로 옳은 것은?

① 글루카곤은 글리코겐의 합성을 촉진한다.

② 글리코겐의 저장량은 근육이 간보다 더 많다.

③ 근육의 글리코겐은 공복 시 혈당으로 이용된다.

④ 글리코겐의 합성과 분해는 서로 역반응으로 일어난다.

⑤ 간과 근육의 글리코겐은 혈당이 떨어지면 혈당을 올리는 데 사용된다.

해설 | 간의 글리코겐은 공복 시 혈당으로 이용되고, 근육의 글리코겐은 근육 내에서 에너지로 이용된다. 글리코겐의 합성과 분해는 서로 다른 대사경로를 통하여 일어난다.

07 간기능의 문제가 있을 경우 지질 소화가 힘들어지는 원인은?

① 간에 항지방간성 인자가 있기 때문이다.

② 간에서 지질 합성이 이루어지기 때문이다.

③ 간에서 콜레시스토키닌 호르몬을 분비하기 때문이다.

④ 간에서 지질 소화를 돕는 담즙이 만들어지기 때문이다.

⑤ 간에서 지질 소화를 돕는 리파아제가 분비되기 때문이다.

해설 | 지질의 유화를 도와 지질 소화효소의 작용을 하는 담즙은 간에서 만들어져 담낭에 저장되었다가 분비되어 기능을 한다.

08 필수지방산 결핍으로 나타날 수 있는 증상으로 옳은 것은?

① 성장 지연, 빈혈

② 피부 염증, 지방간

③ 피부 염증, 케톤증

④ 빈혈, 면역기능 손상

⑤ 면역기능 손상, 골다공증

해설 | 필수지방산이 결핍되면 피부 염증 및 벗겨짐, 위장기능 장애, 지방간, 면역기능 손상, 성장기의 성장 지연 등이 나타날 수 있다.

09 아이코사노이드에 대한 설명으로 옳은 것은?

① 트롬복산은 이동에 관여하는 아이코사노이드이다.

② EPA를 다량 섭취하면 혈관 이완 및 혈액 응고 억제 효과가 있다.

③ $\omega-6$, $\omega-3$ 계열에서 생성된 아이코사노이드들의 작용은 서로 같다.

④ 대부분의 불포화지방산이 산화되어 형성된다.

⑤ 리놀레산으로부터 합성된 아이코사노이드의 혈관 이완 효과가 가장 크다.

해설 | 아이코사노이드는 인지질의 두 번째 위치에 있는 탄소수 20개인 지방산들(호모감마리놀렌산, 아라키돈산, EPA)이 산화되어 생긴 물질을 총칭하며, 프로스타글란딘, 트롬복산 프로스타사이클린, 루코트리엔 등이 있다. 체내에서 호르몬처럼 작용하는데, 트롬복산은 혈관 수축과 혈소판 응고에 관여하며, 프로스타사이클린은 트롬복산과 반대 작용을 한다. EPA를 다량 섭취할 경우에는 아이코사노이드 중 프로스타사이클린의 효과가 커서 혈액 응고 억제 및 혈관 확장 효과가 있다.

10 콜레시스토키닌에 대한 설명으로 옳은 것은?

① 간에서 생성 · 분비한다.
② 담즙의 분비를 촉진한다.
③ 위액의 분비를 촉진한다.
④ 췌장액에 중탄산이온 분비를 촉진한다.
⑤ 엔테로가스트린 호르몬 분비를 촉진한다.

해설 | 소장 상부에 지방에 들어오면 콜레시스토키닌(cholecystokinin)이 분비되어 담즙의 분비를 촉진시킨다.

11 다음 중 니아신의 전구체가 되는 필수아미노산은?

① 류신　　　　② 라이신
③ 페닐알라닌　　④ 메티오닌
⑤ 트립토판

해설 | 니아신은 간과 신장에서 트립토판으로부터 전환되며 전환율은 60:1이다.

12 단백질의 소화에 관여하는 효소는?

① 콜산
② 아밀라아제
③ 엔테로키나아제
④ 포스포리파아제
⑤ 콜레시스토키닌

해설 | 엔테로키나아제는 트립시노겐을 단백질 소화 효소 중 하나인 트립신으로 활성화시키는 장내효소이다.
　⑤ 콜레시스토키닌 : 장점막에서 분비하는 호르몬으로 담즙 분비를 촉진한다.

13 단백질 필요량에 관한 설명으로 옳은 것은?

① 단위체중당 단백질 필요량은 성인이 가장 크다.
② 체지방이 많을수록 단백질 필요량이 증가한다.
③ 성장기에는 근육 합성을 위한 단백질 필요량이 증가한다.
④ 생물가가 높은 단백질일수록 단백질 필요량이 증가한다.
⑤ 영양 상태가 나쁘면 소화를 고려하여 단백질 필요량을 감소한다.

해설 | 어린이나 청소년기에는 빠른 성장에 필요한 단백질을 공급하기 위해서 많은 단백질을 필요로 한다.
　④ 생물가가 높은 동물성 단백질은 필수아미노산이 골고루 함유되어 필요량이 감소하나, 식물성 단백질은 동물성 단백질보다 생물가가 낮아 더 많이 섭취해야만 한다.

14 다음 중 아미노기 전이반응을 통해 글루타메이트를 만들 수 있는 것은?

① 말산
② 숙신산
③ 글루탐산
④ 옥살로아세트산
⑤ α - 케토글루타레이트

해설 | 아미노산의 α-아미노기는 α-케토글루타레이트에 전이되어 글루타메이트를 만든다.

15 기초대사량을 증가시키는 데 가장 큰 영향을 주는 것은?

① 체지방의 양　② 근육의 양
④ 혈액의 양　③ 수분의 양
⑤ 골격의 양

해설 | 기초대사량을 높이기 위해 가장 필요한 것이 운동(근육의 양)이다. 몸의 지방보다는 근육이 활동하는 데 더 많은 열량을 필요로 하기 때문에 운동을 하면 기초대사량이 커지게 되는 것이다.

16 55세의 중년 남성이 한국인 에너지 필요 추정량만큼 열량을 섭취하고, 그중 지질을 32%를 섭취하였을 시 섭취한 지질의 양은?

① 54.2g　② 62.2g
③ 71.2g　④ 78.2g
⑤ 83.4g

해설 | 50∼64세 남자의 에너지 필요 정량은 2,200kcal이므로, 지질로 섭취한 열량은 2,200×0.32=704kcal이다. 지질은 1g당 9kcal이므로 섭취한 지질의 양은 594÷9=78.2g이다.

17 포도당을 피루브산으로 전환하는 해당과정에서 조효소로 작용하는 비타민과 그 활성형은?

① 티아민 – TPP
② 니아신 – NAD
③ 판토텐산 – CoA
④ 비타민 B_1 – PLP
⑤ 비타민 B_6 – NAD

해설 | 해당과정에서 니아신의 조효소 형태인 NAD는 탈수소반응을 도와 NADH가 된다.

18 체내에서 메틸기, 메틸렌기 등의 단일탄소기를 전달하는 반응에서 조효소로 작용하는 비타민은?

① 피리독신　② 티아민
③ 엽산　④ 판토텐산
⑤ 비오틴

해설 | 엽산은 활성형인 THFA로 환원된 뒤 체내 대사과정에서 메틸기 등과 결합하여 단일탄소기를 전달하며, 퓨린과 피리미딘의 형성과정에 관여한다.

19 코발아민(cobalamin)에 대한 설명으로 옳은 것은?

① 비타민 B는 식물성 식품에만 존재한다.
② 노인이 되면 비타민 B의 흡수가 증가한다.
③ 비타민 B_{12}는 분자가 크고 Fe를 함유하고 있다.
④ 악성빈혈증 환자는 비타민 B를 많이 먹으면 치료가 가능하다.
⑤ 거대적아구성 빈혈의 원인은 엽산(folic acid)과 비타민 B_{12}의 결핍이다.

해설 | 비타민 B_{12}는 코발트(Co)를 함유하며 동물성 식품에만 존재한다. 흡수 시 위에서 분비되는 내적인자가 필요하고, 노년기에는 위산 분비의 감소로 비타민 B_{12}의 흡수율이 낮아지며 악성빈혈증 환자는 정맥주사로 비타민 B_{12}를 공급한다.

20 다음 중 인체 내에서 합성이 전혀 되지 않아 반드시 식이로 섭취해야 하는 영양소는?

① 리보플라빈
② 비오틴
③ 비타민 C
④ 비타민 D
⑤ 비타민 K

해설 | 비타민 C는 대부분의 동물의 체내에서 합성이 가능하나 사람, 기니피그, 원숭이, 조류, 박쥐, 어류 등은 글로노락톤 산화 효소가 없어 비타민 C를 합성하지 못한다. 따라서 식품으로 공급해야 한다.

21 비타민 A의 대사과정으로 옳은 것은?

① 베타카로틴은 간과 신장에서 레티놀로 전환된다.
② 비타민 A는 주로 간에 레티놀의 형태로 저장된다.
③ 레티놀은 혈액에서 알부민과 결합하여 간으로 운반된다.
④ 혈액 내 비타민 A는 레티놀 결합 단백질의 형태로 존재한다.
⑤ 흡수된 레티놀은 킬로미크론에 결합되어 모세혈관을 통해 혈액으로 운반된다.

해설 | 흡수된 레티놀은 싸이로마이크론의 형태로 간으로 운반되며, 간에서 레티닐에스테르 형태로 저장된다. 혈액에서는 레티놀 결합 단백질과 결합하여 존재하며, 베타카로틴은 소장과 간에서 레티놀로 전환된다. 식물성 색소인 카로티노이드 중 베타카로틴의 비타민 A 활성이 가장 높다.

22 알코올 중독자에게 결핍되기 쉬운 무기질은?

① 칼륨
② 칼슘
③ 아연
④ 코발트
⑤ 마그네슘

해설 | 알코올 중독자는 마그네슘 배설이 많아져 마그네슘 테타니 증상이 나타나며, 이로 인해 신경성 근육 경련이 온다.

23 무기질과의 연결이 옳은 것은?

① 황 – 페리틴
② 아연 – 혈색소
③ 크롬 – 미오글로빈
④ 요오드 – 금속효소
⑤ 코발트 – 비타민 B_{12}

해설 | • 황 : 비타민 B_1
• 리포산, 아연 : 금속효소의 성분
• 크롬 : 당내성 인자
• 요오드 : 티록신
• 코발트 : 비타민 B_{12}
• 철분 : 혈색소, 트랜스페린

24 구리(Cu)에 관한 설명으로 옳은 것은?

① 아연의 흡수를 도와준다.
② 세포에 산화적 손상을 유발한다.
③ 콜라겐과 엘라스틴의 결합에 관여한다.
④ 구리의 섭취는 미각을 감퇴시킨다.
⑤ 후각과 미각에 관계가 있다.

해설 | 구리는 결합조직을 구성하는 콜라겐과 엘라스틴이 교차결합하는 데 필요한 효소를 활성화시킨다.
① 구리와 아연은 서로 경쟁적으로 흡수된다.

정답 15 ② 16 ④ 17 ② 18 ③ 19 ⑤ 20 ③ 21 ④ 22 ⑤ 23 ⑤ 24 ③

25 다음 중 아연 함량이 높은 메뉴 구성은?

① 계란 토스트와 우유
② 굴전과 가리비 구이
③ 리코타 과일 샐러드와 ABC 주스
④ 호두파이와 커피
⑤ 치즈피자와 콜라

해설 | 아연은 굴 등 어패류와 육류에 많이 들어 있다.

26 소장세포에서 아연 및 구리와 결합함으로써 흡수를 조절하는 물질은?

① 알데스테론
② 트랜스페린인슐린
③ 메탈로티오네인
④ 알부민
⑤ 세룰로플라스민

해설 | 메탈로티오네인(metallathionein)은 소장 점막 세포 내에 존재하는 황 함유 단백질로 아연 또는 구리와 결합하여 아들의 흡수를 조절한다. 과량의 아연 섭취 시 메탈로티오나인에 구리와 아연이 경쟁적으로 결합함에 따라 구리의 흡수율이 감소한다.

27 금속효소의 성분으로 글루타민 합성효소와 SOD의 보조인자로 작용하는 무기질은?

① 망간   ② 아연
③ 크롬   ④ 셀레늄
⑤ 철

해설 | 망간은 아르기닌 분해 효소, 피루브산 카르복실화 효소, 글루타민 합성 효소의 성분이며, 가수분해효소, 인산화효소, 탈탄산효소 등을 활성화한다.

28 다음 중 탈수현상을 일으킬 수 있는 요인은?

① 변비   ② 고령
③ 고지방식   ④ 저체온증
⑤ 심한 운동

해설 | 과도한 운동 시 발한, 지속적인 설사 및 구토, 고열, 출혈, 화상 등에 의해 탈수현상이 생길 수 있다.

29 침 속에 있는 아밀라아제로서 전분을 가수분해하여 맥아당(maltose)으로 만드는 프티알린(ptyalin)은 효소의 계통 분류에서 어디에 속하는가?

① oxidoreductase(산화환원효소)
② transferase(전이효소)
③ hydrolase(가수분해효소)
④ ligase(합성효소)
⑤ isomerase(이성화효소)

해설 | 가수분해효소(hydrolase)는 기질분자에 물 분자를 첨가하여 작은 분자로 분해하는 효소이며, ptyalin, aminopeptidase, arginase 등이 이에 해당된다.

30 활성아미노산을 리보솜(ribosome)의 주형 쪽으로 운반하는 요소는?

① DNA   ② tRNA
③ rRNA   ④ mRNA
⑤ NADP

해설 | tRNA(transfer RNA)는 아미노산의 활성에 필요한 요소이며 클로버 형태의 2차 구조와 L자형의 3차 구조를 갖는다. 아미노산이 결합하는 부위의 염기배열은 C-C-A로 되어있다.

정답 25 ② 26 ③ 27 ① 28 ⑤ 29 ③ 30 ②

MEMO

PART 02

생애주기영양학

SECTION 01 | 임신기의 생리적 특성

1. 생리주기와 호르몬

월경주기	호르몬 변화
난포기	• 시상하부에서 생식인자방출호르몬(GnRH) 분비 • 뇌하수체 전엽에서 난포자극호르몬(FSH) 분비
배란	• 뇌하수체 전엽에서 황체형성호르몬(LH) 분비 • 성숙난포세포를 파열시켜 배란(생리주기 14일경)
황체기	• 프로게스테론을 분비하여 자궁내막이 더욱 두꺼워지고 분비 기능 시작 • 황체는 퇴행되어 에스트로겐과 프로게스테론 분비 저하
월경	자궁내막 수축, 탈락(28일~30일 주기)

2. 호르몬과 임신주기

① 에스트로겐(estrogen)
  ㉠ 자궁 : 자궁내막의 증식, 자궁근의 흥분성 상승(옥시토신의 감수성 촉진 – 자궁 근육을 수축하여 분만 시 유리하게 작용)
  ㉡ 유선 : 유선 발육이 촉진되지만 프로락틴 작용 억제로 모유 분비는 안 됨
  ㉢ 물질대사 : 결합조직 내 점액다당류의 구성 변화로 수분 보유를 유도하여 임신 시 부종 유발
② 프로게스테론(progesterone)
  ㉠ 자궁 : 자궁내막의 분비선 더욱 발달, 수정란의 착상 촉진, 자궁근의 흥분성 저하(옥시토신의 감수성 저하 – 자궁 근육의 이완 작용으로 자궁 수축을 방지하여 임신 유지)
  ㉡ 유선 : 유선 세포의 증식이 촉진되지만 프로락틴 작용 억제로 모유 분비는 안 됨
  ㉢ 체온 상승 작용 : 배란 후 또는 임신 시의 기초 체온 상승
  ㉣ 위장 운동 감소
  ㉤ 나트륨 배설 증가
③ 태반에서 분비되는 호르몬
  ㉠ 융모성 성선자극호르몬(gonadotropin) : 황체를 자극함으로써 초기 임신을 유지하고 자궁내막의 성장을 자극
  ㉡ 태반락토겐 : 유즙 분비, 글리코겐 분해에 의한 혈당 증가

3. 임신기의 변화

① 체중 증가 : 임신 기간 중 보통 11.4~15.9kg 체중 증가

시기별 변화

- 임신 초기 : 대부분 모체조직의 증가(태아 5g), 약간의 체중 증가
- 임신 중기 : 대부분 모체조직의 증가(60%)
- 임신 말기 : 주로 태아조직의 증가로 인한 뚜렷한 체중 증가

㉠ 저체중 임신 : 체중 증가량이 7kg 이하, 성장 부진의 신생아 분만 가능성

㉡ 비만 임신 : 분만 시 진통 시간의 연장, 산과적 손상, 신생아 질식, 모체 및 영 유아 사망의 위험

체중 증가분의 성분

- 체중 증가 성분 : 수분(62%)>지방(30%)>단백질(8%)
- 단백질의 2/3 정도 : 태아와 태반에 축적
- 지방의 90% : 모체에 축적

② **자궁의 변화**

㉠ 무게는 20배, 용적은 500배 정도 증가

㉡ 임신 시 자궁 확대는 방광을 압박하고 위나 장의 연동 운동을 방해하여 변비를 유발

③ **유방의 변화** : 유선세포의 증식 및 유두 비대, 유륜의 멜라닌 색소 착색

④ **피부의 변화** : 색소 침착, 피하지방 침착, 임신선

⑤ **신장기능의 변화**

㉠ 임신 중 증가하는 혈액량을 유지하기 위하여 수분과 나트륨을 보유하여 부종을 초래(레닌과 알도스테론의 분비량 증가)

㉡ 사구체 여과율이 증가하여 노폐물들의 배설이 용이하나, 포도당, 아미노산, 엽산 등의 영양소는 세뇨관에서 이를 전부 재흡수하지 못하고 소변으로 배설됨

㉢ 임신성 당뇨, 단백뇨 주의

⑥ **혈액성분의 변화**

㉠ 전혈액량이 20~30% 증가하여 심장의 부담 증가(혈장량 45% 증가, 적혈구량 20% 증가)

㉡ 임신 빈혈 : 적혈구 증가율에 비해 혈장의 증가량이 많아서 혈액 희석현상 발생

㉢ 총 단백질과 알부민 농도 감소

㉣ 지질 : 중성지방, 콜레스테롤, 인지질, 유리지방산 농도 증가(콜레스테롤은 태반에서 에스트로겐과 프로게스테론 합성 시 전구체로 사용)

⑦ **위장관 기능의 변화** : 프로게스테론이 위장관 평활근을 이완시킴

㉠ 위장 : 가슴 쓰림, 식도(하부 괄약근의 이완으로 음식물과 위산이 역류), 음식물 배출 지연으로 식사 후 포만감과 복부팽만, 소화 장애 발생

㉡ 소장 : 음식물의 이동 속도가 느려 영양소의 흡수 시간이 지연

㉢ 대장 : 운동 저하로 수분의 재흡수 증가

⑧ 대사적 변화

임신 전기 (동화적 상태)	• 탄수화물 : 글리코겐으로 저장되거나 지방으로 전환된 후 모체 지방조직에 저장 • 지방산 : 중성 지방 합성에 사용되는데 중성 지방의 합성 속도는 빠르고 분해는 느려 지방 저 장량 증가 • 단백질 : 합성이 증가되어 모체조직, 특히 새로운 적혈구 생성과 태반조직 형성

임신 후기 (이화적 상태)	포도당	• 태아에게 전달되고 인슐린 저항성이 증가하여 모체의 간과 근육조직으로의 영양 소 이동은 낮아지고 혈액 내 포도당 농도는 높은 수준으로 유지됨 • 공복 시에는 태아에게 많은 양의 포도당이 전달되어 혈당 수준은 비임신기에 비 해 10~20% 낮아짐 • 태아에게 보내기 위해 모체에서는 케톤체가 포도당 대신 에너지원으로 사용됨. 그러므로 모체조직의 지방이 분해되면서 케톤체 합성과 모체혈액 내 케톤체 농 도 증가
	단백질	태반과 태아조직 합성에 쓰이고 공복 시에는 모체단백질이 분해되어 태아에게 전 달되므로 임신부의 아미노산 농도는 비임신부보다 낮음
	태아로 포도당과 아미노산을 수송하기 위해 모체의 지방산 에너지 의존비율이 높아져 모체 혈중 의 유리지방산과 중성 지방 농도 증가	

 퀴즈

임신 후기 공복 시의 혈당 수준은 비임신기에 비해 낮다. (O/×)

정답 | O

해설 | 임신 후기에는 공복 시에 태아에게 많은 양의 포도당이 전달되어 혈당 수준이 비임신기에 비해 10~20% 낮아진다.

SECTION 02 | 임신기의 영양 관리

1. 태반

① 물질통로 : 모체 → 태아로 영양소 및 산소 공급, 태아 → 모체로 노폐물 배출

② 완충조절 : 영양적 환경을 일정하게 유지하여 태아를 보호

③ 물질대사 : 모체의 태반에서 수송된 아미노산을 이용해 단백질 합성

④ 내분비 기능 : 에스트로겐, 프로게스테론, 성선자극호르몬 등 분비

2. 태반의 영양소 이동 기전

이동 기전	영양소
단순확산	물, 아미노산, 포도당, 유리지방산, 케톤체, 비타민 E, 비타민 K, 일부 무기질(Na, Cl)
촉진확산	일부 포도당, 철, 비타민 A, 비타민 D
능동수송	수용성 비타민, 일부 무기질(Ca, Zn, Fe, K), 대부분의 중성 아미노산
음세포작용	생체막을 통해 외부에서 세포 내로 물질을 받아들이는 방법(면역글로불린, 알부민)

3. 임신부의 영양 섭취 기준

영양소		내용
에너지		• 기초대사량 증가, 태아의 성장, 모체의 임신성 변화(자궁, 유방, 태반 등의 발육 비대), 전신 각 기관 (심장, 간, 신장 등)의 기능대사의 항진 • +0kcal(1/3분기), +340kcal(2/3분기), +450kcal(3/3분기)
탄수화물		• 포도당 : 태아에게 중요한 에너지원으로 1일 에너지 필요량의 80%를 얻음 • 임신 중 고혈당 : 과체중과 인슐린 농도가 높은 신생아를 출산하기 쉬움 • 식이섬유 : 변비 예방을 위해 필요
단백질		• 모체의 혈액량, 자궁, 유방의 발달, 태아의 발육, 태반조직의 형성 • +0g(1/3분기), +15g(2/3분기), +30g(3/3분기)
지질		리놀레산, a−리놀렌산과 함께 EPA와 DHA는 뇌망막조직 합성에 필수적이나 태아가 합성하지 못하므로 모체에서 공급받아야 함
비타민	비타민 A	• 세포분화, 정상적인 태아의 성장·발달에 필요 • 과잉증 : 기형아 출산 • +70μg RAE
	비타민 K	혈액 응고 작용(프로트롬빈 생성) : 분만 시 및 신생아의 출혈 예방
	티아민, 리보플라빈 니아신	• 임산부의 에너지 섭취에 따라 추가 • 각각 +0.4mg
	비타민 B6	단백질(아미노산) 대사 항진에 따라 추가, +0.8mg
	비타민 C	콜라겐 합성에 관여하여 뼈, 결합조직 형성에 중요, +10mg
	엽산	• 임신 중 태반 형성을 위한 세포 증식, 적혈구 생성, 태아 성장 • 부족 시 : 거대적아구성 빈혈(모체), 신경관 손상(태아)
	비타민 B12	• 적혈구 형성, 신경조직의 유지 • 채식주의 임산부가 출산한 영아에서 결핍 발생 가능 • 부족 시 : 영아의 중추신경계 손상, 조산, 모체의 악성빈혈
무기질	칼슘	• 대부분의 칼슘이 태아에 축적되어 골격과 치아 형성 • 모체 각 기관의 증식과 비대, 출생 후 모체의 수유에 대비한 모체 내 칼슘 보유 • +0mg • 임신기간 동안 증가한 칼슘 요구량에 대한 칼슘 조절 기작 　−태반락토겐 : 임신 중 모체 골격에서 칼슘 유출 촉진 　−에스트로겐 : 부갑상선호르몬의 방출을 자극하여 칼슘의 흡수 증가 및 소변으로의 배설 억제
	철	• 태아와 모체의 헤모글로빈 생성, 태반 형성, 태아의 간에 철 축적 • 출산 시 출혈에 대비 흡수율이 12%에서 14%로 증가 • 월경 중지로 철분 손실 방지 • 임신 중기와 후기에 보충제를 권장 • +10mg(동물성 헴철과 비타민 C를 함께 섭취할 것을 권장)
	아연	• 단백질, DNA, RNA에 합성에 관여, 성장과 발달에 중요함 • 부족 시 : 태아 기형, 저체중아 출산 위험률이 증가 • +2.5 mg
	요오드	• 임신기(특히 후반기) 기초대사량 항진으로 필요량 증가 • 부족 시 : 갑상선종(모체), 크레틴병(영아)
수분		• 혈액량과 세포외액량 증가, 양수 생성, 노폐물 배설, 변비 예방 • +200mL

TIP 임신기 영양소 섭취기준(권장섭취량), 2020

성별 (연령)	에너지[주1] (kcal)	단백질 (g)	비타민 A (RAE)	비타민 D[주2] (µg)	비타민 E[주3] (mg α −TE)	비타민 C (mg)	티아민 (mg)	리보플라빈 (mg)
여자 (19~29세)	2,100	55	650	10	12	100	1.1	1.2
임신부	+0 +340 +450	+0 +15 +30	+70	+0	+0	+10	+0.4	+0.4
성별 (연령)	니아신 (mg NE)	비타민 B_6 (mg)	엽산 (µg DFE)	칼슘 (mg)	인 (mg)	철 (mg)	아연 (mg)	구리 (µg)
여자 (19~29세)	14	1.4	400	700	700	14	8	800
임신부	+4	+0.8	+220	+0	+0	+10	+2.5	+130

주1) 에너지 필요추정량
주2), 주3) 충분섭취량

SECTION 03 | 임신기의 영양 관련 문제

1. 임신 중독증

① 임신 후반기에 나타나며 자간전증(혈압상승, 단백뇨, 두통)과 자간증(경련, 발작까지 동반)의 증상이 있음

② **저열량식** : 비만인 임신부에서 발생 빈도가 높음

③ **저탄수화물, 저동물성 지방식** : 필수지방산의 공급을 위해 식물성기름 섭취

④ **저나트륨식** : 혈압 강하, 부종 완화

⑤ **고단백식** : 단백뇨로 인해 저단백혈증이 나타나며 단백질 결핍 시 임신 중독증이 발생함

⑥ 고비타민식

2. 임신성 빈혈

① 헤모글로빈 농도가 11g/100mL 이하인 경우로, 대부분 철 결핍성 빈혈, 저체중아, 조산아 산후 출혈

② 고철분, 고단백, 비타민 B_6, 비타민 B_{12}, 비타민 C, 엽산 등 섭취

3. 임신성 당뇨

① 임신으로 인한 인슐린의 혈당 조절 작용 감소

② 거대아, 기형아, 조산, 태아 사망 등의 위험 증가

③ 적절한 영양과 운동, 특히 아침식사 시 탄수화물 섭취를 제한하고 식사를 소량씩 자주 섭취하며 적당한 운동을 하면 혈당 조절이 더 원활해져 인슐린 주사에 의존하지 않아도 됨

4. 입덧(임신 초기 2~3개월)

① 임신 초기 호르몬의 분비 변화 또는 임신으로 인한 긴장과 불안감 등. 메스꺼움, 구토, 식욕부진, 기타 타액 분비 증가, 기호 변화 증상

② 소량씩 자주 먹고, 공복 시 더욱 심해지므로 공복이 되지 않도록 함

③ 기호에 맞는 가볍고 기름지지 않은 담백한 식사

④ 식사 30분 전후에 소화가 잘되고 영양가 높은 식사

⑤ 조리 시의 냄새를 피하고 외식 등의 방법 이용

퀴즈

입덧이 나타날 때는 식사가 어려우므로 먹을 수 있을 때 한 번에 많은 양의 식사를 해 두는 것이 좋다. (○/×)

정답 | ×

해설 | 입덧이 나타날 때는 소량씩 자주 먹는 것이 좋다. 또한 공복 시 입덧이 더 심해지므로, 공복이 되지 않도록 하는 것이 좋다.

---

5. 변비

① 프로게스테론에 의한 장 근육의 이완과 자궁의 압박으로 인해 대장의 운동성이 저하되어 음식물의 장내 체류 시간 연장

② 충분한 수분 섭취, 고식이섬유 음식(전곡채소, 과일, 해조류) 섭취

6. 가슴 쓰림

① 임신 시 자궁의 확장에 따른 장의 압박으로 위가 줄어들고 위장기관이 이완되어 음식 섭취 후 위산이 식도로 역류하면서 위의 강한 산성 물질이 식도를 자극하여 통증을 느낌

② 위에 오래 머무는 기름진 음식이나 자극성이 강한 향신료는 금함

③ 위의 압력을 줄이기 위해 물은 식사 시간을 피해 마시고 식후에 바로 눕지 않음

PART 01
PART 02
PART 03
PART 04
PART 05
PART 06
PART 07
PART 08
PART 09

7. 음주 – 태아알코올증후군(Fetal Alcohol Syndrome ; FAS)

① 만성 알코올중독자의 임산부의 경우 알코올의 대사산물인 아세트알데하이드가 태아에게 축적되어 발생
② 성장 지연, 중추신경계 장애(사고력 저하, 지능 저하, 주의력 산만, 학습 장애, 운동 실조), 안면의 기형(낮은 콧날, 좁은 이마, 잘 발달되지 않은 얇은 윗입술과 뚜렷하지 않은 인중)
③ 알코올 섭취 제한 필요

8. 흡연

태아로의 산소 전달과 영양소 공급 저해(일산화탄소, 니코틴) 및 혈관 수축 증가로 인한 태반 혈류량 감소(특히 니코틴)로 유산, 저체중아, 미숙아, 신생아 사망률 증가

9. 카페인

태반을 빠르게 통과하여 태반 혈관이 수축되어 산소와 영양소의 공급을 감소시켜 조산, 유산, 산과적 결함, 태아 성장 부진, 신생아 건강 불량 등을 초래

SECTION 04 | 수유기의 생리적 특성

1. 유방의 발달과 성숙

① 학령 전기와 학령기 : 유방과 유선의 발달은 태아기에 시작, 출생 후부터 학령기까지는 변화 없음
② 사춘기 : 에스트로겐과 프로게스테론에 의해 유선조직의 성장으로 급격히 발달
③ 임신기
　㉠ 모유 생성을 위해서는 임신성 호르몬에 의해 분비조직의 성숙과 발달이 필요
　㉡ 난소와 태반에서 분비되는 다량의 에스트로겐, 프로게스테론, 프로락틴, 태반 락토겐이 유포를 증가시키고, 유선엽의 중심부 공간이 늘어나 유선엽들의 덩어리가 점차 크게 팽창
　㉢ 새로운 지방조직과 혈관, 미세도관이 형성되어 큰 도관에 합쳐지면서 수유에 대비하고, 분만 후 모유 수유를 하면 유선 형성이 촉진됨
　㉣ 분만 후에는 에스트로겐과 프로게스테론의 혈중 농도가 저하되고 모유가 분비되기 시작함

빈 칸 채우기

사춘기 때 (　　　　)와/과 (　　　　)에 의해 유선조직이 급격히 성장한다.

정답 | 에스트로겐, 프로게스테론

---

2. 수유

① 분만 후 2~3일부터 초유가 분비되어 1주일 정도가 되면 유즙 분비량이 현저히 증가하며, 모유 수유를 계속하는 한 모유 생산은 장기간 유지

② 유즙의 합성과 사출

  ㉠ 유즙 합성 : 아기가 젖을 빨면 프로락틴이 생성·분비되어 모유 생성이 증가함

  ㉡ 유즙 사출

   • 아기가 젖을 빨면 옥시토신이 분비되어 유포 근상피세포를 수축시켜서 유즙 사출

   • 옥시토신 분비는 수유 여성의 정서, 정신적 상태에 영향을 받기 때문에 스트레스, 걱정, 근심 등은 옥시토신의 분비량을 감소시킴

③ 모유 생성량

  ㉠ 분만 후 첫날 분비되는 초유는 50mL, 5일경에는 500mL, 1달경에는 780mL로 증가

  ㉡ 젖을 빨지 않으면 유포에 유즙이 남아 있어 유즙 생성 억제단백질이 합성되거나 유포가 팽창되고 압력이 높아져 유즙 생성이 억제됨

유즙 사출에 필요한 옥시토신의 분비는 수유 여성의 스트레스에 영향을 받는다. (ㅇ/×)
정답 | ㅇ
해설 | 스트레스, 걱정, 근심 등은 옥시토신의 분비량을 감소시킨다.

3. 모유 분비량에 영향을 미치는 요인

① 수유 연령 : 연령 증가에 따라 분비량 감소

② 출산 횟수 : 초산부＜경산부

③ 수유 기간 : 출생 후 영아의 흡유량 증가에 따라 증가하다가 최고 유량에 도달한 후 점차 감소

④ 수유 시간 : 이른 아침에 가장 많고 저녁으로 갈수록 감소

⑤ 수유 간격 : 간격이 짧을수록 분비량 감소

⑥ 수유부의 신체 및 정신 상황 : 불안, 스트레스, 피로, 음주, 흡연 시 분비량 감소

4. 모유 수유의 장점

산모	• 산후 회복 : 옥시토신의 분비로 자궁의 수축을 촉진 • 체중 : 임신 중 체내 저장된 체지방이 유즙 생성에 이용되므로 체내 지방량 감소 • 배란 : 억제되어 자연적 피임 효과 • 정서적 만족 : 산모의 자신감이 증진되고, 산후 우울증 등을 예방 • 폐경기 이전에 유방암, 난소암, 자궁암에 걸릴 확률 감소
영아	• 영양성분 : 영아 성장에 최적의 양과 성분의 영양소 함유 • 항감염인자, 항알레르기 인자 : 알레르기 유발물질에 대한 방어인자(lgA 등) 함유 • 영아의 정서, 정신 발달, 두뇌 발달 증진

5. 수유부의 영양 섭취 기준

① 모유 생성(1일 분비량 : 780mL)에 사용되는 이용 증가분 고려함

② 에너지 : 모유로 방출되는 에너지를 더하고 다시 저장 지방조직에서 동원되는 여분의 에너지를 빼는 방법으로 계산하였을 때 추가 에너지 필요량은 +340 kcal/일

③ 단백질

    ㉠ 1일 모유 분비량(780mL)에 함유된 단백질 = 모유의 단백질 함량(12.2g/L) × 1일 모유 분비량 (0.78L/일) = 9.5g/일

    ㉡ 모체단백질의 전환 효율 47%, 개인변이계수 12.5%

    ㉢ 권장섭취량 : 9.5g/일 ÷ 0.47(모체단백질) × 1.25(개인변이계수) = 25.2g/일(약 25g 추가)

④ 철 : 임신·수유로 인한 철 손실로부터 회복을 위한 양이 필요하므로 성인 여성과 같은 양을 정함

⑤ 칼슘 : 흡수율은 증가하지만 섭취 부족 시 모체의 골격에서 동원되어 모유 생성에 이용 → 부적절한 칼슘 섭취 시 골밀도에 악영향

⑥ 요오드 : 임신부보다 추가량이 더 많음(+190μg)

⑦ 비타민 : 비타민 A와 C는 임산부보다 추가량이 더 많음

TIP 수유기 영양소 섭취기준(권장섭취량), 2020

성별 (연령)	에너지[1] (kcal)	단백질 (g)	비타민 A (RAE)	비타민 D[2] (μg)	비타민 E[3] (mg α −TE)	비타민 C (mg)	티아민 (mg)	리보플라빈 (mg)
여자 19~29세	2,100	55	650	10	12	100	1.1	1.2
수유부	+340	+25	+490[4]	+0	+3[4]	+40[4]	+0.4	+0.5[4]
성별 (연령)	니아신 (mg NE)	비타민 B6 (mg)	엽산 (μg DFE)	칼슘 (mg)	인 (mg)	철 (mg)	아연 (mg)	구리 (μg)
여자 19~29세	14	1.4	400	700	700	14	8	800
수유부	+3[5]	+0.8	+150[5]	+0	+0	+10	+5.0[4]	+480[4]

주1) 에너지 필요추정량
주2), 주3) 충분섭취량
주4) 임산부보다 많은 영양소
주5) 임산부보다 감소된 영양소

PART 01

PART 02

PART 03

PART 04

PART 05

PART 06

PART 07

PART 08

PART 09

SECTION 05 | 수유기의 영양 관련 문제

1. 수유부 영양과 모유

① 모유 분비량 : 영양 섭취량이 달라도 분비량은 일정하게 유지되지만 영양 상태가 극단적으로 나쁠 경우 감소함

② 모유 성분

ㄱ 에너지, 단백질, 탄수화물, 무기질 : 모체의 식사 섭취에 따른 영향을 받지 않으며, 모유 내에 일정한 농도로 분비됨

ㄴ 지방 : 수유부의 지방 섭취량과 필수지방산 섭취는 모유 지방산 조성에 영향을 미치며, 모유의 지방 함량은 2.0~5.3%로 개인차가 큼

ㄷ 비타민 : 모체의 영양 상태 및 식사 섭취의 영향을 민감하게 받음

퀴즈

모유 내 단백질의 비율은 모체의 식사 섭취에 따라 달라진다. (ㅇ/×)

정답 | ×

해설 | 에너지와 단백질, 탄수화물, 무기질은 모체의 식사 섭취에 따른 영향을 받지 않는다.

---

③ 수유부의 질병

ㄱ 감염성 질환

• 바이러스와 박테리아는 모유를 통해 분비되나 항체와 면역세포도 함께 분비되므로 영아의 감염을 막을 수 있음

• 소모성 질병으로 인해 영양불량이 심한 경우, 약물 남용, 알코올 중독의 경우에서는 인공수유

• AIDS : 영아가 모유 수유(27~40%)를 통해 감염될 수 있음

ㄴ 만성질환 : 수유부가 분만 전부터 약물 치료를 요하는 만성질환을 앓고 있는 경우 모유 수유에 허용되는 약물로 바꾸어 치료할 수 있다면 모유 수유 가능

ㄷ 당뇨병

• 모유 수유가 가능하고 당뇨 수유부의 모유는 정상 모유와 동일유

• 혈액 중의 포도당이 유포에서 적극적으로 이용되므로 모체 혈당 조절에 도움

ㄹ 알콜, 흡연, 카페인

• 알코올 섭취는 옥시토신 분비량을 저하시키고 모유의 에탄올 농도를 높이며 영아에 노출되면 홍분 및 각성상태를 일으킴

• 흡연은 분만 프로락틴 농도를 낮추고 아드레날린 분비로 옥시토신 분비를 감소시킴고 영아에게 니코틴과 그 대사산물이 이행되면 니코틴 중독이 됨

• 섭취한 카페인의 1%가 모유로 분비되며 영유아는 카페인 대사속도가 느려 체내에 축적되고 홍분과 각성상태를 보임

CHAPTER 02 | 영아기·유아기 영양(학령 전기)

SECTION 01 | 영아기의 생리적 특성

1. 신체 발달

체중	• 개인차 있으나 체중은 평균 2.7~3.8kg 정도 • 생리적 체중 감소 현상 : 일시적인 현상으로 출생 후 출생 시 체중의 5~10% 정도가 감소되는 현상(태변, 요의 배설, 폐 및 피부로부터 수분 증발 등) • 생후 1년 동안 3배 성장
신장	• 평균 49~50cm 정도 • 생후 1년 동안 1.5배 성장
가슴둘레(흉위)	출생 시 머리둘레보다 작으나 생후 1년 동안 비슷해지고 이후에는 가슴둘레가 큼
머리둘레(두위)	• 34~35cm, 머리 길이가 전체 신장의 1/4 • 대천문은 생후 12~18개월경, 소천문은 생후 2개월에 닫힘 • 분만 시 받은 마찰로 인해 부어있으나 시간이 지나면 원래로 돌아옴
치아 발육	• 유치의 기질은 태아기 3개월경에 발달 시작 • 생후 6개월에 아래 앞니가 나오고 2년 6개월까지 모두 20개 • 개인차가 매우 심하고 이가 나는 순서도 예외가 많음

2. 신체 구성성분

① 수분 : 신생아 74% → 생후 1년 후 60% 감소(주로 세포외액이 감소)

② 단백질

   ㉠ 신생아 12% → 생후 1년 후 15% 증가

   ㉡ 남아의 단백질 증가량이 여아보다 많음

③ 체지방

   ㉠ 신생아 12% → 생후 1년 후 23% 증가

   ㉡ 체지방 축적은 여아가 남아보다 약간 많고, 2~6개월에 체지방 증가는 같은 시기의 근육 증가량의 2배 이상

🔲🔲 퀴즈

신상아의 체지방 축적은 남아가 여아보다 많다. (O/×)

정답 | ×

해설 | 신생아의 체지방 축적은 여아가 남아보다 약간 많다.

---

3. 발육 상태

① 수치만으로 평가하지 않고 발육 과정 전체를 비교 · 평가하며 각각의 기능도 함께 고려해야 함

② 백분위곡선(percentile graph)

    ㉠ 신장과 체중이 3백분위수 미만이면 영양 부족, 질병, 성장 부진을 의심

    ㉡ 신장이 50백분위수 정도인데 체중이 95백분위수를 넘으면 비만 의심

③ 카우프지수

    ㉠ 3개월에서 3세까지의 발육지수

    ㉡ 카우프지수 $= $ 체중(g)$/$신장^{2}cm$\times 10$(체중은 g, 신장은 cm)

    ㉢ 10 이하이면 체소모증, 13~15이면 체중 부족, 16~18이면 보통, 19~22이면 과체중, 그 이상이면 비만

4. 생체 기능 발달

위장		• 신생아 위의 용량은 10~12mL이고 생후 1년이면 300mL로 증가 • 출생 직후 위액의 pH는 약알칼리성이었다가 생후 24시간 내에 위산 분비가 시작되어 산성으로 바뀜
소장	탄수화물 소화	• 이당류 분해효소 : 락타아제, 말타아제, 이소말타아제, 수크라아제 등 일찍 성인 수준에 도달함 • 타액 아밀라아제 : 생후 4개월에 증가하여 6~12개월에 성인 수준 • 췌액 아밀라아제 : 생후 4~6개월에 분비되기 시작, 2세에 성인 수준
	단백질 소화	• 키모트립신, 카르복시펩티다아제는 성인의 10~60%로 상당히 낮으나 단백질 소화에는 문제가 없음 • 영아는 1.95g(체중당), 생후 4개월에는 3.75g 소화 가능함 • 신생아는 장점막 장벽기능(mucosal barrier function)이 미성숙하여 단백질이 그대로 흡수되는 경우 면역단백질을 흡수할 수 있는 이점도 있으나 알레르기를 유발할 가능성도 있음
	지방 소화	• 지방 분해 능력 약함(췌장 리파아제, 담즙산 적음) : 구강과 위의 리파아제와 모유에 담즙산염 자극 리파아제가 이를 보완 • 모유는 우유보다 불포화지방산의 함량이 많아 소화, 흡수가 쉬움 • 모유 지질 중 85% 이상 흡수, 우유는 70% 이하의 흡수율을 보임
신장		• 항이뇨호르몬의 분비량이 적고 네프론과 세뇨관이 미성숙, 사구체 여과율이 낮으며 요를 농축시키는 능력이 성인의 절반 수준 • 우유, 두유 등의 조제유는 용질 부하량이 높아 신장에 부담이 될 수 있음 • 설사나 구토, 발한 등으로 수분 손실량이 많고 섭취량이 감소되면 신장 기능의 미숙으로 체내 수분과 전해질 균형에 이상
간		기능 미숙으로 해독 작용이 불완전하고 혈액 중에 빌리루빈이 증가하여 피부가 노랗게 변하는 현상(신생아 황달)이 나타날 수 있음

1. 영아의 영양 섭취 기준

① 에너지 필요추정량

ㄱ 에너지 소비량+성장을 위한 에너지 축적(추가 필요량)

※ 필요추정량 : 0~5개월 500kcal, 6~11개월 600kcal

ㄴ 성인의 2~3배 많음 : 체격에 비해 체표면적이 커서 열손실이 많고 성장률이 높아 에너지 소비량이 많음

② 단백질

ㄱ 단위체중당 단백질 필요량이 일생 중 최대 : 체조직 합성, 체단백질 축적, 각종 효소와 면역 기능 증가, 호르몬의 생성 등

ㄴ 0~5개월 충분섭취량 10g, 6~11개월 권장섭취량 15g

빈 칸 채우기

영아기 단위체중당 (　　　　)의 필요량은 일생 중 최대이다.

정답 | 단백질

---

③ 지질

ㄱ 모유의 지질은 총 에너지의 40~50% : 에너지 밀도가 높아 성장에 필요한 충분한 에너지를 공급

ㄴ 모유의 지질 함량 : 수유부의 식사 섭취량, 영양상태에 따라 달라지며, 리놀레산, DHA의 함량이 우유보다 우수함

ㄷ 0~11개월 충분섭취량 : 25g

④ 비타민과 무기질

ㄱ 비타민 D : 칼슘과 인의 흡수, 골격의 석회화, 모유와 우유로 부족함. 일광욕 필수

ㄴ 칼슘 : 칼슘 필요량이 많고 흡수율도 높음(67%), 충분섭취량 0~5개월 250mg, 6~11개월 권장섭취량 300mg

ㄷ 철분 : 신생아는 철을 충분히 확보하고 출생하지만 4~6개월 지나면 고갈됨. 0~5개월 충분섭취량 0.3mg, 6~11개월 권장섭취량 6mg, 상한섭취량 40mg

ㄹ 아연 : 영아 후반기에 간에 저장된 아연이 거의 고갈됨. 0~5개월 충분섭취량 2mg, 6~11개월 권장섭취량 3mg

⑤ 수분 : 성인에 비해 수분 필요량이 훨씬 많음(3~4배)

ㄱ 체온조절능력의 부족, 피부와 호흡기를 통한 불감성 수분 손실량, 소변 및 대변으로의 배설량이 많고 신장의 요 농축능력이 낮음. 조직과 체액의 구성성분이므로 성장에 필요함

ㄴ 체표면적과 활동량이 많아 수분요구가 크며 수분대사의 불균형이나 탈수에 매우 민감함

ㄷ 조제유의 농도가 높거나 질병으로 유즙의 섭취가 감소되었거나 설사·구토 시에는 수분 공급에 유의

ⓔ 충분섭취량 : 0~5개월 700mL(150mL/kg), 6~12개월 800mL(120~135mL/kg)

2. 모유 영양과 인공영양

① 모유의 영양성분

초유	• 분만 후 1주일간 분비, 노랗고(베타카로틴) 점성이 있음 • 태변 배출에 도움 • 성숙유에 비해 면역물질과 단백질, 불포화지방산, 무기질 등이 풍부
이행유	성숙유로 변화되는 과정이며 보통 1~2주 사이에 분비됨
성숙유	**면역 성분** • 면역글로불린 : IgA는 점막에서 항균 작용을 하며 IgG는 모체 혈액에서 유즙으로 이동하고 IgA, IgD, IgE는 유선조직에서 생성 • 비피더스 인자 : 비피더스균의 생장을 돕는 질소가 함유된 다당류의 일종으로 모유에 많이 있으며, 병균의 방어 기능 • 라이소자임 : 세포막의 파괴를 통해 박테리아 용해 • 락토페린 : 박테리아 증식에 필요한 철분과 결합함으로써 포도상구균과 대장균의 성장 억제 • 락토페록시다아제 : 연쇄상구균을 방어 • 프로스타글란딘 : 위장관 상피의 안전성 유지로 유해물질 침투 시 방어 • 림프구와 식세포 : 림프구가 바이러스 억제물질인 인터페론을 생성 **당질 (유당)** • 용해성이 적어 소장에서 서서히 소화, 흡수됨 • 장내를 산성화하여 유해세균을 억제하고 장을 자극하여 변비 예방 • 갈락토오스 : 뇌 조직의 구성성분임 • 칼슘, 마그네슘, 인 흡수 촉진 • 모유에 7%, 우유에 4.8% 함유(조제유는 유당 첨가) **단백질** • 우유의 1/2~1/3배 • 카제인 40%, 유청단백질은 60%로 구성 : 우유에 비해 카제인 함량이 낮아 위에서 부드러운 커드(curd)를 형성하므로 소화가 용이 • 아미노산 : 대사 능력이 미숙하여 중추신경계에 해로울 수 있는 페닐알라닌 · 티로신 낮음, 타우린 높음 • 조제유 제조 시 : 카제인을 줄이고 알부민, 글로블린(유청단백질)을 첨가 **지질** • 중성지방 95%, 인지질, 콜레스테롤, 당지질, 스테롤 등 • 리놀레산, DHA 함유 • 조제유 제조 시 : 우유에서 포화지방산을 줄이고 리놀레산이 함유된 식물성 기름으로 70~80% 치환 **비타민** • 모유 : 비타민 A, C, E 많음 • 우유 : 티아민, 리보플라빈, 비타민 B6, B12, D, K, 판토텐산 많음 **무기질** • 칼슘 : 우유의 1/4 정도(칼슘 : 인=2 : 1) ※ 조제유 제조 시 : Ca을 감량하여 신장의 부담을 줄임 • 철분 흡수율이 높음(모유 50%>우유 10%>조제유 4%)

모유는 우유에 비해 소화하기가 더 용이하다. (○/×)

정답 | ○

해설 | 우유에 비해 모유는 카제인의 함량이 낮아 소화가 더 용이하다.

② 영아용 조제유
  ㉠ 당질 : 유당을 첨가
  ㉡ 단백질 : 단백질을 줄이고 알부민과 카제인의 비율을 모유와 유사하게 조절
  ㉢ 지질 : 유지방의 일부를 식물유로 치환(포화지방산은 줄이고 리놀렌산 첨가)
  ㉣ 무기질 : 우유에는 모유보다 인 6배, 칼슘 4배, 무기질량은 3배 더 첨가되어 있기 때문에 이를 줄여 신장 기능이 미숙한 영아의 부담을 줄여 줌. 부족한 철, 아연, 구리 등의 미량 무기질을 첨가함
  ㉤ 비타민 : 비타민 A, B군, C, D 등 첨가
③ 특수 조제유
  ㉠ 두유로 만든 조제유 : 우유에 대해 특이한 체내 반응이 있는 영아에게 제공
    • 메티오닌, 콘시럽, 설탕, 대두유를 첨가, 비타민, 무기질 강화
    • 트립신 저해제는 열처리하여 불활성화
  ㉡ 가수분해한 조제유 : 두유, 우유에 특이한 반응이 있는 영아에게 제공

SECTION 03 | 이유기 영양 관리

※ 액상 섭취에서 반고형식을 제공하여 고형식(성인 식사)과 유사한 형태로 이어 나가는 과정

1. 목적
영양 보충, 섭식 기능, 정신 발달, 바른 식습관 확립

2. 필요성
① 5개월이 지나면 모유만으로 정상적인 발육과 성장이 어려움
② 영양 보충 : 체내에 저장되었던 철이 고갈됨
③ 생리적, 심리적 욕구 충족
④ 편식을 예방하고 올바른 식습관을 형성
⑤ 씹는 연습을 하여 치근이 자극됨으로 유치 발생에 좋은 영향

3. 시작과 준비
① 생후 체중의 2배(약 6kg)가 되는 시기(생후 5~6개월)
② 이유식이 이를 경우 : 영아 비만, 알레르기
③ 이유식이 늦을 경우 : 성장 지연, 영양 불량, 치유력이 약해짐, 정신적으로 의존하려는 경향

4. 주의점

① 규칙적인 식사 습관(4시간 간격 6회)

② 새로운 식품은 하루 1가지씩, 1티스푼(tsp)씩 증가시키고, 거부감이나 알레르기를 관찰

③ 공복 시 기분이 좋을 때 먼저 이유식을 주고 이후에 모유나 우유를 줌

④ 염분 : 0.25% 이하(성인의 최적 염미도는 0.9%)

⑤ 단순한 조리법 : 맑은 유동식→ 전유동식 → 연식

⑥ 알레르기 위험 식품 : 등푸른 생선(고등어, 꽁치), 새우, 돼지고기, 토마토 등(첫돌 지난 후)

⑦ 맵고, 짜고, 뜨거운 자극성 식품, 향신료는 피함

⑧ 꿀 : 내열성이 강한 클로스트리디움 보툴리누스 포자로 인해 독성 문제를 유발(첫돌 지난 후)

SECTION 04 | 미숙아 영양

1. 미숙아

재태 연령이 37주 미만, 저체중아(2.5kg 이하) 혹은 극소체중아(1.5kg 미만)

2. 생리

① 섭식에 필요한 흡인 반사와 위의 용량, 장운동이 감소되어 섭식이 어려움

② 출생 후 정상 분만아보다 더 많은 에너지와 영양소가 필요

3. 영양 공급

① 미숙유 : 성분은 초유와 비슷, 면역물질이 있고 단백질, 무기질 함량이 높음

② 미숙아용 조제유 : 열량은 일반 조제유 100mL당 66.6kcal에 비해 80kcal, 단백질이 7~10g 들어 있고 무기질과 비타민이 많으며, 중쇄지방산을 보충함

③ 극소체중아

　㉠ 생후 몇 주간은 경관급식함(위와 식도를 자극하므로 위 천공이나 미주신경의 자극, 역류, 흡인 등에 주의)

　㉡ 경관급식 후 3~4일이 경과한 뒤부터 1/2 농도의 미숙아용 조제유를 주고 7~10일에 걸쳐 조제유의 농도를 높임

PART 01
PART 02
PART 03
PART 04
PART 05
PART 06
PART 07
PART 08
PART 09

1. 선천성 대사이상 질환

중추신경계 장애로 지능발달이 늦어질 때 조기 치료로 증세 경감 가능

2. 감염성 질환

모유영양아가 설사, 급성 위장염 등 질환에 대한 이환율이 낮음

3. 설사

① 설사가 심하면 수유를 중단하고 탈수를 방지하기 위해 엷은 포도당액, 보리차, 끓인 물을 계속해서 조금씩 공급

② 주스나 젖산음료는 장 내에서 발효를 일으켜 설사를 악화시킬 수 있음

③ 설사와 함께 38℃ 이상의 열이 나거나 구토가 24시간 이상 계속될 경우, 혹은 하루 10번 이상의 심한 설사가 일어나면 수분, 나트륨, 칼륨 등을 보충

④ 설사가 멎은 후 : 젖을 주기 전에 먼저 물을 먹이고 수유하거나 조제유의 농도를 1/4로 희석하여 먹이고, 경과를 보면서 조제유의 농도를 1/2로 늘려주고 점차 본래의 농도로 함

 퀴즈

설사 증상이 나타날 경우 주스는 먹이지 않는 것이 좋다. (○/×)

정답 | ○

해설 | 주스나 젖산음료는 장 내에서 발효를 일으켜 설사를 악화시킬 수 있으므로 피한다.

---

1. 신체발달

① 체중 : 만 1세 생후 체중의 3배, 만 2세 생후 체중의 4배

② 신장 : 만 4세에는 생후 신장의 2배

2. 체성분

① 골격과 근육량 증가, 체수분과 체지방 감소

② 똑바로 서고, 걷고 달리기 위한 근육이 많이 필요하고 몸의 균형도 몸통에 비해 팔과 다리가 훨씬 많이 성장하며 통통한 모습이 사라짐

3. 생리발달

① 위 : 1세는 300mL, 2세는 600~700mL로 용량 증가
② 소화 : 3~4세경에는 성인과 같은 수준
③ 유치 : 2~3세가 되면 20개, 턱도 발달되어 유아기 후반에는 씹고 삼키는 기술이 발달하므로 성인의 일반식에 대한 준비 완료

4. 두뇌

2세 전후로 신경세포 축색돌기의 수초화가 급격하게 발달하여 10세경에 완성하므로 2세까지의 영양불균형은 신경세포의 수초화를 방해하여 비가역적인 뇌손상을 초래

5. 영양 섭취 기준

에너지	에너지 소비량+성장에 따른 추가 필요량(20kcal/일) : 1~2세 900kcal, 3~5세 1,400kcal		
탄수화물	• 복합당질을 중심으로 섭취 : 1~5세 총 에너지의 55~65% • 충분한 식이섬유는 변비나 비만 예방에 도움이 되지만 식이섬유가 너무 많은 식품은 위가 작은 유아에게 부담을 줄 수 있고 에너지 밀도가 낮으므로 영양 불량을 초래할 수 있으므로 주의가 필요(식이섬유 : 1~2세 15g, 3~5세 20g)		
단백질	• 새로운 조직의 합성과 유지 • 1~2세 20g, 3~5세 25g, 총 에너지의 7~20%		
지방	• 농축된 열량공급원이며 필수지방산과 지용성 비타민 공급 • 1~2세 총 에너지의 20~35%, 3~5세 총 에너지의 15~30%		
무기질	칼슘	• 골격과 치아를 형성하고 혈액 응고, 근육의 수축과 이완, 심장박동, 신경 흥분 전달 등에 관여 • 우유 및 유제품을 섭취할 수 없는 어린이들은 칼슘 강화 두유나 칼슘 함량이 높은 전곡류, 두류, 짙은 녹색잎 채소, 견과류 등으로 보충 • 1~2세 500mg, 3~5세 600mg, 상한섭취량 : 2,500mg	
	철분	• 성장에 따른 혈액량 증가 및 조직의 증가량 등에 따라 철의 필요량이 증가 • 우유나 유제품은 철을 함유하지 않기 때문에 철 강화 곡물과 시리얼, 건포도나 헴철 함유 식품 등을 비타민 C와 같이 섭취 • 1~2세 6mg, 3~5세 7mg, 상한섭취량 : 40mg	

1. 충치

① 개요

    ㉠ 치아 표면의 플라그에 있는 스트렙토코코스 뮤탄스(Streptococcus mutans)는 당질을 분해하여 생성된 에너지를 이용하면서 치아의 상아질과 사기질을 파괴시키는 효소와 여러 가지 독성물질을 생성함

    ㉡ 이 독성물질은 산 발효 생성물로써 단백질을 분해하고 칼슘 등의 무기질 방출을 유도함

    ㉢ 치아 표면의 산소가 pH 5.5 이하로 되면 충치 박테리아가 치아를 공격

② 충치 예방

    ㉠ 불소 : 치아의 상아질이 산에 대한 저항성을 갖도록 수돗물에 100만분의 1의 비율로 첨가

    ㉡ pH 변화에 영향을 주지 않는 영양소 : 단백질, 지질, 칼슘과 인 섭취

    ㉢ pH 5.5 이하로 저하시키는 식품 : 초콜릿, 사탕, 도넛, 건포도, 당이 첨가된 곡류, 산이 많이 함유된 콜라 등 탄산음료 섭취 주의

빈 칸 채우기

치아 표면 플라그의 (　　　　)은/는 치아의 상아질과 사기질을 파괴시키는 효소를 생성한다.

정답 | 스트렙토코코스 뮤탄스

---

2. 식품 알레르기

① 영아기와 아동기, 가족력이 있을 때

② 원인 : 발달 중인 소화기관과 면역체계가 식품 알레르기를 처리하지 못했기 때문에 발생

③ 식품 제거요법

    ㉠ 의심 가는 식품들을 1가지씩 2~3주 동안 식사에서 제거하여 반응을 살피는 것

    ㉡ 이유기에는 단일한 식품을 1가지씩 주고 문제가 없다면 다시 2~3일 후 공급하면서 점차 음식의 양을 늘려 가야 함

    ㉢ 알레르기 반응을 보였다고 해서 주요 식품을 완전히 차단하지는 말고 1달이나 6개월 간격을 두고 다시 시도

    ㉣ 성장하면서 장이 튼튼해지고 면역력도 좋아지면 알레르기 반응은 감소함

3. 유아 비만

① 성인 비만으로 이행될 확률이 높음

② 유아기는 지방세포의 수가 증가하는 시기이므로 식습관, 생활습관 등을 수정하고 적절한 열량 섭취를 지도하며 신체활동을 권유해야 함

4. 간식

① 위장의 크기나 섭취량의 제한으로, 3끼 식사만으로는 정상적인 성장과 발육에 필요한 에너지와 영양소를 충분히 공급받기 어려움

② 간식의 양 : 하루 에너지 필요량의 10~15% 정도

③ 유아기 전반에는 오전 10시와 3시경으로 2회, 후반기에는 오후 1회

④ 다음 식사까지 2시간 정도의 간격을 두어 정규 식사에 영향을 주지 않도록 함

⑤ 영양 보충이 주목적이지만, 기분 전환과 피로 회복, 즐거움 등의 효과도 있음

⑥ 당분이나 지방 함량이 높은 것이나 너무 과량으로 주는 것은 주의

⑦ 에너지, 단백질, 칼슘, 비타민 C, 수분 등을 충족

5. 편식

① 편식의 원인
  ㉠ 이유기에 당분이 너무 많은 음식을 주었을 때
  ㉡ 이유의 방법이 잘못되었을 때
  ㉢ 식단 구성이 잘못되었을 때
  ㉣ 식사 중에 간섭이 너무 심할 때
  ㉤ 음식을 강제로 먹이려고 했을 때
  ㉥ 부모나 가족 중에 편식하는 사람이 있을 때

② 편식 예방
  ㉠ 음식을 강제로 주지 않음
  ㉡ 식사 환경을 즐겁게 함
  ㉢ 식사량을 적게 하면서도 영양공급은 충분하도록 구성함
  ㉣ 유아가 싫어하는 음식은 조리법을 개선함

퀴즈

부모 혹은 가족의 편식도 아이의 편식 원인이 될 수 있다. (○/×)

정답 | ○

해설 | 부모 혹은 가족 중 편식하는 사람이 있을 경우 아이가 편식하는 원인이 될 수 있다.

---

6. 식사 지도

① 설탕과 지질 함량이 높거나 짭짤한 간식은 피함

② 1일 4~5회의 정규 식사와 간식으로 나누어 공급

③ 씹기 싫어하는 습관을 갖지 않도록 함

④ 맛과 질감, 색의 다양성을 경험하게 하여 편식 예방

PART 01
PART 02
PART 03
PART 04
PART 05
PART 06
PART 07
PART 08
PART 09

CHAPTER 03 | 학령기·청소년기 영양

SECTION 01 | 학령기의 생리적 특성, 영양 관리

1. 학령기의 생리적 특성

① 신체
- ㉠ 학령기 : 만 7세에서 사춘기가 시작하기 전으로 비교적 성장 속도가 낮고 제2의 급성장과 성적 성숙을 준비하는 시기
- ㉡ 신장 : 여자가 남자보다 2~3년 정도 빠르게 성장하여 10~12세에 남자를 상회하나 그 이후는 남자가 계속 더 성장하여 여자와의 차이가 벌어짐
- ㉢ 체중 : 연간 2~4kg 증가하며 대체로 신장이 증가한 1년 후에 체중이 증가함

② 기관과 조직
- ㉠ 골격 : 긴뼈의 성장이 왕성하여 다리가 길게 되며 키가 크고 날씬해짐
- ㉡ 근육 : 호르몬의 영향으로 아동기 동안 꾸준히 증가
- ㉢ 지방조직 : 6세부터 사춘기 전까지 남녀 모두 서서히 증가

빈 칸 채우기

(   )은/는 만 7세에서 사춘기가 시작하기 전의 시기를 말한다.

정답 | 학령기

---

③ 학령기의 성장 관련 호르몬
- ㉠ 성장호르몬 : 수면 시간 동안 대부분 분비되며 모든 기관과 조직에서 단백질 합성 촉진 및 세포 증식 역할을 함
- ㉡ 갑상선호르몬 : 에너지 생산 작용 및 탄수화물, 지질, 단백질 대사에 영향을 미치고 성장과 신체 발달 촉진
- ㉢ 인슐린 : 체내 동화 작용 촉진

2. 영양 섭취 기준

에너지	성장 속도, 활동량, 휴식대사량 등에 의해 결정	
탄수화물	• 총 에너지의 적정 섭취 비율 55~65% • 식이섬유 충분섭취량 : 6~8세 여아 20g, 남아 25g, 9~11세 남녀 25g	
단백질	새로운 세포와 조직의 형성을 위해 단백질 공급 중요	
지질	적정 섭취 비율 15~30%	
비타민	리보플라빈	결핍되기 쉬우므로 구각염 예방을 우유 섭취 중요
무기질	칼슘	골격 형성 및 치아의 영구치로의 전환으로 인해 많은 양의 섭취 필요
	철	성장으로 헤모글로빈의 양 증가 및 근육 증가로 인한 근육 색소와 시토크롬계 효소 합성의 증가로 많은 양의 철 필요

TIP 학령기의 영양소 섭취 기준(권장섭취량), 2020

성별	연령	에너지[주1] (kcal)	단백질 (g)	비타민 A (RAE)	비타민 D[주2] (µg)	비타민 E[주3] (mg α -TE)	비타민 C (mg)	티아민 (mg)	리보플라빈 (mg)
남자	6~8세	1,700	35	450	5	7	50	0.7	0.9
	9~11세	2,000	50	600	5	9	70	0.9	1.1
여자	6~8세	1,500	35	400	5	7	50	0.7	0.8
	9~11세	1,800	45	550	5	9	70	0.9	1.0

성별	연령	니아신 (mg NE)	비타민 B_6 (mg)	엽산 (µg DFE)	칼슘 (mg)	인 (mg)	철 (mg)	아연 (mg)	구리 (µg)
남자	6~8세	9	0.9	220	700	600	9	5	470
	9~11세	11	1.1	300	800	1,200	11	8	600
여자	6~8세	9	0.9	220	700	500	9	5	400
	9~11세	12	1.1	300	800	1,200	10	8	550

주1) 에너지 필요추정량
주2), 주3) 충분섭취량

과체중과 소아비만	유전, 과다한 열량 섭취, 신체활동 부족, 바람직하지 못한 식습관, 스트레스 → 식사요법, 운동요법, 행동수정요법, 집단활동을 통한 관리
식사행동 문제	• 열량 위주(인스턴트 식품)의 간식 및 외식의 증가 • 아침 결식 증가 : 주의집중력 저하, 학습능력 저하, 불규칙적 식사 패턴(이른 간식)
충치	• 당류 함량 높은 간식(사탕, 아이스크림, 아이스크림, 초콜릿 등)의 과잉 섭취와 관리 소홀 • 당류(설탕) 섭취 줄일 것 • 자기 전에 먹거나 물고 자는 경우를 피하고 양치질을 할 것 • 불소, 칼슘, 인, 단백질, 비타민 D 등 충치 예방에 필요한 영양소를 섭취할 것
주의력 결핍 과잉 행동장애	• Attention Deficit Hyperactivity Disorder ; ADHD • 특징 : 집중력 부족, 과격한 행동, 충동적, 참을성이 없음 • 발생률 : 5~10%의 학령기 아동에서 발생, 남아 발생 빈도가 높음 • 원인 : 식품첨가물(인공향, 색소), 살리실산염, 설탕 등이 의심됨
빈혈	철, 단백질, 비타민 B_{12}, B_6, C, 엽산 등의 충분한 섭취

SECTION 03 | 청소년기의 생리적 특성, 영양 관리

1. 생리적 특성

① 신체 : 아동기에서 성인기로 전환되는 과정으로 제2의 급성장기

   ⊙ 남 : 성장의 시작은 늦으나 오래 지속(13~15세에 최고 정점)

   ⓛ 여 : 시기는 남자보다 2~2.5년 빠르지만 전체 성장은 남자보다 적음(11~13세에 정점)

② 체조성의 변화

   ⊙ 골격 : 남자는 골격(어깨)이 급격히 발달하고 여자는 골반 횡경이 현저히 증가함(정상적인 임신과 분만에 중요)

   ⓛ 근육 : 남자는 근력, 악력이 성인이 될 때까지 증가하며 여자는 16세 이후 일정함

   ⓒ 체지방 : 여자는 현저하게 증가(남자의 2배)

퀴즈

청소년기의 신체적인 성장에서 성장 시기는 남아가 여아보다 빠르나 전체적인 성장은 여아가 남아보다 더 크다. (ㅇ/×)

정답 | ×

해설 | 성장의 시작은 남아가 더 늦으나 전체 성장은 남아가 더 크다.

---

③ 성의 성숙 : 순서에 따라 일어나지만 그 시기는 개인차가 크며 영양, 사회 · 심리적 요인이 관여함

④ 성장과 성숙에 작용하는 호르몬

    ㉠ 남성호르몬

        • 테스토스테론(testosterone)으로 고환에서 분비

        • 2차 성징 발현, 기초대사율 증가(5~15%)

        • 골격 기질의 단백질 함량을 증가시켜 성장을 촉진함

    ㉡ 여성호르몬

        • 에스트로겐(estrogen)으로 난소에서 분비

        • 생식기관의 성장 및 유지

        • 골아세포의 작용 증가 급속한 신장 증가

        • 총 체단백질 증가 및 체지방 축적

    ㉢ 안드로겐(androgen)

        • 부신피질에서 분비

        • 동화작용 촉진 : 체내 여러 기관의 단백질 합성이 증가되며 여성에 비해 남성의 근육량 증가

2. 영양 섭취 기준

에너지		각 기관의 성장과 신장·체중의 증가에 따른 기초대사량의 증가로 에너지 필요량 증가
단백질		성장과 호르몬의 변화와 함께 근육량, 미오글로빈, 적혈구 등과 같은 체구성성분의 변화로 인해 단백질 필요량 증가
비타민		체내 대사과정의 증가에 따라 티아민, 리보플라빈, 니아신 등 필요량 증가
무기질	칼슘	신속한 골격 성장으로 필요량 증가
	철	남성은 여성보다 혈액량의 급격한 증가가 있고, 여성은 월경으로 인한 철 손실이 많음
	아연	단백질 합성에 관여하며 성장과 성의 성숙에 필수적 영양소

성별	연령	에너지[주1] (kcal)	단백질 (g)	비타민 A (RAE)	비타민 D[주2] (μg)	비타민 E[주3] (mg α -TE)	비타민 C (mg)	티아민 (mg)	리보플라빈 (mg)
남자	12~14세	2,500	60	750	10	11	90	1.1	1.5
	15~18세	2,700	65	850	10	12	100	1.3	1.7
여자	12~14세	2,000	55	650	10	11	90	1.1	1.2
	15~18세	2,000	55	650	10	12	100	1.1	1.2

성별	연령	니아신 (mg NE)	비타민 B_6 (mg)	엽산 (μg DFE)	칼슘 (mg)	인 (mg)	철 (mg)	아연 (mg)	구리 (μg)
남자	12~14세	15	1.5	360	1,000	1,200	14	8	800
	15~18세	17	1.5	400	900	1,200	14	10	900
여자	12~14세	15	1.4	360	900	1,200	16	8	650
	15~18세	14	1.4	400	800	1,200	14	9	700

주1) 에너지 필요추정량
주2), 주3) 충분섭취량

SECTION 04 | 청소년기의 영양 관련 문제

1. 섭식장애의 종류별 특성

구분	신경성 식욕부진증	신경성 탐식증	마구먹기장애
취약군	사춘기 소녀	성인 초기	다이어트에서 실패를 거듭한 비만인
식습관 특징	성공적인 다이어트에 대해 자부심을 느껴 극도로 음식을 제한	폭식과 장 비우기를 교대로 반복	문제가 발생할 때마다 끊임없이 먹거나 폭식
식행동 원인	자신이 비만하다고 왜곡되게 믿고 자신의 행동이 비정상적임을 부정함	자신의 행동이 비정상적임을 인정하나 폭식과 장 비우기를 비밀리에 행함	자신을 통제할 수 없다고 포기함

진단 기준	• 말랐음에도 불구하고 살이 쪘다고 느낌(신체상 형성에 문제가 있음) • 체중 감소 : 본래 체중의 15% 감소(1등급), 25% 감소(2등급) • 표준 체중을 거부함 • 3개월 이상 무월경 • 체중 감소를 설명할 수 있는 신체적 질병이 없음	• 정상 혹은 과체중 • 뚱뚱해지는 것에 대한 강한 두려움 • 남몰래 음식을 실컷 먹음 • 자신의 식습관에 문제가 있음을 알면서도 고칠 수 없음을 두려워함 • 최소 1주에 1번은 반복되는 행동들 　－고열량, 쉽게 소화되는 음식을 많이 먹음 　－복통, 불안감 등으로 마약, 알코올 남용 　－구토, 관장, 하제 등으로 체중 감량을 계속 시도	• 반복적인 폭식(6개월 동안 1주일에 최소 2번) • 다음 중 3가지 이상의 특징을 보임 　－매우 빠른 식사 　－만복감으로 불편해질 때까지 식사 　－배고프지 않을 때 혼자 식사 　－폭식한 후 후회하거나 자책 • 1가지 다이어트 방법에서 다른 다이어트 방법으로 계속 옮겨감 • 신경성 식욕부진증 없음
치료법	기초대사량을 유지할 수 있도록 열량 섭취를 증가시켜 체중을 회복한 후 원인을 찾도록 정신과 치료 병행	영양교육과 함께 자신을 인정하도록 정신과 치료 병행	배고픔을 느낄 때만 먹도록 학습시킴

2. 결식 및 불규칙적인 식사

아침 결식률 35.7%(2020년 기준) → 기력 약화, 정신기능 약화, 학습능력 저하 등

3. 청소년 비만

① 사회적 부적응, 고립, 자신감 상실
② 고혈압, 당뇨, 심장병 등의 발병 위험 증가

4. 고혈압, 이상지질혈증 관리

① 원인 : 가족력, 비만, 고지방식, 음주, 흡연, 운동 부족 등
② 예방 : 정상체중 유지, 규칙적인 운동, 저열량식, 저지방식, 저염식, 음주 절제 및 금연

PART 01

PART 02

PART 03

PART 04

PART 05

PART 06

PART 07

PART 08

PART 09

CHAPTER 04 | 성인기·노인기 영양

SECTION 01 | 성인기의 생리적 특성, 영양 관리

1. 신체

① 20~30대 초반에 신체의 크기, 체력, 성숙도가 정점에 도달
② 20대 초반에 근골격계 완성, 최대 골질량은 30대 초반까지 증가

2. 체성분

① 체지방 증가 : 대사증후군의 원인
② 근육량 감소 : 제지방량이 매 10년마다 2~3% 감소
③ 골격량 감소 : 25~35세 최대 골질량 이후 감소, 여자는 50대 폐경 이후 급격히 감소

3. 영양 섭취 기준

<table>
<tr><td rowspan="9">에너지</td><td colspan="6">• 총 에너지 소비량으로 정함
• 에너지 필요추정량 산출 공식</td></tr>
<tr><td rowspan="2">남</td><td colspan="5">$662 - 9.53 \times$ 연령(세) $+ PA[15.91 \times$ 체중(kg) $+ 539.6 \times$ 신장(m)]</td></tr>
<tr><td>PA</td><td>1.0(비활동적)</td><td>1.11(저활동적)</td><td>1.25(활동적)</td><td>1.48(매우 활동적)</td></tr>
<tr><td rowspan="2">여</td><td colspan="5">$354 - 6.91 \times$ 연령(세) $+ PA[9.36 \times$ 체중(kg) $+ 726 \times$ 신장(m)]</td></tr>
<tr><td>PA</td><td>1.0(비활동적)</td><td>1.12(저활동적)</td><td>1.27(활동적)</td><td>1.45(매우 활동적)</td></tr>
<tr><td colspan="6">• 에너지 필요추정량(kcal)</td></tr>
<tr><td colspan="2">구분</td><td colspan="2">남</td><td colspan="2">여</td></tr>
<tr><td colspan="2">19~29세</td><td colspan="2">2,600</td><td colspan="2">2,000</td></tr>
<tr><td colspan="2">30~49세</td><td colspan="2">2,500</td><td colspan="2">1,900</td></tr>
<tr><td colspan="2">50~64세</td><td colspan="2">2,200</td><td colspan="2">1,700</td></tr>
<tr><td>탄수화물</td><td colspan="6">• 총 에너지 섭취량의 10~20%로 제한, 특히 식품 가공 시 첨가당은 총 에너지 섭취량의 10% 이내로 섭취
• 에너지 공급, 단백질 절약 작용, 케톤증 예방, 단맛 제공
• 식이섬유 충분섭취량 : 12g/1,000kcal로 하루 남자 30g, 여자 20g</td></tr>
<tr><td>단백질</td><td colspan="6">• 체조직의 성장과 유지, 효소, 호르몬 및 항체 형성, 혈장 단백질 합성, 삼투압 조절(수분 평형 조절)
• 산-염기 평형 조절, 포도당 신생과 에너지 공급
• 질소균형 유지를 위한 1일 필요량 : 0.73g/kg
• 남자 19~49세 65g, 50~64세 60g, 여자 19~29세 55g, 30~64세 50g</td></tr>
</table>

지질		• 지용성 비타민의 공급원, 티아민 절약 효과 • 동맥경화와 심장 질환 위험 요인 • 지방 15~30%, n-6계지방산 4~10%, n-3계 지방산 1% 내외, 포화지방산 7% 미만, 트랜스지방산 1% 미만, 콜레스테롤은 목표 섭취량으로 300mg/일 미만
비타민	비타민 C	• 콜라겐 형성, 신경전달물질 합성, 철 흡수 도움, 면역기능, 상처 회복, 자유라디칼의 제거, 항산화 기능 • 권장 섭취량 100mg, 흡연자는 130mg 섭취 권장
	비타민 D	골밀도 유지를 위해 충분히 섭취
	비타민 E	다가 불포화지방산 섭취량이 증가할수록 비타민 E 섭취량 증가
	니아신	만성 알코올 중독증, 선천적인 트립토판 대사 장애, 만성 설사로 인한 흡수 장애 증후군에서 나타남(결핍증 : 펠라그라)
무기질	칼슘	35세 이전 골격 형성, 35세 이후 골격 유지, 폐경기 골다공증 예방
	칼륨	세포의 흥분과 자극전달, 근육 수축과 이완 조절, 심장박동 유지, 세포의 삼투압과 수분 평형의 유지, 섭취 부족할 때 고혈압 위험 증가
	철	• 폐경 이후 월경 손실량이 없어지므로 필요량이 낮음 • 남자 19~64세 10mg, 여자 19~49세 14mg, 50~64세 8mg

SECTION 02 | 성인기 영양 관련 문제

1. 대사 증후군 : 비만, 고혈압, 당뇨병, 동맥경화증, 심뇌혈관 질환

남	PA
공복혈당	100mg/dL 이상
혈압	130/85mmHg 이상
허리둘레	남자 90cm, 여자 85cm 이상
중성지방	150mg/dL 이상
HDL-콜레스테롤	남 40mg/dL 미만, 여 50mg/dL 미만

퀴즈

공복혈당이 110mg/dL, 혈압은 125/80mmHg, 허리둘레가 105cm인 남성은 대사 증후군을 의심해야 한다. (ㅇ/×)

정답 | ×

해설 | 상기 조건에서 혈압이 130/85mmHg 이상일 경우 대사 증후군을 의심해볼 수 있다.

2. 갱년기 여성의 건강

① 폐경
  ㉠ 난소의 난포 기능 상실로 인한 월경의 중단, 45~55세(평균 49세)
  ㉡ 난소 기능 저하 → 월경 주기 단축 · 연장, 불규칙한 월경 → 중지

② 폐경 증상
  ㉠ 초기 : 생리의 불규칙, 화끈거림, 안면홍조, 두근거림, 우울증, 근육통
  ㉡ 중기 : 피부 변화, 비뇨생식기 이상
  ㉢ 후기 : 골다공증, 심혈관계 질환 증가

③ 중년여성의 건강관리
  ㉠ 골다공증 예방을 위해 칼슘, 콩(이소플라본) 섭취 증가, 알코올과 카페인, 탄산음료 섭취 감소
  ㉡ 걷기, 계단 오르기, 스트레칭, 맨손체조를 권장하고 높은 산 등반, 줄 넘기, 테니스는 조심해야 함
  ㉢ 에스트로겐 대체 요법 : 갱년기 증상 감소, 골다공증, 심혈관 질환 예방, 노화 지연
    ※ 부작용 : 메스꺼움, 두통, 부종, 자궁 출혈, 심장병, 유방암, 혈전증

SECTION 03 | 노인기의 생리적 특성, 영양 관리

1. 노화 이론

① 세포분열의 제한설 : 모든 세포들은 세포 수명 동안 세포분열 횟수를 결정하는 등의 유전자 암호를 갖고 있어 프로그램에 따라 세포가 분열한 후에 세포들은 죽어가기 시작. 대부분의 인체 세포들은 재생되나 척수, 신경, 뇌세포들은 재생되지 못함

② 텔로미어(Telomere) : 유전시계 이론이라고도 하는데, 텔로미어는 염색체 말단을 덮고 있는 부분으로 세포분열과 함께 조금씩 짧아짐. 결국 텔로미어가 손실되면 염색체는 더 이상 분열할 수 없으며 쇠퇴하고, 염색체 복제 기능 상실은 노화를 초래함

③ 가교설 : 나이가 들어감에 따라 콜라겐 같은 단백질 분자 사이에 비가역적인 가교결합이 생성되고 결합조직의 용해성, 탄력성 등이 저하되어 물질의 투과가 저하되면서 각 조직이나 기능이 저하되어 노화가 진행됨

④ 유해산소 이론(자유라디칼설) : 스트레스, 에너지 대사 시 발생하는 활성산소가 유리기(free radical)를 생성하고 이것이 세포막을 산화시켜 노화됨

⑤ 환경요인 자극설(실책설) : 방사선 조사, 자외선, 환염오염물질들이 DNA의 변이를 일으켜 비정상적인 단백질을 합성함으로써 노화가 일어남

빈 칸 채우기

유전시계이론에서는 염색체 말단의 (   )이/가 짧아지는 것이 노화의 원인이라고 본다.

정답 | 텔로미어

---

2. 노인의 생리 기능의 변화

① 생체 기능의 저하
- ㉠ 신체 내외의 환경 변화에 대한 반응이나 적응력이 감소
- ㉡ 생리적 기능의 감소는 30세 이후부터 80세에 이르기까지 나타남

② 뇌 및 신경 조절
- ㉠ 나이가 들면서 뇌세포 수가 20~40% 감소
- ㉡ 세로토닌, 도파민, 아세틸콜린 등 신경전달물질의 합성 속도가 감소하여 미세한 운동기능이나 인지능력의 변화가 나타남

③ 심장순환계
- ㉠ 관상동맥경화나 혈관의 지질 축적, 혈관의 탄력성 상실로 혈액순환이 곤란
- ㉡ 좌심실이 커지고 1회 심박출량이 감소하면서 혈류 속도가 저하되어 영양소 공급이 늦어지므로 나트륨 섭취 및 고혈압, 체중 관리 등에 주의

④ 호흡계
- ㉠ 폐포 면적이 감소하고 폐포 탄력성이 저하되어 호흡 시 가스교환이 효율적이지 못함
- ㉡ 동맥혈의 산소 포화도가 낮아지고, 체조직으로의 산소 운반이 어려움

⑤ 소화 · 흡수
- ㉠ 타액과 위액 분비의 감소로 소화력 저하, 빈혈증도 초래됨
- ㉡ 치아 상실과 미뢰수의 감소로 미각의 인지가 곤란
- ㉢ 진한 농도의 음식, 소화가 어려운 것, 비타민 B_{12} 등은 주의해서 섭취
- ㉣ 수분과 수용성 식이섬유를 섭취하여 장의 건강에 주의

⑥ 신장
- ㉠ 네프론의 감소로 사구체 여과 속도가 저하되어 노폐물이나 약물 배설도 느려짐
- ㉡ 고단백식과 수용성 비타민의 과량 섭취를 삼가야 하며 수분의 적절한 섭취가 중요함

⑦ 감각
- ㉠ 청각 : 고음부와 저음부 청각이 저하되어 난청
- ㉡ 시각 : 30세부터 저하되어 40세 이후에는 심하게 저하되며, 암적응능력 · 수정체의 조절력이 낮아져 원시가 나타남
- ㉢ 미각 : 미뢰 수의 감소 및 위축으로 염미, 감미의 현저한 미각 감소 및 둔감

3. 영양 섭취 기준

에너지		• 기초대사와 신체활동의 저하, 체표면적의 감소, 소화액 및 효소의 분비량 감소 • 남자 2,000kcal, 여자 1,600kcal
탄수화물		• 단맛 음식을 선호하나 과잉 섭취 시 혈중 지질 농도를 증가시키므로 주의 • 식이섬유는 변비 완화, 당 내응력(당뇨) 개선, 혈청 콜레스테롤 저하 등의 효과가 있어 신선한 과채류, 두류, 해조류의 섭취 권장
단백질		• 단백질 이용 효율은 감소하나 체중당 근육 비율도 감소함 • 위액의 산도 저하, 펩신, 트립신의 감소로 소화율 감퇴 • 남자 60g, 여자 50g
지질		• 지용성 비타민과 필수지방산의 공급, 티아민 절약, 세포막 뇌 신경 기능의 유지, 스테로이드 공급의 역할을 하지만 순환기 질환 등의 원인이 됨 • 지질 분해효소와 담즙의 분비 저하로 지질 소화율 감퇴
비타민	비타민 C	• 체내에서의 산화환원반응, 체조직의 형성, 페닐알라닌 대사와 치아 건강에 요구됨 • 신선한 채소로 섭취
	비타민 D	• 칼슘 흡수를 촉진하며 부족 시 골다공증 위험 증가 • 자외선 노출 횟수가 적어지면서 피부에서의 합성 능력 감소 • 충분섭취량 : 15μg(성인보다 5μg 증가)
	비타민 B_{12}	위산 분비의 장애로 빈혈증을 유발할 수 있으므로 육류, 생선 등을 섭취하여 보충
무기질	칼슘	폐경 후 에스트로겐 분비가 감소하여 뼈의 칼슘을 용출시킴으로써 골밀도 저하
	철	• 위산 분비 감소로 흡수율 저하 • 간, 달걀, 쑥갓, 시금치, 굴 등을 섭취
	나트륨	• 미각의 둔화로 짜게 먹게 됨. 과잉 섭취 시 부종 및 고혈압, 동맥경화의 위험 증가 • 목표 섭취량 2g 미만으로 가능한 싱겁게 섭취
수분		• 노인은 탈수에 대한 감각이 둔화되어 수분 섭취가 감소됨 • 고단백 식사 시 수분 섭취가 충분치 못하면 탈수가 쉽게 옴 • 신장의 여과, 재흡수의 능력이 저하되고 변비의 예방을 위해서 적절한 수분 섭취가 필요함

증상		특징
골다공증	위험군	• 조기폐경 또는 폐경 전 난소 절제 • 에스트로겐 과다 사용(피임약) • Ca 흡수 불량 (장관 절제 수술) • 갑상선 및 부갑상선기능항진증 • 가족력 • 과도한 흡연, 음주 및 카페인 섭취 • 영양소 결핍 : 칼슘과 인의 섭취비 낮은 경우, 단백질, 비타민 D, 불소 등
	증상	골밀도, 뼈의 크기 감소되어 골절
	예방	• 적절한 칼슘 및 비타민 D 섭취 : 우유, 미역, 다시마, 두부 등 • 규칙적인 신체 및 근육운동, 야외운동 • 금연과 절주
빈혈	철결핍성 빈혈	• 단백질 및 철 섭취 부족 • 노화로 조혈 작용 감소 • 질병으로 인한 내출혈
	거대적아구성 빈혈증	엽산, 비타민 B_{12}의 결핍
	악성빈혈	위산 감소, 비타민 B_{12}의 흡수 장애
치매		• 뇌기능이 노화됨에 따라 뉴런의 수가 감소되어 뇌기능이 손상되고 손상 부위에 따라 언어, 인지력, 기억력 및 성격 등에 장애가 온 것 • 여성이 남성보다 높음 • 다발성 뇌경색성 치매 : 가벼운 뇌졸중이 원인이므로 고혈압, 당뇨병, 동맥경화 등의 철저한 관리와 치료가 치매 예방에 중요 • 그 외 알츠하이머성 치매, 알코올성 치매 등

CHAPTER 05 | 운동과 영양

SECTION 01 | 운동 시 에너지 대사, 영양 관리

1. 운동 시 에너지 급원과 에너지 대사

① ATP : 즉시 사용 가능한 에너지원이며 근육은 소량의 ATP를 가지고 있어서 2~4초 안에 에너지 공급 가능

② 크레아틴 인산(creatine phosphate)

  ㉠ 크레아틴 + ATP → 크레아틴 인산

  ㉡ 근육 수축 시 크레아틴 인산은 분해되어 에너지를 방출하고, 생성된 인산은 ADP와 결합하여 ATP 공급

  ㉢ 순간적으로 활성화되어 에너지를 빠르고 강력하게 제공하나, 근육 내 충분양이 저장되어 있지 않기 때문에 10초 이내에 사용되는 정도의 에너지 공급

③ 포도당

  ㉠ 해당과정

    • 격렬한 운동 시 해당과정에서 생성된 피루브산이 젖산으로 전환되며 에너지를 공급

    • 크레아틴 인산 다음으로 근육에 ATP를 공급하는 가장 빠른 경로(약 30초~2분 지속)

    • 지속적인 에너지 공급은 불가능하며, 젖산의 빠른 축적은 근육피로를 초래함

  ㉡ TCA 회로 : 중강도 또는 저강도의 운동을 할 경우 해당과정에서 생성된 피루브산은 미토콘드리아에서 호기적 대사과정을 통해 산화되어 에너지 발생(장시간 ATP 생성 가능)

④ 글리코겐 : 간(약 100g)과 근육(약 250g)에 저장, 2시간 정도 지속되는 운동

⑤ 단백질

  ㉠ 지방산 또는 포도당의 공급이 부족할 때

  ㉡ 주요 에너지원은 근육에 함유된 측쇄 아미노산(류신, 이소류신, 발린)

⑥ 지방

  ㉠ 저강도 또는 중정도의 강도로 지속되는 운동의 주된 에너지원

  ㉡ 장기간 운동 시 혈중 유리지방산 농도 증가

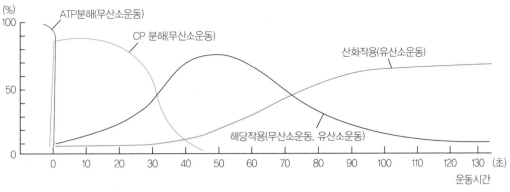

〈중강도의 운동 시 시간 경과에 따른 주된 에너지 공급원의 변화〉

2. 운동 시 영양관리

① 영양소 필요량

에너지	체격, 체구성, 운동의 종류, 운동량, 운동의 수준과 강도에 따라 다름	
단백질	• 과량의 단백질 섭취 시 여분의 아미노산은 지방으로 전환 • 과량의 질소대사물 배설로 인해 소변량이 증가하고, 아미노산 불균형이 초래됨	
	1.0g(단위체중당)	
비타민	• 필요량은 일반인과 비슷하거나 약간 증가 • 총 에너지 섭취량에 따라 티아민, 리보플라빈, 니아신의 필요량 증가	
무기질	칼슘	운동성 무월경(고강도 운동 여자 선수)은 뼈의 손실을 가속화시키므로 칼슘 보충 필요
	철	운동성 빈혈(sports anemia) • 고강도 여자 선수, 청소년, 채식주의자, 장거리달리기 선수 등에서 발생 • 훈련 중 증가된 혈장 부피가 적혈구 증가를 훨씬 초과함으로써 발생하는 혈액 희석 현상 • 영양 상태 판정 후 섭취량 결정
	나트륨, 칼륨, 마그네슘	1시간 이상 지속되는 운동은 스포츠 음료 등으로 공급 필요
수분	• 탈수 시 혈액량이 감소하고, 근육경련을 발생시키며 최대 산소 소비량과 운동 능력이 감소 • 운동 중, 전후 충분한 수분 공급 중요	

② 운동선수의 식사관리

    ⊙ 글리코겐 비축 식사요법(글리코겐 부하법) : 90분 이상의 지구력을 요하는 운동(마라톤, 장거리 수영 등)에 있어서 근육의 글리코겐 저장량을 최대로 하려는 탄수화물 비축 방법

시기	1주일 전	3일 전		당일
식사	50% 당질식사	70% 당질식사	점심 식사	경기

글리코겐 양 : 평상시 95mmol/kg　　　　　　　　　→ 180mmol/kg

장점	• 근육의 운동 수행 능력 향상 • 저혈당 증세 지연 • 탈수 방지 : 글리코겐 저장 시 약 3~4배의 수분과 함께 저장
단점	• 고당질 식사의 어려움 : 고당질 섭취로 위장의 거북함, 양이 많고 맛이 없음 • 과다한 체중 증가 : 글리코겐 저장 시 약 3~4배의 수분과 함께 저장

ⓒ 경기 시합과 식사

경기 전	• 소화가 쉬우며 위장에 운동을 최소화하는 탄수화물 위주의 식사(저지방, 저단백질) • 탈수 예방 : 충분한 수분 섭취, 액체 음료 섭취
경기 중	• 수분 공급 • 운동시간 60분 초과 시 당질이 함유된 음료를 공급
경기 후	• 글리코겐을 재저장 • 경기 후 15~30분 이내 : 100g의 탄수화물 섭취(스포츠음료, 과일주스 등) • 매 2시간 이내 : 고탄수화물 식사

과목 마무리 문제

01 임신성 당뇨병에 대한 설명으로 옳은 것은?

① 임신 초기부터 인슐린 저항성이 증가한다.
② 임신성 당뇨병은 식사요법보다 약물요법이 중요하다.
③ 저체중아, 미숙아, 조산 출산의 위험이 높다.
④ 임신성 당뇨병은 임신 전 기저질환자들에게만 나타난다.
⑤ 임신성 당뇨병인 사람은 나중에 일반 당뇨병으로 이행할 확률이 높다.

해설 | 임신성 당뇨병은 임신 중에 처음으로 진단된 당뇨병을 의미하며 대부분 출산 후 정상으로 회복되나 약 20~30%의 환자는 차후에 당뇨병으로 진행되기도 한다.

02 수유부의 유즙 분비를 증가시키는 요인으로 옳은 것은?

① 영아의 흡유력 부족
② 신생아기의 이른 혼합 수유
③ 수유부의 유즙 부족으로 인한 스트레스
④ 출산 경험이 많은 수유부
⑤ 수유 후 유방이 완전히 비워졌을 시

해설 | 모유 분비 부족의 원인은 수유부의 영양 상태가 불량한 경우, 수유부의 정신적 · 육체적 피로, 아기에게 한쪽 유방만을 수유한 경우, 유방을 완전히 비우지 않았을 경우, 신생아기의 이른 혼합 수유를 하는 경우 등이 있다.

03 모유 성분 중 수유부의 식사 섭취량에 따라 유즙 내 함유량이 달라지는 영양소는?

① 탄수화물
② 지방
③ 단백질
④ 에너지
⑤ 무기질

해설 | 모유 중의 에너지, 탄수화물, 단백질, 무기질, 엽산 등의 함량은 모체의 식사 섭취량에 의해 영향을 받지 않고 일정한 농도로 유지된다.

04 모유만으로 6개월 이상 양육할 경우 아이에게 부족하기 쉬운 영양소는?

① 아연
② 티아민
③ 철
④ 칼슘
⑤ 마그네슘

해설 | 일반적으로 생후 5개월까지는 모유만으로도 철의 필요량을 충족시킬 수 있으나 이후 모유만으로 철을 섭취하면 철 결핍 및 철 결핍성 빈혈에 걸릴 위험이 증가한다.

 정답 01 ⑤   02 ⑤   03 ②   04 ③

05 모유와 우유의 지방 조성을 설명한 내용으로 옳은 것은?

① 모유의 DHA 함량이 우유보다 더 높다.
② 모유의 리놀레산 함량이 우유보다 더 낮다.
③ 모유의 총 지방량은 우유보다 많다.
④ 모유의 콜레스테롤 함량이 우유보다 더 낮다.
⑤ 모유의 포화지방산/불포화지방산의 비율이 우유보다 더 높다.

해설 │ 모유는 리놀렌산과 DHA의 함량이 높아 두뇌 발달에 도움을 주며 모유와 우유의 지질 함량은 비슷하다. 리놀레산, 콜레스테롤은 우유보다 모유 내 함량이 높다.

06 영아가 설사를 심하게 하며 식욕부진 등의 증상이 나타나는 경우 적절한 영양 관리는?

① 조제분유를 두유로 대체해서 먹인다.
② 조제분유의 단계를 변화시켜 본다.
③ 조제분유 대신에 과채즙이나 유제품을 먹인다.
④ 일단 먹고 있는 분유를 중단하고 따뜻한 보리차를 먹인다.
⑤ 당분간 모든 식품과 수분의 섭취를 제한한다.

해설 │ 설사가 심해지면 수유 시간을 길게 하고 탈수를 방지하기 위하여 붉은 포도당액, 보리차 끓인 물을 계속해서 조금씩 먹인다.

07 유치가 나려고 할 때 주면 도움이 되는 음식은?

① 토마토
② 사과주스
② 구운 달걀
③ 당근
⑤ 토스트

해설 │ 이가 나기 시작할 때는 잇몸이 간지럽기 때문에 아무것이나 입에 넣어 씹으려고 하는데, 이때 빵을 구워주거나 뻥튀기, 비스킷 등을 주면 좋다

08 과잉 섭취 시 노인성 치매 문제를 일으킬 것으로 추측되는 무기질은?

① 마그네슘
② 망간
③ 아연
④ 알루미늄
⑤ 칼륨

해설 │ 알츠하이머성 치매 환자 뇌조직의 알루미늄 농도는 정상 뇌조직의 농도보다 10~30배 정도 높다.

09 청소년의 성장 특성으로 옳은 것은?

① 청소년기 때 성장 속도가 가장 빠르다.
② 사춘기의 시작은 남자가 여자보다 빠르다.
③ 사춘기는 성호르몬의 증가로 생식기능이 나타난다.
④ 최고신장 발육 시기는 남자가 여자보다 빠르다.
⑤ 영양 상태는 사춘기 이후에는 큰 영향을 주지는 않는다.

해설 │ 청소년기에는 영아기 다음으로 가장 급속한 성장이 이루어지며, 사춘기는 성호르몬의 증가로 인해 2차 성징과 생식기능이 나타난다.

10 장시간 운동 시 일어나는 생리적 변화는?

① 헤모글로빈 증가
② 근육의 젖산 감소
③ 호흡계수(RQ) 저하
④ 글리코겐 저장 증가
⑤ 티아민 배설량 감소

해설 | 심한 근육 노동이나 운동을 장시간 하면 혈당 저하, 호흡계수(RQ) 저하, 소변 중 칼륨, 인. 티아민 배설량 증가, 적혈구의 수, 헤모글로빈의 양 감소 혈액의 비중 감소, 혈중 노르에피네프린. 에피네프린 증가 등이 나타난다.

PART 01
PART 02
PART 03
PART 04
PART 05
PART 06
PART 07
PART 08
PART 09

PART **03**

영양교육

CHAPTER 01 | 영양 교육과 사업의 요구 진단

SECTION 01 | 영양 교육의 개요

1. 영양 교육과 상담의 정의

① 영양 교육의 정의
  ㉠ 영양 상태의 개선과 건강 증진을 위하여 바람직한 식생활을 실천하는 데 필요한 영양 관련 지식, 태도, 행동에 관련된 변화를 유도하는 계획된 교육 과정
  ㉡ KAP(Knowledge, Attitude, Practice), KAB(Knowledge, Attitude, Behavior)의 과정
② **영양 상담의 정의** : 상담자가 전문적 입장에서 언어적 또는 비언어적 의사소통을 통하여 내담자의 영양 문제를 해결할 수 있도록 돕는 과정
③ **영양 교육과 상담 내용** : 교육 대상자의 성별, 나이, 교육 수준, 식습관, 경제 수준 등에 따라 내용이 달라짐

2. 영양 교육의 목적과 의의 중요

① 대상자 개인의 영양 상태 개선
② 바람직한 식생활 영위
③ 질병 예방 및 건강 증진
④ 국민 건강을 통한 사회적 의료 비용 절감
⑤ 국민의 체력 향상과 함께 국가 경제의 안정 도모
⑥ 궁극적으로 국민과 국가의 복지와 번영에 기여

> **TIP 영양 교육**
>
> 개인이나 집단이 건강한 식생활을 실천하는 데 필요한 지식을 이해하고 학습한 지식과 기술을 실제 식생활에서 실천하려는 태도를 지니게 하여 스스로 행동으로 옮겨 식생활을 개선하도록 하는 것

3. 영양 교육의 목표 중요

① **지식의 이해** : 바람직한 식생활을 실천하기 위해 필요한 지식 및 기술의 이해
② **태도의 변화** : 현재의 식생활 개선에 대한 관심과 식생활을 개선하려는 의욕 증진
③ **행동의 변화** : 실천을 통해 식생활과 식습관을 변화시키고 이를 지속시켜 습관화하는 것

영양 교육의 최종 목적은 질병 예방 및 건강 증진이다. (○/×)

정답 | ○

해설 | 영양 교육의 궁극적 목적은 국민의 질병 예방 및 건강 증진, 바람직한 식생활 영위, 개개인의 체위와 체력 향상 도모, 국민 건강을 통한 사회적 의료 비용 절감, 국민의 체력 향상과 함께 국가 경제의 안정 도모, 국민 전체의 복지와 번영에 기여 등이다.

영양 교육은 식생활을 개선하고 변화된 태도를 스스로 실천할 수 있도록 하는 데 의의가 있다. (○/×)

정답 | ○

해설 | 영양 교육은 자신들의 의지를 스스로 행동으로 옮길 수 있도록 뒷받침해주는 데 의의가 있으며, 영양 교육의 목표는 식생활과 관련된 지식·태도·행동의 개선을 의미한다. 이 중 특히 스스로 실천하는 행동의 변화가 가장 중요하다.

SECTION 02 | 영양 교육의 일반 원칙과 실시

1. 영양 교육의 일반 원칙

① 계획(Plan) : 영양 교육 대상자의 실태 파악, 영양 문제 발견 및 진단, 대책 수립
② 실시(Do) : 계획적이고 조직적인 실천 방법 실시, 반복 지도 필수
③ 평가(See) : 실시한 교육의 효과 판정을 통해 실시한 교육 방법이 맞는지 확인

 영양 교육의 일반 원칙

실태 파악 → 문제 발견 → 문제 진단 → 대책 수립 → 실시 → 효과 판정

2. 영양 교육의 실시

① 실태 파악 : 교육 대상자의 현재 영양 상태를 명확히 판단하여 문제점 발견
② 대책 수립 : 계획적이고 조직적인 교육을 실시
③ 방법 모색 : 영양 개선을 위해 실천 가능한 여러 가지 방법 모색
④ 효과 판정 : 실시한 교육 방법이 적합한지 평가
⑤ 재효과 판정 : 효과 판정의 성과가 없을 경우 새로운 방법을 실시하고 재효과 판정을 반복

3. 영양 교육 실시의 어려운 점 중요

① 대상자 구성이 단일하거나 획일적이지 않음

② 대상자의 식습관 및 교육 수준이 다양함

③ 영양 교육에 대한 인식이나 적극성 결여

④ 대상자의 식생활과 기호도의 변화가 쉽지 않음(식생활에 대한 사고 방식이 보수적)

⑤ 식품 · 영양의 결함이 즉시 나타나지 않음

⑥ 경제 상태가 영양 교육에 영향을 미침

⑦ 교육 효과는 장기적, 완속적, 비가식적으로 나타남(단기적 변화가 어려움)

⑧ 교육 효과는 복합적 요인에 의한 것이므로 영양 교육만의 효과를 측정하기 어려움

SECTION 03 | 교육의 역사와 한국의 식문화

1. 우리나라의 영양 교육과 한국 식문화의 변천

(1) 고려 시대 이전

① 삼국 시대 이전 : 곡물 재배, 토기와 불의 사용

② 삼국 시대 : 본격적인 농업 국가로 발전, 벼농사가 크게 보급, 주식과 부식의 구조 확립

고구려	벼보다 조를 재배
백제	벼농사와 쌀밥이 가장 먼저 전파됨
신라	보리를 주로 재배, 벼농사를 겸함

③ 통일 신라 시대 : 외국과의 교류 활발, 풍요로운 식생활, 귀족의 사치스러운 식생활

(2) 고려 시대

① 중농 정책(농기구 개량, 물가조절 기관 설치 등)으로 양곡의 수확이 늘어남

② 고려 초기 : 불교를 국교로 삼아 육식 습관은 쇠퇴하고 채식 위주의 요리 발달, 차(茶) 문화 발달

③ 고려 후기 : 무관의 세력이 강해져 육식의 습관이 다시 대두, 몽고의 침입과 원나라와의 교류로 설탕 · 후추 · 포도주 등의 교역품 수입

④ 각 가정마다 특색 있는 음식 문화가 발전

⑤ 궁중에서는 오늘날의 영양사와 유사한 역할을 하는 '식의(食醫)'를 둠

(3) 조선 시대

① 숭유배불 정책으로 유교 사상에 따른 음식문화 발달

② 의례를 중요시하는 통과의례 음식의 발달

③ 시식과 절식, 향토 음식, 반가 음식, 궁중 음식 발달

④ 약식동원(식의동원) 사상과 음양오행설이 음식에 영향을 미침

⑤ 식생활 문화가 발달하여 상차림과 식사 예법이 잘 다듬어짐

⑥ 식의(食醫)가 활성화되어 질병의 치료와 음식의 관계를 지도

⑦ 태종 시대에 의녀 제도를 마련하여 환자식의 조리에 관여

(4) 근세 이후

① 영양 교육 **중요**

연도	내용
1953	빵을 원조받아 학교에서 무상급식 시작
1958	국립중앙의료원 영양과 명칭 신설
1967	• WHO, FAO, UNICEF가 공동으로 한국의 영양 사업 추진에 관한 협약을 통해 영양 사업 시작 • 전문가의 단기파견 지원(WHO, FAO), 물자 · 기구 및 훈련 지원(UNICEF)
1968	농촌진흥청에서 응용영양사업 시작(식생활 개선, 영양식품의 생산 증가, 국민의 체위 향상과 식량 자급 모색 등)
1995	국민건강증진법을 통한 영양 교육 활성화, 국민영양개선사업을 지원으로 국민건강생활실천사업이 확산되기 시작
2004	국민건강증진종합계획을 수립하고 주요만성질환관리사업을 시행

② 영양사의 역사적 배경 및 배치 기준 **중요**

연도	내용
1950년대 후반	국립중앙의료원 영양과 설치(영양사 명칭 사용)
1961	한국영양사양성연합회 발족(영양사 면허제도 건의)
1962	• 식품위생법 제정 및 영양사 면허제도 명시 • 상시 1회 100인 이상인 집단 급식소에 영양사 배치
1964	영양사 면허증 발급
1969	대한영양사협회 창립
1978	국가자격시험제도로 변경
1981	학교급식법 제정, 초등학교 급식에서 영양사 배치 명시
1982	의료법 시행규칙 제정 시 입원시설을 갖춘 병원에 영양사 배치 의무화
1991	영유아보육법 제정 시 영 · 유아 보육시설에 영양사 배치 명시
2000	식품위생법 시행령 개정, 일반 기업체의 영양사 의무고용 자율화 명시
2012	임상영양사 국가자격시험제도 신설
2013	• 식품위생법 일부 개정 • 상시 1회 급식 100인 이상 산업체의 영양사 의무고용 재명시
2020	• 영유아보육법 개정 • 영유아 200명 이상 보육 어린이집 영양사 1명 배치 의무

 퀴즈

2013년 식품위생법 일부 개정 시 상시 1회 급식인원 100인 이상인 산업체인 경우 영양사 고용을 의무화하였다. (○/×)

정답 | ○

해설 | • 1962년 식품위생법 시행령 제정 시 상시 1회 100인 이상인 집단 급식소에 영양사 배치 명시
　　　• 2000년 식품위생법 시행령 개정 시 일반 기업체의 영양사 의무고용 자율화 명시
　　　• 2013년 개정 시 상시 1회 급식 100인 이상 산업체의 영양사 의무고용 재명시

1. 인구 · 사회학적 측면

① 인구 동태적 변화

㉠ 인구 분포의 변화 : 저출산과 고령화

㉡ 가족 형태의 변화 : 독신 가구, 노인 가구, 한부모 가구, 다문화 가구 등의 증가

② 가정 역할의 사회화

㉠ 여성의 사회 진출에 따른 가정 역할의 변화

㉡ 소득 증가에 따른 동물성 식품, 유제품 등의 소비와 외식 증가

2. 산업적 측면

① 식품산업과 외식산업의 발달로 외식 및 편의식품의 소비 증가

② 과학 기술의 발달과 4차 산업혁명에 따른 식생활 체계 변화

③ 대중매체를 통한 영양 교육의 발달

④ 만성 질환의 증가와 노인 의료비 증가 등으로 식생활 교육 중요

⑤ 외국 식품의 수입, 외국 음식점 증가, 외국 여행으로 인해 식품 및 음식 섭취 기회 증가

3. 국가 정책적 측면

① 국민건강증진법 제정과 영양 교육 강화

② 식량 수급 정책(수입식품, 안정성 문제)

③ 영양 교사와 단체 급식 시설의 영양 교육

④ 소비자 교육의 확대(영양 표시제와 식품 위해 요소 규제)

⑤ 음식물 쓰레기 문제(쓰레기 종량제 등)

4. 영양 교육이 필요한 분야

① 생애 주기별 건강한 식생활을 위한 영양 교육 및 상담(보건소, 어린이집, 학교, 노인시설 등)

② 질병 예방과 관련된 영양 교육 및 상담

③ 소외계층을 위한 영양 교육

④ 건강한 소비 생활을 위한 소비자 교육

⑤ 영양 교육 매체 제작 및 보급

⑤ 인터넷 산업과 연계한 영양 교육

5. 영양 교육이 평생교육이 되어야 하는 이유 중요

① 국민의 식생활 양식의 서구화

② 국민의 식품 소비 패턴의 변화

③ 식생활과 관련된 만성 질환 발생 증가

④ 다양한 식품의 지속적인 개발 및 보급

⑤ 소외계층의 바람직한 식품 선택 방법 지도

6. 영양 교육에 포함되어야 할 내용

① 식생활과 건강과의 관계

② 식생활에 대한 올바른 이해와 인식에 관한 내용

③ 영양 섭취 실태와 식품 소비 유형의 변화

④ 편식 및 잘못된 식습관

⑤ 식품 수급 문제

⑥ 식품 낭비와 손실 방지

퀴즈

현대 사회에서 인구 동태적인 변화와 가정 역할의 사회화에 따라 영양 교육의 필요성이 강조되고 있다. (o/×)

정답 | o

해설 | 현대 사회는 저출산과 고령화와 같은 인구 동태적 변화와 여성의 사회 진출 및 외식 증가 등에 따른 가정 역할의
사회화에 의해 영양 교육의 필요성이 강조된다.

SECTION 05 | 지역 사회 영양

1. 지역 사회 영양의 목적과 역할

① 지역 주민의 건강 및 영양 문제 파악

② 건강 및 영양 문제에 영양을 미치는 관련 요인 분석

③ 건강 및 영양 상태 개선을 위한 정책 수립

④ 지역 사회 영양 사업의 실시 및 효과 평가

⑤ 지역 사회 구성원 및 국민의 영양 상태 개선을 통한 삶의 질 향상 도모

2. 지역 사회 영양의 요구 진단

① 지역 사회의 영양 문제를 조사하고 이들 문제에 영향을 주는 요인과 영양 위험 대상자들을 파악
하는 과정

② 목표 설정 : 영양 불량 정도를 우선순위별로 파악, 영양 요인, 사회·문화·환경적 문제 파악

③ 지역 사회 영양 요구 진단팀 구성, 예산 계획, 세부 추진 일정 설정

④ 요구 진단을 위한 자료 수집

　　㉠ 1차 자료 : 지역 주민을 대상으로 설문지, 인터뷰 조사

　　㉡ 2차 자료 : 국가 통계 자료

⑤ 수집한 자료의 분석 및 활용 : 영양 문제의 우선순위 결정

⑥ 프로그램 분석 및 개선 방향 제시 : 현재 실시되고 있는 프로그램 분석 및 활용

3. 지역 사회 영양 상태 판정

① 영양 스크리닝(영양 선별)

ㄱ 영양적으로 취약하거나 위험한 대상자를 우선적으로 선별

ㄴ 성별, 연령, 식습관, 음주, 흡연, 과거와 현재의 질병 등

② 영양 판정 방법

ㄱ 개인별 직접 평가 : 신체 계측 검사, 생화학적 검사, 임상 검사, 식사 조사 등

ㄴ 인구집단에 대한 간접 평가 : 인구 동태 분석, 식품수급표, 식생태 조사, 국민건강영양조사 결과 등

PART 01
PART 02
PART 03
PART 04
PART 05
PART 06
PART 07
PART 08
PART 09

SECTION 01 | 건강신념모델

1. 건강신념모델의 개념 중요

① 개인적 인식 : 질병 가능성 및 질병의 심각성에 대한 인식

② 질병에 걸릴 위험성을 지닌 사람이 질병을 진단하고 예방하는 프로그램에 참여하지 않는 이유를 알기 위해 개발된 이론

③ 건강 행동의 실천 여부는 건강에 대한 신념에 따라 정해지므로 개인의 태도와 신념에 초점을 맞춤

　　예 대장암의 위험성 및 발병했을 경우 건강에 미치는 심각한 영향을 교육하고, 다양한 채소와 과일을 섭취했을 경우의 건강상의 이득을 교육

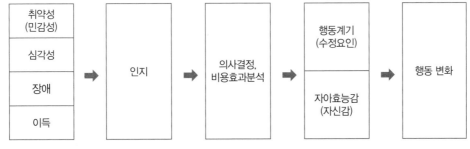

〈건강신념모델〉

2. 건강신념모델의 구성 요소

① 인지된 취약성(민감성) : 질병에 걸릴 가능성에 대한 주관적 인식

② 인지된 심각성 : 질병으로 인한 신체적, 정신적, 사회적 장애 및 어려움 등에 대한 인식

③ 인지된 이득 : 행동 변화를 실천한 후 얻을 수 있는 이익에 대한 인식

④ 인지된 장애 : 행동 변화가 가져올 물리적, 심리적 비용에 대한 인식

⑤ 행동 계기(수정요인) : 행동 변화를 수행하게 하는 계기

⑥ 자아효능감(자신감) : 행동을 수행할 수 있다는 스스로에 대한 자신감

1. 합리적 행동이론과 계획적 행동이론의 개념

① 합리적 행동이론 **중요**

　㉠ 정의 : 건강과 관련된 행동들은 대부분 행동의도(개인의 의지)에 의해 결정되며, 이러한 행동의도는 자신의 특정 행동에 대한 태도와 주관적 규범(주변 사람들의 영향력)에 의해 결정됨

　㉡ 사례 : 모유 수유를 할 경우 산모에게 좋은 점과 아기에게 좋은 점을 스스로 배우거나 친정엄마 또는 지인의 이야기에 의해 결정

② 계획적 행동이론

　㉠ 합리적인 행동이론 + 인지된 행동통제력의 개념

　㉡ 인지된 행동통제력(특정 행동을 쉽거나 어렵다고 느끼는 정도)은 통제신념과 인지된 영향력에 의해 결정됨

③ 합리적 행동이론과 계획적 행동의 구성 요소

행동의도	스스로 판단한 행동 변화의 가능성(개인의 의지)
행동에 대한 태도	행동에 대한 긍정적 또는 부정적 느낌의 개인적 평가
행동신념	행동을 수행할 때 나타나는 결과에 대한 신념
행동 결과에 대한 평가	행동을 수행할 때 나타나는 결과에 대한 평가
주관적 규범	본인에게 중요한 사람들이 자신의 행동을 인정할 것인가에 대한 믿음
규범적 신념	각각의 준거인이 자신의 행동을 인정할 것인가에 대한 신념
순응동기	준거인의 의사를 따를 것인가에 대한 동기
인지된 행동 통제력	행동을 실천하는 데 있어 본인이 통제할 수 있다고 생각하는 범위(개인 의지의 강약)
통제신념	행동을 촉진 및 제한하는 생활이 생길 가능성에 대한 신념
인지된 영향력	행동 수행을 어렵거나 쉽게 만드는 각 상황에 대한 인지된 영향력

2. 계획적 행동이론의 적용

① 식행동뿐만 아니라 다양한 행동을 예측 설명하는 데 이용

② 체중 조절, 금연, 모유 수유, 패스트 푸드 이용 등에서의 행동을 예측하고 다양한 행동을 설명하는 데 적용됨

③ 주변인의 영향을 많이 받는 청소년들을 대상으로 많이 이용됨

퀴즈

행동을 결정하는 직접적인 결정 요인을 그 행동에 대한 의도로 보고 있는 행동이론을 "사회학습이론"이라 한다. (ㅇ/×)

정답 | ×

해설 | 사회학습이론이 아니라 합리적 행동이론이다. 합리적 행동이론은 건강과 관련된 행동을 하고자 하는 의도에 의해 결정되며, 인간은 자신이 이용할 수 있는 정보를 합리적으로 사용한다는 가정에 토대를 두고 있다.

1. 사회인지론의 개념 중요

① 사회학습론에서 발전한 이론으로 인간의 행동은 개인의 인지적 요인과 행동적 요인, 환경적 요인이 서로 상호작용을 하면서 결정된다는 상호결정론에 기반을 둠

※ 상호결정론 : 사람, 행동, 환경 간의 활발한 상호작용

② 인지적 요인(인식, 결과 기대, 자아 효능감), 행동적 요인(행동 수행력, 자기 통제력), 환경적 요인(강화, 환경, 관찰 학습)

2. 사회인지론의 구성 요소 중요

구성 요소		정의	활용 예시
개인적 요인	결과 기대	행동 실천 후 기대되는 결과	• 건강에 이로운 행동을 통해 얻을 수 있는 긍정적 결과 제시 • 저염식을 하면 혈압 조절과 함께 부기 완화를 통한 체중 조절에 도움이 될 수 있음을 제시
	자아 효능감	특정 행동을 수행할 수 있을 것이라는 스스로의 자신감	• 명확하고 구체적인 행동 변화 제시 • 점진적인 목표 설정 • '식탁에서 소금을 사용하지 않기'와 같은 실천하기 쉽고 구체적인 행동 변화부터 시도하도록 제시
행동적 요인	행동 수행력	주어진 행동을 실천하는 데 필요한 지식과 기술	• 필요한 지식 전달과 기술 습득을 도움 • 염도를 낮출 수 있는 조리법 제공
	자기 통제력	목표 행동을 위한 자신의 규칙	스스로가 목표를 달성하기 위한 규칙 제시
환경적 요인	관찰 학습	타인의 행동과 행동 결과를 관찰하면서 그 행동을 습득	대상자가 동질감을 느낄 수 있는 긍정적인 역할 모델 제공
	강화	행동의 지속 또는 중단에 대한 반응	스스로가 주는 상, 인센티브 설정

① 개인의 인지적 요인

  ㉠ 결과 기대 : 행동 실천 후 기대되는 결과

  ㉡ 기대(동기) : 결과에 대해 개인이 부여하는 가치

  ㉢ 자아 효능감 : 특정 행동을 수행할 수 있을 것이라는 스스로의 자신감

② 행동적 요인

  ㉠ 행동 수행력(행동 능력) : 주어진 행동을 실천하는 데 필요한 지식과 기술

  ㉡ 자기 통제력 : 목표 행동을 위한 자신의 규칙

③ 환경적 요인

  ㉠ 환경 : 개인과 외부의 물리적(공간, 온도, 시설 등), 사회적(가족, 친구, 직장동료 등) 요인

  ㉡ 관찰 학습 : 타인의 행동과 행동 결과를 관찰하면서 그 행동을 습득

ⓒ 강화 : 행동의 지속 또는 중단에 대한 반응 → 개인의 행동 변화에 보이는 긍정적 또는 부정적 반응에 따라 행동 변화 실천의 지속 가능성이 달라짐

 퀴즈

개인의 행동 변화에 보이는 긍정적 또는 부정적 반응에 따라 행동의 지속 가능성이 달라지게 하는 요인은 자아 효능감이다.

(ㅇ/×)

정답 | ×
해설 | 위 설명은 '강화'에 대한 설명이다. 자아효능감이란 특정 행동을 수행할 수 있을 것이라는 스스로의 자신감을 뜻한다.

TIP **자아 효능감 증진을 위한 예시**

- 식탁에서 소금 사용 안 하기
- 당뇨 환자에게 식품 교환 표를 이용한 올바른 식품 선택법, 술 절제하는 법 등을 교육

3. 사회인지론의 적용

① 식행동과 관련된 요인을 파악할 때 유용
② 영양 교육 계획 시 방법과 전략 제시
③ 특히 어린이, 청소년의 영양 교육에 적용됨

SECTION 04 | 사회마케팅

1. 사회마케팅의 개념과 관리 과정

① 개념 : 가족 계획, 자원 절약, 건강한 생활, 안전 운전 등과 같은 사회적 아이디어를 실천에 옮길 수 있도록 프로그램을 기획하고 실행하는 활동
② 관리 과정

(1) 환경 분석	(2) 목표 설정	(3) STP 마케팅	(4) 사회마케팅 전략 수집
		• 세분화 • 표적집단 선정 • 포지셔닝	• 제품 • 가격 • 유통 경로 • 촉진

1. 행동 변화 단계 모델의 개념

① 행동의 변화는 한순간에 이루어지지 않고, 일련의 과정에 따라 일어남

② 5가지 단계(고려 전, 고려, 준비, 행동, 유지)로 진행

(1) 고려 전 단계	• 향후 6개월 안에 행동을 바꿀 의향이 없는 단계 • 현재 행동의 위험성에 대한 정보를 제공
(2) 고려 단계	• 향후 6개월 안에 행동을 바꿀 의향이 있는 단계 • 행동 변화에 대한 동기 부여 필요, 작은 목표 설정 및 격려 필요
(3) 준비 단계	• 향후 1개월 안에 행동을 바꾸려는 의향이 있고, 시작하고 있는 단계 • 현실적인 목표 설정 및 행동 변화에 필요한 기술 등을 지원
(4) 행동 단계	• 행동을 바꾸기 위한 노력 및 실천을 시작한 지 6개월 이내인 단계 • 행동 변화가 성공적으로 일어나도록 교육 대상자들에게 적극적인 지원 필요
(5) 유지 단계	• 6개월 이상 변화된 행동을 실천하고 있는 단계 • 바람직한 행동이 유지되도록 격려 및 지원 필요

〈행동 변화 단계 모델의 5단계〉

2. 행동 변화 단계의 적용

① 금연 행동에서 시작된 초기의 이론을 식생활 행동이론에 적용

② 맞춤식 교육이 가능해 큰 효과를 볼 수 있음

③ 이론을 적용할 때 대상자의 행동 변화 단계와 그에 맞는 교육이나 상담 내용을 설정하는 것이 중요

빈 칸 채우기

행동 변화 단계 모델에 의하면 행동은 5단계를 거쳐 변화하며, 그 순서는 고려 전 단계 → 고려 단계 → (   ) → 행동 단계 → 유지 단계이다.

정답 | 준비 단계

해설 | 행동 변화 단계 모델의 5단계는 '고려 전 단계 → 고려 단계 → 준비 단계 → 행동 단계 → 유지 단계'이다.

SECTION 06 | PRECEDE-PROCEED 모델 중요

1. 개념 및 목적

① 영양 교육이나 사업에 필요한 정보수집 및 요구 진단, 프로그램의 계획 수립 및 실행, 효과 평가에 이르는 모든 과정으로 구성된 포괄적인 건강 증진 계획에 관한 모형

② 지역 사회 영양 프로그램 기획자 · 정책 결정자 · 평가들로 하여금 상황을 분석하고 효과적인 프로그램을 설계 할 수 있도록 고안

③ PRECEDE 단계(요구 진단) : 영향을 미치는 요인 등을 단계별로 파악하는 문제 진단 과정(1~4단계)

④ PROCEED 단계(실행 및 평가) : 프로그램의 계획, 실행, 평가 단계 부분(5~8단계)

2. PRECEDE-PROCEED 모델의 단계

① 1단계-사회적 진단 : 주관적 자료

② 2단계-역학적 진단 : 객관적 자료

③ 3단계-교육 및 생태학적 진단

　㉠ 선행 요인 : 동기 부여 요인(지식, 신념, 가치, 태도)

　㉡ 가능 요인 : 행동 변화에 필요한 기술이나 지원, 환경적 속성

　㉢ 강화 요인 : 행동에 수반되거나 기대되는 보상이나 처벌

④ 4단계-행정 및 정책적 진단 : 정책, 자원, 상황, 기관의 형편 등을 고려

⑤ 5단계 - 영양 사업의 실행

⑥ 6단계 - 과정 평가

⑦ 7단계 - 효과 평가

⑧ 8단계 - 결과 평가

SECTION 07 | 지역 사회 영양학

1. 지역 사회 영양학의 정의

① 지역 사회의 정의 : 일정한 지역에 거주하거나 공동의 가치관과 이익을 나누면서 생활, 취미, 직업 등을 가진 사람들의 공동체로서의 사회 집단(학교, 직장, 병원, 사회복지시설, 보건소 이용자 등)

② 지역 사회 영양학

　㉠ 개인과 집단의 영양 상태 개선을 통한 건강 유지 및 증진을 도모

　㉡ 공동체가 가지고 있는 사회, 환경, 경제, 농업, 보건, 교육, 문화적 특성에 학제적으로 접근

ⓒ 영양 활동의 계획, 실천과 평가에 필요한 지식과 기술을 연구

ⓔ 구성원의 건강을 증진시키고 질병을 예방함으로써 개인의 차원을 넘어 지역 사회의 건강을 증진시키고 삶의 질을 향상시키며, 더 나아가 국가 차원에서 전 국민의 건강 증진을 통한 국가 경쟁력 강화로 나아가게 함

2. 지역 사회 영양학의 개념적 모델 중요

① 지역 사회 영양학의 대상

ⓐ 주로 집단에 초점

ⓑ 환자보다는 건강한 사람, 반 건강인, 경미한 질병을 가지고 있는 사람 등을 대상으로 함

② 지역 사회 영양학의 목표 : 지역 사회인의 영양과 건강 증진이며, 이를 위한 정책 결정도 포함됨
→ 지역 사회인의 영양과 건강 증진을 위해 지역 사회 영양의 대상, 목표, 영양 활동의 세 가지 요소 간의 상호작용이 이루어져야 함

3. 지역 사회의 건강 증진

① 4가지 건강 증진 요소

ⓐ 생물학적 배경

ⓑ 건강 관리 체계

ⓒ 생활 습관

ⓓ 환경

② 건강 증진 방향 : 조기 발견과 치료(2차, 3차 예방)에서 질병 예방(1차 예방)으로 전환, 생활 습관병 예방, 식생활 관련 행동 변화 유도

SECTION 08 | 지역 사회 영양의 요구 진단 과정

1. 지역 사회 영양 요구 진단의 목적

지역 사회주민의 영양 상태에 심각하게 영향을 미치고 있는 요인, 영양 취약 집단, 영양 관련 문제 등을 우선순위별로 파악함으로써 지역 사회 영양 사업에 적용

2. 지역 사회 영양 진단계획 및 일정표 설정

지역 사회 영양 요구 진단팀을 구성하여 목표 달성을 위해 어떤 자료를 수집할 것인지 결정하고, 예산 계획을 세운 후 각 세부계획에 따른 추진 일정표를 작성

3. 진단을 위한 자료 수집

① 개인 자료 : 설문지, 인터뷰 등으로 직접 수집한 건강 및 영양 관련 자료

② **지역 자료** : 지역의 일반 환경, 사회·문화적 환경에 관한 자료, 인구조사자료, 인구 동태 자료, 보건 통계 자료 등

③ **국가 자료** : 총인구 조사 자료, 통계청 자료, 보건 복지 통계 연보, 식품 수급표 등

4. 수집된 자료의 분석 및 활용

① 수집된 자료를 분석하여 대상인 지역 사회의 문제를 진단하고 그 문제를 우선순위로 정리

② 크기, 심각한 정도, 개선 효과, 정치적 지원 여부를 기준으로 결정

 지역 사회 영양 문제의 우선순위를 정할 때의 고려 사항

- 높은 이환율, 문제의 심각성 및 긴급성
- 개선의 가능성이 많은 문제
- 정부 또는 영양 관련 기관의 정책 지원
- 경제성, 수요성 등

5. 프로그램의 분석 및 개선 방향 제시

지역 사회 영양 문제를 진단한 후에는 문제와 관련하여 현재 어떤 영양 프로그램이 실시되고 있는가를 살펴보고 개선 방향을 제시함

SECTION 09 | 지역 사회에서 영양사의 역할

(1) 급식 관리	(2) 영양 서비스
• 식단 관리 • 식재료 구매 및 관리 • 식재료 보관 및 재고 관리 • 배식 관리 • 인력 관리 및 작업 관리 • 위생 관리 • 급식 경영 관리 등	• 영양 교육 • 영양 상태 평가 업무 • 영양 치료 • 보건 영양 사업 관련 업무 등

 보건소 영양사의 업무

- 지역 특성과 식생활 파악
- 영양 지도 계획 및 책정
- 영양 교육 활동 및 홍보
- 영양 교육 자료 개발 및 제작
- 지역 내 영양사 미배치 기관의 영양 지도 및 감독 등

PART 01
PART 02
PART 03
PART 04
PART 05
PART 06
PART 07
PART 08
PART 09

CHAPTER 03 | 영양 교육과 사업의 과정

SECTION 01 | 영양 교육의 과정 중요

대상의 교육 요구 진단	계획	실행	평가
• 대상자 영양 문제 발견 • 영양 문제 원인 파악 • 대상자의 특성 파악 • 교육 요구도 확인	• 구체적 학습 목표 및 내용 선정 • 시간, 장소 등 고려 • 교육 방법 선정 • 학습자료 및 매체 선정 • 평가 기준 설정	• 학습 환경 고려 • 융통성 있는 운영	• 과정 평가 • 효과 평가

〈영양 교육 과정의 일반적 원칙〉

 영양 교육 과정의 일반적인 원칙

교육 요구 진단 → 계획 → 실행 → 평가

SECTION 02 | 대상의 교육 요구 진단

1. 대상자 영양 문제 발견

① 이유 : 건강 증진을 통한 삶의 질 향상을 위해 원인을 발견

② 영양 문제 발견 방법

　㉠ 직접적 방법 : 식품 섭취 실태 조사, 신체 계측 조사, 생화학적 조사, 임상 영양학적 조사

　㉡ 간접적 방법 : 지역 사회의 특성, 사회 문화 자료, 보건 통계 자료 등을 수집하여 분석

　㉢ 대상 집단의 질병 유병률과 사망률

2. 영양 문제 원인 파악

① 영양 상태에 영향을 주는 요인

생물학적 특성	성별, 연령, 유전, 체질, 질병에 대한 저항력 등
개인의 행동 특성 및 생활 습관	식행동, 취미, 음주, 흡연, 스트레스, 약물 등
사회 · 경제적 요인	주거시설, 학력 수준, 수입, 직업, 사회적 유대관계 등
지역 사회 환경 요인	주거 환경, 의료보건체계, 건강과 영양 서비스 등
국가적 배경 요인	정부의 영양 정책, 문화적 특성 등

② 식행동에 영향을 주는 요인

동기 부여 요인	영양과 관련된 지식, 신념, 식태도 및 자신감 등
행동 가능 요인	식품 구매 능력, 식품 선택, 올바른 조리 기술, 식행동 수행 능력 등
행동 강화 요인	상담자 · 가족 · 협조자 등의 칭찬이나 지지 등
환경적 요인	물리적, 사회적, 문화적 환경

3. 대상자의 요구 진단

① 기존의 영양 서비스를 검토하고 현재 대상자들이 원하는 영양 서비스가 무엇인지 관련 정보를 파악

② 기존의 영양 서비스 검토 방법

　㉠ 대상 집단의 영양 문제를 다룬 기존의 영양 서비스가 있는지 검토

　㉡ 추후 실시하고자 하는 영양 서비스가 기존의 것과 중복되는지 검토

　㉢ 다른 조직이나 기관과 연계하여 협력이 가능한지 검토

　㉣ 기존의 영양 서비스의 문제점을 보충할 수 있는지 검토

③ 현재 요구되는 영양 서비스 파악

　㉠ 대상 집단의 건강과 영양에 대한 주관적인 관심사 및 요구사항이 무엇인지 파악

　㉡ 연령, 학습 능력, 교육 수준, 정서 상태, 사회 · 경제적 수준, 학습 경험을 파악하여 교육 시 고려

　㉢ 각 개인마다 가지고 있는 가치 체계와 경험에 따라 준비

1단계	영양 문제의 선정(우선순위 정하기)
2단계	영양 교육 목적 및 목표 설정
3단계	영양 중재 방법의 선택
4단계	영양 교육 활동 과정 설계
5단계	영양 교육 홍보 전략 개발
6단계	영양 교육 평가 계획

〈영양 교육의 6단계 계획〉

1. 영양 문제의 선정

① 영양 문제의 우선순위 선정 기준
   ㉠ 영양 문제의 중요도(크기, 심각성, 긴급성, 필요성 등)
   ㉡ 영양 문제의 발생 빈도
   ㉢ 영양 교육의 효과성
   ㉣ 관련 기관의 정책적 지원
   ㉤ 대상자들의 교육 요구 정도

 퀴즈

영양 문제의 우선순위를 정하는 데 있어 고려해야 할 점은 '영양 문제의 크기, 영양 문제의 심각성, 영양 문제의 효과성, 영양 문제의 긴급성, 정책적인 지원 등'이다. (ㅇ/×)

정답 | ㅇ

2. 영양 교육 목적 및 목표 설정

① 목적 : 포괄적이고 광범위한 장기 계획
② 목표
   ㉠ 목적 달성을 위해 세우는 구체적이고 세부적인 단기 계획
   ㉡ 결과 목표, 중간 목표, 과정 목표를 설정

 영양 교육 목표의 진행 순서

영양 지식의 이해와 변화 → 식태도의 변화 → 식행동의 변화

PART 01
PART 02
PART 03
PART 04
PART 05
PART 06
PART 07
PART 08
PART 09

3. 영양 중재 방법의 선택

① 영양 중재 : 영양 문제를 유발하는 원인 및 요인을 시정하여 영양 문제를 해결
② 중재 방법
   ㉠ 영양 지식 증가 : 교육, 이해, 가치관
   ㉡ 태도 변화 : 변화의 의욕, 동기 유발
   ㉢ 행동 변화 : 실천, 자신감, 식습관 확립

 영양 중재 방법

식품 직접 제공, 캠페인, 홍보, 무상급식, 보충식품 제공, 식품 선택의 폭을 넓히는 환경적 변화 등

4. 영양 교육 활동 과정 설계

① 교육 대상자 특성 고려
   ㉠ 성별, 연령, 교육 수준, 경제 수준, 가치관, 태도, 생활 양식 등 고려
   ㉡ 대상자의 특성, 집단의 크기에 따라 교육 내용, 방법, 장소, 시간 등 고려
② 영양 교육 내용의 선정 및 구성
   ㉠ 영양 교육 내용 선정 : 교육자가 대상자에게 가르칠 내용과 활동
   ㉡ 영양 지식, 태도, 식행동이 바람직한 방향으로 변화될 수 있도록 구성
③ 영양 교육 내용의 체계화 : 교육 순서는 '간단한 내용 → 복잡하고 일반적인 내용 → 전문적 내용' 순
④ 영양 교육의 방법 선택 : 강의, 토의, 시연, 게임 등 대상자의 능동적 참여 유도가 가능한 방법을 선택
⑤ 교육 매체의 선정 및 보조자료 개발 : 영양 교육의 효과를 높일 수 있는 교육 자료 및 매체 활용
⑥ 예비 실시 및 사전 평가 : 교육 방법 및 시간 배정 등이 적절한지 미리 평가하여 수정 보완을 통한 효과적인 교육 준비
⑦ 교육 시기와 시간 : 교육 대상자의 생활 양식, 시간, 교통수단 등을 고려하여 참석률을 높임(일반적으로 성인은 40~50분 교육)
⑧ 교육 장소 : 접근이 용이한 장소 선정, 쾌적한 교육 환경 선정
⑨ 교육 실행에 필요한 자원

인적 자원	영양사, 의사 등 전문 인력의 인건비
물적 자원	재료비, 기자재비, 대여료, 홍보비 및 기타 소요비

5. 영양 교육 홍보 전략 개발

① 홍보 방법 : 초청장, 문자 서비스 발송, 홈페이지, 인터넷, 지역 방송, 대중 매체, 각종 홍보물 이용
② 홍보 시 필요한 내용 : 교육 내용과 목표, 교육 장소, 시간, 참여 방법, 참여 시 혜택 등

6. 영양 교육 평가 계획

① 평가 : 영양 교육 프로그램이 얼마나 효과적이었는지 평가

② 교육에 사용된 자원에 대한 평가

  ㉠ 사용된 자원 및 비용이 얼마나 들었는지 평가

  ㉡ 효과 대비 경비는 어느 정도였는지 평가

③ 교육 과정에 대한 평가

  ㉠ 대상자에게 적합했는지 평가

  ㉡ 목표의 적절성 평가

  ㉢ 계획한 대로 시행되었는지 평가

④ 교육 효과에 대한 평가 : 전체 목적이나 목표를 얼마나 달성했는지 평가

SECTION 04 | 영양 교육의 실행

1. 실행 시 유의사항

① 영양 교육 계획 후 사전 예비 실시 진행

② 수정 · 보완 후 실행

③ 현장 상황을 고려하여 융통성 있도록 실행

④ 적절한 관리 능력이 요구됨

2. 영양 교육 실행 전 점검 사항

① 교육 인력 선정 및 연락

② 교육 장소 예약, 교육 시 필요 사항 점검(장소, 식사, 교통 등)

③ 초청장, 홍보물, 교육 자료집, 프로그램 등 준비

④ 홍보

SECTION 05 | 영양 교육의 평가

1. 평가의 목적과 기능

① 목적

  ㉠ 교육 목표 달성 정도에 대한 자료 제공

  ㉡ 실시했던 교육의 장점 및 문제점을 파악하여 다음 영양 교육 계획 시 반영

  ㉢ 영양 교육의 효과를 통해 중요성과 정당성 제공

PART 01
PART 02
PART 03
PART 04
PART 05
PART 06
PART 07
PART 08
PART 09

② 기능
  ㉠ 영양 교육 효과 측정(지식, 태도, 행동 변화 등)
  ㉡ 대상자의 학습 촉진
  ㉢ 교육 방법, 매체, 과정을 개선함

2. 평가의 종류

① 과정 평가
  ㉠ 영양 교육 과정 평가
    • 실행되는 교육 과정의 타당성 및 적합성 평가
    • 대상자의 수준과 요구에 따른 교육 내용, 교육 방법, 교육 자료(매체)의 타당성, 이해도, 흥미도 평가
    • 영양 교육 담당자들의 역할 분담
    • 평가 계획, 평가자료 수집 도구 및 자료의 타당성 등
  ㉡ 영양 교육 참여에 관한 평가 : 참여율, 교육자와 피교육자 간 의사소통 정도, 참여 태도 등
② 효과 평가
  ㉠ 효과 평가 방법 : 계획 과정에서 설정된 목표 달성 여부에 대한 평가

교육 전후 비교 연구	영양 교육 전과 후의 영양 지식, 태도, 식행동, 건강 상태 비교
대조군 연구	교육 대상자군과 비교육군을 비교 평가
실험군 연구	교육군, 비교육군을 확률적으로 할당
사례 연구	특정 사례를 대상으로 변화 과정을 분석, 관찰 및 연구

  ㉡ 효과 평가 측정 항목

영양 지식	교육 내용, 영양 지식 등
식태도	영양과 관련된 인식, 태도, 가치관 등
식행동	식품군별 섭취 실태, 건강 관련 식행동 등
건강 상태	키, 체중, 혈압, 콜레스테롤, 혈당 등

 TIP 영양 교육 효과를 평가하기 위한 측정 도구가 갖추어야 할 요건

타당도, 신뢰도, 객관도, 실용도

퀴즈

교육 후 계획 과정에서 설정된 목표 및 목적의 달성 여부를 평가하는 것은 영양 교육의 과정 평가이다. (○/×)
정답 | ×
해설 | 제시된 설명은 영양 교육의 효과 평가에 대한 설명이다.
  • 영양 교육의 효과 평가 : 영양 교육 실시 전과 후, 교육 후 일정 기간이 지난 후에 대상자의 지식, 태도, 행동 및 건강 상태 수준의 목표 달성 여부를 확인
  • 영양 교육의 과정 평가 : 실행되는 과정에 대한 평가로 목적 및 목표, 교육 매체나 방법 등이 대상자의 수준에 맞는지 등을 확인

PART 01
PART 02
PART 03
PART 04
PART 05
PART 06
PART 07
PART 08
PART 09

CHAPTER 04 | 영양 교육의 방법 및 매체 활용

SECTION 01 | 영양 교육의 방법

1. 교육 방법의 유형 – 커뮤니케이션 유형에 따른 다섯 가지 분류 중요

개인형	• 교육자와 대상자가 1:1 접촉으로 긴밀한 상호작용이 이루어짐(개인상담, 전화상담 등) • 장점 : 개인 특성을 고려하여 개별 영양 문제에 집중(대상자의 식행동 개선 촉진) • 단점 −많은 시간과 인원 필요 −교육자의 전문성 요구
강의형	• 교육자가 다수의 대상자들에게 공통적인 영양 문제에 대한 정보를 동시에 전달 • 단점 −대상자 개개인의 특성을 고려하지 않은 일방적 정보 전달 −집중이 어렵고 개개인의 식행동 개선도 기대하기 어려움
토의형	• 교육자와 대상자 간에 충분한 토의를 통해 정보와 의견을 교환 • 장점 : 활발한 상호작용으로 협동적인 결론 도출 가능(식행동 개선 기대) • 단점 −많은 시간이 요구되고 번거로움 −토론이 부진하면 결론을 도출하지 못할 가능성이 있음 −대상자의 능동적 참여가 요구됨
실험형	• 대상자가 원교육 자료(raw material)를 토대로 스스로 학습(시뮬레이션, 견학, 역할놀이, 인형극 등) • 교육자는 교육 목적과 목표에 맞는 교육 자료를 제공해야 함 • 장점 : 대상자의 호기심과 흥미를 자극하여 동기 유발이 용이함 • 단점 −대상자의 능동적 참여가 요구됨 −교육 자료의 준비를 위한 시간과 노력이 요구됨
독립형	• 교육 대상자가 교육자의 직접적인 도움을 받지 않고 정보를 얻음 • 단점 −교육 대상자의 능동적 참여가 요구됨 −활용되는 프로그램의 선정이 중요함

2. 개인지도

① 장점

  ㉠ 교육자와 대상자 간의 끊임없는 상호작용 가능

  ㉡ 개인의 영양 문제에 대해 집중 가능

  ㉢ 효과적인 교육 목표의 달성 가능

② 개인지도의 종류

가정 방문	• 교육자가 대상자의 가정을 방문 • 장점 : 전반적인 식생활 환경 파악 가능 • 단점 : 시간, 경비, 노력이 필요
상담소 방문	• 교육 대상자가 영양 전문 기관 또는 단체에 설치된 상담소에 방문 • 장점 : 가정 방문에 비해 시간, 경비, 노력이 적게 필요 • 단점 : 교육자의 적극성이 요구됨
임상 방문 (병원, 보건소 방문)	교육 대상자(환자 또는 보호자)가 직접 병원이나 보건소에 방문
전화 상담	• 장점 : 편리하고 능률적 • 단점 : 교육 효과가 다소 제한됨(사전 또는 추후에 조사와 지도가 필요)
인터넷 상담	• 영양교육협회 등 전문 기구나 단체의 홈페이지 방문 또는 전자메일을 이용 • 장점 : 시간, 경비, 노력이 적게 필요 • 단점 : 인터넷 설치 등의 기술적 지원이 필요
서신(편지) 지도	• 인력이 부족하거나 가정 방문이 어려울 경우 적용 • 장점 : 시간, 경비가 절약 • 단점 : 교육 효과가 적음

3. 가정지도

① 특징

ㄱ 가정이라는 집단을 대상으로 하는 영양 지도

ㄴ 보통 주부를 대상으로 지도하므로 개인지도 형태로 볼 수 있음

② 장점 : 가족 구성원 개개인의 특별한 요구에 맞는 영양 문제를 다룰 수 있음

③ 내용

ㄱ 가족 개개인의 영양 문제 지도 : 생애 주기별 영양 관리 및 문제점, 질환별 식사 요법 등

ㄴ 가족의 공통적인 영양 문제 지도 : 영양 지식, 식습관, 가족 식단, 식품 구매, 조리 등

ㄷ 가족의 생활 환경 및 생활 습관 지도 : 음주, 흡연, 수면, 운동, 문화 수준 등

4. 집단지도의 특징

① 여러 사람을 대상으로 하는 교육으로 시간, 경비, 교육 인원이 부족한 경우 많이 사용

② 장점

ㄱ 집단의 공통적 영양 문제를 전달할 수 있어 능률적임

ㄴ 시간, 경비 등이 절약됨

ㄷ 소속 집단의 연대감으로 교육 효과 상승 가능

③ 단점 : 개별적 맞춤 지도가 어려워 개개인의 영양 문제를 해결하기 어려움

④ 주요 대상

생활을 중심으로 하는 집단	학교, 회사, 공장, 기숙사, 시설 아동 등
조직된 집단	부녀회, 노인회, 지역 집단 등
임시 집단	강연회, 조리강습회 등

- 일방적으로 가르치는 방법 : 강연회, 영화 등
- 서로 협의하는 방법 : 토론회, 좌담회 등
- 여러 명이 모여 연구하는 방법 : 연구회, 사례연구 등

5. 집단지도의 유형 중요

강의형	강의(강연)
집단토의형	강의식 토의, 강단식 토의(심포지엄), 배석식 토의(패널토의), 원탁식 토의(좌담회), 대화식 토의, 6·6식 토의(분단토의), 공론식 토의, 워크숍(연구집회), 영화토론회, 브레인스토밍, 시범교수법
실험형	역할놀이, 인형극·가면극·그림극, 시뮬레이션, 실험, 조리실습, 동물사육실험
기타	견학, 캠페인, 조사활동 참여 등

① 강의(강연)
  ㉠ 교육자 한 명이 다수의 교육 대상자들에게 정보를 일방적으로 전달
  ㉡ 집단 토의 중 보편적으로 가장 널리 이용
  ㉢ 교육 대상자 수(보통 70~200명), 교육 시간(약 2시간), 교육 후 대상자들과 질의 응답 및 토론(25~40분)
  ㉣ 장점 : 시간, 비용, 노력 면에서 경제적
  ㉤ 단점 : 수준 높은 목표를 달성하기 어려움, 교육 대상자가 소극적 또는 수동적, 효과가 떨어질 수 있음

② 집단토의
  ㉠ 모든 참여자(교육자와 대상자) 간의 상호작용을 통하여 공통의 문제에 대한 논의
  ㉡ 서로의 의견을 제시 및 통합하여 함께 문제 해결
  ㉢ 구분

강의식 토의	• 집단토의 중 가장 널리 이용 • 1~2명의 교육자가 연제 발표 후 교육 대상자들과 토의
강단식 토의	• 공통적인 한 가지 주제에 대하여 논의 • 전문경험이 많은 4~5인의 교육자가 서로 다른 측면에서 교육 대상자들에게 자신들의 경험과 의견을 발표한 후 질의응답
6·6식 토의 (분단토의)	• 교육 대상자들을 소집단으로 나누어(6~8명) 각각 다양한 주제를 선택하여 토의 후 조장이 주제 발표 • 한 사람이 1분씩 6분간 토의한다고 하여 6·6으로 부름(6·8명 정도가 10분간 토의 가능) • 교육 참가 인원이 많고 다루고자 하는 문제가 큰 경우 이용 • 장점 : 제한된 시간에 전체 의견을 통합하기 용이함
배석식 토의 (패널토의)	• 한 가지 주제에 대해 전문 교육자 4~6인을 배심원으로 구성하여 자유롭게 토론 • 배심원 간 자유로운 패널토의 • 토의가 끝난 후 종합 토의 및 질의시간을 통해 교육자들을 토의에 참여시킴

공론식 토의	• 일종의 공청회와 같은 토의 방법 • 한 가지 주제에 대해 의견이 다른 3~4명의 전문가들이 본인의 의견을 먼저 발표하고 상대방의 의견을 논리적으로 반박하여 토론을 진행 • 청중이 질문을 하면 강사가 다시 간추린 토론을 진행 • 단점 : 의견 대립이 있는 만큼 결론 도출이 어려움
원탁토의 (좌담회)	참가자들이(10~16명) 원탁에 둘러앉아 형식에 구애받지 않고 자유롭게 토의하는 방식
워크숍 (연구집회)	• 전문가 집단을 대상으로 공통적인 주제에 대하여 연구하는 교육 활동 • 연구발표, 체험발표, 토의, 견학 등을 통해 의견을 나눔 • 비교적 수준이 높은 유사 직종의 전문가 교육에 적합
영화토론회	영화, 동영상 등을 보면서 문제를 제기하고 그것을 중심으로 질의 및 토의하는 방식
브레인스토밍	• 기발한 아이디어가 필요하거나 특정 문제의 해결 방안을 찾아야 할 때 이용 • 참가자 전원이 자신의 생각이나 의견을 자유롭게 제시한 후 토의 • 보통 12~15명, 10~15분 토의 • 장점 : 단시간에 많은 아이디어 창출 가능, 참여도 · 단결력 · 실천력 상승
시범교수법	• 실물을 보여주거나 방법이나 과정을 설명하면서 시범을 보이는 방식 • 방법시범교수법 : 제기된 문제를 해결해 나가는 과정을 단계적으로 시범을 보이는 교육(일종의 시연) • 결과시범교수법 : 다른 사람들의 활동을 하나의 결과로 놓고 그들의 문제 해결 과정이나 경험 등을 보여주면서 토의함으로써 참가자들의 행동 방향을 유도하는 방법(일종의 사례연구)

③ 실험형

㉠ 교육 대상자가 교육 자료를 이용하여 실험, 관찰, 실습, 경험 등을 통해 스스로 배우는 형태

㉡ 교육 대상자가 주체가 되므로 능동적인 학습활동 가능, 학습기억이 오래 지속됨

㉢ 구분

역할놀이 (역할극)	• 현실적으로 일어날 수 있는 상황을 연출하고 극화하여 연극을 함으로써 간접경험을 하게 하는 학습 방법 • 연기자와 청중은 역할놀이를 통해 문제나 상황의 해결 방안을 모색
인형극	• 인형, 그림, 가면 등을 제작 및 사용하여 영양 교육 활동을 시행 • 장점 : 어린이들의 집중력 향상(제작, 연출, 연기 과정에 직접 참여) • 극이 끝난 후(10~20분) 토의를 거쳐 평가하고 분석함
시뮬레이션	• 모의상황, 모의실험극 • 실제 상황에서 일어날 수 있는 여러 가지 대응 반응을 시도해 볼 수 있도록 설정된 상황 • 반응 결과를 보고 서로 토의하여 바람직한 결론을 도출
실험	동물 사육 실험, 식품 안전 실험, 채소 재배 실험 등 관련 교과목과 연계하여 교육 진행
조리 실습	• 대상자가 직접 조리하는 과정을 통하여 교육이 이루어짐 • 방법 시범 교수법을 이용한 실험형 교육 • 식품에 대한 친밀도, 호감도를 높일 수 있음

④ 기타

견학	• 실제 현장을 방문하여 오감을 사용해 스스로 관찰하고 학습하는 방법 • 주로 어린이들에게 사용 • 농장이나 식품 생산 공장을 방문하여 관찰 · 견학을 통한 교육 활동
캠페인	• 짧은 기간 내에 다수에게 영양과 건강에 관한 특수한 내용을 집중적으로 반복 강조함 • 다수에게 교육 내용을 알리고 실천을 유도하는 방법 • 대중매체, 포스터, 팸플릿, 리플릿 등을 이용
조사 활동 참여	• 조사 활동에 참여시켜 그 과정을 통하여 교육하는 방법 • 학생들의 아침 식사 습관 조사, 비만도 조사, 식사량 조사 등

 퀴즈

어린이집 유아들을 대상으로 '음식을 골고루 먹자'라는 내용의 영양 교육을 실시할 경우 가장 효과적인 교육 매체는 견학이다. (○/×)

정답 | ×

해설 | 인형극은 어린이들에게 친밀한 인형을 소재를 이용하여 흥미를 유발하고 집중력을 향상시킬 수 있으므로 유아나 초등학교 저학년 어린이들의 교육 매체로서 가장 효과적이다.

SECTION 02 | 영양 교육 매체 활용

1. 교육 매체

(1) 교육 매체의 정의와 의사소통

① 교육 매체의 정의 : 교육자와 교육 대상자 사이에서 교육의 효과를 증대시키기 위해 사용하는 자료 및 기구

② 매체와 의사소통

　㉠ 효율적이고 교육적인 의사소통을 위한 매개체 역할을 수행

　㉡ 통신 : 교육자(송신자)와 교육 대상자(수신자) 간의 의사소통

　㉢ SMCR 모형(대표적인 통신이론)

　　• S(송신자) – M(메세지) – C(의사소통 경로) – R(수신자)

　　• 정보가 송신자로부터 수신자에게로 통로인 감각기관을 거쳐 전달되는 과정을 분석

　　• 송신자와 수신자의 쌍방적인 상호관계(통신기술과 태도, 지적능력과 사회 · 문화적 배경 필요)

　　• 전달 내용은 조직적이고 체계화되고 통신수단인 감각기관이 활용되어야 함

　　※ 감각기관 : 시각, 청각, 촉각, 후각, 미각

③ 의사소통의 과정 : 의사소통 과정에는 메시지를 전하는 수단인 채널이나 매체가 반드시 존재해야 함

(2) 교육 매체와 학습 경험

① 학습 경험의 분류 : 상징적 경험(언어기호, 시각기호), 영상적 경험(라디오, 녹음, 사진, 영화, 텔레비전, 견학, 전시), 행동적 경험(극화된 경험, 구성된 경험, 직접적·목적적 경험)으로 분류

② 학습 경험과 매체의 교육 효과

㉠ 교육의 효과 : 실천한 것＞해본 것＞보고 들은 것＞본 것＞들은 것＞읽은 것

㉡ 교육 매체는 목표 달성에 도움이 되는 것, 대상자의 특성에 맞는 것으로 선택

(3) 교육 매체의 기능

① 교육 대상자들은 교육 매체를 통한 동일한 메시지를 전달받음

② 교육 내용에 대한 동기 유발 및 주의력 향상(영상, 특수효과 등)

③ 학습의 질 향상(추상적인 것부터 구체적인 것까지 분명한 전달 가능)

④ 교육 시간을 효율성(많은 양의 정보를 짧은 시간에 전달 가능)

⑤ 교육 장소의 효율성 및 편리성(개인별 가능한 시간과 장소에서 학습 가능)

2. 매체개발의 단계

① 하이니히(Heinich) 등이 고안한 ASSURE 모형 : 교육 매체를 체계적으로 개발하고 활용하기 위한 절차를 6단계로 구분하여 제시한 것

(1) A(Analyze learner characteristics)	교육 대상의 특성 분석
(2) S(State objectives)	교육 목표의 설정
(3) S(Select or design materials)	매체의 선정 및 제작
(4) U(Utilize materials)	매체의 활용
(5) R(Require learner response)	교육 대상자의 반응 확인
(6) E(Evaluate)	매체의 총괄 평가

② ASSURE 모형의 세부 내용

㉠ 교육 대상자의 특성 분석 : 대상자에 대한 성별, 연령, 학력, 직업, 기호, 경제, 사회·문화적 환경 등과 같은 일반적인 특성과 그들의 지적 수준, 문제점, 요구사항 등을 파악해야 함

㉡ 교육 목표의 설정

• 목표의 기술

• 목표 영역의 설정 : 인지 영역(지식, 기술 등)과 정의적 영역(흥미, 태도 등)에서 우선순위를 정함

• 적절한 전략 선택

| 인지 영역 | 확인하기, 명명하기, 기술하기, 순서화하기, 구조화하기 |
| 정의적 영역 | 흥미, 태도, 동기화, 가치 등과 관련된 전략 |

㉢ 매체의 선정 및 제작 기준 : 적합성(적절성), 신뢰성, 흥미, 구성과 균형, 편리성, 기술적인 질, 경제성 등

ⓔ 매체의 활용
- 실제 교육에 들어가기에 앞서 교재를 면밀히 검토
- 교재를 계획된 사용 방법에 따라 시험적으로 사용
- 교육 환경 준비(교재의 활용에 필요한 시설 및 장비 등의 준비)
- 실제 교육 활동 시작
- 교육 내용에 따라 개발된 매체를 제시하고 소요 시간에 맞게 활용

ⓜ 교육 대상자의 반응 확인
- 교육 진행 중 대상자들의 집중도 및 표정 관찰
- 휴식시간을 이용하여 대상자들의 의견을 듣고 반응을 평가

ⓗ 매체의 총괄 평가

형성 평가	교육 진행 중 대상자의 반응을 살펴 매체 사용이 대상자에게 어느 정도 도움이 되는지 알아봄
총괄 평가	성취도 측면, 매체의 효율성, 매체 활용 방법의 적합성과 교육 활동에 관련된 모든 요인에 대한 전반적인 검토

빈 칸 채우기

교육 매체를 체계적으로 개발하고 활용하기 위해 제시된 ASSURE 모형의 단계별 순서는 '교육 대상자의 특성 분석–(   )–매체의 선정 및 제작–매체의 활용–대상자의 반응 확인–평가'이다.

정답 | 교육 목표의 설정

---

3. 교육 매체 활용 시 유의사항

① 교육자 대용으로 사용하지 말 것
② 질적으로 불량한 매체는 사용하지 말 것
③ 내용보다 시청각 테크닉에 중점을 두지 말 것
④ 기능에 대한 적절한 사전점검 없이 사용하지 말 것
⑤ 교육 대상자들이 사용 매체에 적응하지 못하는 경우에는 사용하지 말 것

4. 매체의 종류

① 제작 방법에 따른 분류 중요

구분	종류
인쇄 매체	팸플릿, 리플릿, 전단지, 벽신문, 통신문, 신문, 잡지, 만화, 포스터, 스티커, 달력, 카드, 슬로건 등
전시 · 게시 매체	전시, 게시판, 융판, 괘도, 도판, 도표, 그림, 사진, 패널 등
입체 매체	실물, 표본, 모형, 인형, 디오라마 등
영상 매체	슬라이드, 실물화상, 영화, OHP 등
전자 매체	라디오, 녹음 자료(테이프 · 레코드), 텔레비전, VTR, 컴퓨터 등

PART 01
PART 02
PART 03
PART 04
PART 05
PART 06
PART 07
PART 08
PART 09

② 감각기관에 따른 매체의 분류

구분	종류
시각 위주의 매체	게시판, 사진, 표본, 모형, 실물, 융판, 그림, 만화, 신문, 잡지 등
청각 위주의 매체	라디오, 녹음 자료 등
시청각 매체	영화, 텔레비전 방송, 녹음된 슬라이드 세트, 인형극, 견학 등

5. 매체 종류별 특성과 활용

① 인쇄 매체

팸플릿	• 교육 내용을 이해하기 쉽도록 7~8장 정도로 제작 • 그림, 도표 등을 활용 • 색, 편집 상태, 글자 수 등을 고려 • 개인지도, 가정지도, 집단지도에서 모두 활용됨
리플릿	• 보통 A4, B4 종이를 1~2번 접어서 만든 인쇄물 • 펼쳤을 때 한 장이 되는 형태 • 그림이나 사진과 함께 간단한 설명을 넣은 인쇄물
전단지	• 한 장의 종이에 간단히 인쇄하여 신문이나 회람에 끼워서 제공 • 첫 문구가 대중의 관심을 끌 수 있어야 함 • 강습회 및 요리경연대회 등 홍보에 이용
포스터	• 내용이 빠르게 기억되도록 하는 보조 매체 • 내용은 간단명료하고 글과 그림이 메시지를 잘 전달하도록 제작
벽신문 및 스티커	• 대중이 모이는 장소에 게시(직장, 학교식당, 보건소 등) • 벽신문은 3m 거리에서 읽을 수 있고 글씨의 수가 적도록 제작 • 스티커는 간단한 슬로건 제시, 어린이 영양 교육 용으로 사용
신문과 잡지	• 일정한 내용을 많은 대중에게 동시에 전달 가능 • 전국적 홍보가 가능하고 효과가 큼 • 문자 해독이 가능한 계층에 정보 제공 • 일방통행적인 의사소통 우려
정기 간행물	• 보통 한 달에 1회 정도 간행되며, 비용 절약을 위해 계절별로 제작 가능 • 대상 : 지역 주민, 연구 집단, 급식관리지원센터에 등록된 어린이집 교직원과 학부형 등
만화	다루는 인물의 성격을 과장 또는 생략하여 재미있고 익살스럽게 풍자 및 비판하는 그림의 형식

- 목적을 분명히
- 단순한 디자인
- 필요한 문안만 간단히 기재
- 밝은 색채를 사용하여 주의를 끔
- 그림과 문자의 크기와 위치의 조화로움
- 내용은 구체적으로
- 읽을 방향을 통일
- 발행 주체명은 작은 글씨로
- 행사장을 알리는 경우에는 명료하게

 퀴즈

종이 한 장을 1~2번 접어서 만든 것으로 펼쳤을 때 한 장이 되는 형태로서 그림이나 사진과 함께 간단한 설명을 넣은 인쇄물은 리플릿이다. (○/×)

정답 | ○
해설 | 리플릿은 반드시 알아야 할 몇 가지 주안점에 대해 사진이나 그림과 함께 간단한 설명을 넣어서 제작한다.

② 전시 · 게시 매체

도표	• 단순한 선이나 기호를 사용하여 전체적인 것을 요약하여 간단하게 표시해주는 시각 교재 • 제작이 쉽고 간단 • 상호관계나 경향, 변화 등을 한눈에 알기 쉽도록 간단히 표시
패널	• 그래프, 지도 사진, 그림, 문장 등을 한 장의 종이에 넣어 제작 • 판의 가장자리를 붙여서 튼튼하게 제작 • 보건소의 대기실 등에 이용
융판(플라넬판)	• 탈 · 부착판에 부칠 수 있어 주의집중이 잘됨(천을 이용함) • 대상자가 직접 만들어 볼 수 있고 휴대가 간편하고 재사용 가능 • 식품의 분류, 식품구성안, 식품 교환 표 등을 설명 · 지도할 때 사용
괘도	차트, 그래프, 그림, 사진 등을 이용하여 여러 장에 담긴 정보를 넘기는 형식

③ 영상 매체

영화나 다큐멘터리	• 대리경험을 통해 직접 경험하기 어려운 현장 탐험이나 장시간 실험 내용 등을 쉽게 이해시키는 데 사용 • 자세하게 볼 수 있고, 반복적인 시청 가능 • 시청각 기능으로 흥미 유발, 대규모의 청중을 대상으로 접근 가능 • 단점 : 장비 구입 및 관리비
투시환등기(OHP) 및 실물환등기(TP)	• 투시환등기 : 셀로판지 위에 도표, 그림 등을 그려 놓고 흑판 대신 이용, 즉석에서 제작 가능하고 편리함 • 실물환등기 : 투시환등기 사용 시 필요한 투명비닐 없이 그대로 그림이나 자료를 보여줄 수 있어 많이 보급됨

PART 01
PART 02
PART 03
PART 04
PART 05
PART 06
PART 07
PART 08
PART 09

④ 입체 매체

실물	직접적이고 입체적인 교육이 가능, 가장 효과적인 시각 교육 자료
모형	실물이나 표본으로 경험하기 어려운 사물을 그대로 재현하여 제작한 입체물(나무, 진흙, 파라핀, 플라스틱 등의 재료를 이용)
인형	어린이들에게 상상력을 자극하고 친밀한 정서를 키우는 등 교육적 가치가 큼
페프사트	여러 가지 식재료 등을 종이에 크게 그려 오린 후, 손을 들거나 머리에 붙이거나 또는 고무밴드로 손에 붙여 노래를 하는 등 극에 활용함
디오라마	실제 장면과 사물을 축소하여 입체감 있게 제시한 것

TIP 모형을 이용한 영양 교육의 장점

모형을 이용한 영양 교육은 대상자가 습득할 때까지 직접 반복하여 교육하므로 효과적이다. **예** 식품 교환법을 비만 환자들에게 교육하는 것

⑤ 각종 게임 : 대상자가 직접 참여하는 퍼즐게임, 색칠하기, 주사위놀이, 숨은그림찾기, 시장놀이 등의 매체는 흥미도를 높임
⑥ 전자 매체 : 라디오, 녹음 자료(테이프, 레코드), 텔레비전, 컴퓨터, VTR, 팩시밀리, 스마트폰 등

SECTION 03 | 매스컴과 매스미디어

1. 매스컴
① 메스 커뮤니케이션의 약어
② 신문, 방송, 영화, 서적과 같은 메스미디어를 통해 대중에게 정보가 전달되는 과정

2. 매스 커뮤니케이션의 구성
① **전달자** : 정보를 전달하려는 의도를 지닌 자
② **수용자** : 정보를 전달받은 자
③ **내용** : 정보의 구체적 내용
④ **매체** : 정보가 담겨져 있는 것
⑤ **효과** : 수용자에게 전달된 정보의 효과

3. 매스미디어의 기능
① 정치, 사회, 경제, 문화 등 모든 부분의 정보 제공
② 사회적 조정 역할
③ 사회적 유산 전수
④ 오락 제공

4. 매스미디어의 종류와 특성

① 인쇄 미디어 : 신문, 잡지, 책, 팜플릿, 광고판 등 시각적 이미지를 통해 메시지 전달
② 전자 미디어 : TV, 라디오, 영화, PC 통신, 인터넷 등 시각과 청각을 이용하여 메시지 전달

1. 매스미디어를 통한 영양 교육의 목표

① 궁극적 목표는 국민의 영양 개선과 건강 증진
② 식생활의 바른 태도와 가치의 형성
③ 애매모호한 문제의 해결 방법 제시
④ 수용자와의 의견 교환과 상담(전화 상담, 토크쇼 등)

매스미디어를 통한 영양 교육의 어려움

개별적이고 구체적이지 않아 개인의 식행동 변화를 이루기 어려움

2. 매스미디어 활용 시 장점 중요

① 많은 사람에게 다량의 정보를 신속하게 전달할 수 있음
② 주의 집중이 용이하여 동기 부여가 강하게 됨
③ 지속적인 정보의 제공으로 행동 변화를 쉽게 유도함
④ 시간과 공간적인 문제를 초월하여 구체적인 사실까지 전달이 가능함
⑤ 다량의 의사소통 수단으로 대국민 영양 교육의 효율적인 매체로 활용 가능
⑥ 경제성이 높으면서 광범위한 파급 효과를 가져올 수 있음(신문, 잡지 등)

매스미디어 영양 교육의 긍정적인 효과

• 과장되고 잘못된 광고로부터 소비자 보호
• 국민 개인의 식생활에 대한 관심과 개선 의지 고취
• 식생활과 관련된 사고에 대해 즉각적이고 정확한 대처 방안 제시
• 고유의 전통 식생활 문화의 전파 등

3. 영양모니터링 활동의 원칙

① **공익성** : 공공의 이익과 국민 문화에 기여하는가?

② **공정성** : 공공 생활과 관련된 문제는 공정한 가치 판단에서 보도하였는가?

③ **객관성** : 제공하고자 하는 내용을 공정하고 객관적으로 다루었는가?

④ **전문성** : 풍부한 지식과 정보를 제공하고 있는가?

⑤ **해설성** : 수용자가 이해하기 쉽게 구성 및 제작되었는가?

⑥ **시의성** : 필요한 정보를 제때에 전달하였는가?

⑦ **윤리성** : 윤리적으로 어긋나는 점은 없는가?

⑧ **신뢰성** : 정보의 출처가 정확하고 신뢰할 수 있는가?

CHAPTER 05 | 영양 상담

SECTION 01 | 영양 상담의 개념과 접근법

1. 영양 상담의 개념

① 정의 : 현재 영양 문제를 가지고 있거나 잠재적인 가능성을 가진 사람은 물론, 건강한 사람에게도 영양 정보를 제공하고, 각자 스스로 자신의 영양 관리를 할 수 있는 능력을 갖추도록 개별화된 지도를 하는 과정

② 내담자 : 영양 문제를 가지고 있거나 가능성이 있는 사람으로서 식생활의 변화로 질병을 예방하고자 하는 사람

③ 상담자 : 영양학에 관한 전문적인 지식이 충분히 갖춰진 사람으로서 인간 행위에 대한 이해가 필요

2. 접근법

① 내담자 중심 요법
  ㉠ 내담자를 중심으로 상담 진행
  ㉡ 내담자가 스스로 문제를 해결하기 위한 능력을 발견할 수 있도록 정보를 제공하고 심리적으로 도움을 줌(친밀한 관계 형성이 중요)

② 합리적 정서 요법 : 비합리적인 사고를 합리적으로 생각할 수 있도록 도와준다면 부정적인 정서나 행동을 줄일 수 있음

③ 행동 요법
  ㉠ 바람직한 행동은 증진시키고 부적절한 행동은 수정시켜 적응력을 높이게끔 도와주는 재학습 과정
  ㉡ 행동 수정 목표를 명확하게 설정

④ 가족 요법 : 내담자 가족 구성원이 치료에 참여하여 개인보다는 가족체계에 초점을 맞춘 상담이나 치료법

⑤ 자기 관리 접근법 : 내담자들이 자신의 행동을 바람직하게 관리하고 통제할 수 있도록 또한 자신의 행동에 책임질 수 있도록 하는 것

⑥ 인지행동치료 : 행동 수정과 인지 치료 등 여러 상담 이론을 통합하여 상담 치료를 하고자 하는 상담 기법

1. 영양 상담의 기본 원칙

① 내담자에 대한 긍정적인 태도

② 상담 내용의 기밀성 유지 보장

③ 현재 영양 문제에 대한 공감대 형성

④ 내담자의 신뢰를 얻을 수 있는 신중한 태도

⑤ 내담자의 부정적 감정 표시에 대한 적절한 지지 및 수용

⑥ 내담자에게 지시, 충고, 명령, 훈계 및 직접적인 권고 등을 가능한 피함

⑦ 내담자에게 대답을 강요하지 않음

2. 영양 상담의 기술 중요

경청	• 내담자의 말을 가로막지 말고 내담자의 말의 흐름을 잘 따라감 • 부드러운 시선, 끄덕이는 몸짓, 받아주는 추임새로 표현
수용	• 내담자의 이야기를 이해하고 받아들이고 있다는 공감적인 태도 • '~이해가 됩니다' 등의 긍정적인 언어로 표현
반영	내담자의 말과 행동에서 표현된 기본적인 감정, 생각 및 태도를 상담자가 다른 참신한 언어로 부연해 주는 것
명료화	내담자의 말속에 내포되어 있는 의미와 감정 등에 대해 내담자가 스스로 모호하고 혼돈스럽게 느껴 미처 깨닫지 못하고 있다는 것을 내담자에게 명확하게 해 줌
질문	• 예, 아니오로 끝나는 폐쇄형 질문보다는 개방형 질문을 던짐 • 간결하고 명확하고 알아듣기 쉬운 표현을 사용
요약	내담자의 여러 생각과 감정을 간략하게 정리해 줌
조언	• 상담관계의 출발을 안정시키고 내담자의 정보 욕구를 충족시켜 줌 • 상담자의 조언은 자칫하면 내담자에게 반발과 저항을 초래할 수 있으므로 내담자가 조언을 구했을 때 조언을 해줘야 함
직면	• 내담자가 내면에 지닌 자신의 나쁜 감정을 드러내어 인지하도록 함 • 적극적으로 변화를 추구하는 목적을 가짐

경청

영양 상담 시 상담자의 역할 중 가장 중요한 것은 '경청'이다.

퀴즈

영양 상담의 기술 중 '~이해가 됩니다' 등의 긍정적인 언어표현을 해줌으로써 내담자의 말에 공감하는 상담기술을 반영이라고 한다. (○/×)

정답 | ×

해설 | • 수용 : 내담자의 말을 받아들이고 있다는 공감의 태도(~이해가 갑니다 등)

　　　• 반영 : 내담자의 말을 상담자가 다른 참신한 언어로 부연해 주는 것

3. 상담 결과에 영향을 주는 요인

내담자 요인	상담에 대한 동기 및 기대, 문제의 심각성, 정서 상태, 지적 수준, 방어적 태도, 자아 강도 등
상담자 요인	상담자의 경험, 숙련성, 성격, 지적 능력 및 내담자에 대한 호감도 등
상담자와 내담자의 상호작용 요인	성격 측면의 상호 유연성, 상담자와 내담자의 공동 협력 및 의사소통 양식 등

4. 영양 상담자가 갖추어야 할 태도

① 주의 깊게 경청하고 내담자의 입장을 이해하며 공감대를 형성
② 충고, 명령, 훈계, 권고, 설득 등의 범하기 쉬운 오류를 피함
③ 객관성을 가지고 대상자에 따른 일정한 기준을 가져야 함

SECTION 03 | 영양 상담의 실시 과정 중요

1. 친밀 관계 형성

① 상담자와 내담자 간의 긴밀한 유대관계 형성을 위하여 상담자는 내담자를 이해하고 수용하고 있다는 것을 내담자가 느낄 수 있게 하는 과정
② 편안한 시간과 상담 환경, 내담자의 비언어적인 행동 관찰, 상담기술의 활용

2. 자료 수집

① 방법 : 내담자와의 대화, 관찰, 의무기록 등을 통해 얻을 수 있음
② 자료
　㉠ 식습관 자료 : 6가지 기초식품군, 식품 섭취 빈도, 24시간 회상법 등
　㉡ 체위 자료 : 키, 체중, 평소 체중, 피부 두께 집기 등
　㉢ 생화학적 자료 : 혈당, 콜레스테롤, 헤모글로빈 등
　㉣ 임상 자료 : 진단명, 약물, 신체 증후, 혈압 등
　㉤ 기타 : 교육 정도, 가족 상황, 직장, 술, 담배, 운동, 영양제, 활동 정도, 영양 교육 경험, 외식 빈도 등

3. 영양 판정

① **식생활 평가** : 섭취 열량, 섭취 영양소 비율, 식습관 등
② **체위 평가** : 저체중, 비만, 최근 현저한 체중 변화 등
③ **대사적 이상** : 혈당, 콜레스테롤, 헤모글로빈 등
④ **임상적 평가**
⑤ **기타** : 생활 습관, 영양 지식, 의욕 정도, 가족의 지지도 등

4. 목표 설정

① 실천 가능하고 측정 가능한 구체적인 목표 설정(상담자와 내담자의 공동 참여가 효과적)
② 주요 목표 설정
  ㉠ 목표 체중, 체위 설정
  ㉡ 영양 요구량 설정
  ㉢ 대사 목표 설정 : 혈당, 콜레스테롤, 헤모글로빈 등의 범위에 대해서 실현 가능한 현실적인
    목표
  ㉣ 식행동 변화 설정

5. 실행(상담 실시)

① **문제 제기** : 영양 판정 결과 식생활, 체위, 질병 내용 중 문제가 되는 것에 대해 상담
② **동기 유발** : 식습관 및 생활 방식의 개선으로 얻어지는 이익 강조, 개선되지 않을 때의 불이익 설명
③ **영양 교육 및 정보 제공** : 꼭 알아야 하는 내용과 알게 되면 좋은 내용을 교육
④ **식행동의 변화 유도** : 내담자가 기꺼이 변화시킬 수 있는 식행동 1~2가지에 대해 구체적인 방법
  을 제시하여 변화 유도
⑤ **영양 상담의 기록**
  ㉠ 상담 내용을 주관적 정보, 객관적 정보, 평가, 계획으로 나누어 정리
  ㉡ SOAP(Subjective, Objective, Assessment, Plan) 형식 중요

TIP SOAP(Subjective, Objective, Assessment, Plan) 형식

- S : 내담자의 주관적인 정보(식사량, 식습관, 심리 상태, 사회경제적 여건 등)
- O : 객관적 정보-과학적 자료, 수치화된 자료(신체 계측치, 생화학적 검사치 등)
- A : 주관적, 객관적 정보의 평가
- P : 다음 치료를 위한 계획과 조언

---

6. 영양 상담 효과 평가

① 상담 계획에 따른 상담 후 내담자의 인지 정도, 태도나 행동 변화 정도를 측정
② 주요 평가 항목
  ㉠ 식행동 및 식생활 변화 평가
  ㉡ 신체 계측치 및 실험 분석 자료 평가
  ㉢ 생화학적 대사 이상 평가
  ㉣ 임상 평가
  ㉤ 내담자의 지식, 이해, 태도 평가

TIP 영양 상담 보조 도구 중요

식품 교환 표, 식사 구성안, 영양 섭취 기준, 식사 일기, 식생활 지침, 영양 상담 기록표(SOAP), 식품 모형 및 각종 영양 교육 매체 등

퀴즈

영양 상담 시 사용하는 도구 중 국민의 건강 증진을 위해 다빈도 식품을 중심으로 1인 1회 분량과 섭취 횟수를 설정해 둔 것을 식사 구성안이라고 한다. (○/×)

정답 | ○
해설 | 식사 구성안은 우리나라 국민들이 자주 섭취하는 다빈도 식품을 중심으로 각 식품군의 대표 식품을 선정하여 1인 1회 분량 및 섭취 횟수를 제시한 것이다.

1. 개별상담

① 의의 : 내담자가 올바른 선택을 할 수 있도록 정보를 제공하고 가르치고 격려해주는 데 초점

② 특징

    ㉠ 복잡한 문제를 지닌 내담자에게 효과적

    ㉡ 영양 상태 평가, 식사력 조사, 영양 보고서 등의 결과를 분석

③ 단점 : 비용이 많이 듦

2. 집단상담

① 의의 : 상담자가 동일한 문제를 가진 내담자들과 동시에 상담

② 특징

    ㉠ 서로의 경험을 교환할 수 있어 상호 자극에 따른 식습관 변화가 유리함

    ㉡ 당뇨병 환자의 상담, 체중 감소 프로그램 등

    ㉢ 특히 아동 및 청소년 상담에 효과적

③ 단점 : 개인적이지 못함

3. 공개적 상담

① 특징

    ㉠ 대중을 상대로 강연식으로 이루어지는 상담

    ㉡ 지역 주민의 건강 관리, 질병 예방 차원에서의 상담

    ㉢ 의사와의 공동 작업이 효과적

② 단점 : 개인적이지 못하고 상담의 효과 측정이 어려움

PART 01
PART 02
PART 03
PART 04
PART 05
PART 06
PART 07
PART 08
PART 09

CHAPTER 06 영양 정책과 관련 기구

SECTION 01 | 영양 정책

1. 영양 정책의 정의
① 국민들의 올바른 영양 개선을 위한 영양 사업을 계획 및 실시함으로써 국민 건강을 증진하고자 하는 정부 정책
② 국민의 기본적인 영양 요구량과 식량 공급을 충족시키고, 국가 발전을 유지할 수 있도록 식품, 보건, 사회, 농업, 교육 등의 다양한 분야를 통합 및 조정하는 계획
③ 보건 의료 정책, 환경 정책, 교육 정책, 사회 경제 정책, 과학 정책 등과 연결되어 있음

2. 영양 정책의 의의
① 국가는 국민을 위한 사회 복지, 사회 보장, 공중 위생에 신경을 써야 하며, 모든 국민은 건강하고 문화적인 최저한의 생활을 보장받을 권리를 가짐
② 국민영양은 인적 자원을 질적으로 향상시킴으로써 경제사회의 원동력이 됨
③ 국민의 건강 증진을 위해 국가영양목표의 설정과 적극적인 영양 정책의 수립이 필요함

> 빈 칸 채우기
>
> (   )이란 국민의 건강 상태를 증진시키고 바람직한 식품 환경을 조성하여 삶의 질을 향상시키기 위한 국가 정책을 뜻한다.
>
> 정답 | 영양 정책
> 해설 | 영양 정책이란 올바른 영양을 통하여 국민 건강을 증진시키기 위한 국가정책으로서 보건 의료 정책, 환경 정책, 교육 정책, 사회 경제 정책, 과학 정책 등과 연계되어 있다.

3. 영양 정책의 입안 과정 중요
① 예방 가능한 영양 관련 문제를 확인하고 개선 목표를 달성할 수 있도록 정책을 입안하여 수행, 평가하는 과정
② 문제 확인 → 목표 설정 → 정책 선정 → 정책 실행 → 정책 평가 및 종결

SECTION 02 | 우리나라 영양 정책의 현황 및 발전 방향

1. 우리나라 영양 정책 중요

① 국민식생활지침 제정(1990)

② 국민건강증진법 제정(1995) : 국민건강영양조사의 실시 근거가 되는 법령

③ **식품보조정책** : 사회 복지 정책의 일환으로 소외 계층에 대한 영양 개선을 위한 정책

④ 응용영양사업

    ㉠ 1967년 국제아동기금(UNICEF), 국제식량농업기구(FAO), 세계보건기구(WHO)가 공동으로 한국의 영양 사업 추진에 관한 협약 체결

    ㉡ 1968년 농촌진흥청에서 식생활 개선, 영양식품의 생산 증가, 국민의 체위 향상과 식량 자급 모색 등의 응용 영양 사업 착수

    ㉢ 농촌진흥청의 초기 주요 영양 프로그램 사업(응용영양사업)의 내용은 응용영양시범마을 육성, 아동영양지도마을 육성, 조리실 겸 단체 급식장 설치 운영 등임

⑤ 어린이식생활안전관리특별법(2008)

⑥ 식생활교육지원법(2009)

⑦ 국민영양관리법(2010) : 보건복지부에서 제시, 건강수명 연장과 건강 형평성 제고, 2차 국민영양관리기본계획(2017~2021)에서는 취약계층에 대한 맞춤형 영양 관리를 강화하는 것에 목표를 두고 있으며, 이는 국민영양관리법에 근거함

우리나라 건강증진법에 기초한 영양 교육의 방향은 질병 발생 이전의 건강 증진 및 질병의 예방이다.

2. 우리나라 영양 정책의 문제점

① 영양에 대한 행정 체계의 기초통계 자료 부족

② 식품 정책과 영양 정책의 연계성 부족

③ 지역별, 소득 수준 및 계층별 차이에 의한 영양 불균형

④ 국민 영양 사업을 향상시키기 위한 법적, 제도적 장치 미비

3. 우리나라 영양 감시 체계

① 목적 : 인구 집단의 영양 상태 및 식품 소비의 변화를 파악하기 위하여 식생활과 영양 상태를 주기적으로 조사하고 해석, 홍보, 판정하여 국가정책에 활용하기 위함

② 영양 감시 체계의 자료 : 식품 수급표, 국민건강영양조사

③ 국민건강영양조사 중요

  ㉠ 목적
- 국민 건강 및 영양 상태 파악(현황 및 추이)
- 정책적 우선순위를 두어야 하는 건강 취약 집단의 선별
- 보건정책이 효과적인지를 평가하는 데 필요한 통계 자료 산출
- WHO, OECD 등에서 요청하는 통계 자료 제공(흡연, 음주, 비만, 신체 활동 등)
  - → 국민건강증진종합계획의 목표 설정 및 평가의 근거 자료 산출

  ㉡ 국민건강영양조사 기간
- 제1~3기(98년~05년) : 3년 주기로 단기간 조사(한국보건사회연구원, 한국보건산업진흥원, 질병관리청(구 질병관리본부))
- 제4~7기(07년~18년) : 1년 주기로 연중 지속조사(질병관리청 설문조사 수행팀)
- 2020년 질병관리본부가 질병관리청으로 승격됨에 따라 만성질환관리국 국민건강영양조사 분석과에서 수행

  ㉢ 국민건강영양조사 수행기관

기획	보건복지부 건강정책과
수행	질병관리청 건강영양조사과

퀴즈

국민건강영양조사는 제4기(2007년)부터 1년 주기로 이루어지고 있으며, 이를 담당하는 기관은 질병관리청이다. (○/×)

정답 | ○

해설 | 국민건강영양조사는 제1기~3기까지는 3년 주기로 조사하였지만, 제4기(2007년)부터는 질병관리청 설문조사 수행팀을 구성하여 매년(1년) 조사하고 있다.

---

④ 국민건강영양조사 방법 및 내용

  ㉠ 건강설문조사팀 : 가구 조사, 건강 면접 조사, 건강 행태 조사(소아, 청소년, 성인용)

  ㉡ 검진조사팀 : 신체 계측(신장, 체중, 허리둘레), 혈압 및 맥박, 흉부 X-선/골관절염 검사, 채혈/채뇨, 폐 기능 검사, 이비인후과 검사, 안검사, 구강 검사, 골밀도 및 체지방 검사, 근력 검사

  ㉢ 영양조사팀 : 식생활 조사, 식품 섭취 조사, 식품 섭취 빈도 조사, 식품 안정성 조사

국민건강영양조사에서 식품 섭취 상태를 조사하는 방법

- 1998년 이전 : 가구별 칭량법을 통해 식품 섭취 상태 조사
- 1998년 이후 : 24시간 회상법(1일)과 식품 섭취 빈도법을 통해 조사

국민건강영양조사의 결과 보고 시 영양소별 영양 섭취 기준

- 에너지 : 필요추정량
- 나트륨, 칼륨 : 충분섭취량
- 단백질, 칼슘, 인, 철, 비타민 A, 티아민, 리보플라빈, 니아신, 비타민 C : 권장섭취량

국민건강영양조사의 결과 보고 시 영양소별 영양 섭취 기준 미만 섭취자 분율

- 에너지 : 필요추정량의 75% 미만
- 지방 : 지방 에너지 적정 비율의 하한선
- 단백질, 칼슘, 인, 철, 비타민 A, 티아민, 리보플라빈, 니아신, 비타민 C : 평균필요량 미만

SECTION 03 | 국내 · 외 영양 정책 관련 기구

1. 국내 영양 정책 관련 기구 중요

(1) 보건복지부(영양행정의 중앙기관)

① 국가 영양 사업의 기획 및 정책 총괄

② 보건위생, 방역, 의정, 약정, 생활 보호, 아동 · 노인 및 장애인의 지원 등

③ 산하 기관

질병관리청 (구 질병관리본부)	07년부터 국민건강영양조사 실시(만성질병관리국) → 건강 면접, 보건 의식, 영양, 검진 등 국민건강영양조사의 통합 수행
한국보건산업진흥원	보건 의료 지원 인프라 및 보건 산업 생태계 구축을 위한 국민 보건 향상
한국보건사회연구원	식품의약품정책 연구센터, 보건 복지 분야 정책 개발 및 평가
한국건강증진개발원	지역사회통합건강증진사업 기획, 운영, 평가, 환류
국립보건연구원	비만, 대사영양질환 연구
보건소	지역 주민을 대상으로 직접적인 보건 서비스 제공, 전염병 및 질병의 예방과 진료, 보건교육, 영양개선사업, 식품 위생 및 공중 위생, 구강 보건, 정신 보건, 노인 보건, 기타 국민 건강 증진에 관한 업무 등

> **빈 칸 채우기**
>
> 국민 건강 증진, 보건교육, 구강검사, 영양개선사업을 담당하는 기관은 (   )이다.
>
> 정답 | 보건소
>
> 해설 | 보건소는 지역이나 주민을 대상으로 공중 위생 및 식품위생, 전염병의 예방, 관리 및 진료, 보건교육, 구강검사, 영양개선사업 등을 담당하는 기관이다.

(2) 식품의약품안전처

① 2013년 보건복지부 산하 기관인 식품의약품안전청에서 승격

② 주요 업무

   ㉠ 식품(농수산물 및 그 가공품, 축산물 및 주류 포함), 건강기능식품, 의약품, 의약외품, 마약류, 화장품, 의료기기 등에 관한 검정 및 평가

   ㉡ 안전한 먹을거리 소비 문화 확산(불량식품 뿌리 뽑기, 위해 식품의 국내 유입 차단)

③ 주요 부서

식품안전정책국	식품 안전 정책, 식품 안전 관리, 식품 안전 표시 인증, 건강 기능 식품 정책, 주류 안전 정책 등
식품소비안전국	식생활 영양 안전 정책, 농축수산물 안전 정책, 식중독 예방 등

④ 관련 법령 : 식품위생법(1962), 어린이 식생활안전관리 특별법(2008), 건강기능식품에 관한 법률(2008)

(3) 농림축산식품부

① 주요 업무

   ㉠ 목적 : 식생활교육지원법을 만들어 식생활에 대한 국민적 인식을 높이고 국민의 삶의 질 향상에 기여

   ㉡ 농산, 축산, 식량, 농지, 수리, 식품 산업 진흥, 농촌 개발 및 농산물 유통 등에 관한 업무 관장

② 관련 법령 및 담당 부서

   ㉠ 식생활교육지원법 → 식생활소비정책과

   ㉡ 식품산업진흥법 → 식품산업정책과

③ 농촌진흥청(산하 기관)

   ㉠ 생활개선과의 농촌 영양 개선 연수원

   ㉡ 1967년부터 농촌 영양 수준의 향상을 위한 응용사업 전개

   ㉢ 농촌 영양개선사업의 선구적인 역할 수행

(4) 교육부

① 학교급식법 관장 및 학교 급식의 제도적 관리, 학교에서의 영양 및 식생활 교육 내용에 대한 연구·계획, 학교 급식 영양 교사 제도 관리

② 관련 법령 : 학교급식법(1981), 초·중등교육법, 유아교육법, 영유아보육법

(5) 여성가족부

① 다문화가족지원법 관리

② 다문화가족의 의료 및 건강관리 지원

③ 결혼이민자의 임신, 출산을 위한 영양과 건강 교육지원

(6) 환경부

① 폐기물관리법 관리

② 음식물 쓰레기 관련 제도적 관리

 퀴즈

영양 안전 정책, 건강 기능성 식품 정책, 식생활 안전 등에 대해 관장하는 기관은 보건복지부이다. (○/×)

정답 | ×

해설 | 해당 사항을 관장하는 기관은 식품의약품안전처이다.
- 보건복지부 : 국가 영양 사업의 기획 및 정책 총괄
- 식품의약품안전처 : 식품(농수산물 및 그 가공품, 축산물 및 주류 포함), 건강기능식품, 의약품, 의약외품, 마약류, 화장품, 의료기기 등에 관한 검정 및 평가 업무를 관장

---

2. 국외 영양 정책 관련 기구 `중요`

① 세계보건기구(WHO)

㉠ 전 인류의 보건 증진과 건강 · 영양 향상을 위하여 설립된 UN 산하 기구

㉡ 보건 향상, 재해 예방과 모자보건 향상, 전염병 및 질병의 예방과 검역관리 지원 등

㉢ 건강 관련 연합회의, 프로그램의 계획 · 수행 · 연구 · 지원사업 실시

② 국제연합식량농업기구(FAO)

㉠ 인류의 영양 상태와 생활 수준을 개선하고 농업 생산성을 향상시키기 위해 설립된 농업, 임업, 수산업 분야의 UN 산하 기구

㉡ 식품수급표 발행(세계 각국의 영양 수준 비교, 식량자원의 공급 및 이용 실태 파악 가능)

③ 국제연합아동기금(UNICEF)

㉠ 전 세계 어린이를 위한 UN 산하 기구

㉡ 개발도상국이나 재해를 입은 지역의 아동과 임산부에게 치료식, 보충식, 인력, 자금 등을 원조

 국제 영양 정책 관련 기구

- 세계보건기구(WHO) : 전 인류의 보건 향상에 이바지
- 국제연합식량농업기구(FAO) : 인류의 영양 상태와 생활 수준 개선
- 국제연합아동기금(UNICEF) : 개발도상국의 영양 문제 조사 및 원조

1. 영양 표시제의 정의와 의의

① 정의 : 제품에 관련된 다양한 내용을 표시하도록 규제

② 의의 : 식품의 영양과 관련된 다양한 정보를 소비자에게 공급함으로써 소비자가 합리적으로 식품 선택을 할 수 있도록 돕기 위한 서비스 제도

2. 영양 표시제의 필요성

① 국민의 영양 불균형 증가 : 동물성 식품, 당류 및 음료 등의 과다 섭취 등으로 영양 불균형의 부작용 증가

② 가공 식품의 이용 증가 : 핵가족화, 도시화, 여성의 사회 진출 등의 변화에 따라 가정의 식생활 패턴 변화

③ 이해하기 어려운 식품 산업의 기술 발달 내용 : 식품업자들은 특수 영양 성분을 통한 제품을 차별화하여 강조하므로 소비자는 해당 제품에 대해 인지할 수 있는 영양 표시가 필요

④ 영양 정보의 범람

　㉠ 성인병, 특수 영양 성분 등에 관한 다양한 정보가 대중매체를 통해 빠르게 전파됨

　㉡ 소비자가 제품을 선택할 때 정보를 활용할 수 있도록 영양 표시 필요

⑤ 소비자의 식품 선택을 위한 표준화된 품질 표시 양식 정착 필요

3. 영양 표시제의 활용도

① 소비자가 건강한 식생활을 유지할 수 있도록 도움

② 식품업자가 상품 개발 시 영양적 품질 향상, 기업의 긍정적 이미지와 판매량을 높이는 데 도움

③ 세계적인 식품 무역의 자유와 추세에 따라 영양 표시제의 정착이 필요함

4. 영양 표시제의 내용

① 영양 성분 표시 : 열량, 나트륨, 탄수화물, 당류, 지방, 트랜스 지방, 포화 지방, 콜레스테롤, 단백질

② 영양 강조 표시

　㉠ 영양소 함량 강조 표시 : 무, 저, 고(또는 풍부)로 표시

　㉡ 영양소 비교 강조 표시 : 덜, 더, 강화, 첨가 등의 용어로 표시

5. 우리나라 영양 표시제

① 식품 표시와 영양 표시 : 우리나라 영양 표시제는 1996년 보건복지부와 식품의약품안전처 고시로 '식품 등의 표시 기준'이 제정되면서 도입됨

② 어린이 기호식품 표시

    ㉠ 안전하고 영양가를 골고루 갖춘 어린이 기호식품의 제조 · 가공 · 유통 · 판매를 권장하기 위해 식품의약품안전처장이 고시한 품질인증기준에 적합한 어린이 기호식품에 대한 품질 인증

    ㉡ 고열량, 저영양 식품을 규제하기 위하여 오후 5시~7시까지 어린이를 주 시청 대상으로 하는 방송 프로그램 중간에 관련 제품의 TV 방송 광고를 제한

③ 영양 표시제에 대한 소비자 교육의 방향성

    ㉠ 소비자의 필요에 맞는 식품 선택에 도움을 주는 방향

    ㉡ 영양 교사 및 보건 영양사도 학교나 지역 사회의 영양 교육에 영양 표시 교육을 포함시켜 영양 표시에 대한 국민의 인식을 높이도록 노력

 건강 강조 표시

어떠한 식품이나 그 식품이 함유한 영양소 혹은 성분이 질병 및 건강과 관련된 증상과 어떤 관계가 있음을 표현하거나 암시하는 표현이다. **예** ㅇㅇ오일은 혈중 중성지방을 낮춘다. / ㅇㅇ식품은 혈중 콜레스테롤 수준을 낮추는 수용성 섬유소를 함유하고 있다.

SECTION 05 | 식품 안전성

1. 식품 안전

전염병, 식품 매개성 질환, 위해의 위험으로부터 소비자들을 보호하는 것

2. 식품 안전성 위해 요소

① 식중독 유발 요소

    ㉠ 식중독은 일 년 중 5~6월과 8~9월에 특히 많이 발생

    ㉡ 식중독의 원인 : 병원성 대장균, 살모네라균, 노로바이러스 등

    ㉢ 발생 장소 : 집단 급식소가 약 60% 차지

② 중금속과 환경호르몬

    ㉠ 식품의 제조 · 가공 과정에서의 발생보다 대부분 토양이나 수질 등 환경으로부터 오염

    ㉡ 수은, 납, 카드뮴, 비소 등

③ 잔류 농약

    ㉠ 농산물 등에 살포된 농약이 농산물 · 축산물에 남아 있는 미량 성분

    ㉡ 농약의 독성, 국제기준 등을 참고해서 허용기준을 설정해 관리

④ 식품 첨가물

    ㉠ 식품의 제조 · 가공 · 조리 또는 보존 과정에서 식품에 첨가 · 혼합 · 침윤 · 기타의 방법에 의해 사용되는 물질

PART 01
PART 02
PART 03
PART 04
PART 05
PART 06
PART 07
PART 08
PART 09

    ⓛ 보통 화학적 합성물로서 제품의 감미, 착색, 표백 또는 산화 방지 등을 위해 사용

    ⓒ 우리나라의 평가 과정은 매우 엄격하며, 안전하다고 입증된 것만 식품 첨가물로 사용할 수 있
      도록 규정

3. 식품 안정성과 관련 기술의 발전

① 유전자 변형(GMO), 방사선 조사 처리, 3D 푸드 프린팅 등의 신기술

② 식품 생산성과 안전성을 향상시킬 수 있지만, 건강에 어떠한 영향을 미치는지에 대한 올바른 이
해를 위한 교육 필요

4. 식품 안전성과 영양 교육

① 신선한 식재료의 선별 방법

② 철저한 온도 및 시간 관리 교육

③ 교차 오염 교육

④ 개인 위생 교육

SECTION 06 | 식품 선택의 실제

1. 가공 식품

① 총 당류 섭취량이 지속적으로 증가

② 가공 식품 중 커피 · 음료류의 당류 섭취 기여도가 높으므로 당 함량 관리 중요

2. 외식

영양 불균형, 위생과 안전성, 음식물 쓰레기, 조미료 과다 사용의 문제가 있을 가능성이 있으므로
영양 및 위생 정보를 활용하고 본인의 섭취량에 맞는 외식 메뉴 선택 필요

3. 건강기능식품

① 인체에 유용한 기능을 가진 원료 및 성분을 사용하여 제조한 식품

② 건강을 유지하는 데 도움을 주므로 건강기능식품 인증 마크를 확인

③ 단순한 보조 식품의 역할에 그쳐야 위해를 방지할 수 있음

CHAPTER 07 | 영양 교육과 사업의 실제

1. 영양 교육의 수업 설계

(1) 수업 설계의 필요성

① 학습자의 개인차를 최대한 고려한 수업이 제공되어야 함

② 학습자들이 수업 목표를 효과적으로 달성하기 위한 최적의 교수 활동과 계획

③ 외부적으로 제공될 학습조건과 다양한 수업 활동을 적절하게 설계하여 수업 목표에 도달할 수 있도록 함

(2) 수업 설계의 단계별 모형

① 계획 단계	② 진단 단계	③ 지도 단계	④ 발전 단계	⑤ 평가 단계
• 학습 목표 제시 • 교재 연구 • 학습 과제의 조직화 • 교수 · 학습 과정안 작성	• 진단 평가 • 교정	• 도입 단계 • 전개 단계 • 정리 단계	• 학습 정도 확인 • 학습 보충 • 학습 심화	• 수업 정리 • 수업 목표 달성도

2. 교수 · 학습 과정안

① 교수 · 학습 과정안의 개념

　㉠ 교사가 학습 지도를 할 때의 체계적인 계획서

　㉡ 학습 목표와 학습 전개 계획을 위한 양식에 의해 계획됨

　㉢ 수업 설계의 '계획 단계'에서 작성함

② 교수 · 학습 과정안의 작성 방법

　㉠ 내용 구성의 체제 : 단원명, 단원의 개관, 단원의 목표, 학급 실태, 교재 연구, 지도상의 유의점 등

　㉡ 본시 활동의 실제

단원	단원의 학습계획에 밝혀진 본시에 해당하는 학습 내용의 제목을 기재
학습 목표	학습 후에 나타나는 학생의 행동 또는 학습 결과로 진술
교수 · 학습 과정안	교과 특수성에 따른 단계를 선정하여 제시하며 과정을 열거
평가 계획	학습 목표의 도달 정도를 측정하는 내용(2~3개 정도의 의문문으로 평가 문항 제시)

ⓒ 학습 목표 진술의 필요성
- 학습평가의 타당도와 신뢰도 상승
- 교육 매체 선정이 명확해짐
- 교육자는 무엇을 가르쳐야 하는지 명확해짐
- 학습자는 좋은 수업 태도를 가지게 되어 학습 효과를 높일 수 있음

ⓔ 학습 목표의 진술 방식
- 영양 교육자의 행동이 아닌 학습자의 입장에서 진술
- 학습자의 변화 내용과 행동을 구체적으로 진술
- 학습 결과에 초점을 맞추어 행동을 진술
- 하나의 학습 목표에는 1가지 학습성과만을 진술
- 단위 수업 시간에 달성할 수 있는 분량의 목표를 진술
- 모든 학습자가 쉽게 이해할 수 있는 용어를 선택하여 진술 ⑨ 식품 구성 자전거의 식품군을 열거할 수 있다.

SECTION 02 | 영유아 보육시설의 영양 교육

1. 영유아 영양 교육의 중요성
① 신체 성장 발달 및 지능 발달에 중요
② 일상생활의 기본 행동 양식 및 습관을 습득하게 함
③ 적절한 식사 제공, 식사 지도, 영양 지식 등이 중요

TIP

영아기는 성장 속도가 빠르고 활동조직이 많으며 체표면적이 커서 열손실이 크므로 단위체중당 영양소 필요량이 가장 많은 시기이다.

2. 영유아 영양 교육의 목표
① 식생활에 대한 이해(식품과 건강과의 관계)
② 식품을 다양하게 섭취(올바른 식습관 형성)
③ 식사예절과 위생 습관 교육
④ 어른들의 바람직한 식행동의 모범 제시
⑤ 유아 보육 시설을 통한 가족 및 지역 사회 식생활 개선

3. 영양 교육 내용

① 식품의 종류, 식품명 이해하기

② 음식과 건강(제때에, 골고루, 알맞게 식사)

③ 식사, 위생 지도(보건, 위생 교육)

④ 간식 지도

⑤ 편식 지도

TIP 유아의 간식 지도

• 정규 식사 외에 3끼 식사로 부족한 영양소(단백질, 비타민, 무기질 등)를 보충하는 의미
• 간식은 결식의 원인이 되므로 정해진 분량만큼만 제공

4. 영양 교육 방법

① 그림극 : 주의 집중 효과, 제작이 간단하고 경제적이며 모든 인물 연출 가능(유아, 초등학교 저학년생들에게 유용)

② 인형극 : 유아들의 흥미 유발

③ 전시, 포스터, 리플릿

ㄱ 눈에 잘 띄는 곳에 포스터를 걸어 두거나 단원이나 주간계획을 주제로 한 매체를 전시

ㄴ 포스터나 리플릿은 주제에 대한 관심을 끌기 위해 사용

④ 슬라이드, 파워포인트 : 내용에 따라 영사 시간을 자유롭게 조절 가능하며 쉽게 제작 가능하고 경제적이나, 정적이라는 단점이 있음

⑤ 녹음 테이프 : 제작이 용이하며 유아 교육에 많이 활용됨

⑥ 동영상 : 그림보다 움직이는 영상을 보여주어 유아 교육에 효과적

⑦ 게임 : 퍼즐 및 빙고 게임, 사다리 타기 게임, 색칠하기, 스티커 붙이기, 실물과 모형, 디오라마, 주사위 놀이, 시장 놀이 등

5. 유아 영양 교육 전략

① 영양소보다 식품으로 접근하여 교육

② 놀이와 게임을 이용한 교육

③ 모든 보육 활동 시간에 식생활 교육 적용

④ 간결한 메시지로 교육 내용을 전달

⑤ 호기심 활용

⑥ 매일 먹어야 하는 식품과 가끔 먹으면 좋은 식품으로 구성

⑦ 부모의 영양 교육 병행

1. 아동 영양 교육의 중요성
① 건강한 생활 습관 형성은 만성 질환 예방 및 건강 증진에 도움
② 올바른 식생활과 식습관 형성

2. 초등학생의 영양 문제 _{중요}
① 칼슘, 비타민 D 부족
② 철분 결핍성 빈혈
③ 비만
④ 충치
⑤ 과다행동증
⑥ 열량 위주의 간식 섭취와 편의식 선호
⑦ 과다한 염분 및 지방 섭취
⑧ 잘못된 다이어트

3. 학교 급식을 통한 영양 교육
① 급식 지도 : 영양 지식, 식품 위생 지도, 편식 지도, 식사 예절 지도, 안전 지도, 생활 질서 지도 등
② 식생활 실천 교육
③ 정규 및 비정규 교과 과정 : 실과(5학년부터), 체육 교과 과정

4. 초등학교 영양 교육의 실제
① 교과 과정 내 건강한 식생활 지도 : 삽화, 동화 구연, 역할극, 노래 바꿔 부르기 등
② 특별 활동 프로그램 : 비만 아동, 편식 아동을 위한 영양 교육 실시

 아동을 위한 식습관 지도 방법

지도 내용에 일관성이 있어야 하며, 아동의 식습관은 가족의 식습관에 많은 영향을 받으므로 가족의 식습관 개선이 필요한 경우 이에 해당하는 교육이 필요하다.

어린이 급식 관리 지원

식품의약품안전처에서 영양사가 없는 어린이집, 지역아동센터 등의 체계적인 위생 관리와 영양 관리를 위해 지원하는 영양 교육 사업이다.

5. 청소년의 영양 문제

① 칼슘, 철 등 영양소의 섭취 부족

② 지질 섭취 증가

③ 식행동의 문제(불규칙한 식사, 결식 빈도 등)

④ 비만과 다이어트

6. 청소년 영양 교육의 목표

① 범람하는 영양 정보 속에서 올바른 영양 지식 습득

② 규칙적인 식사, 다양한 식품의 섭취 등 올바른 식습관 형성

③ 정상 체중 유지

④ 패스트푸드, 인스턴트 식품, 가공 식품의 이용 줄이기

⑤ 규칙적인 신체 활동 및 흡연이나 음주 등의 행동 하지 않기

7. 청소년 영양 교육의 내용

① 균형식의 중요성 강조

② 영양 표시 읽기

③ 올바른 체중 조절

④ 기타(운동, 금연, 금주 교육)

8. 청소년 영양 교육의 방법 및 기술

① 효과적인 영양 교육의 구성 요소(식행동의 변화에 초점을 둠)

② 학교에서의 영양 교육 활성화

③ 인터넷을 이용한 영양 교육

SECTION 04 | 성인과 직장의 영양 교육

1. 성인과 직장 영양 교육의 중요성

① 근로자의 건강은 의료비 절감, 기업의 생산성 향상, 국가 경쟁력 강화 및 국가 경쟁력을 향상시킴

② 만성 퇴행성 질환의 예방 및 관리를 위해 청·장년기부터 건강한 식습관 실천이 필요

③ 사회 및 신체 활동력이 가장 왕성한 시기로 균형 잡힌 영양이 중요

2. 성인과 직장 영양 교육의 목표

① 올바른 식습관 실천

② 정상 체중 유지

③ 만성 퇴행성 질환(당뇨병, 고혈압 등)의 발병률 저하

④ 흡연율의 감소

⑤ 음주율의 감소

⑥ 규칙적인 운동 습관

3. 성인의 영양 문제

① 건강 문제

　㉠ 비만, 고혈압, 당뇨병, 심혈관 질환 등의 문제

　㉡ 노령화, 흡연, 잘못된 식생활, 스트레스, 공해, 운동 부족 등이 만성 질환의 원인

② 영양소 섭취 실태 : 칼슘의 섭취 저조, 나트륨 과잉 섭취, 아침 결식, 불규칙한 식사 등

4. 성인 영양 교육의 내용

① 바람직한 식습관의 실천

② 만성 퇴행성 질환의 예방 및 관리

③ 정상 체중 유지

④ 영양 표시 읽기

5. 성인 영양 교육 방법

① 동기 부여를 통한 능동적인 참여 유도

　㉠ 사진, 그림, 동영상 등을 이용한 동기 유발

　㉡ 실습, 시연, 토의 등으로 적극적인 참여 유도

② 구체적이고 실천 가능한 방법 제시

　㉠ 지식 전달뿐만 아니라 실질적인 생활 실천 팁 제시

　㉡ 얼마나 먹어야 할지 또는 어떻게 조리해야 하는지를 제시

③ 영양 교육 방법

　㉠ 능동적인 교육 참여가 되도록

　㉡ 모델링, 조리법과 시연을 많이 활용

④ 영양 교육 매체 활용 : 인쇄 매체 및 전자 매체, 대중 매체, 인터넷 활용으로 교육 효과를 높임

6. 성인 영양 교육의 실제

① 올바른 식습관 관련 프로그램

② 체중 조절 및 비만 관리 프로그램

③ 만성 질환별 영양 교육 프로그램

④ 건강 요리 교실 프로그램

PART 01
PART 02
PART 03
PART 04
PART 05
PART 06
PART 07
PART 08
PART 09

7. 직장에서의 영양 교육

① 직장인 영양 교육의 목표

    ㉠ 올바른 식습관 실천

    ㉡ 정상 체중 유지

    ㉢ 만성 퇴행성 질환(고혈압, 당뇨병 등)의 발병률 감소

    ㉣ 흡연율의 감소

    ㉤ 음주율의 감소

    ㉥ 규칙적인 운동 습관 형성

② 성인의 영양 문제

    ㉠ 칼슘의 섭취 저조

    ㉡ 나트륨의 과잉 섭취

    ㉢ 연령층, 지역별로 영양 과잉과 영양 부족의 문제가 공존

    ㉣ 아침 결식률이 높음

    ㉤ 불규칙한 식사

    ㉥ 20대의 영양 섭취와 식행동 불량 등

③ 직장인 영양 교육 주제

    ㉠ 바람직한 식습관의 실천

    ㉡ 만성 퇴행성 질환의 예방 및 관리

    ㉢ 정상 체중 유지

    ㉣ 영양 표시 읽기 및 외식 관리

④ 영양 교육 방법

    ㉠ 사진, 그림, 동영상 등으로 동기 유발

    ㉡ 실습, 시연, 토의로 적극적인 참여 유도

    ㉢ 지식 전달뿐 아니라 실생활 실천 팁까지 제시

    ㉣ 얼마나 먹어야 할지 및 조리 방법 등을 제시

    ㉤ 능동적인 교육 참여가 이뤄지도록 영양 교육을 실시

    ㉥ 모델링, 조리법과 시연을 많이 활용

    ㉦ 인쇄매체 및 전자매체, 대중매체, 인터넷 활용으로 교육 효과를 높임

⑤ 성인 영양 교육의 실제

    ㉠ 올바른 식습관 관련 프로그램 : 균형식 영양 교육, 식생활 진단 및 나의 식단 교육 등

    ㉡ 체중 조절 및 비만 관리 프로그램 : 건강 체중과 비만도 평가, 비만도와 식생활 평가, 성인을 위한 식생활 지침, 저열량 식사, 저열량 식단 전시 및 시식회, 식품 교환 표와 식단 작성 등

    ㉢ 만성 질환별 영양 교육 : 고혈압 영양 교육, 당뇨병 영양 교육 등

    ㉣ 건강 요리 교실 : 제철 식품 조리 스쿨 등

1. 보건소 영양 교육

① 보건소 영양 교육
  ㉠ 건강 생활 실천을 통한 만성 질환의 예방을 위한 교육
  ㉡ 지역 주민을 위한 영양 교육과 상담 수행
  ㉢ 영양 캠페인
  ㉣ 영양 교육 내용 홍보
  ㉤ 영양 표시 제도 활동 계도
  ㉥ 영양 교육 지원 등

② 대표적인 보건소 영양 교육 사업
  ㉠ 영양 플러스 사업
    • 영양 섭취 상태의 개선을 통한 건강 증진을 위해 영양 교육 실시
    • 영양 불량 문제 해소를 돕기 위해 일정기간 지원
  ㉡ 급식 관리 지원 센터 : 영양사가 없는 재원 아동수 100명 미만의 보육시설을 대상으로 취학 전 어린이들의 건강하고 안전한 식생활 지원을 목적으로 함

③ 보건소 영양 교육의 사례
  ㉠ 임산부, 영유아 영양 교육(영유아의 모자 건강 교실)
  ㉡ 관내 보육시설 대상 영양 교육
  ㉢ 초등학생 대상 영양 교육
  ㉣ 성인 대상의 영양 교육(보건소 중심 비만 예방 및 관리 프로그램)
  ㉤ 노인의 영양 교육

2. 병원 영양 교육

① 환자를 위한 영양 교육의 영역
  ㉠ 입원환자의 영양 중재 및 영양 교육
  ㉡ 외래환자의 영양 중재 및 영양 교육
  ㉢ 환자 보호자를 위한 영양 교육

② 교육 목표와 내용
  ㉠ 질병으로 인한 생리적 변화와 식사요법의 필요성
  ㉡ 빠른 회복, 자신에게 알맞은 양과 종류를 알도록 교육
  ㉢ 적절한 동기 부여를 통한 지속적인 식사요법 실천
  ㉣ 환자 가족에 대한 교육을 통해 환자의 실천을 돕도록 교육
  ㉤ 영양 필요량과 섭취 식품 분량, 식사 형태, 섭취 시기 등을 교육
  ㉥ 현재 식습관에서 변경해야 할 식습관 내용을 교육

PART 01
PART 02
PART 03
PART 04
PART 05
PART 06
PART 07
PART 08
PART 09

③ 병원의 영양 교육의 실제
　　㉠ 환자 영양 교육

1단계	환자의 과거 및 현재 병력, 생화학적 · 의학적 건강평가 등 관련 정보의 수집
2단계	영양 상담을 통한 영양 문제 찾기(영양평가, 영양 중재 등)
3단계	영양 중재 결과 평가, 환자의 반응 및 진행 상태 평가
4단계	환자와 보호자 교육 및 기타 교육 시행
5단계	영양 상담 내용 기록

　　㉡ 보호자 교육
　　　• 환자의 식사 요법의 실천
　　　• 환자의 치료와 식사 요법의 내용
　　　• 환자에게 동기 부여 및 실천 방법 팁 제공
　　　• 조리 종사원 등 관계자 육성 교육

SECTION 06 | 소비자 영양 교육

1. 소비자 영양 교육의 필요성
① 산업의 분화로 대부분 시장에서 식품 구입
② 사회적 변화에 따라 식품에 대한 수요가 고급화, 편의화, 안전화, 건강 기능화
③ 가공 식품의 수요 증가
④ 외식 빈도 증가

2. 소비자 영양 교육의 대상 및 방법
① 대상
　　㉠ 아동과 청소년 : 자유 자재의 용돈 사용, 소비 재량권 증가
　　㉡ 직장에서의 남성들 : 직장에서의 급식, 저녁 회식
　　㉢ 미혼여성, 저소득, 저학력 여성 : 식품 표시 이용 저조
② **방법** : 일반적으로 강의, 강연으로 진행하며 그 외에 신문, 잡지, 사이버 교육, 대중 홍보 활동, 소책자, 리플릿 이용

3. 소비자 영양 교육의 내용
① **식품 영양 표시제** : 영양 정보를 정확히 이해하고 제품 간 비교를 통해 영양학적으로 가치 있고 합리적인 식품을 선택할 수 있도록 도움
② **식품 첨가물** : 식품 첨가물의 종류, 목적, 안전성, 허용량, 식품 첨가물이 건강에 미치는 영향, 식품 첨가물을 적게 섭취하는 방법 등을 교육

③ **잔류 농약** : 잔류 농약의 위해성, 세척 방법에 따른 잔류 농약의 양, 식품의 잔류 농약 허용량, 조리 방법에 따른 잔류 농약의 양 등을 교육

④ **식중독** : 신선한 식재료를 고르는 방법, 식중독을 예방할 수 있는 조리 방법 및 조리법 등을 교육

⑤ **유전자 재조합 식품** : 유전자 재조합 식품의 안전성과 이점, 정확한 지식, 표시, 외국의 허가 기준 등의 교육

⑥ **방사선 조사 식품** : 방사선 조사 식품의 안전성, 방사능 조사의 허용량, 이점, 허용 식품, 방사선 조사 식품에 대한 법적 규제 등의 교육

⑦ **환경호르몬** : 환경호르몬의 종류, 위해성, 방출 물질, 오염 방지책, 관련 규정 등을 교육

⑧ **수입 농산물** : 국내산과 수입산 식품을 구별하는 방법 등을 교육

⑨ **건강기능식품** : 건강기능식품 선택 시 부작용, 피해를 최소화할 수 있는 영양 교육 등을 교육

⑩ **트랜스 지방** : 트랜스 지방산의 위해성, 함유 식품, 트랜스 지방 줄이는 방법 등을 교육

⑪ **외식과 관련된 영양 교육** : 메뉴에 따른 부족한 영양소 보완 방법, 과잉 섭취 영양소를 줄이는 방법, 외식을 줄일 수 있도록 다양한 요리법 등을 교육

4. 소비자 영양 교육 기관 및 교육 활동

① 식품의약품안전처
　　㉠ 식품 의약품의 안전관리체계를 구축 · 운영하여 국민의 안전하고 건강한 삶 영위를 도움
　　㉡ 소비자들에게 잔류 농약, 식품표시기준, 식중독 예방 등 식품 영양 정보 제공

② 한국 건강 증진 개발원
　　㉠ 건강에 관한 정책 개발 및 지원 사업 수행
　　㉡ 국민 건강 증진 도모
　　㉢ 홈페이지 운영을 통해 다양한 건강 관련 정보 제공

③ 한국 소비자원 : 제도 및 정책 연구, 물품 시험 검사 및 조사, 소비자의 권익 증진, 안전 및 능력 개발과 관련된 교육 홍보 및 방송 사업 등, 교육 자료 제작 및 보급

④ 녹색 소비자 연대 : 녹색 식품 연구소를 두어 식품 관련 소비자 운동 역량 강화, 식품 분석 사업 등

⑤ 식품회사 풀무원의 소비자 영양 교육 : 바른 먹거리 어린이 교육, 로하스 식생활 교육 등

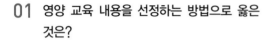

01 영양 교육 내용을 선정하는 방법으로 옳은 것은?

① 실천보다는 지식만 증진되도록 구성한다.
② 가능한 많은 내용의 소주제를 다루도록 구성한다.
③ 최신 내용보다는 오래된 익숙한 내용으로 구성한다.
④ 일반적인 내용에서 전문적인 내용으로 전개되도록 구성한다.
⑤ 방대한 양의 교육 내용을 전달하여 식 행동 변화를 유도하도록 한다.

해설 | 영양 교육 내용을 선정할 때에는 목표에 도달하도록 교육 내용을 구성하고 일반적인 내용에서 전문적인 내용으로 전개되도록 구성한다. 또한, 1회 교육에서 2~3개의 소주제만 다루도록 구성하여 너무 많은 양을 전달하지 않도록 한다.

02 지역사회의 영양 상태를 직접 평가하는 방법으로 옳은 것은?

① 임상 검사 실시
② 식품수급표의 활용
③ 식생태 조사 결과의 활용
④ 인구 동태 분석 결과의 활용
⑤ 국민건강영양조사 결과의 활용

해설 | **지역사회 영양 판정 방법**
• 개인별 직접평가 : 신체 계측 검사, 생화학적 검사, 임상 검사, 식사 조사 등
• 인구집단에 대한 간접평가 : 인구 동태 분석, 식품수급표, 식생태 조사, 국민건강영양조사 결과 등

03 다음 중 지역주민을 위한 영양 교육에서 가장 우선시해야 하는 영양 문제는?

① 이환율이 높은 영양 문제
② 개선의 여지가 없는 영양 문제
③ 많은 비용이 들어가는 영양 문제
④ 어린이를 대상으로 하는 영양 문제
⑤ 정책 지원을 받기 어려운 영양 문제

해설 | 지역주민을 위한 영양 교육 시행 시 우선순위를 정할 때는 높은 이환율, 심각성 및 긴급성을 가진 문제, 개선의 가능성이 많은 문제, 정부 또는 영양 관련 기관의 정책 지원이 가능한 문제, 경제성과 수요가 좋은 문제를 우선적으로 정한다.

04 보건소 영양사의 업무로 옳은 것은?

① 식품 검사
② 질병의 진단
③ 특별식의 조리
④ 식품 위생 검열
⑤ 영양 교육 활동 및 홍보

해설 | **보건소 영양사의 업무**
• 지역 특성과 식생활 파악
• 영양 지도 계획 및 책정
• 영양 교육 활동 및 홍보
• 영양 교육자료 개발 및 제작
• 지역 내 영양사 미배치 기관의 영양 지도 및 감독 등

05 영양 교육의 과정 평가에 대한 설명으로 옳은 것은?

① 영양 교육이 실행된 결과에 대한 평가이다.
② 계획 과정에서 설정된 목표 달성 여부에 대한 평가이다.
③ 대상자의 영양 지식, 식태도, 식행동의 변화를 알아본다.
④ 교육 후 일정 기간이 지난 후 건강 상태의 변화를 알아본다.
⑤ 교육 내용, 방법, 매체가 대상자의 수준에 적절한지를 평가한다.

해설 | • 영양 교육의 과정 평가 : 실행되는 과정에 대한 평가로 목적 및 목표, 교육 매체나 방법 등이 대상자의 수준에 맞는지 등을 확인한다.
• 영양 교육의 효과 평가 : 영양 교육 실시 전과 후, 교육 후 일정 기간이 지난 후에 대상자의 지식, 태도, 행동 및 건강 상태 수준의 목표 달성 여부를 확인한다.

06 다음 보기의 측정 도구의 평가 기준으로 가장 거리가 먼 것은?

> **보기**
> • 대상 : 비만인 초등학생 100명
> • 목적 : 영양 교육 실시 후 복부지방의 감소 확인
> • 측정 도구 : 컴퓨터단층촬영(CT)

① 타당도   ② 신뢰도
③ 객관도   ④ 실용도
⑤ 이상 모두

해설 | 영양 교육 효과를 평가하기 위한 측정 도구가 갖추어야 할 요건은 타당도, 신뢰도, 객관도, 실용도이다. 그중 실용도는 측정 도구의 사용 비용이 평가 결과의 질 대비 어느 정도의 효용가치가 있는지를 평가하는 지표이다.

07 상호관계나 경향, 변화 등을 한눈에 알기 쉽도록 단순한 선이나 기호를 사용하여 간단하게 표시해주는 것은?

① 모형   ② 사진
③ 도표   ④ 포스터
⑤ 디오라마

해설 | 도표는 단순한 선이나 기호를 사용하여 상호관계나 경향, 변화 등을 한눈에 알기 쉽도록 간단하게 표시해주는 시각 교재로서 제작이 쉽고 간단하다.

08 매스미디어를 통한 영양 교육의 긍정적인 효과는?

① 과장 광고로부터 소비자를 보호
② 식품 광고의 잘못된 식행동 충동
③ 흥미 위주의 진행, 단편적인 사건 보도
④ 불완전한 영양 정보 제공으로 국민을 오도
⑤ 애매모호한 영양 정보로 시청자 혼란 가중

해설 | 매스미디어 영양 교육의 긍정적인 효과에는 과장되고 잘못된 광고로부터 소비자 보호, 국민 개인의 식생활에 대한 관심과 개선 의지 고취, 식생활과 관련된 사고에 대해 즉각적이고 정확한 대처 방안 제시, 고유의 전통 식생활 문화의 전파 등이 있다.

09 다음에서 설명하는 영양 교육 매체는 무엇인가?

> • 천에 들러붙는 섬유의 성질을 이용하여 손쉽게 만들 수 있어 경제성이 있음
> • 대상자의 반응을 살펴보면서 교육 속도를 임의로 조절할 수 있음
> • 휴대성이 있고 교육 내용을 쉽게 반복할 수 있음

① 융판　　　　　② 모형
③ 도표　　　　　④ 패널
⑤ 포스터

해설 | • 융판(플라넬판)은 천을 이용하여 대상자가 직접 손쉽게 만들 수 있어 경제적이며, 탈·부착이 가능하므로 주의 집중에 도움이 되고 영양 교육 내용을 쉽게 반복할 수 있다.
　　　• 식품의 분류, 식사구성안, 식품교환표 등을 지도할 때 사용한다.

10 영양 상담 결과에 영향을 미치는 내담자의 요인은?

① 경험과 숙련성
② 문제의 심각성
③ 내담자에 대한 호감도
④ 성격 측면의 상호 유연성
⑤ 상담자와 내담자의 의사소통

해설 | 상담에 대한 동기 및 기대, 문제의 심각성, 정서 상태, 지적 수준, 방어적 태도, 자아 강도 등은 내담자 요인에 해당한다.

11 영양 상담 시 친밀 관계를 형성한 후의 순서로 옳은 것은?

① 목표 설정 - 자료 수집 - 영양 판정 - 실행 - 효과 평가
② 목표 설정 - 영양 판정 - 자료 수집 - 실행 - 효과 평가
③ 자료 수집 - 영양 판정 - 목표 설정 - 실행 - 효과 평가
④ 자료 수집 - 목표 설정 - 영양 판정 - 실행 - 효과 평가
⑤ 영양 판정 - 목표 설정 - 자료 수집 - 실행 - 효과 평가

해설 | **영양 상담의 실시 과정**
　　　영양 상담 시작 → 친밀 관계 형성 → 자료 수집 → 영양 판정 → 목표 설정 → 실행 → 효과 평가

12 우리나라 영양표시제에서 그 명칭과 함량을 반드시 표시해야 하는 것은?

① 열량, 당류, 단백질, 포화지방, 나트륨
② 열량, 탄수화물, 콜레스테롤, 나트륨, 칼슘
③ 열량, 탄수화물, 당류, 비타민 C, 나트륨
④ 열량, 지방, 단백질, 지용성 비타민, 칼슘
⑤ 열량, 탄수화물, 단백질, 지방, 수용성 비타민

해설 | 우리나라 영양표시제에서 열량, 나트륨, 탄수화물, 당류, 지방, 트랜스지방, 포화지방, 콜레스테롤, 단백질 등은 명칭과 함량을 반드시 표시해야 한다.

13 다음에서 설명하는 영양지원제도는?

> • 보건소에서 실시하는 영양 정책
> • 미국의 WIC(Women, Infant, Child) 프로그램과 유사
> • 저소득층의 영양 상태가 취약한 임신부, 수유부, 영유아 중 영양고위험군의 건강 유지에 필요한 영양 교육 실시
> • 전 국민의 건강을 태아에서부터 관리하여 전 생애에 걸쳐 건강할 권리를 보장

① 보충급식제도
② 보강영양 사업
③ 식품개발사업
④ 건강매점사업
⑤ 영양플러스사업

해설 ┃ • 영양플러스사업이란 국민의 건강을 태아의 단계부터 관리하고 위험인자를 감소 또는 제거하여 전 생애에 걸쳐 건강할 권리를 보장해주기 위한 제도이다.
• 영양 위험 요인을 가진 저소득층의 임산부와 영유아에게 가정으로 보충식품을 제공할 뿐만 아니라 보건소 내에서의 영양 교육과 가정방문을 통한 영양 상담도 실시한다.

14 각 질병에 대한 영양 교육으로 옳은 것은?

① 간염 – 양질의 단백질을 섭취한다.
② 고혈압 – 식염의 섭취를 증가시킨다.
③ 각기병 – 비타민 C가 많이 함유된 식품을 섭취시킨다.
④ 당뇨병 – 저혈당 예방을 위해 탄수화물 섭취를 증가시킨다.
⑤ 위궤양 – 위액의 산도를 감소시키기 위하여 식사 횟수를 줄인다.

해설 ┃ 고혈압은 식염 섭취를 제한하고 각기병은 티아민이 많이 함유된 식품을 섭취하며, 당뇨병은 탄수화물 섭취를 줄여야 한다.

15 고지혈증 환자의 식사지도로 옳은 것은?

① 체중 감소가 필수적이다.
② 충분한 수분을 섭취한다.
③ 단순당질을 많이 섭취한다.
④ 정상 체중이라면 음식 섭취에 제한은 없다.
⑤ 포화지방산보다는 가능한 불포화지방산을 섭취한다.

해설 ┃ 고지혈증 환자에게는 정상 체중 유지, 불포화지방산을 이용하여 콜레스테롤을 1일 200mg으로 제한, 단순 당질 식품 제한 등의 식사지도를 실시한다.

PART 01
PART 02
PART 03
PART 04
PART 05
PART 06
PART 07
PART 08
PART 09

 정답 09 ① 10 ② 11 ③ 12 ① 13 ⑤ 14 ① 15 ⑤

PART **04**

영양교육

SECTION 01 | 영양 관리 과정

1. 개요

① 임상에서 이루어지는 영양 관리와 관련된 업무의 전 과정을 표준화하여 업무를 효과적으로 수행하도록 개발됨

② 환자에게 전문적인 영양 관리를 제공하기 위해 4단계의 영양 관리 과정(Nutrition Care Process ; NCP) 개발

2. 영양 관리 과정(NCP)의 개념 및 영역 중요

구분	NCP 단계	중등도 활동	심한 활동
1	영양 판정	• 정보 수집(영양 관련 지표 수집) • 지표 해석(객관적인 표준치와 비교)	• 식사력 • 신체 계측(일반, 영양 관련 신체 계측) • 생화학적 자료 및 의학적 검사와 처치 • 일반사항 및 과거력
2	영양 진단	종합적 판단(여러 영양 지표 판정 결과를 고려하여 영양 문제를 진단)	• 섭취 영역 • 임상 영역 • 행동 환경 영역
3	영양 중재	문제 해결을 위한 실행(목표 설정, 실행 계획, 실행)	• 식품/영양소 제공 • 영양 교육 • 영양 상담 • 영양 관리를 위한 타 분야와의 협의
4	모니터링 및 평가	영양 중재의 진행 정도를 관찰하고 평가(영양 관련 지표 수집)	• 식사력 • 신체 계측(일반 신체 계측, 영양 관련 신체 계측) • 생화학적 자료 및 의학적 검사와 처치

(1) 영양 판정

① 영양과 관련된 문제와 그 원인을 알기 위해 관련 자료를 수집, 확인 및 해석하는 과정

② 영양 지표를 객관적인 기준치와 비교하여 해석

③ 4가지 영역이 존재

　㉠ 식사력

　㉡ 신체 계측(일반 신체 계측, 영양 관련 신체 계측)

　㉢ 생화학적 자료 및 의학적 검사와 처치

ⓛ 일반사항 및 과거력

④ 환자의 영양 판정에 필요한 영양 지표 영역 〈중요〉

영양 판정 영역	내용
신체 계측 조사	• 신장, 체중, 체질량 지수, 허리/엉덩이 둘레비, 상완둘레 등 신체의 크기와 신체구성비 측정 • 측정 비용이 저렴하여 경제적 • 과거의 장기간에 걸친 영양 상태를 반영 • 개인의 영양소 반영에 민감성이 부족
생화학적 검사	• 체단백, 면역 기능, 내장단백, 질소 균형 및 혈액학적 상태를 통한 환자의 영양 상태 파악 • 가장 객관적이고 정량적 • 영양소 섭취 수준을 반영하는 유용한 지표 • 주로 혈액, 소변, 머리카락 등을 이용 ※ 성분 검사(혈액, 소변, 조직검사 등)와 기능 검사(면역 기능, 시료의 효소 활성 등)로 나뉨
임상 조사	• 영양 불량과 관련된 신체적 징후를 시각적으로 판단 • 진찰 소견과 징후, 환자가 호소하는 증세로 판단 • 단독 판정보다는 다른 조사 방법과 함께 사용하는 것이 바람직
식사 섭취 조사	• 24시간 회상법, 식품 섭취량 조사, 식품 섭취 빈도 조사, 식사 기록법, 에너지 계산 등 • 예방적 관점에서 미래의 영양 결핍을 예측할 수 있음
환자의 과거력	일반 사항, 임상적인 사항

⑤ 식사 섭취 조사 방법 〈중요〉

구분		내용
양적 평가*	24시간 회상법	• 조사 대상자가 조사 시점으로부터 지난 24시간 동안 또는 전날 하루 동안 섭취한 음식의 종류와 양을 기억을 통해 조사 • 장점 : 경제적이고 시간이 적게 소요됨 • 단점 : 개인의 기억에 의존하므로 기억력 차이에 의해 식사 섭취량이 달라질 수 있음(기억력이 약한 대상자는 부적합)
	식사기록법 (식사일기)	• 하루 동안 섭취하는 모든 음식의 종류와 양을 섭취할 때마다 대상자 스스로 기록 • 장점 : 실측량 혹은 목측량을 이용할 수 있음 • 단점 : 의도적으로 많거나 적게 섭취할 수 있고, 기록이 장기화되면 조사 내용의 정확도가 떨어짐
	실측법	• 모든 음식과 음료의 양을 저울로 실측하여 기록 • 장점 : 가장 정확한 조사 • 단점 : 조사 비용과 인원이 필요
질적 평가*	식품 섭취빈도법	• 일정 기간 내 특정 식품의 섭취 횟수를 조사하여 특정 영양소 섭취 경향을 파악 • 장점 : 장기간의 식사 섭취 형태를 알 수 있고, 빠른 시간에 저렴한 비용으로 실시할 수 있음 • 단점 : 양적으로 정확한 섭취량을 파악하기 어려움
	식사력조사법	• 과거 식사 상태를 조사하는 방법 • 장기간의 식사 섭취 형태를 알 수 있음

※ 양적 평가 : 1일 이상의 식품 섭취량 측정을 통해 현재 또는 최근의 식품, 영양소의 양적으로 정확한 섭취량 파악
※ 질적 평가 : 일정 기간 특정 식품 섭취 경향을 파악

PART 01
PART 02
PART 03
PART 04
PART 05
PART 06
PART 07
PART 08
PART 09

⑥ 영양 판정 방법 선정 시 고려 사항

   ㉠ 목적과 현실에 적합한 장비, 기구, 경비 등을 고려

   ㉡ 평가 방법에 대해 대상자가 느끼는 거부감을 최소화하도록 보상 또는 기술적 배려 제공

   ㉢ 선정된 방법이나 기구의 부적절함으로 인한 오차를 없애기 위해 조사 방법을 표준화

   ㉣ 조사자의 훈련을 통해 측정 오차를 줄임

(2) 영양 진단

① 영양 판정을 통해 종합적으로 판단한 주요 영양 문제, 주요 원인, 판단의 주요 근거를 명확히 하여 영양 중재 목표를 설정하기 위한 과정

② 의학적 진단과는 별개로 영양 영역에서의 현상을 진단

③ 영양 진단 영역

영역	세부 내용
섭취 영역	식품이나 영양소 섭취와 관련된 문제
임상 영역	의학적, 신체적 상태와 관련된 영양 문제
식행동-환경 영역	지식, 태도, 식행동, 식품의 접근성, 식품 안정 등

④ 영양 진단문에는 영양 문제의 원인에 대한 표현이 들어가야 함

 영양 진단문 예시

- 진단 : 에너지 과다 섭취
- 원인 : 패스트푸드의 잦은 섭취
- 징후/증상 : 혈중 콜레스테롤 농도 250 mg/dL

(3) 영양 중재

① 영양 진단에서 나타난 원인을 제거하여 문제를 해결하는 과정 : 목표 수립, 구체적인 실행 계획 설정 및 실천

② 영양 중재의 영역

영양 중재 영역	내용	세부 내용
식품, 영양소 제공	식품, 영양소를 제공하는 개별적 접근	• 식사 및 간식 제공 • 보충제 제공 • 장관 및 정맥 영양 제공
영양 교육	스스로 식품을 선택하고 식생활을 관리할 수 있는 지식과 기술을 환자에게 일방적으로 전달	• 기본 영양 교육 • 포괄적인 영양 교육
영양 상담	환자와의 상호 관계를 통해 문제를 해결하는 맞춤 관리	• 개인 영양 문제의 원인에 대한 개선 • 전략적 접근
영양 관리를 위한 타 분야와의 협의	영양 관련 문제의 개선을 도울 수 있는 다른 분야의 전문가나 기관 등과 협조	의사, 심리 전문가, 아동 발달 전문가와의 협조

빈 칸 채우기

(   )은/는 환자 스스로 식품을 선택하고 식생활을 관리할 수 있는 지식 및 기술을 환자에게 전달하는 과정이다.

정답 | 영양 교육

(4) 모니터링 및 평가

① 영양 중재를 통한 영양 관리의 진행 정도를 평가하고 문제를 해결하는 방향으로 진행되는가를 평가하는 과정

② 결과를 측정할 수 있는 지표

구분	지표	내용
1	영양 결과물	식품과 영양소의 섭취 변화, 행동 변화, 영양 상태의 개선, 지식 습득 정도 등
2	임상 결과물	신체 계측과 체성분, 생화학 수치, 위험 지표 등
3	환자 중심의 결과물	스스로 느끼는 효과, 삶의 질 만족도, 자가 관리 능력 등
4	건강 관리 유용성과 비용 성과에 관한 결과물	내원 횟수, 특정 절차, 약물 교체 등

PART 01
PART 02
PART 03
PART 04
PART 05
PART 06
PART 07
PART 08
PART 09

CHAPTER 02 | 병원식과 영양 지원

SECTION 01 | 식사 요법

1. 식사 요법의 중요성

① 영양 불량은 질병 회복 지연 및 면역 기능을 저하시킴
② 환자의 영양 문제를 조기에 발견하여 증상 및 치료에 따른 적절한 식사 요법이 필요
③ 최근 성인 질환(당뇨, 고혈압 등)과 암 발생의 예방 및 치료에 있어서 영양 관리의 중요성이 부각됨

2. 식사 요법의 목적

① 영양소 결핍 또는 과잉에 의해 유발될 수 있는 질병을 치료
② 질병 발생에 의한 대사 장애 치료
③ 영양 상태 개선 및 건강 증진

3. 영양소 필요량 산정

(1) 에너지 소비량

① 기초대사량(휴식대사량)

    ㉠ 인체의 생리적인 기능을 유지하는 데 소비되는 최소한의 에너지

    ㉡ 총 에너지의 60~75% 차지

비만도 간단한 방법	가벼운 활동	중등도 활동
	성인 여성	0.9kcal×24(시간)×체중(kg)
해리슨-베네딕트 방법	성인 남성	66.4+(13.7×체중(kg))+(5.0×신장(cm))−(6.8×연령(세))
	성인 여성	655+(9.6×체중(kg))+(1.8×신장(cm))−(4.7×연령(세))

〈성인 기초 대사량 산출〉

② 활동대사량

    ㉠ 운동에 의한 활동대사량 및 운동 이외의 활동대사량으로 구분

    ㉡ 운동 이외의 활동대사량 : 자세의 유지, 가사활동, 통근 및 직장에서의 신체 활동 등

    ㉢ 1일 총 에너지 소비량의 20~30% 차지

③ 식사성 발열 효과

    ⊙ 식품 섭취에 따른 영양소의 소화 · 흡수, 이동, 대사, 저장 등에 따른 에너지 소비량

    ⓒ 발열 효과는 탄수화물 5~10%, 단백질 20~30%, 지방 0~5%

(2) 에너지 필요량

① 대상자의 성별, 연령, 체격, 활동량 등을 고려

② 한국인 영양 섭취 기준 비율 : 탄수화물:단백질:지방＝55~70%:7~20%:15~25%

③ 1일 에너지 필요량(kcal)＝현재 체중(kg)×활동별 에너지(kcal/kg)

TIP 신장 160cm, 체중 50kg, 보통 활동을 하는 20세 여성의 에너지 필요량 계산

- 표준 체중＝1.6×1.6×21＝54kg
- 비만도 판정＝50−54/54×100＝7.4%(정상)
- 1일 에너지 필요량＝50kg×35＝1,750kcal
- 탄수화물, 단백질, 지방 기준량 설정
  - 탄수화물＝1,750kcal×60%÷4＝262g
  - 단백질＝1,750kcal×20%÷4＝88g
  - 지방＝1,750kcal×20%÷9＝39g

비만도	가벼운 활동		
	가벼운 활동	중등도 활동	심한 활동
과체중	20~25	30	35
정상	30	35	40
저체중	35	40	45

- 가벼운 활동 : 거의 앉아서 일을 하는 경우
- 중등도 활동 : 걷기, 자전거 타기 등 가벼운 운동을 정기적으로 하는 경우
- 심한 활동 : 달리기, 수영 등 강도가 있는 운동을 1주일에 4~5회 하는 경우

〈비만도에 따른 활동별 에너지〉

(3) 탄수화물 필요량

탄수화물 섭취 비율은 55~65%

(4) 단백질 필요량

① 체중당 단백질 필요량

    ⊙ 1일 단백질 권장섭취량은 0.91g/kg(한국인 영양소 섭취기준)

    ⓒ 발열, 패혈증, 수술 등의 환자는 질소 평형을 위해 다량의 필수 아미노산과 단백질 공급

PART 01
PART 02
PART 03
PART 04
PART 05
PART 06
PART 07
PART 08
PART 09

② 질소평형을 이용한 산출

    ㉠ 24시간 소변 중 질소량을 측정하여 단백질 필요량을 산정

    ㉡ 1일 단백질 필요량 = (24시간 소변 중 질소량 + 3~4g) × 6.25

섭취 허용		섭취 주의	
에너지	100% 에너지 추정량	지방	1~2세 총에너지의 20~35%
단백질	총에너지의 7~20%		3세 이상 총에너지의 15~30%
비타민 무기질	100% 권장섭취량 또는 충분섭취량, 상한섭취량 미만	당류	설탕, 물엿 등의 첨가당은 최소한으로 섭취
식이섬유	100% 충분섭취량		

〈한국인 영양소 섭취 기준〉

 식이섬유소의 기능

- 미량 원소의 흡수를 감소시킴
- 포도당 흡수를 지연시켜 혈당을 낮춤
- 혈액 내 지질을 낮추어 고지혈증을 예방함

4. 식사 구성안을 이용한 식단 작성

① 식품 구성 자전거

    ㉠ 앞바퀴 : 수분 섭취의 중요성 강조를 위해 물잔을 배치

    ㉡ 뒷바퀴 : 유지 · 당류를 제외한 다섯 가지 식품군을 권장 식사 패턴의 식품군별 1일 권장 섭취 횟수와 분량에 비례해 면적 배분

    ㉢ 자전거 이미지 : 활기찬 신체 활동으로 비만 예방 강조

식품군	영양소	품목	식품명
곡류	탄수화물	곡류	쌀, 현미, 찹쌀, 보리, 귀리, 수수, 옥수수, 율무 등
		면류	면
		감자류	감자, 고구마, 마, 토란 등

고기 · 생선 · 달걀 · 콩류	단백질	육류	쇠고기, 돼지고기, 닭고기 등
		어패류	갈치, 고등어, 오징어, 연어, 게, 새우 등
		난류	달걀, 오리알, 메추리알, 거위알 등
		콩류	대두, 검정콩, 완두콩, 팥, 녹두 등
채소류	무기질 및 비타민	채소류	고추, 양파, 당근, 배추, 고추, 깻잎, 호박, 오이 등
		해조류	다시마, 미역, 파래 등
		버섯류	표고, 양송이, 팽이, 느타리, 목이 등
과일류	무기질 및 비타민	과일류	사과, 배, 딸기, 바나나 등
우유 · 유제품	칼슘	우유	우유
		유제품	치즈, 요구르트(액상, 호상) 등
유지 · 당류	지질	유지류	버터, 마요네즈, 식용유 등
	탄수화물	당류	설탕, 꿀, 시럽 등

〈6가지 기초식품군〉

② 식품군별 대표 식품의 1인 1회 분량

식품군	1인 1회 분량
곡류(300kcal)	쌀밥(210g), 백미(90g), 건면(90g), 고구마*(70g), 묵*(200g), 식빵*(35g), 가래떡(150g), 라면사리(120g)
고기 · 생선 · 달걀 · 콩류 (100kcal)	쇠고기(60g), 돼지고기(60g), 햄(30g), 고등어(60g), 새우(80g), 고등어(60g), 건조멸치(15g), 두부(80g), 달걀(60g), 대두(20g)
채소류(15kcal)	콩나물(70g), 시금치(70g), 배추김치(40g), 깍두기(40g), 열무김치(40g), 총각김치(40g), 표고버섯(30g), 미역(30g), 양파(70g)
과일류(50kcal)	사과(100g), 바나나(100g), 귤(100g), 참외(150g), 포도(100g), 말린 대추(15g), 과일주스(100mL)
우유 · 유제품(125kcal)	우유(200mL), 호상요구르트(100g), 액상요구르트(150mL), 아이스크림(100g), 치즈*(20g)
유지 · 당류(45kcal)	콩기름(5g), 마요네즈(5g), 버터(5g), 설탕(10g), 꿀(10g), 깨(5g)

※ 0.3회

③ 권장 식사 패턴
   ㉠ 개인이 복잡한 영양가 계산을 하지 않아도 영양소 섭취 기준에 맞는 식단을 구성할 수 있도록 만든 방법
   ㉡ 성별, 연령별 1일 기준 에너지에 맞춰 생애주기별로 식품군별 권장 섭취 횟수를 제안함
   ㉢ 개인이 하루에 필요한 열량을 알면 식품군별 섭취 횟수에 따라 식단을 구성하여 식사를 하면 하루에 필요한 영양소 섭취량을 충족할 수 있음
   ㉣ 생애주기별 권장 식사 패턴

A타입	영유아 · 청소년의 성장기 특징을 반영하여 하루 우유 · 유제품류 2회 섭취
B타입	성인기 이후 우유 · 유제품류를 하루 1회 섭취

ⓜ 성별·연령별 기준 에너지에 따른 권장 식사 패턴 : 성별·연령별 기준 에너지(2020년 개정안)에 따른 생애주기별 권장 식사 패턴을 활용하여 영양목표에 도달할 수 있음

연령	에너지 필요추정량(kcal)		기준 에너지 패턴(kcal)	
	남자	여자	남자	여자
1~2세	1,000	1,000	1,000A	1,000A
3~5세	1,400	1,400	1,400A	1,400A
6~8세	1,700	1,500	1,900A	1,700A
9~11세	2,100	1,800		
12~14세	2,500	2,000	2,600A	2,000A
15~18세	2,700	2,000		
19~29세	2,600	2,100	2,400B	1,900B
30~49세	2,400	1,900		
50~64세	2,200	1,800		
65~74세	2,000	1,600	2,000B	1,600B
75세 이상	2,000	1,600		

〈성별·연령별 기준 에너지에 따른 권장 식사 패턴〉

※ 출처 : 보건복지부, 2020 한국인 영양소 섭취 기준

ⓑ 권장 식사 패턴을 이용한 식단 작성의 예 : 다음과 같은 순서에 따라 생애주기별 권장 식사 패턴을 이용하여 식단을 계획

1	각 성별과 연령에 따른 개인의 에너지 필요추정량(kcal)을 확인
2	각 에너지 필요추정량(kcal)의 권장 식사 패턴을 확인
3	각 에너지 필요추정량(kcal)에 따른 권장 식사 패턴의 식품군별 1일 섭취 횟수를 3끼니와 간식으로 적절히 배분
4	대표식품의 1인 1회 분량을 참고하여 식단을 계획

식품군	1~2세	3~5세	6~11세		12~18세		19~64세		65세 이상	
	영아	유아	남자	여자	남자	여자	남자	여자	남자	여자
	1,000A	1,400A	1,900A	1,700A	2,600A	2,000A	2,400B	1,900B	2,000B	1,600B
곡류	1	2	3	2.5	3.5	3	4	3	3.5	3.5
고기·생선·달걀·콩류	1.5	2	3.5	3	5.5	3.5	5	4	4	4
채소류	4	6	7	6	8	7	8	8	8	8
과일류	1	1	1	1	4	2	3	2	2	2
우유·유제품	2	2	2	2	2	2	1	1	1	1

유지·당류	3	4	5	5	8	6	6	4	4	4

〈권장 식사 패턴 식품군별 1일 섭취 횟수〉

※ 출처 : 보건복지부, 2020 한국인 영양소 섭취기준

5. 식품교환표를 이용한 식단 작성

① 식품교환표 : 6가지 식품군 내의 모든 1교환단위량은 중량(무게)과 목측량이 달라도 비슷한 양의 열량, 당질, 단백질, 지방을 함유하므로 식품을 다양하게 선택할 수 있음

식품군		교환단위	당질(g)	단백질(g)	지방(g)	열량(kcal)
곡류군		1	23	2	–	100
어육류군	저지방군	1	–	8	2	50
	중지방군			8	5	75
	고지방군			8	8	100
채소군		1	3	2	–	20
지방군		1	–	–	5	45
우유군	일반우유	1	10	6	7	125
	저지방우유	1	10	6	2	80
과일군		1	12	–	–	50

〈식품교환표의 영양가〉

어육류군	저지방	• 단백질 8g, 지방 2g, 열량 50kcal • 닭고기, 돼지고기(로스용), 쇠고기(로스용), 멸치(소), 뱅어포, 쥐치포, 닭간, 소간, 굴비, 꽃게, 굴, 멍게, 문어, 홍어, 조갯살, 흰살생선(홍어, 가자미, 광어, 대구, 조기, 도미 등) 등
	중지방	• 단백질 8g, 지방 5g, 열량 75kcal • 두부, 돼지고기(안심), 쇠고기(등심), 햄(로스), 달걀, 메추리알, 등푸른생선, 흰살생선(도루묵, 민어, 갈치 등), 검정콩 등
	고지방군	• 단백질 8g, 지방 8g, 열량 100kcal • 삼겹살, 베이컨, 소꼬리, 생선통조림, 비엔나소시지 등

〈어육류군의 분류 및 특징〉

빈 칸 채우기

식품교환표에서 쇠고기(살코기) 1교환단위의 영양가는 단백질 (　　　)g, 지방 (　　　)g, 열량 (　　　)kcal이다.

정답 | 단백질 8g, 지방 2g, 열량 50kcal

② 식품교환표를 이용한 식단 작성 방법

    ㉠ 식품 교환단위를 이용하여 식단을 작성하기 위해서는 각 식품군 내에서 식품의 종류별 1교환 단위량, 1교환단위의 영양량을 구분하여 기억하는 것이 중요

    ㉡ 급식 대상자의 영양기준량을 결정

        • 총열량, 당질, 단백질, 지방의 필요량을 산정

        • 급식 대상자의 1일 필요량은 연령, 성별, 활동량 등에 맞추어 결정

        • 열량의 구성비는 일반적으로 당질 55~65%, 단백질 7~20%, 지방 15~30%의 비율에 따라 결정

 1일 필요에너지 1,800kcal일 때 열량의 구성비

• 당질(60%) : 1,800kcal×0.6÷4kcal＝270g

• 단백질(17%) : 1,800kcal×0.17÷4kcal＝77g

• 지방(23%) : 1,800kcal×0.23÷9kcal＝45g

    ㉢ 각 식품군별 1일 교환단위 수를 결정

    ㉣ 1일 교환단위 수를 끼니별로 배분

    ㉤ 식품교환표의 식품군 목록에서 식품을 선택

    ㉥ 식품의 종류와 허용되는 기름의 양에 맞게 조리법을 결정하여 식단을 완성

SECTION 02 | 병원식의 분류

구분	분류	세부 항목
경구 영양	일반 병원식	상식, 연식, 유동식(맑은유동식, 전유동식, 농축유동식)
	특별 병원식(질환별 치료식)	당뇨식, 소화기질환식, 신장질환식 등
영양 지원	경장/정맥 영양	경관유동식, 정맥 영양

〈병원식의 분류〉

1. 일반 병원식 [중요]

① 특별한 식사 구성이나 특정 영양소의 조절 없이 적절한 영양을 공급
② 목적 : 건강상태를 양호하게 유지함과 동시에 질병 개선에 도움
③ 종류 : 상식(일반식), 연식(죽식), 유동식(미음식)

　㉠ 상식(일반식, 표준식, 보통식, 정상식, 전식, 밥식)
　　• 특정 영양소나 질감상의 조절이 필요치 않은 일반 환자들에게 제공되는 식사
　　• 영양 상태를 양호하게 유지 또는 질병 회복에 도움을 줄 수 있는 식사
　　• 일반 가정식과 유사(탄수화물 55~60%, 단백질 15~20%, 지질 20~25%)
　　• 다양한 식품과 조리법을 사용하여 소화가 잘되도록 함
　　• 대상 : 외상 환자, 정신질환자 등

　㉡ 연식(죽식)
　　• 죽 형태의 반고형식 식사
　　• 유동식에서 일반식으로 옮겨가는 중간 단계에서 공급
　　• 무자극성 식품을 소화하기 쉽고 부드럽게 조리한 식사
　　• 대상 : 소화기계 질환자, 저작 및 연하 곤란 환자, 수술 후 회복기 환자, 식욕 부진자, 심신 쇠약자, 치과질환자 등
　　• 한 끼에 필요한 에너지와 영양소 충족이 어렵기 때문에 하루 5~6회로 나누어 섭취
　　• 빠른 시일 내 회복식이나 일반식으로 이행
　　• 삶거나 찐 후 으깨거나 체에 거른 음식, 지방이 많은 음식은 제한(튀김, 부침), 너무 뜨겁거나 차가운 음식은 피함

연식의 종류	특징
반고형식 연식	연하 곤란 환자, 뇌졸중 등의 삼킴 장애, 구강 내 염증 환자
기계식 연식(다진 연식)	소화기능에 문제는 없으나 저작이 곤란한 환자(치과계 질환자, 얼굴 부상 등)

〈연식의 종류 및 특징〉

ⓒ 유동식

- 보통 당질과 물로만 구성된 액체 상태의 음식
- 목적 : 수분 공급
- 단점 : 영양소 결핍 우려
- 대상 : 수술 후 회복기 환자, 연하 곤란 환자, 급성 고열 환자 등

종류	목적	내용
맑은유동식	수분과 전해질 공급, 탈수 방지, 갈증 예방	• 수술 후, 장 검사 후, 급성 위장 질환환자 등 • 주로 당질과 물로 구성된 맑은 음료 • 무자극성 저잔사식(보리차, 맑은 주스, 맑은 육즙 등의 맑은 액상) • 1~3일의 단기간만 공급 • 체온과 동일한 온도로 공급 • 제한 식품 : 우유 및 유제품, 지방이 많은 국물, 섬유소가 많은 식품, 탄산 음료 등
전유동식(미음식)	수분 보충	• 일종의 미음식 • 맑은유동식과 연식의 중간 • 수술 후 소화관 기능 회복 시작 시 구강 섭취를 위해 단기간 제공 • 상온에서 액체 또는 반액체 상태 • 1일 6회 나누어 공급 • 3일 이상 사용 시 영양보충액이나 혼합 영양식품을 이용 • 미음, 우유 및 유제품, 계란, 두유, 국물 및 수프, 섬유소가 적은 채소나 과일 등 ※ 찬(냉)유동식 : 편도선 절제 수술 후 자극을 주지 않고 수술 부위의 출혈을 막기 위해 차거나 미지근한 음식을 공급
농축유동식	고열량, 고단백질, 고비타민 공급	• 전유동식에 난황, 균질육, 영양제, 탈지유 등을 첨가한 후 균질화한 액체 상태의 식사 • 환자의 식욕과 소화 상태에 따라 소량씩 자주 공급

〈유동식의 종류 및 특징〉

ⓓ 일반 치료식의 1일 영양소 구성

종류	에너지(kcal)	당질(g)	단백질(g)	지방(g)
일반식	1,900~2,300	310~360	65~90	40~50
연식	1,600~1,800	250~270	70~100	30~45
전유동식	1,200~1,400	190~200	40~50	30~40
맑은 유동식	600~800	150~180	5~6	2

2. 특별 병원식(질환별 치료식) 중요

① 의사와 영양사가 환자의 질병 상태에 따라 특정 영양소를 조절하여 질병의 치료 및 예방을 위해 제공하는 식사

② 질병 상태에 따라 영양소, 점도, 식사 구성 등을 조절

질병	치료식 종류
당뇨병	열량조절식, 임신성 당뇨병식 등
심혈관 질환	저염식, 저지방 저콜레스테롤식 등
소화기 질환	간질환식, 저염저단백식, 저잔사식, 저섬유소식 등
신장 질환	만성신부전식, 복막투석식 등
비만	열량조절식
골다공증	고칼슘식
갑상선암	요오드제한식
통풍 질환	퓨린제한식
신경계 및 뇌졸중	연하곤란식, 항응고제식 등
암치료 후	항암치료식
신장 결석	저칼슘식, 저인산식 등
간성 혼수	무단백식
경련성 변비	저섬유소식

〈질병에 따른 치료식의 종류〉

특별 병원식의 분류		특징
에너지조절식	고열량식	• 목적 : 질병으로 손실된 부분을 보충 • 1일 에너지 필요량+500~1,000kcal • 보통 2,800~4,000kcal 공급 • 대상 : 화상환자, 외상 감염 환자
	저에너지식	• 목적 : 체중 감소 • 정상 체중 유지에 필요한 에너지의 40~60% • 남자 1,000~1,500kcal • 여자 800~1,200kcal • 대상 : 비만, 당뇨, 고혈압 환자
당질조절식	저당질식	• 당질을 전체 에너지에서 20~30%(100~150g) 감소 • 하루 20% 이하로 감소 시 케톤증 유발 • 대상 : 덤핑증후군(위절제증후군)
	유당 제한식	• 우유 및 유제품을 장기간 제한할 경우 칼슘을 별도로 보충 • 대상 : 유당불내증 환자
	갈락토오스 제한식	• 유당(갈락토오스 함유)이 많은 우유 및 유제품 제한 • 대상 : 갈락토오스혈증(선천성 대사 장애질환) 환자

식이섬유 및 잔사량 조절식	고식이섬유식	• 식이섬유소 1일 25~50g(14g/1,000kcal) 증가 • 대상 : 만성 변비, 다발성 게실증, 과민성 장증후군 환자 • 인슐린 절약 효과
	저식이섬유식	• 식이섬유소 1일 10~15g(5.5g/1,000kcal)로 제한 • 대상 : 급성 설사, 장누공, 장 수술 전, 게실염, 장출혈 환자 • 저잔사식에 비해 엄격하지 않음
	저잔사식	• 잔사량을 많이 내는 식품을 제한하는 식사(당질>지방>단백질) • 식이섬유소와 우유를 제한한 식사 • 대변량을 최소화하여 장에 휴식을 줌 • 대상 : 급성 염증성장 질환(크론병, 궤양성대장염), 게실염, 부분적 장폐색 등의 환자 • 과일과 채소 등을 주스로 제공
지방조절식	저지방식	• 보통 1일 20g 이내(필요에 따라 10g 이하의 무지방식 제공) • 제한 : 고지방 어육류, 우유 및 유지류 • 권고 : 저지방 및 중지방 어육류, 탈지유 • 대상 : 췌장, 담낭질환 환자
	저콜레스테롤식	• 1일 200~300mg 이하 • 난황, 내장, 새우, 동물성 식품은 제한
단백질조절식	고단백질식	• 1일 100~150g 단백질 함유식 • 간 질환은 간세포의 재생을 위해 다량의 단백질이 요구됨 • 대상 : 만성 간 질환, 알콜성 간경변증 등
	저단백질식	• 1일 25~40g 이하로 단백질 제한 • 대상 : 간성 혼수, 신부전, 요독증 • 장기간 공급 시 단백질 결핍증 또는 기타 영양 결핍증 초래
	아미노산 조절식	• 질소의 합성과 축적에 이상이 있을 경우 • 대상 : 간성 혼수, 외상, 페닐케톤뇨증
무기질조절식	저나트륨식 (저염식)	• 1일 500~2,000mg(소금 1.25~5g)으로 제한 • 대상 : 고혈압, 심장 질환, 임신중독증, 신장 질환, 부종 등
	저칼륨식	• 1일 약 1,600mg(40mEq)으로 칼륨 제한(환자에 따라 다름) • 대상 : 고칼륨혈증, 신부전 환자
	고칼슘식	• 1일 1,000~1,500mg의 칼슘 공급 • 대상 : 폐경 후 여성, 골다공증 위험 환자
	저칼슘식	• 1일 400~600mg의 칼슘 공급 • 대상 : 고칼슘혈증 환자(신장결석 방지) • 우유 및 유제품 제한
	저요오드식	• 대상 : 갑상선기능항진증 환자 • 해조류(김, 미역, 다시마 등) 제한

기타 조절식	글루텐 제한식	• 대상 : 셀리악병(글루텐과민장 질환) 환자 • 글루텐 함유 식품(밀, 호밀, 메밀, 보리, 오트밀, 기장 등) 제한 • 재발의 위험이 있으므로 일생 동안 식사 제한
	저퓨린식 (퓨린 제한식)	• 대상 : 통풍, 요산결석 등의 퓨린 대사 이상 • 퓨린 섭취를 제한하여 소변을 알칼리화함으로써 약물 치료 효과를 증대시킴 • 권고 : 달걀, 우유, 치즈, 버터, 땅콩, 채소, 과일 등 • 제한 : 어란, 정어리, 멸치, 내장, 간, 고등어, 연어, 효모 등

〈특별 병원식의 분류 및 특징〉

 퀴즈

통풍 환자, 요산결석증 환자는 퓨린을 제한해야 한다. (O/×)

정답 | O

해설 | 통풍, 요산결석증 등의 퓨린 대사 이상의 경우 퓨린 대사 산물인 요산의 혈중 농도가 상승, 불용성 요산염이 관절, 신장 등에 침착되어 염증을 일으키므로 퓨린 함량이 높은 식품을 제한해야 한다.

3. 검사식

검사식	특징
지방변 검사식	• 위장관의 소화 불량, 흡수 불량의 원인 파악 • 1일 100g 지방 함유 식사를 검사 전 2~3일간 공급
5-HIAA 검사식	• 위장관 내 악성종양이 의심되는 경우 • 소변 내 5-HIAA 함량을 측정하여 카르시노이드 종양 진단 • 세로토닌이 다량 함유된 식품 및 약제의 섭취를 검사 전 24~48시간 동안 제한
레닌 검사식	• 고혈압 환자의 레닌 활성도 평가 • 신장동맥 혈관 질환 의심 환자에 적용 • 1일 나트륨 약 500mg, 칼륨 약 3,500mg 이하로 섭취를 제한하여 3일간 실시한 후 3일째에 혈액검사
400mg 칼슘식	• 칼슘 섭취량을 증가시켜 고칼슘뇨증을 진단 • 신장결석 환자 등에 적용 • 칼슘 섭취량을 1일 1,000mg으로 증가
위배출능 검사식	위 운동 기능 부전과 폐색
당내응력 검사식	당뇨병

CHAPTER 02 병원식과 영양 지원 201

PART 01
PART 02
PART 03
PART 04
PART 05
PART 06
PART 07
PART 08
PART 09

1. 정상적인 영양 공급이 어렵거나 부족한 경우

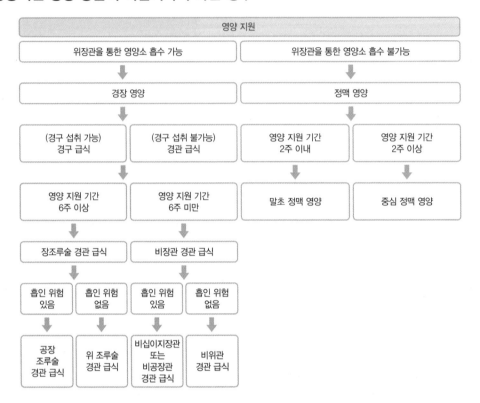

2. 경장 영양(튜브 이용) 중요

(1) 경장 영양의 특징

① 구강으로 음식을 섭취할 수 없는 상태에서 환자에게 관을 통해 유동식을 공급

② **종류** : 경구 급식, 경관 급식

③ 대상자 : 위장관 수술, 연하 곤란, 의식불명, 구강 수술, 식도장애 등

④ 정맥 영양보다 우선적으로 이용되어야 함

빈 칸 채우기

소화기관은 정상이나 뇌졸중으로 혼수상태이거나, 화학요법으로 구토가 심하고 소화·흡수력이 없는 환자 등은 구강으로 음식을 섭취할 수 없으므로 (   )을/를 통해 유동식을 공급해야 한다.

정답 | 경관 급식

---

(2) 경장 영양의 장점

① 면역 체계 유지 가능

② 생리 활성 상태의 영양소 흡수

③ 전해질 및 수분 조절 용이

④ 장관의 구조와 기능 유지가 가능

⑤ 위산 완충이 가능

⑥ 합병증(패혈증 등) 발생이 적음

⑦ 보다 경제적이고 안전(저비용)

(3) 경장 영양의 적용 대상 및 금기 대상

적용 대상 환자	금기 대상 환자
• 신경계 질환 : 뇌혈관 질환(뇌졸중 등), 연하 곤란, 두부 외상 • 위장관 질환 : 단장증후군(남아 있는 장이 흡수력이 있음), 염증성 장 질환 등 • 신경성 질환 : 신경성 식욕 부진, 심한 우울증 • 종양성 질환 : 췌장염, 식도 폐색, 유출량이 적은 위장관 누공(<500mL/일) • 기관계 부전 : 신부전, 호흡기계 부전, 간부전, 심부전 등 • 그 외 수술, 패혈증, 외상, 화상, 장기 이식 등	단장 증후군(흡수력 있는 장 부위를 절제한 경우), 위장관 폐색, 급성 췌장염, 심한 설사나 구토, 마비성 장 폐색, 유출량이 많은 위장관 누공(≥500mL/day), 심한 장출혈 환자

퀴즈

위장관의 출혈이 심한 경우 경장 영양을 제한해야 한다. (○/×)

정답 | ○

해설 | 경장 영양의 금기 대상 환자는 심한 장출혈 환자, 장 폐색, 염증성 장 질환, 심한 설사 등이 있는 경우이다.

(4) 경장 영양액의 공급 경로

① 비위관(코를 통한 관 삽입)

　㉠ 적용 환자 : 위장 기능이 정상인 환자, 흡인 위험이 없는 환자, 단기적(6주 이내)으로 필요한 환자

　㉡ 장점 : 수술 없이 쉽게 삽입 및 제거 가능

　㉢ 단점 : 흡인 위험이 있음, 환자가 비위관을 의식, 위배출 모니터링 필요

　㉣ 특징 : 단기(6주 이내)에 이용할 환자에게 적용

② 비장관

　㉠ 적용 환자 : 흡인 위험이나 식도 역류, 위무력증이 있는 환자

　㉡ 장점 : 흡인 위험 및 폐렴 위험 감소

　㉢ 단점 : 관 삽입 시 위치를 확인하기 위한 x-ray 촬영, 관이 빠지거나 움직임, 환자가 관을 의식

PART 01
PART 02
PART 03
PART 04
PART 05
PART 06
PART 07
PART 08
PART 09

③ 위 조루술(PEG)
  ㉠ 적용 환자 : 위장 기능이 정상인 환자, 코로 관 삽입이 어려운 환자, 장기적(6주 이상) 영양
    지원이 필요한 환자
  ㉡ 장점 : 위장관 수술 시 병행 가능, 환자가 관을 덜 의식함
  ㉢ 단점 : 흡인 위험, 관 부위의 감염 위험, 관 제거 후 누공 가능성, 수술 필요
④ 공장 조루술(PEJ)
  ㉠ 적용 환자 : 흡인 위험이 높고 식도 역류 환자, 위무력증 환자, 장기적 영양 지원이 필요한 환자
  ㉡ 장점 : 장관수술 시 병행 가능, 흡인 위험 감소, 환자가 관을 덜 의식
  ㉢ 단점 : 관 부위의 감염 가능, 주입 속도를 빠르게 할 수 없음

 경장 영양의 공급 예상 기간에 따른 경로

• 단기간(6주 이내) : 비위관, 비장관
• 장기간(6주 이상) : 위 조루술, 공장 조루술

(5) 경장 영양액의 종류

① **혼합액화 영양액** : 병원이나 집에서 직접 식품을 혼합·분쇄하여 액상으로 제조하므로 조제 및
  보관 과정에서 감염 가능성이 높고 영양 불균형 등의 문제가 있어 보편적으로 사용하지 않음
② **상업용 영양액** : 경장 영양을 위해 상품화된 경장액

종류	대상 환자	특징
표준 영양액	소화·흡수 기능이 좋고 특정한 대사 장애가 없는 모든 환자	• 삼투압 300mOsm의 등장성이며 잔사가 적음 • 에너지 밀도는 1.0kcal/mL • 당질 : 말토덱스트린의 형태, 유당은 제외 • 단백질 : 급원은 카제인, 대두단백, 달걀알부민 등을 이용 • 지질 : 대두유, MCT오일, 옥수수유 이용 • 맛이 있음, 가격이 저렴, 흡수가 잘됨 • 위장합병증 유발이 적어야 함
농축 영양액	수분 제한이 요구되는 심장, 신장 및 간 질환 환자	• 분말 형태의 경장 영양제 또는 단일 영양 • 보충 성분을 표준 영양액에 첨가하여 적용
고단백 영양액 (영양 보충 급원)	수술, 암, 외상, 에이즈, 화상환자 등	• 삼투압 높음 • 표준 영양액에서 총 칼로리의 20% 이상을 단백질로 구성

질환별 영양액	영양성분 조정이 필요한 환자	• 삼투압 대부분 높음 • 당뇨병, 간 질환, 신장 질환, 호흡기 질환 등 • 질병에 맞추어 영양소나 농도를 조성
가수 분해 영양액	흡수에 장애가 있는 환자	• 당, 단백질을 부분적 또는 완전 가수분해한 영양액 • 1kcal/ml를 함유하나 삼투압이 760mOsm으로 높아 복부팽만, 메스꺼움, 구토, 설사 등이 발생

〈경장 영양액의 종류 및 특징〉

퀴즈

표준 영양액의 삼투압은 등장성으로 잔사가 적어야 하며, 농축 영양액은 수분 제한이 요구되는 환자에게 적합하다.

(○/×)

정답 | ○

(6) 경장 영양액 주입 방법

지속적 주입 (펌프나 중력 이용)	• 적용 대상 : 중환자, 흡인의 위험이 높거나 위울체 환자, 소장으로 공급할 경우(적응도 향상 목적) 등 • 투여 시간 : 24시간 연속으로 일정 속도로 공급 • 장점 : 흡인 위험도 및 부작용이 적음, 위 내 잔여물이 적음 • 단점 : 장비 사용으로 인한 고비용, 환자의 행동 제약에 따른 불편함
간헐적 주입 (펌프나 중력 이용)	• 적용 대상 : 일반 환자 및 회복기 환자, 경관 급식의 초기, 위로 주입할 경우 • 투여 시간 : 1회 30분 이상 천천히 공급 • 장점 : 볼루스 주입에 비해 합병증 발생이 적음, 급식 전후 자유로운 활동 가능 • 단점 : 합병증 발생 위험(구역질, 설사, 흡인, 경련 등)
볼루스 주입 (주사기 이용)	• 적용 대상 : 일반 환자, 재택 환자, 재활 환자의 위로 주입하는 경우 • 투여 시간 : 15분 이내에 빠른 공급 • 장점 : 주입이 간편하며 시간이 짧게 걸림, 저렴함 • 단점 : 위장관의 부작용 및 합병증 가능성 높음(설사, 흡인, 구토 등)
주기적 주입 (일정 시간 정기적으로 이용)	• 투여 시간 : 낮 또는 밤에 8~20시간 동안 주입 • 장점 : 정상 식이로의 전환이 유리, 공급 시간 외에는 활동이 자유로움 • 단점 : 주입 속도에 따른 위장관의 부적응 초래

(7) 합병증

위장관 합병증	설사(가장 흔한 증상), 변비, 위경련, 오심 및 구토 등
기계적 합병증(카테터 관련)	흡인, 관막힘, 위 정체, 인후두 궤양 등
대사적 합병증	탈수, 고혈당, 영양재개증후군 등

경장 영양 시 설사의 원인

- 유당불내증
- 차가운 내용물
- 너무 빠른 주입 속도
- 부적절한 관 위치 등

3. 정맥 영양(정맥 이용)

(1) 특징

① 구강이나 위장관의 이용이 어려운 경우 정맥을 통해 영양을 공급

② 공급 경로에 따라 중심정맥 영양, 말초정맥 영양으로 구분

③ 당질은 덱스트로오스 형태, 단백질은 아미노산 결정체가 주성분

(2) 적용 대상 환자 및 금기 대상 환자

적용 대상 환자	금기 대상 환자
• 위장관 기능 감소 등으로 경구, 장으로 영양 공급이 어려운 경우 • 영양필요량에 수분 제한이 필요한 경우 • 중등도 또는 고도의 췌장염, 누공, 감염성 장 질환자 • 심한 영양 결핍, 심한 이화 상태 및 장의 휴식이 요구되는 환자	• 위장관 기능이 정상이며 영양소의 흡수가 충분한 환자 • 응급 수술로 긴급한 치료가 필요한 환자 • 정맥 영양 사용 예상 기간이 5일 이내인 경우 • 예후가 좋지 않아 사망이 예견되는 경우

(3) 정맥 영양의 종류

① **중심정맥 영양**(Central Parenteral Nutrition ; CPN)

  ㉠ 카테터를 쇄골하정맥이나 내경정맥을 통해 상대정맥으로 삽입(수술)

  ㉡ 대상 : 위장관의 기능 불능, 심한 영양 불량 상태, 장기간 정맥 영양 공급이 예상될 경우

  ㉢ 수액의 pH를 7.4 정도로 조절

  ㉣ 삼투압이 높은 고농도 정맥 영양 용액을 공급

  ㉤ 에너지공급량이 2,000kcal 이상이고 두 달 이상의 실시 기간이 필요할 경우 이용

② **말초정맥 영양**(Peripheral Parenteral Nutrition ; PPN)

  ㉠ 손이나 팔에 있는 말초정맥을 통해 영양소를 공급

  ㉡ 대상 : 위장관의 소화 · 흡수 기능 저하, 구강이나 장을 통한 충분한 영양 섭취 불가능

  ㉢ 삼투압은 900mOsm/L 이하의 농도만 공급 가능

  ㉣ 단기간(2주 이내) 또는 일시적으로 이용

  ㉤ 말초정맥염의 발생 가능성이 있으므로 카테터 삽입 부위에 대한 지속적인 관찰 필요

(4) 정맥 영양액의 성분

단백질	• 주성분 : 아미노산 결정체 • 용액의 농도 : 일반적으로 3~20% • 최근에는 면역 기능 강화 목적으로 글루타민, 아르기닌 함유량을 높인 아미노산 제제 사용
당질	• 주성분 : 덱스트로오스로 구성되며 에너지원으로 활용 • 용액의 농도 : 일반적으로 5~70% • 환자의 에너지 필요량, 포도당 산화 속도, 영양소 구성 비율 등에 의해 결정
지방	• 에너지 공급 • 총 에너지의 2~4% 공급(필수지방산 결핍 예방) • 충분량의 에너지 공급을 위해 약 20~30%의 지방을 공급해야 함
전해질	• 전해질 간의 균형이 유지되도록 매일 모니터링하면서 공급 • 다량의 칼슘과 인이 함유된 용액은 불용성이므로 침전물을 생성함
비타민	• 경장 영양 내의 비타민과 흡수율이 다르므로 일반적으로 미국의사협회 영양자문위원회(MAMAG)에서 제시하는 권장량에 따라 공급 • 항응고제 투여 환자의 경우 비타민 K는 영양액 내에 혼합하지 않고 주사를 통해 별도 공급
수분	• 1.5~3L • 신장, 심폐질환, 간 질환 환자는 수분 섭취량에 유의

빈 칸 채우기

장기간 정맥 영양 공급 시 과민 반응을 일으킬 수 있어 정맥 영양액에 첨가하지 않고 따로 근육주사로 공급해야 하는 영양소는 (   )이다.

정답 | 철
해설 | 철은 과민 반응을 일으킬 수 있고 비타민 K는 혈전을 초래할 수 있으므로 정맥 영양액에 첨가하지 않고 근육주사로 따로 공급한다.

TIP MCT oil

• 탄소수가 8~10개인 중쇄지방산으로 이루어진 기름
• 소화나 흡수를 위해 담즙의 도움 없이 문맥을 거쳐 흡수
• 지방의 가수분해와 흡수가 잘됨
• 다량 복용 시 설사 등의 부작용 발생

PART 01
PART 02
PART 03
PART 04
PART 05
PART 06
PART 07
PART 08
PART 09

(5) 합병증

위장관 합병증	간 기능 이상, 위장관 점막 위축 등
기계적 합병증	기흉, 혈흉, 쇄골하동맥 손상, 중심정맥 혈전성 정맥염, 공기색전증 등
대사적 합병증	고혈당증, 저마그네슘혈증, 요독증, 전해질 불균형, 미량 무기질 결핍증 등
감염과 패혈증	카테터 삽입 부위의 감염, 다른 부위(호흡기, 요도) 감염, 수액 감염 등

> **TIP** **재급식 증후군(Refeeding syndrome)**
>
> - 심한 영양 불량 시 급하게 과도한 영양을 공급하면 세포 내 동화작용 증가로 혈액 내 칼륨(K), 인(P), 마그네슘(Mg) 등이 세포 내부로 이동하여 전해질 불균형이 일어나는 현상
> - 저칼륨혈증, 저마그네슘혈증, 저인산혈증 등에 의한 심장, 신경근육, 소화기 및 호흡기 장애 등
> - 증상 : 심장마비, 호흡 부전, 부정맥, 혼수, 감각 이상, 장 폐색 등

CHAPTER 03 | 위장관 질환의 영양 관리

SECTION 01 | 위장관의 기능 및 소화흡수

1. 소화기계의 구조

① 소화관 : 구강 → 인두 → 식도 → 위 → 소장 → 대장 → 항문
  ㉠ 소장 : 십이지장, 공장, 회장
  ㉡ 대장 : 맹장, 상행결장, 횡행결장, 하행결장, S상결장, 직장
② 부속 소화기관 : 타액선, 간, 담낭, 췌장
③ 소화기관의 길이 약 9m
④ 소화관의 구조 : 안으로부터 점막, 점막하층, 근육층, 장막층의 4층으로 구성
⑤ 소화관은 부교감신경(촉진)과 교감신경(억제)에 의해 지배를 받음

2. 소화기계의 기능

① 구강
  ㉠ 섭취된 음식물을 저작에 의해 잘게 부수면서 타액과 혼합
  ㉡ 타액선

이하선(귀밑샘)	장액선으로 타액량이 많고 프티알린 함량이 높음
설하선(혀밑샘)	점액선으로 묽은 타액을 많이 분비
악하선(턱밑샘)	혼합선(장액선+점액선), 끈끈한 타액 분비

  ㉢ 타액에 함유된 소화 효소 : 프티알린(α-아밀라아제를 이용해 전분을 맥아당으로 가수분해), 뮤신(점성물질) 등
  ㉣ 하부식도괄약근 : 위 내용물의 식도 역류 방지

> **TIP 타액의 기능**
> • 구강 내 수분 공급
> • 혀의 움직임을 용이하게 함
> • 음식물을 쉽게 삼키게 함
> • 맛을 느끼게 함, 구강 내 pH 유지, 점막 보호, 살균 작용 등

PART 01
PART 02
PART 03
PART 04
PART 05
PART 06
PART 07
PART 08
PART 09

② 위

㉠ 구성 : 위저부, 위체부, 전정부

㉡ 분문(식도와 연결된 위의 입구 부분), 유문(십이지장과 연결된 부분)

㉢ 연동 운동으로 위액과 혼합 → 유미즙 형태로 십이지장으로 이동

㉣ 위선

내분비선세포		외분비선세포(위액 분비)	
종류	역할	종류	역할
G세포 (가스트린)	• 위산 분비 촉진 • 위 운동 보조 • 히스타민 분비 자극	점액세포	뮤신(점액소) 분비
D세포 (소마토스타틴)	성장호르몬 작용 억제	벽세포	위산, 내적 인자 분비
장크롬친화성세포 (히스타민, 세로토닌)	• 히스타민 : 알레르기, 염증 반응에 　관여, 모세혈관 투과성 항진 • 세로토닌 : 장 운동 조절, 행복감	주세포	펩시노겐 생산
P/D1세포 (그렐린)	공복감		

TIP 내적 인자

• 벽세포에서 생산
• 비타민 B_{12} 운반과 흡수에 필수적 역할

빈 칸 채우기

(　　　)은/는 점액소로 위나 장점막에 얇게 덮여 위산과 표면세포와의 접촉을 방해함으로써 위 궤양 발생을 억제한다.

정답 | 뮤신

㉤ 위액의 성분

염산(HCl)	벽세포에서 생산, 살균작용, 펩시노겐(불활성화) → 펩신 활성화(단백질 소화 도움), 철의 흡수 촉진(Fe^{3+} → Fe^{2+}로 환원)
펩신	단백질 분해 효소, 펩시노겐 형태로 주세포에서 분비, 염산에 의해 펩신으로 활성화
뮤신	점액세포에서 생산, 위점막 보호
레닌	우유 응고 효소
가스트린	G세포에서 생산, 위산 및 펩시노겐의 분비 촉진
리파아제	분비는 되지만 강한 산성 환경인 위장에서는 작용하지 않음

ⓑ 위액의 분비 조절

아세틸콜린	부교감신경 전달물질로 위액 분비 촉진
가스트린	유문부의 G세포에서 분비, 위액 분비 촉진
Ca^{2+}	위산 분비 촉진
카페인	위산 분비 촉진
카테콜아민	교감신경 전달 물질로 위액 분비 억제

③ 소장

ⓐ 6~7m의 긴 관상장기(십이지장, 공장, 회장으로 구성)

ⓑ 분절운동, 연동 운동과 췌장액, 담즙, 소장액에 의한 화학적 소화로 3대 영양소의 가수분해가 일어남

공장	영양소의 소화와 흡수
회장	비타민 B_{12}와 담즙 흡수

ⓒ 십이지장에서 세크레틴 호르몬 분비 → 췌장에서 췌장액(pH 7~8, 중탄산염 함유) 분비 촉진

ⓓ 콜레시스토키닌 분비 촉진 → 간에서 담즙 생성, 담낭에서 담즙 분비 촉진

ⓔ 췌장액 효소를 분비 → 당질, 단백질, 지방의 분해효소 모두 함유

기질	췌장 소화 효소	소장 소화 효소
탄수화물	아밀라아제(전분 → 덱스트린과 맥아당)	이당류 분해 효소(말타아제, 수크라아제, 락타아제)
단백질	트립신, 키모트립신, 엘라스테이스, 카복시펩티다아제(단백질과 폴리펩티드 → 각각 디펩티드 및 아미노산)	단백질 분해 효소(아미노펩티다아제, 디펩티다아제)
지질	리파아제(중성 지방 → 글리세롤, 모노글리세리드, 디글리세리드, 지방산)	지방 분해효소(리파아제)

ⓕ 담즙 : 간에서 합성되어 담낭에 저장, 지방 유화, 지방 분해 효소의 작용을 쉽게 받도록 함

ⓖ 소화기계 주요 호르몬

호르몬	분비기관	분비조절자극	주요 기능
가스트린	위의 유문부	위 확장 위 내용물 중 단백질	• 위산 분비 촉진 • 펩시노겐 분비 촉진 • 위 운동 촉진
엔테로가스트론	십이지장	위 내용물 중 지방	위 운동 및 위 배출 억제
가스트린 억제 펩티드	십이지장	유미즙 성분 중 지방과 단백질	• 위산 분비 억제 • 위 운동 억제 • 췌장의 인슐린 분지 촉진
콜레시스토키닌	십이지장	유미즙 중 지방과 단백질	• 담낭을 수축시켜 담즙 분비 • 췌장 효소 분비 자극
세크레틴	십이지장	십이지장에서 산이나 펩티드 자극	• 췌장에서 중탄산염 분비 촉진 (알칼리성 췌장액 분비 촉진) • 위산 분비 억제 • 위와 장 운동 억제

PART 01
PART 02
PART 03
PART 04
PART 05
PART 06
PART 07
PART 08
PART 09

④ 대장
　ㄱ 길이는 약 1.5m(맹장, 결장, 직장으로 이루어짐)
　ㄴ 소장에서 흡수되고 남은 각종 영양소 중 대부분의 수분과 약간의 염류를 흡수
　ㄷ 대변을 형성하여 항문으로 배설
　ㄹ 대장액 : 대장 점막 보호, 원활한 분변 이동을 도움
　ㅁ 운동 : 분절운동, 연동운동

SECTION 02 | 식도 질환

1. 식도
① 소화 효소 및 흡수 기능 없이 음식물을 위로 전달하는 관
② **상부괄약근** : 골격근(수의), 공기 유입 방지
③ **하부괄약근** : 평활근(불수의근), 위 내용물의 역류 방지
④ 위액 역류 시 식도염 및 식도암의 발생 가능성 증가

2. 식도질환
(1) 연하 곤란증(삼킴 장애)
① 원인
　ㄱ 기계적 원인 : 수술, 암, 종양, 식도염 등
　ㄴ 마비적 원인 : 뇌졸중, 뇌 손상 등
　ㄷ 근육 질환 : 중증근무력증 등
② 분류
　ㄱ 구강 인두성 연하 곤란 : 음식을 삼키기 어려움(기침, 코로 역류)
　ㄴ 식도성 연하 곤란 : 식도에서 위로의 이동이 어려움
③ 증상
　ㄱ 음식을 먹거나 마시는 능력 저하
　ㄴ 식사에 대한 두려움 → 식욕 부진 → 영양 결핍 및 체중 감소 유발
　ㄷ 탈수, 질식, 흡인성 폐렴 등의 합병증 초래
④ 식사 요법
　ㄱ 목표 : 음식물을 안전하게 삼킬 수 있도록 음식의 질감과 점도를 조절
　ㄴ 환자의 상태를 고려하여 개별적으로 적절히 조절
　ㄷ 음식을 부드럽게 조리 및 제공(흰살생선을 이용한 찜, 탕, 조림 등)
　ㄹ 가능한 작고 둥근 모양의 음식 제공
　ㅁ 거칠고, 질기고, 바삭거리고, 끈적이는 음식은 제한 **예** 찰밥, 떡, 잡곡밥, 바게트 빵, 콩나물,
　　연근, 고사리, 건오징어, 배, 사과, 참외, 수박 등

ⓗ 흡인의 위험성이 있으므로 액체는 걸쭉하게 제공

ⓢ 난백, 젤라틴, 연하보조제, 점도조절제 등을 이용하여 타액과 잘 혼합되도록 함

ⓞ 다양한 색과 맛, 냄새로 식욕을 돋움(연하반응 촉진)

⑤ 식사 시의 자세

ㄱ 소량씩 자주 섭취

ㄴ 식후 15~30분 이내에는 곧은 자세를 유지

ㄷ 천천히 씹고 한 번에 한 가지 음식만 섭취

ㄹ 입 안의 음식을 완전히 비운 후 액체를 마시고, 액체가 없는 상태에서 삼키는 연습

(2) 역류성 식도염

① 원인

ㄱ 하부식도괄약근의 압력 감소(흡연, 음주, 고지방식, 약물, 호르몬 등)

ㄴ 복압 증가(과식, 복부비만, 허리띠 조여매기, 임신, 복수, 식후 바로 눕기, 취침 전 음식 섭취 등)

ㄷ 탈식도증 등

② 증상 : 타는 듯한 가슴앓이(heart burn), 산 역류(구강 내 신물 또는 쓴물)

③ 식사 요법 및 식사 지침

원인	식이 요법 및 식사 지침
하부식도괄약근의 압력 감소	• 저지방 단백질 식품, 저지방 당질식품 섭취 • 카페인 제한(커피, 차, 초콜릿) • 알코올, 탄산 음료 제한 • 자극성 강한 향신료 섭취 제한(위장 내 가스 생성)
식도 역류 증가	• 소량씩 자주 섭취 • 변비 예방 및 표준 체중 유지 • 식사 시 바른 자세 유지 • 식후 바로 눕지 않기(취침 전 음식 섭취 자제)
식도점막의 자극 증가	• 커피, 알코올, 탄산 음료 섭취 제한 • 매운 음식 제한 • 자극적인 향신료 섭취 제한 • 감귤류, 토마토 제품 섭취 제한
위액의 산도 증가	• 위산 분비 식품을 제한(커피, 알코올 등)
복압 증가	• 껌, 흡연 금지(공기 흡입 위험) • 가스를 발생시키는 식품 제한(탄산 음료, 배추, 브로콜리, 대두, 양파 등) • 꼭 끼는 옷이나 허리띠 피함

〈역류성 식도염의 식이 요법 및 식사 지침〉

TIP

식도 역류염 환자가 제산제를 사용하면 위장 산도가 알칼리 쪽으로 올라가 2가의 양이온인 철의 흡수가 감소되어 철이 부족하기 쉽다.

SECTION 03 | 위 질환

1. 위염(소화불량, 위경련)

(1) 급성 위염

① 소화기 질환 중 가장 많이 발생

② 원인

　㉠ 자극적인 음식, 뜨거운 음식 섭취, 속식

　㉡ 폭음 및 폭식, 흡연, 식중독

　㉢ 약물 복용(아스피린, 비스테로이드성 항염증제 등)

　㉣ 방사선 치료, 수술, 외상, 스트레스, 헬리코박터균(Helicobacter pylori)의 감염

③ 증상

　㉠ 상복부 통증, 위 팽만감, 구토, 속 쓰림, 메스꺼움, 식욕 부진, 심한 위통

　㉡ 심하면 토혈과 하혈, 빈맥, 혈압 강하, 쇼크 등

④ 식이 요법

　㉠ 초기 1~2일은 금식을 통해 수분과 전해질을 공급

　㉡ 금식 후 맑은 유동식에서 전유동식으로 섭취

　㉢ 소화가 잘되고 자극이 적은 무자극성 음식을 소량씩 제공

　㉣ 5~10일 전후에는 환자의 수용 상태에 따라 일반식 제공

(2) 만성 위염

① 원인

㉠ 헬리코박터 파일로리균 감염이 가장 흔함

㉡ 폭음 및 폭식, 노화에 따른 위축, 불규칙한 생활 습관

㉢ 자극 인자 : 술, 담배, 과열의 음식, 강한 향신료 및 조미료, 약물, 커피 등

㉣ 점막조직의 염증(표재성 위염), 위선 위축으로 위산 분비 저하 등(위축성 위염)

② 분류

표재성 위염	위점막 표면층인 고유판에 염증성 변화
위축성 위염	위점막이 위축되고 얇아져 위산 분비 감소 → 위암의 전구병변 유발(40대 이후 주로 발생)

③ 증상

표재성 위염	식후 상복부 통증 및 압박감, 메스꺼움 등(소화성 궤양과 비슷)
위축성 위염	특이 증상이 없으나 식욕 부진, 구토, 설사, 메스꺼움 등

※ 급성 위염과 달리 증상이 격렬하지 않음

표재성 위염 (과산성 위염)	원인	위산의 분비 항진으로 음식물의 자극에 매우 예민하게 반응
	식사 요법	• 저산성 위염과는 반대로 자극을 피해야 함 • 위액 분비 촉진 식품, 자극성 강한 식품, 카페인, 탄산 음료, 흡연 등 제한 • 적당량의 단백질과 유화지방 섭취 • 부자극식 → 연식 → 일반식 • 공복 시간이 길어지지 않도록 규칙적으로 식사 간격 조절
위축성(저산성) 위염	원인	• 노화로 인한 위벽 세포 위축 • 위액 분비 감소
	식사 요법	• 영양가가 높은 식품 • 소화가 잘되고 위산 분비를 촉진하는 음식 섭취(멸치국물, 진한 고기국물, 죽, 우동 등) • 1회 식사량을 줄이면서 식사 횟수 증가 • 식욕을 촉진시키는 음식 섭취(향신료 등의 양념, 유자차, 약한 커피나 홍차) • 단백질 식품(부드러운 생선, 고기, 달걀, 두부, 치즈 등) • 고섬유소 식품 제한

〈만성 위염의 식사 요법〉

PART 01
PART 02
PART 03
PART 04
PART 05
PART 06
PART 07
PART 08
PART 09

2. 소화성 궤양 중요

(1) 특징

① 식도 궤양, 위 궤양, 십이지장 궤양
② 점막 손상으로 펩신, 위산 등에 노출되어 점막 조직이 손상된 상태
③ 위 궤양은 유문동, 십이지장 궤양은 유문부 근처에서 빈발

(2) 원인

① 정신적 스트레스, 위산 분비 과다, 위점막 방어 기능 결함
② 식습관 : 자극적인 음식, 불규칙하고 급하게 먹는 식사, 커피, 술 등
③ 헬리코박터 파일로리균 감염
④ 비스테로이드성 항염증제
⑤ 지나친 흡연

(3) 증상

상태	위 궤양	십이지장 궤양
통증 발생 시간	식후 30~1시간	식후 2~3시간
통증 부위	명치를 중심으로 넓은 부위	명치의 약간 우측의 국소부위
증상	위 팽만감, 잦은 신트림, 구역질, 구토, 더부룩한 느낌 등	공복감이 있으면서 찌르는 듯한 통증
식욕	저하	증가
출혈 양상	토혈	혈변
통증 변화	음식을 섭취해도 통증이 쉽게 완화되지 않음	음식 섭취 후 통증이 완화됨

(4) 식사 요법

① 출혈 시의 궤양식
  ㉠ 2~3일간 절대 안정 및 금식
  ㉡ 이후 3~5일간 유동식과 안정
  ㉢ 출혈이 멈추어도 5~6일간 경장 영양제로 영양 공급
  ㉣ 이후 3부죽 → 반고형식 → 5부죽 → 전죽 → 고형식
  ㉤ 고열량, 고단백질식
② 비출혈 시의 궤양식(환자 개인 간의 차이가 있으므로 관찰 필요)
  ㉠ 위 자극과 과량의 위산 분비 유발 식품 및 음료 제한
  ㉡ 하루 세끼 균형 잡힌 식사
  ㉢ 야식 금지(위산 분비 억제)
  ㉣ 알코올, 커피, 카페인 음료, 흡연 금지
  ㉤ 자극적인 조리법, 향신료, 양념 제한

③ 소화성 궤양 환자에게 제한해야 하는 음식

  ㉠ 맵고 짠 음식, 지방이 많은 음식(튀김), 가공 식품(과자류)

  ㉡ 섬유소가 많은 음식

  ㉢ 각종 조미료 및 향신료, 강한 향미의 채소

  ㉣ 카페인 함유 식품, 알코올 음료, 탄산 음료

  ㉤ 신맛이 강한 식품

  ㉥ 건조식품

식품군	허용 식품	금지식품
곡류	미음, 죽, 쌀밥, 진밥, 국수, 오트밀, 식빵, 카스테라, 감자	잡곡밥, 된밥, 도정하지 않은 곡류, 수제비, 떡라면, 감자튀김
채소류	저식이섬유 채소(오이, 당근, 애호박, 시금치, 근대 등)	• 고식이섬유 채소(고사리, 도라지, 더덕, 냉이, 콩나물, 고비 등) • 강한 맛의 채소(파, 마늘, 양파, 고추, 셀러리 등)
과일류	익히거나 통조림한 과일, 거친 과피가 없는 과일, 시거나 떫지 않은 과즙	생과일, 건조과일, 미숙한 과일, 고식이섬유 과일(감, 수박, 참외, 파인애플 등)
어육류 및 난류	삶거나 다진 육류, 쇠간, 생선국물, 흰살생선, 굴, 기름기가 적고 연한 육류 및 가금류 수란, 반숙란, 달걀찜, 커스터드, 스크램블 드에그	• 기름지고 질긴 육류, 고깃국물, 멸칫국물, 조개류, 육가공품(햄, 소시지, 베이컨), 오징어, 낙지, 젓갈류 • 달걀프라이, 달걀부침, 달걀지단
우유 및 유제품	흰우유, 아이스크림, 연질치즈, 연유, 요구르트	초콜릿우유, 경질치즈, 피자치즈, 견과류 등이 첨가된 아이스크림
조미료 및 기타	• 간장, 소금, 설탕, 된장 • 콩기름, 참기름, 들기름, 버터, 마가린 • 꿀, 시럽, 물엿, 젤리 • 카페인 없는 음료, 곡류음료	• 고추장, 고춧가루, 후추, 부추, 생강, 파, 마늘, 겨자, 계피, 카레, 케첩 • 올리브유, 샐러드드레싱, 견과류 • 잼, 사탕, 엿, 초콜릿 • 커피, 홍차, 코코아, 콜라, 수정과, 알코올 음료

〈소화성 궤양 환자의 식품 선택〉

TIP 위 궤양 환자에게 오는 합병증

철 결핍성 빈혈, 알칼로시스, 칼로리와 단백질 결핍증, 체중 감소 등

퀴즈

소화성 궤양 치료를 위해 적당량의 단백질과 비타민 C를 공급해야 한다. (○/×)

정답 | ○

PART 01

PART 02

PART 03

PART 04

PART 05

PART 06

PART 07

PART 08

PART 09

3. 위하수증

(1) 특징

① 기능성 위장 장애

② 소화기 계통에 특별한 이상 없이 다양한 소화기 증상을 초래

③ 신경성 위염, 비궤양성 소화 불량, 위하수 등

④ 위하수 : 위의 위치가 배꼽 아래까지 길게 늘어져 자각 증상이 나타난 경우

(2) 원인

① 활동 부족, 과식 및 폭식 등

② 위의 긴장, 운동력 약화로 위 배출 지연

(3) 증상

① 음식 섭취량이 많아지면 위가 더부룩하고 거북

② 메스꺼움, 구토, 속 쓰림, 식후 위 압박감, 복통 등

③ 혈액 순환 장애로 창백, 수족냉증, 식욕 저하 및 변비

④ 식후 오른쪽으로 누우면 증상이 완화되기도 함

(4) 식사 요법

① 소화가 잘되고 위 체류 시간이 짧은 식품을 소량 섭취

② 위의 부담이 적고 식욕을 촉진하는 식품 섭취

③ 위 근육 긴장도를 높이기 위한 운동(복근 강화 운동)

④ **곡류 및 전분류** : 된밥과 수분이 많은 죽 종류는 제한

⑤ **채소 및 과일류** : 부드러운 채소, 잘 익은 부드러운 과일, 신맛 나는 과일

⑥ 단백질 식품 : 충분히 섭취, 부드럽게 조리한 고기, 생선, 치즈, 달걀 등

⑦ **지방식품** : 튀김은 피하고 필수 지방산 섭취

⑧ **기타** : 수분이 많은 음식은 식간에 섭취, 간식으로 영양 및 열량 배분

4. 덤핑 증후군(위 절제 후 증후군) 중요

(1) 원인

① 위의 2/3 이상을 절제한 환자가 많은 음식을 섭취할 때 나타나는 복합적인 증상

② 위 절제(부분적, 또는 전체적)

 ㉠ 음식이 덩어리째 소장으로 유입

 ㉡ 위액 분비 감소로 단백질 소화 및 흡수 장애(체중 감소 및 영양 불량)

 ㉢ 내적인자 분비 감소로 비타민 B_{12} 흡수 저하(빈혈 발생)

 ㉣ 십이지장 팽창으로 담즙 분비가 억제되어 단백질과 지방의 소화 흡수가 어렵고, 대신 장내 박테리아가 증식함

(2) 증상

① 조기 덤핑 증후군(식후 10~20분 증상 발현)

　　㉠ 장내 삼투압 상승으로 혈중 수분이 장내 유입되고 연동 운동 증가

　　㉡ 복부 팽만감, 구토, 현기증, 발한 등

② 후기 덤핑 증후군(식후 1~3시간 증상 발현)

　　㉠ 조기 덤핑 증후군에서의 고혈당으로 과량의 인슐린 분비 후 저혈당 증상이 발현

　　㉡ 무력감, 불안감, 초조함, 두통, 경련 등

(3) 식사 요법

① 저당질식 : 복합당질 섭취 ↔ 단당류나 농축당은 제한

② 고단백질식 : 살코기, 흰살 생선, 달걀, 두부 등을 통한 양질의 단백질 섭취

③ 고지방식 : 총 에너지의 30~40%, 회복 시에는 20~25%

④ 소량의 음식을 하루 5~6회 나누어 천천히 섭취

⑤ 부드럽고 자극성이 없는 식품 섭취

⑥ 식사 시 물, 음료 섭취 제한(식사 1시간 전후로 물, 저당질 음료 섭취)

⑦ 유당(우유 및 유제품)을 제한

⑧ 섬유소는 저혈당을 방지하므로 충분히 섭취

⑨ 식후 바로 비스듬히 눕거나 20~30분간 앉아 있기

빈 칸 채우기

덤핑 증후군 환자의 경우 장내 삼투압을 줄이기 위해(　　　　)식을 한다.

정답 | 저당질

해설 | 덤핑 증후군 예방을 위해 삼투압을 높일 수 있는 단순당이나 농축당은 피하고 저당질식을 한다.

PART 01
PART 02
PART 03
PART 04
PART 05
PART 06
PART 07
PART 08
PART 09

1. 변비 중요

① 이완성 변비(일반적인 변비) : 대장의 연동 운동 저하로 변이 장 속에 머무는 시간이 길어짐

② 경련성 변비 : 장의 불규칙한 수축으로 장의 신경 말단이 지나치게 수축하여 발생

구분	이완성 변비	경련성 변비
원인	• 부적절한 식사 • 불규칙한 식사와 배변 시간 • 운동 부족, 약물 복용 • 노인, 임신 등	• 매우 거친 음식 섭취 • 커피, 홍차, 알코올의 과량 섭취 • 다량의 하제 복용 • 지나친 흡연 등
증상	• 복부 팽만감과 압박감 • 식욕 감퇴, 두통, 피로감, 구역질 등	속쓰림, 더부룩함, 심한 경련 등 과민성 대장 증후군
식사 요법	• 고섬유소식(과일, 채소, 해조류) • 적당량의 지방 섭취 • 충분한 수분 섭취 • 장 운동을 자극하는 음료 섭취(탄산 음료, 아침 공복 시 차가운 물, 우유) • 저탄닌식	• 저섬유소식 • 저잔사식(부드러운 음식) • 저지방식 • 장에 자극을 주는 식품 제한(향신료, 알코올, 탄산, 산미 식품 등) • 우유는 따뜻하게 데워 먹음 • 너무 뜨겁거나 찬 음식 주의 • 굽거나 찌는 조리법 사용
공통	규칙적인 식사, 배변습관의 확립, 운동 등	

 퀴즈

꿀과 해초를 섭취하면 이완성 변비에 효과가 있다. (○/×)

정답 | ○

해설 | 꿀에는 당분과 유기산이 많아 장 운동을 자극하여 배변을 촉진하고, 해초의 갈락탄을 수분을 많이 흡수하여 장의 연동 운동을 촉진한다.

퀴즈

이완성 변비는 장에 자극을 주는 고섬유소식을 제공하고, 경련성 변비는 장에 자극을 주지 않는 저섬유소식을 제공한다. (○/×)

정답 | ○

해설 | 이완성 변비 : 고섬유소식(장에 자극 ○) ↔ 경련성 변비 : 저섬유소식(장에 자극 ×)

2. 설사

(1) 급성 설사

① 원인

감염성 설사	세균성, 바이러스성, 원충성 등
비감염성 설사	과식, 심리적 원인, 약물 중독, 중금속 등

② 증상 : 구토, 복통, 메스꺼움, 발열, 혈변 등

③ 식사 요법

   ㉠ 손실된 수분과 전해질 보충

   ㉡ 증상이 심할 경우 1~2일 금식

   ㉢ 유동식 → 연식 → 일반식

   ㉣ 설사가 심한 경우 저잔사식 : 식이섬유 1일 8g 이하로 제한, 지방, 우유, 결합조직이 많은 육류는 제한

   ㉤ 저섬유소 식사로 시작하여 점차 섬유소 함량 증가, 초기 유당 제한, 영유아의 급성 설사에는 탈수 예방을 위해 수분과 전해질을 바로 공급

   ㉥ 고열량, 고단백식을 소량씩 자주 섭취

(2) 만성 설사

① 원인 : 과민성 장 증후군 등의 소화기관 장애

② 증상

   ㉠ 수분과 전해질(나트륨, 칼륨 등)의 과도한 손실

   ㉡ 내용물의 빠른 이동으로 영양소와 수분의 흡수 감소

   ㉢ 탈수와 전해질 불균형

   ㉣ 만성 시 체중 감소 및 영양실조 동반

   ㉤ 심할 경우 열, 경련, 소화불량, 출혈 등을 동반하며 소장과 대장의 구조적 변화 유발

③ 식사 요법

   ㉠ 초기 : 급성 설사의 식사 요법과 동일

   ㉡ 고열량식, 고단백식(체단백의 급격한 감소 방지)

   ㉢ 수분, 전해질 공급(더운 음료 제공)

   ㉣ 정맥주입 고려

   ㉤ 저섬유소식, 유당 제한 및 저잔사식, 저지방식

   ㉥ 가스생성식품 제한(카페인, 알코올 등)

   ㉦ 프로바이오틱스, 프리바이오틱스 공급

- 탄수화물의 소화·흡수에 장애가 생겨 장내에서 발효균의 작용에 의해 가스가 발생해 장점막을 자극하여 설사를 유발한다.
- 당질의 섭취를 감소시킨다.

3. 과민성 대장 증후군(Irritable Bowel Syndrome ; IBS)

(1) 원인

① 음식(우유, 카페인, 알코올 등), 약물, 스트레스 등

② 위와 장에 병력을 가지고 있거나 예민한 사람

③ 식품 알레르기 환자

④ 하제의 남용, 항생제, 불규칙한 수면과 휴식 등에 의해 악화될 수 있음

(2) 증상

① 대장 운동의 비정상화로 인한 변비, 설사, 식후 팽만감 등

② 설사와 변비가 반복됨

③ 식후 대장 운동에 의해 배변 욕구는 있으나 배변이 어려움

④ 장 조직에 심각한 손상 없이 증상을 일으킴

⑤ 경련성 변비

(3) 식사 요법

① **식품제한** : 장에 불편을 주는 식품 제한

② **충분한 수분 섭취**

③ **지방 제한** : 대장 운동 촉진 및 경련 유발(식물성 기름 및 어패류의 지방을 섭취)

④ **유당 제한** : 우유 자체보다는 요구르트 형태가 적합

⑤ **섬유소는 점차 증량** : 고섬유식은 가스를 생성하므로 서서히 양을 늘림

⑥ **생활 습관** : 스트레스 해소 및 규칙적인 운동

4. 염증성 장 질환(Imflammatory Bowel Disease ; IBD)

① **원인** : 유전적 요인, 자가면역 질환, 장내 미생물 감염, 스트레스, 부적절한 식습관 등

② **증상**

㉠ 공통적 증상

- 설사, 발열, 식욕 부진
- 섭취량 감소 및 영양소 손실 증가로 인한 영양 불량
- 빈혈, 체중 감소, 성장 부진
- 보통 발병이 느리고 만성적으로 이어짐

ⓛ 질환별 증상

질환	증상
궤양성 대장염	• 대장과 항문에서 발병 • 직장에서 시작되어 연속적인 염증 반응 발생 • 혈액이 섞인 설사, 복통, 대변절박증, 점액변 등
크론병	• 모든 소화기관에 비연속적, 국소적으로 발생 • 특히 회장과 결장에서 발병 • 복통, 장협착, 폐색 등 발생 • 비타민 B_{12}, 칼슘, 아연 등의 영양 불량이 나타날 수 있음

③ 식사 요법(공통)

㉠ 열량 영양소 : 고열량식, 고단백식, 지방변 시 지방을 제한, MCT oil 사용

㉡ 충분한 수분 섭취

㉢ 섬유소는 환자에 맞추어 공급(장기간의 저섬유소식은 장 질환의 발병률을 높임)

㉣ 항염제인 설파살라진 복용에 의한 엽산, 철분, 비타민 B_{12} 보충 필요

㉤ 스트레스 등의 심리적 요인을 해소

질환	식사 요법
궤양성 대장염	• 대부분 식사 조정 불필요 • 수분과 전해질을 우선적으로 보충 • 고열량 · 고단백 · 고비타민과 무기질 · 저섬유소 · 저잔사식 • 지방은 제한하고 중쇄지방으로 공급
크론병	• 저지방식, 저잔사식, 필요 시 영양 지원 • 회복 단계에서는 적극적인 영양 공급을 실시, 식사 제한 불필요 • 염증이 심해 폐색이 있는 경우 정맥 영양 실시 • 부분적 폐색이 있는 경우 고섬유소 식사 제한

퀴즈

궤양성 대장염은 고단백 · 저잔사식을 해야 한다. (ㅇ/×)

정답 | ㅇ

해설 | 장점막의 치료, 염증 부위의 자극을 최소화하기 위해 고열량 · 고단백 · 고비타민과 무기질 · 저섬유소 · 저잔사식
을 위주로 섭취한다.

5. 흡수 불량증

(1) 영양소 흡수 불량증

① 원인 : 담즙 분비 저하, 소화장애, 흡수장애 등

② 증상 : 설사, 지방변, 체중 감소, 무기력, 설염, 구순구각염 등

③ 식사 요법

㉠ 설사를 동반하므로 수분과 전해질, 결핍되는 영양소를 정맥 영양으로 보충

㉡ 고열량, 고단백, 고비타민, 고무기질식 제공

(2) 지방변증

① 원인 : 지방의 소화 흡수와 관련된 췌장, 간, 담낭 질환에 수반되는 증상으로 스프루, 회장 절제, 장염으로 인한 흡수 불량과도 관련됨

② 증상 : 지방 흡수 불량으로 흡수되지 않은 과량의 지방이 변으로 배출

③ 식사 요법

　㉠ 단백질과 복합당질의 양 증가, 비타민과 무기질 보충

　㉡ 옥살산 제한(시금치, 땅콩, 근대, 홍차, 코코아, 초콜릿 등)

(3) 글루텐 과민성 장 질환(비열대성 스프루, 셀리악병)

① 영유아가 글루텐 함유 식품을 접하면서 바로 나타나거나 중년 이후 발병 가능

② 원인

　㉠ 글루텐 구성 성분인 글리아딘(gliadin)을 소화시키는 효소가 없거나 부족할 때 발생하는 일종의 알레르기 반응

　㉡ 글리아딘에 의한 장점막 융모 손상 → 영양소의 소화·흡수 저하

③ 증상

　㉠ 영양소의 소화 및 흡수 불량 : 지방성 설사로 탄수화물, 단백질, 지방, 칼슘, 철분, 마그네슘, 아연, 지용성 비타민 등의 흡수 불량이 일어나 골다공증, 빈혈, 구토, 체중 감소 등이 나타남

　㉡ 소장 점막 융모 손상으로 짧아지고 평평해져 표면적이 줄고 그 결과 영양소 흡수 면적이 감소

　㉢ 소화 효소의 분비 감소(이당류 가수분해효소 및 디펩티다아제, 유당분해효소 결핍)

　㉣ 어린이 : 설사, 성장 부진, 분출성 구토, 복부 팽만, 변 이상

　㉤ 성인 : 설사, 지방변, 체중 감소, 허약, 피로, 빈혈, 골질환 등

④ 식사 요법

　㉠ 글루텐을 함유한 식품을 제한

　㉡ 밀, 보리, 호밀, 귀리, 오트밀, 메밀, 기장 등 제한

　㉢ 햄버거, 돈가스, 만두, 어묵, 맥주, 국수, 생선전, 크림수프, 보리차 등 금지

퀴즈

비열대성 스프루 환자는 글루텐 제한 식사를 해야 한다. (○/×)

정답 | ○

해설 | 비열대성 스프루는 글루텐 과민성 장 질환을 말하며 글루텐을 함유한 밀, 보리, 귀리, 메밀 등을 제한해야 한다.

---

(4) 유당불내증

① 원인 : 유당 분해 효소인 락타아제(lactase) 결핍(유전, 후천적인 퇴화, 이차적인 결핍 등)

② 증상 : 복부 팽만, 헛배부름, 복통, 설사 등이며 주로 동양인에게 많이 발생함

③ 식사 요법

　㉠ 우유나 유당 함유 식품 제한(1일 유당 0~10g 공급)

　㉡ 치즈, 요구르트를 이용하거나 우유 대용품인 두유 섭취

　㉢ 우유 및 유제품을 소량씩 나누어 섭취

6. 게실증

① 원인 : 장기간의 변비, 저섬유소식, 대장 내 압력 증가

② 특징

    ㉠ 연력이 높을수록 발생 증가

    ㉡ 게실염으로 진행 가능(10~25%)

③ 증상

    ㉠ 복부 팽만, 복통, 설사, 변비, 식욕 부진, 메스꺼움 등

    ㉡ 게실염이 진전되면 농양, 천공, 출혈, 폐색 등 발생

④ 식이 요법

    ㉠ 급성기에는 저잔사식 → 점차 고섬유소식으로 진행

    ㉡ 고섬유소식은 부드러운 변을 형성하여 대장을 통과하는 시간을 단축함으로써 결장 내 압력을 낮춤

    ㉢ 충분한 수분 섭취(2~3L/일)

    ㉣ 규칙적인 운동

CHAPTER 04 | 간·담도계·췌장 질환의 영양 관리

SECTION 01 | 간 질환

1. 간의 구조

① 인체 내 최대 장기(체중의 약 2%)

② 복강 내 횡격막 바로 아래 오른쪽 상부에 우엽(3/4)과 좌엽으로 존재

③ 중앙 하부에 간문(문맥, 간동맥, 간관, 림프관 출입)

④ 간으로의 혈액 공급

  ㉠ 간동맥 : 25~30%(400mL/min)

  ㉡ 문맥 : 70~80%(1,100mL/min)

⑤ 문맥

  ㉠ 위, 소장, 췌장, 비장 등 복강 내 기관들로부터 나오는 정맥이 모인 혈관

  ㉡ 소화관으로부터 흡수한 영양소를 간으로 운반

⑥ 간정맥혈 : 간정맥이 된 후 하대정맥에 합류하여 심장으로 유입

⑦ 간의 기능성 최소 단위 : 간소엽

⑧ 간소엽

  ㉠ 직경 약 2mm 정도의 육각형 모양으로 50여만 개가 모여 간조직을 구성

  ㉡ 간세포, 모세혈관, 모세담관이 중심정맥을 중심으로 방사상으로 모여 있음

⑨ 쿠퍼세포(Kupffer's cell) : 식작용 및 해독작용

2. 간의 기능

당질 대사	• 글리코겐의 합성과 분해, 당 신생을 통해 혈당 조절 • 간 질환자는 저혈당증 발생
단백질 대사	• 체단백 합성, 아미노산 분해, 요소회로에 의해 암모니아 배설 • 간 손상 시 요소 합성이 감소되어 혈중 암모니아 함량 상승 → 간성뇌증, 부종, 복수, 출혈성, 외상 등 발생
지질 대사	• 지방산의 합성과 분해, 중성 지방, 콜레스테롤, 지단백 합성, 인지질 합성, 지방산 산화 • 간 손상 시 산화 감소, 중성 지방 합성 증가로 지방간 발생, 혈청 콜레스테롤 저하, 지방변 등 발생
비타민과 무기질 대사	지용성 비타민, 미량 무기질 저장

담즙 생성 및 분비	• 콜레스테롤로부터 담즙 생성 • 간세포는 1일에 500~1,000mL의 담즙을 생성하고 수많은 모세담관을 통해 간관에 배출 • 성분 : 빌리루빈(담즙 색소, 황달의 원인물질), 답즙산, 레시틴
해독작용	• 알코올, 약물, 식품첨가물, 방부제 등을 해독 • 쿠퍼세포(식균작용세포)가 대장에서 흡수되어 간으로 유입된 세균을 처리
재생능력	10~20%만 정상적으로 작동하여도 간 기능 유지

3. 간 기능 검사

기능	검사	간 질환 시 변화
간세포 손상 및 황달	빌리루빈(Bilirubin)	간 기능 저하 시 증가
간세포 손상	AST*, ALT*	간세포 손상 시 증가
폐쇄성 황달	AP(Alkaline Phosphatease), 감마GT	담즙 분비 정지 시 증가
간의 합성 기능	알부민	간 기능 저하 시 감소
	프로트롬빈 타임(Prothrombin Time ; PT)	간 기능 저하 시 지연

※ AST(ASpartate aminoTransferase) : SGOT
※ ALT(ALanine aminosTransferase) : SGPT

4. 간 질환

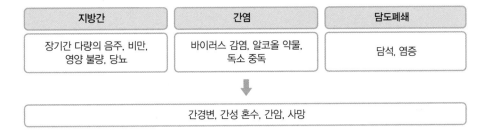

(1) 지방간
① 원인
　㉠ 중성 지방이 간세포에 축적되어 발생(간 무게의 5% 이상이 지방일 경우)
　㉡ 양질의 단백질 부족, 과도한 음주, 저단백식, 고지방식, 항지방간 인자 부족, 영양 불량, 비만, 당뇨, 갑상선 기능 항진증 등
② 증상 : 보통 특이 증상이 없음, 중증일 경우 간 비대, 전신 권태감, 상복부 불쾌감 등
③ 진단 : 초음파 검사, biopsy 및 혈액검사
④ 식사 요법
　㉠ 영양치료 목표 : 간에 축적된 중성 지방 감소 및 간 기능 정상화
　㉡ 체중 관리 : 과체중, 비만의 경우 체중의 10% 이상 감량
　㉢ 탄수화물 : 1일 총 에너지의 60% 이내, 단순당의 섭취 제한
　㉣ 지방 : 1일 총 에너지의 20~25%, 포화지방산과 콜레스테롤 섭취 제한

⑩ 항지방간 인자(콜린, 메티오닌, 레시틴, 비타민 E, 셀레늄) 공급

⑭ 금주 및 운동(4~8주)

(2) 급성 간염

① 간 질환 중 가장 많이 발생

② 원인

㉠ 간염 바이러스에 의한 감염(A, B, C, D, E형)

㉡ 약물에 의한 감염 : 항생제, 결핵치료제, 해열진통제, 당뇨치료제, 호르몬제, 정신안정제, 독버섯·독초 등

종류	감염경로	잠복기	발생연령	특징
A형	경구 간염 (오염된 물 또는 음식물)	2~3주	청소년기	• 환자의 대부분은 황달을 경험 • 대부분 3개월 내에 치유되어 만성화되지 않음
B형	비경구 간염(혈청간염) (수혈 시 주사기, 타액, 성 접촉 등)	6~8주	모든 연령	회복율은 높으나 5~10%는 간경변증으로 진행
C형	비경구 간염(B형간염과 유사)	6~12주	모든 연령	회복률이 낮아 70~80%는 만성간염, 간경변증으로 진행
D형	비경구 간염 (B형간염 바이러스에 의존적)	–	모든 연령	B형간염과 동시에 감염되기도 하며 거의 만성화됨
E형	경구 간염 (A형간염과 유사)	–	청소년기	급성이 흔함

〈급성바이러스 간염의 종류와 특징〉

③ 증상 : 간염 환자 대부분은 증상이 가벼움

1단계(초기)	발열, 발진, 혈관부종, 관절염 및 관절통 등
2단계(황달 전기)	피로, 근육통, 불쾌감, 식욕 부진, 구역질, 구토, 메스꺼움, 현기증, 미각 장애 등
3단계(황달기)	황달(안구 및 얼굴부터 시작), 갈색뇨
4단계(회복기)	황달과 그 이외의 증상들이 사라짐. 간 기능의 회복은 최대 4~6개월 정도 걸림

TIP 황달

• 혈중 빌리루빈 농도가 정상치(0.3~1.2mg/dL) 보다 높은 2.0~2.5mg/dL을 상회하는 경우 발현됨
• 원인
　−간 질환(혈중 빌리루빈이 간으로 유입되지 못하고 간의 빌리루빈이 담낭으로 분비되지 못할 때)
　−담낭 질환(담석증이나 담낭염으로 인해 담관이 폐쇄되었을 때)
　−용혈성 빈혈, 말라리아 등
• 증상
　−눈의 흰자 부분이 피부보다 더욱 노랗게 변함
　−피부가 가렵고, 갈색뇨, 지방변, 옅은 색의 대변 등의 증상이 나타남
• 식사 요법
　−저지방식(유화지방으로 공급)
　−소화가 잘되는 유동식 제공 → 연식으로 이행

④ 진단 및 회복률

    ㉠ 진단 : 자각증상 및 각종 효소활성, 혈액검사, 바이러스 항원항체 검사, 간 조직 검사, 복강경 검사

    ㉡ 회복률 : A형간염(95%), B형간염(90%), C형간염(15~30%)

⑤ **식사 요법** : 고열량 · 고당질 · 고단백 · 중등도의 지방 · 고비타민 · 저섬유소 · 저염식

    ㉠ 고열량식 : 35~40kcal/kg(2,400~2,700kcal/일)

      ※ 고열량식을 주되 비만이 되지 않게 조절

    ㉡ 고당질식 : 300~400g/일

    ㉢ 고단백식 : 100~150g/일, 50% 이상은 동물성 단백질로 섭취(저지방 어육류, 우유 및 유제품, 달걀, 두부 등)

    ㉣ 중등지방 : 급성 초기에는 제한, 회복기에는 증가(식물성 기름, 유화지방)

    ㉤ 고비타민

    ㉥ 저섬유소식(무자극성식) : 식이섬유가 적고 담백한 맛의 식품 이용

    ㉦ 소금 제한(8~10g/일)

    ㉧ 알코올 : 급성기 6개월까지는 제한

(3) 만성 간염

① 진단 : 간염이 최소 6개월 이상 경과되었지만 간 기능 상태가 비정상적인 경우

② 원인 : 자가면역, 바이러스(보통 C형간염), 대사성 질환, 독성, 알코올 등

③ 증상 : 황달, 식욕 감퇴, 피로감, 구역질 및 구토 등

④ 종류

    ㉠ 비활동성 감염 : 간 기능이 정상화될 때까지 장기간의 치료가 필요

    ㉡ 활동성 감염 : 진행 속도가 빨라 치료 후에도 증상이 악화되어 간경변으로 이행됨

⑤ 식이 요법

    ㉠ 고열량식 : 2,300~2,500kcal/일 섭취로 체내 단백질의 소모 방지

    ㉡ 고당질식 : 300~400g/일

    ㉢ 고지방식 : 50~60g/일

    ㉣ 고단백식 : 1.0~1.5g/kg(80~100g/일), 단, 간성 혼수가 있을 경우 저단백질 식사로 공급

    ㉤ 비타민과 무기질 충분히 섭취

    ㉥ 복수 및 부종 시 저나트륨식(5g 이내로 제한)

(4) 간경변증 중요

① 진단

    ㉠ 정상 간세포가 파괴되고 섬유상 결합조직으로 대치되어 정상 간 조직이 줄어든 상태

    ㉡ 간의 주요 기능이 제대로 작동하지 않고 회복이 어려운 경우가 있음

PART 01
PART 02
PART 03
PART 04
PART 05
PART 06
PART 07
PART 08
PART 09

② 원인

　ㄱ 급성 바이러스성 간염이 만성화된 경우

　ㄴ 자각증상 없이 만성 간염을 거쳐 간경변증이 된 경우

　ㄷ 만성 알코올 중독, 대사질환, 자가면역질환, 약물 중독, 기생충 감염 등

③ 증상

　ㄱ 초기 : 간염과 유사(피로, 황달, 위장장애, 식욕 부진, 체중 감소 등)

　ㄴ 진행 : 부종, 복수, 출혈, 문맥압 항진, 저알부민혈증, 저콜레스테롤혈증, 프로트롬빈 합성 저하, 담즙 생성 저하, 간성 혼수, 고암모니아 혈증, 위와 식도 정맥류 등

　ㄷ 초기에는 간의 크기가 커지지만 나중에는 위축됨

④ 식사 요법

　ㄱ 만성 간염의 식사 요법과 유사

　ㄴ 식사 지침 : 양질의 단백질을 중심으로 한 균형식

　ㄷ 적극적인 영양 공급 : 간세포의 활동 능력 증진

　ㄹ 탄수화물 : 단백질 절약 작용을 위해 1일 300~450g

　ㅁ 단백질 : 간 질환의 진행과 회복 정도에 따라 조정

일반 간염, 알코올성 간염	1.5~2g/kg, 100~200g
간경변증	1g/kg, 60~70g(간성 혼수 예방)
간성 혼수	1일 40g 이하로 단백질 섭취 제한(혈중 암모니아 상승 예방)

　ㅂ 지방 : 황달 시 지방 섭취량 제한(담즙산염 부족)

　ㅅ 소금 : 복수 발생 시 제한(1일 0~5g 또는 무염식)

　ㅇ 알코올 금지 및 식사를 6~8회로 나누어 섭취

　ㅈ 괴사된 간세포의 회복과 강화를 위해 비타민 B 복합체와 비타민 C 보충

 퀴즈

간경변 환자에게 복수와 부종이 생기면 우선적으로 저단백질 식사를 한다. (○/×)

정답 | ×

해설 | 복수와 부종이 있는 질환은 우선적으로 저나트륨 식사를 한다.

(5) 간성 혼수(간성 뇌질환) 중요

① 원인

　ㄱ 혈중 암모니아 농도 증가 → 뇌 손상

　ㄴ 혈중 암모니아 농도 변화 → 방향족 아미노산 증가, 곁가지아미노산(루신, 이소루신, 발린) 감소

② 증상

1단계	불면증, 수면장애, 반응이 느림
2단계	날짜와 시간의 혼동, 성격 변화, 팔을 쭉 펴서 손끝은 위로 하고 손바닥은 앞으로 향하도록 했을 때 손끝이 떨리거나 아래로 떨어지는 현상
3단계	사람을 인지하지 못함, 아플 정도의 자극을 주어야만 반응함
4단계	혼수상태, 자극에 대한 무반응, 심한 뇌 부종

③ 식사 요법

　　㉠ 저단백질식 : 1일 20~30g로 제한하고 호전될수록 조금씩 증가

　　㉡ 우유 및 유제품, 식물성 단백질 섭취 : 곁가지 아미노산, 식이섬유 공급

　　㉢ 동물성 단백질 제한 : 방향족 아미노산이 많으므로 제한

　　㉣ 식도, 위 정맥류가 있으면 식이섬유 제한

　　㉤ 비타민과 무기질 보충

퀴즈

복수를 동반한 간성 혼수 환자의 식사 요법은 고단백 · 저나트륨식이다. (○/×)

정답 | ×

해설 | 복수 발생 시 나트륨과 수분을 제한하며, 간성 혼수 환자는 무단백질식(단백질 20~30g)으로 제한하고 증상이 호전될수록 단백질을 조금씩 증가시켜야 한다.

(6) 알코올성 간 질환

① 원인 : 유전적 요인, 간염(B형, C형), 간 기능 이상 시의 과음

② 증상 : 지방간, 간세포 손상, 케톤증, 산혈증, 통풍, 영양 불량증 등

③ 진행 단계

알코올성 지방간	음주 중단 시 정상으로 회복 가능(만성 알코올중독 환자의 80% 이상에서 유발)
알코올성 간염	발열, 메스꺼움, 식욕 부진, 피로, 무력감, 빈혈 등(만성 알코올중독 환자의 30% 정도에서 유발)
알코올성 간 경변증	심한 영양 불량, 간 저장능력 감소 등(알코올성 간 질환 환자의 10~15%에서 유발), 비타민 B_1이 결핍되면 다발성 신경염 발생

④ 식사 요법

　　㉠ 지방간이나 급성 간염의 회복기와 유사

　　㉡ 에너지 : 30~35kcal/kg(2,500~3,000kcal/일), 주로 당질로 공급

　　㉢ 단백질 : 1~1.5g/kg(60~80g/일)

　　㉣ 지방, 나트륨, 수분 : 간의 상태에 따라 허용 범위 내에서 공급

　　㉤ 비타민과 무기질 보충

　　㉥ 평생 금주

PART 01
PART 02
PART 03
PART 04
PART 05
PART 06
PART 07
PART 08
PART 09

영양소	급성 간염	만성 간염	간 경변증	간성 혼수
에너지	35~40kcal/kg (2,400~2,700kcal/일)	2,300~2,500kcal/일	30~35kcal/kg	30kcal/kg
단백질	1.5~2.0g/kg	1.0~1.5g/kg	1.0~1.5g/kg 건체중	20~30g
당질	300~400g	300~400g	300~400g	300g
지방	60~70g	50~60g	50~60g	40~50g
비타민 및 무기질	충분히	충분히	충분히	충분히
나트륨	3,000~4,000mg	급성 간염에 준함 (부종 시 2,000mg)	복수 시 제한 1,000~2,000mg (이뇨제 사용 시 칼륨 보충)	간경변증에 준함
기타	• 초기에 지방 섭취 제한 • 황달 시 지방 섭취 20g 이하로 제한	−	위·식도 정맥류가 있으면 무자극성식	곁가지 아미노산이 많은 우유, 유제품 및 식물성 식품 이용

• 열량을 충분히 섭취
• 적당량의 지방 섭취
• 간 질환 종류와 정도에 따라 단백질 양 조절
• 비타민과 무기질은 충분히 섭취
• 수분과 나트륨 섭취 제한(부종 및 복수 존재 시)
• 금주

SECTION 02 | 담도계 질환

1. 담도계의 구조

① 담낭(gallbladder) + 담관(bile duct)
② 담낭 : 간우엽 아래쪽에 위치, 길이 9cm, 용량 40~70mL, 서양 배 모양
③ 오디(Oddi) 괄약근 : 총담관이 십이지장으로 열리는 부분

2. 담도계의 기능

① 담낭 : 공복 시 생성된 담즙을 농축 및 저장(500~1,000mL/일)

② 음식물이 위에서 십이지장으로 이동하면 담즙 분비

③ 담즙분비 : 콜레시스토키닌(cholecystokinin)이 담낭축과 오디괄약근 이완 촉진

④ 고지방식 섭취 시 담즙 분비 촉진

⑤ 담즙

　㉠ 간에서 생성되어 담낭에서 농축 및 저장됨

　㉡ 수분, 담즙산염, 빌리루빈, 콜레스테롤, 각종 전해질, 레시틴 등으로 구성

　㉢ 회장에서 재흡수

　㉣ 지방(장쇄지방)을 유화시키나 지방 분해 효소인 리파아제는 함유하지 않음

　㉤ 콜레시스토키닌은 담즙 분비를 촉진시킴

TIP 담즙산염

- 소장 운동 촉진
- 지용성 비타민의 흡수
- 지방 유화, 지방 분해효소 및 마이셀을 형성하여 지방 소화 흡수를 도움
- 소장 상부에서의 비정상적인 세균 번식 억제
- 담즙 색소 및 노폐물, 이물질 배설
- 콜레스테롤 용해 작용

빈 칸 채우기

담즙이 합성되는 곳은 (　　　)이며, 저장하는 곳은 (　　　)이다.

정답 | 간, 담낭

해설 | 담즙은 간에서 합성되어 담낭에서 농축 및 저장된다.

---

3. 담도계 질환

(1) 담낭염

① 담낭이나 담관에 염증이 생긴 것으로, 담석이 있는 경우가 많음

② 원인

　㉠ 주원인 : 대장균 감염(장내 대장균의 역류), 담석

　㉡ 낭염에 의한 담즙 성분의 조성 변화로 담석 형성

　㉢ 주로 패혈증, 쇼크, 화상, 암 환자에게서 발병

③ 증상

　㉠ 급성 담낭염 : 갑작스러운 고열, 오른쪽 상복부 복통, 구역질 및 구토

　㉡ 만성 담낭염 : 간헐적 발열 및 미열, 지속적 또는 간헐적 통증, 복부 불쾌감, 팽만감 등

　㉢ 담관염 : 황달, 복통 부위가 담낭염보다 중앙에 위치

④ 식사 요법
  ㉠ 담석증의 식사 요법과 유사
  ㉡ 저지방식 원칙
  ㉢ 지방이 많은 육류 및 생선 섭취 제한(동물성 지방 섭취 제한)
  ㉣ 자각 증상이 없어지면 소량의 버터나 식물성 지방 제공 → 버터 제공 시 가열하지 않은 상태로 소량만 제공
  ㉤ 양질의 단백질 함유 식품 섭취
  ㉥ 발작 또는 급성 증상 시

제1일	절식, 갈증 시 수분 보충
제2일	아침 맑은 유동식, 점심 전유동식
제3일	전유동식과 함께 채소 퓨레식
제4일	전유동식, 진한 미음, 으깬 바나나 등
제5일	전유동식 → 5부죽
제6일	5부죽
제7일	연식, 전죽

  ㉦ 회복기에도 자극적인 식사를 피함
  ㉧ 정상 체중이 될 때까지 열량 제한

(2) 담석증
① 담낭이나 담관 내에 담즙 성분의 결석이 형성된 것
② 콜레스테롤 결석, 빌리루빈 결석, 혼합 결석으로 나뉨
③ 원인
  ㉠ 콜레스테롤 결석 : 고령, 비만, 콜레스테롤 섭취 증가, 다산, 경구피임약, 에스트로겐 제제 등
  ㉡ 담즙 색소(빌리루빈) 결석 : 용혈성 빈혈, 알코올성 간경변, 담관염 등
  ㉢ 담낭의 기능 이상, 간 대사 이상, 감염, 고지방식 : 담즙의 농도 변화(담즙산 저하, 콜레스테롤 증가)
④ 증상
  ㉠ 상복부에서 갑작스럽고 심한 통증, 오한, 발열, 구토, 황달
  ㉡ 상복부 전체 통증 : 오른쪽 상복부로 국한됨
  ㉢ 흥분, 과로, 음주, 지방식 섭취 후 복통
  ㉣ 담석의 위치 이동
  ㉤ 담석이 총담관 내에 존재할 때 황달과 통증이 동시에 유발됨
⑤ 식사 요법
  ㉠ 무자극성 : 양념이 강한 맵고 짠 음식, 고섬유소식 섭취 제한
  ㉡ 저열량식 : 담즙 분비 촉진 억제

ⓒ 저지방식 : 급성기는 절대 금지 → 회복에 따라 늘리되 30g/일 이내(불포화지방산, 유화지방 섭취)

ⓔ 단백질 점차 증량 : 급성기 제한(30~40g/일) → 회복에 따라 점차 증량

ⓜ 고당질식 : 에너지원으로 이용

ⓗ 식이섬유 적당히 섭취 : 혈중 콜레스테롤 저하

ⓢ 비타민과 무기질 보충 : 신선한 과일, 채소

ⓞ 복수, 부종 존재 시 : 저염식 제공

ⓩ 가스 발생 식품은 피함

⚭퀴즈

담낭염이나 담석증 환자에게는 지방 섭취를 제한해야 한다. (ㅇ/×)

정답 | ㅇ

해설 | 지방은 담낭을 수축시켜 담즙 분비를 증가시키므로 담낭염이나 담석증 환자는 저지방식을 섭취해야 한다.

SECTION 03 | 췌장 질환

1. 췌장의 구조

① 위아래 십이지장 만곡에 위치한 회색의 실질 장기

② 길이 약 15cm, 폭 3~5cm, 무게 60g

2. 췌장의 기능

① 내분비 기능과 외분비 기능을 가진 유일한 장기

내분비 기능	글루카곤(α-cell), 인슐린(β-cell), 소마토스타틴(δ-cell) 호르몬 분비
외분비 기능	3대 영양소 소화 효소, 알칼리성 췌액 분비

② 췌액의 분비 촉진

㉠ 세크레틴 : 중탄산염($NaHCO_3$)을 함유한 췌액 분비 촉진

㉡ 콜레시스토키닌(CCK) : 소화 효소 함유한 체액 분비 촉진

3. 췌장 질환

(1) 급성 췌장염

① 원인

㉠ 담석증, 알코올, 과식, 약물 과다 복용 등

㉡ 조직이 손상되어 활성형 췌장 효소를 분비시켜 주변 조직을 손상시킴

② 증상

　　㉠ 상복부 통증(고지방식 후 2시간 내), 구토, 식욕 부진, 장 폐색, 당뇨 등

　　㉡ 혈중 췌액 효소 상승(혈청 아밀라아제, 리파아제 상승), 혈중 요소질소 증가

③ 식사 요법

　　㉠ 통증 완화 시까지 수분을 포함한 모든 음식 섭취 제한

　　㉡ 수분과 전해질은 정맥 영양을 통해 공급

　　㉢ 3~7일 경과 후 수분 공급을 시작하고 이행식

　　㉣ 당질 위주의 식사 공급

　　㉤ 지방은 한동안 섭취 제한

　　㉥ 지용성 비타민 보충

　　㉦ 무자극성식(알코올, 커피, 탄산 음료 등 섭취 제한)

(2) 만성 췌장염

① 원인 : 주원인은 만성 알코올 중독

② 증상

　　㉠ 간헐적이고 지속적인 상복부 통증

　　㉡ 복통, 허리 통증, 구토, 식욕 부진, 메스꺼움, 설사, 지방변, 당뇨(인슐린 부족) 등

③ 식사 요법

　　㉠ 급성 췌장염에 준함

　　㉡ 저지방식(30~40g/day). 단, MCT oil 사용 가능

　　㉢ 지방변증의 경우 지용성 비타민 보충

　　㉣ 소화가 잘되는 자극성 없는 식사

　　㉤ 증상이 없어지면 적극적인 치료식으로 고단백식을 제공(100g/일)하여 췌장 세포 재생

　　㉥ 영양 보충제 공급

　　㉦ 엄격한 금주

　　㉧ 당뇨 증상 시 당뇨식 제공

PART 01
PART 02
PART 03
PART 04
PART 05
PART 06
PART 07
PART 08
PART 09

SECTION 01 | 비만

1. 비만의 원인

요인	특성
유전적 요인	• 부모와 자녀의 비만 일치(양쪽 부모 80%, 한쪽 부모 40%, 양쪽 정상 14%) • 비만 발생에 미치는 영향 : 30~50%
신경 · 내분비성 요인	• 시상하부질환 : 종양, 외상, 감염 등에 의한 시상하부의 섭식중추와 포만중추의 이상 • 갑상선기능저하증 : 기초 대사량 감소 → 에너지 소비량 감소 → 비만 유발 • 고인슐린혈증 : 저혈당 유발 → 공복감 발생 → 과식 유도 → 비만 유발 • 성장호르몬 : 결핍 시 내장지방 증가 → 복부비만 발생
약물	스테로이드 약물, 항우울제, 항불안제 등 → 식욕 촉진 → 비만 유발
에너지 과잉 섭취	• 과식 : 섭취량>소비량 • 식사 패턴 : 단순당 과잉 섭취(인슐린 분비 증가), 고지방식(높은 에너지 밀도), 과다한 알코올 섭취, 외식과 패스트푸드 섭취, 가공 식품의 과잉 섭취 등 • 식습관 : 폭식, 빠른 식사 시간, 야식증후군
에너지 소비 감소	활동량의 감소 → 기초 대사량 저하
심리적 요인	스트레스, 긴장, 우울 등 → 과식, 폭식, 탐식 유도 → 비만 유발
환경 요인	식생활의 풍요로움, 신체 활동량 저하 등이 비만을 유발

2. 비만의 분류 중요

분류 기준	분류	특징
원인	단순비만(비만의 95%)	비만의 95%, 과식, 신체 활동 부족에 의해 발생
	증후성비만(2차성 비만)	유전, 내분비, 대사성질환 등의 원인에 의해 발생
발생 시기	소아비만	성장기 발생, 지방 세포 수 증가, 성인 비만으로 이행, 치료가 어려움
	성인비만	성인기 발생, 지방 세포 크기 증가
지방 세포 형태	지방 세포 증식형(어린이)	• 지방 세포 수 증가 • 식사 요법으로 조절하기가 비교적 어려움
	지방 세포 비대형(성인)	• 지방 세포 크기만 증가 • 식사 요법으로 조절이 가능함

지방 분포	상체 비만(남성형 비만)	사과형 비만, 복부에 지방 축적, 만성질환의 발생 위험이 높음
	하체 비만(여성형 비만)	서양배형 비만, 엉덩이 및 허벅지에 지방 축적, 지방 세포 효소 활성이 낮아 체중 감량이 어려움 ※ 폐경기 이후 여성은 주로 복부비만이 됨
지방 위치	내장지방형 비만	• 복강 내 장기 주변으로 지방이 분포됨 • 당뇨병, 내당능장애, 대사 증후군 등의 발생 위험
	피하지방형 비만	복벽에 지방이 분포, 내장 지방형 비만보다 질병 발생 위험이 낮음

 퀴즈

지방 세포 증식형 비만의 경우 지방 세포의 크기가 증가하는 것으로, 식사 요법을 통한 체중 조절이 비교적 수월하다.

(○/ ×)

정답 | ×
해설 | 지방 세포 증식형 비만은 지방 세포의 수가 증가하는 것으로, 식사 요법을 통한 체중 조절이 상대적으로 어렵다.

 소아비만아에게서 나타날 수 있는 임상 증상

고혈압, 고지혈증, 동맥경화, 고인슐린혈증, 성장 호르몬의 분비 감소 등

3. 비만의 진단법

(1) 체격지수

① 비만도, 상대 체중, 체질량 지수(BMI, 성인, 가장 널리 이용), 카우프지수(영유아), 뢰러지수(학동기) 등

② 성인의 표준 체중

　㉠ 브로카(Broca) 변형법을 이용한 표준 체중(kg) 구하기

신장	표준 체중 계산 공식
160cm 이상	[신장(cm)−100]×0.9
150~160cm 미만	[신장(cm)−150]×0.5+50
150cm 미만	신장(cm)−100

　㉡ 대한당뇨병학회 기준을 이용한 표준 체중(kg) 구하기

남자	표준 체중(kg)=신장^2(m)×22
여자	표준 체중(kg)=신장^2(m)×21

표준 체중 산출 예시 - 신장 155cm 여성의 경우

구분	공식	표준 체중
브로카 변형법	$[155(cm)-150]\times0.5+50$	52.5kg
대한당뇨병학회 기준	$1.55(m)^2\times21$	50.45kg

③ 비만도(Obesity rate) : 비만도(%)=(실제 체중−표준 체중)/표준 체중×100

④ 이상체중비(Ideal Body Weight ; IBW) : 이상체중비(%)=[실제 체중(kg)/표준 체중(kg)]×100

⑤ 체질량 지수(Body Mass Index ; BMI) 중요

   ㉠ BMI=체중(kg)/신장$(m)^2$

   ㉡ 비만도 판정에 매우 유용하게 쓰이는 지표

   ㉢ 성별·연령에 관계없이 적용 가능, 간편하여 체중 판정을 위해 널리 사용됨

 퀴즈

신장 165cm, 체중 58kg인 사람의 BMI는 약 21.30이다. (ㅇ/×)

정답 | ㅇ

해설 | $58(kg)÷1.65(m)^2=21.30$

⑥ 피부 두께 측정법

   ㉠ 캘리퍼(Caliper) 이용

   ㉡ 삼두근, 이두근, 견갑골 하부, 장골 하부, 가슴, 겨드랑이 중간, 복부, 허벅지 등을 측정

   ㉢ 원리 : 피하지방이 전체 지방의 50%를 차지한다는 가정

   ㉣ 단점 : 심한 비만으로 인해 내장지방 증가 시 체지방량이 오히려 낮게 측정될 수 있음

 캘리퍼(Caliper)

신체 계측기로서 피부 두께, 즉 피하지방 두께를 측정하는 기구이다.

(2) 체지방량 측정

① 수중 밀도 측정법

   ㉠ 수중에서의 체중과 수중 밖에서의 체중을 측정

   ㉡ 신체의 부피와 밀도를 통해 체지방량을 산출해 내는 방법

   ㉢ 원리 : 제지방 조직 밀도가 체지방 밀도보다 크다는 원리

   ㉣ 단점 : 장비, 침습성 등의 문제로 연구용으로 활용

② 생체 전기 저항 측정법(Bioelectrical Impedence Analysis ; BIA)
  ㉠ 인체에 약한 전류를 흘려 전기의 저항 정도를 측정
  ㉡ 체지방량, 수분 함량, 제지방량, 골격근량 등을 산출
  ㉢ 원리 : 지방 조직이 많을수록 전기 저항이 많이 발생
  ㉣ 장점 : 측정이 용이, 정확성, 안전성, 측정설비의 이동 가능 등

(3) 체지방 분포 측정

① 허리 · 엉덩이둘레 비율(Waist · Hip Ratio ; WHR)
  ㉠ WHR = 허리둘레(cm)/엉덩이둘레(cm)
  ㉡ 허리는 가장 들어간 부분을 측정, 엉덩이는 가장 튀어나온 부분을 측정
  ㉢ 엉덩이에 비해 허리둘레가 클수록 복부에 지방이 많음
② 허리둘레 : 허리둘레만으로 비만 판정
③ 컴퓨터 단층 촬영(CT)
  ㉠ 복강 내 내장지방 측정에 많이 활용
  ㉡ 단점 : 방사선 노출 위험
④ 이중에너지 방사선 흡수 계측법(DEXA)
  ㉠ 에너지 레벨이 서로 다른 두 가지 엑스선을 동시 투과시켜 광자의 흡수 정도를 측정
  ㉡ 원리 : 수분, 지방, 뼈 등 신체조직의 광자 흡수율이 다름
  ㉢ 장점 : 체지방량과 분포의 직접 측정 가능(본래 골밀도 측정을 목적으로 개발)
  ㉣ 단점 : 비만 정도가 큰 경우 장치의 한계 때문에 측정이 어려움

4. 비만의 진단 기준

① 체격 지수

판정	비만도	이상 체중비(IBW)	체질량 지수(BMI)	피부 두께 측정법
체중 미달	<−10	<90	−	
정상	−10~10	90~<110	18.5~22.9	
과체중	10~20	110~<120	23~24.9	≥90 비만 위험 ≥95 비만
경도 비만	20~40	120~<140	25~29.9	
중등도 비만	40~60	140~<160	30~34.9	
고도 비만	≥60	≥160	≥35	

TIP 과체중 진단 기준

- 체중 : 정상 체중 대비 10~20% 초과
- 체질량 지수(BMI) : 23~24.9
- 이상 체중비(IBW) : 110~<120
- 피부 두께 측정법 : ≥95

② 체지방률 측정 및 체지방 분포 측정

생체 전기 저항 측정법			허리 · 엉덩이둘레	허리둘레
판정	남자	여자		
정상	8~15	13~23	남자≥1.0 여자≥0.85 복부 비만	남자≥90cm 여자≥85cm 복부 비만
약간의 체중 과다	16~20	24~27		
체중 과다	21~24	28~32		
비만	≥25	≥33		

5. 비만의 합병증

① **제2형 당뇨병** : 체중 증가 시 인슐린 감수성이 저하되어 인슐린 저항성 초래

② **지방간**

　㉠ 비만인의 30~40%는 단순 지방간 이상의 간 질환을 가지고 있음

　㉡ 비알코올성 지방간 환자의 60% 이상은 비만, 심할 경우 간경화

③ **심혈관계 질환**

　㉠ 고혈압 : 체중 증가로 혈류량 증가, 혈관에 미치는 압력 상승

　㉡ 이상지질혈증과 동맥경화 : 지방조직에서의 유리지방산 방출 증가, 간의 중성 지방 합성 증가, 혈중 지질이 증가하면 HDL 감소

④ **호흡기계 질환** : 수면 무호흡증, 천식 증가

⑤ **암**

　㉠ 유방암, 전립선암, 자궁경부암, 대장암, 췌장암, 신장암의 유병률 증가

　㉡ 체지방 증가 시 에스트로겐, 테스토스테론 생성이 증가하여 세포 증식 능력이 증가함

⑥ **관절염** : 체내 염증성 반응 증가, 관절에 무리를 줌

퀴즈

체지방이 증가할 경우 에스트로겐의 생성이 증가하여 세포의 크기가 증가한다. (○/×)

정답 | ×

해설 | 체지방이 증가할 경우 에스트로겐, 테스토스테론 생성이 증가하여 세포 증식 능력이 증가한다.

---

6. 비만의 치료 지침

(1) 치료목표

① 체중의 감량과 함께 감량한 체중의 유지

② 장기간에 걸친 꾸준한 체중 감소

③ 체지방 감소, 체단백질 감소의 최소화, 기초 대사량 감소 예방

④ 1달에 2~3kg 감량, 6개월간 체중 10% 감소가 바람직

(2) 식사 요법

① 초저열량식(Very Low Calorie Diet ; VLCD)

ㄱ 목표 : 단기간에 많은 체중 감소

ㄴ 섭취 열량 : 400~800kcal/일

ㄷ 단백질 : 1일 0.8~1.5 g/kg

ㄹ 부작용 : 탈모, 변비, 현기증, 탈수, 두통, 피로감, 근육 경련, 부정맥 등

ㅁ 주의점 : 초기 급격한 체중 감소 효과는 있으나 장기적 저열량식에 비해 효과는 떨어짐

ㅂ 실시 기간 : 의학적 감시하에 12~16주간 단기적 실시 권장

② 저열량식(Low Calorie Diet ; LCD)

ㄱ 목표 : 일주일에 0.5~1kg 감량

ㄴ 섭취 열량 : 하루 에너지 필요량에서 500~1,000kcal 적게 섭취

영양소	목표
탄수화물	• 총 열량의 50~60% • 케톤증 예방을 위해 하루 100g 이상 섭취 • 결핍 시 인슐린 분비 감소 및 탄수화물 대신 체단백질을 분해하여 에너지원으로 사용 • 단순당의 섭취는 제한
지방	• 총 열량의 25%를 넘지 않도록 섭취 • 포화지방은 총 열량의 6% • 콜레스테롤 1일 200g 이내 • 트랜스지방 섭취 최소화 권장
단백질	• 질소 평형 유지를 위해 양질의 단백질 공급 • 대한비만학회 표준 체중(kg)당 1.0~1.5g 권장 • 특수한 질병을 제외하고는 충분량을 섭취하여 체세포의 소모를 방지해야 함
비타민 · 무기질	• 필요량을 충족히 섭취 • 1,200kcal 이하의 열량제한식의 경우 식품을 통한 공급이 어려우므로 보충제를 별도 복용
수분	단백질 분해로 생기는 질소 산물 및 케톤체의 원활한 배출을 위해 수분을 충분히 섭취
알코올	• 1g당 7kcal, 빈 칼로리 식품, 고열량의 안주 섭취 위험 • 체중 감량 시 음주는 피해야 함

퀴즈

1일 500kcal씩 에너지를 제한한다면 1개월 후 약 2kg의 체중 감량을 예상할 수 있다. (○/×)

정답 | ○

해설 | 체지방 1kg은 7,700kcal이다. 체중 감소량(kg)은 전체 에너지 부족량을 계산한 후 체지방의 열량(7,700kcal)으로 나누어준다. 즉, 500kcal×30일=15,000kcal, 15,000kcal/7,700kcal=1.95kg

③ 불균형 저열량식(unbalanced LCD)

ㄱ 키토제닉 다이어트, 황제 다이어트 : 저열량 · 저당질 · 고단백 · 고지방

ㄴ 비버리 힐스 다이어트 : 저열량 · 고당질

ㄷ 원푸드 다이어트 : 포도 다이어트, 감자 다이어트, 사과 다이어트 등 → 일시적 체중 감소의 효과는 있을 수 있으나 장시간 지속 시 건강상의 문제 유발

키토제닉 다이어트(ketogenic diet)

- 저당질 식사(20% 이하), 고단백, 고지방, 고콜레스테롤식
- 진행 과정 : 저당질식 → 에너지원으로 지질 사용 → TCA cycle의 원활한 진행이 어려움 → 불완전 연소물인 케톤체 과잉 생성 → 혈중 케톤체 농도 상승 → 식욕감퇴 → 에너지 섭취량 감소
- 고단백, 고지방, 고콜레스테롤식 → 고콜레스테롤혈증 유발. 멀미, 저혈압 등의 부작용 유발

④ **균형 저열량식(banlanced LCD)**

　㉠ 당뇨식과 유사

　㉡ 식품교환표를 이용

　㉢ 당질(50~60%), 단백질(1~1.5g/kg), 지질(20~25%), 비타민과 무기질(1,200kcal/일 이하 시 필히 공급)

 비만 치료 시의 주의사항

- 기아나 단식요법을 통한 비만 치료 시 통풍성 관절염. 빈혈, 혈압 강하 등의 합병증을 유발할 수 있다.
- 비만 환자에게 단식이나 저당질 식사를 처방하면 케톤증을 유발할 수 있다.

(3) 체중 감량을 위한 주요 행동 수정 요법

① 식사일지를 기록한다.

② 규칙적인 운동을 한다.

③ 실천 가능한 목표를 세운다.

④ 일정한 장소에서 규칙적으로 식사한다.

⑤ 식사 시 TV나 책을 보면서 먹지 않는다.

⑥ 작은 용기를 사용하고 식후 바로 식탁에서 일어난다.

⑦ 식품 구입 시 인스턴트, 조리된 음식을 피한다.

 퀴즈

체중 감량을 위해서는 식사 시간을 최대한 짧게 하여 음식 섭취 시간을 줄여야 한다. (○/×)

정답 | ×

해설 | 중간중간 쉬는 시간을 주어서 식사 시간을 길게 하는 것이 좋다.

(4) 운동 요법-FIT 원칙

① 체중 감량을 위한 적정한 운동의 종류, 운동 빈도(frequency), 운동 강도(intensity), 운동 지속 시간(time)

② 운동 종류 : 유산소운동(+근력운동)

③ 운동 빈도 : 3~5회/주

④ 운동 강도 : 최대운동능력의 50~80%(운동 중 대화가 가능한 정도의 강도)

⑤ 운동 지속 시간 : 30분 이상

TIP 비만의 운동 요법

중등강도 이하의 지속적인 운동

SECTION 02 | 섭식 장애

1. 섭식 장애의 종류

① 신경성 식욕 부진(거식증, anorexia nervosa) 중요

    ㉠ 자신의 체형에 대한 왜곡된 이미지를 갖고 살찌는 것에 두려움을 가짐

    ㉡ 의도적으로 굶거나 토하거나 운동을 많이 하여 체중을 조절함

    ㉢ 취약군 : 사춘기 소녀

    ㉣ 정상 체중의 85% 이하 또는 체질량 지수 17.5 이하

    ㉤ 거식증 환자의 체지방률(7~13%) ↔ 건강한 성인 여자의 체지방률(20~25%)

    ㉥ 본인의 저체중 상태에 대해 심각성 부인

    ㉦ 식사 제한형, 하제사용형

    ㉧ 부작용 : 무월경, 골다공증, 빈혈, 저혈압, 맥박수 감소, 갑상선기능저하 등

퀴즈

신경성 식욕 부진증 여성의 경우 저체중으로 인한 골밀도 감소로 골다공증 위험률이 증가한다. (○/×)

정답 | ○

해설 | 신경성 식욕 부진이 장기간 지속될 경우 골다공증, 무월경, 빈혈, 갑상선기능저하, 맥박수 감소 등의 부작용을 초래할 수 있다.

---

② 신경성 폭식증(bulimia nervosa) 중요

    ㉠ 비밀리에 폭식과 장 비우기를 반복(적어도 3달 동안 주 2회 이상 폭식 경험)

    ㉡ 폭식 후 의도적인 구토, 하제 및 이뇨제를 사용하며, 자신의 행동에 문제가 있음을 인정

    ㉢ 원인 : 우울증, 식품 섭취조절 기전의 비정상

    ㉣ 취약군 : 체중 조절하는 비만인, 자아존중감이 낮은 경우

    ㉤ 체중은 정상 범위 전후인 경우가 많음

    ㉥ 부작용 : 체내 수분 손실, 전해질 손실, 침샘 비대, 위산 역류로 인한 치아 부식 등

③ 마구 먹기 장애(binge eating disorder) 중요
　⊙ 장기간 계속해서 먹는 유형, 단시간 폭식하는 유형
　ⓒ 취약군 : 다이어트에 실패한 경험이 많은 비만인
　ⓒ 폭식 후 인위적으로 장을 비우지 않음

2. 섭식 장애의 원인

① 환경적 요인
　⊙ 가족적 요인 : 가족의 정서불안, 육체적 학대, 가족 간의 지지 부족 등
　ⓒ 사회문화적 요인 : 날씬함을 동경하는 분위기, 어릴 때 체중으로 인한 놀림 등에 대한 트라우마, 특정 직업군(무용, 체조 등)에서 많이 나타남
② 성격적 특성
　⊙ 신경성 식욕 부진 : 강박적 성격, 자아 존중감이 낮은 사람
　ⓒ 신경성 폭식증 : 부정적 경험이 많고 충동적인 성향
③ 비만 : 과거 비만이었던 사람이 체중 감량에 성공한 뒤에 나타날 수 있음

3. 섭식 장애 관련 건강 이상

징후	신경성 식욕 부진증	신경성 폭식증
체중 상태	저체중	다양
정서 상태	강박증	우울증, 충동적
전해질 이상	저칼륨혈증, 저칼슘혈증, 저칼슘증 등	저염소성 알칼리증과 동반된 저칼륨혈증
심혈관계	저혈압, 불규칙하고 느린 맥박	부정맥, 심계항진, 허약
소화기계	변비, 위무력증 등	식도염, 하제의 남용으로 인한 자발적 능력 손상
내분비계	추위에 민감, 피로 저혈당, 고콜레스테롤혈증, 무월경	불규칙한 월경, 부종
영양 결핍	단백질 : 에너지 영양 불량, 미량 영양소 결핍	다양함
근육계	근육 소모, 허약	허약

4. 섭식 장애의 식사 요법

① 신경성 식욕 부진증의 식사 요법
　⊙ 목표 : 환자의 체중을 표준 체중의 90% 정도 수준으로 체중 증가
　ⓒ 식사 습관 개선, 심리 치료
　ⓒ 체중 감소를 유발하는 행동 교정
　ⓔ 하루 최소 1,200kcal 섭취
　ⓜ 탄수화물:단백질:지방=50:25:25
　ⓑ 영양 재공급에 의한 전해질 불균형 주의(refeeding syndrome)
　ⓢ 골밀도 감소 예방을 위한 비타민 D와 칼슘 섭취

② 신경성 폭식증의 식사 요법

　　㉠ 목표 : 폭식과 강제배설의 악순환을 방지하고 정상적인 식습관을 회복

　　㉡ 체중 증가에 목표를 둘 필요는 없음

　　㉢ 강제 해설에 의한 전해질 불균형, 탈수, 대사적 알칼리증의 문제를 확인하고 조정

　　㉣ 식사량, 식사 횟수, 에너지 배분

　　㉤ 적당량의 지방 섭취

　　㉥ 과일 및 채소 등 부피가 큰 식품을 섭취

 체중 부족 시 치료법

- 열량이 높은 음식 제공(자체의 열량이 높은 아이스크림, 바나나 등)
- 농축된 형태로 열량을 늘림
- 체중 증가를 위해 하루 500kcal를 추가 제공
- 적당한 운동을 통한 근육량 증가
- 체중 부족의 원인이 심리적이라면 우선 심리적 원인을 치료

 대사증후군

- 정의
  - 복부비만, 인슐린 저항성, 이상지질혈증, 고혈압과 같은 위험요인들을 포괄할여 한 가지 질환군으로 개념화
  - 심혈관계 질환 또는 제2형 당뇨병의 발병 가능성이 높은 위험군 예측에 유용
- 판정 기준(아래 5가지 기준 중 3가지 이상에 해당하는 경우)
  - 공복 혈당 : 100mg/dL 이상, 당뇨병약 복용, 인슐린 주사 처방받은 경우
  - 혈압 : 130/85mmHg 이상 또는 혈압약 복용
  - 중성 지방 : 150mg/dL 이상
  - 허리둘레 : 90cm 이상(남), 85cm 이상(여)
  - 혈청 HDL : 40mg/dL 미만(남), 50mg/dL 미만(여)
- 식사 요법
  - 식물성 복합지질 섭취
  - 저열량식 제공
  - 저염식 제공
  - 채소류, 해조류의 섭취 증가

CHAPTER 06 당뇨병의 영양 관리

PART 01
PART 02
PART 03
PART 04
PART 05
PART 06
PART 07
PART 08
PART 09

SECTION 01 | 당뇨병의 이해

1. 당뇨병의 원인 및 증상

① 정의 : 췌장에서 분비되는 인슐린의 양이 부족하거나 정상적인 기능이 이루어지지 않음

② 원인

　㉠ 가족력, 인종(백인, 유대인의 경우 발병률이 높음)

　㉡ 연령 : 인슐린 합성 감소 및 수용체 변화

　㉢ 비만 : 제2형 당뇨병의 발병과 관련, 인슐린 수용체 수가 적고 인슐린 민감도 감소

　㉣ 스트레스 : 스트레스 호르몬 분비 → 간에서 당신생 증가, 포도당 이용 감소 → 혈당 상승, 내당능 감소

　㉤ 약물 : 경구피임약, 이뇨제, 부신피질호르몬제 등의 장기복용 시 당뇨병 악화 가능

　㉥ 임신성 당뇨, 미생물 감염 등

③ 증상

　㉠ 다식(polyphagia), 다갈(polydipsia), 다뇨(polyuria)

　㉡ 체중 감소(세포 내 에너지 부족으로 인함)

　㉢ 심한 피로감

　㉣ 안구조직 내의 삼투압 상승으로 시야가 흐려짐

　㉤ 손발 저림 등

TIP 당뇨병의 전 단계

- 공복혈당장애(Impaired Fasting Glucose ; IFG)
  - 8시간 금식 후 공복 혈장 혈당 농도가 100~125 mg/dL
  - 인슐린 분비 부족 및 인슐린 민감도 저하로 간의 포도당 대사 조절 능력이 약화된 상태
- 내당능장애(Impaired Glucose Tolerance ; IGT)
  - 75g 경구 당 부하 검사 결과 2시간 후 혈장 혈당 농도가 140~199 mg/dL
  - 향후 당뇨병으로 진행될 위험이 높음

---

2. 당뇨병의 진단 중요

(1) 진단 방법

진단 방법	특징
혈당 검사 (공복, 식후 2시간 이후)	• 공복 시 혈당 체크, 75g • 경구 당 부하 검사 후 2시간 혈당 체크
당화혈색소(HbA1c)	• 3개월간 혈당치의 평균을 반영 • 공복 여부와 관계없이 검사 가능 • 적혈구의 헤모글로빈이 포도당과 결합하여 생긴 분자 • 정상(6% 미만) ↔ 당뇨병(6.5% 이상)
경구 포도당 부하 검사 (OGTT)	• 일정량의 포도당 투여 후 신체의 적응 능력 측정 • 부하량 : 성인 75g/kg, 어린이 0.75g/kg • 일정량의 포도당 음료를 마신 후 30분, 1시간, 2시간 후의 혈당을 측정
C-펩타이드 농도	• 프로인슐린이 인슐린으로 분해될 때 동일한 양의 C-펩티드가 췌장에서 분비됨 • 당질 섭취 후 연속 측정하면 인슐린 분비 시각과 양을 예측할 수 있음 • 환자의 인슐린 투여량이 적절한지 여부를 확인하는 데 이용
요당 검사 (소변의 당 배설 측정)	• 혈당이 신장 역치인 170~200mg/dL가 되면 소변으로 배출됨 • 검사 스틱에 소변을 묻혀 색의 변화를 통해 간단히 포도당의 유무를 검사함 • 신장 역치 이하의 혈당 수준에서는 검출되지 않음

(2) 진단 기준

진단명		진단 기준	
정상		(1) 8시간 금식 후 공복 혈장 혈당	100mg/dL 이하
		(2) 75g 경구 당 부하 2시간 후 혈장 혈당	140mg/dL 이하
당뇨전 단계	공복혈당 장애	공복 혈장 혈당	100~125mg/dL
	내당능 장애	75g 경구 당 부하 2시간 후 혈장 혈당	140~199mg/dL
당뇨병		아래 항목 중 한 가지 이상 해당	
		(1) 8시간 이상의 공복 혈장 혈당	126mg/dL 이상
		(2) 전형적인 당뇨병의 증상(다뇨, 다갈, 이유 없는 체중 감소) 과 임의 혈장 혈당	200mg/dL 이상
		(3) 75g 경구 당 부하 검사 후 2시간 혈장 혈당	200mg/dL 이상
		(4) 당화혈색소	6.5% 이상

 퀴즈

정상인의 경우 식후 정상 혈당치로 돌아오는 데 필요한 시간은 2시간 이내이다. (○/×)

정답 | ○

해설 | 공복 시 정상인의 혈당량은 70~100mg/dL이며, 식후에는 120~160mg/dL로 상승하나 약 2시간 후에는 다시 정상치로 돌아온다.

3. 인슐린의 작용 및 당뇨병의 대사

(1) 인슐린의 작용

① 포도당 막 운반 작용
② 막 포도당 수용체 수의 증가
③ 운동의 근육세포 포도당 운반체 동원
④ 근육세포 내에서의 포도당의 전환
⑤ 지방세포에서의 지방 합성 촉진

(2) 당뇨병의 대사

① 당질대사

　㉠ 인슐린의 작용(식후) : 세포 내로 포도당 이동을 촉진 → 에너지원으로의 연소(간, 근육)
　㉡ 인슐린 길항호르몬(글루카곤, 부신피질자극호르몬(ACTH), 갑상선호르몬, 글루코코르티코이드, 에피네프린 등)은 글리코겐을 포도당으로 분해, 당신생으로 혈당이 상승 → 공복 시에 70~100 mg/dL 유지 가능
　㉢ 인슐린 부족 및 기능 부족 → 포도당 이용 장애 → 고혈당, 간의 당신생 항진, 에너지 생산 장애

② 지질대사

　㉠ 인슐린은 지방산의 합성, 중성 지방의 합성과 분해, 리포프로테인 리파아제 촉진
　㉡ 인슐린 부족 → 리포프로테인 리파아제(LPL) 활성 부족 → 혈중 VLDL 증가
　㉢ 인슐린 부족 → 호르몬 민감성 리파아제(HSL) 활성화 → 혈중 유리지방산 증가
　㉣ 인슐린 부족 → 지방산 산화(간) → 아세틸-CoA 다량 생성 → 옥살로아세트산 부족 → 케톤체 다량 전환 → 케톤증 → 식욕감퇴, 호흡 곤란, 산독증 등
　㉤ 체지방 분해가 촉진되어 체중이 감소함
　㉥ 인슐린 부족 → 콜레스테롤 합성 → 혈중 콜레스테롤 상승 → 동맥경화증

③ 단백질대사

　㉠ 간, 근육조직에서 인슐린이 작용
　㉡ 아미노산의 세포 내 유입과 단백질 합성을 촉진
　㉢ 인슐린 부족 → 단백질 분해 항진 → 고질소혈증, 질병에 대한 저항력 저하

④ 수분 및 전해질대사

　㉠ 인슐린 부족 → 혈당 증가 → 혈액 삼투압 증가 → 수분 배설 증가
　㉡ 인슐린 부족 → 체단백 분해 → 세포 내 칼륨 유출 → 칼륨, 나트륨 등 전해질 배설 증가

TIP 당뇨병의 대사(당질, 지질, 단백질대사)

당질대사	간 글리코겐 분해 증가, 젖산 증가와 당신생 작용 증가, 고혈당과 포도당 내성의 저하
지질대사	체지방의 불완전 연소로 케톤체 형성, 케톤증으로 인한 산독증(산혈증) 초래, 체지방조직 분해가 촉진되어 체중 감소, 혈중 중성 지방 농도 상승
단백질대사	체단백질 분해 증가, 간에서 요소 합성 증가, 체단백 감소로 인한 질병에 대한 저항력 약화

PART 01
PART 02
PART 03
PART 04
PART 05
PART 06
PART 07
PART 08
PART 09

4. 당뇨병의 분류 중요

① 제1형 당뇨병 : 인슐린 의존형, 소화형 당뇨
② 제2형 당뇨병 : 인슐린 비의존형, 성인형 당뇨

특징	제1형 당뇨병(인슐린 의존형)	제2형 당뇨병(인슐린 비의존형)
유병률	전체 당뇨병의 5~10%	전체 당뇨병의 90~95%
발생 연령	30세 미만(유년기, 청소년기)	40세 이상
관련 요인	유전적 요인, 자가 면역 질환, 바이러스 감염	비만(특히 복부 비만), 활동성 저하, 노화, 유전적 요인
발병 형태	췌장 β세포 파괴에 의한 인슐린 결핍	인슐린 저항성*
임상 증상	다뇨, 다갈, 다식	당뇨, 고혈당증
치료	인슐린 치료	경구 혈당 강하제, 식사 · 행동 · 운동 요법
식사 요법	식사 조절만으로는 불충분	식사 조절만으로도 치료 가능

※ 인슐린 저항성 : 포도당 섭취, 대사 또는 저장에 있어서 인슐린 영향에 대한 저항

〈제1형 당뇨병과 제2형 당뇨병의 특징〉

③ 임신성 당뇨병
　　㉠ 임신 중 인슐린 저항성에 의한 포도당 내성 저하(포도당 불내성)
　　㉡ 모체의 말초 조직에서 인슐린 저항성이 발생하여 출산 후 정상으로 회복 가능하나 30~60%
　　　는 당뇨병으로 진전
　　㉢ 검사 : 임신 24~28주 사이 선별 검사
　　㉣ 선별검사 : 50g 경구 당 부하 검사와 2단계 접근법으로 실시
　　㉤ 문제점 : 태아의 거체구증, 선천성 기형, 심한 저혈당, 호흡 곤란 등

1. 급성 합병증

(1) 저혈당증(인슐린쇼크) 중요

① 주로 제1형 당뇨 환자에게 발생

② 혈당이 50~60mg/dL 이하인 경우 발생

③ 증상 : 오심, 쇠약감, 시력장애, 의식 수준 변화, 심할 경우 환상, 경련 등

④ 저혈당 발생 위험 및 응급처치

구분	위험 요소	응급처치(단순당 15~20g 섭취)
식사	• 공복 및 식사량 감소 • 불규칙한 식사 시간 및 지연 • 과음, 설사, 구토 등	즉시 흡수가 빠른 설탕물(15%), 꿀물, 청량음료, 사탕 등을 공급 ※ 의식을 잃은 경우 : 정맥주사로 포도당 공급
운동	• 에너지 소비가 큰 고강도의 운동 • 공복 상태에서의 운동 • 낮은 혈당 상태에서의 운동	
약물	• 인슐린 과다 사용 • 경구 혈당 강하제를 다량 복용한 경우	

고혈당

• 수술, 감염 시 간에서 글리코겐이 분해되어 발생할 수 있다.

• 고혈당으로 인한 혼수 시 우선 인슐린 주사를 제공하고 탈수 예방을 위해 수분과 염분을 공급한다(맑은 국물, 보리차 등).

(2) 당뇨병성 케톤산증

① 원인 : 제1형 당뇨 환자가 인슐린이 절대적으로 부족할 때 발생(과식, 인슐린 미주입, 인슐린 용량 부적당 시)

② 병태 생리 : 인슐린 부족 시 포도당이 에너지원으로 이용되지 못하고 지방, 단백질이 에너지원으로 이동되는 과정에서 지방이 불완전 연소하여 케톤체가 과잉 생산되어 소변으로의 배설이 증가함(산독증)

  ㉠ 혈당 : >250mg/dL

  ㉡ 증상 : 구토, 탈수, 식욕 부진, 갈증, 호흡 곤란, 심할 경우 혼수 및 사망 등

  ㉢ 특징 : 호흡 시 케톤체에 의한 아세톤 냄새(acetone breath)

  ㉣ 치료 : 수액 주사(탈수와 전해질 교정), 중탄산염 투여(극심한 산독증일 때), 인슐린 주사(고혈당일 때)

(3) 고삼투압성 고혈당

① 원인 : 제2형 당뇨에서 감염(주로 노인층), 췌장염, 스테로이드성 약물 투여, 스트레스 등에 의해 인슐린의 작용이 감소하여 발생

② 혈당 : 600~2,000mg/dL까지 상승

③ 케톤산증은 보이지 않음

④ 증상 : 삼투압 상승으로 인한 탈수, 다식, 다음, 다뇨, 빠른 호흡, 저혈압, 심할 경우 혼수 상태

⑤ 치료 : 저삼투압성 용액 보충과 인슐린 투여

2. 만성 합병증

① 혈당 상승이 세포와 조직의 손상을 유발

② 대혈관병변 : 대혈관에서 동맥경화가 시작되어 관상동맥질환, 뇌졸중, 하지동맥경화증이 발병될 수 있음

   ㉠ 고혈압과 고지혈증 동반

   ㉡ 예방법 : 혈당조절, 식사조절, 금연 등

③ 미세혈관병변

   ㉠ 당뇨병성 신증

     • 말기 신부전의 주 원인

     • 인슐린 부족 시 포도당이 에너지원으로 이용되지 못하고 지방이 에너지원으로 이용되는 과정에서 불완전 연소되어 케톤체가 과잉생성되고 소변으로 배설되는 경우(케톤체 : 아세톤, 아세토 아세테이트, β-하이드록시뷰티레이트)

     • 당뇨병 진단 후 약 10년 후 모세혈관 손상 → 단백뇨 → 사구체 경화 → 요독증 → 만성 신부전

   ㉡ 당뇨병성 망막병증

     • 가장 흔한 눈 합병증으로 실명의 주 원인

     • 약해진 망막 모세혈관의 미세 동맥류 → 단백질, 지질 투과도 상승 → 조직 괴사 및 망막 부위 혈관 손상

④ 당뇨병성 신경변증

   ㉠ 과당과 솔비톨이 신경에 축적 → 말초신경에서 중추신경 이상 → 팔, 다리로의 신경자극 전달 저하 → 감각 저하 → 심할 경우 괴저 → 절단

   ㉡ 위 정체 및 위 배출 지연

TIP 당뇨병성 혼수(diabetic coma)

• 반생 과정 : 당뇨병 환자 → 인슐린 부족 → 당질 대사 이상 → 지방 분해 촉진 → 지방의 불안전 연소 → 중간 분해 산물인 '케톤체' 생성 → 케톤증 발생 → 소변으로 케톤체 배설 시 체내의 알칼리성 전해질도 함께 배설 → 산독증 초래 → 당뇨병성 혼수 발생

• 치료법 : 인슐린 주사와 함께 전해질, 수분 공급

1. 식사 요법

(1) 식사 요법의 목표

① 표준 체중 유지

② 혈당, 혈압 및 혈중지방 농도 정상 범위로 조절

③ 합병증 지연 및 예방

④ 바른 영양 상태 유지

 혈당치에 영향을 미치는 당

- 포도당은 혈중으로 즉시 흡수되어 혈당을 빠르게 상승시킴
- 과당과 갈락토오스는 간에서 포도당으로 전환되어 혈당을 상승시킴
- 혈당 상승 정도 : 맥아당>포도당>설탕>과당
- 당뇨병 환자식에는 포도당이나 맥아당보다 과당을 사용하는 것이 좋음

 과당

- 과당, 자일리톨은 대사 시 인슐린을 필요로 하지 않음
- 과당은 중성 지방 합성을 촉진

(2) 식사 요법의 원칙

① 열량

㉠ 표준 체중 유지를 위한 적정 영양 섭취

㉡ 탄수화물 55~60%, 단백질 15~20%, 지방 20~25%

㉢ 1일 필요 열량(kcal)=표준 체중(kg)×활동별 열량(kcal/kg)

㉣ 저체중일 경우 500kcal 추가 열량 섭취, 1주일에 0.5kg 체중 증가 필요

② 탄수화물(당질 제한, 식이섬유 충분히)

㉠ 동일한 양의 당질을 함유해도 식품의 혈당지수에 따라 식후 혈당 변화에 차이가 있음

㉡ 혈당지수(Glycemic Index ; GI)가 낮은 식품 섭취

㉢ 총 에너지의 50~60%, 단순당질은 흡수가 빠르므로 총 열량의 5%를 넘지 않음

㉣ 식이섬유 1일 20~25g(14g/1,000kcal) 이상 섭취(특히 수용성 식이섬유)

- 위 배출 및 소장에서의 당 흡수를 지연시켜 혈당 상승을 억제함
- 콜레스테롤 합성 감소 및 담즙산 배설을 증가시켜 혈중 지질을 개선함
- 채소, 해조류, 생과일, 잡곡 등 섭취

㉤ 탄수화물 종류에 따른 혈당 상승 정도 : 포도당>설탕>과당>당알코올>아밀로펙틴>아밀로오스>저항성 전분

ⓗ 인슐린을 사용하지 않는 환자의 당질 배분

혈당이 정상 범위일 경우	아침 1/3, 점심 1/3, 저녁 1/3로 배분
아침에 혈당이 높을 경우	아침 1/5, 점심 2/5, 저녁 2/5로 배분

ⓢ 인슐린을 맞는 환자의 식사 요법 : 인슐린의 종류에 따라 열량 및 식사량을 배분함

TIP 혈당지수(Glycemic Index ; GI)

- 탄수화물 함유 식품의 식후 혈당 상승도(당질의 흡수 속도)를 반영
- 포도당 100 기준

고혈당지수(70 이상)	빨리 소화·흡수되어 혈당이 단시간 내에 오르고 인슐린 분비를 촉진(백미, 흰빵, 떡, 구운 감자, 콘플레이크, 수박 등)
중혈당지수(56~69)	현미, 패스트리, 아이스크림, 요구르트, 고구마, 파인애플 등
저혈당지수(55 이하)	천천히 소화·흡수되어 혈당이 서서히 오르고 인슐린 저항성이 감소, 식욕 조절과 공복감 지연으로 체중 조절에 도움(대두, 호밀빵, 우유, 사과, 배, 밀크초콜릿 등)

---

③ 단백질(충분히)
　㉠ 제2형 당뇨병 환자의 경우 총 에너지의 15~20% 권장
　㉡ 1.0~1.2g/표준 체중(kg)
　㉢ 임신, 수유, 영양 부족, 수술 및 상처 치유 등의 급성 이화작용 시 추가 공급
　㉣ 당뇨병성 신부전의 경우 섭취량 제한(저단백식)

④ 지질(적당히)
　㉠ 총 지방은 열량의 20~25%를 넘지 않도록
　㉡ 포화지방 : 총 열량의 7% 이내
　㉢ 콜레스테롤 : 200mg/일 이내
　㉣ 트랜스지방산 섭취의 최소화
　㉤ 고지혈증을 지닌 경우 불포화지방산, ω-3 지방산의 섭취

⑤ 비타민 및 무기질(충분히)
　㉠ 식사 섭취가 적절할 경우 추가 섭취의 필요는 없음
　㉡ 1,200kcal/일 이하의 저열량식의 경우 보충
　㉢ 항산화 물질(비타민 C, 비타민 E, 카로티노이드, 플라보노이드 등) 함유 식품 섭취를 권장하나 보충제는 권장하지 않음
　㉣ 나트륨 섭취는 2,400~3,000mg 정도로 제한
　㉤ 고혈압, 신장합병증의 경우 나트륨은 2,000mg 이하로 제한
　㉥ 당뇨병성 신증의 경우 나트륨 섭취량 제한

⑥ 알코올 제한
　㉠ 알코올은 간에서 포도당 신생을 방해하여 저혈당을 유발함
　㉡ 혈중 중성 지방 상승

ⓒ 남자 2, 여자 1 알코올 당량 정도로 섭취량을 제한

※ 1 알코올 당량(맥주 200㎖, 포도주 150㎖, 소주 50㎖)

⑦ 인공감미료

㉠ 감미를 위해 설탕 대용으로 사용

ⓛ 음식의 맛 증진을 위해 사용할 경우 특성, 단맛 정도, 안전성, 혈당 조절에 끼치는 영향을 고려하여 적정량 사용

⑧ 임신성 당뇨식

㉠ 식사 요법의 목표 : 적절한 체중 증가를 위한 적절한 에너지 제공, 정상 혈당 유지, 케톤체 생성 방지

ⓛ 개별 식사 관리가 적용되어야 함

ⓒ 뚜렷한 이유 없이 1~2주 기간 내에 2회 이상 혈당이 목표 초과 시 인슐린 요법

식사명		에너지(kcal)	당질(%)	단백질(%)	지질(%)
당뇨병식		30kcal/표준 체중(kg)	50~60%	15~20%	25% 이내
당뇨병성 신증식		30kcal/표준 체중(kg)	60~65%	0.8g/표준 체중(kg)	25% 이내
임신성 당뇨병식	초반기	25~30kcal/표준 체중(kg)	50%	20%	30%
	중반기	+340kcal			
	후반기	+450kcal			

〈당뇨병 유형별 에너지 및 영양기준량〉

(3) 식단 작성

① 환자의 다양성을 고려한 개별화 식단 작성

② 여러 번 나누어 섭취 시 혈당 조절 및 체중 조절에 도움(3끼와 2회의 간식)

③ 식품교환표를 활용하여 식단 작성

퀴즈

케톤증을 예방할 수 있는 하루 당질 최소 섭취량은 200g 이상이다. (ㅇ/×)

정답 | ×

해설 | 1일 100g 이하로 당질을 제한하면 옥살로아세테이트 부족으로 케톤증이 유발되므로 당질은 1일 100g 이상 섭취해야 한다.

2. 약물요법

(1) 인슐린

※ 인슐린 : 혈당을 저하시키는 호르몬

① 대상

   ㉠ 제1형 당뇨병 환자

   ㉡ 식사 요법, 경구 혈당강하제로 조절되지 않는 제2형 당뇨병 환자

   ㉢ 임신성 당뇨병 환자

   ㉣ 케톤산증, 고삼투압성 비케톤성 혼수

   ㉤ 수술, 감염 등 스트레스로 인한 인슐린 요구량 급증 시

② 작용 시간에 따른 분류

   ㉠ 초속효성, 속효성, 중간형, 지속형

   ㉡ 환자 혈당조절 패턴에 따라 병합 사용

③ 인슐린 주입 시 주의사항 : 주입 직후 심한 운동 → 순환이 빨라짐 → 저혈당 위험

※ 당뇨병 환자는 맞고 있는 인슐린 작용의 지속성에 따라 열량 및 식사량을 배분해야 함

(2) 경구용 혈당강하제

① 환자 혈당조절 특성에 따라 작용 기전이 다른 다양한 약제를 단일 또는 병합사용

② 작용 기전 : 췌장의 β−세포를 자극하여 인슐린의 분비 촉진 → 말초 조직의 인슐린 감수성 증가 → 장내 당질 소화·흡수 억제 작용 → 알파−글루코시다아제의 활성 저해

③ 설폰요소제(췌장 베타세포에서 인슐린 분비 증가), 비구아나이드(간에서 당 신생을 억제, 말초 인슐린 감수성 개선), 알파클루코시데이즈 억제제(상부 위장관에서 다당류 흡수를 억제, 식후 고혈당 개선), 티아졸리딘디온(근육, 지방의 인슐린 감수성 개선, 간에서 당 신생을 억제), 메글리티나이드(인슐린 분비 증가, 식후 고혈당 개선)

3. 운동 요법 및 주의사항

① 운동 요법의 효과

   ㉠ 말초 조직의 인슐린 감수성 증가

   ㉡ 인슐린, 혈당강하제의 사용량을 감소시킬 수 있음

   ㉢ 혈액 순환을 촉진시켜 동맥경화증 개선

   ㉣ 혈중 지방을 근육 등 말초 조직으로 유입시켜 고지혈증 개선

   ㉤ 주 4일 이상 또는 주 150분 이상 규칙적인 유산소 운동

② 주의사항

   ㉠ 합병증이 심하거나 혈당이 300mg/dL 이상 또는 100mg/dL 이하인 경우 주의를 요함

   ㉡ 운동 후 저혈당 주의(사탕 등의 당분 함유 식품 준비)

   ㉢ 운동 전·중·후 혈당 검사 후 적절량의 간식 섭취(운동 전<100mg/dL이면 간식 보충)

   ㉣ 고강도 운동 금지 : 혈당 조절이 안 되거나 케톤산증, 증식성 망막병증이 있을 경우

   ㉤ 인슐린 투여 후 1시간 이후, 식사 후 1~2시간 후에 실시하는 것이 안전

ⓗ 운동 중 추가로 필요한 당질량은 10~15g 수준으로 우유 1단위, 과일 1단위 수준

ⓢ 운동으로 인한 탈수는 고혈당증을 유발하므로 운동 전이나 도중에 수분을 보충

ⓞ 임신성 당뇨병 환자 : 20~30분의 걷기 등의 가벼운 운동은 혈당 조절 및 과도한 태아 성장을
예방함

 퀴즈

운동을 처방하지 못하는 혈당량의 한계치는 100mg/dL 이상이다. (ㅇ/×)

정답 | ×

해설 | 혈당 300 mg/dL 이상, 허혈성 심장 질환, 과도한 고혈압 등이 있는 경우는 운동을 삼간다.

PART 01
PART 02
PART 03
PART 04
PART 05
PART 06
PART 07
PART 08
PART 09

CHAPTER 07 │ 심혈관계 질환의 영양 관리

SECTION 01 | 심장의 구조와 혈액 순환

1. 심장의 구조 및 역할

(1) 심장의 구조

① 심장(두 개의 심방, 두 개의 심실)
  ㉠ 심방 : 정맥과 연결되어 혈액을 받아들임
  ㉡ 심실 : 동맥과 연결되어 혈액을 전신으로 내보냄(심장의 수축 운동)
② 판막 : 혈액의 역류를 막아 줌
  ㉠ 삼첨판(우심방과 우심실 사이)
  ㉡ 이첨판 또는 승모판(좌심방과 좌심실 사이)
  ㉢ 대동맥판(좌심실과 대동맥 사이)
  ㉣ 폐동맥판(우심실과 폐동맥 사이, 대동맥판막과 폐동맥판막은 반월판이라고도 함)
③ 심근
  ㉠ 횡문근으로 불수의근
  ㉡ 넓은 보자기와 같은 근육으로 수축하면 일시에 심장으로부터 혈액을 박출시키기 좋은 형태를 가짐
④ 관상동맥계 : 심장근육에 혈액 공급
⑤ 체순환계(대순환계) : 좌심실 → 대동맥 → 동맥 → 모세혈관 → 정맥 → 대정맥 → 우심방·좌심방을 거쳐 좌심실로 들어온 혈액은 좌심실의 수축으로 대동맥으로 나간 후 세동맥을 거쳐 말초조직의 모세혈관을 통해 세포에 산소와 영양소 공급하고 이산화탄소와 노폐물을 싣고 세포의 모세혈관을 통해 세정맥으로 나온 혈액은 대정맥을 거쳐 심장의 이완으로 우심방으로 들어감

(2) 심장의 역할

① 각 조직에서 필요한 산소, 수분, 전해질 및 영양소를 공급
② 대사과정에서 생긴 이산화탄소와 노폐물을 배출 또는 대사를 위해 다른 기관으로의 이동을 도움

TIP 심박동량과 박출량

- 심박출량 : 심장이 1분 동안 동맥 내로 밀어내는 총 혈액량
- 심박동량 : 심장이 한 번 수축하여 동맥으로 내보내는 혈액량(안정 시 70mL)
- 스탈링 법칙(Starling) : 이완기 심근의 길이가 길수록 수축력은 증가

심박동량 조절

- 심박동수 증가 요인 : 에피네프린, 노르에피네프린, 교감신경 흥분
- 심박동수 감소 요인 : 아세틸콜린, 부교감신경 흥분

2. 혈관의 구조 및 역할

① 동맥혈관의 구조

ㄱ 내막 : 내피세포로 구성

ㄴ 중막 : 평활근 세포로 이루어져 탄력성 제공

ㄷ 외막 : 섬유상

ㄹ 탄력판(내막 – 중막, 중막 – 외막) : 혈관의 탄력성 강화

② 내피세포

ㄱ 내막을 구성, 혈류를 돕고 혈전 생성 억제, 혈관 수축 및 이완 조절

ㄴ 내피세포의 기능 소실 : 동맥경화증, 고혈압, 색전증 유발

SECTION 02 | 심혈관계 질환

1. 고혈압

① 고혈압의 진단 **중요**

ㄱ 혈압이 지속적으로 상승되어 있는 상태

ㄴ 수축기 혈압 140mmHg 이상 또는 이완기 혈압 90mmHg 이상

분류	수축기 혈압(mmHg)	이완기 혈압(mmHg)
정상혈압	<120	<80
고혈압 전단계(1기)	120~129	80~84
고혈압 전단계(2기)	130~139	85~89
고혈압(1기)	140~159	90~99
고혈압(2기)	≥160	≥100

② 혈압의 조절(혈압자동조절기전) : 레닌 – 안지오텐신계, 알도스테론계

③ 고혈압의 분류

ㄱ 본태성 고혈압

- 고혈압 환자의 90%
- 원인 불분명, 생활 습관이 큰 영향을 미침
- 주 발병군 : 높은 연령층

- 생활 습관 : 비만, 과다한 소금 섭취, 알코올 섭취, 칼륨 · 마그네슘 부족, 지방의 과다 섭취, 흡연 등
  ⓒ 증후성 고혈압
  - 고혈압 환자의 10%
  - 주 발병군 : 젊은 연령층
  - 원인 질환(신장 질환, 내분비 질환 등)에 의한 혈압 상승

④ 고혈압의 위험 인자

가족력 및 인종	• 부모 양쪽이 고혈압이면 자녀의 발병률은 약 80%, 한쪽이면 25~40% • 발병률 : 흑인>백인
비만	체중 증가 → 인슐린 분비 증가 → 체내의 수분과 나트륨 저장 → 혈압 상승
스트레스	에피네프린 분비 증가 → 혈압 상승 → 혈관 손상
음주	교감신경자극, 부신피질호르몬 분비 증가, 과다한 알코올 섭취는 항고혈압제제에 대한 저항 증가
흡연	니코틴 등의 유해물질의 혈관 손상, 에피네프린 분비 증가로 혈압 증가 및 혈관 손상
식생활	염분의 과다 섭취, 칼륨의 섭취 부족 등
운동 부족	−

TIP 혈압을 높이는 인자

심박출량 상승, 교감신경 흥분, 에피네프린 증가, 혈중 나트륨 증가에 의한 혈장 부피 증가, 혈관 수축, 혈액 점성 증가, 카테콜아민 분비, 아드레날린 분비, 노르아드레날린 분비, 알도스테론 분비, 레닌−안지오텐신계 활성 등

⑤ 고혈압의 식사 요법

정상 체중 유지	고혈압 관리의 기본
당질과 지방	당질(55~60%), 지방(20~25%)
단백질(충분)	총 에너지의 15~20%, 1~1.5g/kg
염분(제한)	• 심혈관, 신장, 뇌졸중 발생 감소 • 1단계 고혈압 : 소금 5g/일 섭취(나트륨 2,000mg) • 2단계 고혈압 : 소금 3.5~5g/일 섭취(나트륨 1,500mg) • 적절한 칼륨, 마그네슘, 칼슘 섭취
식이섬유(충분)	수용성 식이섬유 섭취량 증가
알코올(제한)	1일 남성 2잔, 여성 1잔 이하(1잔 : 알코올 15g)
카페인(제한)	일시적인 혈압 상승 효과 억제

DASH(Dietary Approaches to Stop Hypertension)

- 고혈압의 예방 및 치료를 위한 식사
- 나트륨, 포화지방, 콜레스테롤 섭취 제한
- 칼륨, 칼슘, 마그네슘, 식이섬유소를 충분히 섭취(혈압 강하 효과)
- 과일, 채소, 저지방 유제품의 섭취는 2배 증가
- 적색육(쇠고기, 돼지고기), 햄은 1/3로 감소
- 유지류는 1/2로 감소
- 간식은 1/4로 감소

2. 저혈압

① 정의 : 최고 혈압이 100mmHg 이하 또는 최저 혈압이 60mmHg 이하
② 원인 : 심장 쇠약, 영양 부족, 암, 내분비질환, 원인 미상(본태성 저혈압) 등
③ 증상

  ㉠ 무증상, 무기력, 피로감, 어지러움, 두통, 불면, 뇌빈혈 등

  ㉡ 정신적 자극에 예민

④ 식사 요법

  ㉠ 규칙적인 식습관과 균형 잡힌 식사 유지

  ㉡ 고열량식, 고단백식, 고비타민식

  ㉢ 1일 3~4식으로 분배하여 섭취

  ㉣ 동물성 식품의 과다 섭취 유의

  ㉤ 식욕 증진을 위한 노력

3. 이상지질혈증 중요

(1) 지단백질

① 종류

킬로미크론	• 소장에서 흡수된 중성 지방을 근육과 지방조직으로 운반 • 중성 지방이 제거된 후 킬로미크론 잔존물은 간에서 재활용
VLDL	• 간에서 여분의 포도당으로부터 합성된 중성 지방을 근육과 지방조직으로 운반 • 중성 지방이 제거된 후 LDL로 전환
LDL	• 콜레스테롤을 간과 간 외의 조직으로 운반 • 세포막의 구성, 스테로이드 호르몬 합성 등에 이용 • 조직에서 사용하고 남은 콜레스테롤은 HDL에 실려 간으로 운반
HDL	간에서 생성, 혈류에서 콜레스테롤을 구형으로 전환하여 간으로 반송하여 담즙으로 배설

② 특성

특성	킬로미크론	VLDL	LDL	HDL
주 생성 장소	소장	간	혈액에서 VLDL로부터 전환	간
주성분	중성 지방	중성 지방	콜레스테롤	단백질
밀도(g/mL)	<0.94	0.94~1.006	1.019~1.063	1.063~1.21
지질의 양(%무게)	98~99	90~92	75~80	40~48
콜레스테롤(%지방 무게)	9	22	47	19
중성 지방(%지방 무게)	82~89	50~58	7~11	6~7
역할	식사로부터 온 중성 지방을 체내로 운반	간에서 합성된 중성 지방을 조직으로 운반	콜레스테롤을 말초 조직으로 운반	콜레스테롤을 간으로 운반하여 체외로 배설

(2) 이상지질혈증의 진단

① 이상지질혈증의 진단

㉠ 정의 : 혈중의 콜레스테롤 또는 중성 지방량이 비정상적으로 증가된 상태

㉡ 진단 : 중성 지방, 콜레스테롤 농도를 측정

㉢ 진단 기준은 해당 인구 집단의 유병효과와 사망효과에 근거함

분류	진단	혈중농도(mg/dL)
총 콜레스테롤	높음	≥240
	경계	200~239
	적정	<200
중성 지방	매우 높음	≥500
	높음	200~499
	경계	150~199
	적정	<150
LDL 콜레스테롤	매우 높음	≥190
	높음	160~189
	경계	13~159
	정상	100~129
	적정	<100
HDL 콜레스테롤	높음	≥60
	낮음	≤40

〈이상지질혈증 진단 기준〉

② 이상지질혈증의 분류

㉠ 발병 요인에 따른 분류

일차성(원발성) 이상지질혈증	• 아포단백질, 수용체, 지단백질 대사 효소에 영향을 주는 유전적 요인 • 열량, 포화지방, 콜레스테롤의 과다 섭취 등의 요인
이차성 이상지질혈증	당뇨병, 콩팥질환, 간 질환 등의 질병에 의한 합병증 등

㉡ 지단백질혈증의 유형에 따른 분류 : 프레드릭슨/WHO 분류(6가지)

㉢ 증가된 혈중 지질의 종류에 의한 분류 : 고콜레스테롤혈증(Ⅱa형), 고중성 지방혈증(Ⅰ, Ⅳ, Ⅴ형), 복합형(Ⅱb형, Ⅲ형)

분류	증가한 지단백	원인	원인식	식사요법
Ⅰ	킬로미크론	지단백분해효소(LPL) 결핍	고지방식	• 지방 섭취 제한 • 알코올 제한
Ⅱa	LDL	LDL 수용체에 이상	• 고포화지방식 • 고콜레스테롤식	• 지방 섭취 제한 • 콜레스테롤 제한
Ⅱb	LDL+VLDL	LDL의 합성 증가 중성 지방의 대사 저하	• 고포화지방식 • 고콜레스테롤식 • 고당질식	• 지방 섭취 제한 • 콜레스테롤 제한 • 당질, 알코올 제한
Ⅲ	IDL	아포단백질E의 이상	• 고지방식 • 고당질식	• 콜레스테롤 제한 • 당질 섭취 제한 • 체중 감소 • 양질의 단백질 섭취
Ⅳ	VLDL	VLDL 합성 증가	• 고에너지식 • 고당질식, 과음	열량, 당질, 알코올 제한
Ⅴ	킬로미크론+VLDL	원인불명	• 고에너지식 • 고지방식 • 고당질식	• 지방 섭취 제한 • 열량, 당질, 알코올 제한

(3) 혈중 지질에 영향을 미치는 요인

요인	특성
식이지방의 양	• 지방 섭취를 줄임 → 에너지와 포화지방산 섭취량이 낮아지며 체중 감소 → 혈중 콜레스테롤 수치 감소 • 식이지방을 과잉 제한 → 탄수화물 섭취 비율 증가, 중성지방 수치 증가, HDL 콜레스테롤 수치 감소

식이지방의 종류	• 포화지방산 : 라우르산(C:12), 미리스트산(C:14), 팔미트산(C:16) 크게 상승
	• 트랜스지방산 : 총 콜레스테롤 수치 증가, LDL 콜레스테롤 수치 증가, HDL 콜레스테롤 수치 감소
	• 단일 불포화지방산 : 포화지방 대체 시 총 콜레스테롤 수치 감소, LDL 콜레스레롤 수치 감소, 중성 지방 수치 감소
	• 다가 불포화지방산
	  －식이 탄수화물을 리놀레산(C18:2)으로 대체
	  －LDL 콜레스테롤 수치 감소, HDL 콜레스테롤 수치 증가
	  －오메가－3 지방산은 LDL 콜레스테롤과 중성 지방 모두 수치 감소

식이 콜레스테롤의 양	혈중 총 콜레스테롤과 LDL 콜레스테롤 수치 증가

에너지	과다 섭취 시 체중 증가, 중성지방 및 콜레스테롤 합성 증가
식이섬유소	• 총 콜레스테롤과 LDL 콜레스테롤 수치 감소 • 담즙과 결합하여 몸 밖으로 배출 • 장내세균에 의해 분해되어 생성된 단쇄지방산이 콜레스테롤 합성 저해

(4) 이상지질혈증의 식사 요법

구분	식사 요법
1일 총 열량	• 정상 체중을 유지할 수 있는 열량 공급 • 과체중일 경우 체중 조절을 위한 열량 공급
탄수화물	단순당의 섭취 주의
총 지방	총 열량의 30% 미만
포화지방산	총 열량의 7% 이내로 제한
불포화지방산	총 열량의 10% 이내로 제한(오메가-6 다가불포화지방산)
트랜스지방산	섭취 제한
콜레스테롤	300mg/일 미만 섭취
식이섬유	25g/일 이상 섭취
알코올	1일 1~2잔 이내 섭취

① 고콜레스테롤혈증의 식사 요법
  ㉠ 총 지방, 포화지방산, 트랜스지방산의 섭취량 감소 → 지방이 많은 육류, 유제품, 튀김, 팜유, 코코넛 오일 등
  ㉡ 콜레스테롤의 섭취 제한(간, 내장, 버터, 달걀 등)
  ㉢ 단일 불포화지방산이나 다가 불포화지방산을 함유한 유지나 식품 섭취
    • 오메가-3 지방산 섭취(들기름, 고등어, 꽁치, 청어, 정어리 등)
    • 오메가-6 지방산의 과도한 섭취는 염증 반응 유도
    • MUFA 다량 함유된 유지 섭취(올리브유, 카놀라유, 땅콩기름 등)
  ㉣ 콩단백질 및 식이섬유소 섭취(이소플라본 함유)
  ㉤ 과도한 알코올 섭취 제한
  ㉥ 식물성 스테롤과 스탄올 섭취(견과류, 씨앗류, 곡류, 과일 및 채소 등)
② 고중성 지방혈증의 식사 요법
  ㉠ 칼로리 섭취를 제한하여 정상 체중 유지
  ㉡ 저열량식 및 저당질식(단순당 제한)
  ㉢ 지방 및 콜레스테롤의 섭취 제한(저포화지방식)
  ㉣ 알코올 섭취 제한
  ㉤ 충분한 섬유소 섭취
③ 이상지질혈증 식사 관리
  ㉠ 식물성 기름 이용, 포화지방산이 많은 지방 및 경화유 사용 제한
  ㉡ 가시적 지방 제거

ⓒ 육가공품 섭취 제한(베이컨 등)

ⓔ 포화지방산 섭취 제한

ⓜ 오메가-3 지방산을 다량 함유한 생선 섭취

ⓗ 난황의 섭취 제한

ⓢ 튀김, 가공 식품 섭취 제한

ⓞ 충분한 채소 섭취

ⓩ 잡곡, 두류 섭취

퀴즈

팜유와 코코넛유는 식물성 유지이므로 혈청 콜레스테롤치를 낮출 수 있다. (○/×)

정답 | ×

해설 | 팜유와 코코넛유는 식물성 유지이나 포화지방산 함량이 높아 부적합하다. 혈청 콜레스테롤치를 낮출 수 있는 유지는 필수지방산인 불포화지방산이 다량 함유되어 있는 대두유, 옥수수유, 면실유, 참기름 등이다.

---

4. 동맥경화증 중요

① 동맥경화증의 병리

ⓐ 동맥이 벽이 두꺼워지고 단단해지면서 탄력성을 잃음

ⓑ 만성 염증성 질환

ⓒ 단계 : 지방과 콜레스테롤 축적 → 지방, 칼슘, 피브린 등이 축적되어 플라크 또는 죽종 형성 → 혈관 내경이 좁아지고 혈액 순환의 문제 발생 → 혈전 생성(혈관 막음) → 색전 생성(부서진 혈전이 작은 혈관 폐색) → 심근경색, 뇌졸중, 말초 조직의 괴저 등이 발생

② 동맥경화증의 원인

ⓐ 가족력(유전), 연령(폐경 전 여성<남성<폐경 후 여성)

ⓑ 흡연(니코틴) : 카테콜아민 분비 자극 → 혈중 유리지방산 증가, 혈소판 응집능력 자극 → 혈액 응고 촉진

ⓒ 비만 : LDL 콜레스테롤 증가, HDL 콜레스테롤 감소

ⓓ 고혈압, 이상지질혈증, 당뇨병 : 동맥경화증의 이차적인 위험 인자

※ 고혈압 : 동맥벽을 약화시켜 콜레스테롤의 침입 유도

ⓔ 운동 부족 : 체중 증가 → LDL 콜레스테롤 수치 증가 → 동맥경화증

③ 동맥경화증의 종류 : 죽상동맥경화증, 중막석회화성경화증, 세동맥경화증

④ 동맥경화증의 치료 : 이상지질혈증 치료에 준함

⑤ 식사 요법

ⓐ 목표 : 고혈압, 이상지질혈증, 비만 등을 조절

ⓑ 에너지 : 표준 체중 유지

ⓒ 단백질 : 총 에너지의 15~20%

ⓓ 식이섬유 : 25g/일

PART 01
PART 02
PART 03
PART 04
PART 05
PART 06
PART 07
PART 08
PART 09

ⓜ 나트륨 : 1,000mg/1,000kcal, <3,000mg/일

ⓗ 단순당, 커피, 알코올 섭취 제한

ⓢ 오메가-3 지방산 함량이 높은 등푸른생선 등을 섭취

동맥경화증의 혈장 지질 변화

- 총 지질량의 변화, 중성지방 수치 증가, 콜레스테롤 수치 증가, LDL 상승, HDL 감소 등
- 동맥경화증의 위험도를 판단하는 지표는 LDL

동맥경화증을 예방할 수 있는 식품

- 오메가-3 지방산인 DHA, EPA 등이 풍부한 등푸른생선(고등어, 삼치 등)
- 표고버섯, 저지방우유, 달걀흰자, 두부, 참기름, 들기름 등

5. 허혈성 심장 질환

특징		• 허혈 : 혈액 관류가 충분하지 못하여 산소의 결핍이 초래된 상태 • 허혈성 심장 질환 : 여러 원인으로 인한 산소 수급의 불균형으로 심근기능의 장애를 초래한 상태 (협심증, 심근경색, 돌연사 등)
원인		관상동맥(심장 운동에 필요한 혈액의 공급)의 죽상경화증으로 인해 혈관의 내경이 좁아지고 심근 관류량이 감소하여 발생
종류	협심증	• 원인 : 심근의 산소가 일시적으로 부족(운동, 흥분, 과식) • 증상 : 흉부 압박감, 흉골 아래 부위에서 통증 시작, 쥐어짜는 듯한 통증
	심근경색	• 원인 : 관상동맥의 동맥경화나 혈전으로 혈액 공급에 문제가 생겨 심근조직의 일부가 괴사 • 증상 : 협심증보다 증상이 심하고 오래 지속됨, 창백한 얼굴, 차가운 손발, 땀, 저혈압, 맥박의 약화, 부정맥, 구토 등(응급상황)
식사 요법		• 목표 : 심장의 휴식, 동맥경화의 식사 요법에 준함 • 에너지 제한 : 초기 2~3일은 500~800kcal의 유동식 제공 • 나트륨 제한 : 저염식(나트륨<2,000mg, 소금<5g) • 카페인 및 알코올 제한 : 카페인(심장박동 증가, 혈중 콜레스테롤 수치 증가), 알코올(중성지방 수치 증가) • 생선, 저지방 육류 등으로 단백질 보충 • 식이섬유소의 섭취 증가 • 포화지방산 섭취 제한 • 식사는 소량씩 자주 섭취하고 너무 뜨겁거나 짠 음식은 제한

6. 울혈성 심부전 중요

① 심장 기능의 이상으로 박출력이 감소하고 전신과 혈관에 울혈 현상이 나타남

② 원인

  ㉠ 심장판막이나 근육 관련 심장 질환, 고혈압, 폐기종, 만성 신염 등

  ㉡ 심근경색증 이후 오는 경우가 흔함

③ 증상
   ㉠ 신장으로의 혈류량 감소(신장의 RAS 활성화, 혈압 증가, 부종, 심부전 악화)
   ㉡ 좌심실 수축 부전(폐울혈 및 폐부종)
   ㉢ 우심실 수축 부전(체순환계 순환 저하로 말초 부종, 간 부종 등)
④ 영양 관리 목표
   ㉠ 체중 조절 및 유지
   ㉡ 심장 부담 경감
   ㉢ 적절한 영양 상태 유지
   ㉣ 체내 수분과 전해질 평형으로 부종을 경감하고 심장 기능 유지
⑤ 식사 요법
   ㉠ 목표 : 심장의 부담 최소화, 심근 수축력 증가, 부종 제거
   ㉡ 저나트륨식
   ㉢ 에너지 제한 : 체중 감소를 통한 심장 부담 감소
   ㉣ 양질의 단백질 섭취 증가(1~1.5g/kg)
   ㉤ 지방 조절 : P:M:S=1:1:1, n-6/n-3=4~10
   ㉥ 이뇨제 사용 시 손실되는 수용성 비타민, 전해질 보충
   ㉦ 지나친 섬유소는 섭취 제한(소화장애, 가스 생성으로 인한 심장 부담)
   ㉧ 무자극성식
      • 카페인 또는 탄산 음료 제한
      • 소화가 잘되는 담백한 맛의 식품 선택
      • 1일 5~6회의 소량의 잦은 식사
      • 너무 뜨겁거나 차가운 음식 제한
   ㉨ 나트륨 제한식의 분류

구분	무염식	저염식	경저염식
염분(g)	<1	5	8~10
나트륨(mg)	<400	2,000	3,200~4,000
조리 시 염분사용량(1일)	엄금	소금 1.5g 또는 간장 7.5mL	소금 2g 또는 간장 10mL
조리 시 유의사항	엄금	해조류, 냉동 생선은 물에 담가 나트륨 제거	저염식에 매끼 식염 1g이나 간장 5mL 공급 (환자가 첨가하도록)
제한 식품	우유, 어육류, 일부채소(쑥갓, 근대, 시금치)	마요네즈, 토마토케첩은 허용 범위 내로 사용	장아찌, 식염에 절인 식품, 가공 식품

PART 01
PART 02
PART 03
PART 04
PART 05
PART 06
PART 07
PART 08
PART 09

TIP **저나트륨식**

- 소금 1g에는 나트륨이 약 400mg 함유되어 있다.
- 칼륨은 나트륨 배설을 촉진하고 혈압 강하작용을 한다.
- 나트륨을 심하게 제한하면 저염증후군이 나타날 수 있다.
- 맛소금, 베이킹파우더, 복합조미료에는 나트륨이 들어있으므로 사용을 제한한다.
- 설탕, 식초, 계핏가루, 커피, 참기름, 감자, 고구마 등을 섭취하는 것이 좋다.

7. 뇌졸중

① **원인** : 뇌혈관의 순환장애로 뇌혈관이 막히거나 터져서 뇌조직이 손상됨

② **증상** : 반신마비, 언어장애, 의식장애 등

③ **분류** : 뇌출혈, 뇌경색, 뇌혈전증, 뇌색전증 등

분류	종류	특징
허혈성뇌졸중		• 원인 : 뇌조직의 가역적인 허혈 • 특징 : 일시적인 뇌기능의 국소적 손실
뇌경색	뇌혈전증	• 발병군 : 주로 고령환자 • 진행성 : 단계적으로 서서히 발생
뇌경색	뇌색전증	• 발병군 : 젊은 나이에도 발생 • 원인 : 혈전에서 분리된 색전 • 진행성 : 신경학적 증상이 급작스럽게 발생
뇌경색	열공성 뇌경색	발병군 : 고혈압, 당뇨병, 죽상동맥경화증 환자
뇌출혈	고혈압성 뇌내출혈	• 원인 : 고혈압으로 인한 혈관 파열 • 특징 : 원발성
뇌출혈	지주막하출혈	원인 : 동맥류의 파열

④ **식사 요법**

 ㉠ 혼수상태 시에는 경장 영양

 ㉡ 연하 곤란 증세 시에는 유동식 제공

 ㉢ 표준 체중에 맞는 영양 공급

 ㉣ 수분, 전해질 공급(뇌 부종, 뇌압 항진이 발생하지 않도록)

 ㉤ 재발 방지를 위해 고혈압, 동맥경화, 당뇨 등의 식사 요법을 적용

CHAPTER 08 | 비뇨기계 질환의 영양 관리

SECTION 01 | 비뇨기계의 구조와 기능

1. 비뇨기계의 구조

① 비뇨기계 : 신장, 신우, 요관, 방광, 요도

② 신원(네프론) : 좌우 신장에 각각 100만 개~125만 개 존재(신소체+세뇨관)

③ 신소체(피질 부분에 존재) : 사구체(여과), 보우만주머니

④ 세뇨관(수질 부분에 존재)

　㉠ 전해질과 영양소 재흡수 기능

　㉡ 근위세뇨관, 헨리고리, 원위세뇨관, 집합관이 있어 물질교환이 이루어짐

⑤ 신원은 사구체 여과, 세뇨관 재흡수 및 분비 과정을 통해 소변을 생성

근위세뇨관	삼투질 농도에 따라 수분과 나트륨의 재흡수(수분과 나트륨의 대부분이 재흡수됨)
원위세뇨관	• 항이뇨호르몬(ADH)에 의해 체내 필요량에 따라 수분의 재흡수 • 알도스테론에 의해 나트륨의 재흡수와 칼륨의 분비 촉진

2. 신장의 기능 중요

① 소변 형성

　㉠ 사구체 여과

　　• 물, 전해질, 당, 아미노산, 단백질 대사 산물 등 지름이 작은 물질은 여과됨

　　• 혈구와 혈장단백질은 여과되지 못함

　　• 건강한 성인의 사구체 여과액과 요 형성률(mL/분)

심박출량	5,000
신혈류량	1,250(심박출량의 약 25%)
신혈장 유량	600(신혈류량의 1/2 정도)
사구체 여과율	125(신혈장유량의 20%)
요 형성	1(사구체 여과 후 1%만 요로 배설)
여과액 재흡수	124(사구체 여과율 후 99%는 세뇨관에서 재흡수)

ⓛ 세뇨관 재흡수와 분비
- 세뇨관 재흡수 : 수분, 전해질 99% 이상 재흡수, 포도당과 아미노산 100% 재흡수
- 분비 : 단백질 대사 산물(요소, 요산, 암모니아), 독성물질, 산 등(요량 : 100~125mL/분, 1.5L/일)
- 포도당의 신장역치 : 혈당이 180mL% 이상이면 근위세뇨관의 재흡수 능력을 초과하여 포도당이 요로 배설되기 시작(정상인의 혈당치에서는 포도당이 100% 재흡수되므로 소변에 보이지 않음)
- 원위세뇨관에서 항이뇨호르몬(ADH)인 바소프레신이 수분 재흡수를 촉진하고 부신피질호르몬(ACTH)인 알도스테론이 나트륨 재흡수를 촉진
- 사구체에서의 여과, 세뇨관에서의 재흡수 및 분비과정을 거쳐 형성된 요는 신우로 나와 수뇨관을 통해 방광 내에 저장되고 일정량에 도달하면 요도를 통해 배설
- 건강인의 요에서는 포도당과 알부민과 같은 단백질은 거의 발견되지 않음

TIP 항이뇨호르몬
- 뇌하수체 후엽에서 분비
- 항이뇨호르몬의 분비는 체액의 삼투압에 의해 좌우됨
- 원위세뇨관에서 체내 필요량에 따라 수분의 재흡수에 관여

TIP 알도스테론
- 부신피질에서 분비
- 원위세뇨관과 집합관에서 혈압 조절 기능에 관여하는 나트륨의 재흡수와 칼륨 분비 촉진

② 체액 및 산·염기 평형
  ㉠ 나트륨의 재흡수와 배설 조절 : 체내 일정 농도의 나트륨과 혈장량 유지, 알도스테론에 의한 재흡수
  ㉡ 체내 대사 산물인 산을 처리하고 알칼리는 재흡수 : 체액의 산도를 일정하게 유지
③ 비타민 D의 활성화 : 비타민 D를 $25(OH)D_3$에서 $1,25(OH)_2D_3$ 형태로 활성화 → 칼슘 흡수(소장), 칼슘 재흡수(세뇨관) 촉진
④ 내분비 기능과 대사 기능 : 에리스로포이에틴(조혈인자) 생성 → 골수 자극, 적혈구 성숙 → 만성 신장 질환 시 빈혈 초래
⑤ 조혈 작용 : 신장에서 에리스로포이에틴(당단백질 합성) → 적혈구 생성 촉진
⑥ 노폐물 배설
⑦ 혈압 조절

신장 혈장 제거율

- 0이라는 것은 사구체에서 여과된 양이 전량 재흡수된 것을 의미(요중에서 발견되지 않는다는 의미)
- 1보다 작으면 세뇨관 재흡수를 의미
- 1보다 크면 세뇨관에서 분비됨을 의미

SECTION 02 | 비뇨기계 질환의 진단 검사

1. 소변 검사

① 색(정상 : 미색)

② 비중(정상 : 1.005~1.030)

③ pH(정상 : 4.5~8.0)

④ 단백질, 당, 케톤, 빌리루빈, 혈뇨(정상 : 불검출)

⑤ 적혈구 및 백혈구(정상 : 0~4)

⑥ 원주체 및 결정체(정상 : 없음)

2. 생화학 검사

① 요소질소(BUN)

　㉠ 혈중 요소의 질소량을 측정

　㉡ 간에 의해 생성, 신장을 통해 혈액으로부터 제거

② 크레아티닌(Creatinine)

　㉠ 근육 크레아틴 포스페이타제 분해 산물

　㉡ 체내 일정량 생산되므로 신장 기능의 지표

 p-아미노마뇨산(PAH)

사구체에서 여과되며, 혈장 내 잔류 PAH는 세뇨관에서 분비 과정을 거치는 물질이므로 신장의 혈장 혈류량을 측정하는 데 이용된다.

PART 01

PART 02

PART 03

PART 04

PART 05

PART 06

PART 07

PART 08

PART 09

1. 일반 증상

단백뇨	• 500mg 이상 배설 시 • 정상적인 요중에는 알부민과 같은 단백질이 들어있지 않아야 함
혈뇨	적혈구가 다량 배출되면 혈뇨, 백혈구는 신장의 염증, 화농 시 배출됨
부종	• 알부민(혈청단백질)이 소변으로 배설되면 저단백혈증으로 부종 발생 • 얼굴, 눈 가장자리
고혈압	신혈류량 감소 및 사구체 여과량 감소와 관련됨
빈혈	적혈구, 헤모글로빈이 정상인의 약 1/2
핍뇨와 다뇨	• 핍뇨 : 부종 시 요량 감소(500mL/일 이하) • 다뇨 : 세뇨관의 재흡수 능력 저하 시 발생
고질소혈증	혈중 비단백성질소 증가(요소, 요산, 크레아티닌 등)

※ 당뇨 환자는 재흡수되지 못한 포도당이 여과액의 삼투 농도를 증가시켜 물의 재흡수를 억제시킴으로써 삼투성 이뇨 증상이 나타남

2. 증상 발현 기전

① 단백뇨
  ㉠ 저알부민혈증(1g/dL 이하) → 삼투압 저하 → 혈액으로부터 조직 사이로 수분 이동 → 부종
  ㉡ 단백뇨가 나타나면 사구체 모세혈관막의 손상이 의심됨
② **사구체 장애** : 사구체여과율 저하 → 핍뇨 → 나트륨, 수분의 체내 보유 → 부종
③ **신혈류량 저하** : 레닌·안지오텐신계 활성화 → 혈관 수축, 호르몬 분비(항이뇨, 알도스테론), 갈증유발중추 자극 → 나트륨, 수분의 체내 보유 → 부종, 고혈압

1. 급성 사구체 신염

① 원인
  ㉠ 감기, 편도선염, 중이염, 폐렴 등
  ㉡ 세균, 바이러스 등의 항원과 항체 반응 → 면역복합체 형성 → 사구체 염증
② **증상** : 핍뇨, 단백뇨, 부종, 혈뇨, 고혈압 등
  ㉠ 핍뇨 및 빈뇨 : 소변량이 줄고 잦아지며 심하면 무뇨
  ㉡ 단백뇨 : 소변에 알부민이 증가하여 거품이 생기고 탁해짐
  ㉢ 부종 : 아침에 얼굴, 특히 눈 주위의 부종, 저녁에 발과 다리를 손가락으로 눌렀을 때 들어감, 소변량이 줄면 부종이 심해짐

ⓔ 혈뇨 : 소변에 적혈구 등이 나타나 붉은색을 띰

ⓜ 고혈압 : 부종과 핍뇨와 관련하여 혈압이 상승함(수축기 혈압 140~180 mmHg)

③ 예방 및 치료

ⓖ 예방 : 외출 후 귀가 시 양치질, 신장의 부담 감소, 충분한 휴식, 균형식 섭취

ⓛ 치료 : 염증 치료를 위한 적절한 항생제 이용

④ 식사 요법

ⓖ 에너지(충분히) : 35~40kcal/kg(당질 위주로 섭취)

ⓛ 단백질(제한) : 핍뇨기(0.5g/kg 이내), 이뇨기(0.5~0.7g/kg), 회복기(1g/kg)

ⓒ 나트륨(제한) : 핍뇨기(1,000mg 미만), 이뇨기(1,000~2,000mg), 회복기(2,000~3,000mg)

ⓔ 수분(제한) : 핍뇨 시(전날 요량+500~600mL), 이뇨기(1,000~1,500mL), 회복기(자유 섭취)

ⓜ 칼륨(제한) : 핍뇨 시 제한

퀴즈

급성 사구체 신염 환자는 단백질과 염분을 제한해야 한다. (○/×)

정답 | ○

해설 | 급성 사구체 신염으로 사구체 여과율이 저하되면 혈장 단백질이 새어 나오므로 신장 기능을 보호하기 위해 단백질을 제한해야 한다. 또한 나트륨과 수분 배설이 저하되어 나트륨 축적으로 인해 부종이 발생하고 혈압이 상승할 수 있으므로 염분도 제한한다.

---

2. 만성 사구체 신염 [중요]

(1) 원인 및 증상

① 급성기를 거치지 않고 처음부터 만성으로 진행되는 경우가 많음(85%)

② 잦은 소변, 거품뇨, 혈뇨, 두통, 단백뇨 등에 의한 고혈압과 부종

(2) 식사 요법

① 급성 사구체 신염의 회복기와 유사

② 에너지(충분히) : 35~40kcal/kg, 주로 당질 위주, 지방은 적당히

③ 단백질(적당히) : 1g/kg

④ 나트륨(제한) : 부종, 고혈압 시 제한

⑤ 수분(제한) : 부종 시 제한(전날 요량+500mL)

3. 신증후군(네프로제, 네프로시스) [중요]

(1) 원인

사구체 신염, 전신성 혈관염, 간염으로 인한 신장염, 당뇨병성 신증, 악성 종양 등과 동반

(2) 증상

① 사구체 투과성 증가로 혈장단백질의 소변 배출(단백뇨, 저단백혈증) → 혈장 단백질 농도 저하에 따른 알부민 감소(저알부민혈증, 부종)

② 면역단백질의 감소(감염)

③ 지질 대사 변화(고지혈증, 혈중 콜레스테롤 증가)

④ 혈장 내 비타민 D 결합 단백질 감소(구루병)

⑤ 근육 조직의 파괴(쇠약) 발생

(3) 식사 요법

① **목표** : 혈압 조절, 부종치료, 충분한 열량 공급으로 근육 이화작용 예방, 요단백 손실 감소, 단백질 영양 불량 치료, 신질환 진행 지연 등

② **에너지(충분히)**

ⓐ 35kcal/kg

ⓑ 열량 부족 시 체단백 분해를 유발하여 저알부민 혈증 악화

③ **단백질**

ⓐ 1.0~1.5g/kg

ⓑ 생물가가 높은 양질의 단백질로 50% 이상 섭취

ⓒ 지나친 고단백 식사는 사구체 손상 유발로 신질환 진행을 가속화 함

④ **지질 및 콜레스테롤(제한)**

ⓐ 총 열량의 15~20%, 콜레스테롤 200mg/일 섭취

ⓑ 고지혈증이 3개월 지속될 경우 약물 치료 필요

⑤ **나트륨(제한)**

ⓐ 신장 기능 보존 및 혈압과 부종 조절을 위해 섭취

ⓑ 심한 부종 시 500mg 이하, 부종 소실 시 2,000~4,000mg 섭취

⑥ **칼륨(제한 없음)** : 단, 이뇨제 사용으로 칼륨 과다 손실 시 칼륨 보충 필요

⑦ **수분(제한)** : 심한 부종 시 전날 요량+500mL, 부종 소실 시 갈증이 없을 정도로 섭취

4. 급성 신부전(Acute Renal Failure ; ARF)

(1) 원인

① **신전성(60~70%)**

ⓐ 저혈압, 체액 부족 → 출혈, 감염, 화상, 이뇨제 사용

ⓑ 색전증, 혈관협착, 심부전(심장박출량 감소), 간부전

② **신성(25~40%)**

ⓐ 세뇨관 손상 : 장시간 허혈, 식중독, 방사선 조영제

ⓑ 신장 손상 : 악성 고혈압, 혈관염, 사구체병증, 다발성 골수종 등

ⓒ 신장 내 폐색 : 색전증, 감염, 신결석, 악성종양 등

③ 신후성(5~10%)
- ㉠ 요도 폐쇄 : 혈괴, 종양, 결석
- ㉡ 방광 출입구 폐쇄 : 신경성 방광, 전립선 비대증

(2) 증상

① 핍뇨기(하루 소변량 500mL 이하, 1~2주 지속)
- ㉠ 사구체 여과율 감소
- ㉡ 수소이온 배설 부전으로 산중독증 발생, 칼륨 배설 저하로 고칼륨혈증 발생
- ㉢ 혈중 요소, 크레아티닌, 인산 등의 축적으로 요독증 발생
- ㉣ 저칼슘혈증, 고혈압, 부종, 경련 등을 유발

② 이뇨기(하루 소변량 3L까지 증가, 1주간 지속)
- ㉠ 세뇨관의 재흡수 능력 저하
- ㉡ 다량의 수분 및 전해질이 상실된 상태로 보충이 필요함

③ 회복기
- ㉠ 소변량 정상 수준
- ㉡ 신장 기능도 완전 정상화되는 시기

(3) 식사 요법

① 에너지(충분 섭취)
- ㉠ 35~40kcal/kg
- ㉡ 초기 요독증으로 구토, 식욕 저하 증상 시 경관 급식, 정맥 영양 실시

② 단백질
- ㉠ 핍뇨기 : 0.6g/kg 이하
- ㉡ 이뇨기 및 회복기 : 0.6~0.8g/kg
- ㉢ 투석 시 : 1.0~1.5g/kg
- ㉣ 지속적 신대체요법 시 : 1.5~2.0g/kg

③ 나트륨 : 혈압 상승 및 체액 과다 예방을 위해 1,000~3,000mg 이하 권장

④ 칼륨(제한)
- ㉠ 혈중 칼륨 농도가 증가하면 심장마비를 초래할 수 있음
- ㉡ 이뇨기에는 저칼륨혈증이 발생할 수 있으므로 규칙적인 혈액검사 실시

⑤ 수분
- ㉠ 수분의 종류
  - 실온에서 액체 상태(음료수, 우유, 국, 국물, 얼음, 아이스크림 등)
  - 과일, 채소 등 식품 자체의 수분
  - 식품 대사 수분
- ㉡ 허용 수분 섭취량
  - 핍뇨기 : 전날 요량+500mL
  - 이뇨기 : 1,000~1,500mL
  - 회복기 : 제한 없음

5. 만성 신부전(Chronic Renal Failure ; CRF) 중요

① 원인

    ㉠ 주 원인 : 당뇨병, 고혈압, 만성 사구체 신염

    ㉡ 약물, 결석, 종양, 루프스, 자가면역질환 등

    ㉢ 신장 손상 → 사구체 여과율 감소 → 비가역적 손상 → 말기 신부전으로 진행

② 증상

    ㉠ 에리트로포이에틴(erythropoietin) 분비 감소로 골수에서 적혈구 생성 감소 → 빈혈

    ㉡ 혈중 인 증가 → 혈중 칼슘 농도 저하(저칼슘혈증)

    ㉢ 혈중 요소, 크레아티닌 농도 상승 → 요독증

    ㉣ 인산, 황산, 유기산 등의 배설 장애 → 산혈증

③ 식사 요법

    ㉠ 목표 : 급성 신부전의 회복기와 유사

    ㉡ 만성 신부전증 환자의 1일 영양소 섭취 기준

영양소	섭취 기준
열량(충분히)	• 체조직 분해 방지를 위해 충분히 섭취 • 사탕, 꿀, 잼 등 단순당
단백질(제한)	• 요독증 방지를 위해 섭취 제한 • 50% 이상은 생물가가 높은 단백질로 섭취 • 단백질 섭취를 엄격 제한한 경우는 0.3g/kg 섭취
지방	• 총 에너지의 25~35% • 식물성 지방 공급 • 포화지방산(육류, 버터, 크림 등) 섭취 제한
비타민	수용성 비타민 부족 시 보충제 보충
나트륨	1,000~3,000mg(고혈압과 부종 동반 시)
칼륨(제한)	소변량의 감소 시 고칼륨혈증 위험 → 근육마비, 혈압 저하, 부정맥, 심장마비 등 유발
인(제한)	• 인은 만성신부전 초기부터 엄격히 섭취 제한 • 고인산증은 부갑상선항진증, 신성 골이양증 유발
칼슘	1,400~1,600mg
마그네슘	200~300mg
철분	≥10~18mg
아연	15mg

> **TIP 요독증**
>
> - 정의 : 신장의 기능 저하로 인해 혈중 요소, 인산 등이 높아진 상태
>   - 신기능이 정상의 1/5~1/10 이하로 떨어짐
>   - 사구체 여과율이 5~10mL/min 이하로 감소
>   - 네프론이 90% 손상
>   - 혈중 요소질소 농도가 60mg/dL 이상
> - 증상 : 핍뇨, 결뇨, 고질소혈증, 호흡 시 암모니아 냄새, 오심, 구토, 설사, 빈혈, 부종, 혼수 등
> - 식사 요법
>   - 충분한 열량 공급
>   - 당질과 지방은 적당량 공급
>   - 단백질 제한식(체내 암모니아 축적 방지)
>   - 요독증의 증세가 심할 경우(구토 등) 단백질을 완전히 제거

6. 혈액투석

① 목적 : 신부전 말기에 발생하는 요독증 방지, 부종과 고혈압 방지, 전해질과 수분평형 등

② 투석 방법

　㉠ 말기 신부전증 치료 방법

　㉡ 기계를 이용하여 혈액 속 과잉 수분과 노폐물을 반투과막을 통해 투석액으로 여과 또는 제거

　㉢ 투석 횟수 : 4~5시간/회, 2~3회/주

　㉣ 투석 횟수, 잔여 신기능, 식사 요법은 환자의 체계에 따라 변경 가능

　㉤ 영양소 손실로 영양 불량 유발 가능성

③ 혈액투석 식사 요법

　㉠ 에너지 : 0세 이상은 30~35kcal/kg, 60세 미만은 35kcal/kg

　㉡ 단백질 : 1.2~1.4g/kg, 50% 이상은 생물가가 높은 식품으로 섭취

　㉢ 나트륨 : 2,000~3,000mg 이하 권장

　㉣ 칼륨 : 투석액의 농도에 따라 1일 40~60mEq(1,600~2,400mg)

　㉤ 칼슘 : 2,000mg 이하(식사와 보충제 포함)

　㉥ 인 : 800~1,000mg

　㉦ 수분 : 1일 소변량+1,000mL(투석 기간 동안 체중 증가가 2~3kg이 되도록)

7. 지속적인 복막투석

① 방법

　㉠ 복막 내 투석액을 주입하고 복막을 통해 체내 수분과 노폐물 제거

　㉡ 수술을 통한 복강 내 카테터 설치 후 2L의 투석액(포도당 농도 1.5~4.25%)을 하루 4~5회 교환

② 장점 및 단점

　㉠ 장점 : 식사 제한에서 자유로움(지속적인 투석으로 일정 상태 유지)

　㉡ 단점 : 합병증으로 인한 복막염, 고지혈증 발생

③ 식사 요법
　　㉠ 에너지
　　　　• 60세 이상은 30~35kcal/kg, 60세 미만은 35kcal/kg, 단, 투석액에 함유된 에너지는 포함
　　　　• 식사를 통해 필요한 열량=총 열량 요구량−투석액으로부터 오는 열량
　　㉡ 단백질
　　　　• 질소평형을 위해 1일 1.2~1.3g/kg ↔ 손실 단백질량은 약 6~10g/일
　　　　• 투석액의 복강 내 잔류로 복부 팽만감 및 복압 상승 → 소화력 저하로 단백질 섭취 부족 →
　　　　　충분한 단백질 섭취
　　㉢ 나트륨 및 수분
　　　　• 혈압 및 수분 조절 불충분 시 2,000mg 이하로 제한
　　　　• 고혈압, 부종 이외의 경우 수분 제한은 필요치 않음
　　㉣ 칼륨
　　　　• 고칼륨혈증을 제외하고 칼륨 제한은 필요치 않음
　　　　• 제한 시 1일 60~70mEq(2,400~2,800mg)
　　㉤ 인 : 섭취 제한, 800~1,000mg(1일 17mg/kg 이하)
　　㉥ 수분 : 1,500~2,000mL

8. 신결석증

① 원인 및 특징
　　㉠ 소변량 감소, 요로 폐색, 결석 형성 물질 농도의 증가
　　㉡ 주 발병군 : 20~50대에 흔히 발병, 남성이 여성보다 3~4배 발병률이 높음
② 증상 : 결석의 요도 침해, 통관 시 심한 통증, 혈뇨, 구토, 발열, 창백 등
③ 치료
　　㉠ 요중 결정 물질의 용해와 배설 촉진 및 생성 억제
　　㉡ 결석증 재발 방지를 위해 결석 조성을 불문하고 수분을 충분히 섭취(고수분식)
④ 종류
　　㉠ 수산칼슘결석과 인산칼슘결석(75%) : 고칼슘뇨증이 주원인
　　㉡ 요산결석(5~10%) : 요산의 전구체인 퓨린의 과다생성이 주원인
　　㉢ 스트루바이트결석 : 마그네슘 · 암모늄 · 인산 성분의 결합이 주원인
　　㉣ 시스틴 결석 : 시스틴의 대사 장애로 인한 시스틴뇨증이 주원인

⑤ 신결석 종류별 식사 요법

종류	식사 요법
수산칼슘결석	• 고수분식(소변이 희석되어 결석 형성 물질의 농도를 낮춤) • 수산 섭취 제한(적은 양으로도 결정체를 형성) → 시금치, 아스파라거스, 근대, 두부, 고구마, 견과류, 무화과, 초콜릿, 코코아, 홍차 등 섭취 제한 • 동물성 단백질 · 나트륨 섭취 제한 • 칼슘 섭취 제한 → 고칼슘혈증 치료 및 고수산증과 음(−)칼슘평형을 방지하기 위해 600~800mg 정도 권장 • 인 제한(우유 및 유제품 제한) • 비타민 C 섭취 제한 → 딸기 등 • 비타민 B_6 보충
인산칼슘결석	• 고수분식 • 동물성 단백질 · 나트륨 · 수산 · 인 섭취 제한 • 칼슘 적당량 섭취 제한
요산결석	• 저퓨린식(국수, 빵, 우유, 달걀, 채소, 과일 등) • 알칼리성 식품 섭취(과일, 채소, 유제품) • 고수분식(1일 3L 이상)
시스틴결석	• 저단백식(함황아미노산 제한) • 알칼리성 식품 섭취(과일, 채소, 유제품) • 고수분식(1일 3L 이상)

 퀴즈

신장 질환의 일반적인 증상은 부종, 핍뇨, 단백뇨 등이다. (○/×)

정답 | ○
해설 | 신장 질환의 일반적인 증상은 단백뇨, 부종, 핍뇨, 혈뇨, 다뇨, 빈혈, 고혈압, 고질소혈증 등이 있다.

9. 비뇨기계 질환의 일반적인 영양 관리

에너지(충분히)	• 에너지 부족 시 단백질 분해로 신장에 부담을 줌 • 신장에 부담이 적은 당질, 지질 형태로 공급
저단백식 (단백질 섭취 제한)	• 양질의 단백질 공급 • 신증후군 및 투석은 적당량의 단백질 보충
무기질	• 나트륨(제한) : 과량 섭취 시 부종과 고혈압 유발 • 칼륨(제한) : 고칼륨혈증 시 부정맥 등을 유발하거나 심장마비를 초래할 수 있음 • 인(제한) : 다량 섭취 시 고인산혈증 발생 • 칼슘(보충) : 부족 시 뼈로부터 칼슘이 용출되어 신성골이영양증 발생 위험

CHAPTER 09 | 암의 영양 관리

SECTION 01 | 암의 이해

1. 암의 정의

① 악성 종양, 악성 신생물
② **암(癌)의 어원** : 바위 암(岩)에서 유래된 것으로 '바위처럼 단단한 덩어리'라는 의미
③ 암세포의 특징
    ㉠ 비정상적인 자가증식
    ㉡ 세포 성장을 위하여 영양분을 과도하게 끌어들여 주변세포의 정상적인 성장과 기능을 방해
    ㉢ 다른 조직으로의 전이 가능
    ㉣ 분열과 성장을 통해 주변 조직을 파괴

2. 양성 종양과 악성 종양의 비교

구분	양성 종양	악성 종양
성장 속도	비교적 느림	빠름
성장 형태	확대 팽창	주위 조직으로 침윤
세포 특성	분화, 세포 성숙	미분화, 미성숙
전이	없음	흔함
재발률	수술 후 재발률 낮음	수술 후 재발이 흔함
예후	좋음	진단 시기, 전이 여부, 분화 정도에 따라 다름

3. 암의 발생 기전

① 시작 과정(initiation)
    ㉠ 발암물질에 의해 정상 세포 유전자의 손상이 일어나는 단계
    ㉡ 빨리 일어나지만 촉진 인자를 만나 암으로 진행되기까지의 기간이 다름
② 촉진 과정(promotion)
    ㉠ 유전자 손상이 증가하고, 변성된 비정상 세포군이 복제 및 증식되는 시기
    ㉡ 진행이 느려 수십 년에 걸칠 수도 있으며, 촉진 인자에 의해 가속화되기도 함
③ **진행 과정(progression)** : 종양 세포군이 응집하고 성장, 진전되어 악성 종양을 유발하는 단계

4. 암의 발생 원인 (중요)

① 돌연변이
- ㉠ 특정 유전자의 손실 또는 손상으로 조절 기능을 상실
- ㉡ 촉진 요인에 노출되어야 암으로 발전함

② 화학적 발암물질
- ㉠ 돌연변이 유발, 잠복해 있는 바이러스의 활성화
- ㉡ 담배 연기, 코르타르, 훈연 가공 어육, 직화구이 육류, 색소, 질산염 등

③ 방사선 조사 : X-ray, 방사능 물질, 햇빛 등에 노출될 경우 DNA 손상이나 염색체의 이상을 초래함

④ 발암성 바이러스 : 인간유두종바이러스(HPV, 자궁경부암), B형간염 바이러스(간암), 헬리코박터 파일로리균(위암) 등

⑤ 스트레스 요인 : 과다 노출 시 면역 기능 저하, 식행동 및 영양 상태 저하

⑥ 역학적 요인 : 인종, 종교, 성별, 연령, 유전적 소인, 직업, 식생활 등의 요인

암 촉진 및 억제 인자
- 암 촉진 인자 : 흡연, 과음, 체중 증가, 훈연 제품, 곰팡이, 고지방식, 저섬유식, 고질산 화합물, 염장식, 질산염 함유 식품, 다량의 쌀밥, 뜨거운 음식, 가공 식품, 방부제, 대기오염, 스트레스 등
- 암 억제 인자 : 신선한 녹황색 채소 및 과일 섭취, 고섬유식, 우유 및 유제품, 비타민 A, 카로틴, 비타민 C, 비타민 E 등

암의 종류별 암 발생 요인
- 위암 : 고염식, 뜨거운 음식, 다량의 쌀밥, 훈연식품의 아질산염, 고질산 함유 식품, 헬리코박터 파일로리균 등
- 간암 : 알코올, 곰팡이, 타르 색소, B형간염 바이러스 등
- 대장암 : 저섬유소식, 고지방식, 알코올, 탄 음식에서 생성된 벤조피렌 등
- 방광암 : 가공 식품의 식품첨가물인 둘신, 시클라메이트 등
- 식도암 : 고염식, 훈연식품의 아질산염 등
- 유방암 : 고지방식, 고열량식, 탄 음식에서 생성된 벤조피렌, 폐경 후 호르몬 요법 등
- 직장암 : 저섬유소식 등

5. 암의 증상

① 심한 영양 결핍
- ㉠ 만성 소모성 질환
- ㉡ 식욕 부진, 만복감, 소화 불량, 흡수 불량, 저작 및 연하 곤란, 구토, 체단백 소모 등

② 면역 기능 저하 : 골수 침범, 항암제 투여로 골수세포의 생성 저하, 영양 결핍 등

③ 간 기능 및 신장 기능 저하 : 간 독성, 신장 독성 등이 있는 항암제 치료 후 발생

PART 01
PART 02
PART 03
PART 04
PART 05
PART 06
PART 07
PART 08
PART 09

6. 암 관련 영양 문제

① 악액질(cancer cachexia)
  ㉠ 종양이 진행됨에 따라 흔히 나타나는 에너지 · 단백질의 영양 불량 증상
  ㉡ 증상 : 식욕 부진, 체중 감소, 빠른 포만감, 대사와 호르몬 이상, 영양소 흡수 불량, 체조직의 합성 감소, 빈혈, 부종, 전신 쇠약, 조직기능의 손상, 무기력증, 근육 소모, 수분과 전해질 불균형, 면역 기능 저하, 기초대사율 증가, 체중 감소 등
  ㉢ 암 환자 조기 사망원인의 20~40%는 극심한 영양 불량으로 추정
  ㉣ 소화기계 종양의 경우 특히 심각하며 유방암에서는 나타나지 않음

 퀴즈

암 환자에게 일어나는 암 악액질 증상으로는 식욕 부진, 빠른 포만감, 영양소의 흡수 불량, 근육 소모, 체중 감소 등이 있다. (○/×)

정답 | ○
해설 | 악액질의 증상으로는 식욕 부진, 빠른 포만감, 대사와 호르몬 이상, 영양소 흡수 불량, 체조직의 합성 감소, 빈혈, 부종, 전신 쇠약, 조직기능의 손상, 무기력증, 근육 소모, 수분과 전해질 불균형, 면역 기능 저하, 기초대사율 증가, 체중 감소 등이다.

TIP | **암 환자의 대사 이상**

• 암세포에서 지방 분해를 촉진하는 사이토카인 분비→ 에너지 소모량 증가
• 기초대사량 증가 → 에너지 소모량 증가 → 체중 감량
• 당 신생 활발 → 근육 소모 큼
• 당질이 지방으로 잘 전환되지 않음 → 체내 저장지방 고갈

② **식품 섭취량 감소**
  ㉠ 식욕 부진 : 미각, 후각 등의 감각 변화(암세포에서 식욕 억제를 일으키는 사이토카인 분비)
    • 쓴맛에는 예민, 단맛 · 짠맛 · 신맛은 둔감, 냄새에는 예민해져 육류나 생선의 섭취가 어려움
    • 식욕 조절 호르몬의 대사 변화로 식욕 감소
  ㉡ 포만감 : 포만감을 쉽게 느껴 섭취량이 감소함
  ㉢ 기계적 요인 : 입, 식도, 소화기계 종양일 경우 섭취 장애
  ㉣ 정신적 스트레스 : 치료 과정에서의 우울증 등으로 섭취량 저하
③ **영양소 소화 · 흡수 · 이용률의 저하**
  ㉠ 융모 세포 감소, 췌장 효소 및 담즙산염 부족 또는 불활성화
  ㉡ 정상 세포와 종양 세포 간의 영양소에 대해 경쟁
  ㉢ 특히 소화기계 암일 경우 소화 · 흡수 불량

④ 영양소 대사의 변화
  ㉠ 에너지 : 기초대사량 증가로 에너지 소모량 증가
  ㉡ 탄수화물 : 인슐린 저항성 증가로 포도당 이용 및 글리코겐 합성 저하, 코리 회로 활성 증가, 당 신생 증가
  ㉢ 단백질 : 합성 감소, 체단백 소모 증가(면역 저하, 근육 소실)
  ㉣ 지방
    • 체지방 분해 증가, 혈중 유리지방산의 농도 증가, 체내 저장 지방의 고갈
    • 지방 분해를 촉진하는 사이토카인 분비, 에너지 소모량 증가, 지방 합성 능력 저하
  ㉤ 수분과 전해질 : 수분, 나트륨, 칼륨 수준 저하, 수용성 비타민 손실

SECTION 02 | 항암 치료와 치료법에 따른 영양 문제

1. 수술 중요
① 치료법
  ㉠ 조기 발견에 의한 절제가 가장 바람직
  ㉡ 치료 목적 : 전이, 증세 호전 등을 위해 수술과 화학요법, 방사선요법 등을 병행
② 영양 문제 : 수술 부위에 따라 덤핑증후군, 체중 감소, 영양소 흡수 불량 등의 부작용 발생

> **TIP 위 절제수술을 받은 위암 환자의 식사 요법**
> • 식사 도중 물이나 다른 액체의 섭취는 금지
> • 저당질, 적정 지방, 고단백식 공급
> • 유당이 함유된 우유 및 유제품은 피함
> • 식후 20~30분 정도 누워 휴식을 취함

2. 화학요법
① 치료법
  ㉠ 항암제를 이용한 내과적인 약물 치료
  ㉡ 치료 목적 : 종양 절제 불가능, 암 전이, 재발한 암 등
  ㉢ 항암제 사용
    • 암세포의 성장 방해, 합성 저해, 세포분열 억제, 분화 억제, 증식 차단 등의 효과
    • 암세포 외에도 정상 세포 중 빠르게 증식하는 위장관 점막, 모근, 골수, 생식계 세포에도 영향
② 영양 문제
  ㉠ 위장관 부작용(오심, 구토, 구내염, 설사 등)
  ㉡ 장기간 복용 시 미각 장애, 이상후각증 등으로 식품 혐오감이 생김

PART 01
PART 02
PART 03
PART 04
PART 05
PART 06
PART 07
PART 08
PART 09

3. 방사선요법

① 치료법
  ㉠ 종양을 제거하기 위해 광범위하게 이용되는 방법
  ㉡ X – 선, Y – 선 등 고에너지의 방사선 이용
  ㉢ 단복 또는 다른 치료와 병행하는 경우가 많음
  ㉣ 새로운 DNA 합성을 파괴해 빠르게 분열하는 세포를 파괴

② 영양 문제
  ㉠ 치료 부위에 따라 다르게 나타남
  ㉡ 가장 일반적인 부작용 : 메스꺼움, 식욕 부진, 전신피로감 등

4. 면역요법

① 치료법
  ㉠ 자연살해세포(natural killer cell) 치료
  ㉡ 면역 치료제 : 단일 클론성 항체, 인터페론, 인터루킨 – 2 등

② 영양 문제
  ㉠ 화학요법, 방사선 요법에 비해 증세가 가벼운 편
  ㉡ 섬유증, 협착, 누공, 천공 외 다른 치료에서 나타나는 증상들이 나타남

5. 골수 이식(Hematopoietic Stem Cell Transplantation ; HSCT)

① 치료법
  ㉠ 대상 : 백혈병, 림프종 등의 혈액암
  ㉡ 화학요법 및 전신 방사선 치료로 면역반응 억제 후 골수 이식

② 영양 문제
  ㉠ 이식 후 식욕 부진, 구토, 설사, 연하 곤란, 점막염, 위염, 식도염, 미각 변화 등
  ㉡ 면역 상태가 좋아지고 구강 섭취가 가능해질 때까지 정맥 영양
  ㉢ 이식 거부증(GvHD)의 경우가 가장 어려움

SECTION 03 | 암 환자의 식사 요법

1. 암 환자의 영양 요구량

① 열량
  ㉠ 에너지 공급 증가
  ㉡ 충분한 탄수화물 섭취(단백질 절약 작용)
  ㉢ 영양 상태가 양호한 경우 약 2,000kcal 공급
  ㉣ 영양 상태가 불량한 경우 약 3,000~4,000kcal 공급

② 지방

　　㉠ 지방의 과잉 섭취 시 유방암, 대장암, 직장암, 전립선암, 자궁내막암 등의 발생 가능

　　㉡ 담즙산의 과잉 분비는 암 발생을 촉진

　　㉢ 포화지방산의 과잉 섭취는 과산화지질을 생성하여 암 유발 가능

　　㉣ 오메가 – 3 지방산은 항암 효과를 지님

③ 단백질

　　㉠ 충분량의 단백질 공급

　　㉡ 암의 진행상태와 스트레스 정도에 따라 조정

　　㉢ 암 환자의 단백질 권장량

성인	0.8g/kg
정상 상태 유지	0.8~1.0g/kg
스트레스가 없는 환자	1~1.2g/kg
과대사 상태의 환자	1.2~1.6g/kg
심한 스트레스의 환자	1.5~2.5g/kg
골수 이식 환자	1.5~2.5g/kg

④ 비타민과 무기질

　　㉠ 식사 장애, 대사 항진으로 결핍될 우려가 있음

　　㉡ 채소 및 과일류 섭취 늘리기

　　㉢ 부족 시 보충제를 사용하나 DRI를 넘지 않도록 조절

　　㉣ 비타민 A, 비타민 C, 비타민 E 등은 암 발생을 억제함

⑤ 수분

　　㉠ 충분한 수분 섭취(감염, 발열 등으로 인한 손실 보충)

　　㉡ 비뇨기계 염증 예방, 소변을 통한 분해 산물, 약물 등의 배설을 원활하게 함

⑥ 식이섬유

　　㉠ 대장암 예방 효과

　　㉡ 저섬유식은 암 발생을 촉진

TIP 식이섬유의 대장암 예방 효과

- 대변량이 증가하여 배변 횟수가 많아짐
- 수분을 흡수하는 보수성을 가지고 있으므로 대장 내의 발암물질이 희석됨
- 장내 통과시간의 단축으로 발암물질에 노출되는 시간이 짧아짐

2. 암 환자의 영양 공급

① 경구 급식
  ㉠ 암 환자의 증상, 내성, 암의 종류, 치료 부작용 등을 고려
  ㉡ 환자 개인에 맞는 식사 계획
  ㉢ 필요 시 영양보충제 사용
  ㉣ 말기 암 환자의 경우 먹는 즐거움을 강조
② 영양 지원
  ㉠ 경장 영양
    • 환자 상태, 수술 부위 등을 고려
    • 환자의 소화 · 흡수 능력을 고려하여 조성을 선택
    • 혈당이 높은 경우가 많으므로 탄수화물, 단순당의 함량이 낮은 식품 선택
    • 췌장암 등의 경우 성분영양식 사용
  ㉡ 정맥 영양
    • 항암 치료에 좋은 반응을 보이는 환자가 경구, 경관 영양이 어려울 때 또는 보조적 수단
    • 말기 암 환자의 단순 연명 수단으로 사용하는 것은 지양

 TIP **골수 이식 수술 후 의식이 회복되지 않은 백혈병 환자에 대한 올바른 영양 공급 방법**
• 의식이 회복되지 않았을 경우 환자에게 필요한 영양소를 경관 급식으로 공급
• 골수 이식 환자는 면역 기능이 저하되어 감염되기 쉬우므로 무균식을 제공

3. 암 환자의 영양 문제에 따른 해결방안

① 메스꺼움, 구토
  ㉠ 소량씩 천천히 자주 공급
  ㉡ 항구토제(항메스꺼움제)를 식사 30분 ~ 1시간 전에 복용
  ㉢ 식사 전 또는 식사 도중 수분을 주지 않음
  ㉣ 조미가 강한 식품이나 고지방식품은 피함
  ㉤ 식후 1시간 정도는 앉아서 휴식
  ㉥ 식사 장소는 환기가 잘되는 곳(잦은 환기를 통해 불쾌한 냄새 제거)
  ㉦ 찬물 또는 구강세정제를 이용하여 입안을 자주 헹궈줌
  ㉧ 뜨거운 음식보다는 차가운 음식이 메스꺼움을 가라앉힘
  ㉨ 구토 후에는 물이나 육수 등의 맑은 유동식부터 조금씩 공급
② 식욕 부진
  ㉠ 소량씩 자주 공급
  ㉡ 식사량이 적으면 과일, 아이스크림 등의 간식을 통해 열량을 보충
  ㉢ 고형물 섭취가 힘들면 수프, 주스, 우유 등의 유동식 공급

② 식사 시간에 얽매이지 말고 환자의 상태가 좋을 때 식사

⑩ 가벼운 산책 등을 통해 식욕을 증진시킴

③ 면역 기능 저하

㉠ 모든 음식은 익혀서 공급

㉡ 제한 식품 : 생과일, 생야채, 치즈, 우유 및 유제품 등

㉢ 허용 식품 : 통조림, 두유, 캔주스, 멸균 우유, 청량음료 등

㉣ 조리도구는 반드시 소독

㉤ 조리한 요리는 가능한 빨리 섭취

㉥ 남은 음식은 밀봉하여 냉장 및 냉동 보관

㉦ 시판되는 간식류는 오븐에 굽거나 전자레인지에 데워서 섭취

TIP 암 치료 시 발생한 부작용의 해결방법

- 식욕 부진 : 소량씩 자주 공급, 간식과 야식을 통한 열량 보충, 향기 · 맛 · 색 등을 조절
- 구토, 메스꺼움 : 소량씩 자주 공급, 항메스꺼움제를 식사 30분~1시간 전에 제공, 뜨거운 음식보다는 차가운 음식 제공
- 이미각증 : 차갑거나 상온의 온도의 음식 제공, 베이킹소다를 물에 희석하여 식전에 가글
- 연하 곤란 : 조리한 후 간 음식, 삼키기 쉬운 묽은 점성, 인공 타액 등을 제공
- 면역 기능 저하 : 조리도구는 반드시 소독, 모든 음식은 익혀서 제공, 통조림 · 두유 · 멸균 우유 등을 제공

CHAPTER 10 | 면역·수술 및 화상·호흡기 질환의 영양 관리

SECTION 01 | 면역과 알레르기

1. 면역

(1) 면역반응

① 면역(免疫) : 역병으로부터 면하다라는 의미
② 신체는 질병, 병원균, 독성 물질 등으로부터 보호하기 위해 세포들과 물질들에 의한 면역반응을 일으킴
③ 면역반응 : 병원체에 대한 방어를 위해 생물이 일으키는 모든 반응

(2) 면역반응의 분류

① 선천성 면역(내재면역)
 ㉠ 감염에 대한 1차 방어선으로 질병 억제의 중요한 기능을 담당
 ㉡ 침, 콧물, 대식세포, 보체계가 작용
 ㉢ 특이성 : 비특이적 방어체계(항원에 노출되기 전 몸속에 이미 갖추어짐)
 ㉣ 체액성 : 리소좀, pH, 혈청단백질
 ㉤ 세포성 : 백혈구
② 후천성 면역(적응면역)
 ㉠ 림프구(T림프구, B림프구)가 생산하는 항체
 ㉡ 특이성 면역 : 특이적 방어체계
 ㉢ 체액성 면역 : 체액에 함유된 항체에 의해 매개되는 면역반응, B세포가 담당
 ㉣ 세포성 면역 : 흉선에서 유래된 T림프구에 의해 매개되는 면역반응, T세포는 각종 림포카인 (lymphokine)을 분비함으로써 여러 면역 기능을 조절함

(3) 면역반응에 관여하는 세포 및 백혈구

세포	종류	기능
피부, 점막 세포	–	병원체에 대한 1차 방어선
대식 세포	–	죽은 세포, 감염 세포 등에 대한 식세포 작용, 독성물질 분비, T세포에 항원 제시

	호산구	–	항체에 둘러싸인 기생충 제거
백혈구	호중구	–	식세포 작용, 고름 형성
	호염구	–	염증 반응, 알레르기 반응에 관여
	단핵구	–	대식 세포의 전구 세포, 식세포 작용
	림프구	B세포	형질 세포로 분화되어 항체 분비
		세포 독성 T세포	감염세포, 암세포를 죽임
		보조 T세포	• 다른 면역세포 활성화, 1형 T세포(Th1), 2형 T세포(Th2)가 있음 • Th1은 세포성 면역(대식세포와 세포독성 T세포), Th2는 체액성 면역(B세포)을 활성화
		자연 살해 세포	감염 세포 죽임, 비특이적으로 반응하나 특이적 면역의 사이토카인의 영향을 받음
수지상 세포		–	세포 전령사
형질 세포		–	성숙한 B세포로 항체 분비
비만 세포		–	히스타민, 염증에 관여하는 화학 물질 분비, 알레르기에 관여

※ 출처 : 이연숙 외 2인(2009), 이해하기 쉬운 인체생리학, 파워북

(4) 감염과 면역반응

① 발열, 감염 시에 나타나는 대사 변화

ㄱ 기초대사율(BMR) 증가(체온 1℃ 상승 시 13% 증가)

ㄴ 에너지 필요량 증가

ㄷ 당질 대사, 단백질 대사 항진

ㄹ 수분, 염분, 칼륨의 손실 증가

ㅁ 글리코겐 저장량, 영양소 흡수력 감소

ㅂ 세균 감염에 의한 체단백질 소모 증가

퀴즈

체온이 1℃ 상승할 때 기초대사율(BMR)은 20% 증가한다. (○/×)

정답 | ×

해설 | 발열 시에는 대사속도가 증가하는데, 체온이 1℃ 상승할 때 기초대사율은 13% 증가한다.

---

② 대표적인 감염성 질환

장티푸스	• 원인 : 비위생적인 음식물과 음료수 • 증상 : 발열, 설사, 장궤양, 장출혈, 장천공 • 식사 요법 : 고열량, 고단백, 무자극, 저잔사식, 수분공급
콜레라	• 증상 : 극심한 설사, 탈수, 호흡이 빨라지며 소변량 감소 등 • 식사 요법 : 정맥주사로 수분 공급, 전해질 · 포도당 · 항생물질을 구강을 통해 섭취

③ 감염성 질환의 식사 요법
　　㉠ 충분한 당질 · 단백질 · 수분(5,000~6,000cc) · 전해질 공급
　　㉡ 농축 열량식품 공급
　　㉢ 설사 등으로 수분 손실이 많을 경우 수분, 나트륨 등의 전해질 공급 필요

(5) 면역글로불린의 종류 및 기능

면역글로불린	기능
IgG(70~75%)	• 혈액 및 조직에 분포 • 세균, 바이러스, 곰팡이, 독성 물질에 대한 화학적 방어
IgA(15~20%)	• 호흡기, 비뇨기, 소화기 분비물에 존재 • 국소면역에 관여 • 모유에 존재하는 SIgA(Sencretory IgA)
IgM(10%)	• 혈액 내 존재 • 식세포와 함께 세균에 대한 방어 기능(보체 필요) • IgG의 역할을 도움
IgD(1% 미만)	• B림프구 막에 존재 • 항원 수용체로 작용
IgE	• 호염기성구와 비만세포의 혈장막 표면에 존재 • 식품알레르기 반응 및 기생충 제거에 관여

2. 알레르기

(1) 알레르기와 과민 반응

① 알레르기 : 꽃가루, 음식, 먼지, 약물 등과 같이 일반적으로 몸에 해가 되지 않는 물질에 대하여 과민 반응을 나타내는 것
② 과민 반응 : 항체 또는 세포 등의 매개를 통해 면역학적 기전에 의해 야기되는 알레르기 반응
③ 과민 반응은 작용 기전에 따라 4가지 유형으로 구분

분류	면역매개체	명칭	주요 질환
제1형	IgE	아나필락시스형 (즉시형 과민증)	천식, 알레르기 비염, 아토피피부염, 아나필락시스, 대부분의 식품 알레르기
제2형	IgG	세포독성형	수혈 반응, 자가면역성 용혈, 일부 약물 알레르기
제3형	IgG	면역복합체형	류머티즘성 관절염, 루프스, 급성사구체 신염, 폐렴, 대장염
제4형	T세포	자연형, 세포매개성 과민형	만성천식, 접촉성 피부염, 만성알레르기성 비염, 셀리악병, 이식거부 반응

 알레르기 유전

부모에게 알레르기가 있을 경우 자녀에게도 그와 동일한 알레르기가 나타날 확률은 약 75%이다.

(2) 식품 알레르기

① 원인 식품

㉠ 돼지고기, 우유, 달걀, 땅콩, 대두, 견과류, 밀, 갑각류, 조개류, 생선(고등어, 연어, 오징어, 꽁치 등) 등

㉡ 아황산염과 같은 식품첨가물, 곰팡이 핀 식품, 삶아서 물에 담가야 하는 채소 등

㉢ 소아들에게 알레르기 발생 빈도가 높은 식품 : 우유>초콜릿, 콜라>옥수수, 달걀>두류, 귤>토마토>밀, 밀가루>사과>바나나>감자

② 증상

㉠ 두드러기, 가려움, 습진 등의 피부반응

㉡ 얼굴, 입술, 혀, 목 등이 부어오름

㉢ 입안의 얼얼한 감각

㉣ 천식, 코막힘, 호흡 곤란

㉤ 메스꺼움, 구토

㉥ 복통 및 설사

㉦ 현기증 또는 기절

㉧ 아나필락시스로 인한 저혈압 및 쇼크

③ 치료 및 예방

㉠ 원인이 되는 알레르겐을 확인하여 접촉을 피함

㉡ 회피요법 : 6개월 정도의 엄격한 회피기간을 거친 후 시험적으로 원인 식품을 약간 섭취했을 때 나타나는 반응을 관찰하여 특별한 증상이 없으면 그때부터 조심스럽게 섭취함

㉢ 달걀 알레르기 : egg-free 표시를 했어도 달걀 단백질 등이 함유되어 있을 수 있으므로 주의하고 대부분의 항원이 난백에 들어있으므로 난황은 먹을 수 있는 경우가 있음

㉣ 우유 알레르기 : 유아의 경우 모유 수유를 하거나 저알레르겐성 분유를 먹임, 우유 외에도 유제품 섭취에도 주의

빈 칸 채우기

주로 식품 알레르기의 원인이 되는 영양소는 (   )이다.

정답 | 단백질

PART 01
PART 02
PART 03
PART 04
PART 05
PART 06
PART 07
PART 08
PART 09

1. 수술과 영양 중요

(1) 수술 전 영양 관리

① 질병으로 인한 영양 불량, 식욕 부진, 소화 불량 등으로 섭취량이 충분치 않아 체중 감소 및 영양 불량 상태

② 영양 불량이 심한 환자 : 7~10일 정도의 영양 지원

③ 경구 급식의 경우 수술 직전 2~3일간 저잔사식 공급(가스 발생 방지)

④ 대장 수술 전 맑은 유동식이 적당

⑤ 일반적으로 수술 전날 저녁은 금식

⑥ 수술 전 고당질 식사를 제공하여 체내 단백질을 절약

⑦ 영양 요구량

에너지(충분히)	평소보다 30~50% 증가
단백질(충분히)	일반적으로 1일 요구량 1.2~1.5g/kg
비타민(충분히)	비타민 A와 C(상처 회복), 비타민 B 복합체(에너지 대사 증가), 비타민 K(지혈) 등
무기질(충분히)	칼슘(지혈), 철과 구리(빈혈 예방), 아연(상처 치유 및 면역 기능 증진) 등
수분(충분히)	탈수 방지(경구섭취가 어려울 경우 정맥을 통한 공급)

(2) 수술 후 영양 관리

① 수술 후 회복기의 체내 변화

ㄱ 체중 증가

ㄴ 칼륨 보유 및 장 기능의 정상화

ㄷ 수분, 나트륨의 배설 증가

ㄹ 양의 질소평형

ㅁ 스트레스호르몬의 분비 감소

② 수술이나 화상 등 심한 스트레스 상황

ㄱ 글루카곤, 코르티솔, 에피네프린 및 노르에피네프린 등의 호르몬 증가

ㄴ 글리코겐, 체지방 및 체단백 분해, 호흡률과 맥박수 증가가 나타남

③ 수술 직후 경구를 통한 영양 공급이 어려우므로 일반적으로 정맥을 통한 수분과 전해질, 포도당을 공급

④ 일주일 이상 금식이 예상될 경우 정맥을 통한 영양 공급이 필요

⑤ **수술 후 식사** : 맑은 유동식 → 일반 유동식 → 연식

⑥ 위 절제 수술 후에는 소량씩 자주 먹는 것이 좋음

⑦ 영양 요구량

에너지(충분히)	평소보다 10~30% 이상 증가, 다발성 외상이나 복합수술의 경우 50% 이상 증가
단백질(충분히)	• 일반적으로 1.2~1.5 g/kg 이상의 충분한 공급 • 양질의 단백질 공급
비타민과 무기질 (충분히)	비타민 A와 C(콜라겐 합성 및 상처 치유), 비타민 K(혈액의 지혈), 아연(상처 치유 및 면역 기능 유지), 비타민 B 복합체(에너지 대사 증가)를 충분히 공급
수분(충분히)	정맥을 통한 지속적인 수분 보충

빈 칸 채우기

수술 후 결핍되기 쉬운 영양소로 환자의 부종 방지, 조직 재생, 감염 예방, 출혈로 인한 혈구 손실을 보충하기 위해 충분히 공급해줘야 하는 영양소는 (   )이다.

정답 | 단백질

---

2. 화상과 영양

① 화상 후 체내 변화

    ㉠ 화상 직후부터 3~5일까지 : 대사율 감소, 체액 나트륨의 다량 손실, 혈압 · 체온 · 심장박출량 · 산소 소비량 저하(충분한 수분 보충 필요)

    ㉡ 화상 후 7~12일 이후 : 상처 회복, 피부조직 정상화, 대사율 및 체내 이화작용 감소

② 화상 환자의 식사 요법의 중요한 목표

    ㉠ 체중 감소율을 화상 전 체중의 10% 이하로 제한

    ㉡ 피부 보호막 손상으로 상처를 통한 병균의 침입이 쉬워 감염의 위험이 높으므로 합병증과 감염 예방이 우선임

③ 화상 후의 영양 요구량

    ㉠ 화상의 크기에 따라 에너지 요구량이 증가되며, 고당질식 · 고단백식 · 고비타민식을 권장

    ㉡ 심한 화상 환자의 경우 수분과 전해질 공급이 즉각적으로 이루어져야 함

에너지(충분히)	• 3,500~5,000kcal/일(높은 에너지 필요) • 열량 필요량은 상처 범위에 따라 결정
단백질(충분히)	총 에너지의 20~25% 공급, 화상부위에 따라 20% 미만인 경우 2g/kg 공급, 20% 이상인 경우 2~3g/kg 공급
당질(적당히)	총 에너지의 50~60% 공급
지방(적당히)	비단백질 에너지의 15~20% 공급 후 조절
비타민(충분히)	비타민 A(상피조직 재생), 비타민 C(콜라겐 합성 및 상처 치유), 비타민 B 복합체(에너지 대사 증가)
무기질(충분히)	아연은 매일 충분히 공급, 심한 화상인 경우 쇼크를 막기 위해 혈청 나트륨, 칼륨, 칼슘, 마그네슘, 인을 매일 관찰하여 공급
수분(충분히)	쇼크를 막기 위한 수분과 전해질, 알부민이 포함된 회생액 공급

PART 01

PART 02

PART 03

PART 04

PART 05

PART 06

PART 07

PART 08

PART 09

1. 호흡기의 구조와 기능

① 호흡기의 구조 : 비강, 인두, 후두, 기도, 기관, 기관지와 폐, 늑골

폐	공기 중의 산소를 흡입하여 체내에서 생성된 탄산가스 배출
폐포	근육이 아닌 탄력섬유로 이루어진 조직
횡격막	늑간근육에 의해 수축이완운동이 조절되고 많은 양의 산소를 저장하고 이용
호흡 세기관지	기체의 가스교환이 일어나는 장소

흡기 시의 산소(O_2) 통과 경로

비강 → 인두 → 후두 → 기관 → 기관지 → 세기관지 → 종말 세기관지 → 호흡 세기관지 → 폐포관 → 폐포낭 → 폐포

② 호흡기의 기능
  ㉠ 수분 및 열 방출
  ㉡ 체내 산소 공급
  ㉢ 탄산가스의 배출
  ㉣ 체액의 산·염기 평형조절
  ㉤ 발성 및 회화
③ 폐용적
  ㉠ 폐용적 : 일호흡용적(500mL), 흡식성 예비용적(3,100mL), 호식성 예비용적(1,200mL), 잔기용적(1,200mL)
  ㉡ 잔기량 : 강제 호식 후 폐 내에 남아 있는 공기량
④ 가스교환과 운반
  ㉠ 가스교환은 분압차에 의한 확산현상에 의해 일어남
  ㉡ 체내 각 부위의 호흡 가스 분압
    • 산소 분압(PO_2) : 폐포(100mmHg), 동맥혈(100mmHg), 정맥혈(40mmHg), 조직(30~40mmHg)
    • 탄산 가스 분압(PCO_2) : 폐포(40mmHg), 동맥혈(40mmHg), 정맥혈(46mmHg), 조직(50mmHg)
⑤ 호흡 중추
  ㉠ 호흡 중추는 연수, 호흡 조절 중추는 뇌교에 존재
  ㉡ 호흡 중추가 흥분하기 쉬운 상태 : 혈중 CO_2 농도가 정상보다 높을 때
  ㉢ 호흡 중추의 자극요인 : H^+, CO_2, O_2, 체온 변화 등

2. 폐질환과 영양소와의 관계

① 비타민 A 결핍 : 점액 분비 억제, 섬모의 손실과 감염에 대한 저항력 감퇴

② 비타민 C 결핍 : 점액 분비 억제

③ 나트륨 고갈 : 이뇨제 작용 및 식욕 저하와 환기 기능 감퇴

④ 마그네슘 고갈 : 호흡 근육 피로 초래

⑤ 인 섭취량 감소 : 저산소 상태로 인해 환기 능력 감퇴

⑥ 철분 결핍 : 급성 폐질환 발생

3. 호흡기 질환

① 유행성 감기(influenza)

원인	바이러스 감염, 영양 불량, 한랭과 습기, 과로, 오염된 환경 등에 의한 저항력 감소 등
증상	• 발열, 인후통, 콧물, 두통, 피로감, 근육통, 관절통 등 • 기관지염, 폐렴, 소화기계 장애(식욕 부진, 구토, 설사 등)
식사 요법	• 고열량, 고단백, 고비타민식(특히 비타민 C) • 발열로 식욕이 저하되므로 식욕을 돕는 과일, 채소 이용 • 따뜻하고 소화가 잘되는 부드러운 음식 제공

② 폐렴(pneumonia)

원인	• 폐 말단의 폐포, 폐포낭, 폐포관 등에 폐렴 구균, 바이러스 감염 • 염증에 의해 혈액의 적혈구, 백혈구, 혈장 성분이 폐포로 유입
증상	• 심한 기침, 오한, 호흡 곤란, 근육통, 흉통, 전신 무력감 등 • 심해지면 38℃ 이상의 고열, 가래, 각혈 동반 • 발열로 인하여 20~50% 대사 항진
식사 요법	• 대사 항진으로 인한 영양소 보충 • 고열량, 고단백, 고비타민(비타민 A, B,, C) • 발열로 인한 수분과 나트륨 손실 보충 • 칼슘은 결핵 병소를 석회화하여 세균 활동 억제 • 초기는 정맥으로 수분과 전해질 공급, 급성기에는 정맥으로 영양 공급

③ 폐결핵(pulmonary tuberculosis) 중요

원인	결핵균에 의한 폐의 염증, 공기 오염, 비위생적 환경
증상	• 초기 : 자각증상이 없음, 권태감, 가벼운 기침 • 중기 : 발열, 기침과 동시에 가래, 혈담, 각혈 • 말기 : 호흡 곤란, 심한 기침, 각혈 • 만성 감염성 질환으로 영양 결핍 증세 동반(에너지 및 체단백질 손실)
치료	• 항결핵제로 1년 이상 치료 • BCG 접종

식사 요법		
	• 청결한 환경에서의 휴식 및 충분한 영양 공급 • 체중 감소 및 체조직 소모 방지, 손실된 체단백 보충, 탈수방지 및 합병증 예방 • 고열량식, 고단백식, 중지방식	
	열량	40～50kcal/kg, 3,000～3,500kcal/일
	단백질	• 1.5～2g/kg, 75～100g/일 • 1/2～1/3은 동물성 단백질을 이용
	지방	유화지방, 식물성 기름 이용
	비타민	• 비타민 A, C(면역력 증가), 비타민 D(칼슘과 인 대사) • 이소니아지드(isoniazid) 복용 시 비타민 B_6 보충
	무기질	• 칼슘(결핵 병소의 석회화에 중요) • 각혈이 있는 경우 철분, 구리, 엽산, 비타민 B_{12} 등 보충

④ 만성 폐기종(emphysema)

원인	• 주원인은 흡연 • 호흡 세기관지 이하가 확대, 폐포벽 파괴 동반되어 폐가 풍선처럼 부풀어 호흡 곤란을 유발 (폐 확산 능력 감소)
증상	• 40세 이상 남성에게 많이 발병 • 만성 기침과 가래, 숨이 차고 음식물을 씹고 삼키는 것이 어려움 • 서서히 진행되는 질병으로 저산소증과 탄산과잉증으로 청색증이 나타남
식사 요법	• 수분 균형 유지, 호흡근육 손실의 최소화, 영양 결핍 교정 • 고열량, 고단백질 식사 • 농축된 식품을 소량으로 나누어 자주 공급 • 고열량의 연질식이 공급 • 식이섬유가 많고 질긴 식품은 피함(부드러운 음식 제공)

⑤ 기관지 천식(bronchial asthma)

원인	유전, 공기를 통한 외부 물질에 의한 알레르기(꽃가루 등)
증상	• 흡식보다 호식이 어려움 • 폐 안에 남아 있는 공기량이 많아져 숨을 내쉬는 것이 어려움 • 서서히 진행되며 저산소증과 탄산 과잉증으로 청색증이 나타남
식사 요법	• 절대 금연 • 원인 물질을 피하고 항히스타민제 복용 • 건강 상태를 최적으로 유지

⑥ 만성 폐쇄성 폐질환(Chromic Obstructive Pulmonary Disease ; COPD) 중요

원인	• 90% 이상이 흡연에 의해 발병 • 폐기종, 만성 기관지염 등이 점진적으로 진행될 경우 발생
증상	호흡 곤란, 호흡 부전, 저산소증, 만성적 기침, 객담, 폐포 모세혈관 파괴, 음식섭취 곤란 등
식사 요법	• 고열량, 고지방, 고단백식 • CO_2를 발생시키는 당질 제한 • 부종 발생 시 수분과 염분 제한 • 채소는 서서히 양을 늘려 제공 • 충분한 수분 섭취를 하되 식후에 제공 • 농축된 음식을 소량씩 자주 공급 • 경관 급식 시 흡인의 위험이 있어 장으로 관 연결

빈혈의 영양 관리

SECTION 01 | 체액

① 체중의 약 60% 차지(세포외액은 체중의 약 20% + 세포내액은 체중의 약 40%)

    ㉠ 세포외액은 체중의 약 20% 구성(Na, Cl 등이 존재함)

    ㉡ 세포내액은 체중의 약 40% 구성(K, phosphate, 단백질 등이 존재함)

② 총 체액량은 체내 지방 함량에 영향을 받음(지방조직이 많은 여자의 총 체액이 적음)

③ 성인보다 유아의 체액량이 많음(세포외액 중 간질액의 양이 많기 때문)

④ 정상적인 체액의 삼투질 농도 : 300mOsm/L

⑤ 체액과 등장액인 생리 식염수의 농도 : 0.9%

SECTION 02 | 혈액

1. 혈액의 조성

① 체중의 약 8%를 차지(성인의 경우 4~5L)하며 혈액의 80%는 수분

② 정상 성인의 혈액 pH는 7.4 정도

③ 혈액을 원심분리하면 얻어지는 위층의 녹황색 액체를 혈장이라 하고, 혈액이 응고되어 피브리노겐(혈액 응고 단백질)이 제거된 상층액을 혈청이라 함

④ 혈장은 약 55%(혈청, 피브리오겐), 유형 성분인 혈구는 45%(적혈구, 백혈구, 혈소판)

⑤ 혈장단백질의 55%는 알부민(체액량 조절), 38%는 글로불린(면역항체), 7%는 피브리노겐(혈액 응고), 1% 이하는 프로트롬빈(혈액 응고)으로 구성됨

⑥ 혈액 내 영양물질은 혈장에 존재

⑦ 총 체액 중 혈장이 차지하는 비율은 약 5%

⑧ 영양 부족 시 혈장 알부민량이 감소하면 혈장 교질삼투압이 감소되어 수분이 혈장에서 조직액으로 이동하여 부종이 발생함

⑨ 모세혈관과 조직 사이의 물질 이동

    ㉠ 생물체 내에서의 물질이동은 근본적으로 확산 · 삼투 · 여과 등에 의해 일어남

    ㉡ 액체 이동은 혈장 교질삼투압, 조직 내 교질삼투압, 혈압, 조직압 등이 관여함

    ㉢ 스탈링 가설에 따르면 동맥단(혈압>교질삼투압), 정맥단(혈압<교질삼투압)의 압력차에 의해 액체가 이동함

PART 01
PART 02
PART 03
PART 04
PART 05
PART 06
PART 07
PART 08
PART 09

TIP 혈장

- 투명한 담황색으로 수분이 90% 이상
- 단백질로는 알부민, 글로불린, 피브리노겐이 있음
- 대부분의 혈장단백질은 간에서 생성됨

퀴즈

혈청 중 철분을 운반하는 혈장단백질은 헤모글로빈이다. (○/×)

정답 | ×

해설 | 헤모글로빈은 적혈구에 함유되어 있는 단백질이고, 혈청 중 철분을 운반하는 단백질은 트랜스페린이다.

⑩ **적혈구**

　㉠ 헤모글로빈(글로빈 1개＋헴 4개로 구성) 함유

　㉡ 적혈구의 평균 수명은 120일

　㉢ 적혈구 파괴 → 혈색소인 헤모글로빈은 헴(heme)과 글로빈(globin)으로 분해 → 헴에서 철 분리 → 나머지 골격은 빌리루빈을 생성하여 간으로 이동 → 빌리루빈은 간에서 담낭을 거쳐 소장 내로 배설되며 분리된 철은 비장에 저장 → 철(페리틴)로 저장되어 새로운 헤모글로빈 합성에 이용

　㉣ 산소와 이산화탄소의 운반 및 산 – 염기 평형에 중요한 역할

　㉤ 정상 성인 남자는 평균 약 500만 개/mm^3, 정상 성인 여자는 평균 약 450만 개/mm^3

　㉥ 신장에서는 적혈구 생성 인자(erythropoietin)가 합성되며, 이는 호르몬과 같이 작용함

　㉦ 헤마토크리트(Hematocrit ; HCT)치

　　• 혈액량 100에 대한 적혈구의 용적비

　　• 정상 성인 남자 44~52%, 정상 성인 여자 약 38~48%

　　• 헤마토크리트치는 MCV(평균적혈구 용적)를 계산하기 위해 필요함

　㉧ 60세 이상 노인층에서는 주로 골반, 척추, 늑골, 흉골 등에서만 적혈구가 생성되므로 노인들이 골반 등에 골절이 발생하면 빈혈이 발생할 수 있음

TIP 용혈

- 적혈구막의 손상으로 혈색소인 헤모글로빈이 혈구 밖으로 유출되는 현상
- 삼투적 · 화학적 · 독소성 용혈 등이 있음
- 저장액에 적혈구를 담그면 적혈구막이 파괴되어 용혈을 일으킬 수 있음

퀴즈

신장에서 분비되는 에리트로포이에틴은 적혈구 조혈인자로 적혈구의 생성 속도를 촉진한다. (O/×)

정답 | O

해설 | 에리트로포이에틴은 신장에서 분비되어 골수에서 적혈구 생성을 자극하는 조혈 촉진 인자이다.

⑪ 백혈구

    ㉠ 백혈구는 골수 및 림프조직에서 생성

    ㉡ 과립백혈구(호중구, 호산구, 호염기구)와 무과립백혈구(단핵구, 림프구)로 구분

       • 과립백혈구

호중구(호중성 백혈구)	• 백혈구 중 60% 이상을 차지함 • 1차 면역에서 가장 중요한 식균작용을 함 • 급성 염증 시 급증
호산구(호산성 백혈구)	알레르기 반응 시 이를 중화시키는 물질을 분비(알레르기 질환에 대처)
호염기구(호염기성 백혈구)	• 염증 물질을 분비하여 알레르기 반응 유발 • 헤파린을 분비하여 혈액 응고 방지

       • 무과립백혈구

림프구	글로불린 생산으로 면역반응(γ-글로불린은 항체작용을 하는 면역글로불린)
단핵구	만성 염증 시에 강한 식균작용

       • 정상 성인의 백혈구 수치는 평균 6,000~9,000개/mm³개, 신생아는 20,000개/mm³개

       • 백혈구의 수명은 체내 염증 여부와 관련이 있으나, 평균은 2주 정도

       • 무과립백혈구(단핵구, 림프구) 모두 인체의 면역 기능을 담당하고 있는 세포로, 림프구는 인체의 곳곳에 있는 림프절이나 흉선에서 성숙됨(신부전 환자는 적혈구 생성 인자가 잘 합성되지 않아 빈혈을 일으킴)

퀴즈

급성 염증 시 급속하게 증가하는 백혈구는 호중성 백혈구이다. (O/×)

정답 | O

해설 | 급성 염증 시에는 호중성 백혈구(호중구)가 급증하며, 만성 염증 시에는 단핵구가 급격히 증가한다. 호중성 백혈구는 1차 면역에서 가장 중요한 식균작용을 한다.

⑫ 혈소판

    ㉠ 평균 수명 : 3~5일

    ㉡ 평균 25만~50만 개/mm³

    ㉢ 골수의 거대세포 세포질의 일부가 떨어져서 순환혈액 내로 나온 세포 조각

    ㉣ 지혈 작용

PART 01
PART 02
PART 03
PART 04
PART 05
PART 06
PART 07
PART 08
PART 09

TIP 혈구의 크기

백혈구(8~15μm)＞적혈구(평균 7.7μm)＞혈소판(2~5μm)

2. 혈액의 기능

① 산소를 폐로부터 각 조직으로 이동

② 각 조직에서 배출된 이산화탄소를 폐로 이동

③ 소화기관에서 흡수한 영양소를 각 기관 및 조직 세포로 운반

④ 노폐물을 신장 · 폐 · 피부 · 장 등으로 배설

⑤ 산염기 평형 조절

⑥ 호르몬 운반

⑦ 수분 · 체온 · pH 조절 작용

⑧ 방어 및 식균 작용, 지혈 작용 등

3. 혈액 응고

① 혈액 응고 과정

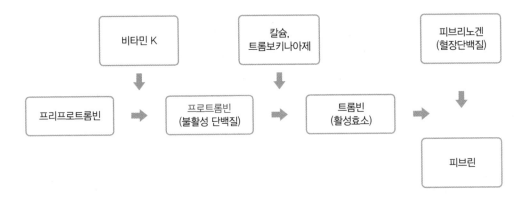

② 혈액 응고 작용에 관여하는 영양소 : 비타민 K, 칼슘(Ca)

ㄱ 비타민 K는 혈액 응고 단백질인 프로트롬빈 및 혈액 응고인자의 생산에 필요한 조효소

ㄴ 혈액 응고인자들이 간에서 활성화되기 위해서는 비타민 K 필요

ㄷ 비타민 K 부족 시 혈액 응고가 지연됨

1. 빈혈의 종류 및 원인 중요

분류	종류	원인 및 필요 영양소
영양성	철 결핍성 빈혈	• 철, 단백질의 섭취 부족 및 흡수성 감소, 임신·수유 등의 철의 필요량 증가 • 철, 비타민 C, 동물성 단백질 보충
	악성 빈혈	• 비타민 B_{12} 결핍, 위점막의 위축, 위벽 세포에서 내인성 인자의 분비 감소 • 비타민 B_{12}, 엽산 보충
	거대적아구성 빈혈	엽산 또는 비타민 B_{12} 결핍에 의하므로 이를 보충해야 함
	비타민 E 결핍에 의한 용혈성 빈혈	• 비타민 E 결핍으로 인한 적혈구 막의 손상에 따른 적혈구 용혈을 유발 • 아연, 비타민 E 보충
출혈성	급성 출혈	외상으로 인한 혈액 손실
	만성 출혈	위궤양, 치질, 약물의 장기 복용
적혈구 생성 부족	재생 불량성 빈혈	약물 중독, 항체 또는 방사선 장해 등에 의한 적혈구 파괴
유전적 결함	철 불응성 빈혈	헴(heme) 합성 장해, 트랜스페린 합성 장해
	유전성 구상 적혈구 빈혈	
기타	스포츠 빈혈	과도한 운동에 따른 적혈구 파괴

2. 철 영양 상태 판정 지표 중요

지표	의의	정상범위(성인)
헤모글로빈 농도	혈액의 산소운반 능력에 대한 지표	• 남자 14~18g/dL • 여자 12~16g/dL
헤마토크리트치	혈액에서 적혈구가 차지하는 백분율	• 남자 40~54% • 여자 37~47%
혈청 페리틴 농도	체내 철 저장상태(페리틴)를 알아보기 위한 지표로 혈청 페리틴 측정	$100 \pm 60 \mu g/L$
혈청 철 함량	혈청의 총 철 함량(주로 트랜스페린과 결합된 철)	$115 \pm 50 \mu g/L$
총 철 결합능	혈청 트랜스페린과 결합할 수 있는 철의 양 측정	$300 \sim 360 \mu g/L$
트랜스페린 포화도	철로 포화된 트랜스페린의 백분율	$35 \pm 15\%$
적혈구 프로토포피린 함량	헴의 전구체로서 철 결핍으로 인해 헴의 생성이 제한될 때 적혈구에 프로토포르피린이 축적됨	$0.62 \pm 0.27 \mu mol/L$(적혈구)

대표적인 빈혈 판정 지표의 약어

- MCV : 평균 적혈구 용적 = 헤마토크리치 ÷ 적혈구 수/mm³
- MCH : 평균 적혈구 혈색소량
- MCHC : 평균 적혈구 헤모글로빈 농도
- TIBC : 총 철 결합능

 철 결핍의 3단계

- 1단계 : 철 저장량 감소(혈청 페리틴 12μg/L 이하)
- 2단계 : 트랜스페린 포화도 감소(16% 이하), 적혈구 프로토포피린 증가(1.24μmol/L RBC 이상)
- 3단계 : 헤모글로빈과 혈색소 농도 감소

 퀴즈

철 영양 상태에 가장 민감하며 초기 빈혈을 판정할 때 가장 효과적인 지표는 헤모글로빈 농도이다. (○/×)

정답 | ×

해설 | 철의 영양 상태는 적혈구 수, 혈청 페리틴 농도, 헤모글로빈 농도, 헤마토크리트치 등으로 산출할 수 있는데, 체내 철 저장량을 나타내는 혈청 페리틴은 가장 빨리 감소하므로 초기 빈혈 판정에 효과적이다.

3. 빈혈에 관여하는 영양소

① 엽산

② 철분

③ 단백질

④ 비타민 B₆

⑤ 비타민 B₁₂

⑥ 비타민 C

⑦ 비타민 E

⑧ 구리 등

SECTION 04 | 빈혈의 종류별 식사 요법

1. 철 결핍성 빈혈(소적혈구 저색소성 빈혈) 중요

① 적혈구의 크기가 작고 헤모글로빈 양이 적은 소적혈구 저색소성 빈혈

② 원인 및 취약층

   ㉠ 원인 : 체내의 철 부족으로 적아구의 헤모글로빈 합성 장애

   ㉡ 취약층 : 가임기 여성 및 월경으로 혈액을 손실하는 사춘기 소녀들에게서 발병하기 쉬움

③ 증상

   ㉠ 피로, 두통, 어지러움, 안면 창백, 흉통 등

   ㉡ 지속 시 심장 부담 증가, 호흡 곤란, 심부전 등

④ 식사 요법

   ㉠ 철 보충 : 철 영양 상태 부족이 원인일 경우 식사 요법+경구용 철 보충

   ㉡ 동물성 단백질 섭취 : 체내에서 철의 흡수와 이용을 도움

   ㉢ 조혈 관련 영양소 섭취 : 구리, 비타민 B_6, 비타민 B_{12}, 엽산, 비타민 C

   ㉣ 홍차, 녹차 등의 차는 섭취 제한 : 탄닌 성분이 철분의 흡수를 방해

> **TIP** **철분 결핍성 빈혈(소적혈구 저색소성 빈혈)의 식단**
>
> • 고열량, 고단백, 고비타민, 고철분 등의 균형 있는 식사
> • 철분이 많이 함유된 식품 : 간, 콩팥, 쇠고기, 내장, 난황, 완두콩, 강낭콩, 땅콩, 말린 과일(복숭아, 살구, 오얏, 건포도 등), 녹색 채소류, 당밀 등

퀴즈

난황, 쇠간, 돼지고기는 헴철(heme iron)을 다량 함유하므로 흡수율이 좋다. (○/×)

정답 | ×

해설 | 난황을 제외한 동물성 식품에는 헴(heme) 형태의 철을 다량 함유하여 흡수율이 좋으나, 난황의 철은 주로 비헴철로 흡수율이 낮다.

2. 거대적아구성 빈혈

① 원인

   ㉠ 엽산 결핍(주원인), 비타민 B_{12} 결핍, 세포 독성 약물, 항레트로바이러스 약물 등

   ㉡ DNA의 합성 저해로 적혈구의 성숙과 분열 억제 → 정상 적혈구보다 크고 미성숙한 적아구 출현 → 적혈구 수 및 헤모글로빈 농도 감소

② 특징

   ㉠ 악성 빈혈의 모체가 될 수 있음

   ㉡ 흡수 불량 증후군 환자에게 흔하게 발생

③ 증상 : 거대적아구성 빈혈, 위장 점막 세포 손상, 빈혈 증상

④ 식사 요법

엽산 결핍	비타민 B$_{12}$ 결핍
• 엽산을 매일 섭취 • 녹황색 채소(시금치, 아스파라거스 등), 간, 육류 및 어류, 콩 등을 충분히 섭취 • 신선한 과일 및 채소 섭취 • 조리 시 가열에 의해 엽산 파괴 가능	• 비타민 B$_{12}$ 함유 식품 섭취 • 간, 쇠고기, 돼지고기, 우유 및 유제품, 달걀, 콩 등을 통해 섭취 • 고단백식(1일 1.5g/kg)을 통한 조혈 작용 촉진

3. 악성 빈혈

① 비타민 B$_{12}$의 부적절한 섭취와 흡수, 엽산 결핍, 위 내 당단백질인 내적 인자의 부족

② 선천적으로 위산과 내적 인자의 부족에 의한 거대적아구성 빈혈을 악성 빈혈이라 함

③ 비타민 B$_{12}$ 부족 : 적혈구의 합성과 성숙이 불완전하여 거대적아구성 빈혈 발생

4. 재생 불량성 빈혈

① 원인 : 약물 중독, 항체 또는 방사선 장해 등에 의한 적혈구 파괴

② 증상

　㉠ 적혈구뿐만 아니라 백혈구 및 혈소판도 감소함

　㉡ 혈청철이 높으므로 철을 보충하지 않아도 됨

③ 식사 요법

　㉠ 혈청철이 높으므로 철분이 적은 식품을 선택

　㉡ 고단백, 고비타민 B$_{12}$, 고비타민 C, 고엽산

　㉢ 단백질은 체중 kg당 1.5~2g, 비타민 B$_{12}$는 40~50mg, 엽산은 400~455mg, 비타민 C는 200~250mg 섭취

SECTION 05 | 빈혈의 식사 요법

1. 식단 선택

① 단백질, 철, 구리(충분히) : 조혈 작용에 관여

② 비타민 B$_{12}$, 엽산(충분히) : 적혈구 성숙에 필요

③ 동물성 식품, 간(충분히) : 조혈 작용

④ 생선류(충분히) : 철 함량은 낮으나 흡수율이 높음

⑤ 육류의 종류 : 쇠고기＞돼지고기＞닭고기(쇠고기는 철 함량 및 흡수율이 높음)

⑥ 녹색 채소류 : 철 함량은 높지만 흡수율은 낮음

⑦ 두류의 종류 : 대두＞검정콩(대두는 흡수율이 높음)

⑧ 과일류 : 채소류보다 조혈효과가 큼(살구, 복숭아, 건포도, 포도, 사과 등)

⑨ 오렌지 주스, 토마토 주스 등 : 비타민 C는 체내 철 이용 효과를 높임

 체내에서 철의 흡수와 이용에 영향을 주는 인자

- 촉진 인자 : 동물성 단백질, 비타민 C, 유기산, 유당, 위산 분비, 헴철 식품 등
- 저해인자 : 피틴산(곡류 외피), 수산(시금치, 근대, 코코아 등), 탄닌(차, 와인, 감, 도토리묵 등), 제산제 섭취, 감염 및 위장 질환, 위산 감소 등

2. 빈혈의 종류별 필요영양소 중요

① 철 결핍성 빈혈 : 철, 비타민 C, 동물성 단백질

② 거대적아구성 빈혈 : 엽산, 비타민 B_{12}

③ 악성 빈혈 : 엽산, 비타민 B_{12}

④ 용혈성 빈혈 : 아연, 비타민 E

⑤ 재생 불량성 빈혈 : 단백질, 비타민 B_{12}, 비타민 C, 엽산

3. 빈혈의 권장 식품과 제한 식품

권장 식품			제한 식품	
영양소	함유 식품	역할	식품	역할
단백질	육류, 생선, 우유, 달걀, 콩	혈 색소 생성	현미, 커피, 콜라, 녹차 및 홍차(식후 1시간 내)	철분 흡수 방해
철	녹황색 채소, 간, 우유, 미역			
비타민 B_{12}	간, 굴, 난황, 분유	조혈 작용 촉진		
엽산	간, 시금치, 땅콩			
비타민 C	신선 채소 및 과일			

CHAPTER 12 | 신경계 및 골격계 질환의 영양 관리

1. 신경계의 구조

① 중추신경계(CNS) : 뇌, 척수

구분			기능
뇌	대뇌		기억, 판단과 같은 고등한 정신 기능, 연합 기능, 특수 감각 등
	소뇌		운동 조정에 참여(운동학습 기능, 자세와 평형 통제, 팔과 다리의 움직임 조절 등)
	간뇌		• 시상 : 대뇌피질의 감각관리(조절계신경로의 중계 장소) • 시상하부 　–생체 내부 환경의 항상성을 관장하는 자율신경계 최고 중추 　–체온 조절 중추, 포만 중추, 공복 중추, 체온과 삼투압, 혈당 조절 중추 등
	뇌관	중뇌	시각 반사, 동공 반사, 청각 반사 등
		뇌교	소뇌와 대뇌의 정보 전달 담당, 연수와 함께 호흡 조절 등
		연수	호흡 중추, 심장 중추, 혈관 운동 중추, 연하 중추, 구토 중추, 발한 중추, 타액 및 위액 분비 중추 등
척수			흥분 전달 통로, 배뇨·땀 분비, 무릎 반사의 중추 등

② 말초신경계(PNS)
　㉠ 체성신경계 : 뇌신경 12쌍, 척수신경 31쌍
　㉡ 자율신경계 : 교감신경계, 부교감신경계

구분	교감신경	부교감신경
신경전달물질	(노르)에피네프린	아세틸콜린
반응	• 동공 확대 • 모양체근 이완 • 타액 분비 억제 • 혈관 수축으로 인한 혈압 상승 및 심박동 증가 • 기관지 확장 • 소화액 분비 감소 • 글리코겐을 포도당으로 변환 • 방광 괄약근 수축	• 동공 수축 • 모양체근 수축 • 타액 분비 촉진 • 심박동이 느려짐 • 기관지 수축 • 위장관의 연동 운동과 소화액 분비 증가 • 쓸개즙이 분비되도록 자극 • 방광 괄약근 이완

2. 신경계의 기능

① 신체 각 조직과 기관의 기능 조절

② 자극(정보) 수용

③ 정보 평가

④ 반응 전달

퀴즈

대뇌피질과 해마에는 기억 중추가 있다. (○/×)

정답 | ○

해설 | 해마에는 기억 중추가 있어 해마가 제거될 경우 1차 기억이 2차 기억으로 이동하지 못해 장기기억이 손상된다.

---

3. 간질(뇌전증) 중요

① 정의 : 발작이 반복적으로 나타나는 질환

② 원인

　㉠ 유전, 출생 시 뇌 손상, 머리 외상, 뇌 감염, 열성 경련, 뇌졸중, 치매 등

　㉡ 원인 불명(50%)

③ 증상

　㉠ 전신 발작 : 전구 증상 없이 의식을 잃고 쓰러지며, 수 분 정도 전신 근육의 경련

　㉡ 부분 발작 : 전구 증상을 느끼며 손, 발, 입 등에서 자신도 모르는 반복적인 행동을 보임

④ 치료

　㉠ 항경련성 약물 : 페노바르비탈, 페니토인, 프리미돈 등

　㉡ 간에서 비타민 D 대사를 증가시켜 칼슘의 장내 흡수를 방해하므로 비타민 D 보충 필요

　㉢ 엽산은 페니토인 대사를 방해하여 약효를 감소시키므로 주의

⑤ 식사 요법

　㉠ 체내에서 알칼리성이 높아지면 이를 자동적으로 조절하기 위해 발작이 일어나므로 케톤식(저당질 · 고지방식) 및 산을 형성하는 식사 제공

　㉡ 케톤식(Ketogenic diet)은 산 · 알칼리 균형에 변화를 초래하여 케토시스 상태를 만들도록 구성된 식사

　㉢ 약물의 내성이 없거나 항경련제에 반응이 없는 경우 : 케토시스 유발 식사 공급(케톤체의 항경련성 효과가 크며 10세 이하 아동에서 효과적)

PART 01

PART 02

PART 03

PART 04

PART 05

PART 06

PART 07

PART 08

PART 09

케톤식(Ketogenic diet)

- 저당질 · 고지방식
- 케톤성(지방) : 비케톤성(당질+단백질) 에너지 비=3~4 : 1(일반식사는 1 : 3)
- 항경련성 효과(간질 발작 조절에 도움)
- 당질을 총 에너지의 10% 미만으로 극히 소량 공급
- 급속한 케톤증 유발을 위해서 일정 기간(3~5일)의 절식이 필요(제한된 양의 물, 고기 국물, 차, 과일, 무가당 주스 등)
- MCT oil 사용
- 어린이는 성장을 위해 단백질 1~1.2g/kg
- 수분 65mL/kg, 하루 2L를 넘지 않도록

4. 치매

① **정의** : 신경원 뇌세포의 소실로 대뇌피질 기능이 감소하는 진행성 만성질환

② **알츠하이머병**

　㉠ 가장 흔한 치매의 질환(치매의 50~60%)

　㉡ 뇌에 비정상적인 물질들이 모여 형성한 노인성반(senile plaque)과 뉴런이 비정상적으로 꼬여 있는 신경섬유원 농축이 특징

　㉢ 원인 : 분명하지 않으나 유전자 변이, 알루미늄 침착, 바이러스(대상포진, 단순포진 등), 두부 손상 등의 경험으로 발생

　㉣ 증상

　　• 기억력 감퇴 이후 언어구사력 · 이해력 · 읽고 쓰기 장애

　　• 행동 및 인격 변화, 운동 장애

　　• 인격 붕괴 및 감정 변화는 없으나 본인의 병을 인식하지 못함

　㉤ 식사 요법

　　• 예방 : 항산화제가 풍부한 식품

　　• 샐러드, 견과류, 등 푸른 생선, 토마토, 흰색 육류, 브로콜리류, 과일, 푸른 잎 채소 등

　　• 포화지방산이 많은 식품은 제한(유제품, 적색육, 내장류, 버터 등)

③ **혈관성 치매**

　㉠ 치매의 20~30%

　㉡ 알츠하이머 다음으로 흔한 치매 질환

　㉢ 원인

　　• 다발성 뇌경색성 치매

　　• 뇌 혈관이 막히거나 좁아져 발생하는 뇌혈류 장애 : 초기 진단 후 치료를 받으면 악화를 막을 수 있음

　㉣ 증상 : 갑작스러운 발생, 부위에 따라 운동 · 언어 · 시야 장애 등이 동반

　㉤ 식사 요법 : 심혈관질환의 식사 요법에 준함

④ 노인성 치매
  ㉠ 원인
    • 지능의 기능 저하
    • 65세 전후부터 70세 노년기에 발생
    • 전두엽의 현저한 위축
  ㉡ 증상
    • 심한 건망증과 기억장애, 이를 무마하기 위한 당혹작화, 지각 저하, 군소리 등
    • 판단력과 추리력 저하, 생산적 사고 소실, 계산력 쇠퇴, 사태 판단 불가능
    • 쉽게 흥분, 회의감, 피해망상, 화, 자기중심적인 성격 변화, 무절제한 행동, 게으름 등
  ㉢ 식사 요법
    • 영양 밀도가 높은 식품 제공
    • 비타민 E, 셀레늄, 콜린을 충분히 공급
    • 수분을 적절히 섭취
    • 간식을 자주 섭취
    • 식사는 천천히

5. 파킨슨병 [중요]

① 원인
  ㉠ 4번째 염색체 유전적 결함과 관련
  ㉡ 기저핵(신체 운동과 자세 조정의 보조적 역할)의 손상
  ㉢ 노화, 바이러스, 뇌종양, 뇌수종, 뇌 손상, 독성 물질 등
  ㉣ 도파민(Dopamine)의 분비 감소로 인한 운동 장애

② 증상
  ㉠ 진전(tremor) : 휴식 시 불수의적 떨림(머리, 손, 목소리 등)
  ㉡ 경직(rigidity) : 후두근 경직, 연하 곤란, 침 흘림
  ㉢ 운동 장애 : 관절의 강직과 통증
  ㉣ 자세 불안정 : 걷기 시작과 정지가 어려움, 보폭이 짧아지고 질질 끌거나 종종걸음

③ 식사 요법
  ㉠ 목표 : 도파민 투여 효과 돕고 식사 능력 증진, 적절 체중 유지, 신체적 기능 유지
  ㉡ 식품을 작게 자르거나 부드러운 형태로 제공
  ㉢ 큰 숟가락 또는 포크를 사용하여 혼자서 식사하도록 권함
  ㉣ 단백질 과다 섭취 제한 : 생물가가 높은 단백질 급원을 이용하여 0.5~0.8g/kg 공급
  ㉤ 비타민 B_6 금지(간에서 L-dopa 전환을 증가시키고 뇌에서는 전환을 감소시킴)
  ㉥ 알코올 금지(주 치료제인 Levodopa(L-dopa)와 길항작용)

PART 01
PART 02
PART 03
PART 04
PART 05
PART 06
PART 07
PART 08
PART 09

퀴즈

파킨슨병은 신체운동과 자세 조정에 관여하는 기저핵의 손상에 의해 발병할 수 있다. (ㅇ/×)

정답 | ○

해설 | 파킨슨병은 신체운동과 자세 조정의 보조적 역할을 하는 기저핵의 손상으로 발병할 수 있으며 발병 시 경직, 운동장애 및 자세 불안정 등의 증상이 나타난다.

6. 다발성 신경염

① 원인

    ㉠ 심한 영양실조, 기아, 장기간의 알코올 중독 등

    ㉡ 비타민 B 복합체의 섭취 및 흡수 불량

② 증상

    ㉠ 말초신경계의 장애가 좌우대칭형으로 나타남

    ㉡ 비타민 B_1 결핍 : 베르니케 뇌 질환, 말초신경염, 다발성 신경염, 우울, 냉담, 근심, 신경과민 등

    ㉢ 니아신 결핍 : 펠라그라, 신경 퇴화, 냉담, 우울, 근심, 전신 이상 등

    ㉣ 비타민 B_6 결핍 : 경련, 우울, 신경과민 등

    ㉤ 비오틴 결핍 : 우울, 권태, 고독 등

    ㉥ 비타민 B_{12} 결핍 : 악성 빈혈, 신경과민, 불면증, 건망증, 편집증 등

    ㉦ 엽산 결핍 : 악성 빈혈, 영아(전신발달 지연), 성인(건망증, 불면, 우울 등 치매로 오인 가능한 증상)

    ㉧ 비타민 C 결핍 : 권태, 피로

③ 식사 요법

    ㉠ 모든 영양소를 골고루 포함한 식사 제공

    ㉡ 충분량의 비타민 함유(특히 비타민 B 복합체 보충)

7. 다발성 경화증

① 원인

    ㉠ 중추신경계의 수초 탈락(demyelimination)으로 뇌와 척수의 신경 전도 장애를 초래하는 만성 진행성 퇴행성 신경계 질환

    ㉡ 바이러스, 자가 면역 질환, 유전적 요인

② 증상

    ㉠ 중추신경계의 여러 부위가 경화되어 운동성 약화, 부분적 마비, 경련, 떨림, 연하 곤란, 시각 장애 등이 발생

    ㉡ 보행능력과 일상생활 능력 감퇴

③ 식사 요법

    ㉠ 활동량 감소, 우울증에 의한 체중 증가가 일어나므로 적절한 체중 유지를 위한 식사 구성

    ㉡ 수분 조절 및 고섬유소식 제공(배뇨, 배변 조절이 어려움)

    ㉢ 병 자체에 효과적인 식사 요법은 없음

8. 중증 근무력증

① 원인
- ㉠ 항체가 신경－근 접합부의 아세틸콜린 수용체를 공격하므로 근수축을 방해하는 자가면역질환
- ㉡ 20~30세에 가장 많이 발병하며, 보통 서서히 진행됨
- ㉢ 여성이 남성보다 3배 정도 발병률이 높음

② 증상
- ㉠ 불완전 마비
- ㉡ 불안정한 자세, 안구마비, 안검하수, 눈 감는 기능 저하, 복시, 호흡 곤란, 배뇨, 배변 조절 능력 약화, 피로감, 근육통 등

③ 식사 요법
- ㉠ 소량으로 자주 공급
- ㉡ 영양적으로 농축이 되어있고 부드러운 질감의 식품 제공
- ㉢ 아침에 영양적으로 가장 농축된 식품 제공(아침의 근육 상태가 최상임)

SECTION 02 | 골격계 질환

1. 골격의 구조

① 유기질(1/3) : 주성분은 콜라겐
② 무기질(2/3) : 인산칼슘염, 탄산칼슘염
③ 뼈세포
- ㉠ 조골세포(Osteoblast) : 뼈를 생성하는 세포, 당 단백질과 콜라겐 합성, 칼슘과 인 침착
- ㉡ 파골세포(Osteoclast) : 뼈에서 무기질 용출, 콜라겐 분해에 관여(대식세포)
- ㉢ 골세포(Osteocytes) : 치밀골에서 가장 풍부한 형태의 세포, 골격의 세포외액과 혈장 사이 무기질 교환기능을 하여 골격의 무기질 항상성 유지
④ 치밀골(골격의 80% 차지) : 장골과 골격의 겉부분, 단단하고 대사율이 낮음
⑤ 해면골(골격의 20% 차지)
- ㉠ 손목, 발목, 척추, 골반 등의 짧은 뼈
- ㉡ 치밀골 안쪽 부분의 망상구조로 대사율이 높음

2. 골격의 대사

① 뼈는 끊임없이 뼈조직을 생성·분해, 보수·재생하는 조직
② 정상적인 골질량 유지를 위해 혈중 칼슘 농도를 유지하는 것이 중요
③ 체내 칼슘의 99%는 골격, 1%는 혈액에 존재(혈중 칼슘 농도 : 10mg/100mL)

PART 01
PART 02
PART 03
PART 04
PART 05
PART 06
PART 07
PART 08
PART 09

④ 칼슘의 흡수
   ㉠ 주로 십이지장에서 능동수송
   ㉡ 나머지는 소장 하부에서 확산으로 흡수

 인체의 골격기능

지지 작용, 보호 작용, 운동 작용, 조절 작용

⑤ 혈중 칼슘 농도 조절 호르몬
   ㉠ 칼시토닌(calcitonin)
      • 혈중 칼슘 농도 증가 시 갑상선에서 분비
      • 뼈에 칼슘 침착 증가, 신장에서 칼슘 재흡수 감소
   ㉡ 부갑상선 호르몬(ParaThyroid Hormone ; PTH)
      • 혈중 칼슘 농도 감소 시 부갑상선에서 분비
      • 뼈로부터 칼슘 용출 증가, 신장에서 칼슘 재흡수 증가
   ㉢ 비타민 D_3(cholecalciferol)
      • 7-dehydrocholesterol → (피부, 자외선) cholecalciferol → (간) 25(OH)D_3 → (신장) 1,25(OH)$_2D_3$(비타민 D 활성형) → 칼슘 흡수 증가
      • 1,25(OH)$_2D_3$는 활성형으로 소장에서 칼슘 흡수 촉진, 뼈 형성 촉진, 체내 칼슘 항상성 유지

3. 골다공증

① 원인
   ㉠ 칼슘대사 불균형으로 인해 골질량의 감소
   ㉡ 골아세포 감소, 파골세포의 활성화로 골질량 및 골밀도 감소
   ㉢ 폐경기 여성의 에스트로겐 분비 부족으로 칼슘 흡수율 저하

 에스트로겐

에스트로겐은 칼슘 흡수를 증가시키고 부갑상선 호르몬의 작용을 억제하여 골용출을 줄인다.

② 증상
   ㉠ 작은 충격만으로도 쉽게 골절
   ㉡ 남성보다 여성의 발병률이 높음(최대 골질량 낮음, 칼슘 섭취량 적음, 폐경으로 인한 에스트로겐 감소 등이 원인)

③ 분류
  ㉠ 원발성 골다공증(Primary osteoporosis)
    • 폐경기성 골다공증(제1형 골다공증)

원인	에스트로겐 분비 부족
부위	해면골이 많은 골격 조직에 영향을 줌
증상	주로 요추 파열 골절을 일으킴
특징	마른 여성의 골다공증 발병률이 높음(지방 세포가 에스트로겐 합성 비율에 영향을 미침)

    • 노인성 골다공증(제2형 골다공증)

원인	노화에 의한 골 손실, 1,25(OH)$_2$D$_3$ 합성 감소, 부갑상선 호르몬 활성 증가
부위	해면골, 치밀골에 모두 영향을 줌
증상	골반 골절
특징	70세 이후의 남성과 여성 모두에게서 발생

  ㉡ 이차성 골다공증(Secondary osteoporosis)
    • 약물 사용, 특정 질환에 의한 뼈조직 손실
    • 갑상선 기능항진증, 부갑상선 기능항진증, 부신피질 기능항진증, 스테로이드 과다 분비 질환, 신장 질환, 만성 간 질환 등
    • 코르티코스테로이드(corticosteroid), 헤파린(heparin), 갑상선 호르몬 등의 약물 사용
④ 골다공증의 위험 요인
  ㉠ 성별 : 여성>남성
  ㉡ 인종 : 백인>흑인
  ㉢ 골질량은 45세 이후 일정 비율로 감소
  ㉣ 에스트로겐 감소(부갑상선 호르몬 작용을 억제, 칼시토닌(calcitonin) 작용 촉진)
  ㉤ 낮은 신체 활동(신체 활동이 많을수록 뼈의 재생이 촉진됨)
  ㉥ 만성질환과 약물 복용
  ㉦ 부적절한 식사 습관, 알코올 섭취 및 과량의 카페인 섭취(칼슘 흡수 방해 및 배설 촉진), 니코틴 흡수(에스트로겐 분비 저하, 골손실량 증가)
⑤ 골다공증에 영향을 미치는 요인
  ㉠ 칼슘 : 최대 골질량 확보에 중요한 영양소
  ㉡ 인
    • 칼슘과 함께 뼈 구성 성분
    • 적당량의 섭취는 부갑상선 호르몬을 자극하여 간접적으로 칼슘 재흡수 증가, 칼슘 배설 감소
    • 지나친 섭취는 부갑상선 호르몬 분비를 자극하여 뼈 손실 유발
    • 성인의 경우 칼슘과 인의 비율 1:1을 권장
    • 어육류, 달걀, 유제품, 곡류에 다량 함유
    • 탄산 음료의 과잉 섭취는 칼슘/인 섭취 비율에 영향을 미침

PART 01
PART 02
PART 03
PART 04
PART 05
PART 06
PART 07
PART 08
PART 09

ⓒ 비타민 D
- 칼슘 흡수에 필수
- 노인의 경우 비타민 D 섭취 부족 및 야외활동 부족으로 결핍이 흔하며 골절 발생과 밀접한 연관이 있음
- 노화가 진행될수록 비타민 D_3 합성 능력 감소
- 비타민 D_2(에르고스테롤)는 효모, 버섯 등의 식물성 식품에 함유
- 비타민 D_3는 고등어, 간유, 난황 등의 동물성 식품에 함유
- 비타민 D 강화 우유, 시리얼 등에도 함유되어 있음

ⓔ 단백질
- 최대 골질량 유지에 중요
- 과량의 동물성 단백질은 요중 칼슘 배설 증가(단백질 1g당 1mg)
- 함황 아미노산 배설에 따른 칼슘 용출
- 육류에 다량 함유된 인은 칼슘 배설을 촉진함
- 이소플라본이 많이 함유된 대두 단백질로 섭취하면 좋음

ⓜ 식이섬유소
- 피틴, 수산은 장관 내 칼슘, 마그네슘, 아연, 철분 등의 흡수를 방해
- 과량의 섬유소 섭취는 무기질 흡수 방해, 골질량 저하

ⓗ 비타민 K
- 뼈세포 단백질(Osteocalcin)의 합성에 필요(과잉 석회화 방지, 골절 위험 예측 기준)
- 비타민 K 섭취가 부족한 여성 노인은 엉덩이 골절 위험이 증가됨

ⓢ 마그네슘
- 체내 마그네슘의 반 이상이 뼈에 저장됨
- 결핍 시 뼈의 칼슘 농도 저하로 골 용해 촉진, 골 생성 감소
- 과잉 시 마그네슘 흡수 방해
- 칼슘과 마그네슘의 비율은 2:1 정도로 권장
- 견과류, 두류, 곡류 식품에 풍부함

ⓞ 불소
- 조골세포 수 증가, 골격 표면 견고성 증가
- 과잉 섭취 시 견고성 증가로 인해 골절율 증가

ⓩ 나트륨 : 과량 섭취 시 뼈를 용해시켜 요중 칼슘 배설 증가

ⓩ 카페인
- 단기적으로 신장, 소장에서의 칼슘 손실 증가
- 커피 한 잔은 3mg 정도의 칼슘 흡수를 방해 → 1~2스푼의 우유를 첨가하여 칼슘 보충

ⓚ 철
- 교원질 섬유 합성에 관여하는 효소의 보조인자로 골형성에 중요
- 과다 섭취 시 아연, 구리의 흡수를 방해하여 골질환 위험을 증가시킴
- 칼슘과 철을 동시에 과량 섭취 시 신장 기능 저하, 골절 위험 증가

⑥ 골다공증의 치료

치료법	특징
식사 요법	• 칼슘 충분 섭취(1,200~1,500mg/일) • 칼슘과 인의 비율은 1:1로 유지 • 충분한 자외선 노출을 통한 비타민 D 합성 촉진 • 과다한 단백질 섭취는 삼가 • 동물성 단백질과 식이섬유는 적정량으로 섭취 제한 • 싱겁게 섭취, 과음 및 흡연 금지 • 커피, 탄산 음료, 인스턴트 등의 과도한 섭취 제한
운동 요법	• 육체적인 활동을 통해 조골 세포를 자극하여 뼈 재생 • 골격에 물리적인 힘이 가해지는 운동 • 정상 체중 유지
칼슘 보충제 복용	• 우유 및 유제품을 통한 칼슘 섭취가 어려울 경우 복용 • 부작용 : 무기질 등의 흡수 저해, 변비 등을 초래하며 장기간 사용 시 고지혈증, 고칼슘 뇨증, 요결석증 등을 유발

기타 약물요법	• 비타민 D
	  −칼슘과 함께 사용하지 않을 경우 독성 우려
	  −칼슘과 함께 비타민 D₃(calcitriol)를 보충
	  −보충제로 섭취 시 고칼슘뇨증, 고칼슘혈증 주의
	• 에스트로겐
	  −골다공증 환자 중 폐경기 여성 치료에 중요
	  −이소플라본은 에스트로겐의 화학구조와 유사하여 식물성 에스트로겐으로 작용
	• 칼시토닌
	  −부갑상선 호르몬 효과를 방해하여 파골 세포 작용을 억제
	  −요추뼈의 골밀도 증가, 골다공증 재발 억제
	  −통증이 심한 경우 증상 완화 효과
	  −가격이 비쌈

TIP 골다공증, 골연화증과 관련 있는 영양소

단백질, 칼슘, 인, 마그네슘, 비타민 D, 불소 등은 뼈 형성에 관여함

4. 구루병

① 원인 : 비타민 D 섭취 부족, 자외선 차단, 칼슘 섭취 부족, 부갑상선 호르몬 감소, 인 섭취 부족, 구리 결핍(골감소증), 비타민 K 부족(뼈로부터 칼슘 유출), 신장 기능 장애 등

② 증상

  ㉠ 6~36개월의 성장기 어린아이에게서 주로 근무력증이나 발육 부진을 보임

  ㉡ O자형 또는 X자형 다리, 새가슴이나 굽은 등

③ 예방 및 식사 요법

  ㉠ 비타민 D의 충분한 섭취

  ㉡ 적절한 외부 활동(운동)의 습관화

  ㉢ 이유기 이후 어린아이 : 조제분유, 비타민 D 강화 우유 등을 섭취

ⓔ 일조량이 부족한 환경에서는 생후 1~2년간 비타민 D를 보충

ⓜ 적절한 칼슘과 인산의 섭취 필요

ⓗ 영아는 조제 분유를, 어린아이는 하루 500mL 이상의 비타민 D 강화 우유를 통하여 비타민 D를 섭취

5. 골연화증(성인 구루병) 중요

① 원인

   ⓐ 구루병과 동일하게 비타민 D 부족에 의해 발생하지만 성장기 이후에 발생

   ⓑ 칼슘 섭취 부족, 저인산혈증, 장의 염증 등으로 흡수 불량증이 있는 경우, 햇빛 조사량 부족, 운동 부족, 약물 복용(항경련제, 정신안정제, 우울증치료제, 근육이완제, 경구혈당강하제) 등

② 증상 : 근무력증, 뼈의 통증, 심한 경우 뼈의 모양 변화(늑골, 대퇴골, 골반뼈 등의 기형)

③ 예방 및 식이 요법

   ⓐ 바깥 활동과 활성형 비타민 D 및 칼슘 보충제 처방이 필요

   ⓑ 가임기 성인 여성의 하루 비타민 D의 권장량은 10μg

6. 골관절염

구분	퇴행성 관절염 (만성질환으로 가장 흔한 관절염)	류머티즘성 관절염
정의	연골 손상으로 인한 관절통과 관절의 변형	관절의 활막액에서 발생하는 심한 통증을 동반하는 염증성 질환
발병 연령	노화로 발병하므로 50세 이상	10~80세로 다양(여자>남자)
통증 부위	• 무릎, 척추, 고관절 등 하중을 받는 관절 • 척추나 손가락 끝마디	• 손, 발, 무릎 등의 모든 관절 • 전신적 자가면역성 질환으로 체중 지탱과는 무관
원인	• 연골 세포의 합성과 분해 역할 균형이 깨짐 • 관절의 과다한 사용 • 비대칭적인 염증으로 연골 파괴 • 연골 세포의 지나친 부하, 세포 자극 감소, 유전적 요인 등	• 자가 면역 질환, 유전적 요인, 박테리아나 바이러스 등의 감염 • 임신, 수유, 피임 시의 호르몬의 변화 등
증상	• 주로 움직일 때의 통증 • 많이 사용하는 관절을 중심으로 통증이 심함 • 주로 저녁에 통증 발생	• 모든 손가락에 변형 발생 • 아침에 관절이 뻣뻣해지는 느낌의 통증 • 움직이면 통증이 나아짐

식사 요법	• 과체중과 비만의 경우 체중 조절식
	• 항산화 영양소 섭취(비타민 C, 비타민 E, 셀레늄, 베타카로틴 등)
	• 골다공증의 합병증을 예방하기 위한 식사 구성
		• 염증으로 인한 대사율 증가로 영양 요구량 증가
		• 에너지 : 이상 체중 유지
		• 단백질 : 체단백 분해 증가로 1.5~2.0g/kg
		• 지방 : 오메가-3 지방산 섭취 증가(항염증성)
		• 비타민과 무기질
		  −칼슘과 비타민 D 충분 섭취(단, 과량 섭취 시 신장 결석 등의 부작용 유발)
		  −엽산 섭취(고호모시스테인혈증 유발)
		• 입맛의 변화, 연하 곤란, 식욕 부진, 통증으로 식사 섭취량 감소(증상에 따른 식사 요법)

〈관절염의 종류별 특징〉

CHAPTER 13 | 선천성 대사 장애 및 내분비 조절 장애의 영양 관리

SECTION 01 | 선천성 대사 이상 질환

1. 개요

① 영양소의 대사에 필요한 효소의 결함으로 뇌와 장기 등에 손상을 초래하는 질환

② 초기에 발견하지 않으면 평생 정신 지체, 발육 장애 등이 초래됨

2. 페닐케톤뇨증(phenylketnouria ; PKU) 중요

① 원인

   ⊙ 페닐알라닌 수산화효소(phenylalanine hydroxylase)의 부족으로 페닐알라닌이 티로신으로 전환되지 못함

   ⓛ 페닐알라닌 및 페닐알라닌 대사물(phenylpyrubic acid, phenylacetic acid) 등이 소변으로 배출

② 진단

   ⊙ 식후 혈중 페닐알라닌 농도가 16~20mg/dL 이상

   ⓛ 티로신 농도가 3mg/dL 이하

③ 발병 대상 : 주로 백인에게 나타나며 신생아 약 11,000~15,000명당 1명꼴로 발생

④ 증상

   ⊙ 티로신 합성 장애로 멜라닌 색소 형성 저하 : 모발 탈색(금발), 백색 피부

   ⓛ 기초대사율 저하 : 지능 저하, 성장 부진, 운동발달 저하

   ⓒ 도파민 합성 저하 : 흥분 고조

   ⓡ 부신수질호르몬 합성 저하 : 혈압 저하

   ⓜ 중추신경계 손상 : 경련 등

⑤ 식사 요법

   ⊙ 단백질 함유 식품 제한

   ⓛ 최소한의 뇌 성숙 시까지 장기간 페닐알라닌 제한식을 공급하되, 지나친 제한은 발육 부진, 식욕 부진, 빈혈, 저혈당, 설사, 저단백증 등을 유발할 수 있음

   ⓒ 생애 전반에 걸친 제한식이 바람직함

   ⓡ 페닐알라닌을 제한하고 티로신을 공급

   ⓜ 페닐케톤뇨증 분유

   ⓗ 특수 분유로 단백질의 85~90% 공급, 나머지는 일반 식품에서 보충

   ⓢ 적절한 수분 공급

3. 단풍당밀뇨증(Maple Syrup Urine Disease ; MSUD)

① 원인

    ㉠ 측쇄 아미노산인 류신, 이소류신, 발린의 대사 장애증

    ㉡ 곁가지 아미노산에서 생성된 α-케토산의 산화적 탈탄산화 결핍

② 진단 : 혈액, 소변에서 BCAA(류신, 이소류신, 발린) 유래 케토산 농도 증가

③ 증상

    ㉠ 저혈당, 케톤성 산독증으로 소변에서 단풍당밀 냄새(메이플 시럽 냄새) 발생

    ㉡ 출생 후 4~5일경 포유 곤란, 구토, 무기력 증상이 일어나며 지속 시 산독증, 경련, 발작 혼수 등으로 사망할 수 있음

④ 식사 요법

    ㉠ 혈중 BCAA 농도 조절

    ㉡ 류신 대사가 더 손상되므로 혈중 류신 농도를 2~5mg/dL로 유지

    ㉢ 필수아미노산이므로 성장 발육과 건강 유지에 필요한 최소량 공급

    ㉣ BCAA 섭취를 줄이고 당질 섭취 증가

    ㉤ 식사 처방 시 고단백 식품이나 BCAA 함유 여부가 확실하지 않은 식품은 제외

    ㉥ 일상 단백질 식품 내에는 3.5~8.5%가 함유되어 있으므로 특수 조제식 섭취

4. 갈락토오스혈증(galactosemia)

① 주 발병 대상 : 신생아 25,000~50,000명 중 한 명 정도 발병하는 희귀질환

② 원인 : 간에서 갈락토오스가 포도당으로 전환될 때 필요한 효소(galactose-1-phosphate uridyl transferase)의 활성이 부족하거나 결핍되어 갈락토오스가 포도당(글루코오스)으로 전환되지 못하고 혈중 갈락토오스 농도가 높아짐

③ 증상

    ㉠ 혈액과 요중에 갈락토오스가 비정상적으로 축적

    ㉡ GALT(glactose-1-phosphate uridyl transferase)의 부족이 가장 흔함

    ㉢ 갈락토오스 함유 분유를 먹은 신생아는 출생 후 수일 이내 구토, 황달, 체중 감소 및 간 비대 등이 발생

    ㉣ 치료가 지연될 경우 백내장, 간경화 및 성장 부진, 정신 지체 → 사망률 높음(패혈증)

④ 식사 요법

    ㉠ 갈락토오스를 함유한 우유 및 유제품 제한

    ㉡ 두유, 카제인 가수분해물 제품 사용

    ㉢ 메티오닌 강화 콩단백 분유 섭취

    ㉣ 신생아의 경우 카르니틴, 타우린 첨가

    ㉤ 콩단백 내 피틴산에 의해 아연 흡수가 방해받으므로 아연을 추가 보충

    ㉥ 비타민 D 와 칼슘 보충

    ㉦ 제한 식품

        • 우유, 유제품, 유당을 함유하고 있는 빵류

        • 팬케이크, 비스킷, 머핀, 와플, 달걀빵, 프렌치토스트

        • 버터, 마가린으로 만든 크래커 등

        • 유당을 함유하고 있는 과즙 음료, 크림소스류, 샐러드 드레싱 등

        • 분유를 함유하고 있는 프랑크소시지류

        • 내장육(간, 췌장, 뇌, 신장, 심장)

        • 버터, 마가린, 치즈

5. 티로신혈증

① 원인 : 티로신의 대사과정에 관여하는 효소 작용의 장애

② 증상 : 혈중 티로신 농도 상승

③ 유형

    ㉠ 제1형 티로신혈증 : 유전성 티로신혈증

    ㉡ 제2형 티로신혈증 : 티로신 아미노산 전이효소의 결함

④ 식사 요법

    ㉠ 혈액 내 티로신과 페닐알라닌을 정상 수준으로 유지하도록 식사량 제한

    ㉡ 고당질 식사

6. 호모시스테인뇨증 〔중요〕

① 원인

    ㉠ 함황아미노산 대사에 관여하는 효소 결핍

    ㉡ 혈액, 요 중에 메티오닌 중간 대사 산물인 호모시스테인 농도 증가

② 증상

    ㉠ 결핍 효소에 따라 증상이 다양함

    ㉡ 발육장애, 지능 저하, 척추 이상, 골다공증, X자형 다리, 혈전증, 심혈관계 장애, 눈의 이상, 경련 등

③ 식사 요법 : 10일간 비타민 B_6를 1일 400mg/kg 투여하여 반응 여부를 확인하는 과정이 필요

유형	원인	식사 요법
제1형	cystathionine β-synthase 결핍	메티오닌 섭취를 제한하고 시스틴 공급
제2형	methylene-tetrahydrodolate reductase 결핍	메티오닌 제한 없이 엽산 보충
제3형	mythyl-tetrahydrofolate-homocysteine methyltransferase 결핍	메티오닌 제한 필요 없고, 비타민 B_{12} 보충

7. 당원병

글리코겐을 포도당으로 전환하지 못해 간, 근육에 비정상적으로 축적되어 일어나는 대사질환

유형	원인	증상	식사 요법
제Ⅰ형	glucose-6-phosphatase 결핍	저혈당, 이상지질혈증, 성장 지연, 골다공증, 간 비대 등	• 과당과 유당 제한, 전분 함량이 많은 식사 섭취 • 취침 시 경관 급식을 하거나 경구용 옥수수 전분을 섭취
제Ⅱb형	α-1,4-glucosidase 활성 결함	근육약화, 근력저하	단백질 섭취 증가
제Ⅲ형	amylo-1,6-glucosidase 결핍	간 비대, 성장 부전, 이상지질혈증, 공복 시 저혈당증 등	• 소량씩 자주 식사 • 당질 40~50% • 단백질 20~25% • 지방 25~35%
제Ⅳ형	간의 phosphorylase 활성 감소	간 비대 성장 부전, 이상지질혈증, 공복 시 저혈당 등	옥수수 전분 또는 지속적인 경관 급식(고당질 영양액)
제Ⅵ형	α-1,4-glycan, 6-glycosyltransferase의 활성 결함	간기능 약화, 성장 부전, 간경변, 문맥고혈압, 복수, 식도정맥류 등	취침 시 경관 급식이나 경구용 옥수수 전분 섭취

〈당원병의 분류와 식사 요법〉

8. 윌슨병

① 원인
  ㉠ 구리 대사 과정이 유전적으로 손상되어 체내 구리의 저장과 이동에 장애
  ㉡ 구리가 담즙으로 배설되지 못하고 간, 두뇌, 각막, 신장, 적혈구 등에 축적
② 증상
  ㉠ 혈청 ceruloplasmin 농도 저하, 용혈성 빈혈, 간경화, 간염 등
  ㉡ 각막이 구리 침착으로 녹색, 금색 색소 환(kayser-Fleischer ring)
③ 식사 요법 : D-페리실라민을 사용하는 경우 비타민 B_6 보충

SECTION 02 | 내분비 질환

1. 내분비 질환의 이해

① 내분비계 : 뇌하수체, 갑상선, 부갑상선, 부신, 췌장의 랑게르한스섬, 성선, 솔방울샘 등
② 내분비계의 기능 : 호르몬을 분비하여 대사과정의 동화와 이화작용, 근육의 기능, 성장과 생식, 에너지 생산, 스트레스 반응, 전해질 균형 등을 조절

 뇌하수체 호르몬

- 뇌하수체전엽호르몬 : 성장호르몬(GH), 갑상선자극호르몬(TSH), 부신피질자극호르몬(ACTH), 황체형성호르몬(LH), 난포자극호르몬(FSH), 프로락틴(PRL)
- 뇌하수체중엽호르몬 : 멜라닌세포자극호르몬(MSH)
- 뇌하수체후엽호르몬 : 옥시토신(Oxytoxin), 항이뇨호르몬(ADH)

2. 뇌하수체 기능 장애

① 프로락틴 과잉증
　㉠ 원인 : 유즙 분비 종양
　㉡ 증상 : 성선 기능 저하 및 남녀 모두에게서 유즙이 분비되는 증상
　㉢ 수술적 치료법 : 종양적출술
　㉣ 약물 치료법 : 팔로델(위장자극, 체위성저혈압, 오심, 두통, 변비 등의 부작용 발생)

② 성장호르몬 과잉증(거인증과 말단비대증)
　㉠ 거인증
　　• 영아기나 아동기에 시작되어 골단이 융합될 때까지 계속 신체가 성장
　　• 진단 : 성인의 경우 키가 2m 이상, 아동은 평균 신장보다 표준편차의 3배 이상
　　• 신체 장기의 비대, 2차 성징의 지연, 당내응력 장애로 인한 고혈당, 당뇨병 등
　　• 심할 경우 근육 약화, 골관절염, 척추측만증, 시야장애, 뇌졸중 등
　㉡ 말단비대증
　　• 사춘기 이후 발병
　　• 특별히 키가 크지 않지만 신체의 모든 조직(연조직, 기관, 뼈)을 자극하여 넓고 두껍게 자람
　　• 심장, 간, 신장, 췌장의 내장 비대, 갑상선, 부갑상선, 부신의 비대 및 관절의 병리적인 변화 초래
　　• 발병 후 울혈성 심부전, 고혈압, 당뇨병, 폐렴 등으로 사망

③ 뇌하수체기능저하증-소인증(dwarfism)
　㉠ 원인 : 유념기 성장호르몬 방출인자(GRH, 시상하부) 부족에 의한 성장호르몬 결핍
　㉡ 키는 작지만 지능은 정상
　㉢ 얼굴과 신체 비율은 유아의 비율과 유사
　㉣ 성적 성숙은 정상 또는 비정상

④ 요붕증(diabetes insipidus)

    ㉠ 항이뇨호르몬의 결핍으로 초래되는 수분대사질환

    ㉡ 비정상적으로 다량의 희석된 소변을 배설하므로 수분 손실에 따른 탈수 초래

    ㉢ 지속되면 방광 용적이 증가됨

3. 갑상선 기능 장애

(1) 갑상선종(Goiter)

① 갑상선이 비대해짐

② 기능 항진증 및 기능 저하증에서 모두 나타날 수 있음

③ 단순 갑상선종(simple goiter) : 갑상선의 크기는 비대해지지만 기능에는 이상이 없는 매우 흔한 질병으로 요오드 결핍 또는 갑상선호르몬의 요구가 높은 사람에게서 나타남(청소년, 임산부 등)

(2) 갑상선 기능 항진증(Hyperthyroidism)

① 원인 : 갑상선이 비대해지면서 갑상선호르몬이 과잉 분비

② 그레이브스병, 바제도병이라고도 불림

③ 진단 : 갑상선 자극호르몬이 정상치보다 감소되어 있으므로 호르몬의 수치를 확인

④ 그레이브스병(graves's disease)

    ㉠ 자가 면역 질환 : 갑상선자극호르몬 수용체에 대한 항체 생성 → 갑상선 지속적 자극으로 갑상선 호르몬의 과잉 분비

    ㉡ 안구 돌출(대표적인 증상), 체중 감소, 식욕 증진, 심계항진, 떨림, 불안 등

⑤ 식사 요법

    ㉠ 4,000~5,000kcal의 고단백, 고탄수화물식 제공

    ㉡ 과도한 섬유소와 카페인은 제한(위장자극)

    ㉢ 충분한 수분 보충(노폐물의 희석 및 배설)

(3) 갑상선 기능 저하증(Hypothroidism)

① 크레틴병(cretinism)

    ㉠ 선천성 갑상선 기능 저하증

    ㉡ 원인 : 임산부의 요오드 섭취 부족

    ㉢ 모체에서 받은 갑상선호르몬이 고갈되는 6개월 이내에 증상 발현

    ㉣ 성장장애로 인한 왜소증, 지능 발달 장애

    ㉤ 조기 치료하면 정상 발육 가능

② 성인의 갑상선 기능 저하증

    ㉠ 유병률 : 여성이 남성의 7~20배이며 30~60대에서 흔함

    ㉡ 우울, 무관심증 등을 겪으며 활동이 감소함

    ㉢ 합병증 : 점액수종

        • 피부, 조직에 뮤신이 비정상적으로 축적되는 부종

        • 기초대사율 감소, 저체온증, 저혈압, 저혈당 등

③ 식사 요법
　　㉠ 저열량, 고단백, 고섬유소식
　　㉡ 충분한 수분 섭취
　　㉢ 배변완화제 사용

(4) 갑상선염(thyroiditis)

① 하시모토 갑상선염(대부분) : 자가 항체에 의해 갑상선이 파괴되어 초래됨
② 전 인구의 약 2% 감염
③ 자가항체에 의해 갑상선 조직 파괴
④ 갑상선 호르몬 생성 감소되고 갑상선 자극 호르몬은 증가됨

4. 부갑상선 기능 장애

① 원발성 부갑상선 기능 항진증
　　㉠ 원인 : 부갑상선호르몬 증가
　　㉡ 증상 : 고칼슘혈증, 저인산혈증, 재발성 신결석, 소화성 궤양, 과다한 골흡수 증상 등
　　㉢ 진단 : 혈액 검사에서 칼슘 수치가 높으면 부갑상선호르몬을 측정
② 2차성 부갑상선 기능 항진증
　　㉠ 신장 기능이 악화되면 증상이 진행됨(실제 신장 투석 환자에게 발생함)
　　㉡ 신장 기능 저하로 사구체 여과율이 25% 이하가 되면 인이 축적됨
　　㉢ 증가한 혈중의 인은 칼슘과 결합 및 침착하여 혈중 칼슘 농도를 낮추고 부갑상선호르몬 분비를 증가시킴
　　㉣ 치료 : 인 섭취 제한, 비타민 D 투여
③ 부갑상선 기능 저하증
　　㉠ 대부분 일시적으로 나타남
　　㉡ 갑상선 전체를 제거하거나 갑상선암의 수술 시 발생(수술 시 호르몬의 혈액 공급과 정맥 내 유입이 원활치 못함)
　　㉢ 치료 : 혈중 칼슘 농도에 따라 칼슘을 먹는 약이나 정맥주사로 투여, 비타민 D 공급(장내 칼슘 흡수 촉진)

PART 01
PART 02
PART 03
PART 04
PART 05
PART 06
PART 07
PART 08
PART 09

5. 부신 기능 장애

부신		분비 호르몬		과잉증
부신피질	사구대(외층)	염류코르티코이드	알도스테론	원발성 알도스테론증
	속상대(가운데층)	당류코르티코이드	코르티졸	쿠싱증후군
	망상대(내층)	성호르몬	안드로겐 에스트로겐 테스토스테론	
부신수질		카테콜라민	에피네프린 (아드레날린) 노르에피네프린	갈색세포종

 에피네프린

- 부신수질호르몬
- 분비 시 대사 속도가 증가되고 글리코겐 분해를 촉진하여 혈당을 증가시키며, 심장 활동 촉진으로 심박수와 혈압이 증가한다.

① 쿠싱증후군
    ㉠ 당류 코르티졸이 과다하게 분비되는 상태
    ㉡ 일반적으로 코르티코스테로이드 약물 과다 사용에 의해 나타남
    ㉢ 과도한 근육 이화작용으로 근육 소모, 골다공증, 골절, 뼈의 통증 유발
    ㉣ 피부 콜라겐 감소로 피부가 약화되고 자색선이 나타남
    ㉤ 복부 비만, 경부 비만, 고혈당, 당뇨병 발병
    ㉥ 식사 요법 : 저당질식, 저칼륨식, 고단백식
② 원발성 알도스테론증
    ㉠ 원인 : 알도스테론의 과잉 분비로 신장에서 나트륨의 재흡수가 증가되고 칼륨과 수소이온이 배설됨
    ㉡ 증상 : 나트륨 재흡수에 의해 고혈압 초래(두통 동반), 체내 칼슘 저하로 근육 약화 등
    ㉢ 식사 요법 : 고단백식, 저나트륨식, 고칼슘식, 과체중이면 열량제한식
③ 갈색세포종
    ㉠ 원인 : 부신수질의 종양으로 카테콜아민이 과잉 분비되어 나타남
    ㉡ 증상 : 발한, 심계항진, 떨림, 불안, 오심, 구토 등

6. 통풍(Gout) 중요

① 체내 퓨린 대사 이상으로 요산(uric acid)이 비정상적으로 체내에 축적되어 극심한 통증을 유발

② 주 발병 부위 : 귓바퀴, 발가락, 무릎, 팔꿈치 등의 관절

③ 주 발병 대상 : 35세 이상의 남성, 폐경기 이후의 여성, 비만 환자, 당뇨병 환자, 과식, 과음 및 심한 운동을 즐기는 사람

④ 원인

   ㉠ 내인성 요산 : 체내 세포 파괴 시 생성

   ㉡ 외인성 요산 : 퓨린 함량이 높은 내장, 육즙, 등푸른 생선, 조개, 멸치국물, 곡류, 두류 및 배아 섭취 후 다량 생산

   ㉢ 요산 생성량 증가와 배설량 감소

   ㉣ 장기간 높은 혈중 요산 농도 지속 후 증상이 나타남

⑤ 증상

   ㉠ 특히 엄지발가락 관절이 빨갛게 부어오름

   ㉡ 통풍과 결절이 융합하면 만성 관절염 유발

   ㉢ 장기 침범 시 통풍성 신우염, 통풍성 신결석 발생

⑥ 약물 치료

   ㉠ 콜히친(colchicine) : 급성 발작 및 염증 조절, 설사 · 오심 · 구토 등의 부작용

   ㉡ 인도메타신(indomethacin) : 비스테로이드항염증제(NSAIDS), 소화불량, 두통, 발진 등의 부작용

   ㉢ 프로베네시드(probenecid) : 요산 배설 촉진, 식욕 부진, 오심, 구토, 위장장애 등

   ㉣ 알로퓨리놀(allopurinol) : 요산 형성 방해, 피부 발진, 위장장애 등의 부작용

⑦ 식사 요법

   ㉠ 퓨린 함량이 높은 식품 섭취를 엄격히 제한(심한 경우 1일 100~150mg 정도로 제한)

   ㉡ 수분 섭취를 하루 2.8~3L 정도로 늘림(퓨린 배설 증가)

   ㉢ 고당질, 중단백질, 저지방식 권장

   ㉣ 급격한 체중 감소 금지(케톤체 생성을 촉진하여 요산 배설 억제)

   ㉤ 알코올은 요산을 상승시키므로 제한

   ㉥ 식염 제한 : 나트륨, 칼륨은 요산의 침전을 촉진

   ㉦ 예방효과 : 저지방 유제품, 비타민 C, 포도주 섭취

TIP 통풍 환자의 식사 요법

통풍은 퓨린대사 장애로 혈중 요산이 증가되므로 요산 배설을 위해 저퓨린식, 고당질식, 중단백식, 저지방식, 수분 섭취 증가, 식염 제한, 알코올 제한 등의 요법을 사용한다.

퀴즈

퓨린 함량이 적은 우유, 달걀은 통풍 환자가 매일 먹어도 좋은 식품이다. (ㅇ/×)

정답 | ㅇ

해설 | 통풍 환자는 혈중 요산 농도가 높지 않아야 하므로 퓨린 함량이 적은 식품을 선택한다.
- 퓨린 함량이 높은 식품 : 고깃국물, 어란, 정어리, 멸치, 내장, 간, 고등어, 연어, 효모 등
- 퓨린 함량이 적은 식품 : 우유, 달걀, 아이스크림, 흰 빵, 치즈, 채소, 버터, 땅콩, 과일 등

01 다음 환자의 판정 결과로 옳은 것은?

> - 남성, 신장 175cm, 체중 80kg
> - 중성 지방 130mg/dL, 총 콜레스테롤 220mg/dL
> - LDL-콜레스테롤 110mg/dL, HDL-콜레스테롤 60mg/dL
> - 체지방량 15%

① 이상지질혈증

② 동맥경화증 발생 위험

③ 체지방량이 높은 비만

④ 체질량 지수 26으로 비만

⑤ 체질량 지수 24로 위험 체중

해설 | 체질량 지수(BMI)는 신장과 체중을 이용하여 측정할 수 있으며, 문제의 환자는 체질량 지수가 26으로 비만에 해당한다. 지질의 수치는 정상 범위에 속한다.

정상 범위
- 체질량 지수(BMI) : 25 이상
- 중성지방 : 200mg/dL 이하
- 총 콜레스테롤 : 200mg/dL 이하
- LDL-콜레스테롤 : 130mg/dL 이하
- HDL-콜레스테롤 : 40mg/dL 이상
- 체지방량 : 남자 8~15%, 여자 13~23%

02 간 기능 검사에 사용되는 지표는?

① 당화혈색소

② AST, ALT

③ 요단백 검사

④ 포도당 부하 검사

⑤ 혈청 페리틴 농도

해설 | 간 기능 검사의 지표에는 SGOT(AST), SGPT(ALT), ALP, 빌리루빈, 알부민, 암모니아, 프로트롬빈타임 등이 있다.

03 혈청 알부민 농도에 대한 설명으로 옳은 것은?

① 신장에서 합성되는 단백질이다.

② 단백질 섭취가 부족하면 합성이 증가한다.

③ 혈장 단백질 중 가장 적은 양이 존재한다.

④ 근육 내 단백질이 분해되면 알부민 농도는 상승한다.

⑤ 신장 기능에 문제가 생기면 알부민 농도가 감소한다.

해설 | 정상적인 신장에서는 알부민이 배설되지 않는다.
① 간에서 합성되는 단백질이다.
② 단백질 섭취가 충분할 때 합성이 증가한다.
③ 혈장 단백질 중 가장 많은 양이 존재한다.
④ 열량부족 등으로 근육 내 단백질이 분해되면 알부민 농도는 저하된다.

04 정맥 영양 내에 혼합하지 않고 따로 주사로 공급하는 성분은?

① 류신

② 칼슘

③ 비타민 A

④ 비타민 K

⑤ 측쇄 아미노산

해설 | 비타민 K는 혈전을 초래할 수 있어 정맥 영양액에 혼합하지 않고 근육 주사로 따로 공급한다.

정답 01 ④ 02 ② 03 ⑤ 04 ④

05 혈관으로 투여되는 지방 유화액(fat emulsion)에 대한 설명으로 옳은 것은?

① 환자에게 부족한 칼로리를 공급해준다.
② 말초 정맥이나 대정맥을 통해 주입될 수 없다.
③ 다른 주사액에 비해 높은 삼투 농도를 지닌다.
④ MCT oil은 부작용이 적고 필수 지방산을 공급해준다.
⑤ 20% 지방 유화액 500mL를 공급하면 2,000kcal를 제공한 것이다.

해설 | 혈관으로 투여되는 지방 유화액은 말초 정맥이나 대정맥을 통해 주입되며, 다른 주사액에 비해 삼투 농도가 낮아 추가되었을 때 삼투 농도의 증가 없이 투입되는 칼로리를 증가시킬 수 있다. 10% 지방 유화액은 1cc에 1kcal, 20% 지방 유화액은 1cc에 2kcal이므로 500mL를 공급하면 2kcal× 500mL=1,000kcal이다.

06 위의 운동기능 부전과 폐색을 진단하기 위한 검사식은?

① 건조식
② 레닌 검사식
③ 티라민 제거식
④ 위배출능 검사식
⑤ 400mg 칼슘 검사식

해설 | 위배출능 검사식은 방사선 물질이 함유된 유동식을 섭취한 후 2시간에 걸쳐 위장 내 방사능 변화를 검사하여 위의 배출 능력을 평가한다.

07 글루텐 과민성 장 질환 환자에게 줄 수 있는 음식은?

① 식빵, 돈가스, 약과
② 흰밥, 생선전, 메밀전
③ 보리밥, 만두, 불고기
④ 옥수수죽, 우유, 샐러드
⑤ 햄버거, 크림 수프, 맥주

해설 | 글루텐을 함유한 밀, 보리, 호밀, 귀리, 메밀 등을 제거하고 쌀, 옥수수, 감자전분 등의 다른 잡곡을 주식으로 하면 글루텐 과민증이 개선된다.

08 위장관 질환의 병리에 관한 연결로 옳은 것은?

① 크론병 – 지방변 발생
② 스프루 – 철 결핍증 발생
③ 덤핑 증후군 – 엽산 결핍증 발생
④ 대장암 – 거대적아구성 빈혈 초래
⑤ 담즙 분비 이상 – 글루텐 과민성 장 질환 초래

해설 | 췌장, 간, 담낭 질환이 발생하면 지방변이 나타나고 이로 인해 지용성 비타민과 수용성 비타민의 손실이 많아진다. 크론병, 스프루, 흡수 불량증 등에서 지방변이 나타날 수 있다.

09 경련성 변비의 영양 관리로 옳은 것은?

① 자극적인 향신료를 사용한다.
② 가능한 부드러운 음식을 제공한다.
③ 장을 자극하기 위해 탄산 음료를 제공한다.
④ 아침 공복에 차가운 오렌지 주스를 마신다.
⑤ 섬유소가 많이 함유된 음식을 충분히 먹는다.

해설 | 경련성 변비의 경우 장에 자극을 주지 않는 저잔사식, 저섬유소식을 제공하여 과도한 장 운동을 억제한다.

10 췌장염 환자에게서 흔히 나타나는 증상은?

① 오심
② 빈혈
③ 지방변
④ 체중 증가
⑤ 심한 통증

해설 | 췌장에 담즙이 들어가면 췌장 조직에 염증이 생기고 조직이 파괴되며 지방 소화 불량으로 지방변증이 나타난다.

11 담석증 환자의 식사 요법으로 옳은 것은?

① 가스를 발생하게 하는 식품은 피한다.
② 음식의 온도는 차갑게 제공하는 것이 좋다.
③ 향이 강한 채소를 이용하여 식욕을 촉진한다.
④ 버터, 쇠고기 등 지방 함량이 높은 음식을 섭취한다.
⑤ 수술 후 회복될 때까지 단백질을 제한하는 것이 좋다.

해설 | 담석증 환자에게는 무자극성 식사, 고당질식, 저지방식을 공급한다. 또한, 음식의 온도는 체온과 유사하게 제공하며 단백질은 급성기에는 제한하지만 회복정도에 따라 점차 증량한다.

12 다음에서 설명하는 섭식 장애는 무엇인가?

- 비밀리에 폭식과 장 비우기를 반복한다.
- 자신의 행동에 문제가 있음을 인정한다.
- 주로 체중 조절 중인 비만인에게 나타난다.

① 포만 중추 장애
② 섭식 중추 장애
③ 마구 먹기 장애
④ 신경성 폭식증
⑤ 신경성 식욕 부진

해설 | 신경성 폭식증은 폭식과 장 비우기를 비밀리에 반복적으로 진행하고 자신의 행동에 문제가 있음을 인정한다.

13 건강검진 결과 혈압, 공복 혈당, 허리둘레, 중성 지방, 혈청 HDL 농도 항목 중 3가지 항목이 기준치를 초과한 경우 어떤 상태로 진단되는가?

① 비만
② 고혈압
③ 당뇨병
④ 대사 증후군
⑤ 이상지질혈증

해설 | 대사 증후군은 아래의 판정 기준 5가지 중 3가지 이상에 해당하는 경우이다.
- 공복 혈당 : 100mg/dL 이상, 당뇨병약 복용, 인슐린 주사 처방받은 경우
- 혈압 : 130/85mmHg 이상 또는 혈압약 복용
- 중성 지방 : 150mg/dL 이상
- 허리둘레 : 90cm 이상(남), 85cm 이상(여)
- 혈청 HDL : 40mg/dL 미만(남), 50mg/dL 미만(여)

PART 01
PART 02
PART 03
PART 04
PART 05
PART 06
PART 07
PART 08
PART 09

정답 05 ① 06 ④ 07 ④ 08 ① 09 ② 10 ③ 11 ① 12 ④ 13 ④

14 대사성 증후군의 주된 원인은?

① 고혈압　　　　② 고혈당
③ 저체중　　　　④ 이상지질혈증
⑤ 인슐린 저항성

해설 | 대사 증후군은 인슐린 저항성에서 주로 비롯되며, 인슐린 저항성은 비만으로 인해 나타난다.

15 비만 환자의 행동 수정에 대한 내용으로 옳은 것은?

① 급격한 체중 감량 목표를 세운다.
② 식사 시 TV나 책을 보면서 섭취한다.
③ 배가 고픈 상태에서 식품을 구입한다.
④ 일정한 장소에서 규칙적으로 식사한다.
⑤ 인스턴트, 조리된 음식을 자주 섭취한다.

해설 | 체중 감량을 위한 행동 수정 요법
  • 실천 가능한 목표를 세우고 식사일지를 기록한다.
  • 배부른 상태에서 장을 보고 규칙적인 운동을 한다.
  • 일정한 장소에서 규칙적으로 식사한다.
  • 식사 시 TV나 책을 보면서 먹지 않는다.
  • 식품 구입 시 인스턴트, 조리된 음식을 피한다.

16 당뇨 환자의 운동 요법으로 옳은 것은?

① 운동량은 당뇨병의 종류와 무관하다.
② 운동하기 전에 간단한 간식을 섭취한다.
③ 합병증이 심한 경우는 무조건 운동을 권한다.
④ 고강도 운동부터 시작하여 서서히 강도를 낮춘다.
⑤ 초콜릿, 사탕 등과 같은 당을 함유한 식품은 절대 섭취하지 않는다.

해설 | 저혈당 예방을 위해 운동하기 30분 전 간단한 스낵을 섭취하는 것이 좋다. 당뇨병의 종류, 혈당의 정도, 인슐린의 사용 여부 및 종류 등에 따라 운동의 종류, 방법, 강도, 횟수 등의 계획을 세운다.

17 질환에 대한 영양 지도 방침이 바르게 연결된 것은?

① 고혈압 : 요산 함유 식품을 지도한다.
② 췌장염 : 채소류의 섭취에 대해 지도한다.
③ 소화성 궤양 : 지질 제한에 대해 지도한다.
④ 당뇨병 : 열량, 탄수화물, 설탕 제한에 대해 지도한다.
⑤ 동맥 경화증 : 오메가-6 지방산 섭취 증가에 대해 지도한다.

해설 | ① 고혈압 : 저염식에 대해 지도
　　　② 췌장염 : 저지방식에 대해 지도
　　　③ 소화성 궤양 : 산 분비를 억제하는 연질 완화식에 대해 지도
　　　⑤ 동맥 경화증 : 오메가-3 지방산에 섭취에 대해 지도

18 중간형 인슐린을 사용하는 당뇨병 환자의 식사 요법으로 옳은 것은?

① 절식
② 고당질식 섭취
② 고지방식 섭취
③ 저섬유식 섭취
⑤ 오후 간식 섭취

해설 | 중간형 인슐린은 효과가 10~16시간 지속되므로 점심 식사 후 오후 4시경 간식을 섭취하여 저혈당을 예방해야 한다.

19 무염식에서 사용할 수 있는 식품은?

① 설탕, 식초
② 버터, 기름
③ 훈연 제품, 치즈
④ 고춧가루, 토마토 케첩
⑤ 복합 조미료, 베이킹 파우더

해설 | 무염식은 염분을 1g 이하로, 나트륨을 400mg 이하로 사용하는 것으로 설탕, 식초, 계피 등으로 식욕을 돋운다.

20 하루 1,000mg의 나트륨을 섭취해야 하는 환자에게 필요한 소금의 양은?

① 2.54g　　　② 2.56g
③ 3.16g　　　④ 250mg
⑤ 400mg

해설 | • 소금 1g=나트륨 0.393g(393mg)
　　　　• 나트륨 1g=소금 2.54g

21 뇌졸중 환자의 식사 요법으로 옳은 것은?

① 식사 요법만으로 치료가 가능하다.
② 고열량, 저단백 식사를 권장한다.
③ 혼수 상태라면 정맥 영양을 지원한다.
④ 연하 곤란 증세 시 연식을 제공한다.
⑤ 당뇨, 고혈압 등의 식사 요법을 적용한다.

해설 | 뇌졸중 환자가 혼수 상태이면 경장 영양을 지원하고 연하 곤란 증세 시 유동식을 제공한다. 재발 방지를 위해 고혈압, 당뇨병, 동맥경화 등의 식사 요법을 적용한다.

22 신장 질환의 식사 요법에서 칼륨 함량이 많은 대용 소금(KCl) 섭취를 금하는 이유는?

① 부종을 유발하여 체중이 증가하므로
② 고나트륨혈증과 고혈압을 유발하므로
③ 저칼슘혈증과 골다공증을 유발하므로
④ 고칼슘혈증과 신장 결석을 유발하므로
⑤ 부정맥을 유발하고 심장에 악영향을 주므로

해설 | 대용 소금(KCl)에는 칼륨이 많아 혈중 칼륨 농도의 상승으로 고칼륨혈증을 일으킬 수 있고, 고칼륨혈증은 부정맥, 혈압 저하, 갑작스러운 심장마비를 초래할 수 있다.

23 이뇨제는 혈액량을 감소시키는데 그 원인은 무엇인가?

① 사구체 여과율 증가
② 나트륨의 분비율 감소
③ 나트륨의 재흡수율 감소
④ 집합관의 물 투과성 증가
⑤ 헨레고리의 물 투과성 증가

해설 | 이뇨제는 나트륨의 재흡수율을 감소시켜 이뇨를 촉진하는 약제이다.

24 암 발생률을 낮출 수 있는 식사 방침으로 옳은 것은?

① 비타민 D를 매 끼마다 섭취한다.
② 김치와 같은 염장 식품을 많이 섭취한다.
③ 육류를 중심으로 하는 고열량식을 섭취한다.
④ 지방은 1일 총 열량의 30% 이하로 섭취한다.
⑤ 복합 당질이 풍부한 채소 및 과일류를 많이 섭취한다.

해설 | 암 발생 예방을 위해 과식을 피하고 다섯 가지 식품군을 다양하게 섭취하며 지방은 1일 총 열량의 20% 이하로 섭취한다. 채소 및 과일을 통한 섬유소와 항산화 비타민을 충분히 섭취한다.

25 만성 폐쇄성 폐질환에 의해 호흡곤란 증세가 있는 환자의 식사 요법으로 옳은 것은?

① 수분과 나트륨을 충분히 섭취한다.
② 소화 · 흡수가 쉬운 탄수화물 위주로 공급한다.
③ 지방은 좋은 에너지원이므로 충분히 공급한다.
④ 경관 급식 시 흡인의 위험이 있으므로 위로 관을 연결한다.
⑤ 영양 불량은 호흡부전의 원인이 되므로 탄수화물 등 충분한 식품을 섭취한다.

해설 | 만성 폐쇄성 폐질환은 기도가 폐쇄되어 호흡이 곤란한 질환이다. 탄수화물은 체내 대사 후 탄산 가스를 많이 생성하므로 적게 섭취하고 지방의 섭취량을 늘리고 단백질은 적정량 섭취한다. 호흡 부전 시 폐에 과량의 수분이 보유되어 있는 경우가 많으므로 수분 및 나트륨의 섭취를 제한한다. 경관 급식 시 흡인의 위험이 있어 장으로 관을 연결한다.

26 폐포에 존재하는 산소(O_2)가 혈액으로 이동하는 이유는?

① 혈관벽이 얇아 O_2가 스며들기 쉬우므로
② 폐포 안의 O_2 분압이 이곳을 지나는 혈액보다 낮으므로
③ 폐포 안의 N_2 분압이 이곳을 지나는 혈액보다 높으므로
④ 폐포 안의 O_2 분압이 이곳을 지나는 혈액보다 높으므로
⑤ O_2 분압과 관계없이 단순히 헤모글로빈이 O_2에 대한 친화력이 강하므로

해설 | 폐포 안의 O_2 분압(100mmHg)이 높기 때문에 폐포에서 모세혈관 쪽(40mmHg)으로 산소가 이동한다.

27 결핍 시 악성 빈혈을 일으키는 영양소는?

① 철분
② 요오드
③ 비타민 A
④ 비타민 B_6
⑤ 비타민 B_{12}

해설 | 악성 빈혈(거대적아구성 빈혈)은 비타민 B_{12}, 엽산(folic acid)이 결핍되어 발생하는 빈혈이다.

28 빈혈의 종류와 필요 영양소의 연결이 옳은 것은?

① 악성 빈혈 : 엽산, 비타민 B_{12}
② 철 결핍성 빈혈 : 아연, 비타민 E
③ 용혈성 빈혈 : 구리, 비타민 B_{12}
④ 재생불량성 빈혈 : 니아신, 비타민 E
⑤ 거대적아구성 빈혈 : 비타민 B_{12}, 비타민 C

해설 | ② 철 결핍성 빈혈 : 철, 비타민 C, 동물성
단백질
③ 용혈성 빈혈 : 아연, 비타민 E
④ 재생 불량성 빈혈 : 단백질, 비타민 B_{12},
비타민 C, 엽산
⑤ 거대적아구성 빈혈 : 엽산, 비타민 B_{12}

29 골다공증에 대한 설명으로 옳은 것은?

① 골질량 감소로 인하여 골절되기 쉽다.
② 육체적인 운동은 골질량을 감소시킨다.
③ 폐경기 여성의 경우 골질량이 높은 편이다.
④ 체격이 크고 비만한 여성에서 많이 발생한다.
⑤ 수영은 골격을 자극하여 골 형성 촉진에 효과적이다.

해설 | ② 뼈의 하중을 가하는 육제적 운동은 골질
량을 증가시킨다.
③ 에스트로겐은 칼슘 흡수를 증가시키므로
폐경기 여성은 골질량이 낮은 편이다.
④ 지방조직은 에스트로겐 생산의 주요 장
소가 되므로 비만 여성의 경우 골다공증
이 적다.
⑤ 수영은 골 형성 촉진 효과가 적다.

30 통풍 환자의 식사 지침으로 옳은 것은?

① 고퓨린식
② 저당질식
③ 저지방식
④ 수분 섭취 제한
⑤ 알코올 섭취 증가

해설 | 통풍 환자의 식사 지침으로 저퓨린식, 고당
질식, 중단백식, 저지방식, 수분 섭취 증가,
식염 제한, 알코올 제한 등이 있다.

PART 01
PART 02
PART 03
PART 04
PART 05
PART 06
PART 07
PART 08
PART 09

MEMO

MEMO

2022

영양사

초단기완성 2교시

이민경 · 영양사국가시험연구소 공저

예문에듀
EDU

목차

"

식품학 및 조리원리

CHAPTER 01 | 개요

SECTION 01 | 조리의 기초

1. 조리의 목적 중요

① **소화성 향상** : 가열 조리하여 섭취하면 소화 효소의 작용이 쉬워짐
② **영양성 보존** : 영양소가 효율적으로 흡수되어 영양적 가치가 높아짐
③ **저장성 향상** : 조리 후 자체 효소에 의한 변질, 조직 연화 등을 예방함
④ **안전성 향상** : 식품의 유해 물질, 오염 미생물, 해충, 농약 등을 제거함
⑤ **기호성 향상** : 풍미, 향, 색, 질감 등을 향상시킴

2. 물과 용액

(1) 물의 성질

① 2개의 수소 원자(H)와 1개의 산소 원자(O)가 결합(H_2O, 분자량 18, 결합각 104.5°)
② 극성을 띠고 있어 용매로서 작용(식품 성분이나 조미료 등을 용해시킴)
③ 1기압하에서 끓는점은 100℃(212°F), 어는점은 0℃
④ 비중은 4℃에서 1(얼음은 물보다 가벼움)
⑤ 고도가 높아지면 대기압이 낮아져 끓는 온도가 내려감(예 산에서는 더 오래 가열)

(2) 물의 경도

경수 (hard water, 센 물)	• 칼슘 이온(Ca^{2+})이나 마그네슘 이온(Mg^{2+}) 등의 무기염류를 비교적 많이 함유 • 지하수, 우물물 등 • 조리용 물로 부적합(단백질과 결합하여 단백질을 변성시킴) • 콩을 불릴 때 연화를 방해함 • 커피와 차에 있는 탄닌 성분과 반응하면 적갈색의 침전물을 형성하여 차를 혼탁하게 함
연수 (soft water, 부드러운 물)	• 칼슘 이온(Ca^{2+})이나 마그네슘 이온(Mg^{2+}) 등의 무기염류를 비교적 적게 함유 • 증류수, 수돗물 등 • 일반적인 조리용 물로 적합 • 육수용 멸치 국물, 밥물, 찻물 등으로 사용

(3) 식품의 분산 상태

① 식품은 둘 이상의 물질로 이루어진 혼합물 또는 분산 상태

② 용어

    ㉠ 용액 : 두 가지 이상의 물질이 균질하게 섞인 혼합물 **예** 소금물

    ㉡ 용질 : 용매에 녹아서 용액을 만드는 물질 **예** 소금

    ㉢ 용매 : 용질을 녹여서 용액을 만드는 물질 **예** 물

 용액의 종류

- 불포화용액 : 일정 온도에서 용매가 용해시킬 수 있는 양보다 적은 양의 용질이 녹아있는 용액(용매>용질)
- 포화용액 : 일정 온도에서 용매에 더 이상의 용질이 녹을 수 없는 상태의 용액(용매=용질)
- 과포화 용액 : 일정 온도에서 용매가 용해시킬 수 있는 양보다 많은 용질이 녹아 있어 분리되려는 경향이 큰 불안한 형태의 용액(용매<용질)

진용액	• 1nm보다 작은 분자나 이온이 용해된 상태로 매우 안정함 • 소금물, 설탕물, 간장, 설탕시럽, 꿀 등
콜로이드 용액 (교질 용액)	• 1nm~1µm 정도 크기의 분산질이 용해된 상태로 비교적 안정함 • 진용액처럼 완전히 용해되지는 않지만 현탁액처럼 침전하지도 않고 퍼져 있는 상태 • 졸(sol) : 사골국, 곰국, 젤라틴 용액, 우유, 그레비 소스 등과 같이 흐르는 상태 • 젤(gel) : 족편, 묵, 달걀찜, 우무, 젤리, 커스터드 등과 같이 흐르지 않는 상태 • 거품(foam) : 맥주, 사이다, 머랭 등 • 유화액(emulsion) : 샐러드 드레싱, 마요네즈 등 ※ 사골국은 냉각 상태에서는 겔이지만 가열하면 졸로 변화
현탁액 (부유액)	• 1µm 이상의 분산질이 용해된 상태로 불안정함 • 녹아 있는 물질의 크기가 커서 물에 용해되지 않으며 중력에 의해 쉽게 가라앉음 • 전분액, 된장국 등

③ 구분

구분	진용액	콜로이드 용액(교질 용액)	현탁액
입자 형태	1nm 이하	1nm~1µm	1µm 이상
분산매	액체	액체 또는 고체	액체
분산질	고체 (이온 또는 작은 분자)	액체, 고체, 기체 (거대분자 또는 분자들의 소집단)	고체 (분자들의 거대집단)
운동 특성	일정한 분자 운동	브라운 운동	중력 방향 운동
안정성	매우 안정	비교적 안정	불안정
조리 예시	소금물, 설탕물, 간장, 설탕 시럽, 꿀 등	우유, 두유, 사골국, 곰국, 족편, 커스터드, 맥주, 사이다 등	전분액, 된장국 등

〈분산 상태의 종류와 특징〉

유화액(emulsion) 중요

- 물과 기름처럼 서로 섞이지 않는 두 액체가 분산되어 있는 교질 상태
- 유화제 : 서로 섞이지 않는 두 액체를 서로 섞이게 도와주는 물질

수중유적형 (Oil in water emulsion, O/W형)	물속에 기름이 분산된 형태 예 우유, 생크림, 마요네즈, 아이스크림 등
유중수적형 (Water in Oil emulsion, W/O형)	기름 속에 물이 분산된 형태 예 버터, 마가린 등

 퀴즈

우유, 마요네즈, 아이스크림은 유중수적형 유화액이다. (○/×)

정답 | ×

해설 | 물속에 기름이 분산된 형태의 수중유적형 유화액이다.

3. 조리와 열

① 열 전달 매개체(식품에 열원을 전달)

    ㉠ 물 : 습열 조리(끓이기, 찌기, 삶기, 데치기 등)

    ㉡ 기름 : 볶기, 부치기, 튀기기 등

    ㉢ 공기 : 로스팅, 베이킹, 브로일링 등

    ㉣ 수증기 : 찜

② 열 이동 방식

전도 (conduction)	• 물체에 열원이 접촉되었을 때 열에너지가 높은 온도에서 낮은 온도로 이동하여 열이 전달되는 현상 • 달걀 후라이, 팬케이크 등 • 조리 기구의 등의 재질에 따라 전도율이 다름 • 열전도율이 크면 열이 빨리 전달되지만 보온성은 적음 예 은, 구리, 알루미늄, 철 등 • 열전도율이 낮으면 열이 느리게 전달되지만 보온성은 높음 예 유리, 도자기 등
대류 (convection)	• 액체나 기체는 온도에 따라 부피와 밀도가 달라지는데 이러한 밀도의 차에 의한 순환으로 열 이 전달되는 현상 • 밀도가 낮아진 더운 공기나 물은 위로, 밀도가 높은 찬 공기나 물은 아래로 이동 • 국, 찌개, 오븐 요리 등
복사 (radiation)	• 열 전달 매개체 없이 열에너지가 직접 식품으로 전달되는 현상 • 숯불구이, 그릴링, 브로일링 등 • 조리용기의 표면이 검은색이고 거칠수록 열을 잘 흡수함 • 파이렉스(pyrex) 유리 용기는 복사 에너지의 좋은 전도체로서 오븐 용기로 사용할 때는 레시피 에서 제시한 온도보다 약 14℃ 정도 낮게 조절해야 함

TIP 열 전달 속도

복사＞대류＞전도

 퀴즈

조리용 기구의 표면이 부드럽고 흰색일수록 열을 잘 흡수하여 조리시간이 단축된다. (ㅇ/×)

정답 | ×

해설 | 조리용 기구의 표면이 검고 거칠수록 열을 잘 흡수하므로 조리시간이 단축된다.

4. 식품의 계량 단위 및 계량 방법

① 계량 단위 중요

구분		단위	
1ts(teaspoon)		1작은술	5g＝5mL＝5cc
1Ts(Tablespoon)		큰술	15g＝15mL＝3ts
1C(Cup)	미터법	컵	200ml
	쿼트법	컵	240ml
1lb(pound)		파운드	450g＝16oz
1oz(ounce)		온스	28.35g

② 계량 방법

밀가루	가루 제품은 계량 전 체에 쳐 입자를 고르게 한 후 계량컵이나 계량스푼에 수북하게 담고 표면이 고루 되게 수평으로 깎은 후 계량
흑설탕	계량컵에 꾹꾹 눌러 담아 표면을 수평으로 깎은 후 뒤집어 컵 모양이 나오도록 한 후 계량
지방	버터, 마가린, 쇼트닝 등은 실온에 방치하여 반고체 상태로 부드럽게 만든 후 계량컵에 빈 공간이 없도록 눌러 담아 수평으로 깎은 후 계량
액체	수평의 바닥에 계량 용기를 놓고 액체 표면의 아랫부분과 눈높이를 일치시켜 측정하며 점성이 높은 액체(⑩ 꿀, 물엿, 기름 등)는 분할된 계량컵을 이용하여 계량

 퀴즈

버터나 마가린, 쇼트닝 등은 완전히 녹여 액체 상태로 만든 뒤에 계량한다. (ㅇ/×)

정답 | ×

해설 | 버터, 마가린 등의 지방류는 실온에 방치하여 반고체 상태로 만든 후 계량컵에 눌러 담아 계량한다.

1. 기본 조리 조작

(1) 다듬기

① 전처리 과정으로서 식품 재료의 먹을 수 없는 부분을 제거하는 과정

② 폐기율(%) = 폐기되는 식품의 무게(g)/식품 전체의 무게(g)×100

(2) 씻기

① 위생적으로 안전한 식품을 만들기 위해 식품 표면에 부착되어 있는 이물질을 제거하는 과정

② 어패류 등은 2~3%의 소금물을 이용, 표면의 점액질이나 세균을 제거하고 비가식부(비늘, 지느러미, 내장 등)를 제거한 후 씻기

③ 과일이나 채소 등은 전문 야채 세정제를 사용하여 씻고 세제가 식품에 남지 않도록 세척

④ 수용성 성분의 손실을 줄이기 위해 썰기 전에 씻는 것이 바람직하고 씻는 횟수도 가능한 적게 함

⑤ 쌀은 씻는 횟수가 많을수록 비타민 B군의 손실이 많으므로 2~3회 정도 씻는 것이 적당

빈 칸 채우기

어패류 등을 씻을 때는 2~3% 농도의 (   )을/를 이용하여 표면의 점액질 및 세균을 제거한다.

정답 | 소금물

---

(3) 담그기 및 불리기

① 식품을 물이나 조미액에 담그는 과정

② **수분 흡수(조직 연화)** : 곡류, 콩류, 채소류, 버섯류 및 해조류 등의 건조 식품

③ **식품 성분의 용출** : 고사리, 도라지, 우엉 등이 가지고 있는 쓴맛, 떫은 맛 및 아린 맛 성분 제거

④ **조미료 침투** : 단무지, 피클 및 장아찌 등은 삼투압 작용에 의해 맛 성분이 식품으로 침투

⑤ **갈변 방지(변색 방지)** : 감자, 사과, 연근, 우엉 등

⑥ **질감 향상** : 채소를 찬물에 담가 놓으면 조직감이 향상됨

⑦ 마른 표고 버섯 등을 불린 물은 수용성 영양 성분이 있으므로 찌개 등에 사용함

TIP 조미료의 침투 속도에 따른 사용 순서 중요

• 분자량이 작은 것은 빨리 침투되므로 분자량이 큰 것부터 먼저 첨가

• 설탕 → 소금 → 식초

- 조미료를 사용할 때는 분자량이 작은 것이 세포막을 통해 빠르게 침투되므로 분자량이 큰 것부터 넣음
- 농도차가 클수록 삼투 작용에 의해 탈수 현상이 많이 일어남
- 고농도 용액에 콩을 불리면 쪼그라드는 현상
- 배추나 오이 등의 채소에 소금을 뿌리면 물이 생김
- 생선은 반투막으로 되어 있어 분자 크기가 큰 것은 통과하기 어려움

(4) 자르기(절단)

① 비가식 부분 제거(폐기 부위 분리)
② 표면적 증가에 따른 열전도율 상승
③ 조미료의 침투의 용이
④ 가열 시간 단축
⑤ 소화율 증가
⑥ 모양이나 크기를 알맞게 함

(5) 섞기

① 온도, 맛, 조미액 침투 등이 균일해져 맛과 입안의 조직감 증가
② 혼합, 교반, 반죽 등
③ 나물 무침, 머랭, 휘핑 크림, 마요네즈 등

(6) 압착 및 여과

① 식품에 물리적인 힘을 가해 고형물과 액체를 분리하고 균일한 상태로 만드는 과정
② 두부 으깨기, 녹즙, 과즙 등

(7) 냉각 및 냉장

① 미생물의 번식 억제 : 음식물 냉장 보관, 육수 냉각
② 맛 향상 : 과일, 샐러드, 냉채
③ 효소 반응 억제 : 녹색 채소
④ 질감 향상 : 샐러드용 채소
⑤ 향기 및 기체 성분 보존 : 맥주, 청량음료 등
⑥ 응고 및 성형 : 젤라틴, 족편, 젤리

 냉장과일이 더 단 이유

온도가 낮을수록 β형 과당이 증가(α형보다 3배 정도 더 단맛)

(8) 냉동

① 식품을 0℃ 이하로 냉각시켜 식품의 수분을 동결시키는 방법
② 빙과류, 수산물, 냉동 가공 식품 등의 저장 방법
③ 미생물의 번식 억제
④ 효소 작용 및 산화 반응 억제(품질 보존)
⑤ 급속 동결(−40℃ 이하) 시 미세 얼음 결정이 형성되어 식품의 조직 파괴가 적음
⑥ 완만 동결 시 큰 얼음 결정이 형성되어 식품의 조직 파괴가 큼(해동 시 드립 현상 발생)

빈 칸 채우기

식품의 냉동 시 조직 파괴가 적은 방법은 (　　　　)이다.

정답 | 급속 동결
해설 | 급속 동결은 −40℃ 이하의 온도에서 냉동하는 것으로 생성되는 얼음 결정의 크기가 작아 식품의 조직 파괴가 적다.

---

⑦ 식품의 노화 방지 효과 **예** 밥, 식빵, 떡 등
⑧ 단백질 식품의 변성 **예** 냉동 두부, 어육 제품 등

(9) 해동

① 냉동된 식품을 냉동 전 상태로 녹이는 과정으로 단백질 변성 등 식품의 변화가 일어남
② **급속 해동과 완만 해동**

급속 해동	• 전자레인지를 이용하거나 냉동 식품, 얼린 반조리 또는 조리된 식품 등은 그대로 가열 • 해동과 조리가 동시에 이루어짐 • 부피가 큰 식품은 전자레인지 해동이 바람직하지 않음
완만 해동	• 냉장고 또는 흐르는 물에서 천천히 해동 • 냉장 해동(2~8℃)이 가장 이상적인 방법 • 육류, 생선류, 과일에 주로 이용 • 흐르는 물에서 해동 시 21℃ 이하의 흐르는 물에서 2시간 이내로 해동

2. 조리방법의 분류

조리법			조리 예시
비가열조리법	식품을 가열하지 않고 신선한 상태로 조리		샐러드, 생채, 냉채, 생선회, 육회
가열조리법	습열조리법		끓이기(boiling), 데치기(blanching), 찌기(steaming), 시머링(simmering), 포우칭(poaching)
	건열조리법	기름을 사용하지 않음	그릴링(grilling), 브로일링(broilling), 팬 브로일링(pan broilling), 로스팅(roasting), 베이킹(baking)
		기름을 사용함	소테잉(sauteing), 스터프라잉(stir frying), 팬 프라잉(pan frying), 딥 프라잉(deep frying)
	복합조리법		브레이징(braising), 스튜잉(stewing)
	전자레인지		–
	인덕션		–
	훈연법		–
	기타		글레이즈(glaze), 그라탱(gratin), 파쿡(parcook) 등

3. 비가열조리

① 정의 : 식품재료의 고유의 색, 맛, 향 및 질감을 살려 신선한 상태로 조리하는 방법

② 조리 예시 : 생채, 냉채, 샐러드, 어패류회, 육회 등

장점	단점 및 주의점
• 수용성 성분의 손실 적음 • 식품 고유의 맛을 살림 • 조리 방법이 간단	• 잔류농약 및 미생물에 의한 안전성 문제 • 재료의 신선도 유지와 위생적인 처리가 필요 • 최대한 빠른 시간 안에 조리

4. 가열조리

(1) 개요

① 정의 : 물, 기름, 공기, 초단파 등의 열 전달 매체를 이용하여 조리하는 방법

② 조리 예시 : 습열조리, 건열조리, 복합조리, 초단파조리 등

③ 장점 : 소화율 증가, 식품의 안전성 증가, 질감의 연화, 풍미 증가, 불미성분 제거 등

(2) 습열조리

① 정의 : 식품 자체의 수분 외에도 열 전달 매체로 물을 이용하는 방법

PART 01
PART 02
PART 03
PART 04
PART 05
PART 06
PART 07
PART 08
PART 09

② 구분

끓이기 (boiling)	• 액체에 재료를 잠기게 하여 식품에 함유된 맛 성분을 우려내는 방법 • 조직의 연화, 전분의 호화, 단백질의 응고, 감칠맛 성분의 증가 등이 일어남 ⑩ 찌개, 전골 등
삶기	• 끓는 물속에 재료를 넣고 뚜껑을 덮은 후 재료를 넣고 익을 때까지 가열하는 방법 • 주로 삶은 건더기를 건져 이용하고 삶은 물은 버림(끓이기와의 차이점) • 조직의 연화, 단백질의 응고, 감칠맛 성분의 증가 등의 목적 • 수용성 성분(티아민 등)의 손실을 막도록 주의 ⑩ 수육, 편육, 마른국수 삶기, 죽순·연근과 같이 단단한 채소 삶기 등
데치기 (blanching)	• 끓는 물에 재료를 넣어 순간적으로 익혀 내는 조리법 • 효소의 불활성화로 채소의 변색을 방지 • 특유의 불쾌한 냄새나 불순물 제거(채소, 어패류) ⑩ 채소 데치기, 오징어 숙회, 토마토 껍질 벗기기 등
시머링 (simmering)	• 물의 끓는 점 이하(보통 85~93℃)에서 은근하게 끓여주는 조리법 • 단백질의 응고로 조직감 연화되고 감칠맛 성분 증가 • 콜라겐의 젤라틴화로 조직이 부드러워지고 소화성이 향상 ⑩ 곰국, 백숙, 스톡 끓이기 등
포우칭 (poaching)	• 70~80℃의 물에 재료를 담가 서서히 익히는 조리법 • 생선, 달걀 등을 서서히 익혀 섬세한 조리를 할 때 이용 ⑩ 수란, 샤브샤브, 솔모르네 등
찌기 (steaming)	• 물이 100℃로 끓을 때 발생하는 수증기의 기화열을 이용한 조리법 • 장점 : 쉽게 부서지지 않고 맛이나 향기 유지, 수용성 영양성분의 손실이 적음 • 단점 : 조리 중 조미하기가 어렵고 간접적 가열이므로 가열 시간이 비교적 길며 연료 소비가 많음 ⑩ 찐빵, 찐만두, 달걀찜, 푸딩, 떡 등

 퀴즈

삶기 조리법은 티아민과 같은 수용성 영양성분의 손실이 많다. (○/×)
정답 | ○

(3) 건열조리

① 정의 : 열전달매체로 기름과 공기를 이용(⑩ 굽기, 볶기, 지지기, 튀기기 등)
② 구분

직접구이	• 석쇠 등의 조리기구를 이용하여 복사열에 의해 익히는 방법 • 높은 열로 빠르게 조리 • 열원의 위치에 따라 상단 직화구이(브로일링), 하단 직화구이(그릴링, 바베큐)로 구분 • 육류나 어패류, 채소류에 이용 ⑩ 너비아니구이, 더덕구이, 생선구이, 닭꼬치구이 등
간접구이	열원 위에 프라이팬 등의 조리기구를 올려놓고 전도열에 의해 익히는 방법 ⑩ 팬 브로일링
오븐구이	• 오븐이 가열되어 생긴 복사열과 공기의 대류열에 의해 익히는 방법 • 로스팅 : 가금류, 육류, 뿌리나 구근 채소를 오븐에서 구움 • 베이킹 : 생선, 과일, 채소, 빵, 제과류를 오븐에서 구움

소테 (sauteing)	• 소량의 기름을 사용하여 달궈진 냄비나 팬에 재료를 넣고 빠르게 익히는 고온 단시간 조리법 • 수용성 영양성분의 용출 및 비타민 파괴가 적음 • 기름이 흡수되므로 풍미가 증가됨
지지기 (pan frying)	• 기름을 많이 사용하여 중불에서 튀기듯 익히는 방법 예 생선전, 육원전, 표고전, 풋고추전, 화전 등
튀기기 (deep fat frying)	• 고온의 기름에 식품을 완전히 잠기게 담가 익히는 방법 • 기름의 사용 온도 범위 150~200℃ • 단시간 조리이므로 영양소 손실이 적음 • 전분식품은 호화에 시간이 걸리므로 저온에서 오래 튀기고 단백질 식품은 고온에서 단 시간에 튀김

퀴즈

튀김은 영양소 손실이 가장 큰 조리법이다. (○/×)

정답 | ×

해설 | 튀김은 고온 단시간 조리로 영양소 손실이 적다.

(4) 복합조리(혼합조리) 중요

① 정의 : 건열로 조리한 후에 액체를 넣고 습열로 조리하는 방법

② 구분

브레이징 (braising)	덩어리가 크고 육질이 질기거나 지방이 적은 육류를 볶은 후 소량의 물(재료의 반쯤 잠기 도록)을 붓고 뚜껑을 덮어 푹 끓이는 방법
스튜잉 (stewing)	브레이징과 유사하나 크기가 작은 고기나 채소를 볶은 후 다량의 물(재료가 잠기도록)을 붓고 뚜껑을 덮어 푹 끓이는 방법

(5) 초단파조리(microwave cooking)

① 외부로부터 열이 전달되는 것이 아니라 식품 자체 내의 물분자가 급속히 진동하여 열이 발생되
는 원리를 이용한 조리법

② 초단파(전자레인지)조리의 특징 중요

ㄱ 열효율이 높아 조리시간이 단축됨

ㄴ 가열에 따른 식품 표면의 눌음 현상이 없음

ㄷ 냉동식품의 급속해동이 가능함

ㄹ 영양소 파괴가 적고 형태, 색, 맛을 유지시킴

ㅁ 식품 표면의 갈변반응이 일어나지 않음

ㅂ 음식물의 수분 증발이 심하므로 식품 표면에 랩 등을 씌워야 함

ㅅ 다량의 식품이나 크기가 큰 식품은 부적합함

ㅇ 사용할 수 있는 용기가 제한적임

• 가능 : 도자기류, 유리, 세라믹, 나무, 내열 플라스틱 등

• 불가능 : 금속제 용기, 칠기, 법랑제 그릇, 열에 약한 플라스틱류(비닐, 멜라닌 등)

CHAPTER 02 | 수분

SECTION 01 | 수분의 역할

1. 체내에서 수분의 역할
① 물질의 운반작용 : 소화·흡수된 영양소를 조직으로 운반, 노폐물을 체외로 배설
② 용매작용 : 영양소나 가용성 물질을 용해하여 체액의 pH 및 삼투압 유지
③ 체내 화학반응 조절작용 : 체내의 대사조절에 관여
④ 조직의 보호작용 : 외부의 충격으로부터 체내기관을 보호
⑤ 체온 조절작용 : 체내에서 발생하는 열을 흡수 또는 방출하여 체온을 조절
⑥ 윤활작용 : 관절에 존재하는 수분은 마찰을 방어하여 관절의 움직임을 원활하게 도움

2. 조리에서 수분의 역할
① 건조된 식품을 팽윤시킴
② 콜로이드의 분산매로서 삼투압 조절
③ 삼투·침투작용으로 식품에 맛이 들게 함
④ 열의 전달 수단
⑤ 가열 조건을 일정하게 유지
⑥ 전분의 호화를 도움
⑦ 식품의 물리적 변화를 도움

SECTION 02 | 자유수(유리수)와 결합수, 수분활성

1. 자유수와 결합수 중요
① 식품 중 수분의 존재 형태에 따라 자유수와 결합수로 나뉨
② 자유수(보통의 물) : 식품 중 가용성 물질(염류, 당류, 비타민 등)과 불용성 물질(전분, 지질 등)을 분산시킬 수 있는 용매로써 작용하는 물
③ 결합수 : 식품 중의 구성 성분(탄수화물, 단백질 등)과 단단히 결합되어 있어 용매로서 작용하지 못하는 물

자유수	결합수
0℃ 이하에서 쉽게 동결	−18℃ 이하에서도 액상으로 존재
100℃ 이상에서 가열 및 건조하면 쉽게 제거됨	100℃ 이상에서 가열 및 건조해도 쉽게 제거되지 않음
용매로 작용	용매로 작용하지 않음
미생물 생육에 사용	미생물 번식과 발아에 사용되지 않음
화학반응에 관여	화학반응에 관여하지 않음
비점과 융점이 높음	수증기압이 자유수보다 낮음
비열, 표면장력, 점성이 큼	자유수보다 밀도가 높음

〈자유수와 결합수의 특징〉

 퀴즈

결합수는 전분이나 단백질 분자에 강하게 흡착되어 있는 물로써 자유수에 비해 밀도가 높다. (○/×)

정답 | ○

퀴즈

생선을 염장할 때 일어나는 탈수작용에 의해 결합수의 양은 상대적으로 감소한다. (○/×)

정답 | ×

해설 | 염장에 의해 자유수가 탈수되면 결합수는 상대적으로 증가한다.

2. 수분활성 중요

(1) 수분활성도(Water activity ; A_w)

① 식품함량(%)으로 표현하지 못하는 식품성분에 포함되어 있는 물의 강도를 표시

② 식품의 수분함량과 대기 중의 상대습도와의 비율

③ 임의의 온도에서 식품 내 물의 수증기압을 그 온도에서의 순수한 물의 수증기압으로 나눈 값 (A_w = 식품의 수증기압(P)/순수한 물의 수증기압(P_0))

④ 식품의 수증기압은 용질의 종류와 양에 의해 영향을 받음

⑤ 순수한 물의 수분활성도는 1, 일반적인 식품의 수분활성도는 1보다 작은 값임(0 ≤ 식품의 A_w < 1)

⑥ 식품의 수분활성도 범위

ㄱ 건조곡류 : A_w 0.60~0.70

ㄴ 과일 및 채소 : A_w 0.97 이상

ㄷ 건조과일 : A_w 0.72~0.80

⑦ 수분활성도가 큰 식품일수록 미생물 번식이 쉽고 저장성도 나쁨

PART 01
PART 02
PART 03
PART 04
PART 05
PART 06
PART 07
PART 08
PART 09

⑧ 미생물이 생육할 수 있는 수분활성도 범위

미생물의 종류	식품의 수분활성도(Aw)
세균	0.90 이상
효모	0.88 이상, 0.60~0.65(내삼투압성 효모)
곰팡이	0.80 이상, 0.65~0.75(내건성 곰팡이)

 수분활성과 미생물의 번식 중요

- 수분활성도가 높을수록 세균>효모>곰팡이 순으로 번식함
- 보통 세균은 0.90 이상, 보통 효모는 0.88 이상, 보통 곰팡이는 0.80 이상에서 번식
- 내삼투압성 효모는 성장에 필요한 수분활성도가 가장 낮은 미생물(Aw 0.60에서 번식)
- 내건성 곰팡이 0.65에서 번식 가능
- 수분활성을 0.6 이하로 낮추면 미생물이 성장 및 번식이 어려움(오랜 기간 저장 가능)

퀴즈

일반적인 식품의 수분활성도는 1보다 크다. (O/×)

정답 | ×
해설 | 일반적인 식품의 수분활성도는 1보다 작다. 순수한 물의 수분활성도가 1이다.

⑨ 수분활성을 낮추는 방법 : 건조, 냉동, 염장법, 당장법 등

(2) 수분활성도 공식

① 수분활성도(Water activity ; A_w)

㉠ 수분활성도$(A_w) = \dfrac{P}{P_0}$

- P = 임의의 온도에서 식품의 수증기압
- P_0 = 임의의 온도에서의 순수한 물의 수증기압

㉡ 수분활성도$(A_w) = \dfrac{M_w}{M_w + M_s}$

- M_w = 식품 중의 물의 몰수
- M_s = 식품 중의 용질의 몰수

② 수증기압을 이용한 수분활성도의 예시 : 일정한 온도에서 식품이 나타내는 수증기압이 0.9이고 이 온도에서 순수한 물의 수증기압이 1.2일 때 수분활성도(A_w)는?

$$A_w = \frac{P}{P_0} = \frac{0.9}{1.2} = 0.75$$

③ 몰분율을 이용한 수분활성도의 예시 : 25%의 수분과 20%의 설탕을 함유한 식품의 수분활성도 (Aw)는? (H_2O 분자량 18, 설탕 분자량 342)

$$A_w = \frac{M_w}{M_w + M_s} = \frac{25/18}{25/18 + 20/342} = \frac{1.39}{1.39 + 0.06} = 0.96$$

④ 평형상대습도(ERH)를 이용한 수분활성도의 예시 : 평형상대습도가 35%일 때 식품의 수분활성도는?

$$A_w = \frac{ERH}{100} = \frac{35}{100} = 0.35$$

> **TIP 다양한 수분활성도 공식**
>
> $\cdot \dfrac{P}{P_0}$ $\cdot \dfrac{M_w}{M_w + M_s}$ $\cdot \dfrac{ERH}{100}$

SECTION 03 | 식품의 등온흡습 및 탈습곡선 중요

(1) 개요

① 식품의 A_w값과 실제 식품의 함수량과의 관계를 나타낸 그림
② 등온흡습곡선 : 건조식품이 대기 중의 수분을 흡수할 때 얻어지는 곡선
③ 등온탈습곡선 : 식품이 대기 중에 수분을 방출할 때 얻어지는 곡선
④ 식품에 따라 각각 다른 곡선을 나타내며 일반적으로 역 S자형을 보임
⑤ 등온흡습곡선은 A영역, B영역, C영역으로 구분

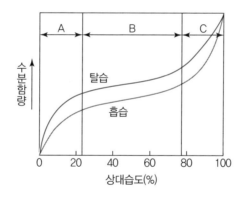

구분	A영역(Ⅰ영역)	B영역(Ⅱ영역)	C영역(Ⅲ영역)
수분활성도	0.25 이하	0.25~0.80	0.80 이상
수분의 존재 형태	결합수	준결합수 (대부분의 결합수+극소량의 자유수)	자유수
특징	이온결합(극성결합), 단분자층	수소결합(비극성결합), 다분자층	용매로 작용, 모세관응축수
반응	유지의 산화, 금속의 산화촉매	건조식품의 품질 안정성이 최적	화학반응, 효소반응, 미생물 증식

〈식품의 등온흡습곡선의 영역별 특징〉 중요

PART 01
PART 02
PART 03
PART 04
PART 05
PART 06
PART 07
PART 08
PART 09

2. 이력현상(히스테리시스, Hysteresis) 중요

① 등온흡습곡선과 등온탈습곡선의 불일치 현상

② 동일한 상대습도에서 수분함량은 탈습이 흡습보다 더 높음(탈습＞흡습)

TIP 식품의 수분활성도

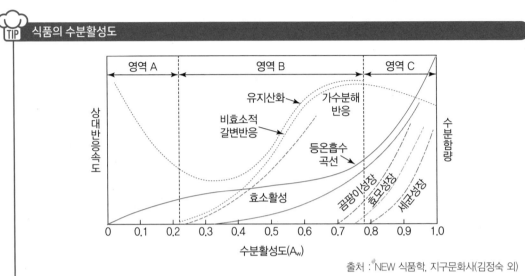

출처 : NEW 식품학, 지구문화사(김정숙 외)

- 효소반응 : 수분활성도가 높을수록 활발(수분활성과 비례함)
- 유지산화 : 0.25 이하(I 영역)에서는 수분활성도에 비례하여 유지 산화가 억제됨(A_w 0.2~0.3에서 반응속도가 가장 낮고 가장 낮은 수분활성에서 반응속도가 가장 큼)
- 비효소적 갈변 중요 : A_w 0.60~0.70에서 갈변반응이 빠르게 일어나며 그 이상에서는 억제

PART 01

PART 02

PART 03

PART 04

PART 05

PART 06

PART 07

PART 08

PART 09

SECTION 01 | 탄수화물의 화학적 구조와 특징

1. 화학적 구조

① 탄소(C), 수소(H), 산소(O)로 구성

② 탄수화물의 일반식 : $C_n(H_2O)_m$

③ 1개의 카르보닐기(−CHO 또는 =C=O)와 2개 이상의 수산기(−OH)를 갖는 화합물

④ 분자 내에 알데히드기(−CHO)가 존재하면 알도오스(aldose), 케톤기(=CO)가 존재하면 케토오스(ketose)로 나뉨

⑤ 탄수화물은 분자 간 에테르 결합(ether bond)을 통해 탈수축합과정을 거쳐 고분자를 이룸

TIP 알도오스와 케토오스

- 알도오스(aldose) : 두 개 이상의 수산기(−OH)와 한 개의 알데히드기(−CHO)를 갖는 당
- 케토오스(ketose) : 두 개 이상의 수산기(−OH)와 한 개의 케톤기(=CO)를 갖는 당

⟨탄수화물(단당류)의 화학구조⟩

빈 칸 채우기

두 개 이상의 수산기와 한 개의 케톤기를 갖는 당을 (   )(이)라 하며 과당이 이에 해당된다.

정답 | 케토오스

2. 부제탄소와 입체이성체

(1) 부제탄소(비대칭탄소원자)

① 서로 다른 4개의 원자 또는 원자단이 결합되어 있는 탄소원자

② 부제탄소의 존재에 의해 거울상 이성질체(D-형과 L-형) 성립

(2) 입체이성체(stereoisomer)

① 구성 원자는 같으나 성질이 다름

② 마지막 부제탄소에 결합되어 있는 수산기(-OH)의 위치에 따라 D-형과 L-형으로 분류

    ㉠ D-형(우선성) : 마지막 부제탄소에 결합된 수산기(-OH)가 우측에 위치

    ㉡ L-형(좌선성) : 마지막 부제탄소에 결합된 수산기(-OH)가 좌측에 위치

③ Van't Hoff 법칙(입체이성질체 개수) : 분자 내에 부제탄소가 n개 존재하면 2^n개의 이성체가 존재

    예 포도당의 부제탄소 수 4개, 포도당의 이성질체 수는 $2^n = 2^4 = 16$개

    예 과당의 부제탄소 수 3개, 과당의 이성질체 수는 $2^n = 2^3 = 8$개

    예 갈락토오스 부제탄소 수 4개, 갈락토오스의 이성질체 수는 $2^n = 2^4 = 16$개

빈 칸 채우기

과당과 갈락토오스의 입체이성질체의 수는 각각 (   ), (   )이다.

정답 | 8개, 16개

해설 | 과당의 부제탄소는 3개로 이성질체수는 $2^3 = 8$개이며, 갈락토오스의 부제탄소 수는 4개로 $2^4 = 16$개의 입체이성질체를 갖는다.

---

3. 선광성과 변선광

① 선광성(specific rotation)

    ㉠ 비대칭 탄소원자를 갖는 이성체들은 편광면을 회전시키는 광학적 성질이 있음

    ㉡ 편광면을 회전시키는 정도에 따라 D(+)형과, L(-)형으로 구분

      • 우선성(Dextrorotatory, +) : 편광면을 오른쪽으로 회전(**예** D-(+)-글루코오스)

      • 좌선성(Levorotatory, -) : 편광면을 왼쪽으로 회전

    ㉢ 라세미체(racemic mixture) : 우선성과 좌선성의 이성체가 동량으로 존재할 경우 광학적 활성이 없어짐

    ㉣ D(+)-글리세르알데하이드는 탄수화물의 광학적 이성질체를 구별하는 표준이 되는 물질임

② 변선광(mutarotation) **중요**

    ㉠ 수용액 상태, 결정상태에 따라 비선광도가 바뀌는 현상

    ㉡ 결정성 환원당(단당류, 환원성 이당류)을 물에 녹이면 점차 α형과 β형의 이성체 사이에 일정한 비율로 평형을 이루면서(α⇌β 호변이성) 선광도가 처음과 달리 변하는 현상

4. 당류의 구조식

① 사슬구조(직쇄상구조)
② 환상구조(고리구조)
    ㉠ 오각형의 푸라노스, 육각형의 파라노스
    ㉡ 두 개의 이성질체로 구분(α형, β형)
    ㉢ α, β를 결정하는 -OH기가 존재하는 탄소 : 포도당(알도오스)는 C_1, 과당(케오토스)은 C_2

5. 환원당과 비환원당

① 단당류는 알데히드기 또는 케톤기를 가지고 있으므로 환원성을 가짐

TIP 글리코시드성 -OH

사슬구조에서 환상구조로 바뀌는 과정에서 새롭게 생성된 부제탄소의 수산기(-OH)는 다른 탄소에 결합되어 있는 수산기보다 반응성이 높고 환원이 강함

TIP 글리코시드 결합

한 개의 단당류의 글리코시드성 -OH가 다른 한 개의 단당류의 -OH와 결합하는 것

② 환원당(Reducing sugar)
    ㉠ 글리코시드성 -OH를 가지고 있는 당
    ㉡ 환원력이 있어 자신은 산화되고 다른 화합물은 환원시킴
    ㉢ 모든 단당류, 맥아당, 유당(이당류 중 설탕, 트레할로오스는 비환원당)
③ 비환원당(Nonreducing sugar)
    ㉠ 글리코시드성 -OH가 결합에 참여하고 있어 환원력이 없는 당
    ㉡ 설탕, 트레할로오스, 라피노오스, 스타키오스 등

TIP 펠링(Fehling) 반응

- 환원당을 검사하는 침전반응
- 당류에 펠링용액(황산구리의 알칼리용액)을 가함
  -환원당 : 적색 침전 생성(단당류, 설탕과 트레할로오스를 제외한 이당류)
  -비환원당 : 적색 침전이 생성되지 않음(설탕, 트레할로오스, 겐티아노오스, 라피노오스, 스타키오스 등)

6. 에피머와 아노머 중요

(1) 에피머(Epimer)

① 두 물질 사이에 한 개의 부제탄소의 구조만이 다른 부분입체이성질체(탄소 1개에 결합된 관능기의 배열상태가 다름)

② 부제탄소에 결합된 수산기가 모두 같은 방향이나 오직 1개만이 다른 방향일 때 성립

③ 포도당은 만노오스, 갈락토오스 등과 에피머의 관계

　㉠ D-포도당과 D-갈락토오스는 C_4의 -OH 하나만 그 위치가 다름

　㉡ D-포도당과 D-만노오스는 C_2의 -OH 하나만 그 위치가 다름

(2) 아노머(Anomer, 고리이성질체)

① 같은 당의 α와 β의 이성질체 관계

② 당이 환상구조를 형성할 때 첫 번째 부제탄소에 결합된 -OH의 위치에 따라 입체이성질체가(α형, β형) 존재

③ α형(-OH가 평면 아래에 위치), β형(-OH가 평면 위에 위치)

용어	정의
알도오스(Aldose)	두 개 이상의 수산기와 한 개의 알데히드기를 가진 당
케토오스(Ketose)	두 개 이상의 수산기와 한 개의 케톤기를 가진 당
부제탄소 (Asymmetric carbon atom)	서로 다른 4개의 원자 또는 원자단이 결합되어 있는 탄소원자
입체이성질체(Stereoisomer)	구성 원자는 같으나 부제탄소에 결합되어 있는 수산기의 위치에 따라 D-형과 L-형의 거울상의 관계
Van't Hoff 법칙	분자 내에 부제탄소가 n개 존재하면 2^n개의 이성체가 존재
선광성(Specific rotation)	편광면을 회전시키는 정도에 따라 우선상(+)형과, 좌선상(-)형으로 구분
변선광(Mutarotation)	α형 또는 β형인 당을 용해하면 광회전도가 변화하는 현상
에피머(Epimer)	한 개의 부제탄소의 구조가 다른 부분 입체 이성질체
아노머(Anomer)	같은 당의 α와 β의 이성질체 관계

〈구조와 명명법〉

빈 칸 채우기

부제탄소에 결합된 수산기의 방향이 단 1개만 제외하고 모두 같은 관계를 에피머(epimer)라고 하며, 포도당은 (　　　), (　　　)와/과 에피머의 관계이다.

정답 | 만노오스, 갈락토오스

α−포도당, β−포도당는 아노머(amoner)의 관계이다. (○/×)

정답 | ○

해설 | 당의 환상구조를 형성할 때 첫 번째 부제탄소에 결합된 −OH의 위치에 따라 입체 이성질체가(α형, β형) 존재하는데, 아노머란 당의 α와 β의 이성질체 관계를 말한다.

SECTION 02 | 탄수화물의 일반 성질과 분류

1. 탄수화물의 일반 성질

일반 성질	내용
감미성	• 당의 종류에 따라 감미도가 다름 • 설탕은 감미도의 기준 • 과당>전화당>설탕>포도당>맥아당>갈락토오스>유당
용해성	• 물에 잘 녹음(다당류 제외) • 알코올 등의 유기용매에는 녹지 않음
결정성	용해성에 따라 무색 또는 백색의 결정 형성(단당류, 이당류)
환원성	• 환원당 : 환원성이 있는 카르보닐기를 갖는 당류(모든 단당류, 맥아당, 유당 등) • 비환원당 : 환원성 관능기를 지니지 않는 당류(설탕, 트레할로오스, 라피노오스, 다당류 등)
발효성	• 대부분 미생물에 의해 발효됨(알코올+이산화탄소 생성) • 알룰로오스와 같은 일부 희소당(rare sugar)은 발효성 없음
갈변화	• 마이야르 반응(아미노−카보닐 반응) • 캐러멜화 반응
유도체 형성	• 단당류는 유도체 형성 • 당알코올, 아미노당, 우론산, 배당체 등

2. 탄수화물의 분류

분류			예
단당류	3탄당	●─●─●	글리세르알데히드, 디하이드록시아세톤
	4탄당	●─●─●─●	에리트로오스, 트레오스
	5탄당	●─●─●─●─● 또는 ⬠	리보오스, 데옥시리보오스, 아라비노스, 자일로오스
	6탄당	●─●─●─●─●─● 또는 ⬡	• 알도스 : 포도당, 갈락토오스, 만노오스 • 케토스 : 과당
이당류	2당류	⬡─⬡	자당, 맥아당, 유당, 트레할로오스, 셀로비오스, 겐티오비오스, 루티노오스, 멜리비오스
올리고당류	3당류	⬡─⬡─⬡	라피노오스, 겐티아노오스, 멜레아토오스
	4당류	⬡─⬡─⬡─⬡	스타키오스
다당류	단순다당류	⬡─⬡─⬡.⬡─⬡	전분, 덱스트린, 이눌린, 셀룰로오스, 글리코겐
	복합다당류	⬡─●─⬢─⬡─●	펙틴, 알긴산, 갈락토만난, 헤미셀룰로오스, 황산콘드로이틴
당유도체	당알코올		자일리톨, 솔비톨, 이노시톨, 만니톨, 리비톨 등
	아미노당		글루코사민, 갈락토사민
	우론산		갈락투론산, 글루쿠론산, 만누론산
	(포도)당산		글루칼산, 점액산 등
	알돈산		글루콘산 등
	배당체		솔라닌, 아미그달린, 루틴, 나린진, 시니그린, 헤스페리딘 등
	데옥시당		데옥시리보오스, 람노오스 등
	티오당		티오글루코오스 등

SECTION 03 | 단당류

1. 단당류의 정의 및 특징

① 더이상 가수분해되지 않는 탄수화물

② 2개 이상의 수산기($-OH$)와 한 개의 카보닐기($-CHO$ 또는 $-C=O$)를 갖고 있음

③ 환원력을 지닌 환원당

④ 물에 잘 녹고, 단맛을 줌

⑤ 탄소 수에 따라 3탄당, 4탄당, 5탄당, 6탄당으로 분류됨

2. 오탄당 중요

① 모두 환원당

② 자연계에서 유리상태로 존재하지 않음

③ 효모에 의해 발효되지 않음

④ 환원력은 강하나 인체 내에 소화흡수가 되지 않으므로 **영양적 가치가 없음**

⑤ 종류

    ⊙ D-자일로오스(볏짚, 밀짚 등에 함유, 저칼로리 감미료로 사용)

    ⓛ L-아라비노오스(자연계에서 주로 L형 형태로 존재, 식물의 검질 성분, 식품첨가물로 이용)

    ⓒ D-리보오스(동·식물체의 핵산 및 조효소의 구성 성분으로 동물 체내의 에너지 대사에 관여)

퀴즈

자일로오스, 아라비노오스, 리보오스 등 오탄당은 모두 환원당으로 효모에 의해 발효되지 않고 인체 내에 소화·흡수가 되지 않아 영양적인 가치가 없다. (○/×)

정답 | ○

빈칸 채우기

오탄당 중 ( )은/는 ATP, 비타민 B_2, NAD, CoA, 5'-GMP의 구성 성분으로 동물 체내의 에너지 대사에 관여한다.

정답 | 리보오스

---

3. 육탄당 중요

① 동식물계에 널리 분포되어 있는 가장 중요한 단당류

② 용해성이 좋고 강한 단맛을 지님

③ 다양한 고분자 탄수화물의 구성 성분(예 전분, 이눌린 등)

④ 종류

포도당(Glucose)	과당(Fructose)
• 과일과 식물체에 널리 존재 • 알도헥소오스 계열의 단당류 • 맥아당, 유당, 설탕 등의 이당류와 전분과 식이섬유 등의 다당류의 구성 성분 • 동물체에 글리코겐의 구성 성분(간, 근육) • 인체의 혈액 안에 약 0.1% 정도 존재 • 감미도는 설탕의 70% 정도 • α형이 β형보다 1.5배 정도 단맛이 강함	• 과일과 꿀에 다량 함유 • 이당류인 설탕의 구성 성분(포도당+과당) • 다당류인 이눌린의 구성 성분 • 당류 중 가장 강한 감미도(설탕의 0.7배) • β형이 α형보다 3배 정도 단맛이 강함 (온도가 낮을수록 β형이 많아져 달아짐)
갈락토오스(Galactose)	만노오스(Mannose)
• 자연계에 거의 존재하지 않음 • 이당류인 유당의 구성 성분(포도당+갈락토오스) • 동물의 뇌, 신경조직 내의 지질인 세레브로시드의 구성 성분 • 한천, 아라비아고무의 구성 성분 • 설탕보다 감미가 낮음	• 자연계에 거의 존재하지 않음 • 다당류인 만난의 구성 성분 • 곤약의 주성분, 당지질 및 당단백질 구성 • 곤약감자, 백합 뿌리 등에 존재

포도당 이성화효소(isomerase)

• 포도당에 포도당 이성화효소(isomerase)를 반응시키면 포도당이 과당으로 변함
• 결정화 발생, 감미도 증가

빈 칸 채우기

(   )은/는 이당류인 설탕과 다당류인 이눌린의 구성 성분으로 천연 당류 중 단맛이 가장 강하다.

정답 | 과당

---

4. 당유도체

당알코올	• C_1의 알데히드기(−CHO)가 알코올기(−CH_2OH)로 환원 • 가용성, 감미를 지님(설탕의 60%), 청량감, 칼로리를 내지 않아 당뇨병 환자의 감미제로 이용 • 자일리톨 : 자일로오스의 환원체, 충치 예방 효과 • 솔비톨 : 포도당의 환원체, 비타민 C의 합성 원료, 과실 중에 존재 • 이노시톨(근육당) : 환상구조, 동물의 내장과 근육에 존재 • 만니톨 : 만노오스의 환원체, 버섯, 곡류, 해조류 등에 함유 • 둘시톨 : 갈락토오스의 환원체, 독성이 강함 • 리비톨 : 리보오스의 환원체, 비타민 B_2의 구성 성분
아미노당	• C_2의 수산기(−OH)가 아미노기(−NH_2)로 치환 • 글루코사민: 키틴의 구성 성분 • 갈락토사민: 황산콘드로이틴의 구성 성분
우론산	• C_6의 알코올기(−CH_2OH)가 카르복실기(COOH)로 산화 • 갈락투론산(펙틴의 구성 성분), 글루쿠론산, 만누론산
(포도)당산	C_1과 C_6의 알코올기(−CH_2OH)가 카르복실기(COOH)로 산화
알돈산	• C_1의 알데히드기(−CHO)가 카르복실기(−COOH) 산화 • 글루콘산 등
배당체	• 환원성 −OH기가 비당류인 아글리콘의 수산기와 결합 • 약리작용, 유독성분, 쓴맛 등 • 솔라닌, 안토시아닌, 나린진, 시니그린, 헤스페리딘 등
데옥시당	• 당의 알코올성 수산기(−OH)가 수소로 치환 • 데옥시리보오스 : DNA의 구성 성분 • 람노오스 : 만노오스의 C_6에서 산소 제거 • 푸코오스 : 갈락토오스의 C_6에서 산소 제거
티오당	• 첫 번째 탄소의 수산기(−OH)가 황(S) 원자로 치환 • 티오글루코오스

PART 01
PART 02
PART 03
PART 04
PART 05
PART 06
PART 07
PART 08
PART 09

포도당의 유도체 중 C_1과 C_6이 COOH기로 산화된 당은 (　　　　)이다.

정답 | 포도당산

만니톨은 버섯, 해조류에 존재하며 다시마 표면의 하얀 분말 성분이다. (○/×)

정답 | ○

SECTION 04 | 이당류

1. 이당류의 정의 및 특징

① 정의 : 두 분자의 단당류가 결합한 것

② 특징 : 식품의 제조 및 가공에 있어 매우 중요함

2. 이당류의 종류 중요

설탕(Sucrose, 자당, 서당) 중요	맥아당(Maltose, 엿당)
• 포도당＋과당 • 사탕수수, 사탕무에 다량 함유(15~16%) • 감미도의 기준(항상 일정한 단맛) • 비환원당(글리코시드성 −OH기가 없음) • 고온가열(160~200℃) 시 캐러멜화 반응 • 전화당으로 분해하면 환원력을 가짐	• 포도당＋포도당(α−1,4 결합) • 전분을 β−아밀라아제로 가수분해하면서 생성 • 환원당(글리코시드성 −OH기가 있음) • 맥아(엿기름), 물엿, 식혜에 다량 함유 • 감미도는 설탕보다 낮음
유당(Lactose)	기타 이당류
• 포도당＋갈락토오스 • 포유류의 유즙에 함유 • 환원당 • 단맛이 약함(설탕의 16~28% 정도) • 정장작용, 칼슘 흡수 촉진 • 용해성이 낮아 아이스크림 제조 시 모래와 같은 질감을 줌	• 트레할로오스(trehalose) • 셀로비오스(cellobiose) • 이소말토오스(isomaltose) • 멜리비오스(melibiose) • 루티노오스(rutinose)

전화당(invert sugar)

- 정의 : 설탕을 묽은 산이나 전화효소(invertase)를 이용하여 포도당과 과당으로 분해하여 얻어지는 포도당과 과당의 1:1 동량혼합물
- 특징
  - 포도당과 과당의 동량 혼합물
  - 벌꿀의 주성분
  - 감미도 증가(설탕보다 높은 감미도)
  - 용해도 증가
  - 비환원당(설탕) → 환원당
  - 광학활성이 우선성 → 좌선성
  - 벌꿀의 주성분(65~85% 함유)

 퀴즈

이당류 중 설탕과 트레할로오스는 환원당이다. (○/×)

정답 | ×

해설 | 설탕은 대표적인 비환원당으로 α, β 이성질체가 없기 때문에 온도 변화에 의한 감미의 변화가 적어 감미의 표준 물질로 사용된다.

SECTION 05 | 올리고당류

1. 올리고당의 정의 및 특징

① 3~10개의 단당류가 결합한 것

② 대부분 전분이나 셀룰로오스 등의 다당류를 분해하여 얻어짐

③ 사람의 소화 효소로 소화되지 않는 당류

④ 장내 유익균 증식 등 생리작용을 가지므로 기능성 소재로 사용됨

2. 올리고당의 종류

(1) 라피노오스(raffinose)

① 삼당류(포도당＋과당＋갈락토오스)

② 비환원당

③ 사탕무의 당밀, 식물 뿌리 및 종자에 함유

(2) 겐티아노오스(gentianose)

① 삼당류(포도당 2분자＋과당)

② 비환원당

③ 용담과 식물인 겐티아나 줄기에 함유

④ 단맛을 내지 않고 쓴맛이 남

(3) 스타키오스(stachyose)

① 사당류(포도당 + 과당 + 갈락토오스 2분자)

② 비환원당

③ 대두와 면실유에 다량 함유

④ 장내 세균을 발효해 가스를 생성함

⑤ 비피더스균 활성을 증가시킴

SECTION 06 | 다당류

1. 다당류의 정의 및 특징

① 수백에서 수천 가지의 단당류가 글리코시드 결합을 통해 고분자의 탄수화물로 결합

② 식물체 및 동물체의 에너지 저장 형태

③ 분류 방법

출처에 따른 분류	식물성 다당류(전분, 덱스트린 등), 동물성 다당류(글리코겐, 키틴 등)
단당류의 종류에 따른 분류	단순 다당류(전분, 섬유소 등), 복합 다당류(펙틴, 식물성 검 등)
소화성에 따른 분류	소화성 다당류(전분, 글리코겐 등), 난소화성 다당류(식이섬유소)

2. 전분(녹말, Starch)

(1) 전분의 일반적 특성

① 식물성 저장탄수화물

② 포도당만으로 결합된 단순 다당류

③ 무색, 무미, 무취의 흰색 분말

④ 곡류 및 감자류에 다량 함유

⑤ 인체의 중요한 에너지원

⑥ 비중이 커서 현탁액을 형성함

⑦ 식품 산업에서 다양하게 활용

퀴즈

전분은 포도당과 갈락토오스가 결합한 다당류이다. (ㅇ/×)

정답 | ×

해설 | 전분은 오직 포도당만으로 결합된 단순다당류이다.

(2) 전분의 구조(아밀로오스와 아밀로펙틴의 차이점)

구분	아밀로오스(amylose)	아밀로펙틴(amylopectin)
구조	• 직선상의 긴 사슬 모양 • 포도당이 6~8개의 분자마다 한 번씩 회전하는 α-나선 구조	나뭇가지의 분지상 구조
결합형태	포도당이 α-1,4 직쇄상 결합	포도당의 α-1,4 결합(직쇄상)에 α-1,6 결합으로 가지를 친 형태 ※ 아밀로펙틴은 글리코겐보다 구조상 가지가 적음
분자량	40,000~340,000개	4,000,000~6,000,000개
요오드 반응	청색(요오드와 반응)	적자색(요오드와 무반응)
X선 분석	고도의 결정성	무정형
아밀라아제에 의한 가수분해 정도	95~100%	50%
용해도	물에 잘 녹음	물에 잘 녹지 않음
호화 및 노화반응	구조가 간단하여 반응이 쉬움	구조가 복잡하여 반응이 어려움
포접화합물	• 형성 • α-나선형 입체구조의 내부에 적당한 공간	형성하지 않음
함량	멥쌀 20%, 찹쌀 0%	멥쌀 80%, 찹쌀 100% ※ 찹쌀이 멥쌀보다 더 끈기가 있음

(3) 전분의 X-선 회절도

① 생전분의 전분분자들은 규칙적인 배열의 결정형 미셀구조를 이루므로 X-선을 조사하면 회절도가 나타남
② 생전분(β-전분)의 회절도 : A형(옥수수, 밀 등의 곡류), B형(감자, 밤 등), C형(고구마, 칡, 타피오카 등)
③ 호화전분(α-전분)의 회절도 : V형
④ 노화전분의 회절도 : B형

(4) 전분의 가수분해 효소의 종류 및 특징

구분	α-아밀라아제	β-아밀라아제	γ-아밀라아제
효소 특징	액화 효소	당화 효소	글루코아밀라아제
가수분해방식	α-1,4 결합 무작위	α-1,4 결합의 비환원성 말단부터 맥아당 단위로 순차적 분해	비환원성 말단부터 α-1,4와 α-1,6 결합을 순차적으로 분해
최종 분해산물	덱스트린, 맥아당, 포도당 등	맥아당	포도당
비고	α-아밀라아제 한계 덱스트린 생성	β-아밀라아제 한계 덱스트린 생성	• 전분을 거의 100% 분해 • 고도의 결정포도당 생산 시 이용

- 전분의 가수분해 산물 : 전분 → 덱스트린 → 올리고당 → 맥아당 → 포도당
- α, β-아밀라제 모두 α-1,6 결합을 절단하지 못한다.
- 식혜는 전분을 β-아밀라제 효소(56~65℃)로 가수분해하여 맥아당으로 분해시킨 것이다.

(5) 전분의 호화(α화) 중요

① 호화의 정의
　　㉠ 생전분(β-전분)에 물을 넣고 가열하면 점도가 큰 콜로이드 용액(α-전분)이 되는 현상
　　㉡ 생전분은 결정부분과 비결정부분이 수소결합에 의해 규칙적 배열상태인 미셀구조를 이룸
　　㉢ 생전분에 물을 넣고 가열하면 수소결합이 끊어지면서 미셀구조가 규칙성을 잃고 파괴됨
　　㉣ 밥, 빵, 떡 등

② 호화의 3단계

단계	특징
제1단계(수화)	• 전분입자들이 수분을 흡수(25~30%) • 가역적
제2단계(팽윤)	• 전분입자 내부의 수소결합이 절단되어 전분의 결정성 구조(미셀구조)가 파괴되어 급격히 팽윤이 일어남 • 비가역적
제3단계(콜로이드용액 형성)	전분의 호화점을 지나 전분 입자가 급속도로 파괴되어 투명한 콜로이드 용액 생성

③ 호화된 전분의 특징
　　㉠ 미셀구조의 파괴
　　㉡ 점도 및 부피 증가
　　㉢ 용해도 증가
　　㉣ 콜로이드 용액 형성
　　㉤ 수분흡수력 증가
　　㉥ 전분 종류에 관계없이 X-ray 회절도가 모두 동일함
　　㉦ 복굴절성 감소
　　㉧ 투명도 상승
　　㉨ 광선의 투과율 증가
　　㉩ 소화율 증가(소화효소에 대한 반응성 증가)

④ 호화에 영향을 미치는 요인 중요

요인	작용
전분의 종류	• 전분입자 크기 : 클수록 호화가 쉬움(감자, 고구마 등) • 아밀로오스>아밀로펙틴, 멥쌀>찹쌀
수분함량	많을수록 호화 촉진(물의 양은 약 6배가 이상적)
온도	가열온도가 높을수록 촉진(60℃~65℃에서 호화 시작)
pH	• 알칼리성 : 호화 촉진 • 산성 : 호화 억제(전분 입자가 분해됨)
염류	대부분 호화 촉진(황산염은 억제)
기타(당류, 지방)	• 당류 : 호화 억제(호화 온도 상승) • 지방 : 호화 억제(전분의 수화 지연)

 퀴즈

전분은 호화의 개시온도는 60~65℃이다. (○/×)

정답 | ○
해설 | 전분의 호화는 전분입자 크기가 클수록, 아밀로오스 함량이 많을수록, 수분함량이 많을수록, 알칼리성일 때 호화가 촉진되며 호화의 개시온도는 60~65℃이다. 반면, 산성, 황산염, 당류 및 지방은 호화를 억제한다.

(6) 전분의 노화(β화) 중요

① 호화된 전분(α – 전분)을 공기 중에 방치하면 흐트러졌던 미셀구조가 부분적 수소결합에 의해 재배열되면서 생전분의 구조(β – 전분)와 같이 변화는 현상(예 찬밥, 굳은 떡, 굳은 빵 등)
② 노화된 전분의 특징
ㄱ 경도 증가(딱딱함)
ㄴ 보수력 저하(수용성 부분의 감소)
ㄷ 풍미(맛, 향) 저하
ㄹ 투명도 감소(불투명)
ㅁ 부서짐성 증가(결정부분의 증가)
ㅂ 소화율 감소(소화효소에 대한 반응성 감소)

③ 노화에 영향을 미치는 요인

요인	작용
전분의 종류	• 전분입자 크기 : 작을수록 노화가 빠름 • 아밀로오스>아밀로펙틴, 멥쌀>찹쌀
수분함량	30~60% 수분함량에서 노화가 가장 잘 일어남(밥, 떡, 빵)
온도	0~4℃에서 가장 잘 일어남
pH	• 알칼리성 : 노화 억제 • 산성 : 강산에서 노화가 빠르게 진행
염류	대부분의 염류는 노화를 억제(황산염은 촉진)
기타(당류, 지방)	• 당류 : 노화 억제 • 지방 : 노화 억제

④ 노화를 억제하는 조건

　㉠ 보온(60℃ 이상) : 호화 상태를 유지하여 노화를 억제

　㉡ 수분함량(10% 이하) : 건조 등을 통해 노화를 억제

　㉢ 급속냉동(0℃ 이하) : 수분을 동결하여 노화를 억제

　㉣ 당 첨가 : 자유수를 감소시켜 노화를 억제

　㉤ 지방 첨가 : 수소결합을 방해하여 노화를 억제

　㉥ 유화제 첨가 : α-전분의 구조를 안정화시켜 노화를 억제

노화를 억제시킨 식품(α-전분화)

건조밥, 쿠키, 비스킷, 오블레이트 등은 전분이 α화 상태로 보존된 식품이다.

(7) 전분의 호정화

① 전분에 물을 첨가하지 않고 150~190℃의 건열을 가하면 글리코시드 결합이 끊어지면서 가용성 덱스트린으로 분해되는 화학적 변화를 호정화라 함

② 용해성 증가, 점성 감소, 소화율 증가

③ 미숫가루, 뻥튀기, 누룽지, 토스트, 루(roux) 등

분류	호화	노화	호정화
반응 온도	60℃ 전후에서 시작	0~5℃	150~190℃
전분 형태	미셀구조 파괴(α-전분)	미셀구조(β-전분)	부분적 가수 분해
수소 결합	파괴	재회합	일부 파괴
수분	다량 함유	30~60%	미량 함유
소화성	증가	감소	증가
관련 식품	밥, 떡, 삶은 감자 등	찬밥, 굳은 떡 등	뻥튀기, 미숫가루, 토스트 등

〈전분의 호화, 노화, 호정화의 차이점〉

(8) 전분의 겔화

① 전분액을 가열하여 호화시킨 후 냉각하면 굳어지는 현상
② 전분액은 호화되면서 아밀로오스가 용출되고 그 상태로 냉각하면 전분사슬 간의 수소결합에 의해 겔(gel)을 형성함(아밀로오스의 부분적 결정)
③ 아밀로펙틴을 함유한 찰 전분은 겔화가 일어나지 않음
④ 묵, 과편, 푸딩 등

(9) 전분의 당화

① 전분을 산이나 효소로 가수분해하면 단당류(포도당), 이당류(맥아당), 올리고당으로 가수분해되어 단맛이 증가하는 현상
② 물엿, 식혜, 조청, 시럽 등

TIP 전분의 성질과 식품의 예 중요

호화	밥, 죽, 국수, 떡 등
노화	식은밥, 굳은 떡, 굳은 빵 등
호정화	뻥튀기, 미숫가루, 누룽지, 토스트, 루 등
겔화	도토리묵, 청포묵, 메밀묵, 오미자편, 푸딩 등
당화	식혜, 물엿, 조청, 고추장 등

(10) 전분의 기능 및 관련 식품

전분의 기능	원리	관련 식품의 예시
증점제(농후제)	호화되면 점도 증가	수프, 소스, 그레비 등
겔 형성제	아밀로오스 함량 및 중합도가 높은 전분은 겔을 형성	묵, 과편, 푸딩 등
결착제	단백질 간의 결합을 높임	육류 가공품(소시지, 어묵 등)
안정제	호화되면 점도 증가	마요네즈, 샐러드 드레싱, 시럽 등
보습제	전분은 친수성 구조로 수분보유력이 있음	케이크 토핑 등
피막제	호화되면 점도가 증가하여 피막을 형성	오브라이트, 과자, 빵류, 캡슐 제조 등
지방대체재	전분 또는 변성 전분을 이용	무지방, 저지방 식품

퀴즈

전분이 호화되면 점도가 감소한다. (○/×)

정답 | ×
해설 | 전분의 호화 시 점도가 증가하는 점을 이용해 소스 등의 조리에 활용한다.

- 탕수육 소스를 만들 때에는 냉수에 전분을 풀고 끓인(호화) 후 산을 첨가한다.
- 전분은 산을 첨가하여 가열하면 점도가 낮아지고 호화가 잘 일어나지 않으므로, 전분에 산을 첨가하여 소스를 만들 때에는 전분을 먼저 호화시켜야 한다.

3. 그 외의 다당류

① 덱스트린(Dextrin)
- ㉠ 전분이 가열, 묽은 산, 효소 등에 분해될 때 나오는 중간 산물
- ㉡ 전분 → 아밀로덱스트린(청색) → 에리트로덱스트린(적갈색) → 아크로덱스트린(무색) → 말토덱스트린(무색) → 맥아당 및 포도당

② 이눌린(Inulin)
- ㉠ 과당의 중합체($\beta-D-$푸락토푸라노오스가 $\beta-1,2$ 결합으로 연결된 중합체)
- ㉡ 산, 인슐린 등에 의해 가수분해됨
- ㉢ 사람의 소화기관에는 분해효소가 존재하지 않음
- ㉣ 돼지감자, 백합 뿌리 등에 함유

③ 셀룰로오스(Cellulose)
- ㉠ 포도당의 $\beta-1,4$ 결합으로 직쇄상의 구조를 가진 중합체
- ㉡ 식물 세포벽을 구성하는 단순다당류이며 자연계에 다량 존재
- ㉢ 인체 내 소화효소가 없어 영양소로 이용할 수 없으나 장운동을 촉진하고 변비를 예방

퀴즈

셀룰로오스는 인체 내 소화효소가 없어 인체에 아무런 영향을 미치지 않는다. (O/×)

정답 | ×

해설 | 인체 내 영양소로 이용할 수는 없으나 장운동을 촉진하고 변비를 예방하는 효과가 있다.

④ 헤밀셀룰로오스(Hemicellulose)
- ㉠ 식물세포벽의 구성 성분
- ㉡ 포도당, 자일로오스, 아라비노스, 만노오스 등이 혼합된 다당류
- ㉢ 묽은 산을 가하면 가수분해됨
- ㉣ 인체 내 소화효소에 작용을 받지 않아 영양적 가치는 없음
- ㉤ 해조류에 다량 함유

⑤ 펙틴(Pectin) 중요
- ㉠ 과일과 채소의 연조직에 다량 함유되어있고 젤을 형성하는 성질이 있음
- ㉡ $\alpha-$갈락투론산(galacturonic acid)이 $\alpha-1,4$ 결합한 복합다당류
- ㉢ 고메톡실펙틴은 적당한 산과 당이 존재할 때 젤을 형성

ⓔ 저메톡실펙틴은 칼슘 등의 다가이온에 의해 겔을 형성

ⓜ 미숙한 과일에 함유된 프로토펙틴은 분자량이 커서 불용성이므로 겔 형성이 어려움

ⓗ 과일이 과숙하면 메톡실기의 중량비율이 낮아져 잼이나 젤리 제조가 어려움

ⓢ 펙틴메틸에스터라아제(pectin methylesterase)에 의해 메탄올 생성

ⓞ 젤리, 잼, 컨저브, 마멀레이드 등의 제조에 사용

빈 칸 채우기

(   )은/는 미숙한 과일에 존재하며 분자량이 커서 불용성이므로 겔 형성이 어렵다.

정답 | 프로토펙틴

---

⑥ 글리코겐(Animal starch, Glycogen)

　　ⓐ D−포도당의 α−1,4와 α−1,6 결합의 중합체

　　ⓑ 동물체 내의 저장탄수화물(간, 근육에 존재)

　　ⓒ 아밀로펙틴과 비슷하나 분자가 많고 사슬의 길이는 짧고 가지는 더 많은 구형을 이룸

　　ⓓ 아밀라아제, 글리코게나아제를 이용하여 가수분해하면 맥아당을 형성함

　　ⓔ 냉수에 용해되어 교질용액을 형성

　　ⓕ 요오드 반응에서 적갈색

⑦ 한천(Agar)

　　ⓐ 우뭇가사리, 김 등의 홍조류의 세포막 구성 성분

　　ⓑ 아가로오스와 아가로펙틴이 7:3 비율로 구성

　　ⓒ 젤라틴보다 겔 응고성이 강함

　　ⓓ 양갱, 우무, 젤리, 푸딩, 미생물 배지 등으로 사용

PART 01
PART 02
PART 03
PART 04
PART 05
PART 06
PART 07
PART 08
PART 09

SECTION 01 | 지질의 정의와 분류

1. 지질의 정의

① 물에는 녹지 않고 에테르, 클로로포름, 벤젠 등과 같은 유기용매에 용해됨

② 분자 내에 탄소(C), 수소(H), 산소(O)로 구성

③ 열량영양소(9kcal/g)이며 생체에서 이용할 수 있는 물질

④ 지질의 대부분은 중성 지방(triglyceride)을 지칭함

> **TIP 중성 지방(triglyceride)**
>
> • 식품 중 함유된 지질의 90% 이상은 중성 지방 형태
> • 상온에서 액체로 존재하면 유(oil), 고체면 지(fat)로 분류
> • 지방산과 글리세롤의 에스테르 결합

2. 지질의 분류

(1) 단순지질(Simple lipid) : 주로 피하조직에 존재, 에너지원으로 이용

① 유지(중성 지방) : 고급지방산과 글리세롤(glycerol)의 에스테르 결합

② 왁스(납, wax) : 고급지방산과 고급알코올의 에스테르 결합

빈 칸 채우기

(   )은/는 고급지방산과 글리세롤이 에스테르 결합을 한 것이다.

정답 | 중성 지방

---

(2) 복합지질(Compound lipid) : 단순지질+α

① 인지질 : (지방산+글리세롤)+인산+염기가 결합된 화합물

② 당지질 : (지방산, 글리세롤 또는 스핑고신)+당이 결합된 화합물

③ 단백지질 : (지방산+글리세롤)+단백질(미토콘드리아, 세포핵, 소포체 등에 존재)

인지질(Phospholipid) : 세포막의 주요 구성 성분(극성과 비극성 부분을 지님)

레시틴 (lecithin)	• 지방산, 글리세롤, 인산, 콜린으로 구성됨 • 친수성기와 소수성기를 모두 가지고 있어 천연 유화제로 이용 • 동물체의 뇌조직, 신경, 혈구, 난황, 대두 등에 함유
세팔린 (cephalin)	• 에탄올아민(ethanolamine)이나 세린(serine)이 함유됨 • 유화력이 있어 유화작용을 함
스핑고마이엘린 (sphingomyelin)	• 스핑고신(sphingosine)을 가짐 • 동물체의 뇌, 신경, 간장 등에 당질과 함께 존재

당지질(Glycolipid)

• 세레브로시드(cerebroside) : 동물의 뇌, 신경조직에 다량 함유
• 강글리오시드(ganglioside) : 신경절, 뇌의 중추신경에 다량 분포
• 세레브로시드와 강글리오시드를 구성하는 당은 갈락토오스
• 당지질은 알칼리에 의해 가수분해됨

(3) 유도지질(Deitved lipid)

① 단순지질과 복합지질의 가수분해생성물
② 스테롤류, 지용성 비타민, 탄화수소(지방족 탄화수소, 카로티노이드, 스쿠알렌), 고급알코올 등

비비누화성 지질(non-saponifiable lipid), 비비누화물(Unsaponifiable Matter)

• 유지가 알칼리를 만나면 가수분해되어 비누화가 되지 않고 남는 성분(불검화물)
• 유지의 정제 과정에서 탈납처리로 제거됨
• 스테롤, 지용성 비타민, 탄화수소(지방족 탄화수소, 카로티노이드, 스쿠알렌), 고급알코올 등

SECTION 02 | 지방산

1. 지방산의 특징

① 짝수의 탄소원자가 직쇄상으로 결합된 화합물
② 말단에 한 개의 카르복실기(－COOH)를 가지고 있음
③ 천연에 존재하는 지방산은 일반적으로 직쇄상의 모노카르복실산(monocarboxylic acid)으로 존재함

2. 지방산의 종류 중요

(1) 포화지방산(saturated fatty acid)

① 지방산의 탄소사슬이 이중결합 없이 단일결합으로 구성

② 상온에서 고체(융점이 높음)

③ 저급지방산(C_{10} 이하), 고급지방산(C_{12} 이상)

④ 탄소수가 증가할수록 용해가 어렵고 융점이 높음

⑤ 팔미트산(C_{16}), 스테아르산(C_{18}) 등

⑥ 동물성 식품에 다량 함유

(2) 불포화지방산(unsaturated fatty acid)

① 지방산의 탄소사슬 간에 이중결합이 존재

② 상온에서 액체(융점이 낮음)

③ 올레산($C_{18:1}$), 리놀레산($C_{18:2}$), 리놀렌산($C_{18:3}$), 아라키돈산($C_{20:4}$) 등

④ 불포화도는 유지 분자 내의 이중결합수와 관련이 있음

⑤ 시스(cis)형과 트랜스(trans)형으로 나뉨

　㉠ 시스(cis)형 : 이중결합이 존재하는 탄소에 붙어 있는 수소가 같은 방향에 있음

　㉡ 트랜스(trans)형 : 이중결합이 존재하는 탄소에 붙어 있는 수소가 반대 방향에 있음

⑥ 식물성 식품에 다량 함유

⑦ 필수지방산 : 체내에서 합성되지 않거나 합성량이 적어 식사를 통해 섭취해야 함(리놀레산, 리놀렌산, 아라키돈산)

필수지방산과 오메가 지방산

- 식물성유 : 리놀레산, 리놀렌산
- 동물성유 : 아라키돈산
- 오메가-3계 지방산 : α-리놀렌산($C_{18:3}$), EPA($C_{20:5}$), DHA($C_{22:6}$)
- 오메가-6계 지방산 : γ-리놀렌산, 리놀레산, 아라키돈산

퀴즈

불포화지방산은 융점이 낮아 상온에서 고체 형태로 존재한다. (○ / ×)

정답 | ×

해설 | 불포화지방산은 융점이 낮아 상온에서 액체 형태로 존재하며, 불포화지방산이 많은 유질일수록 융점은 낮아진다.

PART 01
PART 02
PART 03
PART 04
PART 05
PART 06
PART 07
PART 08
PART 09

분류		특징	종류	함유 식품
포화지방산		이중결합 없음	팔미트산(C_{16}), 스테아르산(C_{18})	• 동물성 식품(육류, 우유, 버터) • 식물성 식품(팜유, 코코넛유)
불포화지방산	단일불포화지방산	이중결합 1개	올레산($C_{18:1}$)	올리브유, 아보카도 등 동식물 유지
	다가불포화지방산 (고도불포화지방산)	이중결합 2개 이상	리놀레산($C_{18:2}$), 리놀렌산($C_{18:3}$), 아라키돈산($C_{20:4}$)	식물성유, 어유

〈지방산의 분류 및 특징〉

SECTION 03 | 유지의 물리적 성질

1. 융점(Melting point)
① 포화지방산보다 불포화지방산의 융점이 낮음
② 긴 탄소사슬(고급지방산)보다 짧은 탄소사슬(저급지방산)의 융점이 낮음
③ 이중결합의 수가 많을수록 융점이 낮아짐(예 리놀렌산 < 리놀레산 < 올레산)

2. 비중(Specific gravity)
① 유지는 물보다 가벼움(0.91~0.97)
② 고급지방산이거나 불포화도가 클수록 비중이 큼

3. 용해성(Solubility)
① 물에는 녹지 않고, 벤젠, 클로로포름, 에테르 등의 유기용매에 녹음
② 유리지방산은 중성 지방보다 알코올에 잘 녹음

4. 발연점(Smoking Point) 중요
① 유지 가열 시 유지 표면에 엷은 푸른색의 연기(아크롤레인)가 발생할 때의 온도
② 아크롤레인은 자극적인 냄새를 발생시키므로 발연점이 높은 유지가 좋음
③ 발연점에 영향을 주는 요인
  ㉠ 지방산의 사슬 길이(길수록 발연점 ↑)
  ㉡ 유리지방산의 함량(낮을수록 발연점 ↑)
  ㉢ 불순물의 함량(낮을수록 발연점 ↑)
  ㉣ 기름 사용 횟수(적을수록 발연점 ↑)

- 사용 횟수가 증가할수록
- 유리지방산의 함량이 많을수록
- 가열 용기의 표면적이 넓을수록
- 기름 속의 이물질이 많을수록

5. 인화점(Falsh Point)과 연소점(Fire Point)

① 인화점 : 유지를 발연점 이상 가열하면 생성되는 증기와 공기가 혼합되어 발화(점화)되는 온도

② 연소점 : 인화점 이상 발화해서 계속 연소되는 온도

6. 유화성(Emulsifiability)

① 인지질인 레시틴 등은 분자 중 친수성기와 소수성기를 가지고 있으므로 지방을 유화시킬 수 있음

② 마요네즈 제조 시 달걀 노른자(레시틴 함유) 첨가하면 안정성이 높아짐

▮ SECTION 04 | 유지의 화학적 성질

1. 산가(Acid Value ; AV) [중요]

① 유지의 산패 검사

② 유지 1g 중의 유리지방산을 중화하는 데 필요한 KOH의 mg 수

③ 유지 중의 유리지방산의 함량 측정(신선할수록 유리지방산의 함량 낮음)

④ 산가가 높을수록 쉽게 변질됨

⑤ 신선한 유지의 산가는 1.0 이하

2. 검화가, 비누화가(Saponification Value ; SV) [중요]

① 지방산의 평균분자량을 측정(유지 중 저급지방산 함량이 많으면 검화가가 큼)

② 알칼리에 의해 검화하여 생기는 유리지방산의 함량 측정

③ 유지 1g을 완전히 검화하는 데 필요로 하는 KOH의 mg 수

④ 일반적인 유지의 검화가는 180~200

3. 요오드가(Iodine Value ; IV) [중요]

① 불포화지방산의 양을 측정(불포화도 측정)

② 유지 100g이 흡수하는 요오드(I_2)의 g 수

③ 불포화지방산의 이중결합에는 수소(H_2)나 요오드(I_2)가 쉽게 첨가됨

④ 이중결합이 많을수록 요오드가는 높음(불포화도↑, 요오드가↑)

요오드가

- 건성유(130 이상) : 식물성 유지를 상온에서 방치했을 때 건조됨(**예** 아마인유, 들기름, 대마유, 호두기름, 정어리유 등)
- 반건성유(100~130) : 대두유, 옥수수유, 면실유, 참기름 등
- 불건성유(100 이하) : 식물성 유지를 상온에서 방치했을 때 건조되지 않음(**예** 올리브유, 땅콩기름, 피마자유, 팜유 등)

4. 과산화물가(Peroxide Value ; PV) 중요

① 유지의 초기 산패도 측정(유도기간 설정기준으로 사용)

② 유지 1kg당 함유되어 있는 과산화물의 mg 당량수

③ 산패되면 과산화물가 높음(신선한 기름의 과산화물가는 2 이하)

④ 단점 : 과산화물은 최고점 이후 감소되므로 초기 산패도만 측정 가능

5. 라이헤르트−마이슬가(Reichert−Meissl Value ; RMV) 중요

① 수용성의 휘발성 지방산 함량 측정

② 유지 5g을 분해하여 생성하는 수용성의 휘발성 지방산을 중화하는 데 사용하는 KOH의 mL 수

③ 버터의 진위 판단에 이용

6. 폴렌스케가(Polenske value)

① 불용성의 휘발성 지방산 함량 측정

② 유지 5g에 존재하는 불용성의 휘발성 지방산을 중화하는 데 필요한 KOH 용액의 양(mL)

③ 팜유와 같은 카프르산(C_{10})의 함유량이 높은 지방과 우유지방을 구분하는 데 이용

 식용유지

- 산가 1.0 이하
- 발연점이 높은 것(대두유는 195~230℃)
- 융점이 낮은 것
- 요오드가 100~130(반건성유)
- 과산화물가 2.0 이하
- 점도가 크지 않은 것

1. 경화(수소화)

① 액체유의 불포화지방산에 니켈(Ni)을 촉매로 하여 수소(H_2)를 첨가하면 고체 상태의 포화지방산으로 변하는 반응

② 마가린, 쇼트닝 제조에 사용

③ 경화에 의한 변화

 ㉠ 융점 상승

 ㉡ 시스(cis)형 → 트랜스(trans)형

 ㉢ 불포화도 감소로 요오드가 저하

 ㉣ 가소성 부여

 ㉤ 물리적 성질 개선

 ㉥ 산화안전성 향상

빈 칸 채우기

유지류의 (　　　)을/를 통해 시스(cis)형에서 트랜스(trans)형으로 변화시킬 수 있다.

정답 | 경화

---

2. 동유처리 중요

① 액체유를 7℃까지 냉각시켜 포화지방을 여과처리함으로써 기름의 혼탁이나 결정화를 방지하므로 샐러드유를 위한 필수조건이 됨

② 대두유, 옥수수유, 면실유 등의 제조에 사용됨

3. 에스테르 교환 중요

① 유지를 사용 목적에 맞게 물리적 성질을 변화시키는 것으로 중성 지방의 지방산을 분자 간 또는 분자 내 반응에 의해 재배열하여 유지의 물성을 개선하는 방법

② 라드의 품질개량에 주로 사용되어 중성 지방의 지방산 재배열에 의해 크리밍성이 향상되어 부드러운 질감을 가지게 됨

1. 산패의 정의

① 식품의 지질은 조리·가공과정 또는 저장 중 변질을 일으켜 불쾌한 냄새, 맛, 심하면 독성을 일으킴
② 원인 : 화학적(산소, 빛, 효소 등), 물리적(가열, 교반, 동결 등), 미생물
③ 중성 지방의 글리세롤과 지방산들이 분해되어 불쾌한 맛과 향이 남

2. 산패의 종류

분류		특징
산화적 산패	자동산화	• 비효소적 산패 • 유지를 장시간 보존 시 공기 중의 산소에 의해 자연발생적으로 서서히 산패됨 • 과산화물이 생성 • 변패취 발생(하이드로퍼옥시드가 분해되어 알데하이드 생성) • 불포화도가 높을수록 잘 일어남(리놀렌산이 가장 쉽게 발생) • 온도, 빛, 산소, 습기, 금속, 산 등에 의해 반응이 촉진됨
	가열산화	• 고온(140~200℃)에서 가열 시 발생 • 자동산화보다 산패속도가 빠름 • 유리지방산에 의한 중합반응으로 점성 증가 • 점도, 비중, 굴절률, 산가, 검화가, 과산화물가, 요오드가 증가
	효소적 산화	• 지방질의 산화를 촉진하는 효소에 의한 산패 • 리폭시게나아제(lipoxygenase), 리포하이드로퍼옥시다아제(lipohydroperoxydase) 등 • 곡류, 콩류 등의 식물체에서의 산패
비산화적 산패	가수분해 산화	• 물, 산, 알칼리, 지방분해효소에 의한 산패 • 유제품(우유, 버터 등)에서의 불쾌한 맛과 향
	기타	• 외부 냄새를 흡수하여 발생하는 이취 • 미생물 작용에 의해 생성된 케톤에 의한 이취

유지산패의 유도기

유지의 자동산화 시 산패가 발생하기 전 유지의 산소 흡수가 일정한 기간을 말하며, 이 기간 중 산패는 발생하지 않음

퀴즈

철은 지방의 산패를 촉진시킨다. (○/×)

정답 | ○
해설 | 지방은 산소, 빛, 열, 금속 이온, 수분, 불순물 등에 의해 산패가 촉진된다.

3. 산화적 산패 과정

① 개시단계(초기반응)

    ㉠ 유지가 열, 빛, 금속 이온에 의해 수소가 이탈되면서 각종 유리라디칼(free radical, R#)을 형성

    ㉡ 반응이 천천히 일어남

② 연쇄반응단계(전파반응)

    ㉠ 유리라디칼과 산소가 결합하여 화합물을 형성

    ㉡ 이중결합 근처의 다른 수소를 제거하여 또 다른 유리라디칼을 형성

    ㉢ 반응이 연쇄적으로 일어나면서 산, 알코올, 알데히드, 케톤체 등을 형성

    ㉣ 산패취 발생, 향미 저하

③ 종결단계(유리기의 감소)

    ㉠ 연쇄반응단계에서 생성된 각종 라디칼 및 화합물들이 서로 결합하여 중합체를 형성

    ㉡ 지방산의 분자량을 증가시켜 유지의 점도를 증가시킴

 산화적 산패의 과정

개시단계 → 연쇄반응단계 → 종결단계

4. 변향 중요

① 정제과정에서 제거된 콩비린내(풋내)가 저장 과정 중에 다시 나는 현상

② 리놀렌산과 이소리놀렌산에 의해 발생

③ 대두유에서 쉽게 일어나지만 옥수수유에서는 잘 일어나지 않음

④ 자외선, 고온, 금속에 의해 촉진

5. 산패에 영향을 미치는 인자

① 산패를 촉진하는 인자 : 빛, 온도, 효소, 수분, 금속, 유지의 불포화도 등

 가열에 의한 유지의 산패

- 유리지방산 증가
- 점도 증가
- 검화가 감소(평균분자량 증가에 의함)
- 착색
- 산가 증가
- 요오드가 감소(이중결합 감소에 의함)
- 향미와 소화율 감소

② 산패를 저해하는 인자

　　㉠ 항산화제(천연, 합성) : 자동산화의 유도기간을 연장

 천연 항산화제와 합성 항산화제의 종류

천연 항산화제	합성 항산화제
• 참기름의 세사몰(sesamol) • 면실유의 고시폴(gossypol) • 식물성 기름의 토코페롤(tocopherol) • 미강유의 오리자놀(oryzanol) • 케르세틴(quercetin), 레시틴(lecithin) 등	• BHT(Butylated Hydroxy Toluene) • BHA(Butylated Hydroxy Anisol) • PG(Propyl Gallate, 몰식 자산프로필) • EP(Ethyl Protocatechuate) 등

　　㉡ 상승제(synergist) : 자신은 항산화력이 없지만 항산화제에 수소를 제공하여 항산화제의 기능을 복원하고 금속의 촉매작용을 차단함으로써 항산화 효과를 증대시킴

 상승제(synergist)

- 아스코르브산(ascorbic acid, 비타민 C)
- 구연산(citric acid)
- 인산(phosphoric acid)
- 주석산(tartaric acid) 등

퀴즈

아스코르브산, 구연산 등의 상승제는 자체적으로 항산화력을 보유하여 산패를 저해한다. (○/×)

정답 | ×

해설 | 상승제 자체에는 항산화력이 없지만 항산화제의 기능을 복원함으로써 항산화 효과를 증대시킨다.

6. 산패 방지법

① 햇빛을 차단하는 불투명 용기에 넣어 보관
② 어둡고 서늘한 곳에 보관
③ 사용한 기름은 고운 체에 걸러 이물질 제거
④ 사용한 기름은 새 기름과 혼합하여 사용하지 않음
⑤ 산패 진행을 늦추기 위해 항산화제, 상승제 사용

SECTION 01 | 단백질과 아미노산의 특징

1. 단백질

① 구성원소 : 탄소(C), 수소(H), 산소(O), 질소(N), 황(S)

※ 질소 함량은 평균 16%(단백질 함량 계산 : 질소 함량×질소계수 6.25(100/16))

② 20여 종의 아미노산들이 펩티드(peptide) 결합한 고분자 화합물

③ 효소, 호르몬, 항체, 유전자를 구성하는 필수 요소로서 생명활동 유지에 중요

④ 동물성 식품에 다량 함유

⑤ 단백질 가수분해시 펩티드 결합이 분해되어 유리 아미노기 증가

> **TIP** **펩티드 결합(peptide)**
>
> 두 개의 α-아미노산에서 한쪽 아미노산의 카르복실기(-COOH)와 다른 한쪽 아미노산의 아미노기(-NH₂)가 탈수축합하는 결합

2. 아미노산

① 단백질을 산, 알칼리 또는 단백질분해효소로 가수분해하여 얻어지는 생성물(20여 종)

② 양면성을 지니고 있어 pH에 따라 극성이 변함

③ 단백질을 구성하는 아미노산은 대부분 α-아미노산 형태 : 탄소원자에 아미노기(-NH₂)와 카르복실기(-COOH)가 결합된 형태

④ 천연단백질을 구성하는 아미노산은 부제탄소를 가지고 있으므로 입체이성질체가 성립됨 (glycine만 제외)

⑤ 아미노산은 물에는 잘 녹으나 알코올 등의 유기용매에는 용해가 어려움

⑥ 저급 아미노산(분자량 적음)은 단맛, 고급 아미노산(분자량 많음)은 쓴맛과 떫은 맛

⑦ 필수아미노산 : 체내에서 합성되지 않거나 합성되는 양이 적어 반드시 식품을 통해 섭취해야 함

필수아미노산의 종류(성인 8개, 성장기 어린이 9개)

- 류신(leucine)
- 라이신(lysine)
- 페닐알라닌(phenylalanine)
- 트립토판(tryptophan)
- 히스티딘(histidine) : 성장기 필수아미노산
- 이소류신(isoleucine)
- 메티오닌(methionine)
- 트레오닌(threonine)
- 발린(valine)

SECTION 02 | 아미노산의 분류

1. 기본 분류 방법

① 분자 중에 구성하고 있는 아미노기($-NH_2$)와 카르복실기($-COOH$)의 수에 따라 분류

② 측쇄인 R의 종류에 따라 분류

구조	특징
H | R–C–COOH | NH₂	곁사슬(side chain)에 의해 지방족, 함황, 방향족 아미노산 등으로 분류

2. 지방족 중성 아미노산

분자 중 1개의 아미노기($-NH_2$)와 1개의 카르복실기($-COOH$)를 갖고 있음

중성 아미노산의 종류	특징
글리신(Glycine)	• 가장 간단한 아미노산 • 유일하게 이성체가 없음 • 감칠맛을 지님 • 동물성 단백질에 존재하며 생체 내 에너지 대사, 해독 작용
알라닌(Alanine)	탄수화물, 지질, 단백질의 상호 대사작용에 관여
발린(Valine)	• 필수아미노산 • 우유 단백질(카제인)에 다량 함유(8%)
류신(Leucine)	• 필수아미노산 • 우유 및 유제품에 다량 함유
이소류신(Isoleucine)	• 필수아미노산 • 류신과 함께 존재
트레오닌(Threonine)	• 필수아미노산 • 화학구조식에 수산기($-OH$)가 있음 • 식물성보다는 동물성 단백질에 함유
세린(Serine)	• 화학구조식에 수산기($-OH$)가 있음 • 단백질 중의 함유량이 적은 편

3. 산성 아미노산

카르복실기(−COOH)를 2개 이상 가지고 있어 산성을 나타내는 아미노산

산성 아미노산의 종류	특징
아스파라긴(Asparagine)	• 가수분해물 생성(aspartic acid, NH_3) • 단맛을 지님 • 아스파라거스, 두류 등에 함유
아스파르트산(Aspartic acid)	• 글로불린에 다량 함유 • 모든 단백질에 널리 분포
글루탐산(Glutamic acid)	• 식물성 단백질에 다량 함유(곡류, 대두) • MSG(Mono Sodium Glutamate)의 주성분 • 감칠맛을 내며 뇌의 대사에 관여
글루타민(Glutamine)	주로 식물성 식품에 함유(사탕무즙)

4. 염기성 아미노산 중요

아미노기(−NH₂)의 수가 카르복실기(−COOH) 보다 많아 염기성을 나타내는 아미노산

염기성 아미노산의 종류	특징
라이신(Lysine) 중요	• 필수아미노산 • 동물성 단백질에 다량 함유 • 곡류 및 두류 등 식물성 단백질에는 적게 함유 • 곡류를 주식으로 할 경우 결핍되기 쉬움
아르기닌(Arginine)	연어, 청어 등 생선 단백질에 다량 함유
히스티딘(Histidine)	• 어린이에게 필수아미노산 • 헤모글로빈, 프로타민에 다량 함유 • 히스타민 생성

PART 01
PART 02
PART 03
PART 04
PART 05
PART 06
PART 07
PART 08
PART 09

히스타민(histamine)

- 아미노산이 탈탄산반응을 일으켜 생성되며 알레르기를 일으키는 독성 물질
- 썩은 생선, 변패된 간장
- 매운맛, 알레르기 유발

5. 함황 아미노산 `중요`

구조식에 황(S)을 가지는 아미노산

함황 아미노산의 종류	특징
메티오닌(Methionine)	• 필수아미노산 • 우유 단백질인 카제인에 다량 함유 • 간 기능과 관련됨
시스테인(Cysteine)	• 체내 산화, 환원반응에 중요한 작용 • 시스틴(systine)을 환원하여 얻어짐
시스틴(Cystine)	• 체내 산화, 환원의 평형 유지에 관여 • 메티오닌, 시스테인으로부터 생성됨 • 케라틴(손톱, 모발, 뿔 등)에 다량 함유

6. 방향족 아미노산

아미노산의 곁사슬에 방향고리(벤젠고리와 그 유도체)를 갖는 아미노산

방향족 아미노산의 종류	특징
페닐알라닌(Phenylalanine)	• 필수아미노산 • 헤모글로빈, 오보알부민에 다량 함유 • 티로신(tyrosine) 합성에 관여
티로신(Tyrosine)	• 페놀화합물(페놀기 함유) • 티로시나아제(tyrosinase) 작용에 의해 갈색 색소(멜라닌)을 형성하여 갈변반응이 일어남

7. 기타 아미노산

기타 아미노산의 종류	특징
트립토판(Tryptophane)	• 필수아미노산 • 인돌(indol)핵을 지님 • 광선에 매우 불안정 • 동물성 단백질에 다량 함유 • 옥수수 단백질(제인, zein)에는 없으므로 옥수수를 주식을 할 경우 펠라그라 유발
프롤린(Proline)	• 연골조직(콜라겐 등)에 다량 함유 • 영양상 중요치 않음
하이드로옥시프롤린 (Hydoxyproline)	• 프롤린 구조에 수산기(−OH)가 들어있음 • 프롤린 산화에 의해 생성

1. 양성 전해질 중요

① 한 분자 내에 알칼리를 나타내는 아미노기($-NH_2$)와 산성을 나타내는 카르복실기($-COOH$)를 동시에 가지므로 전기적으로 양이온과 음이온의 양성이온이 존재함

② 아미노산은 pH에 따라 서로 다른 전하를 띰

등전점(Isoelectric point)

• 아미노산 용액의 전하가 (+) 이온과 (-) 이온을 동시에 갖게 되어 양전하와 음전하가 함께 존재하여 전하가 0이 될 때의 pH 점
• 등전점에서 아미노산은 불안정함
• 용해도가 작아 쉽게 침전됨(단백질 분리/정제에 이용)
• 용해도, 삼투압, 점도, 팽윤, 표면장력 등은 최소
• 기포성, 흡착성은 최대

2. 선광성

① 글리신을 제외한 모든 아미노산은 부제탄소(비대칭 탄소원자)를 갖고 있으므로 광학적 활성을 가짐. D-형, L-형으로 존재함(천연 단백질을 구성하는 아미노산은 모두 L-형)

② 선광성에 영향을 미치는 요인 : 용액의 pH, 온도, 아미노산의 종류, 용매의 종류 등

선광성에 영향을 미치는 요인은 용액의 pH, 점도, 아미노산의 종류, 용매의 종류 등이다. (○/×)

정답 | ×

해설 | 용액의 점도가 아니라 온도가 선광성에 영향을 미친다.

구분		종류
구성 성분에 따라	단순단백질	아미노산만으로 구성
	복합단백질	단순단백질+비단백성 성분(인, 핵, 당, 지질, 색소)
	유도단백질	• 1차 유도단백질(변성단백질) • 2차 유도단백질(분해단백질)
출처에 따라	식물성 단백질	곡류, 두류
	동물성 단백질	육류, 어류, 우유, 난류
용해성에 따라	가용성 단백질	• 물 : 알부민, 히스톤, 프로타민 • NaCl 및 약산 : 알부민, 글로불린, 글루텔린, 프롤라민, 히스톤, 프로타민 • 약알칼리 : 알부민, 글로불린, 히스톤, 프로타민 • 알코올 : 프롤라민
	불용성 단백질	콜라겐, 엘라스틴, 케라틴, 피브로인
구조적 특징에 따라	섬유상 단백질	콜라겐, 엘라스틴, 케라틴, 피브로인
	구상 단백질	알부민, 글로불린, 헤모글로빈, 미오겐, 인슐린, 효소단백질 등

〈단백질의 분류〉

단백질	종류
단순단백질 (아미노산으로만 구성)	알부민(Albumin), 글로불린(Globulin), 알부미노이드(Albuminoid), 글루텔린(Glutelin), 프롤라민(Prolamin), 프로타민(Protamin), 히스톤(Histone)
복합단백질 (단순단백질+비단백 부분)	인단백질(Phosphoprotein), 지단백질(Lipoprotein), 당단백질(Glycoprotein), 핵단백질(Nucleoprotein), 색소단백질(Chromoprotein), 금속단백질(Metalprotein)
유도단백질 (단순 또는 복합단백질로부터 분리)	• 1차 유도단백질(변성단백질) : 젤라틴(Gelatin), 프로티안(Protean), 메타프로테인(Metaprotein), 파라카제인(Paracasein) 등 • 2차 유도단백질(분해단백질) : 프로테오스(Proteose), 펩톤(Peptone), 펩티드(Peptide)

〈구성 성분에 따른 단백질의 분류〉

1. 단순단백질(아미노산들로만 구성) 중요

알부민(Albumin)	• 물, 묽은 산, 묽은 알칼리, 염류 용액에 용해 • 가열에 의해 응고 • 동물성 식품 : 락토알부민(우유), 오보알부민(달걀 난백), 미오겐(근육), 세럼알부민(혈청) 등 • 식물성 식품 : 레구멜린(두류), 류코신(맥류) 등
글로불린(Globulin)	• 물에 불용성 • 묽은 산, 묽은 알칼리, 염류 용액에는 용해 • 가열에 의해 응고 • 동물성 식품 : 락토글로불린(우유), 오보글로불린(달걀), 미오신(육류), 액틴(육류), 라이소자임(난백) 등 • 식물성 식품 : 글리시닌(대두), 아라킨(땅콩), 투베린(감자), 메이신(옥수수), 파세올린(강낭콩) 등
알부미노이드 (Albuminoid)	• 섬유상 단백질 • 물이나 유기 용매에 불용성 • 프로테아제(단백질 분해 효소) 작용을 받지 않음 • 콜라겐(연골), 케라틴(피부, 모발, 손톱 등), 엘라스틴(결합조직) 등에 분포
글루텔린(Glutelin)	• 묽은 산, 알칼리에 용해 • 주로 곡류에 존재함 • 글루테닌(밀), 오리제닌(쌀), 호르데닌(보리) 등
프롤라민(Prolamin)	• 물, 염류 용액에는 불용성 • 알코올 용액(70~80%)에는 잘 녹음 • 식물성 식품, 특히 곡류에만 존재 • 글리아딘(밀), 제인(옥수수), 호르데인(보리) 등
프로타민(Protamin)	• 핵산과 결합하고 있는 염기성 단백질 • 물, 묽은 산에 잘 녹음 • 가열에 의해 응고되지 않음 • 동물성 식품에만 존재 • 살민(연어), 클루페인(청어), 스콤브린(고등어) 등
히스톤(Histone)	• 물, 산성 용액에 잘 녹음 • 가열에 의해 응고되지 않음 • 알칼리 용액에 의해 침전 • 동물체의 단백질에만 함유 • 글로빈(적혈구), 스콤브린(고등어) 등

 퀴즈

글리시닌은 강낭콩에 들어 있는 단백질이다. (○/×)

정답 | ×
해설 | 글리시닌은 대두에 함유된 대표적인 식물성 단백질이다.

2. 복합단백질(아미노산+핵산, 당 등의 비단백성 물질이 결합)

인단백질 (Phosphoprotein)	• 단순단백질+인산 • 묽은 알칼리 용액에 잘 녹음 • 동물성 식품에 다량 존재 • 카제인(우유), 비텔린(난황), 헤마토겐(난황) 등
지단백질 (Lipoprotein)	• 단순단백질+지방질 • 레시틴(난황), 세팔린(뇌조직, 신경조직, 난황) 등의 인지질
당단백질 (Glycoprotein)	• 단순단백질+탄수화물 또는 그 유도체 • 주로 동물계에 존재 • 오보뮤코이드(난백), 뮤코이드(혈청), 뮤신(소화액) 등
핵단백질 (Nucleoprotein)	• 단순단백질+핵산 • 동물성 세포핵의 주성분 • 식품의 맛과 관련됨 • 프로타민, 히스톤 등
색소단백질 (Chromoprotein)	• 단순단백질+색소 • 헤모글로빈(혈액), 미오글로빈(근육), 필로클로린(녹색잎), 로돕신(시홍) 등
금속단백질 (Metaloprotein)	• 단순단백질+금속(Fe, Cu, Zn) • 철 함유 금속단백질(헤모글로빈, 미오글로빈, 페리틴 등) • 구리 함유 금속단백질(헤모시아닌(연체동물 혈액), 티로시나제, 폴리페놀라제, 아스코르비나제 등의 산화 효소) • 아연 함유 금속단백질(인슐린 등)

3. 유도단백질

(1) 개요

① 단순단백질, 복합단백질을 산소, 물리·화학적 작용에 의해 분해하면 생성됨

② 변성된 정도에 따라 분류

(2) 1차 유도단백질(변성단백질)

① 카제인(우유 단백질)을 레닌(응유효소)으로 분해 → 파라카제인(paracasein)

② 콜라겐(결합조직)에 물을 첨가해 장시간 가열 → 젤라틴(gelatin)

빈 칸 채우기

콜라겐에 물을 첨가해 장시간 가열하면 (　　　　)이/가 된다.

정답 | 젤라틴

---

(3) 2차 유도단백질(분해단백질)

① 단백질이 아미노산까지 분해되기 전 중간 생성물

② 단백질 가수분해 → 프로테오스(proteose), 펩톤(peptone), 펩티드(peptide)

TIP | 식품에 함유된 주된 단백질 중요

- 쌀 : 오리제닌(oryzenin)
- 보리 : 호르데인(hordein)
- 옥수수 : 제인(zein)
- 밀 : 글리아딘(gliadin), 글루테닌(glutenin)
- 콩 : 글리시닌(glycinin)
- 우유 : 카제인(casein), 락트알부민(lactalbumin), 락토글로불린(lactoglobulin)
- 난백 : 오브알부민(ovalbumin), 오보글로불린(ovoglobulin), 라이소자임(lysozyme)
- 난황 : 비텔린(vitellin), 비텔리닌(vitellenin)
- 육류 : 액틴(actin), 미오신(myosin), 미오겐(myogen)

SECTION 05 | 단백질의 구조

1. 1차 구조 중요

① 결합 : 펩티드 결합
② 다수의 아미노산이 펩티드 결합한 폴리펩티드에 의해 단백질 분자를 형성

2. 2차 구조 중요

① 결합 : 수소 결합
② 폴리펩티드 사슬이 직선이 아닌 구성 아미노산끼리 수소결합에 의해 안정화된 입체
③ 나선형의 α−helix 구조(코일 모양으로 회전), 병풍 모양의 주름진 β−sheet 구조

⊙⊗ 퀴즈

단백질의 2차 구조는 수소결합에 의해 이루어지며 α-helix 구조는 병풍 모양의 주름진 형태이다. (○/×)

정답 | ×
해설 | α-helix 구조는 코일 모양으로 회전하는 나선구조이다.

3. 3차 구조

① 결합 : disulfide 결합(S−S), 아미노기간의 염 결합, 소수성 결합, 수소 결합, 이온 결합
② 3차원 공간적 입체 배위
③ 2차 구조의 폴리펩티드 사슬이 구성 아미노산 잔기의 특성에 따라 꺾이고 구부러져 단백질 특유의 입체구조를 이루어 안정화됨

4. 4차 구조

3차 구조를 이루고 있는 폴리펩티드 사슬들이 두 개 이상 모여 하나의 기능을 갖는 집합체를 이룸

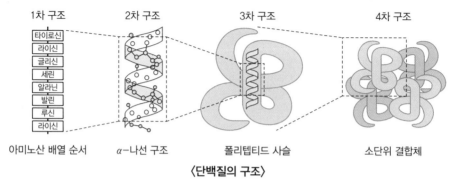

1차 구조   2차 구조   3차 구조   4차 구조

타이로신 / 라이신 / 글리신 / 세린 / 알라닌 / 발린 / 루신 / 라이신

아미노산 배열 순서 α-나선 구조   폴리텝티드 사슬   소단위 결합체

〈단백질의 구조〉

출처 : 지구문화사, 식품학

SECTION 06 | 단백질의 변성

1. 단백질 변성(denaturation)의 정의

① 여러 물리적 · 화학적 작용에 의해 단백질의 1차 구조를 제외한 고차구조(2차, 3차, 4차)가 변화하는 현상
② 단백질 본래의 형태, 색, 맛, 향, 점도 등에 변화가 일어남
③ 변성된 단백질은 대부분 비가역적
④ 적당한 변성 : 소화율 증가(효소작용이 쉬움)
⑤ 지나친 변성 : 소화율 감소
⑥ 요인별 변성
　㉠ 물리적 요인 : 가열, 자외선, 건조, 동결, 교반, 방사선, 초음파, 압력 등
　㉡ 화학적 요인 : 산성, 염류, 효소처리, 금속염, 유기용매, 계면활성제 등

퀴즈

단백질의 변성이 진행될수록 소화율은 증가한다. (ㅇ/×)

정답 | ×
해설 | 변성이 지나치게 이루어질 경우 오히려 소화율이 감소한다.

2. 단백질 변성 시 일어나는 변화

① 용해도 감소 : 구조 안에 있던 소수성기가 표면으로 나옴
② 응고 및 겔화 : 용해도 감소에 따른 단백질의 유동성 상실
③ 다른 화학물질에 대한 반응성 증가 : 여러 작용기들이 표면으로 이동
④ 효소활성 등의 생물학적 활성 상실 : 단백질 구조의 변화로 생물학적 특성이 소실됨
⑤ 고유의 선광도, 등전점의 변화

3. 단백질 변성에 영향을 주는 요인

(1) 구분

① 물리적 변성 요인 : 가열, 동결, 교반, 자외선 조사, 고압, 초음파, 계면흡착 등
② 화학적 변성 요인 : 산, 알칼리, 염류, 유기용매, 계면활성제, 요소, 알칼로이드, 중금속 염류 등

(2) 열에 의한 변성

① 열에 에너지 공급에 의한 수소결합 등의 약한 결합이 끊어져 응고됨(보통 60~70℃)
② 단백질의 등전점에서 가장 잘 발생함
③ 삶은 달걀, 익힌 육류 등

(3) 동결에 의한 변성

① 식품의 온도가 −5~−1℃일 때 가장 많이 생성(최대빙결정생성대)
② 수분 동결, 염류의 농축, pH 감소 등에 의해 단백질 분자 간의 상호결합이 촉진됨
③ 급속동결은 최대빙결정생성대를 빠르게 통과하므로 단백질의 변성을 최소화시킴
④ 냉동고기, 얼린 두부 등

(4) 산과 알칼리에 의한 변성

① 단백질의 등전점에서 변성 및 침전이 일어남
② 단백질의 이온결합 부위의 변화로 구조적 변성이 일어남
③ 우유에 식초(산) 첨가 → 카제인 단백질의 등전점(pH 4.6) → 변성 → 응고(요구르트)
④ 요구르트, 치즈, 생선의 초절임 등

(5) 화학물질에 의한 변성(유기용매, 금속 이온, 중성염)

① 알코올 등의 유기용매는 탈수작용을 일으켜 단백질을 변성·응고·침전시킴
② 금속 이온은 염의 가교를 형성하여 단백질을 변성 및 침전시킴
③ 고농도의 염류용액에서 용해도가 감소하여 단백질이 변성 및 침전됨(염석 효과)
④ 두부, 어묵, 젓갈 등

빈 칸 채우기

(   )와/과 같은 유기용매는 탈수작용을 일으켜 단백질을 변성·응고·침전시킨다.

정답 | 알코올

(6) 건조에 의한 변성

① 건조에 의한 염류의 농축 및 응집으로 인해 변성이 촉진됨

② 생선 건어물 등

변성 요인	관련 식품
열	삶은 달걀, 익힌 고기, 사골국 등
산	요구르트, 치즈, 생선 초절임 등
염	두부, 생선 소금절임 등
건조 및 동결	얼린두부, 생선 건어물 등
효소	레닌(응유 효소)을 이용한 치즈 제조 등
교반	머랭, 휘핑크림, 맥주 거품 등

〈단백질 변성요인과 관련 식품〉

SECTION 07 | 단백질의 성질

1. 용해성

① 아미노산 측쇄의 양(+), 음(-) 이온의 해리성에 의해 결정

② 측쇄에 친수성 원자단이 존재하면 안정한 분산용액이 됨(예 아스파라긴, 아르기닌)

③ 측쇄에 소수성 원자단이 존재하면 잘 용해되지 않음(예 발린, 류신)

④ 단백질의 용해도는 물, 염류의 종류, 알칼리 등에 의해 영향을 받음

⑤ 용해성은 등전점에서 최소

> **TIP 염용효과(salting in)와 염석효과(salting out)**
>
> • 염용효과 : 묽은 중성 염류용액에는 용해도 증가(단백질 분자 간의 인력 감소)
> • 염석효과 : 고농도의 염류용액에는 용해도 감소 및 침전(염과 단백질이 물에 대해 경쟁)
> • 단백질의 분리와 정제에 이용됨

2. 흡수 스펙트럼(자외선 흡습성)

① 방향족 아미노산(페닐알라닌, 티로신)은 자외선 흡수

② 단백질은 자외선 흡수대인 240nm 부근에서 최솟값, 275~285nm에서 최댓값

③ 흡광도를 통해 수용액 중 단백질 함량 추정

3. 등전점(전기적 성질) 중요

① 양전하와 음전하가 함께 존재하여 아미노산의 전하가 0인 상태로, 분자 간의 전하가 같은 상태의 pH

② 등전점에서 단백질 분자끼리의 전기적 반발력이 최소화 되어 용해도 감소 및 침전

③ 용해도, 삼투압, 점도, 팽윤은 최소 ↔ 기포성, 흡착성, 침전은 최대

④ 오보알부민(pH 4.5), 카제인(pH 4.6~4.9), 콜라겐(pH 4.8~5.3), 제인(pH 5.8), 글리아딘(pH 6.5), 미오글로빈(pH 7.0) 등

단백질 수용액의 변화

• 단백질 수용액에 알칼리를 가하면 단백질이 음이온이 되어 양극으로 이동한다.
• 단백질 수용액에 산을 가하면 단백질이 양이온이 되어 음극으로 이동한다.

4. 단백질의 정색반응 중요

종류	목적	반응 색
닌히드린 반응	아미노산 검출	적자색
폴린 반응	단백질 중 티로신, 트립토판, 시스테인 등의 존재 확인	청색
뷰렛 반응	2개 이상의 펩티드 결합의 존재 확인	적자색~청자색
밀론 반응	티로신과 같은 페놀기를 가진 아미노산의 존재 확인	적색
홉킨스콜 반응	단백질 내 트립토판의 존재 확인	보라색
잔토프로테인 반응	벤젠핵을 가진 방향족 아미노산의 존재 확인	황색

퀴즈

뷰렛 반응은 단백질을 알칼리성 용액에 녹이고 황산구리($CuSO_4$)를 소량 첨가하여 청자색이 되면 2개 이상의 펩티드 결합이 있는 단백질을 확인할 수 있는 반응이다. (○/×)

정답 | ○

SECTION 01 | 식품의 색소 성분

1. 식품 색소의 의미 및 분류

① 식품의 색은 신선도 판단과 기호성에 있어 중요함

② 색소원설 : 물질이 발색하려면 발색단($C=O$, $-NO$, $-NO_2$, $-N=N-$ 등)과 발색단을 돕는 조색단($-OH$, $-NH_2$ 등)이 있어야 한다는 학설로, 발색단 자체는 색을 띠지 않고 조색단과 결합해야 색을 낼 수 있음

③ 식품 색소의 분류

분류	종류		색	존재
식물성	지용성	클로로필, 카로티노이드계	녹색, 등황색	식물의 엽록체
	수용성	플라보노이드계, 탄닌계, 베탈레인계	적자색, 흰색	식물의 액포
동물성	헤모글로빈		적색	동물의 혈액
	미오글로빈		적색	동물의 근육조직
	카로티노이드계		등황색	우유, 난황, 연어, 송어, 새우, 게 등

㉠ 카로티노이드 : 이소프레노이드(isoprenoid)의 유도체

㉡ 클로로필, 미오글로빈, 헤모글로빈 : tetrapyrrole 유도체로 porphyrin 구조를 지님

㉢ 안토잔틴, 안토시아닌 : benzo - γ pyrane 유도체

빈 칸 채우기

(   )은/는 식물성 색소로 카로티노이드계 색소와 함께 지용성이며 녹색, 등황색의 색을 띤다.

정답 | 클로로필

---

2. 식물성 식품의 색소 중요

구분	클로로필	카로티노이드계	플라보노이드계	
			안토시아닌	안토잔틴
색	녹색	등황색	적자색	백색
용해성	지용성	지용성	수용성	수용성
산성	녹색 → 올리브색, 녹황색	안정	적자색 → 적색	안정
알칼리	녹색 → 선명한 녹색	안정	적자색 → 청색	담황색
장기간 가열	올리브색	갈변(캐러멜화), 밝은 오렌지색	안정	갈변
금속 이온	구리, 아연 → 선명	안정	구리, 철, 알루미늄 등 → 암청회색, 적갈색	• 철 → 어두워짐 • 알루미늄 → 노란색

(1) 클로로필(Chlorophyll, 엽록소)

① 클로로필의 구조 및 특성

 ㉠ 식물의 엽록체에 존재하는 녹색의 지용성 색소

 ㉡ 4개의 피롤(pyrrol) 핵이 서로 결합한 포피린(porphyrin)으로 고리의 중심에 마그네슘(Mg^{2+}) 원자가 착염을 이룸

 ㉢ 물에는 녹지 않으나 유기용매에는 용해됨

 ㉣ 채소 및 과일 등의 일반 식물에는 클로로필 a(청록색)와 b(황록색)가 2~3:1의 비율로 존재

 ㉤ 클로로필 c, d는 해조류에 함유

 ㉥ 산, 알칼리, 금속, 가열 등에 영향을 받음

② 산에 의한 변화

 ㉠ 포피린 고리에 결합된 마그네슘이온(Mg^{2+})이 수소 이온(H)으로 치환되어 갈색의 페오피틴(pheophytin)을 생성

 ㉡ 지속적으로 산이 작용하면 피톨기가 유리되어 갈색의 페오포비드(pheophorbide)를 형성

 ㉢ 오이생채, 시금치 데치기, 채소국, 배추김치 등에서 관찰됨

 ㉣ 색 방지법

  • 채소를 데칠 때 뚜껑을 열어 휘발성 유기산 증발

  • 조리수를 다량(채소 무게의 5배) 사용하여 비휘발성 유기산 농도를 희석시킴

  • 식초 등의 산성 조미료는 마지막 단계에서 첨가

  • 채소를 데칠 때 1~2%의 소금을 첨가하여 클로로필을 안정화시킴

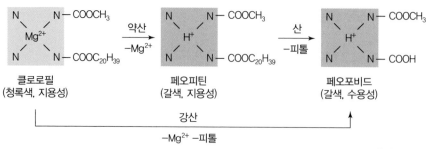

클로로필
(청록색, 지용성)　　　페오피틴
　　　　　　　　　　(갈색, 지용성)　　　페오포비드
　　　　　　　　　　　　　　　　　　　(갈색, 수용성)

강산

$-Mg^{2+}$ $-$피톨

출처 : 지구문화사, 식품학

③ 알칼리에 의한 변화

　㉠ 피톨기만 분리된 짙은 청록색의 클로로필리드(chlorophyllide) 생성

　㉡ 지속적인 알칼리 상태에서는 메틸기 또한 분리된 형태의 클로로필린(chlorophylline) 생성

　㉢ 주의 : 식품에 중조 등을 첨가하면 비타민 B_1 등 수용성 비타민의 파괴가 크고 섬유소가 연화되어 질감이 물러짐

　㉣ 실제 식품에서는 보기 어려움

클로로필
(청록색, 지용성)　　　클로로필리드
　　　　　　　　　　(짙은 청록색, 수용성)　　　클로로필린
　　　　　　　　　　　　　　　　　　　　(짙은 청록색, 수용성)

④ 금속(Cu, Fe, Z 등)에 의한 변화

　㉠ 구리, 철 등의 금속 이온 또는 이들의 염과 함께 가열 시 마그네슘 이온이 치환되어 선명한 청록색의 Cu – chlorophyll 또는 선명한 갈색의 Fe – chlorophyll을 형성하며 이들은 매우 안정한 색소임

　㉡ 완두콩 통조림 제조 시 소량의 황산구리($CuSo_4$)를 첨가하면 Cu – chlorophyll을 형성하여 색이 안정화됨

⑤ 효소(클로로필라아제)에 의한 변화

　㉠ 클로로필라아제(chlorophyllase)는 식물조직에 널리 분포되어 있음

　㉡ 물리적 작용에 의해 식물조직이 파괴될 때 유리되어 클로로필에서 피톨을 분리시켜 선명한 청록색의 클로로필라이드(chlorophyllide)를 생성

　㉢ 조리 시 채소를 데치면 클로로필라아제 효소를 파괴하여 색 변화를 방지함

클로로필 　　　　　　　구리−클로로필
(청록색) 　　　　　　　　(짙은 청록색)

(2) 카로티노이드(Carotenoid)계

① 카로티노이드의 특성

㉠ 등황색(노란색, 오렌지색, 적황색) 색소

㉡ 지용성이므로 유지를 사용한 조리(볶음, 튀김)를 통해 흡수율이 증가함

㉢ 산, 알칼리, 열에 비교적 안정적임

㉣ 산소 접촉 시 색소가 산화되어 퇴색됨

 퀴즈

카로티노이드는 찌거나 데치는 등 물을 이용하여 조리했을 때 흡수율이 증가한다. (○/×)

정답 | ×

해설 | 카로티노이드는 지용성이므로 유지(기름)를 사용한 조리를 통해 흡수율이 증가한다.

② 카로티노이드의 종류 및 함유 식품

색소			색깔	함유 식품
산소 있음	카로틴 (carotene)계	α−카로틴	주황색	당근, 오렌지
		β−카로틴	주황색	당근, 고구마, 호박, 오렌지
		γ−카로틴	주황색	살구
		리코펜	적색	토마토, 감, 수박, 자몽
산소 없음	잔토필 (xanthophyll)	루테인	주황색	오렌지, 호박
		제아잔틴	주황색	옥수수, 오렌지
		크립토잔틴	주황색	감, 옥수수, 오렌지

㉠ α−카로틴, β−카로틴, γ−카로틴, 크립토잔틴은 프로비타민 A 작용(β−ionone 핵을 가짐)

㉡ 리코펜(lycopene)은 프로비타민 A의 작용이 없음

(3) 플라보노이드(Flavonoid)계

① 개요

㉠ 식물계에 널리 분포하는 수용성 색소

㉡ 붉은색의 과일이나 백색 채소 등에 유리된 상태 또는 배당체의 형태로 세포액에 존재

② 안토잔틴(Anthoxanthin)계

㉠ 식물의 꽃, 녹엽, 과피 등의 무색, 담황색의 색소

㉡ 당류와 결합한 배당체 형태로 존재

ⓒ 종류

플라본(Flavone)	• 아핀(파슬리, 아티초크, 셀러리, 바질) • 루테오린(셀러리, 피망, 들깨잎, 캐모마일차)
플로보놀(Flavonol)	• 케르세틴(양파껍질, 차, 메밀), 이소케르세틴(옥수수, 차) • 루틴(양파, 메밀, 토마토) • 아스트라갈린(고사리, 미역취, 알로에, 브로콜리)
플라바논(Flavanone)	• 헤스페리딘(온주밀감, 자몽) • 나린진(여름밀감, 밀감류) • 네오헤스페리딘(광귤, 여름밀감)
플라바논올(Flavanonol)	디하이드로케르세틴(단풍잎) 등
이소플라본(Isoflavone)	다이드진(콩, 콩제품, 갈근), 다이드제인(대두) 등

ⓔ 조리 시 변화
  • pH에 의해 산성은 선명한 백색(안정), 중성은 무색 또는 담황색, 알칼리성은 황색(불안정)
    으로 변화
  • 금속 이온에 의해 철과 반응(적갈색)하고 알루미늄과도 반응(황색)함

③ 안토시아닌(Anthocyanin)계
  ㉠ 식물의 꽃, 과일 등의 적색, 청색, 자색의 색소(화청소)
  ㉡ 주로 당질과 결합하여 배당체의 형태로 존재
  ㉢ 매우 불안정하여 pH에 따라 색이 변화함
    → 산성 – 적색, 중성 – 자색, 알칼리성 – 청녹색
  ㉣ 기본구조에 연결된 OH기의 수에 따라 분류됨
  ㉤ OH기가 많을수록 청색이 짙어지고, 메톡실기($-OCH_3$)가 많을수록 적색이 짙어짐

분류	색	함유 식품
펠라고니딘	적색	칼리스테핀(딸기)
시아니딘	적자색	크리산테민(검정콩, 오디, 팥, 버찌, 블루베리), 시아닌(붉은 순무, 장미, 자소), 케라시아닌(고구마, 버찌), 이데인(사과), 메코시아닌(버찌)
페오니딘	적자색	페오닌(포도)
델피니딘	청자색	델핀(포도), 나수닌(가지)
페투니딘	적자색	페투닌(포도)
말비딘	적자색	예닌(포도), 말빈(포도)

㉥ 안토시아닌의 조리 시 변화

구분	변화	조리 예
pH 중요	산성(적색), 중성(자색), 알칼리성(청색 또는 녹색)	• 생강초절임(적색에 가까운 분홍색) • 자색 양배추 절임(적색) • 우엉 삶을 때(청색)
금속	철과 반응하면 청색	• 가지 염장 시 쇳조각을 넣어두면 가지의 색이 고운 청색을 띰 • 차, 커피를 경수로 끓이면 적갈색의 침전 형성
산소	산소에 의한 급격한 산화로 색을 소실함	• 오래된 포도주의 갈변 • 가지 절임의 갈변

④ 탄닌(tannin)계

　㉠ 일반 식물에 널리 분포하며 떫은맛을 지님

　㉡ 자체는 무색이나 산화되면 갈색에서 흑색을 띰

　㉢ 과일이 익으면 탄닌이 불용성이 되어 떫은맛이 사라짐

　㉣ 산화에 의해 홍색, 갈색, 흑색을 나타냄(**예** 홍차는 탄닌의 산화를 이용하여 발효)

　㉤ 카테킨류, 류코안토시아닌 등이 속함

　㉥ 밤 속껍질의 떫은 맛 – 엘라그산(ellgic acid), 감의 떫은 맛 – 시부올(shibuol)

3. 동물성 식품의 색소

① 헤모글로빈(Hemoglobin, 혈색소)

　㉠ 단백질 globin(1분자) + 비단백질 헴(4분자)

　㉡ 헤모글로빈의 변화 : 헤모글로빈(적자색)은 산화되면 옥시헤모글로빈(선홍색)을 거쳐 메트헤모글로빈(갈색)으로 전화됨

$$Hb(Fe^{++}) + O_2 \underset{\text{산소화}}{\overset{}{\rightleftharpoons}} Hb(Fe^{++}) \cdot O_2 \overset{\text{산화}}{\longrightarrow} Hb(Fe^{+++})$$

$$\text{hemoglobin} \qquad\quad \text{oxyhemoglobin} \qquad \text{methemoglobin}$$
$$\text{(적자색)} \qquad\qquad\quad \text{(선홍색)} \qquad\qquad \text{(갈색)}$$

② 미오글로빈(Myoglobin, 육색소)

　㉠ 단백질 globin(1분자) + 비단백질 헴(1분자)

　㉡ 미오글로빈의 변화

　　• 미오글로빈(적자색)은 산소와 만나면 옥시미오글로빈(선홍색)을 거쳐 갈색의 메트미오글로빈으로 변함

　　• 미오글로빈은 가열하면 메트미오글로빈의 글로빈이 분리되고 페리프로토포피린이 부분이 유리된 헤마틴(hematin)으로 변함

　　• 육류나 육가공품은 저장 중 세균의 작용으로 생성된 콜레미오글로빈, 베르도글로빈 등에 의해 녹색이 됨

$$Mb(Fe^{++})+O_2 \longrightarrow Mb(Fe^{++}) \cdot O_2 \longrightarrow Mb(Fe^{+++}) \xrightarrow{\text{가열}} hematin+globin$$

myoglobin   oxymyoglobin   metmyoglobin   (갈~회색)

(적자색)   (적색)   (갈색)

빈 칸 채우기

육류를 가열하면 미오글로빈의 단백질이 변성되어 회갈색의 메트미오크로모겐과 (   )으로 변한다.

정답 | 헤마틴

TIP 육가공 시 색 변화 중요

- 햄, 소시지, 베이컨 등의 육가공품은 가열 및 조리 중에도 육류의 선홍색을 유지함
- 선홍색의 육색을 보존하기 위해 미오글로빈에 질산칼륨(KNO_3)을 작용시켜 니트로조미오글로빈 형태로 변화시킴

$$KNO_3 \xrightarrow{\text{세균}} KNO_2 \xrightarrow{\text{lactic acid}} HNO_2 \xrightarrow{\text{lactic acid}} NO \xrightarrow{+Mb} nitrose\ Mb$$

nitrate   K-nitrate   nitrous acid

③ 동물성 카로티노이드 색소

    ㉠ 우유, 난황 등에는 크산토필(xanthophyll, 황색)이 존재

    ㉡ 새우, 게, 조개류, 도미의 표면, 연어 등에는 아스타크잔틴(astaxanthin, 청록색)이 존재하지만 가열하면 단백질이 유리되면서 아스타신(astacin, 적색)으로 변함

4. 식품의 착색

① 천연 착색료

    ㉠ 인체에 해가 없으며 가격이 비쌈

    ㉡ 녹색채소의 클로로필(녹색), 등황색 채소의 β-카로틴(황색), 울황의 쿠르쿠민(황색), 고추의 캡산틴과 캡소르빈(적색) 등

② 인공 착색료

    ㉠ 화학적으로 합성한 타르색소

    ㉡ 인체에 유해하여 사용량이 제한됨

    ㉢ 타르계 색소 : 알루미늄(Al)을 첨가하여 lake 형태로 사용

    ㉣ 비타르계 색소(7종) : 클로로필 유도체, 황산구리, 캐러멜, 베타카로틴 등

5. 식품의 갈변반응

(1) 효소적 갈변반응

① 폴리페놀 산화효소(PolyPhenol Oxidase ; PPO)에 의한 갈변

    ㉠ 폴리페놀 산화효소가 식품 속의 기질(폴리페놀)을 공기 중이 산소를 이용해 산화시켜 갈색의 물질(멜라닌 색소)을 만드는 과정

ⓒ 과일(사과, 복숭아, 바나나 등), 감자, 고구마, 우엉 등과 같은 과일과 채소에서 흔함

ⓒ 효소에 의한 과일과 채소의 갈변은 품질을 떨어뜨리지만, 홍차 제조 시에는 효소에 의해 차의 카테킨이 산화되어 홍차 특유의 색을 띠는 테아플라빈을 형성함

빈 칸 채우기

사과의 갈변현상은 (   )에 의한 것이다.

정답 | 폴리페놀 산화효소

---

② 티로시나아제(tyrosinase)에 의한 갈변

ⓐ 감자에 존재하는 티로신이 티로시나아제에 의해 산화되어 도파(DOPA) 또는 도파퀴논을 거쳐 갈색물질(멜라닌 색소)를 생성

ⓑ 작용기작이 폴리페놀 산화효소와 유사하며 채소와 과일, 특히 감자의 갈변의 주 원인

(2) 비효소적 갈변반응

① 마이야르반응(아미노–카보닐반응, maillard reactiion)

ⓐ 당류(환원당)와 단백질류가 만나 갈색물질인 멜라노이딘(melanoidine)을 생성

ⓑ 자연발생적으로 일어나며 식품가공이나 저장에서 가장 많이 볼 수 있는 갈변반응

• 초기단계 : 당류와 아미노 화합물의 축합반응과 아마도리 전위반응 진행(색 변화 없음)

• 중간단계 : 아마도리 전위생성물의 분해, 당의 산화, 각종 환상 물질의 형성, 산화된 당류의 분해로 리덕톤류, 하이드록시메틸푸르푸랄(HMF) 등이 생성

• 최종단계 : 중간단계에서 생성된 리덕톤, 푸르푸랄 등의 유도체, 알돌형 축합 반응, 스트레커 반응 등으로 중합체인 갈색의 멜라노이딘 색소를 생성(갈변)

② 캐러멜화반응(caramelization)

ⓐ 당류 또는 당류 수용액을 고온(160~200℃)에서 가열하면 당류가 분해되고 산화되어 흑갈색의 휴민을 생성

ⓑ 최적 pH 6.5~8.2

ⓒ 각종 분해산물에 의해 식품의 향기(캐러멜향) 발생

ⓓ 단맛 저하, 약간의 쓴맛 생성

ⓔ 약식, 청량음료 등의 착색에 이용

퀴즈

캐러멜화반응은 당류 혹은 당류 수용액을 80~95℃의 저온에서 장시간 가열하면 일어나며, 약식, 청량음료 제조에 이용된다. (○/×)

정답 | ×

해설 | 캐러멜화반응은 160~200℃의 고온에서 일어난다.

PART 01
PART 02
PART 03
PART 04
PART 05
PART 06
PART 07
PART 08
PART 09

③ 아스코르브산 산화반응(ascorbic acid oxidation reaction)

    ㉠ 비타민 C는 환원력에 의해 항산화제로서 작용하지만 비가역적인 산화가 일어나면 항산화의 기능을 상실하고 갈변반응에 관여함

    ㉡ 비타민 C 함량이 높은 감귤류 가공품에서 일어나는 갈변(분말오렌지주스 등)

    ㉢ 산소 존재 시 비타민 C의 산화와 탈탄산에 의한 reductone 생성

    ㉣ 산소가 없을 경우 비타민 C의 탈수와 탈탄산에 의한 osone류 생성

    ㉤ 축합 및 중합에 의한 갈색물질을 생성

(3) 갈변 억제 방법

① 가열처리 : 효소는 복합단백질이므로 열처리에 의해 불활성화됨

② pH 변화

    ㉠ 효소는 최적 pH(5.8~6.8)을 벗어나 pH 3.0 이하에서는 불활성화됨

    ㉡ 레몬즙, 식초, 오렌지즙 등의 산성용액에 담그면 갈변을 예방함

③ 온도 : 효소의 최적온도인 40℃를 벗어나 냉각 또는 냉동보관하면 불활성화됨

④ 금속저해제

    ㉠ 효소는 구리(Cu^{2+})와 철(Fe^{2+})에 의해 활성이 촉진됨 → 구리 용기에 사과나 배를 넣으면 갈변이 촉진됨

    ㉡ 효소는 염소이온(Cl^-)에 의해 활성이 억제됨 → 소금물에 담그면 갈변이 억제됨

👀✖️퀴즈

사과를 구리 재질의 용기에 보관하면 갈변을 예방할 수 있다. (○/×)

정답 | ×

해설 | 구리 용기에 사과나 배를 넣으면 갈변이 촉진된다.

---

⑤ 공기 차단(산소 차단)

    ㉠ 물에 담그기, 설탕물이나 소금물에 담그기

    ㉡ 탄산가스나 질소로 가스를 대체하여 산소의 반응을 차단

⑥ 환원성 물질의 첨가

    ㉠ 강력한 항산화제인 비타민 C를 첨가하면 산소를 소모시켜 갈변을 억제

    ㉡ 황화수소 화합물인 시스테인, 글루타티온을 첨가하면 산화를 방지

    ㉢ 아황산가스, 아황산염은 기질을 환원시켜 산화를 방지

1. 맛의 정의 및 성분

① 좁은 의미 : 혀에서 느껴지는 짠맛, 단맛, 신맛, 쓴맛에 대한 혀의 지각반응

② 넓은 의미 : 혀와 구강표면 등에서 느껴지는 여러 종류의 감각

③ Henning의 분류에 따른 4가지 기본 맛 : 단맛(Sweet taste), 짠맛(Saline taste), 신맛(Sour taste), 쓴맛(Bitter taste)

④ 그 외의 맛 : 매운맛(Hot taste), 떫은맛(Astringent taste), 맛난맛(Palatable taste), 금속맛 (Metalline taste), 알칼리 맛(Alkaline taste), 아린맛(Acrid taste), 교질미(Colloidal taste)

 퀴즈

Henning이 분류한 기본 맛에 매운맛은 포함되어 있지 않다. (○/×)

정답 | ○

해설 | Henning이 분류한 4가지 기본 맛은 단맛, 짠맛, 신맛, 쓴맛이다.

2. 미각의 역치(Threshold value)

① 맛을 느낄 수 있는 맛성분의 최저농도(최소감미농도)

② 일반적으로 쓴맛 성분의 역치가 가장 낮고, 단맛 성분의 역치는 가장 높음

③ 성분별 역치

맛 성분	정미 물질	역치(%)
단맛	설탕	0.5
짠맛	소금	0.2
신맛	초산	0.012
쓴맛	퀴닌	0.0005

TIP 맛과 온도

• 미각은 10~40℃에서 가장 민감함(맛을 가장 잘 느낌)
• 단맛은 20~50℃, 짠맛은 30~40℃, 신맛은 25~50℃, 쓴맛은 40~50℃, 매운맛은 50~60℃에서 가장 잘 느낌
• 온도가 상승하면 단맛 증가, 짠맛과 쓴맛 감소, 신맛과 매운맛은 영향이 없음
• 온도가 내려가면 짠맛이 강해짐

퀴즈

인간은 단맛, 짠맛, 신맛, 쓴맛 중 쓴맛을 가장 잘 느낀다. (○/×)

정답 | ○

해설 | 쓴맛의 역치가 0.0005%로 가장 낮다.

3. 맛의 변화

(1) 맛의 강화현상(대비현상)

① 서로 다른 맛이 혼합되었을 때 주된 정미성분의 맛이 강하게 느껴지는 현상

② 단맛 성분＋소량의 짠맛＝단맛 ↑

③ 짠맛 성분＋소량의 신맛＝짠맛 ↑

빈 칸 채우기

솔트카라멜과 같이 단맛 성분에 소량의 짠맛 성분이 더해질 경우 단맛이 상승하는 것을 맛의 (　　　　　)현상이라 한다.

정답 | 강화(대비)

---

(2) 맛의 상쇄

① 맛의 강화현상과 반대의 작용

② 두 종류의 정미성분이 혼합되어 있을 경우 각각의 맛을 느낄 수 없고 조화된 맛을 느끼는 현상

③ 술, 간장, 김치 등의 발효식품에서 일어남

④ 김치(짠맛＋신맛), 간장(짠맛＋감칠맛), 청량음료(단맛＋신맛)은 맛의 상쇄로 조화미가 느껴짐

(3) 맛의 억제

① 서로 다른 여러 맛성분이 혼합되었을 경우 주된 맛성분의 맛이 다른 맛에 의해 약화되는 현상

② 커피＋설탕＝쓴맛 억제

③ 신 과일＋설탕＝신맛 억제

(4) 맛의 변조

① 한 가지 정미성분을 맛본 직후 정미성분이 정상적으로 느껴지지 않는 현상

② 오징어를 먹은 후 밀감을 먹으면 쓴맛이 느껴짐

③ 설탕을 맛본 후 물을 마시면 신맛 또는 쓴맛이 느껴짐

④ 쓴 약을 먹은 후 물을 마시면 단맛이 느껴짐

(5) 맛의 피로(맛의 순응)

① 동일한 정미성분을 계속 맛보았을 때 미각이 둔해져 역치가 높아지는 현상

② 같은 정미성분을 계속 맛보면 감각이 차츰 약해짐

(6) 맛의 상승

① 같은 종류의 맛을 지닌 성분들을 서로 혼합하면 각각 가지고 있는 맛보다 훨씬 강하게 느껴지는 현상

② 분말주스의 설탕액에 사카린을 첨가하면 단맛이 상승

③ 멸치육수에 글루탐산나트륨을 첨가하면 감칠맛이 상승

(7) 맛의 상실(미맹)

① 정상적인 사람과 달리 쓴맛 성분인 PTC(phenyl thiocarbamide)를 느끼지 못하는 현상

② 유전적 원인(백인 약 30%, 황인 약 15%, 흑인 약 2~3%)

4. 단맛 성분의 감미도

당류	상대적 감미도	당알코올	상대적 감미도
설탕	100	자일리톨	75
과당	170	글리세롤	48
전화당	130	소르비톨	48
포도당	70	글리콜	48
맥아당	50	에리스리톨	45
자일로오스	40	이노시톨	45
갈락토오스	30	만니톨	45
유당	20	둘시톨	41
인공감미료	상대적 감미도	방향족 아미노산	상대적 감미도
사카린	20,000~70,000	페릴라틴	200,000~500,000
아스파탐	18,000~20,000	글리시리진(감초의 단맛)	5,000
둘신	7,000~35,000	필로둘신	20,000~30,000

(1) 당류(단당류, 이당류)

① 설탕은 광학적 이성체가 존재하지 않아 일정한 단맛을 지니므로 감미도의 기준이 됨

② 이성체에 따른 감미도

포도당	α형>β형	맥아당	α형>β형
과당	β형>α형	유당	β형>α형

(2) 당알코올

① 당이 환원되어 알콜기(CH_2OH)를 형성

② 소르비톨, 이노시톨, 만니톨, 둘시톨 등

③ 단맛은 설탕보다 적으나 칼로리를 내지 않아 병원식이의 감미료로 사용

(3) 아미노산

① 광학적 활성에 의해 D형과 L형의 이성체가 존재하여 맛이 다름

② 대개 D형의 아미노산들이 감미를 나타냄

③ 글리신, 알라닌, 세린 등 저분자 아미노산이 감미를 지님

④ 감미를 내는 아미노산은 맛난 맛도 함께 지님

PART 01
PART 02
PART 03
PART 04
PART 05
PART 06
PART 07
PART 08
PART 09

(4) 방향족 화합물

① 필로둘신(phyllodulcin) : 설탕의 200~300배, 플로보노이드계 감미물질, 감차 중에 존재
② 페릴라틴(perillartin) : 설탕의 약 2,000배, 청소엽 중에 존재, 독성에 의해 식품에는 사용하지 않음, 담배 향료로 이용
③ 스테비오사이드(stevioside) : 설탕의 약 300배, 스테비아 식물에 존재, 산 · 알칼리 · 열에 안정

(5) 황화합물

① 무, 마늘의 단맛 성분 : 메틸 메르캅탄(CH_3SH), 프로필 메르캅탄($CH_3CH_2CH_2SH$)
② 열에 의하여 단맛이 생성됨(알리신 → 프로필 메르캅탄)

퀴즈

마늘을 익혔을 때 매운 맛이 사라지고 단맛이 나는 것은 알리신 성분이 프로필 메르캅탄으로 변해서이다. (○/×)
정답 | ○

---

(6) 인공감미료

① 인체에 유해할 수 있으므로 식품위생법에서 규정한 허용량을 준수해야 함
② 사카린 : 설탕의 200~700배의 감미도, 난용성, 쓴맛 형성, 다량 섭취 시 신장장해 유발
③ 아스파탐 : 설탕의 180~200배의 감미도, 아스파르트산과 페닐알라닌의 결합
④ 둘신 : 설탕의 250배, 소화장애 및 발암 등을 유발하여 사용이 금지됨

5. 짠맛 중요

(1) 개요

① 대부분 염류에 의한 맛으로 염화나트륨(NaCl)이 대표적임
② 무기염류, 유기염류의 해리된 이온의 맛(음이온은 짠맛, 양이온은 부가적인 맛)
③ 바람직한 짠맛 : 국물의 경우 소금 농도 1%
④ 식염은 약간의 단맛을 지님
⑤ 온도가 낮아질수록 더 강하게 느낌

(2) 무기염

① 순수한 짠맛
② 염화나트륨(NaCl), 염화칼륨(KCl), 염화암모늄(NH_4Cl) 등

(3) 유기염

① 식염에 가까운 짠맛
② 디소디움 말레이트(disodium malate), 암모니움 말로네이트(dimmonium malonate), 디암모니움 세바시네이트(diammonium sebacinate), 소디움 글루코네이트(sodium gluconate) 등
③ 디소디움 말레이트는 식염 대용으로 신장염, 고혈압, 긴염 환자나 무염간장 제조에 사용함

TIP 짠맛의 강도

$Cl^- > Br^- > I^- > HCO_3^- > NO_3^-$ 순서

6. 신맛 중요

① **정의** : 산이 해리되어 생성된 수소 이온(H^+)에 의한 맛

② 무기산

　⊙ 수소 이온(H^+) 농도가 높아 대부분 해리되어 있으므로 혀끝에서 바로 중화되어 신맛이 소멸됨

　ⓒ 신맛 외에 쓴맛, 떫은맛 등이 혼합되어 불쾌미 생성

　ⓒ 탄산, 염산, 인산 이외의 무기산은 불쾌미 생성

　ⓔ 탄산음료에 사용되는 탄산과 인산 외에는 식품과 관계가 적음

③ 유기산

　⊙ 수소 이온(H^+) 농도가 낮아 서서히 해리되므로 신맛이 강하게 느껴짐

　ⓒ 감칠맛이 있어 상쾌한 신맛을 내어 식욕을 증진시킴

　ⓒ 젖산, 구연산, 주석산, 초산 등

유기산의 종류	함유 식품
젖산(lactic acid)	발효유 제품, 김치류 등
구연산(citric acid)	감귤류, 토마토 등
주석산(tartaric acid)	포도, 파인애플 등
사과산(malic acid)	사과, 살구, 체리, 복숭아 등
초산(acetic acid)	식초, 김치류 등
수산(oxalic acid)	시금치, 상추 등
호박산(succinic acid)	조개류, 청주 등
낙산(butryc acid)	부패한 김치 및 산패식품
아스코르브산(ascorbic acid)	감귤류 등

〈주요 유기산의 종류 및 함유 식품〉

TIP 수산

시금치에 함유된 수산은 칼슘과 결합하여 불용성인 수산석회를 형성하므로 칼슘의 흡수를 방해한다.

7. 쓴맛

① 커피, 맥주 등의 쓴맛은 기호성을 증가시킴

② **성분** : 알칼로이드, 무기염류, 케톤류, 배당체 등

③ 대표적인 쓴맛 물질은 퀴닌(quinine)

④ 대부분 강력한 생리작용 및 약리작용을 지님

쓴맛 성분 중요		식품
알칼로이드	카페인(caffeine)	차, 커피, 견과류, 콜라 등
	테오브로민(theobromine)	초콜릿, 코코아 등
	퀴닌(quinine)	쓴맛의 표준물질, 키나에 함유
케톤류	튜존(thujone)	쑥
	후물론(humulon)	홉(맥주 원료)
	루풀론(lupulon)	
아미노산	류신(leucine)	• 단백질 분해물
	트립토판(tryptophane)	• 발효식품(된장, 치즈, 막걸리 등)
	페닐알라닌(phenylalanine)	
배당체	나린진(naringin)	밀감, 자몽 등의 감귤류
	케르세틴(quercetin)	양파껍질
	쿠쿠르비타신(cucurbitacin)	오이꼭지
무기염류	염화마그네슘($MgCl^{2+}$)	두부 응고제(간수)
	염화칼슘($CaCl^{2+}$)	
기타	사포닌(saponin)	콩, 도토리
	리모넨(limonen)	감귤류(오렌지, 레몬 등)
	이포메아마론(ipomeamarone)	고구마의 흑반병(유독성분)

〈쓴맛의 성분 및 함유식품〉

TIP 알칼로이드

알칼로이드는 식물체에 존재하는 염기성 질소화합물로 약리작용이 있고 쓴맛을 낸다.

8. 매운맛

① 미각 신경을 자극하는 일종의 통각

② 적당한 양은 소화액 분비를 촉진하고 식욕을 증진시킴

③ 성분 : 황화합물, 아민류, 산 아마이드류, 방향족 알데히드류 등

매운맛 성분		함유 식품
황화합물	알리신(allicin)	• 마늘, 양파 등 • 알린이 알리나아제에 의해 가수분해되어 매운맛을 냄
	시니그린(sinigrin)	• 흑겨자, 고추냉이 • 미로시나아제에 의해 가수분해되어 알릴이소티오시아네이트를 생성하면서 매운맛을 냄
	디알릴설파이드(diallysulfide)	마늘, 파, 양파, 부추 등의 매운맛
	디비닐설파이드(divinylsulfide)	
	디알릴디설파이드(diallydisulfide)	
	프로필알릴설파이드(propylallylsulfide)	
산 아마이드류	캡사이신(capsaicin)	고추
	차비신(chavicine)	후추
	산쇼올(sanshool)	산초
아민류	히스타민(histamine)	부패한 생선, 부패한 간장 등
	티라민(tyramine)	
방향족 알데히드류	진저론(zingerone)	생강
	쇼가올(shogaol)	
	진저롤(gingerol)	
	커큐민(curcumin)	강황(심황)
	바닐린(vanillin)	바닐라콩
	시남알데히드(cinnamic aldehyde)	계피

〈매운맛의 성분 및 함유 식품〉

빈 칸 채우기

(   )은/는 마늘, 양파 등에 함유된 성분으로, 마늘의 매운맛을 내는 대표적인 성분이다.

정답 | 알리신

---

9. 지미성분

① 개요
  ㉠ 단맛, 짠맛, 신맛, 쓴맛이 조화된 혼합미
  ㉡ 대표적인 물질은 글루탐산나트륨(Mono Sodium Glutamate ; MSG)
② 아미노산 : 글루탐산(다시마 등), 글리신(오징어, 게, 새우 등), 베타인(글리신의 유도체), 크레아틴(어류 및 육류), 글루타민, 테아닌, 아스파라긴 등

PART 01
PART 02
PART 03
PART 04
PART 05
PART 06
PART 07
PART 08
PART 09

③ 뉴클레오티드(핵산계 감칠맛 성분)
  ㉠ 육류와 어류의 지미성분
  ㉡ 구아닐산(guanylic acid ; GMP), 이노신산(inosinic acid ; IMP), 잔틸산(xanthylic acid ; XMP)
  ㉢ 맛난맛의 세기 : 5′−GMP(표고, 송이버섯)＞5′−IMP(육류, 어류)＞5′−XMP(고사리)
④ 펩티드
  ㉠ 육류와 어류의 지미성분 : 카르노신(carnosine), 안세린(anserine)
  ㉡ 일반 동식물성 식품에 함유 : 글루타티온(glutathione)
⑤ 유기염류
  ㉠ 육류와 어류의 지미성분 : 아데닌(adenine), 구아닌(guanine), 크산틴(xanthine) 등
  ㉡ 일반식품에 널리 분포 : 콜린(choline), 베타인(betaine), 카르니틴(carnitine) 등
⑥ 그 밖의 지미성분
  ㉠ 숙신산(succinic acid) : 청주 등의 발효식품, 패류에 함유
  ㉡ 타우린(taurine, amino sulfonic acid) : 오징어, 낙지, 문어 등에 함유

10. 그 밖의 정미성분

맛	정의	정미성분
떫은맛	미각의 마비에 의한 수렴성의 불쾌한 맛과 독특한 풍미	차엽(카테킨, 갈산), 감(시부올), 밤(엘라그산), 가지(클로로겐산) 등
아린맛	쓴맛과 떫은 맛이 혼합된 불쾌미	호모겐티스산(죽순, 우엉, 토란 등)
금속미	수저와 포크 등에서 느껴지는 맛	금속 이온(Fe, Ag, Sn 등)
알칼리 맛	재, 알칼리에서 느껴지는 맛	OH^-이온에 의한 맛
교질미	혀와 입안의 점막을 통해 식품의 교질성을 느끼는 일종의 촉감	호화전분, 단백질의 교질입자 등

1. 식품의 냄새

① 미량으로 함유된 휘발성 성분에 기인하며, 식품에 대한 기호성에 중요한 요소로 작용

② 좋은 냄새(perfume, aroma), 불쾌한 냄새(stink)

③ Henning의 분류법에 따른 6가지 기본 냄새

꽃 냄새(flowery odor)	백합, 장미, 매화 등
과일 냄새(fruity odor)	사과, 바나나, 레몬, 오렌지 등
향신료 냄새(spicy odor)	생강, 정향 등
수지 냄새(resinous odor)	테르펜유, 유칼리유 등
썩은 냄새(putrid odor)	부패란, 부패육 등
탄 냄새(burnt odor)	커피, 카라멜 등

2. 식물성 식품의 냄새 성분

① 식물성 식품의 냄새 성분의 원인

엽채류	저분자 불포화 알코올, 불포화 알데히드
향신채	유기 황화합물(알릴설파이드, 알킬 메르캅탄 등)
과일류	방향족 알코올, 지방산 에스테르 등
커피	furfural 유도체
정유(방향)류의 주성분	isoperene의 중합체인 터르펜 및 그 유도체(알코올, 에스테르, 알데히드, 케톤 등)

② 식물성 식품의 대표적인 냄새 성분

㉠ 채소의 냄새 성분

구분	성분	구분	성분
무	메틸메르캅탄(methyl mercaptane), thiomustard oil	생강	시트론(citron), 헥사놀(hexeanol)
마늘	알린(alliin), 디알릴설파이드(diallyl sulfide), 디알리디설파이드(diallyl disulfide), 프로필 알릴이설파이드(propyl allyl disulfide)	박하	멘톨(menthol), 멘톤(menthone)
		겨자과	알릴이소티오시아네이트 (allyl isothiocyanate)
오이	2,6-nonadienal, 2-nonenal, propanal	쑥	튜존(thujone)
송이버섯	1-octen-3-ol, 계피산메틸(methyl cinnamate)	미나리	미르센(myrcene)
표고버섯	렌티오닌(lenthionine)	당근	terpinene-4-ol, bornyl acetate, α-terpineol, sabinene, heptanal
고추	캡사이신(capsaicin)	양파	프로필 메르캅탄(propylmercaptan), 프로판올(propanol)
샐러리	세다놀리드(sedanolide)	파슬리	아피올(apiol)

ⓒ 과일의 냄새 성분(주된 성분은 에스테르)

구분	성분	구분	성분
복숭아	에틸포르메이트(amyl formate), γ-카프로락톤(γ-caprolactone), γ-데카락톤(γ-decalactone)	바나나	이소아밀발레레이트(isoamyl isovalerate), 아밀아세테이트(amyl acetate)
사과	메틸부티레이트(methyl butyrate), 아밀포르메이트(amyl formate), 이소아세테이트(isoamyl acetate)	파인애플	에틸아세테이트(ethyl acetate), 에틸부티레이트(ethyl butyrate), γ-부티로락톤(γ-butyro lactone)
배	이소아밀포르메이트(isoamyl formate), 이소아밀아세테이트(isoamyl acetate)	포도	메틸아세테이트(methyl acetate), 에틸아세테이트(ethyl acetate)
감귤류	δ-리모넨(δ-limonene), α-(β-)코페인, α-(β-)큐베벤	레몬, 라임	시트랄(citral), 리모넨(limonene)

 퀴즈

아세트알데히드는 대표적인 채소의 냄새 성분 중 하나이다. (ㅇ/×)

정답 | ×

해설 | 아세트알데히드는 동물성 식품의 냄새 성분 중 하나이다.

3. 동물성 식품의 냄새 성분

(1) 수육의 냄새 성분

① 신선한 수육의 냄새 : 아세트알데히드

② 신선도 저하 시 불쾌한 냄새 : 암모니아, 황화수소, 메틸 메르캅탄, 인돌, 스카톨 등

③ 인돌, 스케톨은 수육이 부패하면 트립토판에서 생성됨

④ 가열조리 시의 냄새 : 육류의 지방산화에 의한 카르보닐 화합물(아세트알데히드, 포름알데히드, 아세톤, 에틸메틸케톤), 아세트산, 프로피온산 등

(2) 어패류의 냄새 성분

① 해수어의 비린내 : 트리메틸아민(trimethyl amine ; TMA) 중요

※ 산화트리메틸아민(trimethylamine oxide ; TMAO)으로부터 생성됨

② 담수어의 비린내 : 피페리딘, δ-아미노발레르산, δ-아미노발레르알데히드 등

③ 신선도 저하 시 불쾌한 냄새 : 암모니아, 황화수소, 메틸 메르캅탄, 인돌, 스카톨 등

(3) 우유 및 유제품의 냄새 성분

① 신선한 우유 : 저급 지방산(프로피온산, 부티르산, 카프로산 등), 아세톤, 아세트알데히드 등

② 신선도 저하 시 : δ-amino acetophenone

③ 버터 : 아세토인(acetoin), 디아세틸(diacetyl)

④ 치즈 : ethyl-β-methyl mercaptopropionate, diacetone, methyl ketone, 2-heptanone, 2-nonanone, 2-pentanone, 일부 지방산과 에스테르 등

4. 조리 과정 중의 냄새의 변화

① 마늘류

〈알린의 분해 과정〉

② 배추류

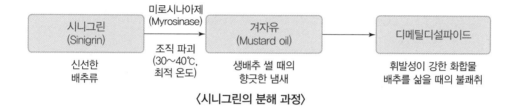

〈시니그린의 분해 과정〉

PART 01

PART 02

PART 03

PART 04

PART 05

PART 06

PART 07

PART 08

PART 09

CHAPTER 07 | 곡류, 서류 및 당류

SECTION 01 | 곡류

1. 쌀

(1) 쌀의 구성 성분

① 밥맛을 향상시킨다는 이유로 도정 시 쌀의 수분 함량을 15~16%로 조절

② 전분은 75~80% 정도 함유

③ 단백질은 6~9% 정도 함유(주 단백질은 오리제닌)

④ 쌀에는 필수아미노산인 라이신과 트레오닌이 부족함

(2) 쌀의 종류 중요

① 형태에 따른 종류

구분	자포니카(단립종, 일본형)	인디카형(장립종, 인도형)
쌀의 형태	쌀알이 둥글고 작음	쌀알이 가늘고 길음
점성	밥의 점성(찰기)이 강함	밥의 점성(찰기)이 약함
주요 생산지	한국, 일본, 중국 등 동아시아	동남아시아, 인도, 남아메리카

※ 자바니카형(중립종) : 인도네시아 자바섬을 중심으로 협소하게 분포, 자포니카보다 벼의 길이가 크지만 나머지 성상이 비슷함

② 도정에 따른 종류

㉠ 곡류의 입자는 외피, 배아, 배유로 구성됨

㉡ 현미 : 벼에서 왕겨를 제거

㉢ 도정
- 현미의 외피와 배아를 제거하여 배유(전분 다량 함유)를 얻는 것
- 외피에는 식이섬유, 단백질, 무기질이 풍부하고, 배아에는 지질과 비타민이 풍부하므로 도정 과정 중 지질과 비타민 등의 영양소는 감소함

㉣ 도정 과정을 통해 탄수화물(전분)이 많이 함유된 배유를 얻을 수 있으므로, 도정된 곡류는 높은 탄수화물 함량을 지닌 에너지원임

㉤ 도정도(%) :
- 현미에서 겨층을 제거한 정도를 의미함
- 10분도미는 100%, 7분도미는 70%의 도정도를 의미함

ⓗ 도정률(%)
- 현미 무게에 대한 도정된 쌀의 무게 비율을 의미함
- 10분도미는 92%의 도정률, 7분도미는 94.4%의 도정률을 보임

③ 아밀로오스 함량에 따른 종류

멥쌀(적당한 찰기)	• 반투명 • 아밀로오스 20~25%, 아밀로펙틴 75~80% • 호화 및 노화가 잘 일어남 • 요오드반응 : 청색
찹쌀(강한 찰기)	• 유백색 • 대부분 아밀로펙틴으로 구성 • 호화 및 노화가 잘 일어나지 않음 • 요오드반응 : 적자색

(3) 쌀의 조리 특성

① 밥짓기
  ㉠ 쌀을 물에 담그는 과정에서 쌀 입자는 약 30%의 수분을 흡수
  ㉡ 쌀을 불리는 시간은 백미의 경우 30분~1시간 정도가 적당
  ㉢ 쌀 세척 시 비타민 B_1과 같은 수용성 영양성분이 손실되므로 문질러 씻지 않고 3~4회 가볍게 세척함
  ㉣ 밥 짓는 물의 양은 전분 호화에 필요한 물과 증발되는 물의 양을 합하여 정함(쌀 무게의 1.5배, 부피는 1.2배)
  ㉤ 밥은 60~65℃에서 호화되기 시작하여 100℃에서 20분 정도면 완전한 호화가 이루어짐

온도상승기	전분입자에 수분이 흡수되는 수화 단계, 강한 화력으로 10~15분 가열
비등유지기	전분의 미셀 구조가 깨지는 팽윤 단계, 중간 화력으로 5~10분 가열
뜸들이기	전분입자가 교질용액을 형성하는 단계, 약한 화력으로 10~15분 가열

② 밥맛을 좌우하는 요인
  ㉠ 햅쌀은 수분 함량이 높아 묵은 쌀보다 맛있음(14% 정도의 수분 함량이 좋음)

PART 01
PART 02
PART 03
PART 04
PART 05
PART 06
PART 07
PART 08
PART 09

ⓛ 쌀알이 통통하고 광택이 나야 함

ⓒ 밥물은 쌀 무게의 1.5배, 부피의 1.2배가 적당

ⓔ 찹쌀은 0.9배의 물을 가함

ⓜ 밥물로 pH 7~8의 알칼리성 물을 사용하면 밥맛이 좋음(산성일수록 맛이 저하됨)

ⓗ 소금 0.03% 정도를 넣으면 밥맛이 향상됨

ⓢ 밥 짓는 용구는 재질이 두껍고 뚜껑이 무거운 것이 좋음(돌솥, 무쇠)

퀴즈

밥물의 양은 전분 호화에 필요한 물과 증발되는 물의 양을 합하여 정하고, pH 7~8 정도의 알칼리성 물을 사용하면 밥맛이 좋다. (○/×)

정답 | ○

---

③ 부재료의 첨가에 따른 특성

ⓐ 콩나물과 같은 채소를 넣어 밥을 지을 때는 물의 양을 줄임

ⓛ 콩을 넣어 밥을 지으면 아미노산의 조성이 효과적으로 변함

※ 쌀에 부족한 제1제한아미노산인 라이신은 콩에 많이 함유되어 있고 콩에 부족한 제1제한아미노산인 메티오닌은 쌀에 많이 함유되어 있으므로 아미노산의 상호 보완작용이 됨

(4) 죽 조리

① **죽** : 곡물에 5~6배의 물을 넣은 후 오래 가열하여 소화되기 쉬운 형태로 만든 유동식

② **미음** : 곡물에 8~10배의 물을 넣어 끓여서 고운체에 받친 유동식

③ **응이** : 곡물을 갈아 만든 전분에 물을 넣고 끓인 유동식

④ **암죽** : 곡식이나 밤 가루 또는 백설기를 말려 곱게 가루 낸 것으로 끓인 유동식

(5) 떡 조리

① **찐 떡** : 쌀가루를 수증기열로 찐 것(백설기, 시루떡 등)

② **친 떡** : 호화된 밥 또는 쌀가루를 쳐서 점성을 준 것(인절미, 가래떡, 절편 등)

③ **빚는 떡** : 쌀가루 반죽을 호화시켜 빚어 모양을 낸 것(송편, 경단 등)

④ **지진 떡** : 기름에 지지거나 튀겨낸 것(전병, 화전, 부꾸미 등)

⑤ **발효 떡** : 효모를 넣어 발효시켜 부풀린 것(증편)

2. 보리

① 겉보리(피맥, 보통 보리)는 껍질이 단단히 결합되어 잘 제거되지 않으므로 껍질째 볶아 보리차, 엿기름 제조용으로 사용

② 쌀보리(나맥)는 껍질이 쉽게 분리되므로 압맥이나 할맥 형태로 제조됨

③ 전분 60%, 단백질 10%

④ 주된 단백질 : 호르데인(hordein)

⑤ 비타민 B군이 많고 비타민 C는 거의 없음

⑥ 무기질이 많고 섬유소가 많아서 소화율이 떨어짐

⑦ 루신과 페닐알라닌은 많고, 트레오닌과 티로신은 적음

⑧ 비타민과 무기질이 배유 내부에도 분포되어 있으므로 백미와는 다르게 도정에 의한 손실이 적음

⑨ 수용성 식이섬유인 베타글루칸을 다량 함유하고 있어 혈중 콜레스테롤 저하 효과를 가짐

 맥아(엿기름)

보리를 발아시킨 후 건조시킨 것으로 β-아밀라아제가 전분을 맥아당으로 당화시켜 식혜를 제조하는 데 사용된다.

3. 밀가루

(1) 밀가루의 종류

① **강력분** : 경질밀로 만듦, 글루텐 함량 11% 이상, 탄력성과 점성이 강함

　예 식빵, 파스타, 마카로니, 퀵브레드

② **중력분** : 강력분과 박력분의 중간, 글루텐 함량 9~10%, 다목적 밀가루로 사용

　예 소면, 우동 등 국수 제조용, 만두피, 크래커

③ **박력분** : 연질밀로 만듦, 글루텐 함량 7~9%, 탄력성과 점성이 약함

　예 케이크, 과자, 튀김옷 등 바삭한 질감을 주는 제품

밀가루의 종류별 사용처 중요

강력분	중력분	박력분
식빵, 파스타	소면, 만두피	케이크, 과자, 튀김옷

※ 듀럼밀의 세몰리나는 단백질 함량이 강력분보다 많아 스파게티, 마카로니에 사용

(2) 밀가루의 성분

① **가용성 단백질(15%)** : 알부민, 글로불린 등

② **불용성 단백질(85%)**

　㉠ 글리아딘 : 저분자량, 타원형, 신장성과 점성 높음, 탄성 낮음

　㉡ 글루테닌 : 고분자량, 섬유상, 탄성 높음, 신장성 낮음

③ 탄수화물 중 전분이 대부분을 차지함(75~80%)

④ 지질 함량은 약 1.8%, 무기질은 약 2% 함유

　※ 무기질은 밀가루 품질 평가의 기준이 됨(무기질이 적을수록 1등급)

⑤ 밀가루의 제1제한아미노산 : 라이신(lysine)

PART 01
PART 02
PART 03
PART 04
PART 05
PART 06
PART 07
PART 08
PART 09

(3) 글루텐 형성

① 밀가루 + 수분(액체) → 단백질 수화 → 3차원 그물구조의 복합체 형성(글루텐)

② 글리아딘(신장성, 점성)과 글루테닌(탄성)이 물과 결합하여 글루텐(점탄성)을 형성함

(4) 글루텐 형성에 영향을 주는 요인

① 밀가루의 종류

　㉠ 강력분은 박력분보다 글루텐 형성을 더 많이 함(단단하고 질긴 반죽)

　㉡ 강력분은 박력분보다 더 많은 수분이 필요함

　㉢ 강력분은 박력분보다 글루텐을 느리게 형성하므로 오랜 시간 반죽해야 함

② 물 첨가 방법 : 물을 소량씩 나누어 치대면 글루텐을 많이 형성함

③ 반죽을 치대는 정도 : 기계를 이용한 반죽 시 너무 많이 치대면 글루텐 섬유가 늘어나 가늘어지고 끊어져 반죽이 물러질 수 있음

④ 밀가루의 입자 크기 : 입자의 크기가 작을수록 글루텐 형성이 쉬워짐

⑤ 반죽의 방치 시간 : 반죽을 적당 시간 방치하면 글루텐의 그물구조가 완화되어 신장성이 증가함

⑥ 온도

　㉠ 물의 온도가 높을수록 글루텐 생성이 빨라짐(단백질 수화 속도 증가)

　㉡ 물의 온도가 낮을수록 글루텐 형성이 억제됨(단백질 수화 속도 감소)

　　 예 튀김옷 제조 시 15℃ 전후의 냉수로 반죽하면 글루텐 형성이 억제되어 바삭해짐

⑦ 첨가물 （중요）

액체 (수분)	• 물, 우유, 과즙 등
	• 밀가루를 수화시켜 글루텐을 형성시킴
	• 각 성분의 용매로서 작용(설탕, 소금, 팽창제 등)
	• 전분의 호화를 도움(점성, 부착성 증가)
	• 물리적 팽창제로서 작용(수증기열에 의해 부풀림)
	• 화학적 팽창제와 반응하여 탄산가스(CO_2) 생성 촉진

소금	• 글리아딘의 점성과 신장성을 증가시켜 글루텐의 강도를 높임 → 반죽의 점탄성 증가 • 단백질 분해효소의 활성을 억제시켜 글루텐의 구조를 치밀하게 함 • 과량 사용 시 글루텐 형성이 강화되어 제품이 질겨짐 • 이스트 사용 시 발효작용을 조절 • 맛 향상 • 저장 기간 연장
설탕	• 반죽 내 수분을 흡수하여 글루텐 형성을 억제함(단백질 연화작용) • 단맛 제공 • 수분 증발을 억제하여 촉촉한 질감을 줌 • 적당량 사용 시 부피를 증가시킴 • 이스트 발효 시 발효를 촉진시킴 • 반죽 가열 시 캐러멜 반응, 메일라드 반응에 의해 향미와 색 증진
달걀	• 달걀 단백질이 응고되어 글루텐이 팽창된 상태로 구조를 보완함 • 적당량 이상 넣으면 빵이 질겨짐 • 맛과 색을 개선 • 난백의 기포성은 반죽 내에 공기가 주입되도록 하여 팽창제 역할을 함 • 난황의 레시틴(인지질)은 유화작용으로 액체와 지방을 섞이게 함 • 영양소 보충
유지 (지방)	• 글루텐 표면을 둘러싸서 글루텐의 망상구조 형성을 억제함(연화작용) • 반죽이 부드럽고 연함 • 독특한 향미와 색 부여 • 크리밍 과정에서 공기가 혼입되어 제품의 부피를 증가시킴 • 지방 성분이 조직감을 향상시킴 • 파이, 약과 제조 시 켜를 생성함(글루텐과 글루텐 사이에 막 형성)

(5) 밀가루 반죽의 종류

① 도우(dough) : 단단한 반죽, 밀가루에 50~60%의 수분 첨가

　예 식빵, 국수류, 만두피, 쿠키 등의 반죽

② 배터(batter) : 묽은 반죽, 밀가루에 100~400%의 수분 첨가

　예 머핀, 팝오버, 핫케이크, 김치전, 튀김옷 등의 반죽

(6) 팽창제의 종류 및 특징

① 물리적 팽창제(공기, 수증기)

　㉠ 공기

　　• 가루를 체에 치는 과정, 지방과 설탕의 크리밍 과정, 난백 거품 내는 과정, 폴딩 과정 중에 공기가 혼입되어 부피가 팽창됨

　　• 혼입된 공기는 오븐에 구울 때 부피가 증가하면서 제품을 부풀려 다공질로 만듦

　　　예 스펀지 케이크, 엔젤푸드케이크 등

TIP 스펀지 케이크의 팽창제

• 스펀지 케이크는 공기와 수분을 이용하여 팽창된다.
• 즉, 난백거품을 통해 공기가 들어가 부풀고, 난백의 수분이 증기로 변할 때 팽창한다.

ⓛ 수증기
- 수분을 가열하면 수증기가 되면서 부피가 증가됨(1,600배)
- 공기보다 더 효과적인 팽창제
    예 팝오버, 증편, 크림퍼프 등
② 생리적 팽창제(이스트)

$C_6H_{12}O_6$ (단당류)	→	$2C_2H_5OH$ (알코올)	+	$2CO_2\uparrow$ (탄산가스)

ⓖ 이스트(효모)가 반죽 내의 단당류를 분해(발효)하여 알코올과 탄산가스를 생성
ⓛ 알코올은 독특한 향기 부여, 탄산가스는 빵을 부풀게 함
ⓒ 발효빵 제조 시 사용(예 식빵, 난, 하드롤 등)
ⓔ 당, 온도, pH에 영향을 받음
- 설탕, 맥아당, 포도당, 과당을 기질로 함
- 이스트 발효의 최적 온도는 27~30℃
- 이스트 발효의 최적 pH는 4~6
ⓜ 주로 사용되는 이스트는 사카로마이세스 세레비제(Saccharomyces cerevisiae)
ⓗ 단백질 함량이 높은 강력분에 사용하면 가스 포집이 잘 됨

퀴즈

빵을 만들 때 사용하는 이스트는 화학적 팽창제의 일종이다. (○/×)

정답 | ×
해설 | 이스트는 생리적 팽창제이다. 화학적 팽창제에는 베이킹소다, 베이킹파우더 등이 있다.

③ 화학적 팽창제(베이킹소다, 베이킹파우더)
ⓖ 가열하면 이산화탄소를 생성, 이스트보다 팽창력이 약함
ⓛ 일반적으로 베이킹소다를 더 많이 이용하며, 주로 단백질 함량이 적은 박력분에 사용
ⓒ 베이킹소다(식소다, 중탄산나트륨)

$2NaHCO_3$ (중탄산나트륨)	→ (가열)	Na_2CO_3 (탄산나트륨)	+	CO_2 (이산화탄소)	+	H_2O (물)

- 가열하면 이산화탄소(탄산가스)를 생성하여 부풀림
- 단점 : 가열 시 생성된 탄산나트륨으로 인해 쓴맛과 비누 냄새가 생성되고 황색이나 갈색으로 변함
- 탄산나트륨을 중화시킬 수 있는 산성 물질을 첨가해주면 제품의 품질이 좋아짐
    예 막걸리, 과일주스, 식초, 당밀, 버터밀크, 꿀 등
- 단독으로 사용 시 바람직하지 않음(가스 팽창력은 베이킹파우더의 1/2)

빵의 색이 누렇게 변하는 이유

베이킹소다(식소다) 사용 시 밀가루 색소인 안토잔틴이 알칼리 성분(중탄산나트륨)에 의해 황변함

ⓔ 베이킹파우더

$2NaHCO_3$	+	$H2C4H4O6$	→	CO_2	+	H_2O	+	$Na_2C_4H_4O_6$
(중탄산나트륨)		(주석산)	(가열)	(이산화탄소)		(물)		(주석산 나트륨)

- 가열하면 이산화탄소(탄산가스)를 생성하여 부풀림
- 베이킹소다의 단점(탄산나트륨에 따른 쓴맛, 비누 냄새 및 색변화)을 보완하기 위해 산성 물질을 첨가하여 만들어짐
- 가열 후 중성염을 생성하므로 제품의 맛과 색에 변화가 없음

 밀가루 반죽 과정에서 제품 팽창에 도움이 되는 요인

- 밀가루를 체에 쳐 공기가 들어가도록 함
- 난백의 기포를 형성하여 공기 주입
- 이스트, 베이킹파우더 등의 팽창제 첨가
- 물, 우유 등의 액체 재료를 첨가(가열 시 증기로 변하면서 팽창됨)

SECTION 02 | 서류

1. 감자

(1) 감자의 구성 성분

① 성장함에 따라 수분과 당분 함량은 감소하는 반면, 전분 함량은 크게 증가
② 수분 함량 약 80%, 탄수화물 15~20%(대부분 전분 형태, 당분은 1% 정도)
③ 감자의 주 단백질 : 튜베린(tuberin)
④ 칼슘과 인을 많이 함유하고 있으며, 특히 감자 껍질에 비타민C 함유
⑤ 저장 시 햇볕을 쬐면 독성 물질인 솔라닌(solanine)이 생성됨(두통, 복통, 현기증, 설사 등 유발)
⑥ 저장 시 감자가 썩기 시작하면 독성물질인 셉신(sepsin)이 생성됨(심한 중독 증상 유발)

빈 칸 채우기

( )은/는 감자에 난 싹에 포함되어 있는 독성 물질로, 두통 및 복통, 설사 등을 유발한다.

정답 | 솔라닌

(2) 감자의 종류

㉠ 전분 함량의 차이 및 가열조리 후의 텍스처에 따라 점질감자와 분질감자로 나뉨

구분	점질감자	분질감자
식용가 (단백질량/전분량)×100	높음	낮음
비중	1.07~1.08	1.11~1.12
외관	노랑색	흰색
전분	적음	많음
수분	많음	적음
당	많음	적음
조리특성	찌거나 삶아도 잘 부서지지 않음	찌거나 구웠을 때 부서지기 쉬움
가열 후 질감	가열 후 끈기가 있고 촉촉한 느낌	가열 후 윤기가 없고, 보실보실하거나 파삭파삭한 느낌
조리 방법	볶기, 샐러드, 조림, 삶기, 끓이기, 수프	찌기, 오븐 굽기, 튀기기, 매시드 포테이토(mashed potato)

(3) 감자의 갈변 중요

① **갈변의 과정** : 감자의 껍질을 벗기거나 썰어 공기 중에 방치하면 갈색의 물질이 생성되는 현상
② **갈변의 원인 물질** : 감자에 함유된 티로시나아제(효소)가 공기 중의 산소에 의해 활성화되어 티로신(페놀화합물)을 산화시켜 갈색의 멜라닌(갈색소) 화합물을 생성함
③ **갈변 예방법**
  ㉠ 껍질을 벗기거나 썬 감자는 물에 담가 둠(티로신이 물에 용출)
  ㉡ 물에 담가 산소와의 접촉을 피해줌(지퍼백, 진공팩 등 사용)
  ㉢ 항산화 효과가 있는 아스코르브산(비타민 C)을 첨가

TIP 비타민 C 손실이 큰감자 조리법의 순서
• 끓인 감자 → 찐 감자 → 튀긴 감자

2. 고구마

(1) 고구마의 구성 성분

① 수분 함량은 60~76%, 탄수화물은 대부분 전분 형태, 당질이 20% 함유되어 단맛이 강함
② **고구마의 주 단백질** : 이포메인(ipomein)
③ 칼륨과 칼슘이 풍부하며 고구마의 비타민 C는 열에 안정함
④ 호박 고구마는 일반 고구마보다 β−카로틴을 많이 함유
⑤ **알라핀(jalapin)** : 고구마 단면을 자르면 나오는 유백색의 점액성 물질로 수지배당체임

⑥ 이포메아메론(ipomeamerone) : 흑반병에 걸린 고구마의 쓴맛 성분

⑦ 리조푸스 니그리칸스(Rhizopus nigricans) : 연부병의 원인균

(2) 고구마의 종류

① 점질고구마 : 당분 많음, 전분 적음, 식용보다는 가공용으로 이용(물고구마)

② 분질고구마 : 당분 적음, 전분 많음, 주로 식용으로 이용(밤고구마)

(3) 고구마의 갈변

① 갈변의 과정 : 감자와 마찬가지로 껍질을 벗기거나 썰어서 공기 중에 방치하면 갈색의 물질이 발생함

② 갈변의 원인 물질 : 고구마에 함유된 폴리페놀산화효소(polyphenol oxidase)가 공기 중의 산소에 의해 활성화되어 클로로겐산과 같은 폴리페놀(polyphenol)을 산화시켜 갈색의 멜라닌(melanine) 화합물을 생성함

③ 갈변 예방법 : 껍질을 벗기거나 썬 후 물에 담가 공기와의 접촉을 차단

(4) 고구마의 저장 기간

고구마는 저장 기간이 길수록 전분 함량은 낮아지는 반면 당 함량은 증가함(β-아밀라아제의 당화작용)

TIP 군고구마가 더 단 이유

- β-아밀라아제의 최적 온도 : 56℃~65℃
- 고구마를 서서히 가열하면 고구마의 내부 온도가 β-아밀라아제의 최적 온도를 오래 유지하므로 β-아밀라아제의 당화작용에 의해 맥아당의 단맛이 남

(5) 고구마의 관수현상

① 고구마를 수중에 오래 방치하면 굽거나 삶아도 조직이 연화되지 않고 생고구마와 같은 질감이 되는 현상

② 원인 및 경우

㉠ 고구마의 칼슘, 마그네슘이 프로토펙틴과 결합하여 칼슘 펙테이트를 형성하여 단단해짐

㉡ 고구마를 수중에서 오랜 시간 방치했을 때

㉢ -10℃에서 24시간 냉동처리했을 때

㉣ 70℃에서 1시간 가열처리했을 때

㉤ 고구마를 삶다가 불이 꺼져 방치했다가 다시 삶았을 때

③ 관수현상이 일어나면 재가열해도 연화되지 않음

3. 토란

(1) 토란의 구성 성분

① 탄수화물 함량이 13%로 대부분 전분 형태

② 무기질로 칼륨이 많음

③ 갈락탄(galactan) : 알토란의 껍질을 벗길 때 미끈거리는 점성 물질로 갈락토오스의 중합체

④ 호모겐티스산(homogentisic acid) : 토란의 아린맛 성분

⑤ 수산(옥살산, oxalic acid) : 토란의 껍질을 벗길 때 손에 가려움증 유발(수산염이 피부 자극)

(2) 토란의 조리 특성

① 갈락탄(점질물질)은 가열 시 물 밖으로 녹아 나와 거품을 생성하여 조리수를 끓어 넘치게 하거나 국물을 걸쭉하게 만들어 열 전달이나 맛 성분의 침투를 방해하므로 제거하는 것이 좋음

② 토란의 점질물질은 쌀뜨물 또는 소금물에 데치거나 소금으로 문지르면 제거됨

③ 토란탕을 끓일 때 조리수에 1%의 소금을 첨가하면 점질물질이 응고되므로 점성이 낮고 맑은 토란탕을 끓일 수 있음

④ 토란의 아린맛의 원인인 호모겐티스산은 토란을 물에 담가 두거나 데치면 제거 가능함

⑤ 토란의 수산염은 피부를 자극하므로 식초물 또는 소금물에 담그거나 가열, 또는 껍질을 두껍게 벗기는 것이 좋음

4. 마 중요

① 주성분은 전분이며 점성이 강함

② 마의 끈적이는 점질물질 : 뮤신(글로불린+만난)

③ α-아밀라아제 등과 같은 여러 소화효소를 함유하여 소화에 도움을 줌

④ 아미노산이 많아 강장식품으로 좋음

5. 돼지감자

① 대한민국 전역에서 야생하는 작물로 뚱딴지라고도 불림

② 주성분은 과당의 중합체인 이눌린

③ 사람의 체내에는 이눌린을 분해하는 효소가 없어 소장에서 흡수되지 못함

④ 조림, 무침, 튀김, 찜 등을 만들어 먹거나 대부분 사료로 이용됨

6. 카사바(마니오크)

① 전분 제조, 주정의 원료 및 사료로 이용됨

② 주성분인 전분을 추출하여 타피오카(tapioca)를 제조함

③ 감미종과 고미종으로 나뉨

④ 리나마린이라는 시안배당체를 함유하고 있어 조직이 파괴되면 유독물인 시안(청산)이 생성됨

7. 곤약감자

① 토란과에 속함

② 수분을 약 95% 함유, 당질 약 3%인 저칼로리 식품

③ 글루코만난(glucomannan) : 수용성 식이섬유로 특유의 겔 형성력을 가지고 있어 묵처럼 겔화시켜 곤약을 제조함

SECTION 03 | 당류

1. 당류의 기능

(1) 감미(단맛)

① 물에 용해되어 단맛을 띰

② 당류의 종류에 따라 감미도는 다름

③ 설탕은 동일한 온도와 농도에서 일정한 단맛을 지니므로 모든 감미료 단맛의 기준이 됨

TIP 당류의 감미도

• 설탕보다 감미도가 약한 당류 : 포도당, 갈락토오스, 맥아당, 유당, 자일리톨, 솔비톨, 만니톨
• 설탕보다 감미도가 강한 당류 : 과당, 전화당, 아스파탐, 사카린, 아세설페임 K, 스테비오사이드

(2) 용해도

① 단맛, 입안에서의 촉감, 조직감에 영향을 줌

② 당은 물과 수소결합을 하므로 친수성을 나타냄

③ 온도가 높을수록 용해도도 높음

TIP 용해도 순서

과당(프락토오스) → 설탕(수크로오스) → 포도당(글루코오스) → 맥아당(말토오스) → 유당(락토오스)
※ 유당은 용해도가 가장 낮아 모래 씹는 것과 같은 거친 질감을 줌

(3) 수분보유력(흡습성)

① 공기 중의 습기를 흡수하거나 수분을 보유하는 성질
② 당류의 용해도와 관련이 있음
③ 당의 구조에 영향을 줌
④ 과당 > 설탕 > 포도당
⑤ 과당은 흡습성이 커서 상온에서는 액체형태

(4) 가수분해반응

① 이당류는 산이나 효소에 의해 가수분해됨
② **전화당**(invert sugar) : 설탕(포도당+과당)을 가수분해하면 포도당과 과당이 1:1 등량인 혼합물 생성
③ 설탕은 비환원당이지만 전화당은 환원당임
④ 선광성이 변하고 당도와 흡습성이 증가함
⑤ 꿀은 전화당의 일종

퀴즈

전화당은 비환원당, 설탕은 환원당이다. (ㅇ/×)
정답 | ×
해설 | 설탕은 이당류 중 유일한 비환원당이다.

(5) 갈변반응

① 마이야르 반응(아미노-카보닐 반응)
　㉠ 비효소적 갈변반응
　㉡ 당과 아미노산이 함유된 식품을 가열하면 일어나는 갈변반응
　㉢ 간장, 베이커리 제품 등

빈 칸 채우기

스테이크 등 육류를 고온으로 가열하였을 때 표면이 갈색으로 변하는 것도 (　　　　) 반응에 해당한다.
정답 | 마이야르

② 캐러멜화 반응

  ㉠ 비효소적 갈변반응

  ㉡ 당류를 160~180℃ 고온에서 가열하면 일어나는 갈변반응으로 최적 pH는 6.5~8.2

  ㉢ 캐러멜 제조, 탕수육 소스 제조 등

(6) 결정화

① 정의 : 당의 과포화 용액을 만들어 냉각시키고 용액을 저어주거나 용질을 첨가하면 핵이 생겨 결정이 형성됨

② 결정화 조건

  ㉠ 당의 종류, 농도, 온도, 용해도, 냉각 후 젓는 속도, 기타 첨가물 등에 의해 영향을 받음

  ㉡ 과포화 용액일 때 결정화가 일어남

용질의 종류	• 설탕은 포도당에 비해 빨리 결정을 형성하고 결정 크기도 큼 • 포도당은 결정 형성은 느리지만 결정 크기는 미세함
용액의 농도	과포화 용액일 때만 결정이 형성됨
용액의 온도	40℃ 정도로 식힌 후 저으면 시간이 오래 걸리고 결정이 미세함
용액의 젓는 조작	• 젓는 속도가 빠르면 미세한 결정 • 젓는 속도가 느리면 큰 결정을 형성
결정 형성 억제 물질	산, 꿀, 물엿, 우유, 크림, 난백 등은 결정을 만들지 않게 하거나 미세하게 만듦

빈 칸 채우기

결정화가 일어나기 위해서는 용액의 농도가 반드시 (   ) 상태여야 한다.

정답 | 과포화

---

③ 결정형 캔디

  ㉠ 입안에서의 질감이 부드럽고 크림성을 가짐

  ㉡ 과포화 용액으로 핵을 만들어 결정을 만듦

  ㉢ 결정의 크기에 따라 품질의 차이를 보임

  ㉣ 냉각 속도와 젓는 속도가 빠르면 작은 결정을 생성함

  ㉤ 첨가물질(난백, 시럽, 우유, 꿀, 버터, 유기산, 한천 등)을 첨가하여 결정의 성장을 방해함

  ㉥ 폰단트, 퍼지, 디비니티 등

④ 비결정형 캔디(무정형 캔디)

  ㉠ 고농도의 당용액을 높은 가열온도에서 끓인 후 굳힘

  ㉡ 점성이 높은 과포화 용액으로 농축하여 결정 형성을 방해함

    ※ 점성이 높은 과포화 용액은 쉽게 냉각되지 않으므로 결정화를 방해함

  ㉢ 결정 형성을 억제하는 방해 물질(물엿, 버터크림, 황설탕, 식소다 등)을 첨가하여 결정 형성을 방해함

  ㉣ 캐러멜, 브리틀, 태피, 마시멜로우, 누가 등

2. 감미료의 종류

(1) 천연감미료

① 설탕
- ㉠ 포도당 + 과당
- ㉡ 비환원당
- ㉢ 단맛의 기준 물질
- ㉣ 사탕수수, 사탕무를 추출 · 정제하여 얻어짐
- ㉤ 백설탕, 황설탕, 흑설탕

② 포도당
- ㉠ 포도와 같은 과일에 많이 함유
- ㉡ 환원당

③ 과당
- ㉠ 용해도 및 감미도가 제일 강함
- ㉡ 과일에 많이 함유
- ㉢ 흡수성이 강해 실온에서 액체 상태로 존재함

 퀴즈

과당은 흡수성이 약해 실온에서 고체 상태로 존재한다. (ㅇ/×)

정답 | ×

해설 | 과당은 흡수성이 강해 실온에서 액체 상태로 존재한다.

④ 전화당
- ㉠ 설탕을 산이나 효소로 가수분해하여 포도당과 과당을 1:1 등량 혼합물로 함유하는 당
- ㉡ 과당으로 인해 결정화가 어려움
- ㉢ 자연계에 꿀, 과일에 많이 함유

⑤ 꿀(천연 당시럽) : 전화당 65% 이상, 설탕 7% 이하, 수분 21% 이하 함유

⑥ 고과당시럽(액상과당, High fructose corn syrup)
- ㉠ 전분을 산이나 효소로 가수분해하여 포도당을 얻은 후 과당으로 전환한 당
- ㉡ 과당의 함량이 42~55% 정도가 되도록 만듦

⑦ 당알코올
- ㉠ 단당류의 알데히드기가 환원되어 생성됨
- ㉡ 가용성
- ㉢ 감미도는 설탕의 0.4~1.0배
- ㉣ 에너지를 내지 않아 혈당을 높이지 않음
- ㉤ 충치 예방
- ㉥ 청량감을 줌
- ㉦ 자일리톨, 이노시톨, 만니톨 등

(2) 인공감미료(합성감미료)

① 특징 : 강한 단맛, 열량이 없음, 안전성 연구가 필요함

② 종류

아스파탐	• 두 종류의 아미노산(페닐알라닌, 아스파르트산)이 결합된 다이펩티드 • 설탕의 약 180~200배의 단맛 • 산 첨가, 가열 시 단맛이 없어짐 → 가열 후 첨가 • 베이커리 제품에 사용하기 어려움 • 페닐케톤뇨증 환자는 섭취를 금함
아세설페임 K	• 설탕의 130배의 단맛 • 미국와 유럽에서 허가 • 가열, 냉각 조건에도 단맛의 변화가 없음 • 사카린과 같이 쓴맛이 있음 🖼 음료, 아이스크림, 츄잉껌 등
스테비오사이드	• 스테비아 나무의 잎에서 추출 • 설탕의 300배의 단맛 • 떫은 맛이 있음 • 한국, 일본에서는 허용, 미국 FDA는 금지 🖼 소주 등에 사용
수쿠랄로오스	• 설탕의 600배의 단맛 • 고온에서 안정 → 베이커리 제품 제조 시 사용 가능 • 미국에서 인증 🖼 탄산음료, 케이크, 주스, 껌 등
사카린	• 설탕의 200~700배의 단맛 • 안전성 논란 • 쓴맛 있음 🖼 김치 제조 등

CHAPTER 08 육류

1. 근육조직

① 동물조직의 약 30~40% 함유
② 근육의 수축과 이완에 관여하는 골격근(주로 식용하는 부위)
③ 액틴(가는 사상체)과 미오신(두꺼운 사상체)의 근원섬유단백질로 이루어짐
④ 근육이 수축되면 액틴과 미오신이 결합된 '액토미오신'을 형성하여 근육의 길이가 짧아짐

2. 지방조직

① 피하, 복부, 장기 주위에 많이 분포
② 근육 내의 지방(근내지방)을 마블링이라고 함
③ 마블링이 많으면 식육 내의 수분 증발을 억제시켜 육즙이 풍부하고 부드럽고 촉촉함(안심, 등심에 다량 분포)
④ 지방 함량은 돼지고기 > 쇠고기 > 오리고기 > 닭고기 순으로 높음

3. 결합조직

① 근육, 지방조직을 감싸고 있는 얇은 막, 다른 조직과 결합하는 힘줄 등
② 운동량이 많은 부위(양지, 사태 등), 연령이 많은 동물, 암컷보다 수컷, 쇠고기에 결합조직이 많음
③ 결합조직 : 콜라겐, 엘라스틴, 레티큘린
    ㉠ 콜라겐(백색의 교원섬유)
        • 가열 전에는 질기지만 65℃ 이상 가열하면 콜라겐의 3중 나선구조가 분해되어 물에 녹아 80℃에서는 젤라틴으로 분산되어 부드러워짐
        • 사골, 도가니탕, 족편, 전약 등
    ㉡ 엘라스틴(황색 탄성섬유) : 콜라겐과는 다르게 가열하여도 변화가 없이 질김
④ 결합조직의 조리법 : 결합조직이 많을수록 질기므로 습열조리를 통해 콜라겐을 부드러운 젤라틴으로 바꿔야 함

4. 골격

① 동물의 연령에 따라 강도, 색상, 맛 성분에 차이를 보임

※ 연령이 많을수록 뼈가 단단, 백색, 맛 성분이 더 많이 우러나와 육수를 끓이는 데 적합

② 사골, 도가니, 꼬리뼈, 우족 등

③ 인지질 함량이 많음

SECTION 02 | 육류의 구성 성분

1. 개요

① 수분 75%, 단백질, 지질, 무기질 등을 함유

② 단백질을 약 20% 정도 함유(단백질 중 50%는 액틴과 미오신과 같은 근원섬유상 단백질임)

2. 지방

① 지방의 약 90%는 중성 지방의 형태로 존재

② 성체 동물과 암컷에서 더 많이 함유

③ 돼지고기 > 쇠고기 > 닭고기 순으로 함량이 높음

④ 돼지고기의 경우 부위별 지방의 함량 차이가 큼(삼겹살 약 29%, 안심 약 13%)

> **TIP 기름의 융점**
>
> • 육류의 종류와 관계가 있으며 양지(44~55℃) > 우지(40~50℃) > 돈지(33~46℃) > 닭의 지방(30~32℃) 순으로 융점이 높음
> • 융점이 높은 육류는 따뜻하게 먹는 것이 좋음

⑤ 철분의 좋은 공급원(육류의 헴철은 채소에 함유된 비헴철보다 흡수율이 약 10배로 정도 높음)

⑥ 돼지고기 뒷다리에 비타민 B_1(티아민)이 많음

PART 01
PART 02
PART 03
PART 04
PART 05
PART 06
PART 07
PART 08
PART 09

1. 사후경직

(1) 정의

① 동물이 도살된 후 근육조직이 단단하게 굳는 현상

② 고기가 질겨지고 보수성이 떨어짐

(2) 과정

① 산소 공급 중단 → 도축 후 동물체에 산소 공급이 끊김

② 글리코겐 분해 → 젖산 생성

※ 근육조직에 저장되어 있던 글리코겐이 혐기적 해당과정을 거쳐 분해되며 젖산을 생성함

③ pH 저하 : 도살 전 근육의 pH(pH 7.0~7.2)가 젖산 생성으로 인해 pH 6.5 이하로 떨어짐

④ 초기 사후경직(pH 6.5) : ATPase가 활성화되어 ATP가 신속히 분해됨

⑤ 액토미오신(액틴+미오신)이 생성 : 근육의 수축과 경직 상태로 식육이 질기고 맛이 없음

⑥ 최대 사후경직(pH 5.5)

　㉠ 젖산 생성 중지

　㉡ 보수력이 떨어짐(근원섬유 사이의 공간이 좁아져 수분 저장력이 떨어짐)

TIP 경직(강직)현상

동물이 죽은 후에 시간이 지남에 따라 근육 중의 글리코겐이 분해되어 젖산을 생성 → pH가 산성으로 기움 → 산성 환경은 액틴과 미오신의 결합을 도와주게 되어 액토미오신이 생성 → 경직(강직)현상 발생

---

2. 숙성(자가숙성, 해경)

(1) 정의

도축 후 사후경직을 통해 육질이 질겨졌다가 시간이 경과하면 육질이 다시 부드러워지고 감칠맛이 생기는 현상

(2) 과정

① 최대 사후경직(pH 5.5)으로 근육의 젖산 생성이 정지되면 근육 내의 단백질 분해효소인 카텝신이 분해되어 근원섬유 단백질을 분해시킴(pH가 다시 상승함)

② 근육의 길이가 짧아져 육질이 연해짐

③ 유리아미노산, 올리고 펩티드 등이 생성되어 맛과 풍미가 향상됨

④ 근육의 보수성이 증가하여 부드러워짐

⑤ 이노신산(IMP)이 생성되어 식육에 감칠맛을 더함

〈육류 색소의 구조 변화에 따른 색 변화〉

① 미오글로빈(myoglobin, 암적색, Fe^{2+}) : 근육을 구성하는 근육단백질이자 헴단백질
② 옥시미오글로빈(oxymyoglobin, 선홍색, Fe^{2+}) : 식육을 절단 후 공기 중에 노출하면 미오글로빈이 산소와 결합하여 생성
③ 메트미오글로빈(methmyoglobin, 갈색, Fe^{3+}) : 식육을 장기간 노출했거나 표면의 세균에 의해 산화되어 생성됨
④ 니트로조미오글로빈(nitrosomyoglobin, 적색, Fe^{2+}) : 기호성이 좋은 식육의 색을 만들기 위하여 아질산염, 질산염 등으로 처리하여 미오글로빈 색소가 안정화되도록 만든 색소
⑤ 육류는 가열하면 미오글로빈 단백질이 변성되어 헴은 헤마틴(hematin)으로 산화되며 메트미오크로모겐(methmyochronmogen, 갈색)으로 변화함

SECTION 05 | 육류의 규격과 특성

1. 쇠고기
① 국내산 소고기의 분류
ㄱ 한우 : 한우에서 생산된 고기
ㄴ 육우 : 육용종, 교잡종, 젖소수소, 송아지를 낳은 경험이 없는 암젖소에서 생산된 고기
ㄷ 젖소고기 : 송아지를 낳은 경험이 있는 암젖소
② 등급 : 육량등급(A, B, C, D)과 근내지방도에 따라 육질등급(1++, 1+, 1, 2, 3, 등외)으로 구분

2. 돼지고기
규격등급과 육질등급(1+, 1, 2, 3, 등외)으로 구분

3. 닭고기
중량규격과 품질에 따라 1+, 1, 2등급으로 구분

1. 가열

① 근육섬유는 40~50℃ 이상에서 단백질 변성이 일어남

② 가열 변성으로 근육단백질의 구조가 꼬이면서 근육이 수축됨

③ 가열 시간이 길어질수록 근섬유는 더욱 질겨짐

퀴즈

근섬유의 굵기가 가늘수록 고기가 연하다. (○/×)

정답 | ○

해설 | 육류는 결합조직의 함량이 적을수록 연하고, 근육조직의 근섬유가 짧고 가늘수록 부드럽다.

④ 결합조직(콜라겐, 엘라스틴 등)은 가열 전에는 매우 질기지만, 콜라겐은 가열 후 젤라틴으로 변하며 부드러워짐

⑤ 근섬유가 많은 식육은 가열시간을 짧고 온도도 높지 않게 해야 하며, 결합조직이 많은 식육은 습열조리를 통해 비교적 저온에서 오래 가열해야 함

TIP 육류의 가열조리 시 변화

육색 변화, 중량 감소, 수축, 결합조직의 변화(콜라겐 → 젤라틴), 지방조직의 변화, 근원섬유의 변화, 단백질 변성, 풍미의 증가 등

2. 연화

① 결합조직이 많은 부위(양지, 사태 등) : 습열 조리

② 결합조직이 적은 부위(안심, 등심, 채끝 등) : 건열 조리

빈 칸 채우기

결합조직이 많은 부위는 (   ) 조리, 결합조직이 적은 부위는 (   ) 조리를 하는 것이 좋다.

정답 | 습열, 건열

③ 칼집

㉠ 조리 전 육질에 칼집을 넣어 근섬유를 끊어주면 조직이 부드럽고 수축 시 변형이 덜 일어남

㉡ 근섬유의 결과 반대 방향으로 자름

④ 단백질 분해효소 이용 : 키위(액티니딘), 파인애플(브로멜라인), 파파야(파파인), 무화과(피신), 양파, 배, 무 등

⑤ 당 첨가(설탕, 올리고당 등) : 당의 보수성에 의해 육질이 연해짐

⑥ 산 첨가(식초, 레몬즙 등) : 약간의 산성 상태에서는 수화력이 강해져 육질이 연해지지만 다량의 산을 첨가하면 등전점에 의해 오히려 단단해짐

⑦ 염 첨가(소금, 간장 등) : 근섬유는 염용성을 띠므로 근섬유를 분해시켜 수분결합력이 증가하여 육질이 연해짐

3. 육류의 조리

(1) 건열 조리

① 쇠고기의 안심, 등심 부위는 결합조직이 적어 건열 조리(구이용)에 적합

② 대접살과 우둔육은 결합조직이 비교적 적어 구이나 산적으로 적합

③ 숯불에서 구운 탄 고기, 훈연 제품에서는 발암성 물질인 벤조피렌이 생성됨

④ **조리법** : 구이, 튀김, 전, 브로일링, 팬브로일링, 로스팅 등

 로스트 비프(roast beef)의 내부 온도

- 레어(rare) : 58~60℃(약 60℃)
- 미디엄(medium) : 60~71℃(약 71℃)
- 웰던(well-done) : 78~82℃(약 77℃)

(2) 습열 조리

① 물과 함께 가열하는 방법

② 양지머리, 사태 등 결합조직이 많은 부위의 조리방법으로 적당

③ 물과 함께 가열하면 질긴 부위의 콜라겐이 수용성의 젤라틴으로 연화됨

④ 장조림 : 홍두깨살, 우둔육, 사태

⑤ 탕 : 양지, 사태 등 결합조직이 많은 부위를 찬물에서부터 넣고 끓이면 고기의 수용성 단백질, 지방, 무기질, 엑기스분 등이 용출되어 맛이 남

⑥ 편육 : 삼겹살, 돼지머리, 족 등을 끓는 물에 삶고 고기를 익힌 후 생강을 넣어 누린내를 제거함

 장조림

- 홍두깨, 우둔 부위를 주로 이용
- 고기에 물을 붓고 끓여 단백질이 응고된 후 간장, 설탕 등을 넣어야 고기가 질겨지지 않음

편육

- 삼겹살, 돼지머리, 족 등을 주로 이용
- 맛성분이 국물로 빠져나오지 않도록 끓는 물에 삶음

PART 01
PART 02
PART 03
PART 04
PART 05
PART 06
PART 07
PART 08
PART 09

(3) 육가공품

　① **햄** : 돼지의 뒷다리살에 식염, 설탕, 아질산염, 향신료 등을 섞어서 훈제 가공

　② **소시지** : 돼지고기나 쇠고기를 다져 소금, 설탕, 향신료 등을 섞어 봉지에 담아서 훈연

　③ **베이컨** : 돼지고기의 삼겹살 부위를 소금에 절여서 훈제

　④ **콘드비프** : 쇠고기를 소금에 절인 후 삶아서 통에 눌러 넣은 것

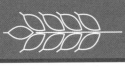

CHAPTER 09 | 어패류

PART 01
PART 02
PART 03
PART 04
PART 05
PART 06
PART 07
PART 08
PART 09

SECTION 01 | 어패류의 분류

1. 서식지에 따른 분류

① 해수어 : 바다에 사는 물고기로 고등어, 삼치, 꽁치, 갈치, 명태, 조기, 광어, 대구 등

② 담수어 : 강, 호수, 저수지에 사는 물고기로 붕어, 미꾸라지, 메기, 잉어, 가물치 등

③ 해수어 중 깊은 곳에 사는 심층 어류는 흰살 생선이 많고 얕은 바다에 사는 표층 어류는 붉은살 생선이 많음

2. 지방 및 단백질 함량에 따른 분류

① 흰살 생선 : 지방이 5% 이하, 해저 깊은 곳에 살며 활동량이 적음

② 붉은살 생선 : 지방이 5~25% 정도, 해수면 가까운 곳에 살며 활동량이 많음

③ 저지방(5% 이하), 고단백(15~20%) 생선 : 대구, 도미, 다랑어, 가자미 등

④ 중지방(5~15%), 고단백(15~20%) 생선 : 고등어, 연어 등

⑤ 고지방(15% 이상), 저단백(15% 이하) 생선 : 정어리, 은대구 등

3. 조개류

① 딱딱한 껍질 속에 식용 부분인 근육이 존재함

② 모시조개, 대합, 전복, 소라, 홍합, 굴, 가리비 등

③ 조개류를 넣어 끓인 국물 맛의 주성분은 호박산(succinic aicd)으로 감칠맛을 줌

4. 갑각류, 연체류 및 극피류

① 갑각류 : 단단한 외피로 싸여 있으며 마디가 존재(게, 새우, 가재 등)

② 연체류 : 뼈가 없고 근육이 발달되어 있음(낙지, 문어, 오징어, 꼴뚜기, 한치 등)

③ 극피류 : 가시가 난 외피를 가지고 있음(성게, 미더덕, 해삼 등)

1. 영양성분

① 어패류의 성분은 종류, 성장 정도, 부위, 계절 등에 따라 크게 다름

② **수분** : 일반 어류는 75%, 오징어 · 낙지 · 문어 · 새우 · 굴 등은 85% 정도 함유

③ **탄수화물** : 약 0.5~1%

④ **단백질**

　㉠ 어류는 약 17~25%, 오징어와 낙지는 12~17%, 조개류는 7~10% 함유

　㉡ 필수아미노산을 모두 함유(특히 리신이 함량이 높음)

　㉢ 어피 단백질 : 대부분 콜라겐이고 소량의 엘라스틴과 당 단백질을 함유

　㉣ 근육 단백질(액틴, 미오신), 근장 단백질(미오겐), 결합조직(콜라겐, 엘라스틴)

　㉤ 수육류보다 결합조직(콜라겐, 엘라스틴)이 매우 적어 육류에 비해 조직이 연하고 쉽게 부패함

　㉥ 어육 단백질

　　• 염용성의 특징이 있음

　　• 어묵 제조 : 생선살에 3% 내외의 소금을 가해 단백질을 녹인 후 응고시킴

⑤ **지질** : 약 1~20%

　㉠ 산란기 직전에 지방 함량이 가장 높음

　㉡ 어류는 육류에 비해 불포화도가 높아 산화되기 쉬움

　㉢ 어유의 포화지방산은 대부분 팔미트산

　㉣ 어유의 불포화지방산 : 올레산, 리놀레산, 리놀렌산 등과 다량의 아라키돈산 함유

　㉤ 오메가-3계열의 고도불포화지방산인 도코사헥사엔산(DHA)과 에이코사펜타엔산(EPA)을 다량 함유함

⑥ **비타민 및 무기질** : 약 1~2%

2. 맛 성분

(1) 유리아미노산

① 연체동물(오징어, 낙지 등)과 갑각류(새우, 게 등)는 유리아미노산을 다량 함유

② 글리신, 알라닌, 아르기닌, 글루탐산, 프롤린 등의 함량이 높음

③ 비단백아미노산인 타우린을 함유

(2) 뉴클레오티드(핵산)

① 어육에 함유된 뉴클레오티드의 90% 이상은 아데닌뉴클레오티드임

② 아데닌큐클레오티드는(ATP의 주된 형태)는 시간이 지남에 따라 ADP, AMP, IMP, 이노신, 히포잔틴 순으로 분해됨

③ 5′-IMP는 구수한 감칠맛을 생성

④ 히포잔틴은 쓴맛을 생성

(3) 베타인

① 단맛과 구수한 맛을 냄

② 오징어, 새우와 같은 연체동물과 갑각류의 조직에 함유

③ 글리신베타인, β－알라닌베타인, 카르니틴 등을 함유

빈 칸 채우기

새우, 게, 문어 등에 함유된 강한 감칠맛 성분으로 여름에는 (　　　　), 겨울에는 (　　　　)에 의한다.

정답 | 베타인, 글리신

3. 냄새 성분

① 해수어

　㉠ 트리메틸아민, δ－아미노발레르산, δ－아미노발레랄이 혼합되어 비린내를 생성함

　㉡ 생선 조직에 있는 트리메틸아민옥사이드(TriMethylAmine Oxide ; TMAO)가 세균에 의해 환원되어 알칼리성의 트리메틸아민(TriMethylAmin ; TMA)을 생성

② 담수어(민물고기) : 피페리딘과 아세트알데히드의 축합 반응을 통해 비린내를 생성

4. 색소 성분

① 카로티노이드계 : 가다랑어류, 고등어, 방어, 꽁치, 연어, 송어 등의 붉은색의 육질에 함유

② 미오글로빈

　㉠ 가다랑어나 참치의 붉은색 육질에 함유

　㉡ 신선도가 떨어지면 메트미오글로빈으로 산화되어 어육의 색이 변함

③ 아스타잔틴

　㉠ 연어와 송어의 붉은색 육질에 함유

　㉡ 새우와 게의 껍데기에는 아스타잔틴이 단백질과 결합하여 청색(회록색)으로 존재함

　　• 가열하면 아스타잔틴이 단백질로부터 유리되어 붉게 보임

　　• 아스타잔틴은 더 산화되면 아스타신이 되어 선명한 붉은색을 띰

④ 멜라닌 : 어류의 표피나 오징어의 먹물주머니에 존재하는 색소

⑤ 구아닌 : 갈치의 은색

⑥ 빌리베르딘 : 꽁치, 복어 등의 녹색

빈 칸 채우기

게, 새우 등을 가열하면 껍질색이 붉은색으로 변하는 이유는 아스타잔틴이 (　　　　)(으)로 변하기 때문이다.

정답 | 아스타신

1. 사후경직

① 어류는 몸체가 작아 글리코겐의 양이 적으므로 사후경직의 시작과 지속시간이 짧음

② 어류의 종류에 따라 사후경직의 속도가 다름

③ 사후 1~7시간 사이에 시작되며, 5~22시간 동안 지속됨

④ 붉은살 생선이 흰살 생선에 비해 사후경직이 빨리 시작되고 지속시간도 짧음

⑤ 어획 후 즉시 동결처리하면 사후경직 시작시간을 연장할 수 있어 신선도를 높일 수 있음

 육류보다 어패류의 사후경직이 빠른 이유

어패류는 결합조직(콜라겐, 엘라스틴)이 적기 때문에 숙성(자가소화) 단계에 들어가면 부패가 시작된다.

2. 자기소화

① 어류가 죽으면 글리코겐은 젖산으로 분해되는데 이 젖산이 축적되면 어육의 pH는 떨어지고 단백질 가수분해효소인 카텝신에 의해 자기소화가 일어남

② 자기소화에 의해 생성된 아미노산과 저분자 질소화합물들은 부패세균의 생장과 증식을 촉진함

③ 어류의 자기소화과정은 수육류에 비해 빠르게 진행됨

3. 부패

① 어류는 자기소화 후 pH가 약알칼리성으로 변화되어 세균번식이 쉬워짐

② 트리메틸아민옥사이드(TMAO)가 세균에 의해 트리메틸아민(TMA)으로 환원되어 비린내가 생성됨

③ 연골어에 다량 함유된 요소는 세균의 효소에 의해 암모니아를 생성함

　※ 홍어와 상어 등은 요소를 많이 가지고 있는데 요소는 유레이스에 의해 분해되어 암모니아 냄새를 내므로 신선하더라도 냄새가 남

④ 어류는 불포화도가 높아 쉽게 산화되어 저급 지방산, 알데히드, 케톤 등을 생성하여 악취를 냄

⑤ 붉은색 생선에 많은 히스티딘은 부패세균에 의해 유독물질인 히스타민으로 전환됨

⑥ 담수어는 해수어보다 부패가 빠르게 진행됨

⑦ 어류를 잡은 즉시 동결시키면 글리코겐이 보존되고 사후경직 시작시간이 연장되므로 저장수명이 길어짐

⑧ 신선도가 저하되면 아민류의 함량이 증가함(암모니아, TMA, 인돌, 카보닐화합물 등이 생성됨)

TIP 신선한 어류 선별법

- 아가미 : 밝고 선명한 붉은색 또는 선홍색
- 안구 : 투명하고 외부로 약간 돌출
- 표피
  - −비늘이 미끈거리지 않고 광택이 있음
  - −비늘이 밀착되어 있고 배열이 규칙적임
  - −복부를 눌렀을 때 탄력성이 느껴짐
- 근육 : 육질이 단단하고 살이 뼈와 쉽게 떨어지지 않음
- 냄새 : 바닷물 냄새 또는 생선 특유의 취기를 가짐

SECTION 04 | 어류의 조리 특성

1. 가열에 의한 변화

① 근육 단백질(액틴, 미오신), 근장 단백질(미오겐)의 열응고성에 의해 수축, 응고됨

② 생선 가열 시 어피의 주 단백질인 콜라겐이 응고하여 껍질의 수축과 외형 변화가 일어남(에 오징어구이)

③ 결합조직인 콜라겐은 물과 함께 가열하면 젤라틴으로 변하여 용출됨

④ **열응착성** : 프라이팬 등에서 생선을 구우면 굽어지면서 팬에 달라붙는 현상(미오겐 단백질이 가열에 의해 결합이 끊어져 팬의 금속면과 반응을 일으킴)

빈 칸 채우기

생선가열 시 어피의 주 단백질인 (　　　　　)이/가 응고하여 껍질의 수축과 외형 변화가 일어난다.

정답 | 콜라겐

---

2. 염에 의한 변화

① 어육에 2~6%의 소금을 가하면 탄력성이 증가됨

② 근육 단백질인 액틴과 미오신이 서로 결합하여 액토미오신 형성

③ 어육에 15% 이상의 소금을 가하면 탄력성이 감소함

④ 탈수반응으로 인해 조직의 탄력성이 감소함

TIP 어묵 제조 원리

어육(생선살)의 단백질인 미오신에 소량의 식염(생선살의 약 3% 내외)을 넣고 갈아 걸쭉하게 만든 후 가열하여 응고시킨다.

PART 01
PART 02
PART 03
PART 04
PART 05
PART 06
PART 07
PART 08
PART 09

3. 산성에 의한 변화

① 식초 첨가 시 비린내가 감소함

② 비린내 원인 물질인 TMA는 알칼리 성분이므로 산성은 이를 중화시킴

③ 산성 물질은 단백질을 응고시켜 어육의 탄력성이 증가함

④ 산성 물질은 미생물에 대한 살균 효과를 일으킴

SECTION 05 | 어패류의 조리 방법

1. 전처리

① 세척 : 비늘, 아가미와 내장을 제거한 후 소금물로 깨끗이 세척함

② 해감 : 패류는 약 2%의 소금물에 넣어 1~2시간 동안 해감하여 모래를 토하도록 함

2. 어패류의 조리방법 중요

① 전유어는 일반적으로 흰살 생선을 사용함

    ㉠ 흰살 생선 : 도미류, 조기류, 대구류, 가자미류, 넙치, 농어, 광어 등 활동량이 적은 생선

    ㉡ 붉은살 생선 : 가다랑어류, 고등어, 방어, 꽁치, 연어, 송어 등 활동량이 비교적 많은 생선

② 전유어는 달궈진 팬에 기름을 두르고 중불로 지져내며 이 과정에서 어취가 증발됨

③ 생선은 후라이팬이나 석쇠를 가열한 후 구움

④ 생선 가열 시 뚜껑을 열면 비린내를 약화시킬 수 있음

⑤ 생선찌개 조리 시 국물이 끓은 후 생선을 넣어주면 생선 자체의 맛도 살리고 부스러지지 않음

⑥ 오징어를 가열하면 몸의 길이 축 방향으로 수축되어 동그랗게 말리므로 오징어에 칼집을 넣을 때는 내장이 묻어 있던 안쪽에 칼집을 넣음

⑦ 패류는 낮은 온도에서 서서히 익혀 단백질의 급격한 응고를 피함

3. 튀김 조리법

① 기름의 온도가 낮으면 흡유량이 많아져 맛이 떨어짐

② 튀김 시간이 길어지면 수분의 증발이 심해지고 흡유량이 증가함

③ 고온에서 튀기면 표면은 쉽게 갈색이 되지만 속은 익지 않음

④ 튀김에 적합한 온도는 180℃ 내외에서 2~3분

4. 비린내 제거방법 중요

① 세척 : 비린내의 원인 성분인 TMA는 수용성 물질이므로 물로 세척 시 제거됨

② 산성 물질(식초, 레몬즙) 사용 : TMA는 알칼리 성분이므로 산성을 이용해 중화하면 비린내가 감소함

③ 강한 향신료의 사용 : 마늘, 생강, 파, 겨자, 고추냉이 등의 향신료를 이용하여 비린내보다 더 강한 향으로 비린내를 덮음
④ 술, 미림 : 술에 함유된 숙신산은 어취를 제거해 주고 맛도 상승시킴
⑤ 우유, 간장, 된장 : 콜로이드의 흡착효과로 비린내를 감소시킴

 퀴즈

생선을 조리하기 전에 우유에 담가두면 비린내가 감소한다. (○/×)

정답 | ○

5. 생선의 해동법

① 5℃에서 3시간 해동하는 것이 가장 단백질 변성이 적음
② 가정에서는 냉장고 아래층(5~10℃)에서 해동
③ 시간적 여유가 적을 경우 실온에서 해동(21℃에서 2시간 이내)
④ 급할 경우 비닐봉지에 넣어 흐르는 물(10℃)에서 해동

PART 01
PART 02
PART 03
PART 04
PART 05
PART 06
PART 07
PART 08
PART 09

CHAPTER 10 | 난류

SECTION 01 | 달걀의 구조

1. 난각(껍데기)

① 내부 물질을 보호

② 눈에 보이지 않는 작은 기공들로 이루어짐

③ 기공들을 통해 수분 증발, 가스 배출, 세균 침입 등이 일어남

④ 신선한 달걀의 난각은 큐티클 층으로 덮여 있어 까끌까끌함(세균 침입 방지)

⑤ 오래된 달걀의 난각은 큐티클 층이 마모되어 매끈함

퀴즈

신선한 달걀의 난각은 큐티클 층이 마모되어 매끈하다. (○/×)

정답 | ×

해설 | 신선한 달걀의 난각은 큐티클 층으로 덮여 있어 까끌까끌하며, 오래된 달걀의 난각은 큐티클 층이 마모되어 매끈하다.

2. 난각막(속껍질)

① 속껍질은 두 겹으로 구성

② 시간이 지날수록 수분, 이산화탄소 등의 증발로 내부 물질이 수축되면 공기집(기실)이 생김

③ 저장기간이 길어질수록 공기집은 커짐

3. 난백(흰자)

① 농후난백 : 점도가 높은 된 난백

② 수양난백 : 점도가 낮은 묽은 난백

③ 신선한 달걀 : 농후난백 > 수양난백(6:4 정도의 비율)

④ 오래된 달걀 : 농후난백 < 수양난백(알칼리화에 의해)

4. 난황(노른자)

① 알끈에 의해 달걀 중심에 고정되어 있음

② 얇은 막(난황막)에 둘러싸여 있음

③ 시간이 지날수록 주변 수분을 흡수해 부피가 팽창되며, 난황막의 힘이 약해져 난황이 쉽게 터짐

1. 수분 함량

약 74~75% 차지(전란 기준)

2. 단백질

① 필수아미노산 모두 함유, 단백가 100

② 난백의 단백질은 약 10%

③ 오보알부민(난백의 주요 단백질, 약 54% 차지)

④ 오보글로불린(난백의 거품 형성)

⑤ 오보뮤신(난백의 거품 안정화)

⑥ 오보뮤코이드(트립신 작용을 저해)

⑦ 아비딘(비오틴과 결합하여 비오틴 결핍증 유발) : 생난백을 섭취하면 안 됨

⑧ 라이소자임(용균 작용) 등

⑨ 난황의 단백질은 약 15%(리포비텔린, 리포비텔레닌)

3. 지질

① 지질은 주로 난황에 존재(약 30%)

② 난황의 인지질인 레시틴은 콜레스테롤을 억제, 유화제로써 사용

4. 비타민 및 무기질

① 비타민 A, 비타민 B_1, 비타민 B_2, 비타민 D 등 함유

② 난황에 철분, 난백에 황 함유

5. 색소 중요

① 난백 : 비타민 B_2(리보플라빈)

② 난황 : 카로티노이드계 색소인 제아잔틴, 루테인 등

SECTION 03 | 달걀의 품질등급

1. 무게에 따른 중량 규격

① 소란 : 44g 이하

② 중란 : 44~52g

③ 대란 : 52~60g

④ 특란 : 60~68g

⑤ 왕란 : 68g 이상

2. 달걀의 품질등급(1+, 1, 2, 3 등급)

① **외관검사** : 상자 포장한 달걀은 등급·크기·수량이 표시된 적합도, 오염란, 박피란, 파란의 유무, 크기 등을 검사

② **투과검사** : 부패 전의 검출, 흰자가 수양화되면 노른자가 명료하게 투시됨

③ 할란검사(난백계수, 난황계수)

난백계수	• 후난백의 높이와 넓이를 표시 • 신선란은 0.14~0.17
난황계수	• 난황의 높이와 지름을 측정하여 높이를 지름으로 나눈 값 • 신선란은 0.36~0.44 • 오래된 달걀의 난황계수 0.25 이하(난황이 쉽게 터져버림)

SECTION 04 | 달걀의 저장 중 변화 중요

① 난각의 까끌까끌한 큐티클 층은 시간이 지날수록 마모되어 매끄러워짐

② 난각막에 공기가 들어가면서 기실(공기집)이 커짐

③ 기실이 커짐에 따라 비중이 가벼워짐(10% 소금물에서 위로 뜸)

④ 난백의 pH 상승 : 저장 중에 CO_2로 인해 최종 pH는 9.5~9.7

　　※ 난백은 알칼리화가되며 수양화가 이루어짐 → 수양난백의 양 증가

⑤ 난황은 난황막이 약해져 퍼짐

⑥ 난황계수와 난백계수가 감소

TIP 신선란의 특징

• 큐티클 층에 의해 표면이 까끌까끌

• 농후난백이 수양난백보다 많음

• 기실의 크기가 작음

• 비중은 1.08~1.09로 무거움

• 난황계수와 난백계수가 높음

　－신선란의 난황계수 0.36~0.44(오래된 달걀은 0.25 이하)

　－신선란의 난백계수 0.14~0.17

• pH(난백은 알칼리성, 난황은 산성)

　－신선한 난백은 pH 7.6 정도(오래될수록 pH 9.6까지 상승)

　－신선한 난황은 pH 6.0 정도

1. 난백의 조리

(1) 열응고성

① 난백은 60℃ 부근에서 응고되어 65℃에서 응고가 완료됨

② 레몬즙, 식초 등의 산성물질 첨가 시 pH가 등전점 부근에 맞춰져 응고가 이루어짐

③ 설탕 등의 당 첨가 시 열응고성을 감소시켜 조직감이 부드러워짐

(2) 기포성

① 난백의 오보글로불린에 의해 기포형성

② 단백질의 등전점에서 기포성이 가장 높음(pH 4.8)

③ 수양난백이 농후난백보다 기포성은 좋으나 안정성은 낮음

빈 칸 채우기

난백 단백질은 등전점(pH 4.8)에서 기포성과 열응고성이 가장 (   ).

정답 | 높다

---

③ 기포 형성력과 기포 안정성은 반비례함

④ 기포형성에 도움을 주는 요인

　㉠ 저장란(수양난백 다량 함유, 점성 낮음)

　㉡ 실온 상태의 달걀(3℃일 때 기포 형성이 가장 잘 됨)

　㉢ 소량의 산 첨가 : 등전점인 pH 4.8에 가깝게 하여 기포성이 좋아짐

⑤ 기포 안정성에 도움을 주는 요인

　㉠ 신선란(농후난백 많이 함유, 점성 높음)

　㉡ 설탕 첨가

⑥ 기타 첨가물(기포 형성을 방해)

　㉠ 지방 : 소량이라도 기포 형성을 방해

　㉡ 우유(단백질) : 소량을 첨가 시 기포 형성을 방해

　㉢ 소금 : 기포 형성을 방해

2. 난황의 조리 중요

(1) 열응고성

65℃ 부근에서 응고되어 70℃에서 응고가 완료됨

PART 01
PART 02
PART 03
PART 04
PART 05
PART 06
PART 07
PART 08
PART 09

(2) 유화성

① 난백의 4배

② 난황의 레시틴(인지질)은 친수성과 친유성을 모두 갖고 있으므로 천연유화제 역할을 함(⑩ 마요네즈 제조 시 첨가)

(3) 녹변현상 [중요]

① 달걀을 끓는 물에서 15분 이상 가열하면 황화 제1철(FeS)을 생성하여 난황 주위가 암녹색으로 변화하는 현상

② 과정 : 가열 시 난백의 황이 분리되면서 황화수소를 형성 → 황화수소가 난황쪽으로 이동 → 난황에 함유된 철과 반응 → 황화 제1철 형성(암녹색)

③ 녹변현상 예방법 : 15분 이상의 가열을 피하거나 가열 후 즉시 찬물에 담가 황화수소와 철의 반응(황화 제1철을 형성)을 막음

빈 칸 채우기

(   )은/는 달걀을 끓는 물에 15분 이상 가열하면 난백에서 분리된 황화수소와 난황에 함유된 철이 반응하여 황화 제1철을 형성하여 난황 주위가 암녹색으로 변화하는 현상을 말한다.

정답 | 녹변현상

---

(4) 달걀의 조리 특성과 식품의 연결

① 난백의 기포성(팽창제) : 엔젤케이크, 머랭, 스펀지 케이크 등

② 난황의 유화성(유화제) : 마요네즈

③ 달걀의 응고성(청정제) : 콘소메, 맑은 국물 등

④ 달걀의 응고성(결합제) : 전(전유어), 만두소, 크로켓 등

⑤ 달걀의 응고성(농후제) : 달걀찜, 푸딩, 커스터드 등

⑥ 난백, 난황의 색 : 달걀지단

SECTION 06 | 달걀을 이용한 조리

1. 수란

① 달걀을 깨뜨려 85℃ 정도의 끓는 물에 반숙으로 익힌 음식

② 식초와 소금은 달걀의 응고를 도움(단백질 변성)

2. 달걀찜

① 소금을 첨가하면 작고 불균형한 기공이 무수히 발달하여 단단한 질감 형성

② 설탕을 첨가하면 열응고성을 감소시켜 조직감이 부드러움

③ 물이나 육수를 첨가하면 단백질량이 희석되어 조직감이 부드러움

3. 프라이드 에그

① 써니사이드업(sunnyside up) : 팬에 오일을 두른 후 달걀의 흰자만 익힌 것

② 오버이지(over easy) : 흰자가 어느 정도 익었을 때 뒤집는 것

③ 오버미디움(over medium) : 오버이지에서 노른자를 반 정도 익힌 것

④ 오버웰(over well) : 오버이지에서 노른자를 완전히 익힌 것

⑤ 오버하드(over hard) : 오버이지에서 뒤집기 전 노른자를 깨트려 완전히 익히는 것

SECTION 07 | 달걀의 가공

1. 건조

① 달걀의 내용물을 건조시킨 것

② 저장성이 좋고, 운송이 편리

③ 지질의 산패가 쉽게 발생하고, 유해균에 의해 오염되기 쉬움

2. 동결란

① 살균한 액상란을 밀봉하여 급속 동결

② 저장성이 우수

3. 송화단(피단)

① 거위알, 오리알 등의 표면에 알칼리성 물질을 바른 후 3~4개월 정도 발효시켜 알칼리 성분이 내부로 침투시켜 응고 및 숙성시킴

② 난백은 응고되어 적갈색을 띰

③ 난황은 응고되어 흑녹색, 황갈색을 띠고 암모니아 등의 휘발성 물질에 의해 독특한 풍미를 갖음

퀴즈

송화단의 난백은 응고되면 흑녹색을 띤다. (○/×)

정답 | ×

해설 | 송화단의 난백은 응고되면 적갈색을 띤다.

PART 01
PART 02
PART 03
PART 04
PART 05
PART 06
PART 07
PART 08
PART 09

CHAPTER 11 | 우유 및 유제품

SECTION 01 | 우유의 구성 성분

1. 수분 함량
전체의 약 87~88%를 차지

2. 단백질(약 2.7~4.4%)
(1) 카제인 단백질(약 80%)
① 분자 내의 인과 칼슘이 결합된 복합체
② 산이나 레닌효소에 의해 쉽게 응고
③ 열에는 안정하여 쉽게 응고되지 않음
④ 치즈 제조 시 응고되는 단백질
⑤ 소수성(α, β) 카제인은 내부에 위치, 친수성(κ, γ) 카제인은 외부에 위치하여 안정된 구조를 형성

> **퀴즈**
>
> 우유 속 단백질 중 카제인 단백질은 열에 의해 쉽게 응고된다. (○/×)
>
> 정답 | ×
> 해설 | 카제인 단백질은 열에 의해 쉽게 응고되지 않고 안정적이다.

(2) 유청 단백질(약 20%)
① 산이나 레닌에 의해서는 응고되지 않음
② 열에 불안정하여 쉽게 응고(피막 형성) → 영양적인 면이나 맛의 저하
③ β-락토글로불린, α-락트알부민, 혈청 알부민, 면역글로불린 등
④ 60℃ 이상의 온도에서 변성되어 응고됨
⑤ 우유를 냄비에 가열할 때 바닥에 침전물이 가라앉아 눌러 붙음

3. 지질
① 지질 함량 : 약 3~4%
② 대부분 중성 지질로, 지질을 구성하는 지방산은 대부분 저급 지방산(탄소 수 4~10개)
③ 우유의 독특한 풍미를 제공하고 소화, 흡수가 용이함

4. 탄수화물

① 대부분 유당, 그 외 포도당, 갈락토오스 등이 미량 존재

② 유당은 용해도가 낮아 쉽게 결정화됨 → 모래를 씹는 것 같은 거친 질감

③ 분유를 냉수에 녹으면 잘 녹지 않는 이유도 유당의 용해도가 낮기 때문임

④ 우유 가열 시 마이야르 갈변현상을 일으킴(예 연유 제조)

 퀴즈

우유를 120℃에서 5분 정도 가열하면 마이야르 반응이 일어나 갈색화된다. (○/×)

정답 | ○

5. 비타민 및 무기질

① 거의 모든 종류의 비타민을 골고루 함유

② 특히 리보플라빈(Vit B_2) 함량이 높음(리보플라빈은 광선에 의해 쉽게 파괴됨)

③ 비타민 C, 비타민 E는 거의 함유하지 않음

④ 무기질은 철분과 구리를 제외한 대부분을 골고루 함유함

⑤ 특히 칼슘은 함량 및 흡수율이 높음

6. 색소

① 유백색 : 카제인과 인산칼슘이 콜로이드 용액으로 분산되고 이것이 광선에 반사되어 유백색을 띰

② 리보플라빈과 카로틴에 의해 노르스름한 색을 띰

SECTION 02 | 우유의 가공

1. 표준화

원유를 규격에 맞도록 유지방, 고형분 등을 첨가하여 함량을 조정함

2. 균질화 중요

① 원유의 지질은 3~5㎛의 구형태로 비중이 가벼워 오랜 시간 방치하면 위로 떠올라 서로 뭉쳐있는 크림층을 형성함(크리밍)

② 크림층 형성을 방지하기 위해 우유에 압력을 가해 작은 구멍을 통과시켜 지방구의 크기를 1㎛ 정도로 미세하게 조정하는 과정

③ 균질화의 목적
　　㉠ 크리밍 현상을 방지
　　㉡ 지방구의 표면적이 넓어져 소화효소의 작용이 쉬워지므로 소화 · 흡수가 용이함
　　㉢ 균일화로 맛이 부드러워짐
④ 균질화의 단점 : 지방구의 표면적이 넓어져 지질의 산화가 쉽게 일어남(산패취 발생)

3. 살균

① 우유 안의 미생물을 사멸시키고 효소를 파괴하여 저장성을 높임
② 우유 살균법의 종류 및 특징

살균법	살균 조건	특징
저온 장시간 살균법 (Low Temperature Long Time pasteurization ; LTLT)	62~65℃에서 30분 가열	• 우유 본래의 풍미를 지님 • 비병원성 세균이 존재함 • 저장기간이 짧음
고온 순간 살균법 (High Temperature Short Time pasteurization ; HTST)	72~75℃에서 15~20초 가열	저온 살균법보다 살아있는 균이 적음
초고온 순간 살균법 (Ultra High Temperature ; UHT)	135~150℃에서 1~5초 가열	• 영양소 파괴와 화학적 변화를 최소화 • 살균 효과가 극대화 • 국내에서 가장 많이 이용 • 우유 본래의 풍미가 감소 • 저장기간이 김

빈 칸 채우기

(　　　　　)은/는 살균효과가 극대화되는 방법으로, 국내에서 가장 많이 이용한다.

정답 | 초고온 순간 살균법

SECTION 03 | 우유의 조리 특성

1. 가열 조리 시 변화

① 유청 단백질의 응고
　　㉠ 피막형성
　　　　• 60℃ 이상 가열 시 표면에 피막을 형성함
　　　　• 응고된 유청 단백질, 지방구, 소량의 유당 등이 서로 엉켜 피막을 형성함
　　　　• 피막 형성 방지를 위해서 저으면서 가열하거나 우유에 물을 섞어 묽게 만듦

ⓒ 가열 시 냄비 밑바닥에는 유청 단백질 중 변성된 락트알부민, 락토글로불린과 인산칼슘 등이 함께 가라앉아 우유가 눌러 붙음

2. 산에 의한 변화

① 우유에 산성 물질을 첨가하면 본래 우유의 pH(pH 6.6)가 카제인 단백질의 등전점인 pH 4.6 부근으로 떨어져 단백질이 침전하여 응고됨

② 젖산 발효에 의해서 산이 생성되어도 등전점에 의해 단백질이 침전됨

③ 효소에 의한 응고와는 달리 칼슘이 포함되지 않는 상태로 응고가 일어남

④ 요구르트, 치즈 제조가 이에 해당됨

3. 효소에 의한 변화

① 레닌은 응유효소로써 포유동물의 위에 존재함

② 우유에 레닌을 첨가하면 카제인 단백질의 응고가 일어남(칼슘에 의한 응고)

③ 치즈 제조의 원리

④ 레닌의 최적조건은 40~45℃며 해당 온도에 맞춰주면 응고가 잘 일어남

⑤ 반면, 15℃ 이하, 60℃ 이상에서는 응고가 일어나지 않음

4. 갈변현상

① 아미노-카보닐 반응(마이야르 반응) : 아미노기를 가진 카제인과 카르보닐기를 가진 유당에 의해 일어나는 갈변현상

② 캐러멜화 반응 : 우유에 함유된 유당은 가열 시 캐러멜화 반응을 일으킴

5. 맛과 냄새의 변화

① 우유를 74℃ 이상 가열 시 유청 단백질(β-락토글로불린)이 열에 의해 변성되면서 황화수소가 형성되어 가열취가 발생함

② 즉, 변성단백질의 SH기에 의해 익은 냄새가 발생함

 퀴즈

우유 가열 시 나는 익은 냄새는 가열에 의한 변성단백질의 SH기에서 발생한다. (○/×)

정답 | ○

6. 염에 의한 변화

염이온은 단백질 표면의 전하들을 중화시켜 우유 단백질의 응고와 변성을 촉진시킴

1. 발효유

① 우유 또는 탈지유에 젖산균을 첨가하여 제조함
② 젖산균의 번식에 의해 유해균이 억제되어 보존성을 가짐
③ 장내 유해균의 발육을 막아 정장 작용을 함

2. 크림의 종류 및 특성

종류	유지방 함량	용도
사우어크림	18% 정도	소스, 제과 · 제빵 등
커피크림	18~20%	커피 등
휘핑크림	40% 정도	케이크 장식, 과일샐러드, 디저트 등
크림분말	50% 이상	소스, 제과 · 제빵 등
플라스틱크림	80% 정도	아이스크림, 버터의 원료 등

 크림을 휘핑할 때 부피를 증가시킬 수 있는 방법

- 온도 : 휘핑크림은 차가운 온도(7℃ 정도)에서 잘 만들어짐
- 구성 성분 : 지방구의 크기가 크거나 지방 함량이 많을수록 잘 만들어짐
- 금방 만든 크림보다는 약간 지난 것이 잘 됨
- 설탕을 첨가하면 휘핑하는 데 시간이 오래 걸림

 퀴즈

크림을 휘핑할 때 지방함량이 많을수록 잘 만들어진다. (○/×)
정답 | ○

3. 치즈 중요

① **치즈 제조 과정** : 원유 → 응유효소 첨가(레닌 등) → 카제인 응고 → 커드 형성 → 성형 → 숙성

② **치즈의 분류 및 특징**

구분	수분 함량	관련 미생물	종류
연질 치즈	55~80%	곰팡이, 비숙성 치즈	카망베르, 브리, 코티지, 크림치즈, 뇌샤텔, 모짜렐라 등
반경질 치즈	45~55%	세균, 곰팡이	브릭, 문스터, 하바티, 로크포르, 고르곤졸라, 블루 등
경질 치즈	34~45%	세균	에멘탈, 그뤼에르, 고다, 에담, 체다, 콜비 등
초경질 치즈	13~34%	세균	그라나, 파르메르산, 로마노, 삽사고 등

SECTION 01 | 두류의 구성 성분

1. 수분 함량

① 땅콩을 제외한 건조 두류의 수분 함량은 약 10~12%

② 풋콩(72%)과 풋완두(90%)는 수분 함량이 높음

2. 단백질

① 대부분의 두류에는 약 20~40%의 단백질을 함유

② 대두(노랑콩)는 약 40%의 단백질을 함유

③ 필수아미노산이 풍부함(류신, 이소류신, 페닐알라닌, 트레오닌, 발린 등)

④ 대두의 제1제한아미노산은 메티오닌

⑤ 곡류에 부족한 라이신 함량이 높음

⑥ 주 단백질은 글리시닌(glycinin)

빈 칸 채우기

두류의 주 단백질은 ( )(으)로 두부 제조 시 Mg^{2+}, Ca^{2+} 등의 금속 이온에 응고된다.

정답 | 글리시닌

---

3. 지질

① 대두(17%), 땅콩(40~50%), 그 외의 두류에는 약 2% 내외의 지질을 함유

② 불포화지방산을 다량 함유

③ 필수지방산인 리놀레산과 리놀렌산의 함량이 높음

4. 탄수화물

① 대두에는 약 20%의 탄수화물을 함유(대부분 올리고당)

② 강낭콩, 녹두, 팥, 완두, 동부 등은 40% 이상의 탄수화물을 함유(대부분 전분)

5. 비타민 및 무기질

① 풋콩, 풋완두 등에는 비타민 C가 풍부

② 녹두, 완두 등에는 비타민 A가 풍부

③ 3~5%의 무기질을 함유(칼륨, 인 다량 함유)

퀴즈

콩류 중 단백질과 지방의 함량이 가장 높은 반면, 탄수화물의 함량이 가장 적은 것은 완두콩이다. (○/×)

정답 | ×

해설 | 대두는 단백질과 지방의 함량이 높으며 팥, 녹두, 완두, 강낭콩, 동부는 단백질과 당질 함량이 높다.

---

6. 파이토케미컬

① 두류에는 다양한 파이토케미컬을 함유하고 있으며 다양한 생리활성을 나타냄

② 이소플라본, 사포닌, 올리고당, 피틴산, 피니톨, 트립신저해제 등

7. 기타 성분

① 리폭시게나아제 : 두류 및 두류 가공품에 콩 비린내로 불리는 이취를 생성

※ 100℃에서 5분 정도 가열하면 불활성화됨

② 헤마글루티닌 : 적혈구의 응고 촉진

③ 트립신 저해제 : 단백질 분해효소인 트립신 작용을 방해 → 대두를 두부로 만들면 트립신 저해제의 기능이 저하됨

④ 생대두에는 트립신 저해물질과 같은 유해 단백질이 존재하나 가열에 의해 변성되어 활성을 잃음

빈 칸 채우기

생콩에는 소화를 억제하는 (   )이/가 있어 생콩을 먹으면 단백질 소화율이 낮아진다. 그러나 이 성분은 가열하면 활성을 잃으므로 콩은 반드시 열처리를 해야 한다.

정답 | 트립신 저해제

---

1. 흡습성

① 건조한 두류는 5~6시간 정도 수침시키면 콩 무게의 90% 이상의 수분을 흡수

② 팥, 녹두는 장시간 수침에도 수분 흡수가 적으므로 물에 불리지 않고 그대로 삶음

③ 두류를 연화시키는 방법

ㄱ 물의 온도가 높을수록 연화가 잘됨

ㄴ 압력솥을 이용함

ㄷ 중조, 탄산나트륨, 탄산칼륨 등의 알칼리성 물질 첨가 시 흡수 촉진(0.3% 정도 첨가)

※ 알칼리성 물질 첨가 시 비타민 B_1이 파괴되고 쉽게 무름

ㄹ 1% 정도의 소금 첨가 시 쉽게 연화됨

두류를 삶을 때 연화를 촉진시키기 위해 0.3%의 식소다(중탄산나트륨)을 첨가하면 된다. (ㅇ/×)

정답 | ㅇ

2. 응고성

① 대두 단백질인 글리시닌은 열에는 안정하지만 산이나 금속염에는 불안정하여 쉽게 응고됨

② 글리시닌에 산 첨가 시 단백질의 등전점인 pH 4~5에 맞춰져 단백질의 침전이 일어남

③ 글리시닌에 $MgCl_2$, $CaCl_2$ 등과 같은 금속염을 첨가하면 단백질의 응고가 일어남(염석효과)

3. 기포성

대두와 팥에 함유된 사포닌은 거품을 일으킴

4. 산화 및 발아

① 불포화지방산이 공기 중 산소와 접촉하면 리폭시게나아제 효소에 의해 산화되어 이취가 생성됨

② 뚜껑을 닫아 산소를 차단하면 이취 생성을 막을 수 있음(콩나물국, 콩나물 삶을 때)

③ 두류를 어두운 곳에서 발아시키면 비타민 C 함량이 증가함(대두 – 콩나물, 녹두 – 숙주나물)

SECTION 03 | 두류 가공식품

1. 두유

대두를 마쇄하여 물로 추출하면 대두 단백질인 글리시닌이 물 밖으로 용출됨(90%)

2. 두부 중요

① 추출된 글리시닌을 산 또는 금속염을 첨가하여 응고시킴

② 두부 제조 시 응고제의 종류에 따라 두부의 품질이 다양해짐

③ 부드러운 두부요리를 하려면 적당량의 소금(0.5~1%)을 넣고 끓이다가 두부를 넣으면 됨

④ 두부 응고제의 종류 및 특성

응고제	용해성	사용 온도	특성
염화마그네슘($MgCl_2$)	수용성	75~80℃	• 맛이 뛰어나 주로 사용되는 응고제 • 압착 시 물이 잘 빠지지 않음
염화칼슘($CaCl_2$)	수용성	75~80℃	• 압착 시 물이 잘 빠져 응고 시간이 빠름 • 두부가 약간 거칠고 단단(유부 제조용) • 수율이 낮음
황산칼슘	난용성	80~85℃	• 두부의 색이 좋고 탄력성 지님 • 수율이 높음 • 난용성으로 사용이 불편 • 겨울철 사용이 어려움
글루코노 델타-락톤	수용성	85~90℃	• 글루콘산을 생성하여 단백질을 응고시킴 • 사용이 쉽고 응력력이 좋아 수율이 높음 • 연두부, 순두부 제조용으로 사용 • 약간의 신맛

빈 칸 채우기

응고제 중 (　　　　)은/는 산을 생성하여 두부를 응고시키며 수율이 좋아 순두부 제조에 이용된다.

정답 | 글루코노 델타-락톤

---

3. 장류

① 간장

㉠ 콩을 삶아 메주를 만든 후 햇빛에 말린 메주에 소금물을 담가 1~2개월정도 숙성시켜 메주를 건져낸 장물

㉡ 재래식(대두만 이용), 개량식(대두, 밀, 코지 이용)

② 된장

㉠ 메주에 소금물을 부어 1~2개월간 숙성 시킨 후 장물을 떠내고 남은 고형물

㉡ 재래식(대두만 이용), 개량식(대두, 밀, 코지 이용)

TIP 재래식과 개량식의 차이점

구분	재래식(한국)	개량식(일본)
재료	콩 100%	콩, 쌀, 밀가루 등
균	고초균(Bacillus subtilis)과 자연계의 잡균	황국균(Aspergillus oryzae), 코지(koji)균
풍미	감칠맛, 짠맛	단맛, 담백한 맛
조리특성	끓일수록 맛이 좋아져 찌개로 이용	맑은 된장국
가공특성	자연발효에 의해 여러 잡균들이 발효에 관여하므로 균일제품의 생산이 어려움	단일균 사용으로 잡균의 번식이 억제되므로 균일한 품질 생산이 가능함

③ 청국장

　㉠ 콩을 무르게 삶아 볏짚과 함께 40℃의 온도에서 2~3일 정도 발효시키면 콩 표면에 실과 같은 흰색의 점액성 물질이 생성됨

　㉡ 대두의 단단한 조직은 볏짚에 존재하는 고초균(Bacillus subtilis)에 의해 분해가 일어나 특유의 향미와 감칠맛이 생성됨

　㉢ 점액성 물질은 글루탐산이 중합된 폴리펩티드와 과당이 중합된 프락탄 혼합물

　㉣ 청국장은 단백질 분해효소와 전분 분해효소의 활성이 강하여 소화를 도움

④ 기타 장류

　㉠ 미소 : 일본식 된장, 찐콩에 소금과 누룩을 넣어 발효시킨 것으로 달고 담백한 것이 특징

　㉡ 낫토 : 일본식 청국장, 삶은 콩에 낫토균(Bacillus natto)을 접종하여 발효한 후 숙성한 것

　㉢ 두반장 : 중국식 장, 콩과 잘게 썬 고추 등을 넣어 제조

　㉣ 춘장 : 중국식 장, 콩·쌀·보리·밀 등을 원료로 소금과 종국을 넣어 발효 숙성시킨 후 캐러멜 등을 첨가한 것

　㉤ 템페 : 인도네시아 전통 발효식품, 삶은 대두에 균을 접종시켜 생수에 발효시킨 것

TIP 장류의 숙성 중 변화

- 단백질 : 단백질 분해효소에 의해 펩티드 또는 아미노산으로 분해(단백질 분해작용)
- 당질 : 당질 분해효소에 의해 당분으로 분해되고 계속적인 분해로 알코올과 탄산가스 생성(일부는 알코올 발효에 의해 유기산 생성)
- 아미노-카보닐 반응(마이야르 반응) : 갈변 및 특유의 향미를 생성

4. 콩나물 중요

① 나물콩을 물에 불려 어두운 곳에서 5일 정도 발아시킴

② 비타민 C와 아스파라긴산, 글루탐산 등의 아미노산 함량이 높음

③ 아스파라긴산은 숙취 해소에 도움을 줌

TIP 콩나물을 삶을 때 초기에 뚜껑을 열면 비린내가 나는 이유

산소를 만나면 리폭시게나아제(lipoxygenase)가 활성화 되므로 비린내가 생성됨

빈 칸 채우기

콩나물을 삶을 때 산소를 만나면 (   )이/가 활성화되어 비린내가 생성되므로, 초기에 뚜껑을 열면 안 된다.

정답 | 리폭시게나아제

SECTION 04 | 기타 두류

종류	특징
팥	• 두류 중 전분 함량이 높음 • 팥소, 팥죽, 떡고물, 양갱 등으로 이용
녹두	• 두류 중 전분 함량이 높음 • 떡의 소, 고물, 녹두죽, 빈대떡, 청포묵, 숙주나물 등으로 이용
땅콩	• 소립종 : 지방 함량이 높아 땅콩버터 제조에 이용 • 대립종 : 단백질 함량이 높아 간식용으로 이용
강낭콩	• 두류 중 전분 함량이 높음 • 조림용, 양갱, 앙금 등으로 이용

CHAPTER

13 | 유지류

SECTION 01 | 유지의 구성

1. 식물성 유지(oil) 중요

① 융점이 낮아 상온에서 액체(단, 코코넛유, 팜유는 상온에서 반고체)

② 불포화지방산 함유

③ 대두유, 옥수수유, 올리브유, 참기름 등

2. 동물성 유지(fat)

① 융점이 높아 상온에서 고체(단, 어유는 상온에서 액체)

② 포화지방산 함유

③ 버터, 라드, 어유 등

> **TIP 코코넛유, 팜유**
>
> 식물성 유지이나 포화지방산 함량이 많아 상온에서 반고체임

SECTION 02 | 유지의 특성

1. 용해성(solubility)

① 물에는 녹지 않으나 벤젠, 클로로폼 등의 유기용매에는 녹음

② 카르복실기($-COOH$) 부분은 수용성을 띰

③ 탄화수소 길이가 짧을수록 용해성이 높음

2. 융점(melting point, 녹는점)

① 정의 : 일정한 압력하에서 고체 물질이 액체로 상태변화가 일어날 때의 온도

② 포화 정도
　　㉠ 포화지방산(동물성)은 융점이 높아 실온에서 주로 고체임
　　㉡ 불포화지방산(식물성)은 융점이 낮아 실온에서 주로 액체임
③ 지방산의 길이
　　㉠ 짧은 탄소사슬을 가진 포화지방산 → 융점이 낮음(예 부티르산)
　　㉡ 긴 탄소사슬을 가진 포화지방산 → 융점이 높음(예 스테아릭산)
④ **시스형과 트랜스형** : 트랜스지방산의 융점이 더 높음
⑤ **결정구조**
　　㉠ 지방은 α, β′, β형의 세 가지 결정 구조를 이루며 이 결정성에 따라 융점에 차이가 있음
　　㉡ α형 : 융점 낮음, 불안정
　　㉢ β′형 : 중간정도의 융점, 비교적 안정, 부드러운 질감
　　㉣ β형 : 융점 가장 높음, 안정적, 큰 결정으로 거친 질감

3. 가소성
① 물체가 외부의 힘을 받아 형태가 바뀐 후 그 힘이 제거되어도 원래의 상태로 돌아가지 않는 성질
② 제과 반죽에서 다양한 모양으로 만들 수 있음(예 아이싱, 페스트리 제품)
③ 버터, 마가린, 쇼트닝 등

4. 크리밍성 중요
① 버터, 마가린, 쇼트닝 등의 고체나 반고체 지방을 빠르게 저어주면 지방 안으로 공기가 들어가 부피가 증가하고 부드럽고 하얗게 변하는 것
② 케이크의 품질에 영향을 줌
③ 유지의 크리밍성 : 쇼트닝>마가린>버터

5. 쇼트닝성 중요
(1) 연화 작용
① 밀가루 제품의 질감을 부드럽고 바삭바삭하여 부스러지기 쉽게 하는 역할
② 유지가 글루텐 사이에 끼어 들어가 글루텐의 길이를 짧게 함

> **TIP 쇼트닝 파워(shortening power)**
> • 유지의 연화 작용을 나타내는 능력
> • 쇼트닝 파워가 커지는 요인
> 　- 유지의 첨가량이 많을수록
> 　- 가소성이 클수록
> • 쇼트닝 파워가 감소하는 요인 : 반죽에 달걀 첨가

PART 01
PART 02
PART 03
PART 04
PART 05
PART 06
PART 07
PART 08
PART 09

(2) 팽창

① 각종 빵이나 케이크의 부피를 크게 팽창시키는 역할

② 밀가루 반죽이 가열에 의해 부피가 팽창할 때 유지가 망상조직의 얇은 막을 형성하며 넓게 퍼짐으로써 기체들이 쉽게 빠져나가지 못하도록 가두는 역할

6. 발연점 중요

① 유지를 높은 온도에서 가열하면 유지의 표면에서 엷은 푸른색의 연기(아크롤레인)가 발생하는 온도

② 아크롤레인은 글리세롤에서 2분자의 수분이 제거된 자극성이 강한 발암성 냄새성분

③ 튀김 요리 시 발연점이 높은 기름을 사용(예 대두유, 옥수수유 등)

④ 발연점이 낮아지는 요인

    ㉠ 사용 횟수가 증가할수록

    ㉡ 유리지방산의 함량이 많을수록

    ㉢ 가열 용기의 표면적이 넓을수록

    ㉣ 기름 속의 이물질이 많을수록

퀴즈

튀김요리 시 발연점이 낮은 기름을 사용해야 바삭하게 된다. (ㅇ/×)

정답 | ×

해설 | 튀김요리 시 발연점이 높은 기름을 사용해야 한다.

---

7. 유화성

① 유화제를 첨가하면 물과 기름이 혼합됨

② 유화제(emulsifier) : 분자 내에 친수기와 소수기를 함께 가지고 있는 물질

③ 수중유적형(Oil in Water ; O/W) : 물에 기름이 분산(우유, 마요네즈, 생크림, 아이스크림 등)

④ 유중수적형(Water in Oil ; W/O) : 기름에 물이 분산(버터, 마가린 등)

⑤ 영구적 유화액(마요네즈), 일시적 유화액(프렌치 드레싱)

TIP 유화액의 안정성을 높이는 방법

- 분산상의 입자를 작게 함
- 분산매와 분산상의 비중이 비슷하도록 함
- 계면활성제(유화제)를 사용하여 두 물질 사이의 계면장력을 낮춤
- 분산상의 표면에 전하를 띠게 함

1. 식물성 유지

(1) 대두유

① 발연점이 높음

② 변향을 일으켜 품질이 저하될 수 있음

③ 이중결합이 2개 이상인 불포화지방산이 많음(리놀레산, 리놀렌산 등)

④ 필수지방산인 리놀레산, 리놀렌산을 함유

⑤ 튀김, 부침, 마가린과 쇼트닝의 원료 등으로 사용

(2) 옥수수유

① 옥수수 배아로 제조

② 발연점이 높음

③ 튀김, 부침, 마가린과 쇼트닝의 원료 등으로 사용

(3) 올리브유

① 불건성유

② 톡특한 향과 색

③ 샐러드 드레싱 등으로 사용

TIP 올리브유의 종류

- 엑스트라 버진 : 최상급의 올리브를 처음 짜냄, 산가 1% 미만, 향과 색을 가지고 있어 샐러드 드레싱과 같이 비가열 조리에 적합
- 파인 버진 : 엑스트라버진을 짜고 남은 올리브를 한 번 더 짜냄, 산가 2% 미만, 일반 요리에 사용
- 레귤러 버진 : 산가 3.3% 미만, 맛이 좋음
- 퓨어 : 엑스트라 올리브 오일과 정제 올리브 오일을 혼합, 순도가 떨어짐. 일반 식용유처럼 이용

---

(4) 면실유

① 목화씨에서 추출

② 천연 항산화 성분인 고시폴(gossypol) 함유(독성이 있으나 가공 시 대부분 제거됨)

③ 튀김, 부침, 마가린과 쇼트닝의 원료, 참치통조림 충진액 등으로 사용

(5) 포도씨유

① 발연점이 높음

② 튀김, 샐러드유, 제빵 등에 사용

(6) 참기름

① 천연 항산화 성분인 세사몰(sesamol) 함유

② 독특한 향을 지니므로 조리 시 마지막에 사용

③ 나물, 불고기 양념 등 조미용으로 사용

(7) 들기름

① 건성유

② 리놀렌산을 다량 함유하므로 공기 중 방치하면 금방 굳어버림

③ 나물, 김 등 조리·조미용

(8) 팜유

① 식물성이지만 포화지방산 함량이 높아 상온에서 고체임

② 동물성 유지와 유사한 가소성을 가짐

③ 마가린 제조, 제과 시에 사용

(9) 코코넛유(야자유)

① 식물성이지만 포화지방산 함량인 높아 상온에서 고체

② 산화 안정성이 높고 장기간 보관 가능

③ 맛과 향이 좋음

④ 커피크림, 스낵 튀김, 쇼트닝 원료 등으로 사용

2. 동물성 유지

(1) 버터

① 우유에서 분리된 유지방의 크림으로 제조

② 유중수적형 유화액(지방 80%, 수분 16%, 그 외 밀크 고형물질 4%)

③ 특유의 향미는 다이아세틸(diacetyl)에 의함

④ 부티르산 등과 같은 저급 지방산을 함유

⑤ 제과, 제빵, 요리에서 풍미를 증가시킴

(2) 라드

① 돼지의 지방조직을 수증기나 건열로 추출하여 정제시킨 기름

② 색이 희고 냄새가 나지 않는 것이 좋음

③ 주요 성분은 포화지방산으로 우지보다 융점이 낮음

④ 쇼트닝화가 커서 제과제품에 많이 사용되며 음식을 부드럽게 함

　　※ 쇼트닝성 : 라드>쇼트닝>버터

⑤ 산패되기 쉬우므로 항산화제를 첨가하여 제조함

(3) 우지

① 소의 복부, 내장 등에서 얻어지는 연한 황색의 고체지방
② 동물성 지방 중 융점이 높음(45~55℃)
③ prime beef fat(50~55℃에서 용출), edible beef fat(60~65℃에서 용출)
④ 제과, 제빵에 마가린과 함께 사용하거나 쇼트닝 제조에 사용됨

(4) 어유

① 동물성 유지이지만 불포화지방산을 다량 함유하여 상온에서 액체 상태임
② 정어리, 청어 등 등푸른 생선에 다량 함유
③ DHA, EPA 등을 다량 함유하여 뇌세포 구성에 관여
④ 불포화도가 높아 산패가 쉬움
⑤ 마가린의 원료

3. 가공 유지

(1) 마가린

① 버터의 대용품
② 유중수적형 유화액(지방 80%, 수분 16%, 그 외 우유 고형물 4%)
③ 식물성 유지에 수소를 첨가하는 경화과정을 통해 제조
④ 경화과정에서 만들어지는 트랜스지방산에 대한 문제가 대두됨
⑤ 버터에 비해 가격이 저렴함

퀴즈

마가린은 동물성 유지이고, 버터는 마가린의 대용품인 가공 유지이다. (○/×)

정답 | ×

해설 | 버터는 동물성 유지이고, 마가린은 버터의 대용품인 가공 유지에 해당한다.

---

(2) 쇼트닝

① 라드의 대용품
② 어유, 고래유, 대두유 등의 정제유에 수소를 첨가하여 경화시킨 것
③ 무색, 무미, 무취로 거의 100% 유지로 구성됨
④ 가소성이 뛰어나 제빵제품에 많이 이용됨(페스트리, 파이 등)
⑤ 마가린과 마찬가지로 트랜스지방산에 의한 건강상에 문제가 대두됨

1. 경화(수소화) 중요

① 니켈 촉매에 의해 불포화지방산의 이중결합에 수소결합을 첨가하는 과정

② 포화도 증가, 지방의 융점 상승, 상온에서 고체상태로 변화함

③ 마가린, 쇼트닝 제조에 이용

④ 이중결합이 시스형에서 트랜스형으로 변화하여 동물성 포화지방과 비슷한 형태를 가짐

⑤ 저장성은 향상되지만 건강상의 문제를 일으킴

빈 칸 채우기

(　　　)은/는 니켈촉매에 의해 불포화지방산의 이중결합에 수소결합을 첨가하는 과정으로 이때 불포화지방산의 이중결합이 cis형에서 trans형으로 변화한다.

정답 | 경화

---

2. 동유 처리 중요

① 식물성 기름은 냉장 보관 시 식물성 기름에 함유된 포화지방산이 결정화되어 기름이 뿌옇게 변화함

② 액체유를 7℃까지 냉각시켜 결정체를 여과처리하여 기름의 혼탁이나 결정화를 방지함 → 고체화된 지방을 제거하는 방법(예 면실유로 샐러드유를 만들 때 고체화된 지방을 제거하는 방법)

③ 대두유, 옥수수유, 면실유 제조에 사용됨

3. 에스테르 교환 중요

① 유지의 물리적 성질을 변화시켜 사용목적에 알맞은 물성을 부여하는 것으로 글리세롤에 결합된 지방산을 분자 간 또는 분자 내 반응에 의해 재배열하여 물성을 변화시키는 방법

② 라드의 품질개량에 주로 사용 : 중성 지방의 지방산 재배열에 의해 크리밍성이 향상되어 부드러운 질감을 가지게 됨

SECTION 05 | 유지의 산패

1. 산패

① 식품의 지질이 조리·가공 과정 또는 저장 중 변질을 일으켜 불쾌한 냄새, 맛, 심하면 독성을 일으킴

② 원인 : 화학적(산소, 빛, 효소 등), 물리적(가열, 교반, 동결 등), 미생물

③ 중성 지방의 글리세롤과 지방산들이 분해되어 불쾌한 맛과 향이 남

④ 신선한 기름의 산가는 1.0 이하

2. 변향

① 유지의 산패가 일어나기 전에 빛, 온도, 산소, 금속 이온 등과 같은 촉매에 의해 콩 비린내(이취)가 발생하는 현상

② 리놀레산 함량이 높은 대두유(콩기름)에서 쉽게 일어남

3. 산패에 영향을 미치는 인자

① 산패를 촉진하는 인자 : 빛, 산소, 열, 효소, 수분, 금속 이온, 유지의 불포화도 등

① 산패를 저해하는 인자 : 항산화제, 상승제, 진공포장, 질소 분압 등

  ㉠ 천연 항산화제의 종류

  • 참기름의 세사몰

  • 면실유의 고시폴

  • 식물성 기름의 토코페롤(Tocopherol)

  • 비타민 C(ascorbic acid)

  • 대두유와 옥수수유의 레시틴 등

  ㉡ 합성 항산화제의 종류

  • BHT(Butylated Hydroxy Toluene)

  • BHA(Butylated Hydroxy Anisol)

  • PG(Propyl Gallate, 몰식 자산프로필)

  • EP(Ethyl Protocatechuate) 등

  ㉢ 상승제(synergist)의 종류 : 항산화 효과를 증대시킴

  • 비타민 C

  • 구연산

  • 인산

  • 주석산 등

4. 산패 방지법

① 햇빛을 차단하는 불투명 용기에 넣어 보관

② 어둡고 서늘한 곳에 보관

③ 사용한 기름은 고운 체에 걸러 이물질 제거

④ 사용한 기름은 새 기름과 혼합하여 사용하지 않음

⑤ 산패 진행을 늦추기 위해 항산화제, 상승제 사용

SECTION 06 | 유지의 조리 특성

1. 조리 시 역할

① 열 전달 매체 : 볶음, 튀김 요리에 사용

② 음식의 맛, 향기 및 색 부여

③ 유화제 : 인지질인 레시틴은 마요네즈 제조 시 유화제로 작용

④ 연화제 : 글루텐을 연화시켜 밀가루 제품을 바삭하게 함

⑤ 비중, 비열이 물보다 낮아 열전도율이 높으므로 조리시간이 단축됨

2. 튀김 조리

(1) 튀김의 특징

① 단시간 조리이므로 색과 영양소의 손실이 적음

② 식품의 형태가 유지됨

③ 입안에서의 촉감이 좋음

④ 유지에 의해 풍미가 향상됨

(2) 튀김 기름의 선택

① 발연점이 높은 것이 좋음

② 산가가 낮은 기름이 좋음

③ 과산화물가가 낮은 것이 좋음

④ 식물성유지가 적합함

⑤ 정제과정을 거쳐 불순물을 제거한 기름이 좋음

퀴즈

약과는 낮은 온도(140~150℃)에서 튀겨야 하고 반죽시 과량의 기름을 사용하면 튀길 때 풀어진다. (○/×)

정답 | ○

(3) 튀김 온도와 시간

① 기름의 흡유량은 식품의 질뿐만 아니라 건강에도 영향을 주므로 흡유량을 적게 튀겨야함

② 일반적으로 175℃보다 190~195℃가 흡유량이 적음

③ 신선한 기름을 사용하면 흡유량을 줄일 수 있음

 흡유량이 많아지는 경우

- 튀김 온도가 낮거나 시간이 길 때
- 당, 유지, 수분이 많을 때
- 글루텐 함량이 적을 때
- 재료의 표면에 기공이 많고 거칠 때

 퀴즈

글루텐의 함량이 많을 때 기름의 흡유량이 많아진다. (○/×)

정답 | ×

해설 | 글루텐 함량이 적을 때 흡유량이 많아진다.

(4) 튀김옷(바삭바삭한 질감)

① 글루텐 함량이 낮은 박력분 이용 ↔ 강력분은 튀김옷이 질기고 두꺼움

② 감자 전분은 잘 부풀고 바삭바삭함 ↔ 고구마 전분은 튀김옷이 질김

③ 15℃ 찬물을 이용하면 글루텐 형성이 억제되어 바삭해짐

④ 0.2% 가량의 베이킹소다(식소다)를 첨가하면 바삭해짐

⑤ 반죽을 많이 저어주지 않음 ↔ 잘 섞어주면 글루텐 형성이 잘 됨

PART 01
PART 02
PART 03
PART 04
PART 05
PART 06
PART 07
PART 08
PART 09

SECTION 01 | 과일과 채소의 특징 및 분류

1. 특징

① 수분을 80~90% 함유

② 비타민과 무기질 풍부

③ 식이섬유가 많아 배변 촉진 및 장 건강에 유익

④ 과일은 단맛과 신맛의 조화

⑤ 다양한 색과 독특한 향미

⑥ 다양한 생리 활성 물질 함유

2. 분류

(1) 과일

분류	특징	종류
인과류	꽃받침이 발달하여 성장한 과일	사과, 감, 귤, 배, 자몽 등
핵과류	씨방이 성장하여 과육의 중간에 단단한 핵을 이루는 과일	복숭아, 살구, 대추, 매실, 자두 등
장과류	중과피와 내과피로 구성되어 있고 즙이 많은 육질로 구성된 과일	포도, 딸기, 망고, 바나나, 무화과, 파인애플, 키위 등
과채류	1년생 채소에 씨방이 발달하여 열매를 맺은 과일	수박, 토마토, 참외 등
견과류	단단한 겉껍질로 둘러싸여 있는 열매	밤, 호두, 잣, 헤이즐넛, 피스타치오, 땅콩 등

(2) 채소

① **근채류** : 당근, 무, 연근, 우엉 등

② **인경채류** : 양파, 마늘 등

③ **경채류** : 아스파라거스, 샐러리, 두릅, 죽순 등

④ **엽채류** : 배추, 양배추, 시금치, 상추, 아욱, 케일, 근대, 쑥갓 등

⑤ **과채류** : 오이, 고추, 가지, 호박, 애호박, 토마토 등

⑥ **화채류** : 브로콜리, 콜리플라워, 아티초크 등

3. 영양성분

(1) 일반 성분

① 수분 함량 : 70~95%

② 포도당, 과당, 설탕 등을 주로 함유

③ 미숙한 과일은 전분 함량이 높고, 성숙할수록 전분이 가수분해되어 과일의 당도가 증가함

④ 비타민 C, 베타카로틴, 섬유질 함량이 높음

⑤ 아보카도, 코코넛은 예외적으로 지질 함량이 높음

빈 칸 채우기

미숙한 과일은 (　　　　)(이)가 높고, 성숙할수록 전분이 (　　　　)되어 과일의 당도가 증가한다.

정답 | 전분 함량, 가수분해

---

(2) 유기산

① 과일의 신맛 성분

② 성숙될수록 과일의 산도가 낮아짐

③ **구연산**(citric acid) : 감귤류와 토마토에 풍부

④ **사과산**(malic acid) : 사과, 살구, 배, 복숭아, 딸기, 체리에 풍부

⑤ **주석산**(tartaric acid) : 포도에 풍부

TIP 과일 숙성 시 변화

- 크기의 증가
- 과일 특유의 색과 향 생성
- 유기산의 함량 감소(신맛 감소)
- 전분의 분해로 인한 당 함량 증가(단맛 증가)
- 수용성 탄닌의 감소(떫은 맛 감소)
- 불용성 프로토펙틴에서 가용성 펙틴으로의 전환(잼과 젤리 제조 가능)

---

(3) 파이토케미컬

① **안토시아닌** : 암 예방, 노화 억제, 콜레스테롤 강하, 시력 개선 효과 등(딸기, 블루베리, 검은콩, 흑미 등)

② **리코펜** : 전립선암, 심장질환 예방 등(토마토, 수박 등)

③ **케르세틴** : 알레르기 염증반응 저하, 오염물질과 흡연으로부터 폐 보호 등(배, 잎상추, 양파껍질, 마늘 등)

④ **베타카로틴** : 항산화 작용, 노화지연, 암 예방 등(당근, 고구마, 늙은 호박, 브로콜리, 케일, 시금치 등)

⑤ **엘라직산** : 노화 지연, 암 예방, 폐기능 강화 등(딸기, 포도, 블루베리 등)

⑥ **레스베라트롤** : 심장병 예방, 암 예방, 알레르기 염증 반응 저하 등(포도, 딸기 등)

⑦ **알릴화합물** : 암 예방, 콜레스테롤 및 혈압 강하 등(마늘, 양파 등)

⑧ **설포라판** : 암 예방(양배추 등)

⑨ **루테인, 제아잔틴** : 황반 퇴화 및 백내장 예방, 시력 감퇴 예방 등(케일, 시금치, 브로콜리, 메리골드 등)

⑩ **페놀화합물** : 노화 지연, 암 예방, 콜레스테롤 강화 등(사과, 복숭아 등)

돼지고기와 토마토

토마토의 색소인 리코펜은 단백질과 흡착하여 불쾌한 붉은색을 나타내므로 돼지고기 조리 시 토마토를 넣는다면 단백질을 응고한 후 넣어야 한다.

(4) 식이섬유

① 식이섬유의 종류 및 특징

성질	종류	특징	함유 식품
불용성	셀룰로오스	• 포도당이 β−1,4 결합에 의해 생성 • 다당류 중 분자량이 가장 큼 • 산에 의해 가수분해됨	쌀, 현미, 밀, 채소, 식물의 줄기
	헤미셀룰로오스	• D−자일로오스, D−갈락토오스, D−글루쿠론산, L−아라비노스의 중합체 • 묽은 산이나 염기에 의해 쉽게 가수분해됨	
	리그닌	• 페놀의 중합체 • 채소가 성숙할수록 함량이 증가함	
수용성	펙틴질	• D−갈락투론산이 α−1,4 결합한 직선상의 중합체 • 프로토펙틴, 펙틴, 펙틴산, 펙트산, 갈락투론산으로 나뉨	사과, 바나나, 감귤류, 귀리, 보리
	검	• 수분흡수력이 좋아 부피가 크게 팽창됨 • 점성이 높은 다당류 • 알긴산(해조류), 카라기난(해조류), 구아검(구아콩), 아라비아검(아카시아 나무 수액) 등	

빈 칸 채우기

다당류 중에 분자가 가장 크고, 산에 의해 가수분해가 되는 식이섬유는 (   )이다.

정답 | 셀룰로오스

② 펙틴질의 종류 중요

과일의 성숙도	펙틴질의 종류	성질
미숙한 과일	프로토펙틴	• 물에 불용성 • 겔 형성이 어려움 • 가열 시 수용성인 펙틴과 펙틴산으로 분해
성숙한 과일	펙틴	• 당과 산의 존재하에서 가열하면 겔을 형성함 • 당(최적 농도 60~65%) • 산(최적 pH 3.0~3.5)
	펙틴산	당, 산, 금속염기 등의 존재 시 겔을 형성
과숙한 과일	펙트산	• 산성에서는 수용성 • 겔 형성이 어려움

TIP 펙틴질의 종류

• 프로토펙틴 : 펙틴의 전구체로서 Ca이나 Mg을 매개로 섬유소나 헤미셀룰로오스 등과 결합하여 거대한 3차원의 망상구조를 이루며, 가수분해되어 펙틴과 펙틴산을 생성함
• 펙틴 : 물에 녹는 펙티닌산이며, 당이나 산의 존재로 겔을 만듦
• 펙틴산 : 펙틴에 존재하는 복합 다당류
• 펙트산: 주로 폴리갈락투론산으로 이루어지고 대부분 메틸에스터기를 지니지 않으며, 산성에서는 물에 녹지만 칼슘염 등은 침전됨

③ 펙틴질의 변화

| 프로토펙틴
(불용성)
겔 형성 불가능 | 프로토펙티나제
(protopectinase)
→
가수분해 | 펙틴, 펙틴산
(수용성)
겔 형성 가능 | 펙티나아제
(pectinase)
→
가수분해 | 펙트산, 갈락투론산
(산성에서 수용성)
겔 형성 불가능 |

④ 펙틴의 겔화

㉠ 당의 역할 : 탈수 작용으로 펙틴 분자간의 거리가 단축되어 접촉이 쉬워짐
㉡ 산의 역할 : 수소 이온에 의해 펙틴분자들이 가진 음전하가 중화되어 펙틴 분자끼리의 결합과 침전이 용이해짐 → 3차원 망상구조 형성

PART 01
PART 02
PART 03
PART 04
PART 05
PART 06
PART 07
PART 08
PART 09

색소의 종류	색소명		색	함유 식품
클로로필	클로로필 a		청록색	시금치, 배추, 양배추, 상추, 브로컬리
	클로로필 b		황녹색	
카로티노이드계	카로틴	α-카로틴	등황색	당근, 감귤, 수박, 차잎
		β-카로틴		당근, 호박, 감귤, 고구마, 난황
		γ-카로틴		당근, 살구
		리코펜	적색	토마토, 수박, 감
	잔토필	루테인	황색-적색	게, 새우, 연어, 고추, 치자, 사프란, 옥수수, 난황, 토마토
		제아잔틴		
		크립토잔틴		
플라보노이드계	안토시아닌		적자색	포도, 자두, 가지, 자색양배추, 비트, 흑미, 당근, 래디쉬
	안토잔틴		담황색, 백색	양파, 무, 순무, 콜리플라워

1. 클로로필

① 녹색의 지용성 색소

② 분자구조 중앙에 마그네슘(Mg)원자가 배치되어 있음

③ 산성

　㉠ 포피린 고리에 결합된 마그네슘 이온이 수소 이온으로 치환 → 페오피틴(올리브색, 지용성) 생성 → 계속 산이 작용 → 페오포바이드(갈색, 수용성) 생성

　㉡ 시금치 데치기, 배추김치, 오이김치(올리브색), 채소국, 오이생채 등에서 관찰됨

④ 알칼리

　㉠ 피톨기와 메틸기가 가수분해 됨 → 클로로필라이드(청록색, 수용성) 생성 → 계속 알칼리 작용 → 클로로필린(청록색, 수용성) 생성

　㉡ 중조 등의 알칼리성 물질 첨가 시 색은 선명히 유지되지만 조직이 물러짐

　㉢ 알칼리 식품은 거의 없으므로 쉽게 볼 수 있는 반응은 아님

⑤ 조직 절단 : 채소 절단 시 클로로필라아제가 유리되어 클로로필의 피톨기를 제거하여 클로로필라이드(진한 청록색, 수용성)를 생성

⑥ 금속 이온

　㉠ 구리(Cu), 철(Fe) 등의 이온은 클로로필 분자 중의 마그네슘을 치환하여 구리-클로로필(짙은 청록색) 또는 철-클로로필(짙은 청록색)을 생성

　㉡ 완두콩 통조림 제조 시 소량의 황산구리($CuSO_4$)를 첨가하여 변색을 막음

PART 01	
PART 02	
PART 03	
PART 04	
PART 05	
PART 06	
PART 07	
PART 08	
PART 09	

> **빈 칸 채우기**
>
> 오이김치가 익으면서 올리브색을 띠는 이유는 발효에 의해 생성된 초산, 젖산 등으로 클로로필은 산성에서 (   )
> (으)로 변화하기 때문이다.
>
> 정답 | 페오피틴

2. 카로티노이드

① 등황색(노랑~적색)의 지용성 색소

② 산성, 알칼리, 가열 등에 안정한 색소

③ α–, β–, γ–카로틴, 크립토잔틴은 β–ionone 핵을 가지고있어 비타민 A의 전구체로 작용 가능

④ 리코펜은 비타민 A로 전환되지 않음

⑤ 카로티노이드는 동물성과 식물성 식품에 모두 포함됨

3. 플라보노이드

(1) 안토시아닌

① 적자색(적색~흑색)의 수용성색소

② pH

　㉠ 산성(적색), 중성(자색), 알칼리성(청색)

　㉡ 생강초절임(적색에 가까운 분홍색), 자색양배추 초절임(적색), 삶은 우엉(청색)

③ 금속 이온(알루미늄, 철 등)

　㉠ 금속 이온과 반응하면 안정된 착염을 형성

　㉡ 가지 염장 시 쇳조각을 넣으면 가지의 색이 고운 청색을 띰

　㉢ 차나 커피를 경수로 끓이면 적갈색의 침전물 형성

　㉣ 감을 철제 칼로 절단하면 탄닌과 철이 반응하여 검게 변함

④ 산소

　㉠ 산소와 반응하면 급격히 산화되서 색을 잃게 됨

　㉡ 오래된 포도주의 갈변 등

(2) 안토잔틴

① 백색의 수용성 색소

② 양파, 우엉, 연근, 양배추, 감자 등에 함유

③ pH : 산성(선명한 백색, 안정), 중성(무색 또는 담황색), 알칼리성(황색, 불안정)

④ 금속 이온(알루미늄, 철 등)

　㉠ 분자 내에 페놀성 수산기가 있어 금속과 반응하면 불용성 착화합물을 생성

　㉡ 알루미늄과 반응(황색), 철과 반응(적갈색)

pH의 변화에 의한 채소류의 변색 중요

- 녹색 채소(클로로필) : 산성(갈색), 알칼리(선명한 청록색)
- 등황색 채소(카로티노이드) : 산성, 알칼리, 가열 등에 안정
- 적자색 채소(안토시아닌) : 산성(적색), 중성(자색), 알칼리성(청색)
- 백색(담색) 채소(안토잔틴) : 산성(선명한 백색), 중성(무색 또는 담황색), 알칼리성(황색)

SECTION 03 | 과일과 채소의 향기 성분

1. 백합과 채소

① 마늘, 파, 양파, 달래, 부추 등
② 시스테인의 유도체인 황화합물 함유
③ 썰기, 다지기 등의 조직 파괴에 의해 효소가 황화합물과 접촉하면 자극적인 강한 냄새를 생성함
④ 마늘
   ㉠ 알린 → 알리나제에 의해 분해 → 알리신(매운맛) → 분해 → 디알릴디설파이드(강한 냄새, 불쾌취)
   ㉡ 다진 마늘은 바로 사용
   ㉢ 강하고 불쾌한 냄새가 난다면 가열하여 향미 성분을 제거

빈 칸 채우기

마늘의 알리신은 (   )의 체내 흡수를 돕는다.

정답 | 티아민(비타민 B₁)
해설 | 마늘의 알리신은 티아민과 결합하여 알리티아민(allithiamin)이 되고, 알리티아민의 형태로 존재하는 티아민은 흡수가 잘되므로 음식 섭취 시 마늘을 함께 섭취하면 좋다.

⑤ 양파
   ㉠ 절단하면 최루성 성분(휘발성)이 생성됨
   ㉡ S-프로페닐 시스테인 설폭사이드 → 알리나제에 의해 분해 → 티오프로파날-S-옥사이드 +피루브산+NH_3
   ㉢ 양파의 매운맛 성분은 가열에 의해 일부 분해되어 단맛의 프로필메르캅탄을 생성함

2. 십자화과 채소

① 배추, 양배추, 무, 브로콜리, 콜리플라워, 갓 등
② 겨자, 고추냉이 등의 가공품의 매운 성분은 알릴이소티오시아네이트에 의함

③ 조직절단

　　㉠ 시니그린 → 미로시나제에 의해 분해 → 알릴이소티오시아네이트(겨자유, 독특한 향기와 매운맛) → 가열 → 디메틸디설파이드, 황화수소 생성(배추 삶을 때의 불쾌취)

　　㉡ 미로시나아제의 최적 온도(30~40℃)를 맞춰주면 매운맛을 강하게 낼 수 있음

SECTION 04 | 과일과 채소의 특수 성분

1. 맛 성분

(1) 쓴맛

① 카페인(caffeine) : 커피, 차

② 테오브로민(theobromine) : 코코아, 커피

③ 나린진(naringin) : 감귤류 과피

④ 쿠쿠르비타신(cucurbitacin) : 오이 꼭지

⑤ 케르세틴(quercetin) : 양파껍질

⑥ 후물론(humulone), 루풀론(lupulone) : hop의 암꽃

⑦ 이포메아마론(ipomeamarone) : 고구마의 흑반병 발생 시 생성

⑧ 사포닌(saponine) : 콩, 인삼 뿌리, 도토리

⑨ 튜존(thujone) : 쑥

⑩ 염화칼슘($CaCl_2$), 염화마그네슘($MgCl_2$) : 간수

(2) 매운맛

① 시니그린(sinigrin) : 십자과화 채소(겨자, 배추, 브로콜리 등)

② 알리신(allicine) : 파류 채소(파, 마늘, 부추 등)

③ 캡사이신(capsaicin) : 고추

④ 차비신(chavicine) : 후추

⑤ 산쇼올(sanshol) : 산초

⑥ 진저론(zingerone), 쇼가올(shogaol), 진저롤(gingerol) : 생강

⑦ 커큐민(curcumine) : 울금

(3) 떫은맛

① 카테킨(catechin), 갈산(gallic acid) : 차

② 시부올(shibuol) : 감

③ 엘라그산(ellagic acid) : 밤

(4) 아린맛

　① 호모겐티신산(homogentistic acid) : 토란, 죽순, 우엉

 퀴즈

카테킨, 엘라그산, 시부올 등은 떫은맛을 내는 성분이다. (ㅇ/×)

정답 | ㅇ

2. 유독 성분

(1) 배당체

　① 아미그달린(amygdalin) : 산살구, 매실, 복숭아씨 등

　② 듀린(dhurrin) : 수수류

　③ 사포닌(saponin) : 두류, 인삼 뿌리, 도라지 등

　④ 솔라닌(solanin) : 감자(발아 감자에 다량 함유)

(2) 알칼로이드

　① 솔라니딘(solanidin) : 감자

　② 리코린(lycorin) : 꽃무릇

　③ 토마티딘(tomatidine) : 토마토

(3) 펩티드

　① 팔로이딘(phalloidin), 아마니틴(amanitin) : 독버섯

　② 리신(ricin), 소진(sojin) : 피마자, 대두

　③ 트립신저해제(trypsin inhibitor) : 대두, 난백

(4) 유기염류

　① 뉴린(neurine), 무스카린(muscarine) : 독버섯

　② 카페인(caffeine), 데오브로민(theobromine) : 커피, 차

　③ 고시폴(gossypol) : 면실

빈 칸 채우기

커피와 차에는 (　　　　) 성분이 들어있다.

정답 | 카페인, 데오브로민

1. 채소를 데치는 이유

① 효소의 불활성화 채소의 냉동 저장 전 끓는 물에 데침
② 세포 내의 공기 탈기에 의한 엽록소의 표출
③ 세균 감소
④ 불순물 제거
⑤ 조직의 연화
⑥ 비타민 C 파괴효소인 아스코르비나아제(ascorbinase)의 불활성화 등

 시금치를 삶으면 조리수가 푸른색을 띠는 이유

시금치를 오래 삶으면 클로로필의 피톨기가 효소(클로로필라아제)에 의해 제거되면서 수용성이 되어 조리수가 푸른색을 띤다.

2. 젤리점(jelly point)

① 잼이나 젤리가 완성된 시점을 알아보는 것
② 스푼법 : 끓는 과즙액을 스푼으로 떠서 흘러내리는 모양을 관찰하는 방법
　㉠ 적당 : 과즙이 흩어지지 않고 뭉쳐서 떨어져야 함
　㉡ 부적당 : 묽은 시럽 모양으로 떨어짐

퀴즈

잼을 스푼으로 뜨고 흘러내릴 때 묽은 시럽 모양으로 떨어진다면 아직 완성이 되지 않은 것이다. (○/×)
정답 | ○

③ 컵법 : 끓는 과즙을 한 스푼 떠서 충분히 냉각시킨 후 냉수를 담은 컵 속에 떨어뜨려 당액이 뭉치는 모양을 관찰 → 도중에 풀어지면 부적당
④ 온도계법 : 끓고 있는 과즙의 온도가 103~104℃ 될 때까지 농축시킴
⑤ 당도계법 : 당도계를 이용하여 당도가 65% 될 때까지 농축시킴

 잼과 젤리 제조의 최적 조건

- 펙틴 1%
- 당 65%
- pH 3.0~3.5(산 0.3%)

TIP 펙틴, 당, 산의 역할

- 펙틴 : 과일의 껍질에 주로 함유되어 있으며 세포를 결착시키는 접착제의 역할
- 당 : 탈수제의 역할로 펙틴 분자 간의 간격이 줄어들어 접촉을 쉽게 함
- 산 : 산에서 형성된 수소 이온에 의해 펙틴 분자 간의 결합과 침전이 용이해짐

3. 효소의 갈변방지

갈변 방지법	내용
가열 처리	열에 의한 효소의 불활성화
pH 변화	• 효소는 pH 3.0 이하에서는 불활성화 • 레몬즙, 식초, 오렌지즙 등의 산성 용액에 담그면 갈변이 방지됨
온도	효소의 최적 온도(40℃)를 벗어나 냉각 또는 냉동 보관 → 효소의 불활성화
금속 저해제	• 효소는 염소 이온(Cl^-)에 의해 활성이 억제됨 → 소금물에 담그면 갈변이 억제 • 철제, 구리에 의해 효소의 활성이 촉진 → 철제 금속 용기를 사용하지 않음
공기 차단 (산소 차단)	• 물에 담그기, 설탕물이나 소금물에 담그기 • 탄산가스나 질소로 가스를 대체하여 산소의 반응을 차단
환원성 물질의 첨가	• 항산화제인 비타민 C를 첨가하면 산소를 소모시켜 갈변을 억제 • 황화수소 화합물인 시스테인, 글루타티온을 첨가하면 산화를 방지 • 아황산가스, 아황산염은 기질을 환원시켜 산화를 방지

 퀴즈

효소의 갈변 방지법 중 설탕물이나 소금물에 담그는 것은 환원성 물질의 첨가에 해당한다. (○/×)

정답 | ×

해설 | 효소의 갈변 방지법 중 설탕물이나 소금물에 담그는 것은 공기 차단(산소 차단) 방법이고, 환원성 물질의 첨가는 항산화제인 비타민 C 등을 첨가하여 산소를 소모시켜 갈변을 억제하는 방법이다.

4. 채소의 저장 시 주의사항

당근, 오이, 호박 등에는 비타민 C를 파괴하는 아스코르비나아제(Ascorbinase)를 가지고 있으므로 다른 식품과 함께 조리하거나 보관할 때 비타민 C의 파괴를 주의해야 함

5. 과일의 저장 시 주의사항

바나나 등의 열대과일은 냉장고에 보관하면 저온 장애(chilling injury)를 받아 검게 변하므로 실온에서 보관하는 것이 좋음

CHAPTER
15 | 해조류 및 버섯류

PART 01
PART 02
PART 03
PART 04
PART 05
PART 06
PART 07
PART 08
PART 09

SECTION 01 | 해조류

1. 해조류의 종류

(1) 녹조류

① 파래, 청각, 매생이, 클로렐라 등

② 색소 : 클로로필

③ 수심이 가장 얕은 곳에서 서식함

(2) 갈조류

① 미역, 다시마, 톳, 모자반 등

② 색소 : 클로로필, 카로티노이드, 푸코잔틴 등

③ 미역은 요오드, 칼슘, 철분 등을 다량 함유

④ 다시마의 흰 가루는 당알코올인 만니톨로 단맛을 주며, 글루탐산(MSG)을 함유하여 감칠맛을 줌

⑤ 그 외 라미닌(혈압 및 콜레스테롤 저하 효과), 알긴산(변비 예방 및 노폐물 배설, 증점제) 등 함유

(3) 홍조류

① 김, 우뭇가사리 등

② 색소 : 클로로필, 카로티노이드, 피코에리트린, 피코시안 등

③ 우뭇가사리 : 젤(gel) 형성 능력이 뛰어나 한천의 원료로 이용됨

> **TIP 해조류의 종류**
>
> • 녹조류 : 파래, 청각, 매생이 등
> • 갈조류 : 미역, 다시마, 톳 등
> • 홍조류 : 김, 우뭇가사리 등

2. 해조류의 성분

(1) 일반적인 성분

① 열량이 낮아 다이어트 식품으로 각광받음

② 다당류를 많이 함유하고 있어 정장 작용을 함

③ 알칼리성 식품

④ 카로틴과 비타민 C의 함량이 많음

⑤ 무기질로 칼슘과 요오드를 다량 함유함

(2) 탄수화물

① 만니톨 : 다당류의 일종으로 다시마 표면의 흰 가루로 단맛을 지님

② 알긴산 : 갈조류에 비교적 다량 함유. 점조성 다당류(미역의 점성)

③ 한천 : 우뭇가사리 등의 홍조류에 함유. 젤(gel) 형성 능력이 뛰어남

④ 카라기난 : 홍조류에 함유. 한천과 구성당이 비슷하지만 결합 황산이 많음. 안정제나 유화제 등으로 사용됨

(3) 풍미성분

다시마는 글루탐산나트륨(MSG)을 다량 함유하고 있어 감칠맛이 있음

(4) 색소 성분

① 녹조류 : 클로로필

② 갈조류 : 푸코이딘(미역, 다시마 등), 카로틴, 크산토필, 푸코크산틴 등

③ 홍조류 : 피코에리트린(우뭇가사리 등), 카로틴, 크산토필, 푸이토로진 등

3. 한천의 이용

(1) 원료

우뭇가사리 등의 홍조류를 물 속에서 끓여 정제한 후 응고시킨 우무를 얼려 말린 해조 가공품

(2) 한천의 성분

① 다당류인 아가로오스(7)와 아가로펙틴(3)의 비율로 구성됨

② 아가로오스가 젤화의 특성을 지님

(3) 한천의 특성

① 한천을 물에 담그면 부피가 약 20배 정도로 팽윤함

② 한천의 용해 온도는 80~100℃로 높음

③ 0.2~0.3%의 낮은 농도에서도 젤을 형성

④ 1.5~2.0%의 한천 용액에 설탕을 가하면 점탄성이 증가함

⑤ 2% 이상 농도에서 사용 시 잘 녹지 않고 단단하고 결이 갈라짐

⑥ 일상적으로 사용하는 한천의 농도는 0.5~1.5%

⑦ 30℃ 전후에서 유동성을 잃고 응고되어 젤을 형성함

⑧ 젤화 후에는 80~85℃에서도 잘 녹지 않음

(4) 첨가물에 따른 응고

① **설탕** : 투명도 증가, 점탄성 증가, 젤의 강도 증가
② **산** : 과일의 유기산은 가수분해를 일으켜 젤의 강도를 저하시킴
③ **우유** : 지방, 단백질은 망상구조 형성을 방해하여 젤화를 저해시킴
④ **난백** : 난백 거품의 비중이 한천보다 작으므로 분리될 수 있음
⑤ **기타 고형물** : 앙금, 고구마, 감귤 등은 한천보다 비중이 커 가라앉을 수 있음

(5) 이장 현상(이액 현상, syneresis)

① 시간이 경과하면 한천과 수분의 결합력이 약화되어 액체 일부가 분리되는 현상
② 이장 현상을 최소화하기 위한 방법
  ㉠ 한천 농도를 높임(한천 농도 1% 이상)
  ㉡ 설탕을 다량 첨가(설탕 농도 60% 이상)
  ㉢ 한천 용액의 가열시간 증가
  ㉣ 한천 용액의 응고시간 증가
  ㉤ 저온에서 보관

⚡퀴즈

한천 용액의 가열시간이 길수록 이장량이 적다. (○/×)

정답 | ○

해설 | 젤을 방치할 시 조직 내의 액체가 빠져 나오는 현상을 이장 현상이라 하며, 한천 농도가 높고 가열시간이 길면 젤의 강도가 커지므로 이장량이 적다.

---

(6) 한천의 이용

젤화제(양갱, 과일젤리 등), 증점제, 안정제, 미생물 배양배지 등으로 사용

SECTION 02 | 버섯류

1. 버섯의 분류

① **천연버섯** : 송이버섯, 표고버섯, 송로버섯, 느타리버섯, 싸리버섯 등
② **재배버섯** : 표고버섯, 양송이버섯, 느타리버섯, 팽이버섯, 새송이버섯, 목이버섯, 석이버섯 등 약 20여 종

2. 버섯의 성분

① 수분 90%

② 식이섬유 다량 함유

③ 비타민 B_1, B_2, B_6과 비타민 D_2의 전구체인 에르고스테롤을 다량 함유

④ 비타민 A, C는 거의 없음

⑤ 버섯의 감칠맛 성분은 아데닐산(adenlic acid), 구아닐산(gaunylic acid), 글루타민산 등

⑥ 항암효과가 뛰어남

⑦ 버섯류는 베타글루칸을 다량 함유하고 있어 면역 증강에 도움을 줌

빈 칸 채우기

버섯은 (   )을/를 다량 함유하고 있어 면역 증강에 도움을 준다.

정답 | 베타글루칸

---

3. 버섯의 종류별 특징

(1) 표고버섯

① 건조과정에서 핵산성분인 구아닐산과 향기 성분인 레티오닌을 함유하고 있어 특유의 감칠맛과 향기를 지님

　㉠ 5′-guanylic acid(GMP, 구아닐산) : 말린 표고버섯의 감칠맛 성분

　㉡ 레티오닌 : 강력한 항암물질로 면역체계를 활성화함

② 말린 표고버섯은 비타민 D를 다량 함유, 비타민 B군, 에리타데닌 등이 풍부

③ 비타민 B_1, B_2 함유량이 높아 보통크기의 표고버섯 3개만으로 하루 필요량의 1/3을 섭취 가능

④ 비타민 D_2의 전구체인 에르고스테롤이 풍부하여 콜레스테롤 수치를 낮춤

(2) 느타리버섯

① 여름느타리, 사철느타리, 느타리 등 3종이 주를 이룸

② 비타민 B_2, 니아신, 비타민 D 풍부

(3) 송이버섯

① 살아있는 소나무의 뿌리에서 기생하는 버섯으로 인공재배가 어려움

② 글루탐산, 아스파르트산, 구아닐산 등을 함유

③ 버섯 중에 항암 성분이 강함

④ 송이의 독특한 향기 성분 : 메틸신나메이트(methy cinnamate), 마츠타케올(matsutakeol), 메틸에스테르(methy ester) 등

(4) 양송이버섯

　① 세계에서 가장 많이 재배되는 버섯

　② 송이버섯에 비해 갓이 부드럽고 자루가 짧음

　③ 비타민 B_2, 비타민 D와 티로시나아제(tyrosinase), 엽상 등을 다량 함유

　④ 고혈압 예방, 빈혈 치료 등에 효과

　⑤ 필수아미노산 다량 함유

양송이의 갈변

양송이에 함유된 티로시나아제에 의해 갈변이 되기 쉬우므로 양송이는 데쳐서 사용하는 것이 좋음

(5) 서양송로버섯

　① 흑송로

　　㉠ 프랑스 페리고르, 케르시 지역에 주로 존재하며 극도의 얼얼한 맛이 있음

　　㉡ 과육은 하얀 줄무늬에 검은색을 띰

　　㉢ 껍질을 벗겨서 조리하며 오믈렛, 폴렌타죽, 리조토 등에 사용됨

　② 백송로

　　㉠ 이탈리아 피에몬테 지역에 주로 존재

　　㉡ 흙냄새가 나고 마늘 같은 맛과 향을 지님

　　㉢ 껍질을 벗기지 않고 조리하며 파스타, 피자 등에 사용됨

4. 버섯의 특수성분

　① 에르고스테롤 : 생표고버섯에 특히 많이 함유되어 있는 비타민 D의 전구체 → 자외선에 의해 비타민 D2로 변화

　② 5′-guanylic acid(GMP)

　　㉠ 구아닐산

　　㉡ 버섯 특유의 감칠맛 성분

　③ 트레할로오스, 만니톨

　　㉠ 트레할로오스 : 단맛을 내는 물질

　　㉡ 만니톨 : 다시마에 다량 함유되어 있으며 단맛 제공

　④ 렌티오닌 : 표고버섯에 존재하는 향기 성분

PART 01
PART 02
PART 03
PART 04
PART 05
PART 06
PART 07
PART 08
PART 09

⑤ **마츠타케올** : 송이버섯 특유의 향을 형성하는 알코올과 유사한 방향 성분
⑥ **레티난**
　㉠ 표고버섯의 열수추출로 정제된 다당류의 일종
　㉡ 종양의 발육을 억제하는 기능

빈 칸 채우기

버섯의 특수 성분 중 (　　　　)은/는 종양의 발육을 억제하는 항암 기능을 한다.

정답 | 레티난

---

⑦ **리그닌** : 버섯류에 존재하는 식이섬유소
⑧ **에리타데닌** : 생표고버섯, 삶은 표고버섯에 존재하며 혈중 콜레스테롤의 농도 조절 작용
⑨ **색소** : 플라보노이드계 색소가 많으며 산화효소에 의해 변색됨
⑩ **효소** : 아밀라아제, 프로테아제, 글리코게나아제, 트레할라아제, 말타아제, 이눌라아제, 셀룰라
아제, 펜토사나아제 등
⑪ **독버섯의 유독 성분** : 무스카린, 뉴린, 알칼로이드, 팔로이딘, 아마니틴 등

CHAPTER 16 | 식품 미생물

SECTION 01 | 미생물의 개요 및 분류

1. 미생물학의 역사와 발전

① 미생물(Microorganisms, Microbes)은 "작은(micro)"과 "생물(bios)"의 합성어
② 미생물은 눈으로 관찰이 불가능하여 현미경을 사용해 관찰함
③ 지구에 존재하는 생명체의 60% 차지
④ 아리스토텔레스의 자연발생설 : 생물은 어버이가 없어도 자연적으로 생겨남
⑤ 파스퇴르의 생물속생설 : 모든 생물은 반드시 그 어버이가 있어야 생겨남

2. 미생물의 분류

구분	세균	효모	곰팡이
형태	구균, 간균, 나선균	구형, 난형, 타원형, 원통형, 레몬형, 삼각형, 소시지형, 위균사형, 진균사형	균총=균사체+자실체
번식	분열 또는 내생포자	출아 혹은 분열, 포자	포자
특징	그람 염색	알코올 발효	격벽의 유·무
최적 Aw	0.9	0.88	0.8
최적 pH	7~8(중성)	4~6(약산성)	4.5~5.5(약산성)

(1) 세균

① 원핵세포로 이루어진 단세포 미생물로 토양, 물, 동·식물, 곤충, 식품 등 자연계에 널리 존재
② 식품미생물 중 가장 많은 수를 차지하며 크기는 $0.2 \sim 10\mu m$
③ DNA로 구성된 핵양체를 중앙에 두며 리보솜(단백질 합성), 세포막, 세포벽 구조를 가짐
④ 세균의 모양에 따른 분류
  ㉠ 구균(*Coccus*) : 둥근 형태(구형)
  ㉡ 간균(*Bacillus*) : 길쭉한 막대 모양
  ㉢ 나선균(*Spirillum*) : 구불구불한 형태
  ㉣ 비브리오형균(*Vibrio*) : 짧고 구부러진 형태
⑤ 분열법에 따라 증식하며 그람염색법으로 세포벽의 조성 및 구조를 구분할 수 있음(그람양성균과 그람음성균으로 분류) 중요

특성	그람양성	그람음성
염색 후 색	보라색	분홍색 또는 붉은색
세포벽 조성	펩티도글리칸이 두꺼움	펩티도글리칸이 얇음
구조	세포벽–세포막(안)	외막–세포벽–세포막(이중막)
뮤코펩티드	많음	적음
지단백질, 지다당체	없음	있음
라이소자임 작용	세포벽이 분해되어 용균됨	세포벽 분해 안 됨
대표균	• 구균(*coccus*) • 포자형성균(*Bacillus* 속, *Clostridium* 속) • 젖산균(*Latobacillus*, *Strptococcus*, *Leuconostoc*, *Pediococcus*)	• 초산균 (*Acetobacterm*, *Gluconobacter*) • 식중독균 (*Escherichia*, *Salmonella*, *Pseudomonas*, *Vibrio* 등)
특징	그람양성균은 크리스탈 바이올렛 색소에 쉽게 염색됨	그람음성균에 주로 존재하는 선모는 DNA의 이동통로로 역할을 함

 퀴즈

그람염색의 결과는 세균 분류에 중요한 기준이 되며, 염색결과가 보라색이면 그람양성, 붉은색은 그람음성으로 판정한다. (○/×)

정답 | ○

해설 | 그람양성균은 세포벽의 펩티도글리칸(*peptidoglycan*) 층이 두껍고 그람음성균보다 세포벽의 지질 성분이 적다.

 퀴즈

그람음성은 지단백질과 지다당체가 없고, 염색 후 분홍색 또는 붉은색을 띤다. (○/×)

정답 | ×

해설 | 그람음성균은 지단백질과 지다당체가 있다.

⑥ 수분, 온도 및 영양분의 조건하에서 이분법(binary fission)으로 활발히 증식

　㉠ 이분법 : 세균의 가장 대표적인 증식 방법

　㉡ 외부적 조건이 열악해지면 내생포자를 형성함

　㉢ *Bacillus*, *Clostridium*, *Sporosarcina*

⑦ 세균이 잘 자라는 조건 : 수분과 단백질 풍부, 중성의 pH 조건

⑧ 식품 환경에서 효모나 곰팡이보다 증식 속도가 빠름

 세균의 내생포자

• 내생포자는 열, 방사선, 화학약품, 자외선 등에 대한 저항성이 강하다.

• 영양세포에 비해 수분 함량이 매우 적다.

⑨ 세균의 분류

㉠ 내생포자 형성균 : 그람양성균, 호기성 또는 통성혐기성균, 간균
㉡ 젖산균 : 그람양성균, 통성혐기성균, 비운동성, 무포자
㉢ 초산균 : 그람음성균, 호기성 간균, 에탄올을 산화 · 발효하여 초산 생성

그람양성균		중요균과 특징
내생포자 형성균	Bacillus 속 **중요**	• 그람양성, 호기성 내지 통성혐기성의 중온 · 고온성의 간균, catalase 양성 • B. subtilis(고초균, 장류, 주류, 항생물질(subtilin) 생성, 비오틴 요구성 없음, 빵의 점질물질 생성) • B. natto(청국장 제조에 이용되는 납두균, 점질물 생성, 톡특한 냄새, 비오틴 요구성 있음) • B. cereus(볶음밥, 소스류 등에 존재, 독소형 식중독을 유발) • B. megaterium(다른 균보다 크기가 커며 비타민 B_{12}를 생산) • B. coagulans, B. stearothermophilus, B. circulans(고온에서 생육, 내열성이 강한 포자 형성, 통조리과 병조림 식품, 포장가열 식품에서 부패를 일으킴) 　－B. coagulans(어육 소시지에 반점 모양으로 번식, 통조림이 부풀지 않고 산패하는 평면산패(flat sour)의 원인) 　－B. stearothermophilus(생육 온도가 50~65℃가 되는 고온균으로 통조림 평면산패(flat sour) 유발) 　－B. circulans(전분질 식품이나 소시지, 어육, 생선묵, 연유 등에서 검출) • B. anthracis(탄저균)
	Clostridium 속	• 편성혐기성, 간균, catalase 음성 • Cl. butylicum(당류를 발효하여 낙산을 생성하는 낙산균의 일종으로 치즈, 단무지 등에서 분리) • Cl. saccharoacetobutylicum(설탕이나 포도당 등을 이용하여 아세톤, 부티르산 생성) • Cl. botulinum(보툴리눔균, 식중독을 유발, 내열성이 강하여 통조림 살균 후에도 살아남아 독소를 생성, 육류를 암갈색으로 변색, 치사율이 높은 신경독소인 botulinin 생성) • Cl. sporogenes(혐기조건에서 육류를 부패시킴, 내열성이 강한 포자 형성, 통조림의 부패에 관여) • Cl. perfringens(내열성이 강한 내생포자 형성, 감염형 식중독을 유발하는 식중독균, welchii균이라고 불림, 육류 등의 대량조리 식품에서 식중독 발생이 잦음) • Cl. tetani(파상풍균)

젖산균	*Lactobacillus* 속 중요	• 간균, 미호기성 또는 편성혐기성 • 대표적인 요구르트 발효균 • *L. plantarum*, *L. brevis*(김치의 후기 발효에 관여) • *L. bulgaricus*(요구르트) • *L. acidophilus*(요구르트, 정장작용) • *L. homohiochii*, *L. heterohiochii*(청주 변패균으로 청주 저장 시 백탁과 산패를 야기함)
	Streptococcus 속	• 구균, 통성혐기성, 정상발효 젖산규(homo형) • *Sc. lactis*, *Sc. cremoris*(치즈의 스타터) • *Sc. thermophilus*(내열성, 치즈, 요구르트) • *Sc. faecalis*(젖산균 제재)
	Leuconostoc 속 중요	• 이상발효젖산균(hetero형) • *Leu. mesenteroides*(김치의 초기 발효에 관여, 설탕으로부터 덱스트란을 생성, 치즈 gas 생성, 청주 등 주류 양조에 관여) • *Leu. cremoris*, *Leu. dextranicum*(버터, 치즈 스타터) • *Leuconostoc* 속은 김치를 담글 때 넣은 설탕으로부터 끈끈한 점질물인 덱스트란(dextran)을 생성
	Pediococcus 속	• 구균, 미호기성, 정상발효 젖산균(homo형) • 소금에 절인 채소의 발효 및 알코올 음료의 부패 • *Ped. damnosus*(맥주의 유해균) • *Ped. halophilus*(호염성으로 간장제조에 관여)
프로피온산균	*Propionibacterium* 속	• 당류나 젖산을 발효하여 프로피온산 생성 • *Pro. shermanii*(스위스 에멘탈 치즈의 숙성에 관여, CO_2를 생성하여 치즈의 눈 생성)
식중독 및 부패균	*Listeria* 속	• 간균, 통성혐기성 • 자연계에 널리 분포, 손쉽게 식품에 오염 가능 • *L. monocytogenes*(Listeria의 대표균, 4℃에서도 발육 가능한 저온균)
	Staphylococcus 속	• 포도상구균 • *S. aureus*(황색포도상구균, 대표적 화농균, enterotoxin(장독소) 생성)
	Mucobacterium 속	*M. bovis*(소에 결핵을 유발, 살균되지 않은 우유를 통해 인간에게 전염)

 퀴즈

*Leuconostoc mesenteroides*는 김치의 초기 발효에 관여하는 젖산균이고, *Lactobacillus plantarum*은 김치의 발효 후기에 관여한다. (○/×)

정답 | ○
해설 | *Lactobacillus plantarum*은 발효가 진행될 때 초산을 생성한다.

그람음성균		중요균과 특징
초산균	*Acetobacter* 속 **중요**	• 호기성 간균, 에탄올 산화 · 발효하여 초산 생성 • *A. aceti, A. schutzenbachii*(식초, 양조에 가장 많이 이용되는 초산균) • *A. xylinum, A. suboxydans, A. pasteurianus*(식초 양조 시 두꺼운 피막을 형성하는 유해균) • *A. liquefaciens*(포도당으로부터 2,5-diketogluconic acid를 생성)
	Gluconobacter 속	• 포도당을 산화하여 *gluconic acid* 생성 • *Glu. oxydans*(초산균의 일종, 글루콘산 생성 능력이 강함)
식중독균	*Escherichia* 속	• 간균, 통성혐기성 • *E. coli*(유당을 분해하여 가스를 생성, 분변에 의한 오염을 파악할 수 있는 오염지표균) **중요**
	Salmonella 속	• 장내세균에 속함 • *Escherichia*와 유사 • *S. typhi*(장티푸스균) • *S. typhimurium*(감염형 식중독균, 주로 돼지고기에서 발생) • *S. enteritidis*(달걀로부터의 식중독 유발)
	Yersinia 속	• 통성혐기성, 간균 • *Y. enterocolitica*(돼지의 장염을 유발)
	Shigella 속	• 포자를 형성하지 않는 간균 • *S. dysenteriae*(이질균, 개발도상국에서 주 원인)
	Camplyobacter 속	• 소, 돼지, 개, 고양이 등 가축과 가금류가 보균함 • 소의 전염성 유산과 가축의 태반염, 설사의 원인균 • *C. jejuni, C. coli*(주요 식중독균) • *C. jejuni*의 감염(오염된 식품과 물)
	Vibrio 속	• 간균, 통성혐기성균 • 해수 담수, 어패류 등에 많이 분포 • *V. parahaemolyticus*(장염비브리오, 어패류에서 식중독 유발, 짠 바닷물에서 잘 증식하는 호염성 세균)
부패균	*Pseudomonase* 속	• 편모, 간균, 그람음성, 형광성 색소, 호냉균 • *P. fluorescens*(녹색 형광색소, 고미화 원인) • *P. aeruginosa*(녹농균, 우유의 청변)
	Serratia 속	• 단간균, 호기성 • 토양, 하수, 우유, 수산물 등에서 분리 • 적색색소인 prodigiosin을 생성 • *S. marcescens*(심한 부패취, 생선묵과 우유에서 적색 색소를 생성하여 적변시킴)
	Erwinia 속	• 간균, 호기성 • 과일이나 채소를 무르게 하여 부패시킴(연부 현상) • 식물병원균
	Proteus 속	• 간균, 중온성균, 자연계에 널리 분포 • 단백질 분해력이 강해 암모니아와 아민을 생성 • *P. vulgaris*(심한 부패취, 우유의 불쾌취) • *P. morganii*(알레르기성 식중독의 원인균)

퀴즈

*Pseudomonas aeruginosa*는 녹농균으로 상처의 화농부위에 청색 색소를 생성하고 우유의 청변의 원인이 된다. (○/×)

정답 | ○

(2) 효모(Yeast)

① 진균류 중에서 단세포 미생물로서 구형, 난형, 타원형, 소시지형 등 형태가 많음
② 대부분 출아법(budding)에 의해 증식
③ 크기는 세균보다 크며, 진균류 중에서 다세포로 구성된 곰팡이와 구별됨
④ 알코올 제조 및 제빵 생산, 균체는 사료용 단백질로 활용
⑤ 세균보다 낮은 pH 범위에서 생육 가능
⑥ 과일과 같이 pH가 산성인 식품에서 잘 번식함
⑦ 산막효모와 같이 부패를 발생시키는 효모도 있음
⑧ 식품에서 중요한 효모

효모의 종류		식품 및 특징
Saccharomyces 속	*S. cerevisiase*	달걀형, 제빵효모, 양조효모, 상면발효 맥주효모(영국)
	S. carsbergensis	하면발효 맥주효모(한국, 일본, 독일, 미국, 덴마크)
	S. ellipsoideus	타원형 또는 장원형, 포도주효모
	S. mali-duclaux, S. mali-risler	사과주효모
	S. pastorianus	맥주의 불쾌취 유해효모
	S. sake	청주효모
	S. coreanus	탁주효모
Zygosaccharomyses 속	*Z. rouxii*	간장효모(간장덧에서 생육), 내염성 18% 염농도, 고삼투압
	Z. soya, Z. major	간장효모
	Z. japonicus	간장 표면에 발생하는 백색의 피막 생성
Kluveromyces 속	*K. fragilis, K. lactis*	케피어(Kefir, 알코올 젖산 발효음료) 제조효모
Schizosaccharomyces 속	*S. pombe*	아프리카 술 폼베 발효효모
Pichia 속, *Hansenula* 속, *Debaryomyces* 속		산막효소로 간장, 주류 등의 발효액 표면에 피막을 형성, 알코올 발효력이 약함

(3) 곰팡이(Mold, mould) 중요

① 진균류 중 다세포 미생물

② 균사로 영양분을 흡수하고 번식을 위해 포자를 생성

자낭균류	• 유성생식으로 자낭포자 생성 / 무성생식으로 분생포자 형성 • *Eremothecium, Ashbya, Aspergillus, Monascus, Penicillium, Neurospora* 속
접합균류	• 유성생식으로 접합포자 생성 / 무성생식으로 포자낭포자 생성 • *Mucor, Rhizopus* 속, *Absidia* 속
담자균류	• 균사에 연결꺽쇠를 갖는 균류 • 유성생식으로 담자포자 형성 • 대부분의 버섯이 속함
불완전균류	• 균사에 격벽을 가지는 순정균류에 속함 • 순정균류 중 무성생식하는 균류

③ 균사의 집합체인 균사체를 구성

④ **자실체**(fruiting body) : 균사체가 성장하면 갈라진 가지가 위로 뻗고 그 끝에 포자를 착생시킴

⑤ 건조한 조건과 넓은 범위의 pH에서 생육 가능

⑥ 건조식품, 산성식품에서도 생육

⑦ 효소 생성능력이 있어 다양한 발효식품(장류, 주류, 치즈) 등에 활용

⑧ 일부 곰팡이는 식품 내에 번식하면 곰팡이독소(mycotoxin)를 생성

　㉠ *Aspergillus flavus* : 아플라톡신(곰팡이 독) 생성 – 땅콩박 등에서 생성

　㉡ *Penicillium toxicarium* : 시트레오비리딘 생성(대만 쌀에서의 황변미)

　㉢ *Penicillium citrinum* : 시트리닌 생성(태국 쌀에서의 황변미)

 페니실린(Penicillium) 속 미생물 중요

• *P. notatum, P. chrysogenum* : 페니실린 생산균주

• *P. roqueforti* : 치즈

• *P. italicum* : 감귤류 부패

• *P. expansum* : 사과, 배 부패

• *P. citreoviride, P. citrinum, P. toxicarium* : 쌀의 황변미, 신경독소 생성

 페니실린의 항균력

페니실린은 세균 세포벽의 펩티도글리칸(*peptidoglycan*)의 합성을 저해하므로 항균력을 지님

PART 01

PART 02

PART 03

PART 04

PART 05

PART 06

PART 07

PART 08

PART 09

(4) 바이러스(Virus)

① 크기가 0.02~0.3㎛ 범위로 매우 작아서 전자현미경으로 관찰 가능

② 살아있는 동·식물 혹은 세균과 같은 미생물 숙주세포에 기생하여 증식

③ 생명체의 기본 구조적·기능적 단위인 세포의 구조를 하고 있지 않음

④ DNA 혹은 RNA 중 어느 하나의 핵산과 이를 보호하는 단백질 구조로 구성

⑤ 숙주특이성이 높음

⑥ 식품에서 직접 증식하지 않지만 식품 및 환경에 오염된 바이러스를 섭취했을 때 식중독을 유발

⑦ 겨울철에도 노로바이러스로 인한 식중독이 일어날 수 있음

⚲✕ 퀴즈

겨울철에는 온도가 낮아 노로바이러스에 걸리지 않는다. (○/✕)

정답 | ✕
해설 | 겨울철에도 노로바이러스로 인한 식중독이 일어날 수 있다.

---

(5) 원충·원생동물

① 원충류는 대부분 현미경으로 관찰 가능한 단세포성이지만 진핵세포로 구성

② 먹이의 획득과 대사에 의한 생명의 유지 및 생식 등 생물체로서 기능을 갖추고 있음

③ 현재 알려진 수는 대략 44,000여 종, 그 중 사람에게서는 40여 종이 검출됨

④ 람블편모충(*Giardia lamblia*)과 작은와포자충(*Cryptosporidiuml parvum*)은 오염된 음용수를 통한 감염 유발

⑤ 쿠도아충(*Kudoa spetempunctata*)은 해산어류에 기생하므로 날것보다 냉동이나 가열 후 섭취 하면 인체에 감염되지 않음

TIP 발효식품 및 관련 미생물 중요

- 청국장 : *Bacillus natto*, *Bacillus subtilis*
- 간장 : *Aspergillus oryzae*, *Aspergillus sojae*, *Bacillus subtilis*, *Pediococcus halophilus*, *Pediococcus sojae*, *Zygosaccharomyces rouxii*
- 청주 : *Aspergillus oryzae*, *Saccharomyces cerevisiae*, *Leuconostoc mesenteroides*, *Lactobacillus plantarum*
- 탁주, 약주 : *Aspergillus kawachii*(내산성 당화효소와 구연산을 생성)
- 맥주-*Saccharomyces cerevisiae*, *Saccharomyces ubarum*
- 포도주-*Saccharomyces ellipsoideus*
- 제빵 : *Saccharomyces cerevisiae*
- 스위스 치즈 : *Propionibacterium shermanii*(치즈아이 형성)
- 요구르트 : *Lactobacillus bulgaricus*, *Streptococcus thermophilus*

균주별 특성 중요

- *Aspergillus niger*, *Aspergillus awamori* 등 : 구연산 생산, *pectinase*를 생산하므로 과즙음료의 청징(맑게 함)에 이용됨
- *Bacillus subtilis* : 내열성이 강한 α−amylase 생산
- *Aspergillus oryzae*(황국균) : 전분당화효소(amylase)와 단백질분해효소(protease) 생산
- 글루탐산(glutamic acid) 생성 : *Corynebacterium glutamicum*, *Brevibacterium lactofermentum*, *Breviacterium flavum* 등
- 산막효모 : *Candida* 속, *Pichia* 속, *Hansenula* 속, *Debaryomyces* 속

SECTION 02 | 미생물의 생육

1. 개요

(1) 미생물의 증식에 영향을 미치는 요인

① 물리적 요인 : 온도, 광선, 압력 등
② 화학적 요인 : 수분, 산소, 소금, pH, 첨가물(보존제 등) 등
③ 생물학적 요인 : 식품에 있는 다른 미생물과의 공생 및 길항 등

(2) 식품 미생물 생육에 영향을 미치는 요인

① 내적 요인(내인성 인자) : 식품 내의 환경(식품의 고유한 특성)으로 수분활성도, pH, 산화−환원전위, 식품 내 항균물질(자연적 혹은 인위적 환경물질) 등
② 외적 요인(외인성 인자) : 식품을 유통·보관하는 외부환경으로 온도, 상대습도, 대기 기체 조성, 광선 등

빈 칸 채우기

(　　　　)은/는 식품을 유통하는 과정에서 온도, 상대습도 등에 영향을 받아 식품에 미생물이 발생한 경우를 말한다.

정답 | 외적 요인

---

2. 미생물과 영양소

(1) 대량영양소 탄소와 질소

① 탄소와 질소는 모든 세포에 필요하며 탄소는 주로 유기물로부터 얻음
② 독립영양균은 광합성을 통해 이산화탄소로부터 세포구성체를 만듦
③ 질소는 단백질, 핵산, 세포구성 성분으로 유기물과 무기물의 두 가지 형태로 이용됨
④ 질소기체는 질소고정세균과 같은 극소수의 세균만이 질소원으로 이용할 수 있음

(2) 기타 대량영양소(P, S, K, Mg, Ca, Na)

① 인(P) : 세포에서 핵산과 인지질 합성에 이용됨

② 황(S) : 아미노산인 시스테인과 메티오닌을 구성. 티아민 · 비오틴 · 리포산에 존재

③ 칼륨(K) : 단백질 합성효소처럼 효소활성에 요구됨

④ 마그네슘(Mg) : 리보솜, 세포막, 핵산을 안정화하며 효소활성에 요구됨

⑤ 칼슘(Ca) : 세균 세포벽과 내생포자의 안정성에 필요함

⑥ 나트륨(Na) : 서식지를 반영하여 해수미생물의 경우 필수적으로 요구됨

 식염과 미생물

미생물은 일반적으로 식염 5~10% 정도의 농도에서 탈수작용에 의해 생육이 저해된다.

(3) 철과 미량금속

① 다양한 미량의 금속은 미생물의 생장에 필요

② 세포의 촉매제인 효소의 구성 성분으로 작용

③ 철(Fe) : 세포의 호흡에 중요한 역할

(4) 생장인자(비타민, 아미노산, 퓨린, 피리미딘)

① 생장인자 : 미량금속을 포함한 유기물

② 대부분의 미생물은 스스로 합성하는 경우도 있지만 일부 미생물들은 환경으로부터 한 가지 또는
그 이상의 생장인자가 필요하므로 생육을 위해 영양분을 공급해 주어야 함

③ 비타민 : 조효소로써 작용하여 효소의 작용을 도움(젖산균에서 필수적으로 요구함)

3. 독립영양균과 종속영양균

(1) 독립영양균(자력영양균)

① 광합성균 : 광합성색소를 가지고 있어 광합성 과정을 통해 에너지를 생산하는 균(광합성세균)

② 화학합성균

　㉠ 무기물을 산화하여 에너지를 얻어내는 균(황세균, 철세균, 수소세균, 질화세균)

　㉡ 화학합성균은 원핵세포를 지닌 세균과 고세균에서 널리 볼 수 있으며, 생물체들이 사용하지
않는 무기물을 이용하여 생존하는 전략을 취함

빈 칸 채우기

무기물을 산화하여 에너지를 얻어내는 균은 (　　　　)이다.

정답 | 화학합성균

---

(2) 종속영양균(유기영양균)

① 식품에서 증식하는 대부분의 식품미생물은 종속영양균임

② 식품의 유기물을 이용한다는 측면에서 유기물영양균이라 불림

③ 질소고정균 : 공기 중의 질소를 질소원으로 이용(*Azotobacter*, *Rhizobium*, *Clostridium*)

④ 영양요구성 무난한 균 : 비타민을 스스로 합성(대장균)

⑤ **영양요구성 까다로운 균** : 생육인자인 비타민, 아미노산을 요구(젖산균)

> **TIP 대장균과 젖산균의 생육**
>
> • 대장균은 포도당과 몇 가지 무기질만 있으면 생육에 필요한 물질을 모두 합성 가능
> • 젖산균은 생육을 위한 대부분의 물질을 공급받아야 하므로 영양요구성을 갖음

4. 미생물의 생육곡선

미생물의 생육곡선은 배양시간에 따른 생균수의 변화를 나타낸 것임

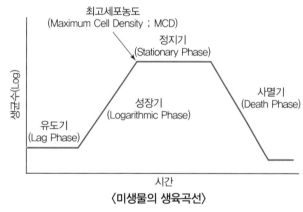

〈미생물의 생육곡선〉

출처 : 식품미생물학, 이종경 외, 파워북

(1) 유도기(lag pahse)

① 세포의 적응기간

② 세포증식에 필요한 여러 성분(ATP, 필수보조인자, 리보솜) 합성

③ 영양물질 대사에 필요한 효소 합성

④ 세포크기가 성장함

(2) 대수기(지수기, exponential phase)

① 세포수가 대수적(기하급수적)으로 증가

② 세대시간(generation time, g) : 세포수가 2배로 증식하는데 걸리는 시간

③ 세포수를 늘리는데 유리하도록 세포 크기가 전 세대를 통하여 가장 작은 시기

④ 외부자극(열, 화학약품 등)에 민감

⑤ 증식하는 속도가 일정하므로 생육곡선이 직선에 가까운 형태

PART 01
PART 02
PART 03
PART 04
PART 05
PART 06
PART 07
PART 08
PART 09

(3) 정지기(정상기, stationary phase)

① 생균수의 변화가 나타나지 않는 시기

② 새로 생성된 세포 수 = 사멸된 세포 수

③ 세포 사멸의 원인

    ㉠ 영양물질 고갈

    ㉡ 용존산소량 부족

    ㉢ 대사산물의 축적

    ㉣ 배지의 산성화(낮은 pH)

(4) 사멸기(death phase)

① 생균수의 양이 감소하는 시기

② 새로 생성된 세포 수 = 사멸된 세포 수

③ 핵산과 세포벽의 분해를 일으키는 자기소화가 발생하는 경우 일시적으로 세포 수가 다소 증가하기도 하나 다시 계속 감소하게 됨

미생물의 생육곡선의 순서

유도기–대수기–정지기–사멸기

SECTION 03 | 미생물의 생육에 영향을 미치는 요인

1. 내적 요인(내인성 인자)

식품의 수분활성도, pH, 산화환원전위, 천연항균성분, 영양성분, 보존제 등의 화학물질 함유 여부, 미생물의 공존 및 길항작용 등

(1) 수분활성도(Water activity ; A_w)

① 식품 내 수분 중에 자유수, 약한 결합수와 같은 미생물이 사용할 수 있는 물의 비율을 나타냄

② 임의의 온도에서 그 식품이 갖는 수증기압(Ps)에 대한 순수한 물이 갖는 최대수증기압(Po)의 비로 나타냄

③ 순수한 물의 수분활성도는 1이며, 식품의 수분활성도는 0~10($0 \leq A_w \leq 1$) 사이에 존재함

④ 수분활성도에 따른 주요 생육 미생물의 종류

    ㉠ 높은 수분활성도에서의 생육 : 세균 > 효모 > 곰팡이

    ㉡ 대부분의 세균 : > 0.9

    ㉢ 대부분의 효모 : > 0.8

    ㉣ 곰팡이 : > 0.6

수분활성도(A_w)	생육 가능한 미생물	해당 식품
0.95~0.99	그람양성 · 음성균, 곰팡이, 효모	과일, 채소, 육류, 해산물, 주스, 우유
0.95~0.90	그람양성균, 곰팡이, 효모	햄, 소시지, 빵, 치즈
0.90~0.80	호염성균, 내염성균, 효모, 곰팡이	쌀, 시리얼, 케이크, 밀가루
0.80~0.61	고도호염성균, 호삼투압성효모, 호건성곰팡이	건조식품, 염장식품, 잼
0.61 초과	−	과자, 분유, 설탕, 꿀, 초콜릿

〈수분활성도에 따른 미생물의 분류〉

⑤ 수분활성도에서 생육이 가능한 미생물의 종류

호건성곰팡이	• 매우 건조한 환경에서 성장 • 최적 생육 A_w 0.85~0.90, 최저 생육 A_w 0.61 예 *Xeromyces bisporus*(건조 혹은 염장한 생선의 부패)
(편성)호염성균	• 생육을 위한 2% 이상의 염분을 필요로 하는 균 • 중등호염성균 : 약 1~10% 염분 요구, 예 *Vibrio parahaemelyticus*(최적 : 2~4%, 가능 : 1~8%) • 고도호염성균 : >10% 염분 요구, 예 *Halobacterium salinarum*(최적 : 약 25%, 가능 : 12~36%)
내염성균	높은 소금 농도 또는 소금이 없는 환경에서도 생육 예 *Staphylococcus aureus*(최적 : 0.5~4%, 가능 : 약 20%)
호삼투압성 미생물	당의 농도가 높은 경우에만 생장 예 *Saccharomyces rouxii*(당 20~70%, 초콜릿의 부패에 관여)
내삼투압성 효모	높은 수분활성에서 최적으로 생육하나 높은 당 농도에서도 내성을 가지는 효모 예 *Saccharomyces cerevisiae*(당 60%에서도 생육 가능)

TIP 건조에 대한 저항성이 큰 순서

• 곰팡이(A_w 0.8)>효모(A_w 0.88)>세균(A_w 0.90)
• 미생물이 생육할 수 있는 수분활성(A_w)은 0.61~0.99
• 내삼투압성 효모는 생육 가능한 최저수분활성도(A_w 0.6)가 가장 낮다.

빈 칸 채우기

(   )은/는 생육을 위해 2% 이상의 소금 농도가 필요하며, *Halobacterium*, *Vibro* 속이 해당된다.

정답 | 편성호염성균

(2) pH

① 식품의 pH에 따라 생육할 수 있는 미생물의 종류 및 생육 정도가 다름

　⊙ 세균 : 최저 생육 pH 4.0~4.5, 최적 생육 pH 6.5~7.2

　⊙ 효모 : 생육 가능 pH 4.0~8.5, 최적 생육 pH 4.0~4.5

　⊙ 곰팡이 : 생육 가능 pH 2.0~9.0, 최적 생육 pH 3.0~3.5

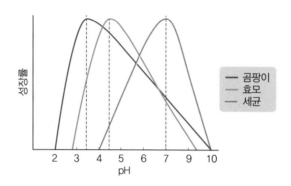

〈미생물의 pH에 따른 성장률〉

출처 : 식품미생물학, 이종경 외, 파워북

② 식품의 pH에 따른 부패의 원인

　⊙ 중성 pH 식품(육류, 우유 등) – 세균

　⊙ 산성 pH 식품(과일, 과일주스) – 효모나 곰팡이

　⊙ 예외 : 젖산균, *Acetobacter* 속 – 산에 대한 내성이 높음

 퀴즈

중성 pH 식품인 육류, 우유 등은 세균에 의해 부패가 일어난다. (ㅇ/×)

정답 | ○

---

③ 병원성 세균(식중독균)의 생육 pH 범위

세균명	최저 pH	최적 pH
황색포도상구균(*Staphylococcus aureus*)	4.0	6.0~7.0
리스테리아(*Listeria monocytogenes*)	4.0	6.0~8.0
살모넬라(*Salmonella* 속)	4.1	7.0
보툴리늄균(*Clostridium botulinum*)	4.2	7.0
여시니아(*Yersinia* 속)	4.6	7.0~8.0
장염비브리오(*Vibrio parahaemolyticus*)	4.8	7.0
바실러스 세레우스(*Bacillus cereus*)	4.9	7.0

(3) 산화 – 환원전위(Oxidation – reduction potential ; Rh)

① 어떤 물질이 전자(electron)를 잃고 산화되거나 또는 전자를 받고 환원되려는 경향의 강도

② 주로 수용액에 백금과 같은 부반응성 전극을 주입시켜 가역반전지를 구성, 발생되는 전위를 측정함

③ 식품 내 산소량이나 pH 등의 영향을 받음

　　㉠ 산화된 상태(전자를 얻으려는 경향) : 양(+)의 값, 호기성균

　　㉡ 환원된 상태(전자를 잃으려는 경향) : 음(−)의 값, 혐기성균

(4) 항균물질

① 식품에 자연적으로 존재하는 항균물질(자연유래 항균물질)

　　㉠ 달걀 : 라이소자임(lysozyme)

　　㉡ 녹차, 허브 등 : 폴리페놀(polyphenol)

　　㉢ 겨자 등의 식물 : 티오시아네이트(thiocyanate)

 퀴즈

녹차, 허브 등에는 폴리페놀(polyphenol)이라는 항균물질이 존재한다. (○/×)

정답 | ○

② 식품을 준비, 가공하는 과정에서 인위적으로 첨가하는 화학적 항균물질 : 살균소독제, 보존제(방부제), 항생제 등

(5) 공존 미생물(미생물의 상호관계)

① 식품에 존재하는 미생물의 종류와 양에 따라서 특정 미생물의 생육이 달라짐

　　㉠ 경합 : 영양분이나 산소 등 생육에 필요한 물질을 경쟁적으로 사용

　　㉡ 공생 : 미생물이 생육하면서 배출하는 대사산물이 상대 미생물의 생육에 영향을 줌

상리공생	서로 다른 종의 미생물이 상호작용을 통해 서로 이익이 됨
편리공생	서로 다른 종의 미생물이 공존했을 때 한쪽의 미생물만 생장, 이익을 얻음
중립관계	미생물이 서로 상호작용 없이 생육하거나 생존
공동작용	두 종류 이상의 미생물이 공존하면서 각 미생물이 가지지 않는 기능을 나타냄
길항작용	미생물의 대사산물에 의해 다른 미생물의 생육이 억제됨

빈 칸 채우기

(　　　　)은/는 미생물의 대사산물에 의해 다른 미생물의 생육이 억제된다.

정답 | 길항작용

2. 외적 요인(외인성 인자)

(1) 개요

① 미생물의 생육에 영향을 줄 수 있는 식품을 유통·보관하는 외부환경의 조건

② 저장온도, 광선(채광), 상대습도, 대기기체조성

(2) 온도

① 미생물의 종류에 따라 생육 가능한 온도 범위 및 최적생육온도가 다름

② 생육온도에 따른 미생물의 분류

분류	최적 생육온도 (℃)	특징	미생물 예
호냉균	10~15	• 0℃ 이하의 낮은 온도에서도 생육 • 해수, 담수, 토양 등에 분포 • 저온 저장식품에서 발견	*Flavobacterium spp.,* *Arthrobacter glacialis*
저온균 중요	20~30	• 최적온도가 중온이나 저온(냉장)에서도 생육 가능 • 냉장식품의 부패에 관여	*Pseudomonas* 속, *Flavobacterium* 속, *Achromobacter* 속
중온균	28~43	• 대부분의 식품 미생물 • 37℃에서 가장 높은 성장을 보임	*Escherichia coli,* *Salmonella, Staphylococcus aureus,* *Bacillus cereus*
고온균	50~85	• 생육의 범위가 매우 넓음 • 온천, 열대 토양 등에 다수 분포 • 통조림 식품의 부패에 관여	*Bacillus stearothermophilus,* *Streptococcus thermophilus*

 퀴즈

냉장고에 보관 중이던 식품이 부패되었다면 저온균인 *Pseudomonas* 속 세균이 원인인 것으로 예상할 수 있다. (○/×)

정답 | ○

해설 | 저온에서도 잘 생육하는 세균은 *Pseudomonas, Flavobacterium, Achromobacter* 속이다.

(3) 상대습도

① 식품이 이미 높은 수분활성도를 가지고 있다면 상대습도의 영향을 거의 받지 않음

② 건조식품 등 수분활성도가 낮은 경우 상대습도에 의해 식품의 수분활성도가 높아지고 식품에서 미생물 생육에 영향을 받음

③ 건조식품은 외부의 높은 습도와 접촉하지 않도록 밀봉 보관해야 함

④ 수분이 흡수된 건조식품에서는 비교적 낮은 수분활성도에서도 생육이 가능한 곰팡이와 효모가 가장 빠르게 증식할 수 있음

(4) 대기기체조성

① 미생물 종류에 따라 생육하는 데 필요한 산소요구도에 차이가 있음

② 산소요구도에 따른 미생물의 분류 **중요**

분류	생육 조건 및 특징	미생물 예
편성호기성	• 에너지 생산을 위해 반드시 산소가 필요 • 대부분의 곰팡이, 조류가 포함됨	*Pseudomonas*, *Acetobacter*, *Bacillus* 속
미호기성	1~10% 낮은 산소 농도에서만 생육 가능	*Campylobacter* 속, *Helicobacter pylori*
통성혐기성	산소가 있거나 없는 환경에서 모두 생육	*Saccharomyces cerevisiae*, *Escherichia coli*, *Stapylococcus aureus* 등
내산소혐기성	혐기 환경에서 생육하지만 산소에 대한 내성이 있음	*Clostridium perfringens*
편성혐기성	산소가 없는 환경에서만 생육 가능	*Clostridium butyricum*

TIP 미생물의 산소요구도

- 호기성균 : *Pseudomonas*, *Acetobacter* 등의 세균류와 곰팡이
- 통성혐기성균 : *Bacillus*, *Staphylococcus*, *Escherichia* 등의 장내세균 및 효모
- 편성혐기성균 : *Clostridium*, *Bifidobacterium*
- 미호기성균 : 젖산균(*Lactobacillus* 등)과 *Campylobacter*

퀴즈

Escherichia coli 는 통성혐기성균으로 그람음성, 무포자 간균이며 유당을 분해하여 가스를 생산한다. (○/×)

정답 | ○

PART 01
PART 02
PART 03
PART 04
PART 05
PART 06
PART 07
PART 08
PART 09

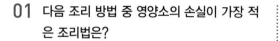

01 다음 조리 방법 중 영양소의 손실이 가장 적은 조리법은?

① 찌기　　　　　② 구이
③ 조림　　　　　④ 튀김
⑤ 데치기

해설 | 튀김은 고온에서 단시간 조리되므로 영양소의 손실이 적다.

02 등온흡습 및 탈습 곡선에서 B영역(Ⅱ영역)에 관한 설명으로 옳은 것은?

① 미생물의 증식이 활발한 영역
② 건조식품의 품질 안정성이 최적인 영역
③ 식품의 모세관에 수분이 자유로이 응결되어 있는 영역
④ 수분이 결합수의 형태로 존재하는 영역
⑤ 여러 기능기와 이온결합 한 단분자층의 영역

해설 | B영역(Ⅱ영역)은 Aw 0.25~0.800이며 준결합수 형태로 존재한다. 또한 다분자층의 영역이며 건조식품의 가장 안정적인 영역이기도 하다.

03 다음 중 동물성 다당류에 해당되는 것은?

① 펙틴　　　　　② 한천
③ 히알루론산　　　④ 셀룰로오스
⑤ 헤미셀룰로오스

해설 | 히알루론산(hyaluronic acid)은 동물의 결합조직, 연골 등에 존재하는 복합다당류이다.

04 다음 중 전분의 성질과 이를 이용한 음식의 연결로 옳은 것은?

① 호화 : 찬밥, 굳은 떡 등
② 당화 : 식혜, 엿, 조청 등
③ 겔화 : 밥, 죽, 국수, 떡 등
④ 호정화 : 청포묵, 오미자편, 푸딩 등
⑤ 노화 : 미숫가루, 누룽지, 토스트 등

해설 | ① 호화 : 밥, 죽, 국수, 떡 등
　　　③ 겔화 : 도토리묵, 청포묵, 메밀묵, 오미자편, 푸딩 등
　　　④ 호정화 : 뻥튀기, 미숫가루, 누룽지, 토스트, 루 등
　　　⑤ 노화 : 식은밥, 굳은 떡, 굳은 빵 등

05 유지의 화학적인 성질과 그것을 나타내는 값의 연결로 옳은 것은?

① 유리지방산 함량 : 요오드가
② 유지의 평균분자량 : 비누화가
③ 유지의 불포화도 : 과산화물가
④ 버터의 진위 판단 : 아세틸가
⑤ 불용성 휘발성 지방산 함량 : 산가

해설 | ① 유리지방산 함량 : 산가
　　　③ 유지의 불포화도 : 요오드가
　　　④ 버터의 진위 판단(수용성 휘발성 지방산 함량) : 라이헤르트, 마이슬가
　　　⑤ 불용성 휘발성 지방산 함량 : 폴렌스케가

06 대두유, 면실유 등으로 샐러드유를 만들 때 포화지방을 제거하는 방법으로 옳은 것은?

① 정제　　　　　　② 경화
③ 동유 처리　　　　④ 고시폴 제거
⑤ 에스테르 교환

해설 | 동유 처리는 대두유, 면실유, 옥수수유 등의 액체유를 7℃까지 냉각시켜 포화지방을 여과 처리하여 기름의 혼탁이나 결정화를 방지하므로 샐러드유를 위한 필수조건이 된다.

07 단백질의 정색 반응으로 옳은 것은?

① 은경 반응 등
② 뷰렛(biuret) 반응
③ 펠링(fehling) 반응
④ 몰리슈(molisch) 반응
⑤ 베네딕트(benedict) 반응

해설 | 단백질의 정색 반응에는 뷰렛(biuret) 반응, 닌히드린(ninhydrin) 반응, 밀론(millon) 반응, 잔토프로테인(xanthoprotein) 반응, 홉킨스콜(hopkins-cole) 반응 등이 있다. 참고로 당의 정색 반응으로는 몰리슈(molisch) 반응, 베네딕트(benedict) 반응, 펠링(fehling) 반응, 은경 반응 등이 있다.

08 동물성 식품에 함유된 주된 냄새 성분은?

① 아민류　　　　　② 알데히드류
③ 에스테르류　　　④ 알코올류
⑤ 터르펜류

해설 | 동물성 식품의 냄새는 일반적으로 아민류(육류, 어류)와 지방산과 카르보닐 화합물(낙농식품)이 주된 냄새 성분으로 작용한다.

09 단백질을 변성시켜 만든 식품과 변성 요인의 연결이 옳은 것은?

① 삶은 달걀 – 산
② 요구르트 – 염
③ 두부 – 건조
④ 치즈 – 동결
⑤ 휘핑크림 – 교반

해설 | 단백질의 변성 요인
  • 열 : 삶은 달걀, 익힌 고기, 사골국 등
  • 산 : 요구르트, 치즈, 생선 초절임 등
  • 염 : 두부, 생선 소금절임 등
  • 건조 및 동결 : 얼린 두부, 생선 건어물 등
  • 효소 : 레닌(응유효소)을 이용한 치즈 제조 등
  • 교반 : 머랭, 휘핑크림, 맥주 거품 등

10 TMAO(Trimethylamine oxide)에 대한 내용으로 옳은 것은?

① 세균의 환원작용에 의해 트리메틸아민(TMA)이 된다.
② 담수어의 주된 비린내 성분이다.
③ 신맛을 가지고 있다.
④ 해수어류에 함량이 낮다.
⑤ 담수어는 해수어보다 빨리 상한 냄새가 난다.

해설 | 생선 조직에 있는 트리메틸아민옥사이드(Trimethylamine oxide ; TMAO)는 감칠맛 성분으로 세균에 의해 환원되어 비린내 성분인 알칼리성의 트리메틸아민(Trimethylamin ; TMA)을 생성한다. 담수어보다 해수어에 많이 함유되어 있다.

정답　01 ④　02 ②　03 ③　04 ②　05 ②　06 ③　07 ②　08 ①　09 ⑤　10 ①

11 당의 캐러멜화에 대한 설명으로 옳은 것은?

① 효소적 갈변 반응이다.

② 최적 pH는 3.0~4.0이다.

③ 약식, 청량음료 제조에 이용된다.

④ 100℃에서 가열하면 반응이 최대로 일어난다.

⑤ 캐러멜화가 일어나려면 용액 내에 핵이 형성되어야 한다.

해설 | 당의 캐러멜화는 160~180℃에서 당이 가열에 의해 분해되는 것으로 pH 6.5~8.2에서 잘 일어난다.

12 다음 중 인공감미료에 해당되는 것은?

① 과당   ② 포도당

③ 설탕   ④ 수크랄로오스

⑤ 전화당

해설 | 수크랄로오스는 설탕의 600배의 단맛을 내는 인공감미료로 고온에서 안정하여 베이커리 제품에 적합하다. 주로 탄산음료, 케이크, 껌 등에 사용된다.

13 닭을 가열하였더니 닭뼈가 갈색으로 변했다면 그 이유로 옳은 것은?

① 상한 닭이기 때문이다.

② 늙은 닭이기 때문이다.

③ 어린 닭이기 때문이다.

④ 병든 닭이기 때문이다.

⑤ 냉동 닭이기 때문이다.

해설 | 냉동과 해동 과정에서 닭뼈 골수의 적혈구가 파괴된 것을 그대로 가열하면 짙은 갈색이 나타나게 된다. 맛에는 관련이 없으나 보기에 나쁘므로 냉동된 닭을 해동하지 않고 직접 조리하면 이러한 현상을 감소시킬 수 있다.

14 숯불로 태워진 고기나 훈연 제품에서 검출되는 발암성의 물질은?

① 다이옥신   ② 벤조피렌

③ 아플라톡신   ④ 아미그달린

⑤ 니트로소아민

해설 | 벤조피렌(benzopyrene)은 숯불에 구운 탄고기, 훈연 제품, 담배 연기, 쓰레기 소각장의 연기 등에 포함되어 있는 성분으로 불완전 연소 과정에서 생성되는 다환방향족탄화수소의 한 종류이다. 세계보건기구(WHO)에서 발암물질로 지정하였으며 인체에 축적될 경우 각종 암을 유발할 수 있다.

15 신선하지 않은 생선의 조리 방법으로 옳은 것은?

① 생선회로 제조한다.

② 미리 물을 끓인 후 나중에 생선을 넣는다.

③ 조미를 비교적 강하게 한다.

④ 양념을 담백하게 한다.

⑤ 단시간 조리한다.

해설 | 선도가 저하된 생선은 조미를 강하게 함으로써 조미료의 짠맛 등을 생선살 속에 침투시켜 어취를 억제한다.

16 삶은 달걀의 난황 주변이 암녹색을 띄는 현상에 대한 내용으로 옳은 것은?

① 신선한 달걀에서 흔히 발생한다.
② 끓는 물에서 15분 이상 가열하면 발생한다.
③ 달걀의 단백질이 열에 의해 변성되어 발생한다.
④ 난백의 pH가 산성일 때 잘 일어난다.
⑤ 난황에 있는 황 성분이 난백에 있는 철과 결합하여 발생한다.

해설 | 녹변 현상이란 가열에 의해 난백에서 생성된 황화수소가 난황의 철과 결합하여 황화제1철(암녹색)을 형성하는 것이다. 끓는 물에서 15분 이상 가열을 피하거나 가열 후 즉시 찬물에 담가두면 녹변 현상을 방지할 수 있다.

17 우유 또는 탈지유에 젖산균을 첨가하여 제조하는 유제품은?

① 발효유   ② 버터
③ 크림   ④ 연유
⑤ 치즈

해설 | 발효유는 우유 또는 탈지유에 젖산균을 첨가하여 젖산균의 번식에 의해 유해균이 억제되어 보존성을 갖는 유제품이다.

18 된장과 같은 장류의 숙성 중에 일어나는 변화는?

① 캐러멜화 반응으로 갈변이 일어난다.
② 단백질이 아미노산으로 분해된다.
③ 유기산이 감소된다.
④ 암모니아가 생성된다.
⑤ 전분의 노화가 일어난다.

해설 | 장류 숙성 중의 변화
- 단백질 : 분해 효소에 의해 펩티드 또는 아미노산으로 분해된다.
- 당질
  - 분해 효소에 의해 당분으로 분해되거나 알코올과 탄산가스를 생성
  - 분해된 당의 알코올 발효에 의해 유기산 생성
- 아미노 : 카보닐 반응(마이야르)에 의한 갈변

19 조리 시에 지방을 계속 가열하면 자극성 가스가 발생하는 원인은?

① 지방의 분해로 생성된 글리세린의 계속적 분해로 아크롤레인이 생성되기 때문
② 열용량이 적기 때문
③ 중합물에 의한 점성의 증가로 가스가 발생했기 때문
④ 공기 중 산소에 의해 산화되어 알데히드가 생성되었기 때문
⑤ 열에 의해 과산화물이 생성되었기 때문

해설 | 아크롤레인은 자극성이 강한 가스로 식품의 불쾌취의 원인이다.

20 튀김 조리의 특징으로 옳은 것은?

① 식품의 색 변화가 크다.
② 영양소의 손실이 크다
③ 식품의 풍미가 향상된다.
④ 입안에서의 촉감이 좋다.
⑤ 식품의 형태 유지가 어렵다.

해설 | 튀김은 단시간 조리이므로 색과 영양소의 손실이 적고 식품의 형태가 비교적 잘 유지된다. 또한 바삭한 질감으로 입안에서의 촉감이 좋고 유지의 맛이 향상된다.

 정답   11 ③   12 ④   13 ⑤   14 ②   15 ③   16 ②   17 ①   18 ②   19 ①   20 ③

21 잼이나 젤리가 완성된 시점을 알아보는 젤리점(jelly point)에 대한 설명으로 옳은 것은?

① 당도계를 이용했을 때 당도가 65%가 되었을 때를 말한다.

② 끓고 있는 과즙의 온도가 120℃가 되었을 때를 말한다.

③ 스푼 법으로 과즙을 떨어트렸을 때 묽은 시럽모양으로 주르륵 떨어진다.

④ 끓는 과즙을 한 스푼 떠서 냉각 후 냉수를 담은 컵에 떨어트렸을 때 풀어진다.

⑤ 끓는 과즙이 묽을수록 젤리점에 가까워진다.

해설 | 젤리점은 잼이나 젤리가 완성된 시점을 알아보는 것으로, 당도계를 이용하여 당도가 65%가 될 때까지 농축시킨다. 과즙이 흩어지지 않고 뭉쳐서 떨어져야 적당한 것이고, 묽은 시럽 모양으로 떨어지면 부적당하다.
② 온도계 법 : 끓고 있는 과즙의 온도가 103~104℃가 될 때까지 농축시켜야 한다.
③ 스푼 법 : 과즙액을 스푼으로 떠서 떨어뜨렸을 때 과즙액의 일부는 덩어리로 뚝뚝 떨어지고 일부는 숟가락에 붙어 있으면 적당하다.
④ 컵 법 : 끓는 과즙을 한 스푼 떠서 충분히 냉각한 후 냉수를 담은 컵 속에 떨어뜨려 당액이 퍼지지 않고 뭉쳐 있으면 적당하다.

22 식품과 그 식품에 함유된 배당체와의 연결이 옳은 것은?

① 솔라닌 – 감자

② 아미그달린 – 수수

③ 사포닌 – 복숭아씨

④ 카페인 – 토마토

⑤ 두린 – 꽃무릇

해설 | 솔라닌은 발아된 감자에서 생성되는 독성 물질로 설사와 복통 등을 유발한다.
② 아미그달린 : 매실, 살구씨, 복숭아씨 등
③ 사포닌 : 두류, 인삼 등
④ 카페인 : 차, 커피
⑤ 두린 : 수수

23 두류, 인삼, 도라지의 뿌리에 함유된 배당체 성분으로 가열 시 거품을 내는 것은?

① 고시폴(gossypol)

② 뉴린(neurine)

③ 사포닌(saponin)

④ 솔라닌(solanin)

⑤ 두린(dhurrin)

해설 | ① 고시폴 : 목화씨
② 뉴린 : 독서벗
④ 솔라닌 : 감자
⑤ 두린 : 수수

24 한천의 이장 현상에 대한 내용으로 옳은 것은?

① 과일즙(산성 물질)을 첨가하면 이장량이 적다.

② 한천 농도가 낮을수록 이장량이 적다.

③ 설탕을 적게 넣을수록 이장량이 적다.

④ 고온에서 저장하면 이장량이 적다.

⑤ 가열 시간이 길수록 이장량이 적다.

해설 | 이장 현상(syneresis)은 시간이 경과하면 한천과 수분의 결합력이 약화되어 수분이 분리되는 현상이다.
이장 현상을 최소화하기 위한 방법
• 한천 농도를 1% 이상으로 높인다.
• 설탕 농도를 60% 이상으로 한다.
• 한천 용액의 가열 시간을 증가시킨다.
• 한천 용액의 응고 시간을 증가시킨다.
• 저온에서 보관한다.

25 햇볕에 건조한 표고버섯에 다량 함유되어 있는 비타민은?

① 비타민 A
② 비타민 B
③ 비타민 C
④ 비타민 D
⑤ 비타민 E

해설 | 표고버섯을 건조시키면 에르고스테롤이 활성형 비타민 D로 변화하며 버섯 특유의 감칠맛 성분(5′−GMP)을 생성한다.

26 표고버섯의 감칠맛과 향기 성분의 연결로 옳은 것은?

① 5′−GMP, 렌티오닌
② 5′−GMP, 만니톨
③ 5′−GMP, 마츠타케올
④ 에르고스테롤, 리그닌
⑤ 에르고스테롤, 베타글루칸

해설 | • 만니톨 : 단맛
• 에르고스테롤 : 비타민 D_2의 전구체
• 리그닌 : 식이섬유소
• 베타글루칸 : 면역 증강 물질

27 미생물의 생육 곡선에서 대수기에 대한 설명으로 옳은 것은?

① 세포가 사멸하는 시기이다.
② 영양 물질이 고갈되는 시기이다.
③ 균이 환경에 적응하는 시기이다.
④ 균이 대수적으로 증가하는 시기이다.
⑤ 효소 작용에 의한 자기 소화가 일어나는 시기이다.

해설 | 대수기에는 균이 대수적으로 증가한다. 세포의 생리적 활성이 가장 강하며, 물리·화학적 처리에 대한 감수성이 예민한 시기이다.

28 고압증기멸균기(Autoclave)를 이용한 미생물 배지의 적정 멸균 온도와 시간으로 옳은 것은?

① 100℃, 15~20분
② 100℃, 25~30분
③ 121℃, 15~20분
④ 121℃, 25~30분
⑤ 150℃, 15~20분

해설 | 일반적인 배지의 멸균은 121℃에서 15~20분이 적당하며, 멸균기 내의 내용물의 양에 따라 시간을 적절히 조절한다.

29 호기성 미생물의 증식 및 보존, 세균의 생화학적 검사에 이용하는 배지는?

① 액체배지
② 고층배지
③ 평판배지
④ 사면배지
⑤ 반고체배지

해설 | ① 액체배지 : 미생물의 생리·화학적 검사, 대량배양 시 사용
② 고층배지 : 미호기성균, 혐기성균의 배양 및 보존에 사용
③ 평판배지 : 미생물의 분리배양, 집락의 관찰, 항생제 감수성 검사에 사용
⑤ 반고체배지 : 세균의 운동성 관찰에 사용

PART 01
PART 02
PART 03
PART 04
PART 05
PART 06
PART 07
PART 08
PART 09

30 살균에 관한 내용으로 옳은 것은?

① 자외선의 살균 파장은 2,600 Å 이다.

② 살균 시 60%의 알코올을 만들어 사용한다.

③ 건열 멸균이 습열 멸균보다 살균효과가 더 크다.

④ 화염 멸균법은 배지 안의 포자를 멸균하기 위해 실시한다.

⑤ 건열 멸균은 시험관이나 초자 기구 등의 살균에 이용된다.

해설 | ① 살균력이 가장 강한 자외선 파장은 253.7nm(2,537 Å)이다.
② 70% 알코올이 살균 효과를 가진다.
③ 습열 멸균이 건열 멸균보다 살균 효과가 크다.
④ 고압증기멸균기(Autoclave)를 이용하면 배지 안의 포자까지 멸균할 수 있다.

MEMO

급식관리

CHAPTER 01 | 급식 개요

SECTION 01 | 급식 유형 및 체제

1. 급식 산업

(1) 개요

가정 외의 장소에서 음식을 조리, 가공된 형태로 상품화하여 이에 따르는 서비스를 판매·제공함으로써 편익과 가치를 제공하는 산업

(2) 급식 산업의 분류 및 경향

① 단체급식(비상업적 급식)

  ㉠ 영리를 목적으로 하지 않고 계속적으로 특정 다수인에게 음식물을 공급

  ㉡ 기숙사·학교·병원·기타 후생기관 등의 급식 시설을 집단급식소라 정의

  ㉢ 50인 미만의 인원에게 식사를 제공하는 경우는 포함하고 있지 않아 광의적인 개념으로 단체급식을 정의할 필요가 있음

② 외식업(상업적 급식)

  ㉠ 영리를 목적으로 하고 일반 대중을 대상으로 식사 제공

  ㉡ 일반음식점, 휴게음식점, 출장외식업, 호텔 및 숙박시설 식당, 스포츠 시설 및 휴양지 식당, 교통기관 식당, 자동판매기 등

③ 급식 산업의 최신 경향

  ㉠ 학교 급식 : 「학교 급식법」(1996년 개정)에 따라 위탁급식 운영이 가능하였으나 2000년대 초 위탁급식을 운영하는 학교에서 대형 식중독이 발생함에 따라 이를 계기로 학교 급식을 직영으로 운영하도록 「학교 급식법」을 개정, 현재는 특수한 경우를 제외한 대부분의 학교에서 직영(97.9%, 2017년 기준)으로 운영

  ㉡ 산업체 급식 : 급식 대상자들의 요구에 부응해 중역 식당, 자판기, 오후 간식, 케이터링 등 판매 증대를 위한 마케팅 활동

  ㉢ 교통기관 급식 : 수준 있는 서비스 제공, HACCP System 도입, 최첨단 자동화 등

  ㉣ 병원 및 양로원 급식

   • 소규모 급식업체는 중앙 조리-위성 서비스 시스템 도입, 대규모 급식업체는 cook-chill-system 등 다양한 합리적 경영 방법 적용

   • 레스토랑 메뉴 도입과 환자 뷔페 식당 등 일반 외식업계의 경영방법 도입

- 2016년 6월 「의료 해외진출 및 외국인 환자 유치에 관한 법률」을 시행함에 따라 위탁급식 업체에서는 병원급식의 시장점유율을 높이기 위해 업체의 경쟁이 치열해짐
  - ⑩ 서비스 번들링 : 급식 서비스뿐 아니라 식자재 전처리, 유통, 포장 등 관련 사업을 묶어서 제공

 퀴즈

외식업은 일반 대중을 대상으로 식사를 제공하며, 영리를 목적으로 한다. (○/×)

정답 | ○

해설 | 영리를 목적으로 하지 않는 경우는 '비상업적 급식'으로 분류한다.

2. 단체급식

① 정의 : 기숙사 · 학교 · 병원 · 기업체 · 후생기관 등에서 특정한 사람들을 대상으로 식사를 공급하는 것

 관련 법령

「식품위생법」 제2조 제12항
'집단급식소'란 영리를 목적으로 하지 아니하면서 특정 다수인에게 계속하여 음식물을 공급하는 다음 각 목의 어느 하나에 해당하는 곳의 급식 시설로서 대통령령으로 정하는 시설을 말함
가. 기숙사
나. 학교
다. 병원
라. 「사회복지사업법」 제2조 제4호의 사회복지시설
마. 산업체
바. 국가, 지방자치단체 및 「공공기관의 운영에 관한 법률」 제4조 제1항에 따른 공공기관
사. 그 밖의 후생기관 등

「식품위생법 시행령」 제2조
집단급식소는 상시 1회 50인 이상에게 식사를 제공하는 급식소를 말함

② 단체급식 관리 기능
  - ㉠ 개요 : 급식 목적을 달성하기 위해 다양한 자원을 음식과 서비스의 산물로 만들어가는 과정으로 이와 관련된 각 세부 업무 간의 유기적인 시스템[계획(plan) – 실시(do) – 평가(see)]을 이루고 있다.
  - ㉡ 세부 기능
    - 계획 기능 : 영양계획, 인력계획, 운영계획, 식재료 구입계획, 조리작업계획, 예산수립 등
    - 실시 기능 : 식단 작성, 구매, 검수, 저장, 조리생산 및 배식관리, 인력관리, 기기 및 설비 관리 등
    - 평가 기능 : 식단평가, 위생점검, 급식수관리, 검식일지, 검수일지, 재고조사, 생산성분석, 직무만족도 조사, 대차대조표, 손익계산서 등

③ 단체급식의 공통 목적

　ㄱ 국민 영양 개선 및 건강 증진에 기여

　ㄴ 자원의 효율적, 경제적 활용에 기여

　ㄷ 사회 복지에 기여 : 피급식자의 가정, 지역사회에 대한 공헌

　ㄹ 영양 교육 및 영양 지식 함양

④ 단체급식의 문제점과 개선 방안

　ㄱ 문제점

　　• 영양적 측면 : 영양가 산출을 잘못할 경우 또는 기초 조사가 불충분할 경우 집단 전체에 영양 저하 현상 발생 가능

　　• 위생적 측면 : 대규모 급식이므로 종업원의 위생 교육과 시설 및 기기 등의 위생관리가 불충분할 경우 대형 위생 사고 발생 위험

　　• 비용적 측면 : 급식비 절감을 위해 인건비, 시설비 및 재료비를 줄일 경우 급식의 질 저하

　　• 심리적 측면 : 개인의 기호 성향을 고려하지 못한 채 실시되는 획일적인 단일식단의 경우 가정식에 대한 향수로 급식에 적응하기 어려움

　　• 시간과 배식 등 측면 : 정해진 짧은 시간 내에 다량의 음식 생산으로 다양한 메뉴 개발이 어렵고 조리 후 배식 시간이 길어지면서 품질 저하 발생

　ㄴ 개선 방안

　　• 경비 절감 : 대량 구매, 계절 식품 이용, 작업 분석을 통한 인건비 절감 등

　　• 위생적인 급식 관리 : HACCP 적용

　　• 기호도 충족 : 선택식단제 도입, 메뉴 개발 등

　　• 시설의 쾌적성 유지 및 사무관리의 전산화

　　• 가정식과 같은 분위기 연출

　　• 급식 운영관리 정기회의 개최

⑤ 단체급식 관리자

　ㄱ 영양사의 정의 : 한국표준직업분류상 건강 증진 및 질병 치료를 목적으로 개인 및 단체에 균형 잡힌 음식물을 공급하기 위하여 식단을 계획하고 조리 및 공급을 감독하는 업무를 수행하는 사람

　ㄴ 영양사의 직무(국민영양관리법 제17조)

　　• 건강 증진 및 환자를 위한 영양 · 식생활 교육 및 상담

　　• 식품 영양 정보의 제공

　　• 식단 작성, 검식 및 배식 관리

　　• 구매 식품의 검수 및 관리

　　• 급식 시설의 위생적 관리

　　• 집단급식소의 운영일지 작성

　　• 종업원에 대한 영양 지도 및 위생 교육

　ㄷ 영양사를 두어야 할 집단급식소 : 상시 1회 50인 이상에게 식사를 제공하는(1일 1회 이상의 식사를 제공하는 곳의 경우 1회 최대 급식 인원이 50인 이상이 되는 곳) 학교 급식, 병원 급

식, 사회복지시설 급식, 일부 사업체 급식(정부투자기관, 국가 지방자치단체, 지방공기업법에 의한 지방 공사 및 지방 공단, 특별법에 의하여 설립된 법인)

 영양사를 두지 않아도 되는 경우(식품위생법 제52조)

- 집단급식소 운영자 자신이 영양사로서 직접 영양지도를 하는 경우
- 1회 급식인원 100명 미만의 산업체인 경우
- 조리사가 영양사의 면허를 받은 경우

ⓔ 영양사의 자격(국민영양 관리법 제15조) : 영양사에 관한 규칙 제2조에 의거, 영양사 면허는 고등교육법에 의한 학교에서 식품학 또는 영양학에 관한 해당 교과목을 이수하여 학점을 취득하고 졸업한 자, 외국에서 영양사 면허를 받은 사람, 외국의 영양사 양성학교 중 보건복지부장관이 인정하는 학교를 졸업한 사람 등으로서 영양사 국가시험에 합격하고 결격사유가 없는 경우 보건복지부 장관으로부터 주어짐

 영양사 결격사유

정신질환자, 감염병환자, 마약, 대마 또는 향정신성의약품 중독자, 면허의 취소처분을 받은 후 1년이 경과하지 않은 자(국민영양 관리법 제16조)

3. 급식 유형

(1) 급식 대상별 유형

① 영유아 보육시설 급식

ㄱ) 어린이집 급식(영유아보육법)과 유치원 급식(유아교육법)으로 구분

ㄴ) 100인 미만의 영유아를 보육하고 있는 어린이집은 보육정보센터, 보건소 및 어린이급식관리 지원센터 등에서 근무하는 영양사의 지도를 받아 식단을 작성하여야 함

 퀴즈

80명의 영유아를 보육하는 어린이집은 어린이급식관리지원센터에서 근무하는 영양사의 지도를 받아 식단을 작성해야 한다. (○/×)

정답 | ○

② 학교 급식 : 초 · 중 · 고등학교에서 제공되는 급식(대학교 제외)

ㄱ) 목적

- 합리적인 영양 섭취로 심신의 발달 및 편식 교정
- 급식을 통한 영양 교육 실현
- 생활예절 교육 및 식생활 개선
- 올바른 식습관 지도 및 형성 지원
- 국가 식량 정책 개선

ⓛ 연혁

- 1953년 UNICEF, CARE 등의 지원으로 구호 급식의 시작
- 1978년 영양사 배치 시작, 1981년 학교 급식법 제정
- 1998년 전국초등학교 급식 전면 확대, 2011년 무상 급식 도입

③ 병원 급식

ㄱ 개요 : 영양적으로 적절한 식사 공급을 통해 환자의 질병 치료·개선 및 체력 회복을 지원하며, 직원 급식과 환자 급식이 제공됨

ㄴ 특징

- 위생적으로 안전한 식사 제공 : 면역력이 약한 환자 대상 급식
- 식수 및 식사내용 확인 : 계속되는 입원 및 퇴원
- 생산성이 낮음 : 일반식, 질병 종류와 상태에 따른 다양한 치료식 생산
- 조리기기, 설비 점검과 수리 시간이 충분치 못함 : 1일 3식 급식 연중무휴
- 인건비 부담이 높음 : 주말 등 공휴일 급식과 병실 배식

④ 산업체 급식

ㄱ 공장, 사무실, 관공서, 연수원 등에서 제공하는 급식

ㄴ 단체급식 시장에서 가장 큰 규모이며 위탁급식이 대부분

ㄷ 고용인들의 건강과 작업 효율 향상

ㄹ 산업체 근무자들의 건강과 행복을 보장할 수 있는 급식 체계 구축

ㅁ 100인 이상 산업체는 의무고용(2015년 「식품위생법」 제52조 개정)

⑤ 사회복지시설 급식

ㄱ 영양학적으로 취약한 어린이, 노약자, 장애인 등 신체적, 영양적으로 취약한 계층에게 급식 제공

ㄴ 아동복지시설, 노인복지시설, 장애인복지시설, 정신보건시설, 노숙인복지시설, 종합사회복지관 등

⑥ 군대 급식 : 군인들에게 적절한 급식을 제공함으로써 군력 증진을 통해 국민의 재산과 생명을 보호하고 궁극적으로 국민 건강 향상에 기여

⑦ 기타 급식 시설

ㄱ 선수촌 및 운동 선수 급식

ㄴ 교정 시설 급식

ㄷ 기내식 : 조리 냉장 방식(cook-chill) 운영

(2) 급식 운영 형태별 유형

① 직영 급식

ㄱ 급식 기관 자체에서 직접 급식 경영을 하는 방법

ㄴ 수익보다는 품질 제고가 우선이며 신속한 원가 통제 가능

ㄷ 서비스 저하, 인건비, 생산비 상승

② 위탁 급식

   ⊙ 기업체나 기관 등 급식 운영 업무의 일부 또는 전부를 위탁 급식 전문 업체와 같은 외부 급식 업체에 의뢰하여 경영

   ⓛ 기대효과

     • 재정 : 급식 예산 보장, 원가 절감, 자본 투자 유치, 시설 및 설비 개선 비용 자본금 부족 해결

     • 인적 자원 : 인건비 절감, 노사갈등 해소, 직원교육 및 개발프로그램 체계화, 유능한 관리자 활용

     • 급식 운영 : 서비스 불평 감소, 위생관리 체계 강화

     • 감독 : 경영진의 급식 업무 관리 부담 감소, 급식관리자의 업무 수행 개선

     • 설비 : 낙후된 시설 및 설비 개선, 보수 및 수리를 위한 자본금 부족의 해결 가능

   ⓒ 제약사항 : 전문성이 부족한 업체와 계약할 경우 급식 품질에 문제, 급식 시설 설비 개보수가 필요할 때 책임 소재 분쟁 가능성, 계약 기간이 짧은 경우 안정적인 급식 경영이 어려움 등

   ⓔ 위탁계약 방식

     • 식단가제 : 식단가를 기준으로 계약, 식단가에 재료비, 인건비, 기타 경비와 위탁수수료 등이 포함되며, 대규모 급식소와 식수 변동이 적은 급식소에서 많이 채택

     • 관리비제 : 일정 기간 동안 사용한 식재료비, 인건비, 기타 경비 등을 사용 내역에 따라 실비로 위탁 의뢰기관에 청구하여 정산하는 방식으로, 중소 규모의 산업체나 기숙사 급식 등에서 많이 채택

③ 임대 : 급식 관련 시설 일체를 임대업자에게 빌려주고 기관 또는 기업은 계약된 임대료를 받는 형태

퀴즈

위탁 급식은 원가를 신속하게 통제할 수 있다는 장점이 있다. (○/×)

정답 | ×

해설 | 신속한 원가 통제가 가능한 것은 위탁 급식이 아니라 직영 급식이다.

---

4. 급식 체계

(1) 급식시스템

① 개념 : 급식목적을 달성하기 위해 다양한 자원을 음식과 서비스의 산물로 만들어가는 과정으로 이와 관련된 각 세부업무 간의 유기적인 개방시스템

 급식시스템 예시

계획-조직-지휘-조정-통제

---

② 개방시스템의 특징

　　㉠ 상호의존성 : 시스템 부분의 상호작용에 의한 통합과 시너지 효과 창출

　　㉡ 역동적 안정성 : 내적, 외적환경과 상호작용, 변화와 통제에 적응한 균형 유지

　　㉢ 함목적성(이인동과성) : 다양한 투입물이나 변형을 거쳐도 유사하거나 동일한 결과물 산출

　　㉣ 경계의 유연성 : 변화하는 환경에 의해 상호 영향을 주고받으며 시스템의 접점 지역인 경계도 변화

　　㉤ 시스템 간 공유영역 : 하위 시스템이나 시스템 간의 상호작용이 발생하는 영역

　　㉥ 위계질서 : 하나의 시스템은 여러 하위 단계의 하부 시스템으로 구성되는 동시에 상위 시스템의 한 부분이 되는 것

③ 급식시스템 모형

　　㉠ 기본시스템 : 투입, 변형(변환) 과정, 산출

　　㉡ 확장시스템 모형 : 기본시스템에 통제, 기록, 피드백이 추가된 모형

　　㉢ 구성 요소

　　　• 투입

인적자원	노동력(조리 및 관리인력), 기술(조리 및 관리기술, 특허)
물적자원	식재료(급식 원·부재료), 물품(소모품, 비품)
시설자원	자본(자산), 시간(작업 및 업무시간), 설비(전기, 가스 등), 정보(급식 운영에 필요한 정보 및 지식)

　　　• 변환 과정

관리 기능	계획, 조직, 지휘, 조정, 통제
기능적 하부 시스템	구매, 생산, 분배·배식, 위생·유지 등
연결 과정	의사결정, 의사소통, 균형 유지

　　　• 산출 : 음식(질과 양의 만족), 고객 만족, 종업원 만족, 재정적인 수익성

　　　• 통제 : 자원의 효과적·효율적 운영과 평가 기준을 제공하는 과정

내부통제	조직의 목적, 목표, 기준, 지침, 절차 등의 다양한 계획
외부통제	법규, 규제, 계약

　　　※ 급식소의 가장 강력한 내적 통제 도구 : 식단표

　　　• 기록 : 시스템 운영에 필요한 정보와 기록 저장, 급식업무 전산화

　　　• 피드백 : 내적·외적 환경의 정보를 시스템에 계속 수용하도록 하는 과정

(2) 급식 체계(시스템)별 유형 중요

① 전통적 급식 체계(Conventional food service system)

　　㉠ 대다수의 급식을 실시하는 기관에서 전통적으로 다년간 사용해 온 급식 형태

　　㉡ 음식을 만들기 위한 전처리 과정, 조리 과정, 배식 등 모든 준비가 한 곳에서 이루어짐

ⓒ 장단점

장점	• 피급식자의 다양한 요구에 부응하기 용이함 • 융통성 있음 • 생산과 배식이 한곳에서 이루어짐 • 배달 비용 최소화 • 질적으로 우수한 음식 제공 • 냉장, 냉동의 저장 공간을 덜 차지하므로 에너지 비용 절감
단점	• 시설 투자비가 많이 듦 • 노동비가 많이 소요됨 • 피크 타임에 인력이 집중적으로 요구되어 노동력 활용이나 인력 관리가 어려움 • 작업의 분배 및 분업이 일정치 못할 경우 인력 낭비 및 작업자의 불만이 커져 생산성 저하 • 인건비 상승 시 문제

② 중앙 공급식 급식 제도(Commissary food service system)
  ㉠ 지역적으로 인접한 몇 개의 급식소를 묶어서 공동 조리장(central kitchen)을 두어 그곳에서 대량으로 음식을 생산한 후 1인분씩 담아 운송하거나 대량(bulk)으로 인근의 급식소(satellite kitchen)로 운송하여 음식의 배선과 배식이 이루어지는 방식
  ㉡ 장단점

장점	• 식재료 대량 구입으로 인해 비용 절감 및 생산성 증가 • 설비, 인력의 단일성 • 음식의 질과 양 표준화 • 관리 효율적
단점	• 배식까지의 시간 소요로 음식의 미생물적, 관능적 품질 수준 저하 • 적정 온도가 유지되는 기구 및 운반 차량 필수적 • 일관된 질과 양의 음식 생산을 위해 실험실을 갖춘 테스트 키친 필요

 퀴즈

중앙 공급식 급식 제도는 비용 절감 및 생산성 제고가 가능하나, 시설 투자비가 많이 든다는 단점이 있다. (ㅇ/×)
정답 | ×
해설 | 시설 투자비가 많이 들어가는 것은 전통적 급식 체계의 단점이다.

③ 조리저장식 급식제도(Ready prepared food service system)
  ㉠ 식품을 조리한 직후 냉동해 얼마간 저장한 후 급식하는 것
  ㉡ 국내 기내식 급식에서 사용
  ㉢ 음식이 급식되기 오래전에 이미 조리 과정이 끝난 것으로, 미리 조리하여 냉동시키고 쉽게 작업할 수 있도록 노동력을 아끼는 방법
  ㉣ 생산과 소비가 시간적으로 분리됨
  ㉤ 음식을 바로 배식하기 위하여 생산하는 것이 아니라 저장하기 위하여 생산하며, 일정 기간 동안 냉장, 냉동 저장한 후 배식하고자 할 때 간단한 열처리를 거친 후 급식 대상자에게 제공
  ㉥ 저장하는 방법 : 조리-냉장(cook-chill) 방식, 조리-냉동(cook-freeze) 방식, 수-비드(sou-vide) 방식

ⓢ 장단점

장점	• 생산을 계획적으로 함 • 인력을 효율적으로 배치 • 노동시간의 20% 절감 효과 • HACCP의 도입 가능 • 보온 · 보관 단계 없음
단점	• 관리가 부적절할 경우 대형 사고의 위험성이 높음 • 특수한 설비 및 기기 필요 • 냉장, 냉동, 해동, 재가열 과정에서 질의 변화 있음 • 정확한 수요 예측 및 생산계획 필요 • 저장에 따른 철저한 품질관리와 통제프로그램이 필요함

④ 조합급식제도(Assembly food service system)

ㄱ 편의식 급식제도(Convenience-food food service system)

ㄴ 전처리 과정이 거의 필요하지 않은 가공 및 편의 식품을 식재료로 대량 구입하여 조리를 최소화

ㄷ 저장, 조립, 가열배식의 기능만 필요

ㄹ 완전히 조리된 음식을 식품제조회사로부터 구입하는 것으로, 음식을 녹이거나 데우고 분량을 조정하므로 '최소한의 조리'만 필요한 급식제도

ㅁ 장단점

장점	• 음식 질이 동일하게 유지됨 • 급식 서비스 장소에서 최소한 기기로 급식 가능 • 언제나 빠른 서비스 가능 • 편의 식품의 사용으로 노동 시간이 감소되어 인건비 절감 • 시설 설비의 최소화
단점	• 기호의 충족이 어려움 • 다양한 메뉴의 제공이 어려움 • 식재료 저장 공간 필요 • 값비싼 재료 구입 시 노동비 절약 상쇄 • 지리적 요인에 따라 식단에 사용되는 식품 제한

퀴즈

급식 시설의 구축이 어렵거나 인건비를 절감하고자 하는 경우 편의식 급식제도를 선택하는 것이 적합하다. (ㅇ/×)

정답 | ㅇ

해설 | 편의식 급식제도는 '최소한의 조리'로 실시할 수 있는 급식 형태이다.

1. 급식 경영관리와 관리자

(1) 급식 경영

① 개요 : 급식조직의 목표를 달성할 수 있도록 운영에 필요한 인적, 물적 자원을 투입하여 질 높은 음식과 서비스를 생산하여 제공하기 위한 모든 과정

 자원요소(6M)

사람, 원료, 자본, 방법, 기계, 시장

② 경영관리의 순환체계

　　㉠ PDS 사이클 : 계획(plan) – 실행(Do) – 평가(See), 기본적인 기능의 순환성 표현

　　㉡ POC 사이클

　　　• 계획화(planning) – 조직화(Organizing) – 통제화(Controlling)

　　　• 다양한 관리기능을 동적이나 개념으로 표현하는 용어로 나타냄

빈 칸 채우기

PDS 사이클은 계획(Plan) – 실행(Do) – (　　　　)(See)로 구성된다.

정답 | 평가

---

③ 경영의 관리 기능

　　㉠ 계획 : 조직의 목표, 방침, 절차, 방법을 결정, 통제기준 제공

　　㉡ 조직화 : 수립된 계획의 목표를 위해 구성원에게 담당 직무 배분

　　㉢ 지휘 : 담당 직무자가 목표 달성을 위해 일을 잘 수행할 수 있도록 지시, 감독 및 동기 유발

　　㉣ 조정 : 직무자 간의 상호 협력과 갈등을 조절하고 문제 해결을 위한 조화를 이루도록 하는 기능

　　㉤ 통제

　　　• 계획과 성과를 비교하여 계획이 표준에 일치하도록 하는 것

　　　• 계획 수립 시 수정 자료를 제공해주는 기능

　　　• 사전통제, 가부통제, 진행(동시)통제, 사후통제 등이 있음

 통제의 4단계

수행목표와 기준 설정 – 실제 수행도 측정 – 설정한 기준과 성과 비교 – 수정조치 및 피드백

- 메뉴 : 식수 평가, 관능 평가, 잔반 조사, 식단 평가, 영양가 분석
- 재무 : 작업 측정 및 생산성, 재무성과(손익 관리)
- 운영체계 : 검식관리, 구매관리, 위생관리, 시설 점검표, 정보시스템관리
- 서비스 : 고객 만족도, 서비스 품질 평가
- 구성원 : 직무 만족도, 조직 몰입도, 직원 업적

④ 경영관리 축(Wheel)
   ㉠ 경영관리의 기능이 상호의존적이기 때문에 관리 기능을 독립적으로 구분하지 않고 전체적인 관점에서 보아야 한다는 점을 강조하기 위해 축으로 나타냄
   ㉡ 축 바깥 부분의 동기부여 기능은 목적 달성의 속도를 좌우함
   ㉢ 축의 중심에 있는 관리자 주위의 의사소통 기능은 경영 기능을 원활하게 진행되도록 하는 역할을 함
⑤ 급식 경영의 업무적 기능
   ㉠ 메뉴관리 : 영양 계획, 메뉴 개발과 작성, 메뉴 평가
   ㉡ 구매관리 : 구매 계획, 발주, 검수, 저장, 재고관리
   ㉢ 생산관리 : 수요 예측, 표준 레시피 개발과 작성, 대량 조리, 보관 및 배식
   ㉣ 작업관리 : 급식 생산성 증대, 작업 일정 계획, 작업 효율화, 안전관리
   ㉤ 위생관리 : HACCP 시스템, 식재료, 조리인력, 시설 위생관리
   ㉥ 시설ㆍ설비관리 : 시설 설비의 설계, 기기, 집기 및 식기관리
   ㉦ 회계정보 관리 : 사무관리, 전산화
   ㉧ 원가관리 : 급식 마케팅, 원가 분석, 손익 분석, 예결산관리

(2) 급식 경영관리자
① 급식 경영관리자의 유형
   ㉠ 급식 경영관리 계층
      - 최고 경영층 : 조직 경영을 총괄, 조직의 전략적 정책 수립 및 방향을 제시함
      - 중간 관리층 : 세부 업무 책임, 해당 부서의 정책 수행, 상하 간 의사소통과 균형을 유지
      - 하급 관리층 : 종업원을 직접 관리, 일상적 작업 활동 감독
   ㉡ TMQ 관리 계층
      - 종합적 품질경영의 중요성이 부각되면서 새롭게 변화되고 있는 계층 구조
      - 전통적인 피라미드 형태에서 역삼각형 모양으로 역전되어 상위 경영층은 지원하고 도와주는 촉진자 및 리더로서의 역할을 수행
      - 고객 만족과 더불어 하급 관리층의 위상을 강조한 관리 계층 모형
② 급식 경영관리자의 역할
   ㉠ 민츠버그의 경영자 역할
      - 대인 간 역할 : 대표자, 지도자, 연결자로서 사람들과의 관계에 초점

- 정보 관련 역할 : 정보 전달자, 정보 탐색자, 대변인으로서 의사결정을 위해 정보를 수집하여 조직 내에 전달 및 대변하는 역할
- 의사결정 역할 : 기업가, 문제 해결사, 자원 배분자, 협상자이며 수집한 정보에 기초한 의사결정 역할

ⓛ 카츠의 경영관리 능력
- 기술적 능력(하부 경영자의 능력) : 전문 분야에서 맡은 바 업무를 이해하고 능숙하게 수행하는 실무적 능력
- 인력 관리 능력 (중간 경영자의 능력) ; 조직 구성원의 원만한 관계 유지 및 업무를 통솔하고 지휘하는 능력
- 개념적 능력(최고 경영자의 능력) : 거시적 안목에서 조직을 파악하고 각 부문 간의 상호관계를 인식하는 능력
- 관리 계층에 따른 관리 능력 : 상위계층으로 갈수록 개념적 능력, 하위계층으로 갈수록 기술적 능력, 모든 계층에서는 인력 관리 능력을 갖추는 것이 중요함

거시적 안목에서 조직을 파악하는 것은 중간 경영자의 경영관리 능력이다. (○/×)
정답 | ×
해설 | 거시적 안목에서 조직을 파악하는 것은 개념적 능력으로서 최고 경영자의 능력이다.

2. 급식계획

(1) 계획 수립

① 개요 : 조직의 목표를 설정하고 전반적인 전략을 수립하여 조직구성원들의 행동을 통합하고 조정하기 위한 방법을 모색하는 포괄적인 과정
② 계획의 종류
ⓞ 적용기간에 따른 분류
- 단기 계획(운영 계획) : 1년 미만, 하급 관리층
- 중기 계획(전술 계획) : 1~5년, 중간 관리층
- 장기 계획(전략 계획) : 5년 이상, 상위(최고) 경영층
ⓛ 반복성 또는 이용성에 따른 분류
- 지속계획 : 계속 사용되는 계획(절차, 규칙 등)
- 특정계획 : 특정 용도로만 사용되는 계획(프로젝트, 예산 등)
ⓒ 범위에 따른 계획
- 전략 계획 : 조직 전체의 장기적 방침이나 방향을 설정하며 포괄적임 → 상위(최고) 경영층
- 전술 계획 : 목표 달성에 필요한 활동 수행과 자원분배 결정 → 중간 관리층
- 운영 계획 : 업무 일정, 업무 표준 설정 등 세부적인 계획 → 하급 관리층

PART 01
PART 02
PART 03
PART 04
PART 05
PART 06
PART 07
PART 08
PART 09

③ 계획 수립 기법
　ⓐ 벤치마킹 : 경쟁우위 다른 기업의 경영활동 비교, 분석하여 이를 적절하게 모방하거나 개선책을 모색하는 방법
　ⓑ 스왓(SWOT) 분석 : 내부환경 분석으로 자사의 강점과 약점을 도출하고 외부환경 분석으로 환경의 기회, 위협요인을 파악함으로써 유리한 전략계획을 수립하기 위한 기법
　ⓒ 목표관리법 : 상부, 하부 간의 공동 목표를 설정하고 함께 노력하고 평가함으로써 개인과 조직의 목표를 전체 시스템 관점에서 통합하는 방법

(2) 의사결정

① 개요 : 조직의 목표 달성 또는 문제 해결 과정에 있어서 다양한 대안을 탐색하고 평가하는 가장 최선의 안을 선택하는 과정이며, 이를 통한 문제 해결이 조직의 성과와 효율성을 결정함
② 의사결정 유형
　ⓐ 전략적 의사결정
　　• 기업의 외부 문제에 관련된 것(최고 경영자)
　　• 기업의 신규 사업 진출, 해외 진출, 신제품 개발 및 사업 다각화 등
　ⓑ 관리적 의사결정
　　• 기업의 내부 문제에 관련된 것(중간 관리층)
　　• 불완전하지만 신뢰할 만한 정보를 근거로 의사결정
　　• 유통경로의 설정, 공장입지 및 자금, 설비, 인력 등
　ⓒ 운영적(업무적) 의사결정
　　• 구체화된 기업 내 모든 자원의 효율 극대화(일선 감독층 혹은 담당자)
　　• 제품의 품질 개선, 재고 처리 방안, 통상적 구매 행위 등

3. 급식조직

(1) 조직화

① 조직 : 공동의 목적 달성을 위해 협동적으로 노력하는 사람의 집합
② 조직도
　ⓐ 조직의 공식적인 구조를 도식화하여 각 부서 간 관계, 업무 분담 및 책임 관계를 공식적으로 명시
　ⓑ 조직의 기능, 명령체계, 의사소통 체계, 직위, 활동 규모 제시

(2) 조직화의 원칙

① 분업(전문)화 : 전문화된 단일 업무를 조직구성원이 수행하도록 분담
② 권한과 책임
　ⓐ 권한과 책임 명확화의 원칙 : 조직 내 직무 분담은 권한, 책임의 상호관계가 명확해야 함
　ⓑ 권한과 책임 대응의 원칙 : 모든 직위의 권한과 책임은 동일하게 유지되어야 함
　ⓒ 삼면등가 : 권한, 책임, 의무는 동등하게 부여
　ⓓ 권한위임

- 하급자에게 충분한 권한을 부여
- 신속한 의사결정 가능
- 동기부여 효과 및 인재 육성 가능
- 상사에게 업무가 집중되는 현상을 막고 관리자의 부담 경감
ⓜ 명령 일원화
- 한 사람의 직속 상사로부터만 명령, 지시를 받도록 함
- 상위자가 전체적인 조정을 하기가 용이
- 하위자는 명령, 보고 관계의 일원화 가능
- 권환과 책임의 명료화로 하위자의 효율적인 통제 가능
ⓗ 감독 범위(한계) 적정화
- 상위자가 통제하는 수를 적정하게 제한
- 상층 관리 4~8명, 하층 관리 8~15명
- 통제가 좁아지면 하위자의 부담 가중, 관리비 증가
- 통제가 넓어지면 의사 전달 및 조정이 힘들고 능률이 저하됨
ⓢ 계층 단축화 : 상하 원활한 소통을 위해 조직 계층의 수를 단축
ⓞ 조정 : 기업 전체의 관점에서 효과성 및 효율성을 높일 수 있도록 서로 조정 통합되어야 한다는 원칙

퀴즈

조직화를 실시할 때는 책임과 의무를 동등하게 부여하되, 권한은 제한적으로 부여하여야 한다. (○/×)

정답 | ×

해설 | 권한과 책임, 의무를 동등하게 부여하여야 하며, 이를 '삼면등가'의 원칙이라고 한다.

(3) 조직구조의 부문화

① 대규모 조직에서 기업 환경 변화에 적용하기 위한 목적, 인원수나 시간대, 직능, 지역, 제품에 의해 조직을 부문화
② **직능적 부분화** : 전형적인 방법으로, 경영 기능에 의한 부문화(구매부, 생산부, 판매부, 재무부, 마케팅부 등)
③ **단위적 부문화**
  ㉠ 지역별 : 특정 지역, 지역관리자 책임 활동(경인지역, 경남지역 등)
  ㉡ 제품별 : 한식, 양식 등
  ㉢ 고객별 : 사업체 급식, 군인 급식, 학교 급식 등
  ㉣ 공정별 : 제품 생산 흐름(전처리, 저장공정 등)
④ **조직 권한의 분산**
  ㉠ 집권 관리(관료적 관리 형태) : 모든 권한과 의사결정권이 최고 경영층에 집중
  ㉡ 분권 관리 : 하위 관리자층에 권한을 주어 운영

4. 경영조직 중요

(1) 라인(line) 조직

가장 오래되고 단순한 조직. 명령일원화의 원칙으로 모든 직위가 명령권한의 라인으로 연결

장점	단점
• 질서 확립 • 강한 통솔력 • 신속한 의사결정 • 종업원 훈련이 용이 • 책임과 권한의 한계 명확 • 조직 구조와 명령 계통 단순	• 의욕 상실 • 관리자 양성이 어려움 • 하위 관리자의 창의력 결여 • 부문 간의 독립성으로 유기적인 조정이 곤란 • 상위 경영자의 독단적인 처사로 인한 피해 우려

(2) 직능식(function) 조직

테일러가 처음 고안한 조직. 전문화의 원칙에 따라 다수의 기능적 전문가가 각 업무를 관리하는 기능적 조직

장점	단점
• 관리자 양성 용이 • 정확한 과업 할당 가능 • 성과에 따른 보스의 가감 가능	• 간접적 관리자 증가 • 관리자 상호 간의 마찰 우려 • 명령이 통일되지 않아 질서 문란 • 책임의 전가가 쉽고 사기 저하 우려 • 전문적 기능의 합리적 분할이 어려움

(3) 라인(line)과 스태프(staff) 조직

라인(결정권과 명령권) 조직의 지휘 명령의 통일성에 스태프(조언과 권고 기능) 조직을 보완시킨 조직으로 중·대규모의 기업 조직에서 사용

장점	단점
• 능률 향상 • 조직의 안정 • 신중한 의사결정 • 관리 통제가 수월	• 라인과 스태프의 혼동 우려 • 라인이 스태프에 의존하는 경향 • 명령체계와 조언 및 권고가 혼동 • 라인 직원과 스태프 직원의 불화 발생 가능

(4) 팀형 조직

관리와 명령계층을 단축시킨 평탄 구조의 조직으로 고층 구조의 비효율성 개선

장점	단점
• 신속한 의사결정 • 조직의 기민성 향상 • 상하 조직 간의 명령 및 보고체계의 단순화	• 최고 경영자의 균형 유지가 어려움 • 팀 중심적 사고로 기업 전체를 보지 못하는 경향이 있음

(5) 프로젝트 조직

일정 기간 팀을 형성했다가 목표 달성 후 해체되는 조직

장점	단점
• 목표 지향적 • 환경 적응성 상승 • 인력 구성 탄력적 • 구성원 사기 향상	• 소속 부문과의 관계 조정 곤란 • 성공 여부를 책임자 능력에 의존

(6) 매트릭스 조직

소속된 부서에서의 역할과 프로젝트 구성원의 역할 동시 수행

장점	단점
• 새로운 변화 대처에 융통성 있음 • 구성원의 전문성 발휘, 자기 개발 기회가 많아짐	명령 일원화의 원칙에 위배됨

(7) 네트워크 조직

핵심 역량 부문에 집중하고 나머지는 아웃소싱이나 전략적 제휴를 통해 외부 환경 변화에 유연하게 대처하기 위한 조직

장점	단점
• 개방 시스템의 성격 강함 • 시너지 효과를 위한 수평적 조직	• 종업원의 충성심 약함 • 외부 기업에 통제력이 약화됨

빈 칸 채우기

(   ) 조직은 일정 기간 팀을 형성하고, 목표 달성 후에는 해체되는 조직이다.

정답 | 프로젝트

퀴즈

경영조직 중 강한 통솔력으로 신속한 의사결정이 가능한 형태는 라인(line) 조직이다. (○/×)

정답 | ○

해설 | 라인 조직은 가장 오래되고 단순한 조직으로, 명령 일원화의 원칙하에 움직이는 조직이다.

5. 집권조직과 분권조직

(1) 집권조직

① 경영상의 모든 결정권이 최고 경영층에 집중되는 관료적 관리 형태
② 소규모 조직이거나 최고 경영층의 지식과 경험, 능력이 있을 때 효과적임

장점	단점
• 긴급사태에 적응 가능함 • 정책, 계획, 관리의 통일성 있음 • 표준화된 제품과 서비스 제공함	• 하위 관리자의 창의성 및 사기 저하 • 관리 계층 증가로 신속한 의사결정 어려움

(2) 분권조직

① 모든 결정권이 하층 부분에 위임되는 민주적 관리조직의 형태
② 대규모의 조직에 적합하며 하위 관리자의 창의성 발휘로 사기를 향상할 수 있음

장점	단점
• 경영자 양성이 가능함 • 최고 경영층 부담이 경감됨 • 하위경영자의 능력 발휘가 가능함	• 업무 중복으로 경비가 증가함 • 동일 고객을 상대로 경쟁함으로 이익이 대립될 수 있음

6. 공식조직과 비공식조직

(1) 공식조직

① 조직도상에 나타난 조직으로 인위적으로 형성된 조직
② 공동의 목표 수행을 위해 직무와 권한이 배분된 조직
③ 권한과 책임관계, 구성원 간 의사 전달 방식, 직무한계 등을 분류하고 있음

(2) 비공식조직

① 권한이나 직무와 무관하게 친교나 감정에 의한 자연발생적 조직
② 사회적 친분이나 감정의 논리에 따라 움직이는 조직
③ 호손실험에서 중요성 인정

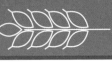

CHAPTER 02 | 메뉴 관리

PART 01

PART 02

PART 03

PART 04

PART 05

PART 06

PART 07

PART 08

PART 09

SECTION 01 | 식단 작성 및 평가

1. 영양 관리의 의의

영양 관리는 피급식자에게 적절한 영양소의 구성을 계획하며 미각적으로 우수하고 기호에 맞는 경제적인 식단을 작성하여 과학적·능률적·위생적으로 조리해 공급하고 그 효과를 판정하며 교육을 행하는 일련의 관련 체계이다.

2. 영양 관리 실천 방법

① **영양 관리의 체계적인 실천 방법** : 영양 계획, 발주, 검수, 식품 관리, 조리, 검식, 배식, 평가 등

② **고객 측면** : 식습관과 기호도, 음식의 관능적 요인, 영양요구량

③ **급식 경영 측면** : 식품 재료비, 인력과 조리 기기, 급식 체계와 서비스 방법, 계절 식품과 향토 음식, 위험 식재료, 국가 시책 등

④ **영양 제공량의 결정**

⑤ **식습관과 기호성** : 기호도를 충족시킬 수 있는 식단을 작성하고, 잘못된 식습관은 지속적인 영양 교육을 통해 개선

⑥ **식품의 배합과 조리기술** : 음식이 지닌 형태, 색, 촉감, 맛, 온도, 조리 방법 등이 적절한 대비가 이루어지고 조화롭게 구성될 때 맛과 풍미를 높임

⑦ **소요 경비에 대한 경제성** : 지역에서 생산되는 식품과 제철 식품을 선택하여 영양적인 면과 예산 부분 모두 만족시킬 수 있음

⑧ **조리원의 숙련도** : 조리법을 다양하게 함으로써 기호도를 충족시키며 조리원의 능력과 기술, 인력 등을 고려하여 식단을 작성

⑨ **급식소의 주방설비 및 시설** : 주방의 제반 설비가 갖추어져 작업 일정을 고려하여 작업이 이루어질 수 있도록 검토하여야 함

⑩ **식품의 안전성과 위생적 측면** : 식품 검수부터 생산, 배식까지 식재료의 취급, 개인위생, 시설 및 설비의 위생관리가 가능한지를 검토하여 식단을 계획하여야 함

3. 식단계획

 식단계획 순서

영양 목표량 설정 → 식품 구성 결정 → 메뉴 (식단) 구성 결정 → 1일 식단표 완성 → 1일 메뉴 영양량 확인 수정

(1) 영양 목표–영양소 섭취 기준 산출(집단의 영양 기준량 산출)

① 열량

　㉠ 신체의 성장과 건강 유지에 필요한 열량의 섭취

　㉡ 연령, 성별, 생활 강도에 따라 영양 섭취 기준을 산출함

　㉢ 개인 대상 : 영양소 섭취 기준의 권장섭취량이나 충분섭취량을 제공할 수 있도록 식단을 계획함

　㉣ 집단 대상 : 영양 부족이나 과잉의 위험을 최소화하고자 섭취량의 중앙값이 충분섭취량이 되도록 하고 평균필요량 미만과 상한섭취량 이상 섭취하는 사람의 비율이 최소화되도록 계획

　　※ 집단급식소의 영양기준량은 전체 고객의 영양기준량의 총합을 고객 총 인원수로 나누어 산출하고, 점심만 제공하는 경우 1일 영양기준량의 1/3 이상 공급

　㉤ 3식의 급여 영양량 배분

　　• 1일 식품군의 양에 대한 아침 · 점심 · 저녁의 3회, 또는 점심 1회 등의 급식에서 어떤 비율로 배분할지를 결정, 이때 급식 대상자들의 생활시간을 조사하여 그 결과로부터 소비량의 비율을 산출

　　• 노동강도가 심할 경우 1 : 1.5 : 1.5로 배분

　　• 간식은 하루 에너지 목표량의 10~15% 이내로 함

 영양 섭취 기준

• 평균필요량(Estimated average requirement) : 건강한 사람들이 필요로 하는 하루 필요량의 중앙값. 과학적인 근거가 충분한 경우에 설정
• 권장섭취량(Recommended nutrient intake) : 평균필요량에 표준편차 2배를 더하여 정한 값. 대부분의 사람(97~98%)의 영양소 필요량을 충족시키는 섭취량 추정치
• 충분섭취량(Adequate intake) : 섭취를 충족하고 있다고 판단되는 건강한 사람들을 대상으로 해당 영양소의 일상 섭취량을 조사한 후 섭취량 분포의 중앙값을 구한 값
• 상한섭취량(Tolerable upper intake level) : 인체 건강에 유해영향이 나타나지 않는 최대영양소 섭취 수준

구분	개인을 대상으로 하는 경우	집단을 대상으로 하는 경우
평균필요량	개인의 영양 섭취 목표로 사용하지 않는다.	평소 섭취량이 평균섭취량 미만인 사람의 비율을 최소화하는 것을 목표로 한다.
권장섭취량	평소 섭취량이 평균필요량 이하인 사람은 권장섭취량을 목표로 한다.	집단의 식사계획 목표로 사용하지 않는다.
충분섭취량	평소 섭취량을 충분섭취량에 가깝게 하는 것을 목표로 한다.	집단에 있어서 섭취량의 중앙값이 충분섭취량이 되도록 하는 것을 목표로 한다
상한섭취량	평소 섭취량을 상한섭취량 미만으로 한다.	평소 섭취량이 상한섭취량 이상인 사람의 비율을 최소화하도록 한다.

• 에너지의 경우에는 에너지요구량을 목표로 하며, 건강한 성인이 에너지 균형을 위해 섭취해야 하는 양으로서 연령 · 성별 · 키 · 체중 · 활동 정도에 따라 달라진다. 따라서 체중을 모니터링하면서 에너지섭취량을 조정해야 한다.
• 어린이, 임산부의 경우에는 건강유지뿐만 아니라 성장, 유즙 분비에 필요한 양을 포함한다.
• 충분섭취량이 건강한 집단의 평균섭취량으로 설정된 것이 아니라면, 식사계획의 목표로 정하는 데 문제가 될 수 있다.

출처 : 한국인 영양 섭취 기준(2010)

② **탄수화물** : 총 열량의 55~65%를 권장
③ **단백질**
  ㉠ 총 열량의 7~20%를 권장
  ㉡ 필수아미노산의 섭취를 위해 동물성 단백질을 1/3 이상으로 계획하고 성장기라도 반을 넘지 않도록 함
④ **지방**
  ㉠ 총 열량의 15~30%를 권장
  ㉡ n-6계 지방산은 총 열량의 4~10%, n-3계 지방산은 1% 내외를 섭취함
  ㉢ 포화지방산은 7% 미만, 트랜스지방산 1% 미만, 콜레스테롤 300mg/일 미만
  ㉣ 다가 불포화지방산(PUFA), 단일 불포화지방산(MUFA), 포화지방산의 섭취비율은 1:1~1.5:1이 바람직함
⑤ **무기질, 비타민**
  ㉠ 국민영양조사 시 매년 칼슘은 영양권장량에 미달되고, 철분은 권장량보다 높게 섭취하는 것으로 나타나고 있으나, 임신부 및 노인층에서는 칼슘과 철분의 양과 흡수조건을 고려해야 함 (50대 이상 여성 칼슘 권장섭취량 700mg에서 800mg으로 상향 조정됨)
  ㉡ 열량 제한이나 기타 영양소의 제한이 필요한 병인식을 섭취할 때는 무기질, 비타민을 보충

(2) 식품 구성 결정
① 영양성분량이 비슷한 식품군별로 식품의 종류와 분량을 결정하여 제시하는 것
② 6가지 식품군을 활용하여 매끼 균형된 식단을 작성함. 식품구성은 식사구성안과 식품교환을 이용하여 결정(식사구성안은 일반인, 식품교환표는 식사조절이 필요한 경우 이용함)

③ 식사구성안
  ㉠ 건강인의 건강을 증진하는 것
  ㉡ 과학적인 근거를 기반으로 식사구성안을 개발해야 하며, 이를 위해 최신 연구의 결과와 국민 건강영양조사의 최신 조사결과를 반영해야 함
  ㉢ 식사구성안은 한국인의 식생활지침에도 부합되도록 전반적인 식생활을 포함하는 내용으로 구성할 것을 권장
  ㉣ 식사구성안은 일반인들이 사용하기 쉽고 간편해야 함
  ㉤ 영양소 섭취 기준의 목표가 실제 식생활에 적용이 가능해야 함
  ㉥ 식사구성안을 이용하면 사용자의 개인 선호 식품에 따라 동일한 식품군 내에서 식품의 변화를 주고자 할 때 식품의 대체가 용이하며, 변경한 식품은 식품 간의 영양소가 충족되어야 함

 식사구성안

- 식사구성안은 건강인의 건강 증진을 위하여 영양 섭취 기준에 충족할 수 있는 식사를 쉽게 제공할 수 있도록 영양소 단위를 식품 단위로 변경하여 제안한 것
- 함유된 영양소의 특성에 따라 식품을 곡류, 고기·생선 달걀·콩류, 채소류, 과일류, 우유·유제품류, 유지 당류로 총 6가지 식품군으로 구분하고 각 식품군에 속하는 대표 식품의 1인 1회 분량을 정함
- 각 식품군별로 하루에 섭취해야 하는 횟수를 권장 식사 패턴으로 제시하고 있음
- 식사구성안의 각 영양소별 영양 목표는 영양소 섭취 기준을 토대로 하여 설정됨
- 에너지의 경우, 필요추정량의 100%를 충족시키고 단백질은 총 에너지의 7~20% 정도를 충족할 수 있도록 구성됨

적절한 섭취		섭취의 절제	
에너지	100% 에너지 필요추정량	지방	• 1~2세 : 총 에너지의 20~35% • 3세 이상 : 총 에너지의 15~30%
단백질	총에너지의 약 7~20%		
비타민 무기질	• 100% 권장섭취량 또는 충분섭취량 • 상한섭취량 미만	당류	설탕, 물엿 등의 첨가당 최소한으로 섭취
식이섬유	100% 충분섭취량	나트륨	소금 5g 이하

④ 권장 식사 패턴
  ㉠ 권장 식사 패턴은 식품을 기준으로 하여 일반인이 쉽게 식단계획을 할 수 있도록 연령에 따라 하루 섭취해야 하는 식품군별 권장 섭취 횟수를 제안한 것
  ㉡ 권장 식사 패턴에 따라 식단계획을 하면 영양소 섭취 기준을 충족할 수 있음(어린이와 성인의 경우, 우유·유제품에 대한 기호도와 필요량에 차이가 있어서 이를 고려하여 A타입은 어린이와 청소년용으로 우유·유제품을 2회 제공하고, B타입은 성인용으로 우유·유제품을 1회 제공하도록 구성되어 있음)
  ㉢ 패턴 A는 1,000kcal부터 2,800kcal까지 있으며, 패턴 B는 1,000kcal부터 2,700kcal까지 구성되어 있음

TIP 권장식사패턴을 활용한 식단 작성 시 고려사항

- 단순당, 동물성 지방 지양
- 술, 탄산음료 최대한 제한
- 쌀밥보다는 잡곡밥, 주스보다는 생과일, 채소류는 매끼 2가지 이상 제공
- 칼슘, 철, 식이섬유는 부족하기 쉬우므로 메뉴 계획 시 충분히 반영(우유, 유제품 활용, 살코기, 계란노른자, 당근, 시금치, 깻잎 등)
- 나트륨은 목표섭취량을 크게 상회할 가능성 높으므로 김치, 장아찌, 가공 식품 등의 공급을 줄이고 조리 시 소금 사용을 최소화하며 국물 양의 제한이 필요

곡류	밥 1공기 (210g)	백미(90g)	국수 1대접 (건면 100g)	냉면국수 1대접(100g)	떡국용 떡 1인분(30g)	식빵 2쪽 (100g)
고기·생 선·계란· 콩류	육류 1접시 (생 80g)	닭고기 1조각 (생 60g)	생선 1토막 (생 60g)	콩 (20g)	두부 2조각 (생 80g)	계란 1개 (60g)
채소류	콩나물 1접시 (생 70g)	시금치나물 1접시(생 70g)	배추김치 1대접 (생 40g)	오이소박이 1접시(생 60g)	버섯 1접시 (생 30g)	물미역 1접시 (생 30g)
과일류	사과(중) 1/2개 (100g)	귤(중) 1개 (100g)	참외(중) 1/2개 (200g)	포도 13송이 (100g)	수박 1쪽 (200g)	오렌지주스 1/2컵(100mL)
우유· 유제품류	우유 1컵 (200mL)	치즈 1장 (20g)	호상요구르트 1/2컵(100g)	액상요구르트 3/4컵(150g)	아이스크림 1/2컵(100g)	–
유지·당류	식용유 1작은술(5g)	버터 1작은술 (5g)	마요네즈 1작은술(5g)	커피믹스 1회 용(12g)	설탕 1큰술 (10g)	꿀 1큰술 (10g)

〈식품군별 1인 1회 분량〉

⑤ 식품교환표를 이용한 식품 구성
　　㉠ 식품교환표 : 비슷한 영양가를 가진 식품을 하나의 군으로 묶어 같은 군 안에 포함된 식품을 다른 종류의 식품과 바꿔 섭취할 수 있도록 만든 표
　　㉡ 1950년 미국영양사회와 미국당뇨병협회가 공동으로 6군으로 된 식품교환표를 만들어 당뇨 환자의 식단계획에 활용하다가 그 편리성이 인정되어 모든 식단계획에 활용하고 있음

(3) 메뉴(식단) 구성 결정

① 3끼, 1끼 등 급식 횟수 및 밥, 국, 김치, 찬, 간식 등 메뉴 품목 수 결정
② 기호도를 고려하여 품목수를 계획
③ 1끼를 제공하는 급식소 : 국 또는 찌개 1회, 주반찬 1회, 나물류(부반찬) 2회, 김치로 구성된 경우 한 달 치 밥 30회, 국 30회, 주반찬 30회, 부반찬 60회, 김치 30회의 계획을 세움
　　예 밥 30회 중 흰쌀밥 17회, 현미밥 5회, 기장밥 3회, 강낭콩밥 5회

(4) 1일 식단표 작성

① 권장 식사 패턴의 양에 따라 메뉴를 보고 식단표를 작성하며 식단표는 조리 종사자에게 작업지시서가 됨

② 식단표는 음식에 필요한 식재료의 종류와 양, 급식 인원 수, 출고계수 혹은 원산지 표시, 알러지 유발 식품 표시 등의 역할을 하며, 제공 영양량 평가, 메뉴 평가 등 급식의 전반적인 평가에도 이용됨

SECTION 02 | 메뉴 개발 및 관리

1. 메뉴의 개념

(1) 메뉴의 정의

단체급식에서 메뉴란 인체에 필요한 식품을 균형적으로 보급하고, 과학적인 조리 방법을 제시하는 식사계획으로 영양과 기호를 충족시킬 수 있도록 식품의 종류와 양을 정하는 것을 말함

(2) 메뉴의 역할

① 급식 운영 전반에 밀접하게 관련되어 급식 운영 시스템의 중심적인 기능을 수행함

② 조직의 목표와 고객의 요구에 맞게 메뉴가 계획되어 이에 따라 시설 설비계획과 기기가 선정되며 음식 생산과 서비스가 이루어짐

2. 메뉴의 유형

(1) 메뉴 품목 변화에 의한 분류 중요

① 고정 메뉴

　㉠ 동일한 메뉴가 지속적으로 제공되는 형태. 외식업소에서 주로 사용

　㉡ 생산 통제나 조절, 재고 관리가 용이하고 노동력이 감소되며 교육훈련이 수월해짐

② 변동 메뉴

　㉠ 매 식단 새로운 메뉴를 계획하는 것

　㉡ 학교 급식 등 단체급식소에서 가장 많이 사용됨

　㉢ 메뉴에 대한 단조로움을 줄일 수 있고, 식자재 수급 상황에 대처하기 쉬움

　㉣ 식자재 재고 관리나 작업 통제가 어려움

퀴즈

학교 급식 등 단체급식소에서는 고정 메뉴 유형을 가장 많이 사용한다. (○/×)

정답 | ×

해설 | 학교 급식 등의 단체급식소에서는 변동 메뉴 유형을 가장 많이 사용한다.

---

③ 순환 메뉴(사이클 메뉴)

    ㉠ 일정한 주기에 따라 반복되는 형태로 병원급식처럼 급식 대상자가 자주 바뀌는 곳에서 적합함

    ㉡ 계절식품을 적절히 사용하여 메뉴의 변화를 주면 고객 만족도가 향상됨

    ㉢ 학교 급식, 회사원 급식 등은 중식 1끼이므로 1개월 주기가 바람직하며, 병원 급식은 환자의 입원일 수 평균값을 기준하여 10일 주기 이상의 식단을 사용하는 곳이 많고, 사업체 급식은 10일, 15일 주기를 많이 사용함

장점	단점
• 시간 절약 • 조리 과정의 능률화 • 작업 부담의 고른 분배 • 이용 가능한 설비물을 잘 이용 • 식자재의 효율적 관리와 조리작업관리 및 표준화 용이 • 필요한 물품구입절차를 간소화하고 경제적으로 구입할 수 있음	• 식단 주기가 너무 짧을 경우 단조로움을 느낌 • 식단의 변화가 한정되어 섭취식품의 종류 제한 • 제철식품이 메뉴에 포함되지 않아 오히려 식비가 비쌀 수 있음

(2) 품목과 가격구성에 의한 분류

    ① 알라 카르트 메뉴 : 메뉴 품목마다 개별적으로 가격이 책정된 메뉴

    ② 따블 도우떼 메뉴 : 주 메뉴에 몇 가지 단일 메뉴 품목을 합한 코스 메뉴

(3) 선택성에 의한 분류

    ① 단일 식단 : 끼니마다 1가지 식단만 제공

    ② 부분 선택식 식단 : 메뉴 혹은 반찬 일부를 선택 가능

    ③ 선택식 식단 : 복수 메뉴, 카페테리아식 메뉴

3. 메뉴 개발과 대상자별 메뉴 특성

(1) 메뉴 개발

    ① 고객의 요구 및 기호도를 반영

    ② 급식의 생산성 및 수익성을 제고하기 위해 메뉴는 지속적으로 수정 · 보완되어야 함

    ③ 기존 메뉴 평가 – 유지 메뉴, 수정 메뉴(수정 보완 및 폐기, 새로운 메뉴 첨가) – 신메뉴 개발

    ④ **신메뉴 개발 절차** : 메뉴 정보 수집 → 기존 보유 메뉴 평가 → 고객 요구도 조사 → 새로운 메뉴 경향 분석(다른 단체급식소, 외식업체 메뉴, 새로운 식재료 개발 정보, 음식이나 급식 관련 인터넷 사이트 메뉴 등) → 예비 실험을 통한 메뉴 개발(메뉴별 재료의 종류와 분량, 조리 공정, 조리 후 배식까지의 변화, 전체적인 품질 수준 평가) → 단체급식 메뉴로서의 타당성 검토 고려 사항(급식소 유형 및 대상, 고객의 요구, 식재료 원가, 위생, 안전성, 대량 조리 적용 가능성, 설비, 기기 여건, 조리 인력 기술 수준 고려) → 메뉴 시연회 개최(반응, 선호 경향 평가) → 표준 레시피 확정(식재료 양, 조리법, 영양가 분석, 원가 등 기재) → 신메뉴를 메뉴 인덱스에 포함 혹은 메뉴 파일에 등록시킴

PART 01
PART 02
PART 03
PART 04
PART 05
PART 06
PART 07
PART 08
PART 09

(2) 메뉴 인덱스

① 음식 목록 : 계절별 혹은 대상자별 구분 후 주식류(밥, 면, 죽). 부식류, 후식류로 나눔

② 주식류는 밥, 면, 죽으로, 부식류는 국, 찌개, 전골, 부찬으로, 부찬은 조리법에 따라 볶음, 튀김, 부침, 조림, 구이, 찜, 나물, 생채, 김치 등으로 분류

③ 일정 기간마다 검토하고 필요에 따라 수정되어야 함

(3) 대상자 유형별 메뉴 특성

① 학교 급식

ㄱ 학교 급식법에 제시한 학교 점심 급식의 영양 관리 기준에 맞춤

ㄴ 1끼 기준량을 제시

ㄷ 연속 5일씩 1인당 평균영양공급량을 평가

- 에너지 ±10%
- 탄수화물:단백질:지질의 비율은 55~65%:7~20%:15~30%
- 단백질 : 영양 관리 기준의 단백질량 이상 공급
- 열량 : 단백질 에너지가 20%를 넘지 않도록 함
- 비타민 A, 티아민, 리보플라빈, 비타민 C. 칼슘. 철은 영양관리기준의 권장섭취량 이상으로 공급(최소한 평균필요량 이상일 것)

ㄹ 주간별 메뉴 계획의 기본 형태를 제시

② 유아 급식

ㄱ 1일 3회 식사 외에 간식의 공급 필요

ㄴ 3~5세의 경우 1회 점심과 2회 간식 공급

ㄷ 보육시설 평가인증 지침서(건강과 영양 항목)에 제시된 사항 준수

ㄹ 다양한 식품을 제공하되, 맵고 자극적인 음식은 피할 것

ㅁ 오전 간식은 1일 총 열량의 5~10%, 오후 간식은 1일 총 열량의 10% 수준 공급

ㅂ 점심은 1일 총 에너지에서 간식 에너지를 제외한 에너지의 1/3 수준

※ 1~2세 280kcal, 3~5세 400kcal, 6~7세 430kcal

ㅅ 유아 적정 공급량 : 밥 120~140g, 김치 15~20g. 볶음 10~15g. 나물류 20~40g, 전·튀김 30~50g

ㅇ 기도 막힘, 목메임 식품, 구강염 주의 식품 및 알레르기 식품 등 주의

퀴즈

4세 유아에 대한 급식 시 점심의 열량은 약 400kcal 수준이 적당하다. (ㅇ/×)

정답 | ㅇ

해설 | 1~2세는 280kcal, 3~4세는 400kcal, 6~7세는 430kcal 수준의 열량이 적당하다.

---

4. 메뉴(식단) 평가

(1) 메뉴 평가 기준

① 음식의 영양적인 가치 : 충분한 영양소 함유, 영양소의 균형

② 사용한 식품 등급 : 식품 신선도, 좋은 품질

③ 맛 : 조리 상태, 익힘 정도, 온도, 양념, 식감 등

④ 외관 : 색, 농도, 형태, 1인 분량

(2) 메뉴 평가 방법

① 기호도 조사 : 기호 척도를 이용하며 3점, 5점, 7점, 9점 척도법으로 평가

② 고객 만족도 조사

　㉠ 제공되는 메뉴에 대해 고객의 의견을 종합 평가하여 메뉴 운영에 반영

　㉡ 메뉴, 가격, 위생, 맛, 배식 온도, 질감 등에 대한 설문조사 실시

③ 잔반량 조사

　㉠ 음식에 대한 수용도를 측정하기 위해 잔반량 측정

　㉡ 집합선택 계측 방법 : 개인별 잔식을 측정하지 않고 메뉴 구성별로 수집하여 집합적으로 측정

　㉢ 자가기록 방법도 있음

(4) 메뉴 엔지니어링 중요

① 개요

　㉠ 마케팅적 접근에 의해 메뉴의 인기도와 수익성을 평가하는 기법

　㉡ 식재료비를 제외한 금액으로 메뉴의 마진과 급식 대상자의 메뉴에 대한 인기도를 기준으로 메뉴를 분석하여 메뉴의 수익성을 반영한다는 의미

> **TIP 메뉴 엔지니어링 분석 요소**
> • 급식 대상자의 수요량 : 일정 기간 업소를 이용한 급식 대상자의 수
> • 메뉴 믹스 : 일정 기간 급식 대상자의 선호도에 따라 판매된 각 메뉴의 수량
> • 공헌 마진 : 각각의 메뉴들이 수익에 공헌하는 금액

② Stars

　㉠ 인기도와 수익이 모두 높은 품목으로 급식소의 대표적인 메뉴

　㉡ 잘 관리하여 계속적으로 고수익 아이템으로 유지시킬 필요가 있음

③ Plowhorses

　㉠ 다소 인기는 있지만 수익이 낮은 품목

　㉡ 가격을 올리는 대신 다른 싼 품목을 묶어서 세트로 메뉴화하면 수익이 증대될 수 있음

④ Puzzles

　㉠ 수익은 높지만 인기가 낮은 품목

　㉡ 메뉴표에서 눈에 잘 띄도록 하거나, 가격을 약간 낮추거나, 조금 더 친숙한 이름으로 변경하면 개선 가능

⑤ Dogs : 인기도 없고 수익도 낮은 품목으로, 과감하게 제외

TIP 메뉴엔지니어링 분석 결과에 따른 조치

분류	필요한 조치
Star	Retain(유지)
Plowhorse	Reprice(가격 재조정)
Puzzle	Repositioning(위치 재조정)
Dog	Replace(다른 메뉴로 교체)

5. 음식물 쓰레기 감량 방안

① **식단계획 단계** : 급식 대상자의 기호도 조사, 잔반량이 많은 음식은 원인을 분석해 식단계획에 반영, 선택 식단제 도입

② **식품 발주(수요 예측)** : 정확한 식수 인원 파악, 표준 레시피 활용

③ **식품 구매** : 선도가 좋고 비가식부(쓰레기)가 적게 발생하는 상태의 식품 구매

④ **식품 검수** : 정확한 검수 관리, 실온에 방치하는 시간 최소화

⑤ **식품 보관** : 선입 선출, 잘못된 보관으로 음식물을 버리지 않도록 주의

⑥ **전처리** : 신선도와 위생을 고려해 전처리 실시

⑦ **조리** : 선호도 및 만족도 높은 조리법 연구

⑧ **배식 단계** : 정량배식보다는 잔반량을 줄일 수 있는 자율배식이나 부분자율배식 실시

⑨ **퇴식 단계** : 잔반 줄이기 운동

⑩ **남은 음식물 처리 및 재사용 단계** : 잔식은 푸드뱅크에 기탁하거나 재활용하며, 그것이 불가한 잔반은 사료화, 퇴비화

CHAPTER 03 | 구매 관리

SECTION 01 | 구매

1. 구매 관리의 개요

① 급식 경영계획에 따라 급식 생산계획을 달성할 수 있도록, 급식 생산에 필요한 식재료나 특정 물품을 적정 납품업자로부터 최적 품질을 확보하여 필요한 시기에 필요한 수량만큼을 최소의 비용으로 구입하고자 하는 목적으로 실시

② 구매를 실시·통제하는 일련의 관리활동을 의미

③ 특히 단체급식에서는 생산과정과 활동이 동시에 수행되므로 구매 업무가 급식활동의 기초가 됨

2. 구매시장과 유통경로

(1) 시장

① 물품이 생산자로부터 소비자에게 인도되고 그 소유권이 이전되는 장소

② 단체급식에서의 주된 식품시장은 산지시장, 도매시장, 소매시장, 인터넷시장으로 분류

(2) 유통경로

① 생산단계 : 생산자, 제조업체, 가공업체

② 중간 유통단계 : 중간상 또는 공급 업체(도매상, 제조업체 대리점, 소매상)

③ 최종 소비단계 : 단체급식소, 개인 소비자

> **TIP 유통경로의 다양화**
>
> 최근 소매업체의 체인화와 규모화가 진행되면서 자체 물류센터의 기능이 강화되었고, 산지 직거래, 뉴미디어를 이용한 마케팅의 등장으로 인터넷마케팅, 전자상거래, 텔레마케팅 등 다양한 유통경로가 출현하게 되었다.

④ 식재료(농수산물) 유통상 문제점

ㄱ 생산 및 공급의 불안정성

ㄴ 계절에 따른 가격변동의 심화

ㄷ 규격화 유지의 어려움

ㄹ 상품성 유지의 어려움

ㅁ 생산 농가의 유통체계의 영세성

ㅂ 높은 운송비

(3) 구매시장 조사

① 구매시장 조사의 목적 : 식품 품목별 가격 비교를 통해 시장 상황에 대해 조사·분석함으로써 위생 적이며 신선하고 양질의 식재료를 값싸고 합리적인 가격으로 항상 규칙적으로 공급받는 데 있음

② 구매시장 조사 원칙
- ㉠ 비용 경제성의 원칙 : 시장 조사에 소요되는 비용을 최소화하는 것
- ㉡ 조사 적시성의 원칙 : 구매업무를 수행하는 소정의 시기 안에 완료하는 것
- ㉢ 조사 탄력성의 원칙 : 시장 상황 변동에 탄력적으로 대응
- ㉣ 조사 정확성의 원칙 : 시장 조사 시에 정확히 행하는 것
- ㉤ 조사 계획성의 원칙 : 조사 착수 전에 계획수립

TIP 도매시장과 소매시장의 기능

도매시장	소매시장
• 가격형성의 기능 • 수급 조절의 기능 • 배급 및 분산기능 • 유통비용 절약 • 거래상의 안전성 제고 • 국세의 증대	• 제품의 분산과 공급의 기능 • 시장의 규모가 시장권의 인구에 비해 형태 및 유형의 다양화 • 상품, 제반 서비스 제공 및 생활유형의 창조적인 선도 역할 • 소비자의 욕구 충족 및 새로운 욕구 창출

---

3. 구매의 유형 중요

(1) 분산구매

① 각 사업소나 조직 내 부문별로 필요한 물품을 분산하여 독립적으로 구매하는 방법

② 구매 절차가 간단하고 신속하지만 구입 단가가 높아지는 단점이 있음

③ 독립구매, 현장구매라고도 함

(2) 집중구매

① 조직 전체에서 필요로 하는 물품을 한 개의 업소나 특정 조직 부문(구매부서)에 집중시켜 구매하는 방법

② 일괄된 구매계획을 세울 수 있고 구매가격이 저렴하지만 비능률적이고 절차가 복잡하다는 단점이 있음

③ 중앙구매, 본사구매라고도 함

(3) 기타

① 일괄위탁 구매 : 소량의 물품을 다양하게 구매할 때 특정 업자에게 일괄위탁하여 구매하는 방법

② 공동구매
- ㉠ 소유주는 다르지만 동일 지역 내 급식소에서 공동으로 거래처를 선정함으로써 보다 유리한 가격에 구매가 가능한 방법으로 원가절감 효과가 있음

     ⓛ 최근 학교 급식에서 인근에 위치하거나 급식환경이 유사한 학교 간에 공동 발주 계약을 통한 공동구매제가 점차 확산되고 있음

  ③ JIT(Just in time)구매

     ㉠ 특정 기간의 급식 생산에 필요한 식품의 양을 정확히 파악하여 필요량만을 구입하는 방법

     ⓛ 불필요한 재고를 줄여주고, 공간을 효율적으로 사용할 수 있으며, 이로 인해 원가를 절감할 수 있는 장점이 있음

     ⓒ 당일 입고 당일 소비를 원칙으로 운영되는 학교 급식에서 활용함

퀴즈

집중 구매는 일괄된 구매계획 수립이 가능하나, 절차가 복잡하다는 단점이 있다. (○/×)

정답 | ○

4. 구매부서와 담당자

  ① 구매부서의 역할

     ㉠ 원하는 품질의 식재료 및 물품을 최적 가격에 최적 시기에 구입·공급

     ⓛ 필요한 식재료 및 물품에 관한 정보 전달

  ② 구매담당자 : 식품의 특성 및 선택 요령, 관련 법규, 유통 환경에 대해 알아야 함

  ③ 구매시장 조사

     ㉠ 구매시장 조사를 통해 시장 가격, 식재료 수급상황 파악

     ⓛ 목적

       • 원가 계산을 위한 구매 예정 가격 결정

       • 구매 방법 개선을 통한 비용 절감

       • 구입 품목의 품질 및 규격, 가격, 구매 시기, 공급 업체, 거래 조건 조사

5. 구매

(1) 구매 절차

  ① 구매 절차 : 식단 작성 및 물품 구매의 필요성 인식 → 식사 제공에 필요한 물품의 수량 및 품질 결정 → 구매요구서 작성 → 공급 업체 선정 → 구매발주서 작성 → 물품 배달 및 검수 혹은 반품 → 구매 기록 보관 → 대금 지불 → 저장 관리

  ② 식단 작성 및 물품 구매의 필요성 인식

     ㉠ 메뉴 작성

     ⓛ 단위 급식소 및 생산부서와 창고관리 부서

  ③ 물품구매명세서, 구매청구서의 식단에 따른 필요 품목의 수량 및 품질의 결정 : 물품 사용 부서, 구매 부서, 검수 부서, 창고 관리 부서, 공급 업체 등에서 참고로 함

④ 공급 업체 선정
　　㉠ 업체 선정 시 고려사항 : 과거 거래실적, 신용도, 견적가, 품질, 서비스, 시설 기준, 영업자 신고사항, 준수사항, 냉동 · 냉장차량 확보 여부, 납품 업체의 영업배상책임보험 가입 여부, HACCP 인증 여부, 업체의 위생 관리 능력, 업체의 운영 능력, 운송 위생 등을 고려하며, 현장실사를 통해 평가하는 것이 바람직함
　　㉡ 계약 방법 : 경쟁입찰, 수의견적
　　㉢ 계약 기간
　　　• 계약 기간은 급식소의 저장공간 여건, 사용 시기, 대금 지불 시기 등을 고려하여 정함
　　　• 보통 쌀과 공산품, 육류, 어류 등 가격변동이 심하지 않은 것은 6개월에서 1년 단위로, 농산물이나 신선식품은 1~3개월의 짧은 주기로 계약함
　　㉣ 발주량 결정, 발주서 작성 : 구매청구서에 근거하여 발주량 결정, 발주서 작성
　　㉤ 물품 배달 및 검수
　　　• 공급 업체가 물품을 적시에 배달할 수 있도록 독촉 및 확인함
　　　• 공급 업체는 물품 배달 시 배달통지서인 납품서(또는 거래명세서) 송부, 구매 기록 보관(구매일지) 및 대금 지불, 구매 과정에 사용된 모든 기록, 계약서, 발주서 같은 법적 효력을 가진 서류를 일정 기간 보관해야 하며, 검수 담당자는 이를 철저히 검수함

(2) 구매 서식 중요

① 물품구매명세서(Specification ; Spec)
　　㉠ 구매하고자 하는 물품의 품질 및 특성을 기술하는 양식
　　㉡ 발주서와 함께 공급 업체에 송부하여 명세서에 적힌 품질에 맞는 물품이 공급되도록 하고, 검수할 때도 필요함
　　㉢ 거래명세서, 구입명세서, 물품명세서, 시방서라고도 함
　　㉣ 용도
　　　• 식품에 관한 여러 가지 자세한 내용을 명확하게 제시한 것
　　　• 구매 시 공급자와 구매자 간의 원활한 의사소통을 위해 사용
　　　• 납품 수령 시 물품 점검의 기본 서류가 됨
　　㉤ 작성 방법
　　　• 품목별로 간단명료하면서 구체적으로 작성하되 품질 허용 범위를 너무 좁게 설정하지 말 것
　　　• 시장에서 통용되는 등급이나 제품명을 사용하여 모두 수용할 수 있는 범위로 조정

구분	경쟁입찰방법 **중요**	수의계약 **중요**
종류	• 일반경쟁입찰 : 경쟁자의 제한 없이 모든 거래처에 입찰 자격을 부여, 입찰 내용을 신문이나 관보 등의 게시 공고하여 응찰자를 모집 • 제한경쟁입찰 : 구매자 측에서 지명한 몇 개의 업체에만 공고하여 응찰자를 모집하는 방법으로 급식소에서는 이 방법을 더 선호	• 복수견적 : 여러 취급 업체로부터 견적서를 요청한 후 최적 업체 선정 • 단일견적 : 구매자가 미리 시장 조사를 하여 거래처를 정하거나, 특수한 품목이어서 다른 취급 업체가 없는 경우 한곳으로부터만 견적
계약 절차	① 입찰 공고 : 계약 내용, 조건, 자격 등 매체를 통해 공고 ② 입찰 : 입찰 대상자가 희망하는 조건 제시 ③ 개찰 : 사전 공고된 일시와 장소에서 입찰자 입회하에 개찰 실시 ④ 낙찰 : 법률적인 행위로 계약대상자 선정(청약의 승낙행위) ⑤ 계약 체결	① 계약 내용을 경쟁에 붙이지 않고 계약을 이행할 수 있는 자격을 가진 특정 업체 또는 몇몇 업체에 구매 물품의 견적서를 요구함 ② 최적 업체에 주문 물품의 명세서 및 발주서를 송부함으로써 계약 체결
장점	• 공평하고 경제적임 • 구매 계약 시 생길 수 있는 의혹이나 부조리를 미연에 방지할 수 있음	• 비용 절감 • 구매 절차의 간편성 • 신용거래처 선정 용이 • 거래처의 안정성 및 신속한 거래 가능
단점	• 수속이 복잡하여 긴급 시 배달 시기를 놓칠 수 있음 • 업체 간 담합으로 낙찰이 어려운 경우가 생길 수 있음 • 자격이 부족한 업체가 응찰할 수 있음(일반 경쟁입찰의 경우)	• 구매공정성 결여 및 경쟁력 미흡 • 불리한 가격으로 계약될 수 있음 • 유능하고 경제적인 거래처 발굴 어려움
용도	저장성이 높은 식품(조미료, 곡류, 건어물 등)을 정기적으로 구매할 때 주로 사용	소규모의 급식 시설에 적합한 구매 계약 방법이며 대부분의 농축산물 등의 비저장 품목(채소, 생선, 육류)을 수시로 구매할 때 주로 사용
법적 효력	계약서	발주서

 퀴즈

물품 구매 과정에서 공정성을 확보하고자 한다면 경쟁입찰방법을 선택하는 것이 적절하다. (ㅇ/×)

정답 | ㅇ

해설 | 수의계약 방식은 구매공정성이 결여될 수 있다는 단점이 있다.

② **구매요구서**

　㉠ 구매청구서, 요구서라고도 함

　㉡ 청구번호, 필요량, 품목에 대한 간단한 설명, 배달 날짜, 예산 회계번호, 공급 업체 상호명과 주소, 주문 날짜, 가격을 기재하기도 함

　㉢ 2부씩 작성하여 원본은 구매부서에 보내고, 사본은 구매를 요구한 부서에서 보관

③ 구매발주서

    ㉠ 주문서, 구매표, 발주전표라고도 함

    ㉡ 3부씩 작성하여 원본은 공급업자, 1부는 구매 부서에서 보관, 1부는 회계 부서(대금 지불)에서 보관

    ㉢ 급식소명과 주소, 공급 업체명과 주소, 식재료명과 발주량, 납품 일자, 구매자의 서명 등

④ 거래명세서

    ㉠ 납품 시 함께 가져오는 서식으로 물품명, 수량, 단가, 공급가액, 총액, 공급 업자명 등이 기재된 서식

    ㉡ 검수가 끝나면 거래명세서(납품서)에 검수 확인 서명이나 도장을 찍어 회계 부서에 제출하여 대금 지불을 위한 서식으로 사용

6. 발주

(1) 발주량 산출 방법

① 1인 분량에 따른 발주

    ㉠ 급식소에서는 1인분에 들어가는 품목의 양을 이용하여 발주량을 산출하는 것이 가장 단순하고 신속한 방법

    ㉡ 식품의 폐기율에 따라 발주량이 달라져야 함

TIP 1인 분량을 이용한 발주량 계산의 예

급식인원 500명에게 소고기뭇국을 배식하려고 한다. 소고기와 무의 발주량은? (이때, 소고기뭇국 소고기의 1인분은 20g, 무의 1인 분량은 20g(폐기율 : 4%)으로 한다.)

- 폐기 부분이 없는 식품의 발주량＝1인 분량×예상 식수
- 폐기 부분이 있는 식품의 발주량＝1인 분량×예상 식수×출고계수
- 출고계수＝100/(100−폐기율)
- 소고기 발주량＝20g×500명＝10kg
- 무의 발주량
  −무의 출고계수＝D100/(100−4)＝1.04
  −무의 발주량＝20g×500명×1.04＝10,400g＝10.4kg
∴ 소고기의 발주량 10kg, 무의 발주량 10.4kg

---

② 경제적 발주량(Economic Order Quantity ; EOQ)

    ㉠ 저장 품목의 저장 비용과 주문 비용을 고려하여 결정한 발주량

    ㉡ 저장 비용은 재고를 보유하기 위해 소요되는 비용의 총합계액이며 이는 저장시설의 유지비, 보험비, 변패로 인한 손실비 등의 비용뿐만 아니라 재고 자체의 보유에 소요되는 비용까지 포함

(2) 발주 방식 결정

① 발주방식의 결정 시 고려사항 : 경제적인 주문 수량 이외에 가격 변동 요인, 수량 할인, 재료의 저장 특성, 계절 요인

② 발주 방식 구분

    ㉠ 정기발주방식

        • 발주 주기와 최대 재고 수준에 영향을 받음

        • 고가 물품으로 인해 재고 부담이 크거나, 조달 기간이 길고 수요 예측이 가능한 물품의 경우에 적합

    ㉡ 정량발주방식

        • 재고량이 일정 수준(발주점)에 도달하게 되면 경제발주량을 통해 발주하는 방식

        • 재고 부담이 낮은 저가 품목, 항상 수요가 있기 때문에 일정한 양의 재고를 보유해야 하는 품목, 수요를 예측하기 어렵고 재고 부담이 적은 품목 등에 적합

(3) 발주 시기

① 저장품

    ㉠ 일정 기간(주간, 월간, 계간 등) 내의 사용량을 산정 후 공급자에게 정기적으로 공급될 수 있도록 하며 일정한 재고를 유지하도록 함

    ㉡ 2~6개월에 1번씩 발주

② 비저장품 : 사용일로부터 1주일 전 또는 최소 3일 전까지 발주

(4) 발주서 작성 시 유의사항

① 재료명, 수량, 납품 일시, 납품 장소, 기타 요구사항을 기입하여 공급자 측에 송부하도록 하며, 긴급 시 전화로 발주하게 될 경우에도 전달 내용을 반드시 확인함

② 납품 시 확인의 근거가 되므로 송부하기 전에 반드시 사본을 남길 것

SECTION 02 | 검수

1. 검수의 개요

(1) 개요

① 검수란 구매요구서에 의해 주문되어 배달된 물품이 구매하려는 해당 식재료와 일치하는가를 검사하고 받아들이는 데 따른 관리 활동을 말함

② 검수 담당자는 주문상품에 대한 품질 요구 내용을 숙지하여 배달되어 온 물품의 품질, 수량, 가격 등을 정확하게 검사하고 평가함으로써 입고나 반품 여부를 결정함

(2) 검수 방법 중요

① 전수검수법

    ㉠ 전부 검사하는 방법으로 손쉽게 검수할 수 있는 물품이거나 소량의 물품, 고가의 품목에 대해 실시

    ㉡ 정확한 검수가 가능하나 시간과 경비가 많이 소요되는 것이 단점

② 발췌검수법
　　㉠ 견본을 뽑아 검사하고 그 결과를 판정 기준과 대조하여 합격, 불합격을 결정하는 방법
　　㉡ 다량 구입품으로 어느 정도 불량품이 혼입되어도 무방한 경우, 검수 항목이 많은 경우, 검수 비용과 시간을 절약해야 할 경우 등에 효과적임

(3) 검수 절차

① 절차 : 배달된 물품과 구매요구서의 대조 → 배달 물품과 납품서의 대조→ 물품의 인수 또는 반환 → 레이블 부착 → 식품 정리 · 보관 및 저장 장소 이동 → 검수에 관한 기록의 기재

② 배달된 물품과 구매요구서의 대조, 납품서의 대조 및 품질검사
　　㉠ 검수담당자는 물품이 도착한 즉시 납품업자 입회하에 검수를 실시함
　　㉡ 납품물품이 발주서 내용과 일치하는지 확인
　　㉢ 수량, 중량 확인
　　㉣ 물품의 품질 상태 검사(구매명세서) : 신선도, 건조도, 색, 냄새 확인, 축산물은 등급판정확인서와 도축검사증명서 확인, 축산물 이력제 홈페이지에서 개체식별번호로 품질 확인
　　㉤ 포장 상태 파손이나 이물질 혼입 여부 확인
　　㉥ 공산품은 제조업체명, 제조연월일, 유통기한 확인
　　㉦ 냉동 · 냉장품은 온도 상태 점검 : 냉장 육류, 어류와 전처리한 채소는 5℃ 이하, 기타 냉장식품은 10℃ 이하, 냉동식품은 −15℃~−18℃ 이하를 유지하고 녹은 흔적이 없는지 검사, 운송차량 자동 온도 기록 저장장치 확인

② 물품의 인수 또는 반환
　　㉠ 검수원은 배달된 물품에 하자가 없는 경우 물품을 인도받고, 정해진 검수 기준에 미달되면 반품 처리
　　㉡ 사전에 납품된 물품의 반품 절차와 규칙을 정해둠
　　㉢ 반품할 시간도 없이 즉시 사용해야 할 경우에는 납품업자와 물품의 가격을 낮추는 방향으로 협상

③ 레이블 부착, 식품 정리 · 보관 및 저장 장소 이동
　　㉠ 저장 장소로 운반하기 전 검수 날짜, 유통기한, 납품업자, 중량, 수량, 저장 장소, 가격 등을 기입한 레이블을 만들어 붙이면 물품 통제에 효과적
　　㉡ 검수 처리가 끝난 물품은 즉시 용도에 따라 조리장이나 건조 창고, 냉장고 등으로 운반
　　㉢ 조리장으로 입고된 식재료는 바로 전처리함

④ 검수에 관한 기록의 기재

　　㉠ 검수일지

　　　• 검수원이 작성하며 급식부서장과 회계부서의 결재를 받음

　　　• 물품명, 단가, 수량, 총액, 배달에 관한 정확한 내용이 포함됨

　　㉡ 납품서(송장, 거래명세서)

2. 검수설비 및 기기

① 장소의 조건 : 물품의 하역장소, 창고, 사무실과 인접한 곳

② 설비조건 : 검수대, 조명시설, 이동에 충분한 넓이, 안전성 확보, 청소가 쉬운 곳

③ 도구 : 저울, 간이 작업대, 운반차, 온도계, 검수 도장

3. 식품감별법

(1) 필요성

좋은 품질의 식품을 구매하기 위해서는 식품 감별에 대한 전문성이 있어야 함

(2) 축산물 등급

① 소고기 등급

　　㉠ 육질 등급은 근내지방도, 육색, 지방색, 조직감, 성숙도에 따라 1++, 1+, 1, 2, 3등급 및 등외로 구분

　　㉡ 육량 등급은 도체 중량, 등 지방 두께, 등심 단면적으로 고기량의 많고 적음을 표시하여 A, B, C, 등외로 구분

② 돼지고기 등급

　　㉠ 육질 등급은 삼겹살의 상태, 고기의 색깔, 지방의 침착 정도에 따라 1+, 1, 2, 등외 등급의 4개로 구분

　　㉡ 규격 등급은 도체의 중량, 등 부위 지방 두께, 비육 상태 등에 따라 A, B, C의 3개 등급으로 구분

③ 닭고기

　　㉠ 살붙임, 도계 상태로 품질 판정, 등급 판정 일자 표시로 신선도 파악

　　㉡ 무게로 규격화

　　㉢ 위생적인 가공, 포장

　　㉣ 품질 등급은 1+, 1, 2 등급, 중량 등급은 5개로 구분(특대 1.45kg 이상 등)

④ 계란

　　㉠ 품질과 중량으로 구분

　　㉡ 위생적 세척과 코팅

　　㉢ 등급 판정 일자 표시

　　㉣ 품질 등급은 1+, 1, 2, 3의 4개 등급, 중량 규격은 5개로 구분(왕란 68g, 특란 60~68g, 대란, 중란, 소란)

PART 01
PART 02
PART 03
PART 04
PART 05
PART 06
PART 07
PART 08
PART 09

ⓜ 포장 용기에는 품질 등급과 중량 규격, 등급 판정일 표시

ⓑ 난각에는 산란 일자, 생산자 고유 번호, 사육 환경 번호 표시

ⓢ 세척기준 : 깨끗한 물로 세척, 100~200ppm 차아염소산이나 나트륨 혹은 그보다 더 효과적인 방법의 살균

ⓞ 냉장(0~10℃) 보존 유통

빈 칸 채우기

(   )의 규격 등급은 부위 지방의 두께, 비육 상태 등에 따라 A, B C의 3개 등급으로 구분된다.

정답 | 돼지고기

---

(3) 식품 품질 감별법

① 곡류-쌀

    ㉠ 낱알이 윤기가 나며 반투명색으로 싸라기나 금이 간 것이 적은 것

    ㉡ 이취가 있고 쌀이 손상된 것은 피함

② 육류

    ㉠ 쇠고기

       • 지방색은 유백색이고 지방의 질이 좋은 것

       • 육색이 밝은 선홍색을 띠고 광택이 좋은 것

       • 부패취가 없는 것

    ㉡ 돼지고기 : 육질이 탄력 있으며 광택이 있고 육색이 밝은 분홍색을 띠고 있는 것

    ㉢ 닭고기

       • 비린내가 없는 것

       • 육질이 탄력 있으며 광택이 있고 육색이 좋은 것

       • 골격이 굽지 않으며 외관에 상처가 없는 것

③ 어패류 **중요**

    ㉠ 새우

       • 육질이 단단하고 비린내가 없는 것

       • 고유의 색을 가진 것

    ㉡ 꽃게

       • 형태가 고른 것

       • 이취가 나지 않고 고유의 색깔을 띠는 것

    ㉢ 홍합

       • 껍질의 손상이 없는 것

       • 살이 윤기 있고 붉은 빛을 띠며 통통하고 비린내가 나지 않는 것

    ㉣ 가자미

       • 비늘이 심하게 벗겨진 것은 피하고, 뱃살이 희고 비린내가 심하지 않은 것

- 살이 단단하고 탄력성이 있으며 표면이 끈적거리지 않는 것
    - ⓜ 고등어
        - 배가 단단하고 윤택이 있는 것
        - 등에 푸른색의 짙은 줄무늬가 있고 비린내가 강하지 않은 것
        - 눈동자가 맑고 아가미가 선홍색인 것
    - ⓗ 꽁치
        - 탄력성이 있고 등 쪽은 짙은 청색, 배 쪽은 은백색을 띠는 것
        - 밝은 빛을 띠는 것
- ④ 난류 – 달걀, 메추리알
    - ㉠ 껍질이 깨지거나 금이 가지 않은 것
    - ㉡ 표면이 거칠며 광택이 없고 이취가 없는 것
- ⑤ 버섯류
    - ㉠ 양송이버섯
        - 흰색이며 버섯 특유의 향이 있는 것
        - 이물질이 묻어있지 않은 것
        - 버섯 갓과 자루 사이의 피막이 떨어지지 않은 것
    - ㉡ 표고버섯
        - 크기가 일정한 것
        - 고유의 색을 유지하며 변색이 없는 것
- ⑥ 과일류
    - ㉠ 사과
        - 껍질의 색이 고르고 향이 살아있는 것
        - 과육 표면에 멍든 것이 없는 것
        - 모양이 고르며 윤기가 나며 껍질에 주름이 없는 것
    - ㉡ 수박
        - 모양이 고르고 검은 줄무늬가 뚜렷한 것
        - 꼭지가 마르지 않은 것
    - ㉢ 감귤류
        - 과육이 밀착되어 있고 탄력적인 것
        - 껍질이 주황색을 띠고 맑고 윤기가 있는 것

※ 출처 : 식품의약품안전처(2015)

PART 01
PART 02
PART 03
PART 04
PART 05
PART 06
PART 07
PART 08
PART 09

1. 저장

(1) 저장의 개요

① 납품된 식재료를 수요자에게 음식으로 조리하여 공급할 때까지 일정 기간 합리적 방법으로 품질을 유지하도록 보존·관리하는 것

② 철저한 검수를 거쳐 양질의 식품을 구매했더라도 적절하게 보관·관리하지 않으면 식재료가 부패하거나 오염이 발생할 수 있으며, 품질을 최적으로 유지하고 위생적으로 보관하기 위해서는 올바른 식재료 보관이 필수적임

(2) 저장 관리의 원칙

① **저장품 위치 표식의 원칙** : 품목별, 규격별, 품질 특성별로 분류하여 저장고 내의 일정한 위치에 표식화한 후 적재

② **분류 저장의 원칙** : 재고 회전, 진열 위치, 사용 빈도 등을 고려

③ **품질 보존의 원칙** : 품질 변화를 최소화

④ **선입 선출의 원칙**

　㉠ 먼저 입고된 물품은 먼저 출고

　㉡ 물품 낭비의 가능성을 줄이고 신선도 유지로 인해 좋은 품질의 급식 생산을 가능하게 함

⑤ **공간 활용 극대화의 원칙** : 확보된 공간을 최대한 경제적으로 활용할 수 있는 방안 마련

(3) 저장시설

① 냉장고

　㉠ 개요

　　• 항상 0~10℃ 이하의 온도를 유지

　　• 채소류, 생선류 등의 일시적인 보관에 사용

　　• 미생물의 성장을 억제할 수 있지만 사멸시킬 수는 없음

　　• 식품 입고 후 사용 직전까지 냉장고에 계속 보관하여 식품의 품질이나 영양가의 손실을 최소화해야 함

　㉡ 사용 시 유의사항

　　• 냉장고 유지·관리 중요 : 냉장고 외부, 내부 선반, 냉장고 문에 부착된 고무 개스킷을 따뜻한 물과 세제를 이용하여 자주 세척하고 성에를 제거

　　• 너무 많은 식품을 한꺼번에 보관하지 말고, 물품 사이에 적당한 공간을 두어 냉장 공기가 식품에 고루 접촉할 수 있도록 함(냉장고의 70% 정도를 사용)

　　• 선입 선출의 원칙을 지킴

　　• 식재료에 따라 적절한 온도를 유지 및 습도 유지(75~95%)

　　• 개봉한 통조림류는 깨끗한 용기에 옮겨 담아 보관

　　• 오염 방지를 위해 날 음식은 냉장실 하부에, 가열 조리 식품은 위쪽에 보관

- 냉장고는 5℃ 이하, 냉동고는 −18℃ 이하의 내부온도가 유지되는가를 확인. 대형 냉장실(walk−in refrigerator)의 경우에는 외벽에 온도계를 부착하여 내부 온도를 정기적으로 점검
- 냉장, 냉동고 문의 개폐는 신속하고 최소한으로 함
- 보관 중인 재료는 덮개를 덮거나 포장하여 식재료 간 오염이 일어나지 않도록 함

② 냉동고
　㉠ 저장 기간이 길어질수록 품질이 저하 : 냉해, 탈수, 오염, 손실
　㉡ 냉동식품은 냉동 상태로 납품되어야 하며, 입고 즉시 신속히 냉동고로 이동(냉동고의 온도는 −18℃ 이하로 관리)
　㉢ 각종 냉동식품, 완전조리식품, 반조리식품 등을 보관
　㉣ 정기적으로 성애 제거를 하여 정상적으로 가동되는지 확인
　㉤ 냉동고의 용량은 냉동고 크기의 50% 정도
　㉥ 냉동 불가 식품 : 해동했던 생선 및 육류, 달걀, 우유 및 유제품, 두부, 호박, 오이, 죽순, 수박, 바나나, 배 등
　㉦ 레이블(제조 · 가공 연월일 표시)을 부착하여 품질 보존 기간 내에 사용
　㉧ 주로 장기간의 저장에 사용되므로 세균의 번식을 방지하기 위해 온도 관리가 중요

③ 건조창고
　㉠ 해충의 접근이나 과한 습도로부터 보호될 수 있는 곳
　㉡ 15~25℃, 상대습도 범위는 50~60%이며 온도계와 습도계를 비치
　㉢ 유통기한이 짧은 순으로 선입 선출하기 쉽도록 보관 관리
　㉣ 식품류와 비식품류(세척제, 소독제 등)를 각각 분류하여 저장
　㉤ 습기 방지를 위해 바닥으로부터 약 25cm 떨어뜨려 설치하고, 환풍 조절을 위해서는 벽면으로부터 약 5cm 떨어진 곳에 설치
　㉥ 정해진 곳에 정해진 물품을 구분하여 보관하고 레이블(입고 일자, 품명, 포장 내 중량, 수량 등) 표식
　㉦ 장마철 등 높은 온도와 습도로 곰팡이 피해를 입지 않도록 함
　㉧ 곡류, 조미료, 건물류, 통조림, 병조림, 채소류, 침채류 등을 보관할 때는 직사일광을 피하고 실온을 유지, 방습, 통풍, 환기에 유의하고 방서, 방충 등의 대책을 세움
　㉨ 관계자 이외의 출입을 통제

PART 01
PART 02
PART 03
PART 04
PART 05
PART 06
PART 07
PART 08
PART 09

필요성	창고관리 담당자의 업무
• 필요한 물품을 적절하게 공급(선입 선출 원칙에 의해 관리) • 품질과 비용을 효과적으로 통제하여 손실을 초래하지 않도록 함 • 적정 재고 수준을 유지하여 급식 업무를 효율화함	• 창고관리자는 신용이 매우 중요시되며 물품을 안전하게 관리할 책임을 지님 • 출고는 반드시 담당자의 승인이 있어야 하며 창고관리 담당자가 절차에 의해 출고하도록 함

2. 출고

(1) 정의

창고에 수납된 물품을 반출하는 것. 출고전표를 작성하여 물품을 수령하게 됨

(2) 급식소에서 사용되는 식품 및 비품의 출고

① 비저장품의 출고

　㉠ 당일 검수된 내용이 당일의 식품원가 항목에 계산되는 물품

　㉡ 하루에 필요한 양만큼만 구매하여 신선한 과일류, 채소류, 빵류 및 유제품 등

② 저장품의 출고

　㉠ 창고에 보유되어 1일 이상 재고로 유지되는 품목

　㉡ 캔이나 병, 박스 형태의 부식류나 쌀, 밀가루 등의 주식류가 대부분

③ 비품의 출고

　㉠ 저장품에 들어가나 식품과는 구별되는 문구류나 세제류 등과 같은 물품

　㉡ 1일 식품원가와는 별도로 계산

(3) 저장품 출고 관리의 요건

① 창고의 모든 물품을 정당한 승인 없이 반출할 수 없으며, 반드시 조리나 배식에 필요한 양만큼만 반출해야 함

② 출고 절차를 규제하는 것은 출고 관리에 중요한 요건

③ 출고 관리 담당자에게 청구서를 제출하면, 창고 관리 담당자는 청구한 물품만 청구자에게 제공

(4) 대금 지불 및 구매 기록 보관

납품업자에게 대금을 지불하고 구매 업무 과정에서 사용된 모든 전표를 이용하여 장부를 정리

1. 재고

(1) 개요

① 물품(재고자산)의 흐름이 어떤 지점에 정체되어 있는 상태

② 재고 관리는 재고를 유지·관리하는 것이며 이와 관련된 비용은 구매단가, 주문 비용, 보관 및 유지 비용, 재고 품절로 인한 손실 비용으로 각 비용의 합이 총재고비용이 됨

(2) 재고 관리의 중요성

① 물품 부족으로 인한 생산계획의 차질을 최소화

② 적정한 가격으로 최상품질의 물품을 구매

③ 생산 부서에서의 요구량과 일치하는 수준에서 재고에 최소한의 투자가 유지되도록 함

④ 도난과 부주의 및 부패에 의한 손실을 최소화할 수 있음

2. 재고 관리의 유형 중요

① 영구재고시스템(Perpetual inventory system) : 구매하여 입고되는 물품의 수량과 창고에서 출고되는 수량을 계속적으로 기록하여 적정 재고량 유지

② 실사재고시스템(Physical inventory system) : 주기적으로 창고에 보유하고 있는 물품의 수량과 목록을 기록, 영구재고의 정확성을 점검하기 위해 실시

구분	영구재고시스템	실사재고시스템
장점	• 적절한 재고량 유지에 관한 정보를 제공 • 특정 시점에서의 재고량과 재고자산을 쉽게 파악 • 재고 관리의 효율적인 통제 용이	사용한 품목비의 산출에 필요한 정보를 제공(재고자산의 총가치를 평가)
단점	• 경비가 많이 소요 • 기록 체계의 정확성에 문제 발생 가능(수작업 기록 체계에 의한 부주의)	• 많은 시간 소요 • 신속하지 못함 • 가끔 재고량이 부정확하게 파악될 수 있음

3. 재고 수준

① 개요 : '앞으로의 수요에 대비하기 위해 미리 확보하여 재고로 보유하고 있어야 할 자재의 수량이나 일수'로 요약 가능

② 재고회전율

㉠ 일정 기간 중 재고가 몇 차례나 사용되었는가 또는 판매되었는가를 의미하는 것으로 재고 관리 상태를 평가하기 위한 척도

㉡ 보통 급식소에서 재고회전은 한 달에 2~8회 정도

㉢ 낮은 재고회전율 : 심리적으로 조리종사원이 부주의하게 식품을 사용. 낭비되는 양이 많아지거나 식품의 부정유출 가능성(이익 감소)

㉣ 높은 재고회전율 : 재고식품의 고갈 위험성과 생산지연을 초래. 비싼 가격으로 물품을 긴급히 구매해야 하는 경우도 발생(비용 증가)

TIP 재고회전율의 계산

- 재고회전율＝총매출원가(식품비)/평균재고액
- 총매출원가＝월초재고＋단기구매－월말재고
- 평균재고액＝(월초재고＋월말재고)/2
- 재고회전기간＝수요검토기간/재고회전율

4. 재고 관리 기법

① ABC 관리 방식 중요 : 재고를 물품의 가치도에 따라 A, B, C 세 등급으로 분류(파레토 분석을 이용)하여 차별적으로 관리하는 방식

TIP ABC 관리기법의 분류 및 특성

품목	분류	특성
A형 품목	• 고가 품목에 적용 • 총재고량의 10~20%(재고액의 70~80% 차지) • 정기발주방식 적용 • 소요량과 보유량을 확인하여 발주량을 정확히 산출해야 함	육류, 주류, 해산물, 냉동편의식품 등
B형 품목	• 중가 품목에 적용 • 총재고량의 15~30%(재고액의 20~40% 차지) • 일반적인 재고 관리시스템 적용	과일, 채소, 유제품, 식기류 등
C형 품독	• 저가 품목 • 총재고량의 40~60%(재고액의 5~10% 차지)	곡류(밀가루 · 콩류), 설탕 등

② 최소－최대 관리 방식

㉠ 실제로 급식소에서 많이 사용됨

㉡ 안전재고량을 유지하면서 재고량이 최소재고량에 이르면 조달될 때까지 사용되는 양을 고려한 적정량을 주문하여 최대한의 재고량을 보유하도록 하는 방식

5. 재고자산의 평가 중요

① 개요

㉠ 재고자산의 평가 : 현재의 재고품목들에 대한 화폐적 가치 환산

㉡ 급식소에서의 재고는 현재의 자산을 나타내며, 재고자산의 평가는 식재료 공급에 소요된 비용은 물론 최종적인 경영 이익이나 손실에 영향을 주게 됨

② 실제구매기법

㉠ 재고조사를 할 때 남아 있는 물품들을 실제 그 물품을 구입했던 단가로 계산하는 방법

㉡ 검수 후 창고에 저장할 때 모든 물품에 구입단가를 표시

③ 총평균법(gross average method)
  ㉠ 일정 기간의 총구입액과 이월액을 그 기간의 총입고수량과 이월수량으로 나누어 평균 단가를 계산하고 반출할 때 이 평균단가로 계산하는 방식
  ㉡ 대량 구매 · 구입, 출고 시 사용
④ 선입선출법(first-in first-out, FIFO method) 중요
  ㉠ 재고품 중 제일 먼저 들어온 식품부터 반출하고 기록하는 방식
  ㉡ 기말재고액은 가장 최근에 구입한 식품의 단가를 기입
  ㉢ 재고가치를 높게 책정하고자 할 때 사용
⑤ 후입선출법(last-in first-out, LIFO method) 중요
  ㉠ 재고품 중 가장 최근에 구입한 식품부터 반출하고 기록하는 방식
  ㉡ 물가 상승 시 소득세를 줄이기 위해 식품비는 최대화하고 재고가치를 최소화하고 싶을 때 사용
⑥ 최종구매가법
  ㉠ 가장 최근의 단가를 이용하여 재고액을 산출하는 것
  ㉡ 급식소에서 가장 널리 이용
⑦ 이동평균법 : 식품을 구매할 때마다 재고수량과 단가를 합산하여 평균단가를 계산하고 반출할 때는 이 평균단가로 기입하는 방식

PART 01
PART 02
PART 03
PART 04
PART 05
PART 06
PART 07
PART 08
PART 09

CHAPTER 04 | 생산 및 작업 관리

SECTION 01 | 수요 예측

1. 개요

① 미래를 예측하기 위해 과거의 정보를 이용하는 기술
② 수요 예측을 통해 생산 부족 또는 생산 과잉에 따른 문제점 해결, 최종 생산에 따른 비율 최소화, 고객 만족도 및 직무 만족도 증가, 운영의 정확성 확보 등을 꾀함
③ 잘못된 수요 예측의 영향
  ㉠ 생산 초과가 발생할 경우 : 잔식 발생으로 인한 비용 낭비, 음식의 품질 저하, 현금 유동성 저하 등을 초래
  ㉡ 생산 부족이 발생할 경우 : 고객 불만, 추가 발주로 인한 원가 상승 등이 일어남

2. 수요 예측 방법 중요

			이동평균법	지수평활법
객관적 예측법	시계 분석법	• 정량적 접근 방법 • 시간 경과에 따른 숫자 변화로 추세나 경향을 분석 • 과거의 매출이나 수량 자료로 미래 수요 예측	• 오래된 기록은 제외시키고 가장 최근의 기록들만으로 평균을 계산함 • 최근 일정 기간 동안의 평균으로 수요 예측	• 가장 최근의 기록에 가중치를 두어 계산 • 지수평활계수 : 0≤a≤1 • 수요 변동이 심한 메뉴의 a값은 1에 가깝게 • 수요가 안정된 메뉴의 a값은 0에 가깝게 • 단기적인 수요 예측
	인과형 예측법	• 식수 및 영향 요인들 간의 인과 모델을 개발해 수요를 예측함 예 회귀분석 • 식수에 영향을 주는 요인 : 요일, 메뉴 선호도, 특별행사, 날씨, 계절, 주변 식당 등		
주관적 예측법	• 정성적 예측 방법, 질적 접근 방법 • 최고 경영자나 외부 전문가의 의견이나 주관적 자료로 기술 예측이나 신제품을 출시할 때 활용함 예 시장조사법, 델파이기법, 최고경영자기법, 외부의견조사법 등			

1. 대량 조리

(1) 개요

① 50인분 이상의 음식을 동시에 생산할 수 있는 시설에서의 조리

② 작업 일정에 따른 계획적인 생산 통제가 필요함

③ 수작업보다는 조리 기기를 활용해 한정된 시간 내에 대량 생산함

④ 음식의 맛과 질감 저하가 급속히 진행되므로 조리법에 많은 제약이 따름

⑤ 음식의 관능적 · 미생물적 품질관리를 위해 조리 시간과 온도 통제가 필수임

※ 분산 조리 : 음식 품질 저하를 막기 위해 배식 시간에 맞추어 일정량씩 나누어 조리하는 것

(2) 표준 레시피(Standard recipes)

① 개요

㉠ 조리원의 숙련도, 조리 도구 및 기기 등에 알맞게 만들어진 레시피

㉡ 어떤 사람이 만들어도 같은 양, 같은 품질의 결과물이 나올 수 있도록 음식 생산 과정과 재료 계량에 대한 공식을 문서화하여 급식소에서 의사소통의 도구로 사용

㉢ 가식량, 구매량, 산출량에 대한 이해가 필요함

② **표준 레시피의 구성요소** : 식재료 이름, 재료양, 조리법, 총 생산량과 1인 분량, 배식 방법 등

③ **표준 레시피의 개발과 대량 조리 산출량 조정**

㉠ 표준 레시피 개발 과정

식재료, 조리 과정 기록 → 레시피 분량 기준 결정 → 1차 실험조리 실시 → 1차 관능평가 → 2차 실험조리 실시 → 2차 관능평가 → 재조정하여 레시피 수정 완료 → 새로운 조리사가 조리 → 관능평가로 표준 레시피 확정 → 영구 파일로 보관

㉡ 대량 조리 산출량 조정

• 단체급식 표준 레시피는 대개 50인분 또는 100인분 기준으로 작성되어 있으므로 식수에 따라 산출량을 조정

• 변환계수 방법 : 변환계수(factor) 산출 → 식재료 양에 계수 곱함 → 식재료 단위를 변경하고 반올림함

• 백분율로 조정 : 제과 및 제빵 레시피 산출 시 많이 사용

• 직접계측표 : 식수에 따른 중량 및 부피를 미리 표로 작성했다가 찾아서 사용

(3) 표준 레시피 사용의 장 · 단점 중요

장점	• 생산량 예측 및 균일한 음식의 질을 유지 : 생산량의 낭비와 부족을 방지 • 인건비 감소와 감독이 편리 : 고급 기술을 갖춘 인력에 의존하지 않아도 됨 • 효율적인 생산계획 가능
단점	• 표준화 작업에 시간이 소요됨 • 종업원 훈련의 필요성이 있음 : 시간과 비용이 듦 • 종업원들의 부정적인 태도 존재 : 처음 사용하는 종업원은 내용을 일일이 읽기가 번거롭다고 생각하는 경향이 있어 절차대로 하지 않고 거부하려고 함

2. 조리의 방법

① 삶기(poaching), 데치기(blanching), 은근히 끓이기(simmering) : 식품을 되도록 조미하지 않고 가열하는 방법

② 끓이기(boilng)

　㉠ 끓는 물에 장시간 조리하는 방법

　㉡ 식재료에 따라 장시간 조리 시 영양소의 손실이 발생할 수 있음

③ 찌기(steaming)

　㉠ 물이나 조미액을 끓여서 나오는 수증기로 식품을 가열함

　㉡ 삶기에 비해 영양소의 손실이 적음

④ 그레이징(glazing) : 요리에 색을 주어서 윤기가 나도록 조리하는 방법

⑤ 튀기기(frying) : 고온의 기름에 단시간 내에 식품을 가열함

⑥ 볶기(stir-fryting)

⑦ 소팅(sauteing) : 채소나 면류 등을 유지류(식용유, 버터 등)에 굽는 것

SECTION 03 | 보관과 배식

1. 적절한 온도의 급식 제공

(1) 개요

① 조리 후 2시간 이내에 공급

② 조리에서 배식까지의 시간 단축(분산 조리)

③ 뜨거운 음식(57℃ 이상)은 상차림 직전에 조리 완료하여 뜨겁게 배식

④ 차가운 음식(5℃ 이하)은 배식까지 보냉

⑤ 중심온도를 철저히 관리함

⑥ 보온고, 보냉고, 보온 · 보냉 테이블, 보온 · 보냉 배선차, 덤웨이터 등이 필요함

밥	조림	국	찌개	찬 음식	음용수, 차
80℃	50℃	65℃	85℃	5℃	65℃

(2) 1인 분량 조절

① 생산량과 원가를 통제하는 요소로 필수적임

② 예상 식수에 따른 정확한 총생산량이 명시된 표준 레시피를 활용함

③ 정해진 배식 도구(국자, 스푼 등)로 일정량씩 배분하도록 훈련함

2. 검식과 보존식 중요

(1) 검식

① 완성된 음식을 평가하기 위해 배식하기 전 1인 분량을 상차림하여 맛, 질감, 조리 상태, 위생 등을 종합적으로 평가하여 기록·보관하는 것(향후 식단 개선의 자료로 활용함)

② 검식 담당자 : 식품위생법에서 검식은 영양사의 직무로 규정되어 있으나 영양사 외에도 조리실장, 조리사 등 최소 2인 이상이 검식하여 그 결과를 기록하는 것이 바람직함

(2) 보존식

① 식중독 사고에 대비하여 그 원인을 규명할 수 있도록 검체용으로 음식을 남겨두는 것

② 배식 직전에 소독된 보존식 전용 용기나 멸균 비닐 시료 봉지에 종류별로 100g(1인 분량)씩 담아 −18℃ 이하 냉동고에서 144시간 이상 보관

③ 가공된 완제품은 제공한 원상태(포장 상태)로 보관함

④ 용기에 음식물이 독립적으로 보존되어야 함

퀴즈

보존식은 전용 용기나 멸균 비닐 시료 봉지에 담아 18℃ 이하의 온도에서 144시간 이상 보관해야 한다. (○/×)

정답 | ○

해설 | 보존식은 식중독 사고 발생 시 원인을 규명할 수 있도록 남겨두는 음식을 말한다.

---

3. 서비스의 형태(배식)

(1) 구분

급식소에서 사용하고 있는 서비스 형태는 셀프 서비스, 트레이 서비스, 테이블 서비스, 카운터 서비스 등이 있음

(2) 셀프 서비스(카페테리아, 뷔페, 자판기 서비스 등)

① 장점 : 인건비를 줄일 수 있으며, 단시간에 많은 사람들에게 식사를 제공할 수 있음

② 단점

　㉠ 품목별 수요 예측이 정확하지 못하면 배식량의 과부족이 발생할 수 있음

　㉡ 배식 시간이 길어지거나 잔반량이 증가할 수 있음

③ 산업체, 사무실 급식, 대학교 급식에서 이용함

④ 카페테리아 : 일직선형, 이직선형, U자형, 지그재그형, 스크램블(분산식) 등이 있음

　예 분산식 : 샐러드와 음료를 배식라인에서 분리시켜 배식을 신속히 하기 위함

(3) 트레이 서비스(환자식과 기내식, 호텔 룸서비스)

① 중앙조리장에서 조리하여 1인분씩 배분한 식사를 쟁반에 차려서 고객들이 있는 장소로 가져다 주는 형태

② 보온 · 보냉이 잘 이루어져야 함

③ 대면배식은 1인 분량의 통제, 신속 제공 등의 장점이 있으나 인건비가 증가할 수 있음

TIP 병원급식의 배선 방법 중요

	중앙배선		병동배선(분산배선)
	• 중앙조리실에서 상을 완전히 차려 보냉 · 보온장치가 된 운반차(cart)를 이용하여 환자에게 음식이 공급되고 다시 반송 • 침상 수가 100개 이상인 큰 병원은 수동 및 자동 컨베이어 시설이 된 배식대에서 상차림을 하여 전용승강기를 통하여 배식되는 것이 능률적인 방법		중앙조리실에서 병동 단위로 음식을 분배하고 각 병동의 조리실에서 상차림하여 환자에게 공급되는 방법
장점	1인당 배식량을 잘 조절할 수 있어 정확한 상차림을 위한 중앙통제가 가능하여 식품비의 낭비를 막고 인건비를 절약할 수 있음		조리실이 크지 않아도 가능하고 음식의 적온급식이 중앙배선보다 용이함
단점	주방 면적이 커야 함		• 각 층의 병동조리실비와 종업원의 추가가 필요함 • 1인당 배식량에 차질이 생겨 정확한 급식이 어렵고 비용의 낭비 발생

(4) 테이블 서비스

① 외식업에서 흔히 볼 수 있는 형태(산업체 급식의 중역식당, 교직원식당 등)

② 직원이 주문을 받고 주방으로부터 고객의 테이블까지 음식을 가져다 주는 방법

③ 미국식, 프랑스식, 러시아식, 연회식, 가정식 등이 있음

(5) 카운터 서비스

① 공항이나 터미널의 간이식당, 커피숍, 초밥집, 스낵바 등에서 주로 이용

② 종업원이 주문부터 상차림 업무까지 모두 맡기 때문에 적은 인력으로 서비스 가능

1. 생산조절

① 정의 : 일관성 있는 품질을 유지하면서 음식의 양을 조절하는 것

② 생산조절을 위한 관리 항목

　　㉠ 온도, 시간 관리
- 가열조리공정 중 온도와 시간은 다량조리에서 식품의 변화의 큰 요인
- 표준 레시피에 정확한 온도와 시간 기재 필요
- 온도 조절 기기 및 타이머 활용, 내부 온도계 필요

　　㉡ 산출량 조절
- 구매, 생산, 배식공정 완료 시 제품의 최종량
- 대부분 조리 후 무게가 감소(육류는 약 35%까지 수축)하나 부피가 증가하는 경우도 있음(밥)
- 구입 시 조리 전후 무게 및 가식부 고려

　　㉢ 배식량 조절
- 생산량, 원가 통제의 기본
- 개수 단위로 배식 가능한 것(우유 1개, 사과 1/4쪽 등), 배식용량에 맞는 도구(국자, 주걱, 컵, 집게, 스푼 등) 이용

　　㉣ 제품 평가 : 최종 생산되는 음식의 품질과 양 관리, 검식하여 검식일지 작성 후 다음 식단에 반영

2. 급식품질평가

① 품질평가는 메뉴와 서비스에 의해 좌우됨

② 메뉴 평가

　　㉠ 양적 평가 : 식수평가, 1인 분량평가

　　㉡ 질적 평가 : 관능평가, 잔반평가

관능평가	잔반평가
• 소비자 기호도 조사 • 순응도 조사 • 관능검사 평가척도 : 항목 척도, 순위법	• 음식의 인기도, 순응도를 평가 • 직접잔반계측법(개별잔반계측법, 집합잔반계측법) • 관찰에 의한 잔반계측법 • 회상에 의한 잔반계측법

③ 서비스 평가

　　㉠ 서비스, 급식환경, 분위기, 급식소 이미지 등에 대한 평가

　　㉡ 고객 만족도 평가 : 현장 실사, 고객 면접, 고객 의견 카드, 출구조사, 고객 설문조사

　　㉢ 서비스 품질평가
- 기능적 단서 : 맛있는 음식, 정확한 주문, 지불
- 기계적 단서 : 디자인, 분위기, 시설 배치, 조명, 색감
- 인간적 단서 : 친절성, 외모, 목소리 톤, 열정, 고객 응대 방법

④ 급식평가제도
　　㉠ 학교 급식 운영평가(매년 2학기에 1회) : 준수 사항 5개 항목(식재료 품질관리, 영양관리, 급식 운영원칙, 급식관리운영, 품질 및 안전을 위한 준수 사항)과 지도 권장 사항 15개 항목 등 총 20개 항목으로 구성
　　㉡ 학교 급식 위생 안전 점검제도(평가 연 2회 실시) : 준수 사항 22개 항목, 지도 권장 사항 21개 항목)
　　㉢ 의료기관 인증제도

SECTION 05 | 급식소 작업관리

1. 급식생산성

(1) 생산성 지표의 기본 개념
① 생산성 지표는 시스템 내 인적·물적 자원을 얼마나 최대한 활용하고 있는지를 평가하는 지표
② 생산을 위해서 다양한 재원을 투입(input)하여 생산활동의 결과로 나타난 산출(output)의 비율로 나타냄

> 생산성=산출량(output)/투입량(input)

　㉠ 투입 : 인력, 기술, 비용, 자본, 식재료, 기기, 설비
　㉡ 산출 : 음식, 고객 만족, 종업원의 직무 만족, 재정적 수익성

(2) 급식소에서 사용하는 대표적인 생산성 지표
① 급식 산업에서의 노동생산성 측정 지표 : 작업 시간당 식수, 1식당 작업 시간, 작업 시간당 식당량, 작업 시간당 서빙수
② 노동(작업) 시간당 식수(Meals per worked labor) : 일정 기간 동안 제공한 총 식수*÷일정 기간 동안의 총 작업 시간

*식수(meals) : 당일 예측된 고객의 수만큼 준비된 식사의 수

③ 1식당 노동(작업) 시간(Minutes per meal) : 일정 기간 동안의 총 작업 시간(분)÷일정 기간 동안 제공한 총 식수
④ 노동(작업) 시간당 식당량 : 일정 시간 제공한 총 식당량*/일정 기간 총 작업 시간

*식당량(meals equivalents) : 스낵 또는 면류에 적용되는 것으로 1식에 소요되는 작업 시간을 일반적인 식사류에 소요되는 작업 시간의 1/2을 반영하여 1식수를 1/2식당량으로 계산

⑤ 노동(작업)시간당 서빙수 : 일정 시간 제공한 총 서빙수*/일정 기간 총 작업 시간

*서빙수(servings) : 카페테리아 운영에서 작용되는 것. 주식 또는 반찬 1종류를 1서빙수로 계산하여 산출

(2) 비용생산성
① 급식 산업에서의 비용생산성 지표 : 1식당 인건비, 1식당 노동(작업) 시간 비용

② 1식당 인건비(Labor cost per meal) : 일정 기간 동안의 인건비÷일정 기간 동안 제공한 총 식수

③ 1식당 총 비용(Total cost per meal) : 일정 기간 동안의 총 비용÷일정 기간 동안 제공한 총 식수

(3) 급식생산성의 증대 방안

① 작업 표준 시간 설정

② 작업 단순화

③ 자동화 기계 이용

④ 전처리 식품 이용 증가

⑤ 동기 부여

⑥ 교육 훈련 실시

2. 작업일정의 계획

① **작업일정표** : 작업원별 출·퇴근 시간과 근무시간대별 주요 담당 업무 내용을 정리한 표

② **작업공정표**

  ㉠ 작업내용을 시간적으로 배열하고 몇 가지 작업공정으로 정리한 표

  ㉡ 메뉴별로 식재료의 전처리, 주조리, 상차림까지의 작업들에 대한 요점과 순서를 기록함

③ **작업표준의 작성**

  ㉠ 올바른 과학적 근거에 의해 작성해야 함

  ㉡ 작업 방법과 작업 시간을 여러 각도에서 연구하여 종업원에게 제시

3. 작업관리연구

① 개요

  ㉠ 작업 중에 포함되어 있는 불필요한 작업 요소를 제거하기 위해 가장 빠르고도 효과적인 방법을 발견하여 작업 방법의 표준화를 도출함

  ㉡ 작업관리는 방법연구와 작업측정을 주요한 내용으로 다루고 있음

② 작업연구의 목적

  • 복리 증진

  • 생산 능률 향상

  • 생산 단가 저하

  • 종업원의 능률 향상

  • 작업 방법을 개선하여 작업 표준을 설정

③ 작업연구의 방법 중요

  ㉠ 방법연구

  • 작업 중 불필요한 작업요소를 제거하고 필요한 요소로만 작업하기 위하여 상세히 분석하여 필요한 작업요소로만 이루어진 가장 빠르고도 효과적인 방법을 발견하는 기법

  • 공정 분석, 작업 분석, 동작 분석을 통해 작업조건의 개선 및 표준화, 표준시간 설정 등에 유용하게 사용

PART 01
PART 02
PART 03
PART 04
PART 05
PART 06
PART 07
PART 08
PART 09

- 작업 개선을 위해서 불필요한 기능의 제거
- 중복된 기능의 결합
- 효율적인 흐름이 되도록 기기나 업무의 순서를 바꾸거나 재배치(재배열)
- 동작경제 원칙 등에 따라 시간이나 노력을 단순화해야 함

공정연구	동작연구
• 직장 전체의 능률화를 위하여 최선의 작업 방법이나 시간을 결정 • 작업 상호 간의 관계를 조사·연구 • 재료, 부분품, 제품이 변화되는 상태를 공정별로 조사	• 개별작업의 동작을 대상으로 하는 연구 • 공정연구의 대상이 된 작업에 포함되어 있는 개인의 작업을 연구하여 각각의 작업 동작의 경제성을 생각하는 동시에 시간연구와 함께 작업을 개선하거나 표준화함

과정표	배치도 및 경로도	길브레스(Gilbreth)의 동작연구 방법
각 공정에서 이루어지는 단순작업을 순서에 따라 작업 내용, 필요한 거리, 수량, 시간 등을 기록	• 설비, 기구 등의 배치 및 작업 동작의 흐름도를 기록 • 이동 거리의 단축, 이동 방향의 원활화, 관리하기 쉬운 작업배치 연구 등에 유용	• 모든 동작을 분석하고 단위 동작으로 세분하여 규정 • 좌우 손의 움직임을 경과 시간과 함께 기록 • 동작 절약 원칙에 의해 불필요한 동작은 제거, 필요 동작은 부가함으로써 작업 개선에 사용함 • 동작경제의 원칙 : 동시성, 대칭성, 자연성, 리듬성, 습관성

ⓛ 작업측정 중요 : 방법연구의 결과를 토대로 표준화된 작업에 대하여 그 작업을 수행하는 데 필요한 표준시간을 설정하는 것

시간연구법	• 작업을 기본 요소로 분할한 후 스톱워치 등을 이용하여 작업에 소요되는 정미시간을 측정 기록하는 방법 • 작업에 필요한 시간, 작업을 위한 대기시간, 낭비적인 시간들을 발견하고 개선하기 위해 사용
워크샘플링법	• 통계적 수법을 사용하는 작업측정의 한 방법 • 다른 연속적인 측정 방법보다 경제적인 비용으로 작업 측정 • 작업 요소가 하루 일과시간 동안 어느 정도의 비율로 발생되는지를 관측·기록한 후 비율로 추정하여 시간을 설정하는 방법
PTS(Predetermined Time Standards)법	작업동작을 기본 요소의 동작으로 분류하고, 그 동작이 어떤 조건하에서 수행되는지 확인한 다음 이미 정해진 기준시간 중에서 유사한 것을 찾아 기본동작의 수행시간으로 간주하는 방법
실적기록법	• 과거 경험이나 일정 기간의 실적자료를 이용하여 작업 단위에 대한 시간을 산출하는 방법 • 신속하고 비용 절약이 가능하다는 장점 때문에 단기적 또는 소량생산을 위한 참고 자료로 활용
표준자료법	과거의 자료를 분석하여 작업 동작에 영향을 미치는 요인들과 작업을 위한 정미시간 사이에 함수식을 도출한 후 표준시간을 구하는 방법

4. 작업 개선의 절차 및 원칙

(1) 작업 개선절차

| 작업 개선
대상 선정 | 현 작업
방법의 분석 | 세부적인
해결 과제 검토 | 개선안 수립 | 개선안 도입 |

※ 세부적인 해결과제 검토는 ECRS(불필요한 작업 제거, 작업의 결합, 작업 순서 변경 작업의 단순화)를 할 수 있는지 검토한다.

(2) 작업 개선 원칙

① 전문화(specialization) : 같은 종류의 작업을 한곳에 집중시키고 기능을 고도화하거나, 공정 순으로 할당하여 작업을 체계화하도록 계획

② 단순화(simplification) : 유사한 작업을 통합하여 형식이나 일에 대한 작업 면에서 가외의 노동을 축소 · 제거

③ 기계화(mechanization) : 작업 능률을 올릴 수 있는 기계나 도구 사용, 처리 능력 향상, 단가 인하

④ 표준화(standardization)

　㉠ 작업 처리 기준을 만들어 처리 결과를 일정하게 함

　㉡ 작업 수단으로서의 작업상의 사용 기구를 규격화함

　㉢ 경비 절감

⑤ 자동화(automation) : 경비, 시간, 재료, 인원을 절감하기 위함

(3) 조리작업 효율화를 위한 설비

① 설비의 유의점

　㉠ 넓은 시야 확보

　㉡ 효율적인 작업 동선

　㉢ 다목적용 기기 선택과 배치

　㉣ 조리대 수납 설비 및 공간 활용

② 조리대 설비

　㉠ 조리구역 중심부에 배치, 위생적이고 안전하게

　㉡ 길이는 85~90cm, 너비는 55cm가 표준이며, 작업면은 스테인리스 스틸 등 물을 흡수하지 않는 재료를 사용, 배치는 오른손잡이 기준 왼쪽에서 오른쪽으로

　㉢ 효율적인 동선 배치와 모든 작업공정이 독립적으로 이루어지도록 분리되고 공동 작업도 가능하도록 배치함

SECTION 01 | 작업 공정별 식재료 위생

1. 개요

위생·안전 관리는 급식 생산 전 과정에서 생물학적·화학적 물리적 위해에 노출될 환경으로부터 위해를 제거하거나 문제가 되지 않는 수준으로 감소시켜 고객의 안전을 보호하는 것임

2. 위생 사고를 유발할 수 있는 원인

① 물리적 위해 요소: 돌, 유리 파편, 금속 조각, 플라스틱 조각, 모발, 곤충, 철 수세미 등
② 화학적 위해 요소: 중금속, 천연 독소, 잔류 농약, 항생 물질, 허가받지 않은 식품첨가물, 환경호르몬 등
③ 생물학적 위해요소: 병원성 미생물, 바이러스, 기생충, 원충, 진균류 등

3. 식중독 주요 원인균 중요

구분	유형	원인균(물질)	감염원	주요 원인 식품	예방
세균성 식중독	감염형	살모넬라균	가축, 쥐, 어패류, 닭	계란, 식육, 생선회, 초밥, 닭고기 등	완전 가열 조리
		장염비브리오균			
		캄필로박터균			
	독소형	황색포도상구균	사람의 피부, 화농창, 토양	곡류 가공 식품, 도시락, 통조림 식품 등	손의 청결 유지
		보툴리누스균			
	기타	웰치균	토양, 변, 사람 및 동물의 장관	가열 조리 식품, 식육 및 가공품 식육 제품, 농산 물 가공품, 야채물 등	육류의 적정 온도 가열, 조리기 청결
		세레우스균			
		병원성대장균			
자연독 식중독	식물성	식물성 식품에 함유된 각종 독소 성분	식물성 식품	독버섯, 감자(싹), 독미나리 등	–
	동물성	동물성 식품에 함유된 각종 독소 성분	동물성 식품	복어, 독꼬치, 조개 등	–
화학성 식중독	급성 만성 알레르기형	오염 및 잔류된 유독물질, 알레르기 유발물질	각종 식품, 어류	농약 식품 첨가물, 중금속류 및 기타 화학 물질에 오염된 식품, 꽁치, 고등어 등 붉은색의 어류	–

출처 : 식품의약품안전청(2008)

노로바이러스

- −20℃에서도 생존하며 일반 살균(60℃, 30분)에서는 사멸되지 않으므로 85℃ 이상의 가열 살균으로 예방해야 함
- 주요 원인 식품은 굴 등 패류, 오염된 지하수, 식품 용수 등의 물, 가열하지 않은 생채소류, 과일 등이며 10~100개의 적은 수의 바이러스 입자로도 감염됨

잠재적 위험식품 (Potentially Hazardous Foods ; PHF)

- 가열·비가열 처리한 동물성 식품
- 가열·비가열 식물성 식품 : 샐러드(새싹 채소), 절단 과일(수박, 멜론), 장아찌류 등을 포함하는 식물성 식품으로 병원성 미생물의 성장이 억제되거나 독소가 형성되지 않도록 처리하지 않은 것
- 수분활성도와 pH의 상호작용을 고려하여 각 식품을 평가한 결과를 가지고 온도관리가 필요한 식품인지를 판단할 것
  - 위험한 온도 범위 : 5~60℃
  - 세균 성장 pH : pH 6.5~7.2
  - 수분 : 수분활성도가 높을수록 미생물 발육 가능성 높음

4. 작업 공정별 위생 관리

(1) 구매 및 검수 단계

① **업체 선정** : 위생 관리 및 운영 능력이 있는 업체, 정기적으로 납품 차량 및 배달원의 위생 상태 점검

② **물품 구매** : 규격 기준을 분명히 제시하고 검수는 철저히 함

③ 육류, 어패류, 채소 등은 당일 구입하여 당일 사용함

   ㉠ 어패류 : 산란기에는 독성이 강해지기 때문에 구매 피함

   ㉡ 식중독이 많이 발생하는 6~10월 사이에는 어패류, 육류, 난류, 어묵 등 상하기 쉬운 제품에 주의

   ㉢ 검수가 끝나면 바로 냉장 또는 냉동 보관하거나 조리 단계(전처리)로 즉시 연결하여 제품이 방치되지 않도록 할 것

   ㉣ 첨가물의 사용 여부, 이물질의 혼입 유무, 표시의 확인, 제조년월일(유통기한, 소비기한), 저장 방법, 선도 유지 기간 등에 유의

검수 시 식품별 온도 측정 방법

- 액체 또는 개별포장 제품 : 포장을 열어 온도계 탐침이 잠기도록 설치
- 대용량 액체 제품 : 소스, 스프류는 온도계 탐침이 제품에 의해 감싸지도록 설치
- 진공 포장 제품 : 포장 사이에 온도계를 설치하고 15초 이상 기다린 후 온도를 기록
- 육류, 가금류, 생선류 : 온도계 탐침을 제품의 가장 두꺼운 부분에 찔러서 측정
- 조개류 : 온도계 탐침을 포장 한가운데 설치
- 달걀 : 배송 트럭의 저장고 온도를 측정하고 온도 기록 확인

(2) 보관 및 저장 단계

① 시간 및 온·습도 관리, 선입 선출, 저장고의 온도(위험 온도 범위인 5~57℃에서는 저장하면 안 됨) 등에 유의

② 냉장 저장

　㉠ 5℃ 이하로 유지

　㉡ 주기적으로 청소

　㉢ 냉장고 내 식품은 반드시 뚜껑을 덮어 보관, 라벨에 날짜 표기

　㉣ 과일, 채소류의 상태 매일 체크

　㉤ 냉장고 용량은 냉기의 원활한 순환을 위해 70% 정도만 채움

　㉥ 일부 사용한 통조림 제품은 소독된 용기에 옮겨 담아 보관(유통기한 표기)

　㉦ 익힌 음식과 날음식은 하단에 배치

　　• 하단 배치 식품 : 생선, 육류

　　• 상단 배치 식품 : 채소, 가공 식품

　㉧ 선반은 벽과 바닥으로부터 15cm 간격 유지

③ 냉동 저장

　㉠ −18℃ 이하로 저장

　㉡ 냉해·탈수·오염·손실 주의, 포장 철저, 물품 목록표 붙이기

④ 건조 저장

　㉠ 온도 : 15~25℃

　㉡ 습도 : 50~60%

　㉢ 식재료와 비식재료를 분리하여 보관

(3) 전처리 및 세척 단계

① 식품을 종류별(농산물, 축산물, 수산물)로 구분하여 교차오염을 방지

② 과일·채소는 깨끗이 씻고 전용 상싱크를 이용함

③ 채소는 0.15~0.25% 농도의 중성 세제에 씻은 다음 흐르는 물에 헹굼

④ 가열 처리하지 않고 제공되는 채소 및 과일은 차아염소산나트륨의 100배(100ppm) 희석액에 5분간 담근 후 흐르는 물에 충분히 헹굼

⑤ 전처리 과정은 25℃ 이하에서 2시간 이내에 수행해야 함

교차오염

- 오염되지 않은 식재료나 음식이 이미 오염된 식재료, 기구, 조리자와의 접촉 또는 작업 과정으로 인해 미생물의 전이가 일어나 오염되는 현상
- 일반 작업구역(오염구역)과 청결 작업구역(비오염구역)으로 구분하여 작업을 분리
  - 일반 작업구역 : 검수, 전처리, 식재료 저장, 세정 구역
  - 청결 작업구역 : 조리, 배선, 식기 보관, 식품 절임, 가열 처리 구역
- 전처리되지 않은 식품과 전처리된 식품은 분리 보관함
- 칼, 도마, 집게 등 기구나 용기는 용도별로 구분해서 사용함
- 식품 취급 작업은 바닥에서 60cm 이상에서 실시(바닥의 오염물이 튀지 않도록 함)
- 손과 식품용 고무장갑은 세척, 소독 후 작업함

⑥ 해동 방법

　⑴ 해동할 식품은 포장지나 비닐봉지에 담아 해동

　⑵ 해동이 끝난 식자재는 실온에서 30분 이내에 사용

　⑶ 한번 해동시킨 식품은 다시 동결하지 않음

　⑷ 냉장고 해동

　　• 10℃ 이하

　　• 식재료에 '해동 중'이라는 라벨 부착

　　• 교차오염 방지를 위해 냉장고 하단의 전용칸에 분리 해동

　⑸ 전자레인지 해동 : 작은 식재료 가능

　⑹ 흐르는 물에서 해동 : 밀봉한 상태로 21℃ 이하의 흐르는 물 사용

　⑺ 가열 조리 과정에서 해동 : 끓이기용 육류, 생선 등

(4) 조리 단계

① 냉장고나 냉동고에서 꺼낸 식품은 신속하게 조리

② 식품별 조리 시간 및 온도 준수

③ 음식 내부의 중심 온도를 측정하여 75℃에서 1분 이상(가장 두꺼운 부분 측정) 조리

　　※ 일반 식품의 경우 75℃ 이상에서 1분 가열 시 안전(패류는 85℃에서 1분 이상)

④ 조리 도구(칼, 도마, 식기 등)는 생선용, 육류용, 채소용 및 조리된 음식용, 생식용으로 구분해서 사용

⑤ 식중독이 발생할 수 있는 시기에는 생식용 식재료 사용을 삼가고 조리 온도와 조리 시간을 준수

⑥ 맛을 볼 때는 별도의 용기와 숟가락을 사용

(5) 배식 단계

① 조리 종료 후 2시간 이내에 급식하도록 함

② 배식 온도 : 내부 온도가 5℃ 미만, 57℃ 이상이어야 함(위험 온도 범위 : 5~57℃)

③ 배식원 위생 : 손을 철저히 씻고 소독하며 위생장갑을 착용함

④ 배식 전용 도구는 세척, 소독하여 건조된 것을 사용

⑤ 남은 음식은 재활용하지 않음

PART 01
PART 02
PART 03
PART 04
PART 05
PART 06
PART 07
PART 08
PART 09

1. 조리 종사자의 위생 관리

(1) 건강 진단

① 폐결핵, 전염성 피부 질환, 장티푸스

② 식품위생법에 의거 1년 1회 실시(학교 급식의 경우 6개월 1회)

※ 조리작업 제외 **중요** : 발열, 설사, 복통, 구토 증상, 손이나 얼굴에 화농성 상처 혹은 종기가 있을 때

> **TIP 식품위생법상 조리 종사자의 감염병 제한 조건**
> - 감염병의 예방 및 관리에 관한 법률 제2조 제2호에 따른 제1군감염병 : 콜레라, 장티푸스, 파라티푸스, 세균성 이질, 장출혈성 대장균 감염증, A형간염
> - 감염병의 예방 및 관리에 관한 법률 제2조 제4호에 따른 결핵(비전염인 경우는 제외)
> - 피부병 또는 그 밖의 화농성 질환
> - 후천성면역결핍증

(2) 복장 위생

① 조리장에서는 깨끗한 위생복, 위생모, 앞치마를 착용함

　　㉠ 위생복은 조리용과 배식용, 청소용으로 구별 사용함

　　㉡ 위생모는 머리카락이 모자 밖으로 나오지 않도록 확실하게 착용함

② 조리장 내에서는 전용 신발을 착용함

③ 배식 시에는 1회용 장갑을 착용함

(3) 손 위생

① 손 소독 : 역성 비누 사용(원액법, 희석법 사용), 70% 알코올 사용

※ 역성 비누 : 무색·무취·무자극성으로 세정력은 약하나 살균력이 강함. 조리종사원의 손 또는 조리기구 소독제로 사용. 일반 비누와 병용하면 살균력 없어짐

　　㉠ 희석법 : 3% 희석액을 용기에 담고 30초 이상 손을 담그며, 함께 담가 둔 가제를 짜서 손을 닦음

　　㉡ 원액법 : 손을 물로 적시고 원액을 손에 몇 방울 떨어뜨려 손 전체에 바르고 30초 이상 잘 문지른 후 세척

② 손 세척 : 조리장 입구에 손 세척용 싱크대 설치

　　㉠ 조리장을 벗어난 경우(**예** 화장실 이용 후, 흡연 후)

　　㉡ 조리작업 시작 전

　　㉢ 쓰레기, 청소도구 취급 후

　　㉣ 신체를 만진 경우(**예** 코 풀기, 기침, 음용, 전화기를 만졌을 경우)

　　㉤ 교차오염의 가능성이 있는 경우(**예** 서로 다른 식품군을 손질할 경우, 특히 미생물 오염원으로 우려되는 식품을 만졌을 경우)

③ 손톱은 짧게 자르고 액세서리, 시계, 매니큐어 등은 금지

(4) 조리장의 위생 습관
① 손 씻기를 생활화함
② 작업복은 작업장 내에서만 착용(외출 금지)
③ 한번 사용한 장갑은 다른 음식 조리에 사용하지 않음
④ 손에 찰과상이 있는 경우 소독제가 포함된 일회용 밴드를 붙이고 일회용 위생 장갑 착용
⑤ 조리된 음식을 옮길 때는 국자나 집게를 이용함
⑥ 시음 시 그릇에 떠서 다른 수저로 맛을 보고 그릇은 재사용하지 않음

SECTION 03 | 급식 시설 · 기기 위생 관리

1. 세척
① 세척 : 세제를 사용하여 급식 기기 및 용기 표면의 음식 찌꺼기와 잔여물을 제거하는 작업
② 잔류물 확인
　㉠ 전분 : 0.1N 요오드 용액을 사용하여 청색으로 변하는지 확인
　㉡ 지방 : 0.1% 버터 옐로우 알코올 용액을 이용하여 황색으로 변하는지 확인
③ 세제의 용도별 분류 및 사용 **중요**
　㉠ 1종 세척제 : 채소, 과일용(흐르는 물에 과일 · 채소를 30초 이상 담갔다가 반드시 먹는 물로 세척, 5분 이상 담그는 것은 절대 안 됨)
　㉡ 2종 세척제 : 식기용
　㉢ 3종 세척제 : 식품 가공기구용, 조리기구용
④ 세제 성분에 따른 분류
　㉠ 일반 세제 : 손 세척, 식기 세척 등 모든 것에 사용
　㉡ 산성 세제 : 세제 찌꺼기 제거에 사용
　㉢ 용해성 세제(솔벤트) : 진한 기름때, 오븐, 가스레인지 세척
　㉣ 연마성 세제 : 바닥, 천장 등의 오염 물질 제거(플라스틱 제품에는 부적절)

빈 칸 채우기
(　　　　　)은/는 채소 · 과일용으로 사용할 수 있는 세척제이다.

정답 | 1종 세척제

PART 01
PART 02
PART 03
PART 04
PART 05
PART 06
PART 07
PART 08
PART 09

2. 소독 중요

① 정의 : 급식 기기 및 용기 표면에 존재하는 미생물을 위생상 안전한 수준으로 감소시키는 것

② 열탕 소독(자비)

열탕 소독	• 77℃에서 30초 이상 • 식기를 포개서 소독할 경우 소독 시간이 오래 걸림
증기 소독	• 100~120℃에서 10분 이상 가열 • 행주는 열탕 소독 후 완전히 건조

③ 건열 소독

ⓖ 160~180℃의 식기 소독기 또는 식기세척기 내에서 30~45분간 소독

ⓛ 식기세척기를 통과한 식기 표면 온도는 71℃ 이상

④ 자외선 소독

ⓖ 살균력이 가장 강한 2,537A의 자외선에서 30~60분 조사, 표면 살균

ⓛ 자외선이 닿는 부분만 살균되기 때문에 식기 등을 포개거나 엎어서 소독하지 않도록 유의

⑤ 화학 소독

ⓖ 작업대, 기기, 도마, 생채소, 과일, 고무장갑, 발판, 식품 접촉면 소독 시

ⓛ 반드시 세척 후 사용

ⓒ 소독제는 미리 만들어 놓으면 효과가 떨어지므로 1일 1회 이상 제조

ⓡ 소독제 종류별 소독법

염소계 용액 (차아염소산나트륨) 소독	• 식품접촉기구 및 용기 표면 소독 : 200ppm에서 1분 이상 침지 • 생채소·과일 : 100ppm 이상에서 5분간 침치
요오드 용액 소독	pH 5 이하, 24℃ 이상, 25ppm에서 1분 이상, 25ppm이 함유된 용액에 최소 1분 침지
70% 에틸알코올 소독	손 혹은 용기에 분무 후 건조

 소독액 제조

$$희석\ 농도(ppm) = \frac{소독액의\ 양(ml)}{물의\ 양(ml)} \times 소독색의\ 유효\ 염소\ 농도(\%)$$

 위생관리를 위한 영양사의 임무

• 대량 식중독의 위험과 기생충의 피해를 방지하여 피급식자의 건강 유지
• 급식장의 고온 다습한 환경 개선
• 경영진의 위생적 배려와 관심 촉구
• 조리 종사자의 부족한 위생 지식에 대한 교육
• 식품 및 기기의 비위생적 취급에 대한 감독

시설·설비 관리

SECTION 01 | 급식소 시설 · 설비 관리

1. 개요

① 단체급식소 시설에는 조리실과 식당 및 그 부대시설이 포함되어 있으며 '식재료의 반입 → 조리 → 식사 제공 → 식기 세척'까지의 일련의 작업이 최소한의 공간 내에 편의와 용도에 맞는 기구 배치로 능률적이고 위생적으로 안전하게 행해질 수 있도록 관리하는 것이 목적임

② 급식에서 시설이나 설비가 우수하면 경비의 절감, 원가의 절감, 식수의 증대가 가능하며 위생 관리가 고려되어야 함

③ 설계와 공간 배치 등이 작업 흐름의 원칙에 부합되어야 하며 최근 급식 시설은 HACCP에 근거한 시설설비기준을 계획단계부터 적용하고 있음

2. 시설 · 설비 계획 시 고려 사항

① 단체급식소에서 새로운 시설을 도입하고자 할 때는 계획 단계부터 급식의 규모, 급식 제공 방법(제공메뉴, 식재료 형태, 배식 형태), 예산, 설치장소, 도입 기기의 종류, 관련 법규, 조리 종사원 상황, 복리후생시설 등의 모든 요소를 조목조목 살펴보고 검사해야 함

② 설계 시 위생 관리의 용이성, 감독 용이성, 공간의 효율성, 재료와 인력의 원활한 흐름, 운영 비용, 유지 비용, 기기 평균 수명, 유연성, 모듈성, 단순성 등의 원칙이 고려되어야 함

③ 설비의 설치 조건 : 건축 설비, 작업 동선, 작업 공간 확보, 위생적 조건, 관리 용이성 등

3. 시설 · 설비 기준과 관련 법규

① 식품위생법의 집단급식소 시설 기준, 학교 급식법 시행규칙의 급식 시설 세부 기준을 준수해야 함

② 그 외에 건축기준법, 소방법, 노동안전법, 식품위생법 등이 있는데 급식 시설의 종류에 따라 법적인 규제가 설정되어 있음

4. 급식 시설의 위치와 크기

(1) 급식소의 위치

① 식수 및 세정을 위한 양질의 물이 충분하고, 급 · 배수가 편리해야 함

② 채광, 환기, 통풍이 좋아야 함

③ 화장실 및 폐기물 처리장까지 적당한 거리가 있어야 함

PART 01
PART 02
PART 03
PART 04
PART 05
PART 06
PART 07
PART 08
PART 09

④ 식품의 반입, 조리실에서의 반출이 편리해야 함

⑤ 급식관리자의 이용이 편리하고, 식사의 배급이 편리해야 함

⑥ 소음, 이취 등 다른 부문의 영향이 적어야 함

(2) 급식 시설의 면적

① 개요

㉠ 급식 목적, 급식 제공 방법, 메뉴의 종류와 유형, 서비스유형, 등에 영향을 받음

㉡ 급식 시설은 조리장과 식당으로 구분되며, 식당과 조리장의 크기는 60:40의 비율이 적용되나 메뉴가 단순하면 조리장은 식당의 25~30%면 충분함

㉢ 조리장의 형태는 가로세로의 길이가 3:2, 2:1과 같이 직사각형 형태가 유리함

② 식당

㉠ 전망, 채광 및 이용자의 편리성에 유의하여 결정

㉡ 식당 면적 : 급식자 1인에 필요한 면적×총 급식자 수(총 고객 수 : 좌석회전율)

• 좌석회전율＝급식 대상자 인원÷좌석 수

• 좌석회전율은 일반적으로 2.5 정도

• 일반적으로 필요한 면적 : 급식자 1인 $1.2\sim1.7m^2$

TIP 식당면적 계산 예시

총 고객 수 300명, 좌석 수 100석, 1좌석당 바닥면적이 1.5m일 때, 필요한 식당 면적은?
• 좌석회전율 : 300명÷100석＝3회전
• 식당 면적 : 600명÷3회전×$1.5m^2$＝$300m^2$(약 91평)
※ 고객 1인당 $1m^2$ 이상이어야 하며 이용 시간을 고려하여 공간을 결정

㉢ 식탁 배치

• 식탁 사이 주요 통로는 120cm, 부통로는 60~90cm, 보조 통로는 40~60cm 확보

• 유형별 특징

변화형	• 식사 시간 이외에 회의 장소 등으로도 사용 가능 • 1명, 2명, 그룹 등 이용자 수에 쉽게 대응
평행형	많은 사람 수용 시 효율적, 산업체, 대학에 유용
유동형	• 독특한 형태로 여러 가지로 조합 가능 • 개성적이고 즐거운 식사 환경 조성에 적합
사각형	• 외국 식당에서 흔히 보이는 형태 • 적은 수의 식탁 • 외부 고객이 이용하는 식당

③ 주방(조리장)

㉠ 식당 면적의 1/3~1/2

㉡ 메뉴의 복잡성, 조리기기의 종류, 종업원의 수, 작업자의 동선에 따라 크기가 결정되나 최근 최소화 경향으로 변화됨

ⓒ 작업의 동선에 따라 기기 배치 필요

ⓔ 드라이 키친 시스템 도입 : 조리장 바닥의 물기를 최소화하여 습한 환경을 개선하는 것으로, 이는 세균 번식을 최대한 억제할 수 있으며 매우 위생적임

ⓜ 조리장의 위치 선정
- 채광, 통풍, 자연환경이 위생적이고 공해, 소음 악취로부터 배제된 곳
- 건축 구조 측면에서는 식당과 조리장의 동선 분리, 식재 반출, 반입의 편리 등이 고려되어 야 함

ⓗ 조리장의 구분

작업 구역	작업 내용	
일반 작업 구역	• 검수 구역 • 식품 절단 구역(가열 소독 전) • 세정 구역	• 식재료 저장 구역 • 전처리 구역
청결 작업 구역	• 식품 절단 구역(가열 소독 후) • 조리 구역(가열 · 비가열 처리)	• 정량 및 배선구 역 • 식기 보관 구역

빈 칸 채우기

일반적으로 (　　　　　)의 면적은 식당 면적의 1/3~1/2 정도이어야 한다.

정답 | 주방(조리장)

---

5. 작업 구역에 따른 설계 및 기기, 설비

① **개요** : 소규모 급식 형태인 경우 단일한 장소에서 모든 조리 작업이 진행되지만, 대규모 급식 형태에서는 기능별로 공간을 구분하는 것이 효율적임

② **물품 검수 구역**

ⓐ 선입된 물품의 인수를 위해 질과 양을 확인하는 곳으로 외부로부터 물품의 운송이 편리한 장소여야 함

ⓑ 정확한 계량과 물품의 상태판정을 위해 충분한 조도(540Lux)가 유지되어야 함

ⓒ 필요한 기구 : 책상, 의자, 계측기기(대형 저울, 소형 정밀 저울), 운반차류

③ **저장공간 구역** : 검수 구역과 조리 구역 사이에 배치하며 최근 저장공간은 줄어드는 추세

④ **조리 구역** : 작업순서에 따라 준비실과 주조리 구역으로 분류함

ⓐ 전처리실
- 처리가 안 된 식재료가 반입되므로 위생을 위해 손질, 세척 과정을 반드시 구분해야 함
- 전처리실은 채소류, 어육류 처리 구간을 반드시 구분
- 채소류 처리 구역 : 한식 위주의 식단인 경우 이 구역의 면적이 넓어야 함

PART 01
PART 02
PART 03
PART 04
PART 05
PART 06
PART 07
PART 08
PART 09

세정대	• 채소를 씻고 헹구기 위해 배수조를 2배로 함 • 하단에 선반을 두어 이 장소에서 사용하는 집기류의 정리, 보관에 활용함 • 옆면의 배수관은 싱크대 쪽으로 물이 흐르도록 경사 처리, 벽에 닿는 면에는 물 튀김 방지용 턱을 부착
작업대	• 재질은 스테인리스 스틸로 하며 앞면과 모서리는 각이 지지 않게 처리 • 작업대 아랫부분에 서랍을 부착해 소도구를 보관 • 작업대의 배치 : 일렬형(효율적이며 가장 많이 이용), 평행형, 이중 붙임형, L자형(좁은 공간에서 편리하게 이용), U자형(작업면을 넓게 사용, 많은 종업원이 동시에 작업 가능)
구근 탈피기	• 감자 · 구근류를 단시간 내에 세정하고 껍질을 벗기는 기계 • 조리 준비 시간을 절약하고 폐기량을 감소시키는 이점이 있음
채소 절단기 (vegetable cutter)	다양한 모양과 크기로 절단이 가능하며 조리 후 음식 모양이 균일함
세미기	수압에 의해 쌀 세척이 가능하고 노동력을 절약할 수 있음

• 어육류 처리 구역 : 식재가 부패하기 쉽고, 교차오염의 우려가 있으므로 위생 관리가 특히 강조되는 장소

세정대	• 수산물 절단, 수세 및 해동을 함 • 싱크대 상부에 나무 도마를 설치하여 어류 절단 시 사용
작업대	• 육류를 용도에 맞게 절단하고 준비하는 곳 • 작업대 하단의 선반은 평판 선반으로 하여 큰 용기를 보관 · 정리할 때 사용
분쇄기 (meat chopper)	• 육류 및 채소 분쇄용 기계 • 대규모 급식일 경우 시간당 처리 능력이 100kg 이상인 것이 적당
골절기 (bone saw)	육류의 절단, 냉동 육류를 분할하는 데 사용하는 기기

ⓛ 조리장

• 취반 및 국 조리 지역 : 물을 많이 사용하는 장소이므로 배수와 배기 방법이 중요함
• 취반기
　－ 사용하는 열원의 종류 : 스팀, 가스
• 자동 취반기
　－ 자동제어장치가 부착되어 취사와 뜸 들이는 과정이 자동으로 연결됨
　－ 압력 상승이 자동제어되어 연료 절감 면에서도 효과적임
　－ 고정시킬 경우 바닥과 주변을 세척하기에 용이한 구조와 공간을 확보하여야 함
• 싱크대
• 이동식 작업대
　－ 조리 작업대와 배식용으로 겸용이 가능
　－ 자유형 바퀴 4개를 부착하여 필요한 공간으로 이동 가능
• 회전식 국솥
　－ 국 및 음료수 조리용
　－ 내 · 외부 사이에 스팀층을 두어 가열하는 방식

TIP 조리기기 배치의 기본 원칙

- 작업 순서에 따라 배치
- 작업원의 보행 거리나 보행 횟수를 줄이도록 배치
- 동선이 서로 교차되지 않게 최단 거리로 함
- 작업대 높이는 작업원의 신장, 작업 종류를 고려

TIP 조리기기 도입의 유의사항

- 취급하기 간단하고 안전할 것
- 작업 정의가 확실할 것
- 유지비 등의 제경비가 적을 것
- 위생적 세척 소독이 쉬운 것
- 인력 절감, 시간 단축 효과가 있는 것
- 사용 빈도가 높은 것
- 수리하기 간단하고 AS가 쉬운 회사의 물건일 것

⑤ 배식 공간 : 배선 공간과 식당으로 구분

⑥ 식기 반납 및 세척 공간

   ㉠ 밖으로 나가는 문 근처에 배치

   ㉡ 소음과 음식 찌꺼기 관리 필요

   ㉢ 퇴식용 랙이나 식기 회수 컨베이어 벨트 설치

   ㉣ 세척 기기는 도어 타입, 렉 컨베이어, 플라이트의 3가지 유형이 있음

       • 소규모 급식소는 도어 타입이나 1탱크 랙 컨베이어 타입을 사용

       • 중, 대규모 급식소는 2탱크, 3탱크 플라이트 타입

TIP 식기 선정 시 고려 사항

구분	세부 항목
재질	• 견고하여 파손이 잘 안되는가? • 충격에 강한가? • 가장자리가 들기 쉬운가? • 뜨거운 재료를 담으면 열이 없어지는가? • 열풍 소독 보관고에 견디는가? • 식기와 식기의 접촉 시 어떤가?
기능	• 들기 쉽고 사용하기 쉬운가? • 운반과 수납이 용이한가? • 세정작업이 쉬운가?
디자인	• 밝고 청결감이 있는가? • 배식하는 음식에 어울리는가?
가격 및 기타	• 경제효과가 있는가? • 같은 종류, 같은 모양의 제품이 계속 납품될 수 있는가?

종류	특성
도자기, 유리	급격한 온도 변화, 충격에 약함
플라스틱	• 충격, 열, 세제에 강함 • 가볍고 견고함 • 열전도율이 낮고 냉각 시 잘 견딤 • 착색에 주의
스테인리스	• 부식되지 않고 영구적 • 열전도가 고르지 못함 • 무겁고 가격이 비쌈
폴리카보네이트	• 내구성이 좋고 가벼움 • 냄새가 배지 않고 산성에 강함
멜라민수지	• 가격이 저렴함 • 디자인과 색상이 다양 • 견고한 편이며 때가 잘 묻지 않고 변색 안 됨

⑦ 복리후생시설
　㉠ 급식 관리실의 배치 시 고려 사항 : 근접성, 가시성, 독립성
　㉡ 조리원 전용 화장실 필요

6. 급식 시설의 설비

(1) 열원 설비

① 가스
　㉠ 저렴한 비용과 취급이 편리하여 조리실에서 가장 많이 사용되는 열원이나 폭발 위험이 있으므로 주의
　㉡ 프로판가스(LPG)와 도시가스(LNG)가 있으며 열효율은 55~65% 정도임

② 전기
　㉠ 청결하고 그을음이 없으며 취급이 간단하나 고가임
　㉡ 전기 용량에 맞는 배선 공사를 해야 하며 누전 위험성 등에 주의
　㉢ 열효율은 65~70% 정도임

③ 석유
　㉠ 가격이 저렴하지만 점화가 불편하고 그을음과 특유의 냄새가 남
　㉡ 열효율은 가스와 비슷함

(2) 급수

① 온수와 냉수가 원활히 공급되어야 하며, 제공되는 음용수는 관리법에 따라 수질검사와 관리가 필요함

② 정기적인 수질검사는 연 1회 이상, 미생물학적 수질검사는 월 1회 이상 해야 하며, 지하수일 경우 용수 저장 탱크에 염소자동주입기 등의 소독 장치 필요

③ 온수 공급 시 주방은 50~60℃, 식기세정용은 60~95℃ 요구

④ 온수는 순간 온수기나 저장식 온수기를 사용하는 개별식 급탕법과 중앙식 급탕법이 이용되는데 단체급식소는 개별식 급탕법인 저장식 온수기가 흔히 이용됨

(3) 배수

① 악취 방지, 방충, 방서, 방균 조치 필요

② 청소하기 쉽도록 배수관의 너비는 20cm 이상, 깊이는 15cm 이상이어야 함

③ 배수로의 경계는 반지름 5cm 이상의 곡면 구조, 구배는 1/100를 고려

④ 배수관 : 악취 방지, 방서, 방충 목적으로 트랩 설치

   ㉠ 곡선형 : S트랩, P트랩, U트랩

   ㉡ 수조형 : 벨 트랩, 드럼 트랩, 그리스 트랩(기름기가 많은 오수 제거에 효과적)

   ㉢ 트렌치 : 배수량이 많을 때 신속한 배수가 가능하도록 바닥 중앙 부분에 긴 배수관을 설치하고 루버형 맨홀 뚜껑을 덮은 것

(4) 환기

① 개요

   ㉠ 조리 시 발생하는 증기, 연소 가스, 음식 냄새 등의 배출을 위해 설치하는 시설

   ㉡ 창문을 이용한 자연 환기, 환풍기나 송풍기, 배기용 후드 이용 등

② 창문 : 조리장 작업 바닥 면적의 20~30% 정도

③ 환풍기 : 지붕식, 벽식

④ 배기용 후드

   ㉠ 열 발생원보다 15cm 이상 넓어야 하며, 청소 가능해야 하고 흡기량이 배기량보다 10~20% 적어야 함

   ㉡ 후드 외곽의 각도는 35° 및 45°형이 이상적이며 레인지, 튀김기 등 기름 사용 구역에는 그리스 필터(grease filter)가 부착된 후드를 설치해야 함

   ㉢ 삿갓형, 박스형이 있음

(5) 채광과 조명 및 기타

① 채광과 조명

   ㉠ 조리장 내의 조명과 채광은 보건위생상 중요한 의미를 가지는데 조도가 낮은 경우 작업 능률 저하, 피로도 증가 등으로 안전사고의 발생 빈도가 높음

   ㉡ 조리장이 지상층에 위치할 때는 자연 광선을 이용할 수 있어 유리함

PART 01
PART 02
PART 03
PART 04
PART 05
PART 06
PART 07
PART 08
PART 09

구역	조도(lux)	구역	조도(lux)
반입 · 검수 공간	540 이상	조리장	220 이상
전처리실	220 이상	기타	110

② 바닥과 벽

　㉠ 바닥

- 내수 · 내화 · 내구성이 우수하고 기름기를 제거하기 쉬우며 기름으로 인한 화학 변화를 일으키지 않아야 함(콘크리트나 인조 대리석 사용)
- 바닥과 벽면의 접합 부분 및 배수구 낮은 부분의 각은 적절한 둥글림을 붙여 청소하기에 쉬운 구조가 좋음
- 1/100 이상(100분의 2 정도)의 구배가 청소하기 쉬움

　㉡ 벽

- 밝은 색조가 적절함
- 수분이 침투하지 않고 청소하기 쉽도록 바닥에서 1.5m 이상을 불침투성 · 내산성 · 내열성 · 내수성 재료로 설비
- 수성 페인트는 세척하기 어려우므로 에폭시 페인트로 도장
- 내벽과 바닥이 만나는 모서리 부분은 최소한 반지름 1인치 이상의 둥근 곡면으로 처리

PART 01
PART 02
PART 03
PART 04
PART 05
PART 06
PART 07
PART 08
PART 09

CHAPTER 07 | 원가 및 정보 관리

SECTION 01 | 원가 및 재무 관리

1. 원가 관리

(1) 원가

① 정의 : 특정 제품의 제조 · 판매 및 특정 서비스의 제공을 위하여 소비된 경제 가치

② 급식 원가 : 급식을 생산하고 급식 대상자에게 제공하기 위해 소비된 경제적 가치

(2) 원가의 종류

① 경제 가치의 종류에 따른 분류(원가의 3요소)

ㄱ 재료비 : 음식 생산을 위해 소비되는 식재료 구입에 소요된 비용(주식비, 부식비 포함)

ㄴ 노무비

- 제품 제조를 위해 소비된 노동의 가치
- 급식 종사자들의 임금, 급료, 각종 수당, 상여금, 퇴직금 등

ㄷ 경비

- 재료비와 노무비 이외의 가치로 계속적으로 소비되는 일체의 비용
- 수도광열비, 전력료, 보험료, 감가상각비 등

TIP 경비의 종류

항목	설명
시설 사용료	급식 시설의 사용에 대해 지불해야 하는 비용
수도광열비	가스, 전기, 수도, 연료비
소모품비	내구 소모품(식기 · 집기), 완전 소모품(세제 · 문구)
관리비	간접경비, 광고선전비, 위탁 급식의 경우 본사 관리비
기타 경비	위생비, 여비교통비, 통신비, 회의비, 교육훈련비

② 제품에 배분하는 절차에 따른 분류

ㄱ 직접비 : 특정 제품에 직접 부담시킬 수 있는 원가

예 직접재료비, 직접노무비, 직접경비 등

ⓛ 간접비 : 여러 가지 제품 제조에 공통적으로 발생하는 원가

　　　　⑩ 감가상각비, 수도, 전기, 가스, 보험료, 간접재료비, 간접노무비, 간접경비 등

③ 원가의 변동 여부에 따른 분류

　　ⓐ 고정원가(고정비) : 생산과는 직접적인 관련이 없거나 전혀 생산이 없어도 들어가게 되는 관리, 유지, 개발비 등

　　　　⑩ 건물 및 시설 임차비, 수선유지비, 수도광열비, 감가상각비, 보험비, 세금 등

　　ⓛ 변동원가(변동비) : 생산과 직접 관계되는 비용

　　　　⑩ 식재료비, 연료비, 직접노무비, 매출액에 따라 지급되는 판매 수수료 등

　　ⓒ 준변동원가 : 고정원가와 변동원가의 성격을 동시에 가지는 비용

　　　　⑩ 정규 조리종사원의 인건비는 고정원가이나, 생산량에 따라 고용하는 임시 조리종사원의 인건비는 변동원가의 성격을 갖는 것

④ 비용통제 가능성에 따른 분류

　　ⓐ 통제 가능 원가 : 관리자가 통제하여 절약할 수 있는 비용

　　ⓛ 통제 불가능 원가 : 항상 고정적으로 발생하는 비용

(3) 원가 계산

① 정의

　　ⓐ 제품 1단위를 만드는 데 필요한 생산 비용을 재료비, 노무비, 경비로 나누어서 계산하는 것

　　ⓛ 보통 일정 기간 소비된 모든 원가를 집계하여 그 시간의 생산량으로 나누어 산출

② 목적 : 가격 결정, 예산 편성, 원가 관리, 재무제표 작성 등

③ 원가의 구성과 판매가격과의 관계 **중요**

　　ⓐ 직접원가 : 직접재료비, 직접노무비, 직접경비로 구성

　　ⓛ 제조원가(생산원가) : 직접원가와 제조간접비를 합한 원가

　　ⓒ 총원가(판매원가) : 제조원가에 판매 활동과 기획 활동, 연구 · 개발 활동, 자금 조달 및 운용 활동과 같은 일반관리비를 추가한 원가

　　ⓔ 판매가격 : 총원가에 적정한 이윤을 가산하여 결정

〈원가의 구성과 판매가격 결정〉

(4) 원가 분석

① 원가 계산의 단계

ㄱ 요소별 원가 계산 : 직접비, 간접비와 같이 원가를 요소별로 계산

ㄴ 부문별 원가 계산 : 원가가 발생한 장소나 직능에 따라 원가를 집계

ㄷ 제품별 원가 계산 : 최종적으로 각 제품의 제조원가를 계산

② **식재료비 계산** : 식재료비 비율(%)=식재료비/매출액×100

③ **인건비 계산**

ㄱ 인건비 비율(%)=인건비/매출액×100

ㄴ 정규직 환산 인원=총 노동시간÷필요기간의 정규직 법정 근로기준 시간

④ **감가상각비**

ㄱ 개요

- 시간의 흐름에 따른 유형자산의 가치 감소를 회계에 반영하는 것으로, 이때 가감된 금액을 감가상각비라고 함

- 감가상각비가 매출액에서 차지하는 비율이 높을수록 미래의 현금 회수 능력이 좋다는 것을 의미하며, 감가상각률이 높을수록 유·무형 자산의 회수가 빠름

ㄴ 정액법

- 내용연수 동안 균등하게 금액을 상각하는 방법

- 매년 일정액의 감가상각비를 계산

- 매년 감가상각액=$\dfrac{\text{구입 가격} - \text{잔존 가격}}{\text{내용연수}}$

- 내용연수=사용 가능 총 기간

ㄷ 정률법

- 자산의 처음 취득연도에 감가상각을 많이 하고 나중에 상각을 줄이는 것

- 내용연수가 경과함에 따라 상가액이 감소함

2. 재무 관리

(1) 재무제표의 작성

① 개요

ㄱ 자본의 흐름이나 상태를 숫자로 나타낸 표로 기업의 자산 상태, 경영 성과, 현금의 변동 사항, 이익금에 대한 처분 내용 등과 같은 재무적 정보를 제공

ㄴ 기업의 거래를 측정하고 기록하여 작성하는 회계 보고서

② **재무상태표(대차대조표)** 중요

ㄱ 개요

- 가장 기초적인 재무보고서로 특정 시점에서 기업의 재무 상태를 나타냄

- 자산, 부채, 자본의 세 항목으로 표시됨

- 기업의 영업 활동에 사용되고 있는 자산이 어떠한 형태로 얼마만큼 있으며 그것이 어떠한 자본으로 조달되고 있는가를 나타냄

ⓛ 자산 : 개인이나 기업이 소유하고 있는 물건과 권리로서 금전적 가치가 있는 것. 유동자산, 고정자산이 있음

유동자산	단기간(1년) 내 현금화가 가능 예 현금, 외상 매출, 재고
고정자산	단기간 내 현금화 불가능 예 토지, 건물, 기구

ⓒ 부채

- 빚을 의미하며, 부채로 기업이 필요로 하는 각종 물건이나 권리를 취득하기도 하기 때문에 부채도 일종의 재산으로 취급
- 유동부채, 고정부채가 있음

ⓔ 자본 : 자산에서 부채를 차감한 나머지 순수한 재산, 즉 순재산

퀴즈

고정자산은 현금, 외상 매출, 재고 등 단기간 내 현금화가 가능한 자산을 말한다. (○/×)

정답 | ×

해설 | 고정자산은 토지나 건물, 기구 등 단기간 내 현금화가 불가능한 자산을 말한다.

---

③ 손익계산서

ⓐ 개요 : 수익, 비용, 이익의 관계에 근거하여 일정 기간 동안의 기업의 경영 성과를 일정한 형식의 도표로 나타낸 회계 보고서

ⓑ 수익 : 매출액(상품, 서비스 판매액), 영업외 수익(이자 수익, 임대료 수입 등), 특별이익

ⓒ 비용 : 영업을 하기 위해 소비한 돈

TIP 비용의 구성

- 매출 원가 : 식재료비, 인건비, 제반 경비 등
- 관리비 : 급여, 복지후생비, 임차료
- 영업외 비용 : 지급 이자 등
- 특별손실 : 자산처분 손실, 재해 손실 등
- 세금 : 사업소득세, 법인세 비용 등

ⓓ 이익 : 수익에서 비용을 차감한 잔액

④ 재무분석

ⓐ 매출 분석 : 매출액의 증감 추세와 원인을 파악하고자 할 때 실시

ⓑ 공헌 마진 : 총 매출액에서 총 변동비를 뺀 값으로 고정원가를 회수하고 이익 창출에 공헌하여 증가한 순이익을 의미

ⓒ 이익률 : 영업 성과를 측정하기 위해 순이익과 매출액의 비율을 계산한 것

ⓓ 평균 객단가 : 일정 기간의 매출액을 토대로 계산한 이용 고객의 1인당 평균 지출액

(2) 손익분기분석

① 개요

 ㉠ 일정 기간의 판매수익이 그 기간의 총 비용(고정비와 변동비의 합)을 초과할 때는 이익, 총 비용이 매출액보다 많을 때는 손실

 ㉡ 매출액을 일정하게 책정하는 경우, 손익은 어떻게 되며 이익을 올리기 위해 총 비용 또는 총 판매액을 얼마로 해야 하는지를 나타내는 것으로 원가관리를 위한 중요한 수단이 됨

 ㉢ 손익분기점 : 총 비용과 총 수익이 일치하여 이익도 손실도 발생하지 않는 지점

② 손익분기점 매출량

 ㉠ 매출액 = 고정비 + 변동비 + 이익

 ㉡ 손익분기점 매출액 = 고정비 + 변동비

 ㉢ 총 공헌이익 = 매출액 − 변동비 = 고정비

 ㉣ 총 공헌이익 = 단위당 공헌이익 × 매출량(식수)

 ㉤ 손익분기점 매출량 = 고정비/단위당 공헌이익

③ 손익분기점 매출액

 ㉠ 공헌이익 비율 = 1 − 변동비율

 ㉡ 손익분기점 매출액 = 고정비/공헌이익 비율

빈 칸 채우기

(   )은/는 총 비용과 총 수익이 일치하는 지점을 말한다.

정답 | 손익분기점

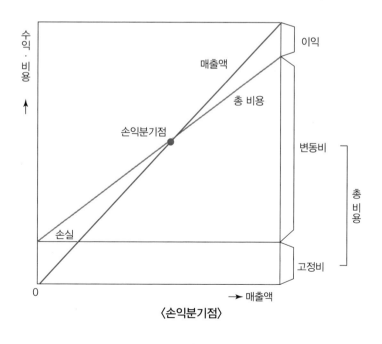

〈손익분기점〉

1. 사무 관리의 의의

① 사무실의 제반 작업을 관리, 기록, 분류, 정리하여 관리자의 의사 전달 및 정보 관리를 도와주는 역할을 함

② 사무 관리를 통해 수집된 자료를 분류, 기록하고 정리하여 이를 차기 경영계획 자료로 활용

2. 정보 관리

① 사무 관리에 사용되는 각종 문서 및 서식을 장표(장부와 전표의 총칭) 라고 함

② 급식 전산 정보 시스템을 이용하여 메뉴 계획, 영양 분석, 구매 및 생산계획과 통제, 작업 스케줄, 예산과 재무 통제 관리 가능

③ 장부 : 일정한 장소에 비치되어 동종의 기록이 계속적, 반복적으로 기입되는 서식

④ 전표 : 의사 전달이 필요할 때마다 작성되어 업무 흐름에 따라 이동하는 서식

구분	장부	전표
기능	기록, 현상의 표시, 대상의 통제	경영의사 전달, 대상의 상징화
성질	사무 및 정보 관리	이동성, 분리성
종류	식품 수불부, 영양 출납부, 영양 소요량 산출표, 검수 일지, 검식 일지, 급식 일지,	발주서, 납품서, 식수표
	식단표, 식품사용일계표	

3. 장표의 종류

① **개요** : 급식 세부 업무에 따라 메뉴, 구매, 생산, 위생, 작업, 시설 · 설비 관리, 위생, 원가 등으로 분류하여 관리

② **영양가 분석표** : 급식으로 제공된 식품의 영양량 산출표

③ **수불부** : 식품의 수입, 불출, 잔고를 기록하는 장부로, 비축 식품의 재고품에 대한 출납을 명확하게 기록하고, 평소에 적정 재고량을 유지하도록 함

④ **영양 출납부** : 매일 식품 사용량을 식품군별로 분류, 기재하고, 적절한 식사가 급여되었는지 차후 계획을 세우기 위한 자료가 됨

⑤ **검식 일지** : 완성된 조리가 계획된 식사의 내용으로 적정한지 평가하기 위하여 배식하기 전에 1인 분량을 상차림하여 영양, 분량, 관능, 기호, 위생적인 면 등을 종합적으로 평가하여 기록하는 표

⑥ **급식 일지** : 매일 제공되는 식사의 식단, 양을 기록하는 장부

⑦ **급식 일보** : 급식 시설에 있어서 식단 내용, 식수 현황을 기록하는 장표

⑧ **식단표** : 급식 업무에 가장 중심적인 기능 담당. 급식 사무의 기본 계획표로서 급식 담당자에 의해서 작성됨

⑨ **식품 사용 일계표** : 일일 식재료비를 계산하고 급식의 원가 관리에 유용하게 사용

⑩ **식수표** : 급식수 파악을 위해 사용되는 전표

⑪ **식사 처방전** : 병원 급식에서 의사가 지시하는 식사 급여의 처방전

⑫ **납품 전표** : 공급 업체의 물품 납부 시 첨부하는 전표로 납입 일자, 식품명, 단가, 수량, 금액 등을 기재한 표

⑬ **발주 전표** : 공급 업체에 급식 재료를 주문하기 위한 전표

PART 01

PART 02

PART 03

PART 04

PART 05

PART 06

PART 07

PART 08

PART 09

CHAPTER 08 | 인적자원 관리

1. 인적자원 관리

① 정의 : 조직의 목표 달성에 필요한 인적자원을 확보, 개발, 보상, 유지하여 조직 내 인적자원을 최대한 효과적으로 활용하고자 하는 행위

② 인적자원 관리 업무적 기능

　㉠ 확보 : 인력 계획, 직무 분석, 직무 설계, 모집, 선발

　㉡ 개발 : 교육, 훈련, 조직문화 개발

　㉢ 보상 : 직무 평가, 임금 관리

　㉣ 유지 : 인사고과, 인사 이동, 징계, 안전 관리

③ 인적자원 관리의 발전 단계

　㉠ 과학적 관리 : 시간 동작 연구로 과학적 작업 분석, 인간 노동의 기계화

　㉡ 인간관계적 관리 : 작업 능률의 심리적 요소 강조, 인간성 존중

　㉢ 행동과학 : 인간 행동에 관한 연구와 과학을 근거로 관리

　㉣ 민주적 관리 : 인간 존중의 정신, 근로 생활의 질 강조

　㉤ 종합적 품질 관리 : 지속적인 개선, 고객과 종업원에 초점

2. 인적자원의 확보

(1) 인적자원의 계획

① 필요한 인적자원의 종류와 인원수를 확보하기 위한 방법을 확정하는 과정

② 전략적 인적자원 계획의 4가지 주요 활동 : 적정 인원 계획, 인원 수급 계획, 구인·해고 계획, 인적자원 개발 계획

(2) 직무분석 중요

① 정의

　㉠ 직무 : 조직의 목적 달성을 위해 주어지는 일들

　㉡ 직무 분석 : 직무의 내용, 특징, 자격 요건을 분석하여 다른 직무와의 질적인 차이를 분명하게 하는 절차

② 목적

　㉠ 직무 기술서와 직무 명세서를 작성하여 직무를 평가하고자 함

직무 기술서	직무 명세서
• 특정 직무의 의무와 책임에 관한 조직적이고 사실적인 해설서 • 직무 수행의 내용, 방법, 사용 장비, 작업 환경 등 직무에 관한 개괄적인 정보 제공 • 직무명, 직무 구분, 직무 내용의 세 영역으로 구성	• 특정 직무 수행을 위해 필요한 지식, 경험, 기술, 능력, 인성 등의 인적 요건 명시 • 주로 신규 인력 채용 시에 사용되며 필요 요건을 보다 명확히 제시

ⓛ 합리적인 채용 관리, 교육 훈련, 임금 관리, 인사고과의 기초 자료로 활용

③ **방법** : 질문지법, 관찰법, 면담법, 자가기록법, 종합법 등

(3) 직무 설계

① **정의** : 적재적소의 원칙에 따라 수행해야 할 과업의 책임과 범위를 정하는 과정

② **직무 단순화** : 작업 절차를 단순화하여 전문화된 과업에 종업원 배치

③ **직무 확대** : 수행 과업의 수적 증가, 다양성과 책임의 증가로 품질 향상

④ **직무 순환** : 여러 직무를 주기적으로 순환, 다양한 경험과 기회 제공

⑤ **직무 충실화** : 과업의 수적 증가뿐만 아니라 직무에 대해 갖는 통제 범위를 증가시켜 수평적 업무 추가와 수직적 책임 부여

⑥ **직무특성** : 조직의 효율성 증진과 종업원의 직무만족을 유도하는 기술의 다양성, 업무의 정체성, 업무의 중요성, 자율성, 피드백의 5가지 요소로 구성

(4) 채용

① **모집** : 직무 명세서에 명시된 자격을 갖춘 직무 후보자를 유인하기 위한 활동

	내부 모집	외부 모집
개념	조직 내부에서 적절한 사람을 추천하여 채용하는 것	새로운 경험과 능력을 지닌 외부인을 채용하는 것
방법	사내 공모, 내부 승진, 배치 전환, 직무 순환, 재고용, 기능재고제* 이용	• 연고 모집 직원 : 추천이나 잘 아는 사람을 통한 비공식적인 모집 • 일반 공고 모집 : 신문, 라디오, TV, 잡지 등의 대중매체나 인터넷 이용
장점	• 비용 절감 • 승진 기회 제공 • 적응 시간 단축 • 검증된 인력 채용	• 새로운 지식의 유입 • 조직 내 새로운 정보 • 경력자 채용 시 비용 절감
단점	• 모집 범위의 한계 • 내부 이동으로 인한 혼란 • 승진 탈락 시 근무 의욕 저하	• 시간과 비용 부담 • 조직 적응 시간 소요 • 부적격자 채용의 위험

※ 종업원이 갖고 있는 기능에 관한 정보(인적 사항, 채용 정보, 보유 자격 및 기능, 교육 훈련, 경력, 인사고과 정보)를 인사 파일로 보관해 두는 제도

② **선발** : 직무 수행에 필요한 자격요건과 기술, 지식, 교육 정도를 비교, 검토하여 의사 결정

  ㄱ 기준

  • 최대한의 능력 발휘와 특정 업무에 대한 수행 여부 판단이 중요

  • 조직의 목표를 달성할 수 있고 공정성을 유지하면서 신속한 의사 결정이 가능한 방침 확립

ⓛ 절차
- 서류 전형 지원서 및 신청서 검토
- 선발시험 : 인성 검사, 적성 검사, 실기 시험 등
- 면접 : 1차, 2차로 시행, 개별 또는 집단 면접
- 신체검사
- 최종 결정

③ 배치
- ㉠ 최종 선발된 인원이 능력을 최대한 발휘할 수 있도록 적재적소에 배속시키는 활동
- ㉡ 직무의 요건 : 직무가 요구하는 능력, 인성, 환경, 지위 등을 고려
- ㉢ 사람의 요건 : 신체적, 정신적 특성과 개인적 배경을 고려
- ㉣ 부적격자의 조치 : 재교육, 지도, 환경 개선, 배치 전환 등으로 관리

3. 인적자원의 보상

(1) 직무평가
① 개념
- ㉠ 직무가 차지하는 상대적 가치를 결정하는 방법
- ㉡ 합리적인 임금 설정 수립의 기본
- ㉢ 평가 요소 : 기술, 노력, 책임, 작업 조건
- ㉣ 직무기술서와 직무명세서를 기초로 수행

② 방법
- ㉠ 서열법 : 2개의 직무를 비교하여 우열을 매기는 것을 반복하여 순위를 결정
- ㉡ 분류법 : 미리 직무의 등급 기준표를 작성하고 직무를 판정해 해당 등급에 포함시킴
- ㉢ 점수법 : 직무를 각 평가 요소별로 분류하여 중요성에 따라 점수를 부여
- ㉣ 요소비교법 : 핵심 직무의 평가 요소를 기준으로 산정하여 타 직무를 비교하여 결정

퀴즈

두 직무를 비교하여 우열을 매기는 작업을 반복함으로써 순위를 결정하는 것을 서열법이라 한다. (o/×)

정답 | o

---

(2) 보상체계
① 구성
- ㉠ 경제적 보상
  - 직접적 보상: 기본급, 부가급, 상여금
  - 간접적 보상: 복리후생
- ㉡ 비경제적 보상 : 교육 훈련, 승진, 직무환경 개선, 탄력근무제 등

- 기본급 : 임금 구성 항목 중 가장 중요하며, 기준 임금으로서 상여금, 퇴직금 산정의 기준이 됨
  - 연공급 : 근속연수의 증가에 비례하여 임금을 산정, 지급하는 방법
  - 직무급 : 동일 노동에 동일 임금 원칙으로 일의 난이도에 따라 임금 차이 결정
  - 직능급(연봉급) : 직무수행능력에 따라 임금을 책정, 지급
  - 성과급 : 작업의 성과에 따라 임금을 계산하여 지불하는 방식
- 부가급 : 기본적 임금에 부수적으로 각종 수당의 형식으로 지급
- 상여금(보너스, 인센티브) : 기본급, 수당 이외에 부정기적으로 지급되는 임금
- 퇴직금 : 일정 기간 이상 근무 후 퇴직한 사람에게 지불되는 부가급

② 임금수준 결정요인
  ㉠ 외적 요소: 인력 수급, 노동시장 조건, 노동조합, 정부의 입법, 지리적 위치, 생활비 등
  ㉡ 내적 요소 : 기업 경영 상태, 단체 교섭, 직무 평가 결과, 인센티브 제도 등

③ 복리후생 관리
  ㉠ 법정 복리후생 : 의료보험, 연금보험, 산재보험, 고용보험
  ㉡ 비법정 복리후생 : 교육비, 경조비, 주택자금, 휴양시설, 보육시설 이용

④ 안전관리 : 작업 수행 과정에서 일어날 수 있는 재해를 방지하여 안전과 보건을 지키는 것

4. 인적자원의 유지

(1) 인사고과

① 개요
  ㉠ 조직구성원의 잠재능력, 성격, 근무태도, 업적 등을 객관적으로 평가하는 절차
  ㉡ 상벌 결정, 적재적소 배치, 종업원 능력 비교, 인사이동, 교육 훈련, 임금 관리 등에 활용

② **인사고과 절차** : 인사고과 제도 설계 → 성과 자료 수집 → 성과 평가 → 고과 면담 → 최종 평가

③ **인사고과 방법**
  ㉠ 서열법 : 종업원의 업무 능력에 대해 순위를 매기는 방법이며 평가가 용이하고 비용이 적게 들지만 대상이 많아지면 분석이 곤란해짐
  ㉡ 강제할당법 : 정규분포나 상중하의 분포에 따라 강제로 인원을 할당하여 평가하며 고과자의 엄격함이나 관대화 경향을 예방
  ㉢ 대조법(체크리스트법)
    • 직무상 중요한 몇 가지 표준 행동을 배열하고 항목을 체크해서 평가
    • 실제 직무와 밀접하고 평가가 간단하나 종업원의 특성과 공헌도 계량화가 불가능
  ㉣ 평가척도법
    • 직무수행에 필요한 능력, 자질, 특성을 정해진 척도에 따라 평가
    • 중심화 오류의 가능성
  ㉤ 중요사건기록법
    • 주요 사건을 파악, 분석하여 기록하는 방법
    • 시간과 노력이 많이 소요되며 평가 기준이 일방적

ⓑ 서술법
- 업무 성과나 행동 특성의 장단점 등을 자세히 서술
- 객관성이 부족하며 비교가 어려움
④ 인사고과의 문제점
ⓐ 중심화 경향
- 대부분 중 또는 보통으로 평가하여 분포도가 중심에 집중하는 경향
- 확실한 평가 기준이 없거나 평가 대상자를 잘 알지 못할 때 발생
ⓑ 관대화 경향
- 실제 수행력보다 관대하게 평가되어 평가결과의 분포가 위로 편중되는 경향
- 평가자의 평가 방법 훈련 부족으로 발생
ⓒ 평가 표준의 차이
- 평가 척도에 사용되는 용어에 대한 지각과 이해의 차이
- 같은 평가 대상자에 대해 결과가 다르게 나올 수 있음
ⓓ 현혹 효과 : 종업원의 특정적 인상이 고과 내용 전 항목에 영향을 주거나, 전반적인 인상이나 어느 특정 고과 요소가 다른 요소에 영향을 주는 것
ⓔ 논리 오차
- 평가 항목의 의미를 서로 연관시켜 해석하거나 적용할 때 발생
- 고과자가 논리적으로 상관관계가 있다고 생각하는 특성 사이에서 나타나는 오류
ⓕ 편견 : 성별, 연령, 학연, 지연, 직종, 정치 등의 요소에 의한 선입관을 가지고 평가

빈 칸 채우기

종업원의 특정 인상이 고과 내용 전 항목에 영향을 주는 것을 (   )(이)라 한다.

정답 | 현혹 효과

---

(2) 인사 이동

① 전직(수평적 이동)
ⓐ 동일 혹은 유사한 다른 직무로 이동, 직무 내용, 책임, 보상 등이 비슷
ⓑ 교대 근무, 인원 대체, 직무 순환 등이 해당
② 승진(수직적 이동)
ⓐ 종업원이 직무상 보다 유리한 상위 직위로 이동되는 것
ⓑ 권한과 책임의 증대, 위상의 증대, 지위의 상승 및 급여 증가
③ 이직 : 종업원에 대한 기업의 고용 관계의 단절을 의미
ⓐ 자발적 이직 : 사직, 휴직
ⓑ 비자발적 이직 : 레이오프, 해고, 정년퇴직
④ 징계 : 기준에 어긋나는 행동으로 구성원 관계나 조직체에 위협을 줄 경우의 조치

5. 노사 관계

① 개요 : 노사 간의 공통목적 달성을 위한 상호 협력체제의 확립과 능률적인 개선을 촉구하며, 대립적인 요소를 합리적으로 제거하여 협력적이고 진취적인 관계를 유지해야 함

② 노사 관계의 발전 과정
  ㉠ 전제적 : 일방적이고 전제적인 권위주의적 노사 관계
  ㉡ 온정적 : 온정적이고 가부장적인 친권적 노사 관계
  ㉢ 근대적 : 합리주의에 입각한 과학적 관리법 운영의 완화적 노사 관계
  ㉣ 민주적 : 민주적 방식으로 운영되는 노사 관계

③ 노동조합
  ㉠ 임금노동자가 노동 생활 조건의 유지 또는 개선을 목적으로 조직된 단체
  ㉡ 노동조합의 가입 방법

클로즈드 숍	노동조합의 조합원만을 사용자가 고용할 수 있도록 하는 제도
오픈 숍	종업원의 채용과 해고가 노동조합의 가입과는 무관. 노조의 교섭력 약화
유니언 숍	비조합원도 채용할 수 있지만 고용된 노동자는 노조에 가입

  ㉢ 노동조합의 형태

산업별 노동조합	• 동일 산업에 종사하는 노동자가 결성 • 가장 대표적인 형태이며 사용자에 대한 교섭력이 강함
직업별 노동조합	• 동일 직종, 직업에 종사하는 노동자가 결성 • 가장 오래된 형태의 노동조합
기업별 노동조합	• 동일 기업의 노동자들로 결성되는 형태 • 노동조합의 단위가 각 기업별로 따로 결성
일반노동조합	직종, 산업에 관계 없이 일반 근로자들이 결성한 노동조합

  ㉣ 노동조합의 기능
   • 경제적 기능 : 노동자들이 자신들의 이해를 위해 직접 발휘하는 교섭 기능

단체교섭	조합원의 노동력 판매를 위해 사용자와 교섭
경영참가	경영에 관한 의사결정에 직접 참여
노동쟁의	단체교섭이 결렬될 경우 노조(파업, 피케팅, 태업, 불매동맹) 혹은 사용자 측(공장 폐쇄)이 실시하는 실력 행사

   • 공제적 기능 : 조합원의 노동력 상실에 대비한 기금을 마련해 상부상조하는 활동
   • 정치적 기능 : 노동관계법의 제정 및 개정, 근로시간 조정 등의 역할

1. 교육 훈련과 개발

① **교육훈련** : 종업원의 직무와 관련된 지식, 기술, 능력을 키우기 위한 계획화된 노력

② **개발** : 현재의 직무성과에서 나아가 미래의 성장이나 경력을 위한 능력 개발에 중점

2. 교육 훈련의 분류

분류		정의	장점	단점
장소	직장 내	내부에서 직무와 연관된 지식과 기술을 상급자로부터 직접적으로 습득하는 방법	• 경제적 • 장소 이동 불필요 • 실제적 교육 훈련 가능 • 상사, 동료와 이해 증대	• 전문적 지식이나 기능은 직장 외 훈련과 병행해야 함 • 기술 훈련 어려움 • 다수가 대상인 경우 수행 불가
	직장 외	직무로부터 벗어나 일정 기간 직장 외의 교육에만 열중하게 하는 방법	• 다수에게 통일적 • 조직적 훈련 가능 전문적 지도 가능	• 직무 수행에 지장 • 작업 시간 감소나 교육 훈련에 따른 비용 부담
대상	신입사원	기초 직무 훈련, 실무 훈련		
	현직자	종업원 훈련, 감독자 훈련, 경영자 훈련		

3. 교육훈련의 방법(일반적 방법)

① **강의법** : 다수를 대상으로 교육하므로 비용면에서 가장 경제적

② **역할연기** : 문제 상황의 단순 해결책 모색이 아닌 직접 역할을 연출

③ **사례법** : 특정 사례에 대한 상황 제시와 해결책에 대한 평가 후 피드백

④ **세미나법** : 교육자와 피교육자 간의 토론을 거치므로 내용의 이해 명확

⑤ **컴퓨터 학습법** : 강사나 훈련자 없이 컴퓨터를 이용한 자율적 반복 학습

1. 리더십

① **개요** : 집단이나 조직의 목표 달성을 위해 자발적으로 노력하도록 다양한 방법으로 집단이나 조직 구성원들에게 영향을 미치는 과정

② 리더십 이론

　㉠ **특성 이론** : 리더의 인적 특성 연구로 성공하는 리더는 남과 다른 지적 능력, 성취 욕구, 결단력, 추진력, 성실성, 사회 관계성, 인상, 자신감 등을 가지고 있다는 이론

ⓒ 행동 이론 : 리더의 다양한 행동이 종업원의 만족이나 업적에 영향을 준다는 이론

미시간(Michigan) 대학 모형	• Likert 등에 의한 연구 • 직무 중심적 리더십과 종업원 중심 리더십의 2가지 유형으로 구분
오하이오(Ohio) 주립대학 모형	• Fleishman 등에 의한 연구 • 구조 주도와 인간 배려의 2가지 요인 • 4분면 분석을 통하여 인간 관계 지향과 과업 지향으로 설명함
관리격자 모형 (managerial grid)	• 과업과 인간에 대한 관심을 81개의 구체적 리더십 유형으로 세분화 • 무기력형, 팀형, 친목형, 과업형, 중도형의 5가지가 대표적인 형태 • 팀형은 과업과 인간 모두에게 관심을 가지고 최대한의 헌신성을 보이며, 조직원 모두 공통의 이해를 위해 조직의 목적을 달성함

ⓒ 상황 이론 : 피들러의 상황 적합 이론이 대표적
- 집단의 작업수행 성과는 리더십 스타일과 상황변수의 상호작용에 의해 결정
  - 리더십 스타일 측정을 위한 LPC 척도(동료 중 같이 일하기 싫은 사람에 대한 척도) : LPC 점수가 높으면 관계 지향적 리더, 낮으면 과업 지향적 리더로 구분
  - 상황 변수 : 리더와 구성원의 관계, 과업 구조, 직위 권력의 변수를 조합하여 상황 구분
- 상황에 맞는 효과적인 리더십

과업 지향적 리더	강력하거나 매우 약한 통제상황에서 성공적
관계 지향적 리더	중간 정도의 통제상황에서 성공적

ⓒ 변형 이론

거래적 리더	개인적 이해관계(욕망, 공포, 안전 등)에 기대어 종업원들에게 동기를 부여하는 리더
변혁적 리더	이상이나 도덕적 가치를 통하여 종업원에게 동기부여하고 더 나은 자신이 되도록 스스로 변화하는 리더

③ 리더십의 유형

전제형(독재형) 리더	• 상층으로부터 하향식 관리법 • 하급자는 의사결정에 참여할 수 없고, 명령에 복종할 것을 요구받음
자유방임형 리더	• 하급자에게 권한을 일임 • 구성원과 리더의 협동 관계 결여로 하급자의 욕구 불만이 발생하며 이로 인해 안정감이 저하됨
민주형 리더	• 상향식 관리 방법 • 권한을 분산시켜 종업원도 의사결정에 참여하는 가장 이상적인 형태
온정주의형 리더	경영자가 가부장적 위치에서 종업원에게 충성심이나 의리를 이용해 경영의 지위를 굳히고자 하는 유형

2. 동기부여

① 정의 : 조직 구성원들이 조직의 목표를 자신의 목표로 받아들이도록 함으로써 목표 달성을 위해 스스로 노력하도록 유도해 가는 과정

② 요인
- ⓒ 목표 달성을 위한 행동이 수행되도록 힘을 부여하고 촉진하는 내적 상태
- ⓒ 일반적으로 높은 임금, 칭찬, 인정, 명예로운 호칭 등이 해당

③ 동기부여 이론
  ㉠ 매슬로우의 욕구계층 이론
    • 종업원의 직무 수행과 욕구 충족은 서로 관련성이 있으므로 종업원의 욕구를 만족시키기 위한 동기부여 필요
    • 인간의 욕구는 계층화된 5단계 구조(생리적, 안전, 사회적, 존경, 자아실현)를 가지고 있으며 하위 단계에서 상위 단계로 진행됨
  ㉡ 허즈버그의 2요인 이론 : 위생 요인(불만족 요인)과 동기부여 요인(만족 요인)으로 구성

| 위생 요인 | 작업 조건, 임금, 동료, 감독자 부하 정책, 고용 안정성 → 불만 발생 제어 |
| 동기부여 요인 | 성취감, 인정, 승진, 직무 자체, 성장 가능성, 책임감 → 만족감 |

  ㉢ 알더퍼의 ERG 이론
    • 가장 중요한 결정요인은 작업자 개인의 욕구라고 보는 이론
    • 욕구를 생존 욕구, 관계 욕구, 성장 욕구의 3가지로 정의

생존 욕구	매슬로우의 생리적 욕구나 안전 욕구에 해당
관계 욕구	매슬로우의 안전 욕구 중 대인관계에서의 안전, 사회적 욕구 중 사랑 및 소속감과 유사
성장 욕구	매슬로우의 존경 욕구와 자아실현 욕구에 해당

  ㉣ 맥클리랜드의 성취 동기 이론 : 성취, 권력, 친화 욕구
  ㉤ 브룸의 기대 이론
    • 기대 수단 가치가 필요
    • 노력하면 성과를 이룬다는 기대와 성과를 이루면 보상이 주어지고 보상은 가치가 있어야 한다는 이론
  ㉥ 아담스의 공정성 이론 : 인간이 자신의 업적에 대하여 조직으로 받은 보상을 다른 사람과 비교함으로써 인식된 공정성에 의하여 동기부여 정도가 달라진다고 보는 이론

 퀴즈

허즈버그의 2요인 이론에서 성취감, 승진 등은 불만 발생을 제어하는 요인이다. (○/×)
정답 | ×
해설 | 성취감이나 승진, 인정 등은 동기부여 요인으로 만족감을 발생시키는 요인이다.

④ 직무 만족과 동기부여
  ㉠ 직무 만족 : 조직구성원이 자신의 직무에 대해 가지고 있는 감정적인 상태
  ㉡ 직무 만족도 : 급여, 과업, 감독, 동료, 일 자체, 승진 기회 등을 측정
  ㉢ 측정 도구 : 직무 기술 지표, 미네소타 직무 만족 설문지, 얼굴 표정 척도

3. 의사소통

① 개요

　　㉠ 공통의 목표 달성을 위해 사람들을 조직 내에서 서로 연결하는 수단

　　㉡ 발신자가 수신자에게 채널을 통해 메시지를 전달하는 과정

　　㉢ 구성 요소 : 발신자, 메시지, 채널, 수신자, 효과, 피드백, 소음

② 의사소통의 장애 요인

　　㉠ 개개인의 배경, 관습, 신분, 가치관의 차이

　　㉡ 편견 및 선입관에 의한 왜곡

　　㉢ 메시지의 왜곡이나 누락, 산만한 주위 환경

　　㉣ 불완전한 전달 수단, 피드백 부족 등

③ 전달매체

　　㉠ 구두

　　　　• 간단하고 개인적인 메시지를 전달하거나 메시지 내용이 애매모호한 경우 내용 확인을 위해 사용

　　　　• 쌍방 간의 의사소통이 가능

　　㉡ 문서

　　　　• 중요하고 반복적인 경우나 메시지의 내용의 명확한 전달이 필요할 때, 사실에 대한 정보 전달 시 사용

　　　　• 공식적으로 사용

④ 의사소통의 유형

　　㉠ 공식적 의사소통

상향식 의사소통	• 조직 하급자로부터 상사에게로 메시지가 전달되는 형태 • 거대 조직의 유지에는 어려움 • 종업원에 대한 정보 및 종업원의 작업에 대한 생각 파악이 가능 ⑩ 고충 처리, 제안 제도, 의견함, 설문지 등
하향식 의사소통	조직 상부층의 의사가 하부로 전달되는 형식 ⑩ 명령, 지시, 게시판, 정책 설명, 절차, 지침서 전달 등
수평적 의사소통	• 조직계층으로 보아 수평적인 관계에 있는 종업원에게 전달되는 형식 • 서로 다른 부서나 직무 단위가 다른 사람 간의 의사소통 ⑩ 생산부와 판매부 간의 업무 연락
대각선 의사소통	• 직무 단위가 다르고 권한계층도 다른 사람들 간의 의사소통 • 타 부서의 중간 단계의 부서관리자를 거치지 않는 상위, 하위자와의 의사소통

　　㉡ 비공식적 의사소통 : 향우회, 취미, 서클, 동아리 활동 등에서 자연스럽게 이루어지는 의사 교환

　　　　⑩ 풍문, 배회 관리(관리자가 조직의 이곳저곳을 돌아다니며 관리) 등

CHAPTER 09 | 마케팅 관리

SECTION 01 | 마케팅

1. 정의
개인과 조직의 필요한 욕구를 충족시켜주는 제품과 가치를 창출하고 이를 교환하기 위해 아이디어, 상품 및 서비스의 창안, 가격 결정, 촉진, 유통을 계획하고 실행하는 과정

2. 마케팅 철학의 변천
① **생산 지향적 사고** : 생산과 유통의 효율성 향상에 관심을 집중
② **제품 지향적 사고** : 제품 · 서비스의 품질 개선에만 관심을 집중
③ **판매 지향적 사고** : 판매량 증가를 위한 판매 기술의 개선에만 관심, 소비자 구매 욕구 자극
④ **마케팅 지향적 사고** : 고객 만족 극대화를 위해 요구에 맞는 상품 생산에 관심을 집중
　　예 관계 마케팅 : 고객과의 장기적 관계 구축
⑤ **사회 지향적 사고** : 사회적 복지를 유지 · 향상시키는 데 관심을 집중, 사회적 책임 중시
　　예 그린 마케팅 : 환경 보호, 자원의 보존 등 환경을 고려

3. 소비자 구매 행동
① **정의** : 제품을 구입하고자 하는 사람들이 구매 계획을 수립하고 구매 의사 결정을 통해 최종 구매 행위에 도달하는 과정
② **구매 의사 결정 과정**
　㉠ 문제 인식 : 소비자가 필요를 인식하는 것
　㉡ 정보 탐색 : 해결책(구매)에 대한 다양한 정보 수집
　㉢ 대안 평가 : 일정한 평가 기준에 따른 선택 대안의 비교 평가
　㉣ 구매 의사 결정
　㉤ 구매 후 행동 : 재구매 혹은 반품, 환불, 컴플레인 등

4. 마케팅 전략
① **시장 세분화**
　㉠ 전체 시장을 특정 상품에 대해 구매 성향이 유사한 소비자 집단으로 나누는 과정
　㉡ 기준 : 지리적, 인구통계적, 사회심리적, 행동적

② 표적 시장의 선정

   ⊙ 최적의 고객 집단을 선정하고 자원, 제품 주기, 고객의 특성, 경쟁사의 마케팅 방식 등을 고려

   ⓒ 비차별적 마케팅 : 고객 수요가 많다고 판단되는 제품과 서비스를 개발

   ⓒ 차별적 마케팅 : 다수의 세부 시장으로 나눠 시장별 마케팅 활동 수행

   ⓔ 집중적 마케팅 : 시장 세분화 후 가장 목표에 적합한 시장에 활동 집중

③ 포지셔닝(위치 선정)

   ⊙ 고객의 마음속에 특정 상품이 확고하게 자리매김하는 것

   ⓒ 차별화된 특성(가격, 맛, 품질, 위생, 분위기 등)을 개발하여 경쟁 우위 가능성 상승

5. 마케팅 믹스(marketing mix, 4P) 중요

① 정의 : 마케팅 목표를 달성하기 위해 기업이 활용하는 결정적인 변수로, 대표적인 4가지 요소 (4P)

제품 (Product)	단순히 제품이나 서비스를 생산하는 것 이외에 그 제품이 줄 수 있는 종합적인 혜택 예 브랜드, 디자인, 포장, 보증, 서비스 관리
가격 (Price)	가장 객관적이며 수치화된 제품의 교환 가치(Value) 지표 예 할인, 가격 유연성, 중개 수수료, 타제품 가격
유통 (Place)	고객과의 접촉을 이루어지게 하는 전체적인 과정 예 편리한 위치, 지역/범위, 프랜차이징, 복수 점포
촉진 (Promotion)	기업이 마케팅 목표 달성을 위해 사용되는 모든 수단 예 광고, 인적 판매, 판매 촉진 활동

② 확장된 마케팅 믹스(7P) : 제품(Product), 가격(Price), 유통(Place), 촉진(Promotion), 사람 (People), 프로세스(Process), 물리적 증거(Physical environment)

SECTION 02 | 서비스

1. 정의

① 일상적 의미 : 무상 제공, 고객을 대하는 태도, 타인을 위한 봉사, 구매 시 제공하는 편익

② 학문적 의미 : 판매 목적으로 제공되거나 상품의 판매와 관련하여 제공되는 활동, 편익, 만족

2. 서비스의 특성

① 무형성 : 유형의 제품과 달리 형태가 없음

② 비분리성(동시성) : 제공자에 의해 만들어짐과 동시에 고객에 의해 소비

③ 이질성 : 같은 서비스도 전달자의 숙련도나 상황에 따른 차이

④ 소멸성(저장 불능성) : 생산 후 바로 소비되어 재고나 저장이 불가능

PART 01
PART 02
PART 03
PART 04
PART 05
PART 06
PART 07
PART 08
PART 09

3. 서비스의 품질

① 품질 향상의 중요성 : 품질 경영 요구의 증대, 경쟁력 확보, 고객 유지, 가격경쟁 회피, 이익 증대, 유능한 종업원 보유

② 유형

    ㉠ 기술적 품질 : 고객이 서비스받은 '무엇'에 대한 결과 품질(what)

    ㉡ 기능적 품질 : 고객이 서비스를 '어떻게' 제공받았는지에 대한 과정 품질(how)

4. 서비스 품질관리

① 서비스에 대한 고객의 기대와 서비스에 대한 인지의 차이(GAP)

② GAP 5

GAP		요인	해결 방안
1	서비스에 대한 고객 기대와 경영자의 인식 차이	• 고객의 기대를 모를 때 • 마케팅 조사가 효과적으로 이루어지지 못함 • 고객과 접촉하는 종업원의 의견을 잘 받아들이지 못할 때 • 관리 계층이 복잡하여 상층으로 의견 전달 어려움	• 시장 조사와 고객과의 지속적인 커뮤니케이션 실시 • 관리 계층 축소로 상향적 커뮤니케이션 활성화
2	경영자 인식과 서비스 품질 표준의 차이	• 경영자의 의지 부족 • 체계적인 목표 수립 과정 부재 • 서비스 창출 과업의 표준화 부족 • 지각된 서비스 충족이 낮을 때	• 고객의 욕구를 서비스 품질 표준으로 옮겨야 함 • 목표를 명확히 해야 함 • 직원의 업무 수행 결과에 대한 개선 방안 마련 후 업무 표준화
3	서비스 품질 표준과 서비스 전달 수준의 차이	• 종업원의 서비스 전달 능력 · 의지 부족 • 종업원의 서비스 스트레스 증가 시 흔히 발생	• 유능한 종업원 확보 • 서비스 수준의 지속적인 모니터링 • 작업 조건 개선, 보상 체계 마련
4	서비스 전달과 외부 의사소통의 차이	실제보다 많은 것을 제공하겠다고 약속한 경우에 발생	약속한 서비스를 제대로 전달할 수 있는지 확인
5	서비스에 대한 고객의 기대와 서비스 인식의 차이	갭 1에서 4까지의 크기에 따라 달라짐	

5. 서비스 품질 측정 도구 : 다섯 가지 품질 차원

① 대응성 : 종업원이 즉각적 서비스를 제공해 줄 수 있는 반응 능력

② 확신성 : 종업원들 교육 수준이 고객들에게 신뢰와 확신을 갖는 것

③ 신뢰성 : 소비자가 기대한 서비스를 믿을 수 있고 정확히 수행할 수 있는 것

④ 공감성 : 고객 각각에 대한 관심과 배려

⑤ 유형성 : 시설, 설비, 매장 인테리어, 직원들의 외양 등

6. 품질 경영의 개념

① 발전 과정 : 품질 검사 → 품질 관리 → 품질 확인 → 전략적 품질 경영 → 종합적 품질 경영

② 종합적 품질 경영

　㉠ 조직의 모든 영역에서 지속적인 개선을 추구하는 종합적인 경영 철학

　㉡ 원칙 : 고객 중심, 공정 개선, 전사적 참여

　㉢ 지원적 요소 : 리더십, 의사소통, 교육과 훈련, 보상과 인정, 지원 체계

③ 고객 만족경영

　㉠ 고객 만족 : 고객이 가지고 있던 기대와 구매 후 내리는 평가와의 차이

　㉡ 재구매 고객 창출(충성 고객), 비용 절감, 광고 효과, 시장 우위, 매출 증대, 이윤 창출

7. 품질인증제도

① ISO국제 품질 표준 : ISO9000시리즈, ISO14000시리즈

② 말콤 발드리지 품질 대상

③ 서비스 품질 우수 기업 인증 제도

④ 국가품질상

⑤ 한국서비스 대상

과목 마무리 문제

01 내·외부환경 분석으로 자사의 강점과 약점을 도출하고 환경의 기회, 위협요인을 파악하여 전략계획을 세우는 기법은?

① 스왓(SWOT) 분석
② 목표관리법
③ 델파이법
④ 리엔지니어링
⑤ 벤치마킹

해설 | 스왓(SWOT)분석은 조직이 처해 있는 환경을 분석하기 위한 기법으로 기업의 장점과 기회를 규명하고 강조하는 반면, 약점과 위협이 되는 요소는 축소하여 보다 유리한 전략계획을 수립하기 위한 방법이다.

02 단체급식의 공통점으로 옳은 것은?

① 영양 확보로 영양 개선 및 건강 증진을 도모한다.
② 환자의 질병상황에 따라 적절한 식사를 제공한다.
③ 급식을 통해 피급식자 가정의 식생활 개선 지도에 공헌한다.
④ 복리후생에 기여한다.
⑤ 피급식자에게 휴식처, 사교장을 제공하여 생산성 효율을 향상시킨다.

해설 | **여러 급식 시설의 목적**
- 병원급식 : 환자들의 회복을 촉진
- 학교급식 : 아동들의 바람직한 식습관 확립
- 산업체급식 : 효율적인 생산성 향상, 복리후생
- 아동복지시설 : 신체적, 정신적 발달 과정에 있는 아동을 애호, 건전하게 육성
- 노인복지시설 : 가정적인 분위기의 식사를 제공하여 즐거운 노후를 보내게 함

03 조직을 공정별, 제품별 등 단위적으로 부문화하여 관리하는 형태의 조직은?

① 사업부제 조직
② 위원회 조직
③ 팀형 조직
④ 매트릭스 조직
⑤ 프로젝트 조직

해설 | 기업이 다분야의 사업을 행하게 될 경우 관리자 계층은 모든 분야의 운영에 주의를 두고 의사 결정을 하는 것이 어려워진다. 이에 기업은 효율적인 운영을 위해 기업 전체를 독립적·자주적인 조직단위로 나누어 각각의 조직에서 독자적으로 의사 결정과 의무 수행을 행하도록 하는데 이를 사업부제 조직이라 한다. 대기업에서는 보편적으로 이 방법을 택하고 있다.

04 식사구성안을 이용한 식단 작성 시 이점으로 옳은 것은?

① 개인의 식사량에 따라 식사가 가능하다.
② 특정한 영양소에 치우치지 않는 균형 잡힌 식단이 된다.
③ 다른 식품군과 손쉽게 대체 가능하다.
④ 식재료 발주 시 도움이 된다.
⑤ 식품의 위해도 평가가 가능하다.

해설 | 식단 작성 시 식사구성안을 이용하면 식품 배합을 충실히 할 수 있고, 모든 영양소가 골고루 포함된 균형 잡힌 영양 식단을 작성할 수 있을 뿐만 아니라 동일 식품군 간의 대체가 자유로워 식단 재료의 교환이 용이하다.

05 다음의 상황에 적합한 재고자산의 평가방법은?

급식소 계약기간이 만료되어 다른 업체에 인수인계 시 가장 최근의 구매가를 반영하여 신속하게 재고자산을 파악하고자 한다.

① 총평균법
② 선입선출법
③ 후입선출법
④ 실제구매기법
⑤ 최종구매가법

해설 | 최종구매가법은 가장 최근의 단가를 이용하여 재고액을 산출하는 것으로 급식소에서 가장 널리 이용한다.
① 총평균법 : 일정 기간의 총 구입액과 이월액을 그 기간의 총 입고 수량과 이월 수량으로 나누어 평균 단가를 계산하고 반출할 때 이 평균 단가로 계산하는 방식
② 선입선출법 : 먼저 입고된 물품이 먼저 출고된다는 원칙하에 시간의 흐름에 따라 가격이 상승하는 상황에서 재고자산을 높게 평가하고 싶을 때 활용하는 방법
③ 후입선출법 : 나중에 구입한 식품을 먼저 사용한 것으로 기록하는 방법
④ 실제구매가법 : 개별법이라고도 하며 재고조사 시 남아있는 물품들을 실제 구입 단가로 계산하여 자산을 평가하는 방법으로 소규모 급식소에서 많이 사용

06 전처리 기기에 속하는 것은?

① 컨벡션오븐
② 자동취반기
③ 세미기
④ 최전식국솥
⑤ 플라이트

해설 | 전처리 기기는 구근 탈피기, 세미기, 절단기, 분쇄기, 골절기 등이 있다.
①, ②, ④ 조리 기기
⑤ 세척 기기

07 영양사가 자신이 하는 직무에 대한 보상이 다른 영양사에 비해 좋다고 생각하여 동기부여가 높아진다는 이론은?

① 맥그리거의 XY이론
② 브룸의 기대이론
③ 허즈버그의 2요인이론
④ 아담스의 공정성 이론
⑤ 매슬로우의 욕구단계이론

해설 | 아담스의 공정성 이론은 자신의 업적에 대해 조직으로 받은 보상을 다른 사람과 비교함으로써 인식된 공정성에 의하여 동기부여 정도가 달라진다는 이론이다.

08 소비자 구매 의사 결정 과정의 순서로 옳은 것은?

① 정보 탐색 → 문제 인식 → 대안 평가 → 구매 의사 결정 → 구매 후 행동
② 정보 탐색 → 대안 평가 → 문제 인식 → 구매 의사 결정구매 후 행동
③ 문제 인식 → 대안 평가 → 정보 탐색 → 구매 의사 결정 → 구매 후 행동
④ 문제 인식 → 정보 탐색 → 대안 평가 → 구매 의사 결정 → 구매 후 행동
⑤ 대안 평가 → 정보 탐색 → 문제 인식 → 구매 의사 결정 → 구매 후 행동

해설 | 소비자 구매 의사 결정 과정은 '문제 인식 → 정보 탐색 → 대안 평가 → 구매 의사 결정 → 구매 후 행동' 순이다.

PART 01
PART 02
PART 03
PART 04
PART 05
PART 06
PART 07
PART 08
PART 09

09 검수 시 진공 포장 식품의 온도 측정 방법으로 옳은 것은?

① 포장 사이에 온도계를 설치하고 15초 후에 측정한다.
② 포장을 열어 온도계 탐침이 잠기도록 설치한다.
③ 배송트럭의 저장고 온도를 측정한다.
④ 온도계 탐침을 포장 한가운데 설치하여 확인한다.
⑤ 배송트럭의 공기온도, 차량온도를 측정한다.

해설 | 검수 시 식품별 온도 측정 방법
- 육류, 가금류, 생선류 : 온도계 탐침을 제품의 가장 두꺼운 부분에 찔러서 측정
- 진공 포장 제품 : 포장 사이에 온도계를 설치하고 15초 이상 기다린 후 온도를 기록
- 액체 또는 개별 포장 제품 : 포장을 열어 온도계 탐침이 잠기도록 설치
- 대용량 액체 제품 : 온도계 탐침이 제품에 의해 감싸지도록 설치
- 조개류 : 온도계 탐침을 포장 한가운데 설치
- 달걀 : 배송 트럭의 공기 온도를 측정하고 차량 온도 기록을 확인

10 과업지향적 지도자의 특징은?

① 의사결정 역할을 과감하게 위임한다.
② 직원들의 진급, 성장, 성취감에 높은 관심을 갖는다.
③ 인간에 대한 관심이 크며 상호 간의 신뢰를 존중한다.
④ 주어진 과업의 책임을 부여하고 결과에 대해 통제한다.
⑤ 다른 사람의 감정을 존중하며 우호적인 관계를 유지한다.

해설 | 과업 지향적 지도자(work-oriented leader)는 과업에 대한 관심이 크며, 전제적·통제적 특성을 갖는다.

11 급식 조직에서 신메뉴 R&D 부서를 새롭게 조직하였는데 이에 대해 옳은 것은?

① 라인 부문에 속한다.
② 기업 목표 달성에 직접적인 연관이 있다.
③ 독립적 명령권을 가진다.
④ 스태프 부문에 속한다.
⑤ 라인과 스태프 동시에 속한다.

해설 | 신메뉴 R&D 부서는 스태프 부문으로 이는 경영 목적 달성에 간접적으로 기여하고 조언과 권고 기능을 수행하며 전문 분야에서 지원한다.

12 성인 여자(19~29세)에게 1일 권장되는 에너지 필요추정량과 단백질의 평균필요량이 짝지어진 것으로 옳은 것은?

① 2,000kcal - 45g
② 2,100kcal - 45g
③ 2,300kcal - 50g
④ 2,300kcal - 55g
⑤ 2,500kcal - 55g

해설 | 한국인 영양소 섭취 기준에 의하면 19~20세 성인 여자의 에너지 필요추정량은 2,100kcal, 단백질 1일 평균필요량은 45g, 권장섭취량은 55g으로 책정되어 있다.

13 다음 중 1일 식단표를 활용할 수 있는 항목은?

① 제조 방법
② 제공 영양량 평가
③ 작업 지시서
④ 잔반량 예측
⑤ 고객만족도 측정도구

해설 | 1일 식단표는 음식에 필요한 식재료 종류와 양, 급식 인원수, 출고 계수 혹은 원산지 표시, 알러지 유발식품 표시 등을 확인할 수 있고 제공 영양량 평가, 메뉴평가 등 급식의 전반적인 평가에 이용된다.

14 유아 급식 식단 작성 시 유의사항으로 옳은 것은?

① 어린이집의 경우 원산지 표시는 의무사항이 아니다.
② 1일 3회 식사 이외에 1회의 간식이 필요하다.
③ 어린이집은 반드시 친환경 농산물을 사용해야 한다.
④ 간식의 횟수는 어린이집의 여건에 맞춰 제공한다.
⑤ 보육시설 평가인증 지침서(건강과 영양 항목)에 제시된 사항을 준수한다.

해설 | 유아는 1일 3회 식사 이외에 2회의 간식이 필요하며 간식은 주된 식사에 영향을 미치지 않는 수준으로 총 에너지의 5~10%를 벗어나지 않아야 한다. 또한 식단 작성 시 보육시설 평가인증 지침서에 제시된 사항을 준수해야 한다.

15 식단 계획 단계에서 음식물 쓰레기 감량 방안으로 옳은 것은?

① 표준 레시피 활용
② 부분자율 배식
③ 배식온도 확인
④ 고정 메뉴 이용
⑤ 피급식자의 기호도 조사

해설 | 식단계획 단계 급식 대상자의 기호도를 조사하고, 잔반량이 많은 음식은 원인을 분석해 식단계획에 반영한다. 선택 식단제를 도입하는 방법도 있다.

16 정량 발주 방식으로 주문 가능한 항목은?

① 일정한 재고 보유가 되어야 하는 것
② 공급 기간이 중요하지 않은 물품
③ 수요 예측이 가능한 물품
④ 재고 부담이 큰 품목
⑤ 고가의 물품

해설 | 재고 부담이 적은 것, 항상 수요가 있어서 일정한 재고를 보유해야 하는 것은 정량 발주가 적합하다. 반면에 가격이 비싸고 조달에 시간이 오래 걸리는 것, 재고 부담이 큰 것, 수요 예측이 가능한 것은 정기 발주가 적합하다.

PART 01
PART 02
PART 03
PART 04
PART 05
PART 06
PART 07
PART 08
PART 09

정답 09 ① 10 ④ 11 ④ 12 ② 13 ② 14 ⑤ 15 ⑤ 16 ①

17 집단 급식소에서 식품 감별을 해야 하는 이유는 무엇인가?

① 공급 업체 고발
② 식재료 품질 확인
③ 원산지 확인
④ 유통기한 설정
⑤ 식품 위생상 위해도 판정

해설 | 식품 감별은 불량식품을 알아내고 식품 위생상의 위해도를 판정하여 위생 사고를 미연에 방지하고자 하는 데 그 목적이 있다.

18 중학교 조리종사원의 식품위생법상 건강진단 횟수는?

① 수시로   ② 매월 1회
③ 매분기별 1회   ④ 6개월에 1회
⑤ 연 1회

해설 | 급식소 종사원의 의무 건강진단 횟수는 연 1회(학교 급식 조리종사원의 경우 6개월에 1회)이다.

19 급수설비에 대한 설명으로 옳은 것은?

① 미생물학적 검사는 주 1회 이상 실시한다.
② 정수기 설치 시 정기적인 점검은 하지 않아도 된다.
③ 정기 수질검사는 6개월에 1회 이상 실시한다.
④ 분기별 2회 이상 청소 및 소독을 실시한다.
⑤ 지하수일 경우 오염될 우려가 없는 장소로부터 용수 저장이 되어야 한다.

해설 | 급수설비
• 미생물학적 검사는 월 1회 이상 실시한다.
• 정기 수질검사는 1년에 1회 이상 실시한다.
• 분기별 1회 이상 청소 및 소독을 실시하여 청결히 관리한다.
• 급식소의 온수는 개별식 급탕법인 저장식 온수기가 흔히 사용된다.
• 정수기 사용이 늘고 있으며 정기적인 검사 및 기록 보관이 필요하다.

20 경영자 인식과 서비스 품질 표준의 차이로 서비스 품질 갭이 발생 시 해결 방안은?

① 고객의 욕구를 서비스 품질 표준으로 옮겨야 함
② 서비스 수준의 지속적인 모니터링
③ 시장조사 및 고객과의 지속적인 커뮤니케이션 실시
④ 약속한 서비스를 제대로 전달할 수 있는지 확인
⑤ 유능한 종업원 확보

해설 | GAP 2 경영자 인식과 서비스 품질 표준의 차이
• 발생 원인
  - 경영자의 의지 부족
  - 체계적인 목표 수립 과정이 존재하지 않음
  - 서비스 창출 과업의 표준화 부족
  - 지각된 서비스의 충족이 낮을 때
• 해결 방안
  - 고객의 욕구를 서비스 품질 표준으로 옮겨야 함
  - 목표를 명확히 해야 함
  - 직원의 업무 수행 결과에 대한 개선방안 마련 후 업무 표준화

MEMO

PART 07

식품위생

CHAPTER 01 | 식품위생 관리

SECTION 01 | 식품위생 관리

1. 식품위생의 정의(식품위생법상)

① 식품 : 모든 음식물(의약으로 섭취하는 것은 제외)

② 식품위생 : 식품, 식품첨가물, 기구 또는 용기 포장을 대상으로 하는 음식에 관한 위생

2. 식품의 위해요소

(1) 급성 독성 시험

① LD_{50}(50% lethal dose, 반수치사량)값을 사용 : 실험동물의 50%가 사망하는 양을 동물의 체중(kg) 당 mg(g)으로 표시

② 1~2주 관찰

③ 값이 작을수록 독성 강함 : 30mg/kg 이하 독약, 30~300mg/kg 극약, 300mg/kg 보통 약

> **퀴즈**
>
> LD_{50}값이 15mg/kg인 약보다 30mg/kg인 약의 독성이 더 강하다. (○/×)
>
> 정답 | ×
>
> 해설 | LD_{50}값이 작을수록 독성이 강하다.

(2) 아급성 독성 시험

① 실험동물에 대해 그 수명의 1/10 정도의 기간(1~3개월)에 걸쳐 경구 투여하여 독성 관찰

② 투여량은 LD_{50}값에 해당하는 양의 1/2, 1/4, 1/8 또는 그 이하인 경우가 보통

(3) 만성 독성 시험

① 실험동물의 일생에 가까운 오랜 기간에 걸쳐 경구 투여 시의 증상 관찰

② 최대무작용량(MNEL : 동물에게 일생 동안 계속적으로 투여하여도 아무런 독성이 나타나지 않는 양)을 결정

③ 독성의 모든 생물학적인 평가를 정확히 얻기 위한 시험

④ 사람의 1일 섭취 허용량 산출 가능

SECTION 02 | 미생물의 종류 및 특성

1. 미생물의 종류 및 특성

종류	특성	식품 관계
곰팡이	• 진핵세포의 고등미생물로 진균류, 다세포미생물 • 호기성, 다세포, 균사, 포자로 증식 • 생육 적온 : 중온(25～40℃) • pH 4～6, A_w 0.8 이상(내건성 곰팡이 A_w 6.5)	• 곡류, 두류(탄수화물 식품) • 장류, 주류, 치즈 등 제조 • 곰팡이독 중독증 유발 • 건조, 당장, 염장식품 증식 가능(건조한 환경에 강한 종류가 많음)
세균	• 원핵세포를 가진 하등미생물로 분열균류 • 분열법으로 증식, 호기성, 미호기성, 혐기성, 통성혐기성 → 세대시간 비교적 짧음 • *Bacillus* 속, *Clostridium* 속 : 내열성·내건성 포자를 형성 • 중온균(25～40℃), 저온균(0～25℃), 고온균(45～80℃) → 보통 쉽게 사멸 • pH 7.0(pH 4.5 이하 생육 불가) • 최적 A_w 0.96～0.99	• 단백질성 식품의 부패 • 요구르트, 김치, 청국장, 식초 등 • 세균성 식중독 및 경구 감염병 발생원인
바이러스	• DNA 또는 RNA 유전인자와 이를 둘러싼 외곽 단백질이 주형태(머리 부분) • 동물, 식물, 미생물과 같은 생물세포를 숙주(박테리오파지)로 하고, 숙주특이성을 가짐	물, 식품, 식품 취급자 및 사람 사이를 통하여 식중독 및 질병 유발
효모	• 진핵세포의 고등미생물로 진균류, 단세포미생물 • 난형, 타원형, 구형, 레몬형, 소시지형, 삼각형, 위균사형 • 출아법으로 증식, 통성혐기성, 세대시간 약 30～60분 • pH 4～6, A_w 0.88(내삼투압성 효모 A_w 0.6)	• 맥주, 포도주, 간장 및 제빵 이스트, 단세포 단백질 제조 • 유제품 변질에 관여 • 저온, 건조식품에도 번식 가능

2. 식품 오염의 지표 미생물

(1) 대장균군(Coliform)

① 장내 서식하는 소화기계 전염병균이며 식중독균의 가능성을 나타내는 지표 미생물

② 가열 처리로 쉽게 사멸되나 조리 과정 및 보관 시 비위생적인 처리로 대장균 검출 가능

③ 그람음성, 무포자, 간균, 유당을 분해해서 산과 가스를 생성하는 모든 호기성 또는 통성혐기성 균

④ 분변 오염 지표균 : 분변 중 $10^7 \sim 10^9$/g 정도 존재

⑤ *Escherichia coli*, *Enterobacter aerogenes*, *Enterobacter cloacae* 등

⑥ 분변성 대장균 검출(EC test) : 분변으로부터 유래된 대장균(*Escherichia coli*)이 비교적 높은 온도에서 증식 가능함을 이용

※ E.coli O157 : 제2급 감염병균, 베로독소(verotoxin) 생성

(2) 장구균(Enterococcus)

① 인축 분변과 밀접한 관계 : 분변 중 $10^5 \sim 10^8$/g 정도 존재

② 그람양성, 무포자, 구균, 통성혐기성 균

③ 적온 : 10~45℃, pH 4.5~10, 내염성, 열저항성(60℃ 30분)

④ 냉동식품 및 건조식품의 오염 지표균

⑤ *Enterococcus* 속 : *E. faecalis*(90% 이상), *E. faecium*균과 *Streptococcus* 속

빈 칸 채우기

(   )은/는 냉동식품 및 건조식품의 오염 지표균이다.

정답 | 장구균

SECTION 03 | 식품의 변질

1. 용어 정의

① 변질(Spoilage) : 이화학적, 생물학적 요인에 의하여 식품의 관능적인 특성 및 영양학적인 특성이 나빠지는 것

② 부패(Putrefaction) : 단백질 식품이 미생물(혐기성균)의 작용으로 분해되어 아민, 암모니아, 황화수소 등 각종 악취 성분이나 유해물질이 생성되어 섭취할 수 없는 상태가 되는 것

③ 변패(Deterioration) : 탄수화물 식품이 미생물에 의해 분해, 변질되어 비정상적인 관능적 특성을 보이게 되는 것

④ 산패(Rancidity) : 지질이 산소, 효소, 햇빛, 금속 등에 반응하여 산화, 변색, 분해되는 현상

⑤ 발효(Fermentation) : 미생물에 의해 유기산, 알코올 등 각종 유용한 물질이 생성되는 과정

탄수화물 식품이 미생물에 의해 분해·변질되는 것을 부패라 한다. (○/×)

정답 | ×

해설 | 부패가 아니라 변패이다. 부패는 단백질 식품이 미생물의 작용으로 분해되는 것을 말한다.

2. 변질 과정 및 분해 생성물

① 탄수화물, 단백질, 지방은 식품 중의 효소에 의해 분해되어 단당류, 아미노산, 지방산, 유기산 등의 저분자 화합물이 됨

② 이어 미생물의 작용을 받아 각종 산과 알코올류, 아민류, 암모니아 등의 분해 생성물이 되면서 식품을 섭취할 수 없는 부패상태에 이르게 됨

구분	탄수화물	단백질	지방
변질 과정	다당류	펩톤, 펩티드	• 저급지방산(가열) • 하이드로페록시드(산화) • 산패
	이당류, 단당류	아미노산(pH 낮아짐)	
	피브르산,글루콘산 등(변패)	탈아미노 반응으로 휘발성 질소 등(부패)	
분해 생성물	초산, 젓산, 부탄올, 에탄올, CO_2, H_2 등	아민류, 인돌, 스카톨, 황화수소, 암모니아	CO_2, H_2, 지방산, 케톤 등

〈변질 과정과 분해 생성물〉

3. 식품 변질 요소(미생물)

(1) 곡류 및 가공품

① 쌀 : *Aspergillus*, *Penicillium*, *Rhizopus*, *Alternaria tenuis*(벼이삭 마름병)

② 쌀밥 : *Bacillus cereus*, *B. subtilis*, *Thamnidium*(밥 쉰내)

③ 밀 : *Fusarium*, *Aspergillus*, *Penicillium*

④ 빵 : *B. subtilis*(점질화), *Serratia marcescens*(적색)

(2) 서류

① 고구마 : *Rhizopus nigricans*(무름병)

② 감자 : *E. atrseptica*(흑반병)

(3) 과채류 및 가공품 외

① 사과, 배, 딸기, 토마토 : *Penicillium expansum*

② 감귤류 : *Penicillium italicum*(청록색), *Penicillium expansum*(황록색)

③ 채소류 : *Erwinia carotovora*(프로토페티나제 분비 : 무름 원인)

④ 김치 : *Aspergillus*, *Penicillium*, *Saccharomyces*, *Flavobacterium*, *Streptococcus*

⑤ 벌꿀 : *Clostridium botulinum*

(4) 축산물

① 육류 : *Mucor mucedo*(점질물), *Achromobacter*, *Bacillus*, *Clostridium*, *Enterococcus*, *Flavobacterium*, *Lactobacillus*, *Leuconostoc*, *Micrococcus*, *Pediococcus*, *Proteus*, *Pseudomonas*, *Sarcina*, *Serratia*, *Streptococcus*

② 달걀 : *Salmonella*, *Achromobacter*, *Proteus melanovo genes*(흑색변패세균)

③ 우유 : *Torulopsis*(우유 갈변), *Alcaligenes viscolactis*(우유 표면 점질물), *Pseudomonas. aeruginosa*(녹농균, 청색유), *P. fuorescence*(형광균), *P. syncyanea*(청색유), *Serratia marcescens*(적색유, 불쾌한 냄새)

(5) 수산물

① 생선 : *Pseudomonas*, *Achromobacter*, *Flavobacterium*, *Vibrio*

② 갑각류 : *Myxococcus*, *Rhodotorula*, *Candida*

(6) 통조림

Clostridium butylicum(CO_2, H_2가스 팽창), *B. stearothemophilus*(Flat sour : 무가스 산패)

SECTION 04 | 식품의 변질 판정 및 방지

1. 식품의 초기 부패 판정을 위한 검사

항목		방법 및 특징
관능 검사		• 시각, 미각, 후각, 촉각, 청각 등을 이용하여 빠르고 간단하게 검사 가능 • 초기 부패 판정 : 색 변화, 자극미, 이미, 냄새, 응고, 침전 등 • 개인차 및 주관적인 영향을 줄 수 있음
이화학적 검사	물리적 검사	경도, 점도, 탄성, 색, 전기저항 등
	휘발성 염기질소 (VBN)	• 부패 시 발생하는 암모니아, 아민류의 염기질소량 측정 • 신선도의 지표 • 초기 부패 : 30~40mg%, 신선 어육 : 5~10mg%
	트리메틸아민 (TMA)	• 트리메틸아민 옥사이드가 환원되어 트리메틸아민(비린내)이 발생 • 초기 부패 : 4~6mg%, 신선 어육 : 3mg%
	히스타민 (histamine)	• 히스티딘의 탈탄산작용으로 생성 • 4~10mg%면 알레르기 증상을 일으킴
	pH	• 정상 : pH 7.0 부근 • 초기 부패 : pH 6.2~6.5 • 부패 진행 : pH 5.5 • 완전 부패 : pH 8.0
	K값	• ATP와 그 분해물 전량 • 초기 부패 60~80%, 사후 10% 이하, 신선한 생선 : 20~30%
미생물 검사		• 미생물학적인 안선한계 : 10^5CFU/g(mL) • 초기 부패 10^7~10^8CFU/g(mL)

2. 변질 방지법

여러 가지 식품 변질 방지 방법을 활용하여 식품 소모, 영양가 손실, 각종 위해 요인 제거를 통한 안전한 식품 섭취를 위하여 위생적으로 관리하고 유지하여야 함

방법		특징
가열 살균	저온 장시간 살균	• 63~65℃, 30분 • 우유, 술 등(완전 사멸되지 않음)
	고온 단시간 살균	72~75℃, 15~18초
	고온 장시간 살균	• 95~120℃, 30~60분 • 통조림, 레토르트 식품
	초고온 순간 살균	• 130~150℃, 1~2초 • 과즙, 우유
	고압 증기 멸균	• 121℃, 15~20분 • 포자멸균
	건열 멸균	160℃, 1시간 이상
건조		• 수분 함량 14~15% 이하(최저 13% 이하), Aw 0.7 • 고온, 열풍, 직화, 감압진공동결건조 등
냉장·냉동		• 냉장 : 5℃ 이하 • 냉동 : -18℃ 이하 • 고구마·감자 : 10℃ 정도
염장		• 소금 농도 10% 정도로 식품 저장 • 삼투압에 의한 세포의 원형질 분리, 탈수 작용으로 미생물 발육 억제
당장		• 일반 세균 : 50% 이상의 당농도에서 대부분 생육 억제 • 잼, 젤리 제조 : 설탕 60~65%
산장		• 3~4%의 초산, 젖산, 구연산 등을 이용하여 저장 • pH 4.5 이하 : 미생물 증식 억제 • pH 3~4 : 단백질 변성으로 사멸 • 식염, 당, 보존료 등을 같이 사용하면 효과적
훈연		• 활엽 목재의 연기 성분을 이용하여 미생물의 살균 및 억제 식품 중 효소의 불활성화. 건조 등으로 저장 기간이 연장됨 • 연기 중 아세트알데하이드, 폼알데하이드, 아세톤, 페놀 및 각종 유기산 등이 존재
가스 저장 (CA 저장)		공기 중 이산화탄소, 산소, 질소가스 등을 온도, 습도 등 고려하여 호흡작용, 산화작용 등을 억제함으로써 저장 기간 연장(채소류, 과실류, 난류 등)
밀봉		• 통조림, 병조림, 레토르트 식품 등에 이용 • 탈기, 밀봉, 멸균(중심 온도 120, 4분, pH 4.6 미만, 90℃에서 실시) • 장기 저장 가능

〈식품의 변질 방지법〉

PART 01
PART 02
PART 03
PART 04
PART 05
PART 06
PART 07
PART 08
PART 09

SECTION 05 | 살균과 소독

1. 용어 정의

① **살균** : 세균, 효모, 곰팡이 등 미생물의 영양 세포를 사멸시키는 것
② **멸균** : 세균과 포자 등 모든 미생물을 사멸시키는 것
③ **소독** : 병원성 미생물을 죽이거나 약화시켜 감염의 위험을 없애는 행위
④ **방부** : 식품의 품질에 영향을 주지 않는 범위 내에서 세균 증식, 성장을 저지시켜 변질을 방지하는 것

2. 물리적 살균 · 소독

방법	특징	대상
가열 살균	• 결핵균 제거 • 저온 장시간 살균(LTLT법), 고온 단시간 살균(HTST법), 초고온 순간 살균(UHT법) 등	우유
건열 살균	160℃에서 1시간 이상 열처리	유리, 사기그릇, 금속 제품
화염 살균	알콜 램프, 분젠 버너의 화염 중에서 20초 이상 가열	금속, 도자기, 백금이, 유리, 핀셋
자외선 살균	살균력이 강한 2,537A(260nm)의 자외선 등을 이용 **장점** • 모든 균종에 효과적이며, 내성이 생기지 않음 • 사용법이 간편하고, 조사 후 식품에 변화가 일어나지 않음 **단점** • 조사하는 동안만 효과(잔류효과 없음) • 표면에 한정되고 침투력 없음	공기, 물컵, 도마
방사선 살균	• ^{60}Co의 감마선 • 발아 억제, 해충 제거, 과일의 속도 조절, 식중독 억제 • 식품에 변화가 일어나지 않고 침투력 높음 • 포장 후에도 처리 가능	과채류 등
열탕 소독 (자비 소독)	100℃ 끓는 물에서 30분 이상 열처리	–
증기 소독	• 끓는 물의 증기로 30~60분 처리 • 습열 살균이 건열 살균보다 미생물 제거에 유리	기구, 용기, 식기, 물수건 및 식품공장의 발효조와 배관 소독
고압 증기 멸균	• 고압 멸균기(autoclave) 이용해 121℃에서 15~20분 처리 • 포자 살균도 가능	실험실 초자기구 및 배지의 멸균

3. 화학적 소독

방법	특성	사용 농도	대상
염화 제2수은 (HgCl₂)	• 승홍 • 단백질 변성 • 금속 부식, 피부 및 점막 자극성	0.1%	무균실
머큐로크롬 (mercurochrome)	• 착색력 강함 • 살균력 적음	2%	상처, 점막, 피부
염소(Cl₂)	음용수 정도	잔류 염소량 0.1∼0.2ppm	음용수, 하수
요오드(I₂)	• 단백질 변성 • 물에 잘 녹지 않음	3∼6%(요오드팅트 3% 제조 후 사용)	피부
차아염소산나트륨 (NaOCl)	• 락스의 주원료 • 균체 산화 및 단백질 변성 • 유효 염소 농도 4%	0.01∼1%	• 과일, 채소 : 100ppm 5분 이하 침지 후 헹굼 • 식기류 : 200ppm 이하
과산화수소 (H₂O₂)	산화 작용으로 발생한 산소로 인해 살균 작용 발생	3%	상처
과망간칼륨 (KMnO₄)	살균력 · 착색력 강함	• 0.1∼0.5% : 피부 • 4% : 포자형성균	피부, 상처
오존 (O₃)	• 수중 살균력 강함 • 장기간 호흡 시 호흡기 문제 발생	3∼4g : 물 1m³ 소독	공기, 물, 목욕탕
붕산 (H₃BO₃)	균체 산화	2∼3%	점막, 눈 세척
생석회 (CaO)	• 가장 경제적인 변소 소독제 • 균체 산화 • 공기 중 방치 시 살균력 잃음(필요 시 제조)	20∼30%	오수, 우물, 토양, 분뇨, 토사물 등
에틸 알콜 (에탄올)	• 탈수, 단백질 응고 • 영양 세포 파괴 • 물기 있는 표면은 살균력 감소	70%(살균력 가장 강함)	• 손, 접종 시 • 조리 도구, 작업대 등
페놀 (C₆H₅OH)	석탄산 ※ 석탄산계수(phenol coefficient)=소독액 희석배수/석탄산희석배수(각종 소독제의 효능 표시)	• 3% • 1∼2% : 손 소독 시 희석액 사용	기구, 의류, 침구, 피부, 기계 소독 등
크레졸 (C₇H₈O)	• 석탄산계수 2 • 지방 제거 효과 • 결핵균, 바이러스에 무효	1∼3% : 크레졸비누액	손발, 오물통, 축사 등 대부분의 물건

역성 비누 (양성 비누, invert soap)	• 세포막 손상, 단백질 변성 • 일반 비누와 함께 사용하면 살균력 떨어짐 • 4급 암모늄염의 유도체 • 결핵균, 포자, 간염 바이러스 등에 살균력 낮음	• 10% 원액 희석 • 100~200배 희석 : 손 소독, 냉장고, 쓰레기통 • 200~500배 희석 : 식기, 용기	• 공장 소독 • 종업원의 손 소독 • 욕기 및 기구 소독
포르말린 (HCHO)	• 단백질 응고 • 모든 균에 살균력 강함 • 대상물 손상 없음	포르말린 1% 및 희석액 (5~60%) 살포 또는 침지	가죽, 고무, 나무, 건물, 창고, 차량, 철도, 실내 소독 등

 퀴즈

역성 비누는 일반 비누와 함께 사용하면 살균력이 배가되므로 적극 사용이 권장된다. (○/×)

정답 | ×

해설 | 역성 비누는 일반 비누와 함께 사용하면 살균력이 떨어진다.

4. 소독 방법

① 손 소독 : 역성 비누액(10%)을 손바닥에 붓고 소형 브러시로 비비면서 손톱 사이까지 스며들도록 하며, 4~5분 지난 후 흐르는 수돗물에 씻어낸 후 말림

② 행주 : 삶거나 증기 소독, 치아염소산(NaOCl) 처리 및 일광 건조

③ 도마 : 중성 세제로 닦아내고 열탕 처리를 하거나 계속 흐르는 물로 씻어내고 차아염소산수(식기류 : 200ppm 이하)로 비벼서 흐르는 물에 씻음

④ 식기류(도자기, 유리류)

  ㉠ 페놀수(석탄산수), 크레졸수, 승홍수, 포르말린에 담그거나 뿌림

  ㉡ 내열성이 강한 것은 자비 및 증기소독

⑤ 환자 및 환자 접촉자 : 크레졸수, 승홍수, 역성 비누를 사용하고 몸은 목욕을 함

⑥ 대소변, 배설물, 토사물 : 소각하거나 페놀수(석탄산수), 크레졸수, 생석회 분말 사용

PART 01
PART 02
PART 03
PART 04
PART 05
PART 06
PART 07
PART 08
PART 09

CHAPTER 02 │ 세균성 식중독

SECTION 01 | 식중독

1. 식중독의 정의

① 식품 섭취로 인하여 인체에 유해한 미생물 또는 유독물질에 의하여 발생하였거나 발생한 것으로 판단되는 감염성 질환 또는 독소형 질환을 말함(식품위생법 제2조 14항)

② 식품 또는 물의 섭취에 의해 발생되었거나 발생된 것으로 생각되는 감염성 또는 독소형 질환(세계보건기구, WHO)

③ 집단 식중독 : 식품 섭취로 인하여 2인 이상의 사람에서 감염성 또는 독소형 질환을 일으킨 경우

2. 식중독 지수

식중독 원인균의 최적 성장 조건(40℃, pH 6.5~7.0, 수분 활성도 1~0.99)에서 식중독을 유발할 수 있는 시간과 특정 온도에서 식중독을 발생시킬 수 있는 시간에 대한 비율을 백분율로 표시하여 4단계로 제공하는 지수

단계	지수 범위	주의사항
관심	55 미만	• 식중독이 발생할 가능성은 낮으나 식중독 예방에 지속적인 관심이 요망됨 • 화장실 사용 후, 귀가 후, 조리 전에 손 씻기를 생활화
주의	55 이상 71 미만	• 식중독 발생 가능성이 중간 단계이므로 식중독 예방에 주의가 요망됨 • 조리 음식은 중심부까지 75℃(어패류 85℃)로 1분 이상 완전히 익히고, 외부로 운반할 때에는 가급적 아이스박스 등을 이용하여 10℃ 이하에서 보관 및 운반
경고	71 이상 86 미만	• 식중독 발생 가능성이 높으므로 식중독 예방에 경계가 요망됨 • 조리 도구는 세척, 소독 등을 거쳐 세균 오염을 방지하고 유통기한, 보관 방법 등을 확인하여 음식물 조리, 보관에 각별히 주의하여야 함
위험	86 이상	• 식중독 발생 가능성이 매우 높으므로 식중독 예방에 각별한 경계가 요망됨 • 설사, 구토 등 식중독 의심 증상이 있으면 의료기관을 방문하여 의사 지시에 따름 • 식중독 의심 환자는 식품 조리 참여에 즉시 중단하여야 함 • 식중독 발생 가능성이 매우 높으므로 식중독 예방에 각별한 경계가 요망됨 • 설사, 구토 등 식중독 의심 증상이 있으면 의료기관을 방문하여 의사 지시에 따름 • 식중독 의심 환자는 식품 조리 참여를 즉시 중단하여야 함

출처 : 건강관리협회

식중독 지수가 80일 경우, 음식물의 조리 및 보관에 각별한 주의를 기울여야 한다. (o/×)

정답 | o

해설 | 식중독 지수가 71~86에 해당할 경우 '경고 단계'에 해당하므로 음식물의 조리 및 보관에 각별한 주의를 기울여야 한다.

3. 식중독의 분류

분류	종류		원인균 및 물질
미생물 식중독 (30종)	세균성 (18종)	감염형	살모넬라, 장염비브리오, 콜레라, 비브리오 불니피쿠스, 리스테리아 모노사이토제네스, 병원성대장균(EPEC, EHEC, EIEC, ETEC, EAEC), 바실러스세레우스(설사형), 쉬겔라, 여시니아 엔테로콜리티카, 캠필로박터 제주니, 캠필로박터 콜리
		독소형	황색포도상구균, 클로스트리디움 퍼프린젠스, 클로스트리디움 보툴리눔, 바실러스세레우스(구토형)
	바이러스성 (7종)	–	노로, 로타, 아스트로, 장관아데노, A형간염, E형간염, 사표바이러스
	원충성 (5종)	–	이질아메바, 람블편모충, 작은와포자충, 원포자충, 쿠도아
자연독 식중독	동물성		복어독, 시가테라독, 조개류, 권패류 등
	식물성		감자독, 원추리, 독버섯, 청매, 독미나리 등
	곰팡이		황변미독, 맥각독, 아플라톡신, 맥각독, 파툴린 등
화학적 식중독	고의 또는 오용으로 첨가되는 유해물질		식품첨가물
	본의 아니게 잔류, 혼입되는 유해물질		잔류농약, 유해성 금속화합물
	제조 · 가공 · 저장 중에 생성되는 유해물질		지질의 산화생성물, 니트로아민
	기타물질에 의한 중독		메탄올 등
	조리 기구 · 포장에 의한 중독		녹청(구리), 납, 비소 등

노로로 인한 식중독은 세균성 식중독에 해당한다. (o/×)

정답 | ×

해설 | 노로로 인한 식중독은 미생물 식중독 중 바이러스성 식중독에 해당한다.

4. 식중독 발생 시 역학조사

환자 정보 조사(검병 조사) → 원인 식품 추구 → 원인균, 원인 물질 검출

SECTION 02 | 세균성 식중독

1. 특징

① 식품 중에서 번식한 많은 양의 세균을 섭취하여 질병이 유발됨(감염형)
② 전염성은 없으며 잠복기 짧음
③ 항체 형성이 안 되기 때문에 면역성 없음
④ 종류

감염형	살모넬라, 장염비브리오, 콜레라, 리스테리아, 병원성대장균(EHEC, EPEC, EIEC, ETEC, EAEC), 여시니아, 캠필로박터 제주니, 모노사이토제네스, 비브리오 불니피쿠스, 바실러스세레우스(설사형), 쉬겔라, 엔테로콜리티카, 캠필로박터 콜리
독소형	황색포도상구균, 클로스트리디움, 바실러스세레우스(구토형), 퍼프린젠스, 클로스트리디움 보툴리눔

2. 감염형 식중독

(1) 살모넬라

항목	내용
미생물	
특성	• 2~3×0.6μm의 포자를 형성하지 않는 그람음성 간균으로 운동성이 있음 • 60℃에서 20분 동안 가열하면 사멸하나 토양 및 수중에서는 비교적 오래 생존함 • 균이 생체 내로 침입하면 장내에서 분열·증식되어 독소가 생산되나 독성은 비교적 약한 편임
잠복기	8~48시간(균종에 따라 다양)
주요 증상	복통, 설사, 구토, 발열
원인 식품	부적절하게 가열한 동물성 단백질 식품(우유, 유제품, 고기와 그 가공품, 가금류의 알과 그 가공품, 어패류와 그 가공품)과 식물성 단백질 식품(채소, 등 복합조리식품), 생선묵, 생선요리와 육류를 포함한 생선 등의 어패류와 불완전하게 조리된 그 가공품, 면류, 야채, 샐러드, 마요네즈, 도시락 등 복합조리식품 등
감염원 및 감염 경로	• 사람, 가축, 가금, 개, 고양이, 기타 애완동물, 가축·가금류의 식육 및 가금류의 알, 하수와 하천수 등 자연환경 등에 균이 존재 • 보균자의 손, 발 등 2차 오염에 의한 오염식품을 섭취할 때에도 감염이 될 수 있음
예방 대책	• 식품은 조리 후 가능한 신속히 섭취하도록 하며 남은 음식은 5℃ 이하 저온 보관 • 식품을 75℃에서 1분 이상 가열 조리한 후 섭취 • 조리에 사용된 기구 등은 세척·소독하여 2차 오염을 방지

PART 01
PART 02
PART 03
PART 04
PART 05
PART 06
PART 07
PART 08
PART 09

(2) 장염비브리오

항목	내용
미생물	
특성	• 해수 세균의 일종으로 2~4%의 소금물에서 잘 생육하며 해수 온도가 15℃ 이상이 되면 급격히 증식 • 짧은 쉼표 모양의 형태를 나타내며, 포자와 협막은 없음
잠복기	평균 12시간
주요 증상	복통, 설사, 발열, 구토
원인 식품	어패류, 생선회, 수산식품(게장, 생선회, 오징어무침, 꼬막무침 등)
감염원 및 감염 경로	• 하절기에 근해의 오징어, 문어 등 연체동물과 고등어, 아지 등 어류, 조개 등 패류의 체표, 내장과 아가미 등에 부착하여 있다가 근육으로 이행되거나 유통 과정 중에 증식하여 식중독을 일으킴 • 특히 어패류의 체표와 내장 및 아가미 등에 부착되어 있다가 이를 조리한 사람의 손 및 기구를 통해 다른 식품에 2차 오염되어 식중독을 발생시킴
예방 대책	• 어패류는 수돗물로 잘 씻고, 횟감용 칼, 도마는 구분하여 사용 • 오염된 조리 기구는 세정, 열탕 처리하여 2차 오염을 방지 • 가능한 한 생식을 피해야 하며, 이 균은 60℃에서 5분, 55℃에서 10분의 가열로 쉽게 사멸하므로 반드시 식품을 가열해야 함

빈 칸 채우기

장염비브리오균은 60℃에서 (   ) 동안 가열하면 사멸한다.

정답 | 5분

---

(3) 병원성 대장균

① 특징

㉠ 특정 혈청형의 병원성 대장균(*Escherichia coli*)에 의한 감염

㉡ 그람음성, 무포자, 간균, 주모성 편모, 유당을 분해하여 가스를 생성, 호기성 또는 통성혐기성

㉢ 사람, 가축, 자연환경 등에 널리 분포

㉣ 최적 온도 : 37℃

② 장출혈성 대장균(*Enterohemorrhagic E. coli* ; EHEC) 중요

항목	내용
미생물	
특성	• 유당을 분해하여 산과 가스를 생산하는 통성혐기성균으로 운동성이 있음 • 대장의 정상 상재균인 대장균은 대부분 식중독의 원인이 되지는 않지만 이 중 유아에게 전염성 설사증이나 성인에게 급성 장염을 일으키는 대장균이 있는데 이것을 병원성 대장균(*Pathogenic E. coli*)이라 함 • 병원성 대장균 중 베로독소(*verotoxin*)를 생성하여 대장 점막에 궤양을 유발함으로써 조직을 짓무르게 하고 출혈을 유발하는 대장균을 장관출혈성 대장균이라고 함 • 혈청형에 따라 O26, O103, O104, O146, O157 등이 있으며 대표적인 균이 대장균 O157:H7임
잠복기	12~72시간(균종에 따라 다양)
주요 증상	• 대장균 O157:H7의 경우 10~100개의 균으로도 병원성을 나타내며, 그 외 장출혈성 대장균은 이보다 높음 • 주요 증상은 설사, 복통, 발열, 구토이며, 심하면 출혈성 대장염, 용혈성 요독 증후군, 혈전성혈소판 감소증 등이 나타날 수 있음
원인 식품	• 광범위하게 분포하기 때문에 환자와 보균자의 분변으로부터 직·간접으로 오염되는 식품이면 모두 원인 식품이 됨 • 햄, 치즈, 소시지, 채소샐러드, 분유, 두부, 음료수, 어패류, 도시락, 급식 등
감염원 및 감염 경로	• 환자나 보균자의 분변과 소, 돼지와 개, 고양이 등의 분변에 존재하며 보균자가 화장실을 비위생적으로 사용할 때도 감염 가능 • 자연계에서는 하천수와 어패류 등에서 분리 검출되므로 1차 및 2차 오염으로 감염될 수 있음
예방 대책	• 조리 기구(칼, 도마 등) 구분 사용으로 2차 오염을 방지하여야 함 • 생육과 조리된 음식을 구분하여 보관 • 다진 고기는 중심부 온도 75℃로 1분 이상 가열하여야 함

퀴즈

장출혈성 대장균에 의한 감염을 방지하기 위해서는 다진 고기의 경우 중심부 온도 75℃로 30초 이상 가열하여야 한다.

(○/×)

정답 | ×
해설 | 중심부 온도 75℃로 1분 이상 가열하여야 한다.

PART 01
PART 02
PART 03
PART 04
PART 05
PART 06
PART 07
PART 08
PART 09

③ 원인균에 따른 대장균의 분류

원인균에 따른 분류		특성
장관독소원성 대장균 (*Enterotoxigenic E. coli* ; ETEC)	잠복기	10~24시간
	특성	• 소장 상부 상피세포에 감염, 장독소 생산 • 이열성 독소(LT) : 60℃, 10분 가열로 불활성 • 내열성 독소(ST) : 100℃, 30분 가열에도 활성
	증상	급성 위장염, 콜레라 유사 증상(미열, 복통, 구토, 수양성 설사 탈수 등)
장관침입성 대장균 (*Enteroinvasive E. coli* ; EIEC)	잠복기	10~18시간
	특성	대장 점막 상피세포에 침입, 염증, 궤양 유발
	증상	• 대장 점막 상피세포에 침입, 염증, 궤양 유발 • 이질 유사 증상(발열, 복통, 점액 혈액성 설사)
장관병원성 대장균 (*Enteropathogenic E. coli* ; EPEC)	잠복기	9~12시간
	특성	대장 점막 비침입성
	증상	• 발열, 복통, 설사, 구토, 대장 점막 비침입성 • 신생아, 유아에게 급성 위장염 발병

④ 병원성 대장균 예방

㉠ 채소류 세척 시 깨끗한 물에 잘 씻기

㉡ 화장실 다녀온 후 반드시 손 씻기

㉢ 환자, 보균 동물에 의한 직·간접 오염 방지

㉣ 육류 보관, 칼, 도마 등 조리 도구 사용 시의 교차오염 방지

㉤ 도축, 식육 처리장 및 조리장 등 식품 취급 시설로부터 2차 오염 방지

㉥ 조리 과정에서 85℃, 1분 이상 가열(중심 온도 확인)

㉦ 보관 식품 섭취 전 충분한 가열

(4) 캠필로박터

항목	내용
미생물	
특성	• 대장균보다 가느다란 형태의 나선형 • 일반적인 호기 배양 방법으로 전혀 발육하지 않으며, 미호기성 조건(O : 5%, CO_2 : 10%, N_2 : 85%)을 요구하는 균 • 상온의 공기에서는 서서히 사멸(소량의 산소가 있는 상태) • 산소가 전혀 없는 혐기 조건에서는 성장할 수 없음
잠복기	평균 2~3일
주요 증상	복통, 설사, 발열, 구토, 근육통

원인 식품	• 소, 돼지, 개, 고양이, 닭, 우유, 물 • 육류의 생식이나 불충분한 가열, 동물(조류 등)의 분변에 의한 오염
감염원 및 감염 경로	• 다양한 접촉 전염성 질병의 병원체이기도 하며, 건강한 소, 양, 개와 닭, 칠면조 등 가금류의 장내, 인간의 배설물 속에서 잠존하기도 함 • 이균의 오염분뇨가 하천수와 호수 등을 오염시키는 경우와 가축과 가금류를 도살 · 해체할 때 식육에 오염될 수 있음
예방 대책	• 생육을 만진 경우 손을 깨끗하게 씻고 소독하여 2차 오염 방지하여야 함 • 생균에 의한 감염형이므로 식품을 충분히 가열하여 균을 사멸시키도록 하며, 이 균이 수중에서 장시간 생존할 수 있으므로 마시는 물도 끓여 마셔야 함 • 식육(특히 닭고기)의 생식을 피하고, 열이나 건조에 약하므로 조리 기구는 물로 끓이거나 소독하여 건조시켜야 함

퀴즈

캠필로박터는 미호기성 조건을 요구하는 균으로, 산소가 전혀 없는 조건에서도 성장할 수 있다. (O/×)

정답 | ×

해설 | 캠필로박터는 산소가 전혀 없는 혐기 조건에서는 성장할 수 없다.

(5) 여시니아 엔테로콜리티카균

항목	내용
미생물	
특성	• 그람음성의 단간균으로 운동성이 있으며 다른 장내세균은 증식할 수 없는 0~5℃의 냉장고에서도 발육이 가능한 전형적인 저온 세균 • 진공 포장에서도 증식할 수 있는 특성과 저온발육 특성으로 인하여 식품의 취급 · 보존에 방심할 수 있는 가을과 초겨울철에 식중독 발생의 원인이 될 수 있음
잠복기	평균 2~5일
주요 증상	복통, 설사, 발열, 기타 다양함
원인 식품	오물, 오염된 물, 돼지고기, 양고기, 쇠고기, 생우유, 아이스크림 등
감염원 및 감염 경로	• 살모넬라 식중독의 경우와 유사하여, 도살된 돼지와 소 등의 육류가 감염원 • 쥐가 균을 매개하기도 하며, 동물의 분변과 함께 배출되어 음료수나 식품에 오염되는 것으로 추정됨 • 저온성균이므로 저온 보관 상태에서도 균이 증식하여 식중독을 발생시킴
예방 대책	• 돈육 취급 시 조리 기구와 손을 깨끗이 세척 · 소독 • 저온에서 생육이 억제되지 않으며 균이 0℃에서도 증식이 가능한 점을 고려할 때 냉장 및 냉동육과 그 제품의 유통 과정에서도 주의

(6) 리스테리아 모노사이토제네스균

항목	내용
미생물	
특성	• 그람양성의 통성 혐기성균으로 주모성 편모를 이용하여 이동 • 인수공통 병원균으로 냉장 온도에서도 생존하여 증식할 수 있으나 일반적으로 냉동 온도인 −18℃ 에서는 증식하지 못함
잠복기	9~48시간(위관장성), 2~6주(침습성)
주요 증상	발열, 근육통, 오심, 설사
원인 식품	원유, 살균처리하지 아니한 우유, 핫도그, 치즈(특히 소프트 치즈), 아이스크림, 소시지 및 건조 소시지, 가공 · 비가공 가금육, 비가공 식육 등 식육제품과 비가공 · 훈연 생선 및 채소류 등
감염원 및 감염 경로	• 부적절한 축산제품의 취급 · 처리 및 적절하지 못한 물의 사용(재배 · 처리) 등으로 오염 • 자연환경에 널리 분포되어 있기 때문에 근본적인 오염 방지는 어려우나, 위생적으로 식품 제조 및 취급 시 이로 인한 위해를 줄일 수 있음
예방 대책	• 살균 안 된 우유 섭취 금지 • 냉장 보관 온도(5℃ 이하) 관리를 철저 • 고염농도, 저온 상태의 환경에서도 잘 적응 · 성장하여 균의 오염 예방이 매우 어려우므로, 식품 제조 단계에서의 균의 오염 방지 및 제거가 가장 최선의 방법

3. 독소형 식중독

(1) 황색포도상구균 `중요`

항목	내용
미생물	
특성	• 균이 식품 내에서 증식하여 생산한 장독소(enterotoxin)를 함유한 식품을 섭취할 때 일어나는 독소형 식중독균으로 4~5개 정도의 구균이 모여 있는 경우가 많아 포도상구균이라 부름 • 소금 농도가 높은 곳에서 증식하며 특히 건조 상태에서 저항성이 강하고 식품이나 가검물 등에서 장기간(수개월) 생존하여 식중독을 일으킴 • 78℃에서 1분 혹은 64℃에서 10분의 가열하면 균은 거의 사멸되나, 식중독 원인 물질인 장독소는 내열성이 강하여 100℃에서 60분간 가열하여야 파괴됨
잠복기	1~5시간(평균 3시간)
주요 증상	구토, 설사, 복통, 오심
원인 식품	육류 및 그 가공품과 우유, 크림, 버터, 치즈 등과 이들을 재료로 한 과자류와 유제품, 밥, 김밥, 도시락, 두부 등과 복합조리식품과 크림, 소스, 어육 연제품 등

감염원 및 감염 경로	토양, 하수 등의 자연계에 널리 분포하며 건강인의 약 30%가 이 균을 보균하고 있으므로 코 안이나 피부에 상재하고 있는 황색포도상구균이 식품에 혼입될 가능성 있음
예방 대책	• 식품 취급자는 손을 청결히 하며, 손에 창상 또는 화농이 있거나 신체 다른 부위에 화농이 있으면 식품을 취급해서는 안 됨 • 식품 제조에 필요한 모든 기구와 기기 등을 청결히 유지하여 2차 오염을 방지 • 식품은 적당량을 조속히 조리한 후 모두 섭취하고, 식품이 남았을 경우에는 실온에 방치하지 말고 5℃ 이하에 냉장 보관

(2) 클로스트리디움 보툴리늄균

항목	내용
미생물	
특성	• 그람양성의 편성혐기성 간균이며 세포 한쪽 끝에 난 원형의 아포를 형성하고 운동성이 있음 • 항원성에 따라 A, B, C1, C2, D, E, F 및 G 등 8종의 독소가 있으며, 사람에게 식중독을 일으키는 것은 A형, B형, E형, 및 F형 균으로 A형이 가장 치명적임 • 강력한 신경독(neurotoxin) 생성 : 독버섯, 복어독의 수만 배 이상의 독성 • 독소는 매우 독성이 강하여 경구 치사량은 0.001이며 0.1 정도로 인간에게 중독을 일으킬 수 있으나, 열에 불안정하여 80℃에서 20분 혹은 100℃에서 1~2분 가열로 파괴됨
잠복기	8~36시간
주요 증상	현기증, 두통, 신경 장애, 호흡 곤란, 중증 시 사망
원인 식품	• 통조림, 병조림, 레토르트 식품, 식육, 소시지 생선 등 • 통조림, 햄, 소시지, 육제품의 소비가 많은 구미에서는 A형, B형균에 의한 식중독이 많고, E형균은 일본, 캐나다, 러시아, 스칸디나비아 제국 등에서 주로 발생
감염원 및 감염 경로	• 토양, 바다, 개천, 호수 및 동물의 분변에 분포하며, 어류, 갑각류의 장관 등에도 널리 분포 • 이 균에 오염되어있는 육류, 채소, 어류 등의 식품 원재료를 부적절하게 처리하면 포자가 사멸되지 않고 생존 • 환경 조건이 혐기적일 때 아포가 발아하여 증식하면서 식중독을 발생시킬 정도의 독소를 생산하게 되어 식중독을 유발
예방 대책	• 식품 원재료에는 포자가 있을 가능성이 높으므로 채소와 곡물을 반드시 깨끗이 세척하고 생선 등 어류는 신선한 것으로 조리 • 식품 원재료를 가공(조리) 및 기타 통조림·병조림으로 제조할 때에 120℃에서 4분, 100℃에서 30분 가열로 포자를 완전히 사멸 • 이 균의 독소는 단시간의 가열로 불활성화되므로 이 식중독은 통조림·병조림 및 기타 저장식품도 반드시 가열 후 섭취하여야 함

빈 칸 채우기

클로스트리디움 보툴리늄균은 매우 강력한 독소를 생성하는 균으로, 경구 치사량은 (   )이다.

정답 | 0.001

(3) 바실러스 세레우스균

항목	내용	
미생물		
특성	• 토양세균의 일종으로 사람의 생활환경을 비롯하여 토양, 농장, 산야, 하천, 먼지, 오수 등 자연계에 널리 분포 • 135℃에서 4시간의 가열에도 견디는 내열성의 포자를 형성하는 그람양성의 호기성간균으로 편모를 갖고 있음	
종류	설사형 독소(Diarrhetic toxin)	구토형 독소(Emetic toxin)
	장내에서 생성되는 pH, 단백질 가수 분해효소에 분해	예외적으로 열(126℃에서 90분 이상 동안), pH, 단백질 가수 분해효소에 분해되지 않음
잠복기	8~15시간	1~5시간
주요 증상	메스꺼움, 구토, 복통, 설사	설사, 복통
원인 식품	향신료 사용 요리, 육류 및 채소의 스프, 푸딩 등	쌀밥, 볶음밥 등
감염원 및 감염 경로	토양 상재균으로 자연계에 널리 분포하며 토양과 밀접한 관계가 있는 식품 원재료와 그 가공 조리 식품이 식중독의 원인 식품	
예방 대책	• 곡류, 채소류는 세척하여 사용 • 조리된 음식은 장기간 실온 방치를 금지하고, 5℃ 이하에서 냉장 보관 • 저온 보존이 부적절한 김밥 같은 식품은 조리 후 바로 섭취	

4. 감염독소형 식중독 – 클로스트리디움 퍼프린젠스균

항목	내용
미생물	
특성	• 토양, 하천과 하수 등 자연계와 사람을 비롯하여 동물(주로 포유동물)의 장관, 분변 및 식품 등에 널리 분포 • 3×9μm 크기의 대형 편성혐기성 간균으로 그람양성이며 편모는 없고 아포를 형성하여 아포의 발아 시 독소를 생성 • 독소 생산능의 차이에 따라 A, B, C, D, E, F형의 6형으로 분류하며, 주로 사람의 식중독에 관여하는 것은 A형과 C형
잠복기	8~12시간
주요 증상	설사, 복통, 통상적으로 가벼운 증상 후 회복
원인 식품	돼지고기, 닭고기, 칠면조고기 등으로 조리한 식품 및 그 가공품인 동물성 단백질 식품이며, 미리 가열 조리된 후 실온에서 5시간 이상 방치된 식품에서 많이 발생

감염원 및 감염 경로	물, 토양, 하수 등 자연계, 가축과 가금류의 장관에 상재하며 건강한 사람의 장관에도 존재
예방 대책	• 혐기성균이므로 식품을 대량으로 큰 용기에 보관하면 혐기 조건이 될 수 있으므로 소량씩 용기에 넣어 보관 • 신선한 원재료로 필요량만을 신속하게 가공 조리하여 남기지 않도록 하며 부득이하게 남은 음식은 먹기 전에 충분히 가열한 후 섭취 • 따뜻하게 배식하는 음식은 조리 후 배식까지 60℃ 이상을 유지해야 하며, 차갑게 배식하는 음식은 조리 후 재빨리 식혀 5℃ 이하에서 보관

5. 기타

(1) 알레르기성 *Morganella morganii*

항목	내용
특성	• 바닷물, 하천수, 사람이나 동물의 장관에 상주하는 부패세균 • 히스티딘 분해로 히스타민이 생성 알레르기 유발
잠복기	식후 1시간 이내(빠르면 5분 이내)
주요 증상	발열, 전신 홍조 및 두드러기, 심할 때 구토, 설사, 수 시간~1일 후 회복
원인 식품	붉은살 생선 및 가공품
감염원 및 감염 경로	히스티딘 분해로 히스타민 생성, 알레르기(allergy) 유발
예방 대책	생선은 상온 및 냉장고에 장시간 방치하지 않도록 함

(2) 비브리오패혈증(*Vibrio vulnificus*)

항목	내용
특성	호염성 해수세균
주요 증상	피부의 발열, 발적, 염증, 패혈증(간질환 환자의 경우 심함)
원인 식품	근해산 어패류
감염원 및 감염 경로	피부 상처 부위의 오염에 의한 감염
예방 대책	• 어패류의 생식 금지 • 피부에 상처가 있는 사람의 경우 식재료 취급 주의

(3) *Enterobacter sakazakii(Cronobacter sakazakii)*

항목	내용
특성	• 그람음성, 통성혐기성, 간균, 장내 세균 • 50~60℃의 온도에서 저항성 있으나, 60℃ 이상에서 쉽게 사멸
주요 증상	• 영유아에게 수막염, 괴사성 장염유발, 패혈증 일으킴 • 생후 1개월 미만의 영아에게 사망률이 높음(64%)
원인 식품	조제분유 등 영유아 식품

예방 대책	• 조제분유 제조 시 오염 방지 • 조제분유는 70℃ 이상의 뜨거운 물에 탈 것 • 방치된 조제분유 먹이지 말 것 • 수유 기구의 소독 철저 • 미숙아에게 경관 급식 시 주의할 것

TIP 주요 세균성 식중독균의 원인 및 증상

병원체		잠복기	증상	2차 감염
바실러스 세레우스	a. 구토독소	1~6시간	수토, 일부 설사, 간혹 발열	×
	b. 설사독소	6~24시간	설사, 복통, 일부 구토, 간혹 발열	×
캠필로박터균		2~7일	설사(가끔 혈변), 복통, 발열	×
클로스트리디움 퍼프린젠스		8~24시간	설사, 복통, 간혹 구토와 열	×
장출혈성 대장균(EHEC)		2~6일	수양성 설사(자주 혈변), 복통(가끔 심함), 발열은 거의 없음	×
장독소성 대장균(ETEC)		6~48시간	정액성 설사, 복통, 오심, 간혹 구토 · 발열	×
장병원성 대장균(EPEC)		일정치 않음	수양성 설사(자주 혈변), 복통, 발열	×
장침입성 대장균(EIEC)		일정치 않음	수양성 설사(자주 혈변), 복통, 발열	×
살모넬라균		12~36시간	설사, 발열 및 복통은 흔함	○
황색포도상구균		1~6시간 (2~4시간)	심한 구토, 설사	×
장염비브리오균		4~30시간	설사, 복통, 구토, 발열	×
여시니아 엔테로콜리티카		1~10일 (통상 4~6일)	설사, 복통(가끔 심함)	×
리스테리아 모노사이토제네스		1~6주	• 건강인 : 감기와 유사한 증상 • 임산부 : 유산, 사산 • 면역력 저하자 : 수막염, 패혈증	×
클로스트리디움 보툴리눔		12~36시간	구토, 복부 경련, 설사, 근무력증, 착시 현상, 신경 장애, 호흡 곤란	×

출처 : https://www.foodsafetykorea.go.kr/portal/board/boardDetail.do

SECTION 03 | 바이러스성 식중독

1. 바이러스성 식중독의 종류

노로, 로타, 아데노, 아스트로, A형간염, E형간염 등

2. 특징

① 매우 적은 양(1~100개)으로 식중독이 유발됨
② 보균자로부터 직·간접적으로 오염된 식품, 물 섭취로 발생하여 사람 간의 2차 감염 가능
③ 주로 집단 급식 시설에서 발생함

3. 예방

① 식재료의 충분한 세척 및 식수 등 철저한 위생 관리
② 85℃에서 1분 이상 충분한 가열 및 에탄올 분무로 거의 사멸
③ 식품 취급 시설 및 위생복, 손, 손톱 등 개인위생 관리 철저
④ 식품 취급자 및 조리 종사자의 정기건강 검진 및 정기 위생 교육·훈련 실시
⑤ 식사 전 손 씻기 등 감염병과 같은 예방 대책 요구됨

4. 종류별 특징

(1) 노로바이러스 중요

항목	내용
미생물	
특성	• 외가닥의 RNA를 가진 껍질이 없는(Non-envelop) 바이러스 • 소량균주 감염. 60℃ 30분 열처리에도 사멸되지 않음 • −20℃ 이하의 낮은 온도에서도 장기간 생존. 실온에서 안정 • 연중 발생 가능하며 2차 발병률이 높음
잠복기	24~48시간
주요 증상	오심, 구토, 설사, 복통, 두통
원인 식품	• 패류(굴), 샐러드, 과일, 냉장식품, 샌드위치, 상추, 냉장 조리 햄, 빙과류, 물 • 특히 사람의 분변에 오염된 물이나 식품에 의해 발생
감염원 및 감염 경로	• 주로 분변-구강 경로(Fecal-oral route)를 통하여 감염 • 환자의 구토물, 분변 1g당 1억개의 노로바이러스가 존재
예방 대책	• 2차 감염을 막기 위하여 감염자의 변, 구토물에 접촉하지 않으며, 접촉한 경우에는 충분히 세척 및 소독함 • 30초 이상 손 씻기(비누 사용), 조리 도구는 끓이거나 염소 소독 • 과일과 채소 세척 주의. 굴 등의 어패류는 중심 온도 85℃에서 1분 이상 가열 • 질병 발생 후 오염된 표면은 소독제로 철저히 세척·살균하고, 바이러스에 감염된 옷과 이불 등은 즉시 비누를 사용하여 뜨거운 물로 세탁

(2) 로타바이러스

항목	내용
특성	• 겹가닥의 DNA • 그룹 A형 로타바이러스가 가장 많고, 영유아 급성설사증 유발
잠복기	1~3일
주요 증상	미열, 구토, 4~8일 설사
원인 식품	과일, 샐러드, 음용수와 물
감염원 및 감염 경로	분변을 통한 경구 감염, 사람 간 2차 감염
예방 대책	• 예방 백신 • 철저한 위생관리 : 조리 기구, 개인 위생 • 충분한 가열, 사람 간 감염 주의

(3) 아데노바이러스

항목	내용
특성	영유아, 면역억제환자, 골수 이식받은 환자에게서 위장염을 일으킴
잠복기	8~10일
주요 증상	설사 1~2일 후에 나타나는 구토
원인 식품	오염된 해산물
감염원 및 감염 경로	분변-구강 경로
예방 대책	• 개인위생 관리 • 어패류 생식 금지, 충분히 가열 후 섭취

TIP 바이러스성 식중독의 원인 및 증상

병원체	잠복기	증상		전파기전	2차 감염
		구토	열		
아스트로바이러스	1~4일	가끔	가끔	식품, 물, 대변-구강 전파	○
정관 아데노바이러스	7~8일	통상적	통상적	물, 대변-구강 전파	○
노로바이러스	24~48시간	통상적	드물거나 미약	식품, 물, 접촉 감염, 대변-구강 전파	○
로티바이러스 A군	1~3일	통상적	통상적	물, 비말 감염, 병원 감염, 대변-구강 전파	○

출처 : https://www.foodsafetykorea.go.kr/portal/board/boardDetail.do

PART 01
PART 02
PART 03
PART 04
PART 05
PART 06
PART 07
PART 08
PART 09

CHAPTER 03 | 화학물질에 의한 식중독

SECTION 01 | 화학적 식중독

1. 화학적 식중독의 원인과 원인 물질

원인	물질
고의 또는 오용으로 첨가되는 유해 물질	식품첨가물
본의 아니게 잔류, 혼입되는 유해 물질	잔류 농약, 유해성 금속화합물
제조 · 가공 · 저장 중에 생성되는 유해 물질	지질의 산화생성물, 니트로아민
기타 물질에 의한 중독	메탄올 등
조리 기구 · 포장에 의한 중독	녹청(구리), 납, 비소 등

2. 농약

(1) 문제점

① 사용된 농약은 농작물에 부착, 침투하거나 잔류할 수 있음

② 사람을 포함한 고등 동물들은 오염된 농작물이나 어패류 또는 이들을 섭취한 식용 동물의 육질을 통하여 독성 성분을 흡수하면 장기간에 걸쳐 만성 중독을 일으킬 수 있음

(2) 농약의 종류와 독성

① 유기인제

ㄱ 독성이 강하며 급성 중독 사고가 많음

ㄴ 잔류기간 : 1~12주

ㄷ parathion(우리나라 벼농사에 많이 사용), parathion, phosdrin, shradan TEPP 종류

ㄹ 신경조직의 콜린에스테라아제(cholinesteras)의 작용을 억제

② 유기염소계

ㄱ 유기인제보다 독성이 약함

ㄴ 잔류기간 : 2~5년

ㄷ DDT, BHC : 살충제

※ 우리나라에서도 분해 기간이 긴 DDT, dieldrin 등 4종의 농약은 1973년부터 생산을 중지

ㄹ procymidone, thalonel, fthalide : 살균제

ㅁ PCP : 제초제

ㅂ 복통, 설사, 구토, 두통, 시력 감퇴, 전신 권태, 경련, 사망

③ 유기수은제
  ㉠ 토양 살균, 종자 소독, 병해충 방제
  ㉡ 페닐초산수은, 메틸염화수은 등
  ㉢ 만성 독성(중추신경, 뇌, 간)
④ 카바메이트
  ㉠ 살충제 및 제초제로 유기염소제 대체품
  ㉡ 콜린에스테라아제(cholinesteras) 저해 작용
⑤ 유기불소제
  ㉠ 살충제 등 : 프쏠(진딧물), 니쏠(진드기)
  ㉡ TCA 회로의 아코니타아제 저해 작용(구연산 축적)

3. 항생 물질, 합성 항균제

사용 목적	잔류 시 문제점
• 식품 제조 · 가공 중 위해균 증식 억제 • 농작물의 병충해 방제, 유통 중 선도 유지 • 발효 사료 및 식품 제조 · 가공 과정 중 항생물질 자연 생성 • 가축이나 양식 어류의 질병 예방과 치료, 성장 촉진 목적으로 사료에 첨가	• 균 교대중 • 급성 독성 • 알레르기 발현 • 만성 독성에 의한 발암성 • 항생물질 내성균의 출현(기존 항생제의 효력 상실)

4. 유해성 금속화합물의 문제점

구분	내용
수은 (Hg)	• 무기수은염 : 장의 작열감, 동통, 구토, 침 흘림, 신장 기능 장해 등을 유발 • 저급알킬수은 : 입술 주변 및 팔다리 끝의 감각 이상, 운동의 어려움, 발음 장해, 청력 장해, 시야 협착, 정신 장해 등의 신경계 장해, 신장, 뇌의 장해 등을 유발 • 수은 중독 : 미나마타병 • 도료, 배터리, 자동차 배기가스, 도자기(안료) 등에 사용 • 폐수로 인한 먹이 연쇄(어패류에서 사람으로 이행, 축적)
납 (Pb)	• 구토, 현기증, 구역질, 인사 불명, 사지 마비, 빈혈 등의 혈액 장해 • 식욕 부진, 변비 등의 소화관 장해 • 신경계 및 신장의 장해 • 소아의 중추신경 증상 • 통조림 납땜, 도금, 안료 등에 사용
비소 (As)	• 위장형 중독 : 구갈, 구토, 경련, 심근경색 후 사망, 발암성, 간, 피부의 장해 • 모리나가 조제 분유 사건 : 산분해 간장의 가수분해제에 혼입되어 중독 발생
카드뮴 (Cd)	• 신장 장애(단백뇨, 칼슘 · 인 대사 불균형) • 이타이이타이병(폐수 – 벼에 이행) • 곡류(벼), 내장(간, 신장) 부위 축적, 어패류(굴, 조개 내장)에 존재
크롬 (Cr)	• 요독증 등의 신장 장해, 황달을 수반하는 간염, 발암성, 폐, 호흡기, 피부의 장해 • 도금, 합금, 식기(안료)에 사용

구리 (Cu)	• 구강의 작열감, 다량의 타액 분비, 메스꺼움, 구토, 위통, 현기증, 경련, 간세포 괴사 및 색소 침착 • 조리 용구의 구리 녹, 녹황색 채소 발색제(황산구리)에 사용
아연 (Zn)	• 구토, 위통, 설사, 호흡 곤란, 혼수, 경련, 허탈 등의 증상을 거쳐 사망 • 도금 용기 및 에나멜 코팅 기구에 산성 식품을 담아둘 시 문제가 됨
안티몬 (Sb)	• 메스꺼움, 구토, 설사, 혈변, 경련 등 • 법랑, 도자기 도료에 사용
주석 (Sn)	• 메스꺼움, 구토, 설사, 복통, 두통, 권태감, 비장, 심장, 폐, 뇌의 장해 • 과일 통조림(150mg/kg 이하)에 사용

 퀴즈

카드뮴 중독 시 이타이이타이병이 발생할 수 있다. (○/×)
정답 | ○

5. 음식용 기구, 용기 및 포장에 의한 식중독

재질의 종류	용도		문제점
금속류	조리 용기, 기구		합금 제품에 의한 중금속의 용출(Cu, Zn, Pb 등)
유리	조리 용기, 초자류		바륨, 납, 붕산 등의 용출
도자기 및 법랑	초자류		납, 아연, 카드뮴, 바륨, 크롬의 용출
합성 수지	열경화성	Phenol 수지	페놀이나 포르말린 용출
		Polystyrene	terpene계 약함
	열가소성	염화비닐수지	가소제 및 안정제(Pb, Cd 등) 유출
		Polyethylene	지용성이어서 유지 식품에 용해
		Polypropylene	안정제의 유출
불소 수지 (테플론)	코팅제		300℃ 이상에서 분해, 헥사플루오르에탄 생성(발암성)
지류 제품	종이류		파라핀 혼입, 착색료, 형광염료의 유출

6. 식품 조리 및 가공 중 형성되는 유해물질에 의한 식중독

종류	특징
다환방향족 탄화수소류 (PAH)	• 벤조피렌(3,4-벤조피렌, 벤조(α)피렌) • 육류 등의 조리 시 300℃ 이상의 고온에서 산소가 부족할 때 불완전연소되어 생성되며, 강력한 발암성을 지님
아크릴 아마이드 (Acrylamide)	• 감자나 곡류(120℃ 이상의 고온 조리 시)의 아스파라긴산과 환원당의 마이야르 반응으로 생성 • 신경독소, 발암물질
니트로사민 (Nitrosamine)	• 아질산염, 질산염과 2급, 3급 아민이 산성 조건하에서 산화 반응으로 생성 • 강력한 발암성 • 육류의 발색제 : 햄, 소시지, 베이컨, 훈제오리 등에 함유
지질과산화물 (Hydroperoxide)	• 지질의 자동산화로 과산화물인 하이드로페록시드 생성 • 장시간의 가열유지에서 2차 산화 생성물인 말론알데하이드 검출
아크롤레인 (Acrolein)	• 고온에 가열한 식용유가 탈 때 • 기름을 다량 흡수한 음식의 장시간 노출 시에도 생성
트리할로메탄 (THM)	• 수돗물 소독 과정(염소 처리)에서 자연적으로 생성(활성탄으로 제거 가능) • 먹는 물 수질기준 : 총 트리할로메탄은 0.1mg/L를 넘지 아니할 것
메탄올 (Methanol)	• 주로 과일류의 알코올 발효 시 펙틴으로부터 생성 • 두통, 설사, 흉통, 신경염 등 • 체내에서 산화 불충분으로 폼알데하이드, 개미산을 생성하여 독성을 나타냄
3-MCPD	산분해 간장 제조 시 분해산물인 글리세롤이 염산과 반응하여 생성

퀴즈

고온으로 가열된 식용유가 타면 니트로사민이 발생한다. (○/×)

정답 | ×

해설 | 고온 가열된 식용유가 탈 때는 '아크롤레인'이 발생한다.

SECTION 02 | 자연독 식중독

1. 자연독 식중독의 구분

동물성	복어독, 조개류, 권패류, 시구아테라독 등
식물성	감자독, 원추리, 독버섯, 청매, 독미나리 등
곰팡이	황변미독, 맥각독, 아플라톡신, 맥각독, 파툴린 등

2. 동물성 자연독 식중독

(1) 복어독 중요

원인독 특징	• 테트로도톡신(Tetrodotoxin) • 무색, 무미, 무취, 난용성, 가열과 산에 안정(알칼리에 불안정) • 알>난소>간>내장>껍질 • 자율 운동신경의 흥분 전도를 차단, 식후 2~3시간 이내에 증상이 나타남 • 치사까지 1~8시간(심한 경우 10분 이내에 사망) : 치사율 60%
증상 및 예방	• 지각 이상, 운동 장애, 호흡 장애(청색증), 혈행 장애, 뇌증 • 복어조리사 자격증을 소지한 전문가가 처리하여 유독 부위 제거 후 안전 폐기

빈 칸 채우기

복어독의 성분은 (   )(으)로, 치사율은 60%에 달한다.

정답 | 테트로도톡신

---

(2) 조개류

마비성	원인독 특징	• 진주담치(홍합류), 섭조개, 홍합, 대합조개, 가리비, 굴 등 • 유독 플랑크톤 등의 생산 독을 조개류가 섭취, 소화기관인 중장선에 축적 • 삭시톡신(saxitoxin, 복어독과 비슷), 적조독, 신경마비독 • 내열성(100℃에서 6시간 이상 가열 시 파괴), 알칼리에서는 가열로 쉽게 파괴
	증상 및 치료·예방	• 잠복기 30분~3시간 • 사지 마비, 심하면 호흡 마비로 사망(치사율 약 10%) • 봄철 적조 발생 수역의 조개류 채취 및 섭취 주의보 준수
베네루핀 (Venerupin)	원인독 특징	• 모시조개, 바지락, 굴 등 • 내열성(100℃, 1시간 이상의 가열에도 파열되지 않음, pH 5~8)
	증상 및 치료·예방	• 잠복기 : 12시간~2일 • 권태감, 구토, 두통, 목 등 좁쌀 크기의 암적색 피하 출혈 반점 • 간기능 손상, 의식 혼탁, 사망(치사율 약 44~50%) • 2~4월 적조 지역 채취 주의 및 섭취 금지
설사성	원인독 특징	• 진주담치(홍합류), 가리비, 백합, 섭조개, 민들조개, 피조개, 굴 등 • 오카다산(Okadaic acid), 디노피시스톡신(dinophysistoxin), 펙테노톡신(pectenotoxin)
	증상 및 예방	• 섭취 후 4시간 이내에 설사를 주요 증상으로 하는 메스꺼움, 구토, 복통 발생 • 초여름 적조 시기 채취 주의 및 섭취 금지

(3) 권패류

테트라민 (Tetramine)	• 나팔고둥, 소라고둥 · 매물고둥(명주매물고둥, 조각매물고둥 등) • 잠복기 약 30분 • 현기증, 시각 이상, 두드러기 등이 나타나며 보통 2~8시간 후 회복
페오포비드 a (Pheophorbide a)	전복류의 중장선에 함유된 광과민성의 물질
수랑 중독	• 수랑(말고둥), 나팔고둥, 수염고둥, 개소라(털탑고둥) 등 • 수루가톡신, 네오수루가톡신, 프로수루가톡신 • 7~10월에 독성이 강하며, 조리에 의해서도 독성이 없어지지 않음

(4) 시구아테라

원인독 특징	• 시구아톡신(ciguaterin, caritoxin) • 열대나 아열대 해역(카리브해, 인도양, 태평양 등)의 산호초 주변에 서식하는 독성 어류의 섭취로 발생하는 중독 • 가열 안전성
증상 및 치료 · 예방	신경 마비, 냉온 통증(온도 감각 이상)

(5) 돗돔

원인독 특징	• 시구아톡신(ciguaterin, caritoxin) • 돗돔의 간장 섭취로 발생하는 중독 • 다랑어, 상어 등 큰 물고기 및 고래, 바다표범, 곰 등 • 과량의 비타민 A, 돗돔 간장 중 최고 150만 IU/g 함유
증상 및 치료 · 예방	• 잠복기 5~7시간, 발열, 두통, 메스꺼움, 구토, 부종, 복통, 설사, 피부 박리 • 비타민 A를 다량 함유한 큰 어류 등의 간장 식용 주의

3. 식물성 자연독 식중독

종류	독소	특성
감자	솔라닌(Solanine)	• 배당체, 발아 · 녹색 부위, 내열성(보통 조리로 파괴 안 됨) · 불용성 • 콜린에스터레이스(cholinesterase)의 작용을 억제하여 용혈 작용 및 운동 중의 마비 작용
	셉신(Sepsin)	부패한 감자
콩류	사포닌(Saponin)	• 배당체(aglycone-sapogenin), 강한 용혈작용 • 가열 처리로 활성 상실
	트립신 저해제 (Trypsin inhibitor)	• 단백 분해 효소 저해제 • 가열처리로 활성
	헤마글루티닌 (Hemaglutinin)	• 적혈구 응고 촉진 • 가열 처리 시 불활성화
	파세오루나틴 (Phaseolunatin)	• 오색콩(미얀마콩), 카사바 등 • 청산배당체
면실류	고시폴 (Gossypol)	• 유독페놀류, 정제가 불충분한 면실유와 부산물에 존재 • 출혈성 신염과 신장염 증상

청매	아미그달린 (Amygdalin)	• 미숙한 매실, 살구씨, 복숭아 등 • 효소(B-glucosidase)로 분해되어 청산(HCN) 발생 • 청산배당체
수수	듀린(Dhurrin)	청산배당체
은행	메틸 피리독신 (Methyl pyridoxine)	• 청산배당체 • 다량 섭취 시 위장 장애
피마자	리신(Ricin)	• 적혈구를 응집시키는 유독 단백질(hemagglutinin) • 독성 매우 강함 • 이열성
	리시닌 (Ricinine)	• 종자, 잎 • 유독 알칼로이드(alkaloid) • 리신보다 독성이 약함
꽃무릇	라이코린(Lycorine)	• 맹독성 알칼로이드(alkaloid) • 강한 구토 작용
고사리	프타킬로사이드 (Ptaquiloside)	• 배당체, 발암성, 최기형성 • 불안정하므로 떫은 맛을 물에 우려내고, 가열처리로 쉽게 제거 가능
소철	시카신(Cycasin)	배당체, 신경독, 발암성(간장, 신장에 종양)
독버섯	아마니타톡신 (Amanitatoxin)	• 알광대버섯, 독우산광대버섯, 흰알광대버섯 • amatoxin군(지효성), phallotoxin군(속효성) • 콜레라와 유사(구토, 설사, 복통), 청색증, 경련
	무스카린 (Muscarine)	• 광대버섯, 땀버섯, 깔때기버섯 • 각종 체액 분비 항진, 부교감 구토, 설사, 자궁 수축, 호흡 곤란
	무스카리딘 (Muscaridine)	• 광대버섯 • 뇌증상, 동공 확대, 일과성 발작
	뉴린 (Neurine)	• 독버섯, 부패된 육류 • 무스카린과 유사한 증상
	콜린 (Choline)	• 붉은싸리버섯, 어리알버섯 등 • 무스카린과 유사한 증상
	팔린 (Phaline)	• 알광대버섯, 독우산광대버섯 등 • 가열로 쉽게 파괴 • 용혈작용, 구토, 설사 증상
독미나리	시큐톡신 (Cicutoxin)	• 미나리와 비슷하지만 미나리보다 큼(주로 뿌리에 독성 함유) • 심한 위통, 구토, 현기증, 경련
독보리	테물린 (Temuline)	• 유독 수용성 알칼로이드(alkaloid) • 종피와 배유 사이에 곰팡이가 기생하면서 생성 • 밀과 혼생하므로 밀가루에 혼입 가능
미치광이풀	히오스시아민 (Hyoscyamine)	• 유독 알칼로이드(alkaloid) • 흥분, 광란 상태, 동공 확대, 중증 시 호흡 곤란, 사망
가시독말풀	스코폴아민 (Scopolamine)	• 잎·종자 뿌리에 함유 • 동공 확대, 경련, 흥분, 심계항진 등
바꽃	아코니틴(Aconitine)	맹독의 마비성 알칼로이드
붓순나무	쉬키믹톡신 (Shikimitoxin)	• 펜넬과 비슷 • 현기증과 구토, 허탈 상태

SECTION 03 | 곰팡이독(Mycotoxin)

1. 곰팡이독 중요

① 정의 : 곰팡이가 생산하는 2차 대사산물로 사람, 가축 등에 질병 및 건강 장애를 유발하는 물질

② 특징
  ㉠ 호기성
  ㉡ 쌀, 보리, 밀, 옥수수, 땅콩, 목초 등 주로 탄수화물성 식품
  ㉢ 고온 다습, 내산성, 건조, 약제, 자외선, 방사선 등 자연 환경에 저항성 강함

온도	15~30℃(최적 25~30℃)
수분 함량	16~80%(Aw 0.8~0.9)
습도	상대습도 80~85%
산도	pH 3~8(최적 pH 4.0)

③ 곰팡이독 중독증(Mycotoxicosis)
  ㉠ 곰팡이가 생산하는 독소를 경구적으로 섭취하여 발생하는 질병
  ㉡ 원인 곰팡이의 계절적 영향이 있음
    • 봄·여름 고온 다습한 지역 : *Aspergillus*, *Penicillium* 속
    • 겨울철 추운지역 : *Fusarium* 속
  ㉢ 곰팡이가 증식한 식품은 섭취 불가
  ㉣ 곡류 등 농산물은 건조, 낮은 습도, 저온 저장

 퀴즈

곰팡이는 자연 환경에 대한 저항성이 강하다.(○/×)

정답 | ○

④ 곰팡이독 분류
  ㉠ 장애 부위에 따른 분류

분류	독성분
간장독	아플라톡신, 루브라톡신, 스타리그마토시스턴, 루테오스키린, 오크라톡신, 아일란디톡신
신경독	파툴린, 말토리진, 시트레오비리딘, 사이클로피아존산(cyclopiazonic acid) 등
신장독	시트리닌, 시트레오미세틴, 코지산(kojic acid) 등
기타	광과민성 피부염물질(스포리데스민류, 소랄렌류), 발정유인물질(제랄레논), 조혈기능장애물질(프사리오제닌) 등

ⓛ *Aspergillus* 속

독성분	곰팡이	특징
아플라톡신 (Aflatoxin)	*A. flavus,* *A. parasiticus*	• 땅콩, 쌀, 보리, 옥수수, 밀가루, 면실유 등 • B1>M1>G1 • 간장독, 강한 발암성, 내열성(270~280℃ 이상 가열 분해, 불용성, 강산이나 강알칼리 분해 • 재래식 메주(된장, 간장)에서 생성 가능
오크라톡신 (Ochratoxin)	*A. ochraceus*	• 옥수수, 밀, 보리, 곡류, 커피콩, 콩 등 • 오크라톡신 A(강한 독성) • 간장 및 신장 독성
말토리진 (Maltoryzine)	*A. oryzae var* *microsporus*	• 맥아 뿌리 등 곡류(젖소의 사료에서 검출 사례) • 신경 독성, 황색의 결정 물질
스테리그마토스틴 (Sterigmato cystin)	*A. versicolor,* *A. nidulans*	아플라톡신(Aflatoxin)과 화학구조 비슷하나 1/250 정도의 독성

ⓒ *Penicillium* 속

독성분		곰팡이	특징
황변미	시트레오비리딘 (Citreoviridin)	*P. citreoviride*	• Toxicarium 황변미 • 대만, 이란 쌀 등 • 신경독, 경련
	루테오스키린 (Luteoskyrin), 아일란디톡신 (Islanditoxin), 사이클로클로로틴 (Cyclochlorotin)	*P. islandicum*	• Islandia 황변미, 동남아시아산 쌀 • 간장독
	시트리닌 (Citrinin)	*P. citrinum*	• Thai 황변미(태국산) • 신장독
파툴린(Patulin)		*P. patulum,* *P. epartsum*	• 보리, 쌀, 콩, 간장, 미역, 사과(사과 주스) 등 • 신경독, 출혈성 폐부종, 뇌수종
루브라톡신(Rubratoxin)		*P. rubrum*	• 간장독 • 가축의 옥수수 사료 중독 사례

ⓔ *Fusarium* 속

독성분	곰팡이	특징
스포로푸사리오제닌 (Sporofusariogenin), 에피클라도스포르산 (Epicladosporic acid), 파기클라도스포르산 (Fagicladosporic acid)	*F. sporotrichioides*	• 밀, 보리, 옥수수, 수수, 조 등 • 식물병원균, 붉은 곰팡이병균으로 세계 각국 곡류에서 검출 • 겨울과 봄에 주로 발생
제랄레논(Zearalenone)	*F. graminearum*	• 옥수수, 보리 등 • 생식 장애(발정 유발 물질, 불임, 유산)

에르고타민(Ergotamine), 에르고톡신(Ergotamine), 에르고메트린(Ergometrine)	*Claviceps purpurea*	• 맥류(밀, 보리, 호밀 등) • 유독 알칼로이드 • 맥각 중독(ergotism) : 맥류의 꽃에 곰팡이가 기생한 단단한 균사 덩어리(맥각)를 섭취할 경우
스포리데스민(Sporidesmin)	*Sporidesmin bakeri*	건초 등에서 검출
소랄렌(Psoralen)	*Sclerotina sclerotiorum*	• 샐러리의 흥부병 • 햇빛(광과민성)에 의해 피부염 유발

SECTION 04 | 환경유해물질

종류	특징
PCB (PolyChloroBiphenyl)	• 유기용매에 녹고, 산, 알칼리, 열에 매우 안정 → 자연에 배출 시 분해 속도가 느려 환경오염 유발 • 오염된 먹이사슬로 농·수·축산물을 통해 인체 축적(지방조직, 간) • 미강유 중독 사건 발생(일본 카네미사) : 탈취 공정 중 유입 • 피부 발진, 손발톱 변색, 구토, 마비 증상, 간독성, 생식 기능 이상, 발암성
다이옥신 (Dioxin)	• TCDD(2,3,7,8-tetrachlorodibenzo-p-dioxin) : 가장 위험 • 염소계 제초제 성분 • 유기 화학 제품(전기제품, 각종의 생활 및 산업폐기물 등)의 소각 시, 자동차의 배기가스나 폐수 형태로 배출 • 말초신경 장애, 면역계 및 생식계통(선천성 기형), 발암
비스페놀 A (BisPhenol A ; BPA)	• 폴리카보네이트와 에폭시수지 등의 원료 및 기타 플라스틱 제조 및 캔 내부의 코팅제, 고무의 산화 방지제 등 • 비스페놀 A를 포함하는 포장재에 사용 • 155~156℃(융점) 유기용매에 녹음 • 에스트로겐 유사 내분비 교란 물질, 뇌발달 등 신경장해, 발암성
방사능 물질 (Radioactive substances)	• 방사선 동위원소별 전리방사선의 종류 및 인체의 표적 장기 表1 • 탈모, 백혈병, 염색체파괴, 유전자 변형, 발암 등

방사능 물질 표:

방사성 동위원소	전리 방사선	인체 표적장기	방사성 동위원소	전리 방사선	인체 표적장기
코발트 (Co-60)	β, γ	췌장	스트론튬 (Sr-89)	β	뼈
지르코늄 (Zr-95)	β, γ	소화관	스트론튬 (Sr-90)	β	뼈 (골수암)
요오드 (I-131)	β, γ	갑상샘	철(Fe-55, Fe-59)	β	혈액
세슘 (Cs-137)	β, γ	근육	황(S-35)	β	피부
루테늄 (Ru-106)	β	소화관 신장	라돈 (Ra-226)	α	뼈
세륨 (Ce-144)	β	뼈	플루토늄 (Pu-239)	α	뼈

프탈레이트 (phthalates)	• PVC 제조 등 각종 플라스틱 제품에 유연성 부여하는 가소제로 사용 • 인쇄 잉크, 화장품, 향수, 목재 가공, 알루미늄 포일 등에 사용 • 생식 능력 저하, 발암성
스티렌 (styrene)	• 요쿠르트 용기, 두부 포장, 일회용 컵라면 및 도시락 등에 사용 • 만성중독 시 무기력, 피곤함, 기억손실, 두통, 현기증, 발암성 등

SECTION 05 | 식품첨가물

1. 정의

① 식품을 제조 · 가공 · 조리 또는 보존하는 과정에서 감미(甘味), 착색(着色), 표백(漂白) 또는 산화방지 등을 목적으로 식품에 사용되는 물질
② 기구 · 용기 · 포장을 살균 · 소독하는 데에 사용되어 간접적으로 식품으로 옮아갈 수 있는 물질을 포함

2. 유해 식품첨가물

종류		특징
유해 착색료	아우라민(Auramine)	황색, 단무지, 카레가루, 과자, 면류 등
	실크스칼렛(Silk scarlet)	적색(수용성), 대구알젓 착색(일본)
	수단색소(Sudan)	적색, 가짜 고춧가루
	로다민 B(Rhodamine B)	• 분홍색 • 어묵(어육 소세지), 과자, 토마토케첩 • 전신착색, 색소뇨
	파라 니트로아닐린(p−nitroaniline)	황색(지용성), 과자 중독 사례(일본)
	메틸바이올렛(Methyl violet)	팥앙금
	버터옐로우(Butter yellow)	황색, 마가린
	말라카이트그린(Malachite green)	• 염색제, 살균제 • 알사탕, 양식 어류, 완두콩, 해조류 등 • 식품에 검출되면 안 됨
유해 표백제	형광표백제	국수, 생선묵
	삼염화질소(NCl_3)	황색유상, 밀가루 표백과 숙성
	롱갈리트(Rongalite)	밀가루, 물엿, 연근 표백

유해 보존료	폼알데하이드(HCHO)	• 강한 살균과 방부 작용 • 용기로부터 용출 문제 등 • 주류, 장류, 시럽, 육제품 등
	승홍(HgCl₂)	• 강한 살균력과 방부력 • 주류 등 식품에 부정 사용
	붕산(HaBO₃)	살균 소독제, 육류, 마가린, 버터 등
	불소화합물	육류, 알콜 음료 등
	살리실릭산(Salicylic acid)	유산균과 초산균에 강한 항균성(과거)
	나프톨(8-naphthol)	• 강한 살균 및 방부 작용 • 과거 간장 표면의 흰곰팡이 억제
유해 감미료	에틸렌글리콜(Ethylene glycol)	• 점조성 단맛 액체, 엔진의 부동액 • 과거 식혜, 팥앙금에 사용
	둘신(Dulcin)	• 설탕의 약 250배 감미 • 과거 청량음료수, 과자, 절임류에 사용 • 열에 안정, 뜨거운 물에 잘 녹음
	니트로톨루이딘 (p-nitro-o-toluidine)	설탕의 약 200배, 살인당
	페릴라틴(Perillartine)	설탕의 2,000배
	시클라메이트(Cyclamate)	• 설탕의 40~50배, 0kcal • 발암성 • new sugar로 광범위하게 사용
기타	멜라민(Melamine)	• 플라스틱, 종이류 방화제 및 주방용 식기 등 제조에 사용 • 질소 함량이 높아 불법으로 우유에 첨가, 영유아의 조제 분유에서 검출(중국)

PART 01
PART 02
PART 03
PART 04
PART 05
PART 06
PART 07
PART 08
PART 09

CHAPTER
04 | 감염병, 위생 동물 및 기생충

SECTION 01 | 감염병

1. 정의

특정 병원체나 병원체의 독성물질로 인하여 발생하는 질병으로 감염된 사람으로부터 감수성이 있는 숙주(사람)에게 감염되는 질환

2. 감염병 발생의 요소

감염병의 3요소	발생의 6요소	요건
감염원	병원체	양적으로나 질적으로 질병을 일으킬 수 있을 만큼 충분해야 함
	병원소	
감염경로	병원소로부터 병원체 탈출	병원체에 감염될 수 있는 환경 조건이 구비되어야 함
	전파	
	새로운 숙주로의 침입	
감수성	숙주의 감수성	병원체에 대한 면역성이 없어야 하며 감수성이 있어야 함

3. 법정감염병 분류 및 종류

구분	제1급 감염병(17종)	제2급 감염병(21종)	제3급 감염병(26종)	제4급 감염병(23종)
유형	생물 테러 감염병 또는 치명률이 높거나 집단 발생 우려가 커서 발생 또는 유행 즉시 신고하고 음압격리가 필요한 감염병	전파 가능성을 고려하여 발생 또는 유행 시 24시간 이내에 신고하고 격리가 필요한 감염병	발생 또는 유행 시 24시간 이내에 신고하고 발생을 계속 감시할 필요가 있는 감염병	제1급~제3급 감염병 외에 유행 여부를 조사하기 위해 표본감시 활동이 필요한 감염병

종류			
1. 에볼라바이러스병 2. 마버그열 3. 라싸열 4. 크리미안콩고출혈열 5. 남아메리카출혈열 6. 리프트 밸리열 7. 두창 8. 페스트 9. 탄저 10. 보툴리눔독소증 11. 야토병 12. 신종감염병증후군 13. 중증급성호흡기증후군(SARS) 14. 중동호흡기증후군(MERS) 15. 동물인플루엔자인체감염증 16. 신종인플루엔자 17. 디프테리아	1. 결핵 2. 수두 3. 홍역 4. 콜레라 5. 장티푸스 6. 파라티푸스 7. 세균성이질 8. 장출혈성대장균감염증 9. A형간염 10. 백일해 11. E형간염 12. 유행성이하선염 13. 풍진 14. 폴리오 15. 수막구균 감염증 16. b형 헤모필루스인플루엔자 17. 폐렴구균 감염증 18. 한센병 19. 성홍열 20. 반코마이신내성황색포도알균(VRSA) 감염증 21. 카바페넴내성장내세균속균종(CRE) 감염증 22. 코로나19(미정)	1. 파상풍 2. B형간염 3. 일본뇌염 4. C형간염 5. 말라리아 6. 레지오넬라증 7. 리오패혈증 8. 진티푸스 9. 발진열 10. 쯔쯔가무시증 11. 렙토스피라증 12. 브루셀라증 13. 공수병 14. 신증후군출혈열 15. 후천성 면역 결핍증(AIDS) 16. 크로이츠펠트-야콥병(CJD) 및 변종 크로이츠펠트-야콥병(vCJD) 17. 황열 18. 뎅기열 19. 큐열 20. 웨스트나일열 21. 라임병 22. 진드기매개뇌염 23. 유비저 24. 치쿤구니야열 25. 중증열성 혈소판 감소 증후군(SFTS) 26. 지카바이러스 감염증	1. 인플루엔자 2. 매독 3. 회충증 4. 편충증 5. 요충증 6. 간흡충증 7. 폐흡충증 8. 장흡충증 9. 수족구병 10. 임질 11. 클라미디아감염증 12. 연성하감 13. 성기단순포진 14. 첨규콘딜롬 15. 반코마이신내성장알균(VRE) 감염증 16. 메티실린내성황색포도알균(MRSA) 감염증 17. 다제내성녹농균(MRPA) 감염증 18. 다제내성아시네토박터바우마니균(MRAB) 감염증 19. 장관감염증 20. 급성호흡기감염증 21. 해외 유입 기생충감염증 22. 엔테로바이러스 감염증 23. 사람유두종바이러스 감염증

SECTION 02 | 경구감염병

1. 경구감염병

병원체가 음식물, 음용수 기구, 위생 동물, 손 등을 통하여 경구적으로 체내에 침입하여 질병을 일으키고, 다른 사람(숙주)에게 전파되는 질환

2. 경구감염병과 세균성 식중독의 차이점

구분	경구감염병	세균성 식중독
감염원	물, 식품	식품
식품의 역할	운반 매체	증식 매체
감염균체의 양	극소량의 균량	식품에 대량 증식, 독소 섭취
숙주	사람, 동물	사람
2차감염	많음	종말 감염
면역성	많음(백신으로 예방 가능)	없음
잠복기간	2~7일	2~24시간
증상 및 예방	장기간, 불가능	일회성, 식품 제어 가능
격리	감염병 구분에 따라 있음	없음

3. 경구감염법 예방 조치

① 식품 처리자는 반드시 손 씻기, 위생복 착용 등 개인위생관리 수칙 엄수
② 깨끗한 식재료와 물을 사용하고 충분한 가열 및 위생 관리
③ 식품 작업장 및 식품의 제조, 취급, 조리 등에 사용되는 관련 각종 기구류 가열, 소독 등의 위생 관리 철저 및 청결 보관
④ 병원체 전파 매개 해충 및 위생 동물 침입 방지 및 구제, 애완동물 관리
⑤ 환자와 보균자의 조기 발견 및 식품 관련 업무 종사자 배제, 필요 시 격리
⑥ 충분한 영양 섭취, 휴식, 수면 및 스트레스 해소 등으로 면역력 유지
⑦ 예방접종

4. 경구감염병 분류

기준	분류	종류 및 특징
감염원	세균성	장티푸스, 파라티푸스, 콜레라, 세균성 이질, 파상풍
	바이러스	폴리오, A형 간염
	리케치아	Q열
	원충류	아메바성 이질 등
감염경로	직접감염	환자-보균자의 직접 접촉
	간접감염	식품이나 물을 통해 병원체가 입으로 들어감

5. 경구감염병 종류

세균성 이질 (쉬겔로시스)	특징	• 이질균(Shigella)에 의해 발병 • 그람음성, 비아포성 간균, 통성혐기성이며 편모가 없어 비운동성임 • 저항력이 약해 60℃에서 15분 정도 가열하면 사멸 • 온혈동물의 장관과 변에 존재하며, 수분을 인체로 흡수시키는 독소를 생산하여 물이 장과 변으로 들어가 물 같은 설사를 만듦
	발병과 증상	• 온대와 열대 지방에서 유행하며 10세 이하에서 많이 발생 • 환자와 보균자의 대변으로 감염(직·간접 접촉으로 감염) • 오한, 잦은 설사, 고열, 복부경련, 피로, 탈수
	오염 식품	샐러드, 우유와 유제품, 가금류, 생채소, 변에 오염된 식품에 존재
	예방	• 환자 및 보균자의 격리, 환경위생 향상, 위생교육 • 60℃ 이상으로 가열 조리, 교차오염을 막고 식품을 세척할 때 음용수를 사용
장티푸스	특징	• Salmonella typhi, 그람음성, 비아포형성 간균으로 통성혐기성이며 주모성 편모가 있어 운동성을 가짐 • 저항성이 비교적 강해서 직사광선에도 수 시간 견디며 대변, 토양 및 수중에서도 비교적 오래 생존
	발병과 증상	• 감염원 : 환자나 보균자의 대변, 소변, 침이나 유즙 • 직·간접 접촉 감염과 병원소가 오염된 음식물을 매개 • 1~2주의 잠복기를 거쳐 두통과 발열 증상이 나타나며 고열, 백혈구의 감소, 피부의 발진 등이 나타남(치사율 약 10~15%)
	예방	이질과 유사한 방법으로 예방 및 예방 접종
파라티푸스	특징	• Salmonella paratyphi, A, B, C형 • A형은 청장년, B형은 청소년 • 우리나라는 거의 B형(A형의 10배)
	발병과 증상	• 식중독과 같이 급성으로 가볍고 치사율 낮음 • 잠복기 : 3~6일 • 감염 경로는 장티푸스와 유사하며 여름철에 많이 발생
	예방	• 상하수도 완비와 음료수 정화, 소독 관리를 철저히 • 모든 우유와 식료품을 살균 및 조리 • 보균자는 식품을 다루는 업무나 환자의 간호에 종사할 수 없음
콜레라	특징	• 콜레라 독소에 의해 심한 설사와 구토 등의 위장 증상 및 근육통, 체온 저하 등의 전신 증상을 보이는 급성 감염병 • Vibrio cholerae, 그람음성 간균, 통성혐기성이며 협막이나 아포가 없고 편모에 의해 운동성이 있음 • 저항력은 약해 60℃에서 30분, 3% 석탄산에서 5분, 건조 상태로 일광에서 1시간이면 사멸
	발병과 증상	• 초여름에 시작하여 7~9월에 걸쳐 발생 • 치사율 60%, 잠복기 1~3일
	예방	경구감염병 관리원칙에 따라 관리하고 예방접종이 필요

폴리오 (소아마비)	특징	• 급성회백수염. 중추신경계의 증상을 나타내는 급성의 열성 전신 질환 • 때로는 영구적인 마비를 초래
	발병과 증상	• poliomyelitis virus • 5세 이하에서 많이 발생 • 감염자의 분변으로 배출되어 경구와 비말(타액, 재채기 등)로 감염되고 운동신경이 지배하는 모든 부분을 마비시킴 • 발열과 두통, 식욕 감퇴, 구토, 요통, 복통이 있는 동안이나 열이 내리기 시작할 무렵 사지의 마비가 일어남
	예방	예방접종
디프테리아	특징	• Corynebacterium diphthenise • 그람양성의 간균으로 아포와 편모는 없음 • 일광, 열, 화학약품에 대한 저항력이 비교적 약함
	발병과 증상	• 늦은 가을이나 이른 봄에 발생이 많으며 10세 이하, 특히 1~4세 어린이가 전체 환자의 60%를 차지 • 사망률 5~32%, 잠복기 2~5일 • 인두에 감염된 균은 상피세포에서 증식하여 체외독소를 생성하여 심장장해나 기도 폐쇄로 호흡곤란을 일으키고, 편도선이 붓고 발열 증세가 나타남
	예방	조기 진단이 중요하며 음식물의 오염 방지, 환자나 보균자의 접근 금지, 예방접종

6. 바이러스성 간염(viral hepatitis)

분류	원인	특징	감염원	증상
A형	A형 간염 바이러스	• 바이러스 직경이 27nm인 구형 단일 사슬 RNA 바이러스 • 산에 안정하며, 100℃, 5분간의 가열 처리에 불활성화	• 감염자의 분변, 혈액, 혹은 이것에 오염된 음식이나 물 • 발병 직후 타액으로도 감염됨	• 38℃ 이상의 발열, 전신 권태감, 식욕 부진, 오심, 구토, 황달, 복통, 설사, 두통 • 예후가 좋을 경우 1~2개월 안에 간 기능 정상화
B형	B형 간염 바이러스	• 여름철에 가장 많이 발생 • 청소년 감염이 많음 • 저항성이 커 60℃, 30분간 가열해도 생존하며 1ppm의 염소물에서도 사멸되지 않으며 건조에 내성	주사침 사고, 약물 남용자의 불결한 침, 장기 이식, 성 접촉, 산모와 태아의 수직 감염	• 전구기 : 오심, 구토, 설사 • 발열기 : 오한 · 고열 • 황달기 : 2~4주~수개월 • 회복기 : 2~6주에 치유 • 발병이 잠행성으로 간 기능 장애 유발
C형	C형 간염 바이러스	크기가 35~65nm인 RNA 바이러스	혈액의 수혈이나 혈액제에 의해 전파, 주사침 사고, 장기 이식, 성 접촉 등	• 전신 권태감, 식욕 부진, 복부 불쾌감, 오심 • 발병률은 B형 간염보다 낮으나 만성 가능성

1. 정의

동물과 사람 간에 서로 전파되는 병원체에 의하여 발생되는 감염병

인축공통감염병 분류

- 세균성 : 탄저, 돈단독, 결핵, 야토병
- 바이러스성 : 일본뇌염, 광견병, 조류인플루엔자(AI), 중증급성호흡기증후군(Severe Acute Respiratory Syndrome ; SARS), 메르스 코로나 바이러스(MERS-CoV)
- 리케치아성 : 큐열
- 원충성 : 톡소플라즈마(toxoplasma)병
- 변형 프리온(prion) : 변종 크로이츠펠트-야콥병

2. 인축공통감염병 종류 및 특성

결핵 (tuberculosis)	특징	• 모든 신체에 침범하는 만성감염병 • 병원체는 호기성 간균으로 아포와 편모가 없어 비운동성 • 협막을 형성하는 내산성균 • 내건성이며 우유 살균 시 파괴
	발병과 증상	• 우형 결핵균에 감염된 소의 우유를 마셔서 사람의 장관에 감염 • 폐결핵이 흔하며 폐를 섬유조직으로 만들고 때로는 석회화를 보임 • 잠복기 불명확함
	예방	• 투베르쿨린 반응을 실시하여 감염 여부를 조기에 발견하고 예방접종 • 우유 살균
탄저 (anthrax)	특징	• 소, 말, 양 등의 가축에 급성패혈증을 일으키며 동물의 치사율은 아주 높아 75~100%에 달함 • 바실러스 안스라시스(Bacillus anthracis), 그람양성의 간균, 호기성에 아포를 형성 • 아포는 습열 시 100℃에서 2~5분에 파괴, 건열 시 150℃에서 30~60분 저항 • 10% 포르말린에 15분간 처리로 사멸 • 조류는 체온이 높기 때문에 감염되지 않음
	발병과 증상	• 탄저에는 피부탄저(접촉), 장탄저(경구), 폐탄저(호흡기)가 있으며, 생물학적 무기로 사용할 수 있을 정도로 치명적임 • 상처, 경구 또는 흡입으로 감염, 침입된 아포는 소장에서 증식하고 혈액 중에 들어가 패혈증을 일으킴 • 병에 걸린 동물의 고기를 섭취하면 장탄저(복수, 설사, 복부 압통) 발생
	예방	• 병에 걸린 동물을 조기 발견, 격리·치료를 통해 예방 • 병에 걸린 동물의 사체는 철저히 소독하고, 분비물·혈액이 토양을 오염시키지 않도록 주의 • 가축 예방접종, 가열 또는 고압 증기 소독

광우병 (소해면상뇌증)	• 1986년 영국에서 보고 • 소뇌의 특정 부분이 스펀지(해면상)처럼 변형되어 각종 신경 증상을 보이다가 폐사 • 변형 프리온(prion) 단백질 : 정상 프리온을 자기와 비슷한 병변 단백질로 만듦으로써 뇌신경 세포를 파괴하여 스펀지 모양의 병변이 보임 • 인간 광우병은 최근에 문제가 된 변형 크로이츠펠트-야콥병(varient Creutzfeldt Jacob Disease ; vCJD)임
브루셀라증 (brucellosis)	• 소, 양, 돼지 등에서 유산을 일으키며, 살균되지 않은 유즙, 감염된 가축의 상처를 통해 감염 • 관절계에서 가장 잘 나타나는 합병증으로 장골좌골관절염, 골수염, 골막 포염 및 오한, 구토, 체중 감소, 심내막염이 중요한 합병증이며 주요 사망 원인임
조류인플루엔자 (Avian Influenza ; AI)	• 단쇄, 나선형 RNA 바이러스로서 각기 다른 8개의 RNA 분절로 구성 • 청둥오리 등 야생조류가 닭이나 오리와 접촉하여 전파 • 특정 종에만 특이하게 반응하므로 인체에 발병할 가능성은 낮음 • 열에 약해 75℃ 이상에서 5분만 가열해도 사멸

3. 예방법

① 도축장의 소독 등 사후관리 철저 : 위생동물, 해충 등의 구제

② 가축과 축육 종사자의 예방접종, 정기 위생교육 실시

③ 보균 동물의 조기발견, 격리, 치료, 도살, 소독, 예방접종 실시

④ 식육 및 식육 제품 중 결핵균, 탄저균, 브루셀라균이 검출되어서는 안 됨

⑤ 수입 축산물의 검역 및 감시 강화

SECTION 04 | 위생 동물과 기생충

1. 위생 동물

종류	특성	예방
바퀴	독일바퀴, 일본바퀴, 먹바퀴, 미국(이질)바퀴	• 은신처 제거 • 독이법
파리	장티푸스, 세균성 이질, 콜레라, 폴리오, 결핵, 디프테리아	• 환경 개선 • 살충제
쥐	살모넬라(분뇨), 서교증(물렸을 때), 렙토스피라증, 페스트(쥐벼룩), 유행성 출혈열, 쯔쯔가무시(쥐의 진드기), 와일병, 식중독, 결핵, 장티푸스, 이질, 발진열 등	• 음식물 처리 • 서식처 제거 • 쥐덫, 천적
진드기	• 긴털가루진드기(온도, 습도, 영양 맞으면 증식)로 곡류 등에 증식 • 조제 설탕, 건조 과일, 된장 표면	• 냉동 증식 억제 • 밀봉

2. 식품별 기생충 분류

(1) 채소류

구분	특성	예방
십이지장충*	• 채독증 원인 기생충 • 경구 · 경피감염	• 야외 배변 금지 • 채소 세척
회충	• 가장 오래된 기생충 • 채소와 토양을 통한 경구감염	• 분변 퇴비 금지 • 중성 세제로 세척
편충*	경구감염되어 충수 돌기, 결장, 직장 등 정착, 기생	–
요충*	• 집단 감염, 어린이 주의 • 항문소양증, 불면증, 체중 감소, 소화 장애 등	• 구충제 복용 • 개인위생 및 침구, 의복 소독
동양모양선충	경구감염, 경피감염 가능	–

*우리나라에서 감염률 높음

(2) 어패류 중요

구분	특성
간디스토마	왜우렁이 → 붕어, 잉어, 피라미(민물 생선) → 사람, 애완동물 등(종말숙주)
폐디스토마	다슬기 → 게, 가재 → 사람, 돼지, 개, 고양잇과 동물 등
요코가와흡충	다슬기 → 잉어, 은어(민물 생선) → 사람, 개, 고양이, 돼지, 쥐 등
광절열두조충	물벼룩 → 연어, 송어, 숭어, 농어(반담수어) 및 담수어 → 사람, 개, 고양이, 곰 등
아나사키스 (고래회충)	• 크릴새우 → 고등어, 청어, 대구, 갈치, 오징어(해수어류) → 고래, 돌고래, 물개 등 해산 포유동물 • 고래고기 섭취 주의
유구악구충	물벼룩 → 미꾸라지, 메기, 가물치, 뱀장어 등 → 개, 고양이, 돼지 등
스파르가눔	• 물벼룩 → 개구리, 뱀, 담수어, 조류 등 → 개, 고양이, 닭 • 닭 생식 주의

(3) 육류

① 쇠고기를 통해 감염 : 무구조충(민촌충)
② 돼지고기를 통해 감염 : 유구조충(갈고리촌충), 선모충, 톡소플라스마(유산 위험)

3. 기생충 예방법

① 인분 비료 사용 금지 및 분변 위생 관리 철저
② 오염된 흙에 맨발 주의, 손 씻기 등 철저한 개인위생관리 준수
③ 제4군 감염병(회충, 편충, 요충, 간흡충, 폐흡충, 장흡충)은 정기 진단을 통해 감시
④ 구충제 복용

PART 01
PART 02
PART 03
PART 04
PART 05
PART 06
PART 07
PART 08
PART 09

CHAPTER 05 | 식품안전관리인증기준(HACCP)

1. 식품안전관리인증기준 HACCP(Hazard Analysis and Critical Control Point)

식품의 원료 관리, 제조 · 가공 · 조리 · 유통의 모든 과정에서 위해 물질이 식품에 섞이거나 오염되는 것을 방지하기 위하여 각 과정의 중요관리점을 결정하여 위해요소를 자율적이고 체계적으로 확인 · 평가하는 과학적인 위생 관리 체계

2. HACCP 관리체계 구축 절차

준비단계 5절차와 HACCP 7원칙을 포함한 총 12단계의 절차

(1)	HACCP팀 구성
(2)	제품설명서 작성
(3)	용도 확인
(4)	공정흐름도 작성
(5)	공정흐름도 현장 확인
(6)	위해요소분석(원칙 1) : 생물학적, 화학적, 물리적 위해요소
(7)	중요관리점(CCP)(원칙 2)
(8)	한계기준 설정(원칙 3)
(9)	모니터링 방법 설정(원칙 4)
(10)	개선조치 설정(원칙 5)
(11)	검증 방법 설정(원칙 6)
(12)	기록 유지 및 문서화(원칙 7)

3. 식품위생법상 HACCP 의무 적용 식품

① **수산가공식품류** : 어묵, 어육 소시지, 냉동 어류, 연체류, 조미가공품
② 냉동식품 중 피자류, 만두류, 면류
③ 과자 · 캔디류, 빵류, 떡류, 빙과, 음료류(다류 · 커피 제외)
④ 레토르트 식품, 김치
⑤ 초콜릿류
⑥ **면류** : 유탕면 또는 곡분, 전분, 전분질 원료 등을 주원료로 반죽하여 손이나 기계 따위로 면을 뽑아내거나 자른 국수(생면 · 숙면 · 건면)
⑦ 특수용도식품

⑧ 즉석섭취 · 편의식품류 중 즉석섭취식품(순대)

⑨ 식품제조 · 가공업의 영업소 중 전년도 총 매출액이 100원 이상인 영업소

👀퀴즈

식품위생법상 모든 냉동식품은 HACCP를 의무 적용해야 한다. (○/×)

정답 | ×

해설 | 냉동식품 중 피자류, 만두류, 면류의 경우 HACCP를 의무 적용해야 한다.

---

4. 기타 사항

① 지방식품의약품안전청장이 HACCP 준수 여부를 연 1회 이상 조사 · 평가함

② HACCP 적용 업소의 HACCP 팀장, 팀원 및 기타 종업원은 연 1회 4시간 이내의 정기 교육 훈련을 받아야 함

③ **지정된 HACCP 적용업소의 지원** : HACCP 관련 전문적 기술과 교육, 시설 설비 개보수비용, 자문 비용, 교육 훈련 비용

01 검체를 농도별로 시험 동물에 1회 투여한 후 1~2주 정도 관찰하여 반수치사량(LD$_{50}$)을 알기 위한 독성시험법은?

① 만성독성시험
② 아급성독성시험
③ 급성독성시험
④ 최대무작용량시험
⑤ 아만성독성시험

해설 | 급성독성시험은 시험물질을 저농도에서 고농도로 단 1회 경구투여 후 1~2주 관찰하여 LD$_{50}$을 측정하는 시험이다.

02 장염비브리오(Vibrio)균 식중독에 대한 설명으로 옳은 것은?

① 돼지고기를 덜 익혔을 경우 자주 발생한다.
② 냉장 온도에서 잘 자라므로 반드시 냉동보관한다.
③ 겨울철에 발생 빈도가 가장 높다.
④ 구토, 복통, 설사와 37~39℃의 발열을 동반한다.
⑤ 잠복기가 1시간 이내로 짧다.

해설 | 장염비브리오 식중독은 호염성 해수세균인 *Vibrio parahaemolyticks*가 원인균으로, 어패류가 주된 원인 식품이며 하절기인 7~9월에 주로 발생한다. 잠복기는 평균 12시간이며 복통·설사, 구토를 주증상으로 하는 전형적인 급성 위장염 증상을 보인다. 열이 없는 경우도 있으나 보통 37~39℃의 발열이 있다.

03 식품의 초기부패란 세균수가 1g당 어느 정도일 때를 말하는가?

① 101~102
② 102~103
③ 105~106
④ 107~108
⑤ 109~1010

해설 | 안전한계는 105, 부패 초기 단계는 107~1080이다.

04 미호기성균으로 잠복기가 비교적 긴 식중독을 일으키는 세균은?

① *Persinia enterocolitica*
② *Campylobacter jejuni*
③ *Salmonella enteritidis*
④ *Vibrio parahaemolyticus*
⑤ *Staphylococcus aureus*

해설 | *Campylobacter jejuni*는 미호기성균으로 잠복기가 비교적 긴 식중독을 일으킨다.

정답 01 ③ 02 ④ 03 ④ 04 ②

05 포도상구균의 식중독 방지에 가장 효과적인 것은?

① 저온 보관　　　② 손씻기
③ 예방접종　　　④ 상온 보관
⑤ 고온 조리

해설 | 포도상구균의 식중독 예방원칙은 '식품기구의 멸균', '식품의 오염 방지', '저온 보관' 등인데, 특히 가장 중요한 것은 '오염원의 배제'와 '저온 보관'이다.

06 히스타민(Histamine)을 생성하고 알레르기성 식중독을 일으키는 것은?

① *Bacillus anthracis*
② *Bacillus cereus*
③ *Bacillus subtilis*
④ *Morganella morganii*
⑤ *Clostridium botulinum*

해설 | *Morganella morganii*는 histidine decatboxylase 활성이 특이하게 강하고, 약산성의 배지에서 다량의 histamine을 생성하는 균이다. 알레르기성 식중독은 붉은살 생선에서 많이 발생한다.

07 구연산회로에 관여하는 효소인 아코니타아제(aconitase)에 대해 강력한 저해작용을 나타냄으로써 독작용을 나타내는 농약은?

① 유기수은제　　　② 유기염소제
③ 유기불소제　　　④ 카바메이트제
⑤ 유기인제

해설 | 유기불소제는 체내에서 aconitase의 강력한 억제제인 monofluorocitric acid를 생성하여 Kreb's cycle에서 구연산이 cis-aconitate로 되는 것을 차단하므로 구연산이 체내에 축적되어 독작용을 나타낸다.

08 저온(800℃ 이하) 소성한 도자기나 법랑 제품의 용기에서 식품에 용출될 위험성이 높은 유해물질은?

① 주석　　　② 안티몬
③ 비소　　　④ 크롬
⑤ 수은

해설 | 도자기나 법랑 제품의 용기를 저온에서 소성하면 표면에 칠한 유약으로부터 납이나 안티몬이 용출될 수 있다.

09 복어독의 특징으로 옳은 것은?

① 강산에서 분해된다.
② 독성분은 삭시톡신이다.
③ 열에 의해 쉽게 파괴된다.
④ 복어 혈액이 가장 독성이 강하다.
⑤ 지각이상과 운동장애를 일으킨다.

해설 | 복어독은 지각이상과 운동장애를 일으키는 독으로 그 성분은 테트로도톡신이다. 산에 강하고 강알칼리에서 파괴되며 열에 매우 강하다. 복어의 혈액은 무독이다.

10 환경호르몬에 대한 노출을 최소화하기 위한 방법으로 옳은 것은?

① 생선의 껍질과 내장은 가급적 섭취하지 않는 것이 좋다.
② 캔에 담겨 있는 음료나 식품을 지양한다.
③ 식재료는 식초를 희석한 물에 담가두었다가 조리한다.
④ 염소계 표백제나 세정제를 사용하여 식기를 세척한다.
⑤ 젖병을 소독할 때는 가능한 짧은 시간 열탕소독한다.

PART 01
PART 02
PART 03
PART 04
PART 05
PART 06
PART 07
PART 08
PART 09

해설 | 환경호르몬에 대한 노출을 최소화하기 위해서는 채소의 경우 흐르는 물로 여러 번 씻고, 닭고기나 생선 껍질은 가급적 제거하고 먹어야 한다. 또한 지방질이 많은 식품은 플라스틱 용기에 넣어 가열하지 않아야 한다.

11 사카린나트륨과 사용 목적이 같은 식품첨가물은?

① 뉴슈가
② 수단색소
③ 비타민 C
④ MSG
⑤ 글리실리진산이나트륨

해설 | 사카린나트륨과 글리실리진산이나트륨은 감미료로 쓰인다. 수단색소는 착색료로, MSG는 조미료로 쓰인다.

12 다음 중 음압 격리가 필요한 감염병은?

① 한센병   ② 페스트
③ 수족구   ④ 성홍열
⑤ 공수병

해설 | 페스트와 같은 제1급 감염병은 발생 또는 유행 즉시 신고해야 하며, 음압격리가 필요하다.

13 HACCP 시스템이 효과적으로 작동하고 있는지를 평가하는 단계는?

① 기록보관
② 위해 요소 분석
③ 모니터링
④ 검증
⑤ 시정 조치

해설 | HACCP 시스템이 효과적으로 작동하고 있는지를 평가하는 단계는 검증 단계이다.

14 쉬겔라 식중독(이질) 예방을 위한 식품 위생 관리 방법 중 옳지 않은 것은?

① 식품을 4℃ 이하 냉장 상태로 보관한다.
② −18℃ 이하로 완전히 냉동하면 성장을 완전히 멈출 수 있다.
③ 교차오염을 막기 위해 식품류에 따라 다른 도마를 이용한다.
④ 60℃ 이상으로 가열 조리한다.
⑤ 기호에 따른 조리 온도를 유지하며 조리한다.

해설 | 예방을 위해 사멸 조건에 따라 조리하여야 한다.

15 곡류 및 곡류가공품, 건조과실, 건어물, 치즈 등에서 볼 수 있고, 몸길이는 0.3~0.5mm, 유백색~황백색으로 타원형이며 온도 25℃, 습도 75%에서 가장 잘 번식하는 진드기는?

① 설탕진드기
② 작은가루진드기
③ 긴털가루진드기
④ 보릿가루진드기
⑤ 수중다리가루진드기

해설 | 긴털가루진드기는 우리나라의 모든 저장식품에서 가장 흔히 발견되는 진드기이다.

PART 08

식품위생법규

CHAPTER 01 | 식품·영양 관계 법규 안내

1. 식품 · 영양 관계 법규의 내용

① 식품위생법, 시행령 및 식품위생법 시행규칙, 식품 등의 표시기준 등 식품위생법을 기본으로 하는 각종 기준 및 규격, 고시

② 학교급식법, 학교급식법 시행령 및 학교급식법 시행규칙

③ 기타 관계법규

  ㉠ 국민건강증진법, 국민건강증진법 시행령 및 국민건강증진법 시행규칙

  ㉡ 국민영양관리법, 국민영양관리법 시행령 및 국민영양관리법 시행규칙

  ㉢ 농수산물의 원산지 표시에 관한 법률 및 고시

  ㉣ 식품 등의 표시 · 광고에 관한 법률, 시행령, 시행규칙

2. 식품 · 영양 관계 법규 제정

① 식품 · 영양 관련 법률(식품위생법, 학교급식법, 국민건강증진법, 국민영양관리법)은 국회의 의결에 의해 제정, 공포함으로써 시행되는 법률이다.

② 식품 · 영양 관련 법률 시행령(시행령, 학교급식법 시행령, 국민건강증진법 시 행령, 국민영양관리법 시행령)은 대통령령이다.

③ 식품 · 영양 관련 법률 시행규칙은 해당 실무행정기관에 따라 다르게 제정된다.

  ㉠ 식품위생법 시행규칙 : 총리령

  ㉡ 학교급식법 시행규칙 : 교육부령

  ㉢ 국민건강증진법 시행규칙 : 보건복지부령

  ㉣ 국민영양관리법 시행규칙 : 보건복지부령

  ㉤ 농수산물 원산지표시에 관한 법률 시행규칙 : 농림축산식품부령, 해양수산부령

  ㉥ 식품 등의 표시 · 광고에 관한 법률 시행규칙 : 총리령

3. 식품 위생 법규의 제정과 시행

① 식품위생법은 1962년 1월 20일 공포되었으며, 국회의 의결에 의해(법률 제1007호) 정부가 공포함으로써 시행되는 법률이다.

② 시행령은 식품위생법에서 위임된 사항과 그 시행에 관하여 필요한 사항을 규정하는 것으로서 대통령령이다.

③ 식품위생법 시행규칙은 식품위생법 및 시행령에서 위임된 사항과 그 시행에 관하여 필요한 사항을 규정하는 것으로서 해당 실무행정기관인 총리령이다.

④ 각종 규칙과 고시가 시행된다.

　　예 식품 등의 표시기준(식품의약품안전처고시), 식품안전 관리인증기준(식품의약품안전처고시) 등

※ 이하의 법규에서 조항 내에 없는 번호는 법령에서 삭제된 조항이며, 시험과 무관하거나 시험에서 주로 다루지 않는 조항은 수록하지 않았습니다.

PART 01

PART 02

PART 03

PART 04

PART 05

PART 06

PART 07

PART 08

PART 09

SECTION 01 | 총칙

제1조 목적

이 법은 식품으로 인하여 생기는 위생상의 위해를 방지하고 식품영양의 질적 향상을 도모하며 식품에 관한 올바른 정보를 제공하여 국민보건의 증진에 이바지함을 목적으로 한다.

제2조 정의

1. "식품"이란 모든 음식물(의약으로 섭취하는 것은 제외)을 말한다.

2. "식품첨가물"이란 식품을 제조·가공·조리 또는 보존하는 과정에서 감미(甘味), 착색(着色), 표백(漂白) 또는 산화방지 등을 목적으로 식품에 사용되는 물질을 말한다. 이 경우 기구(器具)·용기·포장을 살균·소독하는 데에 사용되어 간접적으로 식품으로 옮아갈 수 있는 물질을 포함한다.

3. "화학적 합성품"이란 화학적 수단으로 원소(元素) 또는 화합물에 분해 반응 외의 화학 반응을 일으켜서 얻은 물질을 말한다.

4. "기구"란 다음 각 목의 어느 하나에 해당하는 것으로서 식품 또는 식품첨가물에 직접 닿는 기계·기구나 그 밖의 물건(농업과 수산업에서 식품을 채취하는 데에 쓰는 기계·기구나 그 밖의 물건 및 「위생용품 관리법」 제2조 제1호에 따른 위생용품은 제외한다)을 말한다.

   가. 음식을 먹을 때 사용하거나 담는 것

   나. 식품 또는 식품첨가물을 채취·제조·가공·조리·저장·소분[(小分) : 완제품을 나누어 유통을 목적으로 재포장하는 것을 말한다. 이하 같다]·운반·진열할 때 사용하는 것

5. "용기·포장"이란 식품 또는 식품첨가물을 넣거나 싸는 것으로서 식품 또는 식품첨가물을 주고받을 때 함께 건네는 물품을 말한다.

5의2. "공유주방"이란 식품의 제조·가공·조리·저장·소분·운반에 필요한 시설 또는 기계·기구 등을 여러 영업자가 함께 사용하거나, 동일한 영업자가 여러 종류의 영업에 사용할 수 있는 시설 또는 기계·기구 등이 갖춰진 장소를 말한다.

6. "위해"란 식품, 식품첨가물, 기구 또는 용기·포장에 존재하는 위험요소로서 인체의 건강을 해치거나 해칠 우려가 있는 것을 말한다.

9. "영업"이란 식품 또는 식품첨가물을 채취·제조·가공·조리·저장·소분·운반 또는 판매하거나 기구 또는 용기·포장을 제조·운반·판매하는 업(농업과 수산업에 속하는 식품 채취업은 제외한다. 이하 이 호에서 "식품제조업 등"이라 한다)을 말한다. 이 경우 공유주방을 운영하는 업과 공유주방에서 식품제조업 등을 영위하는 업을 포함한다.

10. "영업자"란 제37조 제1항에 따라 영업허가를 받은 자나 같은 조 제4항에 따라 영업신고를 한 자 또는 같은 조 제5항에 따라 영업등록을 한 자를 말한다.

11. "식품위생"이란 식품, 식품첨가물, 기구 또는 용기·포장을 대상으로 하는 음식에 관한 위생을 말한다.

12. "집단급식소"란 영리를 목적으로 하지 아니하면서 특정 다수인에게 계속하여 음식물을 공급하는 다음 각 목의 어느 하나에 해당하는 곳의 급식시설로서 대통령령으로 정하는 시설을 말한다.

　가. 기숙사

　나. 학교, 유치원, 어린이집

　다. 병원

　라. 「사회복지사업법」 제2조 제4호의 사회복지시설

　마. 산업체

　바. 국가, 지방자치단체 및 「공공기관의 운영에 관한 법률」 제4조 제1항에 따른 공공기관

　사. 그 밖의 후생기관 등

> ● 시행령 제2조 집단급식소의 범위
> 1회 50명 이상에게 식사를 제공하는 급식소

13. "식품이력추적관리"란 식품을 제조·가공단계부터 판매단계까지 각 단계별로 정보를 기록·관리하여 그 식품의 안전성 등에 문제가 발생할 경우 그 식품을 추적하여 원인을 규명하고 필요한 조치를 할 수 있도록 관리하는 것을 말한다.

14. "식중독"이란 식품 섭취로 인하여 인체에 유해한 미생물 또는 유독물질에 의하여 발생하였거나 발생한 것으로 판단되는 감염성 질환 또는 독소형 질환을 말한다.

15. "집단급식소에서의 식단"이란 급식대상 집단의 영양 섭취 기준에 따라 음식명, 식재료, 영양성분, 조리방법, 조리인력 등을 고려하여 작성한 급식계획서를 말한다.

제3조 식품 등의 취급

① 누구든지 판매(판매 외의 불특정 다수인에 대한 제공을 포함한다. 이하 같다)를 목적으로 식품 또는 식품첨가물을 채취·제조·가공·사용·조리·저장·소분·운반 또는 진열을 할 때에는 깨끗하고 위생적으로 하여야 한다.

② 영업에 사용하는 기구 및 용기·포장은 깨끗하고 위생적으로 다루어야 한다.

③ 제1항 및 제2항에 따른 식품, 식품첨가물, 기구 또는 용기·포장(이하 "식품 등"이라 한다)의 위생적인 취급에 관한 기준은 총리령으로 정한다.

■ 규칙 [별표 1] 식품 등의 위생적인 취급에 관한 기준(제2조 관련)

1. 식품 등을 취급하는 원료보관실·제조가공실·조리실·포장실 등의 내부는 항상 청결하게 관리하여야 한다.
2. 식품 등의 원료 및 제품 중 부패·변질이 되기 쉬운 것은 냉동·냉장시설에 보관·관리하여야 한다.
3. 식품 등의 보관·운반·진열 시에는 식품 등의 기준 및 규격이 정하고 있는 보존 및 유통기준에 적합하도록 관리하여야 하고, 이 경우 냉동·냉장시설 및 운반시설은 항상 정상적으로 작동시켜야 한다.
4. 식품 등의 제조·가공·조리 또는 포장에 직접 종사하는 사람은 위생모 및 마스크를 착용하는 등 개인위생관리를 철저히 하여야 한다.
5. 제조·가공(수입품을 포함한다)하여 최소판매 단위로 포장(위생상 위해가 발생할 우려가 없도록 포장되고, 제품의 용기·포장에 「식품 등의 표시·광고에 관한 법률」 제4조 제1항에 적합한 표시가 되어 있는 것을 말한다)된 식품 또는 식품첨가물을 허가를 받지 아니하거나 신고를 하지 아니하고 판매의 목적으로 포장을 뜯어 분할하여 판매하여서는 아니 된다. 다만, 컵라면, 일회용 다류, 그 밖의 음식류에 뜨거운 물을 부어주거나, 호빵 등을 따뜻하게 데워 판매하기 위하여 분할하는 경우는 제외한다.
6. 식품 등의 제조·가공·조리에 직접 사용되는 기계·기구 및 음식기는 사용 후에 세척·살균하는 등 항상 청결하게 유지·관리하여야 하며, 어류·육류·채소류를 취급하는 칼·도마는 각각 구분하여 사용하여야 한다.
7. 유통기한이 경과된 식품 등을 판매하거나 판매의 목적으로 진열·보관하여서는 아니 된다.

SECTION 02 | 식품과 식품첨가물

제4조 위해식품 등의 판매 등 금지

누구든지 다음 각 호의 어느 하나에 해당하는 식품 등을 판매하거나 판매할 목적으로 채취·제조·수입·가공·사용·조리·저장·소분·운반 또는 진열하여서는 아니 된다.

1. 썩거나 상하거나 설익어서 인체의 건강을 해칠 우려가 있는 것
2. 유독·유해물질이 들어 있거나 묻어 있는 것 또는 그러할 염려가 있는 것. 다만, 식품의약품안전처장이 인체의 건강을 해칠 우려가 없다고 인정하는 것은 제외한다.
3. 병을 일으키는 미생물에 오염되었거나 그러할 염려가 있어 인체의 건강을 해칠 우려가 있는 것
4. 불결하거나 다른 물질이 섞이거나 첨가된 것 또는 그 밖의 사유로 인체의 건강을 해칠 우려가 있는 것
5. 유전자변형식품 등의 안전성 심사 대상인 농·축·수산물 등 가운데 안전성 심사를 받지 아니하였거나 안전성 심사에서 식용으로 부적합하다고 인정된 것
6. 수입이 금지된 것 수입신고를 하지 아니하고 수입한 것
7. 영업자가 아닌 자가 제조·가공·소분한 것

제5조 병든 동물 고기 등의 판매 등 금지

질병에 걸렸거나 걸렸을 염려가 있는 동물이나 그 질병에 걸려 죽은 동물의 고기·뼈·젖·장기 또는 혈액을 식품으로 판매하거나 판매할 목적으로 채취·수입·가공·사용·조리·저장·소분 또는 운반하거나 진열하여서는 아니 된다.

> ■ 규칙 제4조 판매 등이 금지되는 병든 동물 고기 등
> 1. 「축산물 위생관리법 시행규칙」에 따라 도축이 금지되는 가축전염병
> 2. 리스테리아병, 살모넬라병, 파스튜렐라병 및 선모충증

제6조 기준 · 규격이 정하여지지 아니한 화학적 합성품 등의 판매 등 금지

다음 각 호의 어느 하나에 해당하는 행위를 하여서는 아니 된다. 다만, 식품의약품안전처장이 제57조에 따른 식품위생심의위원회(이하 "심의위원회")의 심의를 거쳐 인체의 건강을 해칠 우려가 없다고 인정하는 경우에는 그러하지 아니하다.

1. 기준 · 규격이 정하여지지 아니한 화학적 합성품인 첨가물과 이를 함유한 물질을 식품첨가물로 사용하는 행위
2. 기준 · 규격이 정하여지지 아니한 화학적 합성품인 식품첨가물이 함유된 식품을 판매하거나 판매할 목적으로 제조 · 수입 · 가공 · 사용 · 조리 · 저장 · 소분 · 운반 또는 진열하는 행위

제7조 식품 또는 식품첨가물에 관한 기준 및 규격

① 식품의약품안전처장은 국민보건을 위하여 필요하면 판매를 목적으로 하는 식품 또는 식품첨가물에 관한 다음 각 호의 사항을 정하여 고시한다.
　1. 제조 · 가공 · 사용 · 조리 · 보존 방법에 관한 기준
　2. 성분에 관한 규격

> ■ 규칙 제5조 식품 등의 한시적 기준 및 규격의 인정 등
> ① 한시적으로 제조 · 가공 등에 관한 기준과 성분에 관한 규격을 인정받을 수 있는 식품
> 　1. 식품(원료로 사용되는 경우만 해당)
> 　　가. 국내에서 새로 원료로 사용하려는 농산물 · 축산물 · 수산물 등
> 　　나. 농산물 · 축산물 · 수산물 등으로부터 추출농축 · 분리 등의 방법으로 얻은 것으로서 식품으로 사용하려는 원료
> 　2. 식품첨가물 : 개별 기준 및 규격이 정하여지지 아니한 식품첨가물
> 　3. 기구 또는 용기 · 포장 : 개별 기준 및 규격이 고시되지 아니한 식품 및 식품 첨가물에 사용되는 기구 또는 용기 · 포장

제7조의4 식품 등의 기준 및 규격 관리계획 등

식품의약품안전처장은 관계 중앙행정기관의 장과의 협의 및 심의위원회의 심의를 거쳐 식품 등의 기준 및 규격 관리 기본계획을 5년마다 수립 · 추진할 수 있다.

제8조 유독기구 등의 판매 · 사용 금지

유독 · 유해물질이 들어 있거나 묻어 있어 인체의 건강을 해칠 우려가 있는 기구 및 용기 · 포장과 식품 또는 식품첨가물에 직접 닿으면 해로운 영향을 끼쳐 인체의 건강을 해칠 우려가 있는 기구 및 용기 · 포장을 판매하거나 판매할 목적으로 제조 · 수입 · 저장 · 운반 · 진열하거나 영업에 사용하여서는 아니 된다.

제9조 기구 및 용기 · 포장에 관한 기준 및 규격

① 식품의약품안전처장은 국민을 위하여 필요한 경우에는 판매하거나 영업에 사용하는 기구 및 용기 · 포장에 관하여 다음 각 호의 사항을 정하여 고시한다.

　　1. 제조 방법에 관한 기준

　　2. 기구 및 용기 · 포장과 그 원재료에 관한 규격

② 식품의약품안전처장은 기준과 규격이 고시되지 아니한 기구 및 용기 · 포장준과 규격을 인정받으려는 자에게 「식품 · 의약품분야 시험 · 검사 등에 관한 법률」에 따라 식품의약품안전처장이 지정한 식품전문 시험 · 검사기관 또는 총리령로 정하는 시험 · 검사기관의 검토를 거쳐 기준과 규격이 고시될 때까지 해당 기구 및 용기 · 포장의 기준과 규격으로 인정할 수 있다.

③ 수출할 기구 및 용기 · 포장과 그 원재료에 관한 기준과 규격은 수입자가 요구하는 기준과 규격을 따를 수 있다.

④ 기준과 규격이 정하여진 기구 및 용기 · 포장은 그 기준에 따라 제조하여야 하며, 그 기준과 규격에 맞지 아니한 기구 및 용기 · 포장은 판매하거나 판매할 목적으로 제조 · 수입 · 저장 · 운반 진열하거나 영업에 사용하여서는 아니 된다.

제12조의2 유전자변형식품등의 표시

어느 하나에 해당하는 생명공학기술을 활용하여 재배 · 육성된 농산물 · 축산물 · 수산물 등을 원재료로 하여 제조 · 가공한 식품 또는 식품첨가물(이하 "유전자변형식품 등"이라 한다)은 유전자변형식품임을 표시하여야 한다. 다만, 제조 · 가공 후에 유전자변형 디엔에이(DNA, Deoxyribonucleic acid) 또는 유전자변형 단백질이 남아 있는 유전자변형식품 등에 한정한다.

⫶ SECTION 04 | 식품 등의 공전

제14조 식품 등의 공전

식품의약품안전처장은 다음 각 호의 기준 등을 실은 식품 등의 공전을 작성 · 보급하여야 한다.

1. 식품 또는 식품첨가물의 기준과 규격

2. 기구 및 용기 · 포장의 기준과 규격

제22조 출입 · 검사 · 수거 등

① 식품의약품안전처장(대통령령으로 정하는 그 기관의 장 포함), 시 · 도지사 또는 시장 · 군수 · 구청장은 식품 등의 위해방지 · 위생관리와 영업질서의 유지를 위하여 필요하면 다음의 조치를 할 수 있다.

  1. 영업자나 그 밖의 관계인에게 필요한 서류나 그 밖의 자료의 제출 요구

  2. 관계 공무원으로 하여금 다음 각 목에 해당하는 출입 · 검사 · 수거 등의 조치

      가. 영업소(사무소, 창고, 제조소, 저장소, 판매소, 그 밖에 이와 유사한 장소를 포함)에 출입하여 판매를 목적으로 하거나 영업에 사용하는 식품 등 또는 영업시설 등에 대하여 하는 검사

      나. 가목에 따른 검사에 필요한 최소량의 식품 등

      다. 영업에 관계되는 장부 또는 서류의 열람의 무상 수거

② 식품의약품안전처장은 시 · 도지사 또는 시장 · 군수 · 구청장이 출입 · 검사 · 수거 등의 업무를 수행하면서 관계 행정기관의 장, 다른 시 · 도지사 또는 시장 · 군수 · 구청장에게 행정응원을 하도록 요청할 수 있다.

③ 출입 · 검사 · 수거 또는 열람하려는 공무원은 그 권한을 표시하는 증표 및 조사기간, 조사범위, 조사담당자, 관계 법령 등 대통령령으로 정하는 사항이 기재된 서류를 지니고 이를 관계인에게 내보여야 한다.

> ■규칙 제19조 출입 · 검사 · 수거 등
> ① 출입 · 검사 · 수거 등은 국민의 보건위생을 위하여 필요하다고 판단되는 경우에는 수시로 실시한다.
> ② 행정처분을 받은 업소에 대한 출입 · 검사 · 수거 등은 그 처분일부터 6개월 이내에 1회 이상 실시하여야 한다. 다만, 행정처분을 받은 영업자가 그 처분의 이행 결과를 보고하는 경우에는 그러하지 아니하다.
>
> ■규칙 제20조 수거량 및 검사 의뢰 등
> ① 무상으로 수거할 수 있는 식품 등의 대상과 그 수거량은 [별표 8]과 같다.
> ② 관계 공무원이 식품 등을 수거한 경우에는 별지 서식의 수거증(전자문서를 포함한다)을 발급하여야 한다.
> ③ 식품 등을 수거한 관계 공무원은 그 수거한 식품 등을 그 수거 장소에서 봉함하고 관계 공무원 및 피수거자의 인장 등으로 봉인하여야 한다.
> ④ 식품의약품안전처장, 시 · 도지사 또는 시장 · 군수 · 구청장은 수거한 식품 등에 대해서는 지체 없이 식품의약품안전처장이 지정한 식품전문 시험 · 검사기관 총리령으로 정하는 시험 · 검사기관에 검사를 의뢰하여야 한다.
> ⑤ 식품의약품안전처장, 시 · 도지사 또는 시장 · 군수 · 구청장은 관계 공무원으로 하여금 출입 · 검사 · 수거를 하게 한 경우에는 별지 서식의 수거검사 처리대장(전자문서를 포함한다)에 그 내용을 기록하고 이를 갖춰 두어야 한다.

제36조 시설기준

① 다음의 영업을 하려는 자는 총리령으로 정하는 시설기준에 맞는 시설을 갖추어야 한다.

  1. 식품 또는 식품첨가물의 제조업, 가공업, 운반업, 판매업 및 보존업

  2. 기구 또는 용기 · 포장의 제조업

  3. 식품접객업

  4. 공유주방 운영업(제2조 제5호의2에 따라 여러 영업자가 함께 사용하는 공유주방을 운영하는 경우로 한정한다. 이하 같다)

② 제1항에 따른 시설은 영업을 하려는 자별로 구분되어야 한다. 다만, 공유주방을 운영하는 경우에는 그러하지 아니하다.

③ 제1항 각 호에 따른 영업의 세부 종류와 그 범위는 대통령령으로 정한다.

SECTION 06 | 영업

● 시행령 제21조 영업의 종류
1. 식품제조 · 가공업 : 식품을 제조 · 가공하는 영업
2. 즉석판매제조 · 가공업 : 총리령으로 정하는 식품을 제조 · 가공업소에서 직접 최종소비자에게 판매하는 영업
3. 식품첨가물제조업
   가. 감미료 · 착색료 · 표백제 등의 화학적 합성품을 제조 · 가공하는 영업
   나. 천연 물질로부터 유용한 성분을 추출하는 등의 방법으로 얻은 물질을 제조 · 가공하는 영업
   다. 식품첨가물의 혼합제재를 제조 · 가공하는 영업
   라. 기구 및 용기 · 포장을 살균 · 소독할 목적으로 사용되어 간접적으로 식품에 이행(移行)될 수 있는 물질을 제조 · 가공하는 영업
4. 식품운반업 : 직접 마실 수 있는 유산균음료(살균유산균음료를 포함한다)나 어류 · 조개류 및 그 가공품 등 부패 · 변질되기 쉬운 식품을 전문적으로 운반하는 영업. 다만, 해당 영업자의 영업소에서 판매할 목적으로 식품을 운반하는 경우와 해당 영업자가 제조 · 가공한 식품을 운반하는 경우는 제외한다.
5. 식품소분 · 판매업
   가. 식품소분업 : 총리령으로 정하는 식품 또는 식품첨가물의 완제품을 나누어 유통할 목적으로 재포장 · 판매하는 영업
   나. 식품판매업
      1) 식용얼음판매업 : 식용얼음을 전문적으로 판매하는 영업
      2) 식품자동판매기영업 : 식품을 자동판매기에 넣어 판매하는 영업. 다만, 유통기간이 1개월 이상인 완제품만을 자동판매기에 넣어 판매하는 경우는 제외한다.
      3) 유통전문판매업 : 식품 또는 식품첨가물을 스스로 제조 · 가공하지 아니하고 제1호의 식품제조 · 가공업자 또는 제3호의 식품첨가물제조업자에게 의뢰하여 제조 · 가공한 식품 또는 식품첨가물을 자신의 상표로 유통 · 판매하는 영업
      4) 집단급식소 식품판매업 : 집단급식소에 식품을 판매하는 영업
      6) 기타 식품판매업 : 1)부터 4)까지를 제외한 영업으로서 총리령으로 정하는 일정 규모 이상의 백화점, 슈퍼마켓, 연쇄점 등에서 식품을 판매하는 영업
6. 식품보존업
   가. 식품조사처리업 : 방사선을 쬐어 식품의 보존성을 물리적으로 높이는 것을 업(業)으로 하는 영업
   나. 식품냉동 · 냉장업 : 식품을 얼리거나 차게 하여 보존하는 영업. 다만, 수산물의 냉동 · 냉장은 제외한다.
7. 용기 · 포장류제조업
   가. 용기 · 포장지제조업 : 식품 또는 식품첨가물을 넣거나 싸는 물품으로서 식품 또는 식품첨가물에 직접 접촉되는 용기(옹기류는 제외한다) · 포장지를 제조하는 영업
   나. 옹기류제조업 : 식품을 제조 · 조리 · 저장할 목적으로 사용되는 독, 항아리, 뚝배기 등을 제조하는 영업
8. 식품접객업
   가. 휴게음식점영업 : 주로 다류(茶類), 아이스크림류 등을 조리 · 판매하거나 패스트푸드점, 분식점 형태의 영업 등 음식류를 조리 · 판매하는 영업으로서 음주행위가 허용되지 아니하는 영업. 다만, 편의점, 슈퍼마켓, 휴게소, 그 밖에 음식류를 판매하는 장소(만화가게 및 「게임산업진흥에 관한 법률」 제2조 제7호에 따른 인터넷컴퓨터게임시설제공업을 하는 영업소 등 음식류를 부수적으로 판매하는 장소를 포함한다)에서 컵라면, 일회용 다류 또는 그 밖의 음식류에 물을 부어 주는 경우는 제외한다.
   나. 일반음식점영업 : 음식류를 조리 · 판매하는 영업으로서 식사와 함께 부수적으로 음주행위가 허용되는 영업
   다. 단란주점영업 : 주로 주류를 조리 · 판매하는 영업으로서 손님이 노래를 부르는 행위가 허용되는 영업

라. 유흥주점영업 : 주로 주류를 조리 · 판매하는 영업으로서 유흥종사자를 두거나 유흥시설을 설치할 수 있고 손님이 노래를 부르거나 춤을 추는 행위가 허용되는 영업
마. 위탁급식영업 : 집단급식소를 설치 · 운영하는 자와의 계약에 따라 그 집단급식소에서 음식류를 조리하여 제공하는 영업
바. 제과점영업 : 주로 빵, 떡, 과자 등을 제조 · 판매하는 영업으로서 음주행위가 허용되지 아니하는 영업

■ 규칙 [별표14] 업종별 시설기준
9. 위탁급식영업의 시설기준
가) 사무소 영업활동을 위한 독립된 사무소가 있어야 한다. 다만, 영업활동에 지장이 없는 경우에는 다른 사무소를 함께 사용할 수 있다.
나) 창고 등 보관시설
(1) 식품 등을 위생적으로 보관할 수 있는 창고를 갖추어야 한다. 이 경우 창고는 영업신고를 한 소재지와 다른 곳에 설치하거나 임차하여 사용할 수 있다.
(2) 창고에는 식품 등을 법 제7조 제1항에 따른 식품 등의 기준 및 규격에서 정하고 있는 보존 및 유통기준에 적합한 온도에서 보관할 수 있도록 냉장 · 냉동시설을 갖추어야 한다.
다) 운반시설
(1) 식품을 위생적으로 운반하기 위하여 냉동시설이나 냉장시설을 갖춘 적재고가 설치된 운반차량을 1대 이상 갖추어야 한다. 다만, 법 제37조에 따라 허가 또는 신고한 영업자와 계약을 체결하여 냉동 또는 냉장시설을 갖춘 운반차량을 이용하는 경우에는 운반차량을 갖추지 아니하여도 된다.
(2) (1)의 규정에도 불구하고 냉동 또는 냉장시설이 필요 없는 식품만을 취급하는 경우에는 운반차량에 냉동시설이나 냉장시설을 갖춘 적재고를 설치하지 아니하여도 된다.
라) 식재료 처리시설
식품첨가물이나 다른 원료를 사용하지 아니하고 농 · 임 · 수산물을 단순히 자르거나 껍질을 벗기거나 말리거나 소금에 절이거나 숙성하거나 가열(살균의 목적 또는 성분의 현격한 변화를 유발하기 위한 목적의 경우를 제외한다)하는 등의 가공과정 중 위생상 위해발생의 우려가 없고 식품의 상태를 관능검사로 확인할 수 있도록 가공하는 경우 그 재료처리시설의 기준은 제1호 나목부터 마목까지의 규정을 준용한다.
마) 나)부터 라)까지의 시설기준에도 불구하고 집단급식소의 창고 등 보관시설 및 식재료 처리시설을 이용하는 경우에는 창고 등 보관시설과 식재료 처리시설을 설치하지 아니할 수 있으며, 위탁급식업자가 식품을 직접 운반하지 않는 경우에는 운반시설을 갖추지 아니할 수 있다.

● 시행령 제23조 허가를 받아야 하는 영업 및 허가관청
1. 식품조사처리업 : 식품의약품안전처장
2. 단란주점영업과 유흥주점영업 : 특별자치시장 · 특별자치도지사 또는 시장. 군수 · 구청장

● 시행령 제24조 허가를 받아야 하는 변경사항
법 제37조 제1항 후단에 따라 변경할 때 허가를 받아야 하는 사항은 영업소 소재지로 한다.

● 시행령 25조 영업신고를 하여야 하는 업종
① 특별자치시장 · 특별자치도지사 또는 시장 · 군수 · 구청장에게 신고하여야 하는 영업
2. 제21조 제2호의 즉석판매제조 · 가공업
4. 제21조 제4호의 식품운반업
5. 제21조 제5호의 식품소분 · 판매업
6. 제21조 제6호 나목의 식품냉동 냉장업
7. 제21조 제7호의 용기 · 포장류제조업(자신의 제품을 포장하기 위하여 용기 · 포장류 제조하는 경우는 제외한다)
8. 제21조 제8호 가목의 휴게음식점영업, 같은 호 마목의 위탁급식영업 및 같은 호 바목의 제과점영업

제39조 영업승계

① 영업자가 영업을 양도하거나 사망한 경우 또는 법인이 합병한 경우에는 그 양수인·상속인 또는 합병 후 존속하는 법인이나 합병에 따라 설립되는 법인은 그 영업자의 지위를 승계한다.

② 다음 각 호의 어느 하나에 해당하는 절차에 따라 영업 시설의 전부를 인수한 자는 그 영업자의 지위를 승계한다. 이 경우 종전의 영업자에 대한 영업 허가·등록 또는 그가 한 신고는 그 효력을 잃는다.

　1.「민사집행법」에 따른 경매

　2.「채무자 회생 및 파산에 관한 법률」에 따른 환가(換價)

　3.「국세징수법」,「관세법」 또는 「지방세징수법」에 따른 압류재산의 매각

　4. 그 밖에 제1호부터 제3호까지의 절차에 준하는 절차

③ 제1항 또는 제2항에 따라 그 영업자의 지위를 승계한 자는 총리령으로 정하는 바에 따라 1개월 이내에 그 사실을 식품의약품안전처장 또는 특별자치시장·특별자치도지사·시장·군수·구청장에게 신고하여야 한다.

제40조 건강진단

① 총리령으로 정하는 영업자 및 그 종업원은 건강진단을 받아야 한다.

② 건강진단을 받은 결과 타인에게 위해를 끼칠 우려가 있는 질병이 있다고 인정된 자는 그 영업에 종사하지 못한다.

③ 영업자는 건강진단을 받지 아니한 자나 건강진단 결과 타인에게 위해를 끼칠 우려가 있는 질병이 있는 자를 그 영업에 종사시키지 못한다.

> ■규칙 제49조 건강진단 대상자
> ① 건강진단을 받아야 하는 사람은 식품 또는 식품첨가물(화학적 합성품 또는 기구 등의 살균·소독제는 제외)을 채취·제조·가공·조리·저장·운반 또는 판매하는 일에 직접 종사하는 영업자 및 종업원으로 한다. 다만, 완전 포장된 식품 또는 식품첨가물을 운반하거나 판매하는 일에 종사하는 사람은 제외한다.
> ② 건강진단을 받아야 하는 영업자 및 그 종업원은 영업 시작 전 또는 영업에 종사하기 전에 미리 건강진단을 받아야 한다.

> ■규칙 제50조 영업에 종사하지 못하는 질병의 종류
> 1. 결핵(비감염성인 경우는 제외)
> 2. 제2급감염병 : 콜레라, 장티푸스, 파라티푸스, 세균성이질, 장출혈성대장균감염증, A형간염
> 3. 피부병 또는 그 밖의 화농성 질환
> 4. 후천성면역결핍증(성병에 관한 건강진단을 받아야 하는 영업에 종사하는 사람만 해당)

■ 식품위생 분야 종사자의 건강진단 규칙 제2조 [별표] 식품위생분야 종사자의 건강진단 항목 및 횟수

대상	건강진단 항목	횟수
식품 또는 식품첨가물(화학적 합성품 또는 기구 등의 살균소독제는 제외)을 채취 · 제조 · 가공 · 조리 · 저장 · 운반 또는 판매하는 데 직접 종사하는 사람. 다만, 영업자 또는 종업원 중 완전 포장된 식품 또는 식품첨가물을 운반하거나 판매하는 데 종사하는 사람은 제외	1. 장티푸스(식품위생 관련 영업 및 집단급식소 종사자만 해당) 2. 폐결핵 3. 전염성 피부 질환(한센병 등 세균성 피부 질환을 말한다)	매년 1회 (건강검진받은 날 기준)

제41조 식품위생교육

●시행령 제27조 식품위생교육의 대상 식품위생교육을 받아야 하는 영업자
1. 식품제조 · 가공업자
2. 즉석판매제조 · 가공업자
3. 식품첨가물제조업자
4. 식품운반업자
5. 식품소분 · 판매업자(식용얼음판매업자 및 식품자동판매기영업자는 제외)
6. 식품보존업자
7. 용기 · 포장류제조업자
8. 식품접객업자(휴게음식점영업, 일반음식점영업, 단란주점영업, 유흥주점영업, 위탁급식영업, 제과점영업)

① 대통령령으로 정하는 영업자 및 유흥종사자를 둘 수 있는 식품접객업 영업자의 종업원은 매년 식품위생에 관한 교육을 받아야 한다.

② 영업을 하려는 자는 미리 식품위생교육을 받아야 한다. 다만, 부득이한 사유로 미리 식품위생교육을 받을 수 없는 경우에는 영업을 시작한 뒤에 식품의약품안전처장이 정하는 바에 따라 식품위생교육을 받을 수 있다.

③ 교육을 받아야 하는 자가 영업에 직접 종사하지 아니하거나 두 곳 이상의 장소에서 영업을 하는 경우에는 종업원 중에서 식품위생에 관한 책임자를 지정하여 영업자 대신 교육을 받게 할 수 있다. 다만, 집단급식소에 종사하는 조리사 및 영양사가 식품위생에 관한 책임자로 지정되어 제56조 제1항 단서에 따라 교육을 받은 경우에는 해당 연도의 식품위생교육을 받은 것으로 본다.

④ 조리사, 영양사, 위생사 면허를 받은 자가 식품접객업을 하려는 경우에는 식품위생교육을 받지 아니하여도 된다.

⑤ 영업자는 특별한 사유가 없는 한 식품위생교육을 받지 아니한 자를 그 영업에 종사하게 하여서는 아니 된다.

⑥ 식품위생교육은 집합교육 또는 정보통신매체를 이용한 원격교육으로 실시한다. 다만, 제2항(제88조 제3항에서 준용하는 경우를 포함한다)에 따라 영업을 하려는 자가 미리 받아야 하는 식품위생교육은 집합교육으로 실시한다.

⑦ 제6항에도 불구하고 식품위생교육을 받기 어려운 도서 · 벽지 등의 영업자 및 종업원에 대해서는 총리령으로 정하는 바에 따라 식품위생교육을 실시할 수 있다.

⑧ 제1항 및 제2항에 따른 교육의 내용, 교육비 및 교육 실시 기관 등에 관하여 필요한 사항은 총리령으로 정한다.

제41조의2 위생관리책임자

① 제36조 제1항 따라 공유주방 운영업을 하려는 자에는 대통령령으로 정하는 자격기준을 갖춘 위생관리책임자(이하 "위생관리책임자"라 한다)를 두어야 한다. 다만, 공유주방 운영업을 하려는 자가 위생관리책임자의 자격기준을 갖추고 해당직무를 수행하는 경우에는 그러하지 아니하다.

② 위생관리책임자는 공유주방에서 상시적으로 다음 각 호의 직무를 수행한다.
　1. 공유주방의 위생적 관리 및 유지
　2. 공유주방 사용에 관한 기록 및 유지
　3. 식중독 등 식품사고의 원인 조사 및 피해 예방 조치에 관한 지원
　4. 공유주방 이용자에 대한 위생관리 지도 및 교육

③ 공유주방을 운영 또는 이용하는 자는 위생관리책임자의 업무를 방해하여서는 아니 되며, 그로부터 업무 수행에 필요한 요청을 받았을 때에는 정당한 사유가 없으면 요청에 따라야 한다.

④ 제1항에 따라 공유주방 운영업을 하는 자가 위생관리책임자를 선임하거나 해임할 때에는 총리령으로 정하는 바에 따라 식품의약품안전처장에게 신고하여야 한다.

⑤ 식품의약품안전처장은 제4항에 따른 신고를 받은 날부터 3일 이내에 신고수리 여부를 신고인에게 통지하여야 한다.

⑥ 식품의약품안전처장이 제5항에서 정한 기간 내에 신고수리 여부나 민원 처리 관련 법령에 따른 처리기간의 연장을 신고인에게 통지하지 아니하면 그 기간(민원 처리 관련 법령에 따라 처리기간이 연장 또는 재연장된 경우에는 해당 처리기간을 말한다)이 끝난 날의 다음 날에 신고를 수리한 것으로 본다.

⑦ 위생관리책임자는 제2항에 따른 직무 수행내역 등을 총리령으로 정하는 바에 따라 기록·보관하여야 한다.

⑧ 위생관리책임자는 매년 식품위생에 관한 교육을 받아야 한다.

⑨ 제8항에 따른 교육의 내용, 시간, 교육 실시 기관 등에 관하여 필요한 사항은 총리령으로 정한다.

▪규칙 제51조 식품위생교육기관 등
① 법 제41조 제1항에 따른 식품위생교육을 실시하는 기관은 식품의약품안전처장이 지정·고시하는 식품위생교육전문기관, 법 제59조 제1항에 따른 동업자 조합 또는 법 제64조 제1항에 따른 한국식품산업협회로 한다.
② 식품위생교육의 내용은 식품위생, 개인위생, 식품위생시책, 식품의 품질관리 등으로 한다.
③ 식품위생교육전문기관의 운영과 식품교육내용에 관한 세부 사항은 식품의약품안전처장이 정한다.

PART 01
PART 02
PART 03
PART 04
PART 05
PART 06
PART 07
PART 08
PART 09

■ 규칙 제52조 교육시간

① 영업자와 종업원이 받아야 하는 식품위생교육 시간
- 식품제조가공업 등 관련 영업자 : 3시간(식용얼음판매업자와 식품자동판매기영업자는 교육 제외)
- 유흥주점영업의 유흥종사자 : 2시간
- 집단급식소를 설치 · 운영하는 자 : 3시간
② 영업을 하려는 자가 받아야 하는 식품위생교육 시간
- 식품제조 · 가공업, 즉석판매제조 · 가공업, 식품첨가물제조업 : 8시간
- 식품운반업, 식품소분.판매업, 식품보존업, 용기 · 포장류제조업 : 4시간
- 식품접객업(휴게음식점영업, 일반음식점영업, 단란주점영업, 유흥주점영업, 위탁급식영업, 제과점영업) : 6시간
- 집단급식소를 설치 · 운영하려는 자 : 6시간
③ 제1항 및 제2항에 따라 식품위생교육을 받은 자가 다음 각 호의 어느 하나에 해당하는 경우에는 해당 영업에 대한 신규 식품위생교육을 받은 것으로 본다.
1. 신규 식품위생교육을 받은 날부터 2년이 지나지 않은 자 또는 제1항에 따른 교육을 받은 날부터 1년이 지나지 아니한 자가 교육받은 업종과 같은 업종으로 영업을 하려는 경우
2. 신규 식품위생교육을 받은 날부터 2년이 지나지 않은 자 또는 제1항에 따른 교육을 받은 날부터 1년이 지나지 아니한 자가 다음 각 목의 어느 하나에 해당하는 업종 중에서 같은 목의 다른 업종으로 영업을 하려는 경우
가. 식품제조 · 가공업, 즉석판매제조 · 가공업, 식품첨가물제조업
나. 식품소분업, 같은 호 나목의 식용얼음판매업, 유통전문판매업, 집단급식소 식품판매업 및 기타 식품판매업
다. 휴게음식점영업, 일반음식점영업, 제과점영업
라. 단란주점영업, 유흥주점영업

제46조 식품 등의 이물 발견보고 등

① 판매의 목적으로 식품 등을 제조 · 가공 · 소분 · 수입 또는 판매하는 영업자는 소비자로부터 판매제품에서 식품의 제조 · 가공 · 조리 · 유통 과정에서 정상적으로 사용된 원료 또는 재료가 아닌 것으로서 섭취할 때 위생상 위해가 발생할 우려가 있거나 섭취하기에 부적합한 물질(이하 "이물")을 발견한 사실을 신고받은 경우 지체 없이 이를 식품의약품안전처장, 시 · 도지사 또는 시장 · 군수 · 구청장에게 보고하여야 한다.

② 「소비자기본법」에 따른 한국소비자원 및 소비자단체와 「전자상거래 등에서의 소비자보호에 관한 법률」에 따른 통신판매중개업자로서 식품접객업소에서 조리한 식품의 통신판매를 전문적으로 알선하는 자는 소비자로부터 이물 발견의 신고를 접수하는 경우 지체 없이 이를 식품의약품안전처장에게 통보하여야 한다.

③ 시 · 도지사 또는 시장 · 군수 · 구청장은 소비자로부터 이물 발견의 신고를 접수하는 경우 이를 식품의약품안전처장에게 통보하여야 한다.

④ 식품의약품안전처장은 이물 발견의 신고를 통보받은 경우 이물혼입 원인 조사를 위하여 필요한 조치를 취하여야 한다.

■규칙 제60조 이물 보고의 대상 등
① 영업자가 지방식품의약품안전청장, 시·도지사 또는 시장·군수·구청장에게 보고하여야 하는 이물
　　1. 금속성 이물, 유리조각 등 섭취과정에서 인체에 직접적인 위해 손상을 줄 수 있는 재질 또는 크기의 물질
　　2. 기생충 및 그 알, 동물의 사체 등 섭취과정에서 혐오감을 줄 수 있는 물질
　　3. 그 밖에 인체의 건강을 해칠 우려가 있거나 섭취하기에 부적합한 물질로서 식품의약품안전처장이 인정하는 물질
② 이물의 발견 사실을 보고하려는 자는 별지 서식의 이물보고서에 사진, 해당 식품 등 증거자료를 첨부하여 관할 지방식품의약품안전처장, 시·도지사 또는 시장·군수·구청장에게 제출하여야 한다.

제47조 위생등급

① 식품의약품안전처장 또는 특별자치시장·특별자치도지사·시장·군수·구청장은 총리령으로 정하는 위생등급 기준에 따라 위생관리 상태 등이 우수한 식품 등의 제조·가공업소(공유주방에서 제조·가공하는 업소를 포함한다), 식품접객업소(공유주방에서 조리·판매하는 업소를 포함한다) 또는 집단급식소를 우수업소 또는 모범업소로 지정할 수 있다.

② 식품의약품안전처장(대통령령으로 정하는 그 소속 기관의 장을 포함), 시·도지사 또는 시장·군수·구청장은 지정한 우수업소 또는 모범업소에 대하여 관계 공무원으로 하여금 총리령으로 정하는 일정 기간 동안 출입·검사·수거 등을 하지 아니하게 할 수 있으며, 시·도지사 또는 시장·군수·구청장은 영업자의 위생관리시설 및 위생설비시설 개선을 위한 융자 사업과 음식문화 개선과 좋은 식단 실천을 위한 사업에 대하여 우선 지원 등을 할 수 있다.

③ 식품의약품안전처장 또는 특별자치시장·특별자치도지사·시장·군수·구청장은 우수업소 또는 모범업소로 지정된 업소가 그 지정기준에 미치지 못하거나 영업정지 이상의 행정처분을 받게 되면 지체 없이 그 지정을 취소하여야 한다.

■규칙 제61조 우수업소, 모범업소의 지정 등
① 우수업소 또는 모범업소의 지정
　　1. 우수업소의 지정 : 식품의약품안전처장 또는 특별자치시장·특별자치도지 사·시장·군수·구청장
　　2. 모범업소의 지정 : 특별자치시장·특별자치도지사·시장·군수·구청장
② 우수업소와 일반업소로 구분 : 식품제조·가공업, 식품첨가물제조업
　 모범업소와 일반업소로 구분 : 집단급식소, 일반음식점영업

■규칙 [별표 19] 우수업소 모범업소의 지정기준(제6조 제2항 관련)
2. 모범업소
　가. 집단급식소
　　1) 식품안전관리인증기준(HACCP) 적용업소로 지정받아야 한다.
　　2) 최근 3년간 식중독이 발생하지 아니하여야 한다.
　　3) 조리사 및 영양사를 두어야 한다.
　　4) 그 밖에 나목의 일반음식점이 갖추어야 하는 기준을 모두 갖추어야 한다.

제48조 식품안전관리인증기준

① 식품의약품안전처장은 식품의 원료관리 및 제조 · 가공 · 조리 · 소분 · 유통의 모든 과정에서 위해한 물질이 식품에 섞이거나 식품이 오염되는 것을 방지하기 위하여 각 과정의 위해요소를 확인 평가하여 중점적으로 관리하는 기준(식품안전관리인증기준)을 식품별로 정하여 고시할 수 있다.

② 총리령으로 정하는 식품을 제조 · 가공 · 조리 · 소분 · 유통하는 영업자는 식품의약품안전처장이 식품별로 고시한 식품안전관리인증기준을 지켜야 한다.

● 시행령 제33조 식품안전관리인증기준
① "위탁하려는 식품과 동일한 식품에 대하여 식품안전관리인증기준적용업소로 인증된 업소에 위탁하여 제조 · 가공하려는 경우 등 대통령령으로 정한 경우"란 다음 각 호의 경우를 말한다.
  1. 위탁하려는 식품과 같은 식품에 대하여 식품안전관리인증기준적용업소로 인증된 업소에 위탁하여 제조 · 가공하는 경우
  2. 위탁하려는 식품과 같은 제조 공정 · 중요관리점(식품의 위해를 방지하거나 제거하여 안전성을 확보할 수 있는 단계 또는 공정을 말한다)에 대하여 식품안전관리인증기준적용업소로 인증된 업소에 위탁하여 제조 · 가공하려는 경우

■ 규칙 제62조 식품안전관리인증기준 대상 식품
1. 수산가공식품류의 어육가공품류 중 어묵 · 어육소시지
2. 기타수산물가공품 중 냉동 어류 · 연체류 · 조미가공품
3. 냉동식품 중 피자류 · 만두류 · 면류
4. 과자류, 빵류 또는 떡류 중 과자 · 캔디류 · 빵류 떡류
5. 빙과류 중 빙과
6. 음료류(다류 및 커피류는 제외)
7. 레토르트식품
8. 절임류 또는 조림류의 김치류 중 김치(배추를 주원료로 하여 절임, 양념 혼합과정 등을 거쳐 이를 발효시킨 것이거나 발효시키지 아니한 것 또는 이를 가공한 것에 한함)
9. 코코아가공품 또는 초콜릿류 중 초콜릿류
10. 면류 중 유탕면 또는 곡분, 전분, 전분질원료 등을 주원료로 반죽하여 손이나 기계 따위로 면을 뽑아내거나 자른 국수로서 생면 · 숙면 · 건면
11. 특수용도식품
12. 즉석섭취 · 편의식품류 중 즉석섭취식품
12의 2. 즉석섭취 · 편의식품류의 즉석조리식품 중 순대
13. 식품제조 · 가공업의 영업소 중 전년도 총 매출액이 100억원 이상인 영업소에서 제조 · 가공하는 식품

■ 규칙 제64조 식품안전관리인증기준적용업소의 영업자 및 종업원에 대한 교육훈련
① 식품안전관리인증기준적용업소의 영업자 및 종업원 교육훈련의 종류
    1. 영업자 및 종업원에 대한 신규 교육훈련
    2. 종업원에 대하여 매년 1회 이상 실시하는 정기교육훈련
    3. 그 밖에 식품의약품안전처장이 식품위해사고의 발생 및 확산이 우려되어 영업자 및 종업원에게 명하는 교육훈련
② 교육훈련 내용
    1. 식품안전관리인증기준의 원칙과 절차에 관한 사항
    2. 식품위생제도 및 식품위생관련 법령에 관한 사항
    3. 식품안전관리인증기준의 적용방법에 관한 사항
    4. 식품안전관리인증기준의 조사·평가 및 자체평가에 관한 사항
    5. 식품안전관리인증기준과 관련된 식품위생에 관한 사항
③ 식품안전관리인증기준적용업소의 영업자 및 종업원 교육훈련 시간
    1. 신규 교육훈련 : 영업자의 경우 2시간 이내, 종업원의 경우 16시간 이내
    2. 정기교육훈련 : 4시간 이내
    3. 그 밖에 식품의약품안전처장이 식품위해사고의 발생 및 확산이 우려되어 영업자 및 종업원에게 명하는 교육훈련 :
     8시간 이내

■ 규칙 제65조 식품안전관리인증기준적용업소에 대한 지원 등
① 식품의약품안전처장은 식품안전관리인증기준적용업소의 인증을 받거나 받으려는 영업자에게 식품안전 관리인증기준
  에 필요한 다음 각 호의 사항을 지원할 수 있다.
    1. 식품안전관리인증기준 적용에 관한 전문적 기술과 교육
    2. 위해요소 분석 등에 필요한 검사
    3. 식품안전관리인증기준 적용을 위한 자문 비용
    4. 식품안전관리인증기준 적용을 위한 시설·설비 등 개수·보수 비용
    5. 교육훈련 비용

■ 규칙 제66조 식품안전관리인증기준적용업소에 대한 조사·평가
① 지방식품의약품안전청장은 식품안전관리인증기준적용업소로 인증받은 업소에 대하여 식품안전관리 인증기준 준수
  여부 등에 관하여 매년 1회 이상 조사·평가할 수 있다.
② 제1항에 따른 조사·평가사항은 다음 각 호와 같다.
    1. 법 제48조 제1항에 따른 제조·가공·조리 및 유통에 따른 위해요소분석, 중요관리점 결정 등이 포함된 식품안전
     관리인증기준 준수 여부
    2. 제64조에 따른 교육훈련 수료 여부

■ 규칙 제67조 식품안전관리인증기준적용업소 인증취소 등
① 총리령으로 정하는 사항을 지키지 아니하여 식품안전관리인증기준적용업소 인증취소 등의 처분을 받는 경우
    1. 식품안전관리인증기준적용업소의 영업자가 인증받은 식품을 다른 업소에 위탁하여 제조·가공한 경우
    2. 인증받은 사항 중 식품의 위해를 방지하거나 제거하여 안전성을 확보할 수 있는 단계 또는 공정을 변경하거나 영
     업장 소재지 변경 시 변경신청을 하여야 하는데 변경 신청을 하지 아니한 경우

■ 규칙 제68조 식품안전관리인증기준적용업소에 대한 출입 검사 면제
지방식품의약품안전청장, 시·도지사 또는 시장·군수·구청장은 인증 유효기간 동안 관계 공무원으로 하여금 출입·검
사를 하지 아니하게 할 수 있다.

제51조 조리사

① 집단급식소 운영자와 식품접객업자는 조리사를 두어야 한다.

   ※ 조리사를 두지 않아도 되는 경우

   1. 집단급식소 운영자 또는 식품접객영업자 자신이 조리사로서 직접 음식을 조리하는 경우

   2. 1회 급식인원 100명 미만의 산업체인 경우

   3. 영양사가 조리사의 면허를 받은 경우

② 집단급식소 근무 조리사의 직무

   1. 집단급식소에서의 식단에 따른 조리업무 : 식재료의 전처리에서부터 조리, 배식 등의 전 과정

   2. 구매상품의 경수 지원

   3. 급식장비 및 기구 위생 · 안전 실무

   4. 그 밖에 조리 실무에 관한 사항

> ●시행령 제36조 조리사를 두어야 하는 식품접객업자
> 식품접객업 중 복어독 제거가 필요한 복어를 조리 · 판매하는 영업자를 하는 자는 복어조리자격을 취득한 조리사를 두어야 한다.

제52조 영양사

① 집단급식소 운영자는 영양사를 두어야 한다.

   ※ 영양사를 두지 않아도 되는 경우

   1. 집단급식소 운영자 자신이 영양사로서 직접 영양 지도를 하는 경우

   2. 1회 급식인원 100% 미만의 산업체인 경우

   3. 조리사가 영양사의 면허를 받은 경우

② 집단급식소 근무 영양사의 직무

   1. 집단급식소에서의 식단 작성, 검색 및 배식관리

   2. 구매식품의 점수 및 관리

   3. 급식시절의 위생적 관리

   4. 집단급식소의 운영일지 작성

   5. 종업원에 대한 영양 지도 및 식품위생교육

제53조 조리사의 면허

① 조리사가 되려는 자는 「국가기술자격법」에 따라 해당 기능분야의 자격을 얻은 후, 특별자치시장 · 특별자치도지사 · 시장 · 군수 · 구청장의 면허를 받아야 한다.

제54조 결격사유

조리사 면허를 받을 수 없는 결격사유

1. 「정신건강증진 및 정신질환자 복지서비스 지원에 관한 법률」에 따른 정신질환자. 다만, 전문의가 조리사로서 적합하다고 인정하는 자는 제외
2. 「감염병의 예방 및 관리에 관한 법률」에 따른 감염병환자. 다만, B형간염환자는 제외
3. 「마약류관리에 관한 법률」에 따른 마약이나 그 밖의 약물 중독자
4. 조리사 면허의 취소처분을 받고 그 취소된 날부터 1년이 지나지 아니한 자

TIP 감염병의 예방 및 관리에 관한 법률 제2조

"감염병"이란 제1급감염병, 제2급감염병, 제3급감염병, 제4급감염병, 기생충 감염병, 세계보건기구 감시대상 감염병, 생물테러감염병, 성매개감염병, 인수 공통감염병 및 의료관련감염병을 말함

제1급감염병	에볼라바이러스병, 마버그열, 라싸열, 크리미안콩고출혈열, 남아메리카출혈열, 리프트밸리열, 두창, 페스트, 탄저, 보툴리눔독소증, 야토병, 신종감염병증후군, 중증급성호흡기증후군(SARS), 중동호흡기증후군(MERS), 동물인플루엔자 인체감염증, 신종인플루엔자, 디프테리아
제2급감염병	결핵(結核), 수두(水痘), 홍역(紅疫), 콜레라, 장티푸스, 파라티푸스, 세균성이질, 장출혈성대장균감염증, A형간염, 백일해(百日咳), 유행성이하선염(流行性耳下腺炎), 풍진(風疹), 폴리오, 수막구균 감염증, b형헤모필루스인플루엔자, 폐렴구균 감염증, 한센병, 성홍열, 반코마이신내성황색포도알균(VRSA) 감염증, 카바페넴내성장내세균속균종(CRE) 감염증, E형간염
제3급감염병	파상풍(破傷風), B형간염, 일본뇌염, C형간염, 말라리아, 레지오넬라증, 비브리오패혈증, 발진티푸스, 발진열(發疹熱), 쯔쯔가무시증, 렙토스피라증, 브루셀라증, 공수병(恐水病), 신증후군출혈열(腎症侯群出血熱), 후천성면역결핍증(AIDS), 크로이츠펠트-야콥병(CJD) 및 변종크로이츠펠트-야콥병(vCJD), 황열, 뎅기열, 큐열(Q熱), 웨스트나일열, 라임병, 진드기매개뇌염, 유비저(類鼻疽), 치쿤구니야열, 중증열성혈소판감소증후군(SFTS), 지카바이러스 감염증
제4급감염병	인플루엔자, 매독(梅毒), 회충증, 편충증, 요충증, 간흡충증, 폐흡충증, 장흡충증, 수족구병, 임질, 클라미디아감염증, 연성하감, 성기단순포진, 첨규콘딜롬, 반코마이신내성장알균(VRE) 감염증, 메티실린내성황색포도알균(MRSA) 감염증, 다제내성녹농균(MRPA) 감염증, 다제내성아시네토박터바우마니균(MRAB) 감염증, 장관감염증, 급성호흡기감염증, 해외유입기생충감염증, 엔테로바이러스감염증, 사람유두종바이러스 감염증

제55조 명칭 사용 금지

조리사가 아니면 조리사라는 명칭을 사용하지 못한다..

제56조 교육

① 식품의약품안전처장은 식품위생 수준 및 자질의 향상을 위하여 필요한 경우 조리사와 영양사에게 교육(조리사의 경우 보수교육 포함)을 받을 것을 명할 수 있다. 다만, 집단급식소에 종사하는 조리사와 영양사는 1년마다 교육을 받아야 한다.

PART 01
PART 02
PART 03
PART 04
PART 05
PART 06
PART 07
PART 08
PART 09

■규칙 제83조 조리사 및 영양사의 교육

① 식품의약품안전처장은 식품으로 인하여 감염병이 유행하거나 집단식중독의 발생 및 확산 등으로 국민건강을 해칠 우려가 있다고 인정되는 경우 또는 시·도지사가 국제적 행사나 대규모 특별행사 등으로 식품위생 수준의 향상이 필요하여 식품위생에 관한 교육의 실시를 요청하는 경우에는 식품의 약품안전처장이 정하는 시간에 해당하는 교육을 받을 것을 명할 수 있다.

　※ 교육을 받아야 하는 조리사

　1. 조리사를 두어야 하는 식품접객업소 또는 집단급식소에 종사하는 조리사

　2. 영양사를 두어야 하는 집단급식소에 종사하는 영양사

② 조리사 면허를 받은 영양사나 영양사 면허를 받은 조리사가 교육을 이수한 경우에는 해당 조리사 교육과 영양사 교육을 모두 받은 것으로 본다.

③ 교육을 받아야 하는 조리사 및 영양사가 식품의약품안전처장이 정하는 질병 치료 등 부득이한 사유로 교육에 참석하기가 어려운 경우에는 교육교재를 배부하여 이를 익히고 활용하도록 함으로써 교육을 갈음할 수 있다.

■규칙 제84조 조리사 및 영양사의 교육기관 등

① 집단급식소에 종사하는 조리사 및 영양사에 대한 교육은 식품의약품안전처장이 식품위생 관련 교육을 목적으로 하는 전문기관 또는 단체 중에서 지정한 기관이 실시한다.

② 조리사와 영양사 교육 내용

　1. 식품위생법령 및 시책

　2. 집단급식 위생관리

　3. 식중독 예방 및 관리를 위한 대책

　4. 조리사 및 영양사의 자질 향상에 관한 사항

　5. 그 밖에 식품위생을 위하여 필요한 사항

③ 교육시간 : 6시간

SECTION 08 | 식품위생단체 등

제70조의 7 건강 위해가능 영양성분 관리

① 국가 및 지방자치단체는 식품의 나트륨, 당류, 트랜스지방 등 영양성분의 과잉 섭취로 인한 국민보건상 위해를 예방하기 위하여 노력하여야 한다.

② 식품의약품안전처장은 관계 중앙행정기관의 장과 협의하여 건강 위해가능 영양성분 관리 기술의 개발·보급, 적정섭취를 위한 실천방법의 교육·홍보 등을 실시하여야 한다.

●시행령 제50조의4 건강 위해가능 영양성분의 종류

1. 나트륨

2. 당류

3. 트랜스지방

제71조 시정명령

① 식품의약품안전처장, 시·도지사 또는 시장·군수·구청장은 식품 등의 위생적 취급에 관한 기준에 맞지 아니하게 영업을 하는 자와 이 법을 지키지 아니하는 자에게는 필요한 시정을 명하여야 한다.

② 식품의약품안전처장, 시·도지사 또는 시장·군수·구청장은 제1항의 시정명령을 한 경우에는 그 영업을 관할하는 관서의 장에게 그 내용을 통보하여 시정명령이 이행되도록 협조를 요청할 수 있다.

③ 제2항에 따라 요청을 받은 관계 기관의 장은 정당한 사유가 없으면 이에 응하여야 하며, 그 조치 결과를 지체 없이 요청한 기관의 장에게 통보하여야 한다.

제72조 폐기처분 등

① 식품의약품안전처장, 시·도지사 또는 시장·군수·구청장은 영업을 하는 자가 위해식품 등의 판매 등 금지, 병든 동물 고기 등의 판매 등 금지, 기준 규격이 고시되지 아니한 화학적 합성품 등의 판매 등 금지, 기준 규격에 맞지 않는 식품 및 식품첨가물 사용 금지, 유독기구 등의 판매·사용 금지, 기준·규격에 맞지 않는 기구·용기·포장 사용 금지, 유전자재조합식품에 표시가 없는 경우, 유통기한이 경과된 제품·식품 또는 그 원재료를 조리·판매의 목적으로 소분·운반·진열·보관하거나 이를 판매 또는 식품의 제조·가공에 사용하는 경우에는 관계 공무원에게 그 식품 등을 압류 또는 폐기하게 하거나 용도·처리방법 등을 정하여 영업자에게 위해를 없애는 조치를 하도록 명하여야 한다.

② 식품의약품안전처장, 시·도지사 또는 시장·군수·구청장은 허가받지 아니하거나 신고 또는 등록하지 아니하고 제조·가공·조리한 식품 또는 식품첨가물이나 여기에 사용한 기구 또는 용기·포장 등을 관계 공무원에게 압류하거나 폐기하게 할 수 있다.

제75조 허가취소 등

① 식품의약품안전처장 또는 특별자치시장·특별자치도지사 시장·군수·구청장은 대통령령으로 정하는 바에 따라 영업허가 또는 등록을 취소하거나 6개월 이내의 기간을 정하여 그 영업의 전부 또는 일부를 정지하거나 영업소 폐쇄(제37조 제4항에 따라 신고한 영업만 해당)를 명할 수 있다. 다만, 식품접객영업자가 제13호(제44조 제2 항에 관한 부분만 해당한다)를 위반한 경우로서 청소년의 신분증 위조 변조 또는 도용으로 식품접객영업자가 청소년인 사실을 알지 못하였거나 폭행 또는 협박으로 청소년임을 확인하지 못한 사정이 인정되는 경우에는 대통령령으로 정하는 바에 따라 해당 행정처분을 면제할 수 있다.

② 식품의약품안전처장 또는 특별자치시장·특별자치도지사·시장·군수·구청장은 영업자가 제1항에 따른 영업정지 명령을 위반하여 영업을 계속하면 영업허가 또는 등록을 취소하거나 영업소 폐쇄를 명할 수 있다.

③ 식품의약품안전처장 또는 특별자치시장 · 특별자치도지사 · 시장 · 군수 · 구청장은 다음 각 호의 어느 하나에 해당하는 경우에는 영업허가 또는 등록을 취소하거나 영업소 폐쇄를 명할 수 있다.
  1. 영업자가 정당한 사유 없이 6개월 이상 계속 휴업하는 경우
  2. 영업자(제37조 제1항에 따라 영업허가를 받은 자만 해당한다)가 사실상 폐업하여 「부가가치세법」 제8조에 따라 관할세무서장에게 폐업신고를 하거나 관할세무서장이 사업자등록을 말소한 경우

제80조 면허취소 등

① 조리사 면허 취소 또는 업무정지(6개월) 사유
  1. 결격사유 중 어느 하나에 해당하게 된 경우 : 면허취소
  2. 제56조에 따른 교육을 받지 아니한 경우
  3. 식중독이나 그 밖에 위생과 관련한 중대한 사고 발생에 직무상의 책임이 있는 경우 : 3차 위반 시 면허취소
  4. 면허를 타인에게 대여하여 사용하게 한 경우 : 3차 위반 시 면허취소
  5. 업무 정지 기간 중에 조리사의 업무를 하는 경우 : 면허취소

■ 규칙 [별표 23] 조리사 행정처분 기준

위반사항	1차 위반		
	1차 위반	2차 위반	3차 위반
1. 조리사의 결격사유에 해당하게 된 경우	면허취소		
2. 교육의무에 따른 교육을 받지 아니한 경우	시정명령	업무정지 15일	업무정지 1개월
3. 식중독이나 그 밖에 위생과 관련한 중대한 사고 발생에 직무상의 책임이 있는 경우	업무정지 1개월	업무정지 2개월	면허취소
4. 면허를 타인에게 대여하여 사용하게 한 경우	업무정지 2개월	업무정지 3개월	면허취소
5. 업무정지기간 중에 조리사의 업무를 한 경우	면허취소		

제81조 청문

식품의약품안전처장, 시 · 도지사, 시장 · 군수 · 구청장이 청문을 하여야 하는 경우
2. 식품안전관리인증기준적용업소의 인증취소
2의 2. 제48조의 5 제1항에 따른 교육훈련기관의 지정취소
3. 영업허가 또는 등록의 취소나 영업소의 폐쇄명령
4. 조리사 면허의 취소

PART 01
PART 02
PART 03
PART 04
PART 05
PART 06
PART 07
PART 08
PART 09

제83조 위해식품 등의 판매 등에 따른 과징금 부과 등

① 식품의약품안전처장, 시·도지사 또는 시장·군수·구청장은 제4조(위해식품 등의 판매 등 금지), 제5조(병든 동물 고기 등의 판매 등 금지), 제6조(기준·규격이 고시되지 아니한 화학적합 성품 등의 판매 등 금지), 제8조(유독기구 등의 판매, 사용 금지)를 위반한 경우 다음 각 호의 어느 하나에 해당하는 자에 대하여 그가 판매한 해당 식품 등의 소매가격에 상당하는 금액을 과징금으로 부과한다.

1. 유독물질이 들어 있거나 묻어 있는 것 또는 그러한 염려가 있는 것, 병을 일으키는 미생물에 오염되어 있는 것, 유전자변형 식품 등의 안전성 평가검사를 받지 않거나 안전성평가에서 식용 불가한 것, 수입금지 또는 수입신고 않은 것, 영업자가 아닌 자가 제조·가공·소분한 것 등의 규정을 위반하여 영업정지 2개월 이상의 처분, 영업허가 및 등록의 취소 또는 영업소의 폐쇄품 영양관계법규 명령을 받은 자

2. 병든 동물 고기 등의 판매 등 금지, 기준·규격이 고시되지 아니한 화학적 합성품 등의 판매 등 금지 또는 유독기구 등의 판매, 사용 금지를 위반하여 영업허가 및 등록의 취소 또는 영업소의 폐쇄명령을 받은 자

●**시행령 제58조 위반사실의 공표**
행정처분이 확정된 영업자에 대한 사항을 지체 없이 해당 기관의 인터넷 홈페이지 또는 일반일간신문 등에 게재하여야 함
1. 「식품위생법」 위반사실의 공표라는 내용의 표제
2. 영업의 종류
3. 영업소 명칭, 소재지 및 대표자 성명
4. 식품 등의 명칭 (식품 등의 제조·가공, 소분·판매업만 해당한다)
5. 위반 내용(위반행위의 구체적인 내용과 근거법령을 포함한다)
6. 행정처분의 내용, 처분일 및 기간
7. 단속기관 및 단속일 또는 적발일

SECTION 10 | 보칙

제86조 식중독에 관한 조사·보고

① 다음 각 호의 어느 하나에 해당하는 자는 지체 없이 관할 특별자치시장·시장·군수·구청장에게 보고하여야 한다. 이 경우 의사나 한의사는 대통령령으로 정하는 바에 따라 식중독 환자나 식중독이 의심되는 자의 혈액 또는 배설물을 보관하는 데에 필요한 조치를 하여야 한다.

1. 식중독 환자나 식중독이 의심되는 자를 진단하였거나 그 사체를 검안한 의사 또는 한의사

2. 집단급식소에서 제공한 식품 등으로 인하여 식중독 환자나 식중독으로 의심되는 증세를 보이는 자를 발견한 집단급식소의 설치·운영자

② 특별자치시장·시장·군수·구청장은 식중독 관련 보고를 받은 때에는 지체 없이 그 사실을 식품의약품안전처장 및 시·도지사에게 보고하고, 대통령령으로 정하는 바에 따라 원인을 조사하여 그 결과를 보고하여야 한다.

③ 식품의약품안전처장은 식중독 관련 보고의 내용이 국민보건상 중대하다고 인정하는 경우에는 해당 시·도지사 또는 시장·군수·구청장과 합동으로 원인을 조사할 수 있다.

⑨ 식품의약품안전처장은 식중독 발생의 원인을 규명하기 위하여 식중독 의심환자가 발생한 원인시설 등에 대한 조사절차와 시험·검사 등에 필요한 사항을 정할 수 있다.

● 시행령 제59조 식중독 원인의 조사

① 식중독 환자나 식중독이 의심되는 자를 진단한 의사나 한의사는 해당 식중독 환자나 식중독이 의심되는 자의 혈액 또는 배설물을 채취하여 특별자치시장 시 장·군수·구청장이 조사하기 위하여 인수할 때까지 변질되거나 오염되지 아니하 도록 보관하여야 한다. 이 경우 보관용기에는 채취일, 식중독 환자나 식중독이 의심되는 자의 성명 및 채취자의 성명을 표시하여야 한다.

  1. 구토·설사 등의 식중독 증세를 보여 의사 또는 한의사가 혈액 또는 배설물의 보관이 필요하다고 인정한 경우

  2. 식중독 환자나 식중독이 의심되는 자 또는 그 보호자가 혈액 또는 배물의 보관을 요청한 경우 특별자치시장·시 장·군수·구청장이 하여야 할 조사

② 법 제86조 제2항에 따라 특별자치시장·시장·군수·구청장이 하여야 할 조사는 다음 각 호와 같다.

  1. 식중독의 원인이 된 식품 등과 환자 간의 연관성을 확인하기 위해 실시하는 설문조사, 섭취음식 위험도 조사 및 역학적 조사

  2. 식중독 환자나 식중독이 의심되는 자의 혈액 배설물 또는 식중독의 원인이라고 생각되는 식품 등에 대한 미생물학적 또는 이화학적 시험에 의한 조사

  3. 식중독의 원인이 된 식품 등의 오염경로를 찾기 위하여 실시하는 환경조사

■ 규칙 제93조 식중독환자 또는 그 사체에 관한 보고

① 의사 또는 한의사가 보고해야 할 사항

  1. 보고자의 주소 및 성명

  2. 식중독을 일으킨 환자, 식중독이 의심되는 사람 또는 식중독으로 사망한 사람의 주소·성명·생년월일 및 사체의 소재지

  3. 식중독의 원인

  4. 발병 연월일

  5. 진단 또는 검사 연월일

제88조 집단급식소

① 집단급식소를 설치·운영하려는 자는 특별자치시장·특별자치도지사·시장·군수·구청장에게 신고하여야 한다.

② 집단급식소를 설치·운영하는 자는 집단급식소 시설의 유지·관리 등 급식을 위생적으로 관리하기 위하여 다음 각 호의 사항을 지켜야 한다.

  1. 식중독 환자가 발생하지 아니하도록 위생관리를 철저히 할 것

  2. 조리·제공한 식품의 매회 1인분 분량을 섭씨 영하 18도 이하로 144시간 이상 보관할 것

  3. 영양사를 두고 있는 경우 그 업무를 방해하지 아니할 것

  4. 영양사를 두고 있는 경우 영양사가 집단급식소의 위생관리를 위하여 요청하는 사항에 대하여는 정당한 사유가 없으면 따를 것

  5. 「축산물 위생관리법」 제12조에 따라 검사를 받지 아니한 축산물 또는 실험 등의 용도로 사용한 동물을 음식물의 조리에 사용하지 말 것

6. 「야생생물 보호 및 관리에 관한 법률」을 위반하여 포획·채취한 야생생물을 음식물의 조리에 사용하지 말 것

7. 유통기한이 경과한 원재료 또는 완제품을 조리할 목적으로 보관하거나 이를 음식물의 조리에 사용하지 말 것

8. 수돗물이 아닌 지하수 등을 먹는 물 또는 식품의 조리·세척 등에 사용하는 경우에는 「먹는물관리법」 제43조에 따른 먹는물 수질검사기관에서 총리령으로 정하는 바에 따라 검사를 받아 마시기에 적합하다고 인정된 물을 사용할 것. 다만, 둘 이상의 업소가 같은 건물에서 같은 수원(水源)을 사용하는 경우에는 하나의 업소에 대한 시험결과로 나머지 업소에 대한 검사를 갈음할 수 있다.

9. 제15조 제2항에 따라 위해평가가 완료되기 전까지 일시적으로 금지된 식품 등을 사용·조리하지 말 것

10. 식중독 발생 시 보관 또는 사용 중인 식품은 역학조사가 완료될 때까지 폐기하거나 소독 등으로 현장을 훼손하여서는 아니 되고 원상태로 보존하여야 하며, 식중독 원인규명을 위한 행위를 방해하지 말 것

11. 그 밖에 식품 등의 위생적 관리를 위하여 필요하다고 총리령으로 정하는 사항을 지킬 것

※ 집단급식소 설치·운영자는 조리·제공한 식품(병원의 경우에는 일반식만 해당)을 매회 1인분 분량을 섭씨 영하 18도 이하로 144시간 이상 보관하여야 한다.

■ 규칙 [별표 24] 집단급식소의 설치·운영자의 준수사항(제95조 제2항 관련)

1. 물수건, 숟가락, 젓가락, 식기, 찬기, 도마, 칼, 행주 및 그 밖의 주방용구는 기구 등의 살균·소독제, 열탕, 자외선 살균 또는 전기살균의 방법으로 소독한 것을 사용해야 한다.

2. 배식하고 남은 음식물을 다시 사용·조리 또는 보관(폐기용이라는 표시를 명확하게 하여 보관하는 경우는 제외한다) 해서는 안 된다.

3. 식재료의 검수 및 조리 등에 대해서는 식품의약품안전처장이 정하여 고시하는 위생관리 사항의 점검 결과를 기록해야 한다. 이 경우 그 기록에 관한 서류는 해당 기록을 한 날부터 3개월간 보관해야 한다.

4. 수돗물이 아닌 지하수 등을 먹는 물 또는 식품의 조리·세척 등에 사용하는 경우에는 「먹는물관리법」 제43조에 따른 먹는물 수질검사기관에서 다음의 구분에 따른 검사를 받아야 한다.
   가. 일부 항목 검사 : 1년마다
   나. 모든 항목 검사 : 2년마다

5. 동물의 내장을 조리하면서 사용한 기계·기구류 등을 세척하고 살균해야 한다.

6. 모범업소로 지정받은 자 외의 자는 모범업소임을 알리는 지정증, 표지판, 현판 등의 어떠한 표시도 해서는 안 된다.

■ 규칙 [별표 25] 집단급식소의 시설기준(제96조 관련)

1. 조리장
   가. 조리장은 음식물을 먹는 객석에서 그 내부를 볼 수 있는 구조로 되어 있어야 한다. 다만, 병원·학교의 경우에는 그러하지 아니하다.
   나. 조리장 바닥은 배수구가 있는 경우에는 덮개를 설치하여야 한다.
   다. 조리장 안에는 취급하는 음식을 위생적으로 조리하기 위하여 필요한 조리시설·세척시설·폐기물용기 및 손 씻는 시설을 각각 설치하여야 하고, 폐기물용기는 오물·악취 등이 누출되지 아니하도록 뚜껑이 있고 내수성 재질[스테인리스·알루미늄·에프알피(FRP)·테프론 등 물을 흡수하지 아니하는 것]로 된 것이어야 한다.
   라. 조리장에는 주방용 식기류를 소독하기 위한 자외선 또는 전기살균소독기를 설치하거나 열탕세척소독시설(식중독을 일으키는 병원성 미생물 등이 살균될 수 있는 시설이어야 한다)을 갖추어야 한다.
   마. 충분한 환기를 시킬 수 있는 시설을 갖추어야 한다. 다만, 자연적으로 통풍이 가능한 구조의 경우에는 그러하지 아니하다.
   바. 식품 등의 기준 및 규격 중 식품별 보존 및 유통기준에 적합한 온도가 유지될 수 있는 냉장시설 또는 냉동시설을 갖추어야 한다.
   사. 식품과 직접 접촉하는 부분은 위생적인 내수성 재질로서 씻기 쉬우며, 열탕·증기 살균제 등으로 소독 살균이 가능한 것이어야 한다.
   아. 냉동 냉장시설 및 가열처리시설에는 온도계 또는 온도를 측정할 수 있는 계기를 설치하여야 하며, 적정온도가 유지되도록 관리하여야 한다.
   자. 조리장에는 쥐·해충 등을 막을 수 있는 시설을 갖추어야 한다.

2. 급수시설
   가. 수돗물이나 「먹는물관리법」에 따른 먹는 물의 수질기준에 적합한 지하수 등을 공급할 수 있는 시설을 갖추어야 한다. 다만, 지하수를 사용하는 경우에는 용수저장탱크에 염소자동주입기 등 소독장치를 설치하여야 한다.
   나. 지하수를 사용하는 경우 취수원은 화장실 폐기물처리시설·동물사육장 그 밖에 지하수가 오염될 우려가 있는 장소로부터 영향을 받지 아니하는 곳에 위치하여야 한다.

3. 창고 등 보관시설
   가. 식품 등을 위생적으로 보관할 수 있는 창고를 갖추어야 한다.
   나. 창고에는 식품 등을 법 제7조 제1항에 따른 식품 등의 기준 및 규격에서 정하고 있는 보존 및 유통기준에 적합한 온도에서 보관할 수 있도록 냉장 냉동 시설을 갖추어야 한다. 다만, 조리장에 갖춘 냉장시설 또는 냉동시설에 해당 급식소에서 조리·제공되는 식품을 충분히 보관할 수 있는 경우에는 창고에 냉장시설 및 냉동시설을 갖추지 아니하여도 된다.

4. 화장실
   가. 화장실은 조리장에 영향을 미치지 아니하는 장소에 설치하여야 한다. 다만, 집단급식소가 위치한 건축물 안에 나목부터 라목까지의 기준을 갖춘 공동화장실이 설치되어 있거나 인근에 사용하기 편리한 화장실이 있는 경우에는 따로 화장실을 설치하지 아니할 수 있다.
   나. 화장실은 정화조를 갖춘 수세식 화장실을 설치하여야 한다. 다만, 상·하수도가 설치되지 아니한 지역에서는 수세식이 아닌 화장실을 설치할 수 있다. 이 경우 변기의 뚜껑과 환기시설을 갖추어야 한다.
   다. 화장실은 콘크리트 등으로 내수처리를 하여야 하고, 바닥과 내벽(바닥으로부터 1.5미터까지)에는 타일을 붙이거나 방수페인트로 색칠하여야 한다.
   라. 화장실에는 손을 씻는 시설을 갖추어야 한다.

제93조 벌칙

① 다음 각 호의 어느 하나에 해당하는 질병에 걸린 동물을 사용하여 판매할 목적으로 식품 또는 식품 첨가물을 제조 · 가공 · 수입 또는 조리한 자는 3년 이상의 징역에 처한다.

    1. 소해면상뇌증(광우병)

    2. 탄저병

    3. 가금인플루엔자(조류독감)

② 다음 각 호의 어느 하나에 해당하는 원료 또는 성분 등을 사용하여 판매할 목적으로 식품 또는 식품 첨가물을 제조 · 가공 · 수입 또는 조리한 자는 1년 이상의 징역에 처한다.

    1. 마황(麻黃)

    2. 부자(附子)

    3. 천오(川烏)

    4. 초오(草烏)

    5. 백부자(白附子)

    6. 섬수(蟾수)

    7. 백선피(白鮮皮)

    8. 사리풀

③ 제1항 및 제2항의 경우 제조 · 가공 · 수입 · 조리한 식품 또는 식품첨가물을 판매하였을 때에는 그 판매금액의 2배 이상 5배 이하에 해당하는 벌금을 병과한다.

④ 제1항 또는 제2항의 죄로 형을 선고받고 그 형이 확정된 후 5년 이내에 다시 제1항 또는 제2항의 죄를 범한 자가 제3항에 해당하는 경우 제3항에서 정한 형의 2배까지 가중한다.

제94~98조 벌칙

제94조	10년 이하의 징역 또는 1억원 이하의 벌금에 처하거나 이를 병과	1. (제4조) 다음 각호에 해당하는 식품 등을 판매하거나 판매할 목적으로 채취 · 제조 · 수입 · 가공 · 사용 · 조리 · 저장 · 소분 · 운반 또는 진열하였을 때 가. 썩거나 상하거나 설익어서 인체의 건강을 해칠 우려가 있는 것 나. 유독 · 유해물질이 들어 있거나 묻어 있는 것 다. 병을 일으키는 미생물에 오염되어 있는 것 라. 불결하거나 다른 물질이 섞이거나 첨가된 것 마. 유전자변형식품 등의 안전성 심사 대상인 농 · 축 · 수산물을 안전성 평가를 받지 아니하였거나 안전성 심사에서 식용으로 부적합하다고 인정된 것 바. 수입이 금지된 것 또는 수입신고를 하지 아니하고 수입한 것 사. 영업자가 아닌 자가 제조 · 가공 · 소분한 것 (제5조) 판매 금지된 질병에 걸린 동물의 고기 · 뼈 · 젖 · 장기 및 혈액의 판매 · 수입 · 가공 · 저장 등의 행위 (제6조) 기준 규격이 정하여지지 아니한 화학적 합성품 및 이를 함유한 식품의 판매 · 수입 · 가공 · 저장 등의 행위 2. (제8조) 유독 유해물질이 함유된 기구 · 용기 · 포장의 판매 · 제조 · 수입 사용 등 ※ (제88조) 집단급식소의 경우에도 위 1, 2의 내용이 준용됨 3. (제37조 제1항) 영업허가를 받지 않고 영업을 했을 때
제95조	5년 이하의 징역 또는 5천만원 이하의 벌금에 처하거나 이를 병과	1. (제7조 제4항) 기준과 규격에 맞지 않는 식품 또는 식품첨가물의 판매 · 제조 · 사용 · 조리 · 저장 등의 행위 (제9조 제4항) 기준 · 규격이 맞지 않는 기구 · 용기의 판매 등의 행위 (제9조의 3) 인정을 받지 아니한 재생원료를 사용한 기구 및 용기 · 포장의 판매 등의 행위 ※ (제88조) 집단급식소의 경우에도 이상의 내용이 준용됨 2의 2. (제37조 제5항) 영업을 하려는 자가 등록을 하지 않는 행위, 등록사항 중 중요한 사항을 변경했을 때 등록을 하지 않는 행위 3. (제43조) 시 · 도지사가 정하는 영업시간 및 영업행위의 제한을 지키지 않은 식품접객영업자 3의 2. (제45조 제1항) 식품 등의 위해와 관련이 있는 위반사항 4. (제72조 제1항) 식품 등을 압류 또는 폐기 조치하도록 한 명령에 위반했을 때 (제72조 제3항) 식품 등의 원료 제조방법 · 성분 또는 배합비율을 변경토록 한 명령에 위반했을 때 ※ (제88조) 집단급식소의 경우에도 위 72조 1, 3항의 내용이 준용됨 (제73조 제1항) 식품위생상의 위해가 발생하여 영업자에게 공표토록 한 명령에 위반했을 때 5. (제75조 제1항) 영업정지 명령을 위반하여 영업을 계속한 자(제37조 제1항에 따른 영업허가를 받은 자만 해당한다)
제96조	3년 이하의 징역 또는 3천만 원 이하의 벌금에 처하거나 이를 병과	1. (제51조) 조리사를 두지 않은 식품접객영업자와 집단급식소 운영자 2. (제52조) 영양사를 두지 않은 집단급식소 운영자

제 97 조	3년 이하의 징역 또는 3천만 원 이하의 벌금	1. (제12조 2의 제2항) 유전자 재조합식품 등의 표시위반 (제17조 제4항) 위해 예상식품의 판매 등 금지를 위반했을 때 (제31조 제1항) 자가품질검사의 의무를 이행하지 않았을 때 (제31조 제3항) 자가품질검사 결과 위해발생 우려 식품의 보고의무 불이행 (제37조 제3항) 폐업 또는 경미한 사항 변경 시의 신고의무 불이행 (제37조 제4항) 신고대상 영업을 신고 없이 영업을 했을 때 (제39조 제3항) 영업자의 지위를 승계한 자가 기간 내에 신고를 하지 않았을 때 (제48조 제2항) 식품의약품안전처장이 식품별로 고시한 식품안전관리인증기준을 지키지 않았을 때 (제48조 제10항) 식품안전관리인증기준적용소가 식품을 다른 업소에 위탁하여 제조ㆍ가공하였을 때 (제49조 제1항) 영유아식 제조ㆍ가공업자, 일정 매출액ㆍ매장면적 이상의 식품판매업자 등 총리령으로 정하는 자는 식품의약품안전처장에게 등록하여야 한다. (제55조) 조리사의 명칭을 허위로 사용했을 때 2. 제22조 제1항(식품의약품안전처장, 시ㆍ도지사 또는 시장ㆍ군수ㆍ구청장의 검사. 출입ㆍ수거 등) 또는 제72조 제1항ㆍ제2항(폐기처분 등)에 따른 검사ㆍ출입ㆍ수거 압류ㆍ폐기를 거부ㆍ방해 또는 기피한 자 ※ (제88조) 집단급식소의 경우에도 위 2의 내용이 준용됨 4. 제36조에 따른 시설기준을 갖추지 못한 영업자 5. 제37조 제2항에 따른 조건을 갖추지 못한 영업자 6. 제44조 제1항의 영업자가 지켜야 할 사항을 지키지 아니한 자(식품접객업자가 영업신고증을 보관하지 아니한 경우는 제외) 7. 제75조 제1항에 따른 영업정지 명령을 위반하여 계속 영업한 자(제37조 제4항 또 는 제5항에 따라 영업신고 또는 등록을 한 자만 해당한다) 또는 같은 조 제1항 및 제2항에 따른 영업소 폐쇄명령을 위반하여 영업을 계속한 자 8. 제76조 제1항에 따른 제조정지 명령을 위반한 자 9. 제79조 제1항에 따라 관계 공무원이 부착한 봉인, 게시문 등을 함부로 제거 또는 손상시킨 자 10. 제86조 제2항ㆍ제3항에 따른 식중독 원인조사를 거부ㆍ방해 또는 기피한 자
제 98 조	1년 이하의 징역 또는 1천만 원 이하의 벌금	1. (제44조 제3항) 식품접객업 중 유흥종사자를 둘 수 없는 경우 유흥종사자를 두거나 알선하는 경우 2. (제46조 제1항) 소비자로부터 이물 발견의 신고를 접수하고 이를 거짓으로 보고한 자 3. 이물의 발견을 거짓으로 신고한 자 4. (제45조 제1항) 위해식품 등의 회수에 관한 사항을 위반하여 보고를 하지 아니하거나 거짓으로 보고한 자

🎩 **규칙 제98조 벌칙에서 제외되는 경미한 사항**

1. 식품제조ㆍ가공업자가 식품광고 시 유통기한을 확인하여 제품을 구입하도록 권장하는 내용을 포함하지 아니한 경우
2. 식품제조ㆍ가공업자 및 식품소분ㆍ판매업자가 해당 식품 거래기록을 보관하지 아니한 경우
3. 식품접객업자가 영업신고증 또는 영업허가증을 보관하지 아니한 경우
4. 유흥주점영업자가 종업원 명부를 비치ㆍ관리하지 아니한 경우

제101조 과태료

1천만원 이하	1. 식중독에 관한 조사보고를 위반한 자 2. 집단급식소를 설치 · 운영하려는 자가 식중독에 관한 조사보고를 신고하지 아니하거나 허위의 신고를 한 자 3. 집단급식소를 설치 · 운영하는 자가 제88조 제2조항의 사항을 위반한 자. 다만, 총리령으로 정하는 경미한 사항을 위반한 자는 제외 제88조 제2항 집단급식소를 설치 · 운영하는 자가 지켜야 하는 사항 1. 식중독 환자가 발생하지 아니하도록 위생관리를 철저히 할 것 2. 조리 · 제공한 식품의 매회 1인분 분량을 총리령으로 정하는 바에 따라 144시간 이상 보관할 것 3. 영양사를 두고 있는 경우 그 업무를 방해하지 아니할 것 4. 영양사를 두고 있는 경우 영양사가 집단급식소의 위생관리를 위하여 요청하는 사항에 대하여는 정당한 사유가 없으면 따를 것 5. 「축산물 위생관리법」 제12조에 따라 검사를 받지 아니한 축산물 또는 실험 등의 용도로 사용한 동물을 음식물의 조리에 사용하지 말 것 6. 「야생생물 보호 및 관리에 관한 법률」을 위반하여 포획 · 채취한 야생생물을 음식물의 조리에 사용하지 말 것 7. 유통기한이 경과한 원재료 또는 완제품을 조리할 목적으로 보관하거나 이를 음식물의 조리에 사용하지 말 것 8. 수돗물이 아닌 지하수 등을 먹는 물 또는 식품의 조리 세척 등에 사용하는 경우에는 「먹는물관리법」 제43조에 따른 먹는물 수질검사기관에서 총리령 바에 따라 검사를 받아 마시기에 적합하다고 인정된 물을 사용할 것. 다만, 둘 이상의 업소가 같은 건물에서 같은 수원(水源)을 사용하는 경우에는 하나의 업소에 대한 시험결과로 나머지 업소에 대한 검사를 갈음할 수 있다. 9. 제15조 제2항에 따라 위해평가가 완료되기 전까지 일시적으로 금지된 식품 등을 사용 · 조리하지 말 것 10. 식중독 발생 시 보관 또는 사용 중인 식품은 역학조사가 완료될 때까지 폐기하거나 소독 등으로 현장을 훼손하여서는 아니 되고 원상태로 보존하여야 하며, 식중독 원인규명을 위한 행위를 방해하지 말 것 11. 그 밖에 식품등의 위생적 관리를 위하여 필요하다고 총리령으로 정하는 사항을 지킬 것
500만원 이하	(제3조) 식품 등을 깨끗하고 위생적으로 취급하지 않은 자 (제19조의4 제2항) 식품의약품안전처장의 검사명령을 받고도 검사기한 내에 검사를 받지 아니하거나 자료 등을 제출하지 아니한 영업자 (제37조 제6항) 식품첨가물의 제조 · 가공의 보고를 하지 아니하거나 허위의 보고를 한 자 (제46조 제1항) 소비자로부터 식품등에서의 이물 발견신고를 받고 보고하지 아니한 자 (제48조 제9항) 식품안전관리인증기준적용업소가 아닌 업소이면서 해당 명칭을 사용한 자 (제74조 제1항) 시설 개수명령을 위반한 자 ※ (제88조) 집단급식소의 경우에도 상기 2개 조항의 내용이 준용됨
300만원 이하	(제40조 제1항 및 제3항) 건강진단을 받지 않은 자 및 건강진단을 받지 아니하거나 건강진단 결과 타인에게 위해를 끼칠 우려가 있는 자를 영업에 종사시킨 자 (제41조의2 제3항) 위생관리책임자의 업무를 방해한 자 (제41조의2 제4항) 위생관리책임자 선임 · 해임 신고를 하지 아니한 자 (제41조의2 제7항) 위생관리책임자가 직무 수행내역 등을 기록 · 보관하지 아니하거나 거짓으로 기록 · 보관한 자 (제41조의2 제8항) 위생관리책임자가 받아야 하는 교육을 받지 아니한 자 (제44조의2 제1항) 공유주방 운영업을 하면서 책임보험에 가입하지 아니한 자 (제49조 제3항) 식품이력추적관리 등록사항이 변경된 경우 변경사유 발생일부터 1개월 이내에 신고하지 아니한 자 (제49조의3 제4항) 식품이력추적관리정보를 목적 외에 사용한 자 (제88조 제2항) 집단급식소를 설치 · 운영하는 자가 지켜야 할 사항 중 총리령으로 정하는 경미한 사항을 지키지 아니한 자

CHAPTER 03 | 학교급식법

제1조 목적

학교급식 등에 관한 사항을 규정함으로써 학교급식의 질을 향상시키고 학생의 건전한 심신의 발달과 국민 식생활 개선에 기여함을 목적으로 한다.

제2조 정의

1. "학교급식"이라 함은 제1조의 목적을 달성하기 위하여 제4조의 규정에 따른 학교 또는 학급의 학생을 대상으로 학교의 장이 실시하는 급식을 말한다.
2. "학교급식공급업자"라 함은 제15조의 규정에 따라 학교의 장과 계약에 의하여 학교급식에 관한 업무를 위탁받아 행하는 자를 말한다.
3. "급식에 관한 경비"라 함은 학교급식을 위한 식품비, 급식운영비 및 급식시설 · 설비비를 말한다.

제4조 학교급식 대상

학교급식은 대통령령이 정하는 바에 따라 다음 각 호의 어느 하나에 해당하는 학교 또는 학급에 재학하는 학생을 대상으로 실시한다.

1. 유치원(다만, 대통령령으로 정하는 규모 이하의 유치원은 제외)
2. 초등학교 · 중학교 · 고등공민학교, 고등학교 · 고등기술학교, 특수학교
3. 근로청소년을 위한 특별학급 및 산업체부설 중 · 고등학교
4. 대안학교
5. 그 밖에 교육감이 필요하다고 인정하는 학교

제6조 급식시설 · 설비

학교급식을 실시할 학교는 학교급식을 위하여 필요한 시설과 설비를 갖추어야 한다. 다만, 둘 이상의 학교가 인접하여 있는 경우에는 학교급식을 위한 시설과 설비를 공동으로 할 수 있다.

> ● 시행령 제7조 시설 · 설비의 종류와 기준
> ① 학교급식시설에서 갖추어야 할 시설 · 설비의 종류와 기준
>   1. 조리장 : 교실과 떨어지거나 차단되어 학생의 학습에 지장을 주지 않는 시설로 하되, 식품의 운반과 배식이 편리한 곳에 두어야 하며, 능률적이고 안전한 조리기기, 냉장 · 냉동시설, 세척 · 소독시설 등을 갖추어야 한다.
>   2. 식품보관실 : 환기 · 방습이 용이하며, 식품과 식재료를 위생적으로 보관하는 데 적합한 위치에 두되, 방충 및 쥐막이 시설을 갖추어야 한다.
>   3. 급식관리실 : 조리장과 인접한 위치에 두되, 컴퓨터 등 사무장비를 갖추어야 한다.
>   4. 편의시설 : 조리장과 인접한 위치에 두되, 조리종사자의 수에 따라 필요한 옷장과 샤워시설 등을 갖추어야 한다.

■ 규칙 [별표 1] 급식시설의 세부기준(시행규칙 제3조 제1항 관련)

1. 조리장
   가. 시설 · 설비
      1) 조리장은 침수될 우려가 없고, 먼지 등의 오염원으로부터 차단될 수 있는 등 주변 환경이 위생적이며 쾌적한 곳에 위치하여야 하고, 조리장의 소음 · 냄새 등으로 인하여 학생의 학습에 지장을 주지 않도록 해야 한다.
      2) 조리장은 작업과정에서 교차오염이 발생되지 않도록 전처리실, 조리실 및 식기구세척실 등을 벽과 문으로 구획하여 일반작업구역과 청결작업구역으로 분리한다. 다만, 이러한 구획이 적절하지 않을 경우에는 교차오염을 방지할 수 있는 다른 조치를 취하여야 한다.
      3) 조리장은 급식설비 · 기구의 배치와 작업자의 동선 등을 고려하여 작업과 청결유지에 필요한 적정한 면적이 확보되어야 한다.
      4) 내부벽은 내구성, 내수성이 있는 표면이 매끈한 재질이어야 한다.
      5) 바닥은 내구성, 내수성이 있는 재질로 하되 미끄럽지 않아야 한다.
      6) 천장은 내수성 및 내화성이 있고 청소가 용이한 재질로 한다.
      7) 바닥에는 적당한 위치에 상당한 크기의 배수구 및 덮개를 설치하되 청소하기 쉽게 설치한다.
      8) 출입구와 창문에는 해충 및 쥐의 침입을 막을 수 있는 방충망 등 적절한 설비를 갖추어야 한다.
      9) 조리장 출입구에는 신발소독 설비를 갖추어야 한다.
      10) 조리장 내의 증기, 불쾌한 냄새 등을 신속히 배출할 수 있도록 환기시설을 설치하여야 한다.
      11) 조리장의 조명은 220룩스(lx) 이상이 되도록 한다. 다만, 검수구역은 540룩스(lx) 이상이 되도록 한다.
      12) 조리장에는 필요한 위치에 손 씻는 시설을 설치하여야 한다.
      13) 조리장에는 온도 및 습도관리를 위하여 적정 용량의 급배기시설, 냉 · 난방시설 또는 공기조화시설 등을 갖추도록 한다.
   나. 설비 · 기구
      1) 밥솥, 국솥, 가스테이블 등의 조리기기는 화재, 폭발 등의 위험성이 없는 제품을 선정하되, 재질의 안전성과 기기의 내구성, 경제성 등을 고려하여 능률적인 기기를 설치하여야 한다.
      2) 냉장고(냉장실)와 냉동고는 식재료의 보관, 냉동 식재료의 해동, 가열조리된 식품의 냉각 등에 충분한 용량과 온도(냉장고 5℃ 이하, 냉동고 −18℃ 이하)를 유지하여야 한다.
      3) 조리, 배식 등의 작업을 위생적으로 하기 위하여 식품 세척시설, 조리시설, 식기구 세척시설, 식기구 보관장, 덮개가 있는 폐기물 용기 등을 갖추어야 하며, 식품과 접촉하는 부분은 내수성 및 내부식성 재질로 씻기 쉽고 소독 · 살균이 가능한 것이어야 한다.
      4) 식기세척기는 세척, 헹굼 기능이 자동적으로 이루어지는 것이어야 한다.
      5) 식기구를 소독하기 위하여 전기살균소독기, 자외선소독기 또는 열탕소독시설을 갖추거나 충분히 세척 · 소독할 수 있는 세정대를 설치하여야 한다.
      6) 급식기구 및 배식도구 등을 안전하고 위생적으로 세척할 수 있도록 온수공급 설비를 갖추어야 한다.

2. 식품보관실 등
   가. 식품보관실과 소모품보관실을 별도로 설치하여야 한다. 다만, 부득이하게 별도로 설치하지 못할 경우에는 공간구획 등으로 구분하여야 한다.
   나. 바닥의 재질은 물청소가 쉽고 미끄럽지 않으며, 배수가 잘되어야 한다.
   다. 환기시설과 충분한 보관선반 등이 설치되어야 하며, 보관선반은 청소 및 통풍 이 쉬운 구조이어야 한다.

3. 급식관리실, 편의시설
   가. 급식관리실, 휴게실은 외부로부터 조리실을 통하지 않고 출입이 가능하여야 하며, 외부로 통하는 환기시설을 갖추어야 한다. 다만, 시설 구조상 외부로의 출입문 설치가 어려운 경우에는 출입 시에 조리실 오염이 일어나지 않도록 필요한 조치를 취하여야 한다.
   나. 휴게실은 외출복장으로 인하여 위생복장이 오염되지 않도록 외출복장과 위생복장을 구분하여 보관할 수 있는 옷장을 두어야 한다.
   다. 샤워실을 설치하는 경우 외부로 통하는 환기시설을 설치하여 조리실 오염이 일어나지 않도록 하여야 한다.

4. 식당 : 안전하고 위생적인 공간에서 식사를 할 수 있도록 급식인원 수를 고려한 크기의 식당을 갖추어야 한다. 다만, 공간이 부족한 경우 등 식당을 따로 갖추기 곤란한 학교는 교실 배식에 필요한 운반기구와 위생적인 배식도구를 갖추어야 한다.

5. 이 기준에서 정하지 않은 사항에 대하여는 식품위생법령의 집단급식소 시설기준에 따른다.

PART 01
PART 02
PART 03
PART 04
PART 05
PART 06
PART 07
PART 08
PART 09

제7조 영양교사의 배치 등

① 학교급식을 위한 시설과 설비를 갖춘 학교는 영양교사와 조리사를 둔다. 다만, 유치원에 두는 영양교사의 배치기준 등에 관하여 필요한 사항은 대통령령으로 정한다.

② 교육감은 학교급식에 관한 업무를 전담하게 하기 위하여 그 소속하에 학교급식에 관한 전문지식이 있는 직원을 둘 수 있다.

> ● 시행령 제8조 영양교사의 직무
> 1. 식단 작성, 식재료의 선정 및 검수
> 2. 위생 · 안전 · 작업관리 및 검식
> 3. 식생활 지도, 정보 제공 및 영양상담
> 4. 조리실 종사자의 지도 · 감독
> 5. 그 밖에 학교급식에 관한 사항

③ 교육감은 영양교사의 배치기준 등에 따른 유치원 중 일정 규모 이하 유치원에 대한 급식관리를 지원하기 위하여 특별시 · 광역시 · 특별자치시 · 도 및 특별자치도의 교육청 또는 교육지원청에 영양교사를 둘 수 있다.

④ 영양교사가 급식관리를 지원하는 유치원의 규모 및 지원의 범위 등에 필요한 사항은 대통령령으로 정한다.

제8조 경비부담 등

① 급식시설 · 설비비 : 학교 설립 · 경영자 부담. 국가 또는 지방자치단체 지원 가능

② 급식운영비 : 학교의 설립 · 경영자 부담 원칙. 보호자가 경비 일부 부담 가능

③ 학교급식 식품비 : 보호자 부담 원칙

④ 특별시장 · 광역시장 · 도지사 · 특별자치도지사 및 시장 · 군수 · 자치구의 구청장은 학교급식에 품질이 우수한 농수산물 사용 등 급식의 질 향상과 급식시설 설비의 확충을 위하여 식품비 및 시설 · 설비비 등 급식에 관한 경비를 지원할 수 있다.

> ● 시행령 제9조 급식운영비 부담
> ① 급식운영비 : 학교의 설립 · 경영자 부담이 원칙
>   1. 급식시설 · 설비의 유지비
>   2. 종사자의 인건비
>   3. 연료비, 소모품비 등의 경비
> ② 종사자의 인건비와 연료비, 소모품비 등의 경비는 학교운영위원회의 심의를 거쳐 그 경비의 일부를 보호자로 하여금 부담하게 할 수 있다.
> ③ 학교의 설립 · 경영자는 제2항에 따른 보호자의 부담이 경감되도록 노력하여야 한다.

제10조 식재료

① 학교급식에는 품질이 우수하고 안전한 식재료를 사용하여야 한다.

② 식재료의 품질관리기준 그 밖에 식재료에 관하여 필요한 사항은 교육부령으로 정한다.

> ■ 규칙 제4조 학교급식 식재료의 품질관리기준 등
> ① 「학교급식법」에 따른 식재료의 품질관리기준은 [별표 2]와 같다.
> ② 학교급식의 질 제고 및 안전성 확보를 위하여 품질을 우선적으로 고려하여야 하는 경우 식재료의 구매에 관한 계약은 「국가를 당사자로 하는 계약에 관한 법률 시행령」 제43조 또는 「지방자치단체를 당사자로 하는 계약에 관한 법률 시행령」 제43조에 따른 협상에 의한 계약체결방법을 활용할 수 있다.

> ■ 규칙 [별표 2] 학교급식 식재료의 품질관리기준(시행규칙 제4조 제1항 관련)
> 1. 농산물
> 가. 「농수산물의 원산지 표시에 관한 법률」 및 「대외무역법」에 따라 원산지가 표시된 농산물을 사용. 다만, 원산지 표시 대상 식재료가 아닌 농산물은 예외
> 나. 다음 농산물 중 하나 사용
>   1) 「친환경농어업 육성 및 유기식품 등의 관리·지원에 관한 법률」에 따라 인증받은 유기식품 및 무농약농수산물
>   2) 「농수산물 품질관리법」에 따른 표준규격품 중 농산물표준규격이 "상" 등급 이상인 농산물. 다만, 표준규격이 정해져 있지 아니한 농산물은 상품가치가 "상" 이상에 해당하는 것 사용
>   3) 「농수산물 품질관리법」에 따른 우수관리인증농산물
>   4) 「농수산물 품질관리법」에 따른 이력추적관리농산물
>   5) 「농수산물 품질관리법」에 따른 지리적 표시의 등록을 받은 농산물
> 다. 쌀은 수확 연도부터 1년 이내의 것 사용
> 라. 부득이하게 전처리농산물(수확 후 세척, 선별, 박피 및 절단 등의 가공을 통하여 즉시 조리에 이용할 수 있는 형태로 처리된 식재료)을 사용할 경우에는 나목과 다목에 해당되는 품목으로 다음 사항이 표시된 것으로 한다.
>   1) 제품명(내용물의 명칭 또는 품목)
>   2) 업소명(생산자 또는 생산자단체명)
>   3) 제조연월일(전처리작업일 및 포장일)
>   4) 전처리 전 식재료의 품질(원산지, 품질등급, 생산연도)
>   5) 내용량
>   6) 보관 및 취급방법
> 마. 수입농산물은 「대외무역법」, 「식품위생법」 등 관계 법령에 적합하고, 나목부터 라목까지의 규정에 상당하는 품질을 갖춘 것을 사용한다.
> 2. 축산물
> 가. 공통 기준은 다음과 같다. 다만, 「축산물위생관리법」에 따른 식용란은 공통 기준을 적용하지 아니한다.
>   1) 「축산물위생관리법」에 따라 위해요소중점관리기준을 적용하는 도축장에서 처리된 식육을 사용한다.
>   2) 「축산물위생관리법」에 따라 위해요소중점관리기준 적용 작업장으로 지정받은 축산물가공장 또는 식육포장처리장에서 처리된 축산물(수입축산물을 국내에서 가공 또는 포장처리하는 경우에도 동일하게 적용)을 사용한다.
> 나. 개별기준은 다음과 같다. 다만, 닭고기, 계란 및 오리고기의 경우에는 등급제도 전면 시행 전까지는 권장사항으로 한다.
>   1) 쇠고기 : 「축산법」의 등급판정의 결과 3등급 이상인 한우 및 육우 사용
>   2) 돼지고기 : 「축산법」의 등급판정의 결과 2등급 이상 사용
>   3) 닭고기 : 「축산법」의 등급판정의 결과 1등급 이상 사용
>   4) 달걀 : 「축산법」의 등급판정의 결과 2등급 이상 사용
>   5) 오리고기 : 「축산법」의 등급판정의 결과 1등급 이상 사용
>   6) 수입축산물 : 「대외무역법」, 「식품위생법」, 「축산물위생관리법」 등 관련 법령에 적합하며, 1)부터 5)까지에 상당하는 품질을 갖춘 것을 사용한다.

PART 01
PART 02
PART 03
PART 04
PART 05
PART 06
PART 07
PART 08
PART 09

제11조 영양관리

① 학교급식은 학생의 발육과 건강에 필요한 영양을 충족하고, 올바른 식생활습관 형성에 도움을 줄 수 있도록 다양한 식품으로 구성되어야 한다.

② 학교급식의 영양관리기준은 교육부령으로 정하고, 식품구성기준은 필요한 경우 교육감이 정한다.

■ 규칙 제5조 학교급식의 영양관리기준 등
① 학교급식의 영양관리기준은 [별표 3]과 같다.
② 식단 작성 시 고려하여야 할 사항
   1. 전통 식문화의 계승·발전을 고려할 것
   2. 곡류 및 전분류, 채소류 및 과일류, 어육류 및 콩류, 우유 및 유제품 등 다양한 종류의 식품을 사용할 것
   3. 염분·유지류·단순당류 또는 식품첨가물 등을 과다하게 사용하지 않을 것
   4. 가급적 자연식품과 계절식품을 사용할 것
   5. 다양한 조리 방법을 활용할 것

■ 규칙 [별표3] 학교급식의 영양관리기준

성별	구분		에너지 (㎉)	단백질 (g)	비타민A (㎍ RAE)		티아민 (비타민B₁) (mg)		리보플라빈 (비타민B₂) (mg)		비타민C (mg)		칼슘 (mg)		철 (mg)	
					평균 필요량	권장 섭취량	평균 필요량	권장 섭취량	평균 필요량	권장 섭취량	평균 필요량	권장 섭취량	평균 필요량	권장 섭취량	평균 필요량	권장 섭취량
	유치원생		400	7.1	66	85	0.12	0.15	0.15	0.17	10.0	12.8	142	170	1.5	2.0
남	초등학생	1~3학년	570	11.7	104	150	0.17	0.24	0.24	0.30	13.4	16.7	200	234	2.4	3.0
		4~6학년	670	16.7	137	200	0.24	0.30	0.30	0.37	18.4	23.4	217	267	2.7	3.7
	중학생		840	20.0	177	250	0.30	0.37	0.40	0.50	23.4	30.0	267	334	3.7	4.7
	고등학생		900	21.7	207	284	0.37	0.44	0.47	0.57	26.7	33.4	250	300	3.7	4.7
여	초등학생	1~3학년	500	11.7	97	134	0.20	0.24	0.20	0.27	13.4	16.7	200	234	2.4	3.0
		4~6학년	600	15.0	130	184	0.27	0.30	0.27	0.34	18.4	23.4	217	267	2.7	3.4
	중학생		670	18.4	160	217	0.30	0.37	0.34	0.40	23.4	30.0	250	300	4.0	5.4
	고등학생		670	18.4	150	217	0.30	0.37	0.34	0.40	26.7	33.4	234	267	3.7	4.7

※ 비고 : 유치원생의 경우 제공되는 간식을 제외하고 산출된 수치

1. 학교급식의 영양관리기준은 한끼의 기준량을 제시한 것으로 학생 집단의 성장 및 건강상태, 활동정도, 지역적 상황 등을 고려하여 탄력적으로 적용할 수 있다.
2. 영양관리기준은 계절별로 연속 5일씩 1인당 평균영양공급량을 평가하되, 준수범위는 다음과 같다.
   가. 에너지는 학교급식의 영양관리기준 에너지의 ±10%로 하되, 탄수화물:단백질:지방의 에너지 비율이 각각 55~65%:7~20%:15~30%가 되도록 한다.
   나. 단백질은 학교급식 영양관리기준의 단백질량 이상으로 공급하되, 총공급에너지 중 단백질 에너지가 차지하는 비율이 20%를 넘지 않도록 한다.
   다. 비타민A, 티아민, 리보플라빈, 비타민C, 칼슘, 철은 학교급식 영양관리기준의 권장섭취량 이상으로 공급하는 것을 원칙으로 하되, 최소한 평균필요량 이상이어야 한다.

제12조 위생·안전관리

① 학교급식은 식단 작성, 식재료 구매·검수·보관·세척·조리, 운반, 배식, 급식기구 세척 및 소독 등 모든 과정에서 위해한 물질이 식품에 혼입되거나 식품이 오염되지 아니하도록 위생과 안전관리에 철저히 하여야 한다.

■ 규칙 [별표 4] 학교급식의 위생 · 안전관리기준(시행규칙 제6조 제1항 관련)

1. 시설관리

   가. 급식시설 · 설비, 기구 등에 대한 청소 및 소독계획을 수립 · 시행하여 항상 청결하게 관리하여야 한다.

   나. 냉장 · 냉동고의 온도, 식기세척기의 최종 헹굼수 온도 또는 식기소독 보관고의 온도를 기록 · 관리하여야 한다.

   다. 급식용수로 수돗물이 아닌 지하수를 사용하는 경우 소독 또는 살균하여 사용하여야 한다.

2. 개인위생

   가. 식품취급 및 조리작업자는 6개월에 1회 건강진단을 실시하고, 그 기록을 2년간 보관하여야 한다. 다만, 폐결핵검사는 연 1회 실시할 수 있다.

   나. 손을 잘 씻어 손에 의한 오염이 일어나지 않도록 하여야 한다. 다만, 손 소독은 필요 시 실시할 수 있다.

3. 식재료 관리

   가. 잠재적으로 위험한 식품 여부를 고려하여 식단을 계획하고, 공정관리를 철저히 하여야 한다.

   나. 식재료 검수 시 「학교급식 식재료의 품질관리기준」에 적합한 품질 및 신선도와 수량, 위생상태 등을 확인하여 기록하여야 한다.

4. 작업위생

   가. 칼과 도마, 고무장갑 등 조리기구 및 용기는 원료나 조리과정에서 교차오염을 방지하기 위하여 용도별로 구분하여 사용하고 수시로 세척 · 소독하여야 한다.

   나. 식품 취급 등의 작업은 바닥으로부터 60cm 이상의 높이에서 실시하여 식품의 오염이 방지되어야 한다.

   다. 조리가 완료된 식품과 세척 · 소독된 배식기구 · 용기 등은 교차오염의 우려가 있는 기구 · 용기 또는 원재료 등과 접촉에 의해 오염되지 않도록 관리하여야 한다.

   라. 해동은 냉장해동(10℃ 이하), 전자레인지 해동 또는 흐르는 물(21℃ 이하)에서 실시하여야 한다.

   마. 해동된 식품은 즉시 사용하여야 한다.

   바. 날로 먹는 채소류, 과일류는 충분히 세척 · 소독하여야 한다.

   사. 가열조리 식품은 중심부가 75℃(패류는 85℃) 이상에서 1분 이상으로 가열되고 있는지 온도계로 확인하고, 그 온도를 기록 · 유지하여야 한다.

   아. 조리가 완료된 식품은 온도와 시간관리를 통하여 미생물 증식이나 독소 생성을 억제하여야 한다.

5. 배식 및 검식

   가. 조리된 음식은 안전한 급식을 위하여 운반 및 배식기구 등을 청결히 관리하여야 하며, 배식 중에 운반 및 배식기구 등으로 인하여 오염이 일어나지 않도록 조치하여야 한다.

   나. 급식실 외의 장소로 운반하여 배식하는 경우 배식용 운반기구 및 운송차량 등을 청결히 관리하여 배식 시까지 식품이 오염되지 않도록 하여야 한다.

   다. 조리된 식품에 대하여 배식하기 직전에 음식의 맛, 온도, 조화(영양적인 균형. 재료의 균형), 이물(異物), 불쾌한 냄새, 조리상태 등을 확인하기 위한 검식을 실시하여야 한다.

   라. 급식시설에서 조리한 식품은 온도관리를 하지 아니하는 경우에는 조리 후 2시간 이내에 배식을 마쳐야 한다.

   마. 조리된 식품은 매회 1인분 분량을 섭씨 영하 18℃ 이하에서 144시간 이상 보관해야 한다.

6. 세척 및 소독 등

   가. 식기구는 세척 · 소독 후 배식 전까지 위생적으로 보관 · 관리하여야 한다.

   나. 「감염병의 예방 및 관리에 관한 법률 시행령」 제24조에 따라 급식 시설에 대하여 소독을 실시하고 소독필증을 비치하여야 한다.

7. 안전관리

   가. 관계규정에 따른 정기안전검사[가스 · 소방 · 전기안전, 보일러 · 압력용기 · 덤웨이터(dumbwaiter) 검사 등]를 실시하여야 한다.

   나. 조리기계 기구의 안전사고 예방을 위하여 안전작동방법을 게시하고 교육을 실시하며, 관리책임자를 지정, 그 표시를 부착하고 철저히 관리하여야 한다.

   다. 조리장 바닥은 안전사고 방지를 위하여 미끄럽지 않게 관리하여야 한다.

8. 기타 : 이 기준에서 정하지 않은 사항에 대해서는 식품위생법령의 위생 안전 관련 기준에 따른다.

PART 01
PART 02
PART 03
PART 04
PART 05
PART 06
PART 07
PART 08
PART 09

제13조 식생활 지도 등

학교의 장은 올바른 식생활습관의 형성, 식량생산 및 소비에 관한 이해 증진 및 전통 식문화의 계승·발전을 위하여 학생에게 식생활 관련 교육 및 지도를 하며, 보호자에게는 관련 정보를 제공한다.

제14조 영양상담

학교의 장은 식생활에서 기인하는 영양불균형을 시정하고 질병을 사전에 예방하기 위하여 저체중 및 성장부진, 빈혈, 과체중 및 비만학생 등을 대상으로 영양상담과 필요한 지도를 실시한다.

제15조 학교급식의 운영방식

① 학교의 장은 학교급식을 직접 관리·운영하되, 「유아교육법」에 따른 유치원운영위원회 및 「초·중등교육법」에 따른 학교운영위원회의 심의·자문을 거쳐 일정한 요건을 갖춘 자에게 학교급식에 관한 업무를 위탁하여 이를 행하게 할 수 있다. 다만, 식재료의 선정 및 구매·검수에 관한 업무는 학교급식 여건상 불가피한 경우를 제외하고는 위탁하지 아니한다.

② 제1항의 규정에 따라 의무교육기관에서 업무위탁을 하고자 하는 경우에는 미리 관할청의 승인을 얻어야 한다.

> ● 시행령 제11조 업무위탁의 범위 등
> ① 법 제15조 제1항에서 "학교급식 여건상 불가피한 경우"라 함은 다음 각 호의 경우를 말한다.
> 　1. 공간적 또는 재정적 사유 등으로 학교급식시설을 갖추지 못한 경우
> 　2. 학교의 이전 또는 통·폐합 등의 사유로 장기간 학교의 장이 직접 관리·운영함이 곤란한 경우
> 　3. 그 밖에 학교급식의 위탁이 불가피한 경우로서 교육감이 학교급식위원회의 심의를 거쳐 정하는 경우
> ② 학교급식 공급업자가 갖추어야 할 요건
> 　1. 학교급식 과정 중 조리, 운반, 배식 등 일부업무를 위탁하는 경우 : 위탁급식영업의 신고를 할 것
> 　2. 학교급식 과정 전부를 위탁하는 경우
> 　　가. 학교 밖에서 제조·가공한 식품을 운반하여 급식하는 경우 : 식품제조·가공업의 신고를 할 것
> 　　나. 학교급식시설을 운영위탁하는 경우 : 위탁급식영업의 신고를 할 것
> ③ 학교의 장은 학교급식에 관한 업무를 위탁하고자 하는 경우 집단급식소 신고에 필요한 면허소지자를 둔 학교급식공급업자에게 위탁하여야 한다.
>
> ● 시행령 제12조 업무위탁 등의 계약방법
> 법 제15조에 따른 학교급식업무의 위탁에 관한 계약은 국가를 당사자로 하는 계약에 관한 법령 또는 지방자치단체를 당사자로 하는 계약에 관한 법령의 관계 규정을 적용 또는 준용한다.

제16조 품질 및 안전을 위한 준수사항

① 학교급식의 품질 및 안전을 위하여 사용하면 안 되는 식재료

　1. 원산지 표시를 거짓으로 적은 식재료

　2. 유전자변형농수산물의 표시를 거짓으로 적은 식재료

　3. 축산물의 등급을 거짓으로 기재한 식재료

　4. 표준규격품의 표시, 품질인증의 표시 및 지리적 표시를 거짓으로 적은 식재료

② 학교의 장, 학교급식관계교직원, 학교급식공급업자가 지켜야 할 사항
  1. 식재료의 품질관리기준, 영양관리기준 및 위생·안전관리기준
  2. 그 밖에 학교급식의 품질 및 안전을 위하여 필요한 사항으로서 교육부령이 정하는 사항
③ 학교급식에 알레르기를 유발할 수 있는 식재료가 사용되는 경우에는 이 사실을 급식 전에 급식 대상
  학생에게 알리고, 급식 시에 표시하여야 한다.

■ 규칙 제7조 품질 및 안전을 위한 준수사항
① 학교급식의 품질 및 안전을 위하여 필요한 사항
  1. 매 학기별 보호자부담 급식비 중 식품비 사용비율의 공개
  2. 학교급식 관련 서류의 비치 및 보관(보존연한은 3년)
    가. 급식인원, 식단, 영양공급량 등이 기재된 학교급식일지
    나. 식재료 검수일지 및 거래명세표
② 학교의 장과 그 소속 학교급식관계교직원 및 학교급식공급업자는 학교급식에 알레르기 유발물질 표시 대상이 되는 식
  품을 사용하는 경우 다음 각 호의 방법으로 알리고 표시해야 한다. 다만, 해당 식품으로부터 추출 등의 방법으로 얻은
  성분을 함유하고 있는 식품에 대해서는 다음 각 호의 방법에 따를 수 있다.
  1. 공지방법 : 알레르기를 유발할 수 있는 식재료가 표시된 월간 식단표를 가정통신문으로 안내하고 학교 인터넷 홈
    페이지에 게재할 것
  2. 표시방법 : 알레르기를 유발할 수 있는 식재료가 표시된 주간 식단표를 식당 및 교실에 게시할 것

■ 규칙 제8조 출입·검사 등
① 시설에 대한 출입·검사 등은 다음 각 호와 같이 실시하되, 교육부장관 또는 교육감이 필요하다고 인정하는 경우에는
  연간 실시 횟수를 조정할 수 있다.
  1. 제4조 제1항에 따른 식재료 품질관리기준, 제5조 제1항에 따른 영양관리 기준 및 제7조에 따른 준수사항 이행 여
    부의 확인·지도 : 연 1회 이상 실시하되, 제2호의 확인·지도 시 함께 실시할 수 있음
  2. 제6조 제1항에 따른 위생·안전관리기준 이행 여부의 확인·지도 : 연 2회 이상

제 17조 생산품의 직접사용 등

학교에서 작물재배·동물사육 그 밖에 각종 생산활동으로 얻은 생산품이나 그 생산품의 매각대금은 다른 법률의 규정에 불구하고 학교 급식을 위하여 직접 사용할 수 있다.

● 시행령 제13조 학교급식 운영평가 방법 및 기준
① 학교급식 운영평가를 효율적으로 실시하기 위하여 교육부장관 또는 교육감은 평가위원회를 구성·운영할 수 있다.
② 학교급식 운영평가기준
  1. 학교급식 위생·영양·경영 등 급식운영관리
  2. 학생 식생활지도 및 영양상담
  3. 학교급식에 대한 수요자의 만족도
  4. 급식예산의 편성 및 운용
  5. 그 밖에 평가기준으로 필요하다고 인정하는 사항

제19조 출입·검사·수거 등

① 교육부장관 또는 교육감은 필요하다고 인정하는 때에는 식품위생 또는 학교급식 관계공무원으로 하여금 학교급식 관련 시설에 출입하여 식품·시설·서류 또는 작업상황 등을 검사 또는 열람을 하게 할 수 있으며, 검사에 필요한 최소량의 식품을 무상으로 수거하게 할 수 있다.

PART 01
PART 02
PART 03
PART 04
PART 05
PART 06
PART 07
PART 08
PART 09

② 출입 · 검사 · 열람 또는 수거를 하고자 하는 공무원은 그 권한을 표시하는 증표를 지니고, 이를 관계인에게 내보여야 한다.

● 시행령 제14조 출입 · 검사 · 수거 등 대상시설 학교급식 관련시설
1. 학교 안에 설치된 학교급식시설
2. 학교급식에 식재료 또는 제조 · 가공한 식품을 공급하는 업체의 제조 · 가공시설

■ 규칙 제8조 출입 · 검사 등
① 시설에 대한 출입 · 검사 등은 다음 각 호와 같이 실시하되, 교육부장관 또는 교육감이 필요하다고 인정하는 경우에는 연간 실시 횟수를 조정할 수 있다.
   1. 제4조 제1항에 따른 식재료 품질관리기준, 제5조 제1항에 따른 영양관리 기준 및 제7조에 따른 준수사항 이행 여부의 확인 · 지도 : 연 1회 이상 실시하되, 제2호의 확인 · 지도 시 함께 실시할 수 있음
   2. 제6조 제1항에 따른 위생 · 안전관리기준 이행 여부의 확인 · 지도 : 연 2회 이상
② 출입 · 검사 등을 효율적으로 시행하기 위하여 필요하다고 인정하는 경우 교육부장관, 교육감 또는 교육장은 식품의약품안전처장, 특별시장 · 광역시장 · 특별자치시장 · 도지사 · 특별자치도지사 또는 시장 · 군수 · 구청장(자치구의 구청장을 말한다)에게 행정응원을 요청할 수 있다.
③ 출입 · 검사를 실시한 관계공무원은 해당 학교급식 관련 시설에 비치된 별지 서식의 출입 · 검사 등 기록부에 그 결과를 기록하여야 한다.

■ 규칙 제9조 수거 및 검사의뢰 등
① 학교급식 관련 검사
   1. 미생물 검사
   2. 식재료의 원산지, 품질 및 안전성 검사
② 검체를 수거한 관계공무원은 검체를 수거한 장소에서 봉함하고 관계공무원 및 피수거자의 날인이나 서명으로 봉인(封印)한 후 지체없이 특별시 · 광역 시 · 도 · 특별자치도의 보건환경연구원, 시 · 군 · 구의 보건소 등 관계검사기관에 검사를 의뢰하거나 자체적으로 검사를 실시한다. 다만, 제1항 제2호의 검사에 대하여는 국립농산물품질관리원, 농림축산검역본부, 국립수산물품질관리원 등 관계행정기관에 수거 및 검사를 의뢰할 수 있다.
③ 검체를 수거한 때에는 수거증을 교부하여야 하며, 검사를 의뢰한 때에는 수거검사처리대장에 그 내용을 기록하고 이를 비치하여야 한다.

제22조 징계

학교급식의 적정한 운영과 안전성 확보를 위하여 징계의결 요구권자는 관할학교의 장 또는 그 소속 교직원 중 다음 각 호의 어느 하나에 해당하는 자에 대하여 당해 징계사건을 관할하는 징계위원회에 그 징계를 요구하여야 한다.

1. 고의 또는 과실로 식중독 등 위생 · 안전상의 사고를 발생하게 한 자
2. 학교급식 관련 계약상의 계약해지 사유가 발생하였음에도 불구하고 정당한 사유 없이 계약해지를 하지 아니한 자
3. 교육부장관 또는 교육감으로부터 시정명령을 받았음에도 불구하고 정당한 사유 없이 이를 이행하지 아니한 자
4. 학교급식과 관련하여 비리가 적발된 자

제23조 벌칙

① 원산지 표시를 거짓으로 적거나 유전자변형 농수산물의 표시를 거짓으로 적은 학교급식공급업자는 7년 이하의 징역 또는 1억원 이하의 벌금에 처한다.

② 축산물의 등급을 거짓으로 기재한 학교급식공급업자는 5년 이하의 징역 또는 5천만원 이하의 벌금에 처한다.

③ 3년 이하의 징역 또는 3천만원 이하의 벌금에 처하는 경우

1. 표준규격품의 표시, 품질인증 표시, 지리적 표시를 거짓으로 적은 식재료를 사용한 학교급식공급업자

2. 교육부장관 또는 교육감의 지시에 의한 출입·검사·수거 등 규정에 따른 출입·검사·열람 또는 수거를 정당한 사유 없이 거부하거나 방해 또는 기피한 자

PART 01

PART 02

PART 03

PART 04

PART 05

PART 06

PART 07

PART 08

PART 09

CHAPTER 04 | 기타 관계법규

제1조 목적

이 법은 국민에게 건강에 대한 가치와 책임의식을 함양하도록 건강에 관한 바른 지식을 보급하고 스스로 건강생활을 실천할 수 있는 여건을 조성함으로써 국민의 건강을 증진함을 목적으로 한다.

제2조 정의

1. "국민건강증진사업"이라 함은 보건교육, 질병예방, 영양개선, 신체활동장려, 건강관리 및 건강생활의 실천 등을 통하여 국민의 건강을 증진시키는 사업을 말한다.
2. "보건교육"이라 함은 개인 또는 집단으로 하여금 건강에 유익한 행위를 자발적으로 수행하도록 하는 교육을 말한다.
3. "영양개선"이라 함은 개인 또는 집단이 균형된 식생활을 통하여 건강을 개선시키는 것을 말한다.
4. "신체활동장려"란 개인 또는 집단이 일상생활 중 신체의 근육을 활용하여 에너지를 소비하는 모든 활동을 자발적으로 적극 수행하도록 장려하는 것을 말한다.
5. "건강관리"란 개인 또는 집단이 건강에 유익한 행위를 지속적으로 수행함으로써 건강한 상태를 유지하는 것을 말한다.
6. "건강친화제도"란 근로자의 건강증진을 위하여 직장 내 문화 및 환경을 건강친화적으로 조성하고, 근로자가 자신의 건강관리를 적극적으로 수행할 수 있도록 교육, 상담 프로그램 등을 지원하는 것을 말한다.

제15조 영양개선

① 국가 및 지방자치단체는 국민의 영양상태를 조사하여 국민의 영양개선방안을 강구하고 영양에 관한 지도를 실시하여야 한다.
② 국가 및 지방자치단체는 국민의 영양개선을 위하여 다음 각 호의 사업을 행한다.
   1. 영양교육사업
   2. 영양개선에 관한 조사 · 연구사업
   3. 기타 영양개선에 관하여 보건복지부령이 정하는 사업

제16조 국민영양조사 등

① 질병관리청장은 보건복지부장관과 협의하여 국민의 건강상태·식품섭취 식생활조사 등 국민의 영양에 관한 조사를 정기적으로 실시한다.

② 특별시·광역시 및 도에는 국민영양조사와 영양에 관한 지도업무를 행하게 하기 위한 공무원을 두어야 한다.

③ 국민영양조사를 행하는 공무원은 그 권한을 나타내는 증표를 관계인에게 내보여야 한다.

● 시행령 제19조 국민영양조사시기
국민영양조사는 매년 실시한다.

● 시행령 제20조 조사대상
① 질병관리청장은 보건복지부장관과 협의하여 매년 구역과 기준을 정하여 선정한 가구 및 그 가구원에 대하여 영양조사를 실시한다.
② 질병관리청장은 보건복지부장관과 협의하여 노인·임산부 등 특히 영양개선이 필요하다고 판단되는 사람에 대해서는 따로 조사기간을 정하여 조사를 실시할 수 있다.
③ 관할 시·도지사는 조사대상으로 선정된 가구와 조사대상이 된 사람에게 이를 통지해야 한다.

■ 규칙 제11조 조사대상가구의 재선정등
① 시·도지사는 영 제20조 제1항에 따라 조사대상가구가 선정된 때에는 영 제 20조 제3항에 따라 별지 제5호 서식의 국민영양조사가구선정통지서를 해당 가구주에게 송부하여야 한다.
② 영 제20조에 따라 선정된 조사가구 중 전출·전입 등의 사유로 선정된 조사가구에 변동이 있는 경우에는 같은 구역안에서 조사가구를 다시 선정하여 조사할 수 있다.
③ 질병관리청장은 보건복지부장관과 협의하여 조사지역의 특성이 변경된 때에는 조사지역을 달리하여 조사할 수 있다.

● 시행령 제21조 조사항목
① 영양조사 : 건강상태조사·식품섭취조사 및 식생활조사로 구분 시행
② 건강상태조사
  1. 신체상태
  2. 영양관계 증후
  3. 기타 건강상태에 관한 사항
③ 식품섭취조사
  1. 조사가구의 일반사항
  2. 일정한 기간의 식사상황
  3. 일정한 기간의 식품섭취상황
④ 식생활조사
  1. 가구원의 식사 일반사항
  2. 조사가구의 조리시설과 환경
  3. 일정한 기간에 사용한 식품의 가격 및 조달방법

■규칙 제12조 조사내용(조사의 세부내용)
1. 건강상태조사 : 급성 또는 만성질환을 앓거나 앓았는지 여부에 관한 사항, 질병·사고 등으로 인한 활동제한의 정도에 관한 사항, 혈압 등 신체계측에 관한 사항, 흡연 음주 등 건강과 관련된 생활태도에 관한 사항 기타 질병관리청장이 정하여 고시하는 사항
2. 식품섭취조사 : 식품의 섭취 횟수 및 섭취량에 관한 사항, 식품의 재료에 관한 사항 기타 질병관리청장이 정하여 고시하는 사항
3. 식생활조사 : 규칙적인 식사 여부에 관한 사항, 식품 섭취의 과다 여부에 관한 사항, 외식의 횟수에 관한 사항, 2세 이하 영유아의 수유기간 및 이유보충식의 종류에 관한 사항 기타 질병관리청장이 정하여 고시하는 사항

●시행령 제22조 영양조사원 및 영양지도원
① 영양조사를 담당하는 자(이하 "영양조사원"이라 한다)는 질병관리청장 또는 시·도지사가 다음 각 호의 어느 하나에 해당하는 사람 중에서 임명 또는 위촉한다.
　　1. 의사·치과의사(구강상태에 대한 조사만 해당)·영양사 또는 간호사의 자격을 가진 사람
　　2. 전문대학이상의 학교에서 식품학 또는 영양학의 과정을 이수한 사람
② 특별자치시장·특별자치도지사·시장·군수·구청장은 영양개선사업을 수행하기 위한 국민영양지도를 담당하는 영양지도원을 두어야 하며 그 영양지도원은 영양사의 자격을 가진 사람으로 임명한다. 다만, 영양사의 자격을 가진 사람이 없는 경우에는 의사 또는 간호사의 자격을 가진 사람 중에서 임명할 수 있다.

■규칙 제13조 영양조사원
① 국민영양조사원은 건강상태조사원·식품섭취조사원 및 식생활조사원으로 구분하여 각 조사원의 직무(식품섭취조사원에게 식생활조사원의 직무)를 하게 할 수 있다.
　　1. 건강상태조사원 : 건강상태에 관한 조사사항의 조사·기록
　　2. 식품섭취조사원 : 식품섭취에 관한 조사사항의 조사·기록
　　3. 식생활조사원 : 식생활에 관한 조사사항의 조사·기록

■규칙 제17조 영양지도원
① 영양지도원의 업무
　　1. 영양지도의 기획·분석 및 평가
　　2. 지역주민에 대한 영양상담·영양교육 및 영양평가
　　3. 지역주민의 건강상태 및 식생활 개선을 위한 세부 방안 마련
　　4. 집단급식시설에 대한 현황 파악 및 급식업무 지도
　　5. 영양교육자료의 개발·보급 및 홍보
　　6. 그 밖에 제1호부터 제5호까지의 규정에 준하는 업무로서 지역주민의 영양관리 및 영양개선을 위하여 특히 필요한 업무

SECTION 02 | 국민영양관리법

제1조 목적

이 법은 국민의 식생활에 대한 과학적인 조사·연구를 바탕으로 체계적인 국가영양정책을 수립·시행함으로써 국민의 영양 및 건강증진을 도모하고 삶의 질 향상에 이바지하는 것을 목적으로 한다.

제2조 정의

1. "식생활"이란 식문화, 식습관, 식품의 선택 및 소비 등 식품의 섭취와 관련된 모든 양식화된 행위를 말한다.
2. "영양관리"란 적절한 영양의 공급과 올바른 식생활 개선을 통하여 국민이 질병을 예방하고 건강한 상태를 유지하도록 하는 것을 말한다.
3. "영양관리사업"란 국민의 영양관리를 위하여 생애주기 등 영양관리 특성을 고려하여 실시하는 교육 · 상담 등의 사업을 말한다.

제4조 영양사 등의 책임

① 영양사는 지속적으로 영양지식과 기술의 습득으로 전문능력을 향상시켜 국민영양개선 및 건강증진을 위하여 노력하여야 한다.
② 식품 · 영양 및 식생활 관련 단체와 그 종사자, 영양관리사업 참여자는 자발적 참여와 연대를 통하여 국민의 건강증진을 위하여 노력하여야 한다.

제7조 국민영양관리기본계획

① 보건복지부장관은 관계 중앙행정기관의 장과 협의하고 국민건강증진정책심의위원회(이하 "위원회"라 한다)의 심의를 거쳐 국민영양관리기본계획(이하 "기본계획"이라 한다)을 5년마다 수립하여야 한다.
② 기본계획에는 다음 각 호의 사항이 포함되어야 한다.
   1. 기본계획의 중장기적 목표와 추진방향
   2. 다음 각 목의 영양관리사업 추진계획
      가. 영양 식생활 교육사업 나. 영양취약계층 등의 영양관리사업
      다. 영양관리를 위한 영양 및 식생활 조사
      라. 그 밖에 대통령령으로 정하는 영양관리사업
   3. 연도별 주요 추진과제와 그 추진방법
   4. 필요한 재원의 규모와 조달 및 관리 방안
   5. 그 밖에 영양관리정책수립에 필요한 사항
③ 보건복지부장관은 기본계획을 수립한 경우에는 관계 중앙행정기관의 장, 특별시장 · 광역시장 · 도지사 · 특별자치도지사(이하 "시 · 도지사"라 한다) 및 시장 · 군수 · 구청장(자치구의 구청장을 말한다. 이하 같다)에게 통보하여야 한다.

제8조 국민영양관리시행계획

① 시장 · 군수 · 구청장은 기본계획에 따라 매년 국민영양관리시행계획을 수립 · 시행하여야 하며 그 시행계획 및 추진실적을 시 · 도지사를 거쳐 보건복지부장관에게 제출하여야 한다.
② 보건복지부장관은 시 · 도지사로부터 제출된 시행계획 및 추진실적에 관하여 보건복지부령으로 정하는 방법에 따라 평가하여야 한다.

③ 시행계획의 수립 및 추진 등에 필요한 사항은 보건복지부령으로 정하는 기준에 따라 해당 지방자치단체의 조례로 정한다.

제9조 국민영양정책 등의 심의

위원회는 국민의 영양관리를 위하여 다음 각 호의 사항을 심의한다.

1. 국민영양정책의 목표와 추진방향에 관한 사항
2. 기본계획의 수립에 관한 사항
3. 그 밖에 영양관리를 위하여 위원장이 필요하다고 인정한 사항

제10조 영양·식생활 교육사업

① 국가 및 지방자치단체는 국민의 건강을 위하여 영양·식생활 교육을 실시하여야 하며 영양·식생활 교육에 필요한 프로그램 및 자료를 개발하여 보급하여야 한다.

제11조 영양취약계층 등의 영양관리사업

국가 및 지방자치단체는 다음 각 호의 영양관리사업을 실시할 수 있다.

1. 영유아, 임산부, 아동, 노인, 노숙인 및 사회복지시설 수용자 등 영양취약계 층을 위한 영양관리사업
2. 어린이집, 유치원, 학교, 집단급식소, 의료기관 및 사회복지시설 등 시설 및 단체에 대한 영양관리사업
3. 생활습관질병 등 질병예방을 위한 영양관리사업

> ●시행령 제2조 영양관리사업의 유형
> 1. 영양소 섭취기준 및 식생활 지침의 제정 개정·보급 사업
> 2. 영양취약계층을 조기에 발견하여 관리할 수 있는 국가영양관리감시체계 구축 사업
> 3. 국민의 영양 및 식생활 관리를 위한 홍보 사업
> 4. 고위험군·만성질환자 등에게 영양관리 등을 제공하는 영양관리서비스산업의 육성을 위한 사업
> 5. 그 밖에 국민의 영양관리를 위하여 보건복지부장관이 필요하다고 인정하는 사업

제13조 영양관리를 위한 영양 및 식생활 조사

① 국가 및 지방자치단체는 지역사회의 영양문제에 관한 연구를 위하여 다음 각 호의 조사를 실시할 수 있다.

   1. 식품 및 영양소 섭취조사
   2. 식생활 행태 조사
   3. 영양상태 조사
   4. 그 밖에 영양문제에 필요한 조사로서 대통령령으로 정하는 사항

② 질병관리청장은 보건복지부장관과 협의하여 국민의 식품섭취·식생활 등에 관한 국민 영양 및 식생활 조사를 매년 실시하고 그 결과를 공표하여야 한다.

●시행령 제3조 영양 및 식생활 조사의 유형

영양문제에 필요한 조사는 다음 각 호와 같다.

1. 식품의 영양성분 실태조사
2. 당 나트륨 트랜스지방 등 건강 위해 가능 영양성분의 실태조사
3. 음식별 식품재료량 조사
4. 그 밖에 국민의 영양관리와 관련하여 보건복지부장관, 질병관리청장 또는 지방자치단체의 장이 필요하다고 인정하는 조사

●시행령 제4조 영양 및 식생활 조사의 시기와 방법 등

① 질병관리청장은 영양관리를 위한 영양 및 식생활 조사를 국민영양조사에 포함하여 실시한다.
② 질병관리청장은 식품의 영양성분 실태조사와 당·나트륨·트랜스지방 등 건강위해가능 영양성분의 실태조사를 가공식품과 식품접객업소 집단급식소 등에서 조리·판매·제공하는 식품 등에 대하여 질병관리청장이 정한 기준에 따라 매년 실시한다.
③ 질병관리청장은 음식별 식품재료량 조사를 식품접객업소 및 집단급식소 등의 음식별 식품재료에 대하여 보건복지부장관이 정한 기준에 따라 매년 실시한다.

●시행령 제4조의2 영양사의 실태 등의 신고

① 영양사는 그 실태와 취업상황 등을 면허증 교부일신고를 한 경우에는 그 신고를 한 날부터 매 3년이 되는 해의 12월 31일까지 보건복지부장관에게 신고하여야 한다.
② 보건복지부장관은 신고 수리 업무를 영양사협회에 위탁한다.

■규칙 제5조 영양·식생활 교육의 대상·내용·방법 등

① 보건복지부장관, 시·도지사 및 시장·군수·구청장은 국민 또는 지역 주민에게 영양 식생활 교육을 실시하여야 하며, 이 경우 생애주기 등 영양관리 특성을 고려하여야 한다.
② 영양·식생활 교육의 내용은 다음과 같다.
   1. 생애주기별 올바른 식습관 형성·실천에 관한 사항
   2. 식생활 지침 및 영양소 섭취기준
   3. 질병 예방 및 관리
   4. 비만 및 저체중 예방·관리
   5. 바람직한 식생활문화 정립
   6. 식품의 영양과 안전
   7. 영양 및 건강을 고려한 음식만들기
   8. 그 밖에 보건복지부장관, 시·도지사 및 시장·군수·구청장이 국민 또는 지역주민의 영양관리 및 영양개선을 위하여 필요하다고 인정하는 사항

제14조 영양소 섭취기준 및 식생활 지침의 제정 및 보급

① 보건복지부장관은 국민건강증진에 필요한 영양소 섭취기준을 제정하고 정기적으로 개정하여 학계·산업계 및 관련 기관 등에 체계적으로 보급하여야 한다.
③ 보건복지부장관은 국민건강증진과 삶의 질 향상을 위하여 질병별·생애주기별 특성 등을 고려한 식생활 지침을 제정하고 정기적으로 개정·보급하여야 한다.

PART 01
PART 02
PART 03
PART 04
PART 05
PART 06
PART 07
PART 08
PART 09

■ 규칙 제6조 영양소 섭취기준과 식생활 지침의 주요 내용 및 발간 주기 등
① 영양소 섭취기준에는 다음 각 호의 내용이 포함되어야 한다.
  1. 국민의 생애주기별 영양소 요구량(평균필요량, 권장섭취량, 충분 섭취 량 등) 및 상한섭취량
  2. 영양소 섭취기준 활용을 위한 식사 모형
  3. 국민의 생애주기별 1일 식사 구성안
  4. 그 밖에 보건복지부장관이 영양소 섭취기준에 포함되어야 한다고 인정하는 내용
② 식생활 지침에는 다음 각 호의 내용이 포함되어야 한다.
  1. 건강증진을 위한 올바른 식생활 및 영양관리의 실천
  2. 생애주기별 특성에 따른 식생활 및 영양관리
  3. 질병의 예방 · 관리를 위한 식생활 및 영양관리
  4. 비만과 저체중의 예방 · 관리
  5. 영양취약계층, 시설 및 단체에 대한 식생활 및 영양관리
  6. 바람직한 식생활문화 정립
  7. 식품의 영양과 안전
  8. 영양 및 건강을 고려한 음식 만들기
  9. 그 밖에 올바른 식생활 및 영양관리에 필요한 사항
③ 영양소 섭취기준 및 식생활 지침의 발간 주기는 5년으로 하되, 필요한 경우 그 주기를 조정할 수 있다.

제15조 영양사의 면허

① 영양사가 되고자 하는 사람은 다음 각 호의 어느 하나에 해당하는 사람으로서 영양사 국가시험에 합격한 후 보건복지부장관의 면허를 받아야 한다.
  1. 「고등교육법」에 따른 학교에서 식품학 또는 영양학을 전공한 자로서 교과목 및 학점이수 등에 관하여 보건복지부령으로 정하는 요건을 갖춘 사람
  2. 외국에서 영양사면허(보건복지부장관이 정하여 고시하는 인정기준에 해당하는 면허를 말한다)를 받은 사람
  3. 외국의 영양사 양성학교(보건복지부장관이 정하여 고시하는 인정기준에 해당하는 학교를 말한다)를 졸업한 사람
② 보건복지부장관은 국가시험의 관리를 보건복지부령으로 정하는 바에 따라 시험 관리능력이 있다고 인정되는 관계 전문기관에 위탁할 수 있다.

제15조의2 응시자격의 제한 등

① 부정한 방법으로 영양사 국가시험에 응시한 사람이나 영양사 국가시험에서 부정행위를 한 사람에 대해서는 그 수험을 정지시키거나 합격을 무효로 한다.
② 보건복지부장관은 제1항에 따라 수험이 정지되거나 합격이 무효가 된 사람에 대하여 처분의 사유와 위반 정도 등을 고려하여 보건복지부령으로 정하는 바에 따라 3회의 범위에서 영양사 국가시험 응시를 제한할 수 있다.

■ 규칙 제7조 영양사 면허 자격 요건

① "보건복지부령으로 정하는 요건을 갖춘 사람"이란 별표 1에 따른 교과목 및 학점을 이수하고 별표 1의2에 따른 학과 또는 학부(전공)를 졸업한 사람 및 제8조에 따른 영양사 국가시험의 응시일로부터 3개월 이내에 졸업이 예정된 사람을 말한다. 이 경우 졸업이 예정된 사람은 그 졸업예정시기에 별표 1에 따른 교과목 및 학점을 이수하고 별표 1의2에 따른 학과 또는 학부(전공)를 졸업하여야 한다.

② 법 제15조 제1항 제2호 및 제3호에서 "외국"이란 다음 각 호의 어느 하나에 해당하는 국가를 말한다.

　　1. 대한민국과 국교(國交)를 맺은 국가

　　2. 대한민국과 국교를 맺지 아니한 국가 중 보건복지부장관이 외교부장관과 협의하여 정하는 국가

■ 규칙 [별표 1] 교과목 및 학점이수 기준(제7조 제1항 관련)

교과목 중 각 영역별 최소이수 과목(총 18과목) 및 학점(총 52학점) 이상을 전공과목(필수 또는 선택)으로 이수해야 한다. 영양사 현장실습 교과목은 80시간 이상(2주 이상) 이수하여야 하며, 영양사가 배치된 집단급식소, 의료기관, 보건소 등에서 현장 실습하여야 한다.

■ 규칙 제8조 영양사 국가시험의 시행과 공고

① 보건복지부장관은 매년 1회 이상 영양사 국가시험을 시행하여야 한다.

② 보건복지부장관은 영양사 국가시험의 관리를 시험관리능력이 있다고 인정하여 지정·고시하는 다음 각 호의 요건을 갖춘 관계전문기관(이하 "영양사 국가시험관리기관"이라 한다)으로 하여금 하도록 한다.

　　1. 정부가 설립·운영비용의 일부를 출연한 비영리법인

　　2. 국가시험에 관한 조사·연구 등을 통하여 국가시험에 관한 전문적인 능력을 갖춘 비영리법인

③ 영양사 국가시험관리기관의 장이 영양사 국가시험을 실시하려면 미리 보건복지부장관의 승인을 받아 시험일시, 시험장소, 응시원서 제출기간, 응시 수수료의 금액 및 납부방법, 그 밖에 영양사 국가시험의 실시에 관하여 필요한 사항을 시험 실시 30일 전까지 공고하여야 한다.

■ 규칙 제9조 영양사 국가시험 과목 등

① 영양사 국가시험의 과목은 다음과 같다.

　　1. 영양학 및 생화학(기초영양학·고급영양학·생애주기영양학 등을 포함)

　　2. 영양교육, 식사요법 및 생리학(임상영양학·영양상담·영양판정 및 지역사회영양학 포함)

　　3. 식품학 및 조리원리(식품화학·식품미생물학·실험조리·식품가공 및 저장학 포함)

　　4. 급식, 위생 및 관계 법규(단체급식관리·급식경영학, 식생활관리·식품위생학·공중보건학과 영양·보건의료·식품위생 관계 법규 포함)

② 영양사 국가시험은 필기시험으로 한다.

③ 영양사 국가시험의 합격자는 전 과목 총점의 60퍼센트 이상, 매 과목 만점의 40퍼센트 이상을 득점하여야 한다.

위반행위	응시제한 횟수
1. 시험 중에 대화 · 손동작 또는 소리 등으로 서로 의사소통을 하는 행위 2. 시험 중에 허용되지 않는 자료를 가지고 있거나 해당 자료를 이용하는 행위 3. 제12조 제1항에 따른 응시원서를 허위로 작성하여 제출하는 행위	1회
4. 시험 중에 다른 사람의 답안지 또는 문제지를 엿보고 본인의 답안지를 작성하는 행위 5. 시험 중에 다른 사람을 위해 답안 등을 알려주거나 엿보게 하는 행위 6. 다른 사람의 도움을 받아 답안지를 작성하거나 다른 사람의 답안지 작성에 도움을 주는 행위 7. 본인이 작성한 답안지를 다른 사람과 교환하는 행위 8. 시험 중에 허용되지 않는 전자장비 · 통신기기 또는 전자계산기기 등을 사용하여 답안을 작성하거나 다른 사람에게 답안을 전송하는 행위 9. 시험 중에 시험문제 내용과 관련된 물건(시험 관련 교재 및 요약자료를 포함한다)을 다른 사람과 주고받는 행위	2회
10. 본인이 대리시험을 치르거나 다른 사람으로 하여금 시험을 치르게 하는 행위 11. 사전에 시험문제 또는 답안을 다른 사람에게 알려주는 행위 12. 사전에 시험문제 또는 시험답안을 알고 시험을 치르는 행위	3회

■ 규칙 제15조 영양사 면허증의 교부

① 영양사 국가시험에 합격한 사람은 합격자 발표 후 영양사 면허증 교부신청서에 다음 각 호의 서류를 첨부하여 보건복지부장관에게 영양사 면허증의 교부를 신청하여야 한다.
 1. 다음 각 목의 구분에 따른 자격을 증명할 수 있는 서류
  가. 졸업증명서 및 교과목 및 학점이수 확인에 필요한 증명서
  나. 외국에서 영양사 면허를 받은 사람은 면허증 사본
  다. 보건복지부장관이 인정하는 외국의 영양사 양성학교를 졸업한 사람은 졸업증명서
 2. 정신질환자에 해당되지 아니함을 증명하는 의사의 진단서 또는 같은 호 단서에 해당하는 경우에는 이를 증명할 수 있는 전문의의 진단서
 3. 법 제16조 제2호 및 제3호에 해당되지 아니함을 증명하는 의사의 진단서
 4. 응시원서의 사진과 같은 사진(가로 3.5센티미터, 세로 4.5센티미터) 2장
② 보건복지부장관은 영양사 국가시험에 합격한 사람이 영양사 면허증 교부를 신청한 날부터 14일 이내에 영양사 면허대장에 그 면허에 관한 사항을 등록하고 영양사 면허증을 교부하여야 한다. 다만, 법 제15조 제1항 제2호 및 제3호에 해당하는 사람의 경우에는 외국에서 영양사 면허를 받은 사실 등에 대한 조회가 끝난 날부터 14일 이내에 영양사 면허증을 교부한다.

■ 규칙 제16조 면허증 재교부

① 영양사가 면허증을 잃어버리거나 면허증이 헐어 못 쓰게 된 경우, 성명 또는 주민등록번호의 변경 등 영양사 면허증의 기재사항이 변경된 경우에는 면허증 재교부신청서에 다음 각 호의 서류를 첨부하여 보건복지부장관에게 제출하여야 한다.
 1. 영양사 면허증이 헐어 못 쓰게 된 경우 : 영양사 면허증
 2. 성명 또는 주민등록번호 등이 변경된 경우 : 영양사 면허증 및 변경 사실을 증명할 수 있는 서류
 3. 사진 2장
② 보건복지부장관은 제1항에 따라 영양사 면허증 재교부 신청을 받은 경우에는 해당 영양사 면허대장에 그 사유를 적고 영양사 면허증을 재교부하여야 한다.

제16조 결격사유

다음 각 호의 어느 하나에 해당하는 사람은 영양사의 면허를 받을 수 없다.

1. 「정신건강증진 및 정신질환자 복지서비스 지원에 관한 법률」 제3조 제1호에 따른 정신질환자. 다만, 전문의가 영양사로서 적합하다고 인정하는 사람은 그러하지 아니하다.
2. 「감염병의 예방 및 관리에 관한 법률」 제2조 제13호에 따른 감염병환자 중 보건복지부령으로 정하는 사람
3. 마약 · 대마 또는 향정신성의약품 중독자
4. 영양사 면허의 취소처분을 받고 그 취소된 날부터 1년이 지나지 아니한 사람

> ■ 규칙 제14조 감염병환자
> "감염병환자"란 「감염병의 예방 및 관리에 관한 법률」에 따른 B형간염 환자를 제외한 감염병환자를 말한다.

제17조 영양사의 업무

영양사는 다음 각 호의 업무를 수행한다.

1. 건강증진 및 환자를 위한 영양 · 식생활 교육 및 상담
2. 식품영양정보의 제공
3. 식단 작성, 검식 및 배식관리
4. 구매식품의 검수 및 관리
5. 급식시설의 위생적 관리
6. 집단급식소의 운영일지 작성
7. 종업원에 대한 영양지도 및 위생교육

제18조 면허의 등록

① 보건복지부장관은 영양사의 면허를 부여할 때에는 영양사 면허대장에 그 면허에 관한 사항을 등록하고 면허증을 교부하여야 한다. 다만, 면허증 교부 신청일 기준으로 제16조에 따른 결격사유에 해당하는 자에게는 면허 등록 및 면허증 교부를 하여서는 아니 된다.

② 제1항에 따라 면허증을 교부받은 사람은 다른 사람에게 그 면허증을 빌려주어서는 아니 되고, 누구든지 그 면허증을 빌려서는 아니 된다.

③ 누구든지 제2항에 따라 금지된 행위를 알선하여서는 아니 된다.

제19조 명칭사용의 금지

제15조에 따라 영양사 면허를 받지 아니한 사람은 영양사 명칭을 사용할 수 없다.

제20조 보수교육

① 보건기관 · 의료기관 · 집단급식소 등에서 각각 그 업무에 종사하는 영양사는 영양 관리 수준 및 자질 향상을 위하여 보수교육을 받아야 한다.

PART 01
PART 02
PART 03
PART 04
PART 05
PART 06
PART 07
PART 08
PART 09

■ 규칙 제 18조 보수교육의 시기 · 대상 · 비용 방법 등
① 영양사 보수교육은 영양사협회에 위탁한다.
② 협회의 장은 보수교육을 2년마다 실시해야 하며, 교육시간은 6시간 이상으로 한다. 다만, 해당 연도에 「식품위생법」 제56조 제1항 단서에 따른 교육을 받은 경우에는 법 제20조에 따른 보수교육을 받은 것으로 보며, 이 경우 이를 증명할 수 있는 서류를 협회의 장에게 제출해야 한다.
③ 보수교육 대상자는 다음 각 호와 같다.
  1. 보건소 · 보건지소, 의료기관 및 집단급식소에 종사하는 영양사
  2. 육아종합지원센터에 종사하는 영양사
  3. 어린이급식관리지원센터에 종사하는 영양사
  4. 건강기능식품판매업소에 종사하는 영양사
④ 해당 연도의 보수교육 면제자는 다음 각 호와 같다.
  1. 군복무 중인 사람
  2. 본인의 질병 또는 그 밖의 불가피한 사유로 보수교육을 받기 어렵다고 보건복지부장관이 인정하는 사람
⑤ 보수교육은 집합교육, 온라인 교육 등 다양한 방법으로 실시해야 한다.

■ 규칙 제20조 보수교육 관계 서류의 보존
협회의 장은 다음 각 호의 서류를 3년간 보존하여야 한다.
1. 보수교육 대상자 명단(대상자의 교육 이수 여부가 명시되어야 한다)
2. 보수교육 면제자 명단
3. 그 밖에 이수자의 교육 이수를 확인할 수 있는 서류

■ 규칙 제20조의2 영양사의 실태 등의 신고 및 보고
영양사의 실태와 취업상황을 신고하려는 사람은 별지 제8호의2 서식의 영양사의 실태 등 신고서에 다음 각 호의 서류를 첨부하여 협회의 장에게 제출하여야 한다.
1. 보수교육 이수증(이수한 사람만 해당)
2. 보수교육 면제 확인서(면제된 사람만 해당)
② 제1항에 따른 신고를 받은 협회의 장은 신고를 한 자가 제18조에 따른 보수교육을 이수하였는지 여부를 확인하여야 한다.
③ 협회의 장은 신고 내용과 그 처리 결과를 반기별로 보건복지부장관에게 보고하여야 한다. 다만, 법 제21조 제5항에 따라 면허의 효력이 정지된 영양사가 제1항에 따른 신고를 한 경우에는 신고 내용과 그 처리 결과를 지체없이 보건복지부장관에게 보고하여야 한다.

제21조 면허취소 등

① 보건복지부장관은 영양사가 다음 각 호의 어느 하나에 해당하는 경우 그 면허를 취소할 수 있다. 다만, 제1호에 해당하는 경우 면허를 취소하여야 한다.
  1. 결격사유의 어느 하나에 해당하는 경우
  2. 면허정지처분기간 중에 영양사의 업무를 하는 경우
  3. 3회 이상 면허정지처분을 받은 경우
② 보건복지부장관은 영양사가 다음 각 호의 어느 하나에 해당하는 경우 6개월 이내의 기간을 정하여 그 면허의 정지를 명할 수 있다.
  1. 영양사가 그 업무를 행함에 있어서 식중독이나 그 밖에 위생과 관련한 중대한 사고 발생에 직무상의 책임이 있는 경우
  2. 면허를 타인에게 대여하여 이를 사용하게 한 경우

④ 보건복지부장관은 면허취소처분 또는 면허정지처분을 하고자 하는 경우에는 청문을 실시하여야 한다.

⑤ 보건복지부장관은 영양사가 제20조의2에 따른 신고를 하지 아니한 경우에는 신고할 때까지 면허의 효력을 정지할 수 있다.

제23조 임상영양사

① 보건복지부장관은 건강관리를 위하여 영양판정, 영양상담, 영양소 모니터링 및 평가 등의 업무를 수행하는 영양사에게 영양사 면허 외에 임상영양사 자격을 인정할 수 있다.

> ■ 규칙 제22조 임상영양사의 업무
> 임상영양사는 질병의 예방과 관리를 위하여 질병별로 전문화된 다음 각 호의 업무를 수행한다.
> 1. 영양문제 수집 · 분석 및 영양요구량 산정 등의 영양판정
> 2. 영양상담 및 교육
> 3. 영양관리상태 점검을 위한 영양모니터링 및 평가
> 4. 영양불량상태 개선을 위한 영양관리
> 5. 임상영양 자문 및 연구
> 6. 그 밖에 임상영양과 관련된 업무

■ 규칙 제23조, 제24조, 제32조 임상영양사

제23조	자격기준	임상영양사가 되려는 사람은 다음 각 호의 어느 하나에 해당하는 사람으로서 보건복지부장관이 실시하는 임상영양사 자격시험에 합격하여야 한다. 1. 제24조에 따른 임상영양사 교육과정 수료와 보건소 · 보건지소, 의료기관, 집단급식소 등 보건복지부장관이 정하는 기관에서 1년 이상 영양사로서의 실무경력을 충족한 사람 2. 외국의 임상영양사 자격이 있는 사람 중 보건복지부장관이 인정하는 사람
제24조	교육과정	① 임상영양사의 교육은 보건복지부장관이 지정하는 임상영양사 교육기관이 실시하고 그 교육기간은 2년 이상으로 한다. ② 임상영양사 교육을 신청할 수 있는 사람은 영양사 면허를 가진 사람으로 한다.
제32조	자격증 교부	① 보건복지부장관은 제31조 제3항에 따라 임상영양사 자격시험관리기관의 장으로부터 서류를 제출받은 경우에는 임상영양사 자격인정대장에 다음 각 호의 사항을 적고, 합격자에게 별지 제15호 서식의 임상영양사 자격증을 교부하여야 한다. 　　1. 성명 및 생년월일 　　2. 임상영양사 자격인정번호 및 자격인정 연월일 　　3. 임상영양사 자격시험 합격 연월일 　　4. 영양사 면허번호 및 면허 연월일 ② 임상영양사의 자격증의 재교부에 관하여는 제16조를 준용한다. 이 경우 "영양사"는 "임상영양사"로, "면허증"은 "자격증"으로 본다.

제28조 벌칙

① 다음 각 호의 어느 하나에 해당하는 자는 1년 이하의 징역 또는 1천만원 이하의 벌금에 처한다.
　　1. 다른 사람에게 영양사의 면허증 또는 임상영양사의 자격증을 빌려주거나 빌린 자
　　2. 영양사의 면허증 또는 임상영양사의 자격증을 빌려주거나 빌리는 것을 알선한 자

● 시행령 [별표] 행정처분 기준(시행령 제5조 관련)
I. 일반기준
  1. 둘 이상의 위반행위가 적발된 경우에는 가장 중한 면허정지처분 기간에 나머지 각각의 면허정지처분 기간의 2분의 1을 더하여 처분한다.
  2. 위반행위에 대하여 행정처분을 하기 위한 절차가 진행되는 기간 중에 반복하여 같은 위반행위를 하는 경우에는 그 위반횟수마다 행정처분 기준의 2분의 1씩 더하여 처분한다.
  3. 위반행위의 횟수에 따른 행정처분의 기준은 최근 1년간 같은 위반행위를 한 경우에 적용한다.
  4. 제3호에 따른 행정처분 기준의 적용은 같은 위반행위에 대하여 행정처분을 한 날과 그 처분 후 다시 적발된 날을 기준으로 한다.
  5. 어떤 위반행위는 그 위반행위에 대하여 행정처분이 이루어진 경우에는 그 처분 이전에 이루어진 같은 위반행위에 대해서도 행정처분이 이루어진 것으로 보아 다시 처분해서는 아니 된다.
  6. 제1호에 따른 행정처분을 한 후 다시 행정처분을 하게 되는 경우 그 위반행위의 횟수에 따른 행정처분의 기준을 적용할 때 종전의 행정처분의 사유가 된 각각의 위반행위에 대하여 각각 행정처분을 하였던 것으로 본다.
II. 개별기준

위반행위	1차 위반		
	1차 위반	2차 위반	3차 위반
1. 법 제16조 제1호부터 제3호까지의 (결격사유)의 법 제21조 어느 하나에 해당하는 경우	면허취소		
2. 법 제21조 제1항에 따른 면허정지처분 기간 중에 영양사의 업무를 하는 경우	면허취소		
3. 영양사가 그 업무를 행함에 있어서 식중독이나 그 밖에 위생과 관련한 중대한 사고 발생에 직무상의 책임이 있는 경우	면허정지 1개월	면허정지 2개월	면허취소
4. 면허를 타인에게 대여하여 사용하게 한 경우	면허정지 2개월	면허정지 3개월	면허취소

SECTION 03 | 농수산물의 원산지 표시 등에 관한 법률(원산지표시법)

제1조 목적

이 법은 농산물·수산물과 그 가공품 등에 대하여 적정하고 합리적인 원산지 표시와 유통이력 관리를 하도록 함으로써 공정한 거래를 유도하고 소비자의 알권리를 보장하여 생산자와 소비자를 보호하는 것을 목적으로 한다.

제2조 정의

1. "농산물"이란 「농업·농촌 및 식품산업 기본법」 제3조 제6호 가목에 따른 농산물을 말한다.
2. "수산물"이란 「수산업 ·어촌 발전 기본법」 제3조 제1호 가목에 따른 어업활동 및 같은 호 마목에 따른 양식업활동으로부터 생산되는 산물을 말한다.
3. "농수산물"이란 농산물과 수산물을 말한다.
4. "원산지"란 농산물이나 수산물이 생산·채취·포획된 국가·지역이나 해역을 말한다.

5. "식품접객업"이란 「식품위생법」 제36조 제1항 제3호에 따른 식품접객업을말한다.

6. "집단급식소"란 「식품위생법」 제2조 제12호에 따른 집단급식소를 말한다.

7. "통신판매"란 「전자상거래 등에서의 소비자보호에 관한 법률」 제2조 제2호에 따른 통신판매(같은 법 제2조 제1호의 전자상거래로 판매되는 경우를 포함한다. 이하 같다) 중 대통령령으로 정하는 판매를 말한다.

8. 이 법에서 사용하는 용어의 뜻은 이 법에 특별한 규정이 있는 것을 제외하고는 「농수산물 품질관리법」, 「식품위생법」, 「대외무역법」이나 「축산물 위생관리법」에서 정하는 바에 따른다.

제3조 다른 법률과의 관계

이 법은 농수산물 또는 그 가공품의 원산지 표시와 수입 농산물 및 농산물 가공품의 유통이력 관리에 대하여 다른 법률에 우선하여 적용한다.

제4조 농수산물의 원산지 표시의 심의

이 법에 따른 농산물·수산물 및 그 가공품 또는 조리하여 판매하는 쌀·김치류, 축산물 및 수산물 등의 원산지 표시 등에 관한 사항은 농수산물품질관리심의회에서 심의한다.

제5조 원산지 표시

① 대통령령으로 정하는 농수산물 또는 그 가공품을 수입하는 자, 생산·가공하여 출하하거나 판매하는 자 또는 판매할 목적으로 보관·진열하는 자는 다음 각 호에 대하여 원산지를 표시하여야 한다.

1. 농수산물

2. 농수산물 가공품(국내에서 가공한 가공품은 제외)

3. 농수산물 가공품(국내에서 가공한 가공품에 한정)의 원료

② 다음 각 호의 어느 하나에 해당하는 때에는 원산지를 표시한 것으로 본다.

1. 「농수산물 품질관리법」 제5조 또는 「소금산업 진흥법」 제33조에 따른 표준규격품의 표시를 한 경우

2. 「농수산물 품질관리법」 제6조에 따른 우수관리인증의 표시, 품질인증품의 표시 또는 「소금산업 진흥법」 제39조에 따른 우수천일염인증의 표시를 한 경우

2의 2. 「소금산업 진흥법」 제40조에 따른 천일염생산방식인증 표시를 한 경우

3. 「소금산업 진흥법」 제41조에 따른 친환경천일염인증 표시를 한 경우

4. 「농수산물 품질관리법」 제24조에 따른 이력추적관리의 표시를 한 경우

5. 「농수산물 품질관리법」 제34조 또는 「소금산업 진흥법」 제38조에 따른 지리적표시를 한 경우

5의 2. 「식품산업진흥법」 제22조의2 또는 「수산식품산업의 육성 및 지원에 관한 법률」 제30조에 따른 원산지인증의 표시를 한 경우

5의 3. 「대외무역법」 제33조에 따라 수출입 농수산물이나 수출입 농수산물 가공품의 원산지를 표시한 경우

6. 다른 법률에 따라 농수산물의 원산지 또는 농수산물 가공품의 원료의 원산지를 표시한 경우

③ 식품접객업 및 집단급식소 중 대통령령으로 정하는 영업소나 집단급식소를 설치·운영하는 자는 대통령령으로 정하는 농수산물이나 그 가공품을 조리하여 판매 제공하는 경우에 그 농수산물이나 그 가공품의 원료에 대하여 원산지(쇠고기는 식육의 종류 포함)를 표시하여야 한다. 다만, 「식품산업진흥법」 제22조의2 또는 「수산식품산업의 육성 및 지원에 관한 법률」 제30조에 따른 원산지인증의 표시를 한 경우에는 원산지를 표시한 것으로 보며, 쇠고기의 경우에는 식육의 종류를 별도로 표시하여야 한다.

●시행령 제3조 원산지의 표시대상
① "대통령령으로 정하는 농수산물 또는 그 가공품"이란 다음 각 호의 농수산물 또는 그 가공품을 말한다.
    1. 유통질서의 확립과 소비자의 올바른 선택을 위하여 필요하다고 인정하여 농림축산식품부장관과 해양수산부장관이 공동으로 고시한 농수산물 또는 그 가공품
    2. 「대외무역법」 제33조에 따라 산업통상자원부장관이 공고한 수입 농수산물 또는 그 가공품
② 농수산물 가공품의 원료에 대한 원산지 표시대상은 다음 각 호와 같다. 다만, 물, 식품첨가물, 주정 및 당류(당류를 주원료로 하여 가공한 당류 가공품을 포함한다)는 배합 비율의 순위와 표시대상에서 제외한다.
1. 원료 배합 비율에 따른 표시대상
    가. 사용된 원료의 배합 비율에서 한 가지 원료의 배합 비율이 98퍼센트 이상인 경우에는 그 원료
    나. 사용된 원료의 배합 비율에서 두 가지 원료의 배합 비율의 합이 98 퍼센트 이상인 원료가 있는 경우에는 배합 비율이 높은 순서의 2순위까지의 원료
    다. 가목 및 나목 외의 경우에는 배합 비율이 높은 순서의 3순위까지의 원료
    라. 가목부터 다목까지의 규정에도 불구하고 김치류 및 절임류(소금으로 절이는 절임류에 한정한다)의 경우에는 다음의 구분에 따른 원료
        1) 김치류 중 고춧가루(고춧가루가 포함된 가공품을 사용하는 경우에는 그 가공품에 사용된 고춧가루를 포함한다. 이하 같다)를 사용하는 품목은 고춧가루 및 소금을 제외한 원료 중 배합 비율이 가장 높은 순서의 2순위까지의 원료와 고춧가루 및 소금
        2) 김치류 중 고춧가루를 사용하지 아니하는 품목은 소금을 제외한 원료 중 배합 비율이 가장 높은 순서의 2순위까지의 원료와 소금
        3) 절임류는 소금을 제외한 원료 중 배합 비율이 가장 높은 순서의 2순위까지의 원료와 소금. 다만, 소금을 제외한 원료 중 한 가지 원료의 배합 비율이 98퍼센트 이상인 경우에는 그 원료와 소금으로 한다.
    2. 제1호에 따른 표시대상 원료로서 「식품 등의 표시·광고에 관한 법률」 제4조에 따른 식품 등의 표시기준에서 정한 복합원재료를 사용한 경우에는 농림축산식품부장관과 해양수산부장관이 공동으로 정하여 고시하는 기준에 따른 원료
⑤ 집단급식소를 설치운영하는 자가 "대통령령으로 정하는 농수산물이나 그 가공품을 조리하여 판매 제공하는 경우"란 다음 각 호의 것을 조리하여 판매·제공하는 경우를 말한다. 이 경우 조리에는 날것의 상태로 조리하는 것을 포함하며, 판매·제공에는 배달을 통한 판매·제공을 포함한다.
    1. 쇠고기(식육·포장육·식육가공품 포함)
    2. 돼지고기(식육·포장육·식육가공품 포함)
    3. 닭고기(식육·포장육·식육가공품 포함)
    4. 오리고기(식육·포장육·식육가공품 포함)
    5. 양고기(식육·포장육·식육가공품 포함)
    5의2. 염소(유산양 포함)
    6. 밥, 죽, 누룽지에 사용하는 쌀(쌀가공품 포함. 쌀에는 찹쌀 현미 및 찐쌀 포함)
    7. 배추김치(배추김치가공품 포함)의 원료인 배추(얼갈이배추와 봄동배추 포함)와 고춧가루
    7의2. 두부류(가공두부, 유바는 제외), 콩비지, 콩국수에 사용하는 콩(콩가공품 포함)
    8. 넙치, 조피볼락, 참돔, 미꾸라지, 뱀장어, 낙지, 명태(황태, 북어 등 건조한 것 제외), 고등어, 갈치, 오징어, 꽃게 및 참조기, 다랑어, 아귀 및 주꾸미(해당 수산물가공품 포함)
    9. 조리하여 판매 제공하기 위하여 수족관 등에 보관·진열하는 살아있는 수산물

●시행령 제4조 원산지 표시를 하여야 할 자
• 휴게음식점영업자
• 일반음식점영업자
• 위탁급식영업을 하는 영업소
• 집단급식소를 설치 · 운영하는 자

제6조 거짓 표시 등의 금지

① 누구든지 다음 각 호의 행위를 하여서는 아니 된다.
  1. 원산지 표시를 거짓으로 하거나 이를 혼동하게 할 우려가 있는 표시를 하는 행위
  2. 원산지 표시를 혼동하게 할 목적으로 그 표시를 손상 변경하는 행위
  3. 원산지를 위장하여 판매하거나, 원산지 표시를 한 농수산물이나 그 가공품에 다른 농수산물이나 가공품을 혼합하여 판매하거나 판매할 목적으로 보관이나 진열하는 행위
② 농수산물이나 그 가공품을 조리하여 판매 · 제공하는 자는 다음 각 호의 행위를 하여서는 아니 된다.
  1. 원산지 표시를 거짓으로 하거나 이를 혼동하게 할 우려가 있는 표시를 하는 행위
  2. 원산지를 위장하여 조리 · 판매 · 제공하거나, 조리하여 판매 · 제공할 목적으로 농수산물이나 그 가공품의 원산지 표시를 손상 · 변경하여 보관 · 진열하는 행위
  3. 원산지 표시를 한 농수산물이나 그 가공품에 원산지가 다른 동일 농수산물이나 그 가공품을 혼합하여 조리 · 판매 · 제공하는 행위
③ 제1항이나 제2항을 위반하여 원산지를 혼동하게 할 우려가 있는 표시 및 위장 판매의 범위 등 필요한 사항은 농림축산식품부와 해양수산부의 공동 부령으로 정한다.

제8조 영수증 등의 비치

원산지를 표시하여야 하는 자는 「축산물 위생관리법」 제31조나 「가축 및 축산물 이력 관리에 관한 법률」 제18조 등 다른 법률에 따라 발급받은 원산지 등이 기재된 영수증이나 거래명세서 등을 매입일부터 6개월간 비치 · 보관하여야 한다.

●시행령 [별표 1] 원산지의 표시기준(시행령 제5조 제1항 관련)
1. 농수산물
  가. 국산 농수산물
    1) 국산 농산물 : "국산"이나 "국내산" 또는 그 농산물을 생산 · 채취 · 사육한 지역의 시 · 도명이나 시 · 군 · 구명을 표시한다.
    2) 국산 수산물 : "국산"이나 "국내산" 또는 "연근해산"으로 표시한다. 다만, 양식 수산물이나 연안정착성 수산물 또는 내수면 수산물의 경우에는 해당 수산물을 생산 · 채취 · 양식 · 포획한 지역의 시 · 도명이나 시 · 군 · 구명을 표시할 수 있다.
  나. 원양산 수산물
    1) 원양어업의 허가를 받은 어선이 해외수역에서 어획하여 국내에 반입한 수산물은 "원양산"으로 표시하거나 "원양산" 표시와 함께 "태평양", "대서양", "인도양", "남극해", "북극해"의 해역명을 표시한다.
  다. 원산지가 다른 동일 품목을 혼합한 농수산물
    1) 국산 농수산물로서 그 생산 등을 한 지역이 각각 다른 동일 품목의 농수산물을 혼합한 경우에는 혼합 비율이 높은 순서로 3개 지역까지의 시 · 도명 또는 시 · 군 · 구명과 그 혼합 비율을 표시하거나 "국산", "국내산" 또는 "연근해산"으로 표시한다.

    2) 동일 품목의 국산 농수산물과 국산 외의 농수산물을 혼합한 경우에는 혼합 비율이 높은 순서로 3개 국가(지역, 해역 등)까지의 원산지와 그 혼합비율을 표시한다.
  라. 2개 이상의 품목을 포장한 수산물 : 서로 다른 2개 이상의 품목을 용기에 담아 포장한 경우에는 혼합 비율이 높은 2개까지의 품목을 대상으로 가목 2), 나목 및 제2호의 기준에 따라 표시한다.

제14조 벌칙

① 원산지 표시를 거짓으로 하거나 이를 혼동하게 할 우려가 있는 표시를 하는 행위, 원산지 표시를 혼동하게 할 목적으로 그 표시를 손상·변경하는 행위 등을 한 자는 7년 이하의 징역이나 1억원 이하의 벌금에 처하거나 이를 병과할 수 있다.

② 제1항의 죄로 형을 선고받고 그 형이 확정된 후 5년 이내에 다시 제6조 제1항 또는 제2항을 위반한 자는 1년 이상 10년 이하의 징역 또는 500만원 이상 1억 5천만원 이하의 벌금에 처하거나 이를 병과할 수 있다.

SECTION 04 | 식품 등의 표시 · 광고에 관한 법률(식품표시광고법)

제1조 목적

이 법은 식품 등에 대하여 올바른 표시·광고를 하도록 하여 소비자의 알 권리를 보장하고 건전한 거래질서를 확립함으로써 소비자 보호에 이바지함을 목적으로 한다.

제2조 정의

7. "표시"란 식품, 식품첨가물, 기구, 용기·포장, 건강기능식품, 축산물(이하 "식품 등"이라 한다) 및 이를 넣거나 싸는 것(그 안에 첨부되는 종이 등을 포함한다)에 적는 문자·숫자 또는 도형을 말한다.

8. "영양표시"란 식품, 식품첨가물, 건강기능식품, 축산물에 들어있는 영양성분의 양 등 영양에 관한 정보를 표시하는 것을 말한다.

9. "나트륨 함량 비교 표시"란 식품의 나트륨 함량을 동일하거나 유사한 유형의 식품의 나트륨 함량과 비교하여 소비자가 알아보기 쉽게 색상과 모양을 이용하여 표시하는 것을 말한다.

제3조 다른 법률과의 관계

식품 등의 표시 또는 광고에 관하여 다른 법률에 우선하여 이 법을 적용한다.

제4조 표시의 기준

① 식품 등에는 다음 각 호의 구분에 따른 사항을 표시하여야 한다. 다만, 총리령으로 정하는 경우에는 그 일부만을 표시할 수 있다.

1. 식품, 식품첨가물 또는 축산물

    가. 제품명, 내용량 및 원재료명

    나. 영업소 명칭 및 소재지

    다. 소비자 안전을 위한 주의사항

    라. 제조연월일, 유통기한 또는 품질유지기한

    마. 그 밖에 소비자에게 해당 식품, 식품첨가물 또는 축산물에 관한 정보를 제공하기 위하여 필요한
       사항으로서 총리령으로 정하는 사항

③ 제1항에 따른 표시가 없거나 제2항에 따른 표시방법을 위반한 식품 등은 판매하거나 판매할 목적으
   로 제조·가공·소분(완제품을 나누어 유통을 목적으로 재포장하는 것)·수입·포장·보관·진열
   또는 운반하거나 영업에 사용해서는 아니 된다.

■ 규칙 [별표 2] 소비자 안전을 위한 표시사항(제5조 제1항 관련)
1. 알레르기 유발물질 표시
   알류(가금류만 해당한다), 우유, 메밀, 땅콩, 대두, 밀, 고등어, 게, 새우, 돼지고기, 복숭아, 토마토, 아황산류(이를 첨가
   하여 최종 제품에 이산화황이 10mg/kg 이상 함유된 경우만 해당), 호두, 닭고기, 쇠고기, 오징어, 조개류(굴, 전복, 홍
   합 포함), 잣
3. 무(無)글루텐의 표시
   가. 밀, 호밀, 보리, 귀리 또는 이들의 교배종을 원재료로 사용하지 않고 총 글루텐 함량이 20mg/kg 이하인 식품 등
   나. 밀, 호밀, 보리, 귀리 또는 이들의 교배종에서 글루텐을 제거한 원재료를 사용하여 총글루텐 함량이 20mg/kg 이하
      인 식품 등

제5조 영양표시

■ 규칙 [별표 4] 영양표시 대상 식품 등(제6조 제1항 관련)
1. 영양표시 대상 식품 등은 다음 각 목과 같다.
   가. 레토르트식품 : 조리가공한 식품을 특수한 주머니에 넣어 밀봉한 후 고열로 가열 살균한 가공식품을 말하며, 축산
      물은 제외
   나. 과자류, 빵류 또는 떡류: 과자, 캔디류, 빵류 및 떡류
   다. 빙과류 : 아이스크림류 및 빙과
   라. 코코아 가공품류 또는 초콜릿류
   마. 당류 : 당류가공품
   바. 잼류
   사. 두부류 또는 묵류
   아. 식용유지류: 식물성유지류 및 식용유지가공품(모조치즈 및 기타 식용유지가공품은 제외)
   자. 면류
   차. 음료류 : 다류(침출차·고형차는 제외), 커피(볶은커피·인스턴트커피는 제외), 과일·채소류음료, 탄산음료류, 두
      유류, 발효음료류, 인삼·홍삼음료 및 기타 음료
   카. 특수영양식품
   타. 특수의료용도식품
   파. 장류 : 개량메주, 한식간장(한식메주를 이용한 한식간장은 제외), 양조간장, 산분해간장, 효소분해간장, 혼합간장,
      된장, 고추장, 춘장, 혼합장 및 기타 장류
   하. 조미식품 : 식초(발효식초만 해당), 소스류, 카레(카레만 해당) 및 향신료가공품(향신료조제품만 해당)
   거. 절임류 또는 조림류 : 김치류(김치는 배추김치만 해당), 절임류(절임식품 중 절임배추는 제외) 및 조림류
   너. 농산가공식품류 : 전분류, 밀가루류, 땅콩 또는 견과류가공품류, 시리얼류 및 기타 농산가공품류

더. 식육가공품 : 햄류, 소시지류, 베이컨류, 건조저장육류, 양념육류(양념육 · 분쇄가공육제품만 해당), 식육추출가공품 및 식육함유가공품

러. 알가공품류(알 내용물 100퍼센트 제품은 제외)

머. 유가공품 : 우유류, 가공유류, 산양유, 발효유류, 치즈류 및 분유류

버. 수산가공식품류(수산물 100퍼센트 제품은 제외) : 어육가공품류, 젓갈류, 건포류, 조미김 및 기타 수산물가공품

서. 즉석식품류 : 즉석섭취 · 편의식품류(즉석섭취식품 · 즉석조리식품만 해당) 및 만두류

어. 건강기능식품

저. 가목부터 어목까지의 규정에 해당하지 않는 식품 및 축산물로서 영업자가 스스로 영양표시를 하는 식품 및 축산물

③ 제1항에 따른 영양표시가 없거나 제2항에 따른 표시방법을 위반한 식품 등은 판매하거나 판매할 목적으로 제조 · 가공 · 소분 · 수입 · 포장 · 보관 · 진열 또는 운반하거나 영업에 사용해서는 아니 된다.

■ 규칙 제6조 영양표시

② 표시 대상 영양성분은 다음 각 호와 같다. 다만 건강기능식품의 경우에는 제6호부터 제8호까지의 영양성분을 표시하지 않을 수 있다.
  1. 열량
  2. 나트륨
  3. 탄수화물
  4. 당류(모든 단당류와 이당류를 말함. 캡슐, 정제 · 환, 분말 형태의 건강기능 식품은 제외)
  5. 지방
  6. 트랜스지방(Trans Fat)
  7. 포화지방(Saturated Fat)
  8. 콜레스테롤(Cholesterol)
  9. 단백질
  10. 영양표시나 영양강조표시를 하려는 경우에는 별표 5의 1일 영양성분 기준치에 명시된 영양성분

③ 제2항에 따른 영양성분을 표시할 때에는 다음 각 호의 사항을 표시해야 한다.
  1. 영양성분의 명칭
  2. 영양성분의 함량
  3. 별표 5의 1일 영양성분 기준치에 대한 비율

④ 제2항에 따른 영양성분을 표시할 때의 표시방법에 관하여는 별표 3에 따른다.

⑤ 제1항부터 제4항까지에서 규정한 사항 외에 영양성분의 표시방법 등에 관한 세부 사항은 식품의약품안전처장이 정하여 고시한다.

제6조 나트륨 함량 비교 표시

■ 규칙 제7조 나트륨 함량 비교 표시

① 법 제6조 제1항에서 "총리령으로 정하는 식품"이란 다음 각 호의 식품을 말한다.
  1. 조미식품이 포함되어 있는 면류 중 유탕면(기름에 튀긴 면), 국수 또는 냉면
  2. 즉석섭취식품 중 햄버거 및 샌드위치

---

③ 제1항에 따른 나트륨 함량 비교 표시가 없거나 제2항에 따른 표시방법을 위반한 식품은 판매하거나 판매할 목적으로 제조 · 가공 · 소분 · 수입 · 포장 · 보관 · 진열 또는 운반하거나 영업에 사용해서는 아니 된다.

제7조 광고의 기준

① 식품 등을 광고할 때에는 제품명 및 업소명을 포함시켜야 한다.

② 제1항에서 정한 사항 외에 식품 등을 광고할 때 준수하여야 할 사항은 총리령으로 정한다.

제8조 부당한 표시 또는 광고행위의 금지

① 누구든지 식품 등의 명칭·제조방법·성분 등 대통령령으로 정하는 사항에 관하여 다음 각 호의 어느 하나에 해당하는 표시 또는 광고를 하여서는 아니 된다.

1. 질병의 예방·치료에 효능이 있는 것으로 인식할 우려가 있는 표시 또는 광고
2. 식품 등을 의약품으로 인식할 우려가 있는 표시 또는 광고
3. 건강기능식품이 아닌 것을 건강기능식품으로 인식할 우려가 있는 표시 또는 광고
4. 거짓·과장된 표시 또는 광고
5. 소비자를 기만하는 표시 또는 광고
6. 다른 업체나 다른 업체의 제품을 비방하는 표시 또는 광고
7. 객관적인 근거 없이 자기 또는 자기의 식품 등을 다른 영업자나 다른 영업자의 식품 등과 부당하게 비교하는 표시 또는 광고
8. 사행심을 조장하거나 음란한 표현을 사용하여 공중도덕이나 사회윤리를 현저하게 침해하는 표시 또는 광고
9. 총리령으로 정하는 식품 등이 아닌 물품의 상호, 상표 또는 용기·포장 등과 동일하거나 유사한 것을 사용하여 해당 물품으로 오인·혼동할 수 있는 표시 또는 광고
10. 제10조 제1항에 따라 심의를 받지 아니하거나 같은 조 제4항을 위반하여 심의 결과에 따르지 아니한 표시 또는 광고

② 제1항 각 호의 표시 또는 광고의 구체적인 내용과 그 밖에 필요한 사항은 대통령령으로 정한다.

> ●시행령 [별표 1] 부당한 표시 또는 광고의 내용(제3조 제1항 관련) - 금지사항
> 1. 질병의 예방·치료에 효능이 있는 것으로 인식할 우려가 있는 다음 각 목의 표시 또는 광고
>   가. 질병 또는 질병군의 발생을 예방한다는 내용의 표시·광고
>   나. 질병 또는 질병군에 치료 효과가 있다는 내용의 표시·광고
>   다. 질병의 특징적인 징후 또는 증상에 예방·치료 효과가 있다는 내용의 표시·광고
>   라. 질병 및 그 징후 또는 증상과 관련된 제품명, 학술자료, 사진 등을 활용하여 질병과의 연관성을 암시하는 표시·광고
> 2. 식품 등을 의약품으로 인식할 우려가 있는 다음 각 목의 표시 또는 광고
>   가. 의약품에만 사용되는 명칭(한약의 처방명을 포함)을 사용하는 표시·광고
>   나. 의약품에 포함된다는 내용의 표시·광고
>   다. 의약품을 대체할 수 있다는 내용의 표시·광고
>   라. 의약품의 효능 또는 질병 치료의 효과를 증대시킨다는 내용의 표시·광고
> 3. 건강기능식품이 아닌 것을 건강기능식품으로 인식할 우려가 있는 표시 또는 광고
> 4. 거짓·과장된 다음 각 목의 표시 또는 광고
>   가. 허가받거나 등록·신고한 사항과 다르게 표현하는 표시·광고
>   나. 건강기능식품의 경우 식품의약품안전처장이 인정하지 않은 기능성을 나타내는 내용의 표시·광고
>   다. 사실과 다른 내용으로 표현하는 표시·광고
>   라. 신체의 일부 또는 신체조직의 기능·작용효과·효능에 관하여 표현하는 표시·광고
>   마. 정부 또는 관련 공인기관의 수상·인증·보증·선정·특허와 관련하여 사실과 다른 내용으로 표현하는 표시·광고

5. 소비자를 기만하는 다음 각 목의 표시 또는 광고
    가. 식품학·영양학·축산가공학·수의공중보건학 등의 분야에서 공인되지 않은 제조 방법에 관한 연구나 발견한 사실을 인용하거나 명시하는 표시·광고
    나. 가축이 먹는 사료나 물에 첨가한 성분의 효능·효과 또는 식품 등을 가공할 때 사용한 원재료나 성분의 효능·효과를 해당 식품 등의 효능·효과로 오인 또는 혼동하게 할 우려가 있는 표시·광고
    다. 각종 감사장 또는 체험기 등을 이용하거나 "한방", "특수제법", "주문쇄도", "단체추천" 또는 이와 유사한 표현으로 소비자를 현혹하는 표시·광고
    라. 의사, 치과의사, 한의사, 수의사, 약사, 한약사, 대학교수 또는 그 밖의 사람이 제품의 기능성을 보증하거나, 제품을 지정·공인·추천·지도 또는 사용하고 있다는 내용의 표시·광고
    마. 외국어의 남용 등으로 인하여 외국 제품 또는 외국과 기술 제휴한 것으로 혼동하게 할 우려가 있는 내용의 표시·광고
    바. 조제유류의 용기 또는 포장에 유아·여성의 사진 또는 그림 등을 사용한 표시·광고
    사. 조제유류가 모유와 같거나 모유보다 좋은 것으로 소비자를 오도하거나 오인하게 할 수 있는 표시·광고
    아. 「건강기능식품에 관한 법률」 제15조 제2항 본문에 따라 식품의약품안전처장이 인정한 사항의 일부 내용을 삭제하거나 변경하여 표현함으로써 해당 건강기능 식품의 기능 또는 효과에 대하여 소비자를 오인하게 하거나 기만하는 표시·광고
    자. 「건강기능식품에 관한 법률」 제15조 제2항 단서에 따라 기능성이 인정되지 않는 사항에 대하여 기능성이 인정되는 것처럼 표현하는 표시·광고
    차. 이온수, 생명수, 약수 등 과학적 근거가 없는 추상적인 용어로 표현하는 표시·광고
    카. 해당 제품에 사용이 금지된 식품첨가물이 함유되지 않았다는 내용을 강조함으로써 소비자로 하여금 해당 제품만 금지된 식품첨가물이 함유되지 않은 것으로 오인하게 할 수 있는 표시·광고
6. 다른 업체나 다른 업체의 제품을 비방하는 표시 또는 광고 : 비교하는 표현을 사용하여 다른 업체의 제품을 간접적으로 비방하거나 다른 업체의 제품보다 우수한 것으로 인식될 수 있는 표시·광고
7. 객관적인 근거 없이 자기 또는 자기의 식품 등을 다른 영업자나 다른 영업자의 식품 등과 부당하게 비교하는 다음 각 목의 표시 또는 광고
    가. 비교표시·광고의 경우 그 비교대상 및 비교기준이 명확하지 않거나 비교내용 및 비교방법이 적정하지 않은 내용의 표시·광고
    나. 제품의 제조방법·품질·영양가. 원재료·성분 또는 효과와 직접적인 관련이 적은 내용이나 사용하지 않은 성분을 강조함으로써 다른 업소의 제품을 간접적으로 다르게 인식하게 하는 내용의 표시·광고
8. 사행심을 조장하거나 음란한 표현을 사용하여 공중도덕이나 사회윤리를 현저하게 침해하는 다음 각 목의 표시 또는 광고
    가. 판매 사례품이나 경품의 제공 등 사행심을 조장하는 내용의 표시·광고
    나. 미풍양속을 해치거나 해칠 우려가 있는 저속한 도안, 사진 또는 음향 등을 사용하는 표시·광고

●시행령 [별표 1] 부당한 표시 또는 광고가 아닌 것(제3조 제1항 관련) – 광고 가능
1. 특수의료용도 등 식품에 섭취대상자의 질병명 및 "영양조절"을 위한 식품임을 표시·광고하는 경우
2. 건강기능식품에 기능성을 인정받은 사항을 표시·광고하는 경우
3. 「건강기능식품에 관한 법률」 제15조에 따라 식품의약품안전처장이 고시하거나 안전성 및 기능성을 인정한 건강기능식품의 원료 또는 성분으로서 질병의 발생 위험을 감소시키는 데 도움이 된다는 내용의 표시·광고
4. 질병정보를 제품의 기능성 표시·광고와 명확하게 구분하고, "해당 질병정보는 제품과 직접적인 관련이 없습니다"라는 표현을 병기한 표시·광고
5. 「건강기능식품에 관한 법률」 제14조에 따른 건강기능식품의 기준 및 규격에서 정한 영양성분의 기능 및 함량을 나타내는 표시·광고
6. 제품에 함유된 영양성분이나 원재료가 신체조직과 기능의 증진에 도움을 줄 수 있다는 내용으로서 식품의약품안전처장이 정하여 고시하는 내용의 표시·광고
7. 특수용도식품으로 임산부·수유부·노약자, 질병 후 회복 중인 사람 또는 환자의 영양보급 등에 도움을 준다는 내용의 표시·광고
8. 해당 제품이 발육기, 성장기, 임신수유기, 갱년기 등에 있는 사람의 영양보급을 목적으로 개발된 제품이라는 내용의 표시·광고
9. 식품학 등 해당 분야의 문헌을 인용하여 내용을 정확히 표시하고, 연구자의 성명, 문헌명, 발표 연월일을 명시하는 표시·광고
10. 의사 등이 해당 제품의 연구 개발에 직접 참여한 사실만을 나타내는 표시·광고
11. 「독점규제 및 공정거래에 관한 법률」에 따라 허용되는 경우

제9조 표시 또는 광고 내용의 실증

① 식품 등에 표시를 하거나 식품 등을 광고한 자는 자기가 한 표시 또는 광고에 대하여 실증할 수 있어야 한다.
② 식품의약품안전처장은 식품 등의 표시 또는 광고가 제8조 제1항을 위반할 우려가 있어 해당 식품 등에 대한 실증이 필요하다고 인정하는 경우에는 그 내용을 구체적으로 밝혀 해당 식품 등에 표시하거나 해당 식품 등을 광고한 자에게 실증자료를 제출할 것을 요청할 수 있다.

제10조 표시 또는 광고의 자율심의

① 식품 등에 관하여 표시 또는 광고하려는 자는 해당 표시·광고에 대하여 제2항에 따라 등록한 기관 또는 단체(이하 "자율심의기구"라 한다)로부터 미리 심의를 받아야 한다. 다만, 자율심의기구가 구성되지 아니한 경우에는 대통령령으로 정하는 바에 따라 식품의약품안전처장으로부터 심의를 받아야 한다.
② 제1항에 따른 식품 등의 표시·광고에 관한 심의를 하고자 하는 "자율심의기구"는 다음 각 호의 어느 하나에 해당하는 기관 또는 단체는 제11조에 따른 심의위원회 등 대통령령으로 정하는 요건을 갖추어 식품의약품안전처장에게 등록하여야 한다.
  1. 「식품위생법」 제59조 제1항에 따른 동업자조합
  2. 「식품위생법」 제64조 제1항에 따른 한국식품산업협회
  3. 「건강기능식품에 관한 법률」 제28조에 따라 설립된 단체
  4. 「소비자기본법」 제29조에 따라 등록한 소비자단체로서 대통령령으로 정하는 기준을 충족하는 단체

■ 규칙 제10조 표시 또는 광고 심의 대상 식품 등

식품 등에 관하여 표시 또는 광고하려는 자가 법 제10조제1항 본문에 따른 자율심의기구(이하 "자율심의기구"라 한다)에 미리 심의를 받아야 하는 대상은 다음 각 호와 같다.

1. 특수영양식품(영아·유아, 비만자 또는 임산부·수유부 등 특별한 영양관리가 필요한 대상을 위하여 식품과 영양성분을 배합하는 등의 방법으로 제조·가공한 식품)
2. 특수의료용도식품(정상적으로 섭취, 소화, 흡수 또는 대사할 수 있는 능력이 제한되거나 질병 또는 수술 등의 임상적 상태로 인하여 일반인과 생리적으로 특별히 다른 영양요구량을 가지고 있어, 충분한 영양공급이 필요하거나 일부 영양성분의 제한 또는 보충이 필요한 사람에게 식사의 일부 또는 전부를 대신할 목적으로 직접 또는 튜브를 통해 입으로 공급할 수 있도록 제조·가공한 식품)
3. 건강기능식품
4. 기능성표시식품

과목 마무리 문제

PART 01
PART 02
PART 03
PART 04
PART 05
PART 06
PART 07
PART 08
PART 09

01 다음 중 식품위생법과 관련 없는 내용은?

① 식품의 영양 표시
② 식품 등의 기준과 규격
③ 식품 등의 공전
④ 유전자변형식품 등의 표시
⑤ 기구 및 용기·포장의 기준과 규격

해설 | '식품의 영양 표시'에 관한 규정은 「식품 등의 표시·광고에 관한 법률」로 이관되었다.

02 식품·식품첨가물의 기준과 규격을 정하여 고시하는 자로 옳은 것은?

① 대통령
② 국무총리
③ 시·도지사
④ 질병관리본부장
⑤ 식품의약품안전처장

해설 | 「식품위생법」에 따르면 식품·식품첨가물의 기준과 규격은 식품의약품안전처장이 정하여 고시한다.

03 영양사 또는 조리사 면허증의 취소 처분을 받은 자는 그 면허가 취소된 날로부터 얼마가 경과해야만 면허증 취득의 결격사유에 해당되지 않는가?

① 3개월
② 4개월
③ 6개월
④ 1년
⑤ 2년

해설 | 「식품위생법」 제54조에 따라 영양사 및 조리사는 면허 취소 처분을 받고 1년이 경과하여야 면허증 취득이 가능하다.

04 식품위생교육대상자의 교육시간에 대한 설명으로 옳은 것은?

① 식품접객업을 하려는 자는 미리 8시간의 교육을 받아야 한다.
② 식품운반업을 하려는 자는 미리 4시간의 교육을 받아야 한다.
③ 즉석판매제조·가공업을 하려는 자는 미리 6시간의 교육을 받아야 한다.
④ 집단급식소를 설치·운영하려는 자는 6시간의 교육을 받아야 한다.
⑤ 식품첨가물제조업을 하려는 자는 8시간의 교육을 받아야 한다.

해설 | 「식품위생법 시행규칙」 제52조 영업을 하고자 하는 자가 미리 받아야 하는 위생교육시간
• 식품제조·가공업, 즉석판매제조·가공업, 식품첨가물제조업 : 8시간
• 식품접객업, 집단급식소 설치·운영 : 6시간
• 식품운반업, 식품소분·판매업 식품보존업, 용기·포장류제조업 : 4시간

05 학교급식의 모든 과정을 위탁했을 시 학교급식 공급업자는 식품위생법상의 어느 영업의 신고를 한 자인가?

① 집단급식소 식품판매업, 식품제조ㆍ가공업
② 집단급식소 식품판매업, 위탁급식영업
③ 집단급식소 식품판매업, 식품운반업
④ 위탁급식영업, 식품제조ㆍ가공업
⑤ 위탁급식영업, 식품운반업

해설 | 「학교급식법 시행령」 제11조 학교급식 과정 전부를 위탁하는 학교급식 공급업자
• 학교 밖에서 제조ㆍ가공한 식품을 운반하여 급식하는 경우 : 식품제조ㆍ가공업
• 학교 급식시설을 운영위탁하는 경우 : 위탁급식영업의 신고를 한 자

06 학교급식시설에 관한 내용으로 옳은 것은?

① 급식관리실은 오염 방지를 위해 조리장과 차단되어야 한다.
② 학교가 갖추어야 하는 시설은 조리실, 식품보관실, 강의실이다.
③ 학교급식을 실시할 학교는 필요한 시설과 설비를 갖추어야 한다.
④ 조리장은 조리기기, 배식시설, 식재료 보관실 등을 갖추어야 한다.
⑤ 둘 이상의 인접학교라 할지라도 독립적으로 급식을 위한 시설을 해야 한다.

해설 | 「학교급식법」 제6조 제1항에 따르면 학교급식을 실시할 학교는 학교급식을 위하여 필요한 시설과 설비를 갖추어야 한다. 다만, 둘 이상의 학교가 인접하여 있는 경우에는 학교급식을 위한 시설과 설비를 공동으로 할 수 있다.

07 영양관리를 위한 영양 및 식생활 조사와 관련한 사항으로 옳은 것은?

① 식품의약품안전처장은 국민의 식품 섭취에 관한 국민 영양 및 식생활 조사를 정기적으로 실시하여야 한다.
② 지역사회의 영양 문제에 관한 연구를 위하여 흡연율을 조사할 수 있다.
③ 영양 문제에 필요한 조사에는 질병 발생률 조사, 사망 원인 조사 등이 포함된다.
④ 음식별 식품 재료량 조사는 집단급식소 등에 대해서 매 3년마다 실시한다.
⑤ 집단급식소에서 제공하는 식품에 대해 당ㆍ나트륨ㆍ트랜스지방 등 건강 위해 가능 영양성분에 대한 실태조사를 매년 실시한다.

해설 | 「국민영양관리법」 제13조 영양관리를 위한 영양 및 식생활 조사
① 국가 및 지방자치단체는 지역사회의 영양문제에 관한 연구를 위하여 다음 각 호의 조사를 실시할 수 있다.
1. 식품 및 영양소 섭취조사
2. 식생활 행태 조사
3. 영양상태 조사
4. 그 밖에 영양문제에 필요한 조사로서 대통령령으로 정하는 사항
② 질병관리청장은 보건복지부장관과 협의하여 국민의 식품섭취ㆍ식생활 등에 관한 국민 영양 및 식생활 조사를 매년 실시하고 그 결과를 공표하여야 한다.

08 다음 중 영양사 보수교육을 받지 않아도 되는 근무처는?

① 보건소
② 집단급식소
③ 영양 관련 연구소
④ 육아종합지원센터
⑤ 건강기능식품 판매업소

해설 | 「국민영양관리법 시행규칙」 제18조 영양사 보수교육 대상자
  • 보건소 · 보건지소 의료기관 및 집단급식소에 종사하는 영양사
  • 육아종합지원센터에 종사하는 영양사
  • 어린이급식관리지원센터에 종사하는 영양사
  • 건강기능식품 판매업소에 종사하는 영양사

09 영양사 국가시험에 관한 내용으로 옳은 것은?

① 한국산업인력공단에서 주관하여 실시한다.
② 시험은 필기시험 합격 후 실기시험으로 한다.
③ 미리 식품의약품안전처장의 승인을 얻어 시행한다.
④ 전 과목 총점의 60퍼센트 이상, 매 과목 만점의 40퍼센트 이상을 득점하여야 한다.
⑤ 매년 전반기, 후반기 각각 1회 이상 실시한다.

해설 | 「국민영양관리법 시행규칙」 제8조 및 제9조에 따라 보건복지부장관은 매년 1회 이상 영양사 국가시험을 시행하여야 하며 영양사 국가시험은 필기시험으로 한다. 또한 미리 보건복지부장관의 승인을 얻어 시행한다. 시험은 영양사 국가시험관리공단에서 주관하여 실시하며, 전 과목 총점의 60퍼센트 이상, 매 과목 만점의 40퍼센트 이상을 득점하여야 합격한다.

10 다음 중 나트륨 함량 비교 표시를 하여야 하는 식품으로 옳은 것은?

① 핫도그
② 시카고피자
③ 일본라멘
④ 김밥
⑤ 닭꼬치

해설 | 「식품 등의 표시 · 광고에 관한 법률 시행규칙」 제7조 나트륨 함량 비교 표시
  • 조미식품이 포함되어 있는 면류 중 유탕면(기름에 튀긴 면, 국수 또는 냉면)
  • 즉석섭취식품 중 햄버거 및 샌드위치

PART 01
PART 02
PART 03
PART 04
PART 05
PART 06
PART 07
PART 08
PART 09

PART 09

실전모의고사

001 상한섭취량과 충분섭취량이 설정되어 있는 비타민과 영양소를 각각 묶은 것 중 옳은 것은?

① 비타민 K, 단백질
② 비타민 D, 식이섬유
③ 비타민 D, 비타민 C
④ 비타민 B₁, 비타민 E
⑤ 엽산, 콜레스테롤

002 세포막 안팎의 수분 이동에 가장 큰 에너지원이 되는 것은?

① 혈압　　　　　② 삼투압
③ 세포내압　　　④ 세포외압
⑤ 세포액농도

003 탄수화물의 흡수에 대한 설명으로 옳은 것은?

① 소장점막세포를 통해 흡수된다.
② 과당은 삼투로 흡수된다.
③ 단당류는 이당류로 전환되어 흡수된다.
④ 포도당의 흡수가 제일 빠르다.
⑤ 자일로오스가 갈락토오스보다 흡수가 빠르다.

004 소장에서 포도당 유입이 중단되어 혈당량이 감소되면 가장 먼저 일어날 수 있는 현상은?

① 포도당 신생 촉진
② 지방 합성 촉진
③ 단백질 분해 촉진
④ 글리코겐 분해 촉진
⑤ 글루코스 합성 촉진

005 혈당지수(glycemic index)에 대한 설명으로 옳은 것은?

① 해조류는 혈당지수가 높은 식품이다.
② 현미밥이 백미밥보다 혈당지수가 높다.
③ 단순당질의 식품은 혈당지수가 낮은 식품이다.
④ 섭취한 당질이 체내에서 이용되는 속도를 말한다.
⑤ 비만, 당뇨 등의 예방과 식사요법에 이용되기도 한다.

006 간에서 피루브산 1분자, 근육에서 포도당 1분자가 완전히 산화되었을 때 생성되는 ATP를 합산한 분자 수는?

① 32 ATP　　　② 38 ATP
③ 42.5 ATP　　④ 45 ATP
⑤ 70 ATP

007 다음 중 프로스타글란딘의 전구체인 것은?

① 팔미트산 ② 부티르산
③ 올레산 ④ DHA
⑤ EPA

08 호르몬 유사물질인 프로스타글란딘의 생합성에 이용되는 지방산은?

① EPA ② 팔미트산
③ 스테아르산 ④ 올레산
⑤ 아라키돈산

009 스테아르산이 산화되어 ATP를 생성하는 과정 중 발생하는 현상으로 옳은 것은?

① 9회의 β-산화가 필요하다.
② β-산화에 필요한 비타민은 비오틴이다.
③ β-산화로 생성되는 ATP는 110 ATP이다.
④ 스테아릴-CoA의 형태로 카르니틴에 의해 미토콘드리아 내막을 통과한다.
⑤ β-산화과정에서 아실 CoA 탈수소효소와 히드록시아실 CoA 탈수소효소에 의해 3번 산화된다.

010 지방산의 β-산화에 관여하는 효소들 중 첫번째와 가장 마지막 과정에 관여하는 효소를 순서에 맞게 고르면?

가. 티올라아제
나. 아실 CoA 탈수소효소
다. 에노일 CoA 수화효소
라. β-하이드록시아실 CoA 탈수소효소

① 가, 나 ② 나, 가
③ 나, 다 ④ 다, 라
⑤ 라, 다

011 황아미노산 중 체내에서 약물 해독작용에 관여하는 것은?

① 트리오닌, 시스테인
② 티로신, 라이신
③ 페닐알라닌, 티로신
④ 메티오닌, 라이신
⑤ 메티오닌, 시스테인

012 탈탄산 반응으로 생성된 물질로 인해 혈관 확장, 알레르기 반응에 관여하는 아미노산은?

① 트립토판 ② 이소류신
③ 발린 ④ 히스티딘
⑤ 페닐알라닌

013 단백질의 질을 평가하는 방법 중 섭취한 총 식이질소가 동물 체내에 보유된 정도를 나타낸 것으로 소화흡수율을 고려한 것은?

① 소변평가(N/CR비)
② 단백가(PS)
③ 생물가(BV)
④ 단백질 효율(PER)
⑤ 단백질 실이용률(NPU)

PART 01
PART 02
PART 03
PART 04
PART 05
PART 06
PART 07
PART 08
PART 09

014 요소회로에 대한 설명으로 옳은 것은?

① 5 ATP가 소모된다.
② 숙신산이 생성된다.
③ 요소는 미토콘드리아에서 생성된다.
④ 1차적 조절은 카르니틴 인산 합성단계에서 일어난다.
⑤ 요소 합성의 반응은 세포질과 미토콘드리아에서 일어난다.

015 영양소의 평균호흡계수(RQ, 호흡상)로 옳은 것은?

① 당질 − 0.7
② 지질 − 0.8
③ 단백질 − 1.0
④ 당뇨병의 경우 − 0.8
⑤ 혼합식사의 경우 − 0.85

016 어떤 식품 100g 중의 질소 함량이 10g이라면 단백질로부터 얻을 수 있는 열량은?

① 150kcal   ② 220kcal
③ 250kcal   ④ 300kcal
⑤ 330.5kcal

017 체내에서 일어나는 알코올 대사의 내용으로 옳은 것은?

① 체내 알코올 대사는 당 신생 대사와 유사하다.
② 알코올은 소장과 대장에서 주로 흡수된 후 대부분 간으로 운반된다.
③ 간으로 들어온 알코올은 아세틸 CoA, 아세트산을 거쳐 아세트알데하이드로 전환된다.
④ 간으로 들어온 알코올은 알코올 탈수소 효소(ADH)와 아세틸 CoA 탈수소 효소(acetyl−CoA dehydrogenase)에 의해 산화된다.
⑤ 과량의 알코올을 섭취한 경우 간은 MEOS(Microsomol Ethanol Oxidizing System)를 이용하여 알코올을 대사시킨다.

018 비타민의 기능에 관한 설명 중 옳은 것은?

① 티아민은 아미노기 전달반응의 조효소로 작용한다.
② 니아신은 산화효소의 조효소로 FAD와 FMN이 있다.
③ 피리독신은 산화적 탈탄산반응의 조효소로 작용한다.
④ 판토텐산은 조효소 코엔자임 A의 구성성분이다.
⑤ 레티놀의 탈수소효소의 조효소로 NAD^+와 NADP가 있다.

019 다음 중 비타민 B_6의 인산 유도체가 조효소로 작용하는 반응은?

① 탈수소반응
② 탈인산화반응
③ 가수분해반응
④ 아미노기 전이반응
⑤ 케토산의 탈탄산반응

020 비타민 B_{12}의 흡수 및 대사와 관련된 설명으로 옳은 것은?

① 흡수 불량 시 피부염이 발생할 수 있다.
② 흡수는 주로 공장에서 능동수송에 의해 일어난다.
③ 흡수된 비타민 B_{12}는 트랜스페린에 결합하여 조직으로 운반된다.
④ 수용성 비타민 중에서 체내 저장성이 매우 낮으며 손실량이 높다.
⑤ 흡수과정에는 위에서 분비되는 내적 인자가 필요하다.

021 비타민 E에 대한 설명으로 옳은 것은?

① 자신이 환원되면서 다른 물질의 산화를 방지한다.
② 부족하면 뼈에 칼슘과 인이 축적되는 석회화가 방해받는다.
③ 적혈구막이 손상되면 발생하는 용혈성 빈혈로부터 보호한다.
④ 다가불포화지방산 과량 섭취 시 비타민 E의 체내 요구량이 감소한다.
⑤ 가장 활성이 큰 감마 – 토코페롤을 기준으로 식품의 함유량이나 권장섭취량을 결정한다.

022 비타민 D의 흡수 및 대사과정에 대한 설명으로 옳은 것은?

① 흡수된 비타민 D는 간 문맥을 거쳐 간으로 간다.
② 비타민 D는 신장에서 활성형인 25(OH) – 비타민 D가 된다.
③ 비타민 D는 간에서 1,25(OH)2 – 비타민 D로 전환되어 순환된다.
④ 비타민 D의 영양 상태는 혈청 1,25(OH)2 – 비타민 D로 평가한다.
⑤ 식사로 섭취한 비타민 D가 흡수되기 위해서는 담즙산이 필요하다.

023 근육노동이 심할 때 요중에 배설량이 증가하는 것은?

① 철
② 칼륨
③ 칼슘
④ 비타민 C
⑤ 비타민 K

024 나트륨의 대사에 관한 설명으로 옳은 것은?

① 혈액의 나트륨은 레닌과 알도스테론에 의해 조절된다.
② 나트륨의 1일 평균 요 배설량은 섭취량의 10% 정도이다.
③ 성인의 1일 최소 나트륨 요구량은 1,000mg이다.
④ 섭취한 나트륨의 30% 정도만 소장에서 빠르게 흡수된다.
⑤ 체내 총 나트륨의 95%는 세포내액에 존재한다.

PART 01
PART 02
PART 03
PART 04
PART 05
PART 06
PART 07
PART 08
PART 09

025 장기간의 저염식이나 발한으로 인해 나트륨이 많이 손실되었을 때, 체내에서 일어나는 조절기전으로 옳은 것은?

① 알도스테론에 의해 신장에서 나트륨의 재흡수가 촉진된다.
② 체내 산−염기 평형 유지를 위해 칼륨 농도가 감소한다.
③ Na^+ 펌프를 통한 당질과 아미노산의 흡수가 감소한다.
④ 나트륨의 흡수율이 증가하여 필요량을 충족시킨다.
⑤ 정상적인 근육의 흥분성과 과민성이 감소한다.

026 혈액 중 칼슘의 항상성을 유지하기 위한 방법으로 옳은 것은?

① 비타민 D는 부갑상선호르몬의 분비를 자극한다.
② 1.25(OH)2−비타민 D는 소장에서 칼슘의 흡수를 증가시킨다.
③ 1.25(OH)2−비타민 D는 뼈로 칼슘을 축적시켜 혈중 칼슘 농도를 감소시킨다.
④ 부갑상선호르몬은 골격으로 칼슘을 축적시켜 혈중 칼슘 농도를 감소시킨다.
⑤ 칼시토닌은 부갑상선호르몬과 반대작용을 하여 혈중 칼슘 농도를 증가시킨다.

027 체내 에너지 대사의 촉매 역할을 하며 해당과정에 필수적인 무기질은?

① 요오드　　② 망간
③ 구리　　　④ 코발트
⑤ 마그네슘

028 설사, 구토 등으로 체내 수분이 손실된 경우 수분 균형을 위해 뇌하수체 후엽에서 분비되는 호르몬은?

① 레닌
② 알도스테론
③ 에피네프린
④ 갑상선호르몬
⑤ 항이뇨호르몬

029 경쟁적 저해에서의 효소반응에 관한 설명으로 옳은 것은?

① K_m 값은 감소한다.
② V_{max}는 변함없이 일정하다.
③ 저해제의 작용은 비가역적이다.
④ K_m 값은 일정하고 V_{max}는 감소한다.
⑤ 저해제는 효소의 활성 중심이 아닌 부위에 결합한다.

030 5'-GTACCAT-3'인 DNA의 상보적 염기서열로 옳은 것은?

① 5'−ATGGTAC−3'
② 5'−ATACCAT−3'
③ 5'−CATGGTA−3'
④ 5'−GTACCAT−3'
⑤ 5'−GGTTGAC−3'

031 임신 중 에스트로겐의 역할로 옳지 않은 것은?

① 칼슘 방출을 저해한다.
② 수분 방출을 유도하여 부종을 없앤다.
③ 자궁내막을 증식시킨다.
④ 자궁평활근을 수축하여 분만을 돕는다.
⑤ 조직을 유연하게 만들고 자궁을 확장시킨다.

032 임신 중 단백질 결핍 시 나타나는 증세는?

① 심한 입덧
② 면역력 증가
③ 영양성 부종
④ 거대아 출산
⑤ 심한 탈수

033 임신 중 구토증과 관련되는 비타민으로 옳은 것은?

① 비타민 D – 티로신
② 비타민 B_{12} – 티로신
③ 비타민 B_6 – 티아민
④ 비타민 C – 티아민
⑤ 비타민 A – 티아민

034 임신 중독증에 관한 내용 중 옳지 않은 것은?

① 유산, 조산, 미숙아 분만 위험이 높다.
② 고령 임산부는 각별히 주의해야 한다.
③ 발병 시 충분한 휴식과 안정이 우선이다.
④ 저체중, 과체중 임신부에게서 발병률이 높다.
⑤ 임신 중 혈압은 크게 문제가 되지 않는다.

035 수유부의 모유 수유에 대한 설명으로 옳은 것은?

① 수유부가 섭취하는 카페인은 모유로 이행되지 않는다.
② 수유부의 영양 상태와 모유 분비 부족은 관련성이 없다.
③ 수유 시 발생하는 유두 통증은 모유량이 너무 많기 때문에 발생한다.
④ 수유부 음주 시 알코올이 모유에 이행된다.
⑤ 당뇨병이 있는 수유부는 인슐린 투여 시 모유로 분비되므로 모유 수유가 불가능하다.

036 우유와 모유에 함유된 지방에 대한 설명 중 옳지 않은 것은?

① 모체가 불포화지방산이 풍부한 식사를 하면 모유에도 영향을 준다.
② 수유부가 극심한 영양불량 및 스트레스 상태인 경우 영양성분에 영향을 준다.
③ 모유에는 오메가 3 지방산인 EPA, DHA가 거의 없다.
④ 모유와 우유 중의 총 지방량은 거의 비슷하다.
⑤ 모유 지방은 우유에 비해 미세한 지방구로 구성되어 있다.

PART 01
PART 02
PART 03
PART 04
PART 05
PART 06
PART 07
PART 08
PART 09

037 영아의 지질 소화·흡수에 대한 설명으로 옳은 것은?

① 지질은 주로 위장에서 분비되는 리파아제에 의해 분해된다.
② 모유보다 우유에 존재하는 지방산의 흡수가 더 잘된다.
③ 췌장 리파아제의 활성이 성인과 유사하다.
④ 구강 리파아제의 분비가 매우 낮다.
⑤ 담즙 분비량은 성인과 유사하다.

038 영아기의 신체 구성성분 변화에 대한 설명으로 옳은 것은?

① 세포외액 증가
② 지질의 감소
③ 단백질의 증가
④ 무기질의 증가
⑤ 수분량의 증가

039 처음 이유식을 시작할 때의 주의사항 중 옳은 것은?

① 다양한 식품을 혼합하여 제공한다.
② 간은 가능한 저염으로 한다.
③ 다양한 조리법을 이용한다.
④ 유즙을 먹고 난 후에 이유식을 준다.
⑤ 자극적인 식품이나 향신료를 사용한다.

040 미취학 아동의 영양과 관련된 문제와 그 원인으로 적당한 것은?

① 비만 – 활동량이 많아서 에너지 소비가 많다.
② 빈혈 – 당류, 지방 함량이 높은 간식을 섭취한다.
③ 납 중독 – 주변 환경에 대한 호기심 증가로 무엇이든 입으로 가져간다.
④ 골다공증 – 과량의 우유로 대체 가능하다.
⑤ 치아우식증 – 박테리아가 우유 등과 작용하여 구강 내의 산도를 높인다.

041 사춘기의 신체 발달 및 특성에 대한 설명으로 옳지 않은 것은?

① 신장의 증가
② 골격의 발달
③ 체세포량 증가
④ 두뇌조직의 발달
⑤ 제2차 성징과 생식기능 발달

042 다음 중 골다공증 발생 위험군에 해당하는 사람은?

① 비만인 사람
② 고강도 운동을 하는 사람
③ 두류 섭취를 많이 하는 사람
④ 비타민 D 섭취가 많은 사람
⑤ 난소 절제 수술을 한 사람

043 에스트로겐과 구조가 비슷한 물질이 함유되어 있어 갱년기 증상 완화에 효과적인 식품은?

① 딸기   ② 두부
③ 달걀   ④ 호두
⑤ 아몬드

044 노인성 치매에 대한 설명으로 옳은 것은?

① 알츠하이머병은 외상 사고 등으로 뇌를 다쳤을 경우 유발되는 경우가 많다.
② 다발성 경색증성 치매는 가벼운 뇌졸중이 원인이 된다.
③ 혈관성 치매는 유해물질들의 영향으로 발생한다.
④ 노인성 치매를 예방하기 위해 식사 관리가 필요하다.
⑤ 남성이 여성보다 치매 발병률이 높다.

045 노인들에게 비타민 B_{12} 결핍증이 나타나는 이유는?

① 위산의 분비 증가
② 내인성 인자의 감소
③ 엽채류 섭취의 감소
④ 외인성 인자의 증가
⑤ 육류 섭취 증가

046 운동 시 수분 대사로 옳은 것은?

① 운동 중에는 수분을 섭취하지 않는 것이 좋다.
② 탈수로 인한 근육경련이 일어날 수 있다.
③ 발한량이 증가하므로 혈장량이 증가된다.
④ 발한량과 요 배설량이 증가된다.
⑤ 환기량이 증가하므로 폐의 수분 방출량이 감소한다.

047 고강도 운동을 2시간 이상 지속하였을 경우 체내의 영양 상태에 대한 설명으로 옳은 것은?

① 근육 수축으로 칼슘이 혈중으로 방출
② 혈중 알라닌 농도 감소
③ 혈중 유리지방산의 농도가 증가
④ 근육 내 젖산 농도가 감소
⑤ 간과 근육 내의 글리코겐 양은 증가

048 다음 영양소들의 결핍 시 나타나는 증상으로 옳은 것은?

① 엽산 – 갑상선종
② 비타민 D – 골연화증
③ 리보플라빈 – 괴혈병
④ 비타민 E – 구순구각염
⑤ 비타민 C – 구순구각염

PART 01
PART 02
PART 03
PART 04
PART 05
PART 06
PART 07
PART 08
PART 09

049 수유부에게 추가로 필요한 단백질 권장섭취량에 관한 설명으로 옳은 것은?

① 개인 변이 계수 25%를 적용한다.
② 수유부의 단백질 권장섭취량은 성인 여성의 단백질 권장섭취량과 같다.
③ 수유부의 단백질 권장 필요량과 임신부의 단백질 권장섭취량은 같다.
④ 수유부의 단백질 권장섭취량은 비임신부 여성보다 하루에 25g이 더 많다.
⑤ 식이단백질이 모유단백질로 전환되는 비율은 약 70% 정도이다.

050 임신 중 섭취한 알코올이 태아에게 미치는 영향으로 옳은 것은?

① 얼굴이 비대해진다.
② 안면 기형을 유발한다.
③ 지적 장애와는 관련이 없다.
④ 영양 과잉이 초래될 수 있다.
⑤ 신장과 체중의 발육은 정상적이다.

051 임신 중의 체중 증가 요인에 대한 설명으로 옳은 것은?

① 모체의 지방조직은 수유 시 에너지 필요량을 보충하기 위해서만 사용된다.
② 체중 증가량의 70%는 모체조직과 체액의 증가가 차지한다.
③ 총 수분 증가량의 70~90%는 모체 세포내액의 증가에 기인한다.
④ 임신 중 축적된 단백질의 약 1/3이 태아와 태반에 존재한다.
⑤ 체중 증가량 구성분의 약 40%가 수분이다.

052 영아와 성인의 소화기관의 차이점으로 옳은 것은?

① 영아는 리파아제 및 담즙산 분비가 잘된다.
② 영아는 위액 속에 응유효소가 없다.
③ 영아는 간 기능은 성인 수준이다.
④ 성인의 장 길이는 신장의 6배이고 영아는 신장의 4.5배이다.
⑤ 영아는 위의 분문이 발달되지 못해 토하기 쉽다.

053 특수조제분유 제조 시 유지방을 식물성유로 대체하는 이유는?

① 소화흡수를 좋게 하기 위해
② 맛을 좋게 하기 위해
③ 필수지방산의 함량을 높이기 위해
④ 지방구의 균질화를 용이하게 하기 위해
⑤ 위 내에서 생기는 우유의 응고물의 굳기를 부드럽게 하기 위해

054 이유식 초기에 적당한 형태의 식품은?

① 앞니로 끊을 수 있는 형태
② 수분이 많은 풀 같은 형태
③ 혀로 부서뜨릴 수 있는 형태
④ 잇몸으로 잘라 먹을 수 있는 형태
⑤ 손으로 잘라서 먹을 수 있는 형태

055 유아기에 유치우식증(젖병증후군)의 발생 원인으로 옳은 것은?

① 태아기 때의 칼슘 섭취 부족 때문이다.
② 젖병을 계속 물고 자는 습관 때문이다.
③ 너무 활동적으로 우유를 먹기 때문이다.
④ 사탕, 캐러멜 등을 좋아하는 습관 때문이다.
⑤ 수유 후에 치아 관리를 하지 않았기 때문이다.

056 영아의 체내 총수분 함량은 생후 1년 동안 감소하는데 이에 대한 원인으로 옳은 것은?

① 체근육의 감소
② 지방량의 감소
③ 세포내액의 감소
④ 세포외액의 감소
⑤ 무기질량의 감소

057 노년기의 심혈관 순환계 기능장애에 대한 설명 중 옳은 것은?

① 용혈성이 감소한다.
② 수축기 혈압이 감소한다.
③ 동맥의 탄력성이 증가한다.
④ 혈관 내 칼슘 침착이 온다.
⑤ 동맥내강의 지름이 늘어난다.

058 인의 지방질 대사에 관한 내용으로 옳은 것은?

① $\omega-6/\omega-3$의 비율은 1~2가 적당하다.
② 연령이 증가함에 따라 혈중 콜레스테롤 농도가 낮아진다.
③ 장수하는 노인들은 대체로 혈중 LDL-콜레스테롤의 농도가 높다.
④ $\omega-3$계 지방산의 섭취는 관상심장계 질환과 고혈압 예방 효과가 있다.
⑤ 불포화도가 높은 지방질과 비타민 E의 섭취도 감소시켜야 한다.

059 성인기 알코올 섭취가 건강에 미치는 영향에 대한 설명으로 옳지 않은 것은?

① 과도한 음주는 간 질환을 초래한다.
② 장기간 섭취 시 비만, 동맥경화증, 당뇨, 지방간 등의 유발 위험이 높다.
③ 에너지 균형에는 크게 영향을 주지 않는다.
④ 하루 한두 잔의 음주는 혈중 HDL을 상승시키므로 심혈관 질환을 예방할 수 있다.
⑤ 짧은 시간에 많은 양의 음주는 뇌기능을 저하시킨다.

060 신생아 황달의 원인이 되는 색소는?

① 로돕신   ② 리코펜
③ 빌리루빈   ④ 클로로필
⑤ ß-카로틴

061 영양교육의 목표로 옳은 것은?

① 만성 질환의 조기진단
② 식생활에 대한 관심 유도
③ 고난도 영양지식의 습득
④ 건강상태 판정의 기술습득
⑤ 식생활에 대한 개선 의지와 실천

062 우리나라의 영양사에 대한 역사적 배경으로 옳은 것은?

① 1952년 : 식품위생법 제정과 함께 영양사 면허제도 명시
② 1958년 : 한국영양사양성연합회 발족 및 영양사 면허제도 건의
③ 1978년 : 학교급식법 제정으로 초등학교 급식에서 영양사 배치가 최초로 명시
④ 1991년 : 영유아보육법 제정으로 영·유아 보육시설에 영양사 배치가 최초로 명시
⑤ 2000년 : 의료법 시행규칙 제정 시 입원시설을 갖춘 병원에 영양사 배치를 명시

063 다음과 같은 교육을 한다면 어떠한 영양교육을 이용한 것인가?

- 교육자에게 대장암의 위험성, 대장암 발병 시 건강에 미치는 심각한 영향에 대한 교육
- 다양한 채소와 과일을 섭취하고 저지방식품을 섭취했을 때의 건강상의 이득을 교육

① 건강신념모델
② 개혁확산모형
③ 사회인지이론

④ 계획적 행동이론
⑤ 합리적 행동이론

064 다음 설명하는 영양교육은?

- 건강과 관련된 행동들은 대부분 그 행동에 대한 의도에 의해 결정됨
- 인간은 자신이 이용할 수 있는 정보를 합리적으로 사용한다는 가정에 토대를 둠

① 건강신념모델
② 사회인지이론
③ 개혁확산모형
④ 합리적 행동이론
⑤ 사회적지지 이론

065 개인의 행동 변화에 보이는 긍정적 또는 부정적 반응에 따라 행동 변화 실천의 지속 가능성이 달라지게 하는 사회인지론의 구성요소는?

① 강화   ② 결과기대
③ 관찰학습   ④ 자아효능감
⑤ 행동수행력

066 당뇨병 환자에게 식품교환표를 이용한 올바른 식품선택법이나 술을 절제하는 법 등을 교육한다면 이는 무엇을 목적으로 하는가?

① 자기효능감 증진
② 주관적 규범 향상
③ 인지된 위협성 감소
④ 인지된 위협성 증대
⑤ 행동에 대한 태도 향상

067 다음 중 PRECEDE-PROCEED 모델에 대한 설명으로 옳은 것은?

① 행동수정은 단계별로 진행되므로 영양교육도 이에 맞춰 실시하는 방식
② 행동수정은 주변인들의 영향을 받으므로 주변인 교육을 활용하는 방식
③ 새로운 아이디어나 기술이 일정한 경로를 통해 사회 구성원에게 전달되는 방식
④ 상업마케팅 기술을 적용하여 대상자에게 영양지식 등의 아이디어를 판매하는 방식
⑤ 영양교육이나 사업에 필요한 정보수집 및 요구 진단, 프로그램의 계획 수립 및 실행, 평가 등으로 구성된 포괄적인 건강증진계획에 관한 모형

068 영양교육 대상자의 진단과정에 포함되어야 하는 내용은?

① 영양문제 발견
② 영양교육 목적 설정
③ 영양중재 방법 선택
④ 영양교육 실행 계획서
⑤ 영양교육 홍보 및 평가

069 다음은 영양교육 실시과정 중 어느 단계에 해당하는가?

> • 영양문제 해결을 위한 목적 및 목표 설정
> • 영양교육활동을 설계하고 홍보 및 평가 계획
> • 목적 달성을 위한 적절한 영양중재방법 선택
> • 대상집단의 영양문제 중 가장 시급한 우선순위 선정

① 진단
② 계획
③ 실행
④ 평가
⑤ 보고서 작성

070 지도의 유형이 올바르게 연결된 것은?

① 개인지도 – 전화상담
② 개인지도 – 워크숍
③ 개인지도 – 심포지엄
④ 집단지도 – 상담소 방문
⑤ 집단지도 – 편지

071 어린이집 유아들을 대상으로 '음식을 골고루 먹자'라는 내용의 영양교육을 실시할 경우 가장 효과적인 교육매체는?

① 강의
② 견학
③ 포스터
④ 인형극
⑤ 캠페인

PART 01
PART 02
PART 03
PART 04
PART 05
PART 06
PART 07
PART 08
PART 09

072 영양교육 매체의 종류로 바르게 짝지어진 것은?

① 인쇄매체 – 팸플릿, 리플릿, 전단지, 신문
② 전시, 게시매체 – 슬라이드, 실물화상, 영화,
③ 입체매체 – 텔레비전, 라디오, 컴퓨터
④ 영상매체 – 실물, 표본, 모형, 디오라마
⑤ 전자매체 – 전시, 게시판, 도판, 패널

073 다음은 고혈압 환자와의 영양 상담 내용 중 일부이다. 아래 상황에서 영양사가 활용한 상담기술은?

> • 환자 : 식사요법을 지키려 노력하지만 라면과 찌개가 너무 먹고 싶어요.
> • 영양사 : 네. 충분히 그럴 수 있습니다. 이해가 됩니다.

① 수용　　　　　② 반영
③ 조언　　　　　④ 직면
⑤ 명료화

074 영양 상담의 실시 과정을 바르게 나열한 것은?

① 영양 상담 시작 – 친밀 관계 형성 – 자료 수집 – 영양 판정 – 목표 설정 – 실행 – 평가
② 영양 상담 시작 – 자료 수집 – 목표 설정 – 친밀 관계 형성 – 영양 판정 – 실행 – 평가
③ 친밀 관계 형성 – 영양 상담 시작 – 자료 수집 – 목표 설정 – 영양 판정 – 실행 – 평가

④ 친밀 관계 형성 – 영양 상담 시작 – 목표 설정 – 자료 수집 – 영양 판정 – 실행 – 평가
⑤ 목표 설정 – 영양 상담 시작 – 친밀 관계형성 – 자료 수집 – 영양 판정 – 실행 – 평가

075 영양 상담 시 SOAP 방식으로 기록할 때 각 내용으로 옳은 것은?

① S – 신체 계측 결과수치
② S – 내담자의 주관적인 정보
③ O – 내담자의 심리상태
④ A – 다음 치료를 위한 계획과 조언
⑤ P – 주관적, 객관적 정보의 평가

076 영양 정책 입안 과정에서 빈칸에 해당하는 것은?

> 문제 확인 → 목표 설정 → (　　　　) → 정책 실행 → 정책 평가 및 종결

① 정책 계획　　　　② 정책 선정
③ 정책 참여　　　　④ 영양 계획
⑤ 의제 설정

077 우리나라 영양감시체계의 자료에 해당하는 것은?

① 식품수급표와 총주택조사
② 식품계정조사와 식품소비조사
③ 식품목록회상법과 건강행태조사
④ 식품수급표와 국민건강영양조사
⑤ 식품소비조사와 국민건강영양조사

078 국민건강영양조사의 실시 근거가 되는 법령과 제정 연도는?

① 1962년 식품위생법
② 1969년 국민영양개선령
③ 1995년 국민건강증진법
④ 2009년 식생활교육지원법
⑤ 2010년 국민영양관리법

079 국민건강영양조사는 제4기(2007년)부터 매년 이루어지고 있는데, 이를 담당하는 기관은?

① 질병관리청
② 농림축산식품부
③ 식품의약품안전처
④ 한국보건사회연구원
⑤ 한국보건산업진흥원

080 국민건강영양조사 중 영양조사의 내용으로 옳은 것은?

① 식생활조사, 식품섭취조사, 식품섭취빈도조사, 식품안정성조사
② 식생활조사, 식품섭취조사, 건강행태조사, 식품섭취빈도조사
③ 식품섭취조사, 식품안정성조사, 이비인후과 검사, 구강검사
④ 식품섭취빈도조사, 식품섭취조사, 건강면접조사, 가구조사
⑤ 식품섭취빈도조사, 식생활조사, 건강행태조사, 신체계측

081 2020 한국인 영양소 섭취 기준에 추가로 설정된 것은?

① 유아를 제외한 모든 연령에서 EPA＋DHA의 충분섭취량을 새로 설정하였다.
② 유아를 제외한 모든 연령에서 리놀레산, α－리놀렌산의 충분섭취량을 설정하였다.
③ 모든 연령에서 탄수화물의 평균필요량과 권장섭취량을 설정하였다.
④ 모든 연령에서 지방의 평균필요량과 권장섭취량을 설정하였다.
⑤ 모든 연령에서 라이신＋시스테인의 권장섭취량을 설정하였다.

082 지역사회영양조사를 시행할 때의 유의사항으로 옳은 것은?

① 식생활에 영향을 주는 기존의 자료는 무시한다.
② 조사대상은 특정 지구에 사는 환자를 대상으로 한다.
③ 조사원들이 조사대상자를 관찰하는 것이 경제적이고 정확하다.
④ 지역사회영양조사 자료는 국가의 영양 정책 수립에 반드시 사용된다.
⑤ 국민영양조사와는 달리 선정된 대상에게 강제적으로 협력을 강요할 수 없다.

PART 01
PART 02
PART 03
PART 04
PART 05
PART 06
PART 07
PART 08
PART 09

083 영양 교육의 계획 단계에서 영양 문제의 우선순위를 정할 때 고려해야 할 점은?

① 영양 문제의 크기, 영양 문제의 긴급성, 영양 문제의 심각성
② 영양 문제의 크기, 담당자의 관심사, 영양 문제의 효과성
③ 영양 문제의 심각성, 영양 교육 정책, 담당자의 역량
④ 영양 문제의 심각성, 영양 문제의 발생 시기, 영양 교육 정책
⑤ 영양 문제의 발생 시기, 영양 문제의 효과성, 담당자의 신념

084 영양 교육의 효과 평가에 대한 설명으로 옳은 것은?

① 교육 후 다음 날의 건강 상태의 변화를 확인한다.
② 계획 과정에서 설정된 목표의 달성 여부를 평가한다.
③ 실행되는 교육 과정의 타당성 및 적합성을 평가한다.
④ 대상자의 소득, 경제 상태, 건강 상태의 변화를 확인한다.
⑤ 교육 내용 및 매체가 대상자의 수준에 적절한지 평가한다.

085 다음 설명하는 교육 방법은?

실제 상황에서 일어날 수 있는 여러 가지 대응 반응을 시도해 볼 수 있도록 설정된 모의 상황에서 간접적인 경험을 통해 문제를 인식하여 태도가 변화되는 방법

① 견학
② 인형극
③ 그림극
④ 역할놀이
⑤ 시뮬레이션

086 영양 교육 매체를 선정하는 기준으로 옳은 것은?

① 직접성, 속보성, 경제성
② 속보성, 대량성, 기술적인 질
③ 구체성, 적합성, 반복성,경제성
④ 적합성, 대량성, 구체성, 경제성
⑤ 적합성, 신뢰성, 구성과 균형, 경제성

087 매스미디어를 통한 영양 교육의 목표로 보기 어려운 것은?

① 매스미디어를 통한 영양 상담
② 식생활의 바른 태도와 가치 형성
③ 영양에 관한 수용자와의 의견 교환
④ 영양, 건강과 관련된 개인의 식행동 변화
⑤ 애매모호한 영양, 건강 정보의 해결 방법 제시

088 영양 상담 시 내담자가 말 속에 포함되어 있는 의미와 감정 등에 대해 스스로 깨닫지 못하고 모호하고 혼란스럽게 느끼는 것을 상담자가 명확하게 제시해주는 상담 기술은?

① 수용　　　　　② 반영
③ 요약　　　　　④ 조언
⑤ 명료화

089 다음의 업무를 관장하는 행정기관은?

- 국가 영양 사업의 기획 및 정책 총괄
- 국민영양관리법, 식품위생법, 국민건강증진법, 영양사에 관한 규칙 등

① 환경부　　　　② 교육부
③ 노동부　　　　④ 보건복지부
⑤ 농림축산식품부

090 임산부 영양 교육의 내용으로 적당한 것은?

① 토론식의 상담이 효과적임
② 편식 개선방법에 대한 교육
③ 모유 수유의 방법에 대한 교육
④ 출산 후 다이어트 방법에 대한 교육
⑤ 고혈압과 임신성 당뇨의 원인과 식사요법에 대한 교육

091 다음 설명하는 식품 섭취 조사 방법은?

- 일정 기간 내 특정 식품의 섭취 횟수를 조사하여 특정 영양소 섭취 경향을 파악
- 장점 : 쉽고 빠른 시간, 저렴한 비용
- 단점 : 양적으로 정확한 섭취량 파악이 어려움

① 실측법
② 식사기록법
③ 식사력조사법
④ 24시간 회상법
⑤ 식품섭취빈도법

092 아래의 환자에게 적합한 영양지원방법은?

- 소화기관은 정상이나 뇌졸중으로 혼수상태인 환자
- 화학요법으로 구토가 심하고 소화 · 흡수력이 없는 환자
- 연하곤란 및 식도장애를 가지고 있는 환자

① 연식　　　　　② 유동식
③ 경관급식　　　④ 말초정맥영양
⑤ 중심정맥영양

093 중쇄중성지방(MCT oil)에 대한 설명으로 옳은 것은?

① 지방 흡수 억제제이다.
② 지방의 가수분해와 흡수가 어렵다.
③ 탄소수 16개 이상의 장쇄지방산을 함유한다.
④ 소화과정에서 담즙의 도움 없이 문맥을 거쳐 흡수된다.
⑤ 체내의 이용이 높으므로 비만자에게 사용하는 것이 좋다.

094 아래에서 설명하는 신체 기관은?

> • 십이지장, 공장, 회장으로 구성
> • 영양소의 소화와 흡수 담당
> • 비타민 B_{12}와 담즙 흡수 담당

① 위
② 간
③ 소장
④ 대장
⑤ 췌장

095 다음 중 담즙 생산과 콜레스테롤 대사 작용을 하는 장기는?

① 간
② 위
③ 췌장
④ 신장
⑤ 대장

096 소화성 궤양 환자가 선택하면 좋은 음식은?

① 참외, 토마토
② 비지, 고구마
③ 커피, 수정과
④ 애호박, 크림수프
⑤ 어묵, 달걀 프라이

097 위나 회장 절제 시 부족하기 쉬운 영양소는?

① 비타민 B_1
② 비타민 B_2
③ 비타민 B_3
④ 비타민 B_6
⑤ 비타민 B_{12}

098 이완성 변비 환자의 식사요법은?

① 수분 섭취를 줄인다.
② 고섬유소식을 권장한다.
③ 타닌 성분의 섭취를 권장한다.
④ 지방이 많은 식품을 권장한다.
⑤ 잔사량이 적은 식품을 권장한다.

099 황달이 나타나는 원인은?

① 담즙의 과잉 생산
② 혈중 글로불린 농도 상승
③ 혈중 헤모글로빈 농도 상승
④ 혈중 빌리루빈 농도 상승
⑤ 혈중 빌리루빈의 간 내 다량 유입

100 간경변증 환자가 간성혼수를 일으키기 시작할 때의 올바른 식사요법은?

① 열량 제한
② 지방 제한
③ 칼슘 증가
④ 칼륨 증가
⑤ 단백질 제한

101 다음 중 대사증후군의 판정기준치로 이용되는 지표는?

① 허리둘레
② AST, ALT
③ 혈청 LDL 농도
④ 소변 요산수치
⑤ 혈장 알부민 농도

102 당뇨병의 대사 변화에 대한 내용으로 옳은 것은?

① 당신생 억제
② 체지방 합성 증가
③ 혈중 지질농도 감소
④ 간 글리코겐 분해 증가
⑤ 소변의 수분 배설 감소

103 고혈압 환자에게 허용될 수 있는 식품은?

① 햄, 김치
② 장아찌, 젓갈
③ 우유, 바나나
④ 베이컨, 장조림
⑤ 통조림 과일, 치즈

104 만성 신부전의 증상으로 옳은 것은?

① 알칼리혈증이 발생한다.
② 골격에서 칼슘 용출이 억제된다.
③ 골수에서 적혈구 생성이 증가한다.
④ 신장기능 저하로 요독증이 발생된다.
⑤ 혈중 요소 등의 질소화합물이 배설된다.

105 암 환자에게서 발생하는 대사 이상으로 옳은 것은?

① 지방이 축적된다.
② 체중이 증가한다.
③ 기초대사율이 감소한다.
④ 에너지 소모량이 증가한다.
⑤ 인슐린 저항성이 감소한다.

106 면역글로불린(Ig)이라 불리는 여러 항체를 생산함으로써 체액성 면역에 관여하는 것은?

① 호중구　　　　② 혈소판
③ 대식세포　　　④ B - 림프구
⑤ T - 림프구

107 심한 화상을 입은 환자의 식사요법으로 옳은 것은?

① 저열량식　　　② 저당질식
③ 저단백식　　　④ 고비타민식
⑤ 고섬유소식

108 적혈구 조혈인자인 에리트로포이에틴(erythropoietin)이 주로 생성되는 기관은?

① 골수　　　　　② 비장
③ 신장　　　　　④ 췌장
⑤ 림프절

109 악성 빈혈의 모체가 될 수 있는 것은?

① 출혈성 빈혈
② 철 결핍성 빈혈
③ 재생불량성 빈혈
④ 거대적아구성 빈혈
⑤ 유전성구상적혈구 빈혈

PART 01
PART 02
PART 03
PART 04
PART 05
PART 06
PART 07
PART 08
PART 09

110 다음 중 통풍 환자에게 줄 수 있는 식품은?

① 어란, 정어리, 멸치
② 쇠간, 곱창, 순대
③ 고등어, 연어, 효모
④ 아이스크림, 우유, 달걀
⑤ 멸치볶음, 갈비찜, 고기국물

111 다음 설명하는 영양 판정 방법은?

> • 영양 불량과 관련된 신체적 징후를 시각적으로 판단
> • 단독 판정보다는 다른 조사 방법과 함께 사용하는 것이 바람직

① 임상 조사
② 식사 섭취 조사
③ 신체 계측 조사
④ 생화학적 검사
⑤ 영양 지식 조사

112 경관 급식용 표준 영양액의 조건으로 옳은 것은?

① 삼투압이 높아야 한다.
② 점성이 있고 끈끈해야 한다.
③ 에너지 밀도는 2kcal/mL이다.
④ 위장 합병증 유발이 적어야 한다.
⑤ 환자의 체온보다 차갑게 공급해야 한다.

113 유당불내증에 대한 설명으로 옳은 것은?

① 체내 유당이 결핍되면 발생한다.
② 소화되지 않은 유당에 의해 발생한다.
③ 췌장 아밀라아제 결핍에 의해 발생한다.
④ 동양인보다 백인에게서 많이 발생한다.
⑤ 발효된 유제품을 섭취할 때 많이 발생한다.

114 급성 췌장염 환자의 식사 요법에서 영양소의 공급 순서로 올바른 것은?

① 탄수화물 – 단백질 – 지방
② 탄수화물 – 지방 – 단백질
③ 단백질 – 탄수화물 – 지방
④ 지방 – 단백질 – 탄수화물
⑤ 지방 – 탄수화물 – 단백질

115 체중 부족 시의 치료법으로 옳은 것은?

① 체중 증가를 위해 1일 100kcal를 추가 제공한다.
② 소비 열량 감소를 위해 운동은 하지 않는 것이 좋다.
③ 소화 능력이 떨어지므로 정맥 주사로 영양을 공급한다.
④ 신경성 식욕 부진증 환자의 경우 식욕 증진제를 먹는다.
⑤ 음식의 양보다는 농축된 형태의 열량을 늘리는 것이 바람직하다.

116 지속성 인슐린을 사용하는 당뇨병 환자의 식사 요법으로 옳은 것은?

① 고지방, 고당질식을 한다.
② 아침을 다른 끼니보다 많이 섭취한다.
③ 규칙적으로 먹되 식사량은 자유롭게 조절한다.
④ 잠들기 전 야식을 통해 20~40g의 당질을 섭취한다.
⑤ 오후에 간식을 섭취하여 저혈당을 예방하도록 한다.

117 엄격한 나트륨 제한식 방법으로 옳은 것은?

① 훈연 제품 사용
② 냉동 채소 사용
③ 저나트륨 빵 사용
④ 우유는 제한 없이 사용
⑤ 어육류는 제한 없이 사용

118 위 절제 수술을 받은 위암 환자에게 알맞은 식사 요법은?

① 저섬유소 식사를 공급
② 우유 및 유제품을 충분히 공급
③ 저당질, 적정 지방, 고단백식을 제공
④ 식사 중간에 수분을 충분히 공급
⑤ 식후 20~30분 정도 앉아서 휴식

119 산소 해리 곡선에 영향을 미치는 요인은?

① pH 변화
② 혈액의 양
③ 혈액 질소 농도
④ 혈장 단백질 농도
⑤ 혈액의 1,3-DPG 농도

120 혈중 칼슘에 대한 내용으로 옳은 것은?

① 칼시토닌은 혈중 칼슘 농도를 증가시킨다.
② 칼시토닌 과잉 분비 시 골연화증이 발생한다.
③ 부갑상선 호르몬은 혈중 칼슘 농도를 감소시킨다.
④ 부갑상선 호르몬의 과잉 분비 시 혈청 칼슘이 증가한다.
⑤ 혈중 칼슘 농도가 낮아지면 근육의 수축으로 변비가 발생한다.

001 조리의 목적으로 옳은 것은?

① 식품의 기호성이 감소한다.
② 식품의 영양성이 감소된다.
③ 소화효소의 작용이 쉬워진다.
④ 영양소의 흡수율이 저하된다.
⑤ 식품의 저장성이 감소한다.

002 등온흡습 및 탈습곡선에 대한 설명으로 옳은 것은?

① 일반적으로 길게 늘어진 S자형이다.
② 수분활성도 0.25 이하(Ⅰ 영역)에서 수분은 자유수의 형태로 존재한다.
③ 수분활성도 0.25~0.80(Ⅱ 영역)에서 수분은 단분자층을 형성한다.
④ 수분활성도 0.80(Ⅲ 영역)은 건조식품의 안정성이 가장 큰 영역이다.
⑤ 등온흡습·탈습곡선이 불일치하는 현상을 히스테리시스(이력현상)라고 한다.

003 다음 중 에피머(epimer) 관계에 있는 당으로 옳은 것은?

① D-포도당, D-갈락토오스
② D-포도당, D-자일로오스
③ D-갈락토오스, D-만노오스
④ D-만노오스, D-과당
⑤ D-과당, D-갈락토오스

004 효모에 의해 발효되지 않고 체내 대사에 관여하는 ATP, 비타민 B_2, NAD, CoA를 구성하는 오탄당은?

① 프락토오스(fructose)
② 리보오스(ribose)
③ 글루코오스(glucose)
④ 만노오스(mannose)
⑤ 갈락토오스(galactose)

005 아밀로오스(amylose)의 특징으로 옳은 것은?

① 찰밥, 찰옥수수에 다량 함유되어 있다.
② 요오드 정색반응에서 적자색을 띤다.
③ α형은 나선형, β형은 직선형이다.
④ 포도당이 직선상으로 α-1,4 결합하고 있다
⑤ 호화와 노화가 잘 일어나지 않는다.

006 다음 중 전분의 노화를 억제하는 방법으로 옳은 것은?

① 수분함량을 30~60%로 조절한다.
② 황산염을 첨가한다.
③ 60℃ 이상에서 보관한다.
④ 0~5℃의 냉장고에서 보관한다.
⑤ 산성물질을 첨가한다.

007 다음 중 전분의 성질과 이를 이용한 음식이 올바르게 연결된 것은?

① 호화 – 찬밥, 굳은 떡 등
② 당화 – 식혜, 엿, 조청 등
③ 겔화 – 밥, 죽, 국수, 떡 등
④ 호정화 – 청포묵, 오미자편, 푸딩 등
⑤ 노화 – 미숫가루, 누룽지, 토스트 등

008 대두유에 함유된 주요 지방산으로 옳은 것은?

① 올레산, 리놀레산
② 리놀렌산, 팔미트산
③ 부티르산, 카프로산
④ 카프릴산, 라우르산
⑤ 팔미트산, 아라키돈산

009 유지의 발연점이 낮아지는 요인으로 옳은 것은?

① 신선한 기름일 때
② 유리지방산 함량이 적을 때
③ 가열 용기의 표면적이 좁을 때
④ 기름속의 이물질이 많을 때
⑤ 기름의 사용 횟수가 적을 때

010 물을 이용한 열변성에 의해 응고되지 않고 용해되는 단백질은?

① 글리신(Glycine)
② 미오신(myosin)
③ 콜라겐(collagen)
④ 글리시닌(glycinin)
⑤ 락트알부민(lactalbumin)

011 단백질의 등전점(isoelectric point)에서 일어나는 변화로 옳은 것은?

① 점도 최대
② 기포성 최대
③ 용해성 최대
④ 삼투압 최대
⑤ 표면장력 최대

012 오이소박이가 숙성되어 신맛이 강해질수록 녹갈색을 띠는 이유는 클로로필이 무엇으로 변했기 때문인가?

① 페오피틴(pheophytin)
② 클로로필린(chlorophylline)
③ 클로로필리드(chlorophylide)
④ 철 – 클로로필(Fe – chlorophyll)
⑤ 구리 – 클로로필(Cu – chlorophyll)

013 다음 중 pH가 산성–중성–알칼리성일 때 적색–자색–청색으로 변하는 색소는?

① 탄닌
② 클로로필
③ 안토시아닌
④ 카로티노이드
⑤ 플라보노이드

014 햄, 소시지와 같은 육가공품 제조 시 질산염을 첨가하면 생성되는 선홍색의 물질은?

① 미오글로빈
② 옥시미오글로빈
③ 메트미오글로빈
④ 콜레미오글로빈
⑤ 니트로소미오글로빈

PART 01
PART 02
PART 03
PART 04
PART 05
PART 06
PART 07
PART 08
PART 09

015 식육을 공기 중에 방치하였을 때 나타나는 선홍색의 색소는?

① 헤모글로빈
② 옥시헤모글로빈
③ 메트미오글로빈
④ 미오글로빈
⑤ 헤마틴

016 해수어 비린내의 주성분으로 옳은 것은?

① 피페리딘
② 암모니아
③ 트리메틸아민(TMA)
④ 히스타민
⑤ 트리메틸아민옥사이드(TMAO)

017 우유 가열 시 피막을 형성하는 단백질은?

① 카제인   ② 유청
③ 오보알부민   ④ 오보뮤신
⑤ 제인

018 다음 중 유중수적형의 유화식품은?

① 우유   ② 아이스크림
③ 마요네즈   ④ 생크림
⑤ 버터

019 쌀에 번식하여 황변미를 일으키고 신경독소를 생성하는 곰팡이는?

① *Penicillium chrysogenum*
② *Penicillium roqueforti*
③ *Penicillium italicum*
④ *Penicillium expansum*
⑤ *Penicillium citreoviride*

020 발효식품과 관련 미생물의 연결이 옳은 것은?

① 포도주 – *Rhizopus nigricans*
② 탁주 – *Penicillium camemberti*
③ 간장 – *Lactobacillus bulgaricus*
④ 요구르트 – *Acetobacter xylinum*
⑤ 김치 – *Leuconostoc mesenteroides*

021 전자레인지(초단파) 조리의 특징으로 옳은 것은?

① 갈변 현상이 일어난다.
② 금속 그릇은 열전도율이 높아 적합하다.
③ 영양소의 파괴가 크다.
④ 조리 시간이 길다.
⑤ 식품의 형태, 색, 맛 등이 유지된다.

022 식품의 수분 활성도에 대한 설명으로 옳은 것은?

① 비효소적 갈변 반응은 Aw 0.60~0.70 에서 가장 빠르게 일어난다.

② 유지의 산화는 Aw 0.30~0.40에서 가장 활발히 일어난다.

③ 효소 활성은 수분 활성도가 높아질수록 감소한다.

④ 곰팡이는 Aw 0.90 이상부터 증식한다.

⑤ 세균은 Aw 0.60 이상부터 증식한다.

023 다음 중 글리코겐(glycogen)의 특징으로 옳은 것은?

① 과당의 중합체이다.

② 냉수에 용해되지 않는다.

③ 요오드 반응은 청색을 띤다.

④ 아밀로펙틴보다 사슬 길이가 길다.

⑤ 동물성 저장 탄수화물로 간과 근육에 존재한다.

024 다음 중 항산화제의 역할을 촉진시키는 것은?

① 세사몰   ② 고시폴

③ BHA   ④ 구연산

⑤ 토코페롤

025 단백질 정색반응 중에서 티로신(tyrosine)에 기인한 반응은?

① 뷰렛(biuret) 반응

② 밀론(millon) 반응

③ 닌히드린(ninhydrin) 반응

④ 홉킨스콜(hopkins-cole) 반응

⑤ 잔토프로테인(xanthoprotein)

026 육류의 사후 경직에 대한 내용으로 옳은 것은?

① 액토미오신이 액틴과 미오신으로 분해된다.

② 사후 경직이 일어나면 보수성이 떨어져 고기가 질겨진다.

③ 근육 내의 글리코겐이 분해되면서 젖산 생성이 감소된다.

④ pH 저하 및 ATP 감소 등으로 근육의 보수성이 증가된다.

⑤ pH 7.0 이상일 때 ATPase가 활성화되어 ATP가 분해된다.

027 다음 중 식품과 냄새 성분의 연결이 옳은 것은?

① 샐러리 – 멘톨

② 쑥 – 아피올

③ 미나리 – 미르센

④ 생강 – 렌티오닌

⑤ 박하 – 헥사놀

028 해조류의 냄새 성분으로 옳은 것은?

① 아민(amine)
② 디메틸설파이드(dimethyl sulfide)
③ 부티르산(butyric acid)
④ 아세토인(acetoin)
⑤ 발레르산(valeric acid)

029 고구마에서 일어나는 관수 현상에 대한 설명으로 옳은 것은?

① 오래된 고구마에서 발생한다.
② 재가열하면 다시 연화된다.
③ 비타민 C와 프로토펙틴이 결합하여 발생한다.
④ 고구마를 수중에서 오래 방치하면 발생한다.
⑤ 삶은 고구마를 상온에서 보관하면 발생한다.

030 설탕의 조리성에 대한 내용으로 옳은 것은?

① 식품의 보존성을 감소시킨다.
② 젤리 제조 시 펙틴의 겔 형성을 방해한다.
③ 발효를 저해한다.
④ 난백의 거품을 안정화시킨다.
⑤ 난백의 기포성을 향상시킨다.

031 닭고기의 저장 방법으로 옳은 것은?

① 내장을 빼지 않고 통째로 냉동한다.
② 내장과 계체를 분리하여 세척하지 않고 냉동한다.
③ 내장을 빼내 깨끗이 씻은 후 다시 계체 속에 넣어 냉동한다.
④ 내장은 씻고 계체는 그대로 냉동하였다가 조리하기 전에 씻는다.
⑤ 내장을 빼낸 계체 속을 깨끗이 씻은 후 내장을 분리시켜서 냉동한다.

032 어패류의 조리 방법으로 옳은 것은?

① 전유어는 일반적으로 붉은살 생선을 사용한다.
② 생선 가열 시 뚜껑을 닫으면 비린내를 약화시킬 수 있다.
③ 오징어는 내장이 묻어 있던 안쪽에 칼집을 넣어 동그랗게 말리는 것을 방지한다.
④ 전유어는 약불에서 서서히 굽는 것이 좋다.
⑤ 국물이 끓기 전 미리 생선을 넣어주면 맛과 형태를 살릴 수 있다.

033 급하게 냉동 생선을 해동해야 한다면 가장 적합한 방법은 무엇인가?

① 전자레인지에서 해동한다.
② 21℃ 실온에 놓아둔다.
③ 10℃의 흐르는 물에 담가둔다.
③ 50℃의 미지근한 물에 담가둔다.
② 끓는 물에 넣어 해동한다.

034 난황계수에 대한 설명으로 옳은 것은?

① 달걀의 중량을 재는 방법이다.
② 투광 검사를 통해 품질을 판정한다.
③ 오염란, 박피란 등을 확인하는 검사이다.
④ 난황의 높이와 지름을 측정하여 높이를 지름으로 나눈 값이다.
⑤ 신선한 달걀의 난황계수는 0.25 이하이다.

035 연질 치즈에 해당하는 것은?

① 코티지 치즈
② 파르메르산 치즈
③ 에멘탈 치즈
④ 고다 치즈
⑤ 고르곤졸라 치즈

036 우유에 레닌을 넣어 카제인을 응고시킨 후 남은 맑은 액체로, 각종 가용성 단백질을 함유하고 있는 가공 산물은 무엇인가?

① 연유   ② 유청
③ 탈지우유   ④ 전지우유
⑤ 버터밀크

037 두류 중 단백질과 지질 함량이 가장 많은 것은?

① 대두   ② 팥
③ 강낭콩   ④ 녹두
⑤ 완두콩

038 튀김을 할 때 기름의 흡유량이 많아지는 경우로 옳은 것은?

① 재료의 표면이 매끈하고 치밀할 때
② 재료 중에 당의 함량이 많을 때
④ 재료 중에 글루텐 함량이 많을 때
③ 재료 중에 수분 함량이 적을 때
⑤ 기름의 온도가 높고 튀김 시간이 짧을 때

039 한천의 이장 현상을 최소화하기 위한 방법은?

① 한천의 농도를 0.3% 정도로 낮춘다.
② 한천 용액의 가열 시간을 짧게 한다.
③ 설탕 농도를 60% 이상으로 한다.
④ 응고 시간을 짧게 한다.
⑤ 고온에서 보관한다.

040 미생물의 생육 곡선의 순서로 옳은 것은?

① 유도기 – 대수기 – 정지기 – 사멸기
② 유도기 – 정지기 – 대수기 – 사멸기
③ 대수기 – 정지기 – 유도기 – 사멸기
④ 대수기 – 유도기 – 사멸기 – 정지기
⑤ 정지기 – 대수기 – 유도기 – 사멸기

041 경영관리의 순환체계 3대 기능은?

① 구입, 생산, 판매
② 구입, 판매, 평가
③ 계획, 생산, 판매
④ 계획, 판매, 통제
⑤ 계획, 실행, 평가

PART 01
PART 02
PART 03
PART 04
PART 05
PART 06
PART 07
PART 08
PART 09

042 목표관리법에 대한 설명으로 옳은 것은?

① 관리자 내에서 명확한 목표를 설정하고 하위자는 그대로 실행하며 목표 달성 시 이에 상응하는 보상이 이어지는 조직기법이다.

② 부서수준의 목표가 각 개인의 책임과 목표보다 중요하기 때문에 직속상관과 협의를 거쳐야 하는 기법이다.

③ 어느 특정 분야의 우수한 상대와 자기 기업과 성과 차이를 비교하고 이를 극복하기 위해 운영과정을 배우는 기법이다.

④ 기업에 대한 외부환경의 기회와 위협, 내부 역량의 강점과 약점을 통하여 경영전략의 대안의 수립방안을 제시하는 기법이다.

⑤ 지나치게 목표를 강조하면 독창성과 혁신성이 떨어지는 조직기법이다.

043 팀형 조직의 조직화 원칙은?

① 기능화
② 전문화
③ 명령일원화
④ 권한 책임 명확화
⑤ 계층 단축화

044 생산부터 배식 서비스까지 모두 같은 장소에서 가능하며 준비부터 배식 사이의 시간이 짧아 적온급식이 가능한 급식체계는?

① 조합식 급식체계
② 전통적 급식체계
③ 조리냉장 급식체계
④ 조리저장식 급식체계
⑤ 중앙공급식 급식체계

045 급식소의 시스템이 전통적 급식체계이든 조리저장식 급식체계이든 공통적으로 좋은 음식과 서비스를 제공한다는 급식의 개방시스템 특징은?

① 합목적성
② 경계의 침투성
③ 상호의존성
④ 역동적 안정성
⑤ 시스템 간의 공유영역

046 급식경영의 업무적 기능이 아닌 것은?

① 메뉴관리
② 구매관리
③ 회계정보관리
④ 원가관리
⑤ 서비스관리

047 다음 중 분야별 영양사의 역할과 업무로 옳은 것은?

① 병원 – 식사섭취 조사 및 식사 회진
② 산업체 – 급식관리, 및 피급식자의 식습관 교육
③ 보건소 – 재활능력 증진을 위한 영양교육
④ 복지시설 – 지역주민의 영양 현황 평가
⑤ 학교 – 교육자료 개발, 성인병 예방을 위한 연구 조사

048 메뉴 개발 절차 중 단체 급식에 옳은 메뉴인지에 대한 타당성을 검토하기 위한 고려사항으로 옳은 것은?

① 대량 조리 적용 가능성
② 식재료 양 표시
③ 영양가 분석
④ 배식 온도 유지
⑤ 보관 방법

049 전수검사법에 대한 설명으로 옳은 것은?

① 불량품이 혼입되어도 무방한 경우
② 항목이 많은 경우
③ 납품된 물품을 모두 검사
⑤ 판정기준과 대조하여 합격·불합격을 결정
④ 시간과 비용을 절약해야 하는 경우

050 다음 중 계란의 등급판정에 대한 설명으로 옳은 것은?

① 포장용기에 산란일자를 표시한다.
② 왕란은 60~68g이다.
③ 포장용기에는 품질등급만을 표시한다.
④ 포장용기에 생산자번호를 표시한다.
⑤ 품질 등급이 가장 좋은 것은 1등급이다.

051 저장품의 품질관리에 대한 설명으로 옳은 것은?

① 냄새를 흡수하는 대표적인 식품인 우유, 버터 등은 냄새가 많이 나는 식품과 같이 보관하지 않는다.
② 입·출고의 관리는 별도의 기록을 유지하기 번거로우므로 일정 기간마다 실사를 통해 파악하는 것이 합리적이다.
③ 창고 내에 물건을 보관할 때는 입고된 순으로 앞에서부터 정리한다.
④ 창고 내의 물건들은 누구나 쉽게 꺼내갈 수 있도록 항상 개방해둔다.
⑤ 저장구역은 검수, 전처리구역에서 멀리 있는 것이 유리하다.

052 법적으로 상품에 대한 소유권이 없는 중간 상인은?

① 소매상
② 도매상
③ 브로커(중개인)
④ 백화점
⑤ 대형마트

053 자외선 살균기에 대한 설명으로 옳은 것은?

① 여러 개의 식기류를 한 번에 좁은 공간에서 소독할 수 있다.
② 모든 균종에 대해 유효하지 않다.
③ 자외선 등은 항상 켜놓아야 한다.
④ 살균력이 가장 강한 2,537A의 자외선에서 30~60분 정도 조사한다.
⑤ 자외선은 공기와 물질을 투과한다.

054 급식 시설의 위치와 크기에 대한 설명 중 옳지 않은 것은?

① 식탁 사이 주요 통로는 120cm, 부통로는 90cm, 보조통로는 40~60cm이다.
② 식당과 조리장의 크기는 60 : 40이다.
③ 식당은 전망, 채광 및 이용자의 편리성에 유의하여 결정해야 한다.
④ 화장실은 편의를 위해 근접하게 위치해야 한다.
⑤ 복리후생시설은 근접성, 가시성을 고려해야 한다.

055 〈보기〉 중 손익분기점에 대한 설명으로 옳은 것을 고르면?

> **보기**
> ㄱ. 손익분기점은 이익이 발생하는 지점
> ㄴ. 손익분기점 매출액=고정비+변동비
> ㄷ. 총 비용과 총 수익이 일치하여 이익도 손실도 발생하지 않는 지점
> ㄹ. 매출액과 총 비용(고정비+변동비)이 일치되는 지점
> ㅁ. 손익분기점은 손익이 일치되는 지점으로 가격 결정이 이루어짐

① ㄱ, ㄴ, ㄷ
② ㄱ, ㄹ, ㅁ
③ ㄴ, ㄷ, ㄹ
④ ㄴ, ㄹ, ㅁ
④ ㄷ, ㄹ, ㅁ

056 급식전산정보시스템에 대한 설명 중 옳은 것은?

① 수작업 증대로 업무 처리시간이 증대한다.
② 과거 급식자료의 정보저장능력이 감소한다.
③ 메뉴계획, 영양 분석 등의 의사결정을 효과적으로 수행한다.
④ 예산과 재무관리는 영양사가 문서로 관리하여 직접 보고한다.
⑤ 합리적인 급식운영으로 급식관리자의 책임범위가 감소한다.

057 외부모집에 대한 설명으로 옳은 것은?

① 모집비용이 절감된다.
② 사기 진작과 동기 부여의 효과가 있다.
③ 기업에 익숙한 직원을 구할 수 있다.
④ 직무 변동 및 승진을 위한 모집이다.
⑤ 전문적 기술을 요하는 직원을 채용하는데 적용된다.

058 기본급 중 직무급은 어떻게 결정하는가?

① 종업원의 성과에 따라 결정
② 조직의 목적 및 방침에 따라 결정
③ 동일 노동에 동일 임금이라는 원칙에 따라 결정
④ 근속연수에 비례하여 임금을 결정
⑤ 직무에 공헌할 수 있는 능력을 기초로 임금을 결정

059 고객의 공통된 니즈 혹은 마케팅 믹스에 따라 다수의 집단으로 나누는 활동을 무엇이라고 하는가?

① 포지셔닝
② 시장세분화
③ 프로세스
④ 타겟팅
⑤ 서비스

060 서비스 품질 차원에서 다음 사례에 해당하는 것을 고르면?

> A의 회사에는 단체급식소는 한식, 분식, 양식 3개의 구역으로 나뉘어져 있다. A는 분식 구역의 라면 메뉴를 자주 이용하는데 그이유는 양푼에 나오는 라면이기도 하고 배식해주는 여사님이 계란을 다 익혀달라는 요구사항을 기억해 주시는 이유이다.

① 대응성, 확신성
② 대응성, 신뢰성
③ 신뢰성, 공감성
④ 공감성, 유형성
⑤ 확신성, 유형성

061 식품으로 인해 건강에 장애를 일으키는 원인 물질 중 내인성인 것은?

① 곰팡이독
② 잔류농약
③ 벤조피렌
④ 환경호르몬
⑤ 식품알레르기

062 다음 중 잠재적인 위해식품(potentially hazardous food)에 대한 설명으로 옳은 것은?

① 수분의 함량이 낮고 단백질 함량이 높은 식품
② 수분의 함량이 높고 지방의 함량이 높은 식품
③ 탄수화물의 함량이 높고 단백질 함량이 낮은 식품
④ 수분의 함량이 높고 단백질 함량이 높은 식품
⑤ 단백질의 함량이 높고 탄수화물의 함량이 낮은 식품

063 살모넬라의 설명으로 옳은 것은?

① 주요 증상으로 복통, 설사, 발열이 나타난다.
② 그람 양성균이며 내열성 포자를 형성한다.
③ 독소형 식중독균이다.
④ 60℃, 20분 가열로 사멸하지 않는다.
⑤ 원인 식품은 동물성 식품을 생식했을 경우가 대부분이다.

PART 01
PART 02
PART 03
PART 04
PART 05
PART 06
PART 07
PART 08
PART 09

064 병원성대장균에 대한 설명으로 옳은 것은?

① 장관독소원성대장균(ETEC) : 해수세균의 일종으로 2~4%의 소금물에서 잘 생육한다.
② 장관병원성대장균(EPEC) : 소장 상부 상피세포를 감염시키며, 장독소를 생산한다.
③ 장관침입성대장균(EIEC) : 베로톡신(verotoxin)을 생성하고 발열을 동반하지 않는 급성 혈성 설사와 경련성 복통을 일으킨다.
④ 장관출혈성대장균(EHEC) : 이열성과 내열성의 엔테로톡신(enterotoxin)을 생성하며 콜레라와 비슷한 설사증을 일으킨다.
⑤ E. coli O157:H7 : 장출혈성대장균으로 대장의 정상 상재균인 대장균은 대부분 식중독의 원인이 되지는 않지만 유아에게 전염성 설사증이나 성인에게 급성 장염을 일으키는 대장균이다.

065 황색포도상구균에 대해 옳게 설명한 것은?

① 고농도의 식염 존재하에서도 생육이 불가능하다.
② 10℃ 이하의 저온에서 엔테로톡신을 잘 생산한다.
③ 균체는 100℃, 30분 이상 가열해도 사멸되지 않는다.
④ 내염성이 약하므로 염분 농도가 높은 식품에서는 생육할 수 없다.
⑤ 식품을 섭취 전 재가열하면 황색포도상구균에 의한 식중독을 예방할 수 있다.

066 Bacillus cereus가 생산하는 구토독과 설사독에 대한 설명으로 옳은 것은?

① 설사독은 저분자의 펩티드로 되어 있다.
② 설사독은 소화효소에 의해서 쉽게 파괴되지 않는다.
③ 구토독은 펩신과 트립신에 의해서 파괴된다.
④ 구토독은 고분자 단백질로 되어 있다
⑤ 구토독은 내열성이어서 126℃에서 90분 가열로도 파괴되지 않는다.

067 화학적 식중독의 원인과 그 물질이 올바르게 연결되지 않은 것은?

① 고의 또는 오용으로 첨가되는 유해물질 – 식품첨가물
② 본의 아니게 잔류, 혼입되는 유해물질 – 잔류 농약
③ 조리기구 · 포장에 의한 중독 – 니트로사민
④ 제조 · 가공 · 저장 중에 생성되는 유해물질 – 지질 산화물
⑤ 식품 조리 및 가공 – 아크릴아마이드

068 다음 중 열경화성 합성수지 용기에서 용출될 수 있는 유해물질로 옳은 것은?

① 말론알데하이드
② 폴리에틸렌
③ 폼알데하이드
④ 카드뮴
⑤ 3,4 – benzopyrene

069 구리의 중독 증상에 대한 설명으로 옳은 것은?

① 만성 중독을 일으킨다.
② 폐기능을 급속도로 악화시킨다.
③ 녹청이 형성되어 식품에 혼입되면 중독을 일으킨다.
④ 소량 섭취에도 체내 −SH 화합물과 결합하여 장애를 일으킨다.
⑤ 도금 용기의 산성 식품으로 인해 용출된다.

070 다음 중 화학적 유해 물질에 의한 식중독 발현 증상을 연결한 것으로 옳은 것은?

① PCB − 시각장애
② 수은 − 골연화증
③ 납 − 언어장애, 난청
④ 비소 − 피부의 색소침착
⑤ 카드뮴 − 중추신경계 장애

071 산분해간장에서 문제가 되는 유해물질로 연결한 것 중 옳은 것은?

① 비소 : 3 − MCPD
② 주석 : 메탄올
③ 수은 : 아클로레인
④ 납 : 트리할로메탄
⑤ 안티몬 : 지질과산화물

072 테트라민 독성분을 생성하는 것은?

① 홍합, 대합
② 독꼬치, 바리
③ 바지락, 모시조개
④ 진주담치, 민들조개
⑤ 매물고둥, 나팔고둥

073 황변미 원인균과 독소 및 침해 부위가 바르게 연결된 것은?

① *Pen. citrinum* − 파툴린(patulin) − 신장독
② *Pen. patulum* − 루테오스키린(luteoskyrin) − 신경독
③ *Pen. islandicum* − 파툴린(patulin) − 간장독
④ *Pen. citreoviride* − 시트레오비리딘(citreoviridin) − 신경독
⑤ *Pen. islandicum* − 시트리닌(citrinin) − 간장독

074 염소가 포함된 유기물질을 소각하는 과정에서 생성되는 물질로 발암성과 기형아 유발작용이 있는 것은?

① 다이옥신(dioxin)
② 아플라톡신(aflatoxin)
③ 니트로스아민(nitrosamine)
④ 트릴메틸아민(trimethylamine)
⑤ 염화비닐 단량체(vinyl chloride monomer)

075 염기성 황색 색소로서 과거에는 단무지에 사용되었으나 독성이 강하여 현재 사용이 금지된 색소는?

① fast green FCF
② brilliant blue FCF
③ sunset yellow FCF
④ 인디고카르민(indigo carmine)
⑤ 아우라민(auramine)

076 무색 또는 백색의 결정성 분말로 물에 잘 녹으며 감미도는 설탕의 40~50배 정도로 한때 우리나라에서도 당원(new sugar)이 라는 이름으로 거의 모든 가공식품에 사용 되었으나 발암성이 확인되어 현재 사용 금 지되고 있는 유해감미료는?

① 둘신(dulcin)
② 페릴라틴(perillartine)
③ 시클라메이트(cyclamate)
④ 에틸렌글리콜(ethylene glycol)
⑤ 니트로톨루이딘(p-nitro-o-toluidine)

077 다음 중 세균에 의한 경구 감염병을 고르면?

가. 콜레라	나. 장티푸스
다. 세균성 이질	라. 파라티푸스
마. 유행성 간염	바. 폴리오

① 가, 나, 다, 라
② 가, 나, 다, 마
③ 가, 나, 다, 바
④ 나, 다, 라, 마
⑤ 다, 라, 마, 바

078 장티푸스에 대한 설명으로 옳은 것은?

① 제1급 감염병이다.
② 12시간 내에 발병하며 발병 후 배설 물에 의해 균을 배출한다.
③ 주요 증상은 권태감, 식욕부진, 오한, 설사 등이며, 발열 증상은 없다.
④ 장티푸스균은 Salmonella typhi로 그람 양성 간균이며 인체 외에서는 생 존할 수 없다.
⑤ 식품을 매개로 하여 감염되며, 보균자 의 분변은 물론 오줌에서도 감염된다.

079 무구조충에 대한 설명으로 옳은 것은?

① 닭고기를 생식하거나 불충분하게 가 열 조리하여 섭취 시 감염된다.
② 쥐에 만연하며 2차적으로 개나 돼지 등에 자연 감염된다.
③ 일명 갈고리촌충이라 불린다.
④ 저온에 저항력이 강하며 고온에서는 71℃, 5분이면 사멸한다.
⑤ 뇌염 및 폐렴 증상을 동반한다.

080 HACCP 의무적용 식품을 고르면?

가. 꼬치어묵	나. 커피음료
다. 군만두	라. 3분카레
마. 김밥	바. 냉동해물

① 가, 나, 다, 라
② 가, 나, 라, 마
③ 가, 다, 마, 라
④ 가, 다, 라, 바
⑤ 다, 라, 마, 바

081 식품위생법에서 정의하고 있는 '식품'은?

① 먹는 의약품과 음식물
② 모든 음식물과 식품첨가물
③ 식품첨가물을 제외한 모든 음식물
④ 의약으로 섭취하는 것을 제외한 모든 음식물
⑤ 모든 음식물과 식품첨가물 및 먹는 의약품

082 식품위생법상 '집단급식소'에 관한 정의로 옳은 것은?

① 특정 다수인을 대상으로 한다.
② 상시 1회 30명 이상에게 식사를 제공한다.
③ 영리를 목적으로 할 수 있다.
④ 대중음식점, 대학, 병원 등의 급식시설을 말한다.
⑤ 운영자는 관할 동사무소장에게 신고하여야 한다.

083 판매가 금지된 동물의 질병으로 옳지 않은 것은?

① 유구낭충증
② 파스튜렐라병
③ 리스테리아병
④ 선모충증
⑤ 살모넬라병

084 식품위생법에서 '식품의 규격'은 무엇의 기준인가?

① 식품의 무게
② 식품의 성분
③ 식품의 크기
④ 식품의 보존방법
⑤ 식품의 제조 방법

085 지방식품의약품안전청장이 식품안전관리인증기준 적용업소로 지정받은 업소에 대하여 식품안전관리인증기준 준수 여부 등에 관하여 조사 평가하는 빈도는?

① 매월 1회 이상
② 매년 1회 이상
③ 반기별 1회 이상
④ 분기별 1회 이상
⑤ 2년에 1회 이상

086 모범업소로 지정받을 수 있는 영업과 해당 지정권자 연결이 옳은 것은?

① 유흥주점영업 – 시·도지사
② 식품제조·가공업 – 시·도지사
③ 식품첨가물제조업 – 시·도지사
④ 휴게음식점영업 – 특별자치도지사·시장·군수·구청장
⑤ 일반음식점영업 – 특별자치시장·특별자치도지사·시장·군수·구청장

PART 01
PART 02
PART 03
PART 04
PART 05
PART 06
PART 07
PART 08
PART 09

087 이물이 발견되었을 경우 이물 보고서를 작성하여 누구에게 제출해야 하는가?

① 한국소비자원장
② 관할 보건소장
③ 식품안전정보센터장
④ 식품위생심의위원회 위원장
⑤ 관할 지방식품의약품안전청장, 시 · 도지사 또는 시장 · 군수 · 구청장

088 집단급식소에 근무하는 영양사의 직무에 해당되는 것은?

① 식단에 따른 조리 업무
② 종업원의 조리 능력 향상
③ 급식 기구의 안전 실무
④ 자판기 관리
⑤ 종업원에 대한 위생 및 영양교육

089 다음 중 조리사를 두지 않아도 되는 곳은?

① 병원의 집단급식소, 지방자치단체의 집단급식소
② 학교의 집단급식소, 복어를 조리 · 판매하는 음식점
③ 즉석판매제조 · 가공업소, 1회 급식인원이 50명인 산업체 집단급식소
④ 사회복지시설, 식사당 천식 이상 집단급식소
⑤ 복어를 조리 · 판매하는 음식점, 지방공단의 집단급식소

090 영업소에 대한 출입검사에서 가, 나, 다 3개의 위법사항이 적발되었다. 위법사항 모두 영업정지 3개월에 해당한다. 이 경우 영업소에 대한 행정 처분기준은?

① 영업정지 3개월
② 영업정지 4개월
③ 영업정지 5개월
④ 영업정지 6개월
⑤ 영업소 폐쇄

091 학교급식의 대상이 되는 곳은?

① 유치원, 어린이집
② 유치원, 대학교
③ 초등학교, 대학교
④ 대학교, 대안학교
⑤ 중학교, 고등학교

092 학교급식 식재료의 품질관리기준에 관한 내용으로 옳은 것은?

① 모든 농산물은 원산지 표시를 하여야 한다.
② 쌀은 수확 연도부터 2년 이내의 것을 사용하도록 한다.
③ 학교급식 운영상 시설에 대한 출입 · 검사 등은 2년에 1회 이상 실시한다.
④ 식품안전관리인증기준을 적용하는 도축장에서 처리된 식육을 사용하도록 한다.
⑤ 식재료품질관리기준의 준수이행 여부의 확인 · 지도는 연 2회 이상 실시하여야 한다.

093 국민의 영양에 관한 조사를 정기적으로 실시하는 자는?

① 도지사
② 광역시장
③ 시장·군수
④ 질병관리청장
⑤ 식품의약품안전처장

094 국민영양조사의 조사 항목은?

① 식품 섭취조사, 식생활 조사, 가족수조사
② 식품 섭취조사, 식생활 조사, 기호도조사
③ 건강상태조사, 식생활 조사, 음주량조사
④ 건강상태조사, 식품 섭취조사, 기호도조사
⑤ 건강상태조사, 식품 섭취조사, 식생활조사

095 영양사 면허 취득자가 영양사의 실태와 취업상황을 신고하여야 하는 날은?

① 영양사 면허증 교부일로부터 매 1년이 되는 날까지
② 영양사 면허증 교부일로부터 매 3년이 되는 날까지
③ 영양사 시험 합격일로부터 매 3년이 되는 해의 12월 31일까지
④ 영양사 면허증 교부일로부터 매 1년이 되는 해의 12월 31일까지
⑤ 영양사 면허증 교부일로부터 매 3년이 되는 해의 12월 31일까지

096 영양사 면허를 타인에게 대여하여 이를 사용하게 한 경우 2차 위반의 행정처분은?

① 면허취소
② 면허정지 1개월
③ 면허정지 2개월
④ 면허정지 3개월
⑤ 면허정지 6개월

097 보수교육이 면제되는 영양사는?

① 군복무 중인 영양사
② 보건소에 근무하는 영양사
③ 집단급식소에 종사하는 영양사
④ 보육정보센터에 종사하는 영양사
⑤ 건강기능식품 판매업소에 종사하는 영양사

098 다음 중 임상영양사가 되기 위한 자격시험 응시가 가능한 사람은?

① 영양사 면허를 갖고 있는 사람
② 위생사 면허를 가지고 1년 이상 위생사 실무경력이 있는 사람
③ 영양사 면허를 가지고 집단급식소에서 5년 이상 영양사 실무경력이 있는 사람
④ 영양사 면허를 가지고 국내 의료기관에서 3년 이상 영양사로서 실무경력이 있는 사람
⑤ 영양사 면허를 가지고 지정 교육기관에서 임상영양사 교육과정을 2년 이상 수료하고 지정 기관에서 1년 이상 영양사 실무경력이 있는 사람

PART 01

PART 02

PART 03

PART 04

PART 05

PART 06

PART 07

PART 08

PART 09

099 원산지 표시를 거짓으로 하거나 이를 혼동하게 할 우려가 있는 표시를 하였을 경우 받는 벌칙으로 옳은 것은?

① 3년 이하의 징역 또는 5천만 원 이하의 벌금에 처하거나 이를 병과할 수 있다.

② 5년 이하의 징역 또는 5천만 원 이하의 벌금에 처하거나 이를 병과할 수 있다.

③ 5년 이하의 징역 또는 7천만 원 이하의 벌금에 처하거나 이를 병과할 수 있다.

④ 7년 이하의 징역 또는 1억원 이하의 벌금에 처하거나 이를 병과할 수 있다.

⑤ 10년 이하의 징역 또는 2억원 이하의 벌금에 처하거나 이를 병과할 수 있다

100 다음 중 부당한 표시나 과대광고의 범위에 해당하는 것은?

① 식품을 의약품으로 인식할 우려가 없는 표시 또는 광고

② 외국어 사용 등으로 외국 제품으로 혼동할 우려가 없는 표시 · 광고

③ 제품의 원재료 또는 성분과 같은 내용의 표시 · 광고

④ 후기 또는 체험기 등을 이용한 표시 · 광고

⑤ 제조 방법에 관하여 연구하거나 발견한 사실로서 식품학 · 영양학 등의 분야에서 공인된 사항에 대한 표시 · 광고

PART 01
PART 02
PART 03
PART 04
PART 05
PART 06
PART 07
PART 08
PART 09

001	002	003	004	005	006	007	008	009	010
②	②	①	④	⑤	③	⑤	⑤	④	②
011	012	013	014	015	016	017	018	019	020
⑤	④	⑤	⑤	⑤	③	⑤	④	④	⑤
021	022	023	024	025	026	027	028	029	030
③	⑤	②	①	①	②	⑤	②	②	①
031	032	033	034	035	036	037	038	039	040
②	③	③	⑤	④	③	①	③	②	③
041	042	043	044	045	046	047	048	049	050
④	⑤	②	②	②	③	②	③	⑥	②
051	052	053	054	055	056	057	058	059	060
②	⑤	③	②	②	⑤	④	④	③	④
061	062	063	064	065	066	067	068	069	070
⑤	④	①	④	①	①	⑤	①	③	①
071	072	073	074	075	076	077	078	079	080
④	①	①	①	②	②	④	④	①	①
081	082	083	084	085	086	087	088	089	090
①	⑤	①	②	⑤	⑤	④	⑤	④	⑤
091	092	093	094	095	096	097	098	099	100
⑤	③	④	③	①	④	⑤	②	④	⑤
101	102	103	104	105	106	107	108	109	110
①	④	③	④	④	④	④	③	④	④
111	112	113	114	115	116	117	118	119	120
①	④	②	①	⑤	④	③	③	①	④

001

정답 ②

비타민 중 상한섭취량이 설정된 것은 비타민 A, D, E, C, 니아신, 비타민 B₆, 엽산 등이며, 충분섭취량이 설정된 영양소는 식이섬유, 수분, 비타민 D, E, K, 판토텐산, 비오틴, 나트륨, 염소, 칼륨, 불소, 망간, 크롬 등이다.

002

정답 ②

생체 내 모든 세포는 세포외액의 사이에서 항상 삼투적 평형상태에 있으며, 특히 수분은 삼투압에 의해 세포막 안팎을 이동한다.

003

정답 ①

탄수화물은 단당류의 형태로 흡수되며 과당은 촉진확산으로 흡수된다. 단당류는 친수성이므로 모세혈관을 지나 문맥을 통해 간으로 이동된다.

004

정답 ④

혈당이 저하되면 글루카곤, 에피네프린, 글루코코르티코이드, 성장호르몬, 갑상선호르몬 등이 분비되어 간의 글리코겐을 분해시켜서 혈당을 높인다.

005

정답 ⑤

혈당지수는 섭취한 식품의 혈당 상승 정도와 인슐린 반응을 유도하는 정도를 나타내며, 지수가 낮은 식품은 체중조절 등의 식이조절에 효과적이다.

006

정답 ③

피브르산 1분자가 완전 산화될 때 생성되는 물질은 NADH 4분자(2.5 ATP/분자), FADH₂ 1분자(1.5 ATP/분자), GTP 1분자(1 ATP/분자)이다. 따라서 10+1.5+1=12.5 ATP이다. 그리고 근육의 해당과정에서 5 ATP(근육조직에서는 글리세롤−인산 셔틀 사용)와 2분자의 pyruvate가 형성되고 pyruvate은 TCA 회로에서 완전 산화하여 25개의 ATP를 발생시키므로 결국 근육에서의 포도당 완전산화에서는 모두 30개의 ATP가 생성된다. 따라서 총 ATP 분자 수는 12.5+30=42.5 ATP이다.

007

정답 ⑤

프로스타글란딘은 탄소수가 20개인 지방산으로부터 생성되는 물질로, 직접적인 전구체는 아라키돈산 EPA이며 리놀레산으로부터 아라키돈산이, 리놀렌산으로부터 EPA가 생성될 수 있다.
④ DHA : EPA로부터 불포화반응과 사슬연장으로 발생된다.

008
정답 ⑤

프로스타글란딘(prostaglandin ; PG)은 아라키돈산(arachidoric acid, $Co_{20:4}$)으로부터 고리산화효소 경로를 거쳐 생성된다.

009
정답 ④

스테아르산은 8회의 β−산화 과정을 거쳐 총 120 ATP를 생성하며 조효소인 FAD, NAD가 관여한다.

010
정답 ②

지방산의 β−산화는 아실 CoA가 가장 먼저 아실 CoA 탈수소효소에 의해 탈수소되어 불포화 아실 CoA가 되고, 그 뒤 에노일 CoA 수화효소에 의해 물이 첨가되어 3−하이드록시 아실 CoA가 된다. 이것은 3−하이드록시아실 CoA 탈수소효소에 의해 두 번째로 탈수소되어 3−케토아실 CoA가 되고, 마지막으로 티올라아제에 의해 분해되어 아세틸 CoA와 탄소수 2개가 적은 아실 CoA가 된다.

011
정답 ⑤

황은 페놀류, 크레졸류 등 독성물질을 배설하는 약물 해독 작용을 하는데, 체내 황은 이온 형태가 아니라 비타민이나 아미노산의 구성성분으로 존재한다. 황은 황아미노산인 메티오닌, 시스테인의 구성성분이다.

012
정답 ④

히스티딘이 탈탄산되어 생성된 히스타민은 혈압을 강하시키며, 위액의 분비를 촉진시키고 알레르기 반응을 일으키기도 한다.

013
정답 ⑤

단백질의 평가 방법에는 생물학적 평가 방법과 화학적 평가 방법이 있으며, 생물가는 흡수된 질소에 대한 보유된 질소의 비율로, 여기에 소화흡수율을 고려한 것이 단백질 실이용률이다.
② 단백가 : 생체이용률을 고려하지 않은 화학적 방법이다.
④ 단백질 효율 : 성장률의 차이를 비교하는 방법이다.

014
정답 ⑤

오르니틴과 시트룰린 생성은 미토콘드리아에서, 아르기숙신산과 아르기닌 생성은 세포질에서 일어난다.
① 요소회로는 1회전당 4mol의 ATP가 소비된다.
③ 요소는 세포질에서 생성된다.
④ 이 회로의 조절은 1차적으로 카바모일 인산의 합성단계에서 일어난다.

015
정답 ⑤

보통 혼합식사의 RQ는 0.85이다.
① 순수한 당질의 RQ : 약 1.0
② 순수한 지방(지질)의 RQ : 약 0.7
③ 순수한 단백질의 RQ : 약 0.8
④ 당뇨병의 경우는 주로 지방이 연소되고 당질의 연소가 방해되므로 호흡상이 저하된다.

016
정답 ③

단백질 내 질소 함량이 평균 16%이므로 질소의 단백질 환산계수는 6.25이다. 그리고 단백질 1g당 에너지는 4kcal이므로 얻을 수 있는 열량은 10×6.25×4=250kcal이다.

017
정답 ⑤

섭취한 알코올의 약 80%는 위와 십이지장에서 흡수되어 대부분 간으로 이동한다. 간에서는 알코올 탈수소효소(ADH), 아세트알데하이드 탈수소효소(ALDH) 효소에 의해 알코올이 아세트알데하이드를 거쳐 아세트산으로 산화되고, 아세트산은 대부분 아세틸 CoA로 전환된 후 TCA 회로를 거쳐 에너지 생성에 이용되거나 지방산으로 합성되어 저장된다. 간에서 알코올 탈수소효소가 처리할 수 있는 이상의 알코올을 섭취한 경우, 알코올은 이물질로 간주되어 약물 및 이물질을 대사시킬 때 사용하는 MEOS를 통해 대사된다.

018
정답 ④

① 티아민은 산화적 탈탄산반응의 조효소로 작용한다.
② 리보플라빈은 산화효소의 조효소로 FAD와 FMN이 있다.
③ 피리독신은 아미노기 전달반응의 구성성분이다.
⑤ 니아신은 탈수소효소의 조효소로 NAD^+와 NADP가 있다.

019
정답 ④

비타민 B_6는 아미노산의 아미노기 전이효소(transaminase), 탈탄산효소(decarboxylase), 탈아미노효소(deaminasel), transsuturase, racemase, thiokinese 등의 조효소로 작용한다.

020

정답 ⑤

비타민 B$_{12}$는 위에서 분비되는 내적인자와 결합하여 주로 소장의 마지막 부위인 회장에서 능동수송에 의해 흡수된다. 흡수된 비타민 B$_{12}$는 단백질인 트랜스코빌아민 II와 결합하여 간과 골수 등의 조직으로 운반된다. 주로 간에서 저장되며 담즙과 함께 분비된 것의 대부분이 장간순환으로 회장에서 재흡수되므로 소량만이 손실된다. 비타민 B$_{12}$의 흡수 불량 시 결핍증은 상당히 느리게 진행되지만 악성빈혈이 발생할 수 있다. 장내세균에 의해 일부 합성된다.

021

정답 ③

비타민 E는 유리라디칼에 의한 산화를 막아주는 기능이 있어 세포막 보호 작용을 통해 용혈성 빈혈, 신경세포와 근육세포의 손상 등을 방지한다.

022

정답 ⑤

비타민 D는 에르고칼시페롤과 콜레칼시페롤이 있다. 흡수 시 다른 지용성 비타민과 같이 지방과 담즙을 필요로 하며, 킬로미크론의 형태로 림프계를 거쳐 운반된다. 체내 합성 및 음식으로 섭취된 비타민 D는 간에서 25(OH)-비타민 D로 된 후 신장에서 1.25(OH)2-비타민 D로 활성화되어 작용한다.

023

정답 ②

칼륨은 근육단백질과 세포단백질 내의 질소 저장을 위해 필요하다. 조직이 파괴될 때 칼륨은 질소와 함께 상실된다.

024

정답 ①

섭취한 나트륨은 소량이 위에서 흡수되고 98% 정도는 소장에서 흡수된다. 나트륨의 1일 평균 요 배설량은 섭취량의 85~95%이며, 따라서 나트륨과 체액이 평형 상태이고 땀 배설량이 거의 없는 사람의 경우 소변으로의 나트륨 배설량은 나트륨 섭취량과 거의 일치한다.

025

정답 ①

체내 나트륨 농도가 저하되면 신장에서 레닌 효소가 분비되어 혈중에 존재하는 안지오텐시노겐을 활성형으로 전환시키고, 이는 부신피질을 자극하여 알도스테론을 분비한다. 분비된 알도스테론은 신장에서 나트륨의 재흡수를 촉진하여 혈압을 조절한다.

026

정답 ②

혈중 칼슘 농도는 9~11mg/dL으로 항상 일정하게 유지되고 있다. 혈청 칼슘 농도가 감소하면 부갑상선호르몬이 분비되어 직접적으로는 뼈의 칼슘을 용출하고 간접적으로는 신장에서 25-hydroxy-비타민 D가 1.25-dihydroxy-비타민 D로 전환되는 과정을 촉진한다. 활성화된 비타민 D는 소장에서의 칼슘 흡수 증가, 신장에서의 칼슘 재흡수 증가, 뼈에서의 칼슘 용출 증가 등을 통하여 혈중 칼슘 농도를 상승시킨다. 칼시토닌은 갑상선에서 분비되며 부갑상선과 반대작용을 하여 혈중 칼슘수준을 저하시킨다.

027

정답 ⑤

마그네슘은 당질과 단백질 대사의 활성제와 보조인자로 작용한다.

028

정답 ⑤

항이뇨호르몬은 뇌하수체 후엽에서 분비되어 신장에서 수분을 재흡수하게 한다. 참고로 알도스테론은 부신피질에서 분비되어 신장에서 나트륨을 재흡수하게 한다.

029

정답 ②

경쟁적 저해에서는 최대 반응속도(V_{max})는 변하지 않고 K_m 값은 증가한다. 저해제는 효소의 활성 중심에 기질과 경쟁적으로 결합하여 효소의 작용을 저해한다.

030

정답 ①

DNA의 상보적 염기배열(A-T/G-C/T-A/C-G)에 따라 5'-GTACCAT-3'의 역평행 사슬은 3'-CATGGTA-5'이며, 읽는 방향에 따라 5'-ATGGTAC-3'이다.

031

정답 ②

에스트로겐은 자궁평활근의 발육을 촉진하며 자궁내막을 증식시키고, 결합조직 내 점질다당류의 구성 변화를 가져와 수분 보유를 유도함으로써 조직을 유연하게 만들어 자궁을 넓히고 출산을 돕는다. 그리고 자궁근을 수축하여 분만이 이루어지게 해준다. 한편 칼슘 방출을 저해하며 유선세포의 증식을 도모한다.

032

정답 ③

단백질 결핍 시에는 빈혈, 영양성 부종이 나타나고 쉽게 피로하여 능률이 저하되며 임신 중독증의 위험이 있다.

PART 01
PART 02
PART 03
PART 04
PART 05
PART 06
PART 07
PART 08
PART 09

033　정답 ③

비타민 B_6 결핍 시에 아미노산 대사의 작용을 받아 임신 중독증과 구토 발생에 영향을 미친다. 또한 티아민이 부족해도 신경 피로, 근육 경련, 구토증이 심하게 된다.

034　정답 ⑤

임신 중독증의 치료의 기본은 안정을 취하고 혈압을 환원시키는 것이다.

035　정답 ④

① 수유부가 섭취한 카페인의 약 1%가 모유로 분비되며 영유아는 카페인 대사 속도가 느려 체내에 축적된다.
③ 유두 통증을 예방하기 위해서는 아기에게 유륜까지 젖을 깊숙이 물리는 것이 좋다.
⑤ 수유부는 임신부와 마찬가지로 경구용 제2형 당뇨병 치료제가 처방되며, 이 경우 모유 수유가 가능하다.

036　정답 ③

모유와 우유의 전체 지방량(약 3.5~40g/100ml)은 거의 같으나, 모유에는 불포화지방산인 ω-3계 지방산이 많아 두뇌 발달 초기에 중요한 역할을 한다. 반면 우유에는 모유에 비해 포화지방산이 더 많이 함유되어 있다.

037　정답 ①

영아는 담즙산은 적고 췌장 리파아제 함량이 낮아 지방 분해 능력은 떨어지나 구강과 위에 리파아제가 있어 이를 보완해준다.

038　정답 ③

영아기에는 단백질이 증가되면서 근육조직이 증대되는데, 이때 남아가 여아보다 축적량이 많게 된다. 지방질은 단백질보다 훨씬 많이 축적되며 여아가 남아보다 더 많이 축적된다. 무기질의 변화는 생후 1년 동안 비교적 작게 일어난다. 체내 총수분 함량은 생후 1년 동안 감소되며 주로 세포외액이 감소하고 세포내액과 혈장량은 오히려 증가한다.

039　정답 ②

새로운 식품은 하루 1가지씩, 1 티스푼(tsp)씩 증가시키고, 거부감이나 알레르기를 관찰하며 공복 시 기분이 좋을 때 먼저 이유식을 주고 이후에 모유나 우유를 준다. 이유식의 염분은 0.25% 이하로 제공한다.

040　정답 ③

어린아이일수록 자신의 주변 환경에 대해 탐색을 할 때 무언가를 입에 넣는 것을 좋아하기 때문에 특히 납 수치가 높을 가능성이 많다.

041　정답 ④

두뇌조직의 발달은 출생 시 거의 완료되어 있다. 사춘기에는 신장의 증가, 골격의 발달, 체세포량 증가, 제2차 성징과 생식기능 발달 등이 이루어진다.

042　정답 ⑤

에스트로겐은 난소에서 분비되며 부갑상선호르몬작용을 억제하여 뼈에서 칼슘이 방출되는 것을 저해한다.

043　정답 ②

중년기 여성의 갱년기 증상 감소에는 두부 등 이소플라본이 함유된 식품이 효과적이다.

044　정답 ④

노인기는 타액선의 위축으로 타액의 분비가 감소되고 치근이 위축되어 치아가 빠지기 쉬우며 미각이 감퇴된다. 또한 위액 분비량이 감소하고 점막이 위축되어 소화와 흡수능력이 저하된다.

045　정답 ②

노인들은 위점막 위축으로 인하여 내인성 인자(내적 인자, Intrinsic Factor ; IF) 분비가 감소되어 비타민 B_{12}의 흡수에 문제가 생기게 된다. 또한 위산의 분비 감소로 철 흡수율이 감소한다. 그러므로 비타민 B_{12}를 다량 함유하고 있는 육류, 어류, 가금류, 우유 등을 충분히 섭취하도록 한다.

046　정답 ②

심하게 땀을 흘렸을 경우 탈수로 인해 발생하는 근육 수축이 발생한다. 또한 체온 조절을 위해 발한량이 증가하므로 혈장량과 요배설량이 감소한다. 발한으로 인한 수분 손실이 없도록 수분 보충이 필요하다.

047

정답 ③

고강도 운동을 장시간 지속했을 경우 간과 근육 내의 글리코겐 양은 저하되며, 근육 내 젖산과 혈중 유리지방산의 농도는 증가한다. 또한 아미노산의 당신생으로 혈중 알라닌 농도가 증가하고, 근육 수축으로 칼륨이 혈중으로 방출되어 소변으로 배설되므로 저칼륨혈증이 나타날 수도 있다.

048

정답 ②

비타민 D의 결핍은 골연화증을 유발할 수 있다.
① 요오드 결핍 : 갑상선종
③, ④ 리보플라빈 결핍 : 구순구각염
⑤ 비타민 C 결핍 : 괴혈병

049

정답 ④

1일 평균 모유 분비량 0.78L/일에 함유된 단백질 함량은 9.5g(0.78L/day×12.2g/L)이고, 식단백질이 모유단백질로 전환되는 효율은 47%이다. 여기에 개인 변이 계수 12.5%를 적용하여 1일 25g의 단백질을 추가한다.

050

정답 ②

임신 중 지나치게 알코올을 많이 섭취하면 성장 지연, 소뇌증, 안면 이상, 심장병, 지적 장애 등의 복합증상인 태아 알코올 증후군 증세를 수반한다.

051

정답 ②

체중 증가량의 30%는 임신 시 생성물(태아, 태반, 양수)의 증가 때문이고 70%는 모체조직 및 체액의 증가 때문이다.
① 모체에 축적되는 지방은 수유 시의 에너지 필요량과 임신 후반기의 에너지 보유를 위해 사용된다.
③ 총 수분 증가량의 70~90%는 모세 세포외액의 증가에 기인한다.
④ 축적한 단백질의 약 70%가 태아와 태반에 존재한다.
⑤ 임신 중 체중 증가는 수분 62% 단백질 8% 지질 30%이다.

052

정답 ⑤

영아의 장 길이는 약 3~5m로 신장의 6배가량이며, 성인의 장 길이는 신장의 45배이다.

053

정답 ③

식물성유에는 영아의 성장에 필요한 필수지방산인 리놀레산 및 리놀렌산이 풍부하다.

054

정답 ②

이유식의 경우 이유 초기에는 수분이 많은 풀의 형태로 시작하여 이가 나기 시작하면 앞니로 끊을 수 있는 것으로 넘어갈 수 있다.

055

정답 ②

영아가 젖병을 계속 물고 자거나 계속해서 젖병을 사용하는 것은 충치의 원인이 된다. 따라서 이유기의 떠먹는 이유 습관과 치아 관리가 평생의 치아 건강에 중요하다.

056

정답 ④

영아의 수분은 출생 시 74%에서 1년 후에는 60%로 감소하는데, 주로 세포외액의 감소로 인해 일어난다.

057

정답 ④

노년기에 이르면 동맥벽의 조성이 변해 중막에는 칼슘 침착이, 내막에는 콜레스테롤 침착이 생겨 동맥은 점차 강화된다. 또한 혈액 중에서 대사에 필요한 산소를 운반하는 적혈구량이 감소하고 용혈성이 증가된다.

058

정답 ④

불포화지방산을 풍부하게 함유하고 있는 식물성 기름을 섭취하고 적절한 운동을 정기적으로 해야 한다. 또한 동물성 식품의 과잉 섭취를 피하고 혈중 중성지방의 양을 줄이기 위하여 과식을 삼가도록 한다. 혈중 HDL-콜레스테롤의 양을 높이고 LDL-콜레스테롤의 양을 저하시키는 것은 중요한 관리법 중 하나이다.
① ω-6/ω-3의 비율은 4~5가 적당하다.

059

정답 ③

알코올 섭취가 건강에 미치는 영향으로는 에너지 불균형 초래, 간 질환 및 심혈관 질환, 암 등의 유발 등이 있다.

060

정답 ③

신생아기에는 자궁 밖의 생활을 위한 대사적 적응의 하나로서 태아형 헤모글로빈을 함유한 오래된 적혈구가 파괴되면서 많은 양의 빌리루빈이 형성된다. 신생아는 간 기능이 미숙한 상태이므로 빌리루빈을 처리하지 못하여 신생아 황달이 온다.

PART 01
PART 02
PART 03
PART 04
PART 05
PART 06
PART 07
PART 08
PART 09

061

정답 ⑤

영양교육은 개인이나 집단이 건강한 식생활을 실천하는 데 필요한 지식을 이해하여 실제 자신의 의지를 스스로 행동으로 옮겨 식생활을 개선하도록 하는 것을 의미한다. 영양교육의 목표는 식생활과 관련된 지식(knowledge)·태도(attitude)·행동(behavior)의 개선을 의미하며, 특히 스스로 실천하는 행동의 변화가 가장 중요하다.

062

정답 ④

1991년 영유아보육법 제정으로 영·유아 보육시설에 영양사 배치가 최초로 명시되었다. 이후 2020년 영유아보육법 개정 시 '영유아 200명 이상 보육 어린이집의 경우 영양사 1명 배치'가 의무 명시되었다.

063

정답 ①

건강신념모델은 질병에 걸릴 위험성을 지닌 사람이 질병을 진단하고 예방하는 프로그램에 참여하지 않는 이유를 알기 위해 개발된 이론이다. 또한 건강신념모델은 질병에 걸릴 가능성과 질병의 심각성에 따라 인식 정도가 달라지며, 행동 변화를 실천했을 때 얻을 수 있는 이득과 장애요인을 비교하여 행동 변화가 이루어진고 보는 이론이다.

064

정답 ④

합리적 행동이론이란 건강과 관련된 행동들은 대부분 행동의도(개인의 의지)에 의해 결정되며, 이러한 행동의도는 자신의 특정 행동에 대한 태도와 주관적 규범(주변 사람들의 영향력)에 의해 결정된다고 보는 것이다.

065

정답 ①

사회인지론에서의 강화란 스스로에게 주는 상 또는 인센티브 설정 등과 같이 행동 변화 실천의 지속 가능성을 달라지게 하는 구성요소이다.

066

정답 ①

자아효능감은 특정 행동을 수행할 수 있을 것이라는 스스로의 자신감을 포함하며, 당뇨병 환자의 식사요법 실천에 대한 자아효능감을 증진시키기 위해서는 실천에 필요한 지식과 기술에 대한 교육이 필요하다.

067

정답 ⑤

PRECEDE-PROCEED 모델

- 영양교육이나 사업에 필요한 모든 과정으로 구성된 포괄적인 건강증진계획에 관한 모형

- PRECEDE(요구진단) 단계 : 사회적 진단-역학적 진단-교육 및 생태학적 진단-행정 및 정책적 진단
- PROCEED(실행 및 평가) 단계 : 실행-과정 평가-효과평가-결과 평가

068

정답 ①

영양교육 대상자의 진단과정에서는 대상자의 영양문제 발견, 영양문제 원인분석, 대상자가 요구하는 영양서비스의 파악, 기존의 영양서비스에 대한 검토가 포함된다.

069

정답 ②

영양교육 대상자의 계획과정에는 '영양문제의 선정(우선순위 정하기) → 영양교육 목적 및 목표 설정 → 영양중재 방법의 선택 → 영양교육 활동과정 설계 → 영양교육 홍보전략 개발 → 영양교육 평가계획'이 포함된다.

070

정답 ①

- 개인지도 : 가정방문, 상담소 방문, 임상방문(병원, 보건소), 전화상담, 인터넷상담, 편지 등
- 집단지도 : 강의형(강연), 집단토의형(강의식 토의, 심포지엄, 좌담회, 워크숍 등), 실험형(역할놀이, 인형극, 시뮬레이션, 실험 등), 기타(견학, 캠페인 등)

071

정답 ④

인형극은 어린이들에게 친밀한 인형을 소재를 이용하여 흥미를 유발하고 집중력을 향상시킬 수 있으므로 유아나 초등학교 저학년 어린이들의 교육매체로서 효과적이다.

072

정답 ①

인쇄매체는 팸플릿, 리플릿, 전단지, 책자, 신문, 만화, 포스터, 스티커 등이 있다.

② 전시, 게시매체 : 전시, 게시판, 괘도, 도판, 그림, 사진, 패널 등
③ 입체매체 : 실물, 표본, 모형, 인형, 디오라마 등
④ 영상매체 : 슬라이드, 실물화상, OHP, 영화 등
⑤ 전자매체 : 텔레비전, 라디오, 컴퓨터, 녹음자료 등

073

정답 ①

영양 상담의 기술

- 경청 : 내담자의 말을 가로막지 말고 잘 들어주는 것
- 수용 : 내담자의 이야기를 이해하고 받아들이고 있다는 공감적인 태도
- 반영 : 내담자의 말을 상담자가 다른 참신한 언어로 부연해 주는 것

- 조언 : 타당한 정보를 제공하며 내담자의 정보 욕구를 충족시켜주는 것
- 직면 : 내담자가 내면에 지닌 자신의 나쁜 감정을 드러내어 인지하도록 하는 것
- 명료화 : 내담자의 말 속에 내포되어 있는 것을 내담자에게 명확하게 해주는 것
- 요약 : 내담자의 여러 생각과 감정을 간략하게 정리해주는 것

074 　정답 ①

영양 상담의 실시 과정은 '영양 상담 시작 → 친밀 관계 형성 → 자료 수집 → 영양 판정 → 목표 설정 → 실행 → 효과평가' 순이다.

075 　정답 ②

SOAP(Subjective, Objective, Assessment, Plan) 형식
- S : 내담자의 주관적인 정보(식사량, 식습관, 심리 상태, 사회경제적 여건 등)
- O : 객관적 정보 : 과학적 자료, 수치화된 자료(신체 계측치, 생화학적 검사치 등)
- A : 주관적, 객관적 정보의 평가
- P : 계속적인 치료를 위한 계획과 조언

076 　정답 ②

영양 정책 입안 과정은 '문제 확인 → 목표 설정 → 정책 선정 → 정책 실행 → 정책 평가 및 종결' 순으로 진행된다.

077 　정답 ④

우리나라 영양감시체계의 자료는 식품수급표와 국민건강영양조사이다.

078 　정답 ③

국민건강영양조사는 1995년 공표된 국민건강증진법에 의거하여 1998년부터 3년 주기로 실시되었으며, 2007년부터는 매년 실시로 변경되었다.

079 　정답 ①

국민건강영양조사는 제1기~3기까지는 3년 주기로 조사하였지만, 제4기(2007년)부터는 질병관리청 내에 설문조사 수행팀을 구성하여 매년(1년) 조사하고 있다.

080 　정답 ①

국민건강영양조사에는 검진조사(신체계측, 혈압 및 맥박, 이비인후과 검사, 안검사, 구강검사 등), 건강설문조사(가구조사, 건강면접조사, 건강행태조사), 영양조사(식생활조사, 식품섭취조사, 식품섭취빈도조사, 식품안정성조사) 등이 있다.

081 　정답 ①

- 2015 관련 기구 영양소 섭취 기준과 비교했을 때 탄수화물, 리놀레산, α-리놀렌산, EPA, DHA 등이 추가되었다.
- 유아를 제외한 모든 연령에서 EPA+DHA의 충분섭취량이 설정되었다.
- 탄수화물은 영아를 제외한 모든 연령에서 평균필요량과 권장섭취량이 설정되었다.

082 　정답 ⑤

지역사회영양조사는 국민영양조사와 달리 조사대상으로 선정된 사람에게 강제적으로 협력을 강요할 수 없으며, 지역사회영양은 지역주민의 식생활 변화 유도, 영양 상태 향상, 건강 유지 등 주민의 삶의 질 향상을 도모한다.

083 　정답 ①

영양 문제의 우선순위를 정할 때에는 영양 문제의 크기, 심각성, 긴급성, 필요성, 발생 빈도, 효과성, 정책적 지원 등을 고려해야 한다.

084 　정답 ②

영양 교육의 목표 달성 여부는 효과 평가에 해당한다.
① 교육 후 '일정 기간이 지난 후'에 평가해야 한다.
③, ⑤ 교육 과정에 대한 평가 혹은 교육 매체 등에 대한 평가는 과정 평가에 해당한다.
④ 대상자의 소득이나 경제적 상태 등은 평가 대상이 아니다.

085 　정답 ⑤

시뮬레이션은 실제의 문제 상황을 단순 명료화시킨 모의 상황 속에서 이루어지는 교육 활동으로, 간접 경험을 통해 문제를 인식하고 태도가 변화되도록 하는 교육 방법이다.

086 　정답 ⑤

매체의 선정 기준은 적합성(적절성), 신뢰성, 흥미, 구성과 균형, 편리성, 기술적인 질, 경제성 등이다.

PART 01
PART 02
PART 03
PART 04
PART 05
PART 06
PART 07
PART 08
PART 09

087

정답 ④

- 매스미디어를 통한 영양 교육의 목표는 궁극적으로는 국민의 영양 개선과 건강 증진, 식생활의 바른 태도와 가치의 형성, 애매모호한 문제의 해결 방법 제시, 수용자와의 의견 교환과 상담(전화 상담, 토크쇼 등) 등이다.
- 매스미디어를 통한 정보는 개별적·구체적이지 않으므로 개인의 식행동 변화를 목표로 하기에는 어려움이 있다.

088

정답 ⑤

명료화는 내담자가 미처 깨닫지 못하고 있는 것을 명확하게 해줌으로써 영양 상담이 잘 진행되고 있음을 느끼게 한다.

089

정답 ④

보건복지부는 영양 행정의 중앙기관으로서 국가 영양 사업의 기획 및 정책을 총괄한다.

090

정답 ⑤

임신 기간 중의 알코올 섭취, 흡연, 고혈압, 임신성 당뇨는 태아의 성장 지연이나 정신발달의 부진 등을 나타내므로 이에 대한 영양 교육이 필요하다.
② 유아의 영양교육
③ 수유부의 영양교육

091

정답 ⑤

② 식사기록법 : 대상자 스스로 식품의 종류와 양을 기록하는 방법으로 의도적으로 많거나 적게 섭취할 수 있다.

092

정답 ③

경관급식(튜브급식)은 소화기관은 정상이나 의식불명, 연하곤란, 위장관 수술, 식도장애 등으로 구강으로 음식을 섭취할 수 없는 환자 및 의식이 없는 환자에게 적용되는 영양지원이다.

093

정답 ④

중쇄중성지방(MCT oil)
- 지방의 가수분해와 흡수가 잘됨
- 탄소수가 8~10개인 중쇄지방산으로 이루어진 기름
- 소화나 흡수를 위한 담즙의 도움 없이 문맥을 거쳐 흡수
- 다량 복용 시 설사 등의 부작용 발생

094

정답 ③

소장은 십이지장, 공장, 회장으로 구성되어 있으며 공장은 영양소의 소화와 흡수를, 회장은 비타민 B_{12}와 담즙 흡수를 담당한다. 십이지장은 총담관이 열리는 곳으로 췌액과 담즙이 분비된다.

095

정답 ①

콜레스테롤은 간에서 합성되고 담즙의 80%가 콜레스테롤이며 담즙 또한 간에서 합성된다.

096

정답 ④

소화성 궤양 환자는 산 분비를 적게 하는 음식, 섬유소가 적은 음식, 유기산이 적은 음식, 소화가 잘되는 음식으로 식단을 구성하고 튀긴 음식은 피한다.

097

정답 ⑤

비타민 B_{12}는 위에서 분비되는 내적인자와 결합하여 회장에서 흡수되므로 위나 회장을 절제한 환자에게 부족하기 쉽다.

098

정답 ②

이완성 변비는 충분한 수분 공급과 고섬유소식을 권장하며, 타닌 함유 식품은 제한한다. 또한 지방은 적당량 섭취해야 한다.

099

정답 ④

황달은 적혈구 용혈 증가로 빌리루빈이 과잉 생산되거나 간질환에 의해 혈중 빌리루빈이 간으로 유입되지 못하거나, 담석증이나 담낭염으로 인해 담관이 폐쇄되어 혈중 빌리루빈 농도가 상승하면 발생한다.

100

정답 ⑤

간성혼수가 시작되면 암모니아가 순환계에 들어가 혈중 암모니아를 증가시키며 중추신경계의 중독을 일으키므로 단백질 섭취를 제한해야 한다.

101

정답 ①

대사증후군 판정기준(다음 5가지 기준 중 3가지 이상에 해당)
- 혈압 : 130/85mmHg 이상
- 공복혈당 : 100mg/dL 이상
- 허리둘레 : 90cm 이상(남), 85cm 이상(여)
- 중성지방 : 150mg/dL 이상
- 혈청 HDL : 40mg/dL 미만(남), 50mg/dL 미만(여)

102 정답 ④

당뇨병의 대사 변화로는 당신생 항진, 간 글리코겐 분해 증가, 체단백·체지방 분해 증가, 혈중 지질농도 증가, 케톤체와 당배설로 인한 소변의 수분 배설 증가, 케톤증 생성으로 인한 산독증 발생 등이 있다.

103 정답 ③

고혈압 환자는 조리·가공 시 염분이 들어가는 조림, 염장제품, 훈연제품, 통조림제품 등과 다량의 염분이 함유된 해산물은 제한해야 한다.

104 정답 ④

만성 신부전 시 인산, 황산, 유기산 등의 배설장애로 산혈증이 나타나고, 혈중 요소와 크레아티닌 농도가 상승되어 요독증이 나타난다. 또한 신장기능 장애로 에리트로포이에틴 분비가 감소되어 골수에서 적혈구 생성이 감소되고 빈혈이 나타난다.

105 정답 ④

암 환자의 대사 이상
- 암 세포에서 지방 분해를 촉진하는 사이토카인 분비→ 에너지 소모량 증가
- 기초대사량 증가 → 에너지 소모량 증가 → 체중 감량
- 당신생 활발 → 근육 소모 큼
- 당질이 지방으로 잘 전환되지 않음 → 체내 저장지방 고갈

106 정답 ④

B-림프구는 체액성 면역에 관여하며 골수의 줄기세포에서 형성된다. 항원과 접촉하면 형질세포(plasma cell)로 변하여 면역글로불린(immunoglobulin ; Ig)이라 불리는 여러 항체를 생산한다.

107 정답 ④

열량 필요량은 상처 범위에 따라 결정되지만 심한 화상의 경우 에너지 요구량이 증가되므로 고당질·고단백·고비타민식을 권장한다. 또한 환자가 쇼크상태에 있을 경우 많은 양의 체액과 전해질이 손실되므로 즉각적인 수분과 전해질 공급이 필요하다.

108 정답 ③

신장에서 분비되는 에리트로포이에틴은 골수에서 적혈구 생성을 자극하는 조혈촉진인자이다.

109 정답 ④

선천적으로 위산과 내적인자의 부족에 의한 거대적아구성 빈혈을 악성 빈혈이라 하며, 거대적아구성 빈혈은 비타민 B_{12} 결핍 시 적혈구의 합성과 성숙이 불완전하여 발생한다.

110 정답 ④

통풍환자는 퓨린 섭취를 제한하고 수분 섭취를 늘려야 한다.
- 고퓨린 식품 : 멸치, 고기국물, 어란, 정어리, 간, 콩팥, 쇠고기, 청어, 조개 등
- 저퓨린 식품 : 우유, 달걀, 아이스크림, 치즈, 국수, 버터, 땅콩 등

111 정답 ①

임상 조사는 장기간의 영양 불량으로 인해 나타나는 신체징후를 판단하며, 영양 판정법 중 가장 예민하지 못한 방법 중 하나이므로 다른 조사 방법과 함께 사용하는 것이 바람직하다.

112 정답 ④

표준 영양액의 삼투압은 등장성이며, 잔사가 적어야 하고, 소화·흡수가 좋고 투여하기 쉬운 액체로서 수분을 충분히 공급할 수 있어야 한다. 표준 영양액의 에너지 밀도는 1.0kcal/mL이며, 체온과 동일한 온도를 유지하여 사용해야 한다.

113 정답 ②

- 유당불내증은 유당분해 효소인 락타아제(lactase)의 결핍으로 발생하며 주로 동양인에게 발생한다.
- 발효된 유제품은 발효 과정 중에 유당 함량이 낮아진다.

114 정답 ①

급성 췌장염 환자의 영양소 공급 순서는 '절식 → 수분, 전해질 공급 → 탄수화물 → 단백질 → 지방' 순이다.

115 정답 ⑤

체중 부족 시 치료법
- 열량이 높은 음식 제공(자체의 열량이 높은 아이스크림, 바나나 등)
- 농축된 형태로 열량을 늘림
- 체중 증가를 위해 하루 500kcal를 추가 제공
- 적당한 운동을 통한 근육량 증가
- 체중 부족의 원인이 심리적이라면 우선 심리적 원인을 치료

PART 01
PART 02
PART 03
PART 04
PART 05
PART 06
PART 07
PART 08
PART 09

116
정답 ④

지속형 인슐린은 효과가 24시간 지속되므로 새벽에 저혈당이 올 수 있다. 따라서 잠들기 전에 야식을 통해 20~40g의 당질을 공급해야 한다.

117
정답 ③

엄격한 나트륨 제한식은 나트륨을 하루 400mg 이하로 섭취하는 것이다.

118
정답 ③

위 절제 수술을 받은 위암 환자의 식사 요법
• 식사 도중 물이나 다른 액체의 섭취 금지
• 저당질, 적정 지방, 고단백식 공급
• 유당이 함유된 우유 및 유제품은 피함
• 식후 20~30분 정도 누워 휴식을 취함
• 섬유소는 저혈당을 방지하므로 충분히 섭취

119
정답 ①

산소 해리 곡선은 체온, pH 변화, 산소 분압, 혈액의 2,3-DPG 농도에 의해 영향을 받는다.

120
정답 ④

칼시토닌은 혈중 칼슘 농도를 낮추고 부갑상선 호르몬은 혈중 칼슘 농도를 증가시키는데, 부갑상선 호르몬의 과잉 분비 시 칼슘의 유리가 증가하여 골연화증이 발생할 수 있다.

PART 01
PART 02
PART 03
PART 04
PART 05
PART 06
PART 07
PART 08
PART 09

001	002	003	004	005	006	007	008	009	010
③	⑤	①	②	④	③	②	①	④	③
011	012	013	014	015	016	017	018	019	020
②	①	③	⑤	②	③	②	⑤	③	⑤
021	022	023	024	025	026	027	028	029	030
⑤	①	⑤	④	②	②	③	②	④	④
031	032	033	034	035	036	037	038	039	040
⑤	③	③	④	③	②	①	②	③	①
041	042	043	044	045	046	047	048	049	050
⑤	⑤	⑤	②	①	⑤	①	①	⑤	⑤
051	052	053	054	055	056	057	058	059	060
①	③	④	④	④	③	⑤	③	②	④
061	062	063	064	065	066	067	068	069	070
⑤	④	①	④	⑤	④	②	⑤	③	④
071	072	073	074	075	076	077	078	079	080
①	⑤	④	①	③	①	⑤	①	⑤	④
081	082	083	084	085	086	087	088	089	090
④	①	①	②	②	⑤	⑤	⑤	③	④
091	092	093	094	095	096	097	098	099	100
⑤	④	④	⑤	⑤	④	①	⑤	④	④

001　　　정답 ③

조리의 목적은 소화성 향상, 영양성분의 효용성 증가, 저장성 향상, 안전성 향상, 기호성 향상 등이 있다.

002　　　정답 ⑤

히스테리시스 효과(이력현상)은 등온흡습곡선과 탈습곡선이 불일치하는 현상으로 동일한 수분활성에서 수분함량은 탈습이 흡습보다 더 높다.

003　　　정답 ①

에피머(epimer)란 부제탄소에 의해 생기는 입체이성질체 중 부제탄소에 결합된 수산기가 모두 같은 방향이나 오직 1개만이 다른 방향일 때 성립된다. 포도당은 만노오스, 갈락토오스 등과 에피머의 관계이다.

- D-포도당과 D-갈락토오스는 C_4의 -OH 하나만 그 위치가 다르다.
- D-포도당과 D-만노오스는 C_2의 -OH 하나만 그 위치가 다르다.

004　　　정답 ②

리보오스는 오탄당으로 효모에 의해 발효되지 않고 동·식물세포의 핵산을 구성한다. 또한, 감칠맛 성분인 5'-GMP, 5'-IMP의 구성에 관여한다.

005　　　정답 ④

아밀로오스는 200~1,000개의 포도당이 α-1,4 직쇄상 결합되어, 포도당이 6~8개의 분자마다 한 번씩 회전하는 α-나선구조를 이룬다. 보통 전분 속에 10~20% 존재하며 요오드 반응에서 청색을 띤다. 아밀로오스 함량이 높을수록 호화와 노화가 잘 일어난다.

006　　　정답 ③

전분의 노화 방지법
- 수분함량을 30% 이하 또는 60% 이상(건조, 냉동, 보온 등)으로 설정하여 보관
- 냉동보관(0℃ 이하)
- 보온(60℃ 이상)
- 당 첨가
- 지방 첨가
- 유화제 첨가

007　　　정답 ②

① 호화-밥, 죽, 국수, 떡 등
③ 겔화-도토리묵, 청포묵, 메밀묵, 오미자편, 푸딩 등
④ 호정화-뻥튀기, 미숫가루, 누룽지, 토스트, 루 등
⑤ 노화-식은 밥, 굳은 떡, 굳은 빵 등

008　　　정답 ①

대두유에는 '리놀레산 → 올레산 → 팔미트산' 순으로 지방산이 함유되어 있다.

009

정답 ④

기름의 발연점은 사용 횟수가 증가할수록, 유리지방산의 함량이 많을수록, 가열 용기의 표면적이 넓을수록, 기름 속의 이물질이 많을수록 낮아진다.

010

정답 ③

콜라겐은 물과 함께 장시간 가열하면 가용성 젤라틴으로 변화한다.

011

정답 ②

단백질의 등전점은 양전하와 음전하가 함께 존재하여 아미노산의 전하가 0인 상태로, 용해도, 삼투압, 점도, 팽윤, 표면장력 등은 최소화되고, 기포성과 흡착성은 최대화된다.

012

정답 ①

오이소박이의 숙성 중에 생성되는 초산, 젖산 등이 오이의 클로로필과 작용하여 녹갈색의 페오피틴으로 변한다.

013

정답 ③

안토시아닌은 pH에 매우 불안정한 수용성 색소이다.

014

정답 ⑤

육가공품 제조 시 선홍색의 육색을 보존하기 위하여 미오글로빈에 질산염이나 아질산염을 첨가하여 니트로소미오글로빈 형태로 변화시킨다.

015

정답 ②

고기를 절단한 후 공기 중에 방치하면 미오글로빈이 산소와 결합하여 선홍색의 옥시미오글로빈으로 변화한다.

016

정답 ③

트릴메틸아민옥사이드(TMAO)는 생선조직에 있는 성분으로 이것이 세균에 의해 트릴메틸아민(TMA)으로 환원되었을 때 비린내가 생성된다.

017

정답 ②

우유를 가열하면 락토글로불린과 락토알부민 등의 유청 단백질과 지방구, 소량의 유당 등이 서로 엉켜 피막을 형성한다.

018

정답 ⑤

- 유중수적형(water in oil, W/O) : 기름에 물이 분산(버터, 마가린 등)
- 수중유적형(oil in water, O/W) : 물에 기름이 분산(우유, 생크림, 아이스크림, 마요네즈 등)

019

정답 ⑤

P. citreoviride, *P. citrinum*, *P. toxicarium* 등은 쌀에 번식하여 황변미를 일으키고 신경독소를 생성한다.
① *P. chrysogenum*, *P. notatum* : 페니실린 생산균주
② *P. roqueforti* : 치즈
③ *P. italicum* : 감귤류 부패
④ *P. expansum* : 사과, 배 부패

020

정답 ⑤

① 포도주 : *S. ellipsoideus*
② 탁주, 약주 : *A. kazevachii*
③ 간장 : *A. oryzae*, *A. sojae*, *B. subtilis*, *P. halophilus*, *P. sojae*, *Z. rouxii*
④ 요구르트 : *L. bulgaricus*, *S. thermophilus*

021

정답 ⑤

전자레인지 조리 시 영양소 파괴가 적고 형태, 색, 맛을 유지시키며 열 효율이 높아 조리 시간이 단축된다. 또한 가열에 따른 식품 표면의 눌음 현상이 없고 식품 표면의 갈변 반응이 일어나지 않는다.

022

정답 ①

② 유지 산화는 Aw 0.30~0.40에서 가장 안정적이며 그 이후에 반응이 증가한다.
③ 효소 반응은 수분 활성도와 비례하므로 수분 활성도가 높아질수록 증가한다.
④ 곰팡이는 보통 Aw 0.80 이상부터 생장이 가능하다(내건성 곰팡이는 0.65).
⑤ 세균은 보통 Aw 0.90 이상에서 최적 생장이 가능하다.

023

정답 ⑤

글리코겐은 D-포도당의 $\alpha-1,4$와 $\alpha-1,6$ 결합의 중합체로서 간과 근육에 존재하는 동물성 저장 탄수화물이다. 아밀로펙틴보다 사슬의 길이는 짧고 가지는 더 많다. 냉수에 용해되어 교질용액이 되며 요오드 반응에서 적갈색을 띤다.

024 정답 ④

항산화제의 역할을 촉진시키는 것은 상승제이며 비타민 C, 구연산, 인산, 주석산 등이 해당된다.

025 정답 ②

밀론 반응은 티로신과 같은 페놀기를 가진 아미노산의 존재를 확인하는 방법으로, 반응색은 적색이다.

026 정답 ②

육류의 사후 경직
- 산소 공급 중단
- 글리코겐 분해 → 젖산 생성
- pH 저하 : 도살 전 근육의 pH 7.0~7.2가 젖산 생성으로 pH 6.5 이하로 저하
- pH 6.5 이하에서 ATPase가 활성화되어 ATP가 신속히 분해됨
- 액토미오신(액틴+미오신)이 생성되어 근육이 수축 및 경직된 상태로 식육이 질기고 맛이 없음
- 최대 사후 경직(pH 5.5) : 젖산 생성 중지 → 보수력 저하

027 정답 ③

미나리의 향은 미르센(myrcene) 때문이다. 참고로 파슬리의 냄새 성분은 아피올, 표고버섯은 렌티오닌이다.
① 샐러리-세다놀리드
② 쑥-튜존
④ 생강-시트론, 헥사놀
⑤ 박하-멘톨, 멘톤

028 정답 ②

파래, 미역, 김 등의 해조류를 말릴 때는 디메틸설파이드(dimethyl sulfide) 냄새가 나는데, 이는 디메틸프로피오네이트, s-메틸메티오닌설포늄염의 분해에 의한 것이다.

029 정답 ④

관수 현상은 고구마를 수중에 오래 방치했을 경우 굽거나 삶아도 조직이 연화되지 않고 생고구마와 같은 질감이 되는 것이다. 고구마의 칼슘, 마그네슘이 프로토펙틴과 결합하여 칼슘 펙테이트를 형성하여 단단해진다.

030 정답 ④

설탕은 식품의 보존성 향상, 펙틴의 젤리 형성 촉진, 발효 촉진 등의 효과를 일으킨다. 또한 난백에 설탕을 첨가하면 난백의 기포력은 감소하지만 안정된 거품을 얻을 수 있다.

031 정답 ⑤

닭 냉동 시 내장을 제거해야 하며, 식용 가능한 내장은 따로 포장하여 냉동한다. 통째로 냉동하면 내장 속의 효소가 냉동 과정과 해동 시에 작용하여 맛을 상하게 한다.

032 정답 ③

①, ④ 전유어는 흰살 생선을 사용하여 중불에서 지져낸다.
② 생선 가열 시 뚜껑을 열면 비린내가 약화된다.
⑤ 국물을 끓인 후 생선을 넣어주면 맛과 형태를 살릴 수 있다.

033 정답 ③

급할 경우 비닐봉지에 넣어 10℃의 흐르는 물에서 해동한다.

034 정답 ④

난황계수
- 난황의 높이와 지름을 측정하여 높이를 지름으로 나눈 값
- 신선란의 난황계수 : 0.36~0.44
- 오래된 달걀의 난황계수 : 0.25 이하

035 정답 ①

치즈의 종류
- 연질 치즈(50~75%) : 카망베르, 브리, 코티지, 크림치즈, 모짜렐라 등
- 반경질 치즈(40~50%) : 브릭, 로크포르, 고르곤졸라, 블루 등
- 경질 치즈(30~40%) : 에멘탈, 에담, 고다, 체다, 그뤼에르 등
- 초경질 치즈(25~30%) : 파르메산, 그라나, 로마노 등

036 정답 ②

유청은 치즈를 제조할 때 카제인을 응고시킨 후 남은 맑은 액체로, 락토글로불린, 면역글로불린, 혈청 알부민 등의 가용성 단백질을 함유한다.

037 정답 ①

두류 중 대두는 단백질(약 40%)과 지질(17%)의 함량이 높다. 팥, 강낭콩, 녹두, 완두콩, 동부 등은 전분을 다량 함유하고 있다.

038

정답 ②

흡유량이 많아지는 경우
- 튀김 온도가 낮거나 튀김 시간이 길 때
- 당, 유지, 수분이 많을 때
- 글루텐 함량이 적을 때
- 재료의 표면에 기공이 많고 거칠 때

039

정답 ③

한천의 이장 현상을 최소화하기 위해서는 설탕 농도를 60% 이상으로 한다.

040

정답 ①

미생물의 생육 곡선은 시간에 대한 미생물의 log 수를 나타내는 곡선이다.
- 유도기 : 균이 환경에 적응하는 시기, 세포 성장, 효소 단백질이 합성 됨, RNA 증가, DNA 일정
- 대수기 : 균이 대수적으로 증가하는 시기, 세포의 생리적 활성이 가장 강함, 물리·화학적 처리에 대한 감수성이 예민함
- 정지기 : 영양물질이 고갈되는 시기, 포자를 형성, 대사생성물의 축적
- 사멸기 : 세포가 사멸하는 시기, 생균수 감소, 효소 작용에 의한 자기 소화

041

정답 ⑤

경영관리순환의 모형은 PDS 또는 POC 사이클로 제시된다. PDS 사이클은 계획(plan), 실행(do), 평가(see), POC 사이클은 계획화(planning), 조직화(organizing), 통제화(controlling)이다.

042

정답 ⑤

목표관리법은 상부와 하부 간에 공동목표를 설정하고 목표달성을 위해 공동으로 노력하고 평가하도록 함으로써 조직과 개인의 목표를 전체 시스템 관점에서 통합될 수 있도록 관리하는 체계이다. 다만 지나치게 목표를 강조하면 독창성과 혁신성이 떨어지는 조직기법이다.

043

정답 ⑤

팀형 조직은 다수의 관리계층이 존재하는 고층구조의 명령계층을 단축시킨 평탄구조의 조직으로, 고층구조의 비효율성을 개선할 수 있다.

044

정답 ②

전통적 급식체계는 급식 체계 중 가장 오래된 형태로 음식을 조리하는 곳과 소비하는 곳의 공간 분리가 없으며 식재료 구매 및 생산을 거쳐 소비자에게 바로 배식되는 단순한 흐름을 갖고 있다.
⑤ 중앙공급식 급식체계 : 지역적으로 인접한 몇 개의 급식소를 묶어서 공동조리장(central kitchen)을 두어 그곳에서 대량으로 음식을 생산한 후 1인분씩 담아 운송하거나 대량으로 인근의 급식소로 운송하여 이곳에서 음식의 배선과 배식이 이루어지는 방식이다. 이는 학교급식의 확대에 따라 비용 절감을 위해 1990년대 초반에 학교급식에 도입되었으며, 공동조리방식이라고도 부른다.

045

정답 ①

개방시스템의 특징
- 상호의존성 : 시스템 부분의 상호작용에 의한 통합과 시너지 효과 창출
- 역동적 안정성 : 내적·외적 환경과 상호작용, 변화와 통제에 적응한 균형 유지
- 함목적성(이인동과성) : 다양한 투입물이나 변형을 거쳐도 유사하거나 동일한 결과물 산출
- 경계의 유연성 : 변화하는 환경에 의해 상호영향을 주고받으며 시스템의 접점지역인 경계도 변화
- 시스템 간 공유영역 : 하위시스템이나 시스템 간의 상호작용이 발생하는 영역
- 위계질서 : 하나의 시스템은 여러 하위단계의 하부시스템으로 구성되는 동시에 상위시스템의 한 부분이 되는 것

046

정답 ⑤

급식경영의 업무적 기능
- 메뉴관리 : 영양계획, 메뉴개발과 작성, 메뉴평가
- 구매관리 : 구매계획, 발주, 검수, 저장, 재고관리
- 생산관리 : 수요예측, 표준레시피 개발과 작성, 대량조리, 보관 및 배식
- 작업관리 : 급식생산성 증대, 작업일정계획, 작업효율화, 안전관리
- 위생관리 : HACCP 시스템, 식재료, 조리인력, 시설 위생 관리
- 시설설비관리 : 시설 설비의 설계, 기기, 집기 및 식기 관리
- 회계정보관리 : 사무관리, 전산화
- 원가관리 : 급식마케팅, 원가분석, 손익분석, 예결산관리

047 정답 ①

분야별 영양사의 역할과 업무
- 산업체–직업병 및 성인병 예방을 위한 연구 조사
- 학교–영양 및 식생활 개선에 관한 학생지도와 학부모 상담 및 교육
- 병원–임상영양관리(영양 판정, 식사섭취 조사, 의무기록, 식사 회진)
- 보건소–지역주민의 영양지도 및 상담, 집단급식시설에 대한 현황파악 및 급식업무 지도
- 사회복지시설–재활능력 증진을 위한 피급식자의 기초 식습관 교육 및 식생활 지도

048 정답 ①

단체급식 메뉴로서의 타당성 검토 고려사항은 급식소 유형 및 대상, 고객의 요구, 식재료 원가, 위생, 안전성, 대량조리 적용 가능성, 설비, 기기 여건, 조리 인력의 기술 수준이다.

049 정답 ③

①, ②, ④, ⑤는 발췌검수법에 대한 설명이다.

050 정답 ⑤

계란의 등급판정
- 품질은 1+, 1, 2, 3의 4개 등급, 중량 규격은 5개로 구분(왕란 68g, 특란 60~68g, 대란, 중란, 소란)
- 포장용기에는 품질등급과 중량규격, 등급판정일 표시
- 난각에는 산란일자, 생산자고유번호, 사육환경번호 표시

051 정답 ①

② 입·출고의 관리는 식품수불부에 입·출고 내역을 기록해서 장부상으로도 파악할 뿐만 아니라 정기적으로 실사를 통해 확인하도록 한다.
③ 창고 내에 새로 들어온 물건은 남은 재료의 뒤쪽에 배열하여 선입선출이 가능하도록 한다.
④ 창고 내의 물건은 책임자만 출고할 수 있도록 하며 도난이나 손실이 없게 잠금장치를 해두어야 한다.
⑤ 저장위치는 검수구역이나 조리구역에서 가까운 곳에 두어야 한다.

052 정답 ③

브로커(broke)는 판매자와 구매자 간의 중개를 주선하는 중간상인으로서 상품에 대한 소유권이 법적으로 허용되지 않는다.

053 정답 ④

자외선 소독
- 살균력이 가장 강한 2,537A의 자외선에서 30~60분 조사, 표면 살균
- 자외선은 빛이 닿는 부분만 살균되기 때문에 식기 등을 포개거나 엎어서 소독하지 않도록 유의

054 정답 ④

급식시설에서 화장실 및 폐기물처리장은 적당한 거리가 있어야 한다.

055 정답 ④

손익분기분석에서는 판매량이 증가됨에 따라 발생하는 판매액과 총 비용을 산출하게 되는데, 이때 판매액과 총 비용이 일치하여 이익 또는 손실이 0이 되는 시점이 바로 손익분기점이다.

손익분기점 매출량
- 매출액=고정비+변동비+이익
- 손익분기점 매출액=고정비+변동비
- 총 공헌이익=매출액−변동비=고정비
- 총 공헌이익=단위당 공헌이익×매출량(식수)
- 손익분기점 매출량=고정비/단위당 공헌이익

056 정답 ③

급식업무의 전산화는 급식관리에 필요한 정보를 제공받아 정보 저장 능력이 증대되며, 신속하고 정확한 업무처리를 통해 급식관리업무(메뉴계획, 영양분석, 구매 및 생산계획과 통제, 작업스케줄, 예산과 재무통제관리 등)와 관련된 의사결정을 효과적으로 수행할 수 있다.

057 정답 ⑤

외부모집은 대중매체나 인터넷을 이용한 공개모집, 관련 분야 교육기관을 이용한 모집, 다른 기업에서의 스카우트, 취업박람회 활용 등이 있으며 모집범위가 넓어 전문적인 기술을 요하는 직원을 채용할 시 적용된다.

058 정답 ③

기본급은 연공급, 직무급, 직능급, 성과급으로 구분된다. 이 중 직무급은 동일 노동에 동일 임금이라는 원칙을 따르는 방법으로, 하는 일의 난이도에 따라 임금의 차이가 결정된다.

059 정답 ②

시장세분화는 고객들이 기대하는 제품이나 마케팅 믹스에 따라 다수의 집단으로 나누는 활동으로 시장을 세분화한다.

060 정답 ④

서비스 품질 측정 도구 : 다섯 가지 품질 차원
- 대응성 : 종업원이 즉각적 서비스를 제공해 줄 수 있는 반응 능력
- 확신성 : 종업원들 교육 수준이 고객들에게 신뢰와 확신을 갖는 것
- 신뢰성 : 소비자가 기대한 서비스를 믿을 수 있고 정확히 수행할 수 있는 것
- 공감성 : 고객 각각에 대한 관심과 배려
- 유형성 : 시설, 설비, 매장 인테리어, 직원들의 외양 등

061 정답 ⑤

식품의 위해요소 중 내인성은 식품 자체에 유해인자가 있어 발생하는 것으로 자연독(동물성, 식물성) 및 생리작용 성분(항비타민성 물질, 식이성 알레르겐 등)이 있다.

062 정답 ④

잠재적 위해식품은 수분과 단백질의 함량이 높아서 미생물의 증식이 잘 일어나 부패균이나 병원성균의 증식이 잘되는 식품을 말한다.

063 정답 ①

살모넬라는 2~3×0.6um의 포자를 형성하지 않는 그람음성 간균으로 운동성이 있다. 내열성이 약해 60℃에서 20분 동안 가열하면 사멸하나, 토양 및 수중에서는 비교적 오래 생존한다. 주요 증상으로는 복통, 설사, 구토, 발열 등이 있으며, 주된 원인 식품은 부적절하게 가열한 동물성 단백질 식품(우유, 유제품, 고기와 그 가공품, 가금류의 알과 그 가공품, 어패류와 그 가공품)과 식물성 단백질 식품(채소, 등 복합조리식품), 생선묵, 생선요리와 육류를 포함한 생선 등의 어패류와 불완전하게 조리된 그 가공품, 면류, 야채, 샐러드, 마요네즈, 도시락 등 복합조리식품 등이 있다.

064 정답 ⑤

① 장독소원성대장균(ETEC) : 이열성과 내열성의 enterotoxin을 생성하며 이 균에 감염되면 콜레라와 비슷한 설사증을 일으킨다.
② 장관병원성대장균(EPEC) : 1세 이하의 신생아에서 주로 발생하며 구토 복통, 설사, 발열증상을 나타낸다. 오염된 분유와 유아 음식이 원인이다.
③ 장관침입성대장균(EIEC) : 대장 점막의 상피세포에 침입하여 감염을 일으키므로 세포의 괴사 등에 의해서 궤양이 형성되고 혈액과 점액이 섞인 설사를 일으킨다.
④ 장출혈성대장균(EHEC) : 인체 내에서 베로독소를 생성하여 식중독을 나타내지만 식품 중에서 생성되는 베로독소에 의해서는 식중독이 발생하지는 않는다. 간혹 용혈성요독증, 신부전증 등을 유발하여 사망하는 경우도 있으며 E. coli O157:H7이 대표균이다.

065 정답 ⑤

황색포도상구균은 화농성 염증을 일으키는 원인균으로, 균체 자체는 60℃에서 30분 또는 80℃에서 10분 가열로 사멸되지만, 균체가 생산하는 엔테로톡신(enterotoxin)은 내열성이 강하여 식품을 섭취 전 재가열하여도 식중독을 예방할 수 없다. 그러나 엔테로톡신 생산은 10℃ 이하에서는 매우 느리기 때문에 예방을 위해 식품의 적절한 저온 보관이 중요하다. 고농도의 식염 존재하에서도 생육이 가능하므로 염분 농도가 높은 식품을 장시간 방치해서는 안 된다.

066 정답 ⑤

- Bacillus cereus 구토독 : 저분자 펩티드로 되어 있으며, 내열성이어서 126℃에서 90분 가열로도 파괴되지 않고, 펩신과 트립신 등 소화효소에 의해서도 파괴되지 않는다.
- Bacillus cereus 설사독 : 고분자 단백질로 열에 약하여 60℃에서 2분 가열로 활성을 잃어버리며, 소화효소에 의해서도 쉽게 파괴된다.

067 정답 ③

니트로사민은 아질산염, 질산염과 2급, 3급 아민이 산성 조건하에서 산화반응으로 생성되는 물질이다. 강력한 발암성을 가지며, 육류의 발색제로 사용된다.

화학적 식중독의 원인과 물질

원인	물질
고의 또는 오용으로 첨가되는 유해물질	식품첨가물
본의 아니게 잔류, 혼입되는 유해물질	잔류농약, 유해성 금속화합물
제조 · 가공 · 저장 중에 생성되는 유해물질	지질의 산화생성물, 니트로아민
기타물질에 의한 중독	메탄올 등
조리기구 · 포장에 의한 중독	녹청(구리), 납, 비소 등

068

정답 ③

열경화성 수지인 페놀수지, 멜라민 수지, 요소 수지를 제조할 때 가열·가압조건이 불충분하면 미반응원료인 폼알데하이드가 용출될 수 있다.

069

정답 ③

구리는 만성 중독을 일으키지 않으며, 급성 중독 증상으로는 메스꺼움, 구토, 땀흘림, 다량의 타액분비, 복통 현기증, 호흡곤란 등이 있다. 대량 섭취 시 체내의 -SH 화합물과 결합하여 효소작용을 저해하며, 간세포의 괴사와 간의 색소침착을 일으킨다.
⑤ 아연에 대한 설명이다.

070

정답 ④

비소는 피부 발진, 색소 침착, 흑피증(분유 사례, 산분해간장 사례) 등을 일으킨다.
① PCB : 여드름과 비슷한 피부발진, 털구멍흑점, 관절통, 월경 이상, 간 종양
② 수은 : 보행장애, 언어장애, 시야협착, 난청
③ 납 : 안면창백, 연연, 빈혈, 중추신경계 장애
⑤ 카드뮴 : 단백뇨, 골다공증, 통증

071

정답 ①

산분해간장의 제조 시 산분해제인 염산이나 중화제인 탄산나트륨 중에 다량의 비소가 함유되어 중독울 일으킨 사례가 있으며, 발암 의심물질인 3-MCPD(3-monochloropropane-1,2-diol)도 검출되었다. MCPD는 대두의 단백질을 염산 처리하여 아미노산으로 가수분해하는 과정에 함께 존재하는 지방산과 글리세롤로 가수분해되고, 글리세롤이 염산과 반응하여 생성된다. 지방의 산패 시 발생하는 산화 생성물들은 발암성을 증가시키는 활성인자로 알려져 있다.

072

정답 ⑤

테트라민은 나팔고동, 소라고동·매물고동(명주매물고동, 조각매물고동 등)이 생산하는 독소이다.
① 홍합, 대합 : 삭시톡신
② 독꼬치, 바리 : 시구아톡신
③ 모시조개, 바지락 : 베네루핀
④ 진주담치, 민들조개 : 오카다산

073

정답 ④

• 시트리닌-신장독
• 파툴린-신경독
• 아일란다신-간장독
• 루테오스키린-간장독
• 시트레오비리딘-신경독

074

정답 ①

다이옥신은 원래 자연계에 존재하지 않는 물질로 유기염소 화합물을 연소, 소각하는 과정에서 만들어진다. 소각로의 온도가 낮으면 다이옥신의 생산량이 많아지므로 젖은 쓰레기는 말린 후에 소각하여야 한다. 다이옥신은 발암성이나 기형아 유발 작용이 있으며 인류가 만들어낸 지상 최악의 물질로 알려져 있다.

075

정답 ⑤

아우라민은 단무지의 색소로 사용되어 왔으나 지금은 사용이 금지되었다. brilliant blue FCF는 식용 청색 제1호, 인디고 카르민은 식용 청색 제2호, 패스트 그린 FCF는 식용 녹색 제3호, 선셋옐로우 FCF는 식용 황색 제4호로서 허용된 합성착색료이다.

076

정답 ③

① 둘신 : 청량음료수, 과자류절임류 등에 사용되었다.
② 페릴라틴 : 신장염을 일으키는 등 중독성이 있어 현재 사용이 금지되고 있는 유해감미료이다.
④ 에틸렌글리콜 : 원래 엔진의 냉각수 부동액으로 사용되지만 물에 타면 단맛이 있어 감주, 팥앙금의 맛을 내는 데 사용된 적이 있다.
⑤ 니트로톨루이딘 : 일명 살인당 또는 원폭당이라는 별명이 생길 정도로 중독사고가 많은 유해 감미료이다.

077

정답 ①

세균에 의한 경구감염병에는 콜레라, 장티푸스, 세균성 이질, 파라티푸스, 성홍열, 디프테리아 등이 있다.

078

정답 ⑤

장티푸스균
• 병원균 : 그람 음성 간균이며, 편모가 있어 운동성이 있음
• 잠복기 : 7~20일
• 증상 : 권태감, 식욕부진, 오한, 설사, 고열
• 특징 : 발병 후부터 배설물에 의해 균을 배출하므로 사람 간의 전파 경로 및 오염된 식품과 물을 살균·소독하여 예방 가능. 발병 후 영구 면역. 제2급 감염병

PART 01

PART 02

PART 03

PART 04

PART 05

PART 06

PART 07

PART 08

PART 09

079 정답 ④

무구조충(무촌충 또는 쇠고기촌충)은 1,200~1,300개의 편절로 구성되었으며 길이는 4~10m에 달한다. 머리 부분에 4개의 흡반이 있으며 갈고리는 없다. 감염 증상은 충체에 의한 장폐색증, 빈혈, 설사, 복통, 구역질, 구토, 신경 증상 등이 있다. −10℃에서 5일간 생존 가능하며 71℃에서 5분 정도 가열하면 사멸한다. 쇠고기의 생식을 금하고 충분히 가열하여 섭취하면 예방할 수 있다.

080 정답 ④

커피음료, 김밥은 HACCP 의무적용 식품이 아니다.

HACCP 의무적용 식품
- 수산가공식품류의 어육가공품류 중 어묵
- 기타수산물가공품 중 냉동어류, 연체류 · 조미가공품
- 냉동식품 중 피자류 · 만두류 · 면류
- 빙과류 중 빙과
- 비가열음료
- 레토르트식품
- 절임류 또는 조림류의 김치류 중 김치(배추를 주원료로 하여 절임, 양념혼합과정 등을 거쳐 이를 발효시킨 것이거나 발효시키지 아니한 것 또는 이를 가공한 것에 한한다)
- 즉석섭취 · 편의식품류의 즉석조리식품 중 순대
- 식품 제조 · 가공업 영업소 중 전년도 총 매출액 100억원 이상인 영업소에서 제조 · 가공하는 식품

081 정답 ④

식품위생법상 '식품'이란 의약으로 섭취하는 것을 제외하는 모든 음식물을 말한다. 또한 '식품첨가물'이란 식품에 첨가하는 것 이외에도 기구 · 용기 · 포장을 살균 · 소독하는 데 사용되어 간접적으로 식품으로 옮아갈 수 있는 물질까지 포함한다.

082 정답 ①

식품위생법상 '집단급식소'는 영리를 목적으로 하지 아니하면서 특정 다수인에게 계속적으로 음식물을 공급하는 기숙사, 학교, 병원, 그 밖의 기관 등의 급식시설로서, 상시 1회 50명 이상에게 식사를 제공하는 급식소를 말한다. 집단급식소를 설치 · 운영하려는 자는 특별자치시장, 특별자치 도지사 · 시장 · 군수 · 구청장에게 신고하여야 한다.

083 정답 ①

판매가 금지되는 동물의 질병은 도축이 금지되는 가축전염병, 리스테리아병, 살모넬라병, 파스튜렐라병 및 선모충증 등이 있다(축산물 위생관리법 시행규칙).

084 정답 ②

식품위생법 제7조에서 식품 또는 식품첨가물에 관한 규격은 '성분에 관한 규격'임을 설명하고 있다.

085 정답 ②

식품위생법 시행규칙 제66조에 따라 지방식품의약품안전청장은 식품안전관리인증기준 적용업소로 인증받은 업소에 대하여 식품안전관리인증기준 준수 여부 등에 관하여 매년 1회 이상 조사 · 평가할 수 있다.

086 정답 ⑤

식품위생법 시행규칙 제61조에 따라 집단급식소 및 일반음식점영업은 모범업소와 일반업소로 구분하여 특별자치시장 · 특별자치도지사 · 시장 · 군수 · 구청장이 지정한다. 식품제조 · 가공업과 식품첨가물제조업은 우수업소와 일반업소로 구분하여 식품의약품안전처장 또는 특별자치시장, 특별자치도지사 · 시장 · 군수 · 구청장이 지정하며, 모범업소 지정 대상이 아니다.

087 정답 ⑤

식품위생법 시행규칙 제60조에 따라 이물의 발견 사실을 보고하려는 자는 이물 보고서에 사진 해당 식품 등 증거자료를 첨부하여 관할 지방식품의약품안전청장, 시 · 도지사 또는 시장 · 군수 · 구청장에게 제출하여야 한다.

088 정답 ⑤

식품위생법에 규정된 영양사의 직무(시행규칙 제79조)
- 식단 작성, 검색 및 배식 관리
- 구매 식품의 검수 및 관리
- 급식 시설의 위생적 관리
- 집단급식소의 운영일지 작성
- 종업원에 대한 영양 지도 및 위생교육

089 정답 ③

식품위생법 시행령 제36조에 따라 집단급식소 운영자, 복어를 조리 · 판매하는 영업을 하는 식품접객업자는 조리사를 두어야 한다. 다만 1회 급식 인원이 100명 미만인 산업체 집단급식소나 영양사가 조리사 면허를 받은 경우는 조리사를 두지 않아도 된다.

090

식품위생법 시행규칙 제89조 관련 [별표 23]에 따라 둘 이상의 위반행위가 적발된 경우는 중 한 정지처분 기간에 나머지 각각의 정지처분 기간의 1/2을 더하여 처분한다. 따라서 3개월+{(3개월×1/2)×2}=6개월의 정지처분을 받는다.

091
정답 ⑤

학교급식의 대상(학교급식법 제4조)
- 유치원(다만, 대통령령으로 정하는 규모 이하의 유치원은 제외)
- 초등학교, 중학교 및 고등공민학교, 고등학교 및 고등기술학교, 특수학교
- 근로청소년을 위한 특별학급 및 산업체 부설 중·고등학교
- 대안학교
- 기타 교육감이 필요하다고 인정하는 학교

092
정답 ④

식육은 식품안전관리인증기준을 적용하는 도축장에서 처리된 식육을 사용하도록 한다.
② 시행규칙 제4조 [별표 2]에 따라 쌀은 수확 연도부터 1년 이내의 것을 사용하도록 한다.
③ 학교급식 시설에 대한 출입·검사는 학교급식 운영상 필요한 경우에는 수시로 실시할 수 있다.
⑤ 식재료품질관리기준 준수사항에 대한 이행 여부 확인은 연 1회 이상 실시하되 필요한 경우에는 수시로 할 수 있다.

093
정답 ④

국민건강증진법 제16조에 따르면 질병관리청장은 국민의 건강 상태·식품 섭취·식생활 조사 등 국민의 영양에 관한 조사를 정기적으로 실시한다.

094
정답 ⑤

국민건강증진법 시행령 제21조에 따라 국민영양조사는 건강상태조사, 식품 섭취조사 및 식생활 조사로 구분하여 행한다.

095
정답 ⑤

국민영양관리법 시행령 제4조의2에 따라 영양사는 그 실태와 취업상황 등을 면허증 교부일부터 매 3년이 되는 해의 12월 31일까지 보건복지부장관에게 신고하여야 한다.

096
정답 ④

[별표] 행정처분 기준(국민영양관리법 시행령 제5조 관련) 개별기준

위반행위	행정처분 기준		
	1차 위반	2차 위반	3차 위반
1. 법 제16조 제1호부터 제3호까지의 (결격사유)의 법 제21조 어느 하나에 해당하는 경우	면허 취소		
2. 법 제21조 제1항에 따른 면허정지처분 기간 중에 영양사의 업무를 하는 경우	면허 취소		
3. 영양사가 그 업무를 행함에 있어서 식중독이나 그 밖에 위생과 관련한 중대한 사고 발생에 직무상의 책임이 있는 경우	면허 정지 1개월	면허 정지 2개월	면허 취소
4. 면허를 타인에게 대여하여 사용하게 한 경우	면허 정지 2개월	면허 정지 3개월	면허 취소

097
정답 ①

국민영양관리법 시행규칙 제18조 제4항에 따라 보수교육 대상자 중 군복무 중인 사람 및 본인의 질병 또는 그 밖의 불가피한 사유로 보수교육을 받기 어렵다고 보건복지부장관이 인정하는 사람은 해당 연도의 보수교육을 면제한다.

098
정답 ⑤

국민영양관리법 시행규칙 제23조에 따라 영양사 면허를 갖고 있는 사람이 보건복지부장관이 지정하는 교육기관에서 임상영양사 교육 과정을 2년 이상 수료하고, 보건복지부장관이 인정하는 기관에서 1년 이상 영양사로서 실무 경력을 충족하였거나, 외국의 임상영양사 자격이 있는 사람 중 보건복지부장관이 인정하는 사람 등은 보건복지부장관이 실시하는 임상영양사 자격시험에 합격하여 임상영양사가 될 수 있다.

PART 01
PART 02
PART 03
PART 04
PART 05
PART 06
PART 07
PART 08
PART 09

099 정답 ④

농수산물의 원산지 표시에 관한 법률 제14조에 따르면 원산지 표시를 거짓으로 하거나 이를 혼동하게 할 우려가 있는 표시를 하는 행위, 원산지 표시를 혼동하게 할 목적으로 그 표시를 손상 변경하는 행위 등을 한 자는 7년 이하의 징역이나 1억원 이하의 벌금에 처하거나 이를 병과할 수 있다.

100 정답 ④

식품 등의 표시·광고에 관한 법률 시행령 [별표 1]에 각종 감사장 또는 체험기 등을 이용함으로써 소비자를 기만하는 표시 또는 광고는 부당한 표시 및 과대광고의 범위에 해당한다.
① 식품 등을 의약품으로 인식할 우려가 있는 표시 또는 광고
② 외국어의 남용 등으로 인하여 외국 제품 또는 외국가 기술 제휴한 것으로 혼동하게 할 우려가 있는 내용의 표시·광고
③ 제품의 제조방법·품질·영양가·원재료·성분 또는 효과와 직접적인 관련이 적은 내용이나 사용하지 않은 성분을 강조함으로써 다른 업소의 제품을 간접적으로 다르게 인식하게 하는 내용의 표시·광고
⑤ 식품학·영양학·축산가공학·수의공중보건학 등의 분야에서 공인되지 않은 제조방법에 관한 연구나 발견한 사실을 인용하거나 명시하는 표시·광고

MEMO

MEMO

MEMO

영어 실전모의고사 1교시

응시번호

성명

문번	답란					문번	답란					문번	답란					문번	답란					문번	답란				
001	①	②	③	④	⑤	021	①	②	③	④	⑤	041	①	②	③	④	⑤	061	①	②	③	④	⑤	081	①	②	③	④	⑤
002	①	②	③	④	⑤	022	①	②	③	④	⑤	042	①	②	③	④	⑤	062	①	②	③	④	⑤	082	①	②	③	④	⑤
003	①	②	③	④	⑤	023	①	②	③	④	⑤	043	①	②	③	④	⑤	063	①	②	③	④	⑤	083	①	②	③	④	⑤
004	①	②	③	④	⑤	024	①	②	③	④	⑤	044	①	②	③	④	⑤	064	①	②	③	④	⑤	084	①	②	③	④	⑤
005	①	②	③	④	⑤	025	①	②	③	④	⑤	045	①	②	③	④	⑤	065	①	②	③	④	⑤	085	①	②	③	④	⑤
006	①	②	③	④	⑤	026	①	②	③	④	⑤	046	①	②	③	④	⑤	066	①	②	③	④	⑤	086	①	②	③	④	⑤
007	①	②	③	④	⑤	027	①	②	③	④	⑤	047	①	②	③	④	⑤	067	①	②	③	④	⑤	087	①	②	③	④	⑤
008	①	②	③	④	⑤	028	①	②	③	④	⑤	048	①	②	③	④	⑤	068	①	②	③	④	⑤	088	①	②	③	④	⑤
009	①	②	③	④	⑤	029	①	②	③	④	⑤	049	①	②	③	④	⑤	069	①	②	③	④	⑤	089	①	②	③	④	⑤
010	①	②	③	④	⑤	030	①	②	③	④	⑤	050	①	②	③	④	⑤	070	①	②	③	④	⑤	090	①	②	③	④	⑤
011	①	②	③	④	⑤	031	①	②	③	④	⑤	051	①	②	③	④	⑤	071	①	②	③	④	⑤	091	①	②	③	④	⑤
012	①	②	③	④	⑤	032	①	②	③	④	⑤	052	①	②	③	④	⑤	072	①	②	③	④	⑤	092	①	②	③	④	⑤
013	①	②	③	④	⑤	033	①	②	③	④	⑤	053	①	②	③	④	⑤	073	①	②	③	④	⑤	093	①	②	③	④	⑤
014	①	②	③	④	⑤	034	①	②	③	④	⑤	054	①	②	③	④	⑤	074	①	②	③	④	⑤	094	①	②	③	④	⑤
015	①	②	③	④	⑤	035	①	②	③	④	⑤	055	①	②	③	④	⑤	075	①	②	③	④	⑤	095	①	②	③	④	⑤
016	①	②	③	④	⑤	036	①	②	③	④	⑤	056	①	②	③	④	⑤	076	①	②	③	④	⑤	096	①	②	③	④	⑤
017	①	②	③	④	⑤	037	①	②	③	④	⑤	057	①	②	③	④	⑤	077	①	②	③	④	⑤	097	①	②	③	④	⑤
018	①	②	③	④	⑤	038	①	②	③	④	⑤	058	①	②	③	④	⑤	078	①	②	③	④	⑤	098	①	②	③	④	⑤
019	①	②	③	④	⑤	039	①	②	③	④	⑤	059	①	②	③	④	⑤	079	①	②	③	④	⑤	099	①	②	③	④	⑤
020	①	②	③	④	⑤	040	①	②	③	④	⑤	060	①	②	③	④	⑤	080	①	②	③	④	⑤	100	①	②	③	④	⑤

문번	답란				
101	①	②	③	④	⑤
102	①	②	③	④	⑤
103	①	②	③	④	⑤
104	①	②	③	④	⑤
105	①	②	③	④	⑤
106	①	②	③	④	⑤
107	①	②	③	④	⑤
108	①	②	③	④	⑤
109	①	②	③	④	⑤
110	①	②	③	④	⑤
111	①	②	③	④	⑤
112	①	②	③	④	⑤
113	①	②	③	④	⑤
114	①	②	③	④	⑤
115	①	②	③	④	⑤
116	①	②	③	④	⑤
117	①	②	③	④	⑤
118	①	②	③	④	⑤
119	①	②	③	④	⑤
120	①	②	③	④	⑤

영양사 실전모의고사 2교시

응시번호					성 명					

문번	답란					문번	답란					문번	답란					문번	답란				
001	①	②	③	④	⑤	021	①	②	③	④	⑤	041	①	②	③	④	⑤	061	①	②	③	④	⑤	081	①	②	③	④	⑤
002	①	②	③	④	⑤	022	①	②	③	④	⑤	042	①	②	③	④	⑤	062	①	②	③	④	⑤	082	①	②	③	④	⑤
003	①	②	③	④	⑤	023	①	②	③	④	⑤	043	①	②	③	④	⑤	063	①	②	③	④	⑤	083	①	②	③	④	⑤
004	①	②	③	④	⑤	024	①	②	③	④	⑤	044	①	②	③	④	⑤	064	①	②	③	④	⑤	084	①	②	③	④	⑤
005	①	②	③	④	⑤	025	①	②	③	④	⑤	045	①	②	③	④	⑤	065	①	②	③	④	⑤	085	①	②	③	④	⑤
006	①	②	③	④	⑤	026	①	②	③	④	⑤	046	①	②	③	④	⑤	066	①	②	③	④	⑤	086	①	②	③	④	⑤
007	①	②	③	④	⑤	027	①	②	③	④	⑤	047	①	②	③	④	⑤	067	①	②	③	④	⑤	087	①	②	③	④	⑤
008	①	②	③	④	⑤	028	①	②	③	④	⑤	048	①	②	③	④	⑤	068	①	②	③	④	⑤	088	①	②	③	④	⑤
009	①	②	③	④	⑤	029	①	②	③	④	⑤	049	①	②	③	④	⑤	069	①	②	③	④	⑤	089	①	②	③	④	⑤
010	①	②	③	④	⑤	030	①	②	③	④	⑤	050	①	②	③	④	⑤	070	①	②	③	④	⑤	090	①	②	③	④	⑤
011	①	②	③	④	⑤	031	①	②	③	④	⑤	051	①	②	③	④	⑤	071	①	②	③	④	⑤	091	①	②	③	④	⑤
012	①	②	③	④	⑤	032	①	②	③	④	⑤	052	①	②	③	④	⑤	072	①	②	③	④	⑤	092	①	②	③	④	⑤
013	①	②	③	④	⑤	033	①	②	③	④	⑤	053	①	②	③	④	⑤	073	①	②	③	④	⑤	093	①	②	③	④	⑤
014	①	②	③	④	⑤	034	①	②	③	④	⑤	054	①	②	③	④	⑤	074	①	②	③	④	⑤	094	①	②	③	④	⑤
015	①	②	③	④	⑤	035	①	②	③	④	⑤	055	①	②	③	④	⑤	075	①	②	③	④	⑤	095	①	②	③	④	⑤
016	①	②	③	④	⑤	036	①	②	③	④	⑤	056	①	②	③	④	⑤	076	①	②	③	④	⑤	096	①	②	③	④	⑤
017	①	②	③	④	⑤	037	①	②	③	④	⑤	057	①	②	③	④	⑤	077	①	②	③	④	⑤	097	①	②	③	④	⑤
018	①	②	③	④	⑤	038	①	②	③	④	⑤	058	①	②	③	④	⑤	078	①	②	③	④	⑤	098	①	②	③	④	⑤
019	①	②	③	④	⑤	039	①	②	③	④	⑤	059	①	②	③	④	⑤	079	①	②	③	④	⑤	099	①	②	③	④	⑤
020	①	②	③	④	⑤	040	①	②	③	④	⑤	060	①	②	③	④	⑤	080	①	②	③	④	⑤	100	①	②	③	④	⑤

영양사
초단기완성 1교시+2교시

초 판 발 행	2022년 07월 25일
공 저	이민경, 영양사국가시험연구소
발 행 인	정용수
발 행 처	(주)예문아카이브
주 소	서울시 마포구 동교로 18길 10 2층
T E L	02) 2038 - 7597
F A X	031) 955 - 0660
등 록 번 호	제2016 - 000240호
정 가	32,000원

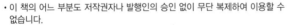
홈페이지 http://www.yeamoonedu.com

I S B N   979-11-6386-101-0   [13590]

2022 영양사

초단기완성 2교시